Lexikon der Geowissenschaften
4

Lexikon der Geowissenschaften

in sechs Bänden

Vierter Band
Nord bis Silb

Spektrum Akademischer Verlag Heidelberg · Berlin

Die Deutsche Bibliothek-CIP-Einheitsaufnahme
Lexikon der Geowissenschaften / Red.: Landscape GmbH – Heidelberg: Spektrum, Akad. Verl.

Bd. 4. – (2001)
ISBN 3-8274-0423-1

© 2001 Spektrum Akademischer Verlag GmbH Heidelberg Berlin

Alle Rechte, auch die der Übersetzung in fremde Sprachen, vorbehalten. Kein Teil dieses Werkes darf ohne schriftliche Einwilligung des Verlages in irgendeiner Form (Fotokopie, Mikrofilm oder ein anderes Verfahren), auch nicht für Zwecke der Unterrichtsgestaltung, reproduziert oder unter Verwendung elektronischer Systeme verarbeitet, vervielfältigt oder verbreitet werden.
Es konnten nicht sämtliche Rechteinhaber von Abbildungen ermittelt werden. Sollte dem Verlag gegenüber der Nachweis der Rechteinhaberschaft geführt werden, wird das branchenübliche Honorar nachträglich gezahlt.
Die Wiedergabe von Warenbezeichnungen, Handelsnamen, Gebrauchsnamen usw. in diesem Buch berechtigt auch ohne Kennzeichnung nicht zu der Annahme, daß diese von jedermann frei benutzt werden dürfen.

Redaktion: LANDSCAPE Gesellschaft für Geo-Kommunikation mbH, Köln
Produktion: Ute Amsel
Innengestaltung: Gorbach Büro für Gestaltung und Realisierung, Gauting Buchendorf
Außengestaltung: WSP Design, Heidelberg
Graphik: Matthias Niemeyer (Leitung), Ulrike Lohoff-Erlenbach, Stephan Meyer, Ralf Taubenreuther, Hans-Martin Julius, Frank Löhmer, Hardy Möller, Katrin Lange
Satz: Greiner & Reichel, Köln
Druck und Verarbeitung: Franz Spiegel Buch GmbH, Ulm

Mitarbeiter des vierten Bandes

Redaktion
Dipl.-Geogr. Christiane Martin (Gesamtleitung)
Dipl.-Geol. Manfred Eiblmaier (Bandkoordination)
Dipl.-Geogr. Lothar Kreutzwald
Nicole Bischof

Fachberatung
Prof. Dr. Wladyslaw Altermann (Geochemie)
Prof. Dr. Wolfgang Andres (Geomorphologie)
Prof. Dr. Hans-Rudolf Bork (Bodenkunde)
Prof. Dr. Manfred F. Buchroithner (Fernerkundung)
Prof. Dr. Peter Giese (Geophysik)
Prof. Dr. Günter Groß (Meteorologie)
Prof. Dr. Hans-Georg Herbig (Paläontologie/Hist. Geol.)
Dr. Rolf Hollerbach (Petrologie)
Prof. Dr. Heinz Hötzl (Angewandte Geologie)
Prof. Dr. Kurt Hümmer (Kristallographie)
Prof. Dr. Karl-Heinz Ilk (Geodäsie)
Prof. Dr. Dr. h. c. Volker Jacobshagen (Allgemeine Geologie)
Prof. Dr. Wolf Günther Koch (Kartographie)
Prof. Dr. Hans-Jürgen Liebscher (Hydrologie)
Prof. Dr. Jens Meincke (Ozeanographie)
PD Dr. Daniel Schaub (Landschaftsökologie)
Prof. Dr. Christian-Dietrich Schönwiese (Klimatologie)
Prof. Dr. Günter Strübel (Mineralogie)

Autorinnen und Autoren
Dipl.-Geol. Dirk Adelmann, Berlin [DA]
Dipl.-Geogr. Klaus D. Albert, Frankfurt a. M. [KDA]
Prof. Dr. Werner Alpers, Hamburg [WAlp]
Prof. Dr. Alexander Altenbach, München [AA]
Prof. Dr. Wladyslaw Altermann, München [WAl]
Prof. Dr. Wolfgang Andres, Frankfurt a. M. [WA]
Dr. Jürgen Augustin, Müncheberg [JA]
Dipl.-Met. Konrad Balzer, Potsdam [KB]
Dr. Stefan Becker, Wiesbaden [SB]
Dr. Raimo Becker-Haumann, Köln [RBH]
Dr. Axel Behrendt, Paulinenaue [AB]
Dipl.-Ing. Undine Behrendt, Müncheberg [UB]
Prof. Dr. Raimond Below, Köln [RB]
Dipl.-Met. Wolfgang Benesch, Offenbach [WBe]
Dr. Helge Bergmann, Koblenz [HB]
Dr. Michaela Bernecker, Erlangen [MBe]
Dr. Markus Bertling, Münster [MB]
Prof. Dr. Christian Betzler, Hamburg [ChB]
Nicole Bischof, Köln [NB]
Prof. Dr. Dr. h. c. Hans-Peter Blume, Kiel [HPB]
Dr. Günter Bock, Potsdam [GüBo]
Dr.-Ing. Gerd Boedecker, München [GBo]
Prof. Dr. Wolfgang Boenigk, Köln [WBo]
Dr. Andreas Bohleber, Stutensee [ABo]
Prof. Dr. Jürgen Bollmann, Trier [JB]
Prof. Dr. Hans-Rudolf Bork, Potsdam [HRB]
Dr. Wolfgang Bosch, München [WoBo]
Dr. Heinrich Brasse, Berlin [HBr]
Dipl.-Geogr. Till Bräuninger, Trier [TB]
Dr. Wolfgang Breh, Karlsruhe [WB]
Prof. Dr. Christoph Breitkreuz, Freiberg [CB]
Prof. Dr. Manfred F. Buchroithner, Dresden [MFB]
Dr.-Ing. Dr. sc. techn. Ernst Buschmann, Potsdam [EB]
Dr. Gerd Buziek, Hannover [GB]

Dr. Andreas Clausing, Halle/S. [AC]
Prof. Dr. Elmar Csaplovics, Dresden [EC]
Prof. Dr. Dr. Kurt Czurda, Karlsruhe [KC]
Dr. Claus Dalchow, Müncheberg [CD]
Prof. Dr. Wolfgang Denk, Karlsruhe [WD]
Dr. Detlef Deumlich, Müncheberg [DDe]
Prof. Dr. Reinhard Dietrich, Dresden [RD]
Prof. Dr. Richard Dikau, Bonn [RDi]
Dipl.-Geoök. Markus Dotterweich, Potsdam [MD]
Dr. Doris Dransch, Berlin [DD]
Prof. Dr. Hermann Drewes, München [HD]
Prof. Dr. Michel Durand-Delga, Avon (Frankreich) [MDD]
Dr. Dieter Egger, München [DEg]
Dipl.-Geol. Manfred Eiblmaier, Köln [MEi]
Dr. Klaus Eichhorn, Karlsruhe [KE]
Dr. Hajo Eicken, Fairbanks (USA) [HE]
Dr. Matthias Eiswirth, Karlsruhe [ME]
Dr. Ruth H. Ellerbrock, Müncheberg [RE]
Dr. Heinz-Hermann Essen, Hamburg [HHE]
Prof. Dr. Dieter Etling, Hannover [DE]
Dipl.-Geogr. Holger Faby, Trier [HFa]
Dr. Eberhard Fahrbach, Bremerhaven [EF]
Dipl.-Geol. Tina Fauser, Karlsruhe [TF]
Prof. Dr.-Ing. Edwin Fecker, Ettlingen [EFe]
Dipl.-Geol. Kerstin Fiedler, Berlin [KF]
Dr. Ulrich Finke, Hannover [UF]
Prof. Dr. Herbert Fischer, Karlsruhe [HF]
Prof. Dr. Heiner Flick, Marktoberdorf [HFl]
Prof. Dr. Monika Frielinghaus, Müncheberg [MFr]
Dr. Roger Funk, Müncheberg [RF]
Dr. Thomas Gayk, Köln [TG]
Prof. Dr. Manfred Geb, Berlin [MGe]
Dipl.-Ing. Karl Geldmacher, Potsdam [KGe]
Dr. Horst Herbert Gerke, Müncheberg [HG]
Prof. Dr. Peter Giese, Berlin [PG]
Prof. Dr. Cornelia Gläßer, Halle/S. [CG]
Dr. Michael Grigo, Köln [MG]
Dr. Kirsten Grimm, Mainz [KGr]
Prof. Dr. Günter Groß, Hannover [GG]
Dr. Konrad Großer, Leipzig [KG]
Prof. Dr. Hans-Jürgen Gursky, Clausthal-Zellerfeld [HJG]
Prof. Dr. Volker Haak, Potsdam [VH]
Dipl.-Geol. Elisabeth Haaß, Köln [EHa]
Prof. Dr. Thomas Hauf, Hannover [TH]
Prof. Dr.-Ing. Bernhard Heck, Karlsruhe [BH]
Dr. Angelika Hehn-Wohnlich, Ottobrunn [AHW]
Dr. Frank Heidmann, Stuttgart [FH]
Dr. Dietrich Heimann, Weßling [DH]
Dr. Katharina Helming, Müncheberg [KHe]
Prof. Dr. Hans-Georg Herbig, Köln [HGH]
Dr. Wilfried Hierold, Müncheberg [WHi]
Prof. Dr. Ingelore Hinz-Schallreuter, Greifswald [IHS]
Dr. Wolfgang Hirdes, Burgdorf-Ehlershausen [WH]
Prof. Dr. Karl Hofius, Boppard [KHo]
Dr. Axel Höhn, Müncheberg [AH]
Dr. Rolf Hollerbach, Köln [RH]
PD Dr. Stefan Hölzl, München [SH]
Prof. Dr. Heinz Hötzl, Karlsruhe [HH]
Dipl.-Geogr. Peter Houben, Frankfurt a. M. [PH]
Prof. Dr. Kurt Hümmer, Karlsruhe [KH]
Prof. Dr. Eckart Hurtig, Potsdam [EH]

Mitarbeiter des vierten Bandes

Prof. Dr. Karl-Heinz Ilk, Bonn [KHI]
Prof. Dr. Dr. h. c. Volker Jacobshagen, Berlin [VJ]
Dr. Werner Jaritz, Burgwedel [WJ]
Dr. Monika Joschko, Müncheberg [MJo]
Prof. Dr. Heinrich Kallenbach, Berlin [HK]
Dr. Daniela C. Kalthoff, Bonn [DK]
Dipl.-Geol. Wolf Kassebeer, Karlsruhe [WK]
Dr. Kurt-Christian Kersebaum, Müncheberg [KCK]
Dipl.-Geol. Alexander Kienzle, Karlsruhe [AK]
Dr. Thomas Kirnbauer, Darmstadt [TKi]
Prof. Dr. Wilfrid E. Klee, Karlsruhe [WEK]
Prof. Dr.-Ing. Karl-Hans Klein, Wuppertal [KHK]
Dr. Reiner Kleinschrodt, Köln [RK]
Prof. Dr. Reiner Klemd, Würzburg [RKl]
Dr. Jonas Kley, Karlsruhe [JK]
Prof. Dr. Wolf Günther Koch, Dresden [WGK]
Dr. Rolf Kohring, Berlin [RKo]
Dr. Martina Kölbl-Ebert, München [MKE]
Prof. Dr. Wighart von Koenigswald, Bonn [WvK]
Dr. Sylvia Koszinski, Müncheberg [SK]
Dipl.-Geol. Bernd Krauthausen, Berg/Pfalz [BK]
Dr. Klaus Kremling, Kiel [KK]
Dipl.-Geogr. Lothar Kreutzwald, Köln [LK]
PD Dr. Thomas Kunzmann, München [TK]
Dr. Alexander Langosch, Köln [AL]
Prof. Dr. Marcel Lemoine, Marli-le-Roi (Frankreich) [ML]
Dr. Peter Lentzsch, Müncheberg [PL]
Prof. Dr. Hans-Jürgen Liebscher, Koblenz [HJL]
Dipl.-Geol. Tanja Liesch, Karlsruhe [TL]
Prof. Dr. Werner Loske, Drolshagen [WL]
Dr. Cornelia Lüdecke, München [CL]
Dipl.-Geogr. Christiane Martin, Köln [CM]
Prof. Dr. Siegfried Meier, Dresden [SM]
Dipl.-Geogr. Stefan Meier-Zielinski, Basel (Schweiz) [SMZ]
Prof. Dr. Jens Meincke, Hamburg [JM]
Dr. Gotthard Meinel, Dresden [GMe]
Prof. Dr. Bernd Meissner, Berlin [BM]
Prof. Dr. Rolf Meißner, Kiel [RM]
Dr. Dorothee Mertmann, Berlin [DM]
Prof. Dr. Karl Millahn, Leoben (Österreich) [KM]
Dipl.-Geol. Elke Minwegen, Köln [EM]
Dr. Klaus-Martin Moldenhauer, Frankfurt a. M. [KMM]
Dipl.-Geogr. Andreas Müller, Trier [AMü]
Dr. Arnt Müller, Hannover [ArMü]
Dipl.-Geol. Joachim Müller, Berlin [JMü]
Dr.-Ing. Jürgen Müller, München [JüMü]
Dr. Lothar Müller, Müncheberg [LM]
Dr. Marina Müller, Müncheberg [MM]
Dr. Thomas Müller, Müncheberg [TM]
Dr. Peter Müller-Haude, Frankfurt a. M. [PMH]
Dr. German Müller-Vogt, Karlsruhe [GMV]
Dr. Babette Münzenberger, Müncheberg [BMü]
Dr. Andreas Murr, München [AM]
Prof. Dr. Jörg F. W. Negendank, Potsdam [JNe]
Dr. Maik Netzband, Leipzig [MN]
Prof. Dr. Joachim Neumann, Karlsruhe [JN]
Dipl.-Met. Helmut Neumeister, Potsdam [HN]
Dr. Fritz Neuweiler, Göttingen [FN]
Dr. Sabine Nolte, Frankfurt a. M. [SN]
Dr. Sheila Nöth, Köln [ShN]
Dr. Axel Nothnagel, Bonn [AN]
Prof. Dr. Klemens Oekentorp, Münster [KOe]
Dr. Renke Ohlenbusch, Karlsruhe [RO]
Dr. Renate Pechnig, Aachen [RP]
Prof. Dr. Hans-Peter Piorr, Eberswalde [HPP]

Dr. Susanne Pohler, Köln [SP]
Dr. Thomas Pohlmann, Hamburg [TP]
Hélène Pretsch, Bonn [HP]
Prof. Dr. Walter Prochaska, Leoben (Österreich) [WP]
Prof. Dr. Heinrich Quenzel, München [HQ]
Prof. Dr. Karl Regensburger, Dresden [KR]
Prof. Dr. Bettina Reichenbacher, München [BR]
Prof. Dr. Claus-Dieter Reuther, Hamburg [CDR]
Prof. Dr. Klaus-Joachim Reutter, Berlin [KJR]
Dr. Holger Riedel, Wetter [HRi]
Dr. Johannes B. Ries, Frankfurt a. M. [JBR]
Dr. Karl Ernst Roehl, Karlsruhe [KER]
Dr. Helmut Rogasik, Müncheberg [HR]
Dipl.-Geol. Silke Rogge, Karlsruhe [SRo]
Dr. Joachim Rohn, Karlsruhe [JR]
Dipl.-Geogr. Simon Rolli, Basel (Schweiz) [SR]
Dipl.-Geol. Eva Ruckert, Au (Österreich) [ERu]
Dr. Thomas R. Rüde, München [TR]
Dipl.-Biol. Daniel Rüetschi, Basel (Schweiz) [DR]
Dipl.-Ing. Christine Rülke, Dresden [CR]
PD Dr. Daniel Schaub, Aarau (Schweiz) [DS]
Dr. Mirko Scheinert, Dresden [MSc]
PD Dr. Ekkehard Scheuber, Berlin [ES]
PD Dr. habil. Frank Rüdiger Schilling, Berlin [FRS]
Dr. Uwe Schindler, Müncheberg [US]
Prof. Dr. Manfred Schliestedt, Hannover [MS]
Dr.-Ing. Wolfgang Schlüter, Wetzell [WoSch]
Dipl.-Geogr. Markus Schmid, Basel (Schweiz) [MSch]
Prof. Dr. Ulrich Schmidt, Frankfurt a. M. [USch]
Dipl.-Geoök. Gabriele Schmidtchen, Potsdam [GS]
Dr. Michael Schmidt-Thomé, Hannover [MST]
Dr. Christine Schnatmeyer, Trier [CSch]
Prof. Dr. Christian-Dietrich Schönwiese, Frankfurt a. M. [CDS]
Prof. Dr.-Ing. Harald Schuh, Wien (Österreich) [HS]
Prof. Dr. Günter Seeber, Hannover [GSe]
Dr. Wolfgang Seyfarth, Müncheberg [WS]
Prof. Dr. Heinrich C. Soffel, München [HCS]
Prof. Dr. Michael H. Soffel, Dresden [MHS]
Dr. sc. Werner Stams, Radebeul [WSt]
Prof. Dr. Klaus-Günter Steinert, Dresden [KGS]
Prof. Dr. Heinz-Günter Stosch, Karlsruhe [HGS]
Prof. Dr. Günter Strübel, Reiskirchen-Ettinghausen [GST]
Prof. Dr. Eugen F. Stumpfl, Leoben (Österreich) [EFS]
Dr. Peter Tainz, Trier [PT]
Dr. Marion Tauschke, Müncheberg [MT]
Prof. Dr. Oskar Thalhammer, Leoben (Österreich) [OT]
Dr. Harald Tragelehn, Köln [HT]
Prof. Dr. Rudolf Trümpy, Zürich (Schweiz) [RT]
Dr. Andreas Ulrich, Müncheberg [AU]
Dipl.-Geol. Nicole Umlauf, Darmstadt [NU]
Dr. Anne-Dore Uthe, Berlin [ADU]
Dr. Silke Voigt, Köln [SV]
Dr. Thomas Voigt, Jena [TV]
Holger Voss, Bonn [HV]
Prof. Dr. Eckhard Wallbrecher, Graz (Österreich) [EWa]
Dipl.-Geogr. Wilfried Weber, Trier [WWb]
Dr. Wigor Webers, Potsdam [WWe]
Dr. Edgar Weckert, Karlsruhe [EW]
Dr. Annette Wefer-Roehl, Karlsruhe [AWR]
Prof. Dr. Werner Wehry, Berlin [WW]
Dr. Ole Wendroth, Müncheberg [OW]
Dr. Eberhardt Wildenhahn, Vallendar [EWi]
Prof. Dr. Ingeborg Wilfert, Dresden [IW]
Dr. Hagen Will, Halle/S. [HW]
Dr. Stephan Wirth, Müncheberg [SW]

Dipl.-Geogr. Kai Witthüser, Bonn [KW]
Prof. Dr. Jürgen Wohlenberg, Aachen [JWo]
Dipl.-Ing. Detlef Wolff, Leverkusen [DW]
Prof. Dr. Helmut Wopfner, Köln [HWo]
Dr. Michael Wunderlich, Brey [MW]

Prof. Dr. Wilfried Zahel, Hamburg [WZ]
Prof. Dr. Helmuth W. Zimmermann, Erlangen [HWZ]
Dipl.-Geol. Roman Zorn, Karlsruhe [RZo]
Prof. Dr. Gernold Zulauf, Erlangen [GZ]

Hinweise für den Benutzer

Reihenfolge der Stichwortbeiträge
Die Einträge im Lexikon sind streng alphabetisch geordnet, d. h. in Einträgen, die aus mehreren Begriffen bestehen, werden Leerzeichen, Bindestriche und Klammern ignoriert. Kleinbuchstaben liegen in der Folge vor Großbuchstaben. Umlaute (ö, ä, ü) und Akzente (é, è, etc.) werden wie die entsprechenden Grundvokale behandelt, ß wie ss. Griechische Buchstaben werden nach ihrem ausgeschriebenen Namen sortiert (α = alpha). Zahlen sind bei der Sortierung nicht berücksichtigt (^{14}C-Methode = C-Methode, 3D-Analyse = D-Analyse), und auch mathematische Zeichen werden ignoriert (C/N-Verhältnis = C-N-Verhältnis). Chemische Formeln erscheinen entsprechend ihrer Buchstabenfolge ($CaCO_3$ = CaCO). Bei den Namen von Forschern, die Adelsprädikate (von, de, van u. a.) enthalten, sind diese nachgestellt und ohne Wirkung auf die Alphabetisierung.

Typen und Aufbau der Beiträge
Alle Artikel des Lexikons beginnen mit dem Stichwort in fetter Schrift. Nach dem Stichwort, getrennt durch ein Komma, folgen mögliche Synonyme (kursiv gesetzt), die Herleitung des Wortes aus einem anderen Sprachraum (in eckigen Klammern) oder die Übersetzung aus einer anderen Sprache (in runden Klammern). Danach wird – wieder durch ein Komma getrennt – eine kurze Definition des Stichwortes gegeben und anschließend folgt, falls notwendig, eine ausführliche Beschreibung. Bei reinen Verweisstichworten schließt an Stelle einer Definition direkt der Verweis an.
Geht die Länge eines Artikels über ca. 20 Zeilen hinaus, so können am Ende des Artikels in eckigen Klammern das Autorenkürzel (siehe Verzeichnis der Autorinnen und Autoren) sowie weiterführende Literaturangaben stehen.
Bei unterschiedlicher Bedeutung eines Begriffes in zwei oder mehr Fachbereichen erfolgt die Beschreibung entsprechend der Bedeutungen separat durch die Nennung der Fachbereiche (kursiv gesetzt) und deren Durchnummerierung mit fett gesetzten Zahlen (z. B.: **1)** *Geologie*: … **2)** *Hydrologie*: …). Die Fachbereiche sind alphabetisch sortiert; das Stichwort selbst wird nur ein Mal genannt. Bei unterschiedlichen Bedeutungen innerhalb eines Fachbereiches erfolgt die Trennung der Erläuterungen durch eine Nummerierung mit nicht-fett-gesetzten Zahlen.
Das Lexikon enthält neben den üblichen Lexikonartikeln längere, inhaltlich und gestalterisch hervorgehobene Essays. Diese gehen über eine Definition und Beschreibung des Stichwortes hinaus und berücksichtigen spannende, aktuelle Einzelthemen, integrieren interdisziplinäre Sachverhalte oder stellen aktuelle Forschungszweige vor. Im Layout werden sie von den übrigen Artikeln abgegrenzt durch Balken vor und nach dem Beitrag, die vollständige Namensnennung des Autoren, deutlich abgesetzte Überschrift und ggf. einer weiteren Untergliederung durch Zwischenüberschriften.

Verweise
Kennzeichen eines Verweises ist der schräge Pfeil vor dem Stichwort, auf das verwiesen wird. Im Falle des Direktverweises erfolgt eine Definition des Stichwortes erst bei dem angegebenen Zielstichwort, wobei das gesuchte Wort in dem Beitrag, auf den verwiesen wird, zur schnelleren Auffindung kursiv gedruckt ist. Verweise, die innerhalb eines Text oder an dessen Ende erscheinen, sind als weiterführende Verweise (im Sinne von »siehe-auch-unter«) zu verstehen.

Schreibweisen
Kursiv geschrieben werden Synonyme, Art- und Gattungsnamen, griechische Buchstaben sowie Formeln und alle darin vorkommenden Variablen, Konstanten und mathematischen Zeichen, die Vornamen von Personen sowie die Fachbereichszuordnung bei Stichworten mit Doppelbedeutung. Wird ein Akronym als Stichwort verwendet, so wird das ausgeschriebene Wort wie ein Synonym kursiv geschrieben und die Buchstaben unterstrichen, die das Akronym bilden (z. B. **ESA**, *European Space Agency*).
Für chemische Elemente wird durchgehend die von der International Union of Pure and Applied Chemistry (IUPAC) empfohlene Schreibweise verwendet (also Iod anstatt früher Jod, Bismut anstatt früher Wismut, usw.).
Für Namen und Begriffe gilt die in neueren deutschen Lehrbüchern am häufigsten vorgefundene fachwissenschaftliche Schreibweise unter weitgehender Berücksichtigung der vorliegenden wissenschaftlichen Nomenklaturen – mit der Tendenz, sich der internationalen Schreibweise anzupassen: z. B. Calcium statt Kalzium, Carbonat statt Karbonat.
Englische Begriffe werden klein geschrieben, sofern es sich nicht um Eigennamen oder Institutionen handelt; ebenso werden adjektivische Stichworte klein geschrieben, soweit es keine feststehenden Ausdrücke sind.

Abkürzungen/Sonderzeichen/Einheiten
Die im Lexikon verwendeten Abkürzungen und Sonderzeichen erklären sich weitgehend von selbst oder werden im jeweiligen Textzusammenhang erläutert. Zudem befindet sich auf der nächsten Seite ein Abkürzungsverzeichnis.
Bei den verwendeten Einheiten handelt es sich fast durchgehend um SI-Einheiten. In Fällen, bei denen aus inhaltlichen Gründen andere Einheiten vorgezogen werden mußten, erschließt sich deren Bedeutung aus dem Text.

Abbildungen

Abbildungen und Tabellen stehen in der Regel auf derselben Seite wie das dazugehörige Stichwort. Aus dem Stichworttext heraus wird auf die jeweilige Abbildung hingewiesen. Farbige Bilder befinden sich im Farbtafelteil und werden dort entsprechend des Stichwortes alphabetisch aufgeführt.

Abkürzungen

↗ = siehe (bei Verweisen)
* = geboren
† = gestorben
a = Jahr
Abb. = Abbildung
afrikan. = afrikanisch
amerikan. = amerikanisch
arab. = arabisch
bzw. = beziehungsweise
ca. = circa
d. h. = das heißt
E = Ost
engl. = englisch
etc. = et cetera
evtl. = eventuell
franz. = französisch
Frh. = Freiherr
ggf. = gegebenenfalls
griech. = griechisch
grönländ. = grönländisch
h = Stunde
Hrsg. = Herausgeber
i. a. = im allgemeinen
i. d. R. = in der Regel
i. e. S. = im engeren Sinne
Inst. = Institut
isländ. = isländisch
ital. = italienisch
i. w. S. = im weiteren Sinne
jap. = japanisch
Jh. = Jahrhundert
Jt. = Jahrtausend
kuban. = kubanisch

lat. = lateinisch
min. = Minute
Mio. = Millionen
Mrd. = Milliarden
N = Nord
n. Br. = nördlicher Breite
n. Chr. = nach Christi Geburt
österr. = österreichisch
pl. = plural
port. = portugiesisch
Prof. = Professor
russ. = russisch
S = Süd
s = Sekunde
s. Br. = südlicher Breite
schwed. = schwedisch
schweizer. = schweizerisch
sing. = singular
slow. = slowenisch
sog. = sogenannt
span. = spanisch
Tab. = Tabelle
u. a. = und andere, unter anderem
Univ. = Universität
usw. = und so weiter
u. U. = unter Umständen
v. a. = vor allem
v. Chr. = vor Christi Geburt
vgl. = vergleiche
v. h. = vor heute
W = West
z. B. = zum Beispiel
z. T. = zum Teil

nordalpines Molassebecken, die geologische Provinz nördlich des Alpenorogens, die von Westen nach Osten vom Faltenjura, dem Schwarzwald, der Alb und der Böhmischen Masse begrenzt wird (Abb.). Sie stellt den Hauptablagerungsraum der alpinen ↗Molasse dar und wurde in ihrem südlichen Teil von den alpinen ↗Decken überfahren, womit die heutige Molasseverbreitung im wesentlichen den nördlichen Flügel des Sedimentbeckens repräsentiert. Das nordalpine Molassebecken entstand während des ↗Tertiärs, als durch die Kollision der europäischen und der nach Norden vorrückenden afrikanisch-adriatischen Platte die heutige Süddeutsche Großscholle durch das Gewicht der überschiebenden Decken und der Sedimente flexurartig eingedrückt wurde. Durch den bis zum Untermiozän anhaltenden Deckenvorschub verlagerten sich Achse und Nordrand des Beckens stetig nach Norden. Nach Beendigung der Flyschsedimentation (↗Flysch) im Gebiet der ↗Paratethys setzte im untersten ↗Oligozän die Molassesedimentation unter weiterhin marinen Bedingungen ein und hinterließ die ↗Untere Meeresmolasse (UMM, UM), die dem ↗Latdorf und dem ↗Rupel zugerechnet wird. Sie ist zumeist sandig-mergelig ausgebildet und geht in ihrem oberen Teil in flachmarine Sandsteine über, die von Westen eingeschüttet wurden. Nach einer Regression der Paratethys nach Osten wurde die ↗Untere Süßwassermolasse (USM, US) unter limnisch-fluviatilen Verhältnisse während des Eger nach Osten geschüttet. Dort befand sich ein flaches Restmeer, in dem brackische Sedimente abgesetzt wurden. Nach einer Sedimentationsunterbrechung während des untersten ↗Miozän kommt es während des Eggenburg und Ottnang zur Ablagerung der ↗Oberen Meeresmolasse (OMM, OM), während der das Meer seine größte Ausdehnung erreichte und auf der Alb eine markante Klifflinie schuf. Nach einer Regression nach Osten ist das nordalpine Molassebecken faziell reich gegliedert, wobei terrestrische Kalkkrustenbildungen (Albstein), fluviatile Sande und Kiese sowie brackische Pelite teilweise mit Evaporiten entstanden, die zur Süßbrackwassermolasse (SBM) zusammengefaßt werden. Während der nachfolgenden ↗Oberen Süßwassermolasse (OSM, OS) wurden fluviatile und limnische Sedimente geschüttet, deren Einzugsgebiete in der gesamten Beckenumrandung nachweisbar sind und die eine generelle Abflußrichtung nach Westen zum Rhônebecken dokumentieren. Nach einer Phase erhöhten Westgefälles während des Badens erfolgte im Laufe des Pannons ein Gefällsausgleich, der ab dem ↗Pont in der Herausbildung eines ostwärts gerichteten Gefälles mündete und die Entwicklung des fortan erosiv wirkenden danubischen Entwässerungssystems einleitete. Damit endete die Molassesedimentation und es folgt eine etwa 5 Mio. Jahre dauernde Periode terrestrischer Abtragung, die bereits die jüngsten Molassesedimente wieder erodierte.

Die Gesamtentwicklung des Beckens zeigt im westlichen Teil zwei transgressiv-regressive Zyklen, die sich in untergeordnete Zyklen unterteilen lassen und die ihre Ursache in eustatischen Meeresspiegeländerungen sowie tektonischen Beckenbewegungen haben. Generell wird die große Gesamtmächtigkeit der nordalpinen Molasse, die im Bereich der heutigen Faltenmolasse ca. 6500 m beträgt, durch synsedimentäre Absenkung erreicht. Seit dem Unteroligozän bis zum Ende der Oberen Süßwassermolasse kommt es neben der oben beschriebenen, überwiegend beckenparallelen Sedimentschüttung zu alluvialem Eintrag von Grobsedimenten aus den nordalpinen Auslaßtälern. Die hierbei gebildeten großen ↗Schwemmfächer (Abb.) erreichen Mächtigkeiten von mehreren tausend Metern und bestehen aus groben Konglomeraten mit eingeschalteten Feinsedimenten. In die Obere Süßwas-

nordalpines Molassebecken: Lage des nordalpinen Molassebeckens und vereinfachtes N-S-Profil auf dem Meridian von Augsburg. Angegeben sind Isohypsen der Vorlandmolasse bezogen auf NN und die Lage der Konglomeratfächer (M = München, W = Wien, B = Basel, G = Genf).

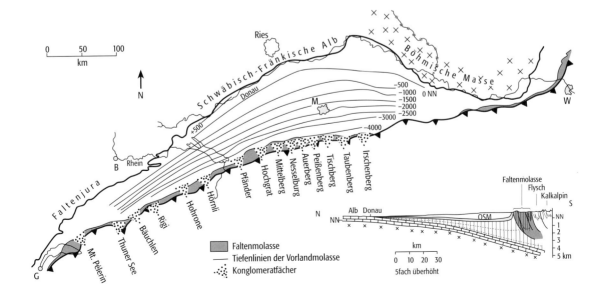

sermolasse des Mittelbadens ist der Brockhorizont aus Malmkalk-Kies und vereinzelten -Blöcken (sog. Reutersche Blöcke) eingeschaltet, die als Auswurfmassen des Ries-Impaktes angesehen werden. Ebenfalls während des Badens sind lokal ↗Bentonite eingelagert, die als umgelagerte, verwitterte ↗Aschen von saurem bis intermediärem Chemismus gedeutet werden und einem Rhyolith- und Andesit-Vulkanismus des Pannonischen Beckens entstammen.

Im nordalpinen Molassebecken mit typischer Muldenstruktur treten die jüngsten Einheiten im Beckenzentrum etwa auf der Höhe von München alpenparallel verlaufend auf. Die tektonisch unbeeinflußten Ablagerungen werden als Vorlandmolasse bezeichnet, die an ihrem Südrand als nur wenige Kilometer breite ↗aufgerichtete Molasse steil gestellt ist. Südlich von dieser erstreckt sich die Faltenmolasse als externe Baueinheit des Alpenorogens, welche aus einer Anzahl gebirgsparallel orientierter muldenförmiger ↗Schuppen besteht. Die unter ihnen bis weit unter die alpinen Decken reichenden Molasseschichten werden als ↗überfahrene Molasse bezeichnet. [RBH]

Nordamerikanischer Kraton ↗Proterozoikum.

nordäquatorialer Gegenstrom, ↗Meeresströmung im ↗äquatorialen Stromsystem.

Nordäquatorialstrom, ↗Meeresströmung im ↗äquatorialen Stromsystem.

Nordatlantik-Oszillation, *NAO*, meridionale Luftdruckdifferenzen zwischen den Wetteraktionszentren ↗Azorenhoch und ↗Islandtief. Sie wird meist in Form von Indexwerten, nach standardisiertem NAO-Index, beschriebenen (Abb.). Bei Langzeitbetrachtungen orientiert man sich auch an den ↗Luftdruckmessungen (auf Meeresspiegelhöhe reduziert) an den Stationen Ponta Delgada (Azoren; ersatzweise auch Lissabon) und Reykjavik (Island). Es handelt sich somit um eine spezielle Form eines ↗Zonalindexes.

Die Nordatlantik-Oszillation hat insbesondere im Winter großen Einfluß auf ↗Wetter und ↗Witterung in Europa. Dabei bedeutet ein hoher NAO-Index relativ starke meridionale Luftdruckunterschiede und somit eine intensive westliche Luftströmung, die zu milden und niederschlagsreichen Wintern führen. Ein relativ niedriger Index entspricht geringen meridionalen Luftdruckunterschieden und somit einer weniger intensiven westlichen Luftströmungskomponente. Der Name ist insofern mißverständlich, als die NAO im Gegensatz zur ↗Southern Oscillation keine besonders hervortretende zyklische Varianz aufweist, wohl aber Langfristtrends und diverse kurzfristige, anscheinend unregelmäßige Variationen. [CDS]

Nordatlantischer Strom, ↗Meeresströmung im nordatlantischen Ozean, Fortsetzung des ↗Golfstromes nach Ablösung vom nordamerikanischen ↗Kontinentalrand.

Nordföhn, der von Norden her wehende ↗Föhn südlich des Alpenhauptkammes.

Nordlicht ↗Polarlicht.

Nordmarkit, ein quarzführender Alkalifeldspatsyenit (↗QAPF-Doppeldreieck).

Nordostpassage, *Nördlicher Seeweg*, Schiffahrtsweg durch das ↗Nordpolarmeer entlang der europäischen und asiatischen Küste, der 1878/79 erstmalig von A.E. Nordenskjöld bezwungen wurde.

Nordpolarmeer, *Nördliches Eismeer*, zentraler Teil des Arktischen Mittelmeers (↗Arktisches Mittelmeer Abb.).

Nordrichtung, die an einem beliebigen Punkt der Erdoberfläche nach Magnetisch Nord oder Geographisch Nord oder Gitternord weisende Richtung. Magnetisch Nord ist die von der einspielenden Magnetnadel (↗Kompaß) angezeigte Richtung zum magnetischen Nordpol. Der Geographische Nordpol ist der nördliche Schnittpunkt der Meridiane des Erdellipsoids. Die zu ihm weisende Richtung wird mit Geographisch Nord bezeichnet. Gitternord ist in topographischen Karten die Richtung der nach Norden weisenden Gitterlinien des Gauß-Krüger-Koordinatensystems. Diese Gitterlinien verlaufen parallel zum Mittelmeridian des Meridianstreifensystems, so daß ihre Richtung von der Meridianrichtung im betreffenden Punkt um den Betrag der Meridiankonvergenz abweicht. Die Meridiankonvergenz ist der Winkel zwischen Geographisch Nord und Gitternord. Die Meridiankonvergenz kann einen Betrag bis zu 3° annehmen.

Der Winkel zwischen Geographisch Nord und Magnetisch Nord heißt ↗Deklination oder Mißweisung. Der Winkel zwischen Gitternord und Magnetisch Nord ist die Nadelabweichung. Da das Magnetfeld der Erde dauernden Schwankungen unterliegt, ändern sich mit der Zeit die Lage der Magnetpole und damit die Beträge von Deklination und Nadelabweichung. Zur Erleichterung des Gebrauchs von ↗topographischen Karten werden im ↗Kartenrand die drei Nordpole und ihre Abweichungen in Grad oder Strich angegeben. [GB]

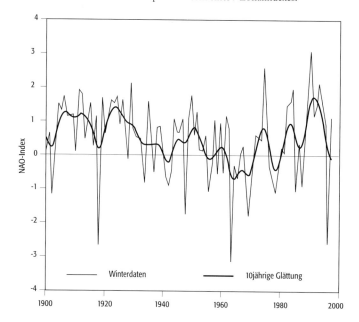

Nordatlantik-Oszillation: winterliche (Dezember-Februar) Indexwerte der NAO 1900–1997.

Nordsee, flaches ↗Randmeer des ↗Atlantischer Ozean, das im Westen durch die Britischen Inseln, im Nordosten und Osten durch Skandinavien und im Südosten und Süden durch Deutschland, die Niederlande, Belgien und den ↗Ärmelkanal begrenzt ist.

Nordwestpassage, *Nordwestliche Durchfahrt, Northwestern Passage*, Schiffahrtsweg durch das ↗Nordpolarmeer entlang der Nordküste des amerikanischen Kontinents, als ↗Kanadische Straßensee ↗Randmeer des ↗Nordpolarmeers und Teil des ↗Arktischen Mittelmeers, der 1850–53 erstmalig von R. Mac Clure von West nach Ost und 1903–06 von R. Amundsen in der Gegenrichtung bezwungen wurde.

Norit, ein ↗Gabbro, der an Stelle von ↗Klinopyroxen überwiegend ↗Orthopyroxen führt.

Normalatmosphäre, durch eine DIN-Norm festgelegte mittlere Atmosphäre bis in eine Höhe von 85 km für den Bereich Deutschlands. Neben den Vertikalprofilen von Luftdruck und Lufttemperatur werden auch materielle Kenngrößen wie Zusammensetzung der Luft, deren Viskosität und Wärmeleitfähigkeit angegeben. Die Normalatmosphäre stimmt im wesentlichen mit der internationalen ↗Standardatmosphäre überein.

Normalausgabe, Ausgabeform der ↗Deutschen Grundkarte 1:5000 (DGK 5 N); enthalten sind topographische Objekte in Grundriß-Darstellung und das Geländerelief in Form von ↗Höhenlinien und ↗Signaturen.

Normalbildpaar, *Epipolarbildpaar*, in der ↗Photogrammetrie ein durch Transformation entstandenes digitales Bildpaar, dessen homologe Kernstrahlen als Elemente der ↗Epipolargeometrie jeweils in parallelen Geraden liegen. Normalbildpaare bilden die Grundlage für das störungsfreie ↗stereoskopische Sehen und ↗stereoskopische Messen mit digitalen Auswertegeräten. Die ↗Bildzuordnung vereinfacht sich bei Vorliegen von Normalbildpaaren auf eindimensionale Suchprozesse.

Normaldruck, 1) *Geophysik*: bezeichnet die mechanische Spannung, die senkrecht auf eine Fläche wirkt. 2) *Klimatologie*: Druckwert der ↗Standardatmosphäre (ISO 2533) in Meereshöhe. Er beträgt 1013,15 hPa.

normale Abbildung, Kartennetzentwurf, bei dem die Kegelachse mit der Erdachse zusammenfällt, auch Entwurf in polarer oder normaler Lage genannt (↗Kegelentwürfe).

normale Lagerung, Lagerungsbezeichnung für in ihrer Zeitabfolge richtig = normal übereinanderliegende Gesteinsschichten.

Normalengeschwindigkeit, Fortpflanzungsgeschwindigkeit einer ↗Wellenfront in Richtung ihrer Normalen.

Normalenvektor, Vektor ($\vec{n}$), der senkrecht auf einer Ebene steht. Häufig meint man damit speziell den Normaleneinheitsvektor der Länge 1. Eine Ebene kann mit Hilfe des Normalenvektors als Skalarprodukt geschrieben werden: $\{\vec{x} | \vec{n} \cdot \vec{x} = d\}$.

Normalfeld, Felder, die den globalen oder großräumigen Verlauf des Magnetfeldes widerspiegeln. Ihnen gegenüber heben sich kleinere Feldstrukturen ab, die beispielsweise besonderen kleinräumigen Untergrundstrukturen, Leitfähigkeiten, Magnetisierungen des Materials u. a. zuzuordnen sind. Mit dieser Konzeption steht das von der Internationalen Assoziation für Geomagnetismus und Aeronomie (IAGA) autorisierte IGRF bzw. DGRF (↗International Geomagnetic Reference Field) zu gegebener Epoche beispielsweise als globales Referenzfeld zur Verfügung. Demgegenüber ergeben sich als Differenzbildung regionale Strukturen des Feldes als Anomalien. Einzelnen Regionen der Erde häufig besser angepaßt sind regionale Normalfelder, die für räumlich begrenzte Bereiche beispielsweise über eine Kugelfunktionsentwicklung bis zum geeigneten Abbruchindex errechnet werden, über die Harmonic Cap Analysis für gewisse Kugelkappen (Kugelbereiche) oder aber für kleinere Bereiche über zweidimensionale Taylor-Polynome der geographischen Koordinaten mit möglicher Einbeziehung der Höhendifferenz als dritte Entwicklungsfunktion. Wegen des deutlich kleineren Anteils der Anomalien am Meßwert des Magnetfeldes und seiner Komponenten im Vergleich zu dem des Referenzfeldes/Normalfeldes sind phänomenologische Aussagen zum Anomalienfeld und zu seinen Interpretationen im allgemeinen erst möglich, nachdem ein geeignetes Normalfeld subtrahiert wurde. Die Auswahl des Normalfeldes kann dabei durchaus von großer Bedeutung sein. [VH, WWe]

Normalgleichungsmatrix ↗Ausgleichungsrechnung.

Normalhöhe, Abstand eines Punktes P von einem auf dem ↗Quasigeoid zugeordneten Punkt P' (Abb.). Die Normalhöhe ist eine Variante der physikalisch definierten ↗metrischen Höhe. Sie ist ein Element der Theorie von ↗Molodensky zur Lösung des ↗geodätischen Randwertproblems, dem ↗Molodensky-Problem. Man gelangt zum Begriff der Normalhöhe, indem für die Erdoberfläche und das Schwerefeld der Erde Näherungen eingeführt werden. Diese Näherungen sind das ↗Telluroid für die Erdoberfläche und das Normalschwerefeld für das Schwerefeld. Das Schwerefeld wird durch seine ↗Äquipotentialflächen beschrieben. Die Äquipotentialfläche mit dem Potentialwert W_0 durch einen Bezugspunkt P_0 definiert das ↗Vertikaldatum. In den meisten Fällen entspricht diese Äquipotentialfläche dem ↗Geoid. Das Normalschwerefeld beruht auf einem ↗Niveauellipsoid mit dem Normalpotentialwert U_0. Die Zuordnung des Normalschwerefeldes zum wirklichen Schwerefeld wird durch Gleichsetzen des Potentialwertes von Niveauellipsoid U_0 und dem Wert des Schwerepotentials W_0 vollzogen. Einem Oberflächenpunkt P mit dem Potentialwert W_P wird ein Punkt Q des Normalschwerefeldes mit dem Normalpotentialwert U_Q zugeordnet, indem beide Werte gleichgesetzt werden:

$$U_Q = W_P.$$

Normalhöhe: graphische Darstellung (P, Q, A = Punkte, $\overset{N}{H}$ = Normalhöhe, W = Potentialwert, U = Normalpotentialwert, ζ = Höhenanomalie).

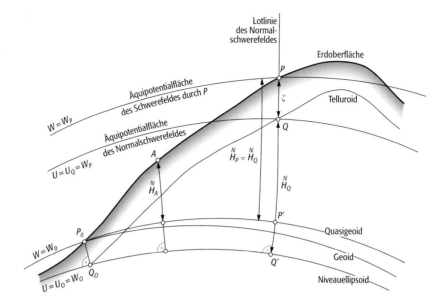

Damit wird der Potentialdifferenz $W_0 - W_P$ im Schwerefeld die Potentialdifferenz $U_0 - U_Q$ im Normalschwerefeld zugewiesen. Der metrische Abstand des Punktes Q vom Niveauellipsoid, die Normalhöhe, wird durch die Definition:

$$\overset{N}{H}_P = \frac{C_P}{\bar{\gamma}} = \frac{W_0 - W_P}{\bar{\gamma}} = \frac{U_0 - U_Q}{\bar{\gamma}} = \overset{N}{H}_Q,$$

mit der ↗geopotentiellen Kote C_P und dem mittleren Normalschwerewert $\bar{\gamma}$ zwischen dem Ellipsoidpunkt Q' und dem Punkt Q festgelegt. Die durch die Punkte Q definierte Fläche wird als ↗Telluroid bezeichnet. Das Telluroid folgt genähert der Erdoberfläche. Der Abstand zwischen Telluroidpunkt Q und dem Oberflächenpunkt P wird als ↗Höhenanomalie ζ bezeichnet. Trägt man die Normalhöhen entlang der Lotlinie des Normalschwerefeldes vorzeichengerecht vom Oberflächenpunkt P nach unten ab, so gelangt man zu einem Punkt P' des Quasigeoides. Das Quasigeoid kann somit als ↗Höhenbezugsfläche der Normalhöhen interpretiert werden. Es stimmt, abhängig von der Topographie und der Inhomogenität des Schwerefeldes bis auf wenige Dezimeter mit dem Geoid überein und erreicht beispielsweise für den Mt. Blanc etwa 2 m. Mit dem mittleren Normalschwerewert $\bar{\gamma}$ zwischen Niveauellipsoidpunkt und Telluroidpunkt:

$$\bar{\gamma} = \frac{1}{\overset{N}{H}} \int_{Q'}^{\overset{N}{H}(Q)} \gamma(h) dh$$

kann eine genäherte Formel für die Normalhöhe des Punktes P abgeleitet werden:

$$\overset{N}{H}_P = \overset{N}{H}_Q = \frac{C_P}{\gamma_0(B)} \cdot$$

$$\cdot \left(1 + \left(1 + f + m - 2f \sin^2 B\right)\frac{C_P}{a\gamma_0(B)} + \left(\frac{C_P}{a\gamma_0(B)}\right)^2 \right)$$

mit:

$$m = \frac{\omega^2 a^2 b}{GM}.$$

Die numerischen Werte der großen Halbachse a, der kleinen Halbachse b, der Winkelgeschwindigkeit der Erde ω, der geozentrischen Gravitationskonstanten GM und der Abplattung f sowie der Normalschwere $\gamma_0(B)$ eines Punktes der Ellipsoidoberfläche der ellipsoidischen Breite B_0, berechnet nach der ↗Normalschwereformel, hängen vom speziellen ↗geodätischen Referenzsystem ab. Eine vereinfachte Definition der Normalhöhe ergibt sich nach Vignal (↗Vignal-Höhe). Die Normalhöhe eines Punktes P kann auch ausgehend von der Normalhöhe $\overset{N}{H}_A$ des Ausgangspunktes A mit Hilfe des ↗geodätischen Nivellements oder aus dem Ergebnis des geometrischen Nivellements Δn_{AP} und der ↗Normalhöhenreduktion $\overset{N}{R}_{AP}$ entlang der Nivellementlinie von Punkt A nach P bestimmt werden:

$$\overset{N}{H}_P = \overset{N}{H}_A + \Delta n_{AP} + \overset{N}{R}_{AP}.$$

Die Äquipotentialflächen des Schwerepotentials besitzen keine konstanten Normalhöhen. Eine ruhende Wasserfläche als Teil einer Äquipotentialfläche besitzt also keine konstante Normalhöhe. Das Quasigeoid als Bezugsfläche der Normalhöhen ist keine Äquipotentialfläche des Schwerefeldes; es stimmt aber im Meeresbereich weitgehend mit dem Geoid überein. Das ↗Deutsche Haupthöhennetz wurde im Zuge der Wiedervereinigung Deutschlands auf Normalhöhen umgestellt und löst das System der ↗normalorthometrischen Höhen ab (↗DHHN12 bzw. ↗DHHN85 und ↗SNN76). Die amtliche Bezeichnung des aktuellen Deutschen Haupthöhennetzes ist ↗DHHN92. [KHI]

Normalhöhennull, *NHN*, Höhenbezugsfläche für die ↗Normalhöhen im System des ↗Deutschen Haupthöhennetzes 1992 (↗DHHN92). Die Bezugsfläche stimmt mit einem entsprechend definierten ↗Quasigeoid überein.

Normalhöhenreduktion, *Normalreduktion, normale Reduktion*, Reduktionsgröße zur Überführung des Ergebnisses des ↗geometrischen Nivellements Δn_{AP} in den Unterschied von ↗Normalhöhen. Die Normalhöhenreduktion $\overset{N}{R}_{AP}$ für die Nivellementlinie zwischen den Punkten A und P kann aus der folgenden Summe erhalten werden:

$$\overset{N}{R}_{AP} = \sum_{A}^{P} \frac{\bar{g}_i - \gamma_0}{\gamma_0} \Delta n_i$$
$$+ \frac{\bar{\gamma}_A - \gamma_0}{\gamma_0} \overset{N}{H}_A - \frac{\bar{\gamma}_P - \gamma_0}{\gamma_0} \overset{N}{H}_P.$$

$\bar{g}_i$ ist der mittlere Oberflächenschwerewert und Δn_i das Ergebnis des geometrischen Nivellements zwischen den beiden Oberflächenpunkten $i-1$ und i. $\bar{\gamma}_A$ bzw. $\bar{\gamma}_P$ sind die Mittelwerte der Normalschwere zwischen zugehörigen Ellipsoid- und Telluroidpunkten. γ_0 ist ein genäherter konstanter Schwerewert.

normalisierte Strukturamplitude ↗Strukturamplitude.

Normalized Difference Vegetation Index, *NDVI*, ↗Vegetationsindex, der die Differenz zwischen der reflektierten Strahlung im Spektralbereich des sichtbaren Rot und der im Spektralbereich des nahen Infrarot berechnet und diese durch die Summe der beiden dividiert. Der NDVI zeichnet sich durch eine hohe Flexibilität gegenüber störenden Einflüssen (beispielsweise durch Boden oder Atmosphäre) aus und hat daher die größte Verbreitung hinsichtlich der Aufnahme des Vegetationsanteils gefunden. Der NDVI ist durch folgende Berechnungsgleichung definiert, die durch die jeweilige spektrale Bandbelegung des Sensors ausgefüllt wird:

$$NDVI = (R_R - R_{NIR})/(R_R + R_{NIR})$$

mit R_R = reflektierte Strahlung im sichtbaren Rot und R_{NIR} = reflektierte Strahlung im nahen Infrarot. Für Landsat-Thematic Mapper-Daten ergibt sich somit folgende gängige Formel:

$$NDVI = \frac{Kanal\ 4 - Kanal\ 3}{Kanal\ 4 + Kanal\ 3}.$$

[MN]

Normalmode-Initialisierung, besondere Methode der Bereitstellung konsister Anfangsdaten (↗Initialisierung) für ein numerisches Simulationsmodell (↗numerische Simulation). Dabei werden die charakteristischen Wellenlösungen (Normalmoden oder auch Eigenschwingungen) des verwendeten Gleichungssystems und der analysierten meteorologischen Felder bestimmt. Durch Vernachlässigung der hochfrequenten Anteile, bei denen keine meteorologische Relevanz angenommen wird (z. B. Schallwellen), können unerwünschte Effekte individuell ausgeschlossen werden.

normal moveout, *NMO*, Änderung der Laufzeit einer Reflexion mit zunehmendem Schuß-Geophon-Abstand relativ zur Laufzeit beim Abstand Null (Geophon am Schußpunkt), wo die Reflexion senkrecht auf den Reflektor trifft (engl. normal incidence).

Normal-Moveout-Korrektur ↗dynamische Korrektur.

Normalnull, *NN*, Höhenbezugsfläche für die ↗normalorthometrischen Höhen im System des ↗Deutschen Haupthöhennetzes 1912 bzw. 1985 (↗DHHN12, ↗DHHN85).

Normalooide ↗Ooide.

normalorthometrische Höhe, *sphäroidische Höhe*, Abstand eines Punktes P von einer ↗Höhenbezugsfläche ↗Normalnull, gemessen längs der ↗Ellipsoidnormalen des ↗Niveauellipsoids eines Normalschwerefeldes. Normalorthometrische Höhen werden in der (deutschen) amtlichen Bezeichnungsweise auch als Höhen über Normalnull (NN) bezeichnet. Normalorthometrische Höhen wurden als Näherungshöhen für die ↗orthometrischen Höhen eingeführt, als noch keine gemessenen Schwerewerte zur Verfügung standen. Sie sind damit keine reinen ↗physikalischen Höhen, sondern nur als Näherungen hierfür zu verstehen. Die normalorthometrische Höhe eines Punktes P kann aus dem Ergebnis des ↗geometrischen Nivellements Δn_{AP} und der ↗normalorthometrischen Reduktion $\overset{S}{R}_{AP}$ entlang der Nivellementlinie von Punkt A nach Punkt P berechnet werden:

$$\overset{S}{H}_P = \overset{S}{H}_A + \Delta n_{AP} + \overset{S}{R}_{AP}.$$

Die Höhenbezugsfläche Normalnull ist über die normalorthometrischen Höhen eines ↗Höhenfestpunktfeldes definiert. Sie ist keine Äquipotentialfläche des Normalschwerefeldes oder des Schwerefeldes. Die Wegabhängigkeit des normalorthometrischen Höhensystems wird mit der Verwendung von Normalschwerewerten nicht beseitigt (↗Normalschwere). Normalorthometrische Höhen waren offiziell bis 1992 die amtlichen Höhen des ↗amtlichen Haupthöhennetzes in der Bundesrepublik Deutschland (↗DHHN12 bzw. ↗DHHN85). Das amtliche Deutsche Höhensystem wurde im Zuge der Wiedervereinigung Deutschlands auf ↗Normalhöhen umgestellt. [KHI]

normalorthometrische Reduktion, Reduktionsgröße zur Überführung des Ergebnisses des ↗geometrischen Nivellements Δn_{AP} in den Unterschied ↗normalorthometrischer Höhen. Die normalorthometrische Reduktion $\overset{S}{R}_{AP}$ für die Nivellementlinie zwischen den Punkten A und P kann aus der folgenden Summe berechnet werden:

$$\overset{S}{R}_{AP} = \sum_{A}^{P} \frac{\bar{\gamma}_i - \gamma_0}{\gamma_0} \Delta n_i + \frac{\bar{\gamma}_A - \gamma_0}{\gamma_0} \overset{S}{H}_A - \frac{\bar{\gamma}_P - \gamma_0}{\gamma_0} \overset{S}{H}_P.$$

Die normalorthometrische Reduktion ist als Näherung der ↗orthometrischen Reduktion gedacht, indem statt der gemessenen Schwerewerte die entsprechenden Normalschwerewerte eingesetzt werden. Der Normalschwerewert $\bar{\gamma}$ ist der mittlere normale Oberflächenschwerewert und Δn_i das Ergebnis des geometrischen Nivellements zwischen den beiden Oberflächenpunkten $i-1$ und i. γ_0 ist ein genäherter konstanter Schwerewert. Man erhält den Normalschwerewert $\bar{\gamma}$ aus der ↗Normalschwereformel, indem mangels Kenntnis der ↗ellipsoidischen Höhe die entsprechende normalorthometrische Höhe eingesetzt wird. Die Größen $\bar{\gamma}_A$ und $\bar{\gamma}_P$ sind die mittleren Normalschwerewerte entlang der (ellipsoidischen) Lotlinien, wobei statt der ellipsoidischen Höhen wieder die normalorthometrischen Höhen eingesetzt werden. Die normalorthometrischen Höhen der ↗Deutschen Haupthöhennetze wurden mit einer Näherungsformel für die Berechnung der normalorthometrischen Reduktionen bestimmt. Die Formel wurde vom ehemaligen Reichsamt für Landesaufnahme eingeführt:

$$\overset{S}{R}_{AP}[mm] = -5,3 \sin 2B_m \cdot$$
$$\overset{S}{H}_m[m] \cdot (B_P - B_A)[''] \frac{1}{\varrho''}.$$

Die Größe ϱ ist in Bogensekunden einzusetzen: $\varrho'' = 206\,265''$. B_m ist die mittlere ellipsoidische Breite und $\overset{S}{H}_m$ die mittlere normalorthometrische Höhe der beiden Punkte A und P. B_A und B_P sind die ellipsoidischen Breiten der Punkte A und P. [KHI]

Normalperiode, für Vergleichszwecke einheitlich definiertes Zeitintervall, auf das sich Meß- oder Beobachtungswerte beziehen. ↗CLINO.

Normalpotential 1) *Geochemie*: ↗Eh-Wert. 2) *Geodäsie*: ↗Normalschwerepotential.

Normalschenkel ↗Falte.

Normalschnitt, in der Landesvermessung die Kurve, die durch den Schnitt des ↗Rotationsellipsoids mit der Normalschnittebene entsteht, welche durch die Ellipsoidnormale in einem gegebenen Punkt P_1 und einen weiteren Punkt P_2 der Ellipsoidfläche aufgespannt wird. Jeder Normalschnitt(bogen) ist eine geschlossene, ebene Kurve, die i.a. wieder ellipsenförmig ist. Während im Ausgangspunkt P_1 die geodätische Krümmung (↗Kurventheorie) des Normalschnittbogens verschwindet, ist diese in den anderen Kurvenpunkten ungleich Null, so daß ein Normalschnittbogen keine ↗geodätische Linie ist. Ein in P_1 errichteter und durch P_2 verlaufender Normalschnitt fällt in der Regel nicht mit dem entsprechenden, in P_2 errichteten und durch P_1 verlaufenden Normalschnitt (Gegennormalschnitt) zusammen. Betrachtet man darüber hinaus Zielpunkte, die nicht auf der Ellipsoidfläche liegen, so unterscheiden sich die beiden in P_1 errichteten Normalschnittebenen, welche den Zielpunkt $\bar{P}_2$ in der ellipsoidischen Höhe h bzw. dessen Lotfußpunkt P_2 auf der Ellipsoidfläche enthalten; daraus resultiert eine Reduktion des ellipsoidischen Azimuts, die sog. *Zielhöhenreduktion*. [BH]

Normalschrumpfung, *Linearschrumpfung*, der Teil der ↗Schrumpfung, bei dem der Wasserverlust proportional zur Volumenabnahme des Bodens ist; tritt auf im Bereich zwischen ↗Fließgrenze und Schrumpfgrenze. Die Schrumpfgrenze bildet den Übergang zwischen halbfester und fester ↗Konsistenzform und trennt die Normalschrumpfung von der Restschrumpfung.

Normalschwere, Betrag des Schwerevektors in einem Punkt des Normalschwerefeldes mit der ellipsoidischen Breite B und der ↗ellipsoidischen Höhe h. Zur Berechnung der Normalschwere in einer ellipsoidischen Höhe h kann folgende Näherungsformel herangezogen werden:

$$\gamma = \gamma_0(B)\left(1 - \frac{2}{a}(1 + f + m - 2f\sin^2 B)h + \frac{3}{a^2}h^2\right)$$

mit:

$$m = \frac{\omega^2 a^2 b}{GM}.$$

Die numerischen Werte der großen Halbachse a, der kleinen Halbachse b, der Winkelgeschwindigkeit der Erde ω, der geozentrischen Gravitationskonstanten GM und der Abplattung f sowie der Normalschwere $\gamma_0(B)$ eines Punktes der Ellipsoidoberfläche der ellipsoidischen Breite B_0, berechnet nach der ↗Normalschwereformel, hängen vom speziellen ↗geodätischen Referenzsystem ab. Mit den Zahlenwerten des derzeit gültigen ↗GRS80 lautet diese Formel genähert:

$$\gamma[\text{gal}] = \gamma_0(B)[\text{gal}] - 0,30877(1 - 0,00142\sin^2 B)h[\text{km}].$$

[KHI]

Normalschwereformel, Formel zur Berechnung des Schwerewertes in einem Oberflächenpunkt des ↗Niveauellipsoides mit den Werten eines speziellen ↗geodätischen Referenzsystems. Für das ↗GRS30 lautet die Normalschwereformel:

$$\gamma_0(B)\,[\text{m/s}^2] = 9,780490 \\ (1 + 0,0052884\sin^2 B - 59 \cdot 10^{-7}\sin^2 2B)$$

mit der ellipsoidischen Breite B. Die ↗Normalschwere $\gamma_0(B)$ kann für die Geodätischen Bezugssysteme ↗GRS67 und ↗GRS80 auf folgende Weise genauer berechnet werden:

$$\gamma_0(B) = \gamma_{\ddot{A}} \frac{1 + k \sin^2 B}{\sqrt{1 - e^2 \sin^2 B}}.$$

Basierend auf den Fundamentalparametern der betreffenden geodätischen Referenzsysteme ergeben sich die in der Tabelle zusammengestellten Zahlenwerte für die Größen k und e^2. Eine entsprechende genäherte Normalschwereformel wie oben kann auch für die geodätischen Referenzsysteme 1967 und 1980 angegeben werden. Sie lautet für das GRS67:

$$\gamma_0(B) \, [m/s^2] = 9{,}780318 \, (1 + 0{,}0053024 \sin^2 B - 59 \cdot 10^{-7} \sin^2 2B)$$

und für das GRS80:

$$\gamma_0(B) \, [m/s^2] = 9{,}780327 \, (1 + 0{,}0053024 \sin^2 B - 58 \cdot 10^{-7} \sin^2 2B).$$

[KHI]

Normalschweregradient, Differentialquotient, der die Änderung der ↗Normalschwere γ mit der ↗ellipsoidischen Höhe h angibt. In Abhängigkeit vom gewählten ↗geodätischen Referenzsystem sind die entsprechenden Ellipsoidparameter und die Normalschwere $\gamma_0(B)$ eines Ellipsoidpunktes der ellipsoidischen Breite B_0, berechnet nach der ↗Normalschwereformel, einzusetzen:

$$\frac{\partial \gamma}{\partial h} = -\frac{2\gamma_0(B)}{a}\left(1 + f + m - 2f \sin^2 B\right)$$

mit:

$$m = \frac{\omega^2 a^2 b}{GM}$$

und den Abkürzungen a = große Halbachse, b = kleine Halbachse, f = Abplattung, GM = geozentrische Gravitationskonstante, ω = Winkelgeschwindigkeit der Erdrotation (↗Rotationsellipsoid). Als Näherungsformel kann verwendet werden:

$$\frac{\partial \gamma}{\partial h}\,[gal/km] = -0{,}30877\,(1 - 0{,}00142 \sin^2 B).$$

Normalschwerepotential, *Normalpotential*, eine in geschlossener analytischer Form darstellbare Approximation des ↗Schwerepotentials der Erde. Das Normalpotential U weist ähnliche Eigenschaften auf wie das tatsächliche, bezüglich seines funktionalen Verhaltens aber unbekannte Schwerepotential W und approximiert dieses global, ohne jedoch die lokalen, durch Masseninhomogenitäten und topographische Einflüsse bedingten Details wiederzugeben. Das einfachste Normalpotential wird durch das einparametrige, isotrope Modell:

$$U = \frac{GM}{r}$$

mit GM = geozentrische ↗Gravitationskonstante, $r = |\vec{x}|$ geozentrischer Radius gegeben. Um auch die Auswirkungen der Erdrotation und der Erdabplattung zu erfassen, wird in der Geodäsie und der Geophysik in der Regel das Potential eines ↗Niveauellipsoids als Normalschwerepotential benutzt. Noch bessere Annäherungen an das Schwerepotential der Erde erhält man, wenn der gravitative Anteil im Normalpotential durch eine ↗Kugelfunktionsentwicklung niedrigen Grades dargestellt und mit dem ↗Zentrifugalpotential kombiniert wird. Mit höherem Approximationsgrad wächst der Rechenaufwand. [BH]

Normalschwerevektor ↗Niveauellipsoid.

Normalspannung, senkrecht auf eine Fläche wirkende ↗Spannung. In der Bodenkunde Parameter der Kraft in der Coulombschen Gleichung über die Scherfestigkeit eines Bodens, die in der Bodenphysik der flächenbezogenen Auflast entspricht.

Normalverteilung ↗Gauß-Kurve.

Normalwert, auf eine ↗Normalperiode bezogener Datenwert.

normativer Mineralbestand, ein fiktiver Mineralbestand eines Gesteins, aus einer ↗Normberechnung resultierend; im Gegensatz zum ↗modalen Mineralbestand.

Normberechnung, eine Rechenvorschrift, um aus der chemischen Analyse eines Gesteins einen fiktiven Mineralbestand zu errechnen, der dem tatsächlichen Mineralbestand (↗modaler Mineralbestand) nahekommen kann, ihm aber nie genau entsprechen wird, weil die chemische Variation in der Zusammensetzung vieler natürlich vorkommender Minerale in den ↗Normmineralen nicht berücksichtigt wird. Der normative Mineralbestand dient dem Zweck der Klassifizierung v.a. von magmatischen Gesteinen. Die Normberechnungen sind inzwischen stark von anderen Verfahren der Klassifizierung wie dem ↗TAS-Diagramm oder dem Streckeisen-Diagramm (↗QAPF-Doppeldreieck) verdrängt worden mit Ausnahme der ↗CIPW-Norm. Zu den weniger gebräuchlichen Normberechnungen gehören die Rittmann-Norm für Magmatite und die ↗Niggli-Norm, die sich zusätzlich auf Metamorphite anwenden läßt. [HGS]

Normmineral, Mineral, das in einer ↗Normberechnung berücksichtigt wird. Ein Normmineral kann, muß aber nicht in einem Gestein tatsächlich auftreten. Als Normminerale werden die wichtigsten ↗gesteinsbildenden Minerale, aber auch selten oder gar nicht in der Natur vorkommende Minerale verwendet. Allen Normmineralen wird eine feste chemische Zusammensetzung zugewiesen, die bei komplex zusammengesetzten Mineralen wie Pyroxenen oder Amphibolen einigen ihrer Endglieder entspricht.

Normsichtweite, idealisierte Sichtweite; ↗Sicht,

geodätisches Bezugssystem	$k = \dfrac{b\gamma_P - a\gamma_{\ddot{A}}}{a\gamma_{\ddot{A}}}$	$e^2 = \dfrac{a^2 - b^2}{a^2}$
1967	0,001931663383207	0,006694605328561
1980	0,001931851353	0,0066943800229

Normalschwereformel (Tab.): Größen k und e^2 für die GRS67 und GRS80.

von H. H. Koschmieder aus der Sichttheorie abgeleitet, für ein schwarzes Sichtziel mit mindestens 1° Ausdehnung vor dem (hellen) Horizonthimmel, das ein normalsichtiger Beobachter mit adaptierten Augen (Kontrastschwellenwert $\varepsilon = 0{,}02$) erkennen kann. Die Normsichtweite V_N in km = $3{,}912/\sigma$ (σ = ↗Extinktionskoeffizient in km^{-1}) ist also nur von der Trübung der Luft bestimmt, so daß aus der beobachteten Normsichtweite auch die Trübung der Luft ermittelbar ist.

Norm-Subtyp, ↗Bodentypen lassen sich nach qualitativen Kriterien in ↗Subtypen mit spezifischer Horizontfolge untergliedern, wie z. B. Normsubtyp, Abweichungssubtyp und Übergangssubtyp. Der Norm-Subtyp wird durch eine charakteristische Horizontfolge gekennzeichnet, die mit der Horizontfolge des jeweiligen Bodentyps übereinstimmt. ↗Bodenkundliche Kartieranleitung, ↗Bodensystematik.

Nortes, kräftige, meist kalte Nordwinde in Spanien und Mittelamerika.

north american shale composite, ↗chemischer Gesteinsstandard, der die durchschnittliche chemische Zusammensetzung der nordamerikanischen Tonsteine wiedergibt.

Norther, kräftiger kalter Wind in den USA, der im Winter bis nach Texas vordringen kann und dort zu einem plötzlichen und drastischen Temperatursturz führt. Der Norther tritt in Zusammenhang mit einem polaren Kaltluftausbruch auf, der bis in den Golf von Mexiko und Mittelamerika vordringen kann.

Norwegensee, als Teil des ↗Arktischen Mittelmeers und des ↗Europäischen Nordmeers ein ↗Nebenmeer des ↗Atlantischen Ozeans, das durch die norwegische Küste und eine Linie vom Nordkap über die Bäreninsel, Spitzbergen, Jan Mayen, die Färöer Inseln, die Nordspitze der Shetland-Inseln und entlang 61°N zur norwegischen Küste begrenzt ist.

Norwegischer Strom, ↗Meeresströmung als Fortsetzung des ↗Nordatlantischen Stromes in der ↗Norwegensee.

Norwegische Schule ↗Bergener Schule.

Nosean, *Natron-Hauyn, Noselith, Nosian, Nosin, Spinellan*, nach dem Braunschweiger Bergrat K. W. Nose benanntes Mineral mit der chemischen Formel Na$_8$[SO$_4$|AlSiO$_4$]$_6$ und kubisch-hextetraedrischer Kristallform; Farbe: hell- bis dunkelblau, grau, braun, sogar schwarz, seltener weiß; Glas- bis Fettglanz; durchsichtig bis durchscheinend; Strich: weiß; Härte nach Mohs: 5–6; Dichte: 2,3–2,4 g/cm^3; Spaltbarkeit: ziemlich vollkommen nach (*001*); Bruch: muschelig; Aggregate: körnig, derb; Kristalle: klein und selten; vor dem Lötrohr schwer schmelzbar; in Säuren zersetzbar; Begleiter: Nephelin, Leucit, Hauyn, Augit, Feldspat; Fundorte: Rieden am Laacher See (Eifel), Albaner Berge (Italien), Kanarische und Kapverdische Inseln in Alkaligesteinen, vor allem in den Laven von Effusivgesteinen.

Noseanit, ein vulkanisches Gestein, das überwiegend aus ↗Nosean und Klinopyroxen besteht (↗Foidit).

Noseanphonolith, ein ↗Phonolith, der als vorherrschendes Foidmineral ↗Nosean enthält.

NÖTM ↗ *Neue österreichische Tunnelbauweise.*

Notogäa, früher gebräuchliche Bezeichnung für eine ↗biogeographische Region und ein zoogeographisches Reich, das Australien und Ozeanien umfaßt.

Novaculit, diagenetisch verfestigtes Gestein, das ↗Radiolarien und Schwammnadeln gesteinsbildend enthält und aus Mikroquarz besteht.

Nowcasting, bedeutet »Jetzt-Vorhersage«, im Zeitraum von Minuten bis zu zwei Stunden im voraus. Hierfür werden horizontale und vertikale Bewegungen in der Atmosphäre und auch die Intensität bereits vorhandener oder gerade entstehender Wettersysteme wie ↗Schauer, ↗Gewitter, Schneefallgebiete usw. extrapoliert. Für diesen Vorhersagebereich ist der ↗forecaster trotz aller Automatisierung der Datenaufbereitung und Datenpräsentation voll gefordert (Abb.).

Um Nowcasting betreiben zu können, benötigt der Wetterberater sämtliche erreichbaren Wetterdaten, er muß das Wetter insgesamt überwachen. Dies bedeutet Beobachten, Messen und Zusammenstellen von vielfältigen Informationen zum Zwecke sofortiger Reaktion bei Gefahrensituationen. Eine Methode, um eine genaue Analyse der Ausgangswetterlage des gegenwärtigen Wetterzustandes zu erhalten, ist das ↗Monitoring. Folgende Teilbereiche sind zu unterscheiden: a) Die ↗Datenassimilation erfolgt nahezu vollständig automatisch und erlaubt eine Analyse und Präsentation des aktuellen Wetters zu bestimmten Zeitpunkten. Hierbei handelt es sich mehr und mehr um flächendeckende Informationen aus Satelliten-, Radar- und Blitzortungssystemen (↗Blitzortung). b) Das Wetter der vergangenen Stunden muß nachvollziehbar sein, z. B. anhand von Radar- und Satellitenfilmen, die es ermöglichen, visuell und qualitativ die Wetterentwicklung zu erfassen. Die dabei auftretenden Änderungen sind rasch extrapolierbar. Mehr und mehr werden hierzu objektive und nahezu automatische Verfahren angewandt. c) Mittels stati-

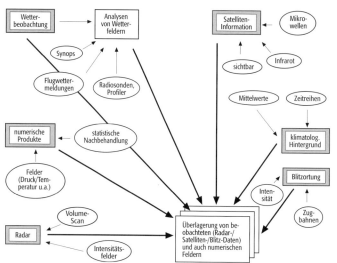

Nowcasting: Schema der vor allem für Nowcasting benötigten Wetterinformationen.

stischer Verfahren sind aus einer Datenbank mit lokalen Klimadaten typische (klimatologische) Änderungen, z. B. im Tagesverlauf oder bei bestimmten Wetterlagen, erhältlich.

Die anzuwendenden Methoden sind fast immer empirisch, sei es daß Bewegungen zu extrapolieren sind oder daß Erfahrungswerte in Form von einfachen Maßzahlen oder von Entscheidungsbäumen entsprechende Kenntnisse vermitteln. Mit sehr schneller Datenübertragung und Datenverarbeitung erhält der Wetterberater alle Informationen bereits wenige Minuten nach ihrer Messung und Aufbereitung im Zentralcomputer. Automatische Programme lassen dem Nowcaster nur die »wichtigen« Meldungen zukommen, z. B. wo gerade ein Gewitter entsteht, wie stark es sich im Radarbild ausprägt, wo vielleicht auch Hagel- oder Starkniederschlag auftritt oder bald zu erwarten ist. Mit speziellen Verfahren ist es auch möglich, die mittels Radar- oder Satelliten-Beobachtung gewonnene Zugbahn von Gewitter- oder Niederschlagszellen zu extrapolieren.

Nowcasting erfordert gänzlich andere Methoden, als die Wetterprognose. Für diesen Zeitraum kann z. B. nicht die ↗numerische Wettervorhersage genutzt werden, die für die längeren Zeiträume entscheidend ist.

Mit Hilfe ähnlicher Fälle und vor allem mit Auswertungen bisheriger Vorhersagen, also mit Prognoseprüfungen (↗Verifikation), können wesentliche Teile des individuellen Wissens objektiv nutzbar gemacht werden. Dazu werden Index-Zahlen benutzt, die Beobachtungs- und Meßwerte in Gewitter- oder Starkregen- oder Glätte-Wahrscheinlichkeiten umwandeln. So wird z. B. eine Schauerwolke, die noch nicht das Gewitterstadium erreicht hat, als Anzeiger für eine 60-prozentige Gewitterwahrscheinlichkeit genutzt. Wenn andere atmosphärische Parameter für den Tagesverlauf ebenfalls auf Gewitter schließen lassen, bedeutet diese einzelne Wetterbeobachtung, daß in dieser Gegend die ersten Gewitter entstehen können. Satelliten-, Radar- und Blitzinformationen bestätigen (oder verneinen) eine weitere Entwicklung dieser Wolke zu einem Gewitter. ↗Man-Machine-Mix. [WW]

NPK-Dünger, Mehrnährstoffdünger mit unterschiedlichen Gehalten an N, P und K.

NRM ↗remanente Magnetisierung.

Nubische Goldminenkarte, eine auf einer in Turin im Museo Egizio aufbewahrten ägyptischen Papyrusrolle aus der Zeit der XIX. Dynastie fragmentarisch erhaltene schematische kartographische Darstellung der Gegend zwischen Nil und dem Roten Meer. Zwischen doppellinigen Wegen und einer Hauptstraße in Wadis mit Brunnen und Bergen in Seitenansicht sind der Ammonstempel und die Goldminen östlich von Koptos (heute Quft) eingetragen, mit Beschriftung in hieratischer Bilderschrift (Abb.).

nuée ardente, *Glutwolke*, veralteter Begriff für einen ↗pyroklastischen Strom mit einhüllender Aschewolke.

Nugget, aus dem Amerikanischen stammende Bezeichnung für makroskopisch sichtbare Edelmetallkörner (vorzugsweise Gold, aber auch Platin, Iridosmium und Osmiridium), die in Seifenlagerstätten (↗Seifen) auftreten. ↗Gold-Nuggets zeigen häufig unregelmäßige Wachstumsstrukturen und schließen kleine Silicat- und Quarzkörner aus den umgebenden Fluß-Sedimenten ein. Mikrosondenanalysen (↗Mikrosonde) von Gold-Nuggets zeigen häufig Silbergehalte, die im Zentrum der Körner höher als am Rand sind; dies wird als das Ergebnis der Auslaugung von Silber aus den randlichen Zonen interpretiert. Die Größe der Nuggets schwankt von weniger als 1 mm bis zu mehreren Zentimetern; in seltenen Fällen wurden auch Gold-Nuggets von über 1 m Durchmesser und 200 kg Gewicht gefunden. Dies weist auf eine Entstehung in situ, d. h. am Ort des Auftretens hin. Goldgewinnung in Kalifornien im 19. Jh. beruhte zunächst auf Seifenlagerstätten in Flüssen, wo Gold als Nuggets auftrat, und wandte sich erst später den primären ↗Goldlagerstätten, wie z. B. dem ↗mother lode, zu. ↗Platin-Nuggets wurden schon in präkolumbianischer Zeit in Südamerika gewonnen und zu Schmuckstücken verarbeitet (↗Platinlagerstätten). Die Größe von Gold- und Platin-Nuggets übertrifft stets bei weitem die von gediegen Gold oder von ↗Platinmineralen in primären Lagerstätten. Dies kann nur durch Wachstum in der Verwitterungszone oder im Ablagerungsraum erklärt werden und unterstreicht die Löslichkeit von Edelmetallen bei niedrigen Temperaturen. [EFS]

nukleare Sprengung, die einzige vom Menschen erzeugte ↗seismische Quelle, die stark genug sein kann, um beobachtbare seismische Wellen am Antipodenpunkt des Epizentrums zu erzeugen. Im Vergleich zu ↗Erdbeben ist der niedrigfrequente Energieanteil in den seismischen Wellen gering, so daß langperiodische ↗Oberflächenwellen in den Seismogrammen meist fehlen. Dies ist ein wichtiges Kriterium zur Unterscheidung von Erdbeben und Nuklearexplosionen.

Nuklid, Kernart, gekennzeichnet durch die Anzahl der Protonen (Z) und die Anzahl der Neutronen (N).

Nuklidkarte, Tafel, auf welcher natürliche und künstliche ↗Nuklide in Koordinaten der Anzahl der Neutronen (N) gegen die Anzahl der Protonen $(=$ Kernladungszahl $Z)$, meist unter Angabe

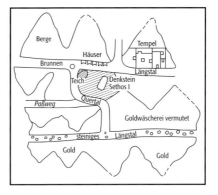

Nubische Goldminenkarte: Plan einer Goldmine von ca. 1000 v. Chr.

Nuklidkarte: Ausschnitt aus einer Nuklidkarte.

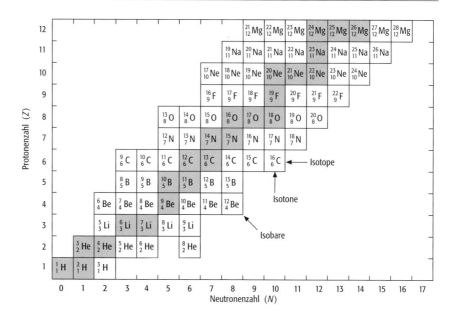

kernphysikalischer Eigenschaften, eingetragen sind (Abb.). Nuklide mit gleicher Kernladungszahl (= ↗Isotope des selben Elementes) stehen in der Nuklidkarte nebeneinander.

Null-Geodäte, Trajektorie eines Lichtstrahles in der ↗Einsteinschen Raumzeit. In der ↗Einsteinschen Gravitationstheorie legt der metrische Tensor g die Geometrie der Raumzeit fest. Lichtstrahlen werden hier durch geodätische Linien von g der Länge Null ($ds^2 = 0$) repräsentiert.

Nullmeridian, ↗Meridian, dem die geographische Länge $L = 0$ zugeordnet ist. Weltweit wird heute der mittlere Meridian von Greenwich als Nullpunkt der Längenzählung verwendet.

Nullrichtung ↗Horizontalwinkel.

numerische Apertur, *Apertur*, *A*, Möglichkeit eines Mikroskops, feinste Einzelheiten noch getrennt abzubilden und sie aufzulösen gemäß:

$$A = n \cdot \sin\alpha.$$

α ist der Winkel, den der äußerste, vom Objektiv gerade noch aufgenommene Strahl oder dessen gedachte Verlängerung mit der ↗optischen Achse bildet, n der Brechungsindex des optischen Mediums. ↗Immersionsflüssigkeit, ↗Einbettungsmethode.

numerische Instabilität, bei der ↗numerischen Simulation an einzelnen Gitterpunkten im Laufe der Zeit immer weiter anwachsende Störung, die eine realistische numerische Lösung verhindert. Bei den Rechnungen kann die numerische Instabilität meist dadurch verhindert werden, daß der Zeitschritt dem ↗Courant-Friedrichs-Lewy-Kriterium angepaßt wird. Instabilitäten können aber auch dadurch entstehen, daß die Modellgleichungen nur ein Teil der atmosphärischen Vorgänge beinhalten und wichtige Prozesse nicht auflösen können. So wird in der Natur bei kleinräumigen Vorgängen die ↗kinetische Energie auf immer kleinere Wirbel übertragen, bis sie schließlich im molekularen Bereich in innere Energie übergeht.

Bei der numerischen Simulation ist diese Energiekaskade zu immer kleineren Strukturen unterbrochen, da der Durchmesser der kleinsten auflösbaren Wirbel dem zweifachen der Gitterweite entspricht. Die Energie staut sich bei dieser Wellenlänge und läßt Wirbel dieser Größe im Laufe der Zeit immer weiter anwachsen, bis dies schließlich zur Instabilität führt. [GG]

numerische Modelle, unter einem numerischen Modell versteht man in der Meteorologie ein mathematisches Werkzeug zum Studium von Vorgängen in der realen Atmosphäre, bestehend aus einer Modellkonzeption, einem geschlossenen physikalischen Gleichungssystem und einem numerischen Lösungsverfahren. In Abhängigkeit von den zu simulierenden Phänomenen gibt es numerische Modelle für alle Skalen. Das Grundgerüst eines jeden numerischen Modells besteht aus einem Satz von bekannten physikalischen Gleichungen. Je nach Skala und Problemstellung kann noch eine Erweiterung oder aber eine Vereinfachung erfolgen. Sollen einige Effekte nicht in den Gleichungen enthalten sein (z.B. der ↗meteorologische Lärm), müssen spezielle Approximationen zur ↗Filterung vorgenommen werden. Die mathematische Struktur des Gleichungssystems läßt nur in wenigen Ausnahmefällen eine analytische Lösung zu. In der Regel ist man auf numerische Verfahren angewiesen, die wiederum nur mit Hilfe von Großrechenanlagen realisiert werden können. Zu dem Gleichungssystem der numerische Modelle gehört noch ein Satz von Anfangs- und Randbedingungen (↗Initialisierung). Numerische Modelle werden in der Meteorologie für die Wetter- und Klimavorhersage, aber auch für viele Fragestellungen in der Meso- und Mikroskala eingesetzt. [GG]

numerische Prognose ↗ *numerische Wettervorhersage.*

numerischer Maßstab ↗ *Maßstab.*

numerische Simulation, Bearbeitung einer komplexen Problemstellung mit einem ↗ numerischen Modell auf einer Rechenanlage.

numerische Wettervorhersage, *numerische Prognose,* Berechnung der atmosphärischen Zustandsgrößen mit Hilfe eines numerischen Modells. Es wird nicht das Wetter an sich prognostiziert, sondern nur die Felder von Luftdruck, Wind, Temperatur und hydrometeorologischer Größen. Aus diesen Informationen muß der Meteorologe eine ↗ Wettervorhersage erstellen.

Nunatak, Pl. = Nunatakker, aus dem Grönländischen stammende Bezeichnung für einen über die Oberfläche des Eises (↗ Gletscher) aufragenden Berg, Gipfel oder Sporn, der somit nicht der ↗ glazialen Formung wie dem ↗ Gletscherschliff durch ↗ Detersion unterliegt. Er zeichnet sich durch schroffe Formen aus, die von den Prozessen der ↗ Frostverwitterung herrühren.

Nunivak-Event, kurzzeitige Umkehr des Erdmagnetfeldes (↗ Feldumkehr) von 4,48–4,62 Mio. Jahre mit normaler Polarität des Erdmagnetfeldes im inversen ↗ Gilbert-Chron.

Nusselt-Zahl, *Nu,* ist definiert durch das Verhältnis gesamter Wärmetransport, d. h. Konduktion + Konvektion, zu Wärmetransport nur mit Konduktion. Dieses Verhältnis beschreibt somit die Effektivität des Wärmetransports in einer Flüssigkeit. Die Nusselt-Zahl spielt bei der Betrachtung von Konvektionsprozessen im ↗ Erdmantel eine Rolle. ↗ *Konvektion.*

Nutation, beschreibt kurzperiodische Richtungsänderungen der Erdrotationsachse in bezug auf ein raumfestes Bezugssystem. ↗ *Präzession.*

nutzbare Feldkapazität, *nFK,* Differenz zwischen dem Wassergehalt bei ↗ Feldkapazität (pF etwa 1,8 bis 2,5) und beim permanenten Welkepunkt (pF = 4,2) aus der ↗ pF-Kurve. Die nFK wird üblicherweise als der Wasservorrat eines Bodens angesehen, der von den Pflanzen genutzt werden kann. Die nFK ist bei Lehm- und Schluffböden am größten, bei Sandböden wird die nFK durch relativ geringe Wassergehalte bei Feldkapazität und bei Tonböden durch relativ hohe Wassergehalte beim permanenten Welkepunkt (PWP) begrenzt. Durch eine Verbesserung des Gefüges kann sich die nFK insbesondere von Tonböden erhöhen, da sich das Gefüge vor allem auf den Anteil sekundärer Grobporen auswirkt.

nutzbarer Porenanteil ↗ *Nutzporosität.*

nutzbares Kluftvolumen, Anteil des durch Klüfte gebildeten Hohlraumvolumens (Kluftlänge mal Kluftbreite mal Kluftöffnungsweite), das vom Grundwasser zu durchfließen ist. Es entspricht bei freiem Grundwasser dem durch ↗ Pumpversuche zu ermittelnden ↗ Speicherkoeffizienten, umfaßt somit nur die Volumina der bei einem Pumpversuch mit dem Bohrloch vernetzten Klüfte und nicht das gesamte Kluftvolumen eines Gebirges. Bei der Berechnung ist die hydraulische ↗ Kluftöffnungsweite und nicht die geometrische Kluftöffnungsweite zu verwenden (Tab.).

Nutzerdialog, *Benutzerdialog,* beschreibt innerhalb von ↗ Benutzerschnittstellen den Informationsaustausch zwischen Nutzer und System im Sinne einer Frage-Antwort-Prozedur. Es handelt sich dabei um eine recht enge Auslegung der ↗ Nutzerführung, die Eingabefehler vermeiden soll und vor allem unerfahrene Nutzer unterstützen soll.

Nutzerführung, *Benutzerführung,* ein Prinzip zur Gestaltung von Teilen einer ↗ Benutzerschnittstelle, bei der ein Nutzer zur Durchführung einer Aufgabe in den notwendigen Arbeitsschritten unterstützt wird. Dazu gehört die Auswahl der richtigen Arbeitsschritte, die Bestimmung der richtigen Einstellungen und Parameter in einem Bearbeitungsschritt und die Übersicht möglicher Alternativen von Arbeitsschritten. Auch der Nutzer interaktiver Karten kann durch ↗ Arbeitsgraphik in der Arbeit mit der Karte geführt werden.

Nutzerprofil ↗ *Nutzungsprofil.*

Nutzfläche, Summe der für einen bestimmten Zweck nutzbaren Fläche eines Gebäudes oder Gebietes. 1) Im Bauwesen ist die Nutzfläche gleich der Bruttogeschoßfläche und beinhaltet die Summe aller unter- und oberirdischer Geschoßflächen, einschließlich Mauer- und Wandquerschnitte, abzüglich aller dem Wohnen oder Gewerbe nicht dienenden Flächen. 2) Die landwirtschaftliche Nutzfläche ist die Summe der Flächen, die der landwirtschaftlichen Nutzung (↗ Landwirtschaft) zur Verfügung stehen.

Nützlinge, land- und forstwirtschaftlicher Begriff für tierische Organismen, die dem Menschen von Nutzen sind. Dazu zählen einerseits alle die Organismen, die durch ihre Lebensweise und Aktivitäten das Auftreten und die Vermehrung bestimmter schädlicher Pflanzen- und Tierarten (↗ Schädlinge) begrenzen und dadurch nützlich für den Lebensraum des Menschen, sind wie z. B. Schlupfwespen, Vögel, die Schadinsekten fressen, Spitzmäuse, Igel, Marienkäfer. Diese Art der Nützlinge ist ein wichtiges Element im biologischen Pflanzenschutz (↗ biologische Landwirtschaft). Andererseits zählen zu den Nützlingen auch die direkt vom Menschen genutzten Tiere (Nutztiere), z. B. Nutzvieh, Speisefische, Jagdwild, Haustiere.

Nutzpflanzen, alle pflanzlichen Organismen, die der Mensch zur Befriedigung seiner Bedürfnisse nutzt und zwar direkt (Nahrungs-, Genuß-, Heil- und technische Zwecke) oder indirekt (für Nutztiere). Mengenmäßig wird der wesentliche Teil der Nutzpflanzen kultiviert (*Kulturpflanzen*) und nur ein kleiner Anteil wird durch Sammeln oder ähnliches genutzt (*Wildpflanzen*). Die meisten der heutigen Nutzpflanzen basieren auf Wildtypen und sind das Ergebnis langwieriger Züchtungsarbeit. Zu den wirtschaftlich bedeutsamen Nutzpflanzen zählen nur etwa 150 verschiedene

Sandsteine, Grauwacken, Konglomerate	1,0–1,5 %
schluffige Sandsteine, Tonschiefer	0,1–0,5 %
Schluff- und Tonsteine	< 0,1 %

nutzbares Kluftvolumen (Tab.): Anhaltswerte für nutzbare Kluftvolumina verschiedener Festgesteine.

Arten, die jedoch 90 % des Nahrungsbedarfs der Weltbevölkerung liefern.

Nutzporosität, *nutzbarer Porenanteil*, der Anteil der miteinander verbundenen Hohlräume in einem Gestein (↗Konnektivität).

Nutzsignal, diejenigen Anteile der registrierten Daten, die die gewünschte Information enthalten, im Gegensatz zu Rauschen oder Störsignal.

Nutzungsart, die Art der Bodennutzung eines Teils der Geländeoberfläche. Im ↗Liegenschaftskataster wird die Nutzungsart (NA) jedes ↗Flurstückes auf der Grundlage der amtlichen Bodenschätzung festgestellt und dokumentiert. Dabei werden die folgenden Nutzungsartengruppen unterschieden: a) Gebäude- und Freiflächen, b) Betriebsflächen, c) Erholungsflächen, d) Verkehrsflächen, e) Landwirtschaftsflächen, f) Waldflächen, g) Wasserflächen und h) Flächen anderer Nutzung. Insgesamt ergeben sich 58 Nutzungsarten. In topographischen und anderen Karten wird die gegenwärtige NA nachgewiesen, wobei z. T. in der Flächenzuordnung und Gliederung der NA vom Liegenschaftskataster abgewichen wird. Ein modernes Beispiel dafür ist der ↗Objektartenkatalog des ↗ATKIS.

Nutzungseignung, Eignung eines ↗Naturraumes für die verschiedenen menschlichen Nutzungen, wie z. B. ↗Landwirtschaft, ↗Forstwirtschaft, ↗Erholungsnutzung. Die Nutzungseignung eines Naturraumes ist einerseits abhängig vom seinem ↗Naturraumpotential, andererseits wird sie aber auch von den jeweiligen technologischen Möglichkeiten und sozioökonomischen Verhältnissen der nutzenden Menschen mitbestimmt. Zur Aufgabe einer ökologisch orientierten ↗Raumplanung und v. a. der ↗Landschaftsplanung gehört es, die Nutzungseignung der verschiedenen Landschaften zu bestimmen und in der Planung zu berücksichtigen (↗Naturraumtypenkarte).

Nutzungsintensität, allgemeines Maß für die Stärke der wirtschaftlichen Nutzung eines Gebietes. In der ↗Landwirtschaft dient die Nutzungsintensität der Beschreibung der je Flächeneinheit eingesetzten, ertragssichernden und -steigernden Produktionsfaktoren (Arbeit, Kapital) und Produktionsmittel (Dünger), in der Siedlungsplanung (↗Stadtplanung) für die Intensität der baulichen Nutzung.

Nutzungsprofil, in der ↗experimentellen Kartographie und im Rahmen der ↗kartographischen Kommunikation Methodenbestandteil und DV-Werkzeug zur Erfassung, Registrierung und Auswertung von Anforderungen an die Nutzung von ↗kartographischen Medien bzw. Geoinformationssystemen im weitesten Sinne sowie den Merkmalen ihrer Nutzer (*Nutzerprofil*). Die ausgewerteten Ergebnisse bilden die Grundlage für ein nutzungsorientiert spezifiziertes Angebot an Informationen im Rahmen einer ↗dialogorientierten Kommunikation mit kartographischen Medien. Gegenstand der Registrierung in Nutzungsprofilen sind z. B. Fragestellungen und Erkenntnisziele der ↗Kartennutzung, der Handlungs- und ↗Kommunikationskontext, der ↗Systemnutzung sowie die individuellen fachlichen Fähigkeiten, technischen Fertigkeiten, persönlichen Einstellungen, Dispositionen und Motivationen des Kartennutzers. [PT]

Nutzungssystem, beschreibt in der ↗Landwirtschaft die Form der ↗Landnutzung, welche durch die Wahl der ↗Nutzpflanzen, Nutztiere, Bearbeitungsmethoden und den Einsatz der Produktionsfaktoren (Arbeit und Kapital) charakterisiert wird. Das Nutzungssystem ist ein Zusammenspiel einerseits des Systems der ↗Bodennutzung, d. h. dem räumlichen und zeitlichen Gefüge der bewirtschafteten ↗Kulturarten wie Weidewirtschaft, Feldbau, gemischte Bodennutzung und andererseits des Betriebssystems, der Betriebsform (Produktionsrichtung und Organisation der landwirtschaftlichen Betriebes) und des Betriebstyps (Betriebsgröße, Eigentumsordnung, Erwerbsfunktion).

Nutzungsverträglichkeit ↗Umweltverträglichkeitsprüfung.

Nutzwald, forstwirtschaftlich genutzter Wald, der primär zur Gewinnung von Nutzholz bewirtschaftet wird. ↗Forstwirtschaft.

Nutzwasserkapazität, der im Wurzelraum eines Bodens sich maximal einstellende Gehalt an Bodenwasser, der von Pflanzenwurzeln noch aufgenommen werden kann. Sie entspricht der ↗nutzbaren Feldkapazität des ↗effektiven Wurzelraums.

Nutzwertanalyse, *NWA*, ↗Bewertungsverfahren der (Umwelt-) Ökonomie, das eine vergleichende Beurteilung von Maßnahmen und Zustandsänderungen ermöglicht, die sich gar nicht oder nur bedingt direkt als Geldwert ausdrücken lassen. Vor allem für Maßnahmen des ↗Umweltschutzes und des ↗Naturschutzes sind direkte monetäre Bewertungen selten möglich, so daß eine NWA durchgeführt werden muß. Bei der NWA muß zuerst ein zu erreichendes Planungsziel vorgegeben werden. Die Beiträge der alternativen Maßnahmen zur Zielerreichung werden dann anstelle eines finanziellen Wertes mit einem Punkteschema beurteilt. Schließlich wird diejenige Maßnahme ausgewählt, die das beste Kosten-Nutzen-Verhältnis aufweist, wobei der Nutzwert in diesem Fall durch die zugewiesenen Punkte repräsentiert wird. Der Einsatz der NWA als eines von mehreren Bewertungsverfahren in der ↗ökologischen Planung ist umstritten, weil damit nur Einzelmaßnahmen beurteilt werden und die wichtigen ökologischen Zusammenhänge nicht berücksichtigt und bewertet werden können. Wichtig für den Einsatz in der Planungspraxis ist, daß die Punkteverteilung nachvollziehbar ist, damit auch der interessierte Bürger die Ergebnisse und die darauf abgestützten Entscheidungen rekonstruieren kann. [SR]

NUVEL, Modell der ↗Plattenkinematik, d. h. Modellierung der Geschwindigkeitsvektoren (Rotationen) der festen Platten der äußersten Erdschicht (↗Lithosphäre) aus geologisch-geophysikalischen Beobachtungsdaten. Es wurde von Wissenschaftlern der Northwestern University (Evanstone, USA) entwickelt. Das ursprüngliche Modell beschreibt die relative Bewegung von jeweils zwei benachbarten Platten gegeneinander. Die Bewegungen aller zwölf berücksichtigten Platten der Erde werden dann zu einem konsistenten globalen Modell zusammengefügt, wobei die größte Platte (Pazifikplatte) als in Ruhe befindlich angenommen wird. Um diese willkürliche Festlegung zu beseitigen, wird in einem dritten Schritt die Summe (Integral) aller Bewegungen über die gesamte Erdoberfläche zu Null gemacht (»no net rotation«, NNR). Das erste 1990 veröffentlichte Modell trägt die Bezeichnung NUVEL-1. Die zugehörige Lösung NNR-NUVEL-1 entstand 1991. Eine Überprüfung der Beobachtungsdaten ergab dann einen Fehler in der Altersbestimmungen der geologisch-geophysikalischen Strukturen von etwa 4,4 %, d. h. die abgeleiteten Geschwindigkeiten der Meeresbodenausbreitung und damit der Plattenrotationen waren mit dem Faktor 0,9562 gegenüber NUVEL-1 zu multiplizieren. Das so abgeleitete Modell wurde 1994 unter dem Namen NUVEL-1 A publiziert. [HD]

N_{min}-Verfahren, Methode zur Ermittlung der Menge und Verteilung des pflanzenverfügbaren, mineralisierten Stickstoffs (NO_3^-, NH_4^+) im durchwurzelbaren Bodenraum. Mit Hilfe dieser Bodenuntersuchung kann eine genauere N-Düngungsempfehlung gegeben werden, wobei der N-Bedarf der Kulturpflanze entsprechend der standortspezifischen Ertragserwartung abzüglich des N_{min}-N-Vorrates im Boden ermittelt wird. Auf Böden mit gutem Wasserspeichervermögen ist die Methode gut einsetzbar, auf wenig speicherfähigen Sandböden ist sie wegen der möglichen schnellen Veränderbarkeit des Analysenwertes durch ↗Nitratauswaschung weniger geeignet.

N-Vorrat, der Gesamt-Stickstoff-Gehalt der Böden (0,02–0,4 %) ist abhängig von Standortbedingungen und der Nutzung und beträgt in der obersten Bodenschicht von 20 cm 900–9000 kg N/ha bei einem Krumengewicht von 3000 t/ha.

Nyquist-Frequenz, Begriff, der bei der Digitalisierung von Analogdaten auftritt. Die Nyquist-Frequnez F_N definiert die höchste im digitalisierten Signal enthaltene Frequenz. Sie wird durch das Abtastintervall Δt bestimmt. Es gilt $F_N = 1/(2\Delta t)$.

Oase, ökologischer Sonderraum in ariden Gebieten, der sich durch reicheres Pflanzenwachstum und das Vorhandensein von Quellen oder ↗artesischen Brunnen von seiner wüstenhaften Umgebung abhebt. Oft läßt das Vorhandensein von Wasser die Landnutzung in Form einer ↗Bewässerungslandwirtschaft zu. Kleinere Flüsse führen zur Bildung von Flußoasen. Oasen stellen eine Form der ↗ökologischen Nische dar.

Oaseneffekt, erhöhte ↗Verdunstung von kleinen, gegenüber der Umgebung stärker befeuchteten Landoberflächen (↗Verdunstungsprozeß). Dieser Effekt ist in Wüstenoasen besonders stark ausgeprägt.

Obduktion, die tektonische Aufbringung von Fragmenten ozeanischen Krusten- und Mantelmaterials (↗Ophiolithe) auf kontinentale Kruste. Dies kann auf verschiedene Weise geschehen: a) Ein ozeanischer ↗forearc am Rande einer kontinentalen Oberplatte wird in einer Kollision auf eine kontinentale Unterplatte aufgebracht; b) wie a), nur ist die ganze Oberplatte ozeanisch (z. B. Semaildecke, Oman); c) Reste des ursprünglich trennenden Ozeans werden dem forearc der kontinentalen Oberplatte akkretiert und bei Kontinentalkollision auf die Unterplatte überschoben (z. B. Alpen); d) von der ozeanischen Unterplatte werden beim Subduktionsprozeß Krustenteile abgeschält und aus dem forearc auf die kontinentale Oberplatte überschoben (z. B. Neukaledonien); e) ↗Akkretion eines ↗ozeanischen Rückens als ↗Terran unter Verlagerung der Subduktion auf dessen ozeanwärtige Seite (z. B. Küstenkordillere in Kolumbien). [KJR]

Oberboden, landläufig als *Mutterboden* bezeichnet, aus dem Landbau stammender Begriff für den unter Pflug genommenen Teil des Bodens bzw. den stark durchwurzelten Bereich unter Grünland. Der Oberboden umfaßt den ↗A-Horizont und i.w.S. auch die organische Auflage (↗O-Horizont).

Obere Meeresmolasse, *OMM*, *OM*, zweitjüngste, marin gebildete Einheit des Molassebeckens (↗nordalpines Molassebecken).

Obere Süßwassermolasse, *OSM*, *OS*, jüngste, unter limnisch-fluviatilen Bedingungen abgelagerte Einheit des Molassebeckens (↗nordalpines Molassebecken).

Oberfläche, in den ↗Geowissenschaften und in der ↗Kartographie, abgeleitet aus der ↗Zeichen-Objekt-Referenzierung, die Repräsentation von natürlichen oder fachlich-thematischen Oberflächen als ratio- oder intervallskalierte ↗Geodaten mit Bezug zu den Einzelpunkten eines als regel- oder unregelmäßigen Meßpunktnetzes definierten Kontinuums (3D-Daten). Mit dem Ziel der Abbildung durch ↗kartographische Medien, der ↗Visualisierung und der ↗Animation werden aufgrund der Daten z. B. aus digitalen Geländemodellen in der Regel ↗Isolinien interpoliert (↗Isolinienkarte), Schummerungen berechnet (↗Schummerungskarte) und gegebenenfalls mit ↗Luftbildern verknüpft (Abb.).

Oberflächenabfluß, tritt ein, wenn Niederschlags- oder Schneeschmelzwasser nicht mehr in den Boden infiltrieren und an der Geländeoberfläche abfließen. Er ist Auslöser und Transportmedium für ↗Wassererosion. Es werden zwei Arten des Oberflächenabflusses unterschieden: a) Sättigungsabfluß setzt ein, wenn der Boden seine maximale Wasserkapazität, d. h. die Sättigung aller Poren mit Wasser, erreicht hat. b) Beim Horton-Abfluß (↗Hortonscher Landoberflächenabfluß) hat die Bodensäule nicht maximale Wasserkapazität erreicht, jedoch übersteigt die Nachlieferung des zur Versickerung bereitstehenden Wassers (in Strecke/Zeiteinheit) die ↗Infiltrationsrate (in Strecke/Zeiteinheit) an der Geländeoberfläche.

Oberflächenabflußfaktor, *Regenerosivitätsfaktor*, *Regen- und Abflußfaktor*, ↗allgemeine Bodenabtragsgleichung.

Oberflächendichtung, hat den Zweck, die ↗Deponie vor Niederschlägen zu schützen, damit weniger Sickerwasser entsteht. Durch das Sickerwasser gelangen die Schadstoffe in das Grundwasser, was vermieden werden muß. Des weiteren soll unkontrollierter Gasaustritt vermieden werden. Die Oberflächenabdichtung ist Teil des technischen Dichtungssystems von Deponien. Ein typisches Oberflächendichtungssystem ist: 0,8–1,5 m Oberboden und Deckschicht (0,8 m für Gras- und Kräutersaaten, 1,5 m für Busch- und Baumbepflanzung zur Förderung der Verdunstung), 0,1–0,3 m Flächendränage aus Kies (fehlt häufig), 0,3–0,6 m Dichtungsschicht (Lehm- oder Tonschürze) und 0,2–0,3 m Sandfilterschicht (gleichzeitig Gasdränage). Deponien, die nicht ausreichend abgedichtet sind, bekommen eine ↗Dichtwandumschließung, die in tiefere, gut undurchlässige Schichten reicht.

Oberflächeneis, an der Wasseroberfläche schwimmendes (↗Eisgang) oder stehendes Eis (↗Eisstand).

Oberflächenenergie, der mit der Bildung einer Oberfläche verbundene Energieaufwand. In einem Kristall wechselwirken in der Regel die Atome in drei Raumrichtungen mit ihren Nachbarn. Dies kann direkt und über relativ kurze Distanzen durch kovalente Bindungen stattfinden oder über größere Entfernungen durch elektrostatische oder andere Austauschwechselwirkungen. Durch die Bildung einer Oberfläche geht ein Teil dieser Bindungen und der damit verbundene Energiegewinn verloren. Letzterer muß bei der Bildung einer Oberfläche aufgewendet werden. Da sich die Atome an der Oberfläche in einem zum Vergleich mit dem Inneren eines Kristalls asymmetrischen Potential befinden, versuchen diese ihre Positionen den neuen Gegebenheiten

Oberfläche: Beispiel einer Oberfläche.

anzupassen. Bei diesem als *Oberflächenrekonstruktion* bezeichneten Prozeß wird Energie frei, um den die Oberflächenenergie niedriger ist als die Summe der durch die Schaffung der Oberfläche durchtrennten Bindungen. [EW]

Oberflächengeschwindigkeit, ↗Fließgeschwindigkeit an der Oberfläche eines ↗Fließgewässers.

Oberflächenkriechen, langsame Hangbewegung (↗Hangkriechen, ↗Solifluktion), die an der Oberfläche von Böschungen oder Talflanken erfolgt.

oberflächennahe Geothermie, *untiefe Geothermie*, Nutzung des flachen Untergrundes zur Gewinnung und Speicherung von Wärme und Kälte. Der Einsatz erdgekoppelter Wärmepumpen (↗geothermische Energiegewinnung) ist erforderlich, da die Bodentemperatur (8–14°C) nicht direkt zur Raumheizung ausreicht. Die Wärmegewinnung erfolgt über horizontal (Erdkollektoren) oder vertikal (Erdwärmesonden) im Boden verlegte Kunststoffrohre, durch die eine Wärmetauscherflüssigkeit gepumpt wird. Auch Oberflächen- oder Grundwasser kann genutzt werden. Das Verfahren eignet sich für dezentrale Anlagen, die natürlichen Voraussetzungen sind fast an jedem Ort gegeben. In Deutschland gibt es über 20.000 Anlagen. Zahlreiche Anlagen existieren in den USA, in der Schweiz und in Schweden.

Oberflächennivellement, beim Tunnelbau die geodätische Messung von Geländesenkungen beim Vortrieb eines Tunnels mit geringer Gebirgsüberdeckung.

Oberflächenrekonstruktion ↗Oberflächenenergie.

Oberflächenrückhalt, *Oberflächenspeicherung*, Speicherung von Wasser auf der Landoberfläche nach einem Niederschlagsereignis. Sie kann auf Pflanzenoberflächen (↗Interzeption) oder auf unbewachsenen Oberflächen, wie z.B. Ackerflächen, Festgesteinsflächen, Straßen und Dächern, erfolgen. Die Speicherung kann durch Benetzung der Oberflächen, durch Ansammlung von Wasser in kleinen Bodenvertiefungen (↗Muldenrückhalt) oder durch direkte Akkumulation von Schnee und Eis geschehen (↗Abflußprozeß).

Oberflächensalzgehalt, ↗Salzkonzentration, die sich, abweichend von der normalen Konzentration im Wasserkörper, an der Oberfläche eines Gewässers einstellt. Je nach den hydrologischen und meteorologischen Bedingungen kann er größer oder kleiner als der der darunterliegenden Wasserschichten sein. Beispielsweise erniedrigen Regen und Zuflüsse von den Landflächen den normalen Salzgehalt an der Meeresoberfläche, ↗Verdunstung in Salzlagunen erhöht ihn.

Oberflächenspannung, *Grenzflächenspannung*, an der Oberfläche einer Flüssigkeit wirkende Kraft. Sie wird durch Kohäsionskräfte bewirkt, mit denen sich die Flüssigkeitsmoleküle gegenseitig anziehen. Im Innern der Flüssigkeit wirken diese Kräfte mit gleicher Größe in alle Richtungen und heben sich dabei auf. An der Flüssigkeitsoberfläche werden die Moleküle von den darunterliegenden stärker angezogen als von den darüber befindlichen Gasmolekülen. Daher bleibt in einer dünnen Oberflächenschicht eine nach dem Innern der Flüssigkeit hin gerichtete Kraft übrig, die als Kohäsionsdruck bezeichnet wird. Die Oberflächenspannung σ ist definiert als Quotient aus der Arbeit, die zur Vergrößerung der Oberfläche erforderlich ist, und der Größe dieses Flächenzuwachses. Sie hat die Dimension Kraft pro Länge und hängt sehr stark von der Temperatur ab; mit zunehmender Temperatur wird sie geringer. Sie beträgt für Wasser gegen Luft bei 20°C 73 mN/m (↗Wasser). An gekrümmten Oberflächen wie bei Wassertropfen ist σ kleiner als für ebene Wasserflächen. Mit der Oberflächenspannung hängt die ↗Kapillarität, d.h. das Aufsteigen von Wasser in engen Röhren (Kapillaren) zusammen. In der Meteorologie spielt die Oberflächenspannung bei der Bildung von Wassertropfen eine Rolle. [HJL]

Oberflächentemperatur, Temperatur der Boden- oder Wasseroberfläche. Sie ergibt sich aus der ↗Wärmebilanz, bei der die Strahlungsbilanz von kurz- und langwelliger Strahlung, der fühlbare und der latente Wärmestrom sowie der molekulare Bodenwärmestrom berücksichtigt werden. Aufgrund der Vielzahl von lokalen Einflußfaktoren (z.B. geographische Breite, ↗Exposition, ↗Albedo und Rauhigkeit der Unterlage, Erdbodeneigenschaften) kann sich die Oberflächentemperatur auf kürzester Distanz stark unterscheiden.

Oberflächenversiegelungen, 1) generell die Versiegelung von Geländeflächen durch Baumaßnahmen. Dies umfaßt bebaute Gebiete, Straßen, Parkplatzflächen etc. Durch die versiegelten Flächen wird das Einsickern von Niederschlagswasser in den Boden verhindert mit der Folge eines höheren Oberflächenabflusses. 2) Sicherheitsmaßnahme bei ↗Böschungen, um ihre Standfestigkeit zu erhöhen bzw. zu erhalten. Oberflächenversiegelungen dienen im Felsbau zum Schutz gegen Verwitterung (z.B. bei ↗Felsböschungen) sowie allgemein gegen durchsickerndes Bergwasser. Als Dichtungsmaterialien werden bindige Erdstoffe, Asphalt und Kunststofffolien verwendet. Oberflächenversiegelungen werden auch im Tunnelbau (Metall-, Bitumen-, Kunststoff- und Zementisolierung) und Talsperrenbau (Erdbaustoffe sowie Aphaltbeton, Zementbeton und Kunststofffolien) vorgenommen.

Oberflächenwellen, 1) *Geophsyik*: Grenzflächenwellen, die sich entlang der Erdoberfläche mit Geschwindigkeiten von etwa 2,5 bis 4,5 km/s ausbreiten. Die fundamentalen Typen von Oberflächenwellen sind ↗Rayleigh-Wellen und ↗Love-Wellen. Ihre Amplituden nehmen mit zunehmender Entfernung von der Oberfläche schnell ab, die effektive Eindringtiefe beträgt etwa 1/3 der Wellenlänge. Das bedeutet, daß sich die Energie von Oberflächenwellen im wesentlichen nur auf zwei Dimensionen verteilt, weswegen sie wesentlich langsamer mit der Herdentfernung r abnimmt (tr^{-1}) als die von Raumwellen (tr^{-2}) (↗geometrische Dämpfung). Oberflächenwellen weisen in langperiodischen Seismogrammen von Flachbeben die größten Amplituden auf. Sie tref-

Oberflächenzirkulation

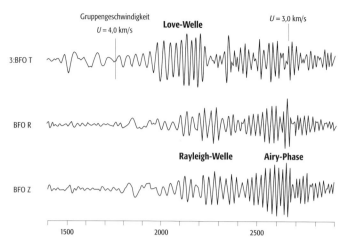

Oberflächenwellen 1: langperiodisches WWSSN-Seismogramm (2.12.1996, 22:51:54 UT + Sekunden, GRSN Station BFO, Herdentfernung = 9500 km, Mw = 6,7 Erdbeben in Japan).

fen deutlich später als P- und S-Wellen ein (Abb. 1). Wegen ihrer größeren Eindringtiefe werden langperiodische Oberfächenwellen mehr von tiefer gelegenen Schichten beeinflußt als die mit kürzerer Periode. Oberflächenwellen zeigen normale ↗Dispersion, d. h. ihre Geschwindigkeit nimmt mit der Wellenlänge zu. Wegen der Dispersion muß man bei Oberflächenwellen zwischen der ↗Phasengeschwindigkeit und ↗Gruppengeschwindigkeit unterscheiden. Oberflächenwellen in Seismogrammen von Fernbeben bestehen unter Umständen aus sehr vielen Schwingungen, wobei wegen der Geschwindigkeitszunahme mit der Tiefe die langwelligen früher als die kurzwelligen Anteile eintreffen. Die Dispersion von Oberflächenwellen enthält Informationen über die Struktur des Untergrundes. Die ↗Dispersionsanalyse liefert als Ergebnis eine Dispersionskurve, die die Phasen- oder Gruppengeschwindigkeiten als Funktion der Periode wiedergibt (Abb. 2). Dispersionskurven bilden die Grundlage für die ↗Inversion von Oberflächenwellen, deren Ergebnis im wesentlichen ein tiefenabhängiges Modell der S-Wellengeschwindigkeiten ergibt. ↗Niedriggeschwindigkeitszonen, wie z. B. die Grenze zwischen Lithosphäre und Asthenosphäre lassen sich mit dieser Methode nachweisen. Durch geschickte Wahl der seismischen Quellen und der seismischen Stationen kann man regionalspezifische Modelle erstellen und die ↗seismische Anisotropie im oberen Erdmantel untersuchen. Im Periodenbereich zwischen 100 und 150 s eignen sich Oberflächenwel-

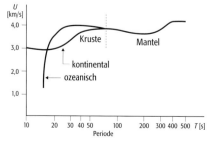

Oberflächenwellen 2: Vergleich von Dispersionskurven der Gruppengeschwindigkeit für Rayleigh-Wellen, die über tektonisch unterschiedliche Strukturen gelaufen sind.

len zur Bestimmung des ↗seismischen Moments und des Herdmechanismus von starken ↗Erdbeben. **2)** *Ozeanographie:* Wellen, die an der Oberfläche eines Mediums geführt werden, z. B. ↗Seegang an der Meeresoberfläche.

Oberflächenzirkulation, oberflächennaher Teil der vom Wind getriebenen ↗Meeresströmungen.

oberirdisches Wasser, auf der Erdoberfläche in Form von fließenden (Fließgewässer) und stehenden Gewässern (↗Seen, ↗Meere, ↗Talsperren, sonstiges anstehendes Wasser) befindliches Wasser.

Oberlauf ↗Fließgewässerabschnitt.

Oberlawine ↗Lawine.

Obermoräne, Sonderform der ↗Moräne, die sich auf der Eisoberfläche des ↗Gletschers oder des Inlandeises (↗Eisschild) befindet und dort mit der Eisbewegung transportiert wird. Obermoränen können durch herabfallenden Schutt (↗Steinschlag) entstehen, der durch den Prozeß der ↗Frostverwitterung gelockert wurde, oder von aus Hangrutschungen oder ↗Bergstürzen stammendem Material gebildet werden. Mit dem Austauen auf der Eisoberfläche werden auch ↗Mittelmoräne und ↗Innenmoräne zu Obermoräne.

Oberplatte, diejenige Lithosphärenplatte, die an einem konvergenten ↗Plattenrand über der durch ↗Subduktion abtauchenden ↗Unterplatte liegt. Die Lithosphäre der Oberplatte verjüngt sich keilförmig in Richtung auf die zur Oberfläche austretende, durch eine Tiefseerinne morphologisch gekennzeichnete Plattengrenze. Die Oberplatte ist entweder ozeanisch oder kontinental; im letzten Fall entspricht der Rand der Oberplatte einem ↗aktiven Kontinentalrand. Der Rand der Oberplatte ist gekennzeichnet durch subduktionsbedingten Magmatismus, der seinen Ausdruck im ↗magmatischen Bogen findet. Dieser gliedert die Oberplatte in einen zwischen der ↗vulkanischen Front und der ↗Tiefseerinne gelegenen Vorbogenbereich (↗forearc) und einen Hinterbogenbereich (↗backarc) auf der von der Tiefseerinne abgewandten Seite des magmatischen Bogens.

Oberrheingraben, tektonischer Graben, der von Basel bis Frankfurt verläuft. Dort teilt er sich in einen östlichen und einen westlichen Ast auf. Der Oberrheingraben ist Teil einer großen Grabenzone, die von Norwegen bis zur Rhônemündung reicht. Er entstand durch die alpidische Gebirgsbildung im Spannungsfeld nördlich der sich hebenden ↗Alpen. Im südlichen Bereich des heutigen Oberrheingrabens kam es im ↗Paläogen zu einer Mantelaufwölbung und in deren Dach infolge der Dehnung ab dem ↗Eozän zur Einsenkung des Grabens. Im weiteren Verlauf des Paläogens und ↗Neogens wurde der Graben mit limnischen, brackischen und marinen Sedimenten gefüllt, die insgesamt bis zu 3000 m mächtig werden. Ab dem ↗Pliozän kommt es im Oberrheingraben zu Scherbewegungen, diese Seitenverschiebungen dauern auch heute noch an und führen im Umfeld immer wieder zu ↗Erdbeben. Begrenzt wird der südliche Oberrheingraben im Westen durch die Vogesen und im Osten durch den Schwarzwald, die Haardt und der Kraichgau flankieren den mittleren Teil, am Nordende liegt im Westen das ↗Mainzer Becken und im Osten der Odenwald, der Taunus begrenzt den Oberrheingraben nach Norden. Im ↗Miozän kam es im Bereich des Kaiserstuhls zu Vulkanismus. [KGr]

Oberterrasse, uneinheitlich verwendete Bezeichnung für eine ↗Terrasse, die in jedem Fall über der ↗Niederterrasse liegt; vielfach synonym zu ↗Hauptterrasse.

Oberwasserzufluß, aus einem tidefreien ↗Fließgewässer einem tidebeeinflußten Gebiet (↗Tide) zufließendes Wasser.

Objektartenkatalog, *OK*, ein Konzept für die objektstrukturierte Modellierung der Umwelt. Der OK umfaßt Objektbereiche, Objektgruppen, Objektarten und Objekte. Die Objektbereiche stellen die höchste Gliederungsebene des OK dar. Jeder Objektbereich umfaßt ein oder mehrere Objektgruppen, die wiederum in ein oder mehrere Objektarten untergliedert sind. Durch weitere Spezifizierung, z. B. durch Attribute, Namen, Bezeichnungen u. ä., ergeben sich konkrete Landschaftsobjekte. Ein Beispiel dafür ist der OK des Amtlichen Topographischen Kartographischen Informationssystems (↗ATKIS) der deutschen Vermessungsverwaltungen (↗AdV). Der ATKIS-OK schlüsselt sieben Objektbereiche auf (Festpunkte, Siedlung, Verkehr, Vegetation, Gewässer, Relief, Gebiete). Sie umfassen insgesamt 185 verschiedene Objektarten, deren flächendeckende Erfassung für das Gebiet der Bundesrepublik noch andauert. [GB]

Objektauswahl, *Auswahl*, ↗Generalisierungsmaßnahme, die bereits als ↗Erfassungsgeneralisierung angewendet wird, die aber auch bei der Ableitung der Darstellung des Folgemaßstabs primären Charakter trägt. Wesentliche Kriterien der Objektauswahl sind die Erhaltung der relativen Dichte und der Verteilungsmuster der durch die ↗Kartenzeichen repräsentierten Objekte. Die Auswahl wird unter folgenden Gesichtspunkten vorgenommen: a) nach der Bedeutung der Objekte nach einer entsprechenden ↗Klassenbildung. So werden in kleine topographische Übersichtsmaßstäbe nur die für den Fernverkehr bedeutenden Straßen (Autobahnen, Bundesstraßen) übernommen, während in geographischen ↗Maßstäben nur noch die Autobahnen zur Wiedergabe ausgewählt sind. Ähnlich verfährt man in der Siedlungsgeneralisierung; b) nach Mindestmaßen (Mindestlängen, -flächen), die die Kartenzeichen aufweisen müssen, um im Folgemaßstab dargestellt zu werden, z. B. Flüsse von wenigstens 1 cm Länge, Waldflächen von 10 mm² und mehr. Gegebenenfalls wird ein in den Kartenmaßstab umgerechnetes Naturmaß, wie 1 km oder 1 ha zugrundegelegt; c) nach einer Auswahlnorm, die die Dichte oder das zahlenmäßige Verhältnis (gegenüber dem Ausgangsmaßstab) der im Folgemaßstab darzustellenden Objekte angibt, z. B. 5 Höhenpunkte/dm² bzw. eines von drei gleichartigen Einzelgebäuden (1:3). Die Auswahlnorm kann u. a. anhand der von Töpfer im Zusammenhang mit dem ↗Auswahlgesetz entwickelten Formeln bestimmt werden. Die Grundformel lautet:

$$n_F = n_A \frac{M_A}{M_F},$$

wobei n_F = Objektanzahl im Folgemaßstab, n_A = Objektanzahl im Ausgangsmaßstab, M_F = Maßstabszahl des Folgemaßstabs und M_A = Maßstabszahl des Ausgangsmaßstabs sind. Diese Grundformel läßt sich durch Koeffizienten für einen veränderten Zeichenschlüssel, für die Bedeutung von Objekten und den Bezug auf gleiche Kartenflächen modifizieren. [KG]

Objektgeneralisierung, Art der ↗Generalisierung, die nach Hake/Grünreich 1994 von der kartographischen Generalisierung zu unterscheiden ist. Die Objektgeneralisierung umfaßt die ↗Erfassungsgeneralisierung und die ↗Modellgeneralisierung. Sie bezieht sich folglich einerseits auf die Generalisierung bei der Schaffung eines ersten analogen oder digitalen Modells der Wirklichkeit (Grundkarte) und andererseits auf die Bearbeitung digitaler Objektmodelle zum Zwecke der Ableitung von Objektmodellen geringerer Auflösung.

Objektiv ↗Fernrohr.

Objektkontrast, Helligkeitskontrast benachbarter Objektdetails. Für die Definition des Kontrasts aus den Differenzen der Extremwerte der Leuchtdichten B des Objektes wird meist die Beziehung $k = (B_1-B_2)/(B_1 + B_2)$ für $B_1 > B_2$, $0 " k " 1$ genutzt. Der daraus resultierende Bildkontrast bei einer ↗Luftbildaufnahme wird durch die ↗Gradation des photographischen Aufnahmematerials und das ↗Luftlicht entscheidend beeinflußt.

Objektkoordinaten, in der Photogrammetrie räumliche Koordinaten eines Objektpunktes in einem übergeordneten oder lokalen ↗Koordinatensystem des Objektraumes, wie z. B. ↗Gauß-Krüger-Koordinaten und objektbezogene kartesische Koordinaten u. a.

Objektlinie, *Grundrißlinie*, die zur Darstellung von Grundrißelementen benutzten ↗Linearsignaturen unterschiedlicher Form und Farbe. Sie stellen in ihrem Verlauf die Grundrißerstreckung der jeweiligen Objekte in einer dem Kartenmaßstab und dem Verwendungszweck angepaßten Verallgemeinerung dar, wobei Farbe und Form die Unterscheidung von Objektarten gestatten. In großmaßstäbigen ↗topographischen Karten erfolgt ihre Darstellung grundrißtreu; bei Verkehrswegen und Fließgewässern doppellinig. Mit abnehmendem Maßstab ist eine zunehmende ↗Generalisierung durch Glättung des Linienverlaufs, durch Auswahl und durch Zusammenfassen (Begriffsgeneralisierung) notwendig. Bei ungeneralisierter Verkleinerung der Darstellung einer einzelnen Objektart entsteht ein verdichtetes Netz (↗Netzkarte). Bis zu einem gewissen Grad kommt in der topologischen Struktur des ↗Kartenbildes die Eigentümlichkeit bestimmter Grundrißelemente bereits im charakteristischen Linienverlauf zum Ausdruck: Fließgewässer sind an der Verästelung und am Windungscharakter zu erkennen, Straßen bilden ein Netz mit Knoten in Siedlungen, Grenzen besitzen charakteristische Knickpunkte. [WSt]

Objektpunkt, Punkt eines zu vermessenden Objektes. Man unterscheidet u. a. Grenzpunkte, d. h. Objektpunkte, die den Verlauf einer Flur- oder Grundstücksgrenze bestimmen, Gebäudepunkte, d. h. Objektpunkte, die den Umriß eines Gebäudes bestimmen, und Topographische Punkte, d. h. Objektpunkte der topographischen Vermessung.

Objektsanierung, eine Art der Instandstellung innerhalb der Stadterhaltung und Stadterneuerung (↗Stadtsanierung), bei der kein vollständiger Abriß, sondern eine Instandsetzung und Modernisierung von Einzelgebäuden erfolgt. Das Gegenteil der Objektsanierung ist die ↗Flächensanierung oder Totalsanierung, bei der ein flächenhafter Totalabriß mit anschließendem Neuaufbau praktiziert wird. Während in den Jahren nach 1960 die Flächensanierung dominant war, hat sich in den letzten Jahrzehnten eine stärkere Zuwendung zur Objektsanierung im Sinne eines modernen Denkmalschutzes ergeben.

obsequenter Fluß ↗konsequenter Fluß.

Observatorien, haben die Aufgabe, bestimmte geophysikalische Größen, die sich zeitlich ändern, kontinuierlich zu registrieren. So registrieren seismologische Observatorien kontinuierlich die Bewegungen des Erdbodens, um z. B das Auftreten von Erdbeben zu erkennen. Magnetische Observatorien erfassen kontinuierlich die Komponenten des erdmagnetischen Feldes. Der kontinuierliche Dienst der Observatorien ermöglicht u. a. auch die Warnung vor Gefahren, z. B. vor dem Auftreten von ↗Tsunamis.

Obsidian, weitgehend glasig ausgebildetes Gestein der Rhyolith-Dacit-Reihe (↗Rhyolith, ↗Dacit). Es ist in frischem Zustand schwarz gefärbt, zeigt einen muscheligen Bruch und durchscheinende Kanten. Mit zunehmendem Alter rekristallisieren die Obsidiane unter Wasseraufnahme; ab Wassergehalten von mehr 4 Gew.-% spricht man von ↗Pechsteinen.

Obsidian-Hydrations-Datierung, eine ↗chemische Altersbestimmung, die auf der Dickenmessung von zeitabhängig anwachsenden Verwitterungsrinden auf ↗Obsidian beruht. Bei der ↗Hydration von Glas (↗Gesteinsglas) wird unter Bildung von ↗Perlit Wasser bei gleichzeitiger Abfuhr von Alkali-Elementen in das Silicatgerüst eingelagert. Die Wachstumsrate der sich ausbildenden Hydrationsrinde ist vom Chemismus des Obsidians und der Umgebungstemperatur bestimmt. Für die Datierung wird die Rindendicke am Anschliff mikroskopisch oder mit Kernresonanzspektrometrie vermessen, zudem ist die chemische Zusammensetzung der Probe und die Umgebungstemperatur (Jahresmittel) zu ermitteln. Unsicherheiten der Methode bestehen im wesentlichen in der Abschätzung der Verwitterungseffekte im Boden und in der Rekonstruktion der Temperaturgeschichte. Als Material eignen sich neben Obsidian auch künstliche Gläser und Artefakte. Es sind relative Altersabfolgen sowie bei Kalibration mit unabhängigen Datierungen oder bei experimenteller Bestimmung der Lagerungstemperatur auch Altersdaten in einem Bereich zwischen wenigen hundert Jahren und einer Million Jahre möglich. Die Datierobergrenze wird durch die maximal erreichbare Rindendichte von etwa 50 μm vorgegeben, da sich dickere Rinden in Abhängigkeit von anderen Verwitterungsvorgängen von der Probe ablösen können. [RBH]

obverse Aufstellung, beschreibt man ein rhomboedrisches Gitter bezüglich einer hexagonalen Basis, so treten zwei Zentrierungen auf einer der langen Diagonalen der hexagonalen Zelle auf. Je nachdem, welche der beiden Diagonalen durch zwei Punkte zentriert wird, spricht man von obverser oder reverser Aufstellung. Die obverse Aufstellung besitzt die Zentrierungspunkte {0,0,0; 2/3,1/3,1/3; 1/3,2/3,2/3}. Die obverse Aufstellung gilt als Standardaufstellung in den International Tables.

O/C-Böden, Klasse der ↗terrestrischen Böden, bei denen eine Humusauflage (> 30% organische Substanz) direkt einem Gestein aufliegt, oder Schotter und Gesteinsklüfte sind von mineralarmem Humus durchsetzt. Unterschieden werden die Typen ↗Felshumusboden, Klufthumusboden und ↗Skeletthumusboden. O/C-Böden werden auch als Humusböden bezeichnet (AK-Bodensystematik der ↗Bodenkundlichen Gesellschaft). Früher gehörten sie zu den A/C-Böden. Sie entsprechen den Folic ↗Histisols oder Histic-lithic ↗Leptosols der ↗WRB.

Ocean-Bottom-Magnetometer, Magnetometertyp für den Einsatz in der off-shore-↗Magnetotellurik.

Ocean Drilling Programme ↗Deep Sea Drilling Project.

Ocean-Floor-Basalt, *OFB*, ↗Mid-Ocean-Ridge-Basalt.

Ocean-Island-Basalt, *OIB*, *Ozeaninselbasalt*, ein ↗Basalt, der an Inselvulkanen ozeanischer Lithosphärenplatten entstanden ist. Die OIB gehören den Intraplattenbasalten (↗Within-Plate-Basalt) an, es treten sowohl ↗Alkalibasalte als auch ↗Tholeiite auf. Die vulkanische Aktivität, welche OIB produziert, wird im Zusammenhang mit Plumes (↗Mantel-Plume) oder ↗hot spots gesehen, die Magmenquelle liegt zumindest teilweise im primitiven Erdmantel. Charakteristisch sind die im allgemeinen höheren Konzentrationen inkompatibler Elemente (verglichen mit ↗Mid-Ocean-Ridge-Basalten oder ↗Island-Arc-Basalten), was bei den Alkalibasalten ausgeprägter ist als bei tholeiitischen Vertretern.

Ocean-Island-Tholeiit, *OIT*, ein ↗Ocean-Island-Basalt tholeiitischer Zusammensetzung (↗Tholeiit).

Ochotskisches Meer, ↗Randmeer des ↗Pazifischen Ozeans zwischen dem russischen Festland, der Halbinsel Kamtschatka, den Kurilen, Hokkaido und Sachalin.

ochric epipedon, humusarmer, heller, geringmächtiger diagnostischer Oberbodenhorizont nach der ↗Soil Taxonomy.

Ocker ↗Mineralaggregate.

Ockererden, saure Braunerden mit pseudovergleytem B-Horizont; sind vergesellschaftet mit ↗Stagnogleyen, die sich auf ebenen Flächen oberhalb der Braunerden gebildet haben; liefern mehrere Monate im Jahr eisen- und manganreiches Hangzugwasser, das durch die hangabwärts liegenden Braunerden fließt und im Verbraunungshorizont zur Ausfällung von Eisen- und Manganoxiden führt (↗polygenetische Böden).

Octanol-Wasser-Verteilungskoeffizient, K_{ow}, eine dimensionslose Größe zur Beschreibung des Lösungsverhaltens von Stoffen in der Umwelt. Der Koeffizient gibt das Verhältnis der in Octanol löslichen Menge eines Stoffes zu der in Wasser löslichen Menge an und ist damit prinzipiell ein Maß für die hydrophoben Eigenschaften des betreffenden Stoffes. So zeigt ein hoher K_{ow} an, daß dieser Stoff sich eher in einem Fett als in Wasser lösen wird.

Odderade, Interstadial im Unterweichsel, ↗OIS 5 a (↗Quartär), in Lößprofilen werden Teile der Moosbacher Humuszonen gebildet. Der Begriff wurde von F.-R. Averdick 1967 nach einem Ort in Schleswig-Holstein benannt.

Oddo-Harkinssche Regel, nach ihren Entdeckern Oddo 1914 und Harkins 1917 benannte Gesetzmäßigkeit für die irdische und kosmische Materie hinsichtlich der Verteilung der Elemente, wonach die Häufigkeit (↗geochemische Häufigkeit) der Elemente mit zunehmender Ordnungszahl und mit zunehmender Größe und Kompliziertheit des Atomkern abnimmt, und daß bei benachbarten Atomen die mit gerader Ordnungszahl häufiger sind als solche mit ungerader. Dadurch kommt auch zum Ausdruck, daß die durch 4 teilbaren Massenzahlen (Isotopen) den weitaus größten Anteil der Materie ausmachen.

Ödland, allgemein land- und forstwirtschaftlich nicht oder nicht mehr kultiviertes und daher aus anthropozentrisch-ökonomischer Sicht ertragsloses Land. Zum Ödland gehören z.B. Flächen mit felsig-sandigem Untergrund, moorige Flächen, trockene ehemalige Weinberghänge, aber auch anthropogene Aufschüttungen (Halden). Unproduktives Land wird heute zunehmend überbaut und so wieder einer Nutzung zugeführt. Ansonsten können Ödlandflächen wegen des fehlenden Nutzungsdruckes eine wichtige Funktion als ökologische ↗Ausgleichsflächen in der heutigen intensiven ↗Kulturlandschaft einnehmen, welche vielen Tier- und Pflanzenarten Rückzugsmöglichkeiten bieten (↗Refugium). Der Begriff beschreibt nicht das natürliche Potential, sondern ist vorwiegend ökonomisch ausgerichtet. ↗Brache.

OeKK ↗Österreichische Kartographische Kommission.

Oersted, Einheit (Oe) für die magnetische Feldstärke im früher benutzten CGS-System: $1\ Oe = 10^3/4\pi$ A/m. Die Einheit ist benannt nach dem dänischen Physiker Oersted (1777–1851).

offene Falte ↗Falte.

offene Filterfläche ↗Filtereintrittsfläche.

offene Landschaft, der Teil der ↗Naturlandschaft oder ↗Kulturlandschaft, der sich außerhalb der großflächigen zusammenhängenden Waldungen befindet. Vergleichbar ist die offene Landschaft mit dem natürlichen ↗Landschaftstyp der ↗Steppe. Die in Mitteleuropa vorhandenen offenen Landschaften sind mehrheitlich anthropogenen Ursprungs und durch intensive Rodungen mit anschließender landwirtschaftlicher Nutzung entstanden.

offener Kapillarraum ↗Kapillarraum.

offener See, See mit mindestens einem Zu- und Abfluß.

offenes System, alle Arten von begrenzten Systemen, die mit der Umgebung Energie und Stoffe austauschen. Typisches Beispiel eines offenen Systems ist das ↗Ökosystem.

offlap ↗Sequenzstratigraphie.

offlap break ↗Sequenzstratigraphie.

Öffnungswinkel, der Winkel zwischen den Schenkeln einer ↗Falte (Abb.).

Offset, der Abstand ↗Schuß – ↗Geophon.

Offsite-Schäden, aus dem Amerikanischen übernommener Begriff für Schäden durch Bodenerosion außerhalb der eigentlichen Wasser- oder Winderosionsflächen, die hauptsächlich durch Sediment- und Stoffeinträge in Gewässer oder die Atmosphäre oder in benachbarte bzw. entfernte Landschaftskompartimente sichtbar und meßbar werden. Sie spielen eine große Rolle in Landschaften des nordostdeutschen Tieflandes, in dem die glazialen, periglazialen und postglazialen Prozesse zu einer ausgeprägten vertikalen und horizontalen Heterogenität der Bodendecke, einem hohen Reliefenergie, einem großen Anteil von Binnengewässern und Vorflutern und einer Vielfalt von schützenswerten Biotopen in agrarisch genutzten Gebieten geführt hat. Dieser Vergesellschaftungsgrad verschiedener, voneinander abhängiger Landschaftselemente führt zu Auswirkungen erosionsbedingter Stoffverlagerungen wie Gewässereutrophierung, besonders durch Phosphor und Stickstoff. Einige Flüsse und die in sie einmündenden Vorfluter sind Schadstoffzuträger in Nord- und Ostsee. Erste Schätzungen jährlicher Einträge in die Oberflächengewässer aus diffusen Quellen werden für das Gesamtgebiet Deutschlands mit 35.100 t Phosphor und 568.800 t Stickstoff angegeben. Dabei werden bei P 38% durch Bodenabtrag und 12,7% durch Oberflächenabfluß und bei N 5,3% durch Bodenabtrag und 3,7% durch Oberflächenabfluß veranschlagt. Der direkte Eintrag in Binnengewässer kann mittels der ↗Schadenskartierung geschätzt werden. [MFr]

Off-site-Verfahren, Verfahren zur Sanierung von kontaminiertem Erdreich. Im Gegensatz zur In-situ-Sanierung wird das Material ausgekoffert und in einem (ortsfesten) Behandlungszentrum gereinigt, das mehrere Kilometer vom Schadensort entfernt sein kann (off site). Als Reinigungsverfahren kommen mikrobiologische und thermische Behandlungen, Bodenwäsche und Verfestigung des kontaminierten Materials in Betracht. Das Off-site-Verfahren dient, wie auch das ↗On-site-Verfahren, der Totalsanierung des Bodens. In den ortsfesten Reinigungszentren lassen

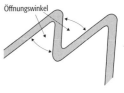

Öffnungswinkel: Öffnungswinkel einer Falte.

sich vor allem die anfallenden Kleinmengen kontaminierter Tankstellenareale oder anderer, kleinerer Schadensfällen optimal sanieren. Nachteilig sind die erforderlichen Transportaufwendungen im Rahmen der Sanierung.

Of-Horizont, *Fermentationshorizont, Grobhumushorizont, Vermoderungshorizont*, ↗Bodenhorizont entsprechend der ↗Bodenkundlichen Kartieranleitung. Neben pflanzlichen Resten nimmt die organische Feinsubstanz (↗Feinhumus) zwischen 10 und 70 % ein. Die Feinsubstanzanteile nehmen in der Regel von oben nach unten zu. Diese unterschiedlichen Feinsubstanzanteile verursachen neben einer meist vorhandenen, mehr oder weniger starken Verpilzung unterschiedliche Lagerungsarten (locker, vernetzt, verfilzt, verklebt, schichtig, sperrig, biegefähig und stapelartig). Makroskopisch erkennbar sind meist halbzersetzte Nadel- und Blattreste, die mit Kleintierlosung vermischt sind. Im Fermentationshorizont, der sich aus der Förna (↗L-Horizont) entwickelt hat, sind oft Feinwurzeln zu beobachten. In biologisch wenig aktiven ↗Humusformen kommen mineralische Beimengungen selten vor, wohingegen sie im Fermentationshorizont des ↗F-Mulls häufiger zu finden sind. [AB]

Of-Mull ↗Mull.

Ogiven, an der Oberfläche von ↗Gletscherzungen auskeilende, durch Farbunterschiede und mineralische Beimengungen als deutliche Linien oder infolge unterschiedlich starken Abschmelzens als Wälle mit unregelmäßigem, infolge der Fließbewegung des Gletschereises häufig mit konvex-bogenförmigem Verlauf sichtbar werdende Eisschichten (*Schichtogiven*). Die besonders eindrucksvoll unterhalb von ↗Gletscherabbrüchen ausgebildeten Ogiven repräsentieren dagegen nicht mehr die primäre Eisschichtung, sondern sind durch Eispressung und Überschiebungen entstanden (auch *Wellenogiven*).

Oh-Horizont, *Feinhumushorizont, Humifizierungshorizont*, ↗Bodenhorizont, in dem die organische Feinsubstanz stark überwiegt, d. h. ein höherer Gehalt von > 70 % der Summe von organischer Feinsubstanz und Sproßresten im Vergleich zum ↗Of-Horizont auftritt. ↗Bodenkundliche Kartieranleitung.

ÖHM ↗*Landschaftsökologische Hauptmerkmale*.

Ohmsches Gesetz, Materialgleichung der Elektrodynamik, die die elektrische Feldstärke $\vec{E}$ mit der Stromdichte $\vec{J}$ verknüpft: $\vec{J} = \sigma \vec{E}$. Dabei ist die ↗elektrische Leitfähigkeit σ ein Skalar bei isotropem oder ein Tensor bei anisotropem Untergrund (↗elektrische Anisotropie). Daraus abgeleitet erhält man die elektrische Spannung als Funktion der Gesamtstromstärke I mit dem Ohmschen Widerstand R als Proportionalitätskonstante:

$$U = RI.$$

O-Horizont, ↗Bodenhorizont entsprechend der ↗Bodenkundlichen Kartieranleitung, organischer Horizont oberhalb der eigentlichen ↗Bodenhorizonte aus organischer Substanz über dem Mineralboden oder über Torf. Die organische Substanz besteht in der Regel zu > 10 Vol.-% aus Feinsubstanz, der Grenzwert zum Mineralboden liegt bei 70 Masse-% mineralischer Substanz. Der O-Horizont ist zu verwechseln mit ↗H-Horizont oder ↗F-Horizont.

OHP ↗*O*perationelles *H*ydrologisches *P*rogramm.

OIB, *O*cean-*I*sland-*B*asalt.

OIS, *O*xygene *I*sotope *S*tage, MIS, *Marine Isotope Stage*, ein Abschnitt der Sauerstoffisotopenkurve (δ^{18}O-Kurve). Kalte Phasen werden mit geraden Ziffern, gemäßigte mit ungeraden Ziffern belegt. ↗Sauerstoffisotope.

OIT ↗*O*cean-*I*sland-*T*holeiit.

Okkludierung, *Okklusion*, Festhalten einer Fremdsubstanz durch ihr völliges Umschließen, z. B. bei der Ausflockung von Schadstoffen bei der Abwasserreinigung oder bei der Analyse von Niederschlägen wegen der sogenannten Mitfällung einer an sich löslichen Substanz beim raschen Ausfällen. Ursache ist die ↗Adsorption an den wachsenden Teilchen des Festkörpers. Ein häufiger Fall von Okkludierung ist der Einschluß des Dispersionsmittels bei der Gelbildung, der auch für die Erscheinung der ↗Thixotropie verantwortlich ist.

Okklusion, 1) *Klimatologie*: ↗*Okklusionsfront*. 2) *Mineralogie*: ↗*Okkludierung*.

Okklusionsbewölkung ↗*Frontbewölkung*.

Okklusionsfront, *Okklusion*, eine zusammengesetzte ↗Front, zumeist als Ergebnis der Einschnürung und spiralförmigen Verwirbelung des Warmsektors einer ↗Frontzyklone, wobei sich die vorauslaufende ↗Warmfront und die folgende ↗Kaltfront um eine spiralförmige Warmluftschliere zusammenschließen (Abb.). In allen derartigen Fällen ist der Vorgang der Okklusion des Warmsektors an eine effektive Frontzyklogenese gebunden, ein Prozeß, der den zyklonalen Bereich des Warmsektors so lange auspumpt, bis sich die den Warmsektor begrenzenden ↗Frontschichten vereinigen. Als vorläufiges Ergebnis zeigt sich eine troposphärische Warmluftzunge, die spiralig im zugehörigen Zentrum der Frontenzyklone endet. Diese Warmluftzunge degeneriert allmählich infolge weiteren Auspumpens.

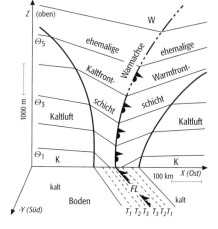

Okklusionsfront: vereinfachtes Modell der Okklusionsfront im Zonalschnitt und am Boden (100fach überhöht); Θ_j = Isentropen (Gleitflächen) in 5 K-Intervallen, T_i = Isothermen am Boden in 1°C-Intervallen; FL = Frontlinie.

Der sich vom Zentrum der Frontenzyklone immer weiter entfernende Treffpunkt der beiden Fronten heißt *Okklusionspunkt*. Okklusionsfronten können auch spontan (ohne vorhergehende Okklusion eines Warmsektors) im baroklinen Feld der Westwindzone entstehen. Dies zeigt sich oft beim ersten Glied einer neuen ↗Zyklonenfamilie, das gewöhnlich keinen regelrechten Warmsektor aufweist. Die Okklusionsfront als Warmluftschliere ist auf ihrer Vorder- und Rückseite von zumeist recht unterschiedlichen Kaltluftmassen begleitet. Erweist sich die von der Rückseite vordringende als die kältere von beiden, so ist eine ↗Kaltfrontokklusion definiert, an ihr sind die Wettererscheinungen oft ähnlich denen an einer Kaltfront. Im umgekehrten Falle entsteht eine ↗Warmfrontokklusion, mit Wettererscheinungen ähnlich denen an einer Warmfront. Stark unterscheiden sich Okklusionsfronten auch infolge ihrer ursprünglichen Zusammensetzung aus je einer ↗Aufgleit- und ↗Abgleitfront: Bei Zunahme der frontsenkrechten Windkomponente mit der Höhe entsteht aus einer Aufgleit-Warmfront und einer Abgleit-Kaltfront immer eine Ana-Kata-Okklusionsfront. Hier konzentriert sich auf der Vorderseite ↗Flächenniederschlag, der beim Frontdurchgang von konvektiven Niederschlägen (↗Konvektion) mit rasch folgender Aufheiterung abgelöst wird. Andererseits entsteht bei Abnahme der frontsenkrechten Windkomponente mit der Höhe aus einer Abgleit-Warmfront und einer Aufgleit-Kaltfront stets eine Kata-Ana-Okklusionsfront mit freundlichem Wetter auf der Vorderseite und einsetzendem Flächenregen nach Durchgang der Front. [MGe]

Okklusionspunkt, ↗Okklusionsfront.

Oklo-Phänomen, ungewöhnliche Isotopen-Zusammensetzung, auch in den Spurenelementen, der Uranerze aus Okli (Gabun). Daraus schließt man, daß dort vor ca. 1,7 Mrd. Jahren Kernreaktionen abgelaufen sein, d.h. »natürliche Kernreaktoren« existiert haben müssen.

Ökobilanz, naturwissenschaftlich-technische Methode zur Quantifizierung von Energie- und Materialflüssen bei der Herstellung, Verbreitung und Nutzung von Waren und Gütern, sowohl in der industriellen, aber auch in der landwirtschaftlichen Produktion. Die Ökobilanz soll Umweltbeeinträchtigungen und Umweltbelastungen bei der Herstellung von Produkten auf ihrem Weg von Ausgangsmaterial bis zur Entsorgung aufzeigen. Es geht bei der Aufstellung von Ökobilanzen darum, umweltfreundlichere Alternativen zu entwickeln und Produkte gleicher Nutzung bezüglich ihrer Umweltbelastung zu vergleichen.

Ökodiversität ↗Landschaftsökologie.

Ökofaktor, *Umweltfaktor*, in der ↗Landschaftsökologie die Sammelbezeichnung für alle Funktionsgrößen, die direkt oder indirekt im ↗Ökosystem in Erscheinung treten. Es handelt sich bei einem Ökofaktor also um eine abiotische oder biotische Komponente, einschließlich der von ihr ausgehenden Wirkung.

ökofunktionaler Kennwert ↗*ökologische Kennwerte.*

Ökogeographie: Ansätze der Ökogeographie.

Ökogeographie, in engerem Sinne ein Teilgebiet der ↗Synökologie, welches die Verbreitung von Pflanzen- und Tierarten (↗Art) in Beziehung zur geoökologischen Ausstattung (↗Geofaktoren) ihrer Umgebung setzt. Im allgemeinerem Sinn wird der Begriff auch verwendet für eine Betrachtungsperspektive der ↗Geographie, die das Wirkungsgefüge Natur-Technik-Gesellschaft betrachtet und die ↗Umwelt als Funktionssystem im Sinne des ↗Landschaftsökosystems modelliert. In unterschiedlicher räumlicher Auflösung (↗Dimension landschaftlicher Ökosysteme) werden dabei ökogeographische Raumeinheiten ausgeschieden, welche Ausdruck der vorgegebenen Reliefverhältnisse und der Wirkung der ablaufenden ökologischen Prozesse sind. Die ablaufenden Prozesse führen zu einer Homogenisierung oder Heterogenisierung (↗Homogenität, ↗Heterogenität) der Raumeinheiten (Abb.).

ökogeographische Gruppe, im Sinne der ↗Ökogeographie eine Gruppe von Pflanzen- oder Tierarten (↗Art), deren Vertreter in ihren Beziehungen zu den ↗Geofaktoren ihrer engeren Lebensumwelt annähernd übereinstimmen. Sie besiedeln daher ähnliche ↗Areale.

Ökologie, [von griech. oikos = Haushalt], Wissenschaft von den wechselseitigen Beziehungen zwischen Lebewesen und ihrer ↗Umwelt. Diese Wechselwirkungen umfassen sowohl die Interaktionen unter den verschiedenen Organismen, als auch die Einwirkungen der unbelebten Umweltfaktoren (↗Ökofaktoren) auf die Organismen. Diese zwischen 1866 und 1869 entstandene doppelte Definition des Begriffes Ökologie durch den deutschen Zoologen E.H. ↗Haeckel weist auf die entgegengesetzten, aber trotzdem miteinander zu vereinbarenden ↗separativen Ansätze und ↗holistischen Ansätze innerhalb des Faches hin. Eigentlicher Gegenstand der Ökologie ist somit der Stoff- und Energiehaushalt des bewohnbaren Teils des Planeten Erde, der ↗Biosphäre.

Die Modellvorstellung dieses Wirkungsgefüges beruht auf dem ↗Ökosystem und dessen räumlicher Abbildung als ↗Ökotop. Trotz einigen frühen quantitativen Ansätzen war die Ökologie lange Zeit eine überwiegend deskriptive, qualitativ arbeitende Disziplin im Sinne einer »allgemeinen Naturgeschichte«. Vor allem die Arbeiten der amerikanischen Brüder Odum, die 1969 in der Theorie der ↗Sukzession von Ökosystemen gipfelten, konkretisierten durch quantitative und kausale Betrachtungen die Vorstellungen über ↗Stabilität und ↗Labilität von Ökosystemen. Gleichzeitig wurden auch in der Ökologie Experimente in Freiland und Labor als wichtige Komponenten der Untersuchung einbezogen. Die klassische Betrachtungsweise untergliedert das Gesamtgebiet der Ökologie nach der Größenordnung der betrachteten Systeme in die Ökologie des Individuums (↗Autökologie), die Ökologie der Populationen (Demökologie oder ↗Populationsökologie) und die Ökologie der Ökosysteme (↗Synökologie). Inhaltliche Gliederungen sind aber auch nach abiotischen und biotischen Schwerpunkten (↗Geoökologie, ↗Bioökologie), nach den Lebensbereichen (↗terrestrische Ökosysteme, ↗limnische Ökosysteme, ↗marine Ökosysteme) und nach den Organsimenreichen (mikrobielle Ökologie, Pflanzenökologie, Tierökologie) möglich. Als multidisziplinäre Wissenschaft hat die Ökologie eine Reihe eigener Zweige entwickelt, bis hin zur immer stärker werdenden Einbeziehung von Geistes- und Sozialwissenschaften (↗Humanökologie). Auch Praxisbereiche wie die ↗Raumplanung oder die ↗Stadtplanung wenden sich zunehmend ökologischen Ansätzen zu (↗ökologische Planung, ↗Theorie der differenzierten Bodennutzung). Die zunehmende öffentliche Wahrnehmung und Sensibilisierung hinsichtlich der Begrenztheit der globalen Ressourcen und der Gefahren durch die Umweltverschmutzung hat seit Anfang der 1970er Jahre zu einer beispiellosen »Karriere« des Begriffes Ökologie geführt. Ökologie gilt heute umgangssprachlich als Synonym des Guten und Schönen.   [DS]
Literatur: [1] BICK, H. (1998): Grundzüge der Ökologie. – Stuttgart. [2] ODUM, E. P. (1997): Grundlagen der Ökologie. – Stuttgart. [3] REMMERT, H. (1992): Ökologie. Ein Lehrbuch. – Berlin.

ökologische Amplitude, Wirkungsbreite eines ↗Ökofaktors, innerhalb dessen ein Organismus gedeihen kann. Es gibt einen Optimalbereich maximaler Vitalität, dem sich nach unten und nach oben suboptimale Bereiche anschließen, in denen eine ↗Art noch überleben kann (↗Vitalitätsbereich). Man unterscheidet ↗euryöke Arten (↗Generalisten) mit großer ökologischer Amplitude von ↗stenöken mit geringer ökologischer Amplitude. Die größte Häufigkeit einer Art muß aber nicht mit ihrem Optimumbereich übereinstimmen, da sie von anderen Konkurrenten (↗Konkurrenz) an den Rand ihrer ökologischer Amplitude verdrängt werden kann.

ökologische Artengruppe, Gruppe von pflanzlichen und tierischen ↗Arten, welche ähnliche Ansprüche an das ↗Landschaftsökosystem als ihren ↗Lebensraum stellt. Ein Beispiel sind die nach Feuchtigkeitsanspruch, Stickstoffgehalt und Reaktion des Bodens gebildeten ökologischen Gruppen von Grünlandpflanzen.

ökologische Ausgleichsfläche, besondere Art eines ökologischen ↗Ausgleichsraumes in ↗Agroökosystemen. Im Rahmen von Programmen zur finanziellen Entschädigung von ökologischen Leistungen der ↗Landwirtschaft muß (momentan) 5 % der Nutzfläche eines Landwirtschaftsbetriebes als ökologische Ausgleichsfläche ausgeschieden sein. Deren Nutzung ist mit Auflagen verbunden. Beispiele für ökologische Ausgleichsflächen sind Buntbrachen (↗Brache), ↗Magerwiesen und ↗Hecken. Gemäß der ↗Theorie der differenzierten Bodennutzung wird damit eine Erhöhung der ↗Landschaftsdiversität und eine ökologische Stabilisierung der gesamten ↗Kulturlandschaft erreicht. Ökologische Ausgleichsflächen spielen bei geschickter Anlage auch eine wichtige Rolle als ↗Lebensräume für ↗Nützlinge.

ökologische Ausgleichswirkungen, ausgleichend wirkende Stoff- und Energieflüsse zwischen benachbarten ↗Landschaftsökosystemen mit unterschiedlichem Belastungsgrad. Ökologische Ausgleichswirkungen sind Teil der ↗landschaftsökologischen Nachbarschaftsbeziehungen. Sie sind hauptsächlich an die Transportmedien Wasser und Luft gebunden und wirken – wenn auch unterschiedlich – in allen ↗geographischen Dimensionen (z. B. ↗klimaökologische Ausgleichsfunktion in der ↗topischen Dimension als ↗chorischen Dimension, Wärmeferntransport durch den Golfstrom in der ↗geosphärischen Dimension). Durch die von einem Landschaftsökosystem mit geringer Belastung (↗ökologische Ausgleichsfläche) ausgehenden ökologischen Ausgleichswirkungen wird die ökologische Funktionstüchtigkeit eines belasteten Nachbarraumes (↗Lastraum) verbessert.

ökologische Belastbarkeit, *Belastbarkeit*, ↗Ökosysteme sind nur bis zu einem gewissen Grad gegenüber biologischen, physikalischen, chemischen oder technischen Einwirkungen bzw. Störungen belastbar. Geht die Störung über die ökologische Belastbarkeit, d. h. über den Stabilitätsbereich eines Ökosystems (↗Belastungsgrenze) hinaus, kann das Ökosystem irreversibel geschädigt werden und seine ökologische Funktionsfähigkeit verlieren. Die ökologische Belastbarkeit beschreibt demnach auch die Fähigkeit eines Ökosystems, sich nach Störungen selbständig zu regenerieren (↗Regenerationsfähigkeit) und den ursprünglichen Gleichgewichtszustand wieder herzustellen, ohne dauerhafte Änderung des Systemzustandes (↗Stabilität). Die externen Belastungen eines Ökosystems resultieren im wesentlichen aus regulären anthropogenen Nutzungsvorgängen (Landwirtschaft, Müllbeseitigung, Verkehr, Bewässerung etc.). Für die ↗ökologische Planung ist die Tatsache wesentlich, daß nur naturnahe Ökosysteme die Fähigkeit zur ↗Selbstregulation besitzen, dort werden die Regelungsvorgänge vom System selbst durchgeführt. Vom

Menschen künstlich geschaffene Systeme benötigen hingegen eine ständige Steuerung von außen. Aus Sicht der Planung wird von der angewandten landschaftsökologischen Grundlagenforschung eine Antwort auf die Frage erwartet, wo die Belastbarkeitsgrenze landschaftlicher Ökosysteme liegt und welche zusätzlichen Belastungen einzelne Landschaftsräume noch vertragen können, ohne aus dem Gleichgewicht zu geraten. Ohne solche ökologischen Belastungsstandards wird eine wirksame ökologische Planung nicht möglich sein. Heute versucht man in der Planung mit dem Instrument der ↗Umweltverträglichkeitsprüfung abzuschätzen, ob die Auswirkungen z. B. eines Bauvorhabens oder einer Nutzungsänderung nicht die Belastbarkeit eines Landschaftsraumes übersteigen (ökologische ↗Pufferkapazität). [SR]

ökologische Bewertung, im Sinn einer ↗ökologischen Planung durchgeführte Beurteilung des ↗Leistungsvermögens des Landschaftshaushaltes mittels spezifischer ↗Bewertungsverfahren. Betrachtet werden dabei Landschaftshaushaltsfaktoren und Landschaftsräume sowie deren Einzelmerkmale. Eine umfassende ökologische Bewertung wird auch als ↗Landschaftsbewertung bezeichnet.

ökologische Chemie, ein Teilgebiet der Chemie, das sich mit stofflichen Vorgängen der Ökosphäre beschäftigt. Wie die ↗Umweltchemie verfolgt die ökologische Chemie die Verteilung, den Verbleib und die Umsetzung einer chemischen Verbindung in der Umwelt. Dabei richtet sich das Hauptinteresse auf ↗Xenobiotika, also naturfremde Stoffe, die vom Menschen gezielt oder ungezielt in die Umwelt eingebracht werden. Um gezielt eingebrachte Stoffe handelt es sich z. B. bei Insektiziden und Pestiziden. Für die ökologisch-chemische Relevanz der Xenobiotika und die Bestimmung (Prognose) der Einflüsse auf die Umweltqualität spielen in der ökologischen Chemie folgende Faktoren eine Rolle: Produktionshöhe, Anwendungsmuster und Einsatzbereiche, Persistenz, Dispersionstendenz (↗Dispersion) und potentielle Umweltbelastung, biotische und abiotische Umwandlungen sowie ökotoxikologisches Verhalten (↗Ökotoxikologie). Durch die systematische Untersuchung von Umweltproben aus Wasser, Boden, Luft sowie aus menschlichen, tierischen und pflanzlichen Geweben lassen sich Rückschlüsse auf ökotoxikologische Risiken und bestehende Belastungen ziehen.

ökologische Grenze, sowohl funktional als auch räumlich verwendeter Begriff aus der ↗Geoökologie und ↗Bioökologie. In funktionaler Weise können ↗Minimumfaktoren als ökologische Grenze für ganze ↗Ökosysteme oder Bestandteile davon auftreten. Räumlich können ökologische Grenzen als Übergänge zwischen verschiedenen ↗Geoökosystemen im ↗Landschaftsbild sichtbar sein. Vertikale ökologische Grenzen sind die in den landschaftsökologischen ↗Höhenstufen auftretenden, von abiotischen Faktoren gesteuerten ökophysiologischen Limiten der Verbreitung von Tieren und ↗Pflanzen.

ökologische Hauptmerkmale ↗*landschaftsökologische Hauptmerkmale*.

ökologische Kennwerte, *ökofunktionale Kennwerte, ökologische Kenngrößen*, im Rahmen von ↗Landschaftsbewertungen erhobene semiquantitative Daten zur Beschreibung des aktuellen Zustands. Von solchen Daten wird eine räumliche Aussage erwartet, gleichzeitig müssen sie aus praktischen Gründen ohne aufwendige Messungen ermittelt werden können. Sie beziehen sich daher überwiegend auf relativ statische ↗Geoökofaktoren. Ein Beispiel sind ökologische Bodenfeuchtgrade. Erst in jüngerer Zeit wird zu einer dynamischen Kennzeichnung übergegangen, d. h. zu einer Ausweisung der ökologischen Prozesse durch Stoffumsätze (↗Stoffbilanzen). In der ↗Bioökologie werden auch quasiquantitative Kennzeichnungen des Zusammenhanges einer Organismengruppe mit einem chemischen oder physikalischen Faktor (z. B. ↗Schwermetallpflanze) als ökologische Kennwerte bezeichnet.

ökologische Nische, *Nische*, funktionelle Position einer ↗Art in einem ↗Ökosystem. ↗Nische.

ökologische Planung, Begriff aus der ↗Raumplanung für die Absicht, ökologische Belange in planerischen Bewertungen besser aufzubereiten, um damit der ökologischen Komponente der ↗Raumordnung mehr Durchschlagskraft zu verleihen. Die ökologische Planung ist querschnittsorientiert und versucht, im Sinne einer Risikoanalyse (↗ökologische Risikoanalyse) die Auswirkungen der Nutzungsansprüche auf die ↗Landschaftsökosysteme abzuschätzen und im Rahmen der räumlichen Gesamtplanung gegebenenfalls Standortalternativen zu entwickeln. Zur Verminderung unerwünschter ökologischer ↗Nachbarschaftswirkungen kann ökologische Planung auch als Strategiekonzept zur Nutzungsdifferenzierung verstanden werden, das auf die Ideen der ↗Theorie der differenzierten Bodennutzung zurückgreift. Insgesamt sind die methodischen Ansätze der ökologischen Planung heute noch sehr heterogen. Manche ihrer Ansätze sind jedoch in

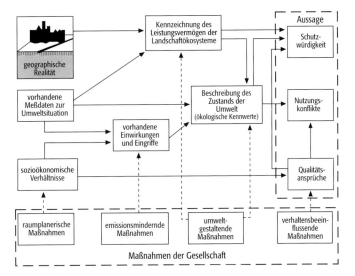

ökologische Planung: Ökologische Planung kann als Prozeßgeflecht zwischen Natur, Technik und Gesellschaft verstanden werden.

Verfahren der ↗Umweltverträglichkeitsprüfung eingeflossen (Abb.). [DS]

ökologische Potenz ↗ökologische Valenz.

ökologische Raumgliederung, Verfahren zur Ausscheidung naturräumlicher Einheiten nach den Prinzipien der ↗Landschaftsökologie. Die ökologische Raumgliederung zielt darauf ab, nach der standörtlichen Untersuchung der kleinsten ökologischen Raumeinheiten (↗Top) eine Differenzierung in unterschiedliche Hierarchiestufen vorzunehmen, um Raumausschnitte gleicher ökologischer Ausstattung zu definieren. Ökologische Raumgliederung kann durch quantitative landschaftsökologische Untersuchung, durch eine qualitative oder sogar nur durch eine rein visuelle Beurteilung der Raumeinheiten erfolgen. Ein wichtiges Kriterium der ökologischen Raumgliederung ist beispielsweise die ↗Toposequenz.

ökologischer Begrenzungsfaktor, Faktor, der die ↗Biomasseproduktion begrenzt, wenn er sich dem Minimum gegenüber anderen Faktoren nähert. Je mehr er vom Minimumwert abweicht, desto geringer ist seine relative Wirkung und erreicht schließlich den Wert Null. Dieser Zusammenhang wird als »Gesetz des Minimums« bezeichnet. Es teilt die wirksamen Umweltbedingungen ein in a) »begrenzende Faktoren«, zu denen das Angebot an Nahrung und Energie gehören, b) die »kontrollierenden Faktoren«, die den Ablauf der Lebensfunktionen beeinflussen, ohne selbst in den Stoffwechsel einbezogen zu sein, und ferner c) die Letalfaktoren. In Gewässern ist das Gesetz des Minimums insofern von Bedeutung, als bestimmte Ionen in so geringer Konzentration vorhanden sein können, daß eine weitere Biomassebildung, z. B. die ↗Algenblüte, nicht möglich ist. Zu den essentiellen Elementen, welche als limitierende Faktoren wirken, gehören Phosphor, Stickstoff, aber auch gelöste Kieselsäure. ↗Minimumfaktor. [MW]

ökologische Risikoanalyse, bei der ↗ökologischen Planung eingesetztes Verfahren zur Abschätzung von Gefahren bei Eingriffen in die ↗Natur und den ↗Landschaftshaushalt. Die ökologische Risikoanalyse soll ermitteln, wie sich das ↗Leistungsvermögen des Landschaftshaushaltes durch Beeinträchtigungen unterschiedlichen Grades verändert und das Risiko dauerhafter Umweltfolgen steigt. Dazu muß auch die Bedeutung der betroffenen landschaftshaushaltlichen Leistungen bewertet werden. Bei der ökologischen Risikoanalyse kommen Bearbeitungsverfahren auf unterschiedlichen Hierarchiestufen des ↗Landschaftsökosystems zum Einsatz.

- Erhaltung der Bodenfruchtbarkeit
- Schaffung weitgehend geschlossener Nährstoffkreisläufe
- artgemäße Tierhaltung und -fütterung
- Erzeugung gesunder Lebensmittel
- Schutz der natürlichen Lebensgrundlage Boden, Wasser und Luft
- aktiver Natur- und Artenschutz
- Schonung der Energie- und Rohstoffvorräte
- Sicherung der Arbeitsplätze in der Landwirtschaft

ökologischer Landbau, alternativer Landbau, biologischer Landbau, organischer Landbau, charakterisiert sich durch ein weitgehend geschlossenes Betriebssystem mit den in der Tabelle 1 dargestellten Zielen. In einer vielfältigen ↗Fruchtfolge werden Marktfrüchte wie auch Feldfutterkulturen angebaut, die die Futtergrundlage einer flächenangepaßten Tierhaltung bilden. Richtlinien der Anbauverbände (Tab. 2) und der EU geben eindeutige und verbindliche Restriktionen für den Pflanzenbau (Verbot des Einsatzes von chemisch-synthetischen Pflanzenschutzmitteln und leichtlöslichen Mineraldüngern) und Tierhaltung (Bestandsdichten- und Futterzukaufsbeschränkung) an. Mit der EU-Verordnung EWG Nr. 2092/91 besteht eine europaweit verbindliche Definition des Anbausystems und ein rechtsverbindlicher Rahmen. Detailliertere und zumeist weitergehende Vorgaben treffen die Richtlinien des jeweiligen Anbauverbandes. Diese Richtlinien sind insofern bindend, als deren Einhaltung Voraussetzung für die Anerkennung und die Vermarktung der Produkte unter dem jeweiligen Markenzeichen ist. Im ökologischen Landbau unterliegen die Betriebe somit einem mehrfachen Kontrollsystem, zum einen dem Anbauverband und zum anderen der EU-Verordnung (Kontrollbesuche unabhängiger Kontrolleure). Zusätzlich ist eine indirekte Kontrolle durch Verbraucher auf Betrieben mit Direktvermarktung gegeben. Das Interesse der EU an einer Förderung des ökologischen Landbaus liegt erstens an der Verringerung der Produktion und damit eines aktiven Beitrages zur Entlastung der Überschußsituation ohne Aufgabe der landwirtschaftlichen Erzeugung. Zweitens weist der ökologische Landbau eine Reihe von positiven Umweltleistungen durch den Verzicht auf Pflanzenschutzmittel und mineralische N-Dünger auf, so daß er eine Alternative in sensiblen Regionen mit Naturschutz- oder Wasserschutzauflagen dar-

ökologischer Landbau (Tab. 1): Ziele des ökologischen Landbaus.

ökologischer Landbau (Tab. 2): Verbände des ökologischen Landbaus in Deutschland (Stand: Januar 1999).

Verband	Gründungsjahr	Anzahl der Betriebe	Anbaufläche [ha]
Biologisch-dynamischer Landbau	1924	1333	48.065
Arbeitsgemeinschaft für Naturnahen Obst-, Gemüse- und Feldfrucht-Anbau	1962	85	3287
Organisch-biologischer Landbau	1971	3385	116.739
Biokreis Ostbayern	1979	200	3397
Naturland	1982	1125	57.440
Ökosiegel	1988	23	1296
GÄA	1989	313	35.254
Biopark	1991	587	107.754
Bundesverband Ökologischer Weinbau	1985	198	877

stellt. Die Richtlinien geben Gebote hinsichtlich der Förderung der ↗Bodenfruchtbarkeit und Vielfältigkeit der Fruchtfolge. So führt eine innerbetriebliche Regulation (Vernetzung von Fruchtfolge, Futteranfall, Viehbesatzstärke, Stallmistanfall, Düngerkapazität, Marktfruchtanteil, Leguminosen, Bodenzustand, Nährstoffverfügbarkeit, Konkurrenzfaktoren) zu einem Betriebssystem mit hoher standortspezifischer und individueller Ausprägung. Durch die gesamtbetriebliche Organisation weitgehend in sich geschlossener Betriebe werden im ökologischen Landbau zahlreiche positive ökologische Leistungen systemimmanent erbracht. Wegen fehlender Kompensationsmöglichkeiten durch Zukauf externer Betriebsmittel, insbesondere Pflanzenschutz-, Dünge- und Futtermittel, ist im ökologischen Landbau die Nutzung natürlicher Prozesse zur Optimierung des Gesamtsystems für die Stabilität, Tragfähigkeit und Selbstregulationsvermögen des Betriebes unerläßlich (Tab. 3). Die Mitgliedsverbände der Arbeitsgemeinschaft Ökologischer Landbau wiesen zu Beginn des Jahres 1999 7249 Betriebe mit einer Anbaufläche von 374.109 Hektar auf. Der Marktanteil der Produkte aus dem ökologischen Anbau umfaßt mit 3,5 Mrd. DM etwa 1,5 % des gesamten Nahrungsmittelumsatzes und wächst jährlich um ca. 10 %. [HPP]

ökologischer Richtwert, allgemein die Schwelle der nicht mehr zumutbaren oder zulässigen Belastung von Mensch oder ↗Umwelt. Diese quantitative Angabe beruht auf dem aktuellen Wissensstand über die jeweilige Belastung und wird im Bedarfsfall angepaßt (meist verschärft). In der Umweltschutzgesetzgebung werden solche Belastungsgrenzen als Entscheidungsinstrumente zunehmend weiter differenziert, in abgestufter Vorgehensweise je nach Überschreitungsbereich. In diesem strengen Sinne besitzen Richtwerte eine geringere Verbindlichkeit als ↗Grenzwerte, Prüfwerte oder Sanierungswerte. Richtwerte entsprechen in der heutigen Praxis dem anzustrebenden Qualitätsziel, das mittelfristig selbst zum Grenzwert werden soll. Weiterhin ist zu bedenken, daß die Höhe der Richtwerte und der übrigen Schwellenwerte nicht zwangsweise an den naturwissenschaftlich belegbaren Funktionen und Erfordernissen der ↗Landschaftsökosysteme definiert sein muß, sondern auch von politischen und ökonomischen Vorgaben mitbestimmt wird. In der ↗Raumplanung wird der Richtwert in einem etwas anderen Sinn verstanden. Er dient dort als eine auf Erfahrungen gründende praktische Orientierungshilfe, kann aber durch eine Verordnung für Planungsträger verbindlich werden. Er besitzt somit den Charakter von Richtlinien als raumplanerische Handlungsanweisung für Bauvorhaben (z. B. DIN-Normen). Ein Beispiel für einen gesetzlich verbindlichen Richtwert ist das zulässige Maß der baulichen Nutzung (Ausnutzungsziffer), wie ihn in Deutschland die Baunutzungsverordnung festlegt. [DS]

ökologischer Wirkungsgrad, Verhältnis von verfügbarer zur aufgenommenen oder genutzten Energie. Dies kann sich auf einen Einzelorganismus oder eine Organismengruppe, auf Teile der ↗Nahrungskette, auf einzelne ökologischer Prozesse oder auf ganze ↗Ökosysteme beziehen. Die verfügbare Energie kann z. B. aus der Sonnenstrahlung oder der Nahrungsaufnahme stammen.

ökologischer Zeigerwert, Ausdruck eines unter gegebenen biotischen Bedingungen (z. B. ↗interspezifische Konkurrenz) an einem ↗Standort erkennbaren ökologischen Verhaltens von ↗Bioindikatoren (↗Zeigerarten oder ganze ↗Zönosen) gegenüber abiotischen ↗Ökofaktoren. Dieser Ausdruck läßt sich mittels einer relativen Skala quantifizieren (↗Zeigerwert). Insbesondere die ökologischen Zeigerwerte von ↗Pflanzen werden bei flächendeckenden landschaftsökologischen Aufnahmen verwendet, um punktuell erfaßte ökologische Meßdaten (z. B. Bodenfeuchte, Stickstoffgehalt des Bodens) räumlich zu extrapolieren.

ökologisches Gleichgewicht, in der öffentlichen Diskussion um Umweltpolitik häufig benutzter Begriff, der jedoch wissenschaftlich nur unklar definiert ist. Das ökologische Gleichgewicht ist ein quasistationärer Zustand eines ↗Ökosystems innerhalb eines definierten Zeitraumes. Dies setzt das Vorhandsein von ↗Regelkreisen voraus, welche bei Veränderungen selbsttätig entsprechende Gegenbewegungen auslösen, die den alten Zustand weitgehend wiederherstellen. Die Regelkreismechanismen kommen durch die wechselseitig wirkenden Prozesse und Faktoren innerhalb eines Ökosystems sowie durch die Austauschbeziehungen zwischen benachbarten Ökosystemen zustande. Der Begriff des ökologischen Gleichgewichtes ist somit eng mit den Vorstellungen zur ↗Stabilität von Ökosystemen verwandt. In diesem Sinne kann beim ökologischen Gleichgewicht auch von einem Gleichgewichtszustand zwischen ↗Produktion und Verbrauch gesprochen werden. Dies läßt sich sowohl auf den ↗Stoffhaushalt im ↗Landschaftsökosystem als

- Nährstoffversorgung der Pflanzen durch Wirtschaftsdünger, Leguminosen und die Mobilisierung von Bodenvorräten
- Einbindung mehrjähriger Leguminosengemenge, Zwischenfrüchte und Untersaaten in die Fruchtfolge
- schonende Bodenbearbeitung
- regelmäßige Bodenuntersuchungen, Untersuchung der Ernteprodukte
- Führung einer Schlagkartei mit allen Anbaumaßnahmen
- Erstellung gesamtbetrieblicher Nährstoffbilanzen unter Einbeziehung der Viehhaltung
- indirekte Unkrautregulierung durch weite Fruchtfolgen, Ausnutzung der Konkurrenzeffekte (Sorten, Saatstärke, Untersaaten)
- direkte Unkrautkontrolle durch mechanische und thermische Maßnahmen
- indirekter Pflanzenschutz durch Fruchtfolgen, Förderung von Nützlingen, Sortenresistenz, Saatgutqualität, niedriges N-Versorgungsniveau
- direkter Pflanzenschutz durch nicht-chemische Pflegemittel, physikalische Saatgutbehandlung, biologische Schädlingsbekämpfung
- Landschaftsgestaltung durch Hecken, Feldgehölze, Vielfalt an Kulturen, Anlage von Obstwiesen

ökologischer Landbau (Tab. 3): Maßnahmen des ökologischen Landbaus.

auch auf die biotischen Faktoren im ↗Bioökosystem beziehen. Der Stoffhaushalt von Landschaftsökosystemen ist nur in bestimmten Fällen ausgeglichen. Ein entsprechendes Beispiel ist der Aufbau und Abbau organischer Substanz im immergrünen tropischen ↗Regenwald, wo ein weitgehend geschlossener Kreislauf der anorganischen ↗Nährelemente besteht und wo der bei der ↗Photosynthese der ↗grünen Pflanzen freigesetzte Sauerstoff bilanzmäßig durch Atmungsprozesse wieder verbraucht wird. Den meisten Landschaftsökosystemen fehlt jedoch das vollständige Verwerten der Pflanzennährstoffe. Um trotz dieses Ungleichgewichts einen konstanten Zustand der ↗Trophie zu erhalten, wird ein variabler Anteil der Produktion in Form von nicht abgebautem Bestandsabfall im Boden abgelagert, dem Kreislauf also zumindest temporär entzogen. Die systemeigene Speicherkomponente garantiert in diesem Fall das ökologische Gleichgewicht. Das ökologische Gleichgewicht als Form eines biozönotischen Gleichgewichts zeigt sich im dynamischen Abhängigkeits- und Wirkungsgefüge einer ↗Lebensgemeinschaft, wo trotz Schwankungen der Populationsdichten der einzelnen ↗Arten die Stabilität des Gesamtsystems aufrechterhalten wird (↗Populationsdynamik). Das Anwachsen einer ↗Population wird durch die Verknappung der Nahrungsgrundlage oder durch die gleichzeitige Zunahme von Freßfeinden oder Parasiten reguliert (↗Parasitismus, ↗Räuber-Beute-System). Im Vergleich mit den Gleichgewichtszuständen von natürlichen oder quasinatürlichen Ökosystemen stellt sich das Prinzip des ökologischen Gleichgewichtes in ↗Anthroposystemen in mehr oder weniger stark veränderter Weise dar. Hier muß der von außen nötige Energieaufwand zur Steuerung und vor allem zum Erhalt von Gleichgewichtszuständen angesichts anhaltend wachsender Bevölkerung und Siedlungsverdichtung ständig ansteigen. [SMZ]

ökologisches Optimum, günstige Lebensbedingungen für eine Tier- oder Pflanzenart (↗Art) bezüglich abiotischer (z. B. Temperatur, Feuchte) oder biotischer ↗Ökofaktoren (z. B. ↗interspezifische Konkurrenz). Das Gegenteil des ökologischen Optimums ist das ökologische Pessimum.

ökologisches Potential, *Potential*, Begriff aus der ↗Landschaftsforschung für die Kennzeichnung des Leistungsvermögens von ↗Landschaftsökosystemen oder deren Subsystemen hinsichtlich der Nutzungsansprüche der menschlichen Gesellschaft. Dabei erfolgt eine Ausscheidung und kartographische Darstellung (↗Potentialkarten) von diesbezüglich homogenen Raumeinheiten. Zur Anwendung kommen dabei meist nutzwertanalytische Bewertungskriterien (↗Landschaftsbewertung, ↗Nutzwertanalyse). Ziel dieser Raumgliederung sind Aussagen über räumlich differenzierte Werte der ↗Umwelt für Pflanzen, Tiere oder Menschen. Insbesondere für die praktischen Belange von ↗Raumplanung und ↗Landespflege sind Darstellungen in Form von Potentialen weit verbreitet. In Anlehnung an verschiedene Nutzungsformen lassen sich mehrere Potentiale unterscheiden (Tab.). Jede Raumeinheit wird entsprechend auf ihre spezifische Eignung für jede Nutzung geprüft. ↗Naturraumpotential, ↗Leistungsvermögen des Landschaftshaushaltes. [DS]

ökologisches Reifestadium ↗*Klimax*.

ökologisches System ↗*Ökosystem*.

ökologische Standorttypen, Begriff, der in der ↗Landwirtschaft und der ↗Forstwirtschaft nutzungsbezogen auf die Bedingungen eines ↗Standortes angewendet wird. Ein ökologischer Standorttyp ist eine Fläche gleicher aktueller Leistungsfähigkeit, welche deren Nutzbarkeit und deren ↗Ertragspotential bestimmt, gleichzeitig aber auch durch Steuerung von außen (↗Kulturtechnik) beeinflußt werden kann.

ökologische Strategie ↗Sukzession von ↗Ökosystemen (↗ökologische Nische).

ökologische Valenz, in der ↗Geoökologie die Wertigkeit eines ↗Ökofaktors für die umweltbezogene Reaktion eines pflanzlichen, tierischen oder menschlichen Organismus. Die ökologische Valenz charakterisiert somit die vor allem witterungsbedingte episodische oder periodische Variabilität eines ↗Geoökosystems. In der ↗Bioökologie bezeichnet die ökologische Valenz die durch ökophysiologische Untersuchungen ermittelte Reaktionsbreite einer ↗Art gegenüber bestimmten Umwelteinflüssen. Synonym wird dafür auch der Begriff *ökologische Potenz* verwen-

ökologisches Potential (Tab.): die wichtigsten ökologischen Potentiale. Die Auflistung erhebt keinen Anspruch auf Vollständigkeit, denn die Nutzungstypisierung kann nach Bedarf beliebig verändert und erweitert werden.

Potential	Bedeutung
Naturschutzpotential/biotisches Regenerationspotential	Erhaltung einer Fläche für Zwecke des Naturschutzes
Rohstoffpotential (oberflächennahe mineralische Rohstoffe)	z.B. Kiesabbau und Rekultivierung der Kiesgruben
Wasserdargebotspotential	nachhaltige Nutzung von Grundwasservorkommen
biotisches Ertragspotential	standortabhängige, natürliche Ertragsfähigkeit für die land- und forstwirtschaftliche Produktion
klimatisches Potential	klimaökologische Ausgleichsräume
Erholungspotential	Eignung einer Fläche für Freizeit und Erholung (Belastbarkeit, Landschaftsbild)
Entsorgungspotential	Eignung einer Fläche zur Aufnahme von festen Abfallstoffen
Bebauungspotential	Eignung als Siedlungs-, Gewerbe- oder Verkaufsfläche

det. Eine große Bedeutung hat die ökologische Valenz für die Anwendung von ⌐Bioindikatoren (⌐Zeigerwert).

ökologische Verarmung, aufgrund von Änderungen der Umweltbedingungen eintretender Verlust an Vielfalt in ⌐Landschaftsökosystemen. Die Verarmung kann sich sowohl auf die naturräumliche abiotische Landschaftsausstattung (Geodiversität) als auch auf die Anzahl und die Zusammensetzung der Organismenarten (⌐Biodiversität) beziehen. Neben natürlichen Umweltveränderungen kommt es vor allem in vom Menschen nicht nachhaltig genutzten ⌐Landschaften oder Landschaftsbestandteilen und dem damit oft einhergehenden Ausbleiben von ⌐ökologischen Ausgleichswirkungen zu einer ökologischen Verarmung. Ein drastisches Beispiel ist das Ersetzen natürlicher Mischvegetationen durch ⌐Monokulturen unterschiedlichster Art.

ökologische Vernetzung, Herstellen von Wirkungsbeziehungen zwischen Organismen in gleichen oder unterschiedlichen ⌐Ökosystemen. Die ökologische Vernetzung kann funktional bei den unmittelbar aufeinanderfolgenden Gliedern einer ⌐Nahrungskette geschehen oder räumlich durch das Erhalten oder Schaffen von ⌐Landschaftsstrukturen, welche einen Austausch von Organismen oder Stoffflüssen über bestimmte Grenzen hinweg gewährleisten (z. B. mittels Hecken, Buntbrachestreifen entlang Feldwegen oder Fließgewässern etc.). ⌐Biotopverbundsystem.

ökonomischer Schwellenwert, in der ⌐Agrarökologie gebräuchlicher Begriff für 1) i.w.S. die Naturgunst, bei der landwirtschaftliche Produktion gerade noch rentabel ist (⌐Landwirtschaft). Unterhalb des ökonomischen Schwellenwertes ist Produktion zwar noch möglich, aber mit erhöhten Produktionskosten verbunden. Der ökonomische Schwellenwert ist nicht fest, sondern verschiebt sich mit der Marktnachfrage. Bei zunehmender Marktnachfrage und den damit verbundenen steigenden Preisen rückt die Produktion gegen die äußeren Produktionsgrenzen vor. 2) i. e. S. die Dichte der ⌐Population eines ⌐Schädlings in landwirtschaftlichen Kulturen, die gerade eine Bekämpfung mit ihren Kosten in Relation zu dem zu erwartenden Schaden durch den Schadenserreger als lohnend erscheinen läßt. Die Bestimmung des ökonomischen Schwellenwertes ist in der ⌐integrierten Landwirtschaft von Bedeutung, weil erst oberhalb dieser Grenze ⌐Pestizide eingesetzt werden dürfen. Eine solche Anwendung nur bei Bedarf soll den Gesamtverbrauch und damit mögliche allgemein negative Umwelteffekte von Schädlingsbekämpfungsmitteln vermindern. [MSch]

Ökopedologie, Bereich der Bodenkunde, der sich mit dem Boden als Teil des Ökosystems befaßt, insbesondere mit den Wechselwirkungen zwischen der Wasser- und Stoffdynamik von Böden und biotischen Prozessen.

Ökophysiologie, Fachgebiet, welches auf den Erkenntnissen und Methoden der Physiologie aufbaut. Es setzt sich mit der Funktionsweise von ⌐Pflanzen und Tieren im Zusammenhang mit den Bedingungen der ⌐Lebensräume in den ⌐Ökosystemen auseinander.

Ökosphäre ⌐*Biogeosphäre*.

Öko-Steuer ⌐*Umweltabgabe*.

Ökosystem, *ökologisches System*, vom englischen Biologen ⌐Tansley geprägte Modellvorstellung der Wechselwirkungen von Lebewesen und ihrem ⌐Lebensraum in einem frei wählbaren Ausschnitt der ⌐Biogeosphäre. Das Ökosystem bildet ein sich selbst regulierendes Wirkungsgefüge, dessen stets offene stoffliche und energetische Struktur sich in einem dynamischen Gleichgewicht (⌐Fließgleichgewicht) befindet. Im Zentrum des Systems stehen die Organismen, die eine ⌐Biozönose aus ⌐Produzenten, ⌐Konsumenten und ⌐Destruenten bilden. Durch diese Wechselbeziehungen kommt es zu einer charakteristischen Ausbildung von ⌐Stoffkreisläufen und Energieflüssen. Um die Anwendung ökologischer Forschungsergebnisse zur Lösung praktischer Umweltprobleme realistisch aufzuzeigen, wird heute eine klare inhaltliche Differenzierung des umfassenden Ökosystem-Begriffes in ⌐Bioökosystem, ⌐Geoökosystem und ⌐Landschaftsökosystem gefordert, da das Funktionieren eines Ökosystems wegen seiner Komplexität nicht vollständig quantitativ darstellbar ist. Vielmehr werden jeweils Gewichtungen auf bestimmte Systemausschnitte gelegt, welche für die Beantwortung spezifischer Fragestellungen in besonderem Maße beachtet werden müssen. Entscheidend ist dabei, daß die Möglichkeit erhalten bleibt, alle Teile in einem weiteren Schritt konzeptionell wiederum zu einem Ganzen zusammenzufügen. In den Geowissenschaften wird der räumliche Aspekt des Ökosystems besonders betont, was schon im Begriff des ⌐Landschaftsökosystems

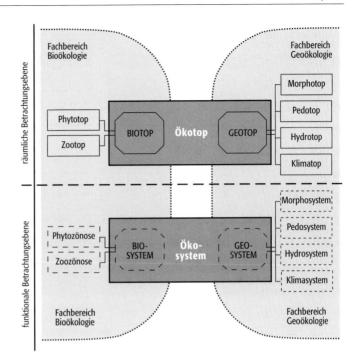

Ökosystem: Ökotop und Ökosystem zwischen den Fachbereichen Bio- und Geoökologie.

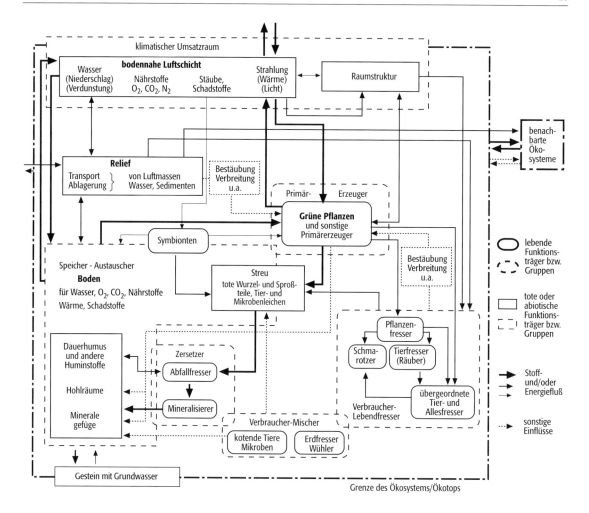

Ökosystemmodell: holistisches Ökosystemmodell mit bioökologischem Schwerpunkt.

zum Ausdruck kommt. Mit der räumlichen Repräsentation des Ökosystems durch das ↗Ökotop lassen sich ökologische Raumeinheiten festlegen und nach der ↗Theorie der geographischen Dimensionen hierarchisch ordnen (↗Dimensionen landschaftlicher Ökosysteme). Dies wiederum liefert die methodische Basis für die in der ↗Landschaftsökologie angestrebte ökologische Raumgliederung im Sinne der ↗Naturräumlichen Ordnung. Eine besondere Bedeutung in der ökologischen Forschung besitzt heute der Mensch, der das Funktionieren der Ökosysteme in beabsichtigter oder auch ungewollter Richtung verändert. Anhand der Nutzungseinwirkung werden gering beeinflußte primäre Ökosysteme von stärker anthropogen geprägten sekundären Ökosystemen unterschieden. Bei sekundären Ökosystemen ist die Fähigkeit zur Selbstregulation deutlich eingeschränkt (Abb.). ↗terrestrische Ökosysteme, ↗aquatische Ökosysteme, ↗heterotrophe Ökosysteme. [SMZ]

Ökosystemforschung, *Ökosystemanalyse,* von unterschiedlichen Wissenschaftsdisziplinen mit zum Teil interdisziplinären Ansätzen betriebene Untersuchungen der Eigenschaften von ↗Ökosystemen und deren Komponenten (↗Artenvielfalt, ↗Stoffkreisläufe, ↗Landschaftselemente etc.). Ziel ist die Erfassung der Interaktionen der beteiligten Organismen untereinander und mit den abiotischen ↗Ökofaktoren. Die Ökosystemforschung erfolgt aufbauend mit den Stufen: Beschreibung, kausale Analyse der Funktionen, Feld- und Laborexperimente (↗Mikrokosmos) bis hin zur mathematischen Modellierung (↗Systemanalyse). Beispiele für großangelegte Ökosystemforschungen in Deutschland sind das ↗Solling-Projekt und das ↗Schönbuch-Projekt.

Ökosystemmodell, modellhafte Abbildung eines ↗Ökosystems in einen unterschiedlichen Detaillierungsgrad. In der ↗Landschaftsökologie wird mit einem umfassenden Ökosystemmodell gearbeitet, das als ↗Landschaftsökosystem konzipiert ist und auf den räumlichen Gliederungen der verschiedenen ↗Dimensionen landschaftlicher Ökosysteme basiert. Eine Möglichkeit zur graphischen Darstellung eines solchen raumwissenschaftlichen Ökosystemmodells ist der ↗Standortregelkreis, der das ↗Proze ß-Korrelations-Systemmodell umsetzt (Abb.).

Ökosystem Stadt ↗*Stadtökosystem.*

Ökoton, Übergangssaum zwischen benachbarten ↗Landschaftsökosystemen, ↗Ökosystemen oder ↗Lebensgemeinschaften. Weil das Ökoton ein Schnittbereich von zwei verschiedenartigen ↗Lebensräumen darstellt, herrschen innerhalb des Ökotons vielfältigere Lebensbedingungen als in den angrenzenden Landschaftsökosystemen (Nahrungsangebot, Anzahl der ↗ökologischen Nischen, mikroklimatische Bedingungen etc.). Daraus ergibt sich eine höhere geoökologische und biotische Diversität (↗Landschaftsdiversität, ↗Biodiversität). So findet man beispielsweise im Ökoton zwischen Wald und Wiese mehr Vogelarten als im Innern des Waldes oder auf dem Feld. Dieser günstige Einfluß auf die Diversität wird auch als *Randeffekt* bezeichnet. Beispiele für Ökotone sind Feldränder, Waldränder und Seeufer. Die Existenz von Ökotonen bedeutet auch, daß es in der Realität, vor allem in großen Maßstäben, keine scharfen Grenzen zwischen ↗Ökotopen und Lebensgemeinschaften gibt, sondern eher Kerngebiete, die langsam über die ökologischen Grenzsäume räumlich ineinander übergehen. [SR]

Ökotop, im allgemeinen Sinne die kleinste landschaftsökologisch relevante Raumeinheit. Das Ökotop stellt die flächenhafte (topische) Ausbildung eines ↗Ökosystems im Sinne der modernen ↗Ökosystemforschung dar, also die räumliche Manifestation des Ökosystems. Da dieses von einheitlich verlaufenden stofflichen und energetischen Prozessen bestimmt wird, kann das Ökotop nach Inhalt und Struktur als homogen und somit als naturräumliche Grundeinheit betrachtet werden. In der ↗Geoökologie wird das Ökotop mit dem ↗Geoökotop gleichgesetzt und beinhaltet alle ↗biotischen Faktoren und ↗abiotischen Faktoren des betreffenden kleinen homogenen Ausschnittes der ↗Biogeosphäre. In der ↗Bioökologie wird das Ökotop meist spezifischer definiert als der durch die ökologischen Bedingungen gegebene Platz einer Organismenart in einem Ökosystem, wo sie zumindest regelmäßig anzutreffen ist (in diesem Sinne weitgehend gleichbedeutend zu Monotop). [SR]

Ökotopgefüge, Vergesellschaftung einer Mehrzahl von kleinsten, in der ↗topischen Dimension homogenen landschaftsökologischen Raumeinheiten zu einem größeren Ganzen. Das Ökotopgefüge ist eine ökologische Raumeinheit der ↗chorischen Dimension, gebildet aus mehreren ↗Ökotopen, die aufgrund der haushaltlichen Prozesse und der Struktur in bestimmter Weise räumlich und funktional miteinander verbunden sind. Auf der chorischen Betrachtungsebene ist das Ökotopgefüge gegenüber den Ökotopen zwar heterogen, gegenüber größeren räumlichen Einheiten wird es aber als homogen definiert. Es verfügt über ein den ↗Topen übergeordnetes Funktionssystem und eine einheitliche Struktur, die durch die im Ökotopgefüge enthaltenen Ökotope bestimmt wird. ↗Theorie der geographischen Dimensionen.

Ökotoxikologie, *Umwelttoxikologie*, die Wissenschaft von der Verteilung und den Wirkungen schädlicher Stoffe auf Organismen oder Ökosysteme, soweit daraus direkt oder indirekt Schäden für Natur und Mensch entstehen. Ökotoxikologie ist als interdisziplinäres Fachgebiet zu sehen, das neben den naturwissenschaftlichen auch rechtliche und ethische Wissenschaftskomponenten umfaßt. Grundlage für die Einstufung eines Schadens in einem belebten System müssen fast immer Informationen zur Konzentration oder Menge sowie der biologisch-medizinisch und auch rechtlich zu bewertenden Schadenshöhe sein. Gegenstand der Ökotoxikologie sind beispielsweise Strahlenschäden durch radioaktive Substanzen, wobei Gefahren, die fast ausschließlich Menschen im Bereich der Berufsausübung oder der medizinischen Untersuchung betreffen (wie Röntgenstrahlen), nicht zur Ökotoxikologie, sondern zur Arbeitsmedizin gehören. Die Erkenntnisse der Ökotoxikologie resultieren in Informationen zum allgemeinen Umweltverhalten und der Umweltgefährlichkeit von Stoffen. [SR]

Ökotyp, **1)** *Bioökologie*: eine durch natürliche ↗Selektion den Bedingungen eines bestimmten ↗Lebensraumes angepaßte ↗Population einer Tier- oder Pflanzenart, die sich genetisch von anderen hinsichtlich der ökologischen Ansprüche und der physiologischen Eigenschaften wesentlich unterscheidet (ökologische Rasse). Die Ökotypen vertreten die ↗Art in Lebensräumen mit unterschiedlicher geoökologischer Ausstattung (Ökotyp von *Pinus sylvestris* sind beispielsweise die Brandenburgische Tieflandkiefer, die Pfälzer Kiefer und Schwarzwälder Höhenkiefer). **2)** *Landschaftsökologie*, *Geoökologie*: Bezeichnung für einen Ökosystemtyp oder ↗Geoökotyp. Darunter zu verstehen ist eine Zusammenfassung von ↗Ökosystemen zu Einheiten mit weitestgehend ähnlichen oder gleichen funktionellen und strukturellen Merkmalen (z.B. das Ökosystem Stadt). [SR]

Oktaeder, spezielle Flächenform {111} der kubisch holoedrischen Symmetrie $m\bar{3}m$ und der Flächensymmetrie $.3\,m$. Die acht Dreiecksflächen bilden gleichseitige Dreiecke und in jeder Ecke stoßen vier von ihnen zusammen. Aufgrund dieser Regularität zählt das Oktaeder zu den platonischen Körpern.

Oktaederlücken ↗Kugelpackung.

Oktaederschicht, Bezeichnung für die kristallstrukturelle Schicht, in der die Oktaeder über Kanten verknüpft und mit zweien ihrer Dreiecksflächen parallel zur Ebene der Tetraeder-Sechserringe liegen; wichtige Einheit im Bauplan der ↗Phyllosilicate und ↗Dreischichtminerale.

Oktaedrit, Eisenmeteorit (↗Meteorit) mit oktaedrischer Struktur (Abb.). Eisenmeteorite bestehen aus Nickeleisen. Ätzt man polierte Schnitte mit verdünnten Säuren an, so zeigt sich ein Netzwerk von Lamellen, welche Felder verschiedener Größe umschließen. Die charakteristischen Zeichnungen heißen nach ihrem Entdecker »Widmanstättensche Figuren«. Die Lamellen bestehen aus nickelarmem Kamazit und sind beiderseits von dünnen Schichten nickelreichen Taenits eingefaßt. Die Grundmasse zwischen den Lamellen besteht aus Plessit. ↗Eisen.

Oktaedrit: Oktaedrit mit Widmannstättenschen Figuren auf der Anschlifffläche (Durchmesser ca. 10 cm).

Oktanzahl, OZ, Volumenprozentsatz des Iso-Oktans in einer Mischung von Iso-Oktan und *n*-Heptan. Dieses Mischungsverhältnis dient zur qualitativen Bewertung der Klopffestigkeit von Vergaserkraftstoffen. Bei der Bestimmung der Oktanzahl unter definierten Bedingungen mittels eines standardisierten Testmotors bei gemäßigter Motortemperatur (Researchmethode) erhält man die Researchoktanzahl (ROZ).

Okular ↗ Fernrohr.

Ökumene, der globale ↗ Lebensraum des Menschen als Summe aller seiner genutzten oder nutzbaren Wohn- und Wirtschaftsräume. Die Ökumene wird durch naturgegebene Grenzen hinsichtlich Temperatur, Höhe oder Trockenheit von der nicht dauerhaft bewohnbaren Anökumene abgetrennt. Dazwischen können zusätzlich noch Übergangsstadien (Sub-Ökumene, Semi-Ökumene) differenziert werden.

Old Red-Fazies, kontinentale, fluviatil-limnisch-äolische Faziesassoziationen des Obersilurs, Devons und tiefsten Unterkarbons in intrakontinentalen und paralischen Ablagerungsräumen des ↗ Old Red-Kontinents. Der Name bezieht sich auf den Altersunterschied zum »New Red Sandstone«, dem Britischen ↗ Buntsandstein. Fossilarme, oft grobklastische, rot gefärbte Sedimente (Brekzien, Konglomerate, Arkosen, Sandsteine, z. T. mit ↗ Caliche- und Evaporit-Einschaltungen). Sie enthalten die ältesten bekannten Amphibien (*Ichthyostega* aus dem Oberdevon Ost-Grönlands). Über terrigen-randmarine Mischfazies erfolgt ein Übergang in die flachmarine ↗ Rheinische Fazies.

Old Red-Kontinent, *Laurussia*, große, zusammenhängende Kontinentalplatte der paläozoischen Nordhemisphäre, im Zug der kaledonischen Gebirgsbildung (↗ Kaledoniden) aus dem präkambrisch konsolidierten nordamerikanischen Kontinent ↗ Laurentia und dem ebenfalls präkambrisch konsolidierten nord- und osteuropäischen Kontinent ↗ Baltica (Fennosarmatia) gebildet. Der Name rührt von der weiten Verbreitung des Old Red-Sandsteins her, der unter offenbar ariden terrigenen Bedingungen abgelagerten postorogenen Molasse der Kaledoniden. Gesteine dieser im wesentlichen devonischen ↗ Old Red-Fazies sind in den Appalachen, im nordöstlichen Kanada, in Ostgrönland, Spitzbergen und Nordwesteuropa in intramontanen und paralischen Senkungsräumen weit verbreitet. Der Old Red-Kontinent war lange Zeit wichtig als Liefergebiet für die angrenzenden marine Räume, z. B. im Bereich der mitteleuropäischen Variszsiden. So sind rot gefärbte randmarine Ablagerungen charakteristisch für unter- und mittel-devonische Schichten des nördlichen Rheinischen Schiefergebirges. Die in Ästuaren und Lagunen abgelagerten Sedimente dieser marin-terrestrischen Übergangsfazies zwischen kontinentaler Old Red-Fazies und flachmariner ↗ Rheinischer Fazies zeichnen sich durch entsprechende Organismen-Assoziationen aus: Agnathe (↗ Fische), Linguliden, Eurypteriden, Arachniden, flügellose Insekten, Psilophyten sowie vereinzelte, im wesentlichen eingeschwemmte artikulate Brachiopoden und Crinoidenreste. ↗ Laurussia. [MG]

Olduvai-Event, kurzzeitige Umkehr des Erdmagnetfeldes von 1,77–1,95 Mio. Jahre mit normaler Polarität des Erdmagnetfeldes im inversen ↗ Matuyama-Chron.

Oleat ↗ Deckblatt.

Ölfeldwasser, *Randwasser*, das Salzwasser, das im Bereich von Erdöllagerstätten vorkommt und entsprechend seiner höheren Dichte unterhalb des Erdöls auftritt.

Oligohemerobie, schwach kulturbeeinflußte Stufe der ↗ Hemerobie. Der menschliche Einfluß ist gering. Er kann früher stärker gewesen sein, der Standort war dann aber wieder längere Zeit sich selbst überlassen. Es findet keine Veränderung der Vegetationsstruktur statt, wobei weniger als 5 % Neophyten (eingebürgerte Pflanzen) auftreten und der Verlust ursprünglicher Pflanzenarten unter 1 % liegt. Der Untergrund ist nur lokal verändert, Gewässer und Boden sind in naturnahem Zustand.

oligomiktischer See, See, in dem nicht in jedem Jahr eine Vollzirkulation auftritt. Oligomiktische Seen zeigen nur selten eine Vollzirkulation, und diese erfolgt nur in unregelmäßigen Abständen. Es sind häufig Seen der Tropen.

oligosaprob, Bezeichnung nach dem ↗ Saprobiesystem für Gewässerbereiche mit geringer Aktivität des biologischen ↗ Abbaus.

Oligo-Saprobier, ↗ Indikatorenorganismen für ↗ oligosaprobe Gewässerbereiche, die der ↗ Güteklasse I zugeordnet werden (↗ Trophiegrad). Typische Vertreter sind Steinkrebse, einige Strudelwürmer und Steinfliegenlarven.

oligotroph, nährstoffarm und wenig produktiv; bezeichnet sowohl den Lebensraum (Gewässer, Böden) als auch die Versorgungsansprüche von Organismen. Oligotrophe ↗ Lebensräume sind z. B. ↗ Moore oder ↗ Magerwiesen. Bei Seen spricht man von oligotroph, wenn dessen Produktivität P_{tot} nach der Vollzirkulation 5–10 μg/l beträgt. Der Gesamtphosphor-Gehalt beträgt < 10 mg/m³ Wasser und die Sichttiefe ist mit > 6 m hoch bis sehr hoch. Oligotrophe Seen haben meist ein geringes hydrologisches Einzugsgebiet und verfügen im allgemeinen über große Wassertiefen. Der allochtone Nährstoffeintrag ist gering. Beispiele sind Gletscherseen und Hochgebirgsseen. Gegensatz: ↗ eutroph.

Oligozän, [von griech. oligos = wenig und kainos = neu], international verwendete stratigraphische Bezeichnung für das höhere Alttertiär. ↗ Paläogen, ↗ geologische Zeitskala.

Olistholith, Bruchstück (Klasten und Blöcke) in der tonigen bis mergeligen Grundmasse von ↗ Olisthostromen. Seine Größe kann von wenigen Millimetern bis zu mehreren Zehner Metern reichen.

Olisthostrom, *Wildflysch*, *sedimentäre Melange*, sedimentäre Einheit mit einer chaotischen ↗ Textur, die aus der Ablagerung eines oder mehrerer Schlammströme hervorgeht. Ein Olisthostrom bildet einen großen, meist deutlich vom Nebengestein abgrenzbaren Sedimentkörper aus einer tonig-mergeligen Grundmasse, in die Klasten und Blöcke verschiedener Größen (↗Olistholithe) eingelagert sind. Die meist polymikten Klasten und Blöcke schwimmen unsortiert und meist isoliert in der Matrix. Erstmals wurden Olithostrome 1959 von Flores aus dem Apennin beschrieben.

Olivin, *Chrysolith*, *Olivinoid*, *Peridot*, nach der olivgrünen Farbe benanntes Mineral (Abb.) mit der chemischen Formel $(Mg,Fe)_2[SiO_4]$; Mischkristallreihe zwischen den Endgliedern Forsterit $Mg_2[SiO_4]$ (mit bis zu 10 Mol.-% Fe_2SiO_4) und Fayalit $Fe_2[SiO_4]$; Olivin enthält 10–30 Mol.-% Fe_2SiO_4; rhombisch-dipyramidale Kristallform; Farbe: oliv- bis gelbgrün, grünschwarz, bei Oxidation rot bis rotbraun; Glasglanz; durchscheinend bis undurchsichtig; Strich: weiß; Härte nach Mohs: 6,5–7 (spröd); Dichte: 3,2–3,6 g/cm³; Spaltbarkeit: deutlich nach (010), unvollkommen nach (100); Bruch: muschelig; Aggregate: körnig bis lockerkörnig, auch dicht, körnige Knollen und Einlagerungen, seltener dicktafelig; vor dem Lötrohr schmelzbar; in Salzsäure löslich, in konzentrierter Schwefelsäure starke Zersetzung; bei Einwirkung hydrothermaler Lösungen wandelt sich Olivin in Serpentinminerale, Talk u.a. Minerale um; bei Verwitterung von Olivin entstehen u.a. Limonit (Brauneisenerz), Quarz, Nontronit und Carbonate; Begleiter: Labradorit, Leucit, Ilmenit, Pentlandit, andere Pyroxene; Vorkommen: charakteristisch gesteinsbildendes Mineral der Ultrabasite als frühmagmatische Ausscheidung, aber auch bei der Metamorphose in dolomitischen Gesteinen, des weiteren in Mondgesteinen und vielen ↗Meteoriten, Mg-reicher Olivin ist Hauptgemengteil im oberen Erdmantel und in ultrabasischen magmatischen Gesteinen wie Dunit, Peridot (hierher auch die ↗Olivinknollen in Basalten) und Kimberlit, schließlich kommt Olivin in basischen Gesteinen vor; Fundorte: Vierstöck im Odenwald, Rhön und Vogelsberg (Hessen), Kaiserstuhl (Baden), Forstberg bei Mayen (Eifel), Langban (Schweden), Gampielhorn – Pizzo Fizzo bei Domodossola (Piemont, Italien), Ain Tya (Algerien), Esna (Oberägypten), St. Johns Insel (Rotes Meer), ansonsten weltweit; Verwendung: Olivin wird vor allem aus dem Gestein Dunit (36–42% MgO) gewonnen und enthält ca. 45–51% MgO, 40–43% SiO_2, 5–7% FeO und 0,2–0,8% CaO. 75% der Weltförderung werden in Hochöfen als Flußmittel für Schlacken eingesetzt. Weitere Verwendung findet Olivin in der Herstellung von feuerfesten Forsterit-Steinen, gesägten Ofensteinen und Olivin-Ziegeln für elektrische Wärmespeichereinheiten, des weiteren als Strahlmittel und Formsand in Gießereien. Der als Peridot oder Chrysolith bezeichnete klare olivgrüne Olivin wird als ↗Edelstein verwendet. [GST]

Olivinbasalt, nicht eindeutig definierter Begriff für Basalte mit Olivineinsprenglingen.

Olivingabbro, ein ↗Gabbro, der neben Klinopyroxen ↗Olivin als ↗mafisches Mineral enthält.

Olivinknolle, Bezeichnung für ↗Xenolithe des oberen Erdmantels, die in Vulkaniten meist alkalibasaltischer Zusammensetzung auftreten. Olivinknollen enthalten neben ↗Olivin in der Regel noch beträchtliche Mengen an ↗Pyroxenen, Spinell und/oder ↗Granat und sollten daher als *Peridotitxenolithe* bezeichnet werden.

Olivin-Struktur, Kristallstruktur einer Reihe von Silicaten mit den Grenzfällen Forsterit (Mg_2SiO_4) und Fayalit (Fe_2SiO_4), in der die Sauerstoffatome eine deformierte hexagonal dichteste ↗Kugelpackung bilden, worin die Si-Atome ein Viertel der Tetraederlücken so füllen, daß untereinander nicht verknüpfte Tetraeder entstehen. Die Magnesium- bzw. Eisenatome besetzen die Hälfte der Oktaederlücken in zwei symmetrisch verschiedenen Punktlagen.

Olivintholeiit, olivin- und hypersthen-normativer ↗Basalt gemäß des ↗Basalt-Tetraeders.

Ölschiefer, *Kerogenit*, dichtes bis feinkörniges Sediment (Silt- bis Tonstein, auch Mergel und Kalkstein) von brauner bis schwarzer Farbe (↗Sapropel) mit hohem Gehalt an feinverteilter organischer Substanz, vor allem ehemaliger Mikroorganismen (Algen), die durch diagenetische Prozesse (↗Diagenese) zu ↗Kerogen und untergeordnet ↗Bitumen umgewandelt wurde. Durch Erhitzen (Pyrolyse) lassen sich flüssige, dem ↗Erdöl ähnliche Produkte (Steinöl) und gasförmige Kohlenwasserstoffe abtrennen. Marine wie auch lakustrische Bildungsräume sind möglich und seit dem späten ↗Präkambrium bekannt. Durch vermutlich jahreszeitlich bedingten Wechsel von millimeterfeinen Lagen von klastischem und organischem Sediment (evtl. Algenblüte im Sommerhalbjahr) sind Ölschiefer meist feingeschichtet (mit einer Neigung) und nach der Schichtung blättrig oder feinplattig aufzuspalten (schiefriger Habitus). Bekannte Beispiele aus Deutschland sind der marine ↗Posidonienschiefer aus dem unteren ↗Jura (Lias ε) und der limnische Ölschiefer von ↗Messel aus dem ↗Eozän, beide berühmt für die hervorragende Fossilerhaltung (Grube Messel ist Unesco-Weltkulturerbe). Ölschiefer sind potentielle ↗Erdölmuttergesteine, die jedoch in ihrer Versenkungsgeschichte noch nicht den entsprechenden Reifegrad (Katagenese-Stadium) erreicht haben, damit ↗Kohlenwasserstoffe in nennenswertem Umfang gebildet werden und abwandern können. Um Kohlenwasserstoffe aus Ölschiefern wirtschaftlich gewinnen zu können, müssen sie einen überdurchschnittlich hohen Gehalt an organischer Substanz aufweisen, der eine überdurchschnitt-

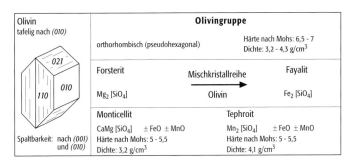

Olivin: Olivingruppe.

lich hohe Ölausbeute ermöglicht, da ein Teil des gewonnenen Öls den Energieaufwand für die Pyrolyse zu kompensieren hat. Ölschiefer werden deshalb aus wirtschaftlichen Gründen zur Zeit nur wenig genutzt, stellen aber eine wichtige Reserve für Kohlenwasserstoffe in der Zukunft dar (↗Teersand). Die größten bekannten und genutzten Vorkommen sind die Green River Shales in den südwestlichen USA und die Irati Shales in Brasilien. In Europa steht der ↗Kukkersit aus dem ↗Ordovizium des Baltikums in Abbau. [HFl]

ombrogen, niederschlagswasserernährt, Bezeichnung für Hochmoore, die nicht mit dem Grundwasser ihrer Umgebung gespeist werden.

Omegaeffekt, *ω-Dynamos*, der ω-Effekt ist ein physikalisches Modell für die Umwandlung des ↗poloidalen Magnetfeldes, z.B. der Erde, in ein toroidales Magnetfeld im flüssigen Kern der rotierenden Erde. Im Zusammenspiel mit dem α-Effekt ergeben sich mehrere Möglichkeiten, einen Geodynamo zu realisieren (↗Dynamotheorie).

Omegagleichung, Bezeichnung für eine Gleichung aus der numerischen Wettervorhersage, wobei mit Omega üblicherweise die Vertikalgeschwindigkeit im p-Koordinatensystem bezeichnet wird. Die Omegagleichung wird durch Kombination von ↗Vorticitygleichung und dem Ersten Hauptsatz der ↗Thermodynamik erhalten und ist üblicherweise nicht analytisch lösbar.

Omission, Nicht-Sedimentation bzw. Sedimentationsunterbrechung im submarinen Bereich. Die sich bildenden Omissionsflächen werden synsedimentär zementiert. Dabei bilden sich Festgründe, die sich durch vollständige Lithifizierung zu ↗Hartgründen weiterentwickeln.

OMM, *Organisation Météorologique Mondiale*, ↗*Weltorganisation für Meteorologie*.

Omnivoren, *Allesfresser*, Tiere, die sich sowohl von pflanzlicher als auch tierischer ↗Biomasse ernähren (z.B. Ratte, Schwein). Auch der Mensch lebt omnivor. Omnivoren werden von den ↗Herbivoren und den ↗Karnivoren unterschieden, gemeinsam mit diesen bilden sie im ↗Ökosystem die Gruppe der ↗Konsumenten.

Onkoide, unregelmäßig geformte, meist carbonatische Komponenten, die auf biogene und mechanische Anlagerung um einen Kern zurückgehen. Die Lagen können gewellt oder gekräuselt sein und sind azentrisch um den Kern orientiert. Außer Carbonatlagen können bei verlangsamter oder unterbrochener Sedimentation auch Fe-Hydroxid-Lagen auftreten. Onkoide werden im wesentlichen nach ihrer Genese weiter gruppiert: a) *Zoogene Onkoide* werden durch inkrustierende tierische Organismen geschaffen, die einen Kern umkrusten (z.B. Foraminiferen, Serpeln, Bryozoen) (Abb.). b) *Bakterienonkoide* und *Algenonkoide* gehen auf biogene Anlagerungen durch Cyanobakterien (Cyanoide), Rotalgen (Rhodoide) u.a. zurück. Erstere sind dann eng mit ↗Stromatolithen verwandt. c) *Mikrit-Onkoide* entstehen durch sekundäre Mikritisierung, Bindung von Mikritkörnern auf der Oberfläche oder durch Tätigkeit nicht mehr erhaltener Algen und/oder Bakterien. [DM]

Onkolith, Gestein, das überwiegend aus ↗Onkoiden besteht.

onlap ↗Sequenzstratigraphie.

Onsite-Schäden, aus dem amerikanischen stammender Begriff zur Charakterisierung der innerhalb von Erosionsflächen auftretenden kurz-, mittel- und langfristigen Schäden durch ↗Bodenerosion. Die Onsite-Schäden sind bisher hinsichtlich der Reduzierung der Bodenfruchtbarkeit und der Veränderung wichtiger Bodenparameter durch ständigen Boden- und Humusabtrag für verschiedene Standorte Deutschlands abgeschätzt worden. Unmittelbar sichtbare Schäden sind: Verletzung, Entwurzelung und Vernichtung von Kulturpflanzen, erschwertes Befahren der Äcker durch tiefe Erosionsrinnen oder Dünen, Überdeckung von Pflanzen, Wegspülen und Wegblasen von Saatgut, Düngemitteln und Pflanzenschutzmitteln vom Ausbringungsort, Konzentration von Düngemitteln und Pflanzenschutzmitteln im Sedimentationsbereich. Nicht unmittelbar sichtbare Schäden sind Verlust an durchwurzelbarem Bodenvolumen und damit vermindertes Wasserspeicher-, Filter- und Puffervermögen, Reduzierung der ökologischen Funktionsfähigkeit, Verarmung des Bodens an Humus und Pflanzennährstoffen (Reduzierung der Erträge bis auf 30%), Zunahme der Flächenheterogenität, Akkumulation von Schadstoffen. [MFr]

On-site-Verfahren, Zusammenfassung von verschiedenen Verfahren zur Sanierung von kontaminierten Standorten (Altlasten). Gemeinsam ist diesen Verfahren, daß das zu sanierende Medium aus dem Untergrund entnommen (↗Ex-situ-Verfahren) und in einer vor Ort (on site) befindlichen Anlage behandelt wird. Bei On-site-Verfahren wird üblicherweise mit mobilen oder semimobilen Anlagen gearbeitet, die jeweils am alten Einsatzort abgebaut und zum neuen Einsatzort transportiert werden können. Als Onsite-Sanierung sind folgende Techniken gebräuchlich: ↗Thermische Bodenreinigung, ↗Bodenwaschverfahren und biologische Verfahren. Weitere Gruppen von Sanierungsverfahren sind die ↗Off-site-Verfahren, bei denen die Behandlung nicht vor Ort erfolgt, und die In-situ-Verfahren, bei denen das zu sanierende Medium nicht aus dem Untergrund entnommen wird.

ontogenetische Mineralogie, Fachgebiet der Mineralogie, die sich mit der Entwicklungsgeschichte der Minerale befaßt.

Ontogenie, Entwicklungsgeschichte eines Individuums von der Befruchtung der Eizelle bis zum Tod. In der Paläontologie ist nur die Ontogenie des Skelettes direkt beobachtbar. Vielfach lassen sich larvale, juvenile (nepionische), heranwachsende (neanische), erwachsene (adulte) und senile (gerontische) Wachstumsstadien unterscheiden. Dies kann problemlos sein, wenn Anwachsstreifen eine direkte Beobachtung ermöglichen (z.B. bei rugosen Korallen oder Mollusken). Bei Arthropoden (insbesondere Trilobiten) wird dagegen wegen der wiederholten Häutung der Individuen versucht, zahlreiche isoliert gesammelte Wachstumsstadien lückenlos aneinander zu fü-

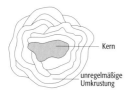

Onkoide: Schema eines Onkoids mit einem Kern, der unregelmäßig umkrustet ist.

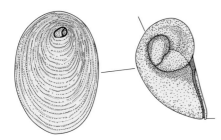

gen. Ein wichtiges Hilfsmittel für die Erkennung ontogenetischer Zusammenhänge ist allometrisches Wachstum, d. h. unterschiedliche Wachstumsraten einzelner Körperteile im Lauf der Entwicklung der Individuen. Ontogenetische Untersuchungen sind für die Bewertung phylogenetischer Zusammenhänge (↗Phylogenie) von Bedeutung. So sind im Gegensatz zu den vielfach ähnlich aussehenden (konvergenten) Adultschalen die Larvalschalen von Gastropoden (Abb.) ein sicheres Merkmal für die Zuordnung zu höheren ↗Taxa. Ebenfalls von Interesse ist die Unterscheidung von Jugendstadien von ökologisch bedingtem, adultem Zwergwuchs oder fragmentarisch erhaltenen Anfangsstadien adulter Individuen. [HGH]

ontologischer Maßstab, auf den Karteninhalt bezogener Maßstab einer Karte. ↗Wertmaßstab.

Onyx, [von griech. onyx = Nagel], allgemeine Bezeichnung für gebänderten ↗Achat, im engeren Sinne Achat mit weißen und schwarzen Lagen, bestehend aus feinsten, verschieden gefärbten, konzentrisch-schaligen oder flach-parallelen Chalcedon-Schichten mit verschiedenen Farben: »Arabischer Onyx« schwarz mit weiß, »Sardonyx« braun mit weiß, »Karneolonyx« rot mit weiß. Fälschlich ist Onyx aber als Handelsbezeichnung gebräuchlich: »Onyxalabaster« für gebänderten Kalkspat oder Aragonit (Onyx-Marmor), Onyx-Obsidian für parallel gebänderten Obsidian, Onyx-Opal für gebänderten Opal.

$^{18}O/^{16}O$, Verhältnis der beiden Sauerstoffisotope ^{18}O und ^{16}O. Das leichtere Isotop ^{16}O verdunstet bevorzugt (Sauerstoffisotopenfraktionierung = Änderung des Isotopenverhältnisses im Verlauf physikalischer und chemischer Reaktionen), so daß Regenwässer isotopisch leichter als die Oberflächenwässer sind, aus denen sie entstammen (↗Isotopenfraktionierung). Während der Eiszeiten werden dem Meer durch Verdunstung große Mengen von Süßwasser entzogen und in kontinentalen Eisschilden und Gebirgsgletschern fixiert. Der Verlust von bevorzugt leichten Isotopen führt zu einem proportionalen Anstieg der schweren Isotope im Meerwasser. Dabei entspricht das Absinken des glazialen Meeresspiegels von 10 m durch Eisbildung einer Erhöhung des marinen ↗$\delta^{18}O$-Wertes um gemittelt 0,1 ‰. Für ↗Paläotemperaturmessungen wird das Verhältnis des leichtesten zum schwersten stabilen Sauerstoffisotop untersucht. [AA]

Ooide, meist kugelige oder ellipsoidale, carbonatische Komponenten mit Schalen, die gleichmäßig extern um einen Kern angelagert sind. Sie weisen verschiedene charakteristische Mikrostrukturen auf (Abb. 1): Tangentiale Strukturen bestehen aus aragonitischen Kristalliten (rods), deren Längsachsen parallel zur Außenwand orientiert sind. Radialstrahlige Ooide setzen sich aus fibrösen Kristallen zusammen. Sie können aus Aragonit, Tief-Mg-Calcit oder Hoch-Mg-Calcit bestehen. Ungeordneten Mikrostrukturen fehlt eine bevorzugte Anordnung der Kristallite, oder die vorhandenen Kristalle in den Hüllen sind gleichkörnig.

Mikrit-Ooide sind durch dunkle, kryptokristalline Lagen ausgezeichnet. Innerhalb eines Ooids können die Mikrostrukturen lagenweise abwechseln. Es existieren verschiedene Beschreibungs- und Einteilungsmöglichkeiten für Ooide. Nach der Zahl der Schalen unterscheidet man *Normalooide* mit mehreren bis vielen Schalen von *Einfachooiden* (Synonyme sind *Rindenooide*, *Mantelooide* oder *Proto-Ooide*) mit einer oder sehr

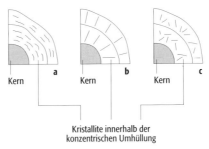

Ooide 1: Mikrostrukturen in Ooiden: a) tangential, b) radial und c) unregelmäßig orientierte Kristallite innerhalb der Ooidhüllen.

wenigen Schalen. Nach der Größe werden besonders im englischsprachigen Schrifttum Ooide (kleiner als 2 mm) von *Pisoiden* (größer als 2 mm) unterschieden. Da nicht marine und terrestrische Ooide öfter größer als 2 mm sind, wird der Begriff Pisoid heute häufig auch mit der genetischen Interpretation – nicht marin – verknüpft. Nach der Gestalt sind *Einzelooide* von *Mehrfachooiden* abzugrenzen (Abb. 2). Letztere sind Verwachsungen von zwei oder mehreren Ooiden. Auch nach Vollständigkeit bzw. Unvollständigkeit können vollkommene von zerbrochenen oder verformten Ooiden abgetrennt werden. *Halbmondooide* sind durch Auslösung und Kollaps der inneren Schalen gekennzeichnet. Carbonatische Ooide entstehen rezent in flachmarinen, randmarin-hypersalinen, fluviatilen und lakustrinen Ablagerungsbereichen. Darüber hinaus kommen sie in Höhlen als ↗Höhlenperlen und in Böden vor. Marine Ooide entstehen bevorzugt im warmen, carbonatgesättigtem bis -übersättigtem, bewegtem Wasser, meist in Tiefen geringer als 7 m. Ooide sind allerdings auch leicht zu verfrachten. So können sie zu Dünen zusammengeweht oder auch in größere Meerestiefen verschwemmt werden. [DM]

Oolith, [von griech. oon = Ei und lithos = Stein], *Erbsenstein*, *Rogenstein*, *Eierstein*, Gesteine und Erze, die überwiegend aus ↗Ooiden bestehen. Es sind kugelige bis ovale Körner, die aus einer oder mehreren konzentrisch um einen organischen oder anorganischen Kristallisationskeim ange-

Ontogenie: unterschiedlicher Windungsmodus von Embryonal-/Larvalschale und Adultschale bei einem Gastropoden (der marine Pulmonate *Williamia krebsi*).

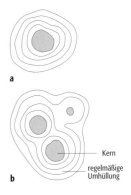

Ooide 2: Schema a) eines einzelnen Normalooids und b) eines Mehrfachooids.

Oolith: Erbsenstein aus Aragonit (»Karlsbader Sprudelstein« aus Karlsbad in Böhmen).

ordneten Lamellen bzw. Schalen aufgebaut sind. Oolithe mit über 2 mm Korndurchmesser werden als ↗Pisolithe bezeichnet. Man unterscheidet Kalk-Oolithe (aus Calcit oder Aragonit, Abb.), Kiesel-Oolithe (aus Kieselsäure), Mangan-Oolithe (aus Manganoxiden) sowie Eisen-Oolithe (aus Limonit, Hämatit, Siderit und Chamosit). Beispiel für letztere sind die Brauneisenerze (Minette-Erze) in Elsaß-Lothringen und Luxemburg, die Erze von Wabana in Neufundland (Ooide aus Hämatit und Chamosit) und viele Rasen- oder Sumpf-Eisenerze. Auch Phosphorite können als Oolithe ausgebildet sein. ↗Mineralaggregate. [GST]

oolithische Eisenerze, an ↗Ooide aus Eisenoxiden (↗Hämatit, ↗Magnetit), -Schichtsilicaten (Chamosit, ↗Thuringit) und -carbonaten (↗Siderit) gebundene Vererzungen.

oolithische Eisenerzlagerstätten, Lagerstätten mit ↗oolithischen Eisenerzen aus dem ↗Phanerozoikum, in Europa vor allem in ↗Jura und ↗Kreide. Sie sind inzwischen trotz großer Vorräte wegen geringer Gehalte und schlechteren Aufbereitungsmöglichkeiten bedeutungslos geworden. ↗Eisenerzlagerstätten.

opak, [von lat. opakus = dunkel, dicht], Bezeichnung für Minerale, die auch in sehr dünnen Schichten undurchsichtig sind, wie z.B. Metalle und Erze.

Opakilluminator, Beleuchtungseinrichtung für polarisiertes Auflicht, mit dem nichttransparente, d.h. opake Objekte mit ihrem optisch anisotropem Verhalten (Abhängigkeit des Reflexionsvermögens von der Polarisationseinrichtung) mikroskopisch untersucht werden, z.B. Metalle, Erzminerale, Kohlen, keramische Produkte, Zementklinker etc.

Opal, [von Sanskrit upala = Stein], *Gel-Cristobalit, Gelit, Neslit, Quarz-Résinit, Vidrit*, Mineral mit der chemischen Formel $SiO_2 \cdot nH_2O$; Farbe: farblos, gelb, rot, braun, grau, blau; Fett-, Wachs- bis Perlmutterglanz mit starken Innenreflexen (opalisierend); durchsichtig, durchscheinend bis undurchsichtig; Strich: weiß; Härte nach Mohs: 5,5–6,5 (spröd); Dichte: 1,9–2,5 g/cm³; Spaltbarkeit: keine; Bruch: muschelig, splittrig, uneben; Aggregate: gelartig, nierig, traubig; keine Kristalle; vor dem Lötrohr unschmelzbar; in Säuren unzersetzbar, jedoch in KOH und HF leicht löslich; Vorkommen: vulkanisch als Ausscheidung von Geysiren, Thermalwässern und heißen Quellen mit Bildung von Kluft- und Drusenfüllungen in Rhyolithen, Trachyten und Andesiten bzw. sedimentär aus zirkulierenden Wässern; Opal kommt oft zusammen mit Chalcedon vor; in vulkanischen Gesteinen, z.B. in Czervenica (Slowakei), Mexiko, Honduras, Java, Kaiserstuhl in Baden (Hyalit); in Sedimenten, z.B. in Bentoniten und Kieselgur; in Sandsteinen (z.B. Australien); Opal ist Bestandteil der Schalen vieler Kieselsäuren-abscheidender Organismen und tritt auch als Versteinerungsmittel auf.

Röntgenographisch lassen sich verschiedene Typen unterscheiden: Opal-A ist gelartig amorph, er wird unterteilt in Opal-AN (Glasopal, Hyalit) und Opal-AG (Edel-Opal und Potch-Opal), Opal-CT besteht aus Wechsellagerungen von mehr oder weniger unregelmäßig gestapelten Schichten von Cristobalit und Tridymit, Opal-C besteht aus stark fehlgeordnetem Tief-Cristobalit mit Anteilen von Tridymit-Stapelungen. Elektronenmikroskopische Untersuchungen haben gezeigt, daß die röntgenamorphen Opale (Opal-AG) aus schalig aufgebauten Kieselgel-Kügelchen mit Durchmessern von 150–400 nm aufgebaut sind. Bei Edel-Opalen sind die Kügelchen gleich groß, die Hohlräume dazwischen sind mit Luft, Wasser oder etwas Kieselgel-Zement gefüllt. Das bunte Farbenspiel kommt durch Beugung, Streuung und Reflexion des einfallenden Lichtes an den Kügelchen und den dazwischen befindlichen Hohlraum-Füllungen zustande. Bei dem grauen bis weißen Potch-Opal sind die Kieselgel-Kügelchen uneinheitlich groß und unregelmäßig geordnet und/oder die Hohlräume sind vollständig mit Kieselgel gefüllt. Wegen des makroskopischen Aufbaus von Edel-Opal aus Körnern von ″1 mm bis zu mehreren mm Durchmesser zeigt sich die Oberfläche als Farbmosaik.

Edel-Opal tritt in mehreren Abarten auf, z.B. Heller Opal (Weißer Opal, weiße oder weißliche Grundfarbe, vor allem aus Südaustralien und Brasilien), Schwarz-Opal (tiefschwarze Körperfarbe, aus Australien und Mexiko), Boulder-Opal (mit kräftigem Farbenspiel, aus Queensland in Australien), Jelly-Ooal (heller durchsichtiger Opal mit verschwommenem Farbenspiel), Hydrophan (Milch-Opal, überwiegend durchscheinend und von milchiger Erscheinung) und Mexiko-Opal (einschließlich dem roten bis bernsteinfarbigen, auch in der Türkei und Brasilien vorkommenden Feuer-Opal). Opal ohne Farbenspiel wird allgemein als Gemeiner Opal bezeichnet. Synthetische Opale werden in Frankreich (»Gilson-Opal«), Japan (»Inamori-Opal«), Rußland und China hergestellt. Daneben gibt es Opal-Imitationen (z.B. aus Plastik und Glas) und »zusammengesetzter Opal« (Dubletten, Tripletten). ↗Edelsteine. [GST]

Opaleszenz, Reflexerscheinung des Lichtes an den fein verteilten kleinsten Kieselsäureteilchen des ↗Opals, bei der Licht von kurzen Wellenlängen (also blaues Licht) zurückgeworfen und Licht von langen Wellenlängen (also gelbes und rotes Licht) durchgelassen wird; das Opaleszenzlicht erscheint demnach bläulich, das durchfallende Licht rötlichgelb. Opaleszenz ist die Ursache für das charakteristische, milchig-trübe, bläuliche bis weißliche oder auch fast klare Aussehen vieler Opale. Diese wurden früher in der Glasproduktion nachgeahmt, z.B. in den »Opalgläsern« des Jugendstils.

opalisieren, Bezeichnung für ein buntes und fleckiges Farbenspiel, das durch Interferenz an der besonderen Aufbaustruktur der Opalsubstanz (↗Opal, ↗Opaleszenz) verursacht wird.

Opazitisierung, Umwandlung von Hornblende und Biotit durch Zerfall bei hohen Temperaturen nach der ↗Effusion unter Neubildung von Magnetit, Hypersthen, Spinell, Augit u.a.

Open-End-Test, ein vom U. S. Bureau of Reclamation (USBR) 1963 vorgestellter, unter stationären Bedingungen durchzuführender ↗Auffüllversuch, bei dem ständig soviel Wasser über ein voll verrohrtes Bohrloch, welches den Wasseraustritt nur an der Bohrlochsohle erlaubt, in den Grundwasserleiter eingefüllt oder unter Druck hineingepumpt wird, daß eine bestimmte Wasserspiegelhöhe h konstant gehalten werden kann (Abb.). Das Einbringen unter Druck ist dann sinnvoll, wenn die Durchlässigkeiten so gering sind, daß das Wasser nur sehr langsam vom Bohrloch in den Untergrund übertritt. Der k_f-Wert wird mit der folgenden empirischen Gleichung bestimmt:

$$k_f = \frac{Q}{5,5 \cdot r \cdot h}$$

mit k_f = Durchlässigkeitsbeiwert [m/s], Q = zeitkonstante Wasserzugabe [m³/s], r = Radius des Eingaberohres [m] und h = konstante Wasserspiegelhöhe [m]. Der Open-End-Test kann mit Korrekturen auch dann angewendet werden, wenn das Bohrloch nicht voll verrohrt, sondern im unteren Teil verfiltert ist. Beträgt die Länge des verfilterten Abschnitts l weniger als 10 mal den Radius des Eingaberohres r, so nimmt man als Äquipotentialflächen des in den Grundwasserleiter eintretenden Wassers ein Ellipsoid an und obige Gleichung ändert sich für $l < 10r$ zu:

$$k_f = \frac{Q}{h} \cdot \frac{1}{2 \cdot \pi \cdot l} \cdot \left(\frac{l}{2 \cdot r} + \sqrt{1 + \left(\frac{l}{2 \cdot r}\right)^2} \right)$$

Für $l > 10r$ haben die Äquipotentialflächen die Form eines Zylindermantels und die Gleichung lautet:

$$k_f = \frac{Q}{h \cdot l} \cdot 0,3665 \cdot \lg \frac{l}{r}.$$

[WB]

OpenGIS, Konsortium aus Vertretern der Wissenschaft und Industrie zur Entwicklung von offenen Systemstandards und Schnittstellen-Spezifikationen im Bereich der Geodatenverarbeitung (↗Geoinformationssysteme). Als OpenGis wird damit auch der transparente Zugriff auf heterogene ↗Geodaten und Systeme in einer vernetzten Umgebung bezeichnet. Standards für entsprechende interoperable GIS-Komponenten werden u.a. in den Bereichen Geometrie, Topologie, Zeitbezug, räumliche Bezugssysteme, Metadaten, Evaluierung der Datenqualität, Geodaten-Transfer, Funktionalitäten zur Visualisierung, Operationen auf Geodatentypen, Datenkatalogisierung und Applikationsprofile entwickelt. Standardisierungen im Bereich Geoinformation erfolgen auch über ISO und CEN.

operationelle Hydrologie, *operative Hydrologie*, Teilbereich der Angewandten ↗Hydrologie, der sich im wesentlichen mit den Aufgaben der staatlichen hydrologisch-wasserwirtschaftlichen Dienste (↗gewässerkundliche Dienste), d.h. mit Meßnetzen, Vorhersagen und Bereitstellung von hydrologischen Daten für wasserwirtschaftliche Planungen befaßt.

operationelle Schweremessung, *S*, operationelles Vorgehen bei der konventionellen terrestrischen Schweremessung. Je nach späterer Verwendung, z. B. zur Suche unterirdischer Hohlräume, Prospektion, für die Geologie, Bestimmung des ↗Geoids, Erkundung der Strukturen der Erdkruste, erfolgt zunächst die Planung der Feldmeßpunkte in unterschiedlichen Abständen von 1 m bis 10 km. Grundlage einer Schweremessung ist ein passend angelegtes ↗Schwerereferenznetz, entweder unmittelbar aus Messungen mit ↗Absolutgravimetern oder aus Punkten anderweitig bekannter Schwerewerte. Darauf werden – je nach Ausdehnung – entweder weitere untergeordnete Schwerereferenznetze oder direkt die Feldmessungen mit ↗Relativgravimetern aufgebaut. Je nach Aufgabenstellung und Ressourcen werden die Meßoperation z. B. mit Wiederholungsmessungen angepaßt. Insbesondere muß eine Eichung erfolgen sowie eine Gangreduktion durch Wiederholungsmessungen beachtet werden. Bei ↗Gravimetern mit unregelmäßigem ↗Gang werden Muster wie z. B. die Stepmethode angewendet, besser noch ist die flexible Optimierung nach den jeweiligen Bedingungen. Wegen der späteren Verwendung, oft zur Anomalienberechnung, sind die Positionen der Punkte ebenfalls zu bestimmen, dagegen ist eine dauerhafte Vermarkung der Feldpunkte meist entbehrlich. [GBo]

Operationelles Hydrologisches Programm, *OHP*, im Gegensatz zum IHP (↗Internationales Hydrologisches Programm) der UNESCO konzentriert sich das 1975 begonnene OHP der Weltorganisation für Meteorologie (WMO) auf operationelle Aspekte der Hydrologie wie Hochwasservorhersage, hydrologische Meßnetze, Geräte usw. Ein wichtiges Teilprojekt des OHP ist das Hydrological Operational Multipurpose System

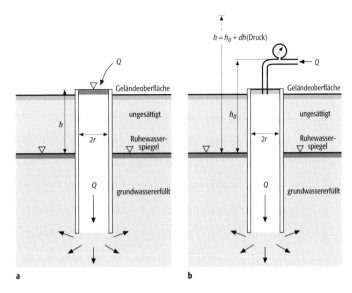

Open-End-Test: konstante Druckhöhe h erzeugt durch kontinuierliches Auffüllen (a) oder Einpressen mit konstantem Druck (b); r = Radius des Eingaberohres, Q = zeitkonstante Wasserzugabe, h = konstante Wasserspiegelhöhe, r = Radius des Eingaberohres.

(HOMS), in dem die hydrologischen Dienste sich gegenseitig über Neuentwicklungen von Geräten, Verfahren, Software usw. informieren und diese auf Wunsch zur Verfügung stellen. Seit 1983 betreibt die WMO im Rahmen des OHP den Aufbau eines World Hydrological Cycle Obeserving System (WHYCOS), in dem weltweit durch die Einrichtung von Meßstationen die Erhebung zuverlässiger Daten angestrebt wird.

Operator, 1) *Geophysik*: definiert eine bestimmte Rechen-, Abbildungs- oder Transformationsvorschrift. Die Zeichen der vier Grundrechenarten sind die einfachsten Operatoren. In der Mathematik gibt es eine große Zahl sehr verschiedener Operatoren. Z. B. generiert der Operator »grad« aus einem Skalarfeld einen Vektor. Ordnet ein Operator einer Funktion wieder eine Funktion zu, in der Ableitungen auftreten, so spricht man von einem Differentialoperator. Als Beispiel sei der /Laplace-Operator Δ genannt:

$$\Delta = \frac{\partial^2}{\partial x^2} + \frac{\partial^2}{\partial y^2} + \frac{\partial^2}{\partial z^2}.$$

2) *Kartographie*: funktionales Modell (Rechenvorschrift) zur Extraktion von Informationen aus einem /digitalen Bild. Die Rechenvorschrift zur Verknüpfung der Intensitätswerte oder daraus abgeleiteter Größen bezieht sich auf einen quadratischen Ausschnitt (Fenster), der pixel- und zeilenweise über das Bild bewegt wird. Beispiele für Operatoren in der digitalen Bildverarbeitung sind Gradientenoperatoren bzw. Interestoperatoren zur /Merkmalsextraktion.

Opferkessel, abflußlose Hohlform im Festgestein, an deren Entstehung vermutlich chemische Lösungsvorgänge in hohem Maße beteiligt waren. Opferkessel können auf unterschiedlichen Gesteinen, wie z. B. Granit, Sandstein oder Quarzporphyr, auftreten.

Ophicalcit, ein granoblastisches metamorphes Gestein, das überwiegend aus Serpentinmineralen und Calcit besteht und das sich entweder durch /Decarbonatisierungsreaktionen aus einem quarzhaltigen Dolomit oder durch Reaktionen von /Serpentiniten mit CO_2-haltigen Lösungen gebildet hat. Häufig sind Ophicalcite stark brekziiert und von Calcitklüften durchzogen.

Ophicarbonat, ein metamorphes Gestein, das neben /Serpentin ein oder zwei Carbonatminerale (Calcit, Dolomit, Magnesit) enthält. Es entsteht durch Reaktion von /Serpentiniten mit CO_2-haltigen Lösungen, deren X_{CO_2} niedrig ist (/Sagvandit).

Ophiolith, von dem deutschen Geologen Gustav Steinmann (1905) eingeführter Begriff für (z. T. metamorph überprägte) /basisch bis /ultrabasische Gesteinsassoziationen, die ein auf verschiedene Weise durch /Obduktion auf kontinentale Kruste aufgebrachtes Fragment ozeanischer Lithosphäre darstellen. Ophiolithkomplexe sind damit grundsätzlich /allochthon. Ihre Abscherung und der tektonische Transport erfolgen meist an serpentinisierten Zonen des ultrabasischen Komplexes, da das Mineral /Serpentin leicht zergleitet. Zu einer vollständigen Ophiolithabfolge gehören (vom /Hangenden zum /Liegenden): a) Tiefseesedimente, wie z. B. rote Tone, pelagische Kalke oder Radiolarite, b) basische Vulkanite (meist als spilitisierte (/Spilitisierung) Pillow-Basalte ausgebildet; im unteren Teil stark von feinkörnigen Gabbro-Gängen durchsetzt), c) basische Intrusivgesteine wie gebänderte oder massige Gabbros und Norite, d) ultrabasischer Komplex mit häufig stark tektonisierten Harzburgiten, Duniten und Lherzolithen, oft durchsetzt von basischen Gängen. Diese ideale Abfolge ist selten so vollständig entwickelt; infolge tektonischer Zerscherung (ophiolithische /Mélange) können Teile der Abfolge fehlen. Sie kann auch primär unvollständig sein, so daß Tiefseesedimente stratigraphisch über Serpentinit oder /Ophicalcit liegen, wie im Falle /tektonischer Denudation des Mantels bei der Entwicklung des Rifts zum Ozean. Der größte zusammenhängende Ophiolithkomplex ist die Semail-Decke in Oman. In Kollisionsorogenen liegen als /Decken auftretende Ophiolithkomplexe meist polymetamorph vor, da sie subduktionsbedingt zunächst einer Hochdruck-Niedrigtemperatur-Metamorphose (aus den basischen Anteilen können so z. B. /Blauschiefern entstehen) unterworfen waren, auf die bei der orogenen Einengung eine Regionalmetamorphose folgte. Ophiolithe führen häufig wirtschaftlich bedeutende Erzlagerstätten mit z. B. hohen Konzentrationen an Chrom, Kupfer oder Nickel.

ophitisch, Bezeichnung für ein Gefüge, bei dem kleine, tafelige bis leistenförmige Plagioklaskristalle meist ohne erkennbare Vorzugsorientierung in große Körner anderer »Wirts«-Minerale (meistens /Augit) eingelagert sind. Dieses Gefüge tritt in /basischen /Magmatiten (besonders in /Subvulkaniten, z. B. /Dolerit bzw. /Diabas) auf. Befinden sich in den Plagioklas-Zwischenräumen neben dem Augit-Wirt noch weitere Minerale, nennt man das Gefüge ophitisch-intergranular. Ist ein beträchtlicher Teil der Zwischenräume glasig, wird es als hyaloophitisch bezeichnet. Wird der Plagioklas nur teilweise von Augit eingeschlossen, wie es bei ungefähr gleicher Korngröße beider Minerale zu beobachten ist, wird die Bezeichnung subophitisch benutzt.

Oppel, *Carl Albert*, deutscher Geologe und Paläontologe, * 19.12.1831 Hohenheim (heute zu Stuttgart), † 22.12.1865 München. Nach seinem Studium promovierte Oppel 1853 zum Dr. phil. in Tübingen, war ab 1855 Dozent an der Universität München, ab 1860 außerordentlicher Professor und ab 1862 bis zu seinem frühen Tod ordentlicher Professor der Paläontologie in München und Konservator des paläontologischen Museums. Auf Oppel geht die biostratigraphische Gliederung des mitteleuropäischen /Juras mittels Ammoniten in 32 /Zonen zurück. Im Gegensatz zu seinem Lehrer F. A. /Quenstedt betrachtete er für seine Zonierung nur die Fossilien, ohne die regional wechselnde Ausbildung der einschließenden Gesteine zu beachten. Oppel forschte an den jurasischen Posidonienschiefern in den Alpen, über Seesterne im Lias und Keuper sowie über die Äquivalente der Kössener Schichten in Schwaben und in Luxemburg. Eines seiner Hauptwerke war »Die Juraformationen Englands, Frankreichs und des südwestlichen Deutschlands« (1856–58, 3 Teile). [EHa]

optimaler Injektionsdruck ↗Injektionsdruck.

optimaler Wassergehalt, in der Ingenieurgeologie der Wassergehalt, bei dem eine maximale Verdichtung eines bindigen Bodens möglich ist. Der optimale Wassergehalt wird im ↗Proctorversuch ermittelt.

Optimierung, *optimale Bemessung*, Bemessungssystem, basierend auf Auswahl und Kombination aller einschlägigen Variablen zur Maximierung einiger objektiver Funktionen (wie Nettonutzen) mit den Anforderungen der Bemessungskriterien.

Optimum Window, spezielle Feldgeometrie in der ↗Flachseismik. Geophone werden in geeigneten Abstandsbereichen relativ zum Schußpunkt positioniert, so daß vorwiegend Nutzsignale und möglichst wenig Oberflächenwellen registriert werden.

optische Achse, Normale eines Schnittkreises der ↗Indikatrix bzw. des ↗Fresnelellipsoids.

optische Achsenebene, Ebene, die von den ↗optischen Achsen eines ↗optisch zweiachsigen Kristalls aufgespannt wird.

optische Aktivität, Drehung der ↗Polarisationsebene ↗linear polarisierten Lichts beim Durchgang durch ein optisch aktives Medium. Optisch aktive feste und flüssige Stoffe drehen somit die Schwingungsrichtung polarisierten Lichtes. Der Winkel, um den die Schwingungsrichtung gedreht wird, nimmt proportional mit der Dicke der durchlaufenden Schicht, bei Flüssigkeiten außerdem mit der Konzentration zu. Als spezifische Drehung wird der Drehwinkel pro Millimeter (Feststoffe) bzw. Dezimeter (Flüssigkeiten) bezeichnet. Die spezifische Drehung ist wellenlängenabhängig (Rotationsdispersion). Mit von der optischen Achse abweichender Ausbreitungsrichtung nimmt die optische Aktivität ab und verschwindet. Je nach Struktur der optisch aktiven Substanz kann die Schwingungsebene nach rechts oder links gedreht werden. Beispiele sind ↗Rechts-Quarz und ↗Links-Quarz.
Die Drehrichtung ist häufig nicht auf die Ausbreitungsrichtung des Lichtes, sondern entgegengesetzt auf die Beobachtungsrichtung bezogen. An mikroskopischen Präparaten ist die optische Aktivität wegen der geringen Schichtdicken nur selten beobachtbar. Bei der konoskopischen Beobachtung (↗Konoskopie) millimeterdicker Quarzplatten, die senkrecht zur optischen Achse geschnitten sind, kann die Drehung der Schwingungsrichtung an der Aufhellung des Kreuzmittelpunktes und an den sogenannten »Airyschen Spiralen« erkannt werden. Praktische Anwendung findet die optische Aktivität u. a. bei der Konzentrationsbestimmung von Zuckerlösungen mit Polarimetern.

optische Anisotropie, Richtungsabhängigkeit der optischen Eigenschaften, z. B. des ↗Brechungsindex, in nichtkubischen Kristallen.

optische Attenuation, Abnahme der Intensität des Lichts mit zunehmender Wassertiefe durch ↗Adsorbtion und ↗Streuung, Symbol: a. Entsprechend dem ↗Lambertschen Gesetz gibt der Wert $1/a$ die Strecke in Metern an, die einer Schwächung des Lichts um das $1/e$-fache entspricht (e = natürliche Zahl).

optische Binormalen, (primäre) ↗optische Achsen der ↗Indikatrix eines ↗optisch zweiachsigen Kristalls. ↗optische Biradialen.

optische Biradialen, (sekundäre) ↗optische Achsen des ↗Fresnelellipsoids eines ↗optisch zweiachsigen Kristalls. In Richtung der Biradialen ist die Strahlgeschwindigkeit der beiden möglichen Schwingungsrichtungen gleich. ↗Strahlenfläche.

optische Bohrlochsonden, waren früher Fernrohre mit Schrägspiegel zur direkten Betrachtung, sind heute durch kabelgeführte Miniatur-Fernsehkameras, z. T. mit eingeblendeten Maßstabs- und Raumlagedaten, verdrängt.

optische Bohrlochsondierung, ein Verfahren, um in Aufschlußbohrungen die Raumstellung von Schicht- und Kluftflächen sowie Karsthohlräume festzustellen. Die einfachste Methode besteht in einem optischen System, welches sich aus einem Okular, mehreren Verlängerungsrohren sowie einem Objektivrohr mit Beleuchtung und Prisma für die Bildablenkung zusammensetzt. Ein anderes Verfahren arbeitet mit einer Miniatur-Fernsehkamera, welche das Bild der Bohrlochwandung über einen Schrägspiegel am Fernsehmonitor sichtbar macht. Zur Bestimmung der Blickrichtung wird das Bild eines Kompasses, welcher in der Fernsehkamera montiert ist, im Monitor eingeblendet. Das beste Verfahren verwendet eine Fernsehkamera, mit der die Bohrlochwand über einen Kegelstumpfspiegel abgebildet wird. Die Kegelstumpfbilder, welche beim Durchfahren der Bohrung von der Sonde aufgenommen werden, ergeben aneinandergereiht eine verzerrte Abbildung der untersuchten Bohrlochstrecke. Durch eine rechnerische Entzerrung der Bilder entsteht am Monitor eine abgewickelte Abbildung der Bohrlochwand. [EFe]

optische Dicke (der Atmosphäre), ist ein Maß für die Abschwächung der ↗elektromagnetischen Strahlung beim Passieren von Gasschichten bzw. der Atmosphäre. Sie ist das Produkt aus dem ↗spektralen Extinktionskoeffizienten und der Weglänge der durchstrahlten Gasschichten. Im Falle der Atmosphäre ist dieser Koeffizient verschiedener Schichten jedoch nicht konstant, so daß die spektrale optische Dicke der Atmosphäre das Wegintegral des spektralen Extinktionskoeffizienten ist. Die optische Dicke der Atmosphäre ist besonders bei der atmosphärischen Korrektur der Fernerkundungsdaten zu berücksichtigen.

optische Distanzmessung, indirektes Verfahren der ↗Distanzmessung, bei dem die ↗Distanz aus einer verhältnismäßig kurzen Basis b und dem ↗parallaktischen Winkel γ, unter dem die Basis vom gegenüberliegenden Distanzende aus erscheint, abgeleitet wird. Man unterscheidet Verfahren, bei denen sich die Basis des ↗parallaktischen Dreiecks im ↗Standpunkt befindet, von

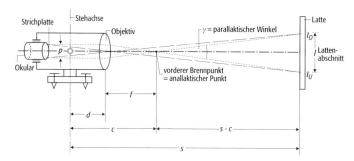

optische Distanzmessung 1:
Distanzmessung mit Reichenbachschen Distanzstrichen ($c = d+f$ = Additionskonstante, l = Lattenabschnitt, l_o = Lattenablesung oben, l_u = Lattenablesung unten, f = Brennweite des Objektivs, p = Abstand der Distanzstriche, s = Entfernung Stehachse – Latte (= gesuchte Distanz), d = Entfernung Stehachse – Objektiv).

Verfahren mit der Basis im ↗Zielpunkt, d.h. Endpunkt der Distanz. Beim erstgenannten Verfahren kommen z.B. Einstandsentfernungsmesser zum Einsatz. Die Verfahren mit Basis im Zielpunkt können dagegen eingeteilt werden in solche mit konstantem parallaktischen Winkel und variabler Basis (z.B. Distanzmessung mit Reichenbachschen ↗Distanzstrichen, Abb. 1) und Verfahren mit variablem Winkel und konstanter Basis (z.B. Distanzmessung mit ↗Basislatte). Bei der Distanzmessung mit Reichenbachschen Distanzstrichen kommen i.a. optisch-mechanische ↗Theodolite und ↗Nivellierinstrumente zum Einsatz. Der konstante parallaktische Winkel wird dabei mittels der Distanzstriche auf der Strichplatte (oder durch entsprechende Kurven bei Diagrammtachymetern) gebildet. Beim Anzielen einer lotrecht gehaltenen Latte mit Zentimeterteilung begrenzen die Distanzstriche (oder -kurven) einen von der Distanz s abhängigen Lattenabschnitt l. Mit der Entfernungsformel $s = c + k \cdot l$ kann dann die gesuchte Distanz s errechnet werden. Dabei bezeichnet c die gerätespezifische ↗Additionskonstante (meist $c \approx 0$) und k die ↗Multiplikationskonstante (meist $k = 100$). Die relative Meßunsicherheit einer so bestimmten Distanz beträgt etwa 15 cm auf 100 m.

optische Distanzmessung 2:
Distanzmessung mit Basislatte (S = Standpunkt, s = Distanz, γ = parallaktischer Winkel, b = Länge der Basislatte, Z = Distanzendpunkt, M = Mittelmarkierung der Basislatte).

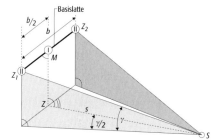

Zur Gruppe der Verfahren mit konstanter Basis und variablem parallaktischen Winkel zählt die Distanzmessung mit Basislatte (Abb. 2). Hierbei wird eine Basislatte am Distanzendpunkt (Z) als feste Basis horizontal und rechtwinklig zur gesuchten Distanz s aufgestellt. Durch Richtungsmessung zu den Enden der Basislatte wird auf dem Standpunkt S mit einem Theodoliten der parallaktische Winkel γ bestimmt. Die Distanz ergibt sich aus der Grundgleichung der optischen Distanzmessung:

$$s = \frac{b}{2} \cdot \cot \frac{\gamma}{2}$$

(mit b = Länge der Basislatte). Die Genauigkeit der optischen Distanzmessung mit der Basislatte wird wesentlich durch die Genauigkeit des parallaktischen Winkels bestimmt. Distanzen lassen sich hierbei mit einer Messunsicherheit von wenigen mm ermitteln. [DW]

optisch einachsig, optische Eigenschaft von Kristallen, wenn nur eine einzige ↗optische Achse existiert. Die ↗Indikatrix wird durch ein Rotationsellipsoid dargestellt. Es gibt darin nur einen ebenen Kreisschnitt.

optische Isotropie, Richtungsunabhängigkeit der optischen Eigenschaften.

optische Normale, Normale der Achsenebene der ↗Indikatrix eines ↗optisch zweiachsigen Kristalls.

optischer Charakter, Bezeichnung der Art der ↗Doppelbrechung. Man spricht von einem ↗optisch positiven bzw. ↗optisch negativen Charakter eines Kristalls.

optisches Drehvermögen, Maß für die Drehung der Polarisationsebene (↗Polarisation) ↗linear polarisierten Lichts pro Länge des durchstrahlten ↗optisch aktiven Mediums.

optische Verschiebungsmessung, die geodätische Erfassung des räumlichen und zeitlichen Ablaufes von Verformungen am Innenrand eines unterirdischen Hohlraumbaues. Zur Messung werden an ausgewählten Stellen Meßmarken an der Tunnelschale oder am Gebirge befestigt. Die Position und eventuelle Lageänderung dieser Punkte werden von koordinatenmäßig bekannten Festpunkten aus mit Hilfe eines elektronischen Tachymeters dreidimensional eingemessen, d.h. also dadurch, daß man die Richtung, die Entfernung und den Höhenwinkel vom bekannten Festpunkt zum gewünschten Meßpunkt bestimmt. Diese auf den jeweiligen Instrumentenstandpunkt bezogenen Meßwerte in Polarkoordinaten werden in kartesische Koordinaten eines einheitlichen Koordinatensystems transformiert. Die so ermittelten rechtwinkligen Koordinaten werden dann mit den Ergebnissen vorangegangener und nachfolgender Messungen verglichen. Aus den sich dabei ergebenden Koordinatendifferenzen können die vektoriellen Verschiebungen des Meßpunktes in Raum und Zeit abgeleitet werden. [EFe]

optisch gepumptes Magnetometer, *Quantenmagnetometer*, hierbei wird die ↗Präzession der magnetischen Momente der Hüllenelektronen um die Richtungsachse des zu messenden Magnetfeldes durch Einstrahlung von Energie (Licht) in der Resonanzfrequenz f_0 erzwungen: $f_0 = \gamma_E \cdot F$, wofür mehrere paramagnetische Atome geeignet sind. Physikalische Grundlage ist der Zeeman-Effekt. Das Magnetfeld kann kontinuierlich gemessen werden, die Auflösung ist aufgrund des ca. 100fach größeren gyromagnetischen Verhältnis wesentlich höher als beim Protonenpräzessionsmagnetometer. Beispiele für optisch gepumpte Magnetometer sind das *Absorptionszellen-Magnetometer* und das *Cäsiumdampf-Magnetometer*.

optisch negativ, Bezeichnung für die Art der ↗Doppelbrechung bzw. Form der ↗Indikatrix von Kristallen. ↗Optisch einachsige Kristalle werden als optisch negativ bezeichnet, wenn der ↗Brechungsindex n_e in Richtung der Rotationsachse der Indikatrix kleiner ist als derjenige n_o im Kreisschnitt: $\Delta n = n_e - n_o < 0$. ↗Optisch zweiachsige Kristalle werden als optisch negativ bezeichnet, wenn die größte Hauptachse der dreiachsigen Indikatrix mit dem Brechungsindex n_γ den stumpfen Winkel zwischen den ↗optischen Achsen halbiert, d. h. Achsenwinkel $2V_\gamma > 90°$.

optisch neutral, Bezeichnung der ↗Doppelbrechung ↗optisch zweiachsiger Kristalle, wenn der Achsenwinkel $2V_\gamma = 90°$ beträgt.

optisch positiv, Bezeichnung für die Art der ↗Doppelbrechung bzw. Form der ↗Indikatrix von Kristallen. ↗Optisch einachsige Kristalle werden als optisch positiv bezeichnet, wenn der ↗Brechungsindex n_e in Richtung der Rotationsachse der Indikatrix größer ist als derjenige n_o im Kreisschnitt: $\Delta n = n_e - n_o > 0$. ↗Optisch zweiachsige Kristalle werden als optisch positiv bezeichnet, wenn die größte Hauptachse der dreiachsigen Indikatrix mit dem Brechungsindex n_γ den spitzen Winkel zwischen den ↗optischen Achsen halbiert, d. h. Achsenwinkel $2V_\gamma < 90°$.

Optisch-Stimulierte Lumineszenz-Datierung, *OSL-Datierung*, eine Art der ↗Lumineszenzdatierung, bei der das Meßsignal durch Beleuchten mit Licht definierter Wellenlänge angeregt wird. Man unterscheidet die *Infrarot-Optisch-Stimulierte Lumineszenz* (*IR-OSL, IRSL*), die bei etwa 880 μm angeregt wird und für ↗Feldspäte Anwendung findet, und die *Grün-Stimulierte Lumineszenz* (*GSL*). Diese wird bei Quarz genutzt und regt mit monochromatischem Laserlicht bei 514 μm an. Bei der Optisch Stimulierten Lumineszenz-Datierung wird über eine bestimmte Belichtungszeit die sog. Ausleuchtkurve aufgezeichnet, die mit zunehmender Zeit die Anregung schwerer bleichbarer Fallen darstellt. Zur Erstellung der Aufbaukurve wird das Integral über ein experimentell ermitteltes Zeitintervall gebildet. Die OSL eignet sich besonders für nur schwach gebleichte, schnell oder kurz transportierte Sedimente. [RBH]

optisch zweiachsig, optische Eigenschaft von Kristallen, wenn zwei ↗optische Achsen existieren. Die ↗Indikatrix ist ein allgemeines, dreiachsiges Ellipsoid. Es gibt darin zwei ebene Kreisschnitte.

optoelektronischer Scanner, *Push Broom Scanner* (»Kehrbesen«-Scanner), digitale Zeilenkamera; eine oder mehrere Sensorzeilen, die aus zahlreichen Einzeldetektoren bestehen, tasten gleichzeitig einen Geländestreifen quer zur Flugrichtung ab. Als Sensoren werden meist sog. CCDs (Charge Coupled Devices) verwendet. In kurzen Zeitabständen werden die elektrischen Signale aller Detektoren ausgelesen und gespeichert respektive nachrichtentechnisch an eine Empfangsstation übertragen. Die Auslenkung der Aufnahmerichtung quer zur Bewegungsrichtung der (Satelliten)Plattform mit Hilfe eines neigbaren Spiegels bietet die Möglichkeit, stereoskopische Datengewinnung im Across-track-Modus zu gewährleisten (z. B. ↗SPOT). Das schubweise Aufzeichnen ganzer Zeilen gestattet auch die Adaption von nach vorwärts oder rückwärts geneigten optischen Systemen, die stereoskopische Datengewinnung im Along-track-Modus ermöglichen (z. B. ↗MOMS). Vorteile gegenüber der mechanischen Aufnahmevariante sind vor allem Unabhängigkeit von mechanischen Bewegungen, bessere geometrische Eigenschaften der Bilddaten zufolge direkter Zentralprojektion, variierbare geometrische Auflösung durch entsprechende Objektive und ein günstigeres ↗Signal-Rausch-Verhältnis bei der Signalaufzeichnung durch die Detektorzeilen. [EC]

optomechanischer Scanner, *Rotationsscanner*, der mittels eines rotierenden oder oszillierenden Spiegels oder Prismas das Gelände in Abhängigkeit von Rotations- oder Oszillationsfrequenz (↗IFOV), Geschwindigkeit der Plattform und Flughöhe streifenweise abtastet (↗Zeilenpaßbedingung). Die Abtastzeilen (↗Scan-Zeilen) liegen genähert senkrecht zur Flugrichtung (across-track scanning). Die durch das optische System entsprechend dem IFOV erfaßte Strahlung wird durch dichroitische Strahlenteilung in den optisches Glas durchdringenden Spektralanteil des sichtbaren Lichts sowie des nahen und mittleren Infrarots und den an optischem Glas gespiegelten thermalen Infrarots gespalten. Mittels Dispersionsprisma oder Interferenzgitter werden die sichtbaren und nah- bis mittelinfraroten Strahlungsanteile in verschiedene Wellenlängenbereiche zerlegt, entsprechenden Detektoren zugeführt, dort in elektrische Signale und über einen Verstärker abschließend durch Analog/Digitalwandlung in ein digitales Signal transformiert. Speicherung erfolgt auf Magnetbändern hoher Schreibdichte (HDDT – High Density Digital Tapes), die dann in computerkompatible Magnetbänder umgewandelt werden (CCT – Computer Compatible Tapes) oder direkt auf CCT. Nachteile der Datenaufzeichnung mit optomechanischen Scannern sind Abnutzung der mechanischen Bauteile, gestörte Zeilengeometrie zufolge ↗Panoramaverzerrung und Zeilenschiefe sowie schlechtes ↗Signal-Rausch-Verhältnis und damit schlechtes radiometrisches Auflösungsvermögen. [EC]

Ora, lokales Windsystem am Gardasee und im Gebirgstal der Etsch. Die Ora tritt bei autochthoner Witterung im Sommerhalbjahr um die Mittagszeit auf. Das nächtliche Gegenstück der Ora heißt Sover.

Orangeit ↗Kimberlit.

Orbicularit ↗Kugelgranit.

Orbiculartextur, Bezeichnung für Gefüge in magmatischen Gesteinen (↗Magmatite), bei denen sphärische oder radiale Verwachsungen von Mineralen (oft Feldspat) zu kugeligen Aggregaten im mm- bis cm-Bereich führen, z. B. ↗Kugelgranit.

Orbit, 1) *Fernerkundung*: Umlaufbahn eines Satelliten, die in der Fernerkundung in der Regel kreisförmig ist, um konstante Größe der Bildelemente im Falle von Scanneraufnahmen respekti-

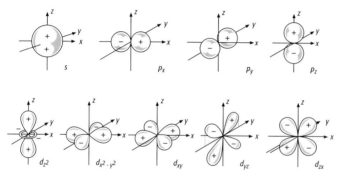

Orbital: Hantelmodelle von s-, p- und d-Atomorbitalfunktionen. Die angegebenen Vorzeichen (+ oder –) beziehen sich auf das Vorzeichen der Wellenfunktion im betreffenden Bereich.

ve konstanten Bildmaßstab im Falle von photographischen Aufnahmen zu ermöglichen. Die Dauer eines Umlaufs ist nur von der Distanz vom Satelliten zum Erdschwerpunkt und nicht von der Masse des Satelliten abhängig (3. Keplersches Gesetz für eine Kreisbahn). Die Höhe der Umlaufbahn ist abhängig vom Erdradius und von der gewählten Dauer des Umlaufs. Setzt man für die Dauer eines Umlaufs den Wert für eine Erdumdrehung (Dauer eines Sterntages) ein, so erhält man die für ↗geostationäre Satelliten notwendige Bahnhöhe von 35.800 km. Die meisten operationell arbeitenden Erderkundungssatelliten wie ↗Landsat, ↗SPOT und IRS (Indian Remote Sensing Satellite) bewegen sich in polnahen sonnensynchronen Umlaufbahnen. Um zu erreichen, daß der Bahndurchgang des Satelliten stets zur gleichen Ortszeit (sonnensynchron) erfolgt, muß sich die Satellitenbahn während eines Jahres einmal um die Erde drehen. Das notwendige Drehmoment wird bei einer Bahnneigung aus der Äquatorebene um $i \neq 90°$ durch die Abplattung der Erde bewirkt (i = Inklination). Der Satellit reagiert mit einer Präzessionsbewegung. Die Bedingung für sonnensynchronen Umlauf ist erfüllt, wenn die Winkelgeschwindigkeit des Knotens als Schnitt der Bahnebene mit der Äquatorebene der Winkelgeschwindigkeit der Sonne entspricht. Da über die Orbithöhe bereits bei der Festlegung der Umlaufzeit verfügt wird, erreicht man diese Identitätsbedingung durch Anpassung der Inklination der Satellitenbahn. Es folgt, daß sonnensynchrone Umlaufbahnen Inklinationen etwas größer als 90° aufweisen müssen. So ergibt sich zum Beispiel für ↗Landsat-3 mit einer Bahnhöhe von 920 km eine Inklination von 99,12°. Da die maximal erreichbare geographische Breite dem Wert $\pm (90°-i)$ entspricht, können in diesem Falle die beiden Polkappen nicht erfaßt werden. Um einen konstanten Wiederholzyklus innerhalb einer festzulegenden Anzahl von Tagen zu erreichen, muß die Bedingung eingehalten werden, daß das Verhältnis der Winkelgeschwindigkeit des Satelliten zur Rotationsgeschwindigkeit der Erde einer ganzen Zahl entspricht, wobei sich diese Zahl aus dem Produkt der Anzahl der Tage und der nicht ganzzahligen Anzahl der Umläufe pro Tag zusammensetzt. Damit erreicht man auch die notwendige Versetzung der Umlaufbahnen benachbarter Tage. **2)** *Kristallographie:* Bahn, die Menge der Bildpunkte eines Punktes unter den Abbildungen einer Symmetriegruppe. Der G-Orbit eines Punktes P besteht aus allen Punkten, die unter der Operationen der Gruppe G zu P symmetrisch äquivalent sind. Den Orbit eines Punktes unter einer kristallographischen Gruppe nennt man auch eine ↗Punktkonfiguration. Man faßt die Punktkonfigurationen zu ↗Punktlagen zusammen.

Orbital, ursprünglich Umlaufbahn der Elektronen eines Atoms; im modernen Sinne ein stationärer Schwingungszustand der Wellenfunktion, die das betreffende Elektron beschreibt. Die räumliche Verteilung der Elektronendichte wasserstoffähnlicher Atome hängt von der Kombination der ↗Quantenzahlen n, l und m ab. Die winkelabhängigen Anteile der Wellenfunktion lassen sich veranschaulichen, wenn man das Volumenelement darstellt, in dem sich das betreffende Elektron mit 90% Wahrscheinlichkeit aufhält; s-Orbitale ($l = 0$) sind kugelsymmetrisch, p-Orbitale ($l = 1$) hantelförmig und rotationssymmetrisch, d-Orbitale ($l = 2$) sind rosettenförmig, f-Orbitale haben die Form eines Oktupols (Abb.). Je nach ↗magnetischer Quantenzahl m haben gleichartige Orbitale verschiedene Orientierungen im Raum. Die Anzahl radialer Knotenflächen (Nulldurchgänge des Radialteils der Wellenfunktion) beträgt jeweils $n-1$ (n = Hauptquantenzahl); für s-Orbitale sind diese Kontenflächen kugelförmig. [KE]

Orbitalbahn, Bahn eines Wasserteilchens unter Einfluß von ↗Wellen. ↗Seegang.

Orbitalbewegung, Bewegung der Wasserteilchen in einer Seegangswelle. ↗Seegang.

ordentlicher Strahl, Lichtstrahl, der bei ↗Doppelbrechung an ↗optisch einachsigen Kristallen dem ↗Snelliusschen Brechungsgesetz folgt. Er verhält sich optisch isotrop. Ordentlicher und ↗außerordentlicher Strahl sind senkrecht zueinander polarisiert. ↗Indikatrix.

orders, Einheit der ↗Soil Taxonomy.

Ordnung einer Gruppe, Begriff aus der Kristallographie; bei einer endlichen Gruppe die Anzahl der Gruppenelemente. Besitzt die Gruppe unendlich viele Elemente, dann nennt man sie eine Gruppe von unendlicher Ordnung. Die Ordnungen der kristallographischen ↗Punktgruppen sind stets endlich, die der ↗Raumgruppen unendlich.

Ordnungsstufe, Begriff aus der ↗Landschaftsökologie im Zusammenhang mit der Bestimmung von Raumeinheiten der ↗naturräumlichen Ordnung. Er umfaßt die einzelnen ↗Dimensionen landschaftlicher Ökosysteme. Diese sind repräsentiert durch die vier Größenordnungen ↗topische Dimension, ↗chorische Dimension, ↗regionische Dimension und ↗geosphärische Dimension (↗Theorie der geographischen Dimensionen Abb.). Aus den lokalen, topischen Einheiten werden die größeren ökologischen Raumeinheiten der regionalen Ordnungsstufe zusammengesetzt, weiter die ökologischen Raumeinheiten der zonalen Ordnungsstufe und schließlich der globalen Ordnungsstufe. Diese Aggregation von kleineren Einheiten zu größeren ökologischen

Ordnungszahl, *Kernladungszahl*, Anzahl der Protonen eines Atomkerns. Die Ordnungszahl bestimmt die Stellung eines Elements im Periodensystem. Alle Nuklide gleicher Ordnungszahl (Isotope) gehören zum selben Element.

Ordovizium, *Ordoviz*, das Ordovizium ist das zweitälteste System des ↗Phanerozoikums nach ↗Kambrium und vor ↗Silur. Es begann vor ungefähr 505 Mio. Jahren und endete vor etwa 438 Millionen Jahren. Am gebräuchlichsten ist die Unterteilung des Ordoviziums in die drei Abteilungen unteres Ordovizium (510–478 Mio. Jahre), mittleres Ordovizium (478–458 Mio. Jahre) und oberes Ordovizium (458–438 Mio. Jahre), die jedoch bislang nicht formal gegliedert sind. Hinsichtlich der Kambrium/Ordovizium-Grenze wurde ein Horizont oder ↗GSSP (Global Stratotype Section and Point) bei Green Point im Westen Neufundlands (Kanada) im Januar 2000 von der International Union of Geological Sciences ratifiziert. Die Grenze im Green Point Profil liegt bei 103,4 m und markiert das erste Erscheinen des ↗Conodonten *Iapetognathus* sp. 1 (= *I. fluctivagus*). Dieser Level liegt 5,1 m unter dem ersten Erscheinen von planktischen ↗Graptolithen. Weitere wichtige Profile, die den Beginn des Ordoviziums dokumentieren, sind das Dayangcha-Profil in Nordchina und das Lawson Cove-Profil in Utah (USA). Die Grenze zwischen dem Ordovizium und dem darüberliegenden Silur ist die Basis der *Parakidograptus acuminatus*-Biozone im Dob's Linn Profil in den Southern Uplands von Schottland.

Das Ordovizium wurde 1879 von Charles ↗Lapworth eingeführt, der vorschlug, das obere Kambrium von A. ↗Sedgwick, das sich mit dem unteren Silur von R. I. ↗Murchison überlappte, einer separaten Einheit, dem Ordovizium, zuzuordnen. Damit wurde eine langandauernde Debatte zwischen Sedgwick und Murchison beendet. Der Name stammt von den Ordovicern, eine zu einem keltischen Stamm gehörende Gruppe, der in römischer Zeit im Typusgebiet, in der Arenig- und Bala-Region in Nordwales (Großbritannien), lebte. Nach den frühen stratigraphischen Arbeiten in Großbritannien wird das Ordovizium in sechs Stufen unterteilt, beginnend mit ↗Tremadoc, gefolgt von ↗Arenig, ↗Llanvirn, ↗Llandeilo, ↗Caradoc und ↗Ashgill.

Die Verteilung der Kontinente, Epikontinentalmeere und tiefen Ozeanbecken war im Ordovizium ganz anders als heute (↗geologische Zeitskala). Der größte der ordovizischen Kontinente war ↗Gondwana, das sich prinzipiell aus dem heutigen Südamerika und Afrika zusammensetzte sowie aus Anteilen des mittleren Ostens, Indiens, Australiens, Europas und der Antarktis. Nordafrika mit Südeuropa lag am Südpol und blieb ein Teil Gondwanas. Der nördliche Teil des heutigen Mitteleuropa spaltete sich von Gondwana ab und wurde ein Mikro-Kontinent, umgeben vom Tornquist-Meer und der Paläotethys (↗Tethys). Im späten Ordovizium kollidierte der mitteleuropäische Mikro-Kontinent mit ↗Baltica. ↗Laurentia (Ur-Nordamerika) war von Baltica (Ur-Nordeuropa) und Gondwana durch das Kaledonische Meer (oder ↗Iapetus) getrennt. Eine Subduktionszone entwickelte sich im mittleren Ordovizium am Ostrand von Laurentia, und der Iapetus Ozean begann sich zu schließen. Hierdurch kam es im Verlauf des Ordoviziums zu vulkanischer Aktivität und Gebirgsbildung. Im späten Silur vollzog sich die endgültige Schließung des Iapetus in Skandinavien, was zur Bildung der skandinavischen ↗Kaledoniden führte. Im frühen ↗Devon schloß sich das Restbecken des Iapetus in Nordamerika, wodurch die Faltengürtel der Appalachen entstanden. Die Landmassen Laurentia, Sibiria (Paläo-Asien oder Angara), ↗Kasachstania, Nordchina sowie Teile von Gondwana (Australien und Antarktika) und Südost-Asien lagen im Ordovizium in tropischen Breiten, und Baltica driftete von höheren in niedrige Breiten, wodurch es auch hier zur Ablagerung von Carbonaten kam.

Das Ordovizium ist gekennzeichnet durch einen relativ hohen Meeresspiegel. Es existierten riesige Epikontinentalmeere, wodurch es zur Ausbildung von ausgedehnten Carbonatablagerungen auf den Kontinental-Plattformen kam, die in niedrigen Breiten lagen (z. B. Nordamerika, Grönland, Russische Plattform, Sibirien). Riffe wurden im unteren Ordovizium hauptsächlich von ↗Cyanobakterien, vergesellschaftet mit Schwämmen und Problematica, konstruiert. Ab dem mittleren Ordovizium gewannen ↗Korallen, ↗Bryozoen und ↗Stromatoporen als Riffbildner an Bedeutung. In den gemäßigteren Regionen (z. B. Australien) kamen gemischte carbonatisch/siliciklastische Sedimente zur Ablagerung und rein siliciklastische Sedimente wurden in höheren Breiten gebildet (z. B. Spanien, Frankreich). Charakteristische Lithologien im Ordovizium sind schwarze Graptolithenschiefer, Lederschiefer, Griffelschiefer (stengelig geschieferter Tonstein) und *Phycodes*-Schiefer (nach *Phycodes circinatum*, einem Ichnofossil). Eisenerz-Horizonte mit chamositischen Oolithen sind lokal von Bedeutung. Gegen Ende des Ordoviziums (im Ashgill) kam es zu einer ausgeprägten Regression, die vermutlich auf Vereisung der südlichen Polarkappen zurückzuführen ist. Sie dauerte zwischen 10–15 Millionen Jahre und führte zu einem Meeresspiegelabfall von mindestens 100 Metern. Spuren der Vergletscherung findet man in der afrikanischen Sahara und in Zentralafrika. Das Ende des Kambriums war gekennzeichnet durch das Massenaussterben vieler ↗Trilobiten- und Nautiloideen-Gattungen. Das Ordovizium sah die adaptive ↗Radiation vieler anderer Tiergruppen, und alle Tierstämme der nachfolgenden Zeitabschnitte waren gegen Ende des Ordoviziums vorhanden. Ab dem späten Ordovizium setzte sich die Fauna aus etwa 400 Familien zusammen, eine Anzahl, die bis ins späte ↗Paläozoikum annähernd konstant blieb, und die in Kontrast zu den nur etwa 150 bekannten kambrischen Familien steht.

Die biostratigraphische Gliederung des Ordoviziums stützt sich hauptsächlich auf ↗Graptolithen, ↗Conodonten, articulate ↗Brachiopoden und Trilobiten. In diesem Zeitabschnitt sind auch die ↗Acritarchen besonders nützlich. Die Graptolithen erlauben eine Unterteilung des Systems in 17 ↗Biozonen (lokal auch mehr), die für überregionale Korrelationen geeignet sind, da es sich um planktische Lebewesen handelte, die weit verbreitet waren. Graptolithen werden hauptsächlich in schwarzen Schiefern gefunden. Conodonten erlebten eine Blütezeit im Ordovizium und die Faunen sind hoch-divers. Mit Hilfe der Conodonten kann das Ordovizium in 13 Biozonen untergliedert werden (lokal auch mehr). Problematisch ist die starke Provinzialität der Faunen, die in tropische Flachwasser-Faunen (z. B. die sog. »Midcontinent-Fauna« in Nordamerika) und Flachwasser-Faunen der gemäßigten Zonen unterteilt werden können (z. B. mediterrane Faunen der Türkei und der Montagne Noire in Frankreich). Diese unterscheiden sich zum Teil grundlegend von den Tief- oder Kaltwasser-Faunen der Nordatlantischen Provinz (z. B. in Skandinavien). Gegen Ende des Ordoviziums (in der Hirnant-Unterstufe des Ashgill) setzte eines der größten Massensterben der Erdgeschichte ein, bei dem mindestens 22 Familien ausstarben (↗Massensterben und Massenaussterben). Besonders betroffen waren die Graptolithen, Trilobiten und Brachiopoden, gegen Ende des Hirnant auch die Conodonten, Acritarchen und Korallen. Verarmte Faunen, charakterisiert durch den Brachiopoden *Hirnantia* (sog. *Hirnantia*-Faunen), kennzeichnen diesen Zeitabschnitt.

Protisten mit Kalk- oder Silica-Skeletten scheinen im frühen Paläozoikum nur eine geringe Rolle gespielt zu haben. Aus dem Ordovizium sind vielfältige ↗Radiolarien bekannt, die zu den Spumellina gehören, und die ersten primitiven Fusulinina (↗Foraminiferen) erschienen mit der Gattung *Saccaminopsis*. Ordovizische Schwammfaunen (↗Schwämme) sind charakterisiert durch dickwandige Demospongea. Die Kieselschwämme, vorallem die Lithistida, bildeten wichtige Faunenelemente, die u. a. auch an der Bildung von riffähnlichen Strukturen beteiligt waren. Stromatoporen sind eine ausgestorbene Gruppe von Invertebraten, die erstmals im mittleren Ordovizium mit der Gattung *Pseudostylodictyon* erschienen. Die meisten der mittel- und oberordovizischen Stromatoporen sind charakterisiert durch zystenähnliche Laminae. Von den ↗Anthozoa erschienen die Octokorallen und die tabulaten Korallen (*Lichenaria*, *Cryptolichenaria*) bereits im unteren Ordovizium. Heliolitiden und rugose Korallen (*Lambeophyllum*, *Favistella*) sind ab dem mittleren Ordovizium vorhanden. Die ↗Annelida haben nur ein geringes Potential, als Körperfossilien erhalten zu bleiben, jedoch entwickelten die polychaeten Würmer im Ordovizium harte Kieferwerkzeuge, sog. ↗Scolecodonten, die häufig gemeinsam mit Conodonten in Säurerückständen gefunden werden. Ordovizische Brachiopodenfaunen sind viel diverser, als ihre kambrischen Vorläufer; dies gilt für inarticulate wie auch für articulate Formen. Die Orthiden stellen die dominierende Ordnung dar, ergänzt durch zahlreiche Strophomeniden (*Plectambonites*, *Strophomena*, *Rafinesquina*), die meist flache, stachellose Schalen besaßen, und Pentameriden (*Porambonites*, *Syntrophia*). Die Rhynchonelliden treten erstmals zahlreich auf. Weitere im Ordovizium erscheinende Gruppen erreichen ihre Blütezeit erst später. Eine große Vielfältigkeit erlangten die Bryozoen im Laufe des Ordoviziums und traten im mittleren Ordovizium sogar als Riffbildner auf (z. B. im nordöstlichen Nordamerika). Die Gastropoden gehörten zum Teil noch den bereits im Kambrium erschienenen Gruppen an (Bellerophontina, Macluritina), zum Teil den neu erschienenen Murchisoniina oder Trochina. Unter den ↗Cephalopoden waren im Ordovizium die Unterklassen Endoceratoidea und Actinoceratoidea bedeutsam. Vertreter der Endoceratoidea stellen die größten paläozoischen Invertebraten dar und erreichten im mittleren Ordovizium eine Länge bis zu 10 m. Die fossile Vergangenheit der ↗Echinodermata ist lang und alle heute lebenden Klassen entstanden bereits im Ordovizium. Das mittlere Ordovizium markiert einen Höhepunkt der Echinodermen-Diversität mit 17 Klassen. Die vagile Epifauna des Ordoviziums umfaßte die ersten Echiniden (Seeigel), die im Gegensatz zu den rezenten Vertretern noch kein starres Gehäuse hatten. Unter den sessilen Echinodermen wurden die Cystoidea (z. B. *Echinoencrinites*, *Pleurocystites*) besonders wichtig. Die Trilobiten waren auch im Ordovizium eine wichtige Fossilgruppe, obwohl der Zeitabschnitt einen Niedergang der Diversität sah. Ordovizische Trilobitenfaunen wurden von polymeroiden Formen dominiert, deren Fähigkeit sich einzurollen besser ausgebildet war, als bei den kambrischen Formen. Besonders die im Riff lebenden Arten entwickelten ausgeprägte Bestachelung. Vier Trilobiten-Provinzen können im unteren Ordovizium unterschieden werden. Eine Nordamerikanische Provinz, die auch in Teilen von Nordwesteuropa, Sibirien und Nordostasien vorkommt. Die zweite Provinz ist begrenzter und kommt in der baltischen Region, im Uralgebirge und auf den arktischen Inseln vor. Eine dritte Provinz umfaßt England und die Mediterrane Region bis hin zur Türkei; und die vierte Provinz schließt Teile von Südamerika, Australien und Südasien ein. Im oberen Ordovizium reduziert sich die Zahl der Provinzen auf drei, möglicherweise als Resultat der Annäherung von Laurentia an das nördliche Eurasien. Auch im Ordovizium lebten die größten Ostracoden, die Leperditicopiden, die bis zu 3 cm lang wurden. Und als älteste Vertebraten erschienen die Agnathen im Ordovizium von Nordamerika.

Vertreter der Graptolithen bilden das Gerüst für die stratigraphische Gliederung des Ordoviziums, wo sie besonders in Tiefwasserablagerungen sehr häufig sind. Die Entwicklung der planktischen Graptoloidea verlief von den einzeiligen, vielästigen Anisograptiden (z. B. *Clonograptus*) des Tremadoc über die einzeiligen zwei- oder mehrästigen Dichograptiden (z. B. *Dichograptus, Tetragraptus, Didymograptus*) des Arenig und Llanvirn zu den zweizeiligen, einästigen Diplograptiden (z. B. *Dicellograptus, Climacograptus*) im späteren Ordovizium. Conodonten sind besonders vielfältig und zahlreich im Ordovizium. Obwohl bereits im Kambrium Conodonten mit ramiformen Elementen (= Zahnreihen-Conodonten) erschienen, ist das frühe Ordovizium (Tremadoc) charakterisiert durch Gattungen mit coniformen Elementen (= einfachen Zähnen, z. B. *Paroistodus*). Im Verlauf des unteren Ordoviziums entwickeln sich viele höherdifferenzierte Formen mit Zahnreihen (z. B. *Prioniodus* und *Periodon*), und im mittleren Ordovizium treten bereits die frühen Vorläufer der im Devon so wichtigen Plattform-Typen auf.

Es wird vermutet, daß Landpflanzen sich bereits im mittleren Ordovizium aus Algen entwickelten. Dafür sprechen Funde von Sporen, tracheidenähnlichen Röhren (Tracheiden sind charakteristische Merkmale der Gefäßpflanzen) und Zellhüllen, die in tropisch-terrestrischen Sedimenten ordovizischen Alters gefunden wurden.

Wichtige Fossilarchive des Ordoviziums findet man in Schweden (Oslo-Graben), im Baltikum (Öland, Estland), in Ohio, in Neufundland (Gros Morne National Park, Kanada) und auf Anticosti (Quebec, Kanada). [SP]

Literatur: [1] COOPER, R. A., NOWLAN, G. S. & WILLIAMS, S. H. (2001): Global stratotype Section and Point for base of the Ordovician System. – Episodes, Vol. 24, no. 1, S. 19–28. [2] HARPER, D. A. T. & OWEN, A. W. (Eds.) (1996): Fossils of the Upper Ordovician. – Palaeontological Association Field Guides to Fossils No. 7. The Palaeontological Association. London. [3] WEBBY, B. D. (1998): Steps toward a global standard for Ordovician stratigraphy.- Newsl. Stratigr. 36, 1–33. [4] WEBBY, B.D. & LAURIE, J.R. (1992): Global Perspectives on Ordovician Geology. – Proceedings of the sixth International Symposium on the Ordovician System, University of Sydney, Australia, 15–19 July 1991. Rotterdam.

oreal, generelle Bezeichnung für hochmontane ↗Lebensräume im Bereich des ↗Gebirgswaldes (↗Höhenstufen).

Organisation Météorologique Mondiale ↗Weltorganisation für Meteorologie.

Organisationstyp, kennzeichnet in der ↗Taxonomie Taxa vergleichbarer Entwicklungshöhe, aber nicht notwendigerweise gemeinsamer Abstammung.

organische Böden, Böden, deren Humushorizonte häufig mehrere Meter mächtig sind und die im Unterschied zu den ↗Mineralböden mindestens 30 %, meist aber wesentlich mehr organische Substanz enthalten. Die wichtigsten Vertreter sind ↗Moore (↗Histosols).

Organische Geochemie, wissenschaftliche Disziplin, welche sich mit den Stoffkreisläufen organischer Verbindungen in der Geosphäre beschäftigt. Die biosynthetisierte organische Materie sedimentiert nach dem Absterben der Lebewesen und wird im Sedimentgestein eingeschlossen. Diese organische Materie, das ↗Biopolymer, wird aufgrund fortschreitender Sedimentüberlagerung transformiert und bildet über geologische Zeiträume ein ↗Geopolymer, aus dem ↗Erdöl, ↗Erdgas und ↗Kohle entstehen kann. Durch natürliche Vorgänge oder menschliche Aktivitäten können diese fossilen Brennstoffe an die Erdoberfläche gelangen und somit wieder am Stoffkreislauf teilnehmen. Die unterschiedlichen biochemischen und geochemischen Umwandlungen dieses Stoffkreislaufs bilden den Schwerpunkt der Untersuchungen der Organischen Geochemie.

Ein Pionier der Organischen Geochemie, der diesen Stoffkreislauf untersuchte, war der deutsche Chemiker Alfred Treibs. Vor über 65 Jahren gelang es ihm, in Erdölen ↗Porphyrine nachzuweisen. Er zeigte die große strukturelle Ähnlichkeit zwischen diesen Porphyrinen und pflanzlichem ↗Chlorophyll auf und beschrieb weiterhin, durch welche chemischen Umwandlungen ein spezielles Porphyrin, das Desoxophyllerythroetioporphyrin (DPEP), aus dem Chlorophyll entstehen kann. Diese Hypothese führte nicht nur zum Postulat des biologischen Ursprungs des Erdöls, sondern auch zur Entwicklung einer neuen Disziplin in den Geowissenschaften, der Organischen Geochemie. 1979 ernannte die Geochemical Society of America Alfred Treibs offiziell zum »Begründer der Organischen Geochemie« und schuf die Alfred-Treibs-Medallie als Auszeichnung für einschlägige Arbeiten. [SB]

organische Horizonte, sind Horizonte mit > 30 Masse-% organischer Substanz, die beim ↗H-Horizont (H von Humus) aus Resten torfbildender Pflanzen (Torf), beim ↗L-Horizont (L von engl. litter = Streu) aus einer Ansammlung von nicht und wenig zersetzter Pflanzensubstanz an der Bodenoberfläche (alte Bezeichnung dafür Förna) und beim ↗O-Horizont (O von organisch) aus einer Ansammlung von stark zersetzter Pflanzensubstanz bestehen.

organische Lockergesteine, sind ↗Torf und Schlamme als Sammelbegriff für ↗Mudde, ↗Gyttja, ↗Dy und ↗Sapropel. Kennzeichen der organischen Böden nach DIN 18196 ist, daß sie in getrocknetem Zustand brennbar oder schwelbar sind. Nach DIN 1054 sind Lockergesteine organisch, wenn der Gewichtsanteil an organischen Beimengungen tierischer oder pflanzlicher Herkunft 3% bei nichtbindigen und 5% bei bindigen Lockergesteinen übersteigt. Diese Abgrenzung schließt auch die organogenen Lockergesteine nach DIN 18196 mit ein.

organische Minerale, sind die in der Natur auftretenden Salze der organischen Säuren, natürliche Kohlenwasserstoffe wie die Paraffine, carbozyklische Verbindungen und Harze (Tab.). Obwohl zahlreiche Minerale wie Calcit, Aragonit oder Apatit bei Biomineralisationsprozessen (↗Biomineralogie) auf organischem Wege entstehen, werden sie doch als anorganische Verbindungen zu den Carbonaten oder den Phosphaten gerechnet. Auch die fossilen Brennstoffe wie Erdöl oder Kohle werden nicht zur Klasse der organischen

Mineral/chemische Zusammensetzung	Kristallsystem Symbol (Sch.) Symbol (int.)	Härte nach Mohs	Dichte [g/cm³]	Spaltbarkeit
Whewellit $Ca[C_2O_4] \cdot H_2O$	monoklin C_{2h}^5 $P2_1/n$	2,5	2,23	basal
Weddellit $Ca[C_2O_4] \cdot 2H_2O$	tetragonal C_{4h}^5 $I4/m$	–	–	–
Mellit Honigstein $Al_2[C_{12}O_{12}] \cdot 18H_2O$	tetragonal D_4^7 $P4_32$	2–2,5	1,6	–
Julienit $Na_2Co[SCN]_4 \cdot 8H_2O$	tetragonal C_{4h}^4 $P4_2/n$	–	–	–
Evenkit $C_{24}H_{50}$	monoklin C_{2h}^5 $P2_1/a$	1	0,873	basal
Flagstaffit $C_{10}H_{18}(OH)_2 \cdot H_2O$	rhombisch C_{2v}^{19} $Fdd2$	–	1,092	–
Bernstein (Retinit) Succinit 78 % C 10 % H 11 % O + S u.a.	amorph	2–2,5	1,0–1,1	–

organische Minerale (Tab.): Übersicht der wichtigsten Mineraldaten der häufigsten organischen Minerale (Sch. = Schoenflies, int. = international).

Minerale gerechnet, denn es handelt sich dabei um Sedimentgesteine.
Eine besondere Bedeutung für die Biomineralogie haben die Oxalatminerale Whewellit ($Ca[C_2O_4] \cdot H_2O$) und Weddellit ($Ca[C_2O_4] \cdot 2 H_2O$), die z. B. zur Bildung pathogener Konkremente führen. In Lagerstätten fossiler Brennstoffe tritt der Honigstein Mellit ($Al_2[C_{12}O_{12}] \cdot 18 H_2O$) und ein natürlicher, fester Kohlenwasserstoff, das Paraffinmineral Evenkit ($C_{24}H_{50}$) auf. In Steinkohle- und Braunkohlelagern sowie in Moor- und Torfgebieten finden sich eine Reihe von Mineralen carbozyklischer Verbindungen wie Kratochwillit ($C_{13}H_{10}$), Fichtelit ($C_{19}H_{34}$) oder Flagstaffit ($C_{10}H_{18}(OH)_2 \cdot H_2O$). Succinit ist ein amorphes Gemenge aus Bernsteinsäure in Öl, das als fossiles Harz (Bernstein) meist auf sekundärer Lagerstätte gefunden wird. [GST]

organische Mudde, *Organomudde,* ↗Mudde.

organische Dünger, bezeichnet hauptsächlich die in der Landwirtschaft eingesetzten Wirtschaftsdünger Mist, Jauche und Gülle sowie alle weiteren organischen Verbindungen wie Hornspäne, Blutmehl oder pflanzliche Produkte wie Rizinusschrot.

organischer Landbau ↗ökologischer Landbau.

organische Substanz, Stoffe, die aus Kohlenstoff in Kombination mit Wasserstoff gebildet werden. Sie enthalten weiterhin häufig Sauerstoff, Stickstoff, Schwefel und/oder Phosphor. Die meisten dieser Stoffe sind natürlichen Ursprungs und entstammen der Photosynthese, bzw. Abbauprozessen der bei der Photosynthese gebildeten Stoffe. Zu den organischen Stoffen zählen aber auch synthetische Stoffe wie eine Vielzahl von Kunststoffen (PVC) oder Pestizide. Der Begriff organische (Boden-)Substanz wird in der Bodenkunde meist synonym mit ↗Humus verwendet. Damit entspricht sie der Summe aller im und auf dem Mineralboden vorkommenden abgestorbenen tierischen und pflanzlichen Stoffe sowie deren organische Umwandlungsprodukte. Je nach ihrem Umsetzungsgrad wird sie in Streustoffe (nicht oder nur wenig zersetzt) und ↗Huminstoffe (stark zersetzt, ohne erkennbare Gewebestruktur) unterteilt. Die organische Substanz im Boden liegt in den oberen Bodenschichten angereichert vor und beeinflußt die ↗Kationenaustauschkapazität und andere Bodeneigenschaften. Sie hat im allgemeinen eine große ↗spezifische Oberfläche. Ihr Gehalt wird mittels Elementaranalyse nach Korrektur mit dem Carbonatgehalt bestimmt. [RE]

organische Summenparameter, Summenwerte von Konzentrationen organischer Inhaltsstoffe oder Einzeleffekten, die gemeinsam ermittelt werden. Wegen der Vielzahl von organischen Verbindungen ist es nicht immer sinnvoll, alle Stoffe als Einzelsubstanzen zu ermitteln und darzustellen. Daher werden oft Stoffe zusammengefaßt, die ähnliche Eigenschaften aufweisen und die leicht gemeinsam summarisch analysierbar sind, oder Effekte, die auf eine bestimmte Stoffgruppe zurückzuführen sind. Beispiele für organische Summenparameter: ↗DOC (dissolved organic carbon, gelöster organischer Kohlenstoff), ↗TOC (total organic carbon, gesamter organischer Kohlenstoff), ↗AOX (adsorbierbare organische Halogenverbindungen), ↗EOX (extrahierbare organische Halogenverbindungen), ↗POX (strippbare (purgeable) organische Halogenverbindungen) und BSB (↗biochemischer Sauerstoffbedarf). Im Gegensatz zu den Summenparametern gibt es auch Stoffgruppen, deren Einzelsubstanzen zwar getrennt analysiert und angegeben werden können, von denen aber zum besseren Überblick typische Vertreter als Gruppe zusammengefaßt werden. Dazu gehören u. a. die ↗LCKW (leichtflüchtige chlorierte Kohlenwasserstoffe) oder die ↗PAK (polycyclische aromatische Kohlenwasserstoffe). [ABo]

organisch-reiche Sedimente, Sedimente, die über 4,0 % organischen Kohlenstoff (↗δ^{13}C-Werte) enthalten; sie sind seit dem ↗Archaikum bekannt.

organogen, aus organischen Bestandteilen gebildet, im Gegensatz zu minerogen.

organogene Sedimente, *biogene Sedimente,* gehören zur Gruppe der Sedimentgesteine, deren Entstehung und deren Hauptbestandteile auf die Aktivitäten lebender und/oder abgestorbener Organismen zurückzuführen sind. Neben einer Untergliederung nach pflanzlicher (phytogen) oder tierischer Herkunft (zoogen), werden biogene Sedimente auch als Biolithe bezeichnet und in brennbar (Kaustobiolithe) und nicht brennbar (Akaustobiolithe) eingeteilt. Eine deutliche Abgrenzung zu den klastischen (↗terrigene Sedimente) und den chemischen Sedimenten (↗chemische Sedimente und Sedimentgesteine) ist nicht immer möglich, da Sedimentgesteine bis zu über 10 % organische Substanz beinhalten können. In diesem Zusammenhang wird der Begriff »Organisches Material« (OM) für alle pflanzlichen und tierischen Reste benutzt, d. h. für Biopolymere (z. B. Proteine, Lipide, Kohlenhydrate, Lignin), die durch ↗Diagenese zu Geopolymeren (Kerogen) umgewandelt wurden. Da die wirtschaftliche Qualität eines ↗Erdölmuttergesteins von der Zusammensetzung des OM abhängig ist, werden Sedimente, die organisches Material enthalten, durch die Herkunft der organischen Substanz näher klassifiziert in kohlige Sedimente (terrigen), Sapropele (marin/lakustrin) und durch sekundäre organische Substanz (z. B. Erdöl) imprägnierte Sedimente (Tab.). [ShN]

organoleptisch, mit den Sinnen (optisch, geruchlich, geschmacklich) wahrnehmbar. ↗organoletische Bodenansprache.

organoleptische Bodenansprache, Analyse von Boden bzw. Bodenproben über die Sinnesorgane. Sie umfaßt die Ansprache nach Aussehen (Farbe, Konsistenz, makroskopische Inhaltsstoffe) und Geruch. Die Geschmacksprüfung wird bei Böden aus Gründen der Arbeitssicherheit meist nicht durchgeführt. Die organoleptische Bodenansprache ist in der Regel die Erstansprache vor Ort. Sie ist bei kontaminierten Standorten oft Entscheidungsgrundlage für durchzuführende chemische Analysen.

Organomarsch, bodensystematischer Typ in der Klasse der ↗Marschen. Die typische Organomarsch besitzt ein oAh/oGo/oGr-Profil. Sie setzt sich aus carbonatfreiem Gezeitensediment bzw. starkhumosem Ton zusammen. Dieses Material ist häufig mit Zwischenlagen von ↗Torfen und ↗Mudden durchsetzt und zeigt sehr saure Reaktion (pH > 3). Subtypen sind neben der typischen oder (Norm-)Organomarsch die flache Organomarsch über Niedermoor (↗Moormarsch) und die flache Organomarsch über fossilem ↗Podsol (z. B. Geestmarsch). In schwefelreichen Organomarschen kann es durch Oxidation der Schwefelverbindungen zu extremer ↗Versauerung kommen (pH nahe 2). Dadurch wird jede Vegetationsentwicklung unmöglich, und es kann zu einer Tonzerstörung mit starker Al-Auswaschung kommen. (↗Brackmarsch Abb.).

organomineralische Komplexe, Ton-Humuskomplexe, Verbindung zwischen mineralischen (anorganischen) Bodenkomponenten (speziell Feintonfraktion) und organischen Stoffen. Die Bildung dieser Komplexe beruht auf ionischen Bindungen, Wasserstoffbrückenbindungen, Dipol-Dipol- und/oder Ion-Dipol-Wechselwirkungen und nicht auf einer rein mechanischen Vermischung. Bei der Verdauung von organischem Material kommt es zu einer innigen Vermischung von organischem und mineralischem Material, was die Entstehung organomineralischer Komplexe begünstigt. Sie entstehen vor allem im Verdauungstrakt von ↗Regenwürmern.

organomineralische Mudde ↗Mudde.

Oribatiden, Hornmilben, zum ↗Edaphon gehörende ↗Milben mit großer bodenbiologischer Bedeutung, v. a. in humosen Böden. Sie sind meist stark gepanzert oder tragen die abgestreiften Larvenhäute als Schutzvorrichtungen mit sich herum. Sie leben vorwiegend in der humosen Bodenauflage oder in den oberen 5–10 cm des Bodens (↗Hemiedaphon). Nach der Ernährungsweise können drei Hauptgruppen unterschieden werden: a) Mikrophytenfresser, b) Makrophytenfresser und c) Nichtspezialisten. Hornmilben sind beteiligt am Abbau von totem pflanzlichen Material, beweiden Mikroorganismen und steigern so deren Aktivität und verbreiten Mikroorganismen. Sie können auch als Zwischenwirte von schädlichen Bandwürmern fungieren.

orientierter Bohrkern, Bohrkern, der bei einer ↗Kernbohrung gewonnen wird. Auch nach der Entnahme ist bei diesem Bohrkern die ursprüngliche Orientierung im Untergrund bekannt. Orientierte Bohrkerne sind wichtig bei der Rekonstruktion von ↗Trennflächen im Untergrund, wie z. B. Schichtflächen, Klüften, Störungen etc.

Orientierung der Erde, beschreibt die momentane Lage der Erde im Raum. Ihre zeitliche Änderung ergibt die ↗Erdrotation.

Orientierungsdispersion ↗Indikatrix.

Orientierungsverfahren, in der ↗Photogrammetrie Verfahren zur indirekten Bestimmung der Daten der ↗äußeren Orientierung eines analogen oder digitalen Bildes oder ↗Bildpaares. Die

organogene Sedimente (Tab): Zusammenstellung organogener Sedimente.

	Akaustobiolithe (nicht brennbar)
	Beispiele
Carbonate	Riffkalke, Schillkalke, Oolithe (phytogen/zoogen)
Erze	Fe-Oolithe, See-Erze, Banded Iron Formation (bakteriogen)
kieselige Gesteine	Diatomeenschlamm, Radiolarienschlamm, Spiculit, Hornsteine (phytogen/zoogen)
Phosphatgesteine	Guano, Phosporite (zoogen)
	Kaustobiolithe (brennbar)
	Beispiele
Humusgesteine	Torf, Kohle (phytogen/planktogen/bakteriogen)
Sapropelite	Sapropele, Ölschiefer, Gyttja (phytogen/planktogen/bakteriogen)
Liptobiolithe	Harze, Wachse (phytogen)

Orientierung kann einstufig auf Basis der ↗Kollinearitätsbedingung oder für Bildpaare zweistufig durch die ↗relative Orientierung und ↗absolute Orientierung erfolgen. Die Bestimmung der Orientierungselemente setzt ↗Paßpunkte voraus.

Orientierungswert, Hilfsgröße zur Erkennung und Einschätzung des Ausmaßes einer Belastung durch z. B. Schadstoffe, Lärm usw. Orientierungswerte können sich auf die zu schützenden Güter Wasser, Boden, Luft, aber auch direkt auf Menschen, Tiere und Pflanzen beziehen. Während ↗Grenzwerte im engeren Sinne durch Gesetz oder Rechtsverordnung verbindlich festgelegte Höchstwerte darstellen, dienen Orientierungswerte als empfehlender Standard, der von einer Gruppe von Fachleuten vorgeschlagen wird. Orientierungswerte erleichtern bei kontaminierten Standorten die Beurteilung hinsichtlich der Notwendigkeit von Erkundungsmaßnahmen, der Notwendigkeit und Ziele von Sanierungsmaßnahmen, der Abgrenzung von sanierungsbedürftigen Flächen und der Wiedereinbringung von ex situ (↗Ex-situ-Verfahren) gereinigtem Boden und Grundwasser. Je nach Fragestellung gibt es unterschiedliche Orientierungswerte: ↗Hintergrundwerte, Richtwerte, Prüfwerte und ↗Toleranzwerte. Die Werte sind meist Regelwerken für spezielle Anwendungsbereiche entnommen (z. B. Trinkwasserverordnung, TA Luft). Bei der Anwendung von Orientierungswerten sollte daher stets deren Aussagegehalt im Hinblick auf Schutzziel, Art der Gefährdung, Schutzwürdigkeit der Nutzung und Funktion des Umweltmediums überprüft werden, bevor sie zur Beurteilung herangezogen werden können. [ABo]

Originalkarte, *Primärkarte*, eine oft nach heterogenem Ausgangs- oder aus nichtkartographischem Quellenmaterial hergestellte ↗Karte; speziell eine auf einer thematischen Geländeaufnahme beruhende Karte meist großen oder mittleren ↗Maßstabs. Originalkarten dienen als Ausgangsmaterial für alle abgeleiteten Darstellungen. Im ursprünglichen Wortsinne wurden alle auf der Grundlage unmittelbarer Geländeaufnahme (↗topographische Aufnahme) hergestellten ↗topographischen Karten von 1:5000 bis etwa 1:200.000 als Originalkarten bezeichnet, wofür heute die Bezeichnung ↗Grundkarte üblich ist. Ihnen standen als abgeleitete Karten die topographischen Folgekarten (Folgemaßstäbe) und die geographischen Karten sowie die angewandten Karten (↗thematische Karten) gegenüber.

Originalkartierung, bezeichnet den Vorgang einer unmittelbar durch Kartierung von Meßwerten und anschließenden Entwicklung des Kartenbildes hergestellten ↗Karte. Als Ausgangsmaterial dafür dienen ↗Luftbilder oder punktbezogene Meßwerte. Die Daten dafür werden photogrammetrisch, topographisch oder statistisch erfaßt. Die Originalkartierung kann auch mittels geeigneter Programmsysteme und ↗GIS-Technologie automatisiert berechnet werden. In diesem Fall dienen Daten eines ↗Geoinformationssystems als Grundlage.

Orkan, 1) Sturmwind höchster Windgeschwindigkeit (über 32,6 m/s oder Windstärke 12 der ↗Beaufort-Skala), im oberen Geschwindigkeitsbereich höchste Gefahr für Mensch und Umwelt. 2) *Orkantief*, ↗Tiefdruckgebiet mit großräumigem Orkan-Windfeld. Orkantiefs können auf den nördlichen Ozeanen vor allem in der kälteren Jahreszeit entstehen. Orkane treten am häufigsten über sehr warmen Meeresgebieten als ↗tropische Wirbelstürme auf und erreichen als Taifune oder ↗Hurrikane Geschwindigkeiten von über 200 km/h mit verheerenden Auswirkungen an den Küsten. Hauptsächliche Jahreszeit für das Auftreten von Orkanen ist die *Orkansaison*. In gemäßigten und subpolaren Breiten der Nordhalbkugel ist dies Oktober bis März, in tropischen Breiten Juli bis November. Auch Gewitterböen können Orkanstärke erreichen.

Orkanbahn, ↗Zugbahnen der Orkantiefs.

Orkanherde, in der Orkansaison Brutstätten für Orkantiefs, insbesondere für ↗tropische Wirbelstürme. Diese können über tropischen Meeresgebieten entstehen, deren Temperatur mindestens 27°C erreicht.

Orkansaison ↗Orkan.

Orkantief, *Orkanzyklone*, ↗Orkan.

Orobiom, Gebirgslebensraum. Abweichend von der horizontalen Unterteilung der ↗Biogeosphäre in ↗Landschaftszonen werden die Gebirge, die sich durch den ↗hypsometrischen Formenwandel klimatisch aus diesen herausheben, unter dem Begriff Orobiom gesondert erfaßt. Dies geschieht durch die Gliederung in ↗Höhenstufen. Charakteristischstes Merkmale ist dabei die Abnahme der mittleren Jahrestemperatur mit zunehmender Höhe, welche pro 100 m Höhenunterschied in etwa so groß ist wie in der euro-nordasiatischen Ebene die Temperaturabnahme auf 100 km von Süden nach Norden.

Orogen, *Kettengebirge*, langgestreckter, oft bogenförmiger Gebirgsgürtel (Orogenbogen), dessen Bau durch Strukturen der ↗Einengungstektonik (z. B. ↗Falten, ↗Überschiebungen und ↗Decken) geprägt ist. Dazu treten meist auch magmatische Bildungen. Nach den vorherrschenden Bauformen hat man ↗Faltengebirge von *Deckengebirgen* unterschieden. Die ↗Vergenzen der Falten und Überschiebungen weisen überwiegend zu den Rändern des Orogens. Meist ist aber eine der beiden Richtung bevorzugt (bei Orogenbögen zur konvexen Seite). Diese weist auf das Vorland des Orogens, die schwächer ausgeprägte Vergenz ist gegen das Rückland gerichtet (bei Orogenbögen auf der konkaven Seite gelegen). Als *Orogenfront* wird die Grenze vom Orogen zum Vorland bezeichnet. An den Rändern des Orogens können sich ↗Randsenken, in seinem Inneren ↗intramontane Becken bilden. Innerhalb des Orogens werden im ↗Streichen des Gebirges verlaufende Zonen nach Übereinstimmungen der ↗Fazies von Sedimentabfolgen (*isopische Zonen*) sowie nach tektonischen oder Metamorphose-Kriterien (↗Metamorphose) unterschieden.

Orogene entstehen an ↗aktiven Kontinentalrändern innerhalb der ↗Oberplatte und weisen eine durch tektonischen Zusammenschub und/oder magmatische Prozesse verursachte Verdickung der ↗Erdkruste (Gebirgswurzel) auf. Erdgeschichtlich junge Orogene erscheinen im heutigen Erdbild als oft hohe Gebirgsketten, entweder am Rande von Kontinenten bzw. diesen als ↗Inselbögen vorgelagert (marginale Orogene, z.B. Anden bzw. Aleuten) oder innerhalb von Kontinenten (intrakratonische Orogene, z.B. Alpen, Himalaja). Die marginalen Orogene sind im wesentlichen aus erdgeschichtlich lang anhaltenden Subduktionsprozessen (↗Subduktion) hervorgegangen; nur bereichsweise sind Kollisionen (↗Kollisionsorogen) mit ↗Terranen dazu getreten. Daher weisen sie nur maßvolle Einengung, aber einen ↗magmatischen Bogen auf. Intrakontinentale Orogene wurden im wesentlichen von Kontinent-Kontinent-Kollisionen (↗Kontinentalkollision) geprägt. Sie zeichnen sich durch starke Einengung, ↗Hochtemperaturmetamorphosen, ↗Granitoide und einen subsequenten ↗Vulkanismus aus. [VJ]

Orogenbogen ↗Gegirgsbogen.

orogene Phase, Faltungsphase, nach ↗Stille verlaufen Orogenzyklen (Faltungsären) wie die drei phanerozoischen Zyklen der kaledonischen, variszischen und alpidischen Ära phasenhaft (Abb.). Längere anorogene Zeiten werden durch kurzfristige Faltungsphasen unterbrochen, die weltweit gleichzeitig auftreten, wenn auch örtlich in stark schwankender Intensität und nicht zwingend überall wirksam (orogenetisches Gleichzeitigkeitsgesetz). Wichtigstes Kriterium zur Erkennung sind ↗Winkeldiskordanzen. Dies führte zu einer Ausscheidung zahlreicher, jeweils nach Typusregionen benannter Phasen. Diese Phasenhaftigkeit ist heute nicht mehr als gültig zu betrachten. Nach dem Paradigma der ↗Plattentektonik laufen Gebirgsbildungen an aktiven Kontinentalrändern als kontinuierlicher Prozeß ab. Die beobachteten orogenen Phasen im Sinn von Stille sind damit nur als Zwischenstadien anzusehen, in denen innerhalb eines gewissen Orogensegments (= Plattenrandsegment) Deformationen (Faltungen, Überschiebungen) erstmals beobachtbar werden (z.B. nach einer Inselbogenkollision, Kollision einer Mikroplatte oder nach der Kollision von Plattenrandsegmenten größerer Lithosphärenplatten). Aufeinanderfolgende »orogene Phasen« in einem Gebiet können dann auf sukzessive Kollisionen von Inselbögen und/oder Mikroplatten zurückgeführt werden. Entsprechend der Komplexität der Bewegung und der Konfiguration von Lithosphärenplatten sind lateral verschieden alte »orogene Phasen« zu erwarten. Orogenzyklen sind also im Raum diachron. Sie enden erst mit der vollständigen Kontinent-Kontinent-Kollision zweier großer Lithosphärenplatten (z.B. von ↗Laurussia und ↗Gondwana im variskischen Orogenzyklus), weil aufgrund des gleichen spezifischen Gewichts der Kontinentalplatten und isostatischer Aufwärtsbewegungen der verdickten Kruste eine weitere Subduktion verhindert wird.

In intrakratonalen ↗Bruchschollengebirgen lassen sich kleinere, nur lokal/regional nachgewiesene »Phasen« auf Schollenrotationen, zum Teil auch auf ↗Halokinese (z.B. im ↗Subherzynen Becken) zurückführen. Weitspannige Verbiegungen können durch Manteldiapirismus und folgende Aufdomung entstehen. Andere »Phasen« können Fernwirkungen von Plattenranddefor-

Ära	Periode	Stufe	Phase
	Quartär		
	Tertiär	Pliozän	attische und rhodanische Phasen
		Miozän	
		Oligozän	pyrenäische Phase
		Eozän	
		Paläozän	laramische Phase
	Kreide	Maastricht	
		Campan	
		Santon	
		Coniac	subherzynische Phase
			vorgosauische Phase
		Turon	
		Cenoman	
		Unterkreide	austrische Phase
	Jura	Oberjura	jungkimmerische Phasen, nevadische Phasen
		Mitteljura	
		Unterjura	
	Trias	Obertrias	
		Mitteltrias	
		Untertrias	
	Perm	Zechstein	pfälzische Phase
		Oberrotliegend	alleghenische Phase
		Unterrotliegend	saalische Phase
	Karbon	Stephan	asturische Phase
		Westfal	
		Namur	erzgebirgische Phase
			sudetische Phase im weiteren Sinn
		Visé	
		Tournai	bretonische Phase, Antler-Phase
	Devon	Oberdevon	reussische Phase
		Mitteldevon	acadische Phasen
		Unterdevon	erische Phase
	Silur	Pridoli	ardennische Phase
		Ludlow	kaledonische Phase (im engeren Sinn)
		Wenlock	
		Llandovery	takonische Phase
	Ordivizium	Oberordoviz	
		Mittelordoviz	
		Unterordoviz	sandomirische Phase
	Kambrium	Oberkambrium	sardische Phase? (bis Tremadoc einschl.)
			jungsalairische Phase
		Mittelkambrium	
		Unterkambrium	altsalairische Phase
	Präkambrium		assyntische (baikalische) Phase

jungkaledonische Phasen (erische Phase, ardennische Phase, kaledonische Phase)

orogene Phasen: orogene Phasen im Sinne Stilles im Phanerozoikum.

mationen sein. Dabei werden auftretende kompressive Spannungen entlang intrakrustaler Scherflächen über mehrere hundert Kilometer weitergeleitet. Entsprechende Beispiele sind aus dem intrakratonalen Tektogen des Mittleren und Hohen Atlas Marokkos bekannt. [HGH]

orogener Zyklus /Orogenese.

Orogenese, die Gesamtheit aller Prozesse, die zur Entwicklung eines /Orogens beitragen. G. K. Gilbert bezeichnete 1890 mit Orogenese die Gebirgsbildung, H. /Stille faßte darunter die phasenhafte Bildung von beobachtbaren tektonischen Deformationen jeder Art im Sinne der /Kontraktionstheorie zusammen. Seit M. /Bertrand hat man viele Versuche unternommen, den Ablauf der Orogenese in einem generell gültigen *orogenen Zyklus* (früher geotektonischer Zyklus) mit mehreren Stadien zu beschreiben. Mit Bezug auf die /Plattentektonik kann man bei intrakratonischen /Orogenen drei Stadien unterscheiden: Ein *frühorogenes* (präorogenes) *Stadium* der /Subduktion führt bereichsweise zu mächtiger /Sedimentation, zur Bildung von /Falten- und Überschiebungsgürteln, zur Entstehung eines /magmatischen Bogens und zu Hochdruck-Niedrigtemperatur-Metamorphose in der Subduktionszone. Im nachfolgenden *hochorogenen* (orogenen) *Stadium* kommt es bei Kollision zu /Einengungstektonik, Ablagerung von /Flysch, /Hochtemperaturmetamorphose und /Intrusion von Granitoiden. Subduktion und Kollision führen in beiden Stadien zu tektonisch, z. T. auch magmatisch bedingter Verdickung der Erdkruste. Daher erfolgt im *spätorogenen* (postorogenen) *Stadium* bei Nachlassen der kompressiven /Spannungen die isostatisch bedingte Heraushebung des Gebirges, welche Abtragung, Ablagerung von /Molasse und retrograde Metamorphosen (/Diaphthorese) zur Folge hat und von /felsischem bis intermediärem /Magmatismus begleitet wird.

H. Stille hatte mit den Stadien der Orogenese auch einen *magmatischen Zyklus* verknüpft: Dem frühorogenen Stadium *(Geosynklinal-Stadium)* war ein *initialer Magmatismus* mit Pillow-Laven (/Kissenlava) zugeordnet, dem orogenen Stadium ein *synorogener Magmatismus* mit Granitoiden, dem spätorogenen Stadium ein *subsequenter Magmatismus* weiterhin mit Granitoiden und überwiegend felsischem Vulkanismus. Nach Abschluß der Orogenese geförderte Plateau-Basalte wurden als *finaler Magmatismus* mit einbezogen. Diese Begriffe sind heute nicht mehr aktuell.[VJ]

orogene Sedimente, /Ablagerungen, die durch tektonische Prozesse (/Tektonik) bei der /Orogenese ausgelöst wurden. In den intrakratonischen /Orogenen bilden sich /Flysch und /Olisthostrome vor der Orogenfront, da bei der /Faltung und bei deren Verlagerung mit der Zeit (/Migration) die erforderliche Neigung des Meeresbodens erzeugt wird. Molasse-Ablagerungen (/Molasse) werden durch die Heraushebung von Orogenen verursacht.

orogene Sutur, Narbenzone, tiefgreifende /Störungszone in einem /Orogen parallel zu dessen Verlauf, an der große Baueinheiten abrupt aneinander grenzen. Oft markieren orogene Suturen die Wurzelzonen von /Decken.

Orogenfront /Orogen.

Orogentyp, Gliederung der /Orogene nach der aus dem beteiligten Gesteinsmaterial und den tektonischen Strukturen interpretierten Entstehungsgeschichte. Geschah dies vor der Etablierung der Plattentheorie (/Plattentektonik) vornehmlich nach dem Konzept der /Geosynklinale, so wird heute das Orogen allein durch den ursächlichen plattentektonischen Vorgang charakterisiert, wie er sich vor allem am /aktiven Kontinentalrand äußert. Es lassen sich unterscheiden: a) /Kollisionsorogene, die sich zu beiden Seiten der Kollisionssutur aus Material von kontinentaler Unter- und Oberplatte aufbauen (z. B. Alpen, Himalaja), und b) /Kordillerenorogene, die auf dem aktiven Kontinentalrand als Folge von Subduktion ozeanischer Lithosphäre bei hoher Konvergenzrate unter Destabilisierung des Lithosphärenmantels unterhalb des /magmatischen Bogens und nachfolgender tektonischer Einengung des Backarc-Bereiches entstehen (z. B. Anden). In beiden Typen können am Rand der Oberplatte /Terrane unterschiedlicher Größe akkretiert und in die weitere Orogenese einbeogen werden. Im Gegensatz dazu stehen die schlecht definierten intrakratonischen (besser: intrakontinentalen) Orogene, die unterschiedliche Ursachen haben können. Vielfach handelt es sich um /Aulakogene, die nach ursprünglicher Dehnungstektonik später tektonischer Einengung unterlagen. Der wesentlich höhere /geothermische Gradient der Erde im /Archaikum (> 2500 Mio. Jahre) führte zu andersartigen Orogenesen, die infolge dieses höheren geothermischen Gradienten durch heißere Magmen und höhere tektonische Mobilität der sich entwickelnden Kruste geprägt waren. Hierher gehören die /Grünsteingürtel, die sich auf einer hochmobilen kontinentalen Kruste unter intensiver Faltung von Laven und Sedimenten zwischen aufsteigenden Gneisdomen bildeten. [KJR]

orographische Effekte, allgemeine Bezeichnung für den Einfluß des Geländes auf meteorologische Erscheinungen. Die Auswirkungen sind auf allen Skalen wirksam und reichen von Modifikationen der planetaren Wellen über die Leezyklogenese bis hin zu lokalen Kaltluftabflüssen. Strömt die Luft über ein Gebirge, so führt die mit einer Hebung verbundene Abkühlung zu Kondensation und Wolkenbildung. Bei labiler Temperaturschichtung entwickeln sich auf der Luvseite des Gebirges Cumulus- oder auch Cumulonimbuswolken mit starken Niederschlägen. In den Sommermonaten kann es durch diese erzwungene Hebung feuchter und warmer Luftmassen auch häufig zu orographischen Gewittern kommen. Ist die Atmosphäre stabil geschichtet, so bilden sich /Leewellen aus, die typischerweise anhand senkrecht zur Strömung verlaufender paralleler Wolkenbänder, bestehend aus Altocumulus lenticularis-Wolken (/Wolkenklassifikation), zu erkennen sind. [GG]

orographische Schneegrenze, *reale Schneegrenze, reale Dauerschneegrenze*, langjähriger Mittelwert der spätsommerlichen Höchstlage der temporären Schneegrenze. Sie ist damit nicht unmittelbar und kurzfristig zu beobachten. Ihre Höhenlage ist stark von den Geländegegebenheiten (Sonnenhang-Schatthang, Mächtigkeit der Schneeablagerungen, Vegetationsunterschiede) abhängig. Sie entspricht dem langjährigen Mittel der Gleichgewichtsgrenze des Massenhaushalts zwischen Nähr- und Zehrgebiet des jeweiligen Gletschers. ↗Schneegrenze.

orographisches Schema, eine Darstellung der Reliefformen mit Hilfe von orographischen Hauptpunkten und Hauptlinien, bei Bedarf auch mit Hilfe von zusätzlichen Kartenzeichen für besondere Reliefformen wie Felsen, Schluchten u.a. Die orographischen Hauptlinien (↗Geländelinien) sind die Mulden- oder Tallinien der Hohlformen, die Rücken- oder Kammlinien der Vollformen sowie Kanten- und Gefällwechsellinien. Die orographischen Hauptpunkte sind die Maxima der Vollformen, Sattelpunkte sowie die Minima von Kesseln und Wannen. Bei der ↗topographischen Geländeaufnahme werden die orographischen Hauptpunkte und Hauptlinien eingemessen und lagerichtig kartiert oder digital unter Verwendung von Kennziffern gespeichert (↗Reliefaufnahme). Sowohl für den manuellen Höhenlinienentwurf als auch für die automatisch aus einem digitalen Geländemodell abgeleiteten Höhenlinien ist ihre Berücksichtigung für die morphologisch plausible Darstellung unerläßlich.

Orokline, knieförmiges Abknicken eines ganzen Gebirgskörpers um eine vertikale Achse. Die Änderung des ↗Streichens betrifft alle Gesteinseinheiten und Strukturzüge, deren Anlage z.T. dem Abknicken vorausgeht. Dies unterscheidet sie vom ↗Gebirgsbogen.

Orstenfossilien, stammen aus einem wichtigen Fossilarchiv des oberen ↗Kambriums und werden in Kalkknollen (= Orsten) in ↗Alaunschiefern auf Västergötland (Schweden) gefunden. Die Auflösung dieser Orsten durch organische Säure liefert erstaunliche Faunen von mikroskopisch kleinen ↗Arthropoden in dreidimensionaler Erhaltung. Die Zusammensetzung der Faunen läßt vermuten, daß es sich um Vertreter einer benthischen Meiofauna handelt, die am Meeresgrund oder grabend in den obersten lockeren Sedimentschichten lebte. Viele dieser ↗Mikrofossilien repräsentieren frühe oder bis dahin unbekannte Arthropodengruppen und gelegentlich auch Vertreter von Gruppen, die zwar rezent, aber nicht fossil bekannt sind (z.B. die frühesten Tardigraden und Pentastomiden). Weiterhin von Bedeutung ist das Vorkommen von Larvenstadien, deren Entwicklung zum erwachsenen Tier rekonstruiert werden kann. Diese ontogenetische Entwicklung ist u.a. von Bedeutung für das Verständnis der Phylogenese (Abb.). [SP]

Ortbetonpfahl ↗Pfahlgründung.

Ortbetonrammpfahl ↗Pfahlgründung.

Ortelius, auch Oertel, Ortels, *Abraham*, Kosmograph und Kartograph, *4.4.1527 Antwerpen, †28.6.1598 Antwerpen. Ursprünglich Kartenilluminator und seit 1547 in die St.-Lukas-Gilde aufgenommener Kartenhändler. Ortelius gab 1564 selbst eine Weltkarte in acht Blättern heraus. Ihr folgten zweiblättrige Karten von Ägypten 1565 und von Asien 1567. Auf Anraten eines Freundes und mit finanzieller Unterstützung des Großkaufmanns G. Hooftman befaßte er sich mit der Zusammenstellung eines systematisch geordneten Kartenbuches, dessen Karten er großenteils von F. Hogenberg (1535–1590), einem der besten Kupferstecher seiner Zeit, gravieren ließ. Das am 20.5.1570 als »Theatrum orbis terrarum« veröffentlichte Werk war der erste moderne ↗Handatlas, gedruckt von A.C. Diesth, seit 1579 von C. Plantijn, der damals größten Druckerei. Seine 70 Karten auf 53 Tafeln umfassen Erd-, Erdteil-, Länder- und Regionalkarten in einheitlicher Bearbeitung und mit Angabe der benutzte Quellen. Die von ihm benutzten Karten erlangten in dem wiederholt aufgelegten und fünfmal durch »Additamenta« erweiterten ↗Atlas große Verbreitung. Bis 1595 war der Atlas auf über 200 Karten angewachsen. Wertvoll ist das von Ortelius zusammengestellte Verzeichnis der Kartographen mit ihren zeitgenössischen Karten im »Catalogus auctorum tabularum geographicarum« mit 1570 erst 87, 1603 aber 183 Namen (kommentierte Ausgabe von ↗Bagrow, Gotha 1928 und 1930). Ab 1579 fügte Ortelius einen Anhang, genannt »Parergon« mit von ihm entworfenen Karten zur Geschichte des Altertums dem »Theatrum« bei. Nach seinem Tode traten die Erben die Verlagsrechte an den Antwerpener Kupferstecher und Buchhändler J.B. Vrients ab, der bis 1612 noch zwölf Ausgaben besorgte. Verkleinerte Nachstiche als »Atlas minor« gaben P. Galle ab 1577 und J. Keerbergen von 1601 bis 1612 heraus. [WSt]

Orterde ↗Ortstein.

Orth, *Albert*, deutscher Bodenkundler und Agrikulturchemiker, * 15.6.1835 Lengefeld bei Korbach, † 23.8.1915 Berlin; 1871 Ernennung zum a.o. Professor für Landwirtschaftslehre am Landwirtschaftlichen Lehrinstitut in Berlin, 1881 ordentlicher Professor für Acker- und Pflanzenbau und Direktor des Agronomisch-Pedologischen Instituts der neu gegründeten Landwirtschaftlichen Hochschule in Berlin, 1887–1915 Vorsitzender der Ackerbau-Abteilung der Deutschen Landwirtschaftsgesellschaft. Die Berücksichtigung der Bodenbewertung in den Legenden der geologischen Kartierung ist wesentlich Orth zu verdanken. Im Buch »Kalk- und Mergeldüngung« (1896) wird die Kalkung erstmals wissenschaftlich untersucht und bewertet.

ortho-, in der ↗Petrologie verwendete Vorsilbe, die anzeigen soll, daß ein bestimmtes metamorphes Gestein (↗Metamorphit) aus einem mag-

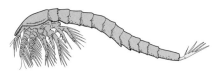

Orstenfossilien: ein Vertreter der oberkambrischen Orsten-Fauna ist *Skara annulata*. Der etwa 1,2 mm lange Arthropode, der zu den maxillopoden Crustaceen gestellt wird, zeigt, wie hervorragend die Erhaltung vieler Orstenfossilien ist.

Orthodrome: Orthodrome als kürzester Weg auf der Kugel (K_1, K_2 = Kleinkreise, O = Orthodrome, M_K^1, M_K^2 = Mittelpunkte der Kleinkreise K_1 und K_2, M_O = Mittelpunkt der Kugel und des Großkreises der Orthodrome, P_1, P_2 = Punkte).

matischen Ausgangsgestein hervorgegangen ist (z. B. Ortho-Amphibolit, Orthogneis).

Orthobild, ein durch die absolute Entzerrung (↗Geocodierung) verändertes Fernerkundungsbild; allgemeiner Begriff für geocodierte Bildprodukte beliebiger Sensoren (zum Unterschied von ↗Orthophoto, welches nur aus Photographien hergestellt wird). Orthobilder werden heutzutage üblicherweise digital hergestellt und dienen als Ausgangsmaterial zur Herstellung von Bildplänen und Bildkarten oder als Datenquelle zur Herstellung oder Aktualisierung von Strichkarten. Typische Eigenschaft eines Orthobildes ist der einheitliche Maßstab im gesamten Bild. Es treten somit keine Verzerrungen mehr auf und die Entnahme von Flächen, Strecken und Winkeln sowie eine Identifizierung von Objekten ist möglich.

Orthocerenkalk, aus orthoconen Nautilidengehäusen bestehender pelagischer ↗Cephalopodenkalk. Am bekanntesten sind die ordovizischen Vorkommen Skandinaviens, die sich während eines längeren Meeresspiegelhochstands über eine Fläche von 500.000 km² in einem epikontinentalen Flachmeer auf dem Kraton ↗Baltica ablagerten. Vergleichbar sind die silurisch-unterdevonischen Orthocerenkalke Südost-Marokkos. Weitere Verbreitungsgebiete sind aus dem ↗Barrandium sowie der gesamten Paläotethys (↗Tethys) bekannt. Die skandinavischen Orthocerenkalke bilden eine geringmächtige kondensierte Abfolge mit geschätzten Sedimentationsraten um 1 mm pro 1000 Jahre. Angebohrte und mineralisierte Hartgründe sowie korrodierte Omissionsflächen sind verbreitet. Die Kalke selbst sind oft bioturbate bioklastische Wackestones, die neben den Orthoceren eine reiche benthonische Fauna führen (Trilobiten, Echinodermen, Ostracoden, Brachiopoden, Gastropoden). [HGH]

Orthochlorite, Sammelbezeichnung für primär grobkristalline Mineralarten der ↗Chlorit-Gruppe mit weniger als 4 % Fe₂O₃. Orthochlorite lassen sich durch vorsichtiges Erhitzen ohne Änderung der Kristallstruktur zu Leptochloriten (primär feinkristallin) oxidieren.

Orthodrome, ↗Großkreis auf der Kugeloberfläche, der durch Schnitt der Kugel mit einer Ebene entsteht, die den Kugelmittelpunkt enthält. Orthodrome bzw. Großkreis haben den gleichen Radius R wie die Kugel. Zwei Punkte P_1 und P_2 der Orthodrome haben den kürzesten Abstand auf der Kugel voneinander. Der Orthodromenbogen bzw. der Großkreisbogen ist zugleich die ↗geodätische Linie auf der Kugel. Durch zwei Punkte P_1 und P_2 der Kugeloberfläche, die nicht an den Enden eines Durchmessers liegen, existiert genau eine Orthodrome. Dagegen existieren unendlich viele ↗Kleinkreise durch diese beiden Punkte. Im System der sphärischen geographischen Koordinaten sind der Äquator und alle Meridiane Orthodromen bzw. Großkreise.

Die Abbildung weist die Orthodrome zwischen P_1 und P_2 als die kürzeste Oberflächenverbindung auf der Kugeloberfläche aus. Jeder beliebige Kleinkreisbogen P_1P_2 ist länger als diese. [KGS]

Orthogeosynklinale ↗Geosynklinale.

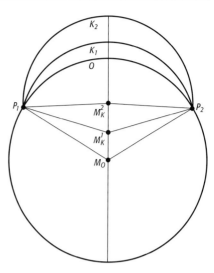

Orthogestein ↗Metamorphit.
Orthogneis ↗Gneis.

orthogonale Geländeaufrißzeichnung, ↗kartenverwandte Darstellung, auf eine lotrechte Bildebene abgebildete, auch photogrammetrisch hergestellte, maßstäbliche Darstellung. Sie vermittelt den Eindruck, als ob sich der Beobachter jedem Punkt gegenüber befindet. Auf alten Seekarten sowie in Seehandbüchern wurden in dieser Zeichnungsart Küstenabschnitte dargestellt (Vertonung). Auch lassen sich in solche Darstellungen geologische Strukturen eintragen (↗Profil, ↗Geländeprofil).

orthogonale Matrix, eine quadratische ↗Matrix M:

$$\begin{pmatrix} m_1^1 & m_2^1 & \cdots & m_r^1 \\ m_1^2 & m_2^2 & \cdots & m_r^2 \\ \vdots & \vdots & \ddots & \vdots \\ m_1^r & m_2^r & \cdots & m_r^r \end{pmatrix}.$$

heißt orthogonal, wenn $M^t \cdot M = M \cdot M^t = E$ ist. Dabei bezeichnet E die Einheitsmatrix, die r Einsen auf der Hauptdiagonalen besitzt und sonst Nullen als Matrixelemente, und M^t die transponierte Matrix, die aus M durch Spiegelung an der Hauptdiagonalen hervorgeht: $(m^t)_p^q = m_q^p$. Orthogonale Matrizen besitzen die Determinante + 1 (Drehungen, eigentliche Bewegungen, Operationen 1. Art) und –1 (Drehinversionen, uneigentliche Bewegungen, Operationen 2. Art). Man muß dabei beachten, daß die Frage, ob eine Operation durch eine orthogonale Matrix dargestellt wird, von der Wahl der Basis abhängt. So ist etwa die Matrix einer rechtshändigen sechszähligen Drehung bezüglich der hexagonalen Basis (linke Matrix) nicht orthogonal, jedoch bezüglich der kartesischen Basis (rechte Matrix):

$$\begin{pmatrix} 1 & -1 & 0 \\ 1 & 0 & 0 \\ 0 & 0 & 1 \end{pmatrix} \leftrightarrow \begin{pmatrix} \frac{1}{2} & -\frac{1}{2}\sqrt{3} & 0 \\ \frac{1}{2}\sqrt{3} & \frac{1}{2} & 0 \\ 0 & 0 & 1 \end{pmatrix}.$$

[HWZ]

Orthogonalverfahren, *Rechtwinkelverfahren*, ein Verfahren der Lagevermessung, bei dem die aufzunehmenden oder abzusteckenden Punkte durch rechtwinklige Abstände (Ordinaten) auf eine Messungslinie (Abszissenachse) bezogen und die Fußpunktmaße (Abszissen) vom Anfangspunkt der ↗Messungslinie aus gemessen werden. Bei der ↗Lageaufnahme wird die Messungslinie durch ↗Fluchtstäbe signalisiert und mit Hilfe, z. B. eines Pentaprismas, werden die Lote von den aufzunehmenden Punkten auf die Messungslinie gefällt (Abb.). Die Lotfußpunkte werden auf der Messungslinie markiert. Mit einem ↗Meßband lassen sich dann für jeden Punkt zwei rechtwinklige Koordinaten ermitteln: das Maß vom Beginn der Messungslinie längs derselben bis zum betreffenden Lotfußpunkt als Abszisse und die Länge des Lotes vom Fußpunkt bis zum Gebäudepunkt als Ordinate.

Während der Orthogonalaufnahme wird ein ↗Feldriß geführt, der als etwa maßstäbliche Skizze die Lagesituation mit den Messungslinien und Maßzahlen zeigt. Das Orthogonalverfahren wird auch bei der ↗Absteckung von Punkten verwendet. Dazu werden auf einer signalisierten Messungslinie bekannte Abszissenmaße mit einem Meßband abgesetzt und die Lotfußpunkte markiert. Anschließend werden z. B. mit einem Pentaprisma die rechten Winkel im Lotfußpunkt errichtet, die bekannten Ordinatenmaße abgesetzt und die so orthogonal abgesteckten Punkte vermarkt. [KHK]

orthographische Projektion ↗azimutaler Kartennetzentwurf.

Orthoklas, [von griech. *orthós* = gerade und *klásis* = Spaltung], *Alkalifeldspat, Argyllit, Cottait, Felsit, Kalifeldspat, Nekronit, Orthose, Pegmatolith*, Mineral (Abb.) mit der chemischen Formel K[AlSi$_3$O$_8$] und monoklin-prismatischer Kristallform; Farbe: hell- bis dunkelrötlich, bräunlichrot, gelblich, weißlich-grau, grünlich, bläulich-schillernd; Glas- bis Perlmutterglanz; durchscheinend bis undurchsichtig; Strich: weiß; Härte nach Mohs: 6; Dichte: 2,55–2,63 g/cm^3; Spaltbarkeit: vollkommen nach (001), weniger gut nach (010), undeutlich nach (110); Aggregate: auf- und eingewachsene Kristalle, riesen- bis grobspätige Massen, feinkörnig bis dicht; bei Kristallen vielfach Zwillingsbildung (Karlsbader, Bavenoer und Manebacher Gesetz); vor dem Lötrohr an den Kanten abrundbar; in HF und KOH löslich; Begleiter: andere ↗Feldspäte, Spodumen, Quarz, Glimmer; Vorkommen: Gemengteil vieler magmatischer Gesteine wie Granit, Syenit, Rhyolith und Trachyt, ferner in vielen kristallinen Schiefern, in Gneis und manchmal auch eingelagert in Sedimenten wie Grauwacke und Arkosen; Fundorte: Strigom (Striegau) in Polen, Biella (Piemont, Italien), ansonsten weltweit. [GST]

Orthokonglomerat, Bezeichnung für komponentengestützte ↗Konglomerate mit einem maximalen Matrixanteil von 15 %.

Orthokumulat ↗Kumulatgefüge.

orthomagmatische Lagerstätten ↗liquidmagmatische Lagerstätten.

orthometrische Höhe, Abstand eines Punktes P vom ↗Geoid, gemessen längs der Lotlinie (Abb.). Die Lotlinien sind als Orthogonaltrajektorien der ↗Äquipotentialflächen des ↗Schwerepotentials gekrümmte Linien. Sie unterscheiden sich von der Lotliniensehne selbst bei Höhen von 10 km um weniger als 0,01 mm. Die orthometrische Höhe ist eine Variante der physikalisch definierten ↗metrischen Höhen. Man erhält sie aus der ↗geopotentiellen Kote C_P und dem mittleren Schwerewert $\bar{g}$ entlang der Lotlinie:

$$\overset{O}{H}_P = \frac{C_P}{\bar{g}}.$$

Die verschiedenen Varianten der orthometrischen Höhen unterscheiden sich nach der Art und Weise, wie die mittlere Schwere entlang der Lotlinie definiert ist. Da sie nicht gemessen werden kann, muß sie aus dem Oberflächenschwerewert und gewissen Hypothesen über den Dichteverlauf innerhalb der gravitierenden Massen hergeleitet werden. Eine häufig verwendete Näherung der orthometrischen Höhe ist die ↗Helmert-Höhe. Die Hypothesen, die zur Bestimmung eines mittleren Schwerewertes entlang der Lotlinien innerhalb der Massen notwendig sind, werden als Hauptnachteil der orthometrischen Höhen gewertet. Die Äquipotentialflächen des Schwerepotentials besitzen keine konstanten orthometrischen Höhen, sind also keine äquiorthometrischen Flächen. Eine ruhende Wasserfläche als Teil einer Äquipotentialfläche besitzt somit keine konstante orthometrische Höhe. Die Äquipotentialfläche mit dem Potentialwert W_0 durch einen Bezugspunkt P_0 definiert das ↗Vertikaldatum. In den meisten Fällen entspricht diese Äquipotentialfläche dem Geoid. Die orthometrische Höhe eines Punktes P kann ausgehend von der orthometrischen Höhe des Ausgangspunktes A mit Hilfe des ↗geodätischen Nivellements oder aus dem Ergebnis des ↗geometrischen Nivellements Δn_{AP} und der ↗orthometrischen Reduktion

$$\overset{O}{R}_{AP}$$

entlang der Nivellementlinie von Punkt A nach Punkt P berechnet werden:

$$\overset{O}{H}_P = \overset{O}{H}_A + \Delta n_{AP} + \overset{O}{R}_{AP}.$$

[KHI]

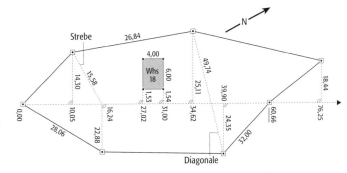

Orthogonalverfahren: Schema des Orthogonalverfahrens.

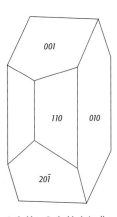

Orthoklas: Orthoklaskristall.

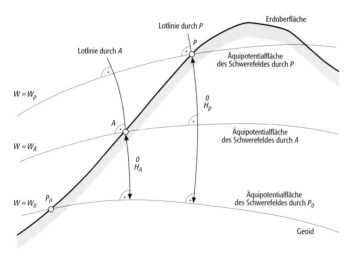

orthometrische Höhe: orthometrische Höhe $\overset{O}{H}_p$ eines Punktes P (W = Potentialwert).

orthometrische Reduktion, Reduktionsgröße zur Überführung des Ergebnisses des ↗geometrischen Nivellements Δn_{AP} in den Unterschied ↗orthometrischer Höhen. Die orthometrische Reduktion:

$$\overset{O}{R}_{AP}$$

für die Nivellementlinie zwischen den Punkten A und P kann aus der folgenden Formel erhalten werden:

$$\overset{O}{R}_{AP} = \sum_{A}^{P} \frac{\bar{g}_i - \gamma_0}{\gamma_0} \Delta n_i + \frac{\bar{g}_A - \gamma_0}{\gamma_0} \overset{O}{H}_A - \frac{\bar{g}_P - \gamma_0}{\gamma_0} \overset{O}{H}_P.$$

$\bar{g}_i$ ist der mittlere Oberflächenschwerewert, Δn_i das Ergebnis des geometrischen Nivellements zwischen den beiden Oberflächenpunkten $i-1$ und i. γ_0 ist ein genäherter konstanter Schwerewert. $\bar{g}_A$ und $\bar{g}_P$ sind die mittleren Schwerewerte zwischen Oberflächenpunkten und Geoidpunkten entlang der Lotlinien in den Punkten A und P.

Orthophoto, in der ↗Photogrammetrie ein durch ↗Differentialentzerrung bzw. ↗digitale Entzerrung gewonnenes analoges, photographisches, bzw. digitales entzerrtes Bild, das in guter Näherung einer Orthogonalprojektion des abgebildeten Teils der Erdoberfläche entspricht.

Orthophotokarte ↗Bildkarte.

Orthophyr, *Orthoporphyr, Orthoklasporphyr,* Bezeichnung für permische oder ältere ↗Trachyte, in denen bereits sekundäre Umwandlungen der primären Minerale stattgefunden haben (Bildung von Chlorit, Epidot, Hämatit, Calcit).

Orthopyroxene, rhombisch kristalaisierende ↗Pyroxene, bei denen ohne scharfe Grenzen die Endglieder bzw. Mischkristalle Enstatit, Bronzit, Hypersthen und Orthoferrosilit unterschieden werden.

Orthopyroxenit ↗Pyroxenit.

orthorhombisch, *rhombisch,* eines der sieben ↗Kristallsysteme.

Orthosilicate, hypothetische Einteilung der Silicate ohne Berücksichtigung der Kristallchemie, abgeleitet von der vierbasigen Orthokieselsäure H_4SiO_4 (z. B. Olivin). Die Ableitung und Einteilung hat jedoch nur formalen Sinn und ist für die kristallchemische Klassifizierung (↗Mineralklassen) ohne Bedeutung.

Orthoskopie, *direkte Beobachtung, Beobachtung im parallelen Strahlengang,* mikroskopische Untersuchung eines vergrößerten Objektbildes unter Benutzung von polarisiertem Licht (↗Polarisationsmikroskopie); ↗Durchlichtmikroskopie im parallelen Strahlengang im Gegensatz zur indirekten Betrachtungsweise (↗Konoskopie).

Orthostratigraphie, Ansatz zur grundlegenden biostratigraphischen Gliederung eines Zeitabschnittes mittels überregional verbreiteter Organismengruppen (↗Leitfossilien). Voraussetzung ist ein häufiges und regelmäßiges Vorkommen der benutzten Fossilgruppe und eine möglichst schnelle Entwicklung neuer Arten (Virulenz; z. B. Ammonoideen im ↗Jura oder ↗Graptolithen im ↗Ordovizium und ↗Silur). Ist die Erstellung einer Orthostratigraphie nicht möglich, können andere, zeitlich korrelierbare Fossilgruppen zur Erstellung einer Parachronologie herangezogen werden.

Ortsbrust, der vordere Bereich beim Tunnelvortrieb, an dem der Abschlag des Gesteins und der Vortrieb des Tunnelhohlraumes erfolgt.

Ortsfilter ↗digitale Filter.

Ortsfrequenz, Anzahl der Perioden einer sinusförmigen Verteilung je Längeneinheit. Die Ortsfrequenz wird in Einheiten pro Millimeter angegeben. In der ↗Photogrammetrie bildet die Ortsfrequenz linienförmiger Testfiguren die Grundlage für Angaben der Auflösung und der ↗Modulationsübertragungsfunktion. Mit Hilfe der ↗Fouriertransformation lassen sich die Elementarwellen eines periodischen Signals (Grauwerte eines ↗digitalen Bildes) als Funktionen ihrer Ortsfrequenzen ermitteln.

Ortskernatlas, *Stadtkernatlas,* ↗Atlas, der Altstädte, Stadterweiterungen und Dorfkerne in ihrer historischen Anlage und aktuellen Situation großmaßstäbig darstellt. Dazu informieren einführende Texte und zahlreiche Abbildungen alter Ansichten und Pläne sowie aktuelle Luftaufnahmen über Form, Struktur und Genese der (gemäß Denkmalschutz) definierten historischen Ortskernbereiche. Der Atlas wendet sich an Kommunen, Stadtplaner und Sanierungsträger wie auch an die interessierte Öffentlichkeit.

Ortsplanung, Gemeindeplanung, unterste Stufe der ↗Raumplanung, widmet sich dem Gemeindegebiet. Die Ortsplanung ist in die ↗Regionalplanung und diese wiederum in die ↗Landesplanung eingebunden. Die verschiedenen Ortsplanungen werden durch die Regionalplanung miteinander koordiniert. Auf der Ebene der Ortsplanung werden die Planungen konkretisiert und mittels ↗Bauleitplanung praktiziert. Nach der anfänglichen Beschränkung auf das Baugebiet umfaßt die Ortsplanung heute auch die Forst-, Landwirtschafts- und übrigen Flächen der Gemeinde. Aktuelle Ziele der Ortsplanung sind Reduktion der noch unüberbauten Bauzonen, ausgewogene bauliche Verdichtung im Siedlungsgebiet, ökologische Verbesserungen im ganzen Gemeindegebiet, Einhaltung der Umweltgesetze (Lärm, Energie, Luftbelastung) und Reduktion der Verkehrsbelastung.

Ortsring, das allgemeine Kartenzeichen für Siedlungen auf kleinmaßstäbigen Karten. Die einfache Ringsignatur wird zur Differenzierung der Siedlungen nach der Einwohnerzahl oder nach anderen Merkmalen (z. B. administrative Stellung, Funktion) in verschiedener Weise abgewandelt: nach der Größe, nach der Stärke der Kontur und nach der Füllung. Zur Kennzeichnung weiterer Merkmale lassen sich am Ring Zusatzzeichen anbringen. Für größere Siedlungen werden zur Unterscheidung zusätzlich Quadrat und Rechteck als ↗Siedlungssignatur verwendet. Der Ortsring ist historisch als Markierung des Einstiches bei der kartographischen Eintragung von Ortslagen nach geographischen Koordinaten in ein Kartennetz bereits in der Frühzeit der Kartenherstellung benutzt worden. Der einfache Ortsring bezeichnet auf historischen und modernen Karten nur die niedrigste dargestellte Bedeutungskategorie. Lange Zeit wurden die Siedlungen zusätzlich mit einer funktionale Gesichtspunkte ausdrückenden Aufrißsignatur versehen (↗Positionssignatur). Erst im 19. Jh. wurde der Ortsring das vorherrschende Kartenzeichen für Siedlungen auf geographischen Karten, wobei an die Stelle der funktionalen Gliederung zunehmend eine Klassifizierung der Siedlungen nach der Einwohnerzahl trat. [WSt]

Ortssternzeit, ↗Sternzeit, die auf einen bestimmten Ort bezogen ist.

Ortstein, stark verfestigter dunkler ↗Illuvialhorizont in Podsolen (↗Podsol, ↗Podsolierung). Verfestigung und Färbung erfolgen vor allem durch Eisen- und Aluminiumoxide sowie Huminstoffe. Bei nur mäßiger Verfestigung spricht man von *Orterde*. Ortstein ist typisch für den ↗Ortsteinstaupodsol und sollte nicht mit dem häufiger vorkommenden ↗Raseneisenstein verwechselt werden.

Ortsteinstaupodsol, *(Norm)-Staupodsol, Stagnogley-Podsol*, Subtyp des Bodentyps Staupodsol bzw. des Bodentyps ↗Podsol innerhalb der Klasse ↗Podsol. ↗Ortstein wirkt als Stauer für ↗Sikkerwasser, daraus resultiert zeitweilige Bodennässe.

Ortszeit, ↗Sonnenzeit, die auf einen bestimmten Ort bezogen ist. Im Gegensatz zur ↗Zonenzeit gilt die Ortszeit nicht innerhalb eines Meridianstreifens, sondern exakt auf einem Längengrad. Alle Orte auf einem Längengrad haben dieselbe Ortszeit.

Oryktozönose, jener Teil einer ↗Thaphozönose (Grabgemeinschaft), der nach der ↗Fossildiagenese erhalten bleibt; wenig gebräuchlicher Ausdruck.

Os, (Plural: Oser), *Äsar, Esker*, wallartige ↗fluvioglaziale ↗Schmelzwasserablagerung, die in Schmelzwasserabflußbahnen auf, im oder unter dem Eis (↗Eisschild, ↗Gletscher) sedimentiert wurde. Meist handelt es sich dabei um Füllungen von tiefen Eisspalten, die für das ↗Zehrgebiet des Inlandeises charakteristisch sind. Oser bestehen aus i. d. R. mäßig geschichteten Schottern und Sanden, die sich nach dem Abtauen des Eises »eisenbahndammartig« über das Relief der flachen ↗Grundmoränenlandschaft erheben (↗Kamesterrasse Abb.). Bei einer maximalen Höhe von 30 m können sie bis zu mehreren hundert Kilometern lang sein.

OSL-Datierung ↗*O*ptisch *S*timulierte *L*umineszenz-Datierung.

Osmiumisotop ↗Re-Os-Methode.

osmotische Quellung ↗Quellung.

osmotischer Druck, Diffusionsdruck an einer semipermeablen Membran, die Lösungen unterschiedlicher Konzentration trennt; für Lebewesen im Salzwasser bedeutende Eigenschaft für die Wasseraufnahme und/oder -abgabe durch Zellwände.

osmotisches Potential, *Lösungspotential*, ein Teilpotential des ↗Gesamtpotentials des Bodens. Es wird vom Lösungsinhalt des Bodenwassers bzw. durch die elektrostatischen Wechselwirkungen zwischen den gelösten Salzen und der Bodenmatrix bestimmt. Dieses Potential entspricht der Arbeit, die geleistet werden muß, um eine Einheitsmenge an Wasser durch eine semipermeable Membran aus der Bodenlösung zu ziehen. Das osmotische Potential ist daher insbesondere in den Böden arider Gebiete und in Salzböden oft von erheblicher Bedeutung. Es kann z. B. zur Wasseranreicherung in den Salzzonen des Bodens und der Wasserabreicherung in den angrenzenden Bodenbereichen führen.

Ostafrikanischer Küstenstrom, ↗Meeresströmung im ↗Indischen Ozean entlang der afrikanischen Küste nach Norden.

Ostalpin, Tektono-Faziesbereich der ↗Alpen, der im weiteren Sinne synonym mit Austroalpin ist. Man versteht darunter jenen Ablagerungsbereich, der sich im Süden an das ↗Penninikum anschloß und der somit dem äußeren Schelfbereich der afrikanischen Lithosphäre entsprach. Das ostalpine Grundgebirge besteht aus variszisch und teils vorvariszisch überprägten Metamorphiten und Tiefengesteinen mit entsprechenden mehrphasigen Faltengefügen. Besonders hervorzuheben ist die Schlingentektonik des Ötztal-Kristallins, die durch vertikal stehende Faltenachsen gekennzeichnet ist. Die sedimentäre Abfolge ist durch mächtige Seichtwassercarbonate der mittleren und oberen Trias charakterisiert, wobei die Kalke der mittleren Trias vorzugsweise von ↗Kalkalgen aufgebaut werden. Da Kalkalgen für die Photosynthese Licht benötigen, bezeugen die bis 1000 m mächtigen Algenkalke die langanhaltende Absenkungstendenz dieses Meeresraumes. Mit Beginn des Juras nahm die Wassertiefe allmählich zu und es kam zur Ausbildung von Ammoniten-Kalken und -Mergeln, Radiolariten und Kieselkalken. In der Kreide sind es syntektonische Ablagerungen, die diesen Raum kennzeichnen, wobei vor allem die Gosau-Ablagerun-

Ostracoda 1: Linke Klappe einer rezenten männlichen Cyprideis mit Weichkörper. A_1, A_2 = Antennen, Co = Kopulationsorgan, Md = Mandibel, Mx = Maxille, P_1-P_3 = Pereiopoden).

gen der oberen Kreide besonders hervorzuheben sind. Das Ostalpin wird in einen nördlichen unterostalpinen und einen südlichen oberostalpinen Raum untergliedert. Die ostalpinen Decken finden ihre weiteste Verbreitung östlich der Bernina und des Rhein-Quertals. Die nördlichen Kalkalpen, welche den gesamten Nordrand der Ostalpen säumen, werden aus Deckenstapeln des ostalpinen Sedimentmantels aufgebaut. Die Dent-Blanche-Decke der Westalpen wird ebenfalls dem Ostalpin zugeordnet. [HWo]

Ostaustralstrom, ↗Meeresströmung vor der Ostküste Australiens, die als ↗Randstrom tropisch-subtropische Wassermassen in den ↗Antarktischen Zirkumpolarstrom transportiert.

Ostchinesisches Meer, ↗Randmeer des ↗Pazifischen Ozeans zwischen dem chinesischen Festland, der Insel Cheju, der japanischen Hafenstadt Kitakyushu, den Ryukyuinseln, der Nordspitze Taiwans und der Haitan-Insel.

Österreichische Kartographische Kommission, *OeKK*, 1961 eingerichtete Gliederung in der Österreichischen Geographischen Gesellschaft mit der Rolle einer kartographischen Gesellschaft für die Republik Österreich. Folgende acht Arbeitskreise widmen sich der wissenschaftlichen Arbeit: Aus- und Weiterbildung, Grundsatzfragen der Kartographie, Kartographie und GIS-Technologie, Thematische und Schulkartographie, Gebirgskartographie, Fernerkundungskartographie, Kartographische Ortsnamenkunde, Geschichte der Kartographie. Wichtige Beiträge zur Kartographie erscheinen in den Mitteilungen der Österreichischen Geographischen Gesellschaft, und zwar ständig seit 1966. Im übrigen ist die OeKK seit 1976 Mitherausgeber der KN (Kartographische Nachrichten).

Osteuropäischer Kraton ↗Proterozoikum.

Ostgrönlandstrom, kalte ↗Meeresströmung entlang der Ostküste Grönlands. Der Ostgrönlandstrom exportiert neben Wassermassen aus der ↗Grönlandsee ca. 4800 km³ Süßwasser pro Jahr in Form von Eis und Oberflächenwasser aus dem Arktischen Ozean. Im Verlauf seiner Ausbreitung in den ↗Atlantischen Ozean werden außerdem Anteile von Wassermassen der ↗Islandsee und Irmingersee in den Ostgrönlandstrom einbezogen.

Ostracoda, *Ostrakoden*, kleine Krebstierchen, die ihren Körper rundum durch ein zweiklappiges Gehäuse schützen. Beide Klappen sind am Dorsalrand völlig voneinander getrennt und stehen durch das sog. Schloß miteinander in Verbindung. Im Vergleich zu anderen Krebsen, bei denen Rumpf (Thorax) und Schwanzteil (Abdomen) gut ausbildet sind, zeigt der Ostrakodenkörper nur einen kleinen Restrumpf: Er ist also stark in der Länge verkürzt. Darüber hinaus ist er auch enorm lateral abgeflacht. Die ursprüngliche körperliche Segmentierung ist weitgehend verlorengegangen und nur noch durch die Ansatzstellen der Gliedmaßen erkennbar (Abb. 1). Die Hauptkörpermasse ist im Kopfbereich konzentriert, an dem fünf der insgesamt sechs bis maximal sieben Extremitätenpaare ansetzen: das erste

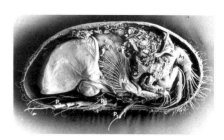

und zweite Antennenpaar, die vorwiegend der Bewegung dienen, sowie die zur Nahrungsaufnahme ausgebildeten Mandibeln, Maxillulae und Maxillen. Der sehr kleine Rumpf, der den Kopf an Länge kaum übertrifft, weist keine, ein oder zwei Gliedmaßenpaare, die Thorakopoden, auf. Die geringe Anzahl der Gliedmaßen erfordert eine hohe Spezialisierung für die vielfältigen Aufgaben. Je nach Lebensweise der betreffenden Formen können homologe, d. h. auf die gleiche Abstammung zurückgehende Gliedmaßen in den einzelnen Ostrakodengruppen ganz unterschiedlich bzw. nicht homologe Gliedmaßen einander ähnlich sein.

Der weiche Ostrakodenkörper wird durch ein sog. Chitinspangenwerk (↗Chitin) gestützt, das an der Körperwand anliegt. Zusätzlich ist ein chitinig-sehniges Endoskelett ausgebildet. Weitere Stützfunktion hat die Körperwandmuskulatur, zu der auch der Schließmuskel und das System der Extremitätenmuskulatur gehören. Das Blutgefäßsystem ist i. d. R. reduziert, nur einige ursprüngliche Formen wie die Myodocopa verfügen über ein Herz und einige Arterien. Die Atmung erfolgt über die Weichkörperoberfläche. An Sinnesorganen sind vor allem Organe des Tastsinns, des chemischen Sinnes, das Frontalorgan, das Medianauge und die Seitenaugen vorhanden. Tastborsten sind hauptsächlich im Randbereich der Schale und an den Extremitäten ausgebildet. Spezielle Borsten fungieren als Chemorezeptoren. Das sog. Frontalorgan entspricht nicht dem Medianauge. Es liegt in der Nähe des letzteren, aber seine Funktion ist unbekannt. Das Median- oder Naupliusauge ist das wichtigste Lichtsinnesorgan und besteht aus drei Pigmentbechern, die auch seitlich auseinanderrücken können. Komplexaugen (Seitenaugen) gibt es nur bei der Gruppe der Myodocopa.

Die Geschlechtsorgane gehören zum kompliziertesten Organsystem der Ostrakoden. Bemerkenswert ist, daß die Spermien mit maximal 8 bis 10facher Körperlänge des Ostrakoden die längsten im ganzen Tierreich sind. Die Fortpflanzung geschieht meist geschlechtlich, aber auch ungeschlechtliche Fortpflanzung, die sog. Parthenogenese, ist bekannt, v. a. bei limnischen Vertretern. Fossil äußert sich dies in der ausschließlichen Überlieferung weiblicher Formen. Bei vielen Arten kommt Brutpflege vor. Die Anzahl der Eier im Brutraum schwankt zwischen 4 und 41. Die Größe der Ostrakoden bewegt sich um 1 mm Länge. Die größten rezenten Vertreter (*Gigantocypris*) erreichen 33 mm, die größten fossilen

Formen (z. B. *Leperditia*) bis zu 100 mm. Das Wachstum der Ostrakoden erfolgt über verschiedene Häutungen. Außer dem Naupliusstadium, dem ersten Larvenstadium, gibt es i. d. R. sieben weitere Larvenstadien und das erwachsene Tier, den Adultus. Danach sind keine weiteren Häutungen bekannt. Nur bei einer Gruppe, den paläozoischen Eridostraca, wurde die alte Schale nicht abgeworfen, sondern Bestandteil der neuen Schale (Abb. 2). Die jeweils alten Gehäusebegrenzungen sind durch die »Anwachsstreifen« sichtbar. Die Beibehaltung der alten Schale wird als Retention bezeichnet und ist bei den ↗Conchostraca ein allgemeines Merkmal. Da Weichkörpererhaltung im Fossilbereich nur sehr untergeordnet vorkommt, sind die Merkmale des Gehäuses für den Paläontologen von besonderer Bedeutung. Die Ostrakodenschale besteht aus der sog. Außen- und Innenlamelle (Abb. 3). Während die Außenlamelle verkalkt, bleibt die Innenlamelle weichhäutig bzw. verkalkt, wenn überhaupt, nur randlich. Sie kann in diesem Bereich fest mit der Außenlamelle verwachsen sein oder einen Hohlraum bilden, das sog. Vestibulum. Die Außenlamelle besteht von außen nach innen aus drei Schichten: äußere Epicuticula, mittlere Exocuticula und innere Endocuticula (↗Cuticula). Nur die mittlere Schicht verkalkt, die äußere und innere Schicht bestehen aus einem Chitin-Protein-Komplex. Bei planktonisch lebenden Ostrakoden ist die Kalkeinlagerung aus Gewichtsgründen reduziert, so daß diese Formen weitgehend über chitinige Gehäuse verfügen; auch die frühesten Ostrakodenvertreter aus dem ↗Kambrium haben noch keine Kalk-, sondern eine Phosphatschale.

Der das Schloß enthaltende Bereich der Schale wird nach oben orientiert und heißt Dorsalrand. Bei vielen Formen aus dem ↗Paläozoikum ist der Schloßrand lang und gerade. Bei postpaläozoischen ↗Taxa ist der Schloßbereich zwar gerade, der gesamte Dorsalrand aber häufig konvex, so daß hier die Orientierung nach der sog. Basislinie erfolgt. Die Muskelabdrücke des Schließmuskels (Adduktor) geben einen guten Anhaltspunkt zum Erkennen von vorn und hinten; sie befinden sich normalerweise in der vorderen Klappenhälfte. Größere stachelartige Fortsätze sind meist nach hinten gerichtet (gerichtete Fortsätze). Beide Klappen eines Gehäuses sind meist nicht völlig symmetrisch. Welche Klappe über die jeweils andere greift, ist für bestimmte Taxa typisch. Häufig sind dann sog. Kontaktrandskulpturen entwickelt, die einen festeren Verschluß gewährleisten. Im allgemeinen ist der Innenraum (Domicilium) bei geschlossenen Klappen völlig von der Außenwelt abgeschlossen, es gibt nur relativ wenig Arten, bei denen das Tier zu groß ist und das Gehäuse entsprechend nicht geschlossen werden kann. Primäres Klaffen findet man als Primitivmerkmal bei einigen kambrischen Ostrakoden. Viele Arten haben dagegen Öffnungen an verschiedenen Stellen des Schalenrandes, durch welche Atemwasser oder Gliedmaßen ein- und austreten können, z. B. die Rostralinzisur zum Austritt der Antennen. Durch Porenkanäle ist ebenfalls eine ständige Verbindung nach außen geschaffen. Die Flächenkanäle verlaufen senkrecht durch die Schale, die sog. Randkanäle sind auf der Schaleninnenseite im Bereich der Verwachsungszone von Außen- und Innenlamelle sichtbar (Abb. 4).

Zu den Skulpturen einer Ostrakodenschale gehören die sog. lobalen und sulcalen Skulpturen. Sie sind Faltungen der Schale und damit auch auf der Innenseite bzw. Steinkernen ausgeprägt. Loben sind Aufwölbungen, Sulci dagegen Vertiefungen der Schalenoberfläche. Zu den ornamentalen Skulpturen gehören z. B. Dornen, Tuberkel, Rippen und am Rand gelegene sog. Adventralskulpturen wie das Velum (Abb. 5 u. 6). An inneren Merkmalen ist die Ausbildung der Innenlamelle, sofern sie randlich verkalkt ist, von taxonomischer Bedeutung, sowie die Ausbildung des Schließmuskelfeldes. Die Anheftungen der Muskelnarben an der Schale sind als Vertiefungen auf der Innenseite der Klappen erkennbar. Abgesehen von kambrischen Ostrakoden, die über eine noch relativ flexible Phosphatschale verfügen, in der sich Muskelnarben nicht dokumentieren, ist phylogenetisch eine Veränderung des Muskelnarben von vielen kleinen Einzelnarben hin zu wenigen größeren erfolgt, aber dafür effizienteren Muskelbündeln. Weitere taxonomische Anhaltspunkte bietet die Ausbildung der Randkanäle. Auch das Schloß hat große taxonomische Bedeutung. Es soll nicht nur die Klappen bei geöffnetem Gehäuse zusammenhalten, sondern auch Scharnierbewegungen ermöglichen und Verschiebungen in Längsrichtung verhindern. Grundelemente des Schlosses sind Leisten und Furchen sowie Zähne und Zahngruben (Abb. 4). Die individuelle Ausgestaltung und zunehmende Komplexität sind charakteristische Merkmale einzelner Ostrakodengruppen. Innerhalb der Crustaceen ist die Ausbildung sekundärer Geschlechtsmerkmale im Gehäuse bestimmter Ostrakoden ein Exklusivmerkmal dieser Gruppe. Die geschlechtsspezifischen Merkmale sind i. d. R. erst bei den adulten, d. h. erwachsenen Formen ausgebildet. Grundsätzlich unterscheidet man Domiciliar- und Velardimorphismus. Beim Domiciliardimorphismus ist das weibliche Domicilium meist hinten als Brutraum aufge-

Ostracoda 2: eridostraker Ostrakod mit retentiertem Gehäuse.

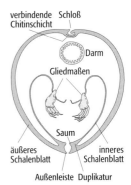

Ostracoda 3: schematischer Schnitt durch ein Ostrakodengehäuse.

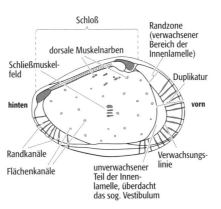

Ostracoda 4: Merkmale einer Ostrakodenklappe von innen gesehen.

Ostracoda 5: Velardimorphismus: a) und b) Weibchen, bei denen das Velum zu zwei verschiedenen Bruttaschentypen umgebildet wurde, c) Männchen.

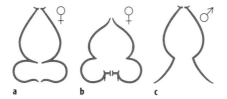

Ostracoda 6: Geschlechtsdimorphismus bei Distobolbina: Männchen (oben), Weibchen (unten) mit Bruttasche.

bläht. Beim Velardimorphismus bildet das Velum eine Bruttasche bei der weiblichen Form, beim Männchen bleibt es als völlige offene Adventralskulptur bestehen (Abb. 5 u. 6).

Der Lebensraum der Ostrakoden ist ungemein vielfältig. Die meisten Arten leben im Meer, wo sie von der Tiefsee bis zum Supralitoral vertreten sind. Man findet sie aber auch im Brackwasser, in Spritzwasser-Rockpools und im interstitiellen Küstengrundwasser. Im limnischen Bereich besiedeln sie nicht nur Seen und Flüsse, sondern z.B. auch temporäre Kleingewässer, feuchte Moosrasen und Wasserbehälter von Bromeliaceen. Selbst Binnensalzstellen, Thermalquellen, Salinen etc. stellen noch tolerable Lebensbedingungen dar. Das Litoral, d.h. der Strand- bzw. Uferbereich ist der von Ostrakoden am stärksten besiedelte Lebensraum. Die rezenten Ostrakodenpopulationen sind im Litoral aller Meere ziemlich einförmig. Die größte Mannigfaltigkeit gibt es in tropischen Gewässern. Die Ausbreitung der Litoralformen erfolgt im wesentlichen durch driftende Algen, Zugvögel etc.

Umwelt und Lebensweise beeinflussen stark die Gehäuseform. Für planktonische Taxa geht es um die Verminderung der Absinkgeschwindigkeit durch Verringerung des Schalengewichts bei gleichzeitiger Ansammlung von Wasser, Fett und Öl im Gewebe; die Schwimmfähigkeit wird durch die Ausbildung von Schalenflügeln unterstützt. Gut schwimmendes ↗Benthos verfügt über eine hydrodynamische Gehäuseform, geringe bis fehlende Lobation, einen konvexen Ventralrand, eine schmale Basis und gering verkalkte Schalen. Kriechende Formen haben dagegen schwere, stark skulptierte Gehäuse, einen flachen bis konkaven Ventralrand sowie Trägerskulpturen (Ausleger). Phytalformen zeichnen sich durch glatte, seitlich komprimierte Gehäuse aus. Grundsätzlich beeinflußt das Substrat stark die Faunenzusammensetzung. Reine Sandböden sind ostrakodenarm, reine Schlickböden artenarm, gemischte Substrate sind arten- und individuenreicher. Substrattyp und Größe stehen ebenfalls in enger Beziehung: Weichbodenbewohner sind meist am größten und meisten verbreitet, Sandbewohner am kleinsten. Die Ostrakoden der Tiefsee (ab ca. 500 m) werden als psychrosphärisch bezeichnet, d.h. sie leben bei Temperaturen von ca. 4°C im lichtlosen Milieu variierender Sauerstoffgehalte und feinkörnigem Sediment. Die Faunen sind langlebig, haben einen konservativen Charakter und damit eine geringe Evolutionsgeschwindigkeit. Sie sind seit ↗Silur bekannt. Durch relative Konkurrenzarmut erreichen Ostrakoden in Brackwässern oft eine Massenentfaltung. Im Süßwasserbereich werden alle Lebensräume mit Ausnahme von Fließwasser besiedelt. Die Hauptmasse der rezenten Süßwasserformen gehört den Cyprididae an. Fossil kennt man limnische Ostrakoden seit dem ↗Karbon.

Die rein ökonomische Bedeutung der Ostrakoden ist gering, allerdings sind sie gute Faziesindi-

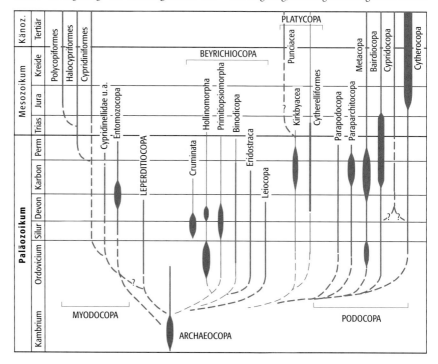

Ostracoda 7: stratigraphische Hauptverbreitung der Ostrakodengroßgruppen.

katoren (↗Fazies). Fossile Ostrakoden gehören durch ihre Häufigkeit, z. T. rasche Evolutionsgeschwindigkeit und ökologische Anpassungsfähigkeit neben den ↗Foraminiferen und ↗Conodonten zu den wichtigsten ↗Leitfossilien in der Mikropaläontologie. In manchen Gesteinen sind Ostrakoden so charakteristisch oder so zahlreich, daß sie namengebend für das Gestein waren, z. B. die silurischen Beyrichienkalke (↗Beyrichien) und Leperditiengesteine (↗Lepertitien).

Die Klasse Ostracoda gliedert sich in acht Ordnungen: Bradoriida (Kambrium bis Silur), Phosphatocopa (Kambrium), Leperditicopa (Ordovizium bis Devon), Beyrichiocopa (Ordovizium bis Perm), Reticulocopa (seit Ordovizium), Podocopa (seit Ordovizium), Platycopa (seit Ordovizium), Myodocopa (inkl. Cladocopa und Halocypriformes, seit Ordovizium). Die stratigraphische Hauptverbreitung der einzelnen Ordnungen und Untergruppen ist in Abb. 7 dargestellt. Die Bradoriida stellen sehr urtümliche Ostrakoden dar, bei denen die körperliche Längenreduktion erst im Laufe des Kambriums erfolgte. Dementsprechend besaßen die frühesten Vertreter noch primär klaffende Gehäuse. Nach einer gewissen abdominalen Verkürzung konnte der Körper rundum durch das Gehäuse geschützt werden, indem der Hinterleib eingeklappt wurde. Das charakterische Gehäusemerkmal solcher Taxa ist der postplete Umriß, der sog. Rückwärtsschwung. Bei weiterer Reduktion des Abdomens verschwindet der Rückwärtsschwung, und die Gehäuse zeigen einen ampleten bis präpleten Umriß, ähnlich den modernen Ostrakoden. Aus der Gruppe der Bradoriida sind vermutlich die modernen podocopomorphen Ostrakoden hervorgegangen. Auch die im Unterkambrium der chinesischen ↗Chenjiang-Fauna dokumentierte Weichkörpermorphologie entpricht der eines Ostrakoden, wobei die Gliedmaßen noch keine so starke Spezialisierung aufweisen wie bei modernen Ostrakoden. Die ebenfalls kambrischen Phosphatocopa stellen dagegen einen toten Seitenast in der Ostrakodenentwicklung dar. Sie unterscheiden sich nicht nur hinsichtlich der Weichkörpermorphologie von den Bradoriida, sondern auch im Gehäuse, das durch ein dorsales Zwischenstück, das Interdorsum, gekennzeichnet ist. Dieses reduziert sich sukzessive vom Unterkambrium zum Oberkambrium und verschwindet im oberen Oberkambrium gänzlich. Neben den Bradoriida und Phosphatocopa entstehen im Unterordovizium die großwüchsigen Leperditicopa (Leperditien i.w. S.). Aus ihrer Entwicklungslinie spalteten sich möglicherweise die Myodocopa ab, zu denen ebenfalls relativ großwüchsige Formen gehören, und die daher über ein Herz verfügen. [IHS]

Literatur: [1] HINZ-SCHALLREUTER, I. & SCHALLREUTER, R. (1999): Ostrakoden. [2] MACKENZIE, K. G., ANGEL, M. V., BECKER, G., HINZ-SCHALLREUTER, I., KONTROVITZ, M., PARKER, A. R., SCHALLREUTER, R. E. L. & SWANSON, K. M. (1999): Ostracods. In: SAVAZZI, E. (Eds.): Functional Morphology of the Invertebrate Skeleton. [3] MOORE, R. C. (1961): Treatise on Invertebrate Paleontology, Part Q, Arthropoda 3, Crustacea, Ostracoda.

Ostsee, *Baltisches Meer*, als intrakontinentales ↗Mittelmeer ein Nebenmeer des ↗Atlantischen Ozeans (Abb.), das über ↗Skagerrak und ↗Kattegat mit der ↗Nordsee verbunden ist.

Ostsee-Entwicklung, im Unterpleistozän bestand ein baltisches Flußsystem, das skandinavisches Material von Osten bis nach Norddeutschland und in die Niederlande transportierte. Die Ostsee entstand im wesentlichen durch die glaziale Ausschürfung der großen Vereisungen im Mittelpleistozän. Erste klare Belege für die Existenz der Ostsee stammen aus dem Holstein-Interglazial. Für das Eem-Interglazial ist eine Ausdehnung der Ostsee über die rezente Begrenzung hinaus bekannt. Sehr detailliert ist die Entwicklung der Ostsee im Postglazial erforscht (Tab. 1). Bei Abschmelzen des Weichsel-Eises bildete sich aus vielen kleinen lokalen Eisstauseen ein einheitliches Seebecken, der Baltische Eisstausee. Der Seespiegel lag über dem Meeresspiegel, und der Überlauf erfolgte nach Westen in zwei Phasen, unterbrochen durch die Jüngere Dryas. Der endgültige Auslauf war etwa mit Beginn des Holozäns abgeschlossen. Es folgte das Stadium des

Ostsee: Teile der Ostsee und ihre Bezeichnungen.

Litorina-Meer	8000 v.h. – heute
Ancylus-See	9300 – 8000 v.h.
Yoldia-Meer	10.200 – 9300 v.h.
Baltischer Eisstausee	bis 10.200 v.h.

Ostsee-Entwicklung (Tab. 1): Stadien der Ostsee-Entwicklung.

Mya-Meer	(heutige Ostsee) 1000 v.h. – heute; nach der Muschel *Mya arenaria*, die im 16./17. Jh. eingewandert ist
Limnea-Meer	(brackisch) 4000 – 1000 v.h.
Litorina-Meer i.e.S.	(höchster Salzgehalt) 5500 – 4000 v.h.
Mastogloia-Meer	(niedriger Salzgehalt) 8000 v.h. – 5500 v.h.

Ostsee-Entwicklung (Tab. 2): Untergliederung des Litorina-Meer-Stadiums.

Yoldia-Meeres, von ↗Torell 1865 nach einer marinen Muschel benannt. Unklar ist jedoch, wie stark und wie weit die Salinität nach Osten vorgedrungen war. Im Gotland-Becken, Bornholm-Becken und in der Danziger Bucht sind aus dieser Zeit nur limnische Ablagerungen bekannt.
Durch Hebungen im Westen wurde die Verbindung zur Nordsee unterbrochen, und es entstand der Ancylus-See, zunächst mit etwa gleich hohem Seespiegel wie die Nordsee, später auch mit höherem Seespiegel, verbunden mit einer Ausweitung nach Westen und letztlich dem Auslaufen und der Schaffung einer erneuten Verbindung zur Nordsee über den Sund und den Großen und Kleinen Belt. Es entstand das Litorina-Meer (von Lindström 1886 nach der Schnecke *Litorina litorea* benannt). Dieser Zeitabschnitt kann weiter unterteilt werden (Tab. 2). [WBo]

Ostsibirische See, ↗Randmeer des ↗Arktischen Mittelmeers, das durch das sibirische Festland und eine Linie von der Wrangel-Insel über 78°N 180°E, über 79°N 139°E und über die Kotelny-Insel zum Festland begrenzt ist.

Ostwald-Miers-Bereich, *metastabiler Bereich*, Beschreibung von metastabilen Gebieten im ↗Zustandsdiagramm. In diesem Diagramm gibt es Kurven, längs derer sich z. B. feste und flüssige oder gasförmige Phasen im Gleichgewicht befinden. Wird durch Verändern der Zustandsvariablen (Druck, Temperatur oder Zusammensetzung) diese Gleichgewichtskurve in Richtung fester Phase überschritten, ist die Ausgangsphase zunächst nicht mehr stabil, aber die neue Phase wird erst ab einer gewissen Überschreitung durch ↗Keimbildung geschaffen. Dieser metastabile Bereich zwischen Gleichgewichtskurve und Beginn der Keimbildung im Zustandsdiagramm wird Ostwald-Miers-Bereich genannt (Abb.). Gibt man zu einem System innerhalb dieses metastabilen Bereiches einen ↗Keimkristall, kann man daran ↗Kristallwachstum ohne Neukeimbildung erreichen. [GMV]

Oszillation, Vorgang, bei dem Meßdaten einen relativ raschen (im Gegensatz zur Fluktuation) ↗Zyklus durchlaufen; in der Klimatologie auch mit mehrjährigem Abstand der relativen Maxima und Minima (↗Southern Oscillation, ↗Nordatlantik-Oszillation, ↗Variation).

Oszillationsrippel ↗Rippel.

Oszillationstest ↗Einschwingverfahren.

Otolithen, *Gehörsteinchen*, *Statolithen*, kommen im akustischen Organ der höheren ↗Fische (Actinopterygii und Sarcopterygii) vor und stellen als Besonderheit innerhalb der Wirbeltiere nicht Teile des Skeletts dar. Sie sind Konkretionen, die im wesentlichen aus Calciumcarbonat (↗Aragonit) sowie untergeordnet (0,2–10 %) aus einer organischen Substanz, dem Otolin, bestehen. Sie wachsen in konzentrischen Schichten und werden nach bisheriger Kenntnis von der Wand des Labyrinths sezerniert. Der Anwachsrhythmus entspricht in der Regel je einer kalkigen und organischen Schicht pro Jahr. Die Zahl der Otolithen innerhalb des Knochenfische ist unterschiedlich: Die Actinopterygii (Strahlenflosser) besitzen in der Regel drei Otolithen, die je nach ihrer Lage im häutigen Labyrinth als Sagitta, Asteriscus und Lapillus bezeichnet werden (Abb. 1). Dagegen ist bei den Coelacanthiden (z. B. der rezente Quastenflosser *Latimeria*) nur ein Gehörsteinchen bekannt, während die Dipnoi (Lungenfische) deren zwei besitzen, nämlich die Sagitta und den Lapillus. Die Otolithen der linken und rechten Körperseite sind spiegelbildlich geformt.

Im Fossilbericht treten Otolithen erstmals bei palaeonisciden Fischen (Actinopterygii: Chondrostei) des ↗Devons auf, sind im ↗Paläozoikum aber noch sehr seltene Fossilien. Ab dem oberen ↗Jura werden sie häufiger, besonders aber im ↗Tertiär sind sie für die Rekonstruktion fossiler Teleosteer-Faunen und für stratigraphische Fragestellungen wichtig (↗Stratigraphie). Da die Isotopen-Zusammensetzung des Aragonits in etwa derjenigen des Wassers entspricht, in dem der Fisch gelebt hat, dienen sie auch für Untersuchungen zur Paläoökologie und von Paläotemperaturen (↗Paläontologie). Otolithen werden gemeinsam mit anderer Mikrofauna durch Sieben und Schlämmen sowohl aus marinen als auch aus fluviolimnischen, auf jeden Fall jedoch nicht entkalkten Sedimenten gewonnen.

Die Sagitta ist der größte und fossil daher auch häufigste Gehörstein. Er trägt zudem auch die

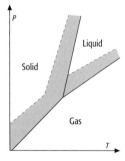

Ostwald-Miers-Bereich: *P-T*-Zustandsdiagramm eines Einkomponentensystems mit den Koexistenzlinien der soliden (festen), liquiden (flüssigen) und gasförmigen Phasen (durchgezogene Linien). Der graue Bereich ist der metastabile Ostwald-Miers-Bereich, der auf der gestrichelten Seite durch die beginnende Keimbildung begrenzt wird.

a

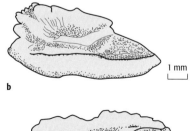

b

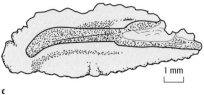

c

Otolithen 2: Beispiele verschiedener linker Otolithen von ventral: a) Anguilloidea (Aale), b) Salmoniformes (Lachsverwandte), c) Perciformes (Barsche).

meisten taxonomisch verwertbaren Merkmale, von denen die mehr oder weniger horizontal verlaufende, sogenannte Hörfurche die augenfälligste Struktur darstellt (Abb. 2). Über die Funktion der Otolithen hat man nur ungenügende Kenntnisse. Bei den Strahlenflossern liegen sie dreien der sieben Hörflecke (Maculae) des häutigen Labyrinths an, das für die Schallaufnahme, das Gleichgewicht, die Winkelbeschleunigung und die Regulierung des Muskelapparates zuständig ist. [DK]

Literatur: NOLF, D. (1985): Otolithi piscium. Handbook of Paleoichthyology, Vol. 10. – Stuttgart/New York.

Ouachitit, ein ↗Lamprophyr, der zur Gruppe der alkalisch-ultrabasischen Ganggesteine gehört.

Oued, (arab.) Tal, ↗Wadi.

outlet glacier, Auslaßgletscher, ↗Eisschild.

overflow, Prozeß der Überströmung untermeerischer Schwellen zwischen benachbarten Meeresbecken. Wichtige Beispiele sind die Ausbreitung arktischer Tiefenwassermassen über die Grönland-Schottland-Schwelle und salzreicher mediterraner Tiefenwassermassen über die Schwelle von Gibraltar.

Ovh-Horizont, ↗Bodenhorizont entsprechend der ↗Bodenkundlichen Kartieranleitung, ↗Oh-Horizont, der in Kontakt zu festem Fels (mCn-Horizont) oder zu feinerdefreiem Grobskelett (xC-Horizont) steht; diagnostischer Horizont der Form ↗Tangelhumus, im feuchten Zustand krümelig, über Carbonatgestein tiefschwarz, über saurem Gestein intensiv braun. Die Eigenschaften sind wesentlich von dem anorganischen Kontaktgestein geprägt.

OX ↗EOX.

oxalatlösliches Eisen, der Anteil der im Boden enthaltenen Eisenverbindungen, die sich mit Oxalat-Lösung aus dem Boden herauslösen lassen. Wird häufig als Maß zur Abschätzung des pflanzenverfügbaren Eisengehaltes im Boden genutzt.

oxbow-lake ↗Altlaufsee.

Oxford, Oxfordium, international verwendete stratigraphische Bezeichnung für die älteste Stufe (159,4–154,1 Mio. Jahre) des ↗Malm, benannt nach der Stadt Oxford in England. Die Basis stellt der Beginn des Scarburgense-Subchrons im Mariae-Chron dar, bezeichnet nach dem Ammoniten *Quenstedtoceras mariae*. ↗Jura, ↗geologische Zeitskala.

oxibiont, bezeichnet eine Bindung an den ↗aeroben Zustand.

Oxic horizon ↗ferralic horizon der ↗Soil Taxonomy.

Oxidation, 1) die chemische Reaktion eines Elementes oder einer Substanz mit Sauerstoff, z. B. $C + O_2 \rightarrow CO_2$. Die Reaktion kann je nach vorliegenden Bedingungen langsam (Rosten von Eisen, Verwittern) bis sehr schnell (Verpuffung, Explosion), auch unter Aussendung von Licht (Verbrennung, Flamme) verlaufen. 2) die chemische Reaktion einer Substanz unter Verringerung ihres Wasserstoffgehaltes, z. B. die Bildung von Schwefel aus Schwefelwasserstoff: $H_2S \rightarrow S$. 3) die chemische Reaktion eines Elementes unter Abgabe von Valenzelektronen und Übergang zu einem elektronisch höherwertigen Zustand, z. B. $Fe^{2+} \rightarrow Fe^{3+}$. Eine Oxidation ist stets mit der inversen Reaktion, der ↗Reduktion, eines Reaktionspartners verbunden, so daß es dabei immer zu sog. ↗Redoxreaktionen kommt. Außerdem sind die beschriebenen Teilreaktionen miteinander verknüpft. Zum Beispiel geht bei der Oxidation von NH_3 zu NO_3^- das Stickstoffatom gleichzeitig vom (−3)-wertigen in den (+5)-wertigen Valenzzustand über. Die Oxidation spielt bei zahlreichen Vorgängen in der Natur eine wichtige Rolle, so bei der Atmung von Lebewesen, beim ↗aeroben biologischen Abbau organischer Materie oder bei der Bildung von Mineralien. [HB]

Oxidationshorizont, rostfleckiger (besonders an Aggregatoberflächen) bzw. kalkfleckiger Horizont über dem Grundwasser gelegen. Als ↗Go-Horizont, zu finden in ↗Auenböden, ↗Marschen, ↗Gleyen. ↗Bodenkundliche Kartieranleitung.

Oxidationslagerstätten, sekundäre Lagerstätten, die durch Oxidation eines Primärgesteins bzw. einer Primärvererzung entstehen; normalerweise bezieht sich der Begriff Oxidationslagerstätte auf die supergene Alteration eines primär sulfidischen Erzes. Die Oxidationszone liegt oberhalb des Grundwasserspiegels. Dort sind Sulfide einer Oxidation durch meteorische Wässer, die Kohlensäure und Huminsäuren enthalten können, ausgesetzt. ↗Pyrit zerfällt dabei zu Eisenhydroxid und Schwefelsäure. Es kommt daher insbesondere bei sauren Lösungen zur Auslaugung des Metallgehaltes, da auch Kupfer, Zink und Silbersulfide löslich sind. Resistent bleibt Quarz, Neubildungen sind Fe-Hydroxide, Kaolinit und häufig Malachit oder Azurit. In der tieferen Oxidationszone kommt es zur Anreicherung von Limonit (↗Eiserner Hut) sowie Cuprit. Weitere Mineralneubildungen der Oxidationszone sind gediegen Silber oder AgCl, Anglesit, Blei- und Zinkerze (-carbonat, -sulfat, -phosphat, -arsenat, -vanadat), gediegen Quecksilber, uranhaltige Minerale und Mn-Erze (Pyrolusit, Psilomelan). Primäre Goldgehalte im Pyrit können bei der supergenen Alteration angereichert werden (z. B. Rio Tinto in

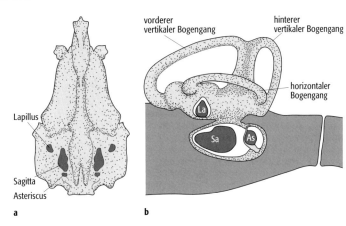

Otolithen 1: Lage der Otolithen (schwarz) bei den Actinopterygii (Strahlenflossern): a) Gehirnschädel in Ventralansicht, b) Lateralansicht des Labyrinths.

Oxidationspotential

Mineral/chemische Zusammensetzung	Kristallsystem Symbol (Sch.) Symbol (int.)	Härte nach Mohs	Dichte [g/cm³]	Spaltbarkeit
Eis H_2O	hexagonal C_{6v}^3 $P6_3cm$	1,5	0,9175	–
Cuprit Cu_2O	kubisch O_h^4 $Pn3m$	3,5–4	5,8–6,2	{111}
Periklas MgO	kubisch O_h^5 $Fm3m$	5,5–6	3,7–3,9	{100}
Spinell $MgAl_2O_4$	kubisch O_h^7 $Fd3m$	8	3,5	{111}
Magnetit Fe_3O_4	kubisch O_h^7 $Fd3m$	5,5	5,2	–
Chromit $FeCr_2O_4$	kubisch O_h^7 $Fd3m$	5,5	5,09	–
Hausmannit Mn_3O_4	tetragonal D_{4h}^{19} $I4_1/amd$	5,5	4,7 – 4,8	{001}
Chrysoberyll Al_2BeO_4	rhombisch D_{2h}^{16} $Pmcn$	8,5	3,72	{001}
Korund Al_2O_3	trigonal D_{3d}^6 $R3c$	9	3,98	{0001} {10$\bar{1}$1}
Hämatit Fe_2O_3	trigonal D_{3d}^6 $R3c$	6,5	5,2–5,3	{0001} {10$\bar{1}$0}
Ilmenit $FeTiO_3$	trigonal C_{3i}^2 $R\bar{3}$	5–6	4,5–6	{0001} {10$\bar{1}$0}
Perowskit $CaTiO_3$	rhombisch D_{2h}^{16} $PCmn$	5,5	3,98–4,26	{001}
Quarz SiO_2	trigonal D_3^4 $P3_121$	7	2,65	–
Hoch-Quarz SiO_2	hexagonal D_6^4 $P6_222$	6,5	2,51	–
Tridymit SiO_2	monoklin C_s^3 od. C_s^4 $C2/c$ od. Cc	7	2,27	–
Hoch-Tridymit SiO_2	hexagonal D_{6h}^4 $P6_3/mmc$	6,5–7	2,27	–
Christobalit SiO_2	tetragonal D_4^4 $P4_12_12$	6–7	2,33	–

Spanien, Pueblo Viejo in der Dominikanischen Republik). Primäre Spurenelemente der Zinkblende können ebenfalls in Fe-Hydroxiden angereichert werden (Ge-Ga-Lagerstätte Apex Mine in Utah, USA). Im Bereich des Grundwassers wechseln die Bedingungen von oxidierend nach reduzierend. Dort kommt es zur Ablagerung der in der Oxidationszone gelösten Metalle. [AM]

Oxidationspotential ↗ Redoxsysteme.

Oxidationsverwitterung, Verwitterung von Mineralen wie Biotit, Pyrobole oder Olivin, die Eisen und Mangan in der reduzierten zweiwertigen Form enthalten und daher im sauerstoffhaltigen Verwitterungsmilieu (Atmosphäre) oxidiert werden. Dabei werden die Bindungen im Mineral gesprengt, das oxidierte Fe und Mn freigelegt und hydrolytisch zu Oxiden und Hydroxiden umgesetzt. Die Oxidation kann auch innerhalb der Minerale erfolgen, so daß die positive Ladung zunimmt und anschließend ein Ladungsausgleich angestrebt wird, bei dem Oxide gebildet werden.

Oxidationszahl, Anzahl der Ladungen, die das betreffende Atom hätte, wenn man die Bindungselektronen im Atomverband den einzelnen Atomen nach folgenden Regeln zuteilt: a) Die Oxidationszahl eines Atoms im freien Element ist Null. b) Die Oxidationszahl eines einatomigen Ions ist gleich seiner Ladung. c) In einer kovalenten Verbindung entspricht die Oxidationszahl der Ladung, die ein Atom erhält, wenn gemeinsame Elektronepaare ganz dem elektronegativeren Element zugeteilt werden. Elektronepaare zwischen gleichen Atome werden zur Hälfte jedem der beiden Atome zugeteilt. Ein und dasselbe Element kann in verschiedenen Oxidationszahlen auftreten. Mögliche Oxidationszahlen und Wertigkeiten eines Atoms ergeben sich in systematischer Weise aus seiner ↗ Elektronenkonfiguration und der Stellung im Periodensystem.

Oxidationszone, 1) *Hydrologie/Geologie*: Bereiche in Gewässern, Gewässersedimenten, Böden oder Gesteinen, in denen Sauerstoff für biochemische oder chemische Reaktionen zur Verfügung steht. Oxidationszonen sind bedeutende Reaktionsräume für Prozesse in der belebten wie unbelebten Natur. 2) *Lagerstättenkunde*: oberflächennächster Teil einer meist sulfidischen Lagerstätte, in dem aufgrund intensiver Oxidation und Hydration ausgedehnte Mineralneubildungen stattfinden (↗ Verwitterung). Typische Mineralneubildungen der Oxidationszone sind z. B. ↗ Limonit und ↗ Goethit, die häufig aus ↗ Pyrit entstehen. Oxidationszonen von Sulfidlagerstätten werden gelegentlich auch als ↗ Eiserner Hut bezeichnet.

Oxide, ↗ Mineralklasse, bei der Sauerstoff Verbindungen mit einem, zwei oder mehreren Metallen bildet. Entsprechend der Zusammensetzung der Erdkruste, an der Sauerstoff mit annähernd 50 Masse-% beteiligt ist, ist die Anzahl der Elemente, die mit Sauerstoff oxidische Minerale bilden, relativ groß (Tab.). 17% der Lithosphäre besteht aus Oxiden, wobei die SiO_2-Modifikationen allein ca. 12%, die Eisenoxide und Hydroxide etwa 4% ausmachen. Wirtschaftlich haben neben den Eisenoxiden und -hydroxiden besonders die

Oxid- und Hydroxidminerale der Elemente Al, Mn, Ti und Cr die größte Bedeutung. H_2O ist Hauptbestandteil der Hydrosphäre und wichtigster Reaktionspartner bei allen mineralbildenden Prozessen auf der Erde. Im festen Zustand spielt H_2O als Schnee- und Gletschereis, ferner als Wasserdampf in der Atmosphäre und bei vulkanischen Exhalationen als gasförmige Phase eine wichtige Rolle.

Ein großer Teil der oxid- und hydroxidbildenden Kationen wie Fe^{2+}, Mg^{2+}, Ca^{2+} usw. löst sich in sauren Wässern und fällt in alkalischen Lösungen als Hydroxid aus. Andere Kationen mit größeren Ionenpotentialen wie Fe^{3+}, Al^{3+}, Mn^{4+}, Ti^{4+} u. a. werden schon aus schwach alkalischen oder schwach sauren Lösungen durch Hydrolyse in Form schwerlöslicher Hydroxide ausgefällt. Bei metamorphen Prozessen entstehen aus den Hydroxiden wieder oxidische Minerale. Die Oxide der zweiwertigen Metalle wie MgO (Periklas) kristallisieren im NaCl-Typ mit der Koordinationszahl 6, Oxide drei- und vierwertiger Metalle haben kleinere Koordinationszahlen. Die meisten Oxide, die ionar gebunden sind, zeigen einen stabilen Kristallaufbau, große Härte, hohe Schmelzpunkte und eine geringe Löslichkeit. Oxide, bei denen Fe, Mn, Cr, Ti usw. als Kationen auftreten, sind oft dunkel gefärbt, und viele oxidische Minerale sind ↗opak oder nur in dünnen Schichten durchscheinend. Charakteristisch für manche Oxide sind magnetische Eigenschaften und halbmetallischer Glanz. [GST]

Oxidfazies, Faziestyp a) der ↗Ironstones u. b) der gebänderten Eisenformationen (↗Banded Iron Formation). Für a) sind ↗Hämatit und ↗Goethit charakteristisch, für b) Hämatit und ↗Magnetit. ↗Carbonatfazies, ↗Silicatfazies, ↗Sulfidfazies.

Oxidformel, Kennzeichnung der Mineralzusammensetzung durch Angabe der oxidischen Komponenten. Für die Umrechnung von Gesteinsanalysen oder zur Deutung von Mineralbildungsprozessen ist es oft zweckmäßig, die Summenformel eines Minerals in die Oxidkomponenten zu zerlegen, z. B. $KAlSi_3O_8$ (Kaliumfeldspat) = $K_2O \cdot 3\,Al_2O_3 \cdot 6\,SiO_2$ oder die Strukturformel $KAl_2[(OH)_2|AlSi_3O_{10}]$ (Muscovit) = $K_2O \cdot 3\,Al_2O_3 \cdot 6\,SiO_2 \cdot 2\,H_2O$.

Oxidhalogenide, Bezeichnung für Minerale der ↗Mineralklasse der ↗Halogenide, die zusätzlich O oder OH-Gruppen in ihrem Kristallgitter eingebaut haben. Beispiele sind Atakamit ($Cu_2(OH)_3Cl$) aus dem Küstengebiet von Chile und Peru, Blei-Oxidhalogenide wie Boleit ($5PbCl_2 \cdot 4Cu(Oh)_2 \cdot AgCl \cdot 1,5\,H_2O$) oder bismuthaltige Oxidhalogenide wie Bismoclit (BiOCl).

Oxidierbarkeit, Eigenschaft von Elementen, Ionen und chemischen Substanzen, mit Sauerstoff zu reagieren. Speziell in der Gewässerkunde spielt die Oxidierbarkeit von im Wasser vorhandenen Stoffen, vor allem organisches Material, eine bedeutende Rolle für den gesamten ↗Sauerstoffhaushalt. Ein Übermaß solcher Substanzen kann zu einem Sauerstoffdefizit (↗anaerobe Bedingungen) führen.

Mineral/chemische Zusammensetzung	Kristallsystem Symbol (Sch.) Symbol (int.)	Härte nach Mohs	Dichte [g/cm³]	Spaltbarkeit
Coesit SiO_2	monoklin C_{2h}^6 $C2/c$	–	3,01	–
Stishovit SiO_2	tetragonal D_{4h}^{14} $P4_2/mnm$	–	–	–
Lechatelierit SiO_2	amorph	<7	2,20	–
Opal $SiO_2 \cdot n\,H_2O$	amorph	5,5–6,5	2,1–2,2	–
Keatit SiO_2	tetragonal D_4^4 $P4_12_12$		2,502	
Cassiterit, Zinnstein SnO_2	tetragonal O_{4h}^{14} $P4_2/mnm$	6–7	6,89–7,02	{100} {110}
Rutil TiO_2	tetragonal D_{4h}^{14} $P4_2/mnm$	6–6,5	4,25	{110} {100} weniger
Pechblende, Uraninit UO_2	kubisch O_h^5 $Fm3m$	6	10,6	{111} {100} seltener

Oxide (Tab.): Übersicht der Mineralklasse der Oxide (Sch. = Schoenflies, int. = international).

oxidische Eisen-Mangan-Erzformation, sulfidfreie Vererzungen mit Eisen und Mangan, wie die Spateisensteingänge des Siegerlandes oder die metasomatischen Verdrängungen (↗Metasomatose) vom Erzberg (Steiermark, Österreich).

Oxidlagerstätten, Lagerstätten mit oxidisch gebundenen ↗Erzen.

Oxigley, sauerstoffreicher Gley, Subtyp des Bodentyps ↗Gley innerhalb der Klasse Gleye (↗Gley). Sauerstoffreiches Grundwasser bewirkte tiefreichende Oxidationsmerkmale im gesamten Profil. Der ↗Go-Horizont ist tiefreichend, der ↗Gr-Horizont fehlt. Der Oxigley kommt vorwiegend in Hanglagen mit über 9 % Hangneigung vor.

oxisch, aerob, Bedingungen in der Wassersäule oder im Sediment mit einer Sauerstoffkonzentration von mehr als 2,0 ml/l. Bei dieser Sauerstoffkonzentration ist die Aktivität von einer Vielzahl von aeroben Mikroorganismen nicht eingeschränkt. Gegensatz: ↗anoxisch.

Oxisols, Ordnung (order) der ↗Soil taxonomy; intensiv verwitterte Böden der humiden und subhumiden Tropen mit gelber bis roter Färbung, entsprechen den ↗Ferralsols der ↗WRB.

Oxyatmoversion, bezeichnet einen Vorgang in der Entwicklungsgeschichte der Erdatmosphäre (↗Atmosphäre), der vor ca. 2,45–2,22 Mrd. Jahren stattfand und der dadurch gekennzeichnet ist, daß die photosynthetischen Sauerstoffproduktionsraten die Sauerstoffverbrauchsraten zu übersteigen begannen, d. h. freier Sauerstoff in zunehmendem Maße zu Verfügung stand. Die

Oxyatmoversion ist in der Lagerstättenkunde wichtig, weil diese Zeitspanne u. a. das Ende der Bildung von pyritischen Gold-Uran-Seifen und den Beginn der Entstehung hämatitischer Goldseifen markiert. ↗Witwatersrand Gold-Uran-Seifenlagerstätten.

oxygene Photosynthese ↗Photosynthese.

Ozeanbasalt ↗ *Mid Ocean Ridge Basalt*.

Ozeanbodenmetamorphose, regional weitverbreiteter Typ der ↗Metamorphose, der zur Umwandlung der an den ↗Mittelozeanischen Rücken gebildeten basaltischen Gesteine der Ozeankruste (und seltener des darunterliegenden obersten Mantels) in ↗Grünsteine, ↗Amphibolite und ↗Serpentinite führt. Häufig kommt es durch Wechselwirkungen mit Meerwasser, das entlang von Klüften und Schwächezonen mehrere Kilometer tief in die Ozeankruste eindringt, zu ↗metasomatischen Stoffverschiebungen (z. B. Natrium-Anreicherungen in Basalten, ↗Spilitisierung). Die Ozeanbodenmetamorphose spielt auch für die Bildung von basaltischen und andesitischen Schmelzen im oberen Erdmantel eine wichtige Rolle, da durch die metamorphen Prozesse Wasser in den Gesteinen der subduzierten Platten gebunden wird, welches unter den erhöhten Temperaturen im Erdmantel zu Aufschmelzungsprozessen führen kann. [MS]

Ozeanbodenspreizung, *sea-floor spreading*, Prozeß der Bildung neuer ozeanischer Lithosphäre an ↗Mittelozeanischen Rücken (↗Plattentektonik). Das Auseinanderdriften zweier benachbarter Platten (divergente Plattenbewegung) führt an der Plattengrenze zur Bildung neuer Lithosphäre in Form neuer ozeanischer ↗Erdkruste und eines neuen lithospärischen Mantels, so daß damit ein konstruktiver Plattenrand gegeben ist. Die in den Axialzonen der Mittelozeanischen Rücken aufdringenden basaltischen Magmen (MORB) sind Partialschmelzen aus unter den Rücken in duktilem Gesteinsfließen aufdringender ↗Asthenosähre, in der infolge des abnehmenden Druckes die ↗Soliduskurve für trockenes Mantelmaterial (↗Peridotit) unterschritten wird. Unter dem Spreizungsrücken geht die Aufwärtsbewegung des Mantelmaterials in eine nach den beiden Seiten senkrecht zum Rücken divergierende Bewegung über, während sich die basaltische Schmelze darüber in einer Magmenkammer sammelt. Aus dieser bildet sich die ozeanische Kruste a) extrusiv und gangförmig durch an der Oberfläche ausfließende ↗Kissenlaven, die durch vertikale Gänge gefördert werden (↗sheeted-dyke complex), und b) intrusiv durch Kristallisation in der Magmenkammer unter ↗fraktionierter Kristallisation und gravitativer Sonderung. Im obersten Bereich entstehen strukturlose Gabbros, darunter Gabbros mit lagenförmigem Kumulatgefüge. Pyroxen, Olivin und Spinell reichern sich an der Basis zu Pyroxeniten und Duniten an. Die Basalte entsprechen Layer 2, die Gabbros Layer 3 der normalerweise 6–7 km dicken ozeanischen Kruste, während die ultrabasischen basalen Bereiche schon Mantelzusammensetzung und -dichte besitzen.

Die Dicke des ozeanischen Lithosphärenmantels ist unter der Axialzone nahezu Null, da hier die Asthenosphäre bis unter die Magmakammer aufragt. Infolge Abkühlung während des seitlichen Abwanderns der nun durch Basaltextraktion stofflich verarmten Asthenosphäre entwickelt sich unter den Flanken des Mittelozeanischen Rückens ein mit zunehmendem Alter der ozeanischen Kruste immer dicker werdender lithosphärischer Mantel. Die ozeanische Lithosphäre insgesamt erreicht Dicken von 80–100 km. Der duktile Aufstrom von Asthenosphäre unter Axialzonen der Mittelozeanischen Rücken und das seitliche Abwandern unter den Rückenflanken werden als aufsteigender Ast einer Konvektionszelle des Erdmantels angesehen.

Der Spreizungsprozeß bedingt eine in bezug auf den Spreizungsrücken symmetrische Altersverteilung der ozeanischen Kruste. Da die Basalte unter im Laufe der Zeit wechselnden erdmagnetischen Feldern (↗Feldumkehr) entstanden, sind sie durch magnetische Anomalien geprägt, die zur Spreizungsachse parallele und spiegelbildliche magnetische Lineationen bilden. Mit Hilfe der ↗Magnetostratigraphie lassen sich diese Lineationen altersmäßig interpretieren und kartieren. Diese Erkenntnis brachte den Durchbruch bei der Entwicklung der Plattentheorie. [KJR]

Ozeane ↗Meere.

Ozeangezeiten ↗Gezeiten.

Ozeaninselbasalt ↗ *Ocean-Island-Basalt*.

ozeanische Erdkruste, bildet den Untergrund der Tiefseebereiche. Die ozeanische Erdkruste unterscheidet sich in Struktur, Aufbau und Genese grundlegend von der kontinentalen Erdkruste. Struktur und Aufbau leiten sich aus dem Prozeß der Ozeanbodenspreizung ab (↗Plattentektonik). Aus morphologischer Sicht können drei Hauptregionen unterschieden werden: die Tiefseeregionen, die Mittelozeanischen Rücken und die Randgebiete mit dem Übergang zum Kontinent. Die Schelfgebiete, z. B. die Nord- und Ostsee mit geringen Wassertiefen gehören zum Festlandssockel und damit zur kontinentalen Erdkruste. Als morphologische und genetische Anomalien müssen die untermeerischen Seamounts gesehen werden.

Die ozeanische Erdkruste ist abgesehen von einer mehr oder minder mächtigen sedimentären Bedeckung aus Basalten und Gabbros aufgebaut. Auf Grund dieser mafischen Zusammensetzung beträgt der mittlere SiO_2-Anteil nur ca. 50 Gewichtsprozente. Zudem weist sie im Gegensatz zur kontinentalen Erdkruste nur ein maximales Alter von etwa 200 Millionen Jahren auf. Ehemals ältere ozeanische Erdkrusten sind im Verlauf der plattentektonischen Prozesse subduziert (↗Subduktion) worden. Unter einer mittleren Wasserbedeckung von 4,5 km hat die ozeanische Erdkruste eine Mächtigkeit von 5–10 km. Sie weist eine Dreigliederung auf. Unter einer dünnen Schicht von einigen hundert Metern ↗pelagischer Sedimente (die Mächtigkeit der Sedimente nimmt vom ozeanischen Rücken zum Tiefseebecken hin zu) folgen die kristallinen Gesteine der eigentlichen ozeanischen Erdkruste. Das ozeanische Grundgebirge besteht im oberen halben Kilometer aus basaltischen Laven, gefolgt von der etwa 1 km mächtigen Zone mit basaltischen Intrusionen. Der untere Bereich der ozeanischen Erdkruste, mit einer Mächtigkeit von einigen Kilometern, wird von Gabbros aufgebaut. Die untere Begrenzung der ozeanischen Erdkruste bildet, ähnlich wie im kontinentalen Bereich, die ↗Mohorovičić-Diskontinuität (kurz: Moho). Hier steigt die seismische Geschwindigkeit von 6,8 km/s auf über 8,0 km/s an. Der peridotische Erdmantel wird als Schicht 4 bezeichnet. Unter den Mittelozeanischen Rücken verliert die Moho-Diskontinuität an Kontrast, da hier Schmelzen aus größerer Tiefe aufsteigen und in die ozeanische Erdkruste eindringen. Für die ozeanische Erdkruste sind die magnetischen Streifenmuster charakteristisch (↗Paläomagnetismus). Diese Streifenmuster bilden sich im Zuge des Aufdringens und der Abkühlung und der damit verbundenen thermoremanenten Magnetisierung der mafischen Gesteine an den Flanken der Mittelozeanischen Rücken. Die wechselnde Polarität der magnetischen Anomalien kommt durch Umkehrung des erdmagnetischen Feldes zustande.

Aus geothermischer Sicht weist die ozeanische Erdkruste ein charakteristisches Verhalten auf. Mit zunehmenden Abstand von der Achse des Rückens in Richtung auf den Kontinentalrand nimmt die Wärmeflußdichte von 150–200 mW/m^2 auf ca. 40 mW/m^2 ab, da sich die ozeanische Erdkruste auf ihren Weg vom noch heißen Mittelozeanischen Rücken zum kalten Kontinentalrand abkühlt. Je nach geotektonischer Position ist der Übergang von der ozeanischen zur kontinentalen Erdkruste unterschiedlich. Am passiven Kontinentalrand findet eine Ausdünnung der ozeanischen und eine Verdickung der kontinentalen Erdkruste statt. Dieser Übergang ist sehr oft mit mächtigen Sedimentablagerungen verbunden. In diesen Sedimenten können sich Erdöl- und Erdgaslagerstätten bilden. Gänzlich anders ist der Übergang an den aktiven Kontinentalrändern. Hier taucht die ozeanische Erdkruste und die unterlagernde ozeanische ↗Lithosphäre als Unterplatte unter die Lithosphäre der kontinentalen Oberplatte ab. Dieser Überlagerungsprozeß führt dazu, daß in der Konvergenzzone eine ozeanische Moho-Diskontinuität von einer kontinentalen Moho-Diskontinuität überlagert wird.[PG]

ozeanischer Rücken, *ridge*, langgestreckte Erhebung des Ozeanbodens, die aus ozeanischem Krustengestein aufgebaut ist: 1) seismischer ozeanischer Rücken, gleichbedeutend mit ↗Mittelozeanischem Rücken, 2) aseismischer ozeanischer Rücken, langgestreckte Erhebungen auf dem Ozeanboden in unterschiedlicher Wassertiefe. Ihre ozeanische Kruste ist mächtiger als normal infolge eines teils noch aktiven, teils fossilen intensiven Magmatismus über ↗hot spots (↗Manteldiapir).

ozeanisches Plateau, rückenartige oder unregelmäßig begrenzte Erhebungen am Ozeanboden, deren Tiefenlage geringer ist als die dem Entstehungsalter entsprechende Tiefenlage der normalen Ozeankruste. Die ozeanische Kruste solcher Plateaus ist wesentlich dicker und kann 20 km übersteigen. Ihre Entstehung wird mit Bereichen und Zeiten besonders starker Magmenförderung und Ozeankrustenbildung zurückgeführt. In Kontinentnähe können Hochlagen des Ozeanbodens auch durch isolierte, stark ausgedünnte kontinentale Krustenfragmente gebildet werden.

ozeanische Tholeiite, ↗Basalte der ozeanischen Erdkruste. Sie entsprechen in ihrer Zusammensetzung den ↗Mid Ocean Ridge Basalten.

Ozeanit ↗*Pikritbasalt*.

Ozeanographie, *oceanography* (engl.), im östlichen Sprachgebrauch Ozeanologie; Wissenschaft, die die physikalischen Vorgänge im Meer behandelt. In Deutschland entwickelte sie sich geschichtlich aus der ↗physischen Geographie. Neben der Beschreibung des Zustandes des ↗Meerwassers durch die Zustandsgrößen ↗Temperatur, ↗Salzgehalt und ↗Druck sind ↗Hydrodynamik und ↗Thermodynamik die wichtigsten Teilgebiete der Ozeanographie.

Grundlage für ozeanographische Arbeiten ist die Zustandsbeschreibung von Schichtung und ↗Zirkulation. Sie begann 1853 mit der systematischen Aufzeichnung ozeanischer Oberflächenparameter durch die Handels- und Marineschiffe und der Sammlung und Auswertung dieser Daten in den ↗hydrographischen Ämtern. Die Kenntnisse vom Zustand des Inneren des Ozeans wurde durch wissenschaftliche Expeditionen erworben, die mit der Weltreise des englischen Forschungsschiffes »Challenger« (1872–76) ihren Anfang nahmen. Es folgte die systematische Aufnahme ganzer Ozeanräume, u. a. des Südatlantiks durch das deutsche Forschungsschiff »Meteor« (1925–27) bzw. des Indischen Ozeans während der Internationalen Indischen Ozean Expedition (1959–65) mit über 40 Forschungsschiffen. Eine quasisynoptische Zustandserfassung des Weltmeeres wurde erstmals durch das internationale World Ocean Circulation Experiment (1990–98) erreicht.

Zum Verständnis über das Zustandekommen der vorgefundenen Schichtungs- und Zirkulationsverhältnisse und ihrer Veränderlichkeit sind Prozeßuntersuchungen nötig. Aufbauend auf grundlegenden hydrodynamischen und thermodynamischen Überlegungen zum Verhalten geschichteter ↗Wassermassen in Meeresbecken auf der rotierenden Erde finden seit Beginn des 20. Jahrhunderts, zumeist in internationalem Rahmen, aufwendige Felduntersuchungen statt. Beispielhaft sind Untersuchungen zu ↗internen Wellen, zum ↗Auftrieb an ozeanischen Küsten, zu ↗Wirbeln und Mäandern des ↗Golfstromes, zu ↗Konvektion und ↗Overflow und zur Bildung von ↗Tiefenwasser. Als herausragendes Ergebnis gilt das Verständnis von ↗El Niño, der als Wechselwirkung zwischen Ozean und ↗Atmosphäre im tropisch-subtropischen Pazifik zu starken, mehrjährigen Schwankungen im ostpazifischen, marinen Ökosystem und beim Witterungsverlauf im ost- und westpazifischen Raum führt.

ozeanographische Karten

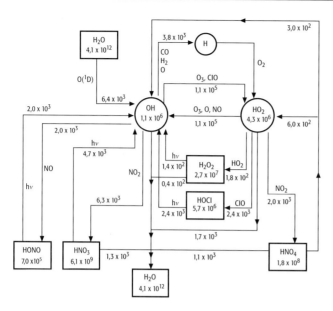

Ozonabbau 1: Schema der HO_x-Chemie in der Stratosphäre. Die Zahlen geben die mittleren Konzentrationen (cm^{-3}) bzw. die Umsatzraten der photochemischen Reaktionen ($cm^{-3}s^{-1}$) an.

Ozonabbau 2: Schema der NO_x-Chemie in der Stratosphäre. Die Zahlen geben die mittleren Konzentrationen (cm^{-3}) bzw. die Umsatzraten der photochemischen Reaktionen ($cm^{-3}s^{-1}$) an.

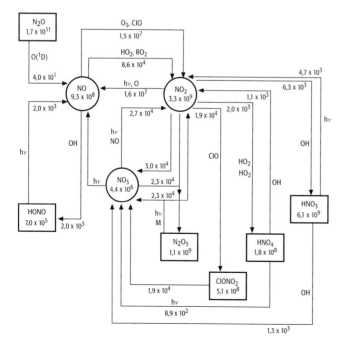

Basierend auf der modernen Zustandsbeschreibung des Weltmeeres und dem Verständnis zahlreicher Prozesse im Meer liegt der gegenwärtige Schwerpunkt der ozeanographischen Arbeiten auf der Untersuchung der Rolle des Ozeans im ↗Klimasystem. Hierbei gilt es, in aufwendigen numerischen Rechnungen das gekoppelte Verhalten von Ozean, Atmosphäre und ↗Kryosphäre zu simulieren und mit vorliegenden bzw. zukünftig zu gewinnenden Beobachtungsergebnissen zu vergleichen. Fortschritte erfordern ein weiteres Wachstum an Rechnerkapazität und die Installation eines globalen Beobachtungsnetzes aus verankerten Sensoren für das Innere des Ozeans und satellitengetragenen Sensoren zur ↗Fernerkundung der Meeresoberflächenveränderungen. [JM]

ozeanographische Karten, *ozeanologische Karten, meereskundliche Karten,* Karten, in denen der Zustand, Eigenschaften und Dynamik der Meere und Ozeane wiedergegeben wird. Sie dienen sowohl wissenschaftlichen Belangen der Ozeanographie zur Gewinnung neuer Erkenntnisse über Vorgänge im Meer als auch praktischen Zwecken der Seeschiffahrt und Seefischerei. Die Gewinnung der Daten ozeanographischer und meterologischer Parameter erfolgt größtenteils über Fernerkundungsverfahren (z. B. Radardaten, SAR) oder durch unmittelbare Messungen im Meer, die teilweise von Küstenstationen aus, von Handelsschiffen auf deren regulären Routen sowie gezielt von Forschungsschiffen aus vorgenommen werden. Ozeanographische Karten werden fast ausschließlich in kleinen Maßstäben hergestellt und enthalten die Abbildung von hydrophysikalischen, chemischen, biologischen, dynamischen sowie meeresgeologischen Sachverhalten. So werden z. B. Tiefenverhältnisse durch Isobathen, Wassertemperatur durch Isothermobathen, Salzgehalt des Wassers durch Isohalinen etc. abgebildet. Mittels gestufter Intensitätsskalen werden u. a. die Gezeitenformen längs der Küsten quantitativ dargestellt (Gezeitenkarten). Meeresströmungen werden entsprechend in Form von Vektoren (Pfeilen) wiedergegeben. Unterschiedliche Form, Farbe, Dimension, Richtung der Vektoren beschreiben die Strömungsverhältnisse. Aktuelle ozeanologische Karten, wie z. B. animierte Karten der Meersoberflächentemperatur in der Nord- und Ostsee, werden auch vom Bundesamt für Seeschiffahrt und Hydrographie angeboten. Der umfangreichste ozeanologische Atlas ist der Morskoi Atlas (1968) der ehemaligen UdSSR. [ADU]

ozeanographischer Atlas ↗Meeresatlas.

ozeanographisches Nivellement, Verfahren zur Bestimmung der Höhendifferenz von zwei Punkten des Meeresspiegels. Beim hydrostatischen Nivellement werden Höhenunterschiede aus Salzgehalt, Temperatur und Druckmessungen bestimmt, beim ↗hydrodynamischen Nivellement schließt man von Strömungsgeschwindigkeiten auf die Neigung des Meeresspiegels.

Ozokerit ↗*Erdwachs.*

Ozon, die 3-atomige Form des freien ↗Sauerstoffs in der Atmosphäre, chemische Formel O_3. In der Atmosphäre entsteht Ozon ausschließlich bei der Reaktion von atomarem Sauerstoff (O) mit molekularem Sauerstoff (O_2) (↗Ozonbildung), wird aber durch verschiedene physikalisch-chemische Prozesse zerstört (↗Ozonabbau). Ozon kommt als ↗Spurengas in der gesamten Atmosphäre vor. Die Hauptmenge (ca. 90 %) befindet sich in der ↗Ozonschicht. Wegen seiner vielfältigen Rolle in der stratosphärischen Chemie wird diese auch als »Ozonchemie« bezeichnet. In der unteren und mittleren Stratosphäre absorbiert Ozon die kurzwellige ↗Sonnenstrahlung mit Wellenlängen 200 nm < λ < 300 nm voll-

Ozonabbau

ständig und bestimmt dadurch die vertikale Temperaturverteilung in der Stratosphäre. Ozon absorbiert auch langwellige Strahlung und trägt zum natürlichen ⁄Treibhauseffekt bei.   [USch]

Ozonabbau, der Sammelbegriff für die physikalisch-chemischen Prozesse, durch die Ozon zerstört wird. Der wirksamste Prozeß ist die Photolyse bei Wellenlängen $\lambda < 850$ nm:

$$O_3 + h\nu \rightarrow O_2 + O,$$

die in der Stratosphäre jedoch nicht zu echtem Ozonabbau führt, denn die Konzentration der Sauerstoffatome ist so groß, daß sie durch Reaktion mit molekularem Sauerstoff vergleichbare Mengen von Ozon zurückbildet:

$$O + O_2 + M \rightarrow O_3 + M.$$

M ist ein neutrales Molekül. Ein echter Ozonabbau erfolgt in Gegenwart von Sonnenlicht nur, wenn Reaktionen ablaufen, die die Konzentration von O-Atomen und Ozon (O_x genannt) gleichzeitig reduzieren. Als wichtigste Abbaureaktion wurde bereits 1930 von S. ⁄Chapman die Reaktion:

$$O + O_3 \rightarrow O_2 + O_2$$

vorgeschlagen. Sie ist allein aber nicht wirksam genug, die ⁄Ozonbildung auszugleichen. Reaktionen, die sich allgemein als katalytischer Zyklus formulieren lassen, in einfachster Form z. B.:

$$O_3 + X \rightarrow XO + O_2$$
$$O + XO \rightarrow X + O_2$$

tragen zusätzlich zum Ozonabbau bei. Mit X sind dabei die ⁄Radikale HO (Hydroxylradikal) und NO (Stickoxid) sowie das Chlorradikal Cl und das Bromradikal Br bezeichnet. Sie werden nicht verbraucht und wirken deshalb als Katalysatoren des Ozonabbaus. Der Nettoeffekt dieser Reaktionszyklen ist jeweils die Rekombinationsreaktion von Sauerstoffatomen mit Ozon. Die direkte Wirkung der einzelnen katalytischen Reaktionszyklen ist begrenzt, da die Radikale auch mit anderen Spurengasen oder untereinander reagieren:

$$ClO + NO_2 \rightarrow ClONO_2$$
$$Cl + CH_4 \rightarrow HCl + CH_3$$

und dadurch nicht mehr direkt am katalytischen Ozonabbau teilnehmen. Produkte solcher Kopplungsreaktionen (z. B. $ClONO_2$ = Chlornitrat bzw. HCl = Chlorwasserstoff), die chemisch weniger reaktiv sind, werden *Reservoirgase* genannt, da sie die reaktiven Radikale speichern. Die Gruppen der reaktiven Gase und der Reservoirgase, die die Konzentration der einzelnen Radikalpaare (X, XO) bestimmen, bezeichnet man als *Spurengasfamilien* (Tab.). In dem komplexen System der stratosphärischen Chemie sind die Konzentrationen der einzelnen Komponenten der Spurengasfamilien durch viele Reaktionen bestimmt (Abb. 1–3). Radikale werden durch photochemische Reaktionen ihrer sog. ⁄Quellgase, z. B. Wasserdampf (für OH), Lachgas (für NO) und verschiedene ⁄halogenierter Kohlenwasserstoffe (für Cl und Br) freigesetzt. Da insbesondere die Konzentration der ⁄FCKW infolge anthropogener Emissionen zugenommen hat, ist die mittlere Konzentration der Komponenten der Chlorfamilie angestiegen. Dieser Anstieg verstärkt den Ozonabbau relativ zur Ozonbildung. Numerische Berechnungen mit chemischen ⁄Reaktionsmodellen sagten als Folge dieses Anstiegs eine deutliche Abnahme der mittleren globalen Ozonkonzentration insbesondere in 40 km Höhe voraus, die durch Satellitenbeobachtungen mittlerweile bestätigt worden ist. Als Folge heterogener Reaktionen können in sehr kalten Regionen ($t < -80°C$) in der unteren Stratosphäre die reaktiven Komponenten verstärkt aus den Reservoirgasen freigesetzt werden und den Ozonabbau in einer Luftmasse beschleunigen, z. B. im ⁄Ozonloch. In der Troposphäre führt die Photolyse zu einem echten Ozonabbau, denn die Konzentration der Sauerstoffatome ist um mehrere Größenordnungen geringer als in der Stratosphäre. Weitere Abbauprozesse sind photochemische Reaktionen (v. a. mit Stickoxiden und ungesättigten Kohlenwasserstoffen) und

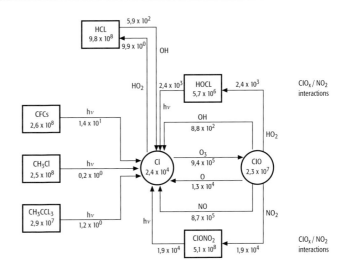

Ozonabbau 3: Schema der Cl_x-Chemie in der Stratosphäre. Die Zahlen geben die mittleren Konzentrationen (cm^{-3}) bzw. die Umsatzraten der photochemischen Reaktionen ($cm^{-3}s^{-1}$) an.

Ozonabbau (Tab.): Spurengasfamilien.

Spurengasfamilie (Quellgase)	reaktive Komponenten	Reservoire
HO_y HONO (H_2O)	OH•, HO_2•, H	H_2O_2, HOCl, HNO_3, HO_2NO_2
NO_y (N_2O)	NO•, NO_2•, NO_3•	HONO, N_2O_5, HNO_3 $ClONO_2$, HO_2NO_2
Cl_y (FCKW, FCHKW)	Cl•, ClO•	HCl, HOCl, $ClONO_2$, OClO
Br_y (Halone, CH_3Br)	Br•, BrO•	HBr, HOBr, BrCl, $BrONO_2$

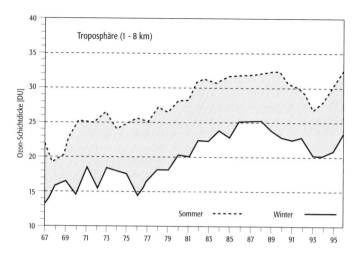

Ozonbildung: Zunahme des Ozongehaltes in Troposphäre und unterer Stratosphäre (Observatorium Hohenpeißenberg) im Zeitraum von 1967–1996 (DU = Dobson-Unit).

insbesondere die trockene ↗Deposition am Erdboden. Neuere Forschungsarbeiten haben gezeigt, daß Ozon in der planetaren Grenzschicht über den Ozeanen in Gegenwart von ↗Aerosolen (insbesondere von Seesalzteilchen) auch durch heterogene Reaktionen mit Bromverbindungen abgebaut werden kann. [USch]

Ozonabsorption, Absorption von elektromagnetischer Strahlung in ↗Absorptionsbanden des Ozons (↗Strahlungsabsorption).

Ozonbildung, Sammelbegriff für die physikalisch-chemischen Prozesse, durch die Ozon in der Atmosphäre erzeugt wird. a) stratosphärische Ozonbildung: In der Stratosphäre entsteht Ozon bei der Reaktion von molekularem Sauerstoff mit Sauerstoffatomen, die bei der ↗Photolyse von molekularem Sauerstoff bei Wellenlängen $\lambda <$ 42 nm gebildet werden:

$$O_2 + h\nu \rightarrow O + O$$
$$O + O_2 + M \rightarrow O_3 + M,$$

wobei M ein neutrales Molekül ist, N_2 oder O_2, das die überschüssige Energie aufnimmt. Die Ozonbildung erfolgt wegen der Intensitätsverteilung der kurzwelligen ↗Sonnenstrahlung hauptsächlich in der mittleren und oberen Stratosphäre. Die Produktionsrate ist mit etwa 10^6 cm^{-3}s^{-1} im Bereich der Tropen am höchsten und nimmt bis zu mittleren Breiten ($\varphi = 60°$) auf etwa 1/3 dieses Wertes ab. b) troposphärische Ozonbildung: In der Troposphäre kann molekularer Sauerstoff dagegen nicht photolysiert werden, da Strahlung mit Wellenlängen $\lambda <$ 300 nm in der ↗Ozonschicht vollständig absorbiert wird und nicht in die Troposphäre durchdringen kann. Die zur Ozonbildung notwendigen Sauerstoffatome entstehen in der Troposphäre (und unteren Stratosphäre) bei der Photolyse des Stickstoffdioxids, NO_2, durch Sonnenstrahlung mit Wellenlängen $\lambda <$ 410 nm. NO_2 entsteht in der Troposphäre aus Stickoxid, NO, hauptsächlich im Verlauf der Oxidation von Kohlenwasserstoffen. Als Folge der zunehmenden anthropogenen Luftverschmutzung und entsprechend steigender Emissionen von Stickoxid hatte die Ozonbildung in der Troposphäre während der vergangenen Jahrzehnten zugenommen und dies hat zu einer Zunahme des mittleren troposphärischen Ozongehaltes über Mitteleuropa um nahezu 50 % geführt (Abb.). Obwohl infolge der Luftreinhaltemaßnahmen die Konzentration der Photooxidantien in den 1990er Jahren wieder zurückging, setzt sich der Ozonanstieg fort. Die Ursachen dafür sind noch ungeklärt. ↗anthropogene Klimabeeinflussung. ↗Ozonloch, ↗Ozonabbau, ↗Ozonverteilung. [USch]

Ozonloch

Ulrich Schmidt, Frankfurt a. M.

Seit mehreren Jahrzehnten wird an zahlreichen Meßstationen die ↗Säulendichte und/oder das Vertikalprofil des Ozons in der Atmosphäre regelmäßig (mindestens wöchentlich) gemessen. Japanische und britische Wissenschaftler berichteten 1985 erstmals über Messungen an zwei Stationen in der Antarktis, die seit etwa 1975 jeweils im Monat Oktober (während des Frühjahrs in der Südhemisphäre) einen überraschend niedrigen Gesamtozongehalt gezeigt hatten. 1985 lag die mittlere Ozonsäulendichte in diesem Monat bereits unter 200 DU (↗Dobson-Units, Dobson-Einheiten) und war damit um 30 % geringer als der Normalwert von etwa 300 DU (↗Ozonverteilung), der erst im November nach dem Zusammenbruch des ↗Polarwirbels (↗Stratosphärenerwärmung) wieder erreicht wurde. Dieses Phänomen wurde als »Ozonloch« bekannt (Abb. 1 im Farbtafelteil). Die globale ↗Ozonschicht wurde schon seit 1970 durch Messungen des Total Ozon Mapping Spectrometers (↗TOMS) auf dem Satelliten NIMBUS 7 überwacht. Die gemessenen niedrigen Oktoberwerte wurden aber zunächst als fehlerhaft verworfen, denn sie erschienen aufgrund der damaligen Kenntnis der Ozonchemie unrealistisch. Eine Nachauswertung hat jedoch die Entdeckung des Ozonlochs bestätigt (Abb. 2). Die Messungen mit dem TOMS-Gerät und andere Satellitenbeobachtungen haben gezeigt, daß das Ozonloch seit seiner Entdeckung in jedem Jahr regelmäßig ausbildet und mit der Zeit intensiver wird. Der Bereich, in dem Säulendichten auf Werte unter 200 DU abnehmen, erstreckt sich fast über die gesamte Fläche südlich des Polarkreises, d. h. horizontal erstreckt sich das Ozonloch über ca. $25 \cdot 10^6$ km (ca. 10 % der Fläche der Südhemisphäre). Regelmäßige Messungen der Vertikalverteilung, die

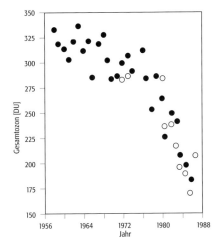

Ozonloch 2: Abnahme der mittleren Ozonsäulendichte über der Station Halley Bay (76°S) in der Antarktis. Bodenbeobachtungen sind als Punkte, Satellitenmessungen als Kreise dargestellt.

etwa 2 % pro Tag zerstören. Diese Bedingungen ergeben sich einerseits aus der meteorologischen Situation im Bereich des Polarwirbels über der Antarktis, die andererseits die besonderen physikalischen und chemischen Prozesse überhaupt erst möglich macht.

Meteorologische Bedingungen
Im Winter bildet sich über dem Südpol in der unteren und mittleren Stratosphäre ein kräftiger Polarwirbel aus. Die Temperaturen sinken regelmäßig auf Werte im Bereich von -80°C bis -90°C ab, da sich die Luftmasse durch diabatische Ausstrahlung stark abkühlt (der Energiegewinn durch IR-Strahlung von Boden ist klein, da die Oberfläche des antarktischen Kontinents in etwa 3 km Höhe liegt und eisbedeckt ist) und im Bereich des Wirbelrandes kein turbulenter Luftmassenaustausch mit den (wärmeren) Regionen in mittleren Breiten stattfindet (die Aktivität ↗planetarischer Wellen ist in der Südhemisphäre).

Physikalisch-chemische Prozesse
Die niedrigen Temperaturen im Polarwirbel ermöglichen die Bildung von ↗Perlmutterwolken, die aus flüssigen oder kristallinen Teilchen bestehen, die neben Wasser im wesentlichen Schwefelsäure und Salpetersäure enthalten, den sog. PSCs (polar stratospheric clouds). An der Oberfläche der PSC-Teilchen können eine Reihe von heterogenen Reaktionen ablaufen, die die relative Konzentrationsverteilung zwischen den Reservoirgasen und den reaktiven Radikalen der Spurengasfamilien Cly und NOy verschieben. Die wichtigsten heterogenen Reaktionen sind:

$$HCl + ClONO_2 \rightarrow HNO_3 + Cl_2$$
$$ClONO_2 + H_2O \rightarrow HNO_3 + HOCl$$
$$HCl + HOCl \rightarrow H_2O + Cl_2$$
$$N_2O_5 + HCl \rightarrow HNO_3 + ClONO$$
$$N_2O_5 + H_2O \rightarrow 2\ HNO_3.$$

Die wichtigsten Auswirkungen dieser Reaktionen auf das chemische System sind: a) der Chlorgehalt in Salzsäure und Chlornitrat wird in Verbindungen überführt, die auch bei der geringen Intensität der Sonnenstrahlung während des Frühjahrs durch ↗Photolyse zerstört werden können: Cl_2 und $HOCl$. b) der Stickstoffgehalt in $ClONO_2$ und Distickstoffpentoxid, N_2O_5, wird überwiegend in Salpetersäure überführt, die in den PSC-Teilchen gelöst enthalten bleibt. Beide Prozesse haben wichtige Konsequenzen für die relativen Konzentrationen der NO_x- und ClO_x-Radikale. Die Konzentration der ClO_x-Radikale, die mit Ozon regieren können, nimmt zu. Solange NO und NO_2 neben Ozon vorhanden sind, werden die Reservoirgase durch folgende Reaktionen nachgebildet:

$$NO + O_3 \rightarrow NO_2 + O_2$$
$$NO_2 + O_3 \rightarrow NO_3 + O_2$$
$$NO + NO_2 + M \rightarrow N_2O_5 + M$$
$$OH + NO_2 + M \rightarrow HNO_3 + M$$
$$ClO + NO_2 \rightarrow ClONO_2.$$

seit 1987 erfolgen, zeigen einen fast vollständigen Verlust des Ozons in Höhen zwischen 13 und 20 km. Das Minimum des Gesamtozons im Bereich des Ozonloch lag in den 1990er Jahren regelmäßig sogar unter 100 DU. Numerische ↗Reaktionsmodelle der stratosphärischen Chemie sagten voraus, daß die globale Ozonschicht bis zum Jahr 2050 um etwa 10 % abnehmen würde, wenn die Menge der reaktiven Chlorverbindungen in der Stratosphäre infolge der steigenden anthropogenen Emissionen von ↗halogenierten Kohlenwasserstoffen auf das Fünffache seines natürlichen Wertes ansteigen würde (↗Ozonabbau). Die Entdeckung des Ozonlochs dokumentierte, daß wesentlich stärkere Ozonverluste schon viel früher und außerdem in einem Teilbereich der Stratosphäre aufgetreten waren, wo dies nach der damaligen Kenntnis nicht zu erwarten war. Unter den Bedingungen der Polarnacht und auch im Frühling sollten die katalytischen Reaktionszyklen, durch die ↗Radikale einen effektiven Ozonabbau bewirken können, nicht ablaufen können, da die Konzentration der Sauerstoffatome zu gering ist. Dennoch zeigten Messungen im Rahmen von großen Forschungskampagnen, daß das Mischungsverhältnis der ClO-Radikale im Ozonloch Werte von 1,5 ppb erreicht, während es in der globalen Stratosphäre etwa 100 ppb beträgt. Außerdem wurde eine eindeutige Korrelation zwischen hohem ClO-Gehalt und niedrigen Ozonmengen beobachtet, die bestätigte, daß Chlorradikale an dem außergewöhnlichen verstärkten Ozonabbau beteiligt sind. Es müssen während der Bildung des Ozonlochs im September und Oktober Bedingungen vorliegen, die dazu führen, daß fast 50 % des in den Reservoirgasen der Spurengasfamilie Cly, HCl und $ClONO_2$, gespeicherten Chlorgehaltes freigesetzt werden und über einen längeren Zeitraum (einige Wochen) in Form von ClO-Radikalen in der »aktivierten« Luftmasse vorliegen. Es müssen außerdem katalytische chemische Reaktionszyklen ablaufen können, die diese aktivierten Bedingungen aufrecht erhalten und das gesamte Ozon unterhalb des Maximums mit einer Abbaurate von

Da auch die gasförmige Salpetersäure in der Luft selbst bei niedrigen Temperaturen von den PSC-Teilchen direkt aufgenommen wird, führen diese heterogenen Reaktionen in Gegenwart von PSC-Teilchen insgesamt zu einer starken Reduzierung des NO_x-Gehaltes in der Luftmasse (sog. Denoxification). Dies hat zur Folge, daß die Konzentration der reaktiven ClO_x-Radikale in der Gasphase auf die hohen Werte anwachsen kann, die in den aktivierten Luftmassen beobachtet werden, denn auch die Bildung von Chlornitrat nimmt ab. Wenn die Temperaturen in einer denoxifizierten Luftmasse weiter sinken (t < ca. -90°C), wird verstärkt auch Wasserdampf von den PSC-Teilchen aufgenommen. Diese können so groß werden, daß sie durch Sedimentation aus der Luftmasse entfernt werden. Dies kann letztendlich zu einer irreversiblen Entfernung der gesamten reaktiven Stickstoffverbindungen führen (/Denitrifikation).

Katalytischer Ozonabbau im Ozonloch

Bei den stark erhöhten ClO-Konzentrationen kann ein zusätzlicher katalytischer Reaktionszyklus wirksam werden, an dem im Gegensatz zu dem klassischen Radikalzyklus des Ozonabbaus keine Sauerstoffatome beteiligt sind. Es bildet sich zunächst das sogenannte Dimer des ClO, das bei den niedrigen Temperaturen stabil ist:

$$ClO + ClO + M \rightarrow Cl_2O_2.$$

Durch die Folgereaktionen:

$$Cl_2O_2 + h\nu \rightarrow Cl + ClO_2$$
$$ClO_2 + M \rightarrow Cl + O_2 + M$$

werden beide Cl-Radikale wieder zurückgebildet und können Ozon zerstören. Der Reaktionszyklus wird also durch die Reaktion: $2\times(Cl + O_3 \rightarrow ClO + O_2)$ geschlossen. Sein Nettoeffekt ist daher $2\,O_3 \rightarrow 3\,O_2$. Zusätzlich gewinnen bei den erhöhten ClO-Konzentrationen Reaktionen an Bedeutung, an denen die Bromradikale Br und BrO beteiligt, die in der globalen Stratosphäre bei der Photolyse von /Halonen freigesetzt werden. Die Reaktionen:

$$Br + O_3 \rightarrow BrO + O_2$$
$$Cl + O_3 \rightarrow ClO + O_2$$
$$BrO + ClO \rightarrow BrCl + O_2$$
$$BrCl + h\nu \rightarrow Br + Cl$$

bilden einen weiteren katalytischen Reaktionszyklus, der im Frühjahr in den aktivierten Luftmassen wirksam wird. Der Polarwirbel über dem winterlichen Südpol löst sich erst November auf und kann deshalb im Winter und Frühjahr als ein abgeschlossener chemischer Reaktor betrachtet werden. Die genannten und einige weitere Reaktionszyklen sind ausreichend effizient, um den schnellen Ozonabbau zu bewirken, der im Bereich des Ozonlochs beobachtet wird.

Auflösung des Ozonlochs

Die genannten katalytischen Reaktionszyklen bleiben solange aktiv, bis die Temperatur im polaren Bereich wieder so stark angestiegen ist, daß die vorhandenen PSC-Teilchen wieder verdampfen. Dann nimmt auch die Wirksamkeit der heterogenen Reaktionen im Ozonloch ab. Mit zunehmender Intensität der Sonneneinstrahlung wird die verdampfte Salpetersäure dissoziiert und die Konzentration der Stickoxide steigt wieder an. Sie bilden durch Reaktion mit ClO-Radikalen das Reservoirgas Chlornitrat wieder zurück, und dadurch wird der schnelle Ozonabbau gebremst. Nach der Auflösung des Polarwirbels während des final warming vermischt sich die ozonarme polare Luftmasse mit ozonhaltiger Luft über mittleren Breiten und der Ozongehalt steigt auch über dem Polargebiet wieder an. Da die vollständige Mischung erst nach mehreren Wochen abgeschlossen ist, wird infolge dieser meridionalen Mischungsprozesse auch die Ozonschicht über mittleren Breiten der Südhemisphäre durch Luftmassen polarer Herkunft im Frühsommer zeitweilig stark verringert und demzufolge die Intensität der UV-B-Strahlung erhöht. Das Ozonloch hat damit auch nachhaltige Auswirkungen auf Bereiche, die weit vom Ort seiner Entstehung entfernt liegen.

Verstärkter Ozonabbau in der Arktis

Durch zahlreiche wissenschaftliche Untersuchungen konnte in den vergangenen zehn Jahren zweifelsfrei nachgewiesen werden, daß die heterogenen Prozesse, die für den schnellen Ozonabbau im Ozonloch verantwortlich sind, auch während des Winters in der polaren Stratosphäre über der Arktis wirksam sind. Allerdings ist es wegen der unterschiedlichen meteorologischen Bedingungen im arktischen Polarwirbel noch nicht zu einem Ozonabbau gekommen, der mit dem Phänomen »Ozonloch« vergleichbar ist. Der arktische Polarwirbel hat eine geringere horizontale Ausdehnung und die Temperaturen sind im

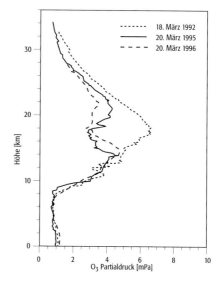

Ozonloch 3: mittlere Ozonprofile über Spitzbergen in verschiedenen Wintern.

Winter generell etwa 10° höher als in der Antarktis. Dies liegt an der vergleichsweise wesentlich intensiveren Energiezufuhr, insbesondere durch großräumige turbulente Austauschprozesse, die im Verlauf von Stratosphärenerwärmungen sogar schon mitten im Winter zu einer Auflösung des Wirbels führen können. Diese dynamischen Prozesse bewirken zusätzlich eine Verlagerung des Wirbelzentrums vom Pol weg, so daß die Luftmassen mit der Luftströmung häufig aus dem Bereich der Polarnacht über südlichere sonnenbeschienene Regionen transportiert werden. Sinken die Temperaturen im Bereich der Arktis aber unter $t <$ ca. $-80\,°C$, so wird auch hier eine Denitrifizierung durch heterogene Reaktionen an der Oberfläche von PSCs beobachtet und reaktives Chlor aktiviert. Alle einzelnen Grundmuster des Ozonabbaus, die als Ursache für die Bildung des Ozonlochs erkannt worden sind, wurden auch in der Arktis beobachtet, ihre Auswirkungen sind allerdings wegen der wesentlich stärkeren dynamischen Störung des Polarwirbels eingeschränkt und werden nur in Luftmassen beobachtet, die eine geringere horizontale Ausdehnung bzw. vertikale Erstreckung haben. Vertikalprofile des Ozongehaltes, die im Frühjahr im Bereich des kalten Polarwirbel gemessen wurden, zeigten in 14–23 km Höhe die typischen Strukturen (Abb. 3), wie sie im Ozonloch bekannt sind. Sie können wegen der stärkeren meteorologisch/dynamischen Einflüsse allerdings nicht so eindeutig chemischen Abbauprozessen zugeschrieben werden. Da aber Ozon in Abwesenheit heterogener Prozesse im Winter nicht abgebaut werden kann, ist seine Konzentrationsverteilung ebenso wie die anderer Spurengase, die eine lange chemische Lebenszeit haben, durch dynamische Transportprozesse bestimmt.
Durch Korrelationsanalysen von Meßdaten von Ozon und z. B. Methan in nicht aktivierten Luftmassen kann deshalb der Ozongehalt bestimmt werden, der ohne den Einfluß der heterogenen Prozesse vorhanden sein müßte. Ergebnisse einer solchen Analyse sind in Abb. 4 gezeigt. Diese und ähnliche Analysen haben ergeben, daß in den vergangenen Jahren auch in der Nordhemisphäre im Winter und Frühjahr ein verstärkter Ozonabbau eingetreten ist. Sein Ausmaß ist wegen der stärkeren dynamischen Effekte im arktischen Polarwirbel allerdings weniger systematisch und schwächer ausgeprägt als im Ozonloch über der Antarktis. Im Winter und Frühjahr 1997, als der Polarwirbel über längere Zeit ungestört existierte, bildete sich jedoch auch über der Arktis ein Muster der reduzierten Ozonschicht aus, daß dem Ozonloch im Jahre 1987 vergleichbar ist. Über einer Fläche von etwa 50% der Nordhemisphäre war das Gesamtozon etwa 200 DU niedriger als im Frühjahr 1999 nach einem insgesamt dynamisch sehr stark gestörten »warmen« Winter.

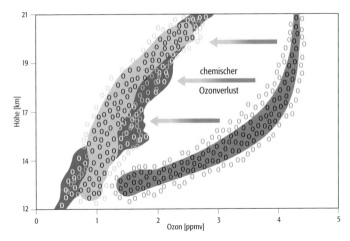

Die heterogene Prozesse, die zur Chloraktivierung führen, werden erst intensiv wirksam, wenn die Lufttemperatur unter den Grenzwert von $t <$ ca. $-80\,°C$ gesunken ist. Es handelt sich also bei dem zusätzlichen Ozonabbau um einen nichtlinearen Prozeß. In der Antarktis wird dieser Grenzwert regelmäßig und systematisch bei der Bildung des winterlichen Polarwirbels unterschritten. Deshalb wird seit vielen Jahren ein ausgeprägtes Ozonloch beobachtet, dessen Ausmaß mit dem steigenden reaktiven Chlorgehalt in der Stratosphäre zunächst zugenommen hat. Die räumliche Ausdehnung ist derzeit nur noch durch die meteorologischen Bedingungen bestimmt, da der Chlorgehalt ausreicht, um nahezu das gesamte Ozon im Höhenbereich von 13–20 km zu zerstören. Das Phänomen kann sich in der Südhemisphäre noch verstärken, wenn sich die vertikale Temperaturverteilung der Atmosphäre ändert und das Ozonloch länger bestehen könnte. In der Nordhemisphäre wird der Grenzwert der Lufttemperatur noch nicht systematisch unterschritten. Allerdings nimmt hier die Lufttemperatur in der unteren Stratosphäre infolge des ↗Treibhauseffektes ab. Diese Abnahme könnte zu einem sprunghaften Anstieg der Effizienz des heterogenen Ozonabbaus und in Zukunft auch einer Ausbildung eines »Ozonloches« in der arktischen Stratosphäre führen, solange der atmosphärische Gehalt der anthropogenen reaktiven Chlor- und Bromverbindungen nicht wieder auf das Niveau abgesunken ist, das im Jahr 1975 in der globalen Stratosphäre vorhanden war.

Ozonloch 4: Ozonabbau im arktischen Polarwirbel. Das mittlere im März 1996 gemessene Ozonprofil (hellgrau) ist mit der Vertikalverteilung verglichen, die in Abwesenheit heterogener Prozesse vorliegen müßte (mittelgrau). Der Unterschied muß durch den chemischen Ozonabbau im Bereich des Polarwirbels verursacht worden sein.

Ozonosphäre ↗Ozonschicht.
Ozonschicht, *Ozonosphäre*, der Bereich der Stratosphäre zwischen 15 und 30 km Höhe, in dem sich die Hauptmenge (ca. 90 %) des atmosphärischen ↗Ozons befindet (↗Ozonverteilung). Das Vertikalprofil der Ozonkonzentration hat die Struktur einer Schicht, da sich in diesem Höhenbereich der Betrag der beiden wichtigsten Parameter für die natürliche ↗Ozonbildung gegenläufig ändert; mit der Höhe nimmt die Intensität

Ozonspektrophotometer

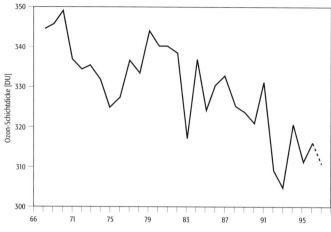

Ozonschicht: Abnahme der Ozonschicht in mittleren Breiten (Observatorium Hohenpeißenberg) im Zeitraum von 1968 bis 1996.

Ozonung: Ozonbildung.

Ozonverteilung: globale Verteilung der Ozonschicht in Abhängigkeit von der geographischen Breite und der Jahreszeit zur Zeit vor dem Auftreten des Ozonlochs in der Südhemisphäre.

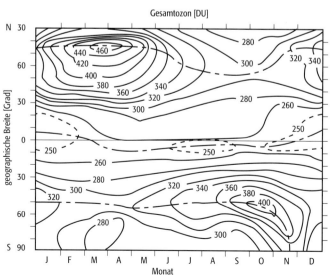

der ↗Sonnenstrahlung ($\lambda < 242$ nm) zu, die Konzentration des molekularen Sauerstoffs (O_2) dagegen ab. Das Maximum der Ozonkonzentration tritt global gemittelt in etwa 25 km Höhe auf und beträgt etwa $5 \cdot 10^{12}$ cm^{-3}. Da Ozon selbst auch kurzwellige Sonnenstrahlung stark absorbiert, bestimmt es einerseits die vertikale ↗Temperaturverteilung in der Stratosphäre. Andererseits wirkt die Ozonschicht auch für die Biosphäre als Schutzschild gegen schädliche ↗ultraviolette Strahlung (UV-B-Strahlung) mit Wellenlängen $\lambda < 300$ nm. Die Dicke der Ozonschicht wird als ↗Säulendichte in ↗Dobson-Units (DU) angegeben. Sie ist räumlich sehr variabel und hat einen ausgeprägten Jahresgang. Der globale Mittelwert beträgt etwa 300 DU. Infolge der anthropogenen Emission von ↗halogenierten Kohlenwasserstoffen (insbesondere ↗Halone und ↗FCKW) hat die Konzentration der reaktiven Chlorverbindungen, die durch katalytischen Reaktionszyklen zum ↗Ozonabbau beitragen, zugenommen. Im Mittel hat die globale Ozonschicht im Breitenbereich zwischen 60°S und 60°N seit 1980 um etwa 5 % abgenommen. Die stärksten Trends werden in mittleren Breiten (Abb.) und in den polaren Regionen beobachtet (↗Ozonloch). [USch]

Ozonspektrophotometer, Spektrophotometer zur Messung der Gesamtozonmenge in der Atmosphäre von einer Beobachtungsplattform aus durch Nutzung des differentiellen Absorptionseffekts. Die ↗Sonnenstrahlung wird bei mindestens zwei verschiedenen benachbarten Wellenlängen im ultravioletten Spektralbereich gemessen, bei denen sich der ↗Absorptionskoeffizient von Ozon deutlich unterscheidet. Aus der Differenz der Absorption bei bekannter solarer Strahlung und der nahezu gleichen Beeinflussung der Strahldichte an den beiden Wellenlängen durch Streueffekte kann die Gesamtozonmenge im optischen Weg abgeleitet werden.

Ozonung, Verfahren der Wasseraufbereitung durch Zugabe von Ozon (O_3). Die Gewinnung von Ozon erfolgt durch stille elektrische Entladung an Hochspannungselektroden. Dabei wird Sauerstoff (O_2) teilweise in Radikale aufgespalten, welche sich mit anderen Sauerstoffmolekülen zu reaktionsfreudigem Ozon verbinden (Abb.). Um die Ausbeute an Ozon zu erhöhen

und die Bildung von Stickoxiden zu vermeiden, wird häufig technisch reiner Sauerstoff anstelle von Luft eingesetzt. Das gewonnene Ozon wird außer zur Wasseraufbereitung (Entkeimung, Desinfektion, Oxidation von organischen Wasserinhaltsstoffen) auch in der Umwelttechnik (Behandlung von Deponiesickerwasser), Papierindustrie (chlorfreie Bleichverfahren), Luftreinigung, Medizin, Nahrungsmittelherstellung und Forschung verwendet. Eine Ozonung führt nicht zu einer vollständigen Sterilisation, so daß eine Wiederverkeimung des Trinkwassers im Leitungsnetz erfolgen kann. Um dieses zu vermeiden, kann dem Wasser noch ein anderes Oxidationsmittel als Depot mitgegeben werden. [MW]

Ozonverteilung, die globale, räumliche und zeitliche Variabilität der Ozonkonzentration bzw. der ↗Säulendichte der ↗Ozonschicht. Obwohl die ↗Ozonbildung im Bereich der Tropen am größten ist, ist die Ozonschicht dort erheblich dünner als über mittleren Breiten (Abb.). Die Ursache dafür ist, daß Ozon durch die dynamischen Transportprozesse der ↗stratosphärischen Zirkulation in der gesamten Stratosphäre verteilt wird. In Höhen unterhalb 20 km sowie über höheren Breiten ($\varphi > 50°$) ist die lokale Ozonkonzentration durch Transportprozesse generell stärker beeinflußt als durch photochemische Reaktionen (wichtige Ausnahme: ↗Ozonloch). Die Ozonsäulendichte über einem bestimmten Ort, aber auch die Ozonkonzentration in einer bestimmten Höhe hängen deshalb von der jahreszeitlichen Variabilität dieser Prozesse ab. Die höchsten Säulendichten werden in beiden Hemisphären während des Winterhalbjahres über mittleren Breiten beobachtet. Dies entspricht der Beobachtung, daß die maximale Ozonkonzentration im Bereich der ↗Ozonschicht über höheren Breiten größer ist und in niedrigeren Höhen beobachtet wird als über niederen Breiten und in den Tropen. Die gleiche Verteilung wird etwas weniger ausgeprägt im Herbst beobachtet. Die mittlere jahreszeitliche Variation der Ozonverteilung über einem festen Ort entspricht diesen Beobachtungen. Allerdings treten auch kurzzeitige Fluktuationen von bis zu +/-30 % auf, die durch die aktuelle meteorologische Situation bedingt sind. [USch]

P

Paarbildung, ein Vorgang in der Teilchenphysik, bei dem sich unter bestimmten Bedingungen, z. B. aus hochenergetischen Photonen, ein Teilchen und ein Antiteilchen bildet. Beispiele hierfür sind Elektron und Positron, Proton und Antiproton.

paariger metamorpher Gürtel, *paired metamorphic belt*, gleichaltrige Metamorphose eines ↗Orogens in zwei parallelen Gürteln, von denen der eine Hochdruck-Niedertemperatur-Fazies (HP/LT), der andere Hochtemperatur-Niederdruck-Fazies (HT/LP) erkennen läßt. Eine solche Konfiguration läßt sich als fossiles Kollisionsorogen interpretieren, bei dem einerseits im ↗Subduktionskomplex am Rande der Oberplatte HP/LT-metamorphe Späne der Unterplatte akkretiert wurden, die nun in der Kollisionssutur liegen, andererseits die Gesteine im Umfeld des magmatischen Bogens unter dem Einfluß der eingebrachten Wärme und der Interntektonik einer temperaturbetonten Metamorphose unterworfen wurden. Das Erkennen von paarigen metamorphen Gürteln in Orogenen ist damit ein wichtiges Mittel zur Interpretation plattentektonischer Vorgänge in der geologischen Vergangenheit.

Paar-Kaltzeit, eine unterpleistozäne ↗Kaltzeit des Alpenvorlandes, die Ingo Schaefer 1966 aufgrund paläopedologischer Argumente von der ↗Riß-Kaltzeit abgetrennt und nach dem Fluß Paar im Lechgletschervorland (Bayern) benannt hat. Ihre eigenständige Stellung ist bis heute umstritten.

Packeis, besteht aus durch Wind, ↗Seegang und Meeresströmungen zusammen- und übereinander geschobenen Meereis-Schollen. Es kann ein bis zu mehreren Meter hohes, wirres Eisgemenge werden. ↗Meereis.

Packer, Vorrichtung in der Bohr- und Brunnenbautechnik zur druckfesten Begrenzung eines Verpreßkörpers (↗Verpreßanker, ↗Injektion). Es handelt sich um einen elastischen, expansionsfähigen Ring (z. B. einen aufblasbaren Luftschlauch), der den Raum zwischen ↗Anker bzw. Injektionslanze und der Bohrlochwand ausfüllt.

Packerinjektion, ↗Injektion, die mittels ↗Packer (Gebirgspacker) vorgenommen wird, um den Untergrund (Baugrund) zu verfestigen.

Packertest, Sammelbegriff für hydraulische Versuche im Bohrloch oder Brunnen, die beim *Einfachpackertest* im oberhalb bzw. unterhalb des Packers befindlichen und hydraulisch abgetrennten Abschnitt, beim *Doppelpackertest* auch abschnittsweise in der Strecke zwischen zwei Packern durchgeführt werden. Einfachpackertests werden in teiloffenen Bohrlöchern durchgeführt, die bis unter den Wasserspiegel verrohrt sind. Durch den Packer führt eine dünnere Rohrtour, über die für den unteren Bohrlochabschnitt gültige ↗Auffüllversuche, ↗Slug-Tests oder ↗Einschwingverfahren zur Ermittlung der hydraulischen Kennwerte des Grundwasserleiters gefahren werden können. Doppelpackertests werden im unverrohrten Bohrloch durchgeführt, wobei der Streckenabschnitt zwischen den beiden Packern mit den oben angeführten Versuchen getestet werden kann. Die Zuverlässigkeit der Ergebnisse hängt dabei von der Dichtigkeit der ↗Packer, der Beschaffenheit der Bohrlochwand und des umgebenden Gebirges ab bzw. kann durch Umläufigkeiten im Gebirge herabgesetzt sein. In

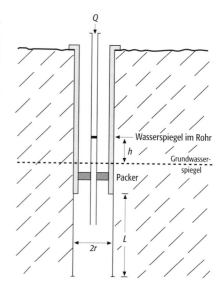

Packertest 1: Bestimmung des Durchlässigkeitsbeiwertes durch Packertests (L = Länge des unverrohrten Teils des Bohrloches, h = Höhe des Wasserspiegels nach Auffüllung über dem Ausgangsspiegel, Q = Wassermenge, r = Halbmesser des unverrohrten Bohrloches).

Packertest 2: Schema eines Einfach- und Doppelpackers für Wasserdruck-Tests.

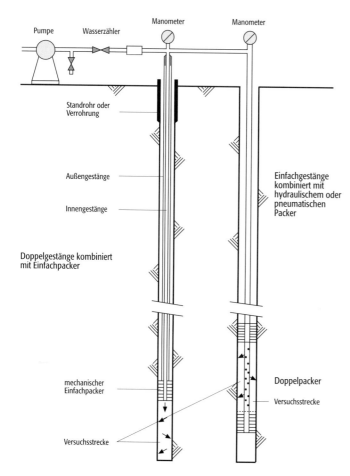

der Ingenieurgeologie werden für felsmechanische Untersuchungen ↗Wasserdruck-Tests über einfach oder doppelt abgepackte Bohrlochabschnitte eingesetzt, bei denen Wasser unter unterschiedlichen Drücken zur Ermittlung des k_f-Wertes von Festgesteinen, z. B. im Untergrund von Staudämmen, eingepreßt wird (Abb. 1 u. 2).[BK]

Packschnee, entsteht durch verwehten Lockerschnee, der in Mulden oder in Lee von Hügeln wieder abgelagert wird und sich dort verfestigt.

Packung ↗Korngefüge.

Packungsdichte ↗Kugelpackung.

Paddy soils, *Reisböden*, anthropogene tropische und subtropische Böden. Durch Überstau von Wasser über mehrere Monate im Jahr werden vor allem im Oberboden Reduktions- und Oxidationsprozesse ausgelöst, die zur Rostfleckung führen. Zahlreiche Wechsel längerer Feucht- und Austrocknungsphasen führen über die Redoxprozesse zu Schwankungen der pH-Werte und damit zu beschleunigter Tonmineralzerstörung.

PAH, *Polycyclic Aromatic Hydrocarbons*, ↗PAK.

Pahoehoe-Lava, basaltische Lava mit glatter bzw. gefältelter (↗Stricklava) Oberfläche (im Gegensatz zu ↗Aa-Lava).

PAK, *polycyclische aromatische Kohlenwasserstoffe*, *polycyclic aromatic hydrocarbon*, *PAH*, Sammelbezeichnung für aromatische Verbindungen mit ringförmiger Molekülanordnung, die durch unvollständige Verbrennung oder Pyrolyse von organischem Material, besonders Holz und fossilen Brennstoffen (Kohle, mineralische Öle u. a.), entstehen. PAK kommen in fast allen Gewässern sowohl ungelöst, an Feststoffe (Sedimente, Schwebstoffe) adsorbiert, als auch gelöst vor. Die PAK mit 4 bis 7 Kohlenwasserstoff-Ringen sind carcinogen bzw. carcinogenverdächtig. Am bekanntesten und gefährlichsten ist das Benzo(a)-Pyren, das sich in Abgasen befindet. PAK werden durch Abgase von Autos in Straßennähe verbreitet und gelangen mit dem Niederschlag in den Untergrund. Sie werden im Boden – wie PCB und PCDD – überwiegend an die organische Substanz gebunden. Diese Bindung ist meist irreversibel. Dies erschwert ihren analytischen Nachweis, da ein großer Anteil bei den erforderlichen Extraktionen als ↗bound residue im Boden verbleibt. Ihre Affinität zur organischen Bodensubstanz führt zur Anreicherung dieser Substanzen im Oberboden. Sie werden dann vor allem durch Mikroorganismen in der belebten Bodenzone abgebaut. Straßenbitumen und Asphalt geben dagegen keine nennenswerte Anteile von PAK an den Untergrund ab.

Paketmethode, Verfahren zur Feststellung der statischen Stabilität einer Luftmasse. Hierbei wird ein (hypothetisches) Luftpaket von seiner Gleichgewichtslage aus in der Vertikalen adiabatisch angehoben. Ohne Kondensation von Wasserdampf erfolgt die Anhebung entlang der Trockenadiabate, nach Erreichen des Kondensationsniveaus entsprechend der Feuchtadiabate. Durch Vergleich mit der im jeweiligen Höhenniveau gemessenen Lufttemperatur kann aufgrund des archimedischen Auftriebs festgestellt werden, ob die Atmosphäre stabil oder labil geschichtet ist. ↗Schichtung.

Paläarktis, *paläarktische Region*, eine ↗biogeographische Region der ↗Holarktis. Die Paläarktis umfaßt den nicht-tropischen Teil der Alten Welt, d. h. Eurasien und Nordafrika. Im Norden und in weiten Teilen im Osten ist die Paläarktis vom Meer begrenzt. Die südlichen Begrenzungen sind ökologischer Natur: gegenüber der Äthiopis (Afrika) die Wüsten der Sahara und Arabiens, gegenüber der Orientalis die Gebirgsbarriere des Himalajas. Die Paläarktis hat enge biogeographische Beziehungen zur ↗Nearktis, mit der sie während des Tertiärs und der pleistozänen Eiszeiten über die Beringbrücke landfest verbunden war. Die Eiszeiten haben in der Paläarktis zu einer Dezimierung der ehemaligen ↗Artenvielfalt geführt.

Palagonit, aus vulkanischem basischem Glas durch ↗Palagonitisierung entstandene Substanz.

Palagonitisierung, die im wesentlichen durch Wasseraufnahme und Oxidation des Eisens gekennzeichnete Umwandlung vulkanischer Gläser basaltischer Zusammensetzung zu einer glasartigen bis mikrokristallinen Substanz. Die Palagonitisierung tritt hauptsächlich bei ↗subaquatischen Eruptionen oder dem Eindringen von Magma in Eis oder wasserreiche Sedimente auf. Ferner können Gläser im abgekühlten Zustand durch Kontakt mit Wasser palagonitisiert werden.

Paläoboden, *Paläosol*, Boden und Reste von Böden, die in einem früheren geologischen Zeitraum, z. T. unter anderen Umweltbedingungen entstanden sind. Es wird unterschieden zwischen ↗fossilen Böden und ↗reliktischen Böden. Bei den fossilen Böden sind die Bodenmerkmale, die unter den heute herrschenden Umweltbedingungen nicht mehr erklärt werden können, überdeckt, so daß sich der Boden nicht weiterentwickeln konnte, und somit sind diese Bodenmerkmale konserviert. Liegen solche Böden wieder an der Erdoberfläche, zum Beispiel durch Erosion, so kann entsprechend des herrschenden Klimas wieder eine Bodenbildung einsetzen (reliktische Böden). Reliktische Böden sind oft von der rezenten Bodenbildung überprägt, z. B. degradierte ↗Schwarzerden, die im Boreal unter Steppenbedingungen entstanden sind. Vorwiegend unter semiariden Bedingungen entstehen geringmächtige Krusten, die durch Ausfällungen von Mineralen aus kapillar aufsteigenden Lösungen stammen (↗Duricrust, ↗Calcrete, ↗Ferricrete, ↗Silcrete). Fossile Böden können als Verwitterungs- oder Rückstandslagerstätten auch wirtschaftlich bedeutsam sein. In Mitteldeutschland entstanden durch Verwitterung der tertiären Landoberfläche ↗Kaoline. Unter humiden Bedingungen werden aluminiumreiche ↗Bauxite und eisenreiche ↗Laterite gebildet. In unseren Breiten haben Paläoböden in Lößprofilen (↗Lößboden) eine große Bedeutung. Sie liegenden zum Teil in Stockwerken übereinander und können Auskunft über klimatische Veränderungen im Pleistozän geben.

Paläobotanik, *Paläophytologie, Phytopaläontologie*, ist die Wissenschaft von den fossilen photoautotrophen Organismen. Neben der allgemeinen Großfossilanalyse haben sich ↗Karpologie und ↗Palynologie als Spezialdisziplinen etabliert.

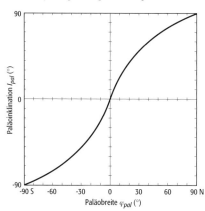

Paläobreite: Beziehung zwischen Paläobreite φ_{pal} und Paläoinklination I_{pal}.

Paläobreite, φ_{pal}, berechnet sich aus der ↗Paläoinklination I_{pal} des ↗Paläofeldes über die Beziehung (Abb.):

$$\tan\varphi_{pal} = (1/2)\tan I_{pal}.$$

Paläodeklination, D_{pal}, ist die ↗Deklination des ↗Paläofeldes.

Paläodipolmoment ↗Paläointensität.

Paläoeuropa, *Britisch-Norwegische Kaledoniden*, der europäische Teil ↗Laurussias. Es ist ein im Zuge der kaledonischen Ära (Ordovizium bis hauptsächlich Obersilur) orogenetisch versteifter Krustenbereich des nordwestlichen Europas, entstanden durch Anfaltung der britisch-norwegischen ↗Kaledoniden an ↗Archaeoeuropa (Fennosarmatia). Akkumulationsraum der eokambrischen bis silurischen Abfolgen der Kaledoniden war der Iapetus-Ozean (↗Iapetus) mit seinen präkambrisch konsolidierten Vorländern im Osten (↗Baltischer Schild) und Westen (NW-Schottland). Die Kaledoniden lassen sich heute von den Britischen Inseln über Norwegen, Mittel- und Nordschweden, Nordfinnland und die Bäreninsel bis nach West-Spitzbergen verfolgen. Ihre stratigraphische Untergliederung ist in Skandinavien infolge metamorpher Überprägung z. T. erschwert (»Kambro-Silur«), wohingegen die altpaläozoischen Abfolgen der Britischen Inseln, speziell die des Walisischen Beckens, biostratigraphisch sehr genau erforscht sind; hier liegen die Typlokalitäten der Ordovizium- und Silurstufen. Das Ausmaß der kaledonischen Tektogenese in Mitteleuropa ist noch unklar; zumindest Teilbereiche wie das London-Brabanter Massiv scheinen stärker betroffen gewesen zu sein. [MG]

Paläofeld, F_{pal}, Erdmagnetfeld in der Zeit vor seiner direkten Messung mit Hilfe von ↗Magnetometern zu Beginn des 19. Jahrhunderts. Das Paläofeld in der geologischen Vergangenheit wird mit Hilfe der charakteristischen Remanenz (ChRM) von Gesteinen rekonstruiert und durch seine Richtung (↗Paläodeklination D_{pal} und ↗Paläoinklination I_{pal}), die Lage des ↗virtuellen geomagnetischen Pols (VGP) und seine Intensität (↗Paläointensität F_{pal}) beschrieben. Für das Feld in historischer und prähistorischer Zeit werden im ↗Archäomagnetismus gebrannte Keramik, Ziegel und Material von Feuerstellen verwendet.

Paläogen, [von griech. palaiós = alt und génesis = entstehen], System der Erdgeschichte, umfaßt das Alttertiär (↗geologische Zeitskala). 1759 prägte der Italiener Arduino den Begriff ↗Tertiär, indem er die »Montes tertarii« von dem Sekundär unterschied. 1833 untergliederte der Franzose Charles ↗Lyell das Tertiär nach den heute noch lebenden Tierarten und führte die Begriffe ↗Eozän, ↗Miozän und ↗Pliozän ein. Heinrich E. Beyrich schob 1854 das ↗Oligozän zwischen Eozän und Miozän. 1874 trennte Wilhelm Schimpe das Paläozän vom Eozän ab und bereits 1866 faßte Naumann das Eozän und Oligozän zum Paläogen zusammen. Das Paläogen, das zusammen mit dem ↗Neogen das Tertiär bildet, umfaßt einen Zeitraum von vor 65 Mio. Jahren bis vor 23,8 Mio. Jahren (Tab.). Es besteht aus den Serien Paläozän (65–54,8 Mio. Jahre), Eozän (54,8–33,7 Mio. Jahre) und Oligozän (33,7–23,8 Mio. Jahre). Das Paläozän beinhaltet die Stufen Dan, Seland und ↗Thanet, das Eozän die Stufen ↗Yprés, ↗Lutet, ↗Barton und ↗Priabon und das Oligozän wird in die Stufen ↗Rupel und ↗Chatt unterteilt. In Deutschland wird auch die Stufe ↗Latdorf unterhalb des Rupels verwendet, international fehlen jedoch diese Ablagerungen meistens. Die Untergrenze des Paläogens und damit die Kreide/Tertiär-Grenze wird durch einen na-

Paläogen (Tab.): Gliederung des Paläogens (Ma = Mio. Jahre).

Periode	Epoche	Stufe	Ma
Paläogen			
	Oligozän	Chatt	23,8
			28,5
		Rupel	
		Latdorf	
			33,7
	Eozän	Priabon	
			36,9
		Barton	
			41,3
		Lutet	
			49
		Yprés	
			54,8
	Paläozän	Thanet	
			58
		Seland	
			61
		Dan	
			65

hezu weltweit auftretenden auffällig dunklen Horizont gebildet, dessen Entstehung aufgrund seines hohen Gehaltes an Iridium vielfach als Folge eines Meteoriteneinschlages gedeutet wird. Die Obergrenze des Paläogens (= Untergrenze des Neogens) ist in einem »Global Stratotype Section and Point« (↗GSSP) in Norditalien bei Carrosio festgelegt.

Die Position der Kontinente hat sich seit der Oberkreide wenig verändert, am Ende des Paläogens ist sie aber schon fast mit der heutigen identisch. Im Paläozän trennten sich Nord- und Südamerika voneinander, Indien driftete von Madagaskar weg nach Nordosten. Der eurasische Doppelkontinent war schon weitgehend ortsfest in der heutigen Lage. Während sich der Atlantik nach Norden erweiterte und sich ein Meeresarm zwischen Nordamerika und Grönland bildete, wurde die ↗Tethys, die Europa-Asien von Afrika-Arabien trennte, immer enger, da die adriatische Platte im Vorland der afrikanischen Kontinentalplatte nach Norden wanderte. Im Eozän löste sich Australien dann von der Antarktis und wanderte nach Norden. Indien lag mittlerweile nördlich des Äquators. Im immer breiter werdenden Atlantik bildete sich ein neuer Meeresarm zwischen Grönland und Europa. Durch eine leichte Drehung von Afrika wurde Arabien näher an Eurasien geschoben und die Tethys weiter eingeengt. Im Oligozän setzte sich die Einengung der Tethys fort, so daß am Ende zwei Teiltröge übrigblieben: die ↗Paratethys im Bereich des heutigen Rhônetals, der Alpen und des Kaukasus, und im Süden, im heutigen Mittelmeerraum, die eigentliche Tethys. Am Mittelatlantischen Rücken, der sich nach Norden in zwei Äste teilte, hörten die Aktivitäten im westlichsten Ast auf, so daß nur noch zwischen Grönland und Skandinavien die Auseinanderbewegung im Oligozän fortgesetzt wurde. Der Arktische Ozean und der Atlantik vereinigten sich dadurch. Die Trennung von Europa und Grönland führte in Nordirland und Westschottland zu intensiven vulkanischen Tätigkeiten. Alaska und Sibirien waren während des gesamten Paläogens über die ↗Beringlandbrücke verbunden. Daher fand ein Austausch der Landfauna und -flora zwischen Nordamerika und Asien statt. An der Wende Paläozän/Eozän traten fast im gesamten Nordseeraum Tuffe auf. Paläogenes Alter haben auch die mächtigen basaltischen Deckenergüsse (= Deckan-Trapp) in Indien.

Im Paläogen fanden drei weltweite Gebirgsbildungsphasen (↗Orogenese) statt: Die Laramische Orogenese an der Wende Kreide/Paläogen führte besonders in der Kordillerenregion Nordamerikas zu Gebirgsbildungen. Die Pyrenäische Phase an der Eozän/Oligozän-Wende faltete die Pyrenäen und den Apennin auf. An der Wende Oligozän/Miozän kam es zur Savischen Phase, die besonders Auswirkungen auf die Alpenbildung hatte. Die Nordwanderung der Afrikanischen Platte, die unter die Eurasische Platte abtauchte (↗Subduktion), bedingte die Entstehung der ↗Alpen (alpidische Ära). Während der Hauptfaltungsphase der Westalpen zu Beginn des Paläogens begannen die Zentralalpen aufzusteigen. Im nördlichen Vorland sank ab dem Obereozän der Molassetrog ein. Durch die Hebung des Gebirges und das Einsinken des Vorlandes kam es zu starken Sedimentumlagerungen. In das Molassebecken (↗nordalpines Molassebecken) wurden bis 6000 m mächtige Sedimente geschüttet. Zunächst waren es marine Sedimente (Meeresmolasse), danach limnische (Süßwassermolasse). Beide Ablagerungen enthalten Kohleflöze, Erdgas und Erdöl. Beim weiteren Deckenvorschub nach Norden wurde der Südrand der Vorsenke gefaltet (Faltenmolasse). Die südliche Vortiefe, unter der heutigen Po-Ebene, wurde auch vom Apennin her aufgefüllt. Hier drang das Meer von Osten im Untereozän ein und blieb während des gesamten Paläogens in diesem Gebiet. In den tektonisch stark beeinträchtigten Bereichen kam es während des gesamten Paläogens zu Flyschablagerungen (↗Flysch), die sich ins Vorland hinaus schoben. An der Eozän/Oligozän-Wende fanden große Deckenbewegungen in den Alpen statt.

In Folge der Alpenbildung entstanden im nördlich angrenzenden Spannungsfeld Bruchbildungen entlang älterer Schwächezonen. Sie führten zur Entstehung mehrerer Grabensysteme. Der ↗Oberrheingraben ist Teilstück einer solchen überregionalen Grabenzone zwischen Nordsee und Mittelmeer. Zu ihr gehören auch der Centralgraben in der Nordsee sowie der Bresse- und Limagnegraben in Ost- bzw. Südfrankreich. Der Oberrheingraben sank im Eozän/Oligozän verstärkt ein. Er wurde im Eozän zunächst mit limnischen, später mit brackischen Sedimenten gefüllt. Lokal kam es im südlichen Oberrheingraben auch zu Salzablagerungen mit abbauwürdigen Kalisalzflözen im Unteroligozän. Während des Oligozäns wurden im Oberrheingraben marine Sedimente abgelagert. Zu dieser Zeit verlief eine Meeresverbindung vom Nordmeer über die Hessische Senke, das ↗Mainzer Becken und den Oberrheingraben bis zur Tethys bzw. Paratethys. Im Mainzer Becken wurden im Oligozän an der ehemaligen Küste die marinen fossilreichen Meeressande abgelagert, während im Becken selbst der Rupelton, der lagenweise mikrofossilreich ist, gebildet wurde.

Funde von oligozänen Mikrofaunen in den Maaren der Eifel deuten darauf hin, daß zu dieser Zeit große Teile des Rheinischen Schiefergebirges überflutet waren. Für die biostratigraphische Gliederung werden im Paläogen hauptsächlich Schnecken und Muscheln sowie ↗Foraminiferen und ↗Säugetiere herangezogen. Außerdem spielt auch die Einteilung mit kalkigem ↗Nannoplankton (NP-Zonen) eine große Rolle. Die paläogene Flora gleicht weitgehend der heutigen Flora: Die Blütenpflanzen haben sich weiterentwickelt, nur die Gräser sind neu entstanden. Nach dem Aussterben der Dinosaurier an der Kreide/Tertiär-Grenze traten die Säugetiere an deren Stelle. Zu Anfang waren es eher kleine Formen, aber auch die großen Säugetiere entfalteten sich rasch. Ab

dem Eozän entwickelten sich die Urhuftiere, als erste Paarhufer traten Kamele und Schweinartige auf, erste Rüsseltiere waren in Asien und Afrika anzutreffen. Auch das Leben im Meer hatte sich verändert, obwohl viele benthonische Foraminiferen, Seeigel, ↗Bryozoa, Krebse, Muscheln, Schnecken und Fische das Massensterben an der Kreide/Tertiär-Grenze überlebten. Im Lutet erreichten ↗Großforaminiferen bis 15 cm Durchmesser. Sie sind in den Nummulitenkalken der Tethys gesteinsbildend, welche z. B. als Bausteine für die ägyptischen Pyramiden verwendet wurden. Kalkiges Nannoplankton trat wieder vermehrt auf. Die höchste marine Produktivität lag neben den ↗Dinophyta bei den Diatomeen (↗Bacillariophyceae), die gesteinsbildend wurden. Nach dem Aussterben der Rudisten breiteten sich die riffbauenden Korallen wieder verstärkt aus. Im Eozän traten erstmals Wale auf. Sie haben sich aus fleischfressenden Landsäugetieren entwickelt. Pinguine sind im Paläogen erstmals anzutreffen. Nach dem Aussterbeereignis an der Kreide/Tertiär-Grenze wurden in den expandierten Ökosystemen neue Nischen besetzt, und so entwickelten sich z. B. die »Sanddollars«, flache Seeigel, die an ein Leben im Sand angepaßt sind. Im Paläogen gelangten Europas Küsten erstmals unter den Einfluß des Golfstromes. Im Untereozän war das Klima weltweit vergleichsweise warm, im Obereozän wurde es trockener. Anschließend kam es zu einer Abkühlung (Obereozän bis Mitteloligozän), während dieser Zeit bildete sich auch Gletschereis in der Antarktis. Durch das Binden der Wassermassen im Eis sank der Meeresspiegel weltweit ab. Während des Eozäns war ein großer Teil von Nordamerika und Europa von tropischen und subtropischen Wäldern bedeckt. In den Grassteppen Mitteldeutschlands entstanden vermoorte Senken mit tropischer Vegetation, wie z. B. in ↗Messel. Im Oberlutet bildeten sich auch die bekannten Ablagerungen des Geiseltals (Sachsen-Anhalt) mit einer ähnlichen Fauna und Flora wie in Messel. Häufig wurden im Geiseltal fossile Kerbtiere, Amphibien, Reptilien, Vögel und Säugetiere in guter Erhaltung gefunden. Weitere eozäne Braunkohlebildungen sind aus dem ↗Subherzynischen Becken bei Helmstedt und aus dem Weißelster Becken bei Bitterfeld sowie aus Hessen bekannt.
Im Oligozän wichen die tropischen Wälder in die niederen Breiten zurück und machten grasbewachsenen Ebenen mit einzelnen Bäumen und Sträuchern Platz (↗Savanne). Das Massenaussterben in der zweiten Hälfte des Paläogens wurde wahrscheinlich durch die Klimaänderungen ausgelöst, die sich anhand der Pflanzen auf dem Festland verfolgen läßt. Durch die Trennung Australiens von der Antarktis gegen Ende des Eozäns bildete sich zwischen diesen Kontinenten eine kalte Meeresströmung, die zur Abkühlung der Antarktis führte. Schließlich bedingten zirkumantarktische Strömungen eine weitere Abkühlung der Gewässer, so daß gegen Ende des Eozäns erstes Eis um die Antarktis zu finden ist. Von dort sanken kalte Wassermassen in die Tiefe ab und breiteten sich nach Norden aus. Dies führte zum Aussterben von Tieren, die am Meeresboden lebten, und zu einer weiträumigen Klimaverschlechterung.

Durch die Absenkung des Nordseebeckens wurde der Südosten Großbritanniens und der Bereich zwischen Frankreich und Dänemark erstmals im Paläozän überflutet, was ausgedehnte marine Ablagerungen dokumentieren. In Westeuropa bildeten sich mehrere Teilbecken wie das Londoner Becken, das Hampshire-Becken, das Belgische Becken und das Pariser Becken. In diese Senken brachen der Atlantik und die Nordsee mehrfach ein. Die ↗Transgression erreichte im Eozän einen ersten Höhepunkt. Im unteren Eozän sind in Dänemark und Schleswig-Holstein Diatomeenablagerungen und basaltische Aschen zu finden, die wahrscheinlich aus einem Ausbruch im Skagerrak stammen. Im Yprés drang das Meer von Süden in das Pariser Becken ein und brachte erste Nummuliten (Großforaminiferen) mit, im Lutet kamen großwüchsige Muscheln und Schnecken hinzu. Eine Regression im oberen Lutet führte zur Sedimentation von brackischen Schichten und Süßwasserkalken. Zu dieser Zeit wurden auch die berühmten Gipse von Montmatre abgelagert, die im vorigen Jahrhundert untertage in Paris abgebaut wurden. Im Belgischen Becken wurden während des Paläogens Sande und Tone, teilweise auch Mergel abgelagert. Aus dem Hampshire- und Londoner Becken ist besonders der untereozäne London Clay (Ton) bekannt.

Im Oligozän kam es erneut zu einer großen Transgression, die Meeresverbindungen mit Osteuropa und auch die Verbindung von Nordmeer und Tethys über den Oberrheingraben zur Folge hatte. Diese Transgression bedingte die Ablagerungen der Rupeltone (Septarientone) im Nordseebecken. Sie reichen von der Niederrheinischen Bucht bis Dänemark und Schleswig-Holstein sowie die ostdeutschen Becken bis nach Polen. Durch die Meeresverbindung über die Hessische Senke und das Mainzer Becken sind auch hier wie im Oberrheingraben Rupeltonablagerungen zu finden. Im Bereich der heutigen südlichen Ostsee sind in den Glaukonitsanden in ↗Bernstein eingeschlossene Insekten und Pflanzenreste dokumentiert. Im Oberoligozän bewirkte eine ↗Regression den Meeresrückzug bis in den heutigen Nordseebeckenraum. [KGr]

Literatur: [1] BERGGREN, W.A., KENT, D.V., SWISHER, C.C. & AUBRY, M.-P. (1995): A revised cenozoic Geochronology and Chronostratigraphy. – In: BERGGREN, W.A., KENT, D.V., AUBRY, M.-P. & HARDENBOL, J. (Eds.): Geochronology, time scales and global stratigraphic correlation, SEPM Spec. Publ. 54, 129–212. [2] KRUTZSCH, W. (1992): Paläobotanische Klimagliederung des Alttertiärs (Mitteleozän bis Oberoligozän) in Mitteldeutschland und das Problem der Verknüpfung mariner und kontinentaler Gliederungen (Klassische Biostratigraphien – paläobotanisch-ökologische Klimastratigraphie – Evolution – Stratigraphie der Vertebraten). – N.

Jb. Geol. Paläont., Abh., 186, (1–2): 137–253. [3] STANLEY, S. M. (1994): Historische Geologie – Eine Einführung in die Geschichte der Erde und des Lebens. – Heidelberg, Berlin, Oxford. [4] TOBIEN, H. (ed.): Nordwestdeutschland im Tertiär. – Beiträge zur regionalen Geologie der Erde, Band 18. [5] VINKEN, R. (1988): The Northwest European Tertiary Basin. – Geol. Jb., A 100.

Paläogeographie, Rekonstruktion des Erdbildes vergangener Zeitalter vorwiegend mit den Erkenntnissen der ↗Historischen Geologie; erster Gebrauch als »geologische Paläo-Geographie« durch A. Bou (1875). Hauptquellen sind Gesteine und Fossilien, die eine Fülle von Ansatzpunkten über die früheren Umweltbedingungen liefern. Alle Rekonstruktionen sind ausnahmslos auf Zeugnisse begründet, deren zeitliche Stellung exakt gesichert ist. Die Paläogeographie gliedert sich in mehrere Teilgebiete. Die Paläogeographie i. e. S. befaßt sich mit der Geografie der Vorzeit und liefert paläogeographische Karten zur Verteilung von Land und Meer, zur Morphologie der Ozeanbecken sowie zur Gliederung der Kontinente. Die Paläobiogeographie behandelt die Lebensbereiche fossiler Organismen. Die ↗Paläoklimatologie widmet sich der Rekonstruktion der vorzeitlichen Klimaverhältnisse. Besondere Bedeutung hat die Paläomagnetik (↗Paläomagnetismus) erhalten, die neben Aussagen über Paläopol-Lagen und -Wanderungen wichtige Nachweise für die Verdriftung der Kontinente im Sinne der ↗Plattentektonik (↗Plattenkinematik) liefert. [HK]

paläogeographische Karte, Darstellung der geographischen Verhältnisse (z. B. Wasser/Land-Verteilung) der Erdoberfläche eines vergangenen Erdzeitalters.

Paläogeothermie, Fachbereich mit dem Ziel, Aussagen über die zeitliche Entwicklung oder zumindest über Veränderungen der thermischen Bedingungen (↗Temperaturmessung, ↗Wärmestromdichte) in der Erdkruste im Laufe der geologischen Vergangenheit zu erhalten. Dabei gibt es zwei Zielrichtungen: Zum einen die Rekonstruktion der paläoklimatischen Entwicklung in der jüngsten geologischen Vergangenheit (etwa ab Ende der letzten Eiszeit) und zum anderen die Rekonstruktion der Entwicklung des thermischen Feldes in der Erdkruste im Laufe der geologischen Geschichte.

Bei der Rekonstruktion der paläoklimatischen Entwicklung können klimabedingte Veränderungen der Lufttemperatur im Untergrund nachvollzogen werden. Nimmt die Jahresmitteltemperatur ab, so verringert sich auch die Temperatur im Untergrund, bei einer Zunahme der Lufttemperatur steigt sie an. Temperaturänderungen im Boden beeinflussen auch den geothermischen Gradienten und die Wärmestromdichte. Gut bekannt ist die Abkühlung während der letzten Eiszeit mit einer tiefreichenden Vereisung des Untergrundes (↗Permafrost), die sich noch heute in Sibirien und Kanada bis zu einer Tiefe von 700 m nachweisen läßt. Die Tiefe, bis zu der klimabedingte Temperaturänderungen eindringen, hängt von der Dauer der Temperaturveränderung an der Erdoberfläche und den gesteinsphysikalischen Eigenschaften des Untergrundes (↗Wärmeleitfähigkeit, thermische Diffusivität) ab. Die Beeinflussung von Temperatur und geothermischem Gradienten in der Erde der Tiefe z durch eine Temperaturveränderung an der Erdoberfläche, die über einen gewissen Zeitraum wirksam ist, kann theoretisch berechnet werden. Mit diesen Werten können die klimabedingten Temperaturänderungen korrigiert werden (Paläoklimakorrektur), so daß sich eine »normale«, von Klimavariationen unbeeinflußte Wärmestromdichte bestimmen läßt. Umgekehrt ergibt sich die Möglichkeit, durch sehr genaue Messungen von Temperatur und geothermischem Gradienten in thermisch besonders stabilen Bohrungen die Temperaturentwicklung an der Erdoberfläche und damit die paläoklimatische Entwicklung zu bestimmen. Die Abbildung zeigt den Verlauf von Temperatur und geothermischem Gradienten in einigen Bohrungen in Kanada sowie die daraus ermittelte Veränderung der Oberflächentemperatur in den letzten 1200 Jahren. Der Temperaturanstieg oberhalb von ca. 60–80 m Tiefe tritt weltweit und auch in Mitteleuropa in vielen Bohrungen auf. Er wird durch die Klimaerwärmung seit etwa 1850 verursacht. In subpolaren Regionen sind die Effekte der Klimaentwicklung im Spätpleistozän und Holozän in Bohrungen besonders deutlich nachzuweisen. Vertikale, z. T. sprunghafte Änderungen von Temperatur und geothermischem Gradienten sind auch in Deutschland bis in Tiefen von 500 m bis 700 m erfaßt worden (zum Beispiel in der Kontinentalen Tiefbohrung, KTB). Da Grundwasserbewegungen mit einem advektiven Wärmetransport besonders in den obersten 1000 m der Erdkruste das thermische Feld ebenfalls deutlich beeinflussen können, ist eine klare Trennung von Paläoklimaeffekt und Advektion schwierig. Wärmestromdichtewerte sollten daher erst für Tiefen unterhalb einer möglichen Beeinflussung durch paläoklimatische Effekte bestimmt werden.

Die Rekonstruktion der Entwicklung des thermischen Feldes in der Erdkruste im Laufe der geologischen Geschichte ist stark von untersuchten Gesteinen abhängig. Für magmatische und metamorphe Minerale und Gesteine wird der Effekt ausgenutzt, daß thermodynamische Gleichgewichte eine deutliche Temperatur- und Druckabhängigkeit zeigen. Sind diese Gleichgewichtsbedingungen vorrangig von der Temperatur abhängig und z. B. aus Laboruntersuchungen gut bekannt, so können sie zur Bestimmung der Temperatur bei der Bildung und Umwandlung von Mineralen und Gesteinen eingesetzt werden (↗Geothermometer). So ist es beispielsweise möglich, Auftreten und Ausdehnung von Wärmedomen bei der ↗Regionalmetamorphose zu erfassen. Die Ablagerung von Sedimenten erfolgt in der Nähe der Erdoberfläche (z. B. in Flachmeeren) bei niedrigen Temperaturen und Drücken. In Sedimentbecken sinken die abgelagerten, stark porösen und wasserhaltigen Sedimente im Ver-

Paläogeothermie: Veränderung von Parametern bei der Diagenese und schwachen Metamorphose und deren Beziehungen zur Temperatur.

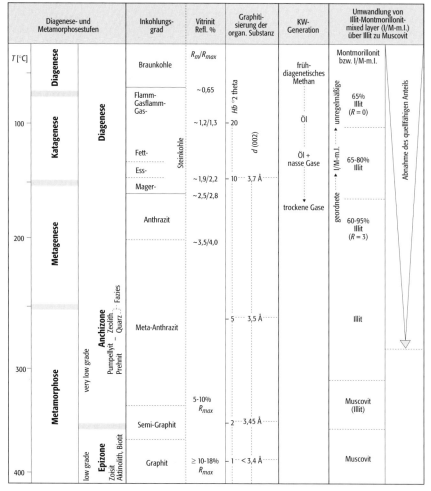

lauf der geologischen Geschichte in größere Tiefen und kommen in den Bereich höherer Temperaturen und Drücke. Sie unterliegen einer ↗Kompaktion und werden zunehmend diagenetisch und schließlich metamorph verändert. Diese Veränderungen können mit Hilfe unterschiedlicher Methoden für die Paläotemperaturbestimmung genutzt werden.

Die Untersuchung des Inkohlungsgrades ist die wichtigste Methode zur Bestimmung des paläogeothermischen Regimes in sedimentären Abfolgen. Bei der Sedimentation kommt es verbreitet auch zur Ablagerung organischer Materialien (z. B. Pflanzenreste, Algen, Faulschlamm), die sich bei der Versenkung in größere Tiefen umwandeln und einer ↗Inkohlung unterliegen. Dieser Prozeß vollzieht sich in verschiedenen Stadien von Torf bis Anthrazit, wobei der Anteil an flüchtigen Bestandteilen abnimmt und sich Erdöl und Erdgas bilden können. Entscheidend für die Inkohlung sind die Temperatur und die Zeit ihrer Einwirkung auf das organische Material, während der reine Druckeffekt nur eine geringe Bedeutung hat. Der Inkohlungsvorgang verläuft unter thermischer Zersetzung des Ausgangsproduktes bis zu einem bei einer bestimmten Temperatur asymptomatisch maximal erreichbaren Inkohlungsgrad α. Bei niedrigen Temperaturen wird dieser erst nach sehr langen Zeiten erreicht. Im Verlauf der Inkohlung entstehen aus den verschiedenen pflanzlichen Substanzen durch unterschiedliche chemische Prozesse verschiedene Maceralgruppen. Man unterscheidet ↗Vitrinite (hervorgegangen aus Zellen, Zellfüllungen), ↗Exinite (umgewandelte Sporen, Pollen) und ↗Inertinite (frühzeitig oxidiertes organisches Material). Polierte Oberflächen der Macerale reflektieren Licht. Das mittlere Reflexionsvermögen R_m steigt mit zunehmender Inkohlung an. Bei den Vitriniten ändert sich das Reflexionsvermögen mit zunehmender Temperatur (Inkohlung) sehr gleichmäßig. Sie werden daher zur optischen Bestimmung des Inkohlungsgrades genutzt. Für die Bestimmung der Paläotemperatur sind neben dem Inkohlungsgrad Kenntnisse über die zeitliche Entwicklung der Absenkung einer bestimmten Schicht (Absenkungskurve) und über die Zeit, in der eine Schicht einer bestimmten Temperatur ausgesetzt war, erforderlich. Absenkungskurven können aus Bohrungen abgeleitet werden. So vollzog sich die Hauptabsenkung der oberkarbonen Schichten des Namurs in der Norddeutsch-Polnischen Senke (Bohrung Parchim 1) in einer geologisch kurzen Zeitspanne. Der zeitliche Prozeß der Inkohlung läßt sich mit der Gleichung von Arrhenius beschreiben:

$$K = A\exp(-E_a/RT),$$

wobei K = Reaktionsgeschwindigkeit, A = eine Konstante (Frequenzfaktor, engl. frequency factor), E_a = Aktivierungsenergie, R = allgemeine Gaskonstante und T = absolute Temperatur. Aus dieser Gleichung hat Lopatin zur Beschreibung der Zeit, in der eine Sedimentschicht einer bestimmten Temperatur unterworfen war, die sog. TTI-Methode (Temperature-Time-Index) entwickelt. Sie geht von einer linearen Beziehung zwischen Inkohlung und Zeit sowie einer exponentiellen Beziehung zwischen Inkohlung und Temperatur aus. Von Waples wurde eine Korrelation zwischen TTI und dem mittleren Reflexionsvermögen von Vitrinit (R_m) hergestellt. Aus dem berechneten TTI kann ein R_m bestimmt werden, das mit dem tatsächlich gemessenen R_m verglichen wird. Auftretende Differenzen zeigen, daß die angenommene Temperatur-Tiefenverteilung nicht richtig ist. Diese wird solange variiert, bis man eine optimale Übereinstimmung erhält. Untersuchungen haben weiterhin gezeigt, daß das Quadrat von R_m direkt proportional dem Integral aus Tiefe und Zeit:

$$R_m^2 \sim \int z(t)dt$$

ist. Für Bohrungen im Oberrheintalgraben wurde eine Bestimmungsgleichung für den geothermischen Gradienten ermittelt:

$$\Gamma = 98{,}7 - 14{,}6 \ln I \ [°C/km],$$

wobei

$$I = 1{,}16 \cdot 10^{-3} \exp(0{,}068 \, dT/dz)$$

ist. Auch aus der Tiefenverteilung der R_m-Werte können bereits regionale Unterschiede in der thermischen Beanspruchung der Sedimente abgeleitet werden. In sedimentären Abfolgen verändern sich Tonminerale in Abhängigkeit von Temperatur und Tiefe (Druck). Die Veränderung verläuft von dem quellfähigen Montmorillonit über den nicht quellfähigen Illit bis hin zu Glimmermineralen (Muscovit). Dabei nimmt die sog. Illitkristallinität zu. Diese wird röntgenographisch bestimmt und als Weaver-Index oder als Kübler-Index angegeben. Zwischen 50°C und 120°C existieren ungeordnete Illit/Montmorillonit-Wechsellagerungsminerale mit einem Illit-Schichtanteil von < 65%. Etwa im Temperaturintervall von 120°C bis 150°C treten Illit/Montmorillonit-Wechsellagerungsminerale auf, die einen Illit-Anteil von 65–80% haben. Bei einer Temperatur von ca. 200°C steigt dieser Anteil auf Werte zwischen 80 und 95%. Der Übergang von Illit zu Muscovit erfolgt bei einer Temperatur von ca. 300°C. Untersuchungen zu den Beziehungen zwischen Illitkristallinität und Inkohlungsgrad (abgeleitet aus der Vitrinitreflexion) zeigen, daß die Zunahme der Illitkristallinität sehr viel mehr Zeit benötigt als dies für die Inkohlung von organischem Material der Fall ist. So kann eine relativ kurzzeitige Erwärmung zu einem hohen Inkohlungsgrad, aber nur zu einer vergleichsweise niedrigen Illitkristallinität führen. Inkohlungsgrad und Illitkristallinität können somit nicht unmittelbar miteinander verglichen werden. Beide Parameter geben unterschiedliche Informationen. Für paläoökologische Untersuchungen können die Temperaturbedingungen bei der Bildung von sedimentärem Kalk in Meerwasser auf der Grundlage der Temperaturabhängigkeit des Sauerstoffisotopenaustausches zwischen Wasser und Calcit rekonstruiert werden. Es wird vorausgesetzt, daß die Isotopenzusammensetzung eines »Paläoozeans« mit der des heutigen Ozeanwassers identisch ist. Dann läßt sich die Temperatur bei der Sedimentation eines kalkhaltigen Sedimentes nach folgender Beziehung bestimmen:

$$t \ [°C] = 16{,}5 - 4{,}3(\delta - A) + 0{,}14(\delta - A)^2;$$

$\delta = \delta^{18}$O-Wert des Calcit in der PDB-Skala, $A = \delta^{18}$O-Wert des Wassers in der SMOW-Skala (Standard mean ocean water). Bei der Bildung eines Minerals werden kleine Mengen von Flüssigkeit in dem Wirtsmineral eingeschlossen. Sie werden als ↗Flüssigkeitseinschlüsse bezeichnet. Das Medium eines Einschlusses ist während der Mineralbildung eine homogene Phase (z. B. Flüssigkeit). Infolge der Volumenverminderung der Flüssigkeit bei der nachfolgenden Abkühlung bildet sich in dem Einschluß eine Gasblase. Durch Erhitzen der Proben mit Hilfe eines Mikroskop-Heiztisches kann festgestellt werden, bei welcher Temperatur die Gasblase verschwindet und sich wieder ein homogenes Medium in dem Einschluß bildet. Die Homogenisierungstemperatur T_H stellt die niedrigstmögliche Bildungstemperatur für das Wirtsmineral dar. Spaltspuren entstehen in Mineralen bei dem Zerfall des ^{238}U-Isotops. Bei niedrigen Temperaturen behalten sie ihre ursprüngliche Länge. In Abhängigkeit von Temperatur und Zeit verkürzt sich die Spaltspur bis sie schließlich vollständig verschwindet. Die Spurlänge kann daher als Temperaturindikator genutzt werden. Der Temperaturbereich von der beginnenden Verkürzung der Spaltspuren bis zu ihrem Verschwinden wird als partielle Ausheil-Zone (PAZ) bezeichnet. Für das Mineral Apatit liegt die PAZ zwischen 60°C und 120°C. Die Spaltspuren-Thermometrie kann in kristallinen Gesteinen und Sedimenten eingesetzt werden. Magnetische Körner können unterhalb der ↗Curie-Temperatur T_c bei Anwesenheit eines magnetischen Feldes eine Thermoremanenz erwerben. Die Temperatur, bei der ein Mineralkorn die Remanenz während einer Abkühlung in einem magnetischen Feld angenommen hat, wird Blokking-Temperatur genannt. Die totale bei Zimmertemperatur gemessene thermoremanente Magnetisierung (TRM) ist die Summe aller partiellen Thermoremanenzen (PTRM), die in höheren Temperaturbereichen gebildet wurden. Bei sedimentären Gesteinen erfolgt die Aufprägung einer PTRM während der Absenkung in größere Tiefen und damit in Bereiche höherer Temperaturen. Der Nachweis einer Thermoremanenz erfolgt mit Hilfe der ↗ thermischen Entmagnetisierung, wobei die Maximaltemperatur (unterhalb von T_c) ermittelt wird, der das Gestein bei der Absenkung unterworfen war. Im Paläozoikum und Mesozoikum treten verbreitet Lebewesen auf, von denen nur mikroskopisch kleine, zahnartige Reste erhalten sind, die als ↗ Conodonten bezeichnet werden. Diese Conodonten sind in der Geologie für die Datierung und stratigraphische Einordnung sedimentärer Schichten von großer Bedeutung. Sie bestehen im wesentlichen aus Calciumphosphat, das gegenüber physikalischen und chemischen Änderungen der Umgebung sehr stabil ist. Für die Paläogeothermie ist die Conodontenfarbe von Bedeutung. Sie geht von einem hellen Gelb über verschiedene Brauntöne bis zu Schwarz. Als Ursache wurde die Inkohlung von organischem Spurenmaterial in den Conodonten erkannt. Die Inkohlung ist abhängig von der Temperatur und der Zeit, der die Conodonten dieser Temperatur ausgesetzt waren. Die Veränderung der Conodontenfarbe wird in dem Farbveränderungindex (CAI = Color alteration index) angegeben. [EH]

Literatur: [1] ALLEN, P. A. und ALLEN, J. R. (1990): Basin Analysis – Principles & Applications. – Blackwell Scientific Publications. [2] BUNTEBARTH, G. und STEGENA, L. (1986): Methods in Palaegeothermics. In: BUNTEBARTH, G. und STEGENA, L.: Palaogeothermics – Evaluation of geothermal conditions in the geological past. Lecture Notes in Earth Sciences, Vol. 5. – Berlin-Heidelberg-New York. [3] CERMAK, V. (1971): Underground temperature and inferred climatic temperature of the past millenium. – Palaeography, Palaeoclimatology, Palaeoecology, 10, 1–19. [4] COYLE, D. A. und WAGNER, G. A. (1995): Spaltspuren – ein Beitrag zur postvariszischen Tektonik und Abtragung des KTB-Umfeldes. – Geowissenschaften 13, 142–146.

Paläohorizontalebene, ehemalige Horizontalebene bei der Bildung von Gesteinen und ihrer charakteristischen Remanenz (ChRM) in der geologischen Vergangenheit. Sie ist bei Sedimenten identisch mit der meist leicht identifizierbaren Sedimentationsebene. Bei magmatischen Gesteinen ist die Bestimmung der Paläohorizontalebene schwieriger, gelingt aber in der Regel durch zwischengelagerte vulkanische Aschen und ↗ Sedimente in unmittelbarer geologischer Beziehung zu den Magmatiten. Die Paläohorizontalebene ist der wichtigste Parameter bei der ↗ tektonischen Korrektur.

Paläohydrologie, Teilbereich der ↗ Hydrologie, der sich mit den hydrologischen Regimen und Phänomenen vorzeitlicher Landschaften und Klimaten befaßt. Zum Beispiel können aus der Untersuchung von Eisbohrkernen Aussagen über die Niederschläge prähistorischer Zeiten oder aus den Analysen von Sedimentbohrkernen im Überschwemmungsgebiet eines Flusses Aussagen über Häufigkeit und Ausmaß extremer Hochwässer in historischer Zeit getroffen werden. Zur Paläohydrologie gehört auch die ↗ Hydrodendrologie.

Paläoichnologie [von griech. palaios = neu, ichnos = Spur und logos = Wort, Lehre], der Teil der ↗ Ichnologie, der sich mit ↗ Spurenfossilien befaßt. Von einzelnen Autoren wird auch die etymologisch falsche Nebenform »Palichnologie« gebraucht.

Paläoinklination, I_{pal}, ist die ↗ Inklination des ↗ Paläofeldes.

Paläointensität, F_{pal}, beschreibt die durch Methoden des ↗ Paläomagnetismus bestimmte Intensität des Erdmagnetfeldes in der historischen, prähistorischen und geologischen Vergangenheit vor seiner direkten Messung mit Hilfe von ↗ Magnetometern in der ersten Hälfte des 19. Jahrhunderts. Diese Information kann aus der natürlichen remanenten Magnetisierung (NRM) von Gesteinen und gebrannten Keramiken gewonnen werden. Die ↗ thermoremanente Magnetisierung (TRM) ist dabei von besonderer Bedeutung, da nur sie im Labor unter ähnlichen Bedingungen wie in der Natur künstlich erzeugt werden kann. Dabei nutzt man aus, daß die Intensität einer TRM bei so schwachen Magnetfeldern H_a wie dem Erdmagnetfeld proportional zur Stärke des angelegten Feldes ist: $TRM = \chi_{TRM} \cdot H_a$. Die Größe χ_{TRM} bezeichnet man auch als ↗ Suszeptibilität der TRM. Sie hängt von der Art der ferrimagnetischen Minerale, ihrer Kornform, Korngrößenverteilung und einer Reihe anderer Faktoren ab und kann theoretisch nicht ausreichend genau berechnet werden, um mit Hilfe solcher Parameter aus der NRM (unter der Voraussetzung, sie sei eine TRM) die Paläointensität F_{pal} bestimmen zu können. F_{pal} kann nur experimentell dadurch ermittelt werden, daß man bei einer Gesteinsprobe durch langsames, möglichst die natürlichen Verhältnisse simulierendes Abkühlen von Temperaturen größer als die maximale ↗ Curie-Temperatur in einem bekannten Laborfeld eine künstliche thermoremanente Magnetisierung TRM_{Labor} erzeugt. Zwischen dem Laborfeld H_{Labor}, dem Paläofeld F_{pal}, der künstlich im Labor erzeugten Thermoremanenz TRM_{Labor} und der natürlichen Thermoremanenz TRM_{pal} besteht folgende Beziehung:

$$TRM_{pal}/TRM_{Labor} = \chi_{TRM} \cdot F_{pal} / \chi_{TRM} \cdot H_{Labor}.$$

Wenn sich weder die ferrimagnetischen Minerale noch ihre internen Strukturen (Verteilung der ↗ Koerzitivfeldstärken und ↗ Blockungstemperaturen) während der geologischen Geschichte und durch die Erhitzungsexperimente änderten, so blieb auch χ_{TRM} unverändert und das Paläofeld F_{pal} ist dann gegeben durch:

$$F_{pal} = H_{Labor} \cdot TRM_{pal}/TRM_{Labor}.$$

Der oben skizzierte Grundgedanke zur Bestimmung der Paläointensität (Vergleich der totalen Thermoremanenzen) wurde in der ↗Thellier-Thellier-Methode weiter verfeinert und in diskreten Temperaturintervallen zwischen Raumtemperatur und der Curie-Temperatur auf den Vergleich der partiellen Thermoremanenzen ($PTRM_{pal}/PTRM_{Labor}$) ausgedehnt. Die ↗Sedimentationsremanenz (DRM) eignet sich nicht für die Bestimmung der absoluten Paläointensität, wohl aber zum Vergleich relativer Paläointensitätsschwankungen. Um dabei den Einfluß unterschiedlicher Konzentrationen ferrimagnetischer Minerale in den Gesteinen auszuschalten, verwendet man dabei die magnetische ↗Suszeptibilität χ, die isothermale Remanenz (IRM) oder auch die ↗anhysteretische remanente Magnetisierung (ARM) als Normierungsgrößen. Aus der Paläointensität F_{pal}, dem Radius R der Erde und der ↗Paläoinklination I_{pal} bzw. der ↗Paläobreite

$$\varphi_{pal} = \arctan(0{,}5 \cdot \tan I_{pal})$$

läßt sich über die Formel:

$$m_{pal} = F_{pal} \cdot R^3 \cdot [1 + 3 \cdot \cos^2\varphi_{pal}]^{-1/2}$$

das *Paläodipolmoment* m_{pal} der Erde berechnen. Diese Größe wird verwendet, wenn Daten aus verschiedenen Regionen miteinander verglichen werden (Abb. 1 und 2). [HCS]

Paläoklimatologie, Lehre vom Klima im Verlaufe der Erdgeschichte (↗historische Paläoklimatologie) und die Klärung der Ursachen des Klimawandels (↗genetische Paläoklimatologie) aufgrund von geologischen Klimazeugen sowie Modellrechnungen. Ausgehend vom Verständnis des heutigen Klimas wird versucht, das Klima der Vergangenheit zu rekonstruieren, was wiederum die Grundlage zur Modellierung des künftigen Klimas vor dem Hintergrund anthropogener Einwirkungen darstellt. Bereits im 17. und 18. Jahrhundert wurden vereinzelt geologische Befunde mit geänderten Klimaverhältnissen in Verbindung gebracht, so von Robert Hooke 1686 (wärmeres Klima in Südengland aufgrund von Jurafossilien) oder von Alexander v. ↗Humboldt 1823 (Vulkanismus als Grund für wärmeres Klima). Nachdem Charles ↗Lyell 1833 Klimafaktoren wie die Land-Meer-Verteilung und Meeresströmungen als wichtig erkannt hatte und sich 1875 die Eiszeittheorie von Otto ↗Torell durchsetzen konnte, wurden von Milutin ↗Milanković 1920 Berechnungen zu den Erdbahnparametern veröffentlicht, die bis heute ihre grundsätzliche Gültigkeit behalten haben.

In der Paläoklimatologie stehen eine Vielzahl, teilweise sehr genauer Methoden zur Verfügung wie die Rekonstruktion mit Hilfe von ↗Eiskernbohrungen im Polareis und Tiefseesedimentbohrungen. Dabei muß die paläoklimatologische Information immer mittels geeigneter Transferfunktionen in Klimainformationen umgesetzt werden. Die zeitliche Zuordnung ist nicht immer einfach. Wichtige Teilgebiete der Paläoklimatologie sind die ↗Dendroklimatologie und die klimatologische ↗Pollenanalyse. Die maximale Reichweite der Paläoklimatologie mit Hilfe geomorphologischer Methoden liegt bei 3,8 Mrd. Jahren (Tab.). Als geologische Klimazeugen für kaltes Klima gelten glaziale Sedimente und Formen wie z. B. ↗Moränen, ↗Tillite, ↗Kare, ↗Gletscherschliffe, Lagen von ↗dropstones sowie periglaziale Sedimente und Formen. Hierzu gehören u. a. ↗Kryoturbationen, ↗Eiskeilpseudomorphosen, ↗Löß, glazifluviatile ↗Terrassen und paläontologische Funde. Auf warmes Klima kann durch die Lage der Riffgürtel und Fossilien, auf humides durch ↗Lignite und die Tonmineralzusammensetzung und Ausbildung von Verwitterungsdecken geschlossen werden. Zum Erkennen arider Klimabedingungen eignen sich u. a. Verwitterungsbildungen, ↗Evaporite oder ↗Dünen. Bei der Deutung der Klimazeugen sind die jeweilige Breitenlage, die paläogeographische Situation und die vormalige Höhenlage der Fundlokalität zu berücksichtigen. Hilfreich sind außerdem Messungen von ↗Sauerstoffisotopen, die Angaben zur Temperatur des Ozeanwassers und die in Form von Eis gebundene Wassermenge liefern. Daten eustatischer Meeresspiegelschwankungen oder ↗Küstenterrassen können ebenso Indikatoren für das Paläoklima darstellen. Besonders für das ↗Känozoikum ist die ↗Paläobotanik von Wichtigkeit, da sie faziesunabhängig ist

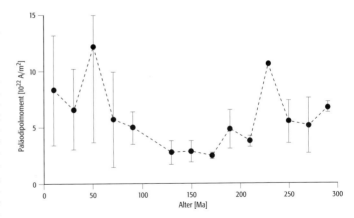

Paläointensität 1: Paläodipolmoment m_{pal} der Erde mit Fehlerbalken (in Einheiten 10^{22} Am^2) der letzten 300 Mio. Jahre (Ma = Mio. Jahre).

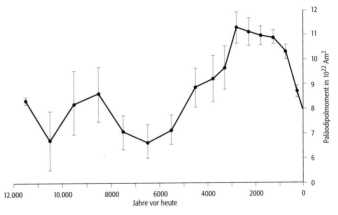

Paläointensität 2: Paläodipolmoment m_{pal} der Erde mit Fehlerbalken (in Einheiten 10^{22} Am^2) der letzten 12.000 Jahre.

Informationsquelle	betrachtete Phänomene	potentiell erfaßbare Regionen	rekonstruierbare Klimaelemente	maximales Zeitintervall	minimale Auflösung	Kontinuität
Bändertone (Warwen)[1]	Sedimentation	Kontinente, soweit glazial beeinflußt	Sommertemperatur (Niederschlag)	$5 \cdot 10^3$ a	1 a	ja, aber nur zeitweise
Gebirgsgletscher	Schichtung, Isotopenverhältnisse, Partikeldeposition, Gaseinschlüsse	Kontinente, vergletscherte Gebirgsregionen	Temperatur (über O-Isotope), Niederschlag, Vulkantätigkeit, Gaskonzentrationen (insbes. CO_2, CH_4) u.a.	$10^2 - 10^4$ a	1–10 a	ja
Baumringe	Jahreszuwachs, (Ringbreite), Dichte, Isotopenverhältnisse	Kontinente, jahreszeitlich wechselnde Vegetation (mittl. u. boreale Breiten)	Komplex aus Temperatur, Bodenfeuchte u.a.; Sonnenaktivität (über ^{14}C)	10^4 a; bei fossilem Holz ggf. länger	1 a	ja; fossiles Holz episodisch
geschlossene Seebecken	Merkmale für Seespiegelhöhe	Kontinente mittlerer und subtropischer Breiten	Verdunstung (Temperatur, Niederschlag)	$10^4 - 5 \cdot 10^4$ a	1–100 a	nein
Inlandeise (polare Eisschilde)	wie bei Gebirgsgletschern	Antarktis, Grönland	wie bei Gebirgsgletschern	$2 \cdot 10^5$ a	1 – 10 a[3]	ja
fossile Pflanzenpollen	Häufigkeit der Pollenarten	Kontinente der außerpolaren Breiten	Komplex aus Temperatur, Bodenfeuchte u.a.; Wind	$10^4 - 2 \cdot 10^5$ a	100–200 a	ja
Küstenlinien der Ozeane	Küstenmerkmale, Riffe u.ä. als Indizien d. Meeresspiegelhöhe	Weltozean (eustatisch stabile Regionen)	Volumen der Kontinentalvereisung (Temperatur)	$4 \cdot 10^5$ a	–	nein
fossile Böden und Schotter	Bodenarten und Schotter in der Sedimentation (Horizonte)	Kontinente außerpolarer Regionen	Grobaussagen zu Temperatur und Niederschlag	$10^6 - 5 \cdot 10^6$ a	100–200 a	ja, aber nur grob
ozeanische Sedimente	Isotopenverhältnisse, Art und Geschwindigkeit der Sedimentation, Beimengungen	Weltozean im Fall hinreichend regelmäßiger Sedimentation des Meeresbodens	Temperatur (der Meeresoberfläche, über O-Isotope, kalkbildende Organismen), Salzgehalt (Wind) Meeresbedeckung	$10^5 - 10^7$ a[2]	500–1000 a	ja
besondere mineralogisch-petrographische Phänomene	Vorkommen von Mineralien und anderen Bodenschätzen	global, heutige Kontinente	warmes sowie humides/ arides Klima (Temperatur, Niederschlag)	$10^6 - 10^9$ a	–	nein
besondere geomorphologische Phänomene	Moränen, Schliffe und andere Zeugen für Gletscherexistenz und Gletscherbewegung	global, heutige Kontinente	Grobaussagen zur Existenz von Gletschern (Temperatur)	$10^4 - 4 \cdot 10^9$ a[4]	–	nein

[1] als Sedimente von Gletscherabflüssen [2] letzteres nur bei sehr langsamer Sedimentation (ca. < 2 cm/1000 a) [3] Für die Zeit ca. > 1000 a wesentlich gröber [4] in extremen Fällen bis zu $3,8 \cdot 10^9$ a (Maximalalter von Sedimenten als Träger entsprechender Klimaindizien)

Paläoklimatologie (Tab.): Übersicht der paläoklimatologischen Rekonstruktionsmethoden.

(／Fazies) und bei geeignetem Ablagerungsmilieu regional sowie zeitlich hochauflösende Informationen liefert. [RBH,CDS]

Paläolimnologie, die Lehre von den fossilen stehenden und fließenden Gewässern auf dem Festland. Untersucht wird die Entwicklungsgeschichte dieser Gewässer mit ihren Organismen und dem Stoffhaushalt überwiegend im ／Quartär.

Paläolithikum, *Altsteinzeit,* ／Steinzeit.

paläomagnetischer Pol, zeitlicher und räumlicher Mittelwert zahlreicher ／virtueller geomagnetischer Pole (VGP). Dabei werden die Nichtdipolanteile des Erdmagnetfeldes und seine langperiodischen zeitlichen Variationen (／Säkularvariation) herausgemittelt. Der paläomagnetische Pol ist dann identisch mit dem Rotationspol der Erde (／Kontinentalverschiebung).

paläomagnetische Zeitskala, ist eine relative Zeitskala der Geologie, die sich auf die paläomagnetische ／Feldumkehr stützt.

Paläomagnetismus, Methode zur Erforschung des Erdmagnetfeldes in den Zeiten vor seiner direkten Messung mit Hilfe von Instrumenten, d. h. vor dem Beginn des 19. Jahrhunderts. Die meisten Gesteine enthalten in ausreichender Konzentration natürliche ferrimagnetische Minerale und damit eine natürliche ／remanente Magnetisierung (NRM), in der Informationen über die Richtung und Intensität des Erdmagnetfeldes in der geologischen Vergangenheit gespeichert wurden. Mit Hilfe des Paläomagnetismus konnte nachgewiesen werden, daß das Erdmagnetfeld im Mittel über einen Zeitraum von einigen tausend Jahren gut durch das Feld eines axialen, geozentrischen ／Dipols beschrieben werden kann, der häufig und wahrscheinlich durch keinen periodischen Vorgang gesteuert seine Polarität wechselt (／Feldumkehrung). Die letzte lang andauernde Periode mit einer zur heutigen (als normal definierten) Polarität umgekehrten oder inversen Polarität endete vor 0,78 Mio. Jahren. Lediglich in den etwa 10^3-10^4 Jahre dauernden Zeiträumen des Wechsels von einer Polarität zur anderen scheint der Dipolcharakter des Feldes zugunsten komplizierterer Felder aufgegeben zu werden. Die Untersuchung sehr alter Gesteine (> 3000 Mio. Jahren) hat gezeigt, daß die Erde schon damals ein ↗Dipolfeld von annähernd der gleichen Intensität wie heute besaß. Paläomagnetische Untersuchungen an Material jünger als etwa 10^4 Jahre (Beginn des Holozäns) werden auch als ↗Archäomagnetismus bezeichnet, insbesondere dann, wenn archäologisches Material (Keramik, Ziegel, Brennöfen) und die darin konservierte Information über das Erdmagnetfeld verwendet wurde.

In den Geowissenschaften können die Ergebnisse paläomagnetischer Untersuchungen auch zur Datierung von Gesteinen (↗Magnetostratigraphie) und zur Rekonstruktion der Kontinentalverschiebung mit Hilfe der scheinbaren ↗Polwanderungskurven verwendet werden. [HCS]

Paläontologie, Wissenschaft vom Leben der Vorzeit. Ihr Forschungsobjekt sind die in Sedimentgesteinen eingebetteten ↗Fossilien im weitesten Sinn, das heißt alle Zeugnisse früheren Lebens. Dazu gehören neben den Körperfossilien auch die Zeugnisse der Lebenstätigkeit von Organismen (↗Spurenfossilien) sowie chemisch nachweisbare Reste früheren Lebens (Chemofossilien). Die Paläontologie ist eine eigenständige Wissenschaft im Spannungsfeld zwischen Geologie und Biologie (Abb.), von denen sie Grundlagen und Methoden übernimmt, die sie aber durch die Zulieferung eigenständiger Forschungsergebnisse um wesentliche Facetten ergänzt. Mit der Geologie verbindet sie das Gestein als einbettendes und erhaltendes Medium der Fossilien. Für deren Interpretation sind deswegen die Kenntnis der Vorgänge bei der Einbettung und ↗Diagenese von Fossilien (↗Taphonomie) ebenso wie die Kenntnis fossiler Ablagerungs- und Lebensräume (↗Fazies) unabdingbar. Mit der Biologie ist sie durch die konkreten Forschungsobjekte, die fossilen Organismen, verbunden. Umgekehrt liefert die Paläontologie beiden Wissenschaften über die ↗Biostratigraphie einen konkreten Zeitbezug und damit die wesentliche historische Komponente, um die Zeitdauer stammesgeschichtlicher Entwicklungen (↗Phylogenie) und geologischer Prozesse abschätzen zu können. Damit ist sie ein wesentliches Standbein der Historischen Geologie (Erdgeschichte). Für die Biologie erweitert sie die Momentaufnahme der heutigen Biodiversität durch die morphologische Kenntnis der zahlreichen ausgestorbenen fossilen Lebensformen – auch höherer ↗Taxa – und ihrer Funktionsmorphologie und Lebensweise. Damit liefert sie als einzige Wissenschaft greifbare Belege zur ↗Evolution; sie zeichnet vergangene Lebensstrategien und Ökosysteme und deren Veränderung in Raum und Zeit nach. Die Ergebnisse zur *Paläoökologie* fossiler Lebensformen ergänzen und präzisieren in der Geologie aber auch die Interpretation fossiler Ablagerungsräume und sind wichtige Paläoklima-Indikatoren. Gleichermaßen wichtig ist der Beitrag der Paläobiogeographie zur methodologisch unabhängigen Rekonstruktion von Paläokontinentlagen und dem andersartig in dieser Präzision nicht erreichbaren Entstehen und Verschwinden von Landbrücken oder der Drift von ↗Terranen. Nicht zuletzt soll die gesteinsbildende Häufigkeit von Fossilien hervorgehoben werden, z. B. in ↗Lumachellen, Riffen und Kohleflözen, an die zum Teil wirtschaftlich nutzbare Lagerstätten von Steine und Erden, Kohlenwasserstoffen und Kohlen gebunden sind. [HGH]

Paläoökologie ↗Paläontologie.

Paläopedologie, Bereich der Bodenkunde, der ↗Paläoböden untersucht.

Paläophytikum, ↗Ära der Erdgeschichte, in der die ↗Pteridophyta dominieren. Die ersten Pteridophyta im ↗Silur markieren den Beginn der auf das ↗Archäophytikum folgenden Ära, die mit dem Niedergang der Farnpflanzen und der Ausbreitung gymnospermer ↗Spermatophyta im ↗Perm endet. Der einschneidende Wechsel von einem Leben im Wasser zum Leben auf dem Land stellte die frühen Landpflanzen unter extrem hohen Selektionsdruck, neue Organisationsformen und Bautypen zu entwickeln, um Anpassungsprobleme bei der Besiedlung terrestrischer Lebensräume zu lösen. Während trilete ↗Sporen von Pteridophyta bereits aus dem Untersilur bekannt sind, stammt der älteste vegetative Sproß von Cooksonia (↗Psilophytopsida) aus dem ↗Ludlow. Sehr rasch und durch Funde im Unter- und Mitteldevon belegt, vollzogen sich die entscheidenden Schritte der Landpflanzen-

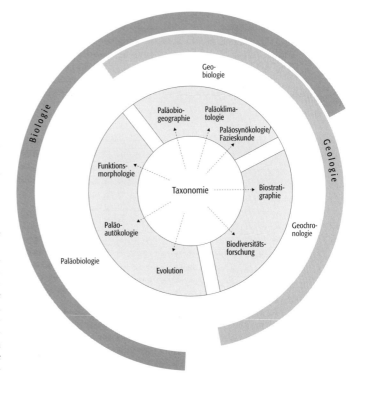

Paläontologie: Teilbereiche der Paläontologie und ihre Beziehungen zu Nachbarwissenschaften.

Evolution mit einer explosionsartigen Radiation der Pteridophyta in die Psilophytopsida, ↗Lycopodiopsida, ↗Equisetopsida und ↗Pteridopsida sowie parallel dazu die Entwicklung der Progymnospermen-Organisation (↗Progymnospermen) durch einige Taxa der Psilophytopsida. Diese Progymnospermen waren die Vorläufer erster gymnospermer Spermatophyta, die seit dem höchsten Oberdevon in den zwei voneinander unabhängigen Linien der ↗Coniferophytina und der ↗Cycadophytina weiter differenzierten. Die Samenpflanzen des Paläophytikums blieben ausschließlich gymnosperm. Die ältesten Landpflanzen waren kleinwüchsig. Aber schon im Mitteldevon wurde von Sprossen der Pteridophyta 10 m Höhe erreicht, im Oberdevon manifestierte sich baumförmiger Großwuchs und im Karbon schließlich Riesenwuchs. Die Besiedlung der Kontinente schritt rasch fort. Ab dem Oberdevon war die Bioproduktion der Landpflanzen schon derart gesteigert, daß aus akkumulierter organischer Substanz in der Folge Kohleflöze werden konnten. Dennoch blieben die Verbreitungsareale der Landpflanzen im Paläophytikum bis zum Ende des ↗Karbons fast ausschließlich auf feuchte (Sumpf)-Standorte beschränkt, weil die die Vegetation dominierenden Pteridophyta wegen der funktionsschwachen Wasserleitgefäße ihrer Sporophyten-Generation (↗Sporophyt) und der thallösen Gametophyten-Generation (↗Gametophyt) ohne Wasserleitgefäße und der wassergebundenen Vermehrungsart der Spermatozoide trockene Standorte nicht tolerieren konnten. Erst ab dem Unterperm beginnen Spermatophyta zunehmend auch Trocken- und Höhenstandorte zu besiedeln. Im Jungpaläophytikum differenzieren sich klimatisch bedingt vier große Florenprovinzen: Glossopteris(Gondwana)-Flora, Cathaysia-Flora, Angara-Flora und Euramerische Flora. Bei den ↗Algen treten ↗Charophyceae ab dem Mitteldevon auf. [RB]

Paläorichtung, die Richtung des ↗Paläofeldes, gekennzeichnet durch die ↗Paläodeklination D_{pal} und die ↗Paläoinklination I_{pal}.

Paläosäkularvariation, ist die ↗Säkularvariation in der geologischen Vergangenheit.

Paläoseife ↗fossile Seife.

Paläoseismologie, die Untersuchung von geologischen Strukturen, die durch Erdbeben im Holozän, d. h. in den letzten 10.000 Jahren hervorgerufen wurden. Starke Erdbeben können erhebliche Veränderungen des Erdbodens verursachen, die sich über tausende von Jahren erhalten können. Ein gutes Beispiel ist ein Erdbeben mit Ab- oder Aufschiebungsmechanismus entlang einer steil einfallenden Herdfläche, die bis zur Erdoberfläche durchgebrochen ist und dort eine sichtbare Verwerfung erzeugt. Die Verwerfung und die Sprunghöhe ist unmittelbar nach dem Erdbeben klar definiert. Dies ändert sich aber im Laufe der Zeit mit fortschreitender Erosion. Unter bestimmten Annahmen über die Anfangsbedingungen entlang der Verwerfung und über die Erosionsrate kann man u. U. die Zeit eingrenzen, zu der die Verwerfung als Folge des Erdbebens entstanden ist. Damit gibt es eine Möglichkeit, eine wesentlich längere Zeitreihe für die Häufigkeit starker Erdbeben aufzustellen, als es mit instrumentellen und historischen Beobachtungen allein möglich wäre. [GüBo]

Paläosol ↗Paläoboden.

Paläosom ↗Mesosom.

Paläotemperaturmessung, Bestimmung der Bildungstemperatur eines Sediments oder Minerals (Fossilien) oder des Wassers bzw. Klimas, in dem dieses entstanden ist. Breitere Temperaturbereiche werden durch Floren- und Faunenvergleiche herbeigeführt. Absolute Werte werden durch ↗Biomarker, Transferfunktionen an Artengesellschaften und Isotopenmessungen rekonstruiert. $^{18}O/^{16}O$-Werte ($^{18}O/^{16}O$) an marinen Carbonaten erlauben nur bei bekannter ↗Salinät sichere Rückschlüsse auf die Temperaturentwicklung. ↗Zirkulationssystem der Ozeane, ↗Isotopenthermometrie.

Paläotethys ↗Tethys.

Paläotropis, *paläotropisches Reich*, ↗biogeographische Region und ↗Florenreich der tropischen und großer Teile der subtropischen Zonen der Alten Welt. Die Paläotropis umfaßt ganz Afrika mit Ausnahme des Kaplandes und der nördlichen Sahara und das gesamte Südasien bis weit in den Pazifischen Ozean. Typisch für die artenreiche Paläotropis sind die vielen ↗Pflanzen-Familien, die Gebiete mit kalten Winter meiden, beispielsweise die *Pandanaceae* (Schraubenbaumgewächse) oder die *Zingiberaceae* mit vielen Gewürzpflanzen (Ingwer etc.). Die Paläotropis läßt sich weiter unterteilen in das Afrikanische (Aethiopis), das Indomalayische (Orientalis) und das Polynesische Unterreich. Jedes dieser Teilgebiete umfaßt charakteristische endemische Gattungen (↗Endemismus), beispielsweise Aloë (Aethiopis) oder den Brotfruchtbaum (*Artocarpus*, Orientalis).

Paläovulkanite, Sammelbezeichnung für permische (↗Perm) oder ältere Vulkanite, deren ursprüngliche Mineralzusammensetzung sekundär verändert wurde (besonders ausgeprägt bei basischen Gesteinen). Beispiele sind ↗Diabas, ↗Melaphyr, ↗Porphyrit und ↗Quarzporphyr.

Paläozän, *Paleozän*, Abkürzung von Paläo-Eozän, international verwendete stratigraphische Bezeichnung für das tiefe Alttertiär. ↗Paläogen, ↗geologische Zeitskala.

Paläozoikum, stratigraphische Bezeichnung für den ältesten Abschnitt des ↗Phanerozoikums; umfaßt die ↗Systeme ↗Kambrium, ↗Ordovizium, ↗Devon, ↗Karbon und ↗Perm. ↗geologische Zeitskala.

Paleozän, korrekte, aber unübliche Bezeichnung für das ↗Paläozän.

Palichnostratigraphie ↗Ichnologie.

Palimpsest, Reliktgefüge in metamorphen Gesteinen (↗Metamorphit), in denen frühere metamorphe Stadien oder das magmatische oder sedimentäre Ausgangsstadium erhalten sind.

palinspastische Karte, eine ↗geologische Karte, in der durch ↗palinspastische Rekonstruktion paläogeographische oder paläotektonische Einhei-

ten in ihrer ursprünglichen geographischen Position vor einer Deformation gezeigt werden.
palinspastische Rekonstruktion, *Abwicklung*, semiquantitative geometrische Rückformung von tektonisch deformierten geologischen Einheiten in eine mögliche Ursprungslage vor ihrer Deformation. Palinspastische Rekonstruktionen können dabei sowohl an extensional als auch kontraktional deformierten Einheiten erfolgen. Die palinspastische Rekonstruktion wird meist aufgrund verschiedener stratigraphischer, fazieller oder metamorpher Merkmale durchgeführt und folgt nicht den strengen geometrischen Regeln der Profilbilanzierung (↗bilanziertes Profil).
palinspastisches Profil, durch eine ↗palinspastische Rekonstruktion semiquantitativ abgewickeltes, tektonisches Profil, in dem alle geologischen Einheiten (tektonische Decken, Überschiebungskörper u.ä.) in ihre ursprüngliche geographische Position vor der Deformation zurückgeformt wurden (Abb.).
Palissy, *Bernard*, franz. Keramiker und Schriftsteller, * um 1509/10 in Agen (Lot-et-Garonne), † um 1589/89 in Paris; arbeitete zunächst als Glasmaler (u. a. für Katharina von Medici) und entdeckte 1557 das Verfahren, Keramiken zu glasieren. Er leitete seit 1564 eine Werkstatt in den Tuilerien in Paris. Seine mit Naturabgüssen kleiner Wassertiere, Pflanzen und Steine belegten Zierschüsseln (Pièces rustiques, Rustiques figulines) wurden bis ins 17. Jahrhundert nachgeahmt. Er hielt auch Vorlesungen über Naturgeschichte, Chemie und Agrikultur. Obwohl er 1572 von der Hugenottenverfolgung verschont geblieben war, wurde er 1588 nach seiner Weigerung zum katholischen Glauben überzutreten eingekerkert und starb in der Bastille. Er leitete seine Erkenntnisse von objektiven Beobachtungen und logischen Schlüssen ab, ohne Rücksicht auf Kirchenautorität, und kanonisierte aristotelische Grundsätze. Bis zum 16. Jahrhundert war der hydrologische Kreislauf von einigen wenigen Naturphilosophen und Geographen nur in seinen groben Umrissen skizziert worden. Bis dahin hatte niemand den Wasserkreislauf so eindeutig, klar und detailliert dargestellt wie er und niemand hatte die Einzelvorgänge so weitgehend durch scharfe, richtig interpretierte Naturbeobachtungen nach Ursache und Wirkung erkannt. Er beschreibt diese in seinem 1580 erschienenen Werk »Discours admirable de la nature d'eaux et fontaines«. Palissy wurde zu seiner Lebzeit wissenschaftlich nicht zur Kenntnis genommen. [HJL]
Pallasit ↗Meteorit.
Palmer, *Leland L.*, amerikanischer Geologe, * 12.2.1906 Caledonia (Minnesota), † 11.1.1978; 1925–28 Studium der Geologie an der Universität von Wisconsin, 1929–37 geologische und geophysikalische Tätigkeiten bei verschiedenen Firmen in Texas, Kansas und Arkansas, 1937 Berufung zum Distrikt-Geologen in Kansas, 1950 selbständiger Geologe, 1955 Wahl zum Präsidenten der South Texas Geological Society; zahlreiche Arbeiten v. a. im Bereich der Geologie von Texas, Stratigraphie und Erdölgeologie.

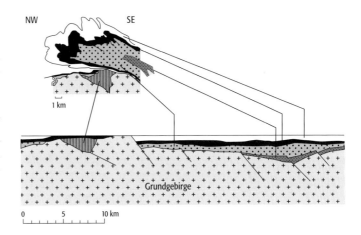

Palse, *Palsa*, torfiger Permafrosthügel mit einem Kern aus wechsellagernden Schichten aus ↗Segregationseis und Torf oder Mineralboden. Typischerweise sind Palsen zwischen 1 und 7 m hoch mit einem Durchmesser von weniger als 100 m. Die meisten Palsen kommen in Mooren oder Feuchtgebieten in der Zone des diskontinuierlichen ↗Permafrosts vor. Eissegregation im Mineralboden unter dem Torf ist der entscheidende Prozeß bei der Genese der Palsen. An der Oberfläche finden sich oft Spalten, hervorgerufen durch Frost, Austrocknung oder Ausdehnung.
palustrin, *palustrisch*, sumpfig bzw. morastig; kennzeichnet ↗Feuchtgebiete wie Sümpfe, Marschen und Moore.
Palynologie im ursprünglichen Sinn ist die Wissenschaft von den mikroskopisch kleinen ↗Sporen und ↗Pollen der ↗Embryophyten. Bei fossilem Material beschränkt sich die Untersuchung auf die Exine des Sporoderm (↗Pollenanalyse), die aus fossilisationsfähigem, sehr resistentem ↗Sporopollenin besteht. Diese sehr klare Abgrenzung aus botanischer Sicht ist vor allem durch Paläontologen erweitert worden, die alle fossil überlieferten Mikrofossilien aus resistenten organischen Wandungen (Palynomorphe), darunter neben Pollen und Sporen der Embryophten auch z. B. Sporen von ↗Fungi und ↗Algen, diverse Zysten von ↗Dinophyta und anderen Algen, ↗Chitinozoa, ↗Acritarchen, Arthropoden-Eier, aber auch mikroskopisch kleine Bruchstückchen von Landpflanzen- und Tierkörpern als Untersuchungsgegenstand der Palynologie betrachten.
Pampa, Grassteppe des außertropischen Südamerikas. Mit 500.000 km² Fläche ist dieses Gebiet im Vergleich mit den ↗Steppen der Nordhemisphäre relativ klein. Die Pampa ist gekennzeichnet durch jährliche Niederschläge zwischen 500 und 1000 mm, was jedoch aufgrund der hohen Verdunstung zu negativer Wasserbilanz und dadurch zur Ausbildung eines semiariden Klimas führt. Es wird davon ausgegangen, daß die baumfreie Pampa eine natürliche Steppe ist, mit Schwarzerden als vorherrschendem Bodentyp. Sie ist allerdings in ihrer ursprünglichen typischen ↗Vegetation stark verändert worden. Der

palinspastisches Profil: verallgemeinerter Profilschnitt durch eine stark NW-vergente Falte im helvetischen Deckenstapel der Schweizer Alpen.

größte Teil der Pampa weist durch Weidenutzung, im Ostteil auch durch Weizenanbau, einen stark anthropogen überprägten Charakter auf mit der Folge stellenweise starker Bodendegradation, beispielsweise infolge Bodenerosion.

Pampero, stürmischer, plötzlich einsetzender Wind aus südlichen Richtungen in Argentinien und Uruguay. Der Pampero kann in kürzester Zeit zu einem drastischen Temperaturrückgang führen; sein Gegenstück auf der Nordhalbkugel ist der ↗Norther.

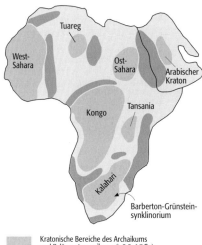

Panafrikanische Faltung: Verbreitung der präkambrischen Kratone und der zwischen ihnen liegenden panafrikanischen Orogene auf dem afrikanischen Kontinent (Ga = Mrd. Jahre, Ma = Mio. Jahre).

Panafrikanische Faltung, *Pan-afrikanische Faltung*, Faltungsphase im oberen ↗Proterozoikum bis zum ↗Kambrium. Die Panafrikanische Orogenese hat den Afrikanischen Kraton durch mindestens sechs tektonische Phasen (1050, 950, 860, 785, 685 und 600 Mio. Jahre v.h.) zusammengeschweißt, wobei die 600 Mio. Jahre-Phase die stärkste Faltung und Metamorphose verursachte (Abb.). Jüngere präkambrische orogene Phasen Afrikas, wie z. B. die Damara-Orogenese, werden auch zu der Panafrikanischen Faltung gezählt. Der Panafrikanischen Phase entsprechende orogene Bewegungen sind auch auf anderen Kratonen, vor allem aber auf dem Südamerikanischen Kraton festgestellt worden. (↗Cadomische Faltung, ↗Assyntische Faltung). Das Ergebnis dieser Orogenesen war der Superkontinent Rodinia, der aber, schon bevor die Faltungsphasen abgeschlossen waren, ab etwa 700 Mio. Jahre v.h., zu zerfallen begann. [WA]

panchromatischer Film, photographischer Schwarzweißfilm mit einer Empfindlichkeit im gesamten sichtbaren Bereich des elektromagnetischen Spektrums. Die Helligkeitswiedergabe in panchromatischen Filmen entspricht genähert dem normalen Hellempfinden des menschlichen Auges.

Pangäa ↗Kontinentalverschiebungstheorie.

Panorama, *Panoramazeichnung, Panoramadarstellung*, ↗kartenverwandte Darstellung (*Panoramakarte*), mit einer Horizontlinie versehene Orientierungshilfe, die als Rundblick von Aussichtspunkten im 19. Jahrhundert und vor allem für touristische Zwecke bis heute häufig gezeichnet bzw. gemalt worden ist. Die zugrunde liegende Geometrie ist eine horizontale Abbildung auf einen vertikalen Zylindermantel, wobei die gemessenen Winkel in einem frei wählbaren Bogenlängenmaß aufgetragen werden (1° = 1 mm ergibt eine Streifenlänge von 36 cm für den Rundblick). Für die Vertikalwinkel kann das gleiche Maß benutzt werden, anderenfalls entsteht eine Überhöhung des ↗Reliefs. Ein Kreisringpanorama entsteht, wenn ein Rundblick in Form einer Kreisscheibe oder eines Kreisringes konstruiert und gezeichnet wird. Trotz horizontaler Lage ist das Kreisringpanorama konstruktiv als Abbildung mit lotrechter Bildebene anzusprechen, bei welcher der abgewickelte Zylinderstreifen in die Ebene umgelegt wird. [MFB]

Panoramakamera, *Panoramakammer, panoramic camera*, photographisches Aufnahmesystem, das durch Rotation (Wippe) des Linsensystems oder eines vor dem Linsensystem angeordneten Prismas und korrelierte Bewegung eines Belichtungsschlitzes auf dem in Brennweite zylindrisch aufgelegten Filmabschnitt quer zur Flugrichtung photographische Bilder hoher Auflösung und großer Geländeüberdeckung aufnimmt. Mit Panoramakammern aufgenommene Luftbilder weisen Panoramaverzerrung zufolge der zylindrischen Bildebene und Zeilenverzerrung zufolge Bildwanderung während der Belichtung eines Panoramastreifens auf. Ein Beispiel für die Anwendung von Panormkameras ist die »optical bar camera« der NASA, die für Aufklärungsmissionen in großer Flughöhe (19.800 m), aber auch während der Apollo-Missionen zur Aufnahme großer Teile der Mondoberfläche verwendet wurde. Die von Aschenbrenner im Jahr 1931 entwickelte Panoramakammer bestand aus mehreren Kameras mit einem zentralen, vertikal ausgerichteten Aufnahmesystem und acht um einen konstanten Winkel nach außen geneigten Aufnahmerichtungen. Einsatz fand diese Kammer z. B. bei der Luftbilderkundung von Polargebieten. [EC]

Panoramakarte ↗Panorama.

Panoramakorrektur ↗Panoramaverzerrung.

Panoramaverzerrung, durch zeilenweise Digitalisierung in konstantem Zeitintervall weisen mit ↗optomechanischen Scannern oder mit entsprechenden Mikrowellenradiometern aufgenommene Bildelemente quer zur Flugrichtung eine Vergrößerung um den Faktor $1/\cos^5 \alpha$ auf, wobei α dem Auslenkwinkel entspricht. Die Bildelemente werden jedoch in einheitlicher, der Projektion in Nadirrichtung entsprechender Größe dargestellt und damit gestaucht. Die Korrektur dieser Verzerrung (*Panoramakorrektur*) erfolgt durch Annahme gleichgroßer Bildelemente über die gesamte Streifenbreite und die Rückrechnung der Pixel-Position in das gestauchte Originalbild. Die entsprechenden Grauwerte werden durch eindimensionale Interpolation aus benachbarten

Grauwerten (z. B. nearest neighbour) ermittelt. Als Panoramaverzerrung wird auch jene Verzerrung der zeilenweise aufgenommenen photographischen Bilder der ↗Panoramakamera bezeichnet, die durch die im Abstand der Brennweite des Linsensystems befindliche zylindrische Bildebene bewirkt wird. [EC]

Pantellerit, Aegirin-Rhyolith (↗Rhyolith) von der Insel Pantelleria (Italien) mit 43 % Mikroklin-Perthit, 24 % Quarz, 22 % Wollastonit-Einsprenglingen, 9 % Diopsid, 2 % Erz, Titanit, Zirkon, Apatit, Calcit ± Kupferkies.

Panthalassa ↗Kontinentalverschiebungstheorie.

Papierkohle ↗Blätterkohle.

Pappschnee ↗Lockerschnee.

PAR, *Photosynthetic Acitve Radiation, photosynthetisch aktive Strahlung*, der Photonenfluß der photosynthetisch aktiven Strahlung im Wellenlängenbereich von 400 nm bis 700 nm, Einheit: µmol/m²s.

para-, in der ↗Petrologie verwendete Vorsilbe, die anzeigen soll, daß ein bestimmtes metamorphes Gestein (↗Metamorphit) aus einem sedimentären Ausgangsgestein hervorgegangen ist (z. B. Paragneis, Para-Amphibolit).

Parabeldüne, *Paraboldüne*, U- oder V-förmige ↗gebundene Düne mit konvexem leeseitigen Schüttungshang, die mit ihrer Öffnung gegen den Wind gerichtet ist (im Gegensatz zum ↗Barchan) und meist langgezogene Enden besitzt. Parabeldünen können aus ↗blowouts hervorgehen. Die Reliefgenese ist an Vegetation und Untergrundfeuchte gebunden sowie an ausreichende Windstärken, um den deflationshemmenden Bewuchs zu überwinden. Die stärkere Bindung der flachen Ränder durch Bewuchs und Feuchtigkeit ermöglicht dem Dünenmittelstück trotz größerer Sandmächtigkeit schneller zu wandern und die Randbereiche als lange Sichelenden zurückzulassen. Bei fortgesetzter Wanderung des Mittelteils kann der Parabelbogen durchbrochen werden und es entstehen durch eine Dünengasse getrennte, windparallele Strichdünen. Parabeldünen sind in ↗semiariden Gebieten und an ↗Küsten oder als ↗Altdünen auf den spätglazialen Sanderflächen (↗Sander), z. B. in Norddeutschland, weit verbreitet. [KDA]

Parabraunerde, *Lessives*, ↗Bodentyp, der sich im gemäßigten Klima an damals nicht vernäßten, z. B. mitteleuropäischen Standorten vor allem unter Laubwald besonders in kalkhaltigen, schluff- und feinsandreichen Substraten wie Löß, Geschiebelehm sowie glazifluvialen Sanden entwickelt hat. Die Prozesse der Entkalkung, Verbraunung, Tonneubildung und Tonverlagerung führen zur Entstehung von Parabraunerden.
Vor den mittelalterlichen Rodungen und damit dem Einsetzen von starker ↗Bodenerosion in Mitteleuropa besaßen Parabraunerden die folgende Horizontierung: Ah = geringmächtiger Humushorizont, Al = Tonverarmungshorizont, Bt = Tonanreicherungshorizont, in homogenem Löß mit relativ homogener Tonanreicherung im Mittel- und Grobporenraum, in Sanden mit Tonanreicherung in etwa oberflächenparallelen, wenige Millimeter bis einige Zentimeter mächtigen Bändern, Bv = meist homogener verbraunter Horizont (nicht immer entwickelt) und Cv = Ausgangssubstrat (↗Bodentyp Abb. im Farbtafelteil).
Der Humushorizont war vorwiegend nur wenige Zentimeter, der Tonauswaschungshorizont bis zu 0,6 m mächtig. Die Gesamtmächtigkeit des gegliederten Bt-Horizontes schwankte von weniger als 1 m (z. B. in den Lössen der Braunschweiger Lößbörde und Unterfrankens oder in Geschiebelehmen Norddeutschlands) bis über 3 m (beispielsweise in den sandreichen Lössen am südwestlichen Harzrand). Die Mächtigkeit wurde vor allem von den Substrateigenschaften (Kalkgehalt, Körnung, Lagerungsverhältnisse), dem Relief und der Summe des Jahresniederschlages bestimmt. Der Verbraunungshorizont war bis zu 0,6 m mächtig. Bodenerosion hat in Mitteleuropa während Mittelalter und Neuzeit an Hängen zur oft teilweisen und lokal vollständigen Abtragung der Parabraunerden geführt. In mittelalterlichen schluffig-lehmigen oder sandigen ↗Kolluvien, die seit dem ausklingenden Spätmittelalter unter Laubwald liegen, haben sich oft erneut Parabraunerden gebildet. [HRB]

Paracelsus, *Philippus Theophrastus*, (Philipp Aureolus) Theophrast (Bombast) von Hohenheim, Arzt, Alchimist und Philosoph, * 10.11.1493 Einsiedeln (Schweiz), † 24.9.1541 Salzburg; Paracelsus studierte ab 1509 an diversen Universitäten, z. B. in Basel, Tübingen, Wien, Wittenberg u. a., die ihn alle nicht zufrieden stellen konnten. Wahrscheinlich promovierte er 1517 an der italienischen Universität Ferrara. Nach einem zehnjährigen Wanderleben von 1514 bis 1524, das ihn u. a. nach Ägypten, Ungarn, das Gelobte Land und Konstantinopel führte, ließ er sich für kurze Zeit als Arzt in Salzburg nieder, 1526 ging er nach Straßburg und im Jahr darauf nach Basel, wo er als Stadtarzt und Professor tätig war. Durch die Inszenierung einer öffentlichen Verbrennung der Schriften von Avicenna und Galen, zwei Ärztekollegen, hatte er sich so viele Feinde in Basel geschaffen, daß er schon nach einem Jahr seiner Tätigkeit dort heimlich fliehen mußte, um sein Leben zu retten. Weitere Stationen seines bewegten Lebens waren 1528 Colmar, 1530 Beratzhausen, bei Regensburg, St. Gallen, Villach, Salzburg u. a. Paracelsus' These war »Wissen ist Erfahrung«.
1530 erfolgte seine wegweisende klinische Beschreibung der Syphillis. Um 1533 schrieb er drei »Bücher über die Bergsucht und andere Bergkrankheiten« (1567 gedruckt), aber erst sein Buch »Die grosse Wundartzney« (1536) verschaffte ihm wieder eine wissenschaftliche Anerkennung. Paracelsus führte chemische Heilmittel in die Medizin ein. Zu seinen Entdeckungen gehörte das Zink, die Quecksilberverbindung Kalomel (↗Halogenide), Schwefelblüte u. a. Angeregt durch die deutsche Mystik sowie eigene astronomische und alchemistische Studien, formulierte er das Prinzip der Spiegelbildlichkeit von Mikro- und Makrokosmos. Daneben hat er zahlreiche naturphilosophische, pharmazeutische und me-

Paracelsus, *Philippus Theophrastus*

Paraffine, *gesättigte Kohlenwasserstoffe*, ↗*Alkane*.
Paraffin-Naphthen-Öl ↗*Erdöltypen*.
Paraffinöl ↗*Erdöltypen*.
Paragenese ↗*Mineralparagenese*.
paragenetische Abfolge, *paragenetische Sequenz*, *Mineralsukzession*, zeitliche Abfolge der Ausscheidung (meist ↗*Kristallisation*, untergeordnet auch gelförmig in ↗*amorphen Phasen*) von Mineralen aus einer Schmelze, Gasphase oder ↗*hydrothermalen Lösung*, bedingt durch fortschreitende Abkühlung und durch frühere Ausscheidungen erfolgte Änderungen in der Zusammensetzung der Schmelze, wobei die Abfolge nicht immer vollständig sein muß. Vergleichbare paragenetische Abfolgen in regionalem bis globalem Maßstab weisen auf grundsätzliche Gesetzmäßigkeiten hin, besonders gut erkennbar bei ↗*Ganglagerstätten*. In der ↗*Lagerstättenkunde* ist die paragenetische Abfolge Grundlage der Gliederung von Lagerstätten der magmatischen Abfolge (↗*Gesteinsassoziation*). Hydrothermale Ganglagerstätten können anhand ihrer paragenetischen Abfolge in verschiedene Typen (»Formationen«) unterteilt werden (z. B. U-Bi-Co-Ni-Ag-Formation). Die früher hierfür erfolgte Einteilung nach verschiedenen Temperaturbereichen in kata-, meso-, epi- und ↗*teletherma*l führte zu der nur noch in geringem Maße gültigen Vorstellung, die hydrothermalen Lösungen auf eine magmatische Herkunft zu beziehen. [HFl]
paragenetische Mineralogie, Fachgebiet der Mineralogie, das die Gesetzmäßigkeiten des gemeinsamen Vorkommens der Minerale (↗*Mineralparagenese*) erforscht.
Parageosynklinale ↗*Geosynklinale*.
Paragestein ↗*Metamorphit*.
Paragneis ↗*Gneis*.
Parakonglomerat, Bezeichnung für ↗*Konglomerate* mit einem Matrixanteil von mehr als 15 %. In der Regel liegt ein matrixgestütztes Gefüge vor. ↗*Diamiktit*.
Parakristall, Kristall im Zustand der Auflösung der periodischen Ordnung. Wird ein Kristall allmählich bis zum Schmelzpunkt erhitzt, so verschwindet die translationssymmetrische, gitterhafte Anordnung der Atome i.a. nicht sprunghaft. Die Nahordnung (↗*Kristallstruktur*) bleibt noch erhalten, wenn sich die ↗*Fernordnung* bereits auflöst. Die Atomlagen, die auch unter Normalbedingungen thermischen Schwingungen unterliegen, die durch den Debye-Waller-Faktor erfaßt werden, müssen dann in viel stärkerem Maße durch statistische Parameter beschrieben werden. Die Beugungsbilder unter Röntgen-, Elektronen- und Neutronenstreuung werden dann sehr unscharf und erfordern besonderen Interpretationsaufwand.
parakristallin ↗*postkristallin*.
parallaktische Montierung, Teleskopmontierung bei der eine Achse (Stundenachse) parallel zur Erdrotationsachse steht. Die zweite, auf der Stundenachse senkrecht stehende Achse wird Deklinationsachse genannt (↗*azimutale Montierung*).
parallaktischer Winkel, kleiner Winkel γ, unter dem die Endpunkte einer relativ kurzen ↗*Strecke* (Basis b) gesehen werden. Die Schenkel des parallaktischen Winkels bilden zusammen mit der Basis das ↗*parallaktische Dreieck*, auf dem z. B. das Prinzip der ↗*optischen Distanzmessung* beruht.
parallaktisches Dreieck, gleichschenkliges Dreieck, das aus den Schenkeln des ↗*parallaktischen Winkels* γ und einer relativ kurzen Basis b gebildet wird; mathematische Grundlage der ↗*optischen Distanzmessung* (Abb.).

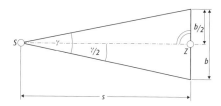

parallaktisches Dreieck: schematische Darstellung (γ = parallaktischer Winkel, b = Basis, S = Distanz).

Parallaxe, in der ↗*Photogrammetrie* Koordinatendifferenz der Durchstoßpunkte P_i homologer Strahlen r_i der beiden ↗*Aufnahmestrahlenbündel* eines ↗*Bildpaares* durch eine x-y-Ebene des Modellkoordinatensystems (↗*Modellkoordinaten*). In der Ebene entstehen *Horizontalparallaxen* in x-Richtung und *Vertikalparallaxen* in y-Richtung. Die Horizontalparallaxen $p_x = x_2 - x_1$ sind ein Maß für die Höhe des den Strahlen zugeordneten Modellpunktes. Vorhandene Vertikalparallaxen $p_y = y_2 - y_1$ bedeuten, daß die homologen Strahlen windschief zueinander verlaufen. Die Beseitigung der Vertikalparallaxen oder ihre Messung ist die Grundlage für die ↗*relative Orientierung* der Strahlenbündel mit dem Ziel des Schnitts homologer Strahlen (Abb.).

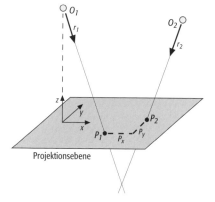

Parallaxe: Darstellung der Horizontal- p_X und Vertikalparallaxe p_Y.

Parallaxe eines Gestirns, Änderung der scheinbaren Richtung zu einem Gestirn beim Wechsel des eigenen Standortes. Üblicherweise wird der ↗*Sternort* auf das ↗*Baryzentrum* bezogen. Werden topozentrisch gemessene Sternpositionen auf das Geozentrum bezogen, so nennt man die

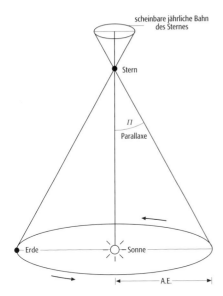

erforderliche Korrektur geozentrische Parallaxe. Die Korrektur eines geozentrischen Sternortes auf das Baryzentrum erfolgt wegen der jährlichen Parallaxe. Aufgrund der jährlichen Bewegung der Erde um die Sonne ändert sich die geozentrische Richtung zu einem Stern in Bezug auf quasi-inertiale Achsen (Abb.). Unter der jährlichen Parallaxe Π versteht man denjenigen Winkel, unter dem die mittlere Strecke Erde-Sonne (Astronomische Einheit, A. E.) vom Stern aus erscheint. Näherungsweise gilt:

$$\Pi \cong \frac{A.E.}{d},$$

wenn d die Distanz des Sternes vom Baryzentrum bezeichnet. Die Einheit Parsec (pc) ist diejenige Distanz d, für welche Π gerade eine Bogensekunde beträgt: $1\ pc = 3{,}0856 \cdot 10^{13}$ km $= 3{,}2615$ Lichtjahre. Der erdnächste Stern α(Proxima) Centauri weist eine Parallaxe von 0,''76 auf. Die Korrekturen der Äquatorkoordinaten α und δ eines Sternes aufgrund der jährlichen Parallaxe schreibt man oft in der Form ($\Delta\alpha = \alpha'-\alpha$ usw.):

$$(\Delta\alpha)_\Pi = \Pi(Yc-Xd)$$
$$(\Delta\delta)_\Pi = \Pi(Yc'-Xd')$$

Hierin sind c, c', d, d' die sogenannten Sternkonstanten (↗Aberration) und X, Y die kartesischen äquatoriellen Koordinaten der Sonne. Letztere sind in ↗astronomischen Jahrbüchern zu finden. Die geozentrische Parallaxe π hängt von beobachteter Zenitdistanz z', Abstand des Beobachters ϱ und des Gestirns d vom Geozentrum ab:

$$\sin\pi = \frac{\varrho}{d}\sin z'.$$

Die Korrekturen für α und δ aufgrund der geozentrischen Parallaxe ergeben sich aus (h = Stundenwinkel):

$$(\Delta\alpha)_\pi = -\pi \sin h \operatorname{cosec} z \cos\Phi \sec\delta$$
$$(\Delta\delta)_\pi = -\pi(\sin\Phi \operatorname{cosec} z \sec\delta - \tan\delta \cot z).$$

Die geozentrische Parallaxe ist in der Regel für Sterne vernachlässigbar klein und spielt nur bei Beobachtungen von Körpern im Sonnensystem eine Rolle. [MHS]

Parallelepiped Classification ↗Box-Klassifikation.

Parallelflächner ↗Paralleloeder.

Parallelkreis, *Parallel*, ↗Kleinkreis auf der Kugeloberfläche, der durch Schnitt der Kugel mit einer Ebene senkrecht zur Achse PP' entsteht. Sein Radius r hängt vom Kugelradius R und von der ↗geographischen Breite φ nach folgender Beziehung ab (Abb.):

$$r = R\cos\varphi.$$

Ein Parallelkreisbogenstück zwischen zwei Punkten gleicher Breite φ stellt den Bogen einer ↗Loxodrome dar und ist daher nicht die kürzeste Verbindung zwischen diesen beiden Punkten. Wegen der Masseninhomogenität im Erdkörper (↗Geoid) ist ein Parallelkreis auf der Erdoberfläche kein idealer Kreis. Vielmehr liegen Punkte gleicher geographischer, besser astronomischer Breite (↗geographische Koordinaten) auf einer kreisähnlichen doppelt gekrümmten Kurve.

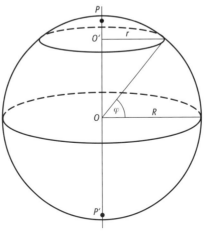

Parallaxe eines Gestirns: Modell zur Berechnung der jährlichen Bahn der Sterne (A. E. = Astronomische Einheit).

Parallelkreis: Parallelkreis auf der Kugeloberfläche (r = Radius des Parallelkreises, R = Kugelradius, φ = geographische Breite).

Parallelleitfähigkeit, ↗elektrische Leitfähigkeit parallel zu einer geologischen Schichtung.

Paralleloeder, *Parallelflächner*, konvexe Polyeder, die bei paralleler Anordnung den Raum lückenlos füllen. Diese Polyeder sind stets zentrosymmetrisch und haben paarweise parallele kongruente Seitenflächen. Wie der russische Mineraloge und Kristallograph E. S. v. ↗Fedorov als erster zeigte, gibt es fünf topologisch verschiedene Typen von Paralleloedern (Abb.). Die Paralleloeder sind die Wirkungsbereiche von Punkten in dreidimensionalen Punktgittern. Sie bestehen aus allen Punkten des Raums, deren Abstand zu einem vorgegebenen Gitterpunkt kleiner oder gleich groß ist wie zu einem beliebigen anderen

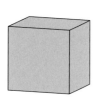    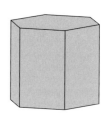

Paralleloeder: die fünf topologisch verschiedenen Typen von Paralleloedern (von links nach rechts): Würfel, Rhombendodekaeder, abgestumpftes Oktaeder, gestrecktes Dodekaeder, hexagonales Prisma (mit Pinakoidflächen).

Paralleloeder (Tab.): Wirkungsbereiche wichtiger Gitter.

Gitter	Wirkungsbereich
kubisch primitiv	Würfel
kubisch flächenzentriert	Rhombendodekaeder
kubisch innenzentriert	abgestumpftes Oktaeder
hexagonal primitiv	hexagonales Prisma
tetragonal innenzentriert[(1)]	gestrecktes Dodekaeder

[(1)] für $c/a < \sqrt{2}$

Paramagnetismus (Tab): spezifische Suszeptibilitäten χ_{spez} einiger paramagnetischer Minerale.

Substanz, Mineral	χ_{spez} [10^{-8} m³/kg]
Olivin	5–130
Amphibole	10–100
Biotit	6–100
Serpentin	10–50
Pyroxene	3–90
Granate	10–200
Pyrit	5–50

Gitterpunkt. Ebenfalls bekannt sind die Wirkungsbereiche auch unter den Namen Dirichlet-Bereiche, Voronoi-Polyeder oder Wigner-Seitz-Zellen bekannt. Der Wirkungsbereich eines jeden anderen Gitters ist einem der fünf Paralleloeder topologisch (und sogar affin) äquivalent, so zum Beispiel der Bereich des tetragonal innenzentrierten Gitters für $c/a < \sqrt{2}$ dem abgestumpften Oktaeder (Tab.). [WEK]

Parallelprojektion, Projektion eines Körpers auf eine Ebene mittels paralleler Strahlen, bei der die Ebene entweder senkrecht auf den Strahlen steht (orthogonale Projektion) oder gegenüber den Strahlen geneigt ist (↗klinographische Projektion).

Parallelwerk, in Fließrichtung eines Flusses angelegtes Regelungsbauwerk zum Schutz des Ufers oder zur Vertiefung des Gewässers. Parallelwerke haben den Vorteil einer nicht unterbrochenen Führung des ↗Stromstriches. ↗Deckwerk, ↗Leitwerk.

paramagnetische Stoffe ↗Paramagnetismus.

Paramagnetismus, Erzeugung einer ↗Magnetisierung durch ein Magnetfeld, die der magnetischen Feldstärke H proportional ist: $\vec{J} = \chi \vec{H}$; die magnetische Suszeptibilität χ ist also in *paramagnetischen Stoffen* positiv. In Kristallen sind die magnetischen Eigenschaften anisotrop (↗Anisotropie), und es gilt:

$$J_k = \sum_l \chi_{kl} H_l.$$

In Kristallen ist deshalb χ ein polarer ↗Tensor 2. Stufe, da er zwei axiale Vektoren, das Magnetfeld und die Magnetisierung, in Beziehung setzt. Eine paramagnetische Substanz verhält sich im magnetischen Feld wie eine dielektrische Substanz im elektrischen Feld.

Die Deutung des Paramagnetismus geht auf Ampère 1821/22 zurück und beruht auf der Ausrichtung permanenter magnetischer Momente der Moleküle oder Atome im Magnetfeld. Das magnetische Moment erhalten die Atome durch die sog. Ampèreschen Kreisströme der Elektronenbahnen. Im Gegensatz zu diamagnetischen Stoffen (↗Diamagnetismus) gibt es bei paramagnetischen Substanzen permanente, atomare magnetische Momente auch bei Abwesenheit äußerer magnetischer Felder. Ohne Magnetfeld gibt es allerdings keine Vorzugsrichtung der atomaren magnetischen Momente (↗Ferromagnetismus), da sie durch die Wärmebewegung völlig ungeordnet sind. Die magnetische Suszeptibilität muß also umso größer sein, je tiefer die Temperatur T ist, wie es vom Curieschen Gesetz $\chi = C/T$ gefordert wird. C ist die Curie-Konstante. Bei Anlegen eines Magnetfeldes übt dieses eine Richtwirkung aus. Paramagnetisch sind alle Minerale, welche Kationen der Eisengruppe (Fe, Co, Ni) und anderer Übergangsmetalle wie z. B. Mn, Cr und V enthalten. Die spezifische, d.h. auf die Masse bezogene Suszeptibilität paramagnetischer Minerale liegt im Bereich 1 bis $200 \cdot 10^{-8}$ m³/kg und wird vor allem durch den Anteil an Eisen- und Manganionen bestimmt (Tab.).

Parameterverhältnis, Verhältnis der Achsenabschnitte. Die Verhältnisse der Achsenabschnitte sämtlicher Flächen eines Kristalls auf gleichen Koordinatenachsen lassen sich durch rationale Zahlen ausdrücken (↗Rationalitätsgesetz).

parametrischer Effekt ↗nichtlineare optische Effekte.

Parametrisierung, spezielle Methode zur empirischen Berücksichtigung von Vorgängen und Prozessen, die nicht explizit betrachtet werden. Besondere Anwendung findet die Parametrisierung in der numerischen Wettervorhersage, bei der aufgrund des verwendeten ↗Gitterpunktsystems kleinräumige Vorgänge, deren charakteristische Länge kleiner ist als die Gitterweite, nicht explizit dargestellt werden können. Aufgrund bekannter empirischer Zusammenhänge wird die pauschale Wirkung eines solchen Vorganges durch die berechenbaren mittleren Modellvariablen berücksichtigt, ohne daß der eigentliche Prozeß detailliert erfaßt wird. Vorgänge, die typischerweise in Wettervorhersagemodellen in parametrisierter Form berücksichtigt werden, sind die ↗turbulenten Flüsse sowie die Wolken- und Niederschlagsbildung.

Paramo, alpine Stufe der tropischen Hochgebirge (↗Höhenstufen), die in den Anden, aber auch in Ostafrika, Zentral-Madagaskar oder Indonesien

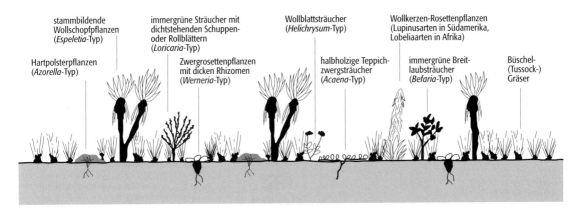

Paramo: Vegetationsformen des Paramos.

und Indochina auftritt. Der Paramo liegt im Bereich der Nebel- und Wolkenstufe, die sich durch hohe Feuchtigkeit, aber dauernd tiefe Temperaturen auszeichnet. Dies schränkt die Wasseraufnahme der ↗Pflanzen ein und führt zu Auftreten von xeromorphen Merkmalen (↗Xerophyten) als Schutzmechanismen (Abb.). Das Pflanzenwachstum kann über das ganze Jahr erfolgen, doch vollzieht es sich nur relativ langsam. Die Hauptvegetationsform des Paramos bilden Strauch- und Grasformationen mit vielen Polsterpflanzen und stammbildenden ↗Sukkulenten, beispielsweise die Kerzenschopfbäume (*Espeletia*-Arten). In Richtung Subtropen schließt sich dem Paramo auf gleicher Höhenstufe die trockenere Puna an. [SMZ]

Paramorphie, eine der ↗Meroedrien eines Kristallsystems; speziell Bezeichnung für die Hemiedrien mit horizontaler Spiegelebene: $4/m$ (C_{4h}), $\bar{6}$ (C_{3h}), $6/m$ (C_{6h}) und $m\bar{3}$ (T_h).

Paramorphose, *Umlagerungsparamorphose*, Sonderfall der ↗Pseudomorphose, Ersatz einer bestimmten Modifikation eines Minerals durch eine andere unter Beibehaltung der chemischen Zusammensetzung. Hier findet die Umwandlung durch Änderung von Druck und/oder Temperatur statt. Die entsprechende Tieftemperaturform liegt dann in Gestalt der Hochtemperaturmodifikation vor. Paramorphosen spielen eine wesentliche Rolle als ↗geologische Thermometer oder Barometer, z. B. bei der Umwandlung von Hochquarz in Tiefquarz. So bildet sich beim Abkühlen von Hochquarz unter 573°C der trigonale Tiefquarz, der jedoch in der äußeren hexagonalen Form des Hochquarzes erhalten bleiben kann. Findet man daher in Gesteinen Quarze mit den Merkmalen der hexagonalen Symmetrie des Hochquarzes, dann läßt sich daraus schließen, daß bei der Bildung die Temperatur des Gesteins höher als 573°C gelegen haben muß. [GST]

Paramoudra, aus dem Irischen stammender Begriff für eine große ↗Konkretion um das ↗Spurenfossil *Bathichnus paramoudrae* aus der ↗Schreibkreide. Der ↗Grabgang im Zentrum besteht aus einem meterlangen, senkrechten Schacht mit kleinen Seitenzweigen von einigen Zentimetern Länge; er stellt eine Kombination aus Freßbau und Fluchtspur dar. Der sedimentfressende Erzeuger senkte den pH-Wert der Umgebung durch seine Stoffwechselprodukte ab, wodurch es dort zur Ausfällung von Kieselsäure kam. Diese alterte zu Quarz und liegt somit heute als Flint (»Feuerstein«) vor (↗Chert).

Pararendzina, der Name soll auf Verwandschaft mit ↗Rendzina hindeuten und gehört zur Klasse der ↗Ah/C-Böden, mit 2–70 % CaCO$_3$. Der ↗Ah-Horizont ist < 40 cm mächtig, dadurch ist eine Abgrenzung von ↗Schwarzerden möglich. Der Pararendzina entwickelt sich aus Löß, Geschiebemergel, carbonathaltigen Schottern, Sanden oder Sandstein durch Humusakkumulation, Bildung kyprogener Aggregate und mäßige Carbonatverarmung. Sie entsteht in semiariden Gebieten; unter Wald nach Entkalkung Weiterentwicklung zu ↗Braunerde oder ↗Parabraunerde, unter Steppenbedingungen zu ↗Schwarzerde. Als Klimaxstadium treten Pararendzina nur in semiariden Gebieten auf. Als Ergebnis der ↗Bodenerosion sind sie in Hanglagen anzutreffen, vergesellschaftet mit den nicht erodierten Parabraunerden unter Wald oder auf Plateaulagen. Nach der ↗WRB ein Calcaric ↗Regosol, ein Eutric ↗Leptosols oder auch ein ↗Phaeozems. [MFr]

Parasequenz ↗Sequenzstratigraphie.

Parasitärkrater, Nebenkrater auf den Flanken von ↗komplexen Vulkanen.

Parasitismus, [von griech. *parasitos* = Schmarozer], *Schmarotzertum*, in der ↗Ökologie die Wechselbeziehung zwischen zwei Organismenarten. Dabei zieht – im Gegensatz zur ↗Symbiose – einer (Parasit) aus der Wechselbeziehung einseitig Nutzen und schädigt dabei in der Regel den anderen (↗Wirt). Der Parasit muß zumindest zeitweise direkten Körperkontakt zum Wirt halten, um die für seinen Stoffwechsel oder zur Erzeugung seiner Nachkommen notwendigen Bedingungen zu finden. Es ist daher notwendig, daß der Wirt eine gewisse Zeit am Leben bleibt. Häufig wird dieser jedoch durch toxisch wirkende Stoffwechselprodukte des Parasiten oder mechanische Verletzungen in Mitleidenschaft gezogen, so daß er später daran zugrunde geht. Der Wirt hat deshalb häufig Abwehrmaßnahmen entwickelt, um die Schädigungen in Grenzen zu halten. Parasit-Wirt-Beziehungen sind z. B. Darmparasiten des Menschen (Spulwürmer etc.) oder die

Aufzucht von Jungen des Kuckucks durch andere Vogelarten. [DR]

Parastratigraphie, Ansatz zur biostratigraphischen Gliederung (/Biostratigraphie) eines Zeitabschnittes. Im Gegensatz zur Orthochronologie (/Orthostratigraphie) ist eine Parastratigraphie aufgrund der regionalen oder faziellen Verbreitung der benutzten Fossilgruppe nur beschränkt anwendbar und vielfach nicht oder nur schwer auf andere Regionen zu übertragen.

Paratethys, nördlicher Teil der im /Miozän zerfallenden /Tethys. Die Paratethys umfaßt mehrere große Becken, von denen heute noch der Balatonsee, das Schwarze Meer, das Kaspische Meer und der Aralsee bestehen. Durch die schrittweise Abschnürung vom Meer wurde die Paratethys ab dem Mittelmiozän zu einem brackischen Binnenmeer. Das Molassebecken, der Bereich nördlich der Alpen (/nordalpines Molassebecken), fällt im /Neogen trocken.

parautochthon, nur wenig gegenüber der ursprünglichen Unterlage verschoben. Der Begriff läßt sich nur relativ und jeweils für eine bestimmte Region gegenüber nicht transportierten /autochthonen und deutlich weiter transportierten /allochthonen tektonischen Einheiten definieren.

Park, weiträumige Grünanlage, die primär der Erholung (/Erholungsnutzung) oder Repräsentation dient. Der Park soll durch den Wechsel von Wiesen, Zierpflanzen, Büschen, Sträuchern und Baumgruppen die Schönheit der /Natur auf kleinem Raum nachbilden (/Parklandschaft). Der Park besitzt in der Regel je nach Zielpublikum ein gewisses Maß an anthropogenen Infrastruktureinrichtungen wie Wege, Sitzbänke und Spielplätze (z. B. /Naturpark, /Freizeitpark). Ursprünglich stammt der Begriff Park aus dem Englischen, bezeichnete ein Tiergehege und war zunächst eine extensiv gepflegte, abwechslungsreiche Anlage um Herrensitze mit durch Wege erschlossenen Wiesen, Weiden, Wald- und Gehölzgruppen sowie Wasserflächen.

Parklandschaft, natürliche, naturnahe oder künstlich angelegte /Landschaft, deren kleinräumige abwechslungsreiche Struktur (z. B. Wiesen, Büsche, Sträucher, Baumgruppen, Wasserflächen, Wege) visuell den Charakter eines /Parks vermittelt. In der /Biogeographie und Vegetationskunde werden mit Parklandschaften auch Savannenlandschaften (/Savanne), die durch /Galeriewälder oder Waldwuchs entlang Flußläufen mosaikartig mit andersartigen /Biotopen durchsetzt sind und dadurch eine abwechslungsreiche Struktur vergleichbar mit einem Park aufweisen.

Parry-Bogen, ein heller Streifen am Himmel, der die beiden oberen /Berührungsbogen zum /kleinen Ring miteinander verbindet, ein spezieller /Halo aus der Fülle der Halo-Erscheinungen (Abb. im Farbtafelteil).

Partialanalyse /Komplexanalyse.

Partialdruck, anteiliger Druck eines Bestandteilgases der Atmosphäre am /Luftdruck. Der Partialdruck des Wasserdampfes heißt /Dampfdruck.

Partialkomplex, Begriff aus der /Geoökologie, der ein Konzept zur einfacheren Untersuchung und Analyse der /Geoökofaktoren mit ihrer komplexen Struktur und ihren vielfältigen Eigenschaften beinhaltet. Mit einem Partialkomplex wird ein Geoökofaktor als eigene Funktionseinheit im /Ökosystem betrachtet. Partialkomplexe repräsentieren somit die Subsysteme des Ökosystems, beispielsweise Boden, Wasser oder Relief. Die einzelnen Partialkomplexe werden mit der /Komplexanalyse untersucht und in einer Partialkomplexkarte zusammengefaßt.

Partialschmelze, *Teilschmelze*, jede Schmelze, die bei der /Anatexis (teilweisen Aufschmelzung) eines Gesteins entsteht. Je nach Druck, Temperatur und Zusammensetzung des aufschmelzenden Gesteins ergeben sich unterschiedliche Schmelzzusammensetzungen, z. B. überwiegend basaltisch (/Basalt) im Erdmantel und überwiegend granitisch (/Granit) in der kontinentalen Erdkruste.

Partialtide /Gezeiten.

Partialversetzung, *Teilversetzung*, /Versetzung.

partielle Aufschmelzung, teilweises /Aufschmelzen eines kristallinen Phasengemenges (/Anatexis). Der zurückbleibende nicht geschmolzene Anteil wird als /Kumulat bezeichnet. Beispielsweise sind primitive Basalte partielle Schmelzen des peridotitischen Gesteins des oberen /Erdmantels.

partielle Thermoremanenz /thermoremanente Magnetisierung.

Partikelspurmethode /Spaltspurdatierung.

Partikelstrom, *Körnerstrom*, wird bei einem körnigen Lockersediment, z. B. Quarzsand einer Düne, der kritische Hangwinkel (subaerisch ca. 30°C) überschritten oder der Hang erschüttert, setzt sich unter Überwindung der internen Reibungskräfte ein Sedimentstrom in Bewegung. Er bewegt sich durch Korn-Korn-Kollisionen fort. Der Strom kommt zum Stillstand, wenn die internen Reibungskräfte erneut die gravitativen Kräfte überwiegen.

Pascal, *Blaise*, französischer Mathematiker, Physiker und Naturphilosoph, * 19.6.1623 Clermont-Ferrand, † 19.8.1662 Paris; erweiterte die Lehre vom /Luftdruck und veranlaßte 1648 am Puy-de Dôme das entscheidende Experiment über die Abnahme des Luftdrucks mit Zunahme der Höhe; nach ihm ist die Einheit für den Luftdruck genannt. /Pascal.

Pascal, *Pa*, nach B. /Pascal benannte /SI-Einheit des Drucks: $1\ Pa = 1\ N/m^2$. In der Meteorologie ist die Einheit /Hektopascal ($1\ hPa = 100\ Pa$) üblich.

Pascichnion, *Weidespur*, /Spurenfossilien.

Passageinstrument, Durchgangsinstrument zur Beobachtung der Durchgangszeit von Gestirnen durch eine bestimmte Vertikalebene, insbesondere durch den Meridian. Es besteht im wesentlichen aus einer stabil gelagerten Horizontalachse, um die das senkrecht zu ihr angebrachte Fernrohr schwenkbar ist. Dabei muß die optische Achse des Fernrohres eine Vertikalebene beschreiben. Zur bequemen Beobachtung bei steilen Zielungen werden meist gebrochene Fern-

Pascal, *Blaise*

rohre verwendet. Die durch das Objektiv einfallenden Lichtstrahlen werden durch ein Prisma in die durchbohrte Horizontalachse geleitet. Das Okular befindet sich an dem einen Achsende (Abb.). Die Horizontalachse liegt zur Beobachtung von Meridiandurchgangszeiten in der Ost-West-Richtung. Vorteil des Passageinstrumentes ist seine prinzipielle Einfachheit. Jedoch müssen folgende Justierbedingungen sorgfältig eingehalten werden: a) horizontale Lage der Achse, b) genaue Ost-West-Richtung der Achse sowie c) Rechtwinkligkeit von optischer Achse und Horizontalachse. Restfehler werden durch spezielle Meßanordnungen bestimmt und durch Korrekturgrößen berücksichtigt. Die Beobachtung der Meridiandurchgangszeiten erfolgt visuell (mit einem Registriermikrometer), photographisch oder photoelektrisch. [KGS]

Passat, Windsystem im unteren Bereich der tropischen Atmosphäre zwischen etwa 30° Breite und dem Äquator. Trotz gewisser jahreszeitlicher Schwankungen gehört der Passat zu den beständigsten Windsystemen der Erde. Die Hauptwindrichtung verläuft auf der Nordhemisphäre von NE nach SW (Nordost-Passat) und südlich des Äquators von SE nach NW (Südost-Passat). Die Passatwinde werden in etwa 1–2 km Höhe durch die ↗ Passatinversion von der darüberliegenden freien Atmosphäre getrennt. Zwischen dem subtropischen Hochdruckgürtel und dem Äquator ergibt sich zum Ausgleich der Druckunterschiede eine Höhenströmung. Durch die Coriolisablenkung wird diese in östliche Richtung abgelenkt und erreicht eine vertikale Mächtigkeit von ca. 10 km. Diese tropische Ostströmung wird als *Urpassat* bezeichnet.

Passatinversion, markante ↗ Inversion (Sperrschicht) an der Obergrenze der Passatwinde. Diese kommt durch Absinkbewegungen in den subtropischen Hochdruckgürteln zustande. Sie liegt in den inneren Tropen bei etwa 2000 m Höhe und sinkt im Bereich der subtropischen Hochdruckgürtel bis auf 500 m ab.

Passatzirkulation, der untere Teil der ↗ Hadley-Zirkulation.

passive Fernerkundungsverfahren, Fernerkundungssysteme, die ausschließlich die in der Natur vorhandene ↗ elektromagnetische Strahlung nutzen. Dabei kann es sich sowohl um die an der Erdoberfläche reflektierte Sonnenstrahlung handeln als auch um emittierte Eigenstrahlung, die von jedem Körper auf Grund seiner Oberflächentemperatur abgegeben wird (↗ Strahlungstemperatur). ↗ aktive Fernerkundungsverfahren.

passiver Erddruck ↗ Erddruck.

passiver Kontinentalrand, Randbereiche kontinentaler ↗ Lithosphäre, die im Gegensatz zum ↗ aktiven Kontinentalrand nicht Plattengrenzen darstellen, sondern Übergänge zu ozeanischer Lithosphäre innerhalb einer aus kontinentaler und ozeanischer Lithosphäre zusammengesetzten Platte bilden. Der passive Kontinentalrand (Abb.) geht aus der Zerspaltung von Kontinenten und folgender divergenter Plattendrift hervor, in deren Gefolge sich am divergenten Plattenrand zwi-

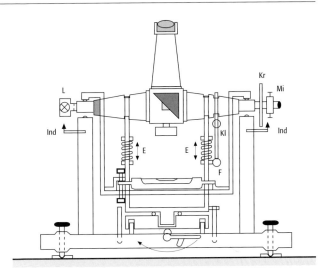

L	Lampe für Feldbeleuchtung	E	Entlastung der Achse
Kr	Aufsuchkreis	Kl	Klemme
Ind	Index hierzu	F	Feinbewegung
Mi	Mikrometer (Registrier-)	U	Umlegevorrichtung

Passageinstrument: schematische Darstellung eines Passageinstrumentes.

schen den auseinanderdriftenden Kontinentalblöcken ozeanische Lithosphäre mittels ↗ Ozeanbodenspreizung bildet. Passive Kontinentalränder weisen eine tektonisch ausgedünnte kontinentale Kruste auf, die durch listrische Dehnungsstörungen und ↗ Kippschollen gekennzeichnet ist. Die tektonische Krustendehnung setzt ein zur Zeit der Anlage des zur Kontinentaldrift führenden Riftsystems und entwickelt sich am passiven Kontinentalrand aber noch weiter. Die tektonische Ausdünnung der kontinentalen Kruste einerseits und das Auskühlen des Mantels nach Verlagerung der Dehnungstektonik in den Ozean andererseits bewirken das isostatische Einsinken des passiven Kontinentalrandes unter den Meeresspiegel (tektonische und thermische Subsidenz). Die Tendenz des Absinkens wird verstärkt durch meist sehr mächtige, vom Kontinent geschüttete Sedimente. In den Sedimenten ist die tektonische Entwicklung ablesbar. Über grobklastischen Sedimenten des Synriftstadiums (synsedimentäre Tektonik) folgen feinerklastische Sedimente des Postriftstadiums, die über die inaktiv gewordenen Dehnungsbrüche hinweggreifen.

passiver Kontinentalrand: passiver Kontinentalrand der Biscaya mit durch Kippschollentektonik ausdünnender Kruste.

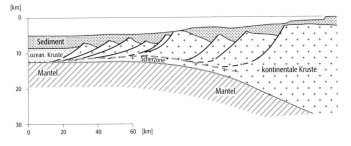

Weitergehende Subsidenz bewirkt die Transgression des Meeres in Becken, deren Verbindung mit den Ozeanen zunächst eingeschränkt ist. In warmen Klimabereichen führt dies zur Sedimentation von ↗Evaporiten. Es folgt Sedimentation von pelagischen Sedimenten bis hin zu Tiefseesedimenten, wenn ozeanische bathymetrische Verhältnisse erreicht werden. Unregelmäßige Subsidenz und unterschiedliche Sedimentauflast bewirken häufig das Entstehen von Saldiapiren in den Sedimenten passiver Kontinentalränder. Die tektonosedimentären Bedingungen sind günstig für das Entstehen von Erdöllagerstätten. [KJR]

Passivraum, Teilraum eines Staates mit vergleichsweise geringer wirtschaftlicher Aktivität. Das erzielte gesamtwirtschaftliche Ergebnis pro Einwohner ist im Vergleich zum Gesamtraum unterdurchschnittlich. Ursachen können z. B. eine natürliche Ungunst oder eine politische oder sozioökonomische unruhige Entwicklung sein. Passivräume werden infolge des tiefen Lebensstandards häufig zu Auswanderungsgebieten. Durch die geringere Beanspruchung der ↗natürlichen Ressourcen und des ↗Naturraumpotentials besitzt der Passivraum auf der anderen Seite wiederum nicht zu unterschätzende ↗ökologische Ausgleichswirkungen, die den gegenüberstehenden wirtschaftlich starken Aktivräumen, die gleichzeitig aber auch ↗Lasträume sind, entgegenkommen und sie unterstützen.

Paßmerkmal, ein in Fernerkundungs-Bilddaten eindeutig identifizierbares und im Objektraum durch eine mathematische Funktion definiertes Landschaftselement, welches zur geometrischen Entzerrung herangezogen wird und zum Unterschied von einem ↗Paßpunkt nicht nur aus einem ↗Pixel, sondern aus einem Cluster von ↗Bildelementen besteht; z. B. eine Y-förmige Flußgabelung, die in ihrer Gesamtheit für die ↗Geocodierung Verwendung findet.

Paßpunkt, *Kontrollpunkt*, in der ↗Photogrammetrie und ↗Fernerkundung ein Punkt in einem Bild oder ↗photogrammetrischen Modell, dessen ↗Objektkoordinaten mit geodätischen oder photogrammetrischen Verfahren bestimmt oder aus Karten entnommen wurden. Paßpunkte dienen der direkten oder indirekten Bestimmung der Daten der ↗äußeren Orientierung der Bilder sowie der Überprüfung der Genauigkeit photogrammetrischer Arbeitsergebnisse. Wenn Paßpunkte nicht mit ausreichender Sicherheit im Bild identifiziert werden können, ist eine Signalisierung der Geländepunkte vor dem ↗Bildflug erforderlich.

Paßpunktbestimmung, Bestimmung der ↗Objektkoordinaten aufgabenspezifisch ausgewählter ↗Paßpunkte des aufzunehmenden Objektes. Die Koordinatenbestimmung kann für eine begrenzte Anzahl von Punkten geodätisch und unter Verwendung der auf diesem Weg bestimmten Punkte in größerem Umfang photogrammetrisch erfolgen. Die geodätische Paßpunktbestimmung umfaßt die Koordinatenbestimmung, in der Regel mit GPS (↗Global Positioning System), die Kennzeichnung der Punkte im Luftbild und die Anfertigung einer Einmessungsskizze als Grundlage für eine sichere Identifizierung bei der photogrammetrischen Bildauswertung. Für die photogrammetrische Paßpunktbestimmung werden die Verfahren der ↗Bildtriangulation in Form einer ↗Modelltriangulation oder ↗Bündeltriangulation eingesetzt.

patch reef, *Fleckenriff*, im Schelfbereich gebildeter Rifftyp (↗Riff), der als isolierte Struktur, häufig auch hinter ↗Barriereriffen oder innerhalb von ↗Atollen auftritt, dann in Lagunen mit Wassertiefen meist flacher als 20 m. Ausbildung und Organismenbestand stehen im Zusammenhang mit den vorherrschenden Sedimentationsbedingungen der Lagune, z. B. dem Einfluß von Gezeiten und der Wassertiefe. In der Regel handelt es sich um kleine, zwischen 3 und 6 m hohe und 5–50 m durchmessende Riffbauten mit säulen- oder pilzförmigem Umriß. In manchen Fällen, z. B. in der ausgedehnten Lagune hinter dem Großen Barriere-Riff (Australien), können patch reefs mehrere Kilometer Durchmesser erreichen. Eine echte Zonierung in Vorriff–Riffkern–Rückriff fehlt. Die Riffbauten sind jedoch von einem Gürtel aus bioklastischem Schutt umgeben. Patch reefs sind im gesamten Phanerozoikum häufig. Sie sind vielfach Pionierstadien in der Entwicklung von großen zonierten Riffstrukturen und zeichnen sich durch relativ niedrig diverse, noch wenig integrierte Assoziationen von Riffbildnern aus. Patch reefs werden in manchen Perioden des Phanerozoikums von Organismen aufgebaut, die nur beschränkt zu Riffbildungen fähig waren, z. B. von Muscheln (Rudisten, Austern u. a.), Brachiopoden, Gastropoden, Foraminiferen und Serpuliden (Abb. im Farbtafelteil). [EM]

Patchy Landscape, Umschreibung des Sachverhaltes, daß sich ↗Kulturlandschaften in der Regel aus einer Vielzahl verschiedener Typen von ↗Landschaftsökosystemen zusammensetzen. Das Spektrum reicht von landwirtschaftlichen Monokulturen bis hin zu ↗Naturparks. Daher kann die ↗Landschaftsdiversität insgesamt hoch sein, auch wenn die Vielfalt innerhalb eines einzelnen Ökosystemtyps niedrig ist. Diese unterschiedlichen Verhältnisse auf den einzelnen ↗Ordnungsstufen werden raumplanerisch in der ↗Theorie der differenzierten Bodennutzung berücksichtigt.

Paternia, *Auenregosol*, nach dem Rio Paternia in Spanien benannter Bodentyp in der Klasse der ↗Auenböden; aus carbonatfreiem oder -armem (< 2 Masse-%) jungem Flußsediment entstanden; silicatreicher ↗Ah/C-Boden. ↗Bodenkundliche Kartieranleitung.

Patronit ↗Vanadiumminerale.

Patterson, *Arthur Lindo*; Physiker, * 23.7.1902 Nelson (nahe Auckland), Neuseeland, † 6.11.1966 Philadelphia; 1928/29 Lecturer an der McGill Universität in Montreal (Kanada), 1929/31 Rockefeller Institut in New York, 1931/33 Fellow und Lecturer an der Johnson Foundation für Medizinische Physik in Philadelphia, 1933/36 Gastwissenschaftler am Massachusetts Institute of Technology (M.I.T.), 1936/49

Professor am Bryn Mawr College nahe Philadelphia, 1949/52 Senior Member am Institute for Cancer Research, Philadelphia, 1966 Professor für Biophysik an der Universität von Pennsylvania, 1948 Präsident der American Society for X-ray and Electron Diffraction. Seine bedeutendste wissenschaftliche Leistung ist die Einführung der nach ihm benannten Patterson-Funktion, eine der wichtigsten Entwicklungen auf dem Gebiet der Kristallstrukturanalyse seit der Entdeckung der Röntgenbeugung an Kristallen durch Max von ↗Laue, deren Anwendung jedoch erst mit der Entwicklung der Möglichkeiten zur schnellen Berechnung von Fourier-Reihen an Bedeutung gewann. Heute ist die Patterson-Funktionsmethode ein Standardverfahren zur Lösung von Kristallstrukturen. Seine wichtigste Publikation war »A Fourier series method for the determination of the components of interatomic distances in crystals« (1934). [KH]

Patterson-Funktion, Autokorrelationsfunktion der Elektronendichteverteilung eines Einkristalls. Die Pattersonfunktion $P(\vec{u})$ läßt sich direkt durch ↗Fouriertransformation (Operatorsymbol F.T.) aus den Beugungsintensitäten $I = |F|^2$ berechnen:

$$P(\vec{u}) = F.T.\left(|F|^2\right) = F.T.(F) \cdot F.T.(F^*)$$
$$= \varrho(\vec{u}) \cdot \varrho(-\vec{u}) = \int_{-\infty}^{+\infty} \varrho(\vec{r})\varrho(\vec{u}+\vec{r})\,d\vec{r}.$$

Sie ist die ↗Faltung der ↗Elektronendichte $\varrho(\vec{r})$ mit ihrer Inversen $\varrho(-\vec{r})$ und bildet die Menge aller interatomaren Abstandsvektoren einer Kristallstruktur ab. Wegen des Fiedelschen Gesetzes $(|F(\vec{H})| = |F(-\vec{H})|)$ ist die Pattersonfunktion reell und zentrosymmetrisch:

$$P(uvw) = \frac{1}{V} \sum_{h,k,l} |F(hkl)|^2 \cos\left[2\pi\left(hu + kv + lw\right)\right].$$

Sie hat Maxima für die Abstandsvektoren $\vec{u}_{jk} = \vec{r}_j - \vec{r}_k$ zwischen allen Atompaaren j und k einer Kristallstruktur. Zu jedem Vektor $\vec{u} = \vec{r}_j - \vec{r}_k$ gibt es den inversen Vektor $-\vec{u} = \vec{r}_k - \vec{r}_j$.
Die Höhe der Maxima ist proportional zum Produkt der Ordnungszahlen $Z_j \cdot Z_k$ der betreffenden Atome. Die Symmetriegruppe der Pattersonfunktion gehört zu einer der 24 zentrosymmetrischen symmorphen ↗Raumgruppen. Alle Symmetrieelemente der Kristallstruktur sind durch die dazu parallelen, translationsfreien Symmetrieelemente durch den Ursprung ersetzt. Das ↗Bravaisgitter ist das der Kristallstruktur. Die Abstandsvektoren innerhalb einer Punktlage befinden sich meist in speziellen, von der Raumgruppe abhängigen Ebenen oder Geraden (Harkerschnitte). In der Praxis sind nur Abstandsvektoren zwischen elektronenreichen (schweren) Atomen relativ leicht zu lokalisieren (Schweratomtechnik). Sind Strukturfragmente bekannt, dann kann man versuchen, deren Abstandsvektoren zu lokalisieren (Bildsuchmethoden). Die Interpretation einer Pattersonsynthese ist nicht immer eindeutig möglich; verschiedene Strukturen können sogar den gleichen Satz von Abstandsvektoren haben (Homometrie). [KE]

Pauling, *Linus Carl*, amerikanischer Chemiker, * 28.2.1901 Portland (Oregon), † 19.8.1994 Palo Alto (Kalifornien); 1929–64 Professor in Pasadena, 1967–69 in San Diego, ab 1969 in Palo Alto; einer der bedeutendsten Chemiker des 20. Jahrhunderts; Arbeiten zur Hybridisierung, Resonanz, Koordinationslehre, Molekülorbitaltheorie (einer der Begründer des Valence-Bond- oder VB-Modells, 1927–31) und Strukturchemie; durch seine quantenmechanischen Untersuchungen der chemischen Bindungstypen Mitbegründer der Quantenchemie; prägte den Begriff der Elektronegativität; entdeckte mittels Röntgenstrukturanalyse die Wendelstruktur (Alpha-Helix-Struktur) zahlreicher Proteine; ferner Arbeiten über Immunitätsreaktionen und Strukturen von anomalen Hämoglobinarten; schlug das Cluster-Modell (ein Kernmodell) vor; untersuchte den Wirkungsmechanismus von Vitamin C als Antioxidans in der Krebstherapie und propagierte den Konsum von sehr hohen Vitamin-C-Dosen zur Gesunderhaltung und Lebensverlängerung; erhielt 1954 für seine Arbeiten über die Natur der chemischen Bindung den Nobelpreis für Chemie und 1962 (überreicht 1963) den Friedensnobelpreis für seinen Einsatz gegen die Anwendung von Kernwaffen und deren Folgen. Werke (Auswahl): »The Structure of Line Spectra« (mit S. Goudsmit, 1931), »An Introduction to Quantum Mechanics, with Applications to Chemistry« (mit E. B. Wilson, 1935), »The Nature of Chemical Bond« (1939), »General Chemistry« (1947), »No more War« (1958), »The Chemical Bond« (1967).

Pauling, *Linus Carl*

pazifischer Küstentyp ↗*Längsküste*.
Pazifischer Ozean, *Pazifik, Stiller Ozean*, engl. *Pacific Ocean*, mit $181{,}34 \cdot 10^6$ km² einschließlich der ↗Randmeere und ↗Nebenmeere der größte der drei Ozeane (Abb.). Er ist im Norden durch die Beringstraße begrenzt und zum ↗Indischen Ozean durch den Meridian des Südostkaps von Tasmanien (147°E) und eine Linie von Nordwestaustralien über Timor, Java, Sumatra zur Malaiischen Halbinsel. Zum ↗Atlantischen Ozean liegt die Grenze beim Meridian von Kap Horn (68°W). Die mittlere Tiefe beträgt 3940 m, die maximale 10.924 m in der Vitiaztiefe im Marianengraben.

Pb-Pb-Alter ↗U-Pb-Methode.
PBSM, *Pflanzenbehandlungs- und Schädlingsbekämpfungsmittel*, beinhaltet die Gruppe der Pflanzenschutzmittel (PSM) und Pestizide, Insektizide, Herbizide. PBSM sind meist organische Verbindungen, die in Mengen von wenigen g/ha bis über 100 kg/ha auf Pflanzen und Boden aufgebracht werden. Die verwendeten chemischen Stoffgruppen sind hierbei recht vielfältig; sie reichen bei den organischen Verbindungen von den chlorierten Kohlenwasserstoffen über

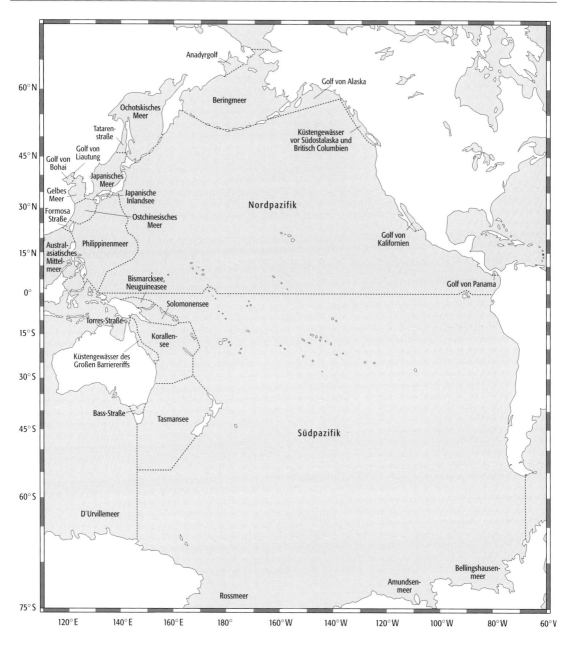

Pazifischer Ozean: der Pazifische Ozean und seine Rand- und Nebenmeere mit ihren Grenzen.

Harnstoffderivate und Organophosphorverbindungen bis zu den Stickstoffheterocyclen. Aufgrund dieser Stoffvielfalt ist die Beschreibung der Gefährdung von Grund- und Oberflächenwasser durch PBSM u. a. auf die grundlegenden Eigenschaften dieser Chemikalien zurückzuführen. Wichtig für das Auftreten im Grundwasser ist vor allem der Anteil der Wirkstoffe, der auf und in den Boden gelangt. Bioverfügbar sind nur die PBSM-Anteile, die nicht an Bodenbestandteile gebunden sind. Der im Boden gebundene Anteil nimmt mit der Zeit zunächst zu; mit sinkender Konzentration in der Bodenlösung wird ein Teil jedoch vielfach wieder desorbiert. Grundwasserbelastungen durch PBSM werden hauptsächlich durch ↗Atrazin und sein Abbauprodukt Desethylatrazin verursacht. Es folgen Simazin, Propazin und Terbutylazin. Weiterhin erwähnenswert ist Bromacil, welches bei der Gleisentkrautung eingesetzt wird. [ME]

P/B-Verhältnis, *production index*, Verhältnis von jährlicher ↗Produktion (P) zur mittleren ↗Biomasse (B) in einem ↗Ökosystem. Das P/B-Verhältnis ist ein Maß für den Biomasse-Turnover (↗Turnover) und unterscheidet sich stark in verschiedenen Ökosystemen. Marine und limnische Ökosysteme weisen in der Regel ein Vielfaches an Biomasseumsatz im Vergleich zur Biomasse auf

(P/B-Verhältnis = 12). In terrestrischen Ökosystemen von Kulturland (0,6) über Grasland (0,2–0,3) bis zum Wald (0,04) erfolgen die relativen Stoff- und Energieumsätze zunehmend langsamer.

PCA, *Principal Component Analysis*, ↗ *Hauptkomponentenanalyse*.

PCB, *Polychlorierte Biphenyle*, Verbindungen der Summenformel $C_{12}H_{10-n}Cl_n$ (n = 1–10), die durch Substitution vom aromatischen Kohlenwasserstoff Biphenyl ableitbar sind. 209 Verbindungen sind bekannt, die meisten davon sind unter Normalbedingungen fest. Sie werden in den verschiedensten Bereichen (Hydrauliköle, Isoliermaterial, Pflanzenschutzmittel (↗DDT)) eingesetzt. Die Eigenschaften sind im wesentlichen abhängig vom Grad der Chlorierung. Die Wasserlöslichkeit fällt mit steigendem Chlorierungsgrad. Der Einsatz erfolgt seit 1929 in Kondensatoren und Hochspannungstransformatoren. Seit 1983 dürfen PCB in der Bundesrepublik Deutschland nur noch in geschlossenen Anlagen eingesetzt werden. Auch darauf soll nach einer Übergangsfrist verzichtet werden. Ihre Anwendung wird durch die ↗PCB-/PCT-/VC-Verbotsverordnungen bzw. die Chemikalienverbotsverordnung (alt: DDT-Gesetz) geregelt. Technische PCB setzen sich aus einem Gemisch von homologen bzw. isomeren Formen zusammen. Der Chlorierungsgrad ist unterschiedlich. PCB sind nicht brennbar, haben eine hohe Viskosität und sind thermisch relativ stabil. Die Persistenz in der Umwelt ist hoch und die Verbindungen sind stark giftig; eine Kontamination der Umwelt mit PCB liegt heute fast überall vor. Die Emission erfolgt aus Hausmüllverbrennungsanlagen, Mülldeponien, Industriemüll- und Altölverbrennungsanlagen. Eine vollständige Verbrennung erfolgt erst bei sehr hohen Temperaturen; bei Temperaturen von 600–900°C entstehen Chlordibenzofurane und Chlordibenzo-p-dioxine. PCB sind gut fettlöslich und reichern sich in der Nahrungskette an. Im Boden beträgt die PCB-Konzentration durchschnittlich 1–10 ppb, sein Eintrag erfolgt durch das Düngen mit Klärschlamm. Dabei werden die PCB stark an organische Makromoleküle gebunden, wodurch die Aufnahme in Pflanzen eingeschränkt wird. Da diese Bindung meist irreversibel ist, entgehen sie teilweise analytischen Nachweisen, da ein großer Anteil bei der erforderlichen Extraktion als ↗bound residues im Boden verbleibt. PCB behindern bei Pflanzen das Wachstum und die Wasseraufnahme. Im Warmblüterorganismus beträgt die biologische Halbwertszeit mehr als 90 Stunden, die Ausscheidung erfolgt in Form polarer Metaboliten. Aufgrund ihres relativ niedrigen Dampfdruckes können sie über die Luft bzw. Atmosphäre im weiten Umkreis (je nach freigesetzten Mengen auch weltweit) verteilt werden. Grenzwerte werden in der ↗Hollandliste angegeben.

PCB-/PCT-/VC-Verbotsverordnungen, verbietet die Herstellung und den Einsatz von ↗PCB, PCT (polychlorierte Terohenyle) und schränkt die Nutzung und Produktion von Vinylchlorid (VC) in der BRD ein. Die Verordnung ist Bestandteil des Chemikaliengesetzes vom 18.7.1989 und wurde in erster Linie zum Schutz von Organismen erlassen (Gesetz zum ↗Bodenschutz).

PCDD ↗ *Polychlorierte Dibenzodioxine*.

PCDF ↗ *Polychlorierte Dibenzofurane*.

PCL, *pressure compensation level*, Wassertiefe im Ozean, unterhalb derer aufgrund des herrschenden Wasserdrucks keine Blasen in Laven und kein Dampf am Kontakt zwischen ausfließender Lava und Meerwasser entstehen können. Für basaltische Laven wird eine PCL von ca. 500 m angenommen.

P-Code, neben dem ↗C/A-Code einer der beiden von GPS-Satelliten abgestrahlten Navigationscodes. P steht für Precision oder Protected. Es handelt sich um sog. *PRN* (Pseudo Random Noise) Codes, eine Folge von +1 und -1 mit zufallsähnlichem Charakter. Der P-Code hat eine Länge von insgesamt etwa 267 Tagen. Jedem Satelliten ist ein Teilstück von 7 Tagen zugeordnet, das zu Beginn jeder GPS-Woche (0 h Universalzeit von Sonnabend auf Sonntag) auf den Anfang zurückgesetzt wird. Damit ist jeder Satellit über seine PRN-Sequenz identifizierbar. Der P-Code hat die Grundfrequenz 10,23 MHz des Satellitenoszillators und enthält somit eine Information über den Aussendezeitpunkt am Satelliten. Die entsprechende Wellenlänge beträgt knapp 30 m. Der P-Code wird auf beiden Trägerfrequenzen *L1* und *L2* abgestrahlt, während der C/A-Code nur auf *L1* verfügbar ist. Aus der Korrelation des empfangenen Codesignals mit der im GPS-Empfänger generierten Codesequenz werden die Pseudoentfernungen bestimmt. Das Meßrauschen des P-Codes beträgt bei modernen Empfängern weniger als 1 m. Unter der Sicherungsmaßnahme ↗anti-spoofing (A-S) wird der P-Code durch Überlagerung mit dem geheimen W-Code in den verschlüsselten Y-Code umgewandelt. Nur autorisierte (vorwiegend militärische) Nutzer haben Zugang zum Y-Code. Für Trägerphasenmessungen (↗GPS-Beobachtungsgrößen) muß das empfangene Signal zunächst vom Code befreit werden (Rekonstruktion der Trägerphase). Die Hersteller von leistungsfähigen zivilen ↗GPS-Empfängern haben spezielle Techniken entwickelt, um auch unter A-S Trägerphasenmessungen auf der *L2* Frequenz ohne vollständige Rekonstruktion des Trägers vornehmen zu können. [GSe]

PCP, *Pentachlorphenol*, wirkt als Fungizid, Insektizid und Herbizid und zählt zur Substanzklasse der Organochlorverbindungen. Es hat eine breite Wirkung gegen Pilze, Insekten und auch gegen Unkräuter und stört die oxidative Phosphorylierung in der Zelle. Hauptsächlich wird es als Holzschutzmittel verwendet, es wird daneben noch in verschiedenen Ländern zur Kontrolle von Termiten, als Winterspritzmittel im Steinobst, als Defoliant bei Baumwolle und im begrenzten Umfang als Vorauflaufherbizid verwendet. In Deutschland ist es als Pflanzenschutzmittel nicht mehr zugelassen. PCP sind farblose Kristalle mit einem phenolischen Geruch, der Schmelzpunkt liegt bei 191°C, der Siedepunkt bei 293,1°C, der Dampf-

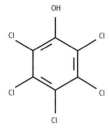

PCP: Strukturformel.

druck bei l6 Pa bei l00°C und die Dichte bei 1,98 g/cm³. Sein ↗MAK-Wert ist 0,5 mg/m³. PCP ist relativ stabil, nicht hygroskopisch und nicht korrosiv in Abwesenheit von Feuchtigkeit. Es wird durch Sonnenlicht zu mehreren Verbindungen metabolisiert. In Bodensuspensionen konnte ein vollständiger Stoffabbau in 72 Tagen festgestellt werden (Laborversuch). In Abwasser können durch Pseudomonas bis zu 200 mg/l ohne nachweisbare toxische Nebenwirkungen bei 30°C abgebaut werden (Abb.). [ME]

PCT, *P*rincipal *C*omponent *T*ransformation, ↗Hauptkomponententransformation.
PDB-Standard ↗*P*ee*d*ee-*B*elemnit-Standard.
PDDRM ↗Post-Sedimentationsremanenz.
PDOP, *P*osition *DOP*, ↗dilution of precision.
PDUS, *P*rimary *D*ata *U*ser *S*tation, System zum Direktempfang der hochaufgelösten digitalen Satellitenbilddaten von ↗METEOSAT.
Pearson-Symbol, nach W. B. Pearson benanntes Ordnungssymbol zur Sortierung von Kristallstrukturen, bestehend aus dem Symbol des Bravais-Gittertyps (↗Bravais-Gitter) und der Anzahl der Atome in der konventionellen ↗Elementarzelle. ↗Kristallstruktur.
Pearson-III-Verteilung, Wahrscheinlichkeitsverteilung mit verschiedener ↗Schiefe. Sie wurde von Pearson vorgeschlagen. Ihre Wahrscheinlichkeitsdichte $f(x)$ wird beschrieben durch die Beziehung:

$$f(x) = \frac{b^{a+1}}{\Gamma(a+1)} x^a e^{-bx}$$

mit $x \geq 0$. Dabei sind a und b Konstanten und $\Gamma(a+1)$ stellt die Gammafunktion dar. Sie wird für ↗hydrologische Daten, z. B. zur Berechnung von Wahrscheinlichkeiten des Auftretens von Hochwasser, verwendet.
Pechblende, ↗kollomorpher ↗Uraninit; dichte, nierenförmige, kolloidale bis mikrokristalline, pechschwarze und undurchsichtige Bildungen aus Uranoxiden auf hydrothermalen Gängen. ↗Uranglimmer, ↗Uranminerale.
Pechhumus ↗Feinhumus.
Pechrendzina, ↗Varietät des Subtyps Gley-Rendzina des Typs ↗Rendzina; kommt in den Alpen vor. ↗Bodenkundliche Kartieranleitung.
Pechstein, ein durch Wasseraufnahme (über 4 Gew.- %) veränderter (gealterter), noch glasiger ↗Obsidian rhyolithischer oder dacitischer Zusammensetzung, braun bis rot oder dunkelgrün mit ausgeprägtem Fettglanz. Zuweilen sind makroskopische Kristalleinsprenglinge (vorwiegend Sanidin) erkennbar. Pechsteine mit gekrümmten Schrumpfungsrissen, die zum Zerfall des Gesteins in millimeter- bis zentimetergroße Kügelchen oder Scherben führen, werden ↗Perlit oder Kugelpechstein genannt.
Peclet-Zahl, ist durch das Verhältnis Pe = konvektiver Wärmetransport/konduktiver Wärmetransport definiert. Bei einem Wärmetransport mit einer Peclet-Zahl > 1 überwiegt der konvektive Anteil und umgekehrt. ↗Konvektion.
Peda, Plural von ↗Pedon.

Pediment, *Fußfläche, Bergfußfläche, Felsfußfläche*, flach geneigte (<10–15°), im Längsprofil gestreckte bis leicht konkave, oft schuttfreie Fläche, die im geologischen Ausgangsgestein angelegt ist. Pedimente sind im Übergang zwischen Gebirgsrückland und ↗Glacis lokalisiert (↗Bolson Abb.). Sie stellen somit einen Übergangsbereich von ↗Erosion zu ↗Akkumulation dar, da sowohl Durchtransport und Sedimentation von aus dem Gebirgsrückland stammendem Verwitterungsschutt als auch partielle Erosion der Pedimentoberfläche stattfindet. Pedimente entstehen unter ↗semiariden Bedingungen. Zahlreiche Pedimente sind Altformen. Die Pedimentbildung wird kontrovers diskutiert, wobei sich Modelle der lateralen Ausweitung (back wearing) und Tieferschaltung (down wearing) sowie Kombinationen aus beiden gegenüberstehen.
Pedion, *Fußfläche*, Form, die nur aus einer Fläche besteht; allgemeine Form in der triklin-pedialen Kristallklasse *1* (C_1).
Pediplain, aus mehreren Gebirgsfußflächen gebildete, ausgedehnte Abtragungsfläche zwischen Restbergen. Es ist ein (geo)morphogenetischer Begriff für sich großräumig zusammenschließende ↗Pedimente (Gebirgsfußflächen im anstehenden Gestein), die durch Pedimentation als Sonderform der ↗Pediplanation entstehen. Pediplains können in ihrem Erscheinungsbild ↗Rumpfflächen ähneln, aufgrund der verschiedenen Ausgangssituation und ihrer Bildungsbedingungen werden sie aber von ihnen unterschieden.
Pediplanation, alle Prozesse, die zu ↗Abtragungsflächen unter besonderen (geo)morphogenetischen Bedingungen führen und ↗Pediplains entstehen lassen. Pediplanation umschließt die Pedimentation (↗Pediment) unter semi-ariden Klimabedingungen und die ↗Kryoplanation unter periglazialen Klimabedingungen.
Pedogenese ↗*Bodenentwicklung*.
Pedokomplex, *Bodenkomplex*, räumlich arrondierte Gruppe von Bodeneinheiten (↗Polypedon).
Pedologie ↗*Bodenkunde*.
Pedon, (pl. *Peda*), kleinste in der Bodendecke differenzierte räumliche Bodeneinheit mit einer Grundfläche von etwa einem Quadratmeter.
Pedoökosystem, als ↗Teilökosystem die funktionelle Einheit aus pedogenetisch und geoökologischen Prozessen, deren räumlicher Ausdruck das Pedotop darstellt. Das Wirkungsgefüge wird durch die chemischen und physikalischen Eigenschaften der Bodenmatrix und der belebten Bodensubstanz gesteuert und führt zur Ausbildung von charakteristischen Bodenformen. Pedoökosysteme stehen untereinander und mit den anderen Teilökosystemen (z.B. dem ↗Hydroökosystem) in energetischer und stofflicher Wechselwirkungen.
Pedosphäre, *Bodendecke*, räumlicher Durchdringungsbereich von ↗Lithosphäre, ↗Hydrosphäre, ↗Atmosphäre und ↗Biosphäre, in dem sich durch bodenbildende Prozesse Böden bilden.
Pedostratigraphie, *Deckschichtenstratigraphie, Lößstratigraphie*, eine Art der ↗relativen Alters-

bestimmung aufgrund von ↗Paläoböden, deren Charakterisierung durch pedologische Beschreibung oder ↗Altersbestimmungen vorgenommen wird. Durch die Klimaabhängigkeit der Bodenbildung ist insbesondere im ↗Pleistozän die Abfolge von ↗Bodenhorizonten typisch und eine Korrelation von Profilen möglich. Die Abhängigkeit der Pedogenese vom Substrat, der Exposition und von hygrischen und mikroklimatischen Faktoren schränken die Aussagefähigkeit der Pedostratigraphie ein.

Pedotop, die kleinste, in der kontinuierlichen Bodendecke bei Bodenkartierungen nach Boden- und Reliefeigenschaften ausgegliederte Raumeinheit und damit die räumliche Ausprägung eines ↗Polypedons. Pedotrope werden dargestellt in der topischen, standortbezogenen Raumdimension (↗Ökotop).

Pedoturbation, [von lat. turbatio = Verwirbelung], Mischungsvorgänge, bei denen Bodenmaterial eines oder auch verschiedener Bodenhorizonte vermischt werden. Bei unvollständiger Mischung ist der Ablauf rekonstruierbar. Obwohl grundsätzlich alle Stoffkomponenten beteiligt sind, kommt es oft zu einer Kornsortierung, wenn grobe Partikel als Steinsohlen übrig bleiben. Es wird zwischen ↗Bioturbation, ↗Kryoturbation und ↗Peloturbation unterschieden.

Peedee-Belemnit-Standard, *PDB-Standard*, ein Standard für Karbondioxid, gewonnen aus dem Belemniten *Belemnitella americana* aus der kretazischen Peedee-Formation in South Carolina (USA). Dieser Standard wird als Vergleichswert in Karbonisotopen- und Sauerstoffisotopen-Messungen (↗Sauerstoffisotope), z. B. als Beleg für organische Kohlenstoffisotopenanreicherung, benutzt (‰ $\delta^{13}C$ zu PDB, ‰ δC_{org} zu PDB). Das $\delta^{13}C_{PDB}$ der Probe x errechnet sich aus:

$$\delta^{13}C_{PDB}(x) = [(R_x - R_{PDB})/R_{PDB}] \cdot 10^3$$

Dabei ist R_x das Verhältnis $^{13}C/^{12}C$ in der Probe und R_{PDB} ist gleich 0,0112372. ^{12}C wird von Organismen in höheren Proportionen fixiert als ^{13}C. Kohlenstoff aus dem Erdmantel hat einen Wert von -5 bis -6‰ im Vergleich zu PDB. ↗chemische Gesteinsstandards, ↗Kohlenstoff, ↗$^{12}C/^{13}C$.

Pegel, sind im Sinne der ↗Pegelvorschrift Einrichtungen zum Messen von ↗Wasserständen, bestehend aus einem Lattenpegel und ergänzenden Einrichtungen zur Registrierung und Übertragung von Wasserstandsdaten. Häufig werden an der gleichen Stelle auch ↗Durchflußmessungen durchgeführt. Die Meßstelle wird dann baulich so gestaltet, daß eine eindeutige Beziehung zwischen dem Wasserstand und dem jeweiligen ↗Durchfluß (↗Durchflußkurve) besteht und Einrichtung für die Durchführung von Durchflußmessungen entweder vorhanden sind oder angebracht werden können. Die Anforderung an Bau, Betrieb und Unterhaltung einer Pegelanlage ergeben sich aus der Pegelvorschrift.

Der maßgebende Teil eines Pegels ist der Lattenpegel, der aus Pegellatte und den Höhenpunkten (↗Pegelfestpunkten) besteht. Die Pegellatten werden in einer Breite von mindestens 100 mm aus Gußstahl, Leichtmetallguß, emailliertem Stahlblech oder Kunststoff hergestellt, die Meßeinteilung beträgt 1 oder 2 cm. Sofern die Pegellatten senkrecht aufgestellt werden, haben sie eine unverzerrte Meßeinteilung. An Böschungen werden entweder Treppenpegel mit einer ebenfalls unverzerrten, jedoch treppenförmig angeordneten Meßeinteilung angeordnet oder Schrägpegel, deren Teilung entsprechend der Böschungsneigung verzerrt ist. Der ↗Pegelnullpunkt wird so gelegt, daß keine negativen Ablesungen auftreten können. Staffelpegel bestehen aus mehreren sich überlappenden Einzellatten, die auf den gleichen Pegelnullpunkt bezogen sind. Sie werden dort angeordnet, wo aufgrund der örtlichen Verhältnisse die Wasserstände über den gesamten Meßbereich nicht an einer einzigen Latte abgelesen werden können. Grenzwertpegel sind Sonderformen, die z. B. bei einem Hochwasserereignis den höchsten Wasserstand registrieren. Das kann z. B. durch übereinander im Abstand von 5 cm angeordneten Bechern geschehen, wobei der oberste gerade noch gefüllte Becher den höchsten Wasserstand markiert (Becherpegel, Tassenpegel), oder durch Farbbänder (Farbbandpegel), die in einem Rohr angebracht sind, wobei die Farbe durch das aufsteigende Wasser ausgewaschen wird.

Geräte oder Einrichtungen zur Registrierung, Anzeige oder Fernübertragung von Wasserständen werden nach der Pegelvorschrift als »Ergänzende Einrichtungen zum Lattenpegel« bezeichnet. Beim Schwimmersystem (Schwimmerschreibpegel) wird der Wasserspiegel über einen Schwimmkörper erfaßt. Zum Schutz vor Wind, Wellenschlag, Strömung und Treibzeug wird der Schwimmer in einem Rohr oder einem Schacht untergebracht, die mit dem offenen Gewässer in Verbindung stehen. Die mit den Wasserstandsschwankungen korrespondierende Schwimmerbewegung wird mechanisch auf eine Registriereinheit übertragen. Das Schwimmersystem ist zwar sehr robust, erfordert aber meistens erhebliche bauliche Aufwendungen. Diese entfallen beim Druckluftpegel (Drucksystem) weitgehend. Dabei wird der hydrostatische Druck der Wassersäule entweder über eine gasgefüllte Leitung auf die Registriereinheit übertragen (Einperlverfahren) oder über eine Druckmeßdose gemessen, wobei zunächst eine Umwandlung in eine proportionale elektrische Größe erfolgt. Dem Vorteil geringerer Baukosten steht beim Drucksystem der Nachteil der größeren Empfindlichkeit und der aufwendigeren Wartung gegenüber. Die Registrierung der Daten kann analog oder digital erfolgen. Bei der analogen Registrierung wird über eine Schreibeinrichtung eine Ganglinie aufgezeichnet (Trommelschreiber, Bandschreiber). Digitale Registriersysteme speichern die Wasserstände als diskrete Werte ab und erleichtern damit die automatisierte Weiterverarbeitung. Dazu wird die vom Wasserstandsgeber (Schwimmer, Drucksystem) aufgenommene Information über einen Meßwertumwandler

(Winkelcodierer, Potentiometer) in ein elektrisches Signal umgewandelt. Sollen an einer Pegelstelle auch Abfluß- oder Durchflußmessungen durchgeführt werden, dann wird diese durch weitere bauliche Anlagen ergänzt. Dazu können je nach den örtlichen Verhältnissen eine Befestigung von Ufer und Flußsohle gehören sowie der Einbau von ↗Sohlenschwellen, festen ↗Wehren oder ↗Abstürzen als Voraussetzung für einen eindeutig reproduzierbaren Zusammenhang zwischen Wasserstand und Durchfluß. An breiten Gewässern oder an Stellen, wo höhere Fließgeschwindigkeiten auftreten, werden Seilkrananlagen installiert. [EWi]

Pegelbezugskurve, graphische Darstellung zeitlich einander entsprechender ↗Wasserstände oder ↗Durchflüsse zweier ↗Pegel.

Pegelfestpunkt, nach DIN 4049 Festpunkt in der Umgebung eines Lattenpegels (↗Pegel), der zur Festlegung des ↗Pegelnullpunktes und zur Überwachung der Höhenlage der Pegellatte erforderlich ist.

Pegelnullpunkt, Höhenlage des Nullpunkts einer Pegellatte (↗Pegel) bezogen auf Normalnull (NN).

Pegelvorschrift, von der Ländergemeinschaft Wasser (LAWA) und dem Bundesministerium für Verkehr (BMV) herausgegebene Richtlinien und Anweisungen für den Bau, das Beobachten und Warten von ↗Pegeln, für die Durchführung von ↗Durchflußmessungen (↗Abflußmeßrichtlinie) sowie für die digitale Erfassung, Speicherung und Fernübertragung von gewässerkundlichen Daten.

Pegmatit, grob- bis riesenkörniges magmatisches Gestein (↗Magmatite), das in der Endphase der Kristallisation von ↗Plutoniten aus deren an leichtflüchtigen und ↗inkompatiblen Elementen angereicherten Restschmelze entsteht. Diese hat einen hohen Wassergehalt und eine niedrige Viskosität, was die Grobkörnigkeit des Gesteins, das bei Temperaturen zwischen 500 und 600°C kristallisiert, begründet. Vor allem Be, Li, B, Cs, Nb, Ta, Mo, Bi, Sn, W, U, Th, Zr, P, F und die Seltenen Erden, die als inkompatible Elemente nicht in die Hauptgemengteile der Plutonite eingebaut werden konnten, sind in den Restschmelzen so stark angereichert, daß sie eigene Minerale bilden können (↗Pegmatitlagerstätten). Die meisten Pegmatite leiten sich von granitischen Schmelzen ab und enthalten hauptsächlich Quarz, Mikroklin, Albit und Glimmer, daneben können Turmalin, Topas, Beryll, Zinnstein, Triphylin u. a. Phosphate, Columbit, Lithium-Minerale u. v. a. hinzutreten. Bei Intrusion solcher pegmatitischer Schmelzen in ↗Ultrabasite bilden sich durch SiO_2-Entzug die aus Korund, Disthen und Plagioklas bestehenden Plumasite. Andere Pegmatite leiten sich von (nephelin)-syenitischen Schmelzen ab und enthalten Mikroklin, Nephelin und andere Foide (↗Feldspatvertreter) sowie Apatit, daneben können Ägirin, Ti-Zr-Silicate, verschiedene Minerale der Seltenen Erden u. a. auftreten. Die selteneren Gabbropegmatite leiten sich direkt aus basischen Schmelzen ab und bestehen hauptsächlich aus Anorthit, Bronzit und Titanomagnetit.

Große Pegmatitkörper (meist granitischer Abstammung) weisen oft eine interne Zonierung auf (Abb.): Die Kontaktzone besteht aus ↗Apliten, die Randzone enthält große Kristalle silicatischer Minerale, in der Zwischenzone sind oft Erze oder Phosphate vertreten, der Kern wird überwiegend von Quarz aufgebaut. Üblicherweise treten Pegmatite im Dach- und Randbereich von Plutoniten auf, sie können aber auch gangförmig in Nebengesteinen oder den Plutoniten selbst stecken. In relativ geringer Erdtiefe entstehen miarolitische Pegmatite; sie kennzeichnen sich durch zahlreiche blasenartige Hohlräume (Miarolen), die große idiomorphe Kristalle enthalten. Unabhängig von Plutoniten können pegmatitartige Gesteine innerhalb von ↗Migmatiten entstehen und werden dann als ↗Pegmatoide bzw. pegmatoide Metatekte oder als abyssale Pegmatite bezeichnet. Sie sind meist von geringer Ausdehnung und zeigen keine Anreicherung der oben genannten inkompatiblen Elemente. Daher fehlen ihnen die für die eigentlichen Pegmatite typischen seltenen Minerale. Pegmatite, die sich von granitischen oder syenitischen Schmelzen ableiten, haben eine große wirtschaftliche Bedeutung. Einige dienen als Lagerstätten zur Gewinnung der oben aufgeführten Metalle, andere liefern Edelsteine (Beryll, Topas, Turmalin, Spodumen u. a.), viele dagegen Industrieminerale (Quarz, Feldspat, Muscovit, Fluorit) für die keramische, elektrische oder chemische Industrie. [AL]

Pegmatitgang, gangartige Mineralanreicherung mit z. T. nutzbaren Mineralen der ↗Restkristallisation im Rahmen der Mineralbildung im liquidmagmatischen Stadium (650–450°C Bildungstemperatur) mit Kaliumfeldspat, Quarz, Glimmer, Beryll, Turmalin u. a. ↗Ausscheidungsfolge.

pegmatitisches Stadium, Abschnitt in der Endphase der Erstarrung von ↗Plutoniten, in dem es zur Bildung von ↗Pegmatiten kommt.

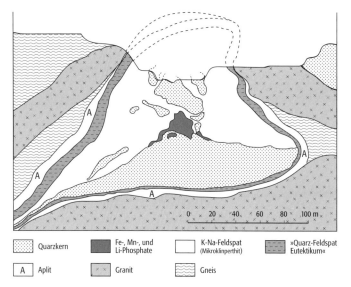

Pegmatit: Vertikalprofil des zonierten Pegmatits von Hagendorf-Süd in der Oberpfalz (Bayern).

pegmatitisch-pneumatolytisch, Bezeichnung für einen Abschnitt in der Endphase der Kristallisation von ↗Plutoniten, bei dem die entstehenden Minerale aus einer gasreichen Restschmelze bzw. einer unter hohem Druck stehenden fluiden (überkritischen) Phase ausgeschieden oder durch Reaktion der bereits kristallisierten Minerale mit der fluiden Phase gebildet werden. Typische Minerale dieses Abschnitts sind Zinnstein, Topas, Apatit, Wolframit, Scheelit u. a.

Pegmatitlagerstätten, an ↗Pegmatite gebundene Lagerstätten. Infolge der Anreicherung der ↗fluiden Phase in meist granitischen Restschmelzen erfolgt eine Tendenz zur Anreicherung von ↗inkompatiblen Elementen, häufig Seltenen Elementen, in unterschiedlicher Zusammenstellung durch genetisch bedingte verschiedene Pegmatittypen und zu besonderem Größenwachstum der Kristalle. Dies ist wichtig für viele Arten von Edelsteinen (z. B. ↗Smaragd, Aquamarin, ↗Turmalin) und Seltene Metalle (z. B. Lithium, Beryllium, Zirkonium, ↗Seltene Erden), aber auch für ↗Industrieminerialien wie ↗Feldspat, ↗Quarz und ↗Glimmer, wobei häufig mehrere Wertstoffe nebeneinander gewonnen werden können. Pegmatitlagerstätten sind schwierig in der Bewertung durch ihre unregelmäßige Form und, verglichen mit anderen Rohstoffen, durch ihre meist geringe Ausdehnung. Da das ↗pegmatitische Stadium (Restschmelzenbildung) nahtlos in das ↗pneumatolytische Stadium (überkritische Dampfphase) mit entsprechender Auswirkung auf die ↗Kristallisation übergeht, wird teilweise auch von pegmatisch-pneumatolytischen Lagerstätten gesprochen. [HFl]

Pegmatoid, 1) im deutschsprachigen Raum ein pegmatitartig, grob bis riesenkörnig kristallisiertes ↗Metatekt in ↗Migmatiten, zuweilen auch entsprechend als pegmatoides Metatekt bezeichnet; meist quarz-feldspatreich, häufig mit Cordierit, Biotit oder Granat; dafür fehlen die für ↗Pegmatite typischen Lithium-, Beryllium- und Bor-Minerale. 2) im englischen Sprachraum eine Bezeichnung für beliebige grobkörnige magmatische Bildungen, denen die typischen Gefügemerkmale der eigentlichen Pegmatite fehlen, oder für nicht granitisch zusammengesetzte Pegmatite.

PEHD-Rohre, *Poly*et*hylene* *h*igh *d*ensity, Rohre aus Polyethylen hoher Dichte. Diese sehr widerstandsfähigen Kunststoffrohre werden im Brunnen- bzw. Deponiebau bevorzugt immer dann eingesetzt, wenn besonders aggressive Flüssigkeiten oder organische Schadstoffe anzutreffen sind, die herkömmliche Kunststoffrohre, z. B. aus PVC, relativ schnell zerstören oder kontaminieren würden.

Peilrohr, eine nicht einheitlich gebrauchte Bezeichnung für ein unmittelbar neben der Filter- bzw. ↗Rohrtour im Bereich des ↗Filterkieses stehendes Rohr, das zur Messung des Grundwasserstandes ohne Beeinflussung durch ↗Brunneneintrittsverluste dient. Häufig wird der Begriff

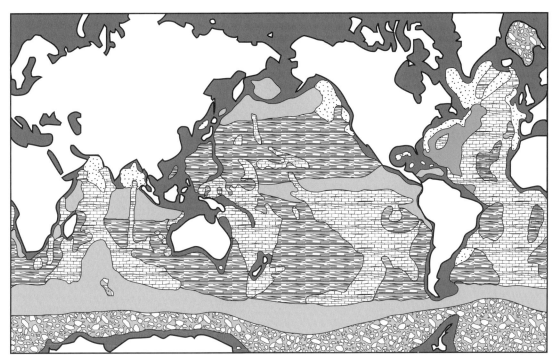

pelagische Sedimente: Verteilung pelagischer Sedimente in den heutigen Ozeanen.

pelagische Sedimente (Tab. 1): Sedimentationsraten pelagischer Sedimente.

Radiolarienschlamm	2–10 mm/1000 a
terrigene Schlämme	50–2000 mm/1000 a
Globigerinenschlamm	3–60 mm/1000 a
Roter Tiefseeton, im tropischen Nordpazifik	1–15 mm/1000 a 0–1 mm/1000 a

Peilrohr auch als Synonym für eine ↗ Grundwassermeßstelle verwendet.

Pelagial, Region des freien Wasserkörpers in Gewässern, im Gegensatz zum ↗ Benthal, die sich entsprechend der Lichtintensität in ↗ Epipelagial, Mesopelagial, ↗ Bathypelagial und Abyssopelagial gliedert. Eine produktionsbiologische Zonierung ist durch die ↗ trophogene Schicht und die ↗ tropholytische Schicht gegeben.

pelagisch, 1) zur Wassersäule des offenen Ozeans gehörig. Epipelagisch reicht bis in eine Wassertiefe von ca. 200 m, bathypelagisch bis in eine Wassertiefe von ca. 2000 m. 2) beschreibend für marine Organismen, die nektonisch oder planktonisch eher im offenen Ozean als in flacheren Küstengewässern oder am tieferen Meeresboden leben.

pelagische Sedimente, feinkörnige Ton- und Schlamm-Ablagerungen mit einer mittleren Korngröße von weniger als 5 µm, abgesehen von authigenen Mineralen und Organismen (Abb.). Weniger als 25 % der Korngrößenfraktion größer 5 µm sind terrigenen, vulkanogenen oder neritischen Ursprungs. *Hemipelagische Sedimente* oder *Ablagerungen* enthalten in der Korngrößenfraktion größer 5 µm mehr als 25 % Partikel terrigener, vulkanogener und neritischer Herkunft. Seit der Forschungsreise von H.M.S. Challenger (1872–1876) kennt man rote Tiefseetone, Globigerinenschlamm, Radiolarienschlamm und Diatomeenschlamm als rezente Tiefseeablagerungen. Mit den Untersuchungen im Rahmen des Deep Sea Drilling Project und Ocean Drilling Project stellten verschiedene Autoren Klassifikationen in sechs bzw. sieben Sedimenttypen vor, die auf der relativen Häufigkeit der verschiedenen Hauptgemengteile, kalkiger Biogene, kieseliger Biogene, terrigener Silte und Tone, vulkanogener und kosmogener Partikel sowie authigener Bildungen basieren: a) pelagischer Ton: > 10 % authigene Minerale, < 30 % kieselige Biogene, < 30 % kalkige Biogene, < 30 % terrigene und vulkanogene Komponenten; b) biogene kieselige Sedimente: > 30 % kieselige Biogene, < 30 % kalkige Biogene, < 30 % terrigene und vulkanogene Komponenten; c) Mischungen mit biogen-kieseligen Sedimenten: < 30 % kalkige Biogene, < 30 % terrigene und vulkanogene Komponenten, 10–70 % kieselige Biogene; d) biogen kalkige Sedimente: > 30 % kalkige Biogene, < 30 % terrigene und vulkanogene Komponenten, < 30 % kieselige Biogene; e) Mischungen aus biogen kalkigen und terrigen beeinflußten Sedimenten: > 30 % kalkige Biogene, > 30 % terrigene und vulkanogene Komponenten, < 30 % kieselige Biogene; f) terrigen beeinflußte Sedimente: > 30 % terrigener und vulkanogener Detritus, < 30 % kalkige Biogene, < 10 % kieselige Biogene, < 10 % authigene Bildungen; g) vulkanogene Sedimente: > 30 % vulkanogene Bestandteile. Die wesentlichen kalkig-biogenen pelagischen Sedimente sind heute die ↗ Globigerinenschlämme. Untergeordnet sind, z. B. im Mittelmeer, Coccolithophoridenschlämme verbreitet. Solche aus Calcit bestehenden Skelettteilchen können nur oberhalb der Calcit-Kompensationstiefe (CCD; ↗ Carbonat-Kompensationstiefe) akkumuliert werden. ↗ Pteropodenschlämme sind an Meeresbereiche gebunden, deren Böden sogar oberhalb der Aragonit-Kompensationstiefe liegen. Vorkommen gibt es z. B. im Roten Meer. Zu den biogen-kieseligen Sedimenten zählen ↗ Radiolarienschlämme und ↗ Diatomeenschlämme, die beide unabhängig von der Tiefenlage der CCD vorkommen, ebenso wie die roten Tiefseeschlämme (↗ roter Tiefseeton). Durch diagenetische Verfestigung entstehen zunächst Diatomeenerde, Radiolarienerde usw. und sodann Diatomite, Radiolarite, Novaculite, Spiculite sowie Globigerinenkalke, Pteropodenkalke, Coccolithophoridenkalke und rote Tiefseetonsteine.

Ein besonderes Merkmal der Tiefseesedimente und Sedimentgesteine sind die ausgeprägten Sedimentationsunterbrechungen, die durch Nichtsedimentation oder Erosion hervorgerufen werden. Pelagische Sedimentation geschieht häufig auf ozeanischer ↗ Lithosphäre, daher sind entsprechende fossile Vorkommen in Ophiolithkomplexe (↗ Ophiolith) integriert (Tab. 1 u. 2). [DM]

Literatur: [1] AUSTIN, J. A., SCHLAGER, W. & PALMER, A. A. et al. (1986): Proc. Init. Reports (Pt.A.), ODP, 101. – Washington. [2] BENSON, W. E. et al. (1978): Init. Reports Deep Sea Drilling Project, Vol. XLIV. – Washington. [3] SCHOLLE, P. A., ARTHUR, M. A. & EKDALE, A. A. (1983): Pelagic environment. – In: SCHOLLE, P. A., BEBOUT, D. G. & MOORE, C. H. (Eds.): Carbonate Depositional Environments. – Amer. Assoc. Petrol. Geol. Mem., 33, 620–691, Tulsa. [4] TUCKER, M. E. & WRIGHT, V. P. (1990): Carbonate Sedimentology. – London.

pelagische Sedimente (Tab. 2): nicht-biogene Hauptkomponenten rezenter und fossiler pelagischer und hemipelagischer Sedimente und Sedimentgesteine.

detritische Partikel	terrigene Komponenten (z.B. Quarz, Feldspat, Glimmer, Tonminerale, Schwerminerale) nicht-biogene Partikel aus flachmarinen Carbonaten (z.B. Ooide, Lithoklasten)
authigene und chemische Bildungen	Oxide und Hydroxide, Silicate (z.B. Zeolithe, Glaukonit, Tonminerale), Sulfate, Carbonate, Phosphate, Chloride, Schwermetallsulfide
vulkanogene Partikel	vulkanische Gläser, Asche, Bims
kosmogene Partikel	meteoritische Sphärulithe

Pelit, Bezeichnung für ⁊terrigene Sedimente mit einer durchschnittlichen Korngröße im Ton- und Silt-Bereich.

Pelletoide ⁊Peloide.

Peloide, Sammelbegriff für Komponenten aus kryptokristallinem Carbonat mit unterschiedlicher Genese. Sie sind selten größer als 0,5 mm, häufige Werte liegen bei 0,05–0,2 mm. Damit sind sie unabhängig von Genese und geologischem Alter im allgemeinen kleiner als alle anderen Komponentenkategorien der Carbonate. Peloide werden nach ihrer Entstehung weiter unterteilt: a) *Kotpillen* (fecal pellets) werden von zahlreichen benthonischen und nektonischen Organismen erzeugt. Intern strukturierte Kotpillen sind auf Crustaceen zurückführbar. b) *Algenpeloide* sind zum einen Zerfallsprodukte verschiedener Grün- und Rotalgen sowie von Cyanobakterien. Zum anderen können sie als sphaerulithische Carbonatinkrustationen um Cyanobakterien entstehen. *Tuberoide* sind zum Großteil Algenreste, die in Zusammenhang mit einer Carbonatfällung stehen, die durch den Zerfall von Kieselschwämmen ausgelöst wird. Sie wurden besonders aus Schwammkalken des süddeutschen Juras beschrieben. c) *Pseudopeloide* (Pseudopellets) werden als durch Wasserbewegung aufgearbeitete, gerundete Resedimentpartikel gedeutet. d) *Bahamitpeloide*: bei fortgeschrittener Mikritisierung von Bioklasten entstehen gerundete Komponenten, die bei Fehlen der ursprünglichen Strukturen als Peloide anzusprechen sind. e) *Pelletoide* sind Peloide, die durch Umkristallisation von Bioklasten und Ooiden entstehen. [DM]

Pelosole, [von griech. pelós = Ton], Klasse von Böden mit ausgeprägtem Absonderungsgefüge, die sich aus tonreichem Gestein entwickelt haben. Zwischen dem entwickelten ⁊A-Horizont und dem unveränderten ⁊C-Horizont treten tonreiche (> 45 % Ton) ⁊P-Horizonte auf, in denen das Schichtgefüge des Ausgangsgesteins aufgelöst und in ein polyedrisches bis prismatisches Gefüge übergegangen ist (sogenannte »Aufweichungshorizonte«). Die Prismen des Unterbodens zeigen oft glänzende Oberflächen, die ⁊Slicken sides. Bei Trockenheit bilden sich 10 cm breite tiefe Spalten. Pelosole sind in Mitteleuropa vor allem auf mesozoischen Tonen und Tonmergeln entwickelt und sind mit Pelosol-Gleyen in Senken vergesellschaftet, kommen aber auch auf pleistozänen Beckentonen und tonreichen Geschiebemergeln vor; Klassifikation nach ⁊WRB: ⁊Vertisols oder ⁊Regosols je nach Spaltenbreite.

Peloturbation, *Hydroturbation*, Bodenbewegungen durch Quellungs- und Schrumpfungsprozesse. In die ⁊Trockenrisse tonreicher, wechselfeucht tropischer Böden (⁊Vertisols) fallen Bodenbestandteile (durch Wind- und Wassererosion oder direkt durch Menschen und Tiere), die mit Beginn der Regenzeit quellen und die Trockenrisse verfüllen. Durch die hinzugekommenen Bodenbestandteile ist kein ausreichender Raum für die Ausdehnung vorhanden, das Bodenmaterial wird verdrängt, der Boden hebt sich über den ehemaligen Trockenrissen und bildet ein wulstartiges Kleinrelief aus Gilgai (⁊Gilgai-Musterboden).

penbased computing ⁊Pentop.

Penck, *Albrecht*, deutscher Geograph, * 25.9.1858 Leipzig, † 7.3.1945 Prag; lehrte ab 1885 als Professor in Wien, 1906–26 in Berlin als Nachfolger von F. v. ⁊Richthofen, war 1906–21 Direktor des dortigen Museums für Meereskunde; zahlreiche richtungsweisende Arbeiten zur Geomorphologie und Glazialmorphologie, gliederte das Pleistozän im Alpenvorland in Günz-, Mindel-, Riß- und Würmeiszeit; ebenso wichtige Arbeiten in der Kartographie, der Länderkunde und der Anthropogeographie; bereiste die meisten Erdteile; gab 1891 den Anstoß zur Erstellung der »Internationalen Weltkarte 1 : 1.000.000«; Begründer der »Geographischen Abhandlungen« (1886). Werke (Auswahl): »Die Vergletscherung der deutschen Alpen, ihre Ursachen, periodische Wiederkehr und ihr Einfluß auf die Bodengestaltung« (1882), »Das Deutsche Reich, das Königreich der Niederlande, das Königreich Belgien, das Großherzogtum Luxemburg« in Richthofens Länderkunde von Europa (1888/89), »Morphologie der Erdoberfläche« (2 Bände, 1894), »Die Alpen im Eiszeitalter« (mit E. Brückner; 3 Bände, 1901–09).

Penck, *Walther*, Sohn von Albrecht ⁊Penck, * 30.8.1888 Wien, † 19.9.1923 Stuttgart; entwickelte, angeregt durch Forschungen in tektonisch aktiven Gebieten, ein von der seinerzeit maßgeblichen ⁊Zyklentheorie von W. M. ⁊Davis abweichendes Hangentwicklungsmodell. Demnach werden ⁊fluviale Erosion und die ⁊Denudation der Hänge und damit die Hangform wesentlich durch zeitgleich ablaufende tektonische Hebungs- und Senkungsprozesse bestimmt. Seine ins Englische übersetzten Schriften lieferten einen entscheidenden Beitrag zur Revision der Davisschen Theorie in der amerikanischen Geomorphologie.

Pen-Computer ⁊Pentop.

Pendelgravimeter ⁊Gravimeter.

Pendelhärte ⁊Härte.

Pendlerkarten ⁊Bevölkerungskarten.

Peneplain, fast ebene, flachwellige ⁊Abtragungsfläche mit sehr breiten Tälern und nur noch schwach ausgeprägtem Relief; in der ⁊Zyklentheorie von W. M. ⁊Davis als »greisenhaftes« Reliefstadium durch langsames Fortschreiten der Abtragungsvorgänge aus den »reifen« Reliefformen (Berge und Täler) durch Erniedrigung der Rücken und Verbreiterung der Talböden entstanden.

Penetrationszwilling ⁊Zwilling.

Penetrometer, Gerät zur Messung des Widerstandes, den der Boden einer kontinuierlich in den Boden gedrückten definierten Kegelspitze (Durchmesser, Öffnungswinkel) entgegensetzt (gebräuchliche Bezeichnungen: Eindringwiderstand, Durchdringungswiderstand, penetrometer resistance). Mit dem Penetrometer läßt sich die ⁊Bodenverdichtung hinsichtlich Tiefenlage, Mächtigkeit und Ausprägungsgrad diagnostizieren. Der Meßwert ist ein Komplexparameter, der von der ⁊Bodenfeuchte, der ⁊Bodendichte, der

Penck, *Albrecht*

/Bodenart und dem /Bodengefüge abhängt. Aus Gründen der Reproduzierbarkeit der Meßergebnisse werden Penetrometermessungen zum Zeitpunkt der Frühjahrsfeuchte durchgeführt. So kann der Einfluß der /Bodenfeuchte auf den Meßwert vernachlässigt werden.

Penicillium, *Pinselschimmel*, Formgattung der /Deuteromyceten, deren Sporen in Ketten basipedal auf Phialiden entstehen. Diese sind einzellig, rund bis oval geformt und graugrün gefärbt. Das pinselartige Aussehen (»Penicillus«) der Konidiophoren, die in einem Büschel von verzweigten Ästen enden, wird durch Zwischenglieder zwischen Stiel und Phialiden (Metulae) bedingt. Die Gattung ist weltweit verbreitet, man unterscheidet über 100 Arten. Die meisten sind Saprophyten, andere fakultative Parasiten. Sie verursachen Lagerkrankheiten bei Obst und bilden hochgiftige Mykotoxine. Einige Penicillium-Arten produzieren wichtige, hochwirksame Antibiotika (Penicilline, Griseofulvin) oder spielen eine wichtige Rolle bei der Käseherstellung.

penitentes Eis /*Büßerschnee*.

Penman, *Howard Latimer*, britischer Agrarmeteorologe und Hydrologe, * 10.4.1909 Dunston-on-Tyne (County Durham), † 13.10.1984 Harpenden; besuchte die höhere Schule in Oxford, anschließend das Armstrong College in Newcastle upon Tyne (später Teil der Universität Durham), wo er sich der Physik und Mathematik zuwandte. Nach einer kurzen Unterbrechung seiner akademischen Laufbahn erhielt er 1938 den Ph.D. von der Universität Durham. 1934 trat er eine Stelle in der photochemischen Abteilung des Shirley Institutes in Manchester an. Ab 1937 war er bis zu seiner Pensionierung an der Rothamsted Experimental Station in Harpenden beschäftigt. Dort wurde er 1954 Leiter der Abteilung Physik. Anfangs beschäftigte er sich mit der Diffusion von Gasen in Bodenporen. Später wandte er sich der natürlichen Verdunstung zu. Sorgfältige Feldmessungen und deren Auswertung führten 1948 zu einer ersten physikalisch begründeten Verdunstungsformel, die später weltweit Eingang in die Praxis fand und seinen Namen trägt (/Penman-Formel, /Verdunstungsberechnung). Weiterhin befaßte er sich mit Bewässerungsfragen und der Einzugsgebietshydrologie. Durch Vergleich der Differenz zwischen gemessenem /Gebietsniederschlag und /Gebietsabfluß mit der nach seiner Formel berechneten Verdunstung konnte diese mehrfach verbessert werden. Er brachte über 100 Veröffentlichungen heraus. Von besonderer Bedeutung sind seine Bücher »Vegetation and hydrology« und »Meteorology for biologists«. Er zeigte, wie die klassische Physik zur Lösung umweltrelevanter Probleme genutzt werden kann. Seine Beiträge zur Agrarmeteorologie und zur Hydrologie waren einzigartig. 1963 wurde er zum Mitglied der Royal Society gewählt. Die Royal Meteorological Society ehrte ihn 1952 mit dem Darton Prize für seine Veröffentlichung »Evaporation over the British Isle« und 1966 mit der Hugh Robert Mill-Medaille für seine Arbeiten über die Wasserbilanz der Erdoberfläche und

$$E_{Ta} = \frac{\cdot}{r_w} \cdot \frac{}{s + \gamma \cdot (1 + \frac{r_s}{r_a})}$$

■ Zu den Autoren

Das **Lexikon der Geowissenschaften** wird von mehr als 230 namhaften Autoren aus Forschung und Lehre erarbeitet, von 18 Fachberatern koordiniert und von einer erfahrenen Fachredaktion lexikographisch aufbereitet.

■ Zu den Zielgruppen

Das **Lexikon der Geowissenschaften** richtet sich nicht nur an Wissenschaftler, Forscher, geowissenschaftlich orientierte Techniker und Studenten, sondern bietet auch allen Naturwissenschaftlern und interessierten Laien umfangreiches, anschauliches und aktuelles Wissen.

■ Zum Konzept

Das **Lexikon der Geowissenschaften** garantiert mit seiner übersichtlichen und einheitlichen Gestaltung, den umfangreichen und anschaulichen Graphiken und Abbildungen sowie einer durchdachten Verweisstruktur dem Leser einen schnellen und bequemen Zugriff auf die gewünschte Information.

Das **Lexikon der Geowissenschaften** greift mit Essaythemen und Übersichtsartikeln sowohl spezielle Fachgebiete der Geowissenschaften als auch aktuelle Schwerpunktthemen der Forschung auf. Essaythemen und Übersichtsartikel des vierten Bandes sind u.a.: Ozonloch, Paläogeothermie, Pegel, Petrophysik, Photogrammetrie, Photosynthese, Plattentektonik, Porphyry-Copper-Lagerstätten, Pumpversuch, Primatenentwicklung und Menschwerdung, Quarz, Radar-Interferometrie, Raumgruppe, Röntgenstrukturanalyse, Sauerstoffkreislauf, Schadstoffausbreitung, Schalenbau der Erde, See.

Weiterhin werden die Dichte der Luft ϱ, die spezifische Verdunstungswärme r_w und die spezifische Wärme der Luft c_p berücksichtigt. ↗Grasreferenzverdunstung.

Penninikum, zentrale tektono-fazielle Zone der alpinen ↗Tethys, welche zwischen der helvetischen Zone im Norden und der ostalpinen Zone im Süden angesiedelt war. Die Zone beinhaltet auch das Briançonnaise der französischen Westalpen und dessen Äquivalente. Der Untergrund der penninischen Zone besteht aus Gneismassen und vorkarbonen Schiefern, dem im Briançonnaise kohleführendes Karbon, permische Red Beds und triadische Carbonate auflagern. Die typische Entwicklung der penninischen Fazies erfolgt ab dem Jura, wenn sich tiefe Tröge nördlich (Wallis-Trog) und südlich (Piemont-Trog) des Briançonnaise entwickeln, in denen mächtige Sequenzen von Lutiten und Mergeln zur Ablagerung gelangen. Diese werden in der späteren Metamorphose zu Kalkphylliten umgewandelt und bilden als Glanzschiefer, Bündner Schiefer, Schistes lustre oder Brenner Schiefer eine für das Penninikum typische Gesteins-Suite. Ab dem oberen Jura werden vor allem im Piemont-Trog ausgedehnte Abfolgen basischer und ultrabasischer submariner Vulkanite gefördert. Diese liegen heute als ↗Ophiolite vor und werden als ursprüngliche ozeanische Kruste angesehen.

Während der Orogenese, die im penninischen Raum in der oberen Kreide einsetzt, wird Erosionsdetritus durch ↗Turbidite (Trübeströme) verfrachtet und gelangt so als penninischer ↗Flysch zur Ablagerung. Die penninischen Faltendecken bauen den Zentralkamm der Westalpen am Simplon und in den Walliser Bergen auf. Von hier setzen sie sich über den Gran Paradiso weiter nach Süden und dann nach Südosten bis an die Po-Ebene fort. [HWo]

Pennsylvanium ↗Karbon.

Pentagondodekaeder, Polyeder mit zwölf fünfseitig begrenzten Flächen. Das reguläre Pentagondodekaeder ist einer der fünf Platonischen Körper (Tetraeder, Hexaeder = Würfel, Oktaeder, Pentagondodekaeder und Ikosaeder). Wegen seiner fünfzähligen Symmetrie ist es kein kristallographischer Körper, spielt aber eine wichtige Rolle in der Theorie der ↗Quasikristalle. Kristallographische, also nichtreguläre Formen sind das tetraedrische Pentagondodekaeder als allgemeine Form in der Kristallklasse 23 (T) sowie das Pentagondodekaeder als Grenzform in der Kristallklasse 23 (T) und spezielle Form in der Kristallklasse $m\bar{3}$ (T_h). In der letztgenannten Kristallklasse kristallisiert der Pyrit, der häufig Pentagondodekaeder mit {210}-Flächen ausbildet. Man nennt diese Polyeder deshalb auch *Pyritoeder* (Abb.). Man muß beachten, daß die Flächen des Pyritoeders keine regulären Fünfecke sind, sondern nur noch eine Spiegelsymmetrie besitzen. [WEK]

Pentagonikositetraeder, *Pentagontriokaeder*, Polyeder mit 24 fünfseitig begrenzten Flächen; allgemeine Form der Kristallklasse 432 (O), der pentagonikosaedrischen Kristallklasse. Die Pentagonikositetraeder zeigen das Phänomen der ↗Enantiomorphie, d.h. es gibt Rechtsformen und Linksformen, die sich wie Bild und Spiegelbild verhalten, ohne deswegen deckungsgleich zu sein – wie z.B. ein rechter und ein linker Handschuh (Abb. 1 u. 2). In der pentagonikositetraedrischen Klasse kristallisieren vergleichsweise wenige Substanzen. Ein Beispiel aus der Mineralwelt ist der Petzit (Ag_3AuTe_2).

Pentagonprisma, fünfseitiges ↗Prisma zur Aufnahme und ↗Absteckung rechter ↗Winkel.

Pentagontritetraeder, *tetraedrisches Pentagondodekaeder*, allgemeine Flächenform in der kubischen Punktgruppe 23. Seine Flächen bestehen aus zwölf kongruenten allgemeinen Fünfecken.

Pentlandit, *Eisennickelkies*, *Folgerit*, *Lillhammerit*, *Nicopyrit*, nach dem Entdecker Pentland benanntes Mineral mit der chemischen Formel $(Ni,Fe)_9S_8$ und kubisch-hexaoktaedrischer Kristallform; Farbe: bronzegelb bis lichttombakbraun; starker Metallglanz; undurchsichtig; Strich: grünlichschwarz bis schwarz; Härte nach Mohs: 3,5–4 (spröd); Dichte: 4,6–5,0 g/cm³; Spaltbarkeit: deutlich nach (111); Aggregate: fein eingewachsen, seltener mit bloßem Auge erkennbar, kleine Körner; vor dem Lötrohr zu schwarzem, magnetischem Kügelchen schmelzend; in Salpetersäure löslich (brauner Niederschlag Fe-Hydroxid); Begleiter: Pyrrhotin; Vorkommen: liquidmagmatisch und in der Oxidationszone bildet sich auf Kosten des Ni-Sulfats wasserlösliches Ni, das in Hohlräumen auskristallisiert; Fundorte: Sohland (Obere Spree), Varallo im Sesia-Tal (Piemont, Italien), Evje (Norwegen), Nivala (Finnland), ↗Sudbury (Kanada), Petsamo (Nord-Karelien), ↗Bushveld-Komplex (Nord-Transvaal, Süd-Afrika). [GST]

Pentop, *Pen-Computer*, tragbarer, netzunabhängiger Computer ohne Tastatur. Die Steuerung der Programme erfolgt mit Hilfe eines speziellen Stiftes, dessen Bewegungen auf der Bildschirmoberfläche von einem eingebauten Digitizer registriert werden (*penbased computing*). Mittels eines Programms zur Handschriftenerkennung und speziellen Erweiterungen des Funktionsumfangs des Betriebssystems können so Daten erfaßt und Schriftzeichen in ausführbare Befehle umgesetzt werden. Speicherkapazität, Rechenleistung und der große Bildschirm, dessen Oberfläche als Schreibfläche benutzt werden kann, erlauben die Ausführung von CAD-Anwendungen im Felde. In einer wetterfesten Ausführung ermöglichen solche Computer (↗Feldcomputer) die Benutzung als elektronisches ↗Feldbuch, das aufgrund seiner Grafikfähigkeit der Führung eines analogen Feldbuches sehr nahe kommt.

Peplosphäre, ältere Bezeichnung für die an die Erdoberfläche angrenzende Schicht der Atmosphäre, die sich bis zur ↗Inversion oder zur Untergrenze der ersten Schichtwolken erstreckt. Heute wird praktisch nur noch der Begriff ↗atmosphärische Grenzschicht verwendet.

Peptisation, Rückverwandlung eines kolloidalen Systems aus dem Gel-Zustand in den Sol-Zustand. Befinden sich ↗Bodenkolloide im Zustand

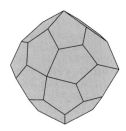

Pentagonikositetraeder 1: linkes Pentagonikositetraeder.

Pentagonikositetraeder 2: rechtes Pentagonikositetraeder.

Pentagondodekaeder: Pyritoeder.

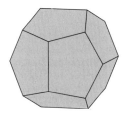

der ↗Koagulation oder ↗Flockung, werden bei sinkender Salzkonzentration in der ↗Bodenlösung die aneinanderhaftenden Partikel wieder getrennt (↗Bodenaggregate, ↗Dispergierung). Tonreiche Salzböden gehen bei Auswaschung leicht in den peptisierten Zustand über. Daraus folgt eine starke Quellfähigkeit und als Folge der dichten Lagerung eine Reduzierung der Dehnbarkeit und Infiltration. Die Bildung dieses ungünstigen ↗Gefüges kann durch den Austausch der Na$^+$-Ionen gegen Ca^{2+}-Ionen (Zugabe von Gips) vermieden werden.

peralkalin, Bezeichnung für ↗Magmatite oder Magmen, die einen Überschuß an Alkalien gegenüber Aluminium besitzen: Na$_2$O + K$_2$O > Al$_2$O$_3$ (bezogen auf Mol-%).

perennierende Quelle, Quelle mit ganzjähriger Schüttung.

perennierender Fluß ↗kontinuierlicher Fluß.

pereutroph, extrem nährstoffreich.

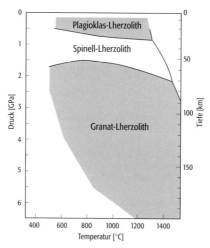

Peridotit: Druck-Temperatur-Stabilitätsdiagramm für Lherzolithe.

Peridotit, magmatisches oder metamorphes Gestein aus den Hauptgemengteilen Olivin (> 40 %), Ortho- und Klinopyroxen und einem aluminiumreichen Mineral, das mit steigendem Druck als Plagioklas, Spinell bzw. Granat vorliegt (*Plagioklas-Peridotit, Spinell-Peridotit, Granat-Peridotit*). Zu den Peridotiten gehören der ↗Dunit, ↗Harzburgit, ↗Lherzolith (Abb.) und der ↗Wehrlit. Als ↗Mantelperidotite bilden sie den Hauptbestandteil des oberen Erdmantels. In der Kruste bilden sich Peridotite meist durch Kumulation (↗Kumulat) basischer Intrusionen. Metasomatose führt bei Peridotiten zur Bildung von *Hornblende-Peridotit*, ↗Glimmer-Peridotit oder ↗Serpentinit. ↗Ultramafitite.

Peridotitxenolith ↗Olivinknolle.

periglazial, die Klima- und Ökosystemzustandsbedingungen, Prozesse und Landformen, die mit kalten, nicht glazialen Räumen verbunden sind. Die wörtliche Bedeutung ist »in der Umgebung der Eisgebiete«. Voraussetzung für viele periglaziale Prozesse ist das Vorhandensein von ↗Bodenfrost bzw. ↗Permafrost. Wichtigster periglazialer Prozeß ist die ↗Solifluktion.

Periglazialböden, Dauerfrostböden, die im Sommer oberflächlich auftauen und Substratbewegungen durch die Prozesse der ↗Kryoturbation sowie, an Hängen, der ↗Solifluktion durchlaufen.

periglaziale Asymmetrie, durch ↗periglaziale Prozesse verursachte Asymmetrie von Reliefformen, z. B. bei ↗Dellen oder Tälern (periglaziale ↗Talasymmetrie). Hauptfaktoren sind dabei eine unterschiedlich starke sommerliche Erwärmung von Hängen verschiedener Exposition sowie die bevorzugte Ablagerung von ↗Löß und Schnee in Leelagen. Dies verursacht eine unterschiedlich intensive ↗Gelifluktion, ↗Abspülsolifluktion und Hangverflachung.

periglaziale Muldenform ↗*Delle*.

periglaziales Bodenfließen, ↗*Gelifluktion*, ↗Bodenfließen.

periglaziale Solifluktion, *Gelisolifluktion*, ↗*Gelifluktion*.

periglaziale Spüldenudation ↗*Abspülsolifluktion*.

periglaziale Stufe, ↗Höhenstufe in Gebirgen mit ↗periglazialem Formenschatz und periglazialen Prozessen. Die periglaziale Höhenstufe liegt je nach Breitenlage in unterschiedlicher Höhenlage und umfaßt die subalpine Stufe (Krummholzstufe), die alpine Stufe (Mattenstufe), die subnivale Stufe (Frostschutzzone) und die nivale Stufe ohne die Gletschergebiete.

Periglazialgebiet, *Periglazialbereich, Periglazialzone*, Gebiet, das ↗periglaziale Bedingungen, Prozesse, Reliefformen oder Sedimente aufweist. Periglazialgebiete lassen sich klimatisch und morphologisch nur schwer definieren. Klimatisch sind sie nicht genau abgrenzbar, ↗Bodenfrost und ↗Frostverwitterung spielen jedoch eine entscheidende Rolle. Sie können in der polaren, subpolaren und borealen Zone liegen und sind durch ein ausgeprägtes Jahreszeitenklima, mittlere Jahrestemperaturen unter 0°C und oft durch häufige ↗Frost-Tau-Zyklen gekennzeichnet. In tropischen Gebirgen können Periglazialgebiete mit Tageszeitenklima verbreitet sein. Periglazialgebiete sind saisonal schneefrei. Morphologisch sind sie durch eine starke ↗Frostbodendynamik, intensive ↗Abspülung und intensive ↗fluviale Prozesse gekennzeichnet. Auch ↗äolische Prozesse sind verstärkt wirksam, da Periglazialgebiete oft vegetationsfrei sind. Als Indikatoren gelten z. B. ↗Frostmusterböden, amorphe Decken aus ↗Solifluktionsschutt, ↗Permafrost, ↗Gelifluktion, ↗Kryoturbation und ↗Eiskeile. Periglazialgebiete sind nicht mit ↗Permafrostgebieten gleichzusetzen, da viele periglaziale Prozesse auch ohne die Anwesenheit von Permafrost ablaufen. Man unterscheidet rezente und fossile Periglazialgebiete. [SN]

Periglazialschutt, allgemeine Bezeichnung für ↗periglazialen ↗Solifluktionsschutt und ↗Frostschutt.

perihel ↗Erde.

Periklas, [von griech. peri = ringsum und klásis = Bruch], Mineral mit der chemischen Formel MgO und kubisch-hexoktaedrischer Kristallform; Farbe: weiß, grau, grünlich bis gelblich, bräunlich-gelb; Glasglanz; durchsichtig bis durchscheinend; Strich: weiß, Härte nach Mohs: 5,5–6; Dichte 3,7–3,9 g/cm³; Spaltbarkeit: vollkommen nach (*100*); Aggregate: Kristalle auf- und eingewachsen, sonst derb, körnig; vor dem Lötrohr unschmelzbar; in Säuren nur schwer löslich; synthetisch leicht herstellbar; Begleiter: Forsterit, Magnesit, Monticellit; Vorkommen: kontaktmetamorph aus SiO_2-armen dolomitischen Kalken, aber auch in Zementklinkern; Fundorte: aus Kalkauswürflingen des Monte Somma und Vesuv bei Neapel, bei Teulada (Sardinien) und Predazzo (Trentino, Italien), Langban (Schweden).

Periklin, [von griech. *periklínos* = ringsum neigend; wegen der Lage der Prismen-Endflächen], Bezeichnung für nach *b* [= *010*] verzwillingte und meist nach dieser Achse gestreckte ↗Plagioklase (*b*-Achse = Zwillingsachse).

Periklingesetz ↗Zwillinge.

perimagmatische Lagerstätte, Lagerstätte, die in der Nähe oder unmittelbar am Kontakt eines magmatischen Gesteinskörpers gebildet wurde.

Perimorphose, *Umhüllungsparamorphose*, Sonderfall der ↗Pseudomorphose; Überkrustung eines Minerals durch eine andere Mineralphase und anschließende Auflösung des ursprünglichen Minerals unter Beibehaltung des überkrusteten Hohlraumes.

Periode, **1)** *Geophysik*: Kehrwert der jeweiligen Frequenzen. **2)** *Historische Geologie*: Zeiteinheit der ↗Geochronologie, entspricht dem ↗System innerhalb der ↗Chronostratigraphie. Mehrere Perioden werden zu einer Ära zusammengefaßt. **3)** *Klimatologie*: quantitative Angabe der Zeit, die zwischen dem Eintreten von Maxima und Minima einer ↗Zeitreihe vergehen. Bei einem streng periodischen Vorgang ist, im Gegensatz zum ↗Zyklus, die Zeit sowie die Amplitude des betreffenden Schwingungsvorgangs wie bei einer Sinus-Kurve genau konstant. Im Rahmen mancher statistischer Methoden wird der Begriff Periode auch verallgemeinernd im Sinn einer mittleren Periode verwendet.

Periodensystem, [von griech. *periodos* = Rundreise], *periodisches System der chemischen Elemente*, *PSE*, Tabelle, in der die Symbole der chemischen Elemente in der Reihenfolge der Ordnungszahlen zeilenweise, d. h. periodisch angeschrieben sind. Die Größe der atomaren oder ionaren Bausteine der Kristalle und Minerale hängt von der Stellung des Elements im Periodensystem ab, also von der Ordnungszahl bzw. Kernladung. Sie nimmt in jeder Periode von links nach rechts ab und in jeder Gruppe von oben nach unten zu. Ausnahmen bilden die Lanthaniden und die Aktieniden. Mit zunehmender Ladung der Elemente nehmen die Atom- und Ionenradien ab.

Periodenuhr, dient zur Veranschaulichung harmonischer Schwingungen, z. B. der Gezeiten. Eine Schwingung kann durch einen Vektor im Sinne eines Uhrzeigers dargestellt werden. Seine Länge entspricht der Maximalamplitude, während seine Stellung auf dem Ziffernblatt die der Phasenlage beschreibt (bezogen auf eine zwölfstündige Einteilung).

periodische Quelle, Quelle mit periodischer, d. h. nicht ganzjähriger Schüttung.

periodischer Vorgang, ist ein Prozeß, der sich in zeitlich oder auch räumlich konstantem Abstand wiederholt. Der einfachste periodische Vorgang wird durch die harmonische Schwingung beschrieben:

$$y = A \cdot \sin(2\pi \cdot f \cdot t).$$

Hier bedeuten *y* Auslenkung, *A* Amplitude und *f* Frequenz und *T* Zeit. Durch Überlagerung von harmonischen Schwingungen unterschiedlicher Amplitude, ↗Frequenz und Phasenlage lassen sich auch kompliziertere periodische Bewegungen beschreiben (harmonische Analyse bzw. Synthese).

periodische Windsysteme, wiederkehrende tages- und jahreszeitlich bedingte Luftströmungen auf allen Skalenbereichen, wie z. B. ↗Flurwinde, der ↗Land- und Seewind, ↗Berg- und Talwinde und der ↗Monsun.

Periphyton ↗Aufwuchs.

Perkolation, gravitative Tiefenmigration von Sickerwasser durch die ungesättigte Zone.

Perlen, [Namensherkunft unklar, evtl. von latein. *pirula* = Birnchen und/oder *sphaerula* = Kügelchen, oder von deutsch Beerlein], glänzende, meist weiße, kugelige Körper von wechselnder Größe und konzentrischem Aufbau, die sich aus versprengt abgelagerter Schalensubstanz in Muscheln bilden. Chemisch bestehen Perlen aus etwa 96 % Calciumcarbonat (Aragonit, Calcit oder beides), die durch 2–4 % organische Bindemittel (Conchagene) zusammengehalten werden. Die Perlenbildung wurde angeregt durch kleine Verletzungen oder durch Milbeneier, Plattwurmlarven u. a. Parasiten, Sandkörnchen usw., die zwischen Mantel und Schale hineingeraten sind. Zuchtperlen wurden von den Chinesen bereits im 13. Jh. hergestellt, industriell begann die Perlenzucht Ende des 19. Jh. durch den Japaner Kokichi Mikomoto, der gedrechselte Perlmuttkügelchen in Muscheln einpflanzte. Die Unterscheidung von Zuchtperlen und Naturperlen ist röntgenographisch möglich, jedoch besteht dabei die Gefahr, daß sich die Perlen verfärben. Spuren von Mangan sind die Ursache der Fluoreszenz im Röntgenlicht. Eine Unterscheidung zwischen Natur- und Zuchtperlen ist aufgrund der großen Suszeptibilitätsanisotropie (↗Suszeptibilität) von Aragonit möglich (↗magnetische Eigenschaften). Während sich die in ihrem Kern parallel orientierten Zuchtperlen in einem Magnetfeld entsprechend ihrer Struktur drehen, verändern konzentrisch aufgebaute Naturperlen ihre Lage nicht. Die Bewertung der Perlen richtet sich nach Größe, Form, Glanz und Farbe. Nach der Form unterscheidet man runde Kugelperlen, tropfenförmige Birnenperlen, ovale Perlen, einseitig flache oder halbkugelförmige Boutonperlen und unregelmäßig geformte Barockperlen. Den seidig-schimmernden Oberflächenglanz (↗Glanz), der durch Lichtreflexion in den dünnen Schichten der Perlen zustande kommt, bezeichnet man als Lüster. Während Naturperlen durchweg schimmernd weiß (perlweiß) sind, kommen Zuchtperlen in fast allen Farbtönen vor: weiß, rosé, grünlich, gelblich bis goldfarben, hellgrau bis schwarz. [GST]

Perlit, 1) *Petrologie*: *Perlstein*, durch Schrumpfungsrisse in millimeter- bis zentimetergroße Kügelchen oder Scherben zerfallender ↗Pechstein. **2)** *Technik*: Bezeichnung für alle vulkanischen Gläser, die sich bei schnellem Erhitzen ausdehnen und ein leichtes, schaumiges (bimsähnliches) Material bilden, das vielfältige technische Anwendung findet (Wärme- und Schalldämmung, als Trägersubstanz für Pflanzenschutz- und Düngemittel, als Filtermaterial und Füllstoff, in der Bohrtechnik zur Verminderung von Spülungsverlusten u. v. a.).

Perlmutterwolken, *polare Stratosphärenwolken, polar stratospheric clouds, PSC*, in verschiedenen Farben leuchtende ↗irisierende Wolken die in der winterlichen polaren Stratosphäre beobachtet werden. Die Perlmutterwolken bilden sich in 20–30 km Höhe (↗Atmosphäre Abb. 1) und werden von der tiefstehenden Sonne beleuchtet. Sie bestehen aus Salpetersäure und Wasser, die sich bei den bis zu –80°C tiefen Temperaturen zu Kristallkomplexen verbinden, und spielen eine wichtige Rolle in der Ozonchemie der Stratosphäre (↗Ozonloch). ↗leuchtende Nachtwolken.

Perlschnurblitz, Blitzentladung, bei der mehrere voneinander getrennte leuchtende Fragmente entlang einer Linie angeordnet sind. Ähnlich wie ↗Kugelblitze sind Perlschnurblitze selten dokumentiert und nicht befriedigend erklärt. Meist wird berichtet, daß sie aus einem normalen Erdblitz entstehen. Je nach Orientierung des Blitzkanals bezüglich des Beobachters kann die Leuchtwirkung einzelner Abschnitte verstärkt oder abgeschwächt werden und somit optisch der Eindruck eines in kleine Pakete zerteilten Blitzes entstehen. Weiterhin kann eine periodische Abschwächung des Lichtes von gewöhnlichen Linienblitzen durch Regen vorliegen. Möglicherweise führt auch Plasmainstabilität oder ein ähnlicher Mechanismus wie bei der Bildung des Kugelblitzes zur Zerteilung des ursprünglich kontinuierlichen Blitzkanals.

Perlstein ↗*Perlit*.

Perm, System am Ende des ↗Paläozoikum, das vor 285 Mio. Jahren begann und vor 250 Mio. Jahren endete. Typuslokalität ist die Stadt Perm in Rußland (Ural). Schon Mitte des 18. Jahrhunderts schlugen J. G. Lehmann und G. C. Füchsel erste Gliederungsversuche vor, die sich auf die Erfahrungen der Bergleute des Mansfelder Kupferschiefers stützten. Die Begriffe ↗Rotliegendes und ↗Zechstein stammen aus dieser Zeit (↗geologische Zeitskala). Der alte deutsche Ausdruck Dyas (»das Zweigeteilte«) für das Perm hat sich nicht durchsetzen können. Bekannte und gut untersuchte Vorkommen von permischen Ablagerungen finden sich in Deutschland, den Karnischen Alpen, in Rußland, China, Sizilien, Timor, Texas und Japan. Die tektonischen Aktivitäten zu Beginn des Perms, insbesondere die ersten regressiven Meeresbewegungen und die Saalische Phase (↗orogene Phase), die in Mitteleuropa und im Ural nachweisbar ist, sind letzte Ausläufer der variszischen Gebirgsbildung (↗Variszien). Mit dem Ende der orogenetischen Bewegungen ließ auch der Vulkanismus nach. Im Unterrotliegenden finden sich vor allem porphyrische Eruptionen. Im höheren Teil des Unterrotliegenden wechseln sich Porphyre und Melaphyre mit Tuffen und anderen Eruptiva ab. Die lakkolithischen Porphyrintrusionen am Ende der Saalischen Phase beenden die magmatische Tätigkeit. Der intensive Vulkanismus ist auch für die Überlieferung von verkieselten Hölzern verantwortlich. Im Perm waren die Kontinente zu einem Riesenkontinent verschmolzen, der Pangäa (↗Kontinentalverschiebungstheorie) genannt wird. Diese Konzentration von Landmassen hatte erhebliche Auswirkungen auf klimatische Bedingungen und die Floren- und Faunenverteilung auf der Erde. So standen nur noch eingeengte Schelfareale zur Verfügung, auf denen marine Organismen einem hohen Selektionsdruck ausgesetzt waren. Größere und differenzierte Areale bestanden lediglich im Bereich der ↗Tethys und im Westen von Amerika mit reichen Faunenspektren. Auf den Landmassen verursachten die Gebirgsketten der Herzyniden ein differenziertes Faunen- und Florenbild. Aufgrund der Klimabedingungen kam es zeitweise zu hohen Verdunstungsraten in Epikontinentalmeeren, die in der Bildung von ausgedehnten ↗Salzlagerstätten resultierten. Im Verlauf kam es zu einer Erwärmung des Perms, das anfänglich noch durch die Permokarbone Eiszeit (↗historische Paläoklimatologie) charakterisiert war.

Die global noch übersichtliche Florengliederung des Karbons (Gondwana-Flora und Euramerische Flora) macht nun einem komplexen Bild von unterschiedlichen Florenprovinzen Platz, die am Ende des Perms in die tropische Dicroidium-Flora mündet. Die Sporenpflanzen werden Mitte des Perms von den gymnospermen Samenpflanzen verdrängt, so daß hier der Übergang vom ↗Paläophytikum zum ↗Mesophytikum festgelegt wird. Dominante Landpflanzen im Perm sind die Voltzien (z. B. Lebachia), aber auch die ersten Gingkopflanzen (Sphenobaiera) kommen vor. Farnsamer (Pteridospermen) sind durch Callipteris und Taeniopteris vertreten. In ariden Gebieten sind xeromorphe Pflanzen häufig.

Die permischen Faunen können als direkte Fortsetzung des Karbons angesehen werden. Unter den Invertebraten auf dem Festland sind vor allem die Insekten zu nennen, die schon fast alle heutigen Gruppen hervorgebracht haben. Im unteren Perm entwickelten sich auch die frühen ↗Reptilien weiter und brachten die sogenannten Pelycosaurier wie die Gattung *Dimetrodon* hervor. Im späten Perm traten zusätzlich die Therapsiden auf (bekannte Formen in der südafrikanischen Karoo), die als Vorläufer moderner Säugetiere gelten. In den Meeren finden sich reiche Faunen. Wesentliche Riffbildner im Perm sind ↗Bryozoa und kalkabscheidende Algen (Mizzia,

Gymnocodium). Unter den Bryozoa sind Acanthocladia und Fenestella zu nennen. Zu den Riffbewohnern zählen weiterhin Muscheln, deren künftige Radiation sich bereits ankündigt. Unter den Brachiopoden im Perm sind nur noch Strophomeniden (Productus, Richthofenia mit korallinem Höhenwachstum) von Bedeutung. Wichtige Leitfossilien im Perm sind einige ↗Foraminiferen (z. B. Fusulinen), die z. T. gesteinsbildend sind, und schalentragende ↗Cephalopoden.

Am Ende des Perms (und damit am Ende des Paläozoikums) fand ein umfangreiches Massenaussterben statt. Bei den marinen Organismen starben die Eurypteriden, die tabulaten und rugosen ↗Korallen, die ↗Trilobiten und die Fusulinen aus. Die Brachiopoden wurden stark dezimiert, die paläozoischen Ammonoideen (Goniatiten) verschwanden. Als Erklärung für dieses Aussterbeereignis wird die große Regression am Ende des Unterperm angesehen. Die ohnehin beengten Schelfgebiete und Habitate wurden dabei zusätzlich verkleinert. Stark spezialisierte Taxa standen den neuen Situationen ohne Möglichkeit zur Anpassung gegenüber. Die Veränderungen auf dem Festland könnten hingegen durch die teilweise Aridisierung großer Flächen mitverursacht worden sein. Durch die Salzlagerstätten waren etwa zehn Prozent des im Meerwasser gelösten Salzes gebunden. Unter modernen Bedingungen würde das weltweit zu brackischen Verhältnissen führen und katastrophales Massensterben verursachen. Entsprechend sind die am Ende des Perms betroffenen Tiere vor allem stenohaline Organismen gewesen, während tolerantere Gruppen (Muscheln, Ostrakoden, Schwämme, Gastropoden) weniger beeinträchtigt wurden.

Der mitteleuropäische Raum war im Perm durch die Variszidien geprägt und vom offen-marinen Bereich der Tethys abgeschnitten. Im Verlaufe des Perms entstand durch Störungen und Verwerfungen ein komplexes Becken- und Schwellenmuster. Dabei bildeten sich im Rotliegenden im variszischen Vorland zwei Becken heraus, das nördliche und das südliche Nordseebecken. Aus dem südlichen entstand das ↗Germanische Becken, das im gesamten ↗Mesozoikum Bestand hatte und wichtiges Sedimentationszentrum blieb. Beide Becken waren durch die Mittelnordsee- und Ringkøbing-Schwelle getrennt und nahmen die molasseartigen Sedimente der Variszidien auf. Intensive Rotfärbung, gewaltige Dünenstrukturen und ↗Evaporite belegen aride Klimabedingungen. Zeitweilig bestanden im Unterperm auch kleine Süßwassertümpel und -seen. Im Saar-Nahe-Trog finden sich hier häufig Toneisenstein-Konkretionen mit gut erhaltenen Fisch- oder Amphibienresten (»Lebacher Eier«). Der Saar-Nahe-Trog gehört zu den Faziesräumen, dessen Auffüllung bereits im Oberkarbon begann. Die zyklische Sedimentation hatte seine Ursache in tektonischen Aktivitäten in Europa. Die Fazies ist hier geprägt von fluviatilen Sandsteinen und Süßwassercarbonaten, die sich mit Tonsteinen abwechseln. Im Thüringer Wald kam es im unteren Rotliegenden zur Bildung temporärer Kohlesümpfe, die Belege auch für Phasen weniger arider Bedingungen sind.

Mit dem Beginn des Zechsteins setzten nachfolgend umfangreiche marine Transgressionen ein, die vermutlich mit dem langsamen Abschmelzen der Gletscher der permokarbonen Eiszeit auf der Südhalbkugel (↗Gondwana) korrelieren. Da marine Ablagerungen und entsprechende Faunen in Grönland, Spitzbergen und Mitteleuropa noch ähnlich sind, scheint das Zechsteinmeer von Norden her eingedrungen zu sein. Die Transgression erfolgte allerdings sehr rasch, da erste marine Sedimente regional direkt auf nur schwach aufgearbeiteten Dünensanden (»Weißliegend«) zur Ablage kamen. Möglichweise lagen also weite Teile Mitteleuropas im Perm knapp unter dem Meeresspiegelniveau (wie heutige nordafrikanische Schotts und die Kattara-Senke). Die Dünensande werden von Mergeln und Tonsteinen sowie Salzen des basalen Zechsteins überlagert, die so ideale Erdölfallen und Speichergesteine stellen. Das Becken des Zechsteinmeeres war zeitweilig durch Barrieren von den offenen Ozeanen abgeschlossen (Barrentheorie). Dann waren die Verdunstungsraten so hoch, daß sich Salzserien abzuscheiden begannen, die erdgeschichtlich einmalig hinsichtlich ihrer Mächtigkeiten sind. Aufgrund der zyklischen Aktivität der Barrieren kam es zu mehreren Salzserien (Werra-, Staßfurt-, Leine-, Aller- und Ohre-Folge). Jede Abfolge besteht aus Calciumcarbonat, Gips-Anhydrit, Steinsalz und Kalisalz. Getrennt sind die evaporitschen Gesteine von Salzton- und Tonsteinhorizonten. Typische Eindampfungszyklen finden sich in Thüringen (Zechstein = Thuringium), im Werragebiet und vor allem im norddeutschen Raum im Gebiet um Hannover (= zentraler Beckenteil). Weiteres wichtiges Speichergestein für Kohlenwasserstoffe ist der Hauptdolomit im Thüringer Becken. Dabei stammt das Erdöl vermutlich aus der lagunären Fazies des Hauptdolomits, während es im norddeutschen Raum aus späteren, darüberliegenden Schichten (vorwiegend aus dem Lias) kommt.

An der Basis des Zechsteins findet sich über dem Zechstein-Konglomerat der ↗Kupferschiefer. Die schwarzen, feinlaminierten sapropelitischen Tonsteine belegen ein geringes Energieniveau in dem Epikontinentalmeer ohne zirkulierende Bodenströmungen. Innerhalb des Kupferschiefers tritt eine artenarme Fischfauna auf, die Hinweise auf Wasserschichtungen geben, vergleichbar dem heutigen Schwarzen Meer. Dominierende Art ist *Palaeoniscus freieslebeni*. Die Invertebratenfauna des Kupferschiefers (bestehend u. a. aus Bryozoen, Brachiopoden und Echinodermata) ist vermutlich ↗allochthon und stammt von den küstennäheren Gebieten. Die Kupferausfällung ist oft an Fossilien gebunden und daher u. a. möglicherweise auch bakteriell verursacht worden.

Im Alpenraum entstand ein komplexes System aus Trögen und Becken für die künftige Sedimentation, wobei festländisch beeinflußt (z. B. mit den Schuttmassen des ↗Verrucano) mit ma-

Permafrost 110

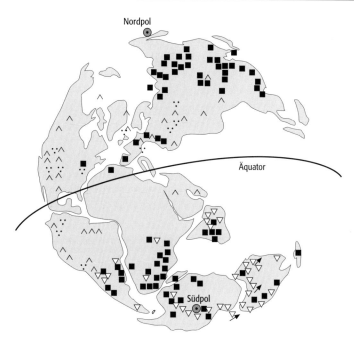

Perm: Verteilung der Kontinente im Perm mit Klimazeugen (Punkte = Rotsedimente, Dächer = Evaporite, Dreiecke = Tillite, schwarze Vierecke = Kohle).

rinen Bereichen wechseln. In den Karnischen Alpen sind Carbonate ohne klastische Einschaltungen häufig (Trogkofel-Riffkalk). In Nordasien entstand durch Anlagerung an die alten Kerne das Angaraland, das die Nordbegrenzung für das permisch-mesozoische Tethysmeer bildete, welches sich von Zypern bis Indonesien verfolgen läßt. Im Indonesischen Archipel spaltete es sich in zwei Becken auf, die den Pazifik umfaßten. Die fortschreitende Verlandung führte auch hier zu kohlenführenden Ablagerungen, flachmarinen Riffkalken, Evaporitfolgen und festländischen Red Beds. Afrika als Kernstück Gondwanas weist permische Vorkommen im Kongo-Becken und in Südafrika (Karoo) auf. Sie beginnen mit den Dwyka-Tilliten als Belege für eiszeitliche Verhältnisse. Die sehr ähnlichen Sedimente und Faziesräume in Südamerika sind im brasilianischen Paraná-Becken und im argentinischen Paganzo-Becken (mit Tilliten und marinen Einschaltungen) ausgebildet. In der Antarktis und in Australien sind vorwiegend Zeugnisse der Eiszeiten, aber auch Kohleablagerungen mit Gondwana-Fossilien typisch (Abb.). [RKo]

Permafrost, *Dauerfrostboden*, *Merzlota* (russ.), Untergrund, der für mindestens zwei Jahre eine ↗Temperatur von 0°C nicht überschreitet. Permafrost wird über die Temperatur definiert, d. h. der Untergrund muß nicht unbedingt gefroren sein, da der Gefrierpunkt des Wassers im Permafrost um mehrere Grad Celsius abgesenkt sein kann. Permafrost beinhaltet ↗Bodeneis, nicht jedoch ↗Gletscher oder oberirdische Gewässer mit Temperaturen unter dem Gefrierpunkt. Die Begrenzung des Permafrosts erfolgt nach unten durch den ungefrorenen Untergrund (Subpermafrosttalik), die Permafrostobergrenze wird durch den ↗Auftauboden gebildet (Abb.), wobei sich dazwischen noch ein Suprapermafrosttalik (↗Talik) befinden kann. Man unterscheidet epigentischen Permafrost, der in bereits vorhandenem Sediment gebildet wurde, und syngentischen Permafrost, bei dem die Sedimentation nahezu gleichzeitig stattfindet. Weiterhin kann man trockenen und eisreichen Permafrost unterscheiden. In vielen ↗Permafrostgebieten ist der Permafrost reliktisch, d. h. er wurde unter Vorzeitbedingungen gebildet. [SN]

Permafrostgebiete, Gebiete mit Dauerfrostboden (↗Permafrost). Man unterscheidet allgemein die Zonen des kontinuierlichen und des diskontinuierlichen Permafrosts. In der kontinuierlichen Permafrostzone wird Permafrost auch unter rezenten Klimabedingungen gebildet oder erhalten, während er in der diskontinuierlichen Permafrostzone vorwiegend reliktisch vorkommt. Dort sind auch kleinere permafrostfreie Gebiete vorhanden, über 50 % der Fläche sind jedoch noch von Permafrost eingenommen. Die Klimabedingungen für eine Neubildung von Permafrost sind hier oft nicht mehr gegeben. Treten nur noch vereinzelt kleine Bereiche mit reliktischem Permafrost auf, wird dieser auch als *sporadischer*

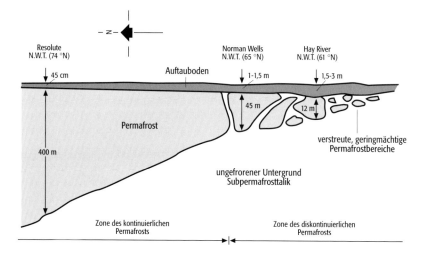

Permafrost: vertikales N-S-Profil der Permafrostverbreitung in Kanada (N. W. T. = Northwest Territories).

Permafrost bezeichnet. Es werden weniger als 50% der Fläche von Permafrost eingenommen und es treten häufig Erscheinungen von ⁄Thermokarst auf. Permafrost kann auch subglazial oder submarin verbreitet sein. [SN]

Permanentanker ⁄*Daueranker*.

permanente Ladung, eine immer vorhandene Ladung, die – im Gegensatz zur ⁄variablen Ladung – von äußeren Bedingungen unabhängig ist. Sie wird in Tonmineralen durch den ⁄isomorphen Ersatz von Silicium- bzw. Aluminiumionen in den Siliciumtetraeder- bzw. Aluminiumoktaederschichten durch niedriger geladene Ionen verursacht. Dadurch kommt es zu einem Überschuß an negativer Ladung, der durch die im Kristallgitter enthaltenen Ionen nicht ausgeglichen werden kann und zur Ein- bzw. Anlagerung entsprechend vieler positiv geladener Ionen (⁄Gegenionen) führt.

permanenter Welkepunkt, PWP, wird erreicht bei einem Wassergehalt, bei dessen Unterschreitung die meisten Pflanzen irreversibel welken. Da er für verschiedene Pflanzen unterschiedlich ist, und auch von der ungesättigten ⁄hydraulischen Leitfähigkeit des betreffenden Bodens abhängt, wurde ihm äquivalente, jedoch reproduzierbare Größe definiert, der ⁄Äquivalentwelkepunkt (ÄWP). Er bezeichnet den Wassergehalt bei einer ⁄Saugspannung von 1,55 MPa. Richtwerte für den ÄWP sind in der Tabelle angeben. Geringe Wassergehalte werden in der Natur unter dem direkten Einfluß der ⁄Evaporation erreicht, und das erfolgt im humiden Klimabereich im allgemeinen nur in der obersten, wenige Zentimeter starken Bodenschicht. Das ⁄Haftwasser im Bereich zwischen ⁄Feldkapazität FK und dem permanenten Welkepunkt PWP ist für Pflanzen nutzbar. Deshalb wird als ⁄nutzbare Feldkapazität nFK definiert:

$$nFK = FK-PWP \approx FK-ÄPW.$$

Die Wasserspannungskurve (Abb.) stellt die Abhängigkeit des Matrix- oder Tensiometerpotentials ψ_m bzw. des ⁄pF-Wertes vom Wassergehalt θ unter definierten Bedingungen dar. Sie kann als das wichtigste physikalische Charakteristikum für einen Boden beziehungsweise Bodenhorizont gelten. [ME]

Permeabilität, 1) *Bodenkunde*: allgemeiner Begriff für die Durchlässigkeit eines porösen Mediums für Flüssigkeiten und Gase. Der Durchlässigkeitskoeffizient k mit der Einheit Länge/Zeit gibt an, welches Volumen pro Flächeneinheit bei einem bestimmten Gefälle strömt. Der Koeffizient k steht mit der spezifischen Permeabilität K eines porösen Mediums (Einheit: Länge^2) in Beziehung durch: $k = K \cdot g/v$, wobei g die Erdbeschleunigung und v die kinematische Zähigkeit des strömenden Mediums bedeuten. In der Hydrologie wird der ⁄Durchlässigkeitsbeiwert auch k_f-Wert, Filtrationskoeffizient oder gesättigte Wasserleitfähigkeit genannt. Die gesättigte ⁄hydraulische Leitfähigkeit ist ein substratspezifischer Koeffizient im ⁄Darcy-Gesetz. Als Maßeinheit wird u. a. auch darcy (1 darcy = $0,987 \cdot 10^{-12}$ m^2) verwandt. ⁄Permeabilitätskoeffizient. **2)** *Geophysik*: die Permeabilität μ ist das Verhältnis der magnetischen Induktion B zur magnetischen Feldstärke H: $\mu = B/H$. Die Permeabilität $\mu_0 = 4\pi \cdot 10^{-7}$ Vs/Am des Vakuums wird auch als Induktionskonstante bezeichnet. Ist der Raum mit Materie erfüllt, so ist die gesamte Permeabilität: $\mu = \mu_r \cdot \mu_0$ mit $\mu_r = 1 + \chi$. Dabei ist χ die magnetische ⁄Suszeptibilität.

Permeabilitätskoeffizient, *Permeabilität, intrinsische Permeabilität, spezifische Permeabilität*, das nur von den Gesteinseigenschaften abhängige Maß der Durchlässigkeit für Flüssigkeiten und Gase. Ein poröses isotropes Medium (Gestein) besitzt den Permeabilitätskoeffizienten 1 m^2, wenn es in 1 Sekunde unter einem ⁄hydraulischen Gradienten von 1 den Durchfluß von 1 m^3 einer homogenen Flüssigkeit mit einer kinematischen Viskosität von 1 m^2/s durch eine Fläche von 1 m^2 erlaubt, die senkrecht zur Strömungsrichtung angeordnet ist. Der Permeabilitätskoeffizient K läßt sich über die folgende Gleichung aus dem k_f-Wert berechnen:

$$K = k_f \cdot \frac{\mu}{\gamma} = k_f \cdot \frac{v \cdot \varrho}{\varrho \cdot g}$$

pF	cm Ws	[Pa]$^{(1)}$	[J/kg]	d [μm]	
7	10^7	9,81 · 10^8	9,81 · 10^5	2,97 · 10^{-4}	
6	10^6	9,81 · 10^7	9,81 · 10^4	2,97 · 10^{-3}	
5	10^5	9,81 · 10^6	9,81 · 10^3	2,97 · 10^{-2}	
4,2	1,58 · 10^4	1,55 · 10^6	1,55 · 10^3	1,90 · 10^{-1}	ÄWP
4	10^4	9,81 · 10^5	9,81 · 10^2	2,97 · 10^{-1}	
3	10^3	9,81 · 10^4	9,81 · 10^1	2,97	
2,2	158	1,55 · 10^4	15,5	1,88 · 10^1	häufigster Bereich der Feldkapazität
2	10^2	9,81 · 10^3	9,81	2,97 · 10^1	
1,7	50,1	4,92 · 10^3	4,92	5,91 · 10^1	
1	10	9,81 · 10^2	9,81 · 10^{-1}	2,97 · 10^2	
0	0	9,81 · 10^1	9,81 · 10^{-2}	2,97 · 10^3	

$^{(1)}$ Für praktische Rechnungen genügt die Approximation 9,81 ≈ 10

permanenter Welkepunkt (Tab.): Richtwerte für den Äquivalentwelkepunkt (Ws = Wassersäule). In Pascal wird die Wasserspannung bzw. das Matrixpotential ψ_m in J/kg angegeben; d = (Äquivalent-) Porendurchmesser.

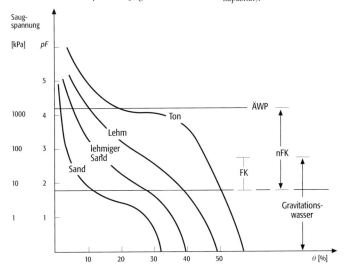

permanenter Welkepunkt: Wasserspannungskurve (θ = Wassergehalt, ÄWP = Äquivalentwelkepunkt, nFK = nutzbare Feldkapazität, FK = Feldkapazität).

Permeameter

mit k_f = Durchlässigkeitsbeiwert [m/s], μ = dynamische Viskosität des Fluids [Pa · s], γ = Wichte des Fluids [N/m³], ν = kinematische Viskosität des Fluids [m²/s], ϱ = Dichte des Fluids [kg/m³], g = Erdbeschleunigung [m/s²]. [WB]

Permeameter, ein Laborgerät zur Bestimmung des ↗Durchlässigkeitsbeiwertes k_f bzw. des ↗Permeabilitätkoeffizienten K an gestörten oder ungestörten Proben. Bei mittleren bis guten Durchlässigkeiten (z. B. Sande) werden Permeameterversuche mit konstanten Druckhöhen durchgeführt. Der k_f-Wert bei diesem Versuchsaufbau ergibt sich unmittelbar aus dem ↗Darcy-Gesetz:

$$k_f = \frac{Q \cdot l}{F \cdot h} \cdot \frac{v_2}{v_1}$$

mit Q = Durchflußrate [m³/s], F = innere Querschnittsfläche des Probenzylinders [m²], l = Länge der Probe [m], h = Differenz der Druckhöhe zwischen Unter- und Oberkante der Probe [m], v_2/v_1 = Quotient der kinematischen Viskositäten des Wassers bei der Versuchstemperatur (v_2) und bei 10°C (v_1). Bei der Versuchsdurchführung strömt aus einem Gefäß mit Überlauf zur Erzielung eines gleichmäßigen Wasserzulaufs von unten Wasser durch die zu untersuchende Probe. Nach oben fließt das Wasser in ein Gefäß, welches ebenfalls mit einem Überlauf versehen ist. Aus der überlaufenden Wassermenge pro Zeiteinheit wird die Durchflußrate Q bestimmt.

Besitzt die zu untersuchende Probe eher geringe Durchlässigkeiten, z. B. Feinsande oder Schluffe, so werden bevorzugt Permeameterversuche mit veränderlicher, d. h. fallender Druckhöhe durchgeführt (Abb.). Unter Berücksichtigung von Temperatureffekten berechnet sich der k_f-Wert für diese Versuchsdurchführung:

$$k_f = \frac{F_M \cdot l}{F \cdot t} \cdot 2{,}303 \cdot \lg \frac{h_0}{h} \cdot \frac{v_2}{v_1}$$

mit F_M = innere Querschnittsfläche des Manometerrohres [m²], t = Versuchszeitraum [s], h_0 = Druckhöhe zu Versuchsbeginn [m], h = Druckhöhe am Versuchsende [m]. Die Permeameterversuche werden mit entgastem Wasser und bei konstanter Raumtemperatur durchgeführt. Jede Probe sollte mehrmals untersucht werden. Entscheidend ist das Versuchsergebnis mit der höchsten Durchlässigkeit. [WB]

Permittivität, *Dielektrizitätskonstante*, Produkt ε aus der ↗Influenzkonstante ε_0 und der ↗Dielektrizitätszahl ε_r.

permokarbonische Vereisung ↗Historische Paläoklimatologie.

Pernixhaare, gewalzte Haare in ↗Haarhygrometern.

Perrault, Pierre, französischer Rechtsanwalt, * 1608, † 1680; war der erste, der versuchte, Komponenten des hydrologischen Kreislaufs quantitativ zu bestimmen und gilt daher heute als Begründer der Hydrologie. Die zentrale Frage in seinen Untersuchungen war, ob der Niederschlag volumenmäßig ausreicht, um den Oberflächenabfluß zu erzeugen. Seine Untersuchungsmethoden waren nach modernen Begriffen grob, aber erstmalig wurde hier die Spekulation durch Beobachtung und Messung ersetzt. Neben einigen irrtümlichen Anschauungen (Grundwassererneuerung, Zusammenhänge zwischen Grundwasser und Quellen) hat er zutreffend die Erscheinungen der Wasserspeicherung in Flußufern bei hohen Wasserständen, den Rückfluß bei niedrigen Wasserständen, den Basisabfluß, einige Abflußerscheinungen in Karstgebieten, die Erosions- und Transportkraft der Flüsse, die Kapillarität, die Auffüllung der Bodenfeuchte und den Zusammenhang zwischen Fluß- und Brunnenwasserständen beschrieben. Die Verdunstung erklärte er als ein Aufsteigen (eine Abspaltung) von Teilchen in einem Wasserkörper, ohne sich deren Natur dabei verändert. Er hatte die Hydrologie aus der Scholastik des Mittelalters in die freie Atmosphäre der Wissenschaft geführt. Er setzte sich in seinem 1674 erschienenen Buch »De l'origines des fontaines« (Über den Ursprung der Quellen) mit allen bestehenden Auffassungen von ↗Anaxagoras über Platon und ↗Aristoteles bis hin zu Descartes auseinander und, bei Anerkennung einzelner Punkte, verwarf sie alle. Der Zeitpunkt des Erscheinens des vorgenannten Werkes von Perrault im Jahre 1674 gilt heute als Geburtsstunde der Hydrologie. [HJL]

Persischer Golf, ↗Nebenmeer des ↗Indischen Ozeans zwischen der Arabischen Halbinsel und

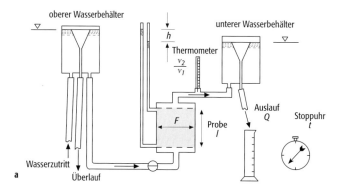

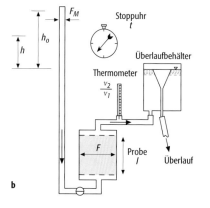

Permeameter: a) Permeameter mit konstanter Druckhöhe, b) Permeameter mit variabler Druckhöhe; F = innere Querschnittsfläche des Probenzylinders, F_M = innere Querschnittsfläche des Manometerrohres, h_0, h = Druckhöhe am Versuchsbeginn bzw. -ende, l = Länge der Probe, v_1, v_2 = kinematische Viskosität bei 10°C bzw. Versuchstemperatur, Q = Durchflußrate, t = Versuchszeitraum)

dem Iran; mit dem ↗Golf von Oman durch die Straße von Hormus verbunden.

Persistenz, 1) *Bodenkunde*: Eigenschaft von Stoffen, über lange Zeiträume hinweg in der Umwelt verbleiben zu können, ohne durch physikalische, chemische oder biologische Prozesse abgebaut oder umgewandelt zu werden. Da anorganische Komponenten, wie z. B. Schwermetalle, grundsätzlich persistent sind, denn sie können nicht abgebaut, sondern höchstens in andere Verbindungen überführt werden, wird der Begriff Persistenz hauptsächlich für organische Stoffe benutzt. Es wird unterschieden zwischen beabsichtigter und unerwünschter Persistenz. Beabsichtigt ist die Persistenz bei Stoffen für die Zeitspanne ihrer Nutzungsdauer, sie sollten danach ihre Wirkung verlieren und möglichst vollständig abgebaut werden. Diese Eigenschaften werden insbesondere für ↗Herbizide und ↗Insektizide angestrebt. Unerwünschte Persistenz tritt bei Substanzen auf, wenn ihre Stabilität die Nutzungsdauer erheblich überschreitet, wie für zahlreiche chlororganische Verbindungen nachgewiesen werden konnte. Eine Kennzahl für die Persistenz eines Stoffes ist die biologische Halbwertszeit, die besagt, in welchem Zeitraum die betreffende Substanz durch Mikroorganismen zur Hälfte abgebaut oder umgewandelt wird. **2)** *Landschaftsökologie*: bezeichnet die Pufferkraft von ↗Ökosystemen gegenüber natürlichen und anthropogenen Störungen (landschaftsökologische ↗Pufferkapazität). Die biologischen und geoökologischen Funktionen und Strukturen bleiben dank Rückkopplungsmechanismen aufrechterhalten (↗Rückkopplungssysteme). Persistente Ökosysteme sind durch ↗Stabilität gekennzeichnet, ihr ↗Fließgleichgewicht läßt sich nur schwer beeinträchtigen. **3)** *Statistik*: zeitliche Erhaltungsneigung eines Vorgangs, wird statistisch mit Hilfe der Funktion der ↗Autokorrelation einer ↗Zeitreihe abgeschätzt.

perspektive Entwürfe, Kartennetzentwürfe, die durch geradlinige Projektionsstrahlen von einem ausgewählten Punkt (Projektionszentrum) aus oder aus dem Unendlichen (Parallelprojektion) durch laufende Punkte auf dem Globus (Kugel oder Ellipsoid) auf eine Berührungs- oder Schnittebene entstehen. Auch perspektive Entwürfe, die durch Projektion auf den Mantel eines Berührungs- oder Schnittzylinders bzw. -kegels entstehen, sind bekannt.
Perspektive Entwürfe sind geometrische Projektionen. Die wichtigsten perspektiven Kartennetzentwürfe sind bei den ↗azimutalen Kartennetzentwürfen behandelt, nämlich die stereographische, die gnomonische und die orthographische Projektion. Dort ist die vielfache Auswahlmöglichkeit des Projektionszentrums für die ↗normale Abbildung angedeutet. Bemerkenswerte Perspektiven sind die drei dargestellten Azimutalentwürfe in allgemeiner Lage.
Der Allgemeinfall der Azimutalentwürfe mit Abständen h des Projektionszentrums C vom Kugelmittelpunkt O (↗azimutale Kartennetzentwürfe, Abb. 1), die wesentlich größer sind als der Erdradius, hat auch Bedeutung in der Aerophotogrammetrie und in neuer Zeit vor allem bei Erdaufnahmen von Satelliten aus (Remote Sensing). Perspektive Entwürfe sind auch Lamberts flächentreuer Entwurf, Behrmanns flächentreuer Zylinderentwurf und Galls orthographischer Zylinderentwurf. Die beiden letzteren verwenden einen Schnittzylinder als Zwischenabbildungsfläche. Bemerkenswert ist eine perspektive Kegelprojektion, bei der im Gegensatz zu den meisten anderen Kegelentwürfen ein Pol der Erde als Punkt abgebildet wird. [KGS]

Perthes, *Justus*, ↗Justus Perthes.

Perthit, lamellen- bis spindelartige und orientierte Durchwachsungen von Albit im Kaliumfeldspat oder von Kaliumfeldspat in Perthit = Antiperthit oder von Mikroklin mit Albitschnüren (Mikroklin-Perthit bzw. Mikroperthit), benannt nach dem kanadischen Fundort Perth in Ontario. ↗Feldspäte.

Perzeption, in der ↗Landschaftsökologie und der ↗Raumplanung der Begriff für die Wahrnehmung, d. h. die subjektiv-selektive Aufnahme von Informationen des Menschen aus seiner ↗Umwelt. Es wird davon ausgegangen, daß verschiedene Gruppen von Menschen Veränderungen in ihrer Umwelt oder der ↗Landschaft verschieden wahrnehmen und daher verschieden bewerten (↗Landschaftsbewertung, ↗Humanökologie).

Pestizide, *Biozide*, *Pflanzenschutzmittel*, synthetisch hergestellte Substanzen, die in der ↗konventionellen Landwirtschaft gegen unerwünschte Organismen (↗Herbizide, Insektizide = Insektenbekämpfungsmittel, Fungizide = Pilzbekämpfungsmittel) eingesetzt werden. Eine Anwendung von Pestiziden findet auch zur Bekämpfung von Krankheitsüberträgern beim Menschen (z. B. Malaria) statt. Unterscheiden lassen sich Pestizide in anorganische (z. B. kupferhaltige) und organische Substanzen (Organochlorverbindungen, Phosphorsäureester) oder auch gemäß ihrer biochemischen Wirkung (Nervengifte, Wachstumshemmer). Besonders schwer abbaubare Herbizide (z. B. DDT) wirken als ↗Schadstoff. Sie reichern sich in Böden und in der ↗Nahrungskette an und gelangen über die Nahrung sowie das Trinkwasser zum Menschen. Heute versucht man vermehrt, schnell abbaubare Pestizide einzusetzen und sie nur noch bei Schädlingsbefall anzuwenden (↗integrierte Landwirtschaft) oder ganz darauf zu verzichten (↗biologische Landwirtschaft). [MSch]

Petermann, *August*, Geograph und Kartograph, *18.4.1822 Bleicherode (Thüringen), †25.9.1878 Gotha. Von Heinrich ↗Berghaus in seiner Geographischen Kunstschule in Potsdam in sechs Jahren ausgebildet, arbeitete Petermann seit 1845 in Edinburgh bei A. K. Johnston (1804–1871), bevor er 1847 in London eine eigene kartographische Anstalt gründete. 1854 von B. W. Perthes nach Gotha als Leiter der neu bei ↗Justus Perthes eingerichteten Geographischen Anstalt berufen, entstanden hier unter seiner Leitung nach Routenaufnahmen (Itinerar) von Forschungsreisenden und auf der Grundlage aller erreichbaren

Quellen zahlreiche Originalkarten, die in der von ihm 1855 geschaffenen Zeitschrift »Mittheilungen aus Justus Perthes' Geographischer Anstalt …« (heute »Petermanns Geographische Mitteilungen«) veröffentlicht wurden. Sie dienten auch zur Neubearbeitung und ständigen Laufendhaltung der Karten von ↗Stielers Handatlas. Petermann bildete für diese Arbeiten Kartographen heran, die nach seinem Arbeitsstil alle Quellen gründlich und kritisch nutzten, was den hohen Stand und den Ruf der Gothaer Kartographie begründete. Im Atlas führte er Höhen- und Tiefenzahlen ein. Unter Petermann wurde Gotha für zwei Jahrzehnte zum geographischen und kartographischen Zentrum Deutschlands. Er organisierte von hier aus Forschungsreisen in Afrika und begründete die deutsche Polarforschung. 226 wissenschaftliche Abhandlungen sind mit seinem Namen gezeichnet, darunter als bedeutendste Leistungen die Sechsblattkarte der Vereinigten Staaten von Amerika und die Neunblattkarte von Australien. Nach dem Jahr 1875 gewann die Berliner Geographische Gesellschaft so an Bedeutung, daß August Petermann seine Vormachtstellung schwinden sah und den Freitod wählte. [WSt]

Petrascheck, *Walther Emil*, Sohn von Wilhelm ↗Petrascheck, österreichischer Geologe und Lagerstättenkundler, * 11.3.1906 Wien, † 30.10. 1991 Wien; lagerstättenkundliche Arbeiten über ein breites Rohstoffspektrum in zahlreichen, vor allem südosteuropäischen Ländern, Mitarbeit an der Metallogenetischen Karte Europas; seit 1950 Professor in Leoben, zusätzlich mehrfach Gastprofessor an Hochschulen im Ausland und seit 1967 Honorarprofessor in Wien; Werke (Auswahl): »Lagerstättenlehre« (mit Wilhelm Petrascheck, 1950, allein 1961, mit W. Pohl, 1982), »Mineralische Bodenschätze« (1970).

Petrascheck, *Wilhelm*, österreichischer Geologe und Lagerstättenkundler, * 25.4.1876 Panscova (Ungarn), † 16.1.1967 Leoben (Österreich); zahlreiche geologische sowie vor allem lagerstättenkundliche Arbeiten in Mitteleuropa aus dem gesamten Rohstoffspektrum, insbesondere zu Kohlelagerstätten sowie zur Definition metallogenetischer Zonen (am Beispiel der Ostalpen); seit 1918 Professor in Leoben; Werke (Auswahl): »Kohlengeologie der österreichischen Teilstaaten« (1923, 1929), »Lagerstättenlehre« (mit W. E. Petrascheck, 1950).

Petrefakt ↗*Fossil*.

petrocalcic horizon, [von griech. petros = Fels und lat. calx = Kalk], ↗diagnostischer Horizont der ↗WRB; verhärteter ↗calcic horizon, der durch Calciumcarbonat, teilweise mit etwas Magnesiumcarbonat vermischt und zementiert ist. Er besitzt entweder massiv-kohärente oder plattige Struktur, ist extrem hart und tritt in den Bodengruppen ↗Calcisols und ↗Phaeozems auf.

petroferric pan, *Petroplinthite*, ↗*hardpan*.

Petrogenese, der Zweig der Geowissenschaften, der sich mit der Entstehungsgeschichte eines Gesteins befaßt. Die Petrogenese ist damit ein Teilgebiet der ↗Petrologie.

petrogenetische Abfolge ↗*Gesteinsassoziation*.
petrogenetische Assoziation ↗*Gesteinsassoziation*.
petrogenetische Sequenz ↗*Gesteinsassoziation*.
petrogenetisches Netz, *petrogenetic grid*, in der metamorphen Petrologie ein Druck-Temperatur-Diagramm (P-T-Diagramm), in dem mit Hilfe der Thermodynamik (und der ↗Schreinemakers-Methode) die für ein bestimmtes Mehrkomponentensystem (und dessen Subsysteme) stabilen univarianten Reaktionskurven und invarianten Punkte eingetragen sind. Durch die Überschneidung zahlreicher Kurven kann sich das Bild eines Netzes ergeben. Petrogenetische Netze können heute mit verschiedenen Computerprogrammen entworfen werden. Sie dienen zur Rekonstruktion der P-T-Geschichte von metamorphen Gesteinen und ergänzen somit die ↗Geothermobarometrie.

petrogenetische Suite ↗*Gesteinsassoziation*.

Petrographie, der Zweig der Geowissenschaften, der sich mit dem natürlichen Vorkommen, der Beschreibung und der systematischen Klassifikation der Gesteine befaßt. Die Petrographie ist damit ein Teilgebiet der ↗Petrologie und untersucht die geologischen Verbandsverhältnisse der Gesteine im Gelände, ihre mineralogische und chemische Zusammensetzung und ihr Gefüge. Wichtigstes Arbeitsgerät der Petrographie ist das ↗Polarisationsmikroskop, mit dessen Hilfe eine optische Untersuchung der Gesteine im Dünnschliff, polierten Anschliff oder Körnerpräparat möglich ist.

petrographische Provinz ↗*Gesteinsassoziation*.

petrogypsic horizon, [von griech. petra = Stein und lat. gypsum = Gips], ↗diagnostischer Horizont der ↗WRB; ist ein zementierter ↗Gypsic horizon, ein Horizont mit sekundären Gipsanreicherungen ($CaSO_4 \cdot 2\,H_2O$). Er tritt in der Bodengruppe ↗Gypsisols auf.

Petroleum, Art von ↗Bitumen, prinzipiell bestehend aus Kohlenwasserstoffen; kommt im natürlichen Reservoir in Form von Erdgas bzw. in fester oder flüssiger Phase vor. Der Begriff wird alternativ auch für natürliche flüssige Kohlenwasserstoffe nach Destillation (↗Rohöl) verwendet.

Petroleum-Muttergestein ↗*Erdölmuttergestein*.

Petrologie, [vom griech. petra = Stein], *Gesteinskunde*, Teildisziplin der Geowissenschaften, die sich mit Vorkommen, Mineralbestand, Gefüge, chemischer Zusammensetzung und Entstehung der Gesteine befaßt. Da Gesteine die wesentlichen Bestandteile der Erde darstellen und da sie selbst aus einem Gemenge von Mineralen bestehen, hat die Petrologie enge Beziehungen zu den Nachbarfächern ↗Geologie und ↗Mineralogie. Entsprechend der traditionellen Untergliederung der Gesteine nach ihrer Genese in magmatische (↗Magmatite), ↗metamorphe (↗Metamorphite) und ↗Sedimentgesteine, hat sich auch in der Petrologie diese Dreiteilung eingebürgert. Zusätzlich lassen sich die folgenden methodischen Teilbereiche der Petrologie unterscheiden: a) Petrographie: Sie beschäftigt sich mit dem natürlichen Vorkommen, der Beschreibung und der Klassifikation der Gesteine; b) Petrogenese: Sie versucht, die Entstehungsgeschichte der Gesteine zu klären; c) chemische Petrologie (↗Geochemie): Sie erforscht die chemische Zusammensetzung (Elemente und Isotope) der Gesteine; d) Petrophysik: Sie untersucht die physikalischen Eigenschaften von Gesteinen und hat daher viele Anknüpfungspunkte zu: e) technische (oder angewandte) Gesteinskunde, die sich mit den vielfältigen Anwendungsmöglichkeiten von Locker- und Festgesteinen in Technik und Industrie beschäftigt; f) experimentelle Petrologie: Dieser Bereich, der in den letzten Jahrzehnten stark an Bedeutung gewonnen hat, versucht, die in der Erde ablaufenden gesteinsbildenden Prozesse durch Laborexperimente, in denen die natürlichen Bedingungen nachvollzogen werden, zu klären; g) theoretische Petrologie: Sie versucht, durch die Anwendung von physikalischen und chemischen Gesetzmäßigkeiten (wie z. B. der Thermodynamik oder der Kinetik) zur Modellierung und Klärung der gesteinsbildenden Vorgänge auf und innerhalb der Erde beizutragen.

Als eigenständige Forschungsrichtung gibt es die Petrologie seit der zweiten Hälfte des 18. Jahrhunderts. Während zunächst der Streit zwischen Neptunisten (↗Neptunismus), die die Meinung vertraten, daß alle Gesteine durch Ablagerung aus einem Meer entstanden sein müßten, und Plutonisten (↗Plutonismus), die auch die Bildung von Gesteinen aus einer Schmelze für möglich hielten, die wissenschaftliche Diskussion beherrschte, ergaben sich nicht zuletzt durch die Einführung der mikroskopischen Untersuchungsmethodik ab etwa 1860 eine Fülle neuer Erkenntnisse, die zu einer systematischen Beschreibung und Klassifikation der Gesteine in die drei, auch heute gebräuchlichen, genetischen Gruppen (Magmatite, Metamorphite und Sedimentgesteine) führte. Seit Beginn des 20. Jahrhunderts gewannen chemische und experimentelle Untersuchungsmethoden in zunehmendem Maße an Bedeutung. Besonders hervorzuheben ist in diesem Zusammenhang die Gründung des »Geophysical Laboratory« 1904 in Washington (USA), das federführend in der Entwicklung neuer experimenteller Techniken und ihrer Anwendung auf petrologische Fragestellungen war. Besonders seit dem Ende des Zweiten Weltkrieges haben Fortschritte in den analytischen Methoden (z. B. der ↗Isotopengeochemie) und in den experimentellen Verfahren (z. B. der ↗Stempel-Zylinder-Presse) zu einem besseren Verständnis der komplexen Prozesse der Gesteinsbildung beigetragen. In Verbindung mit der zwischen 1960 und 1970 entwickelten neuen globalen Theorie der ↗Plattentektonik ist man heute in der Lage, die meisten der auf und in der Erde ablaufenden gesteinsbildenden Prozesse zu beschreiben und zu verstehen. Die folgende Zusammenstellung zeigt einige wenige ausgewählte Beispiele für aktuelle Forschungsschwerpunkte, an denen Petrologen großen Anteil haben: a) in der ↗Sedimentologie die Rekonstruktion des Klimageschehens und der Umweltbedingungen seit der letzten Eiszeit mit Hilfe von Seesedimenten oder marinen Ablagerungen; b) in der magmatischen Petrologie die Erforschung der vulkanischen Aktivitäten entlang von konvergierenden Plattengrenzen; eine wichtige Frage ist dabei, welchen Einfluß verschieden zusammengesetzte Fluide auf die Bildung und den Aufstieg von basaltischen oder andesitischen Schmelzen haben; c) in der metamorphen Petrologie die Beantwortung der Frage, wie sich Druck-Temperatur-Zeit-Pfade (↗P-T-t-Pfade) aus metamorphen Gesteinen ableiten und für die Rekonstruktion von geodynamischen Prozessen, z. B. bei Kontinent-Kontinent-Kollisionen, nutzen lassen. Weitere aktuelle Themen sind z. B. die experimentellen Untersuchungen zu Fragen der Phasentransformationen im tieferen Erdmantel und nach Aufbau, Zusammensetzung und Magnetismus des Erdkernes oder die Erforschung der Mineralisationsprozesse, die beim Austritt von Hydrothermallösungen am Tiefseeboden ablaufen. [MS]

petrologische Moho, die Grenze zwischen ↗Erdkruste und ↗Erdmantel, die nicht seismisch, sondern durch die mineralische Zusammensetzung definiert ist. Unterhalb der petrologischen Moho dominieren olivinreiche ultramafische Gesteine (↗Peridotite), oberhalb beliebige andere. Petrologische und seismische Moho (↗Mohorovičić-Diskontinuität) müssen nicht identisch sein, weil z. B. Pyroxen-Granat-Gesteine der Granulitfazies (↗Granulit) P-Wellengeschwindigkeiten wie Peridotite aufweisen können oder phlogopit- und amphibolreiche Peridotite Geschwindigkeiten wie eine mafische Unterkruste.

Petrophysik, beschäftigt sich mit der quantitativen Beschreibung physikalischer Eigenschaften von Gesteinen. Die Abgrenzung zur Festkörperphysik und Kristall- bzw. Mineralphysik ergibt sich durch den heterogenen Aufbau der Gesteine. Menschen nutzen schon seit langem die physikalischen Eigenschaften von Gesteinen. So war in der Steinzeit das Wissen um die Festigkeit und das Bruchverhalten verschiedener Festkörper von großer Bedeutung für die Herstellung von Werkzeugen und Waffen. Seit Beginn des Bergbaus im Paläolithikum (ca. 6000 v. Chr.) und der Verhüttung von Erzen (ca. 3500 v. Chr.) ist bis heute ein fundiertes petrophysikalisches Wissen Voraussetzung und Motor für die technische Entwicklung. Bei der ↗Exploration von Lagerstätten (Wasser, Öl, Erdgas, ↗Geothermie, ↗Erze, Spate und Salze) liefert die Petrophysik wichtige Hinweise zur Ergiebigkeit und hilft beim Auffinden von Lagerstätten. Die Interpretation von Bohrlochuntersuchungen beruht auf der Transformation gemessener physikalischer Größen (elektrische Leitfähigkeit, Dichte, elastische Eigenschaften) in lagerstättenkundlich relevanten Größen (Porosität, Gas- bzw. Ölsättigung etc.) auf der Grundlage petrophysikalischer Laboruntersuchungen, Modelle und Erkenntnisse. In der Archäologie werden Änderungen petrophysikalischer Eigenschaften ebenso zur ↗Kartierung eingesetzt wie bei ↗Altlastensanierungen. Parallel zur fortschreitenden Technisierung in den Geowissenschaften und der Entwicklung neuer geo-

Petrophysik

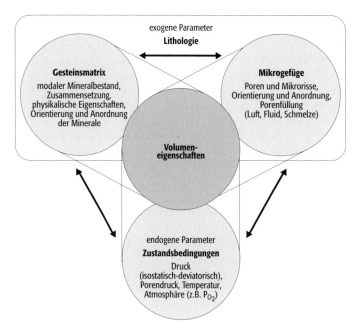

Petrophysik 1: schematische Darstellung von Faktoren, die einen Einfluß auf die physikalischen Eigenschaften von Gesteinen haben.

physikalischer Sondierungs- und ↗Explorationsmethoden (z. B. ↗Seismometer, Computermodellierung) entwickelte sich die moderne Petrophysik. Die Interpretationen geophysikalischer Beobachtungen und geodynamischer ↗Modellierungen sind ohne petrophysikalische Ergebnisse nicht denkbar. Experimentelle Arbeiten sind unverzichtbar, um verschiedene Einflußgrößen auf petrophysikalische Eigenschaften zu quantifizieren. In jüngerer Zeit gewinnt die Petrophysik durch die zunehmende Anzahl und Genauigkeit geophysikalischer Untersuchungen eine wachsende Bedeutung. Neue Ergebnisse aus ↗Geophysik, ↗Petrologie, ↗Physik und ↗Mineralogie fordern heute einen interdisziplinären petrophysikalischen Forschungsansatz. Dieser ermöglicht heute eine detailreiche Beschreibung des Untergrundes. Neben der Interpretation von Geländebeobachtungen waren Laboruntersuchungen seit jeher ein wichtiger Bestandteil der Petrophysik. Die Bedeutung theoretischer Betrachtungen und Modellrechnungen nimmt durch die Entwicklungen in den Computertechnologien zu.

Neben dem Festigkeitsverhalten verschiedener Gesteine sind die geophysikalisch direkt und indirekt meßbaren petrophysikalischen Größen (↗elastische Eigenschaften, ↗seismische Geschwindigkeiten, ↗elektrische Leitfähigkeit, ↗Dichte, ↗magnetische Suszeptibilität, ↗Wärmeleitfähigkeit, ↗Viskosität) Gegenstand vieler Untersuchungen. Aus seismischen Beobachtungen sind die ↗dynamischen Elastizitätsmodule in ↗Erdkruste, ↗Erdmantel und ↗Erdkern bekannt. Ein Vergleich von experimentell bestimmten und in der Erde beobachteten elastischen Eigenschaften hilft, den Aufbau der Erde besser zu verstehen. Geoelektrisch gewonnene Widerstandswerte der Kruste können durch experimentelle Arbeiten gedeutet und Schwerefeld-Beobachtungen mit druck- und temperaturabhängigen Dichtewerten verschiedener Gesteine interpretiert werden. Aus beobachteten ↗Wärmeflußwerten kann die Temperaturverteilung in der Erde abgeschätzt werden, wenn ↗Wärmeproduktion und Wärmeleitfähigkeit verschiedener Gesteine bekannt sind. Die magnetischen Eigenschaften von ↗Vulkaniten am Meeresboden (magnetische Streifenmuster) sind ein wichtiges Argument für die ↗Plattentektonik.

Verschiedene Faktoren beeinflussen die physikalischen Eigenschaften von Gesteinen. Es wird eine wechselseitige Beeinflussung verschiedener Faktoren beobachtet. Die Zustandsbedingungen können als äußere – exogene – Parameter und die Gesteinsmatrix, das Mikro- und Makrogefüge als lithologische bzw. endogene Parameter bezeichnet werden (Abb. 1).

Die verschiedenen petrophysikalischen Eigenschaften wie Wärmeleitfähigkeit, Temperaturleitfähigkeit, elastische und elektrische Eigenschaften, ↗thermische Ausdehnung, ↗spezifische Wärmekapazität und Festigkeit hängen dabei sowohl von der mineralogischen Zusammensetzung und dem Mikro- und Makrogefüge des untersuchten Gesteins als auch von den Druck- und Temperaturbedingungen ab. Die petrophysikalischen Eigenschaften werden häufig von der Orientierung – ihrer Textur – und geometrischen Verteilung der Minerale – Gefüge – beeinflußt. Ebenso verändern Risse und flüssige Phasen wie Fluide und Schmelzen das physikalische Verhalten der Gesteine. Durch das Mehrstoff- und Mehrphasensystem Gestein müssen Wechselwirkungen zwischen den Phasen (z. B. lokaler Fluß von Fluiden im Porenraum) berücksichtigt werden. Die zumindest lokale ↗Heterogenität der Gesteine führt zu Änderungen der physikalischen Eigenschaften, die nicht mit Beobachtungen aus der klassischen Physik erklärt werden können (Frequenzabhängigkeit und ↗Dämpfung seismischer Wellen).

Die physikalischen Eigenschaften der gesteinsbildenden Minerale sind für die Erklärung petrophysikalischer Eigenschaften von fundamentaler Bedeutung. Dies setzt eine kristallphysikalische Beschreibung (↗Kristallphysik) der Mineraleigenschaften unter Berücksichtigung der Druck- und Temperaturabhängigkeit voraus. Die genaue Anordnung der Minerale und Risse muß ebenso berücksichtigt werden wie Heterogenitäten, Zustandsbedingungen und die daraus resultierenden Mineralreaktionen. Labormessungen und Modellrechnungen (Mischmodelle, Finite-Elemente und Finite-Differenzen-Verfahren, fraktale Modelle, Analogmodelle) können helfen, den Einfluß der verschiedenen Phasen auf petrophysikalischen Eigenschaften zu quantifizieren und beobachtete geologische Strukturen zu interpretieren. Die Petrophysik ist äußerst vielfältig und bietet unzählige Anwendungsmöglichkeiten; diese können daher nur als unvollständige Momentaufnahme aufgeführt werden.

a) Vom Einkristall zum Vielkristall – von der Mineral- zur Petrophysik: Gesteine sind meist polykristalline Aggregate und mikroskopisch heterogen. Neben den physikalischen Eigenschaften der einzelnen Mineralkörner muß bei der Betrachtung petrophysikalischer Eigenschaften deshalb das Gefüge berücksichtigt werden. Dabei wird gezeigt, wie sich die physikalischen Eigenschaften der polykristallinen Aggregate aus den Mineraleigenschaften und dem Gefüge herleiten lassen. Die resultierenden makroskopischen Eigenschaften makroskopisch homogener Aggregate lassen sich oft durch /Tensoren beschreiben.

b) Der Einfluß der Minerale auf das petrophysikalische Verhalten: Das Volumen der Gesteine wird meist von Mineralen dominiert. Deshalb können in erster Näherung viele physikalische Eigenschaften von Gesteinen als die Summe ihrer Mineraleigenschaften betrachtet werden. Eigenschaften, die ausschließlich auf die Volumeneigenschaften der Minerale zurück geführt werden können, werden als intrinsische Eigenschaften bezeichnet (Abstraktion eines riß- und porenfreien Gesteins). Die richtungsunabhängigen (skalarer /Tensor) Eigenschaften der Gesteine, wie Dichte ϱ, Wärmekapazität C_P, thermische Volumendehnung α_{Vol} oder Kompressibilität β sind unabhängig von der Orientierung der einzelnen Minerale. Die skalaren intrinsischen Eigenschaften (ohne Poren) können deshalb oft – ohne das Gefüge zu berücksichtigen – aus dem modalen Mineralbestand X_i berechnet werden. Für viele skalare Eigenschaften gelten einfache Additionstheoreme. So ergibt sich aus den Dichten der Minerale ϱ_i und dem modalen Mineralbestand X_i die Dichte ϱ des Gesteins:

$$\varrho = \sum_i X_i \varrho_i. \quad (1)$$

Entsprechende Gleichungen lassen sich auch für die Wärmekapazität, die Volumenkompressibilität und Volumenausdehnung schreiben. Im Gleichgewicht (ohne innere Spannungen) kann die Kompressibilität β und der dazu reziproke Kompressionsmodul K der Gesteine aus dem Mineralbestand und den Kompressibilitäten der Minerale β_i bzw. Kompressionsmodulen K_i berechnet werden.

$$\beta = \sum_i X_i \beta_i$$
$$\frac{1}{K} = \sum_i X_i \frac{1}{K_i}. \quad \text{Reuss (2)}$$

Diese von der Anordnung der Minerale unabhängigen Formeln gelten nur für ein statisches und homogenes Spannungsfeld (σ = konstant). Für das homogene Streßfeld gilt dagegen (Abb. 2):

$$\frac{1}{\beta} = \sum_i X_i \frac{1}{\beta_i}$$
$$K = \sum_i X_i K_i. \quad \text{Voigt (3)}$$

Für die Kompressibilität bzw. den Kompressionsmodul eines polykristallinen Aggregats wird oft das arithmetische Mittel aus dem Mittelwert nach Voigt (Gleichung 3) und dem Mittelwert nach Reuss (Gleichung 2) gebildet und als Voigt-Reuss-Hill Mittelwert angegeben.

Andere Modelle gehen von ineinander verschachtelten Kugeln aus (z. B. Hashin und Shtrikman obere und untere Grenze) Für isotrope Festkörper sollten die elastischen Eigenschaften zwischen den Hashin-Shtrikman Grenzen liegen (elektrische Leitfähigkeit).

Bei anisotropen Eigenschaften (u. a. thermische Ausdehnung, elektrische Leitfähigkeit, Wärmetransporteigenschaften, elastische Eigenschaften, Deformationsverhalten) muß neben dem Volumenanteil der Phasen auch die räumliche Anordnung der Minerale und Poren sowie die Verteilung der Minerale berücksichtigt werden. Abhängig vom Gefüge der Proben ändert sich die Symmetrie der physikalischen Eigenschaften im Gestein. Für einige Gefüge sind diese in Abb. 3 dargestellt. Die Symmetrieüberlegungen sind unabhängig von der Eigenschaft und gelten deshalb für alle physikalischen Eigenschaften (Neumannsches Prinzip), sofern die verwendete Probe hinreichend groß gewählt wird (makroskopisch homogen). Die beobachtete Eigenschaft besitzt mindestens die so abgeleitete Symmetrie.

c) Der Einfluß von Korngrenzen, Poren und Rissen auf petrophysikalische Eigenschaften: Das physikalische Verhalten der Gesteine wird nicht nur von der Verteilung und Orientierung der einzelnen Minerale, sondern auch von der Anordnung, Größe, Form, Verteilung und Füllung von Hohlräumen bestimmt. Bei /Sedimenten dominiert häufig der Einfluß des Porenraumes die Gesteinseigenschaft. Nahezu sphärische Hohlräume (im allgemeinen primär gebildet) werden im folgenden als Poren bezeichnet, während bei einer stärkeren Asymmetrie der Hohlräume von Rissen oder Spalten (sekundär gebildet) gesprochen wird. Poren und Risse können dabei miteinander verbunden sein (offene /Porosität) oder isoliert vorliegen (geschlossene Porosität), sowie unterschiedliche Geometrien aufweisen (Abb. 4). Die offene Porosität ist ein entscheidender Parameter für Speichergesteine (Öl, Gas, Wasser). Die damit verbundene Permeabilität ist eine entscheidende Größe bei der Förderung von Öl, Gas, Wasser oder geothermischer Energie. Die Anordnung und Orientierung der Poren und Risse im Gestein kann zu einer zusätzlichen /Anisotropie verschiedener Eigenschaften führen. Poren und vor allem Risse haben auf die elastischen Eigenschaften einen erheblichen Einfluß. Sphärische Poren haben bei gleicher Porosität einen wesentlich geringeren Einfluß auf die elastischen Eigenschaften als Risse. Die elastischen Module der Porenfüllung sind im allgemeinen niedriger als die Module der Minerale. Die Poren und Risse reduzieren deshalb die elastischen Module eines realen Gesteins sowie deren Schallgeschwindigkeiten. Sind die Poren und Risse gefüllt (z. B. Wasser oder Schmelze), werden höhere elastische Modu-

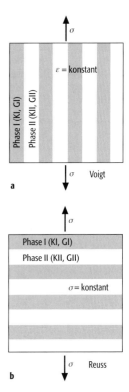

Petrophysik 2: Zwei feste Phasen sind als Schichten abwechselnd aufeinander gestapelt. Die elastischen Eigenschaften der festen Phasen (I und II) sind durch KI und GI bzw. KII und GII gegeben. Durch Anlegen einer homogenen Spannung σ werden die Proben deformiert. Randeffekte werden vernachlässigt. a) Liegen die Schichtstapel parallel zur angelegten mechanischen Spannung, ergibt sich in der Probe eine homogene Dehnung ε. b) Liegen die Schichtstapel senkrecht zur angelegten Spannung, ergibt sich ein homogenes Spannungsfeld in der Probe.

Petrophysik 3: Abhängig vom Gefüge der Gesteine werden unterschiedliche Symmetrien im Gestein erzeugt. Bei dieser schematischen Darstellung ist die Foliation durch hexagonale Blättchen (Glimmer) und die Lineation durch stengelige Minerale dargestellt. Die Minerale können unterschiedlich miteinander verwachsen sein. In den Abbildungen ist eine Bänderung angedeutet. a) Durch die Lineation im Gestein ergibt sich eine Vorzugsrichtung mit einer n-zähligen Drehachse, wenn sich die Matrix isotrop verhält. b) Durch die Foliation resultiert eine Vorzugsrichtung mit einer n-zähligen Drehachse (vgl. a). c) Liegt die Foliation senkrecht zur z-Achse und die Lineation parallel zur x- oder y-Achse, ergibt sich für das Gestein eine orthorhombische Symmetrie. d) Ist die Lineation schief zur Foliation ergibt sich eine monokline Symmetrie, da immer mindestens ein Winkel 90° gewählt werden kann. Konkret bedeutet dies, daß bei einer Vorzugsrichtung (Lineation, 3a), sich das Gestein in Richtung der Lineation anders verhalten kann als senkrecht dazu.

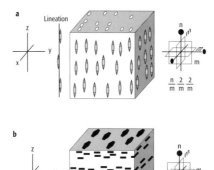

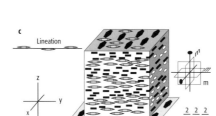

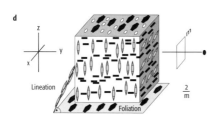

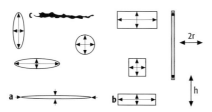

Petrophysik 4: verschiedene Riß- und Porengeometrien. Die realen Risse (c) werden als Ellipsoide (a) oder »penny-shaped« (b) angenähert. Reale Poren weisen meist eine unregelmäßige Oberfläche auf (c).

le beobachtet als bei luftgefülltem Porenraum. Die Vakuum gefüllten Poren der Gesteine der Mondoberfläche führen zu extrem niederen seismischen Geschwindigkeiten. Diese Anomalie würde sich auch erklären lassen, wenn angenommen wird, daß der Mond aus Schweizer Käse besteht. Parallel zu der Auslenkung der Risse wird die höchste Schallgeschwindigkeit beobachtet. Liegen Risse und Schallausbreitungsrichtung senkrecht zueinander (Abb. 5), so wird die Schallgeschwindigkeit durch den Riß deutlich reduziert (v_l). Senkrecht dazu wird nur eine geringe Reduzierung der Schallgeschwindigkeit beobachtet. In Flüssig-Fest-Systemen (z. B. Sedimenten) können Relaxationsvorgänge eine wichtige Rolle spielen. Abhängig von der Geometrie, Viskosität und den Größenverhältnissen der fluiden Phase wird z. B. eine Frequenzabhängigkeit bezüglich der seismischen Geschwindigkeiten und deren Absorption beobachtet.

d) Druck- und Temperatureinfluß auf Gesteinseigenschaften: Die Änderung der Zustandsvariablen (Druck, Temperatur, chemische Aktivität) führen zu einer Änderung der meisten Gesteinseigenschaften. Die beobachteten Änderungen können sowohl auf eine Änderung der intrinsischen Eigenschaften als auch auf eine Veränderung des Mikro- und Makrogefüges zurückgeführt werden. Eine Änderung der Zustandsvariablen kann durch Mineralreaktionen und Phasenumwandlungen zu einer Änderung des modalen Mineralbestandes führen und so das intrinsische Verhalten beeinflussen. Viele physikalische Eigenschaften (elastische Eigenschaften) werden von den Zustandsbedingungen stark beeinflußt. Mit zunehmenden Druck wird z. B. eine Zunahme des Kompressionsmoduls beobachtet, während mit zunehmender Temperatur der Kompressionsmodul kleiner wird. Die Druckabhängigkeit des Kompressionsmoduls K wird oft über eine Birch-Murnaghan-Gleichung beschrieben:

$$K = K_0 + K'_{P0} P + \frac{1}{2} K''_{P0} P^2, \qquad (4)$$

wobei K_0, K_{P0}' und K_{P0}'' Konstanten darstellen. Eine entsprechende Reihenentwicklung kann auch für die Temperaturabhängigkeit verwendet werden.

Die aus den elastischen Eigenschaften abgeleiteten Schallgeschwindigkeiten zeigen ein ähnliches Verhalten. Druck und Temperatur wirken auf die Schallgeschwindigkeiten in entgegengesetzter Richtung. Führt eine Druckzunahme zu einer Erhöhung der Schallgeschwindigkeit, so führt eine Erwärmung der Minerale im allgemeinen zu einer Geschwindigkeitserniedrigung.

e) Der Einfluß von Druck und Temperatur auf das Gefüge und die petrophysikalischen Eigenschaften: Mit zunehmender Temperatur werden durch die unterschiedlichen Ausdehnungskoeffizienten der Minerale Risse induziert, deformiert oder geschlossen. Hydrostatischer Druck wirkt der temperaturinduzierten Rißbildung entgegen (↗Druck). Dabei müssen isostatischer Druck und deviatorische Streßbedingungen unterschieden werden. Bei isostatischen Bedingungen führen bereits niedere effektive Drücke (Drücke ≥ 2 kbar = 0,2 GPa) zum Schließen der meisten Risse. Aus Festigkeitsüberlegungen kann gefolgert werden, daß zunächst kleine Risse geschlossen werden. Poren können durch einen hydrostatischen Druck nicht geschlossen werden, bis die Festigkeit des Gesteins erreicht wird. Sowohl bei hydrostatischem als auch bei gerichtetem Druck sind Poren bzw. Risse auch bei höheren Drücken vorhanden. Das mittlere Rißvolumen nimmt jedoch mit zunehmendem Druck ab. Aus der Druckabhängigkeit der Porosität ergibt sich eine Erhöhung der Schallgeschwindigkeiten mit zunehmendem Druck (Abb. 6).

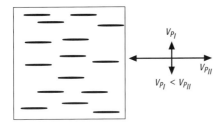

f) Methodische Ansätze: Um die verschiedenen Einflußgrößen (physikalischen Eigenschaften, Orientierung und Anordnung der Minerale sowie Poren, Risse und die Zustandsbedingungen) auf die petrophysikalischen Eigenschaften zu untersuchen, können verschiedene methodische Ansätze gewählt werden. Die Wahl des methodischen Ansatzes ist dabei von der verwendeten Fragestellung abhängig. Bei der »direkten Methode« wird aus dem Gefüge auf die physikalische Eigenschaft geschlossen. Die aus der Modalanalyse unter Berücksichtigung der Textur und Anordnung der Minerale berechneten intrinsischen Eigenschaften stimmen mit den im Labor experimentell bestimmten Werten oft gut überein. Dieser Ansatz ist im besonderen Maße für die Interpretation von experimentellen Daten magmatischer und metamorpher Gesteine geeignet, da hier oft der Einfluß des Porenraumes eine geringere Rolle spielt.

Beim »inversen methodischen Ansatz« wird dagegen von der makroskopischen Bestimmung der physikalischen Eigenschaften auf die Symmetrie des Körpers geschlossen. Aus der Symmetrie der Eigenschaft läßt sich auf die Gesteinssymmetrie schließen.

Vor allem in Sedimentgesteinen hängen die physikalischen Eigenschaften oft sehr stark von den Korngrenzen und Poren ab. Der Einfluß der Porosität auf verschiedene physikalische Eigenschaften wie Permeabilität, elektrische Leitfähigkeit, elastische Eigenschaften, Wärmeleitfähigkeit, Festigkeit und magnetische Eigenschaften von Sedimenten wurde von verschiedenen Autoren zusammengestellt. Sie zeigen u. a. wie sich Labormessungen an porösen Gesteinen auf Geländebeobachtungen übertragen lassen (Mischmodelle, Finite-Element-Berechnungen, fraktale Modelle, Analogmodellierung). Ein grundsätzliches Problem stellt die Übertragung experimenteller Ergebnisse auf natürliche Systeme dar (Skalenproblem). Im Labor lassen sich die natürlichen Bedingungen nur bedingt simulieren (Druck, Temperatur, Zeit, fluide Phase, P_{O_2} etc.). Im Laborexperiment können jedoch verschiedene Parameter systematisch variiert werden und der Einfluß der verschiedenen Parameter auf die petrophysikalischen Größen abgeschätzt werden. Lassen sich im Labor die Gefüge der Proben untersuchen, können diese in der natürlichen Umgebung nur selten bestimmt werden (z. B. KTB, ICDP). In größeren Tiefen kann weder das Gefüge, noch der Mineralbestand direkt beobachtet werden. Eine integrierende Betrachtung verschiedener physikalischer Eigenschaften ermöglicht eine Überprüfung der Interpretation geologischer Strukturen über unabhängige Verfahren (z. B. elektrische Leitfähigkeit, Dichte, Wärmefluß, magnetische Eigenschaften, seismische Geschwindigkeiten, petrologische Beobachtungen).

Bei der Interpretation von geophysikalischen Beobachtungen werden oft empirische Beziehungen zwischen verschiedenen Eigenschaften verwendet. So kann aus der seismischen Geschwindigkeit oft die Dichte des Gesteins abgeschätzt werden (Dichte-Geschwindigkeits-Relation), während andere Beziehungen kritisch betrachtet werden müssen (z. B. Geschwindigkeit – Wärmeproduktion). Laborexperimente lassen sich durch die Verwendung von Modellrechnungen und Interrelationen auf natürliche Systeme übertragen und die im natürlichen System herrschenden Bedingungen (Druck, Temperatur, Fluide etc.) simulieren.

g) Chancen und Möglichkeiten der Petrophysik: Ähnlich wie die Mikroskopie die Beobachtung von Mikro- und Nano-Strukturen eröffnet hat, ermöglicht ein integrierter, petrophysikalischer Forschungsansatz heute die Möglichkeit, die geophysikalisch beobachteten Strukturen des Erdinneren zu interpretieren und verschiedene Gesteine nicht nur zu unterscheiden, sondern die Strukturen lithologisch zu erklären und manchmal im Einzelfall die chemische Zusammensetzung des Untergrundes abzuschätzen. In der Exploration von Lagerstätten werden verschiedenste Abbildungsverfahren (geophysikalische Feldexperimente, Bohrlochuntersuchungen) seit langem erfolgreich eingesetzt. So läßt sich aus den seismischen Geschwindigkeiten und elektrischen Leitfähigkeiten die Porosität und Permeabilität von Speichergesteinen (für Öl, Gas oder Wasser) bestimmen. Neben der jahrzehntelangen Erfahrung, empirischen Modellen und einfachen Mischmodellen erhöhen moderne numerische Verfahren und fraktale Modellierungen die Zuverlässigkeit bei der Vorhersage und Ergiebigkeit von Lagerstätten erheblich. Mit hochauflösender 3D-Tomographie und petrologischen, petrophy-

Petrophysik 5: durch das Gefüge und Mikrogefüge induzierte Anisotropien.

Petrophysik 6: Änderung der seismischen Geschwindigkeiten (v_P, v_S) mit dem Druck.

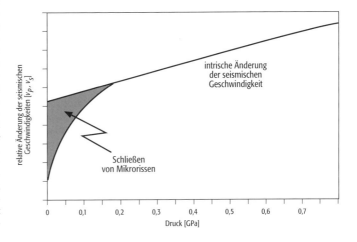

sikalischen und geodynamischen Verfahren gelingt es heute, Bewegungen des Erdmantels abzubilden. In den Zentralen Anden können nicht nur partiell geschmolzene Bereiche (große magmatische Körper von mehreren 100 km³) in der Kruste abgebildet werden. Über die Petrophysik gelingt es zudem den Aufschmelzgrad abzuschätzten. Durch die Interrelation verschiedener Eigenschaften (Wärmefluß, seismische Geschwindigkeiten und Dämpfung, elektrische Leitfähigkeit, magmatische Aktivität) kann sogar die mittlere chemische Zusammensetzung dieser geschmolzenen Bereiche aus geophysikalischen Messungen angeben werden. So handelt es sich hier nicht um basische Magmen, sondern um saure bis intermediäre Krustenschmelzen. Dieser Schritt führt zu einer petrographischen Interpretation geophysikalischer Beobachtungen.

h) Perspektive: Die moderne Petrophysik steht heute an der Schwelle, geophysikalische Beobachtungen nicht nur empirisch oder semiempirisch deuten zu können, sondern quantitative Informationen zu liefern. In einigen Fällen gelingt es bereits heute, Strukturen im Untergrund mit hoher Präzision zu interpretieren. In Zukunft wird man die Genauigkeit vieler Interpretation erheblich steigern können und petrographische Interpretationen geophysikalischer Untersuchungen vornehmen können. Dies wird durch die steigende Rechenkapazität moderner Computer, neue Modellieralgorithmen und durch die integrierende Beobachtung verschiedener Parameter (z. B. seismischer, elektrischer und Wärmetransportprozesse) im Labor und im Gelände möglich. Die Interrelation verschiedener Eigenschaften kann so für die Interpretation von Feldbeobachten nutzbar gemacht werden. Neue experimentelle Möglichkeiten eröffnen zudem die Möglichkeit, in der Erde ablaufende Prozesse (wie beispielsweise Nicht-Gleichgewichtsbedingungen, transiente Prozesse) besser zu verstehen und neue Ressourcen (Rohstoffe und Energie) zu erschließen. [FRS]

Petroplinthic horizon, [von griech. petra = Stein und griech. plinthos = Backstein], diagnostischer Horizont der ↗WRB. Er besteht aus zusammenhängend verhärtetem Material, in dem Eisen das dominierende Zementierungsmaterial ist. organisches Material fehlt oder ist nur in Spuren vorhanden, dadurch erfolgt eine Unterscheidung von anderen eisengeprägten Horizonten. Er entsteht aus einem ↗Plinthic horizon und ist mit diesem vergesellschaftet.

Petroplinthite, petroferric pan, ↗hardpan.

Petrovarianz, der Einfluß wechselnder Gesteinseigenschaften auf das Relief. ↗Klimavarianz, ↗Tektovarianz, ↗Epirovarianz.

Peucker, Karl, österreichischer Geograph und Kartograph, *1859 Bojanowo/Posen, †1940 Wien. Nach Studium in Breslau und Berlin übernahm Peucker nach dem Tod von A. Steinhauser (1802–1890) im Jahr 1891 (bis 1922) die wissenschaftliche Leitung der kartographischen Abteilung von Artaria&Co. Er bearbeitete den »Atlas für Handelsschulen« (1897), ferner Wander-, Eisenbahn-, Straßen- und Sprachen- sowie frühe Luftfahrtkarten. 1898 publizierte er »Schattenplastik und Farbenplastik« als Beitrag zur Theorie der ↗Reliefdarstellung. Mit der ↗Farbenplastik löste er Diskussionen zur Farbenlehre in der Kartographie aus. Als weitere Arbeiten folgten »Drei Thesen zum Ausbau der theoretischen Kartographie« (1902), »Neue Beiträge zur Systematik der Geotechnologie« (1904), »Physiographik« (1907) und »Höhenschichtenkarten« (1910). Damit gilt K. Peucker zusammen mit Max ↗Eckert als Wegbereiter der modernen wissenschaftlichen Kartographie. 1912–22 gab er die »Kartographische und Schulgeographische Zeitschrift«und 1924–27 als Reihe »Die Landkarte« (5 Bände) heraus. [WSt]

Peutingersche Tafel, Tabula Peutingeriana, eine nach dem Humanisten Konrad Peutinger (1465–1547) benannte Straßenkarte des Römischen Reiches. Die auf Pergament farbig gezeichnete Itinerarkarte (Itinerarium pictum) bildete ursprünglich eine 34 cm breite und 675 cm lange Rolle (rotulus). Sie wurde später in zwölf Sektionen zerlegt, von denen elf in der österreichischen Nationalbibliothek in Wien erhalten sind. Die gestreckte, unmaßstäbliche Darstellung umfaßt das gesamte Mittelmeergebiet und zeigt für die spätrömische Zeit das vollständige Straßennetz. Sie enthält außerdem Kastelle und Städte mit Entfernungsangaben in römischen Meilen sowie Gebirge, Flüsse und die Küstenlinien. Die erhaltene Kopie entstand vermutlich im 13. Jh. Das auf die spätrömische Kaiserzeit zurückgehende Original und spätere Kopien sind nicht bekannt. Die erste Druckausgabe stammt von Ortelius aus dem Jahr 1598, kommentiert von F.C. Scheyb 1753, Faksimilereproduktion durch K. Miller 1888 und 1916 (Neudruck Stuttgart 1962) und E. Weber (Graz 1976). [WSt]

pe-Wert ↗Eh-Wert.

Pfähle, Konstruktionen des Spezialtiefbaus zur ↗Tiefgründung von Bauwerken; bei einer flächigen Anordnung von nebeneinander gesetzten Pfählen auch zur Herstellung von ↗Stützmauern und Dichtwänden (↗Dichtungswänden) eingesetzt. Bei der Pfahlgründung kann die Bauwerkslast auf zwei Arten auf den Boden übertragen werden: bei Spitzendruckpfählen über den Pfahlfuß, der entsprechend den geologischen Bedingungen des Baugrundes, z. B. mittels bautechnischer Aufweitung, modifiziert werden kann; bei Reibungspfählen über die Reibung zwischen den Seitenflächen des Pfahls und dem Boden (Mantelreibung oder Mantelwiderstand). Nach der Beanspruchungsart der Pfähle unterscheidet man Druckpfähle, die in axialer Richtung belastet werden, und Zugpfähle, die in der Lage sein müssen, auch schräg gerichtete Lasteinwirkungen aufzunehmen. Eine weitere Einteilung von Pfählen ist nach der Herstellungsart möglich. *Fertigpfähle* werden z. B. aus Holz, Stahl oder Betonteilen hergestellt und direkt in den Boden eingerammt. Ortpfähle werden erst auf der Baustelle hergestellt, z. B. als *Bohrpfahl*, indem zunächst ein Bohrloch abgeteuft wird, in dem anschließend durch Einbringen von Bewehrungsgittern und Beton ein Pfahl hergestellt wird (sog. *Ortbetonpfahl*). Bohrpfähle haben meist Durchmesser von wenigen Dezimetern, während *Großbohrpfähle* Durchmesser von > 50 cm besitzen können. Eine besondere Variante der Pfahlgründung ist der *Ortbetonrammpfahl*, bei dem ein Vortriebrohr in den Boden eingerammt wird, in das der Pfahlbeton geschüttet wird. Beim Ziehen des Vortriebrohres wird der Pfahlbeton dann durch Dieselrammen oder Fallgewichte derart verdichtet, daß ein guter Anschluß zum anstehenden Baugrund entsteht und insbesondere die Mantelreibung stark erhöht wird. Ortbetonrammpfähle eignen sich daher besonders gut als Reibungspfähle. [KER]

Pfahlgründung, ↗Tiefgründung von Bauwerken durch ↗Pfähle. ↗Gründung.

Pfahlgruppe, ↗Pfahlgründung aus mehreren nebeneinander bzw. in einem Raster angeordneten ↗Pfählen.

Pfahlwand, Wandkonstruktion aus einer Reihe von nebeneinander angeordneten ↗Pfählen; findet Verwendung vor allem als ↗Stützmauern, z. B. bei der Herstellung künstlicher Böschungsanschnitte beim Verkehrswegebau, und zur Sicherung und Wasserhaltung von großen Baugruben. Hierzu wird zunächst die Pfahlreihe gesetzt, und anschließend der Boden auf der Baugrubenseite abgetragen. Zusätzliche Stabilität kann durch eine Ankerung der Pfahlwand bewirkt werden. Eine weitere Anwendung besteht in der Konstruktion von Dichtungswänden, die z. B. beim Bau von Talsperren oder zur Isolierung von kontaminierten Altstandorten vom Grundwasser eingesetzt werden, meist ausgeführt als *Bohrpfahlwand*. Hierzu werden Bohrpfähle in einer Pfahlreihe derart angeordnet, daß im Untergrund durch Überschneidungen der einzelnen Pfähle eine wasserdichte Wand hergestellt wird. Bohrpfahlwände können heute bis in eine Tiefe von 30–35 m ausgeführt werden. [KER]

P-Faktor, charakterisiert die technischen und zusätzlich zu üblichen Bewirtschaftungsverfahren aufgewendeten Maßnahmen zum ↗Bodenschutz vor Erosion als Erosionsschutzfaktor der ↗allgemeinen Bodenabtragsgleichung, z. B. Terrassierung, Konturnutzung, ↗Streifenanbau, Einsaat von speziellen Grasstreifen usw.

Pfannkucheneis ↗Meereis.

Pfeil, in der Kartographie das universelle Darstellungsmittel der ↗Vektorenmethode. Die Pfeilgestalt ist in vielfältiger Weise im Sinne der ↗graphischen Variablen abwandelbar, und zwar nach der Länge, der Breite, der Farbe, der Füllung (Muster), der Form der Spitze und der Form des Pfeilendes (Abb.). Außerdem kann der Pfeil als Pfeilkette für lineare Verläufe (↗Linienrichtungskarte) und als Pfeilschar für flächige Aussagen (↗Flächenrichtungskarte) benutzt werden.

pF-Kurve ↗Saugspannungskurve.

Pflanzen, autotroph lebende Organismen (↗grüne Pflanzen), die aus anorganischen Stoffen, Wasser, CO_2 und mineralischen Nährstoffen organische Verbindungen synthetisieren. Sie benötigen dazu Sonnenlicht, dessen Energie sie bei der ↗Photosynthese mittels Chlorophyll gewinnen. Zu den Pflanzen zählen auch die heterotrophen Pilze (ca. 100.000 bekannte Arten), die ihre Energie durch den Abbau von organischer Substanz

Pfeil: Gestaltelemente bei Pfeilen.

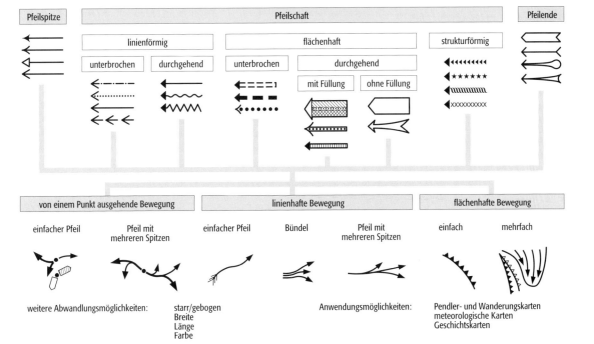

Abwandlungsmöglichkeiten von Pfeilen

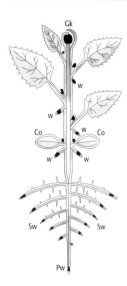

Pflanzen: Typusbild der zweikeimblättrigen Sproßpflanze: Pflanze im vegetativen Stadium mit Co = Cotyledonen (Keimblättern), Pw = Primärwurzel, Sw = Seitenwurzeln, w = sproßbürtige Wurzeln und Gk = Gipfelknospe.

erhalten. Auch Bakterien (1700 Arten) ernähren sich heterotroph, Blaualgen (2000 Arten) autotroph. Nur wenige *chemo-autotrophe* Pflanzen gewinnen ihre Energie aus anorganischen Verbindungen (einige farblose ↗Prokaryota). Vielzellige Pflanzen wachsen während ihrer ganzen Lebensdauer und streben dabei eine möglichst große Oberfläche an, um sich möglichst viele Mineralstoffe, CO_2 und Licht zugänglich zu machen. Die grünen Pflanzen werden in Algen (23.000 Arten), Moose (24.000 Arten) und Farnpflanzen (10.000 Arten) sowie höhere Samenpflanzen (241.000 Arten, ↗Phanerogamen) aufgeteilt. Die pflanzlichen Lebensformen entwickelten sich zuerst im Meer. Die Pflanzen des festen Landes sind ortsgebunden *Sproßpflanzen* (Kormophyten), wozu Farne und Samenpflanzen gezählt werden. Alle Landpflanzen haben sich seit 400 Millionen Jahren aus dem fossil belegten Ur-Kormophyt *Rhynia* entwickelt. Dabei traten, ausgelöst durch den Kampf ums Licht, krautige zugunsten baumförmiger Vegetationskörper in der Häufigkeit zunehmend zurück. Viele der baumförmigen Farn- und Schachtelhalmgewächse bildeten in der Karbonzeit (355–290 Millionen Jahre) riesige Wälder, aus denen Steinkohlelager entstanden. Alle *Sproßpflanzen* sind aus Wurzeln (Wasser- und Nährstoffaufnahme, Stoffspeicherung), Sproß (Leitungs-, Träger- und Stoffspeicherfunktion), Blättern (Photosynthese) und Fortpflanzungsorganen aufgebaut (Abb.). Als ↗Primärproduzenten liefern Pflanzen Nahrungs- und Energiegrundlage für alle ↗Konsumenten und ↗Destruenten. Alle Pflanzen in einem Gebiet bilden die ↗Vegetation, die in der ↗Geobotanik und der ↗Pflanzensoziologie primär als ↗Pflanzengemeinschaften, in der Vegetationsgeographie primär als ↗Pflanzenformation untersucht wird. Von der globalen Betrachtungsweise geht sowohl die Geobotanik als auch die Vegetationsgeographie aus, wobei die Welt in verschiedene, systematisch voneinander zu unterscheidende ↗biogeographische Regionen unterteilt wird. In der ↗topischen Dimension sind Pflanzen Ausdruck der Standortverhältnisse, wobei ↗Zeigerarten und ↗Pflanzengesellschaften systematisch basierte Beurteilungen erlauben, die ↗Lebensformen und ↗Pflanzenformation eine Beurteilung aufgrund der äußeren Gestalt der Pflanzen und der Vegetationsstruktur. [MSch]

Pflanzenbau, umfaßt den Anbau landwirtschaftlicher Kulturen und ist gegliedert in Ackerbau, Grünland und Sonderkulturen. Bei den Sonderkulturen handelt es sich um Gemüsebau, Obstbau und Weinbau. In zunehmendem Maß sind im Pflanzenbau auch die landwirtschaftlichen Aktivitäten einzubeziehen, die sich im Rahmen jüngerer Entwicklungen im Bereich der Flächenstillegung oder im Landschafts- und Naturschutz ergeben.

Pflanzenbestand, eine Fläche mit Besiedelung durch Pflanzenarten. Man unterscheidet gleichartige Bestände (↗Monokultur) von Mischbeständen mit mehreren Pflanzenarten. Die Ergebnisse aus Untersuchungen mehrerer solcher Bestände ermöglicht die Aufstellung von abstrakten Bestandestypen (↗Pflanzengesellschaften).

Pflanzenformation, Vegetationsdecke mit gleichartigem physiognomischen Charakter, z. B. ↗Nadelwald, ↗Regenwald, ↗Steppe, ↗Wiese.

Pflanzengesellschaften, *Gesellschaften von Pflanzen*, Begriff aus der ↗Geobotanik für die Gesamtheit bzw. den Typus von ↗Pflanzenbeständen, die eine sehr ähnliche Artenzusammensetzung (Kombination von ↗Kennarten) haben. Pflanzengesellschaften entstehen, weil unter bestimmten Standortbedingungen sich nur eine spezifische Gruppe von Pflanzenarten ansiedeln und halten kann. Die ↗Arten stehen in Wechselbeziehung zueinander (Bestandsklima, ↗Konkurrenz). Bei Änderung von ↗Standortfaktoren oder durch Eigendynamik (↗Sukzession) gehen Pflanzengesellschaften in andere über.

Pflanzenreiche, entsprechen den ↗Florenreichen der Erde.

Pflanzenschutzgebiet, auf der Basis von Verordnungen zum ↗Naturschutz und zum ↗Artenschutz ausgewiesenes Gebiet mit dem Ziel der Erhaltung vom Aussterben bedrohter ↗Pflanzen sowie deren natürlicher und quasinatürlicher ↗Phytotope.

Pflanzenschutzgesetz, in der Neufassung vom 14.5.1998 regelt dieses den Umgang mit Schadorganismen und nichtparasitären Beeinträchtigungen der Pflanzen, insbesondere der Kulturpflanzen, die Gefahrenabwehr bei Anwendung von Pflanzenschutzmitteln oder andere Maßnahmen des Pflanzenschutzes, insbesondere für die Gesundheit von Mensch, Tier und Naturhaushalt und die Integration des deutschen Pflanzenschutzrechtes in die Rechtsakte der Europäischen Gemeinschaft.

Pflanzenschutzmittel, chemische und biologische Mittel, die v. a. in der ↗Landwirtschaft zur Vermeidung von ↗Schädlingen, Pflanzenkrankheiten und Konkurrenzdruck durch ↗Unkräuter eingesetzt werden. Die ↗biologische Landwirtschaft beruht auf der biologischen Schädlingsbekämpfung, worunter technische Mittel wie Lockstofffallen, aber auch die Förderung von ↗Nützlingen (beispielsweise Schlupfwespen gegen Maiszünsler) zu verstehen sind. In der ↗konventionellen Landwirtschaft kommen synthetische Pflanzenschutzmittel (↗Pestizide) zur Anwendung. ↗Applikation.

Pflanzensoziologie, *Vegetationskunde*, ein Gebiet der ↗Geobotanik, das sich mit der Zusammensetzung der Pflanzengemeinschaften befaßt. Die Pflanzensoziologie dient der Systematisierung und Typisierung von ↗Pflanzengesellschaften und versucht, sie in ihrer Struktur, Funktion der Einzelglieder, Einpassung in die Umgebung und geschichtlichen Entwicklung zu verstehen. Berücksichtigt man neben dominanten auch die weniger auffälligen Arten, so gelangt man zu einer Hierarchie von floristisch (d. h. nach ihrer Artenzusammensetzung) definierten Vegetationseinheiten. Die Pflanzengesellschaften werden nach einer oder mehreren charakteristischen ↗Arten lateinisch benannt und erhalten je nach

Rangstufe eine besondere Namensendung: z. B. Klasse: Querco-Fagetea (Edellaub-Mischwälder), Ordnung: Fagetalia (Edellaubwälder), Verband: Fagion (Buchenwälder), Assoziation: Galio odorati-Fagetum (Waldmeister-Buchenwald). [DR]

Pflanzenverband, Rangstufe der Vegetationseinheiten in der ↗Pflanzensoziologie. Der Pflanzenverband vereinigt mehrere floristisch verwandte ↗Pflanzengesellschaften. Er wird mit der Namensendung »-ion« charakterisiert, z. B. der Hainbuchen-Verband mit Carpinion, Rotbuchenverband mit Fagion. Im Rahmen der Assoziation oder des Verbandes lassen sich die verschiedenen Pflanzengesellschaften gut ökologisch charakterisieren nach dem pH-Wert und Feuchtegrad des Standortes (Abb.). Hingegen sind floristisch gefaßte Einheiten oberhalb der Verbände zunehmend abstrakter und entfernter von konkreten ökologischen Gegebenheiten.

pflanzenverfügbares Wasser, Bodenwasser, das einerseits nicht so schnell versickert (langsames dränendes Sickerwasser, ↗Grobporen), so daß es noch durch die Pflanzen genutzt werden kann, und andererseits mit einer Saugspannung kleiner als beim ↗permanenten Welkepunkt in den Bodenporen gebunden ist. Die obere Grenze ist fließend und wird als ↗Feldkapazität bzw. ↗Feuchteäquivalent angenommen. Die untere Grenze ist definitionsgemäß bei einer Saugspannung von 1,5 MPa (↗Äquivalentwelkepunkt) festgelegt.

Pflanzenverfügbarkeit, bezeichnet das Maß der Verfügbarkeit der Nährstoffe für die Pflanzen. Die Pflanzenverfügbarkeit ist gegeben bei mobilen Nährstoffen, die in wasserlöslicher Form in der Bodenlösung vorhanden sind, und den austauschbaren, aber an Bodenteilchen sorbierten Nährstoffen. Diese Gruppe macht etwa 2 % der im Boden vorhandenen Nährstoffe aus. Die Fähigkeit der Böden, Nährstoffe sorptiv zu speichern, wird anhand ihrer ↗Austauschkapazität (in mval/100 g Boden) festgestellt. Der größere Teil der Nährstoffe liegt in immobiler Form in anorganischen und organischen Verbindungen vor, die daher auch als Reserve-Nährstoffe verstanden werden können.

Pflanzenwasserbedarf, nach DIN 4047 der Bewässerungsbedarf der Pflanze (↗Bewässerung). Er entspricht dem um den nutzbaren Niederschlag verminderten Pflanzenwasserverbrauch.

pflanzliche Stoffproduktion, ↗Biomasseproduktion durch Pflanzen.

Pflasterboden, im ↗Gletschervorfeld verbreiteter Strukturboden, bei dem in durch Schmelzwasser durchtränktes, weiches, feinkörniges Substrat eingedrückte größere Steine eine weitgehend ebene Oberfläche bilden.

Pflugsohle ↗*Bearbeitungssohle*.

pF-Wert, negativer dekadischer Logarithmus der Saugspannung in cm WS; wird häufig verwendet als Einteilung der Saugspannungsachse bei der Darstellung der ↗Saugspannungskurve.

PGE, *Platin Group Element*, ↗*Platingruppen-Elemente*.

Phacopida, Ordnung der ↗Trilobiten aus dem Unterordovizium bis Unterdevon mit gut entwickeltem Einrollungsmechanismus. Häutungsreste sind häufig in Form der ↗Salterschen Einbettung erhalten.

Phaeopigmente, Abbauprodukte des ↗Chlorophylls.

Phaeozem, schwach verbrauneter oder schwach lessivierter graubraunhumoser Boden der semiariden Waldsteppen, entwickelt in meist kalkhaltigen Lockersedimenten (z. B. Löß). Weitere Merkmale sind: starke Bioturbation, humusreich, hohe ↗Basensättigung, hohe ↗nutzbare Feldkapazität; Bodeneinheit der ↗WRB.

Phakoid, durch Scherflächen begrenzte Gesteinslinsen; meist tektonischer Entstehung und dann von sigmoidal gekrümmten Scherflächen begrenzt; gehört zu den ↗S-C-Gefügen. Durch ↗Sedimentgleitung entstandene Phakoide finden sich in ↗Olisthostromen.

phaneritisch, *phanerokristallin*, Gefügebegriff für magmatische Gesteine, bei denen die einzelnen Minerale mit bloßem Auge erkannt werden können

Phanerogamen, [von griechisch phaneros = offenbar und gamos = Hochzeit], ältere Bezeichnung für ↗*Spermatophyta*.

phanerokristallin ↗*phaneritisch*.

Phanerophyten, *Luftpflanzen*, Bezeichnung für eine ↗Lebensform höherer Pflanzen, welche die (thermisch oder hygrisch) ungünstige Jahreszeit mit oberirdischen Sprossen überdauern, deren Triebe und Erneuerungsknospen (teils mit, teils ohne Knospenschuppen) sich im ungünstigen Luftraum befinden. Diese Lebensform ist das Resultat einer evolutionären Entwicklung, welche durch das Streben der Pflanzen nach Licht bedingt ist (↗Photosynthese). Die Phanerophyten werden nach ihrer Höhe unterschieden: Bäume:

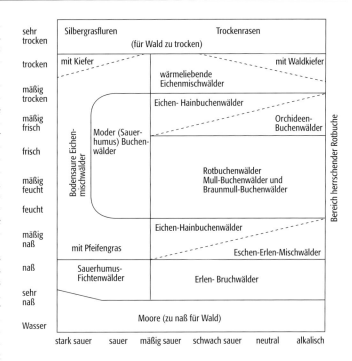

Pflanzenverband: Vorkommen der Verbände mitteleuropäischer Laubwald-Gesellschaften in Abhängigkeit von pH-Wert und Feuchtegrad.

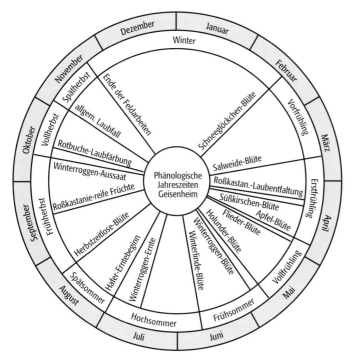

Phänologie: phänologische Uhr, d.h. mittleres Eintrittsdatum phänologischer Phasen und entsprechend definierte phänologische Jahreszeiten an der Station Geisenheim.

Megaphyten (> 50 m Höhe), Mesophyten (50–5 m Höhe), Sträucher: Mikrophyten (2–5 m Höhe), Nanophyten (2–0,25 m Höhe). Pflanzen über 2 m Höhe werden auch als Makrophyten bezeichnet.

Phanerozoikum, stratigraphische Bezeichnung für das jüngste ⁊Äonothem der Erdgeschichte vom ⁊Kambrium bis zum ⁊Quartär. Das Phanerozoikum umschreibt den Zeitabschnitt des »sichtbaren« Lebens, entsprechend der Entwicklung von fossil überlieferungsfähigen Organismen mit Hartteilen. ⁊geologische Zeitskala.

Phänokristall ⁊Einsprengling.

Phänologie, Lehre von den Wachstumserscheinungen der Pflanzen, die im Jahresablauf eine typische Abfolge zeigen. Als *phänologische Phasen* werden z.B. Blattentfaltung, Blühbeginn und Laubverfärbung bezeichnet. Dies wird in den *internationalen phänologischen Gärten* systematisch beobachtet. Die Erfassung und Auswertung der betreffenden phänologischen Daten obliegt in Deutschland dem ⁊Deutschen Wetterdienst. In Orientierung an die phänologischen Phasen werden *phänologische Jahreszeiten* definiert, die sich bezüglich einer Beobachtungsstation als *phänologische Uhr* (Abb.) festhalten lassen. Bezüglich eines Raumes lassen sich Karten des mittleren Eintretens phänologischer Phasen oder Jahreszeiten angeben. Langfristige Veränderungen dieser Phasen weisen auf ⁊Klimaänderungen hin. Somit sind phänologische Daten auch eine Informationsquelle der historischen ⁊Klimatologie. [CDS]

phänologische Jahreszeiten ⁊Phänologie.

phänologische Phasen ⁊Phänologie.

phänologischer Garten ⁊Phänologie.

phänologische Uhr ⁊Phänologie.

Phänotyp, Begriff aus der Biologie für das Erscheinungsbild von Organismen, das sich aufgrund des Zusammenspiels ihrer genetischen Anlagen (⁊Genotyp) und der Einflüsse ihrer ⁊Umwelt ergibt. Es umfaßt alle Merkmale, inneren Strukturen und Funktionen des betrachteten Lebewesens. Der Phänotyp ist nicht als konstante Eigenschaft eines Organismus zu betrachten, er kann vielmehr aufgrund innerer und äußerer Einflüsse Veränderungen der individuellen Entwicklungen zeigen, innerhalb eines genetisch bestimmten Reaktionsbereiches. Vor allem bei ⁊Pflanzen können sich genetisch gleiche Arten in verschiedenen ⁊Lebensräumen (z.B. auf verschiedenen ⁊Höhenstufen) sehr andersartig entwickeln, was z.B. bei der Kalifornischen Schafgarbe experimentell nachgewiesen wurde.

Phase, ist ein Begriff, der in den Naturwissenschaften und auch in der Geophysik in mehrfacher Weise verwendet wird. **1)** *Historische Geologie:* ⁊Eiszeit. **2)** *Physik:* bezeichnet bei periodisch ablaufenden Vorgängen die Größe, mit der Ort und Zeit des sich wiederholenden Vorgangs definiert wird, bei einer einfachen harmonischen Schwingung der Form:

$$y = A \cdot \sin\varphi,$$

mit y als Auslenkung, A als Amplitude und φ als Phasenwinkel. Wenn zu einem Winkel $\varphi = 0$ die Auslenkung von Null abweicht, muß eine Phasenkonstante φ_0 (Nullphasenwinkel, Phasenwinkel) eingeführt werden:

$$y = A \cdot \sin(\varphi\text{-}\varphi_0).$$

3) *physikalische Chemie:* bedeutet eine homogene Zustandsform einer Substanz, die durch eine räumliche Grenzfläche von einer anderen Phase abgegrenzt ist. **4)** *Seismologie:* bezeichnet in einem Seismogramm das Erscheinen einer neuen Wellengruppe, erkennbar durch eine Änderung der Amplitude und/oder Periode des Signals. [PG]

Phasenanalyse, Bestimmung der kristallinen Bestandteile eines Pulvergemischs. Ein Pulverdiagramm ist charakteristisch für eine kristalline Phase und kann deshalb zu deren Identifizierung herangezogen werden. Umfangreiche Tabellenwerke (ASTM-Kartei der »American Society for Testing and Materials«) und Datenbanken (»Powder Diffraction File«, PDF, des »International Centre for Diffraction Data«, ICDD; zur Zeit ca. 50.000 Einträge) und Software zur automatischen Phasenerkennung erleichtern die Identifizierung unbekannter Phasen durch Pulverdiffraktometrie. Die Nachweisbarkeitsgrenze liegt im Prozentbereich und ist damit um Größenordnungen schlechter als die anderer analytischer Verfahren (z.B. Röntgenfluoreszenz). Sie ist abhängig von den enthaltenen Elementen, vom Kristallisationsgrad und von der Kristallstruktur. Das Verhältnis integraler Reflexintensitäten einzelner Phasen eines Pulvergemischs ist ein Maß für den Volumen- bzw. Massenanteil der jeweiligen Phase. Es kann deshalb zur quantitativen Analyse dienen. Die üblichen Analysemethoden verwenden Eichdiagramme, die mit oder ohne Bezug auf eine Standardsubstanz erstellt werden. Neuerdings wird in zunehmendem Maße die Rietveldmethode zur quantitativen Phasenanalyse verwendet. [KE]

Phasenbeziehungen, jedes Mineral kann, wie jede andere Verbindung oder jedes andere Element, in Abhängigkeit von Druck und Temperatur grundsätzlich in mehreren Aggregatzuständen auftreten, gasförmig, flüssig oder kristallin. Während es jedoch nur einen gasförmigen ↗Aggregatzustand gibt, existieren oft mehr als eine flüssige und meist mehrere feste, beziehungsweise kristalline Zustandsformen oder Phasen nebeneinander. Unter einer Phase versteht man die physikalisch einheitlichen Stoffe eines Systems, die in einem anisotrop kristallinen oder aber in einem gasförmigen, flüssigen oder glasigen, im allgemeinen isotropen Zustand vorliegen. Neben dem herkömmlichen Begriff des festen, flüssigen und gasförmigen Aggregatzustandes spielen bei kristallchemischen Prozessen vor allem flüssige, gasförmige, kristalline und feste Mischphasen eine Rolle. Ferner müssen die in den meisten Systemen auftretenden polymorphen Modifikationen der beteiligten Komponenten als selbständige Phasen aufgefaßt werden. Der Begriff der Phase wurde erstmals von Willard ↗Gibbs definiert, der darunter die Erscheinungs- oder Zustandsform, in der ein Stoff in einem System auftreten kann, verstand. Handelt es sich dabei nur um einen einzigen Stoff, z. B. Kohlenstoff, Schwefel oder H_2O, so spricht man von einem ↗Einstoffsystem. Sind zwei Stoffe als Komponenten zugegen, z. B. Eisen und Schwefel oder NaCl und KCl, so bezeichnet man dies als ein Zweistoffsystem oder ↗binäres System Fe-S bzw. NACl-KCl. Bei Systemen mit drei Komponenten, z. B. Pb-Bi-Zn oder K_2O-Al_2O_3-SiO_2, spricht man von einem Dreistoffsystem oder von einem ↗ternären System, und Systeme, an denen mehrere Stoffe beteiligt sind, bezeichnet man ganz allgemein als Mehrstoffsysteme oder als polynäre Systeme.

Komponenten heißen die selbständigen chemischen Bestandteile der Systeme. So sind im System Fe-S Eisen und Schwefel die Komponenten. Im ternären System K_2O-Al_2O_3-SiO_2 sind es die Molekülgruppen K_2O, Al_2O_3 und SiO_2. Bei mineralogischen und gesteinsbildenden Prozessen spielen die leichtflüchtigen Komponenten, insbesondere das Wasser, eine große Rolle. Neben H_2O müssen hier als Komponenten noch CO_2, H_2S, HCl, HF, SO_2 etc. berücksichtigt werden. Um solche Mehrstoffsysteme übersichtlich darstellen zu können, werden oft die Molekülgruppierungen der beteiligten Minerale als Komponenten angenommen, so beispielsweise im ternären System $KAlSi_3O_8$-$NaAlSi_3O_8$-H_2O mit den hier als selbständige chemische Bestandteile betrachteten Komponenten $KAlSi_3O_8$ (Kalifeldspat), $NaAlSi_3O_8$ (Natriumfeldspat) und H_2O. Die im allgemeinen vom Druck, der Temperatur und den Konzentrationsverhältnissen abhängigen Zustandsbereiche der einzelnen Phasen werden als deren Existenzgebiete bezeichnet. Die experimentelle Erforschung dieser Existenzgebiete und ihrer Grenzen zählt zu den Hauptaufgaben der modernen Mineralogie und Petrologie. Sie werden in Abhängigkeit von den Zustandsvariablen Druck, Temperatur und Konzentration in sogenannten ↗Zustandsdiagrammen oder ↗Phasendiagrammen dargestellt. Die Zustandsvariablen, die auch den frei verfügbaren Versuchsbedingungen Druck, Temperatur und Konzentration entsprechen, heißen Freiheiten.

Eine erstmals von Willard Gibbs aufgestellte Phasenregel (↗Gibbssche Phasenregel), die heute thermodynamisch untermauert als Phasengesetz für Kristallchemie, Mineralogie und Petrologie von grundlegender Bedeutung ist, gestattet es, die Anzahl der in einem System auftretenden Phasen bei bekannten physikalisch-chemischen Bedingungen exakt vorauszusagen. Während Gase stets unbeschränkt mischbar sind und daher immer nur eine einzige Phase bilden, sind Flüssigkeiten und Kristalle manchmal nur teilweise oder gar nicht untereinander mischbar. In Mehrstoffsystemen liegen daher oft bei einer bestimmten P-T-Bedingung viele Phasen nebeneinander vor, wobei die kristallinen und amorphen Modifikationen nur in einem ganz bestimmten abgegrenzten Bereich stabil sind. Wird dieser Zustandsbereich durch Erhöhung oder Erniedrigung des Druckes oder der Temperatur über- oder unterschritten, dann wandeln sich die Modifikationen um oder gehen in einen anderen Aggregatzustand über, d. h. sie schmelzen, kristallisieren, verdampfen oder werden glasig. Ist die Umwandlungsgeschwindigkeit groß, dann erfolgt eine ↗Phasenumwandlung im festen Zustand im allgemeinen prompt, während bei einer kleinen Umwandlungsgeschwindigkeit eine Phase unter Umständen lange Zeit instabil weiter existieren kann. So geht z. B. der trigonal kristallisierende Quarz (SiO_2) beim Erhitzen auf 573°C in den hexagonalen Hochquarz über. Diese Umwandlung erfolgt ohne Verzögerung und macht sich durch eine sprunghafte Änderung der Symmetrieeigenschaften bemerkbar. Beim Abkühlen kommt es dann bei der Umwandlungstemperatur wieder prompt zur Bildung von Quarz. Eine solche Art von Phasenumwandlung nennt man enantiotrop [griech = vor- und rückwärts wandelbar] oder reversibel [lat. = umkehrbar]. Dagegen bezeichnet man eine Phasenumwandlung, die nur nach einer bevorzugten Seite hin verläuft, als monotrop [griech. = nur in einer Richtung wandelbar] oder irreversibel. Mineralbeispiele für monotrope Phasenumwandlungen sind die Bildung von Calcit aus Aragonit beim trockenen Erhitzen auf 400–500°C.

Die Umwandlungsgeschwindigkeit ist sehr stark von der Temperatur abhängig, d. h. je höher die Temperatur, um so rascher erfolgt die Phasenumwandlung, und sie wird ebenso durch die Anwesenheit von Wasser und von gelösten Stoffen in einem System begünstigt. So erfolgt beispielsweise beim trockenen Erhitzen von Aragonit die

Umwandlung in Calcit bei 400°C, in einer wäßrigen NaCl-Lösung vollzieht sie sich jedoch bereits bei 80°C. Unter sehr hohen Temperaturen bildet sich in der Natur stets Calcit, aus seinen wäßrigen Lösungen bildet sich i.a. unterhalb 30°C Calcit, während aus mäßig-temperierten Lösungen Aragonit, z. B. als Kalk, in Wasserleitungsrohren ausfällt. Calcit und Graphit bilden die beständigeren Phasen gegenüber Aragonit und Diamant, die bei Raumtemperatur zwar auch unter Umständen sogar über geologische Zeiträume hinweg haltbar sind, jedoch bei einer Änderung der Zustandsvariablen, in diesem Fall der Temperatur, stets monotrop in ihren stabilen Zustand übergehen. Solche Substanzen, zu denen eine große Anzahl von Mineralen zählt, bezeichnet man als metastabil. Ihre Umwandlungsgeschwindigkeit ist bei normalen P-T-Bedingungen unmeßbar klein, und so können sie über große Zeiträume hinweg instabil existieren. Aus thermodynamischen Untersuchungen ist bekannt, daß instabile Modifikationen stets energiereicher sind und dadurch einen höheren Dampfdruck, eine größere Löslichkeit und einen niedrigeren Schmelzpunkt besitzen, als die entsprechende stabile Phase.

Die grundsätzliche Bedeutung des Phasengesetzes auf die Phasenbezeichnungen mineralogisch interessanter Systeme läßt sich am einfachsten an einem Einstoffsystem darlegen. Im Einstoffsystem H_2O sind die Temperatur auf der Ordinate und der Druck auf der Abszisse festgelegt. In den jeweiligen Existenzbereichen von Wasser, Wasserdampf und Eis lassen sich Druck und Temperatur beliebig variieren. Hier ist also jeweils nur eine Phase stabil, gemäß dem Phasengesetz $P + 2 = 1 + 2$, also $P = 1$. In diesem Fall ist das System divariant, man bewegt sich bei einer Änderung der Zustandsvariablen innerhalb einer Fläche, dem Existenzbereich der einen möglichen Phase. Ändert man den Druck oder die Temperatur entlang der Kurve, die der Grenze zwischen den Existenzbereichen zweier Phasen entspricht, dann wird das System univariant und es können zwei Phasen im Bereich der Umwandlungskurven koexistieren, d.h. $P + 1 = 1 + 2$, also $P = 2$. Für den Fall, daß keine Zustandsvariable mehr frei wählbar ist, gilt $P + 0 = 1 + 2$, also $P = 3$. Temperatur und Druck liegen jetzt in einem Punkt fest, an dem die drei Phasen $H_2O_{flüssig}$–H_2O_{Dampf}–$H_2O_{krist.}$ nebeneinander koexistieren. Dieser Punkt wird als ↗Tripelpunkt bezeichnet, das System ist in diesem Punkt invariant. Häufig erfolgt eine Phasenumwandlung beim Überschreiten der Grenzen der Existenzgebiete, oft bedingt durch energetische Schwierigkeiten, nicht prompt. Am Beispiel des Einstoffsystems H_2O drückt sich dies z. B. in der Fortsetzung der univarianten Kurve aus, die die Existenzbereiche H_2O_{Dampf}–$H_2O_{flüssig}$ in das Existenzfeld des kristallisierten H_2O hinein abgrenzt. So kann z. B. flüssiges Wasser bis -22°C unterkühlt werden, es bildet dann eine metastabile Phase. Tripelpunkte entsprechen Gefrierpunkten, Schmelzpunkten, kritischen Punkten oder Punkten, an denen drei kristalline Phasen, z. B. Sillimanit, Andalusit und Disthen im System Al_2SiO_5, nebeneinander koexistieren. [GST]

Phasendiagramm, *Stabilitätsdiagramm, Zustandsdiagramm, p-T-Diagramm*, Darstellung der Stabilitätsbereiche der Minerale in Abhängigkeit von den Zustandsvariablen. Die in einem System (↗Einstoffsysteme, ↗binäre Systeme, ↗ternäre Systeme) mit definierten substantiellen und physikalisch-chemischen Bedingungen ablaufenden Reaktionen sollten möglichst ein Gleichgewicht erreichen, was jedoch in der Natur selten der Fall ist. Hierdurch treten oft Widersprüche in den Aussagen experimenteller Untersuchungen und geologischer Beobachtungen auf. Für die Aufstellung von Phasendiagrammen sind physikalisch-chemische Gesetzmäßigkeiten Voraussetzung, insbesondere des Massenwirkungsgesetzes, des Le Chatelierschen Prinzips des kleinsten Zwangs und der ↗Gibbsschen Phasenregel (↗Zustandsdiagramm, ↗Phasenbeziehungen).

Das Vorliegen von Wasser in seinen drei Aggregatzuständen Eis, Wasser und Wasserdampf wird in der Abb. 1 in Abhängigkeit von Druck und Temperatur dargestellt. Der invariante Tripelpunkt, an dem die drei Aggregatzustände gemeinsam vorliegen, liegt bei einer Temperatur von 273,1599 K (0,0099°C) und einem Druck von 610,48 Pa (0,0061 bar); Eis hat eine zugehörige Dichte von 0,9168 g/cm³, Wasser von 0,9999 g/cm³. Der Taupunkt des Wasserdampfes (= Siedepunkt des Wassers), d.h. die Temperatur, bei der ein Sättigungsdampfdruck von $1,013 \cdot 10^5$ Pa (1,013 bar) vorliegt, beträgt 373,12 K (ca. 100°C). Die Dampfdruckkurve des Wassers endet am ↗kritische Punkt bei einer Temperatur von 647,10 K (ca. 374°C) und einem Druck von $2,2064 \cdot 10^7$ Pa = ca. 221 bar (kritische Dichte 0,322 g/cm). Das kubisch kristallisierende Eis-Ic kann bereits unterhalb einer Temperatur von

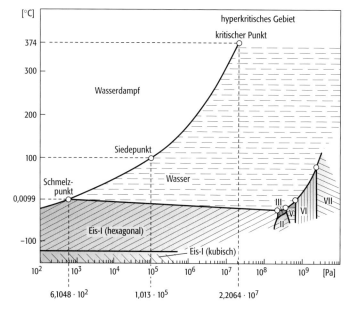

Phasendiagramm 1: semilogarithmisches Phasendiagramm für H_2O.

193,15 K metastabil vorliegen, stabil ist es erst unterhalb von 153,15 K. Oberhalb von 193,15 K geht es irreversibel in das hexagonale Eis-I über. Für die Modifikation Eis-II wurde eine kubische Struktur und für Eis-III eine tetragonale bestimmt. Nur die beiden Modifikationen Eis-I und Eis-Ic haben eine geringere Dichte als Wasser. In Abhängigkeit von Druck und Temperatur kann das Feld Eis in weitere Modifikationen unterteilt werden.

Die Koexistenz von Eis und Gas wird durch die Zustandsgleichung:

$$\lg p = \frac{A}{T+B} \lg T + CT + DT^2 + E$$

mit p in mmHg, T in K, $A = -2\,445,5646$, $B = 8,2312$, $C = -1\,677,006 \cdot 10^{-5}$, $D = 120\,514 \cdot 10^{-10}$ und $E = -6,757\,169$ beschrieben. Gleichermaßen kann die Koexistenz von Flüssigkeit und Gas mit:

$$\lg p = A + \frac{B}{T} + \frac{Cx}{T} \cdot (10^{Dx2} - 1) + E \cdot 10^{Fy1,25}$$

mit T in K, $x = T^2 - 293.700$, $y = 374,11 - T$, $A = 5,4266514$, $B = -2\,005,1$, $C = 1,3869 \cdot 10^{-4}$, $D = 1,1965 \cdot 10^{-11}$, $E = -0,0044$, $F = -0,0057\,148)$ dargestellt werden.

Im System NaCl-H$_2$O (Abb. 2) können bei Normaldruck die festen Phasen Eis, NaCl (Halit) und die binäre Verbindung NaCl · 2 H$_2$O (Hydrohalit) mit Lösung koexistieren. Ein eutektischer Punkt, an dem Hydrohalit, Eis, Lösung und Dampf koexistieren, liegt bei -20,8°C. Die Löslichkeit von NaCl in H$_2$O bei 0°C liegt bei 26,3 Masse-%, bei einer Temperatur von 100°C bei 28 Masse-%. Bei steigenden Temperaturen steigt die Löslichkeit von NaCl, wie aus dem Verlauf der Dreiphasenlinie (NaCl, NaCl-Lösung, H$_2$O-Gasphase) ersichtlich wird. Ein Maximum der Löslichkeit von NaCl liegt am Schmelzpunkt des NaCl bei 800,4°C. [GST,TR,AM]

Phasendifferenz, *Phasenverschiebung*, bezeichnet bei Wellenvorgängen gleicher ↗Frequenz die Differenz zwischen ihren Phasen zur Zeit Null (Abb.).

Phasengeschwindigkeit, Geschwindigkeit, mit der sich bei einer Welle Flächen konstanter Phase ausbreiten. Wenn die Phasengeschwindigkeit von der Wellenlänge abhängt, nennt man die Wellen dispersiv (in der Atmosphäre z.B. ↗Rossby-Wellen und ↗Schwerewellen), andernfalls nicht-dispersiv (z.B. ↗Schallwellen).
Bei Ausbreitung in x-Richtung ist die Phase durch den Ausdruck $kx-\omega t$ in der eindimensionalen ↗Wellengleichung gegeben mit der Phasengeschwindigkeit $c = \omega/k$. Die ↗Dispersionsanalyse dient zur Bestimmung der Phasengeschwindigkeit von ↗Oberflächenwellen in Abhängigkeit von der Frequenz. Die Abbildung verdeutlicht in schematischer Weise den Unterschied zwischen Phasengeschwindigkeit und Gruppengeschwindigkeit. Die Phasengeschwindigkeit wird an den Orten x_1 und x_2 zwischen Punkten gleicher Phase

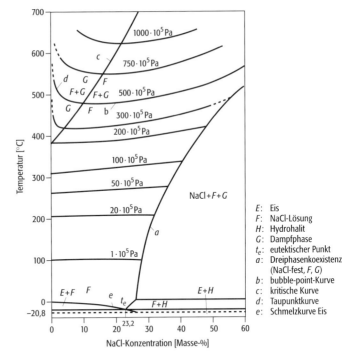

A und B gemessen. Da x_2 nahe bei x_1 liegt, ist die zugehörige Frequenz der Geschwindigkeitsmessung etwa ω_2. Damit ergibt sich für c unter der Voraussetzung, daß x_1 und x_2 auf einem Großkreis durch den Erdbebenherd liegen:

$$c(\omega_2) = (x_2-x_1)/(t_2-t_1).$$

Die ↗Gruppengeschwindigkeit am Ort x_1 ergibt sich zu:

$$U(\omega_2) = x_1/t_1.$$

Zur Bestimmung von U müssen Herdzeit und Epizentrum bekannt sein (↗Erdbeben).

Phasengrenze, Orte im ↗Zustandsdiagramm, für die zwei oder mehr Phasen miteinander im Gleichgewicht stehen. Sie sind thermodynamisch durch eine Unstetigkeit in den Zustandsfunktionen bei Variation der unabhängigen Variablen gekennzeichnet. Überschreitet man von einer

Phasendiagramm 2: Phasendiagramm des Systems NaCl-H$_2$O.

Phasendifferenz: Modell der Phasenverschiebung bei Wellen gleicher Frequenz.

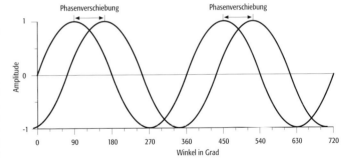

Phasengeschwindigkeit: schematische Darstellung zweier Oberflächenwellen-Seismogramme eines Erdbebens, das Kreisfrequenzen zwischen ω_1 und ω_3 abstrahlt (t = Zeit, x = Entfernung).

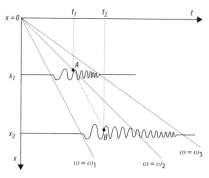

Phase kommend die Phasengrenze, befindet sich das System in der ↗Übersättigung, und zwar um so mehr, je weiter die Überschreitung stattgefunden hat.

Phasenkontrasttechnik, *Phasenkontrastmikroskopie,* Technik, bei der durch Kontrasthebung kleine Objekte im Mikroskop sichtbar gemacht oder kaum wahrnehmbare verdeutlicht werden, welche sich von der Umgebung nur durch ihre Lichtbrechung unterscheiden. Die theoretischen Grundlagen gab der holländische Physiker F. Zernicke. Voraussetzung für die Phasenkontrastmikroskopie mineralogischer Objekte ist ein ↗Polarisationsmikroskop, das zusätzlich mit Phasenkontrastobjektiven und einem Phasenkontrastkondensor ausgestattet ist. Die Phasenkontrastmikroskopie findet vor allem Anwendung bei der mineralogischen Phasenanalyse von Feinstäuben, faserigen Stäuben u. a. (↗Asbest), wobei vor allem die Farbimmersionsmethode bei Phasenkontrast angewandt wird. Das Verfahren beruht auf der Anwendung von Immersionsflüssigkeiten (↗Einbettungsmethode) mit hoher Dispersion, d. h. großer Abhängigkeit der Brechungsindizes von der Wellenlänge, wobei die Dispersionskurve des Immersionsmediums die Dispersionskurve der betreffenden Mineralphasen im Wellenlängenbereich des sichtbaren Lichtes schneiden muß. Mineralpartikel mit Schnittpunkten ihrer Dispersionskurven mit der des Immersionsmediums im Bereich des sichtbaren Spektrums ergeben dann charakteristische blaue Farbtöne, während Partikel, die außerhalb der Schnittkurve liegen, gelbliche oder bräunliche Farben aufweisen. Bei Verwendung eines Polarisationsmikroskopes mit drehbaren Polarisatoren läßt sich zusätzlich die effektive Doppelbrechung auch dann erkennen, wenn bei gekreuztem Polarisator und Analysator eine optische Anisotropie nicht mehr sicher nachzuweisen ist (Abb.).

[GST]

Phasenkontrasttechnik: schematische Darstellung eines polarisationsmikroskopischen Präparats für die Farbimmersionsmethode bei Phasenkontrast.

Phasenkorrelation, Identifizierung eines seismisches Signals einer Registrierspur mit dem selben Signal auf benachbarten Spuren.

Phasenmehrdeutigkeiten, die ganze Anzahl von Wellenzügen in der Entfernung von Satellitenempfängern bei der Nutzung von Trägerwellen für die Positionsbestimmung mit ↗Global Positioning System (GPS) oder ↗GLONASS. Die Festsetzung der Phasenmehrdeutigkeiten auf eine ganze Zahl (integer ambiguity fixing) ist der wesentliche Schlüssel zum Erzielen einer hohen Genauigkeit beim GPS, insbesondere bei kurzen Messzeiten. Wichtigste Methoden zur Mehrdeutigkeitsfestsetzung sind die geometrische Methode, die Kombination von Träger und Code sowie die ↗Mehrdeutigkeitssuchfunktionen. Der Grundgedanke besteht darin, einen Näherungswert für die Pseudoentfernung zu bestimmen, der genauer ist als die Hälfte der Trägerwellenlänge. Beim geometrischen Verfahren wird über einen längeren Zeitraum bis zu mehreren Stunden oder Tagen beobachtet, um aus der Veränderung der Satellitenkonfiguration die Mehrdeutigkeiten mit genügender Genauigkeit zu schätzen. Das Verfahren ist insbesondere für größere Punktabstände (100 km bis mehrere 1000 km) geeignet. Bei der Code/Trägerkombination wird solange beobachtet, bis das Meßrauschen der Codemessung unter der Hälfte der verwendeten Trägerwellenlänge liegt. Das Verfahren führt häufig bereits nach sehr kurzer Zeit zum Erfolg und ist insbesondere für Echtzeitanwendungen bei Fahrzeugen geeignet. Zur Beschleunigung der Lösung werden die aus Linearkombinationen (↗GPS-Beobachtungsgrößen) von L1 und L2 erzeugten Signale mit größerer Wellenlänge (wide lane, extra wide lane) verwendet. Nachteilig kann der stärkere Einfluß von ↗Multipath bei Codemessungen sein. Sehr leistungsfähig sind Mehrdeutigkeitssuchfunktionen, die je nach Abstand von der Referenzstation innerhalb weniger Sekunden bis hin zur Echtzeit zu einem Ergebnis führen. Die meisten handelsüblichen RTK-Systeme (↗Echtzeitkinematik) nutzen diese Technik, da sie ebenfalls für kinematische Anwendungen geeignet ist. Voraussetzung ist, daß sich systematische Fehler von Satellitenbahn und Ionosphäre auf die beteiligten Stationen gleich auswirken. Dies trifft nur für eng benachbarte Stationen zu, so daß die Reichweite des Verfahrens auf etwa 10 km beschränkt ist. Bei aktiven Referenzstationen kann die Reichweite durch Vernetzung der Stationen auf etwa 30 bis 50 km erweitert werden. [GSe]

Phasenproblem, Fehlen von Phaseninformation in gemessen Beugungsintensitäten. Da man nur Intensitäten $I(\vec{H}) \propto |F(\vec{H})|^2$ messen kann, erhält man durch Röntgen-, Neutronen- und Elektronenbeugung nur die ↗Strukturamplitude $|F(\vec{H})|$. Die Phase $\varphi(\vec{H})$ des Strukturfaktors ist unbekannt. Letztere ist jedoch erforderlich zur Berechnung einer ↗Fouriersynthese der ↗Elektronendichte:

$$\varrho(\vec{r}) = \sum_{hkl} |F(\vec{H})| exp[i\varphi(\vec{H})] exp[-2\pi i \vec{r} \vec{H}],$$

in der die Atome einer Kristallstruktur zu lokalisieren wären. Für zentrosymmetrische Strukturen reduziert sich das Phasenproblem auf ein Vorzeichenproblem. Zur »Lösung« des Phasenproblems werden hauptsächlich Pattersonsynthesen (↗Patterson-Funktion), die Technik des isomorphen Ersatzes und ↗direkte Methoden verwendet.

Phasenregel ↗*Gibbssche Phasenregel*.

Phasenübergang, 1) *Allgemein*: Übergang zwischen den ↗Aggregatzuständen (fest, flüssig, gasförmig) eines Stoffes. In der Atmosphäre spielen die Phasen des Wassers eine wichtige Rolle. Man bezeichnet den Übergang von der flüssigen Phase zur Gasphase (Wasserdampf) als Verdunstung, den umgekehrten Vorgang als Kondensation. Der Übergang von der flüssigen zur festen Phase (Eis) wird als Gefrieren bezeichnet, die Umkehrung als Schmelzen. Der direkte Übergang von der Gasphase in die feste Phase wird als Sublimation bezeichnet, der umgekehrte Fall auch Eisverdunstung genannt. Die Phasenübergänge hängen von Druck und Temperatur ab und werden aus dem ersten Hauptsatz der Thermodynamik mittels sogenannter ↗Phasendiagramme erhalten. **2)** *Kristallographie*: ↗*Phasenumwandlung*.

Phasenumwandlung, *Phasenübergang*, Umwandlung der Phase eines homogenen Stoffsystems in Abhängigkeit von den thermodynamischen Parametern. Phasenumwandlungen erkennt man an gewissen sprunghaften Änderungen makroskopischer Eigenschaften. Der Zustand eines homogenen Stoffsystems, der durch thermodynamische Zustandsvariablen beschrieben ist, wird als Phase bezeichnet. Als unabhängige Zustandsvariable dienen meistens Temperatur, Druck, elektrisches und magnetisches Feld sowie bei Mehrstoffsystemen die Zusammensetzung. Eine Phasenumwandlung ist per Definition dann gegeben, wenn bei einer Änderung der unabhängigen Variablen in mindestens einer Zustandsfunktion (thermodynamisches Potential) der unabhängigen Variablen eine Unstetigkeit auftritt. Die Art dieser Unstetigkeit wird zur Klassifizierung der Phasenumwandlung benutzt. Bei Umwandlungen erster Ordnung weist die erste Ableitung eine Unstetigkeit auf, z. B. beim Auftreten von latenten Umwandlungswärmen beim Schmelzen und Verdampfen. Bei Umwandlungen zweiter Ordnung verhalten sich die ersten Ableitungen stetig, die zweiten oder höheren jedoch unstetig. In Zusammenhang mit kritischen Phänomenen weisen höhere Ableitungen eine Singularität auf, d. h. sie wachsen theoretisch über alle Grenzen. Hierzu gehört z. B. die Phasenumwandlung Flüssigkeit-Gas am kritischen Punkt (bei der kritischen Temperatur) oder der Phasenübergang der Ferro-Phasen in die Para-Phasen in ferroelektrischen oder ferromagnetischen Materialien. Kritische Phänomene sind dadurch gekennzeichnet, daß eine charakteristische Größe, die als Ordnungsparameter bezeichnet wird, mit Annäherung an die kritische Temperatur verschwindet. Bei einer strukturellen Betrachtung von Umwandlungen zwischen Phasen im kristallisierten Zustand ist es zweckmäßig, zwischen kohärenten und inkohärenten Umwandlungen zu unterscheiden. Bei kohärenten Umwandlungen bleibt das Kristallgitter im wesentlichen erhalten, allerdings unter geringfügigen Änderungen der Metrik der Elementarzelle, die eine Änderung der Symmetrie bedingen. Hierher gehören die Übergänge von den ferroelektrischen bzw. ferromagnetischen Phasen in die entsprechenden Para-Phasen mit Annäherung an die ↗Curie-Temperatur, ferner die Ausbildung von Überstrukturen (↗Überstrukturreflexe) sowie die Ordnungs-Unordnungsübergänge. Bei inkohärenten Umwandlungen entsteht eine grundsätzlich andere Kristallstruktur, die völlig neu aufgebaut wird; häufig zerfällt dabei der Kristall in ein polykristallines Aggregat. [KH]

Phasenvergleichsverfahren ↗elektronische Distanzmessung.

Phasenverschiebung ↗Phasendifferenz.

pH-Eh-Diagramm, Darstellung der Stabilitätsbereiche eines bestimmten chemischen, meist ionaren Systems, wobei die Konzentrationen (Aktivitäten) der teilnehmenden Komponenten vorgegeben werden. Neben dem pH-Wert, der die Acidität einer Lösung bestimmt, wird der Eh-Wert (in Volt) angegeben, der den Grad der Oxidation bzw. Reduktion in einem reversiblen Redox-System bedeutet. Beide Faktoren sind vor allem in wäßrigen Medien wirksam, so daß ihre Hauptbedeutung im hydrothermalen Bereich liegt. Mit Hilfe der Eh-pH-Diagramme ist man in der Lage, das Auftreten eines Minerals in einer Mineralparagenese unter festgelegten Bedingungen vorauszusagen sowie aus dessen Auftreten Schlußfolgerungen über die Bildungsbedingungen zu ziehen.

Phenocryst ↗*Einsprengling*.

Philippinensee, ↗Randmeer des ↗Pazifischen Ozeans zwischen den Philippinen, Taiwan, den Ryukyuinseln, Japan und den Marianen.

Philippson, *Alfred*, deutscher Geograph, * 1864, † 1953; Schüler von Ferdinand von ↗Richthofen; veröffentlichte grundlegende Arbeiten zur Landeskunde des Mittelmeerraumes. Als Geomorphologe leistete er wichtige Beiträge zur Erfassung, Beschreibung und Deutung der ↗Rumpfflächen des Rheinischen Schiefergebirges.

Phlogopit, [von griech. phlogopos = von fettigem Aussehen], *Magnesiaglimmer*, Mineral mit der chemischen Formel $KMg_3[(F,OH)_2|AlSi_3O_{10}]$ und monoklin-prismatischer Kristallform; Farbe: rötlich- bis dunkelbraun, aber auch grau, seltener grün; metallischer Perlmutterglanz; durchsichtig bis durchscheinend; Strich: weiß; Härte nach Mohs: 2,5 (mild bis spröd); Dichte: 2,76–2,97 g/cm³; Spaltbarkeit: höchst vollkommen nach (*001*); Aggregate: blätterig, zuweilen großblätterig, schuppig, derb; ↗Asterismus durch feinste Einlagerungen; vor dem Lötrohr schwer schmelzend; in Säuren zersetzbar; Begleiter: Diopsid, Forsterit, Dolomit, Spinell, Calcit, Feldspäte und Skapolithe; Vorkommen: pneumatolytisch gebildet und kontaktmetasomatisch als Gemengteil in körnigen Kalken und Dolomiten der kristallinen Schiefer und des Kontakts; Fundorte: Kaltes Tal bei Harzburg (Harz), Crottendorf (sächsisches Erzgebirge), Campolungo (Tessin, Schweiz), Bamle (Norwegen), Åker (Schweden), Pargas (Finnland), Slyudjanka (Transbaikalien),

Phosphate (Tab. 1): wichtige anorganische Phosphorverbindungen in Böden und Lagerstätten.

Name	Formel	Bedeutung
Dicalciumphosphat	$CaHPO_4 \cdot (2H_2O)$	noch relativ gut verfügbares Phosphat der Böden
Octocalciumphosphat	$Ca_4H(PO_4)_3 \cdot 3H_2O$	
(Tri-)Calciumphosphat	$Ca_3(PO_4)_2$	liegt meist als Apatit vor
Hydroxid-Apatit	$3Ca_3(PO_4)_2 \cdot Ca(OH)_2$	kristalloger Apatit oder krytokristalliner Phosphorit der Lagerstätten und Böden
Carbonat-Apatit	$3Ca_3(PO_4)_2 \cdot CaCO_3$	
Fluor-Apatit	$3Ca_3(PO_4)_2 \cdot CaF_2$	
Eisenphosphat	$FePO_4 \cdot 2H_2O$	P-Verbindungen in (sauren) Böden
Aluminiumphosphat	$AlPO_4 \cdot 2H_2O$	

Phosphate (Tab. 2): die Mineralklasse der Phosphate. (Sch. = Schoenflies, int. = international).

Mineral/chemische Zusammensetzung	Kristallsystem Symbol (Sch.) Symbol (int.)	Härte nach Mohs	Dichte [g/cm³]	Spaltbarkeit
Triphylin $LiFe[PO_4]$	rhombisch D_{2h}^{16} Pmcn	4–5	3,4–3,6	{100} deutl.
Xenotim $Y[PO_4]$	tetragonal D_{4h}^{19} I4₁/amd	4–5	4,55	{110} gut
Monazit $Ce[PO_4]$	monoklin C_{2h}^5 P2₁/n	5–5,5	5–5,3	{001} vollkommen {100} wenig
Apatit $Ca_5[(F, (OH), Cl/(PO_4)_3]$	hexagonal C_{6h}^2 P6₃/m	5	3,1–3,35	{0001} {10$\bar{1}$0} wechselnd deutl.
Türkis $CuAl_6[(OH)_2 |PO_4]_4 \cdot 4H_2O$	triklin C_i^1 P$\bar{1}$	5–6	2,84	–
Pyromorphit $Pb_5[Cl/(PO_4)_3]$	hexagonal C_{6h}^2 P6₃/m	3,5–4	6,7–7	

Sydenham (Ontario, Kanada), Ampandandrava (Madagaskar). ↗Glimmergruppe. [GST]

Phonolith, vulkanisches Gestein, das neben überwiegend ↗Alkalifeldspat und wenig ↗Plagioklas verschiedene Foide (↗Feldspatvertreter), hauptsächlich Nephelin, aber auch Leucit, Sodalith, Hauyn und Nosean führt (↗QAPF-Doppeldreieck). Als dunkle Gemengteile treten Ägirin, Ägirinaugit, Alkaliamphibole, eisenreicher Olivin und Biotit auf. Phonolithe können primäre Zeolithe (z. B. Analcin, Natrolith) sowie Wollastonit und Melanit (Ti-Granat) enthalten.

P-Horizont, *Ca-Horizont* (veraltet), ↗Bodenhorizont entsprechend der ↗Bodenkundlichen Kartieranleitung mit mineralischem Unterbodenhorizont aus Ton- und Tonmergelgestein; besonders im unteren Bereich grobes, in sich dichtes Prismen- und Polyedergefüge (oft ↗Slickensides) und ausgeprägte Quellungs- und Schrumpfungsdynamik, meist hochplastisch, zeitweilig Trockenrisse, Tongehalt > 45 Masse-%, kaum Staumerkmale; kommt in ↗Pelosolen vor.

Phosphate, 1) *Bodenkunde:* Bezeichnung für das Ausgangsmaterial der Phosphatdünger und andere Phosphatverbindungen. Rohphosphate bestehen aus verschiedenen Apatiten (Ca-Phosphate), die teils magmatischen, teils organogenen Ursprungs sind. Apatite aus primären Mineralien oder aus phosphathaltigen Knochen wurden durch Verwitterungs- und Umlagerungsprozesse akkumuliert und liegen oft nahe der Erdoberfläche. Eine weitere Phosphat-Düngerquelle mit abnehmender Bedeutung ist das Thomasphosphat, das im Schmelzaufschluß zur Abtrennung des Phosphatanteils aus Roheisen im Thomasphosphat-Verfahren durch Oxidation zu Ca-Silicophosphat entsteht (Tab. 1). 2) *Mineralogie:* eine der ↗Mineralklassen. Obwohl die Minerale dieser Klasse an der Gesamtmasse der Erdkruste nur einen untergeordneten Anteil ausmachen, liegt hier doch eine Anzahl von Mineralvertretern vor, die in der Erdkruste außerordentlich weit verbreitet sind. Kristallstrukturell zeichnen sie sich durch ein fünfwertiges Kation P^{5+}, As^{5+} und V^{5+} aus, das von Sauerstoff in Viererkoordination umgeben ist. Ein großer Teil von ihnen ist wasserhaltig, wobei H_2O als Kristallwasser, Zeolithwasser, in Form von OH-Gruppen oder vielfach auch als adsorbiertes Wasser vorliegen kann. Unter Berücksichtigung ihrer Bildungsbedingungen und des Wassergehaltes lassen sie sich in zwei große Gruppen einteilen. Die wasserfreien Minerale bilden sich hauptsächlich in der magmatogenen Abfolge, während die wasserhaltigen bevorzugt im sedimentären Mineralbildungszyklus auftreten. Von besonderer Bedeutung für die Gewinnung von Seltenen Erden und Thorium sind die wasserfreien Phosphate ↗Monazit ($CePO_4$) und Xenotim (YPO_4), die sich als sehr stabile Minerale auf Seifenlagerstätten (↗Seife) finden. Apatit tritt in zahlreichen Varietäten auf, die fast ausschließlich überflüssige Bezeichnungen führen, und bildet das wirtschaftlich und mineralogisch wichtigste Mineral dieser Klasse. Als Hauptträger der Phosphorsäure ist er über einen weiten Bereich in der Erdkruste verbreitet und kommt auf zahlreichen Lagerstätten von recht unterschiedlicher Genese vor. Als akzessorisches Gemengteil tritt er in fast jedem Gestein auf. Phosphorit ist ein kryptokristallines, teilweise auch kolloidales, amorphes Gemenge von verschiedenen Apatitvarietäten und überwiegend sedimentär-organogener Entstehung. Besonders wichtig ist die Rolle von Hydroxylapatit bei biomineralogischen Prozessen, der als wesentlicher Bestandteil der Knochen, Zähne und zahlreicher pathogener Hartteile und Konkretionen vorliegt. Lokal abbauwürdig sind größere Anreicherungen der Uranylphosphate, -arsenate und -vanadate, unter denen die meist bei niedrigen Bildungstemperaturen entstandene Gruppe der Uranglimmer in den letzten Jahren wirtschaftlich besonders interessant geworden ist (Tab. 2.). [HPP,GST]

Phosphatfällung, Fällungsverfahren in der Klärtechnik zur Entfernung von Phosphat-Phosphor aus dem Abwasser durch Zugabe von Eisen- oder Aluminiumsalzen. Dieses Verfahren kann als Vor-, Simultan- oder Nachfällung durchgeführt werden. Es dient der Rückhaltung des Pflanzennährstoffes Phosphor und wirkt damit einer ↗ Eutrophierung der Gewässer entgegen.

Phosphathöchstmengenverordnung, legt im Rahmen der Düngeverordnung fest, daß die Zufuhr von Phosphat durch Düngemittel sich an dem Nährstoffbedarf der Kulturpflanze auszurichten hat. Insbesondere bei Betrieben mit hohem Viehbesatz und Futterzukauf sind P-Anreicherungen im Boden festzustellen.

Phosphatlagerstätten, zum weitaus überwiegenden Teil sedimentäre Bildungen, gebunden an marine ↗ Transgressionen über flache Absenkungsbereiche (Abb.), wie bei ↗ Riftprozessen (z. B. früher Atlantik), in niederen geographischen Breiten. Es sind flözartige Anreicherungen (↗ Flöz) von Phosphorit (ein feinkristalliner, ursprünglich kolloidal ausgeschiedener ↗ Apatit organischer Herkunft) an der Basis oder als Verdrängung von carbonatischen Schichten, z. T. mit Uran-Anreicherungen. Das Hauptvorkommen liegt in kretazischen und alttertiären Schichtfolgen Nordafrikas (Südrand der ↗ Tethys) und des Atlantiks (wichtige Produzenten sind Marokko und Florida). Des weiteren sind Apatitanreicherungen an Ringintrusionen (↗ Intrusion) von Alkaligesteins-Carbonatit-Komplexen gebunden, z. T. als Beiprodukt von anderen Vererzungen und z. T. in eluvialer Anreicherung (z. B. Palabora-Komplex in Südafrika, Kolahalbinsel in Rußland, Finnland). [HFl]

Phosphor, [von griech. phosphorus = Licht bringend], nichtmetallisches Element der Stickstoffgruppe, chem. Symbol P, Anteil an der Erdkruste 0,01 %, mittlere Gehalte in Böden zwischen 0,01 % und 0,1 %. Phosphor wurde 1669 von dem deutschen Alchemisten H. Brand durch Destillation von Urin und Glühen des Rückstandes erstmals gewonnen. Es tritt nie elementar, sondern fast ausschließlich in Form der beständigen ↗ Phosphate vor.

Im Boden tritt Phosphor nur in Form der Primärminerale Hydroxylapatit [$Ca_5(PO_4)_3(OH)$] und Fluorapatit [$Ca_5(PO_4)_3F$] sowie als Bestandteil von Silicatmineralen auf. Die durch Verwitterung freigesetzten oder durch Düngung eingebrachten Orthophosphat-Ionen werden meist rasch in alkalischen Böden als Calciumphosphat und in sauren Böden als Eisen- oder Aluminiumphosphate ausgefällt, so daß der pflanzenverfügbare Phosphorgehalt in der ↗ Bodenlösung gering ist. In sehr sauren Böden vermindert die Al-Phosphatbildung die Anzahl der phytotoxischen Al^{3+}-Ionen ohne Änderung des ↗ pH-Wertes. Der Anteil des anorganischen Phosphors im Boden beträgt etwa 60 %, der Rest ist organisch gebunden, z. B. in den Salzen der Inosithexaphosphorsäure (*Phytate*), in Lipiden und in Aminosäuren. Die Phospat-Anionen werden bevorzugt von den amorphen Al-Oxiden, Fe-Oxiden und -hydroxiden, Tonmineralen sowie von ↗ Huminstoffen adsorptiv gebunden. Phosphor wird durch diese Bindungspartner besonders stark fixiert, daher läuft die P-Nachlieferung von den ↗ Austauschern nur langsam ab. Die Phosphataufnahmerate von Pflanzen kann besonders bei nährstoffarmen Böden durch die Wirkung symbiotisch lebender Pilze (↗ Mykorrhiza) im Wurzelraum erheblich gesteigert werden. Eine wichtige Rolle spielt Phosphor bei der biologischen Energieübertragung und in genetischen Informationsträgern. Deshalb ist Phosphor ein essentieller Nährstoff und in vielen Fällen der begrenzende Faktor für das Pflanzenwachstum. Mangelerscheinungen zeigen sich in schwachem Wachstum, geringer Wurzelentwicklung und violetter Blattfärbung. Der Ausgleich für den P-Entzug durch Kulturpflanzen wird durch Einsatz von mineralischen Phosphat-Düngern, Mischdüngern und organischen Düngemitteln gewährleistet. Eine zunehmende Phosphat-Mobilisierung kann bei pH-Werten zwischen 6 und 6,5, z. B. durch Aufkalkung saurer Böden, erreicht werden. Zur Bestimmung des pflanzenverfügbaren Phosphats wird eine Extraktion mit Ca-Acetat-Laktat (CAL) durchgeführt.

Phosphoreszenz, neben der ↗ Fluoreszenz eine Erscheinungsform der ↗ Lumineszenz, d. h. der Lichtemission nach Energiezufuhr. Das an manchen Mineralen auftretende Nachleuchten wurde bereits von Aristoteles an Holzschwamm und Schuppen von Fichten und von Galilei an sonnenbestrahltem Schwerspat von Bologna (Bologneser Spat) beobachtet. Verstärkt wird die Leuchtkraft nach Glühen mit organischen Substanzen, wobei der eigentliche Leuchtstoff das dabei entstehende Bariumsulfid ist. Der mit UV-Licht bestrahlte blaue Hope-Diamant zeigt im Dunkeln ein Nachleuchten wie glühende Kohle. Vor allem bei manchen Calciten, Aragoniten, Strontianiten, Fluoriten und bei Fasergips kennt man das Nachleuchten nach Einwirken sichtbaren Lichtes.

Phosphoritlagerstätten, sedimentäre ↗ Phosphatlagerstätten.

Phosphorkreislauf, der Kreislauf des Phosphors ist aufgrund der Nichtflüchtigkeit sowohl der anorganischen als auch der organischen Phosphate auf Lithosphäre, Pedosphäre und Hydrosphäre beschränkt (Abb.). Die Phosphorvorräte in der Erdkruste und im Boden sind hauptsächlich in dem Mineral ↗ Apatit festgelegt. Das im Boden vorhandene verfügbare Phosphor wird von den Pflanzen aufgenommen und in organische Ver-

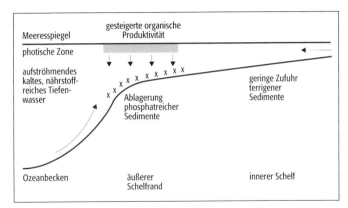

Phosphatlagerstätten: Modell zur Entstehung mariner Phosphorite.

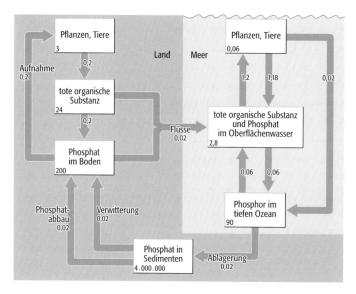

Phosphorkreislauf: Phosphorkreisläufe von Land und Meer (in 10^9 t bzw. 10^9 t/a bezogen auf P).

bindungen umgewandelt (Phosphorylierung). Im Gegensatz zu Stickstoff unterliegt Phosphor bei biologischen Prozessen keinen Oxidationen oder Reduktionen, sondern geht bei der Assimilation von anorganischem Phosphat in das organisch gebundene Phosphat über, das bei Abbauprozessen wieder zu anorganischem Phosphat umgewandelt wird. Die Rückführung von Phosphor in den Boden erfolgt über die Nahrungskette Pflanze, Tier, Mensch, z. B. durch Exkremente, durch den Bestandsabfall und durch die ↗Mineralisierung organischer Bodensubstanz. Weitere Phosphor-Zuführung findet durch Verwitterung und Düngung statt. Das dem Boden durch Wind- und Wassererosion sowie untergeordnet durch Auswaschung entzogene Phosphor und die mit Phosphor belasteten Abwässer werden über die Flüsse in Seen und Ozeane transportiert. Aquatische Organismen, insbesondere Algen, können Phosphor in großen Mengen aufnehmen und verwerten. Das Resultat ist die ↗Eutrophierung vieler Gewässer. Phosphate, die in Gewässerökosysteme gelangt sind, stehen erst dann für die Primärproduktion nicht mehr zur Verfügung, wenn sie immobilisiert worden sind. Dies erfolgt unter aeroben Bedingungen durch die Bildung von unlöslichem $FePO_4$. Bei anaeroben Verhältnissen wird dagegen das Fe^{2+} als Sulfid festgelegt und Phosphat bleibt in Lösung. Deshalb kann es immer wieder zu einer Phytoplanktonentwicklung ohne weitere Phosphatzufuhr kommen. Nach dem Absterben aquatischer Organismen wird ein Anteil des Phosphors im Sediment abgelagert und der Lithosphäre erneut zugeführt. Die natürlichen Phosphorkreisläufe von Land und Meer sind in sich abgeschlossen. Die mengenmäßig bedeutendsten Phosphor-Reservoire sind die Lithosphäre, die Pedosphäre und die Ozeane. Wichtigste Ursachen der Phosphat-Verlagerung auf globaler Ebene sind der Abbau von Phosphat-Erzen zur Gewinnung mineralischer Düngemittel und die Bodenerosion. Die Verlage-

rungsrate für beide Vorgänge liegt bei einer Größenordnung von $0{,}02 \cdot 10^9$ t Phosphor/a. [AH]

Phosphorsperre, ↗Immobilisierung wasserlöslicher Phosphate im Boden über Bildung von Dicalciumphosphat im neutralen Bereich zu Apatiten über Vorstufen der Defektapatite und freier Phosphorsäure im Bereich saurer ↗Bodenreaktion zu Eisen- und Aluminiumphosphaten; ferner Festlegung beim Abbau organischer Substanz mit einem C/P Verhältnis > 150.

photoaktinisch, die Strahlung im Bereich des sichtbaren Lichtes.

Photochemie, wissenschaftliches Arbeitsgebiet zur Untersuchung der Reaktionsprozesse (z. B. ↗Photolyse), die durch die Einwirkung der Sonnenstrahlung in Geosphäre, Hydrosphäre und Atmosphäre ablaufen. ↗Ozonbildung, ↗Ozonabbau.

photochemischer Smog ↗Smog.

photochrome Kristalle, kristalline Substanz, die das optische Absorptionsspektrum, also ihre Farbe, ändern, wenn sie mit Licht geeigneter Wellenlänge bestrahlt werden. Sie werden auch als *phototrop* bezeichnet. Die Verfärbung oder Entfärbung kann permanent oder reversibel sein. Von besonderem Interesse sind photochrome Kristalle, deren Verfärbung sich durch Licht einer anderen Wellenlänge wieder ausbleichen läßt. Solche Kristalle können in geeigneten Anordnungen mit Lasern und optoelektronischen Bauelementen als optisch adressierbare Informationsspeicher dienen.

Photoeffekt, Vorgang, bei dem durch die Einwirkung elektromagnetischer Strahlung (z.B Licht) Elektronen aus dem Verband von Atomen oder Molekülen herausgelöst werden. So kann in bestimmten Substanzen durch den Photoeffekt eine elektrische Spannung oder ein Spannungsstoß entstehen, der gemessen werden kann. Dieser Effekt wird z. B. zur Messung der Gamma-Strahlung verwendet.

Photogrammetrie, *Bildmessung,* umfaßt die Gesamtheit der Verfahren und Geräte zur Gewinnung, Verarbeitung und Speicherung von primär geometrischen Informationen (Form, Größe, Lage u. a.) über Objekte und Prozesse aus Bildern (Meßbilder). Die Hauptanwendungen der Photogrammetrie sind zum einen die Gewinnung von Basisdaten für die Herstellung und ↗Laufendhaltung ↗topographischer Karten und ↗thematischer Karten sowie für Dateien von ↗Geoinformationssystemen (Abb.), zum anderen die Bestimmung von ↗Objektkoordinaten und daraus abgeleiteter Größen (Weg, Geschwindigkeit u. a.) für diskrete Punkte des aufgenommenen Objektes. Aufgrund der verwendeten ↗Plattform sind ↗Satellitenphotogrammetrie, ↗Aerophotogrammetrie und ↗terrestrische Photogrammetrie (Tab.) zu unterscheiden. Die dabei aufgenommenen Bilder weisen infolge der spezifischen Aufnahmeentfernungen typische Bereiche für die Größe des ↗Bildmaßstabs und damit ein unterschiedliches Genauigkeitspotential im Objektraum auf. Hinsichtlich der Aufnahmedisposition dominieren in der Satelliten- und Aero-

Photogrammetrie

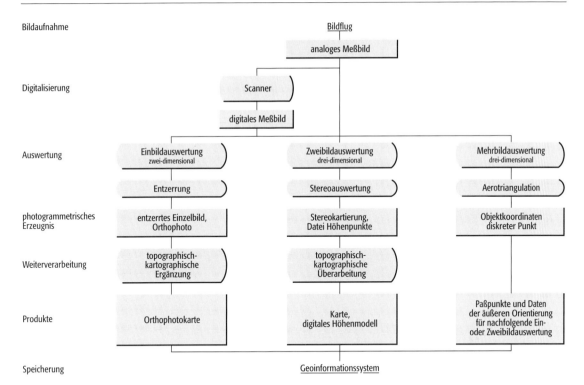

photogrammetrie streifenweise aufgenommene Steilbilder mit genähert lotrechter /Aufnahmeachse der Kamera. In der terrestrischen Photogrammetrie werden überwiegend Waagerechtbilder mit horizontaler Aufnahmeachse, aber auch Steil- und Schrägbilder aufgenommen, um Objekte optimal zu erfassen.

Der photogrammetrische Meßprozeß besteht bei der Verwendung analoger, photographischer Bilder aus den Teilprozessen Bildaufnahme, Bildspeicherung und Bildauswertung. In der /Digitalphotogrammetrie, bei Einsatz /digitaler Bilder, wird die zeitliche Trennung zwischen den Teilprozessen zunehmend reduziert und damit in der terrestrischen Photogrammetrie die Möglichkeit eines Quasi-Echtzeit-Betriebes von der Aufnahme bis zur Auswertung der Bilder eröffnet. Die Bildaufnahme setzt für den photogrammetrischen Meßprozeß geeignete /photogrammetrische Aufnahmesysteme voraus. Generell sind dabei photographische und digitale /Meß-

kameras zu unterscheiden. Photographische Meßkameras werden sowohl in der Satelliten- als auch in der Aero- und terrestrischen Photogrammetrie eingesetzt. Sie gestatten die gezielte Aufnahme von Einzelbildern und /Bildreihen mit einer vorgegebenen /Bildüberdeckung zur flächenhaften Erfassung von Teilen der Erdoberfläche oder anderer Planeten. Typische Unterschiede der Meßkameras in der Satelliten- und Aerophotogrammetrie einerseits sowie der terrestrischen Photogrammetrie andererseits liegen in erster Linie im kleineren /Bildformat, der begrenzten Automatisierung des Aufnahmevorganges und den besseren Möglichkeiten zur Realisierung einer vorgegebenen /äußeren Orientierung der Kamera. Neben Meßkameras kommen in der terrestrischen Photogrammetrie auch /Amateurkameras zum Einsatz. Digitale Kameras auf der Basis einer optoelektronischen Bildaufzeichnung, CCD-Kameras mit einem CCD-Array, gestatten eine flächenhafte Bilderfassung

Photogrammetrie: Verfahren der photogrammetrischen Herstellung von Karten und der Gewinnung von Basisdaten für Geoinformationssysteme.

Photogrammetrie (Tab.): Sensoren, Aufnahmebereiche und Genauigkeitspotential der Satelliten-, Aero- und terrestrischen Photogrammetrie.

Plattform	Aufnahmesysteme		Flughöhe, Aufnahmeentfernung	Bildmaßstab	Genauigkeit im Objektraum (Lage)
	Sensoren	Brennweite f			
Satellit Raumschiff	optoelektronischer Scanner Meßkamera	100 mm bis 1000 mm	200 km bis 400 km	1 : 200.000 bis 1 : 2.800.000	± 2 m bis ± 20 m
Flugzeug	Meßkamera optoelektronischer Scanner	90 m bis 300 mm	0,3 km bis 10 km	1 : 3000 bis 1 : 50.000	± 3 cm bis ± 50 cm
Stativ	terrestrische Meßkamera digitale Kamera Amateurkamera	50 mm bis 400 mm	0,1 m bis 200 m	1 : 1 bis 1 : 1000	± 0,01 mm bis ± 100 mm

nur für relativ kleine Bildformate. Optoelektronische ↗Scanner zeichnen demgegenüber die Bilder nur in ein oder drei CCD-Zeilen in der Bildebene der Kamera auf. Die flächenhafte Objekterfassung wird bei festinstallierten Zeilen durch die Relativbewegung der Kamera gegenüber dem Objekt nach dem ↗Push-Broom-Prinzip oder durch sequentielle Verschiebung einer beweglichen CCD-Zeile in der Bildebene während der Aufnahme erreicht. In der Satellitenphotogrammetrie dominiert der Einsatz digitaler Kameras aufgrund der Vorteile bei der Bildspeicherung und funktechnischen Datenübertragung zur Erde. Nahezu ausschließlich werden in der Aerophotogrammetrie photographische Meßkameras aufgrund ihrer hohen ↗geometrischen Auflösung zur ↗Luftbildaufnahme verwendet. In der terrestrischen Photogrammetrie vollzieht sich der Übergang zum Einsatz digitaler Kameras.

Die Speicherung der aufgenommenen Bilder ist im Prinzip an die physikalische Form der Bildaufzeichnung in der Kamera gebunden. Die Speicherung auf ↗photographischem Aufnahmematerial besitzt den Vorteil einer hohen Auflösung und einer ständigen Verfügbarkeit für eine visuelle photogrammetrische Auswertung. Nachteilig ist der erforderliche photographische Prozeß, die begrenzte Haltbarkeit und die große Masse der zu lagernden Bilder. Digitale Bilder werden extern auf elektronischen Speichermedien Band, CD-ROM, Magneto-Optical-Disk u. a. abgelegt. Sie besitzen nur eine begrenzte geometrische Auflösung, umfassen Datenmengen bis zu 1 GByte pro Bild und müssen zur Visualisierung in einen Rechner eingelesen werden. Ihre Vorzüge liegen in den Möglichkeiten einer einfach zu realisierenden numerischen Bildverbesserung sowie der weitgehenden Automatisierung des photogrammetrischen Auswerteprozesses. Die für die Auswertung photographischer Bilder und die Luftbildaufnahme mit CCD-Kameras vorhandenen Einschränkungen können durch die ↗Digitalisierung der photographischen Luftbilder mit Hilfe eines hochauflösenden Präzisionsscanners überwunden werden. Die ↗photogrammetrische Bildauswertung der photographischen oder der direkt bzw. durch Scannen gewonnenen digitalen Meßbilder erfolgt aufgabenbezogen entsprechend der Anzahl der in die Auswertung einbezogenen Bilder mit den Verfahren der photogrammetrischen ↗Einbildauswertung, ↗Zweibildauswertung oder Mehrbildauswertung. Während durch Einbildauswertung ein Objekt nur zweidimensional erfaßt werden kann (z. B. Grundriß eines Geländeabschnitts), gestattet die gemeinsame Auswertung von zwei oder mehr Bildern eine dreidimensionale Messung der aufgenommenen Objekte. Mit Hilfe der Einbildauswertung werden Einzelbilder optisch oder numerisch unter Einbeziehung von Höheninformationen über den erfaßten Geländeausschnitt so transformiert, daß die projektiven und perspektiven Verzerrungen der Steilbilder mit guter Annäherung beseitigt werden (↗Entzerrung). Das Ergebnis sind lagerichtige Bilder in einem einheitlichen runden Maßstab. Technisch sind im wesentlichen folgende Verfahren der Entzerrung mit unterschiedlicher Korrektur der durch Geländehöhenunterschiede bedingten perspektiven Verzerrungen möglich: a) Durch Entzerrung mittels optischer Projektion von photographischen Bildern unter Verwendung eines ↗Entzerrungsgerätes entstehen photographische, entzerrte Einzelbilder mit begrenzter Berücksichtigung des Einflusses der Geländehöhenunterschiede. Das Verfahren ist damit in der Aerophotogrammetrie nur für nahezu ebenes Gelände einsetzbar. b) Die ↗Differentialentzerrung nutzt detaillierte Informationen über die Höhen der Geländeoberfläche in Form eines vereinfachten ↗digitalen Höhenmodells zur Korrektur des Einflusses der Geländehöhenunterschiede bei der Entzerrung. Das Ergebnis ist ein lagerichtiges photographisches ↗Orthophoto. c) Bei der digitalen Entzerrung werden digitale Bilder in einer photogrammetrischen Arbeitsstation numerisch transformiert. Unter Einbeziehung eines digitalen Höhenmodells des Geländeabschnittes entsteht ein lagerichtiges digitales ↗Orthophoto.

Durch den geometrischen Zusammenschluß mehrerer Orthophotos zu einem ↗Bildmosaik im Blattschnitt einer Karte und die Ergänzung und Überlagerung des Mosaiks mit topographisch-kartographischen Elementen sowie einer entsprechenden Kartenrandgestaltung werden photographische oder digitale ↗Orthophotokarten als photogrammetrische Produkte erzeugt. Blattschnittfreie, gekachelt abgespeicherte digitale Orthophoto-Mosaiks sind gleichzeitig Basisdaten im Rasterformat für GIS als Grundlage der Prozesse der aufgabenbezogenen ↗Bildanalyse, Bildauswertung und Kombination mit ↗Geodaten aus anderen Ebenen des Informationssystems.

Die Zweibildauswertung gestattet die Gewinnung dreidimensionaler geometrischer Informationen aus Bildpaaren mit einer entsprechenden ↗Bildüberdeckung. In der Regel wird hierzu das Verfahren der ↗Stereophotogrammetrie zur räumlichen Auswertung dreidimensional wahrnehmbarer photogrammetrischer Modelle durch einen Operator genutzt. Die Grundschritte zur Erzeugung der Modelle sind die Rekonstruktion der ↗Aufnahmestrahlenbündel auf Basis der Daten der ↗inneren Orientierung der beiden Bilder, die gegenseitige ↗relative Orientierung der beiden Strahlenbündel und die ↗absolute Orientierung des Modells im System der ↗Objektkoordinaten. Werden digitale Bilder genutzt, so erfolgt die Orientierung der Bilder auf der Basis von Methoden der digitalen ↗Bildzuordnung weitgehend automatisch.

Für die photogrammetrische Auswertung photographischer ↗Stereobildpaare stehen geeignete ↗Stereoauswertegeräte zur Verfügung. Die Ausmessung erfolgt visuell durch ↗stereoskopisches Messen, indem aufgabenbezogen interessierende Punkte oder Linien mit einer ↗Raummarke vom Operator eingestellt bzw. abgefahren werden.

Die Messung der geometrischen Größen aus Luftbildern setzt dabei das richtige Identifizieren der Objekte im Bild anhand seiner ↗Merkmale durch die Luftbildinterpretation voraus. Zur stereoskopischen Messung digitaler Bilder werden photogrammetrische Arbeitsstationen genutzt, die hard- und softwareseitig für die Stereobetrachtung und -auswertung sowie die digitale Bildverarbeitung ausgerüstet sind. Die Implementierung photogrammetrisch-kartographischer CAD-Systeme ermöglicht im Zuge der ↗digitalen Kartierung die objektorientierte strukturierte Auswertung, Speicherung und graphische Anzeige der durch Abfahren interessierender Punkte und Linien gewonnenen Vektordaten. Nach Editierung, Ergänzung und topographisch-kartographischer Überarbeitung werden die Daten über ↗Plotter als Karten ausgegeben oder als Basisdaten in einem Geoinformationssystem gespeichert. Das Ergebnis einer manuellen oder automatischen punktweisen Höhenauswertung analoger oder digitaler Bildpaare ist ein digitales Höhenmodell des aufgenommenen Geländeabschnittes. Die Mehrbildauswertung mit genähert reihenweise aufgenommenen Luftbildern gestattet bei Vorliegen einer entsprechenden Bildüberdeckung durch eine numerische ↗Aerotriangulation den mathematischen Zusammenschluß aller in die Rechnung einbezogenen photographischen oder digitalen Meßbilder eines ↗Bildblockes. Die geometrischen Grundelemente können dabei aus benachbarten Bildern abgeleitete Modelle (↗Modelltriangulation) oder die Aufnahmestrahlenbündel der Bilder (↗Bündeltriangulation) sein. Als Ergebnis der Aerotriangulation erhält man die ↗Objektkoordinaten aller in die Triangulation einbezogenen Bildpunkte sowie die Daten der äußeren Orientierung der Meßbilder. Die mittels Aerotriangulation koordinatenmäßig bestimmten Punkte dienen in der Ein- und Zweibildauswertung als Paßpunkte zur Bestimmung der Orientierungselemente der zu entzerrenden Bilder bzw. auszuwertenden Modelle. Die Mehrbildauswertung wird in der terrestrischen Photogrammetrie direkt zur Bestimmung der dreidimensionalen Objektkoordinaten diskreter Punkte des zu erfassenden Objektes genutzt. Durch die gegenüber der Zweibildauswertung wesentlich größere Anzahl von Beobachtungen pro Objektpunkt ergibt sich eine höhere Genauigkeit der Punktbestimmung. Dieser Aspekt ist gleichzeitig die Grundlage für die Nutzung direkt mit einer CCD-Kamera aufgenommener digitaler Bilder geringerer Auflösung. In das Auswertesystem implementierte CAD-Systeme ermöglichen die Ableitung von ↗Vektordaten aus den Raumkoordinaten der diskreten Punkte, deren Visualisierung und Weiterverarbeitung bis zu virtuellen photorealistischen Modellen der Objekte (Virtual Reality Modeling).

Nach Erfindung der Photographie durch N. Niepce und L.J.M. Daguerre erfolgten erste praktische Anwendungen der Photogrammetrie 1858 in Deutschland auf dem Gebiet der Bauwerksaufnahme durch A. ↗Meydenbauer und unabhängig davon in Frankreich 1859 durch A. Laussedat für topographische Aufnahmen. Die Auswertung der photographischen Meßbilder basierte bis zum Beginn des 20. Jh. in erster Linie auf graphischen Konstruktionen. Die weitere Entwicklung der Photogrammetrie wurde entscheidend durch die Einführung des stereoskopischen Meßprinzips durch C. ↗Pulfrich 1901 und die Konstruktion der ersten optischen und mechanischen Auswertegeräte beeinflußt. Damit wurde der Übergang von den aufwendigen graphischen zu effektiveren analogen Auswerteverfahren ermöglicht. Die Entwicklung des Flugwesens in dieser Zeit erweiterte und verbesserte die Applikationsmöglichkeiten und die Effizienz der Photogrammetrie durch die Nutzung von Luftbildern entscheidend. So spielte der Einsatz des Luftbildes im 1. Weltkrieg eine wichtige Rolle bei der Aufklärung und der Vermessung des Geländes. Im Zeitraum zwischen den beiden Weltkriegen entstanden die Grundtypen der auch gegenwärtig noch z.T. eingesetzten Aufnahme- und analogen Auswertesysteme. Damit verbunden war eine breite Anwendung der Photogrammetrie primär für die Herstellung topographischer Karten, im Bereich der terrestrischen Photogrammetrie sowie auf dem Gebiet der Luftbildinterpretation für unterschiedliche Fachgebiete. Mit der raschen Entwicklung der elektronischen Datenverarbeitung und den Methoden der Digitalgraphik entstand die Grundlage für den Einsatz effizienter numerischer Verfahren auch in der Photogrammetrie. Erste analytische Stereoauswertegeräte mit einer numerischen Realisierung der Projektionsbeziehungen kamen etwa ab 1960 in der Praxis zum Einsatz. Die neuen Möglichkeiten einer flexibleren, effektiveren und genaueren Bildauswertung sowie der digitalen Kartierung führten zur Entwicklung rationell nutzbarer Auswertegeräte, die bis zum Ende des 20. Jh. Standard in der photogrammetrischen Praxis sind. Auf der gleichen Grundlage wurde die analytische Bildtriangulation zur Bearbeitung großer Bildblöcke theoretisch verfeinert und zu einem effizienten Verfahren mit breiter Anwendung entwickelt. Die moderne Entwicklung der Photogrammetrie ist gekennzeichnet durch den Übergang zur Aufnahme und Auswertung digitaler Bilder seit etwa 1970. Die ↗Digitalphotogrammetrie wird geprägt durch die Entwicklung photogrammetrischer Arbeitsstationen und die zunehmende Automatisierung von Teilprozessen der Bildauswertung auf der Grundlage von Verfahren der digitalen Bildverarbeitung und Bildanalyse. Die Digitalphotogrammetrie ist aber auch die Grundlage für eine weitgehende Integration in den Gesamtprozeß der Erfassung, Speicherung und Analyse von Geodaten in Verbindung mit Geoinformationssystemen. Darüber hinaus ist die gegenwärtige Entwicklung der Photogrammetrie durch die aufgabenbezogene Kombination mit anderen Meßverfahren charakterisiert. Hierzu zählen die Integration von satellitengestützten ↗Global Positioning Systems und Inertialsystemen zur Bestimmung der Daten der äußeren Orientierung bei der Luftbildaufnahme und der Navigation sowie bei der Paßpunktbestimmung. Für die Erfassung der Höhen der Erdoberfläche kommt zunehmend das flugzeuggestützte ↗Laserscanning zum direkten Abtasten der Erdoberfläche als Ergänzung zu photogrammetrischen Verfahren zum Einsatz. [KR]

photogrammetrische Aufnahmesysteme, allgemeine Bezeichnung für Aufnahmesysteme zur Gewinnung analoger (photographischer) oder ↗digitaler Bilder für photogrammetrische Auswertungen einschließlich des für die Aufnahme erforderlichen Zubehörs. Für die photogrammetrische photographische Bildaufnahme werden in der Regel ↗Meßkameras mit bekannter ↗innerer Orientierung genutzt. Die direkte digitale Bildaufnahme erfolgt in der Photogrammetrie mit ↗CCD-Kameras. Aufgrund des begrenzten Bildformates sind digitale Kameras mit einem CCD-Array in der Regel nur in der Praxis der ↗terrestrischen Photogrammetrie effizient einsetzbar. Die Verwendung von ↗Digitalkameras mit CCD-Zeilen, sog. ↗Scannern, ist darüber hinaus auch bei der Satelliten- und Luftbildaufnahme möglich. Für die Bildflugnavigation, die Steuerung des Aufnahmevorganges und die Bestimmung der Daten der äußeren Orientierung kommen bei der Luftbildaufnahme satellitengestützte ↗Global Positioning Systems (GPS) und kreiselstabilisierte Beschleunigungsmesser (Inertialsysteme) zum Einsatz. [KR]

photogrammetrische Bildauswertung, Verfahren und Geräte zur meßtechnischen, photogrammetrischen Auswertung von analogen, photographischen oder ↗digitalen Bildern. Wesentliche Ziele der photogrammetrischen Bildauswertung sind die Erzeugung von ↗Bildkarten, die Herstellung und ↗Laufendhaltung ↗topographischer Karten und ↗thematischer Karten, die Gewinnung ↗digitaler Höhenmodelle sowie die Generierung und Editierung von geodätischen Basisdaten und ihrer Derivate in ↗Geoinformationssystemen. Darüber hinaus können die ↗Objektkoordinaten diskreter Objektpunkte ermittelt, unter Verwendung von CAD-Systemen in Vektordaten überführt und als Modelle des Objektes gespeichert werden. Entsprechend der Anzahl der in die Auswertung einbezogenen Bilder sind die photogrammetrische Ein-, Zwei- und ↗Mehrbildauswertung zu unterscheiden. Die ↗Einbildauswertung gestattet durch die ↗Entzerrung der Bilder in ↗Entzerrungsgeräten, ↗Differentialentzerrungsgeräten oder in ↗digitalen Auswertegeräten die Gewinnung zweidimensionaler Informationen. Das Ergebnis sind entzerrte Einzelbilder, ↗Orthophotos, ↗Bildpläne, Orthophotokarten oder analoge bzw. ↗digitale Kartierungen eines Geländeabschnittes, z. B. durch ↗Monoplotting. Mit Hilfe der meist stereoskopischen Zweibildauswertung können dreidimensionale Objekte punkt- oder linienweise gemessen sowie graphisch ausgegeben oder als digitale Kartierung visualisiert und gespeichert werden. Die Orientierung der Bildpaare erfolgt in ↗analytischen Auswertegeräten mit analogen Bildern interaktiv rechnergestützt, in digitalen Auswertgeräten mit digitalen Bildern weitgehend automatisch. Hierzu werden Methoden der ↗Bildzuordnung auf Basis einer ↗Merkmalsextraktion genutzt. Die ↗photogrammetrische Höhenauswertung zur Ableitung digitaler Höhenmodelle der Geländeoberfläche erfolgt in analytischen Auswertegeräten durch automatisches lagemäßiges Anfahren der Meßpunkte mit einer ↗Raummarke in einem vorgegebenen Raster und Höheneinstellung durch den Operator. Bei Vorliegen orientierter digitaler Bilder in Form einer ↗Epipolarpyramide können in digitalen Auswertegeräten durch Merkmalsextraktion und Bildzuordnung Punkte der Geländeoberfläche dreidimensional automatisch gewonnen und zur Generierung eines digitalen Höhenmodells genutzt werden. Die Mehrbildauswertung in Form einer ↗Bildtriangulation dient speziell der Ermittlung der Daten der ↗äußeren Orientierung der einbezogenen Bilder und der Bestimmung der Objektkoordinaten diskreter Punkte. Hieraus kann entweder das aufgenommene Objekt geometrisch rekonstruiert werden, oder die ausgewählten Punkte werden als ↗Paßpunkte für die Orientierung der Bilder oder Modelle bei der Ein- und Zweibildauswertung genutzt. Die Mehrbildauswertung erfolgt entsprechend den geometrischen Grundelementen der Bildtriangulation in Form der Modell- oder ↗Bündeltriangulation. Für die Messung der als Beobachtungen in den Ausgleichungsprozeß einzuführenden Modell- oder ↗Bildkoordinaten werden bei analogen Bildern ↗Komparatoren oder analytische Auswertegeräte verwendet. Digitale Bilder ermöglichen eine automatische Auswahl und Messung der Punkte in einem digitalen Auswertegerät. [KR]

photogrammetrische Höhenmessung, Verfahren zur Bestimmung der Höhen der Geländeoberfläche durch photogrammetrische ↗Zweibildauswertung. Ziel der photogrammetrischen Höhenauswertung ist in der Regel die Generierung eines ↗digitalen Höhenmodells, DHM, aus ↗Luftbildern. Eine spezielle Form der photogrammetrischen Höhenbestimmung ist das ↗Laserscanning. Stehen analoge Luftbilder zur Verfügung, so kommen ↗analytische Auswertegeräte zum Einsatz. Nach Vorgabe einer Maschenweite in Abhängigkeit von der Höhengliederung der Geländeoberfläche ist das automatische Anfahren der Punkte eines regelmäßigen Rasters möglich. Der Operator mißt stereoskopisch die Höhe jedes Punktes durch Aufsetzen der ↗Raummarke auf die Geländeoberfläche. Durch progressive sampling erfolgt eine automatische Verdichtung des Rasters, wenn dies die Höhengliederung des Geländes erfordert. Ergänzend sind ↗Bruchkanten und Geripplinien im Modell zu messen, um eine gute Approximation der Geländeoberfläche durch das DHM zu sichern. ↗Digitale Bilder ermöglichen eine weitgehend automatische Höhenmessung und rekursive Verdichtung des DHM. Nach Aufbau der ↗Epipolarpyramide aus den orientierten Bildern erfolgt durch ↗Merkmalsextraktion in jeder Pyramidenebene der Aufbau einer ⁄Merkmalspyramide für jedes Teilbild des Bildpaares. Als Merkmale werden Bildpunkte aufgrund ihrer lokalen Intensitätsverteilung mit Hilfe eines ⁄Operators ermittelt. Durch die ⁄Bildzuordnung zwischen den extrahierten Merkmalen und zu einem genäherten DHM lassen sich homologe Merkmale (Punkte) ermitteln. Die Gesamtheit dieser Punkte repräsentiert die Geländeoberfläche mit einer der Auflösung in der jeweiligen Pyramidenebene adäquaten Genauigkeit. Die rekursiv ermittelten Daten in der Ebene der Originalbilder sind die Basiswerte für das zu generierende DHM (Abb.). [KR]

photogrammetrisches Aufnahmematerial, bei der ⁄Bildaufnahme in der Photogrammetrie verwendetes photographisches Material. Es besteht aus dem ⁄Schichtträger und der lichtempfindlichen ⁄photographischen Schicht (Emulsion). An das Material werden spezielle Anforderungen hinsichtlich der geometrischen Stabilität, ⁄Filmdeformation, der Ebenheit und der ⁄Sensibilisierung gestellt. Der Schichtträger eines ⁄Luftbildfilms ist ein Filmband aus weitgehend maßhaltigem Kunststoff. In der ⁄terrestrischen Photogrammetrie kommen außerdem Blattfilm und Glasplatten zum Einsatz. Die Emulsion besteht aus einer oder mehreren photographischen Schichten unterschiedlicher Sensibilisierung. Als einschichtiges Schwarzweißmaterial wird in der Regel ein ⁄panchromatischer Film oder für spezielle Aufgaben der Luftbildinterpretation ein ⁄Infrarotfilm genutzt. Standardmaterial für die Luftbildaufnahme ist ein dreischichtiger ⁄Farbfilm (Colorfilm) oder für spezielle Interpretationsaufgaben ⁄Color-Infrarot-Filme bzw. ⁄Spektrozonalfilme. Um trotz des geringen, durch atmosphärische Einflüsse weiter reduzierten ⁄Objektkontrastes der Erdoberfläche ausreichend kontrastreiche Bilder mit einer hohen Auflösung zu sichern, wird als Luftbildfilm photographisches Material mit einer steilen ⁄Gradation und einer Auflösung von etwa 80 l/mm (panchromatischer Film) bzw. 50 l/mm (Farbfilm) verwendet. Eine optimale ⁄Film-Filter-Kombination garantiert eine Reduktion des kontrastmindernden Einflusses des ⁄Luftlichts und eine Bildaufzeichnung in dem gewünschten Wellenlängenbereich des elektromagnetischen Spektrums (⁄Multispektralaufnahme). Die ⁄Empfindlichkeit des Aufnahmematerials muß den Aufnahmebedingungen angepaßt sein. Somit sind für Luftbildaufnahmen infolge der Bewegung der ⁄Luftbildmeßkamera während der Belichtung hochempfindliche Filme (> 200 ASA) erforderlich. Die Aufnahme stationärer Objekte in der terrestrischen Photogrammetrie läßt die Verwendung geringer empfindlicher Materials mit einer höheren Auflösung zu. [KR]

photogrammetrisches Modell, im Zuge der ⁄photogrammetrischen Bildauswertung aus den Schnittpunkten homologer Strahlenbündel und den ⁄Projektionszentren gebildetes und dem aufgenommenen Objekt mathematisch ähnliches Raummodell. Die Erzeugung eines Modells erfordert die ⁄relative Orientierung der Strahlenbündel. In der Regel erfolgt durch die ⁄absolute Orientierung die Ermittlung der Orientierung des Modells im Objektkoordinatensystem. Das dreidimensionale Modell kann entweder nur in numerischer Form existieren oder auch optisch wahrgenommen werden. Die ⁄Stereoauswertung des Modells erfolgt durch ⁄stereoskopisches Messen der ⁄Modellkoordinaten mit einer ⁄Raummarke und Transformation der Modell- in ⁄Objektkoordinaten. Verfahren der ⁄Bildzuordnung und ⁄Bildanalyse ermöglichen zunehmend eine automatische Orientierung und Auswertung ⁄digitaler Bilder. [KR]

photographischer Prozeß, zusammenfassende Bezeichnung verschiedener chemischer Vorgänge, bei denen aus dem latenten Bild als Ergebnis einer ⁄Belichtung von Karten, Texten, Bildern oder ⁄graphischen Darstellungen auf einen ⁄reproduktionstechnischen Film ein für das menschliche Auge sichtbares Bild entsteht. Er umfaßt die Vorgänge Entwickeln, Fixieren und Wässern des Filmes. Bei der Entwicklung wird mit Hilfe einer Entwicklersubstanz das belichtete Silberhalogenid zu atomaren Silber reduziert, das sich als schwarze Substanz abscheidet. Beim Fixieren werden die unbelichteten Silberhalogenide aus der entwickelten Schicht herausgelöst, um das sichtbare Ergebnis der Belichtung lichtbeständig zu machen. Wässern dient zur Entfernung der Chemikalien, die durch die verschiedenen Behandlungsbäder auf dem Film haften. Im Anschluß wird der Film getrocknet. Der photografische Prozeß kann manuell in der Schale oder maschinell mit Entwicklungsmaschinen ausgeführt werden. Die Entwicklungsmaschine bietet neben einem geringeren zeitlichen Aufwand stabile Bedingungen bei der Ausführung des Prozesses. Trockenfilme werden in einem speziellen Prozessor verarbeitet. Die Art eines Entwicklungsprozeßes wird auch bei anderen ⁄Kopierverfahren angewendet. Dabei handelt es sich meistens, um das Herauslösen der durch Lichteinfluß nicht gehärteten Teile einer Schicht oder der sich durch Lichteinfluß zersetzenden Teile der lichtempfindlichen Schicht. [CR]

photographische Schicht, *Emulsion*, lichtempfindliche Schicht des photographischen Aufnahmematerials. Sie besteht aus lichtempfindlichen Silberhalogenid-Kristallen, die feinverteilt in Gelatine eingebettet sind.

Photolumineszenz ⁄Lumineszenz.

Photolyse, die Spaltung (⁄Dissoziation) eines Moleküls durch Zufuhr von Strahlungsenergie.

Photomultiplier, lichtempfindlicher Detektor, wird in der ⁄Laserentfernungsmessung eingesetzt, um die vom Ziel (Satellit oder Mondreflektor) reflektierten Laserimpulse zu detektieren und in elektronische Impulse umzuwandeln. Sie müssen sich durch eine hohe Quanteneffizienz (empfindlich auf Einzelphotonen) und durch sehr konstante interne Laufzeiten auszeichnen.

Photooxidantien, Sammelbegriff für eine Gruppe reaktionsfähiger ⁄Spurengase, insbesondere

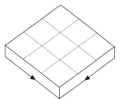
Eingangsmodell

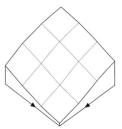
DHM in Pyramidenebene 4

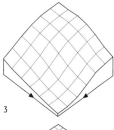
3

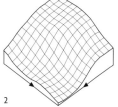
2

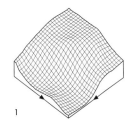
1

0
Ergebnismodell

photogrammetrische Höhenmessung: rekursive Generierung eines digitalen Höhenmodells.

Photosynthese: a) u. b) Schema der biochemischen Reaktionsabläufe der Photosynthese.

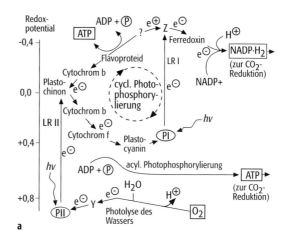

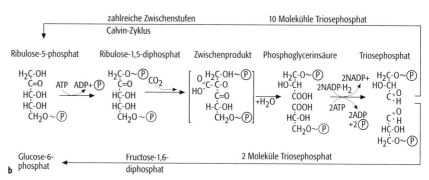

/Ozon, /Stickoxide und Peroxyacetylnitrat, in verunreinigter troposphärischer Luft. Photooxidantien entstehen insbesondere bei der photochemischen Oxidation von ungesättigten /Kohlenwasserstoffen, /Kohlenmonoxid (CO) und Stickoxid (NO), die bei der unvollständigen Verbrennung von Treibstoffen freigesetzt werden (Autoabgase, Industrieabgase) und sind deshalb Bestandteil des photochemischen /Smogs. Der photochemische Abbau der Photooxidantien in der Troposphäre führt – auch in Reinluftgebieten – zur /Ozonbildung.

photorefraktiver Effekt, durch Lichteinwirkung starker Intensität hervorgerufene bleibende lokale Änderung des /Brechungsindexes.

Photosynthese, [von griech. photos = Licht und synthesis = Zusammensetzung], Bezeichnung für die fundamentale Stoffwechselreaktion der /grünen Pflanzen, bei der aus den anorganischen Substanzen Kohlendioxid (CO_2) und Wasser (H_2O) mittels des Sonnenlichts organische Substanz (Glucose) und Sauerstoff (O_2) nach der Bruttoformel:

$$6\,CO_2 + 6\,H_2O \rightarrow C_6H_{12}O_6 + 6\,O_2$$

aufgebaut wird. Diese Reaktion wird auch als Kohlenstoffassimilation oder *oxygene Photosynthese* bezeichnet. Daneben gibt es eine weniger fortschrittliche anoxische, bakterielle Photosynthese, bei der aus CO_2 und H_2S mit Hilfe von Lichtenergie und des Bakteriochlorophylls Glucose (Zucker) Wasser und Schwefel entsteht:

$$12\,H_2S + 6\,CO_2 \rightarrow C_6H_{12}O_6 + 12\,S + 6\,H_2O$$

oder:

$$12\,H_2 + 6\,CO_2 \rightarrow C_6H_{12}O_6 + 6\,H_2O.$$

Die Photosynthese ist der grundlegende bioenergetisch-synthetische Prozeß, von dem – mit Ausnahme von chemoautotrophen Bakterien – alles Leben auf der Erde abhängt. Ihr ist auch die Anreicherung der Atmosphäre mit Sauerstoff zu verdanken. Natürlicherweise kann nur durch die Photosynthese die Strahlungsenergie des Sonnenlichts in chemisch gebundene Energie übertragen werden. Die Photosynthese liefert die energiereichen Substanzen sowohl für den Aufbau der photoautotrophen Organismen selbst als auch aller heterotrophen Organismen. Gleichzeitig stellt sie den Sauerstoff für den Abbau dieser Substrate bereit (/Dissimilation) und ermöglicht so einen Stoff- und Energiekreislauf.

Die Photosynthese verläuft in drei Teilreaktionen: der Photophosphorylierung, der Photolyse des Wassers (Lichtspaltung) und der CO_2-Bindung (Abb.). Für die ersten beiden Reaktionen ist das Sonnenlicht und das Blattgrün der Pflanzen

(Chlorophyll) unabdingbar. Es gibt zwei unterschiedliche Farbpigmentsysteme des Chlorophylls: Das erste (Photosystem I) besitzt ein Absorptionsmaximum des eingestrahlten Lichts bei 700 nm, das zweite (Photosystem II) ein Absorptionsmaximum bei 680 nm. In einem ersten Schritt werden im Photosystem II durch Lichteinstrahlung Elektronen auf ein höheres Energieniveau angehoben und können daher leicht chemische Reaktionen eingehen. Sie werden in einer Elektronentransportkette über verschiedene Trägermoleküle (z. B. Cytochrome) auf das Photosystem I übertragen. Bei Lichteinstrahlung auf das Photosystem I werden diese Elektronen in einer zweiten Elektronentransportkette auf Redoxäquivalente ($NADP^+$, Nicotinamid-Adenin-Dinucleotid-Phosphat) übertragen oder dienen der Regeneration von ADP zu ATP (Adenosin-Di-Phosphat bzw. Adenosin-Tri-Phosphat), einer energiereichen Verbindung, welche für biochemische Reaktionen in der Zelle unerläßlich ist (Photophosphorylierung). In einem zweiten Schritt, der parallel zum ersten verläuft, ersetzt das Photosystem II seine abgegebenen Elektronen aus der Photolyse des Wassers. Das Wasser wird in einem Wasserspaltungskomplex in Protonen, Elektronen und Sauerstoff aufgetrennt. Die Protonen aus dieser Reaktion bilden mit dem vorher erwähnten $NADP^+$ nun das Molekül $NADPH_2$, welches später zum Aufbau von Glucose benötigt wird. Der durch die Wasserspaltung gebildete Sauerstoff wird über die Blattöffnungen an die Außenluft abgegeben. Dieser beschriebene Verlauf wird Licht- oder Primärreaktion genannt, da er nur im Licht funktioniert und die Energie für den nachfolgenden Aufbau von Glucose bereitstellt. Die Kohlenstoffassimilation selbst kann auch im Dunkeln ablaufen (Dunkel- oder Sekundärreaktion, Abb.). Hierbei wird CO_2, das durch die Blattöffnungen von der Außenluft in die Blattzelle diffundiert ist, auf ein primäres Akzeptormolekül übertragen (bei den ↗C3-Pflanzen Ribulose-1,5-Biphosphat, bei den ↗C4-Pflanzen Phosphoenolpyruvat). Mit Hilfe der obengenannten ATP und $NADPH_2$-Moleküle und verschiedener Enzyme wird daraus über viele Zwischenstufen im sog. Calvin-Zyklus Glucose (= Traubenzucker) gebildet. ATP wird dabei wieder zu ADP und $NADPH_2$ zu $NADP^+$ reduziert (↗Stoffwechsel Tab.). [DR,WAl]

photosynthetisch aktive Strahlung ↗*PAR*.
phototrop ↗photochrome Kristalle.
phototroph ↗Autotrophie.
phreatische Explosionen ↗hydrothermale Brekziierung.
phreatisches Wasser, Bezeichnung für Wasser der gesättigten Zone, im Gegensatz zu ↗vadosem Wasser, heute Synonym für ↗Grundwasser; früher wurde diese Bezeichnung nur für das Wasser des obersten Bereichs der gesättigten Zone mit freiem Grundwasserspiegel verwendet.
phreatische Zone, Bereich unter dem Grundwasserspiegel (Gegensatz ↗vadose Zone). In der phreatischen Zone sind die Porenräume ständig mit Wasser gefüllt (↗juveniles Wasser). An Land fließt normalerweise Frischwasser im oberen Bereich der phreatischen Zone, kann aber in größeren Tiefen auch von salinaren oder hochmineralisierten Wässern verdrängt sein. In Küstenregionen ergeben sich Übergangszonen zwischen meteorisch-phreatischem zu marin-phreatischem Grundwasser.
phreatomagmatische Eruption ↗Vulkanismus.
Phreatophyten, Pflanzen mit hohem Wasserbedarf in ↗ariden Gebieten.
phreatoplinianische Eruption, hochexplosive

Talk-Pyrophyllit-Gruppe		Strukturtyp: Dreischicht-Silicat
Talk	$Mg_3[(OH)_2/Si_4O_{10}]$	trioktaedrische Besetzung
Pyrophyllit	$Al_2[(OH)_2/Si_4O_{10}]$	dioktaedrische Besetzung
Glimmer-Gruppe		Strukturtyp: Dreischicht-Silicat
Muscovit	$KAl_2^{[6]}[(OH)_2/Si_3Al^{[4]}O_{10}]$	dioktaedrisch
Paragonit	$NaAl_2[(OH)_2/Si_3AlO_{10}]$	dioktaedrisch
Phlogopit	$KMg_3[OH, F)_2/Si_3AlO_{10}]$	trioktaedrisch
Biotit	$K(Mg, Fe^{2+})_3[(OH)_2/Si_3(Al, Fe^{3+})O_{10}]$	trioktaedrisch
Lepidolith	$K(Li, Al)_{2-3}[(OH, F)_2/Si_3AlO_{10}]$	
Chlorit-Gruppe		
Chlorit	$(Mg, Fe)_3[(OH)_2/(Al, Si)_4O_{10}] \cdot (Mg, Fe, Al)_3(OH)_6$ (als generalisierte Formel)	trioktaedrisch
Serpentin-Gruppe		
Antigorit Chrysotil Lizardit	$Mg_6[(OH)_8/Si_4O_{10}]$	trioktaedrisch
Tonmineral-Gruppe		Strukturtyp: Zwei- oder Dreischichtsilicat
Kaolinit	$Al_4[(OH)_8/Si_4O_{10}]$	dioktaedrisch
Halloysit	$Al_4[(OH)_8/Si_4O_{10}] \cdot 4 H_2O$	dioktaedrisch
Montmorillonit	$(Al, Mg)_4[(OH)_2/Si_4O_{10}](Na, Ca)_x \cdot n H_2O$	

Phyllosilicate (Tab.): Übersicht über die wichtigsten Schichtsilicate.

pH-Wert

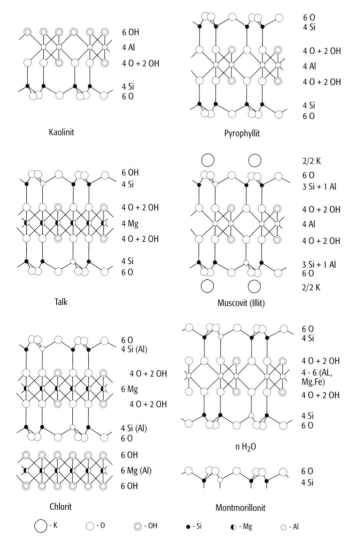

Phyllosilicate: Kristallstrukturen der Phyllosilicate.

meter-Bereich durch die parallele Anordnung von Schichtsilicaten, wie z. B. Hellglimmer oder Chlorit. Phyllite sind typische Produkte einer niedriggradigen ↗Regionalmetamorphose.

Phyllonit, ein feinkörniges metamorphes Gestein, das einem hellglimmer- und chloritreichem ↗Phyllit ähnelt, aber durch retrograde Metamorphose (↗Diaphthorese) aus einem ↗Gneis hervorgegangen ist. Charakteristisch sind kataklastische Erscheinungen (↗Kataklase) an Feldspäten und Quarz.

Phyllosilicate, [von griech. phyllos = Blatt], *Blattsilicate*, *Schichtsilicate*, Silicate, bei denen die [SiO_4]-Tetraeder jeweils in einer Ebene miteinander verkettet sind; sie bilden Schichtengitter. Auf diese Weise entstehen zweidimensional unendliche Tetraederschichten, die Schichten können hexagonal bzw. pseudohexagonal sein. Phyllosilicate (Tab.) sind parallel zu den Tetraederschichten vollkommen spaltbar (Abb.). Sie sind Polymere des Anions [Si_4O_{10}]$^{4-}$. Beispiele sind ↗Talk ($Mg_3[(OH)_2|Si_4O_{10}]$) und ↗Kaolinit ($Al_4[(OH)_8|Si_4O_{10}]$). Teilweiser Ersatz von Si durch Al in den Tetraedern führt zur Struktur der ↗Glimmer, z. B. ↗Muscovit ($KAl_2[(OH)_2|AlSi_3O_{10}]$).

Phylogenie, *Stammesgeschichte*, die Phylogenie rekonstruiert die Entwicklung einzelner Organismengruppen (↗Taxa) im Lauf geologischer Zeiträume (phylogenetische Linien) sowie die Verwandtschaftsverhältnisse zwischen verschiedenen Taxa. Sie versucht, gemeinsame Vorfahren zu erkennen und auf diese Weise den Stammbaum einer größeren Gruppe von Organismen zu entwerfen. Die Ergebnisse der Phylogenie beruhen in erster Linie auf der ↗Abstammungslehre und sind in ihrer Konsequenz Beleg für die ↗Evolution. Die Rekonstruktion phylogenetischer Linien bzw. von Stammbäumen hat durch die moderne Genetik sehr große Fortschritte gemacht. Traditionelle Werkzeuge sind die vergleichende Anatomie und die Embryologie. Entsprechend des Biogenetischen Grundgesetzes (Haeckelsche Regel, 1866) ist die Ontogenie eine abgekürzte Wiederholung (Rekapitulation) der Phylogenie. So zeigen Embryonalstadien von Säugern Stadien mit Kiemenspalten und Ruderschwanz, welche im Einklang mit der phylogenetischen Entwicklung der Vertebraten von kiemenatmenden Fischen zu lungenatmenden Tetrapoden steht (Abb.). Auch Jugendstadien von Organismen können mit den dort auftretenden Merkmalskomplexen stammesgeschichtliche Hinweise liefern. Direkte Belege für phylogenetische Zusammenhänge liefern rezente und fossile Übergangsformen, welche Merkmale verschiedener Gruppen aufweisen (↗missing link). Phylogenie erfolgt entlang einer gerichteten Zeitachse. Deswegen können von Rezentbiologen erkannte Zusammenhänge nur durch fossile Befunde methodologisch unabhängig getestet und bestätigt werden. Dazu dient einerseits die Kladistik, andererseits die traditionelle Methode der stratigraphisch-morphologischen Fossilanalyse (»stratophenetics«). Letztere arbeitet mit der morpholo-

Eruption unter Beteiligung von externem Wasser (↗Vulkanismus).

pH-Wert, Abkürzung für »potentia hydrogenii«, der Säuregrad einer Lösung, der durch die Konzentration der Wasserstoffionen (H^+) bestimmt ist. Der pH-Wert ist definiert als der negative decadische Logarithmus der H^+-Konzentration in der Lösung. Für reines Wasser liegt bei 7, er ist in sauren Lösungen < 7 und in basischen Lösungen > 7. Der pH-Wert der Bodenlösung wird durch die ↗Bodenreaktion bestimmt. Er kann mit pH-Papier im Feld bestimmt werden, jedoch ist seine Bestimmung mit pH-Elektroden zuverlässiger. Zunehmende ↗Bodenversauerung äußert sich in einem sinkenden pH-Wert.

Phy ↗*Phytan*.

Phyllarenit ↗Litharenit.

Phyllit, ein feinkörniges metamorphes Gestein mit einer gut ausgebildeten Schieferung und seidigem Glanz auf den Schieferungsflächen. Hervorgerufen wird die perfekte Teilbarkeit im Milli-

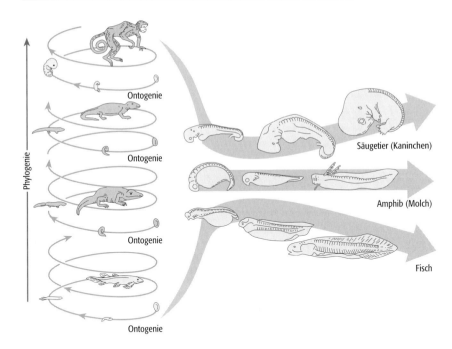

Phylogenie: die Phylogenie als Wiederholung einer Folge von Ontogenesen. Vergleichbare frühe Ontogenesestadien (hier Embryonalstadien) belegen phylogenetische Zusammenhänge.

gischen Ähnlichkeit von Fossilien in aufeinanderfolgenden stratigraphischen Einheiten. Sie muß jedoch morphologische Konvergenzen (Homöomorphien) und Arealverschiebungen ausschalten können, z. B. die Einwanderung eines weiterentwickelten Taxons, welches ein primitiveres, in diesem Fall phylogenetisch nicht direkt verwandtes Taxon verdrängt. Auf diese Art können irreleitende polyphyletische (von mehr als einem Vorfahren abzuleitende) oder paraphyletische (nicht alle Nachfahren enthaltende) Stammbäume entstehen. Das besondere Problem der vor allem morphologische Merkmale bewertenden Kladistik liegt in der problematischen, z. T. subjektiven Unterscheidung von primitiven und abgeleiteten morphologischen Merkmalen (Symplesiomorphien bzw. Synapomorphien) sowie in der oft mangelnden Beachtung der Zeitachse, d. h. des stratigraphischen Befundes. [HGH]

Phyrgana ↗Garigues.

physikalische Altersbestimmung, eine ↗Altersbestimmung aufgrund instabiler Isotope (↗radiometrische Altersdatierung), bei denen das Aktivitätsverhältnis von Tochter- zu Mutterisotop das Alter ergibt, oder anhand von Strahlenschäden, die sich über die Zeit in der Probe anreichern. Bei der Verwendung instabiler Isotope sind prinzipiell alle Isotopenkombinationen innerhalb sämtlicher Zerfallsreihen möglich, jedoch wird die Auswahl für Datierzwecke durch die Möglichkeit der Isolierung und des Nachweises der Isotope und deren ↗Halbwertszeit, die das Ausbilden nachweisbarer Konzentrationsunterschiede von Tochter- und Mutterisotop innerhalb des gewünschten Zeitmaßstabes ermöglichen sollte, eingeschränkt. Ferner müssen die Elementeigenschaften der beiden Isotope die Ausbildung des radioaktiven Ungleichgewichtes durch einen natürlichen Vorgang, der datiert wird, erlauben, wie auch der Stoffhaushalt bekannt sein sollte und der Einbau in organische oder anorganische Substanzen in nachweisbaren Mengen erfolgen sollte. Bei Anlegen dieser Kriterien eignen sich für die Datierpraxis einige Glieder der Uran-Zerfallsreihen wie ^{230}Th/^{234}U (↗Thorium-Uran-Datierung), ^{231}Pa/^{235}U und ^{234}U/^{238}U, die unter der Sammelbezeichnung *Uranreihen-Datierungen* subsumiert werden. Diese wie auch die ↗Kalium-Argon-Datierung und die ↗Rubidium-Strontium-Datierung basieren auf ↗primordialen Elementen, während andere instabile Isotope ständig durch die Einwirkung kosmischer Strahlung (kosmogen) in der Atmosphäre oder nahe der Erdoberfläche neu gebildet werden. Die Bildungsrate ist dabei zeitlichen Veränderungen durch die Aktivität von Sonne und irdischem Magnetfeld sowie räumlichen Änderungen wegen der Bündelung der Magnetfeldlinien an den Polen (zu niederen Breiten abnehmende Intensität der kosmischen Strahlung) unterworfen. Bei konstanter Bildungsrate stellt sich in den jeweiligen Reservoiren, in die das Isotop gelangt (Atmosphäre, Ozean etc.) ein radioaktives Gleichgewicht ein, wenn Verweil- und Durchmischungsdauer gemessen an der Halbwertszeit kurz sind. Zu den Methoden mit kosmogenen Radionukliden zählen die ↗Radiokarbon-Datierung, die ↗Tritium-Datierung, ↗Beryllium-Datierung, ↗Aluminium-Datierung und Verfahren mit ^{21}Ne, ^{32}Si, ^{36}Cl, ^{41}Ca und ^{81}Kr. Da die Altersberechnung aufgrund der Mengenverhältnisse von Tochter- zu Mutterisotop erfolgt, ist eine Mindestkonzentration des Ausgangselements beim Schließen des Systems notwendig. Das Schließen

physikalische Höhe

des Systems (Kristallbildung, Unterschreiten der ↗Schließtemperatur, letzte Durchmischung oder Entgasung) bestimmt, welches Ereignis datiert wird und sollte im Verhältnis zum Probenalter einen kurzen Vorgang darstellen. Dieser führt zur Ausbildung eines radioaktiven Ungleichgewichtes (mit einem initialen Isotopenverhältnis), das zu einer Anreicherung (z. B. bei der ↗^{238}U/^{234}U-Datierung) oder einer Abreicherung (z. B. bei der Thorium-Uran-Datierung) des Tochterisotops im Verhältnis zum Mutterisotop führt. Unter der Voraussetzung eines ↗geschlossenen Systems stellt sich das radioaktive Gleichgewicht gemäß der Zerfallsgesetze wieder ein. Die Halbwertszeit bestimmt die maximale Dateierreichweite, wobei gilt, daß um so ältere Proben datiert werden können, je größer die Halbwertszeit ist. Aufgrund von methodischen Einschränkungen (Nachweisgrenze) beträgt die maximale Datierreichweite in der Regel fünf Halbwertszeiten.

Die physikalischen Altersdatierungen aufgrund von Strahlenschäden, die eine Probe während der Lagerungszeit im Sediment erhalten hat, nutzen die Probe als Dosimeter. Die Strahlenschäden werden quantifiziert, indem Spuren pro Flächeneinheit ausgezählt werden (↗Spaltspurdatierung) oder physikalisch aufgrund von magnetischen oder Ladungsdefekten (↗Elektronenspin-Resonanz-Datierung, ↗Lumineszenz-Datierung) nachgewiesen werden. Bei letzteren Verfahren ergibt sich das Alter aus dem Quotienten von akkumulierter Dosis *AD* (Menge der Schädigungen) und Dosisleistung *Do* (natürliche Radioaktivität von Probe und Umgebungsmaterial). Vorauszusetzen ist generell die Langzeitstabilität der Schadstellen und ein vollständiges Eliminieren der bereits vorhandenen Strahlenschäden durch einen natürlichen Vorgang, dessen Alter ermittelt wird (Mineralbildung, Erhitzung, Belichtung, Druck). [RBH]

physikalische Höhe, *potentialtheoretisch definierte Höhe*, Höhe eines physikalisch definierten ↗Höhensystems. Eine wichtige physikalische Höhe ist die ↗geopotentielle Kote. Sie gibt die Differenz des ↗Schwerepotentials zwischen einem Raumpunkt und einem Datumspunkt an, der das ↗Vertikaldatum definiert. Physikalische Höhen können in entsprechender Weise mittels anderer physikalischer Skalarfelder definiert werden, sofern eine eindeutige Höhenzuordnung möglich ist. Ein Beispiel ist das Druckfeld der Atmosphäre, das zur Definition der ↗barometrischen Höhe herangezogen wird. Physikalische Höhen können i.a. nicht eindeutig durch ein metrisches Maß beschrieben werden.

physikalische Karte ↗physische Karte.

physikalischer Atlas, aus dem 19. Jahrhundert stammende Bezeichnung für einen komplexen ↗thematischen Atlas, der vorwiegend geowissenschaftliche Karten enthält. Der von H. ↗Berghaus bearbeitete und 1838 bis 1848 im ↗Justus-Perthes-Verlag erschienene Physikalische Weltatlas hatte für viele nachfolgende Atlaswerke gleicher oder ähnlicher Struktur eine Vorbildwirkung. Moderne Editionen dieses Atlastyps beziehen häufig die Darstellung der natürlichen Ressourcen und der Umweltverhältnisse mit ein (↗World Atlas of Resources and Environment).

physikalischer Sauerstoffeintrag, *Belüftung*, der Eintrag von Sauerstoff (oder Luft) in ein Gewässer oder Abwasser. In Fließgewässern geschieht dies auf natürliche Weise durch Aufnahme von Luft an der Oberfläche und die Verteilung durch Turbulenz im Wasserkörper. Gewässerbereiche, insbesondere stehende Gewässer oder tiefer liegende Schichten, die stark von Sauerstoffdefizit bedroht sind, können künstlich belüftet werden. Dies kann durch Einblasen von Luft oder Sauerstoff vom Gewässerboden oder vom Schiff aus (»Oxigenia« in der Saar), in gestauten Flüssen auch durch Wehrüberlauf erfolgen. In der Abwasserbehandlung ist die künstliche Belüftung eine Standardmethode, um den mikrobiellen Abbau von organischem Material zu intensivieren. Der physikalischer Sauerstoffeintrag bestimmt zusammen mit dem ↗biogenen Sauerstoffeintrag den aktuellen Sauerstoffgehalt in einem Gewässerabschnitt. [HB]

physikalisches Modell, *White-Box-Modell*, ↗hydrologisches Modell, das sich auf die Grundgesetze der Physik, insbesondere der Hydro- und Thermodynamik, der Chemie und der Biologie stützt. Hierzu gehören vor allem die auf den hydrodynamischen Bewegungsgleichungen beruhenden ↗Wellenablaufmodelle, die ↗Transportmodelle und die Grundwasserströmungsmodelle.

physikalische Verwitterung ↗Verwitterung.

Physik des Erdkörpers, beinhaltet die physikalische Betrachtungsweise des Erdkörpers (ohne Luft- und Wasserhülle) und seiner Wechselwirkungen mit extraterrestrischen Körpern. Als fachspezifischer Begriff wird der Name ↗Geophysik (im engeren Sinne) verwendet (Abb.).

physikostratigraphische Altersbestimmung, eine ↗Altersbestimmung, die für eine Profilabfolge

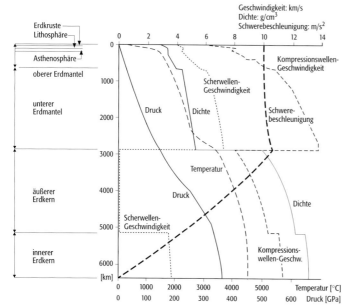

Physik des Erdkörpers: physikalische Parameter der verschiedenen Teile des Erdkörpers.

einen Satz physikalischer Daten erstellt, aufgrund derer eine Korrelation mit anderen Datensätzen oder nach Kalibration mit ↗physikalischen Alterbestimmungen oder ↗absoluten Altersbestimmungen eine chronostratigraphische Aussage gewonnen werden kann. Als wichtigste zählen zu den physikostratigraphischen Altersdatierungen die Paläomagnetik (↗Paläomagnetismus) und die Sauerstoffisotopenstratigraphie (↗Sauerstoffkreislauf), die für den terrestrischen wie marinen Bereich Anwendung finden. Voraussetzung sind Profile über einen möglichst langen Altersbereich und eine konkordante Abfolge.

Physiognomie, Beurteilung einer ↗Landschaft oder einer Vegetationseinheit nach ihrer äußeren Erscheinung. Dabei spielen ökofunktionale Zusammenhänge wie ↗Stoffhaushalt oder ↗Populationsdynamik eine untergeordnete Rolle, auch wenn sie die äußeren Erscheinungsformen prägen. Das physiognomische Prinzip findet bei der ↗Landschaftsökologie Anwendung in der ↗naturräumlichen Gliederung, wobei die äußerlich sichtbaren Merkmale der abiotischen und biotischen ↗Geofaktoren sowie auch Elemente der ↗Kulturlandschaft beurteilt werden. Bei der physiognomischen Beurteilung der ↗Vegetation spricht man von ↗Lebensformen.

physiographische Methode, die von E. Raisz in den USA entwickelte und 1937 erstmals angewandte Methode der ↗Reliefdarstellung mit Aufrißsymbolen für typisierte Reliefformen beruht auf instruktiven Blockbildern der Geomorphologie-Schule von W. M. Davis zur Veranschaulichung der Reliefentwicklung. Raisz verwendete stilisierte Aufrißzeichnungen, die er auf der Grundlage des Gewässernetzes fein strukturiert lokalisierte, womit die geomorphologisch bestimmten Landschaftsformen graphisch ausdrucksvoll veranschaulicht werden. Markante Formen (Steilstufen, Vulkankegel, Schluchten) werden lagerichtig und mehr oder weniger individualisiert gestaltet. Teilweise zeigt die Zeichnung Ähnlichkeit mit gescharten Profillinien, wie sie bei der ↗Geländeschrägschnitt-Darstellung benutzt werden. Als Bearbeitungsgrundlagen nutzte E. Raisz kleinmaßstäbige Luftbilder und ↗topographische Karten im Flugzeug zur unmittelbaren Kartierung. Die vergrößerte Reinzeichnung mit Tusche wird auf den Herausgabemaßstab verkleinert. Seit den 1970er Jahren stehen als Ausgangsmaterial ↗Satellitenbilder zur Verfügung. Diese wirkungsvolle Methode zur Veranschaulichung des Reliefs mit Gewässernetz verträgt nur eine maßvolle Beschriftung und ein lichtes Liniennetz (Grenzen). Der Eignungsbereich als Relieftypenkarte reicht von etwa 1 : 200.000 bis 1 : 4.000.000, kleinere Maßstäbe führen zu manierhafter schematischer Darstellung. [WSt]

Physiologie, Teilgebiet der ↗Biologie, das sich mit den Lebensvorgängen bei ↗Pflanzen, Tieren und Menschen beschäftigt. Von geowissenschaftlicher Bedeutung ist dabei die Typisierung beim Herausarbeiten von Kausalzusammenhängen der Lebensvorgänge mit der abiotischen ↗Umwelt (↗Ökophysiologie). Entsprechende Erkenntnisse fließen in Untersuchungen zur ↗Landschaftsökologie und deren direkte Anwendungen ein, beispielsweise die Ausscheidung und Gestaltung von ökologischen ↗Ausgleichsräumen.

physiologische Gründigkeit ↗Durchwurzelbarkeit.

physiologische Wärmeempfindung, Ausmaß, in dem ein Mensch den Komplex aus Lufttemperatur, Luftfeuchte, Wind und ggf. Strahlungsbedingungen als angenehm (↗Behaglichkeit) oder aber als unangenehm (z. B. ↗Schwüle) empfindet. ↗Medizinmeteorologie.

Physiosystem ↗Geosystem.

Physiotop, gilt in der ↗Geoökologie als homogene räumliche Repräsentation des ↗Geosystems und ist in diesem Sinne gleichbedeutend mit dem ↗Geotop. Es ist somit die kleinste, sich aus dem Funktionsgefüge der ↗abiotischen Faktoren ergebende, geoökologisch relevante Raumeinheit mit homogener physiogeographischer Struktur und gleichartigen ökologischen Bedingungen.

Physische Geographie, *Physiogeographie*, das Studium der in der Natur gegebenen abiotischen und biotischen Umwelt. Die physiogeographische Umwelt ist das Produkt eines komplexen Wirkungsgefüges, in dem die ↗Geofaktoren (Relief, Klima, Gestein, Boden, Wasserhaushalt, Vegetation, Nutzung und Zeit) über Energie- und Stoffflüsse (Prozesse) kausal und hochgradig interdependent miteinander verknüpft sind. Dieses offene System wird als Geofaktorensystem oder ↗Geoökosystem bezeichnet (↗Geofaktoren Abb.). Aus dem Systemverhalten resultiert in räumlicher Hinsicht wie auch in der Zeitebene eine hochvariable Differenzierung naturräumlicher Zustände und naturräumlicher Entwicklungsdynamik. Die Fragestellungen der Physischen Geographie erwachsen aus der Analyse des geofaktoriellen Beziehungsgefüges. Physisch-geographische Untersuchungen gehen aus pragmatischen Gründen im allgemeinen von der Betrachtung eines besonderen Problems einer der Teilsphären der ↗Geosphäre aus. Analog dazu entwickelten sich die Teildisziplinen der Physischen Geographie (↗Geomorphologie, ↗Klimageographie, Hydrogeographie, Bodengeographie und ↗Biogeographie bzw. Vegetations- und Zoogeographie). Aufgrund der interdisziplinären Anlage der Physischen Geographie sind die Grenzen zu den benachbarten Disziplinen der ↗Geowissenschaften fließend. Gleichfalls ergeben sich Überschneidungen mit den Kulturwissenschaften (↗Geographie). Demgemäß ist das Themenspektrum physisch-geographischen Arbeitens sehr breit gefächert. Es umfaßt Fragen der vergangenen und zukünftigen Landschaftsentwicklung, der nachhaltigen Nutzung natürlicher Ressourcen, der Boden- und Gewässerverunreinigungen, des Bodenschutzes, der Hochwasserdynamik, Auswirkungen anthropogener Einflüsse auf die Umwelt etc. ↗Geoökologie. [PH]

physische Karte, *physikalische Karte*, veralteter Begriff für kleinmaßstäbige geographische Karten mit farblich hervortretender ↗Reliefdarstellung. Seit der Mitte des 19. Jh. wurden in der

Schulkartographie zur Unterscheidung von den damals traditionellen politischen Karten die neu eingeführten Höhenschichtenkarten als physische Karte bezeichnet. Da die Höhenverhältnisse nur ein und nicht einmal das wichtigste Merkmal der Physis (im Sinne von Natur) sind, kann dieser Begriff nicht aufrecht erhalten werden. Eine komplexe Charakteristik der Natur streben die Naturraumkarten (Karten der naturräumlichen Gliederung) an. Die komplexe Darstellung des Geländes in kleinen Maßstäben erfolgt in ↗Landschaftskarten.

Physisorption ↗Adsorption.

Phytal, Bezeichnung für den Lebensraum der Pflanzenbestände im ↗Litoral.

Phytan, *Phy*, *2, 6, 10, 14-Tetramethylhexadekan*, $C_{20}H_{42}$, verzweigtes, acyclisches ↗Diterpan (Abb.); neben ↗Pristan das ↗Isoprenoid mit der höchsten Konzentration im ↗Erdöl und häufig eingesetzter ↗Biomarker. Phytan ist das Abbauprodukt des ↗Phytols unter ↗anoxischen Bedingungen ablaufenden Prozessen.

Phytan: Strukturformel des Phytans.

Phytate ↗Phosphor.

Phytobenthon, *Phytobenthos*, pflanzliche Lebensgemeinschaft des Gewässerbodens.

Phytol, *Tetramethylhexadec-2enol*, primärer Alkohol mit verzweigter, acyclischer Diterpenstruktur (Abb.); als Abspaltungsprodukt der Seitenkette des ↗Chlorophylls und des Häms weitverbreitet in der Biosphäre. Während der ↗Diagenese ist Phytol Ausgangsverbindung für die Bildung von ↗Pristan und ↗Phytan.

Phytol: Strukturformel des Phytols.

Phytomasse, *pflanzliche Biomasse*, die Menge lebender, pflanzlicher Substanz in einer Raum- oder auf einer Flächeneinheit zu einem bestimmten Zeitpunkt, meist ausgedrückt in t/ha. Die Phytomasse ist das Ergebnis der ↗Primärproduktion. Der entsprechende Begriff für die lebende tierische Substanz ist die *Zoomasse*.

Phytophagen ↗Herbivoren.

Phytoplankton, pflanzliche Organismen, die im Wasser frei schwebend sowohl marin als auch im Süßwasser vorkommen. Das sauerstoffproduzierende Phytoplankton steht am Beginn der Nahrungskette und hat ein Produktivitätsverhältnis zum ↗Zooplankton meist zwischen 1:8 und 1:10. Die Hauptproduzenten sind Diatomeen (↗Bacillariophyceae), Dinoflagellaten (↗Dinophyta) und Coccolithophoriden (↗Coccolithophorales). Daneben spielen die ↗Cyanobakterien und Silicoflagellaten (↗Silicoflagellales) eine Rolle. Planktonisch lebende höhere Algen oder höhere Pflanzen sind für die Primärproduktion von organischem Material nur lokal von Bedeutung. Die Überwachung des Phytoplanktons im Rahmen des Gewässerschutzes ist zur Erforschung der Ursachen und Auswirkungen von Algenblüten im Zusammenhang mit Schadstoffen wichtig. Quantitativ sind die mikroskopisch kleinen Formen des Phytoplanktons bei der Bildung von organischem Material von großer Bedeutung. Sie sind die Grundlage für die Erdölbildung. Die mächtigen Schreibkreide-Abfolgen der ↗Kreide, die sich im wesentlichen aus den winzigen Calcit-Plättchen von Coccolithophoriden aufbauen, spiegeln einen Zeitabschnitt innerhalb der Erdgeschichte mit sehr hoher Phytoplankton-Produktivität wider. Auch in rezenten carbonatischen Tiefseeschlämmen sind Coccolithoporiden neben planktonisch lebenden ↗Foraminiferen (Globigerinen) gesteinsbildend. Auf dem Meeresboden der kühleren Gebiete reichert sich rezent kieseliger Diatomeen-Schlamm an, der (auch im limnischen Milieu) als Kieselgur (↗Diatomeenerde) gesteinsbildend ist. [EM]

Phytoremediation, Überbegriff für den Einsatz von speziell geeigneten ↗Pflanzen zur Reinigung der ↗Umwelt und zur Abwendung der Gefährdung durch toxische Substanzen. Bei der Phytoextraktion werden Pflanzen eingesetzt, welche Schwermetalle akkumulieren (↗Schwermetallpflanzen). Durch die Ernte wird ein ↗Standort langfristig dekontaminiert. Mit der Phytostabilisierung wird eine verringerte Mobilität der ↗Schadstoffe angestrebt, beispielsweise durch Verbesserung des Bodengefüges (Erosionsschutz) oder Verringerung des Sickerwassers durch Erhöhung der Transpiration. Maßnahmen der Phytoremediation sind generell sehr zeitaufwendig.

Phytotop, in der ↗Landschaftsökologie eine Fläche der ↗topischen Dimension mit gleicher ↗potentiell natürlicher Vegetation. In der vom Menschen geprägten ↗Kulturlandschaft sind es auch Flächen gleicher Nutzungsform. Der Begriff bezieht sich auf den Lebensraum einer ↗Phytozönose, der aufgrund der ↗Pflanzengesellschaften oder ↗Lebensformen bestimmt wird. Weil meist eine vom Menschen beeinflußte Vegetation betrachtet wird, beinhaltet ein Phytotop mehrere ↗Ersatzgesellschaften, d. h. ein ↗Mosaik von Vegetationsgesellschaften, die verschieden stark durch den Menschen geprägt sind (↗Hemerobie). Ein Phytotop ist ein Kriterium für die Ausscheidung landschaftsökologischer Raumeinheiten (Abb.). Dies gilt insbesondere dort, wo die Abgrenzung durch andere ↗Geoökofaktoren nicht ermittelt werden kann. Ein grundlegendes methodisches Problem bei der Erfassung vegetationsräumlicher Einheiten ist, daß einerseits die potentiell natürliche Vegetation kartiert werden kann, andererseits aber auch die reale Vegetation, wie sie aufgrund der nutzungsbedingten Einflüsse auftritt. Naturnahe Phytotope lassen sich pflanzensoziologisch gut definieren, wobei ökologische ↗Zeigerwerte zur Differenzierung der Raumeinheiten verwendet werden. Naturfernere Phytotope werden hingegen, da sie primär durch anthropogene Faktoren bestimmt sind, nach ihren Nutzungsarten definiert, die Ermittlung der potentiell natürlichen Vegetation tritt dabei in den Hintergrund. Anthropogen geprägte Vegeta-

Phytotop: Beispiele für Phytotope (1–4).

tionseinheiten sind beispielsweise Forste, Mager- und Fettwiesen, Ackerland sowie Sondernutzungen. [MSch]

Phytozönose, Begriff aus der ↗Ökologie für eine Lebensgemeinschaft von ↗Pflanzen in einem bestimmten ↗Lebensraum, dem ↗Phytotop. Die Phytozönose wird als ↗Pflanzengesellschaft (Assoziation) einzelner Pflanzenarten (↗Pflanzensoziologie) oder als ↗Formation von ↗Lebensformen erfaßt. Sie hängt ab vom abiotischen Potential des ↗Geosystems und weist bezüglich ↗Vitalitätsbereich, Verbreitung und Zusammensetzung die gleiche ↗potentiell natürliche Vegetation auf. Die Phytozönose kann auch nach ihrer Strukturvielfalt differenziert und charakterisiert werden. Dabei werden Schichtung (Moos-, Gras-, Kraut-, Strauch- und Baumschicht), Deckungsgrad und Bestandeshöhe bestimmt.

Piacenz, *Piacentium*, international verwendete stratigraphische Bezeichnung für die jüngste Stufe des Pliozäns, benannt nach der Stadt Piacenza in Oberitalien. ↗Neogen, ↗geologische Zeitskala.

Picard, *Jean*, französischer Astronom und Geodät, * 21.7.1620 La Flèche, † 12.10.1682 Paris; Prior in Rillé (Anjou), ab 1655 Professor in Paris, Mitglied der Pariser Akademie der Wissenschaften. Picard verbesserte geodätische Meßinstrumente durch Einführung von Fadenkreuz und Schraubenmikrometer, führte ab 1669 im Auftrag der Pariser Akademie im Meridian von Paris eine Triangulation und eine ↗Gradmessung zwischen Sourdon (südlich von Amiens) und Malvoisine (südlich von Paris) durch, um die Größe des Erdumfangs neu zu bestimmen. Das Ergebnis war zwar das genaueste seit ↗Eratosthenes, aber doch fehlerhaft, und es wurde zu einem der Ausgangspunkte des Streites um die Figur der Erde (am Äquator oder am Pol abgeplattet?) zwischen der französischen und der englischen Schule (↗Cassini, ↗Newton, ↗Maupertuis). Picard schlug als Längeneinheit bereits ein aus der Natur abgeleitetes Maß vor und bestimmte dazu die Länge des Sekundenpendels (Schwerkraft). Er war Begründer des ersten astronomischen Jahrbuchs (1679). Werke (Auswahl): »Mesure de la Terre« (1671). [EB]

picking, verkürzter Ausdruck für die Laufzeitbestimmung von Signaleinsätzen seismischer Wellen durch Festlegung eines bestimmten Punktes als Ankunftszeit; erfordert Kenntnis der ↗Signalphase.

Picoplankton, Plankton von 0,2 bis 2 μm Körpergröße.

Picotit ↗Chromspinell.

Piedmontfläche, Abtragungsfläche im Sinne einer ↗Rumpffläche am Gebirgsfuß. Der Begriff geht auf W. ↗Penck zurück, der die als Piedmont bezeichnete Fläche östlich der Appalachen, die paläozoische und mesozoische Gesteine schneidet, als »Piedmontfläche« bezeichnet hat. Entsprechend nannte er die Abfolge von Steilstufen und übereinander angeordneten Flächen am Ostabfall des Gebirges ↗Piedmonttreppe. Die Pied-

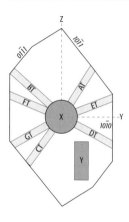

piezoelektrischer Effekt:
Schnittlagen von Piezoquarzplatten.

montfläche wird heute (geo)morphogenetisch als Gebirgsfußfläche (↗Pediment) mit anderen Bildungsbedingungen angesehen.

Piedmontgletscher ↗ *Vorlandgletscher*.

Piedmonttreppe, als ↗Rumpftreppe ausgebildete Abfolge mehrerer übereinander angeordneter ↗Rumpfflächen, die durch Phasen tektonischer Hebung entstanden sind. Der Begriff geht auf W. ↗Penck zurück, der erkannte, daß Rumpfflächen in Mittelgebirgen häufig stockwerkartig übereinander angeordnet sind. ↗Flächentreppe.

Piemontitschiefer, ein meist schiefriges metamorphes Gestein, das den als ↗Hauptgemengteil dunkelrot-violetten, manganreichen ↗Epidot (Piemontit, Abb. im Farbtafelteil) neben Quarz, Muscovit und Chlorit enthält. Es bildet sich aus manganreichen Sedimenten, wie z. B. Radiolariten oder Tiefseetonen, unter regionalmetamorphen Bedingungen (↗Regionalmetamorphose) der Grünschieferfazies.

Piezodruckaufnehmer, bestimmte Kristalle haben die Eigenschaft, daß sie bei Verformungen elektrische Oberflächenspannungen erzeugen (Piezoeffekt). Sie werden u. a. als Druck-Sensor in Hydrophonen eingesetzt, die zur Registrierung seismischer Wellen im Wasser verwendet werden.

piezoelektrische Methode, wenig verbreitetes geoelektrisches Verfahren, das den Piezoeffekt (Ausstrahlung eines elektrischen Felds bei einer seismischen Anregung) ausnutzt. Es kann z. B. bei der Detektion von Quarzgängen in der Goldexploration eingesetzt werden.

piezoelektrischer Effekt, *Piezoelektrizität*, *Piezoeffekt*, Bezeichnung für das Auftreten einer dielektrischen Polarisation (elektrisches Dipolmoment pro Volumen), gleichbedeutend mit dem Auftreten von Oberflächenladungen an nichtleitenden Kristallen, durch mechanische Spannung: Druck, Zug oder Scherung. Entdecker dieses Effektes waren J. und P. Curie (1880). Die Bezeichnung Piezoelektrizität wurde 1881 von Hankel eingeführt. Er wird häufig auch als direkter Piezoeffekt bezeichnet. Als *reziproken piezoelektrischen Effekt* oder *inversen piezoelektrischen Effekt* bezeichnet man das Auftreten einer mechanischen Dehnung durch Anlegen eines elektrischen Feldes. Je nach Feldrichtung werden piezoelektrische Materialien gedehnt oder zusammengedrückt.

Die Piezoelektrizität kann in 20 der 32 Kristallklassen auftreten, die sich alle dadurch auszeichnen, daß sie kein Symmetriezentrum besitzen. Die technische Anwendung beider Effekte ist weit verbreitet. Beispiele sind Kristallmikrofone, Tonabnehmer, piezoelektrische Lautsprecher, Ultraschallerzeugung, hochgenaue Stellelemente im Submikron-Bereich; insbesondere in der Hochfrequenztechnik werden sog. *Schwingquarz*-Platten zur Steuerung zeitlicher Vorgänge eingesetzt, wie z. B. in hochgenauen Quarzuhren oder zur genauen Stabilisierung der Frequenz in elektrischen Schwingkreisen. Dabei werden die mechanischen Schwingungen von Quarzplatten über den Piezoeffekt mit einem elektrischen Schwingkreis gekoppelt. Um die Änderung der Schwingungsfrequenz in bestimmten Temperaturbereichen klein zu halten, werden Quarzplatten in bestimmten kristallographischen Orientierungen verwendet. Sie werden entsprechend der amerikanischen Nomenklatur als AT-, BT-, CT-, DT-, ET- und FT-Schnitte bezeichnet (Abb.).

Wichtige Piezomaterialien sind neben Quarz Turmalin und Ferroelektrika mit Perowskit-Struktur sowie einige Oxidkeramiken und Kunststofffolien. Eine gewisse Sonderstellung nimmt das Seignettesalz $NaKC_4H_4O_6 \cdot 2\,H_2O$ ein, dessen Piezoelektrizität daher auch als Seignette-Elektrizität bezeichnet wird. Hierbei treten im Curiebereich zwischen +24 und -16°C besonders hohe elektrische Spannungen auf. Gegenüber dem Quarz beträgt hier der Piezoeffekt das 150fache. Hygroskopie und eine sehr geringe mechanische Festigkeit verhindern jedoch eine technische Verwendung. Die Richtungsabhängigkeit des piezoelektrischen Effektes in Kristallen wird durch einen Tensor 3. Stufe dargestellt:

$$P_j = \sum_k \sum_l d_{jkl}\,\sigma_{kl};\quad j,k,l = 1,2,3.$$

Er setzt den Vektor der dielektrischen Polarisation P_j und den Tensor 2. Stufe des mechanischen Spannungszustandes σ_{kl} des Kristalls in Beziehung. Der Spannungszustand selbst wird durch einen Tensor 2. Stufe dargestellt, da die Richtung der Kraft auf eine orientierte Fläche berücksichtigt werden muß. Normalerweise reichen für die Beschreibung der Experimente die linearen Koeffizienten 1. Ordnung aus. Da der Spannungstensor aus physikalischen Gründen immer symmetrisch ist: $\sigma_{kl} = \sigma_{lk}$, gibt es keine Möglichkeit, die Komponenten d_{jkl} und d_{jlk} zu unterscheiden. Daher ist der Tensor (d_{jkl}) in der zweiten und dritten Indexposition symmetrisch, d. h. von den $3^s = 27$ Komponenten sind nur 18 unabhängig. Sie werden in einer 3×6-Matrix angeordnet, wobei die letzten beiden Doppelindizes, ebenso wie beim Spannungstensor σ_{kl}, von 1 bis 6, nach dem Schema $11 = 1$, $22 = 2$, $33 = 3$, $23,32 = 4$, $13,31 = 5$ und $12,21 = 6$ numeriert werden. Damit kann die letzte Gleichung einfacher formuliert werden:

$$P_n = \sum_m d_{nm}\,\sigma_m;\quad n = 1,2,3;\, m = 1,2,...,6.$$

Dabei wird über den Zeilenindex von (d_{nm}) summiert. Die Komponenten mit $m = 1,2,3$ geben die durch ↗Normalspannungen und diejenigen mit $m = 4,5,6$ die durch ↗Scherspannungen erzeugte dielektrische Polarisation an. Entsprechend gilt für den reziproken oder inversen piezoelektrischen Effekt:

$$\varepsilon_m = \sum_n d_{nm} E_n;\quad n = 1,2,3;\, m = 1,2,...,6.$$

Dabei sind die ε_m die Komponenten der mechanischen Dehnung und E_n diejenigen des elektrischen Feldes. Es wird über den Spaltenindex von

(d_{nm}) summiert. Diesen Effekt bezeichnet man auch als *Elektrostriktion erster Ordnung*.
Der Piezoeffekt kann wie oben erwähnt nur bei Kristallstrukturen ohne Symmetriezentrum auftreten, da alle Komponenten von polaren Tensoren ungerader Stufe bei Vorliegen eines Symmetriezentrums wegen der Transformationseigenschaften unter der Symmetrieoperation ($x \rightarrow$ -x, $y \rightarrow$ -y, $z \rightarrow$ -z) verschwinden. Besonders interessant ist, daß auch in Kristallen der kubischen Kristallklassen $\bar{4}3m$ und 23 der Piezoeffekt zu beobachten ist, jedoch nur für Scherspannungen und mit der gleichen Größe in den kubischen Achsenrichtungen, beschrieben durch die Komponente d_{14}. In der nichtzentrosymmetrischen kubischen Kristallklasse *432* gibt es keinen Piezoeffekt. Piezoelektrische Effekte lassen sich am einfachsten als Longitudinaleffekte und Transversaleffekte unter Anwendung uniaxialen Drucks parallel beziehungsweise senkrecht zur Druckrichtung messen. [GST, KH]

Piezoelektrizität ↗*piezoelektrischer Effekt*.

piezomagnetischer Effekt ↗*Piezomagnetismus*.

Piezomagnetismus, *piezomagnetischer Effekt*, Erzeugung einer Magnetisierung durch eine mechanische Spannung. Der magnetische Effekt ist analog zum ↗piezoelektrischen Effekt. Der in Kristallen anisotrope, lineare Effekt wird durch die Gleichung:

$$J_j = \sum_k \sum_l q_{jkl} \sigma_{kl}, \quad j,k,l = 1,2,3$$

beschrieben. q_{jkl} ist ein axialer ↗Tensor 3. Stufe, da er einen polaren Tensor 2. Stufe, den Spannungszustand σ, mit einem axialen Vektor, der Magnetisierung J, in Beziehung setzt. Der Effekt existiert nur in magnetischen Kristallen.

Piezometer, 1) ein Gerät zur Messung bzw. Aufzeichnung von Drücken (↗*Drucksonde*). 2) nur punktuell verfilterte Meßstelle zur Bestimmung des Wasserdruckes in einer bestimmten Tiefe. ↗*Grundwassermeßstelle*, ↗*Peilrohr*.

piezometrische Höhe ↗*Standrohrspiegelhöhe*.

piezometrisches Potential ↗*Druckpotential*.

Piezoquelle, Erzeugung seismischer Signale unter Ausnutzung des ↗piezoelektrischen Effekts. ↗*seismische Quelle*

piezoremanente Magnetisierung, *PRM*, *Piezoremanenz*, entsteht durch mechanische Spannungen (Tektonik, Hammerschläge bei der Entnahme von Gesteinsproben im Gelände) und gilt im ↗*Paläomagnetismus* als Störsignal, weil sie keine Möglichkeit eröffnet, Informationen über das ↗*Paläofeld* der Erde zu erhalten.

Piezoremanenz ↗*piezoremanente Magnetisierung*.

Pikrit, ein vulkanisches Gestein, das weniger als 10 Vol.-% helle Gemengteile und mehr ↗*Olivin* als ↗*Pyroxene* enthält. Durch zunehmende Plagioklasgehalte ergeben sich Übergänge zu ↗*Pikritbasalten* und ↗*Olivinbasalten*.

Pikritbasalt, *Ozeanit*, ein dunkler ↗*Basalt*, der mehr ↗*Olivin* als ↗*Pyroxene* enthält.

Piktogramm, ein stark vereinfachtes, auf eine wesentliche Eigenart reduziertes graphisches Bild (Symbolzeichen), das für ein Objekt oder einen Sachverhalt steht. Piktogramme liegen vor in den Zeichen der Bilderschrift (z. B. Hieroglyphen); sie wurden für Alchemie, Astronomie (Abb.) u. a. Sachbereiche in der Renaissance geschaffen und erfuhren in der Gegenwart als unabhängig von einer Landessprache verständliche Zeichen im Ingenieurwesen, in der Wissenschaft, im Verkehr (Verkehrszeichen) und im Tourismus eine starke Ausweitung. Piktogramme eignen sich wegen ihrer aus dem bildhaften Charakter resultierenden notwendigen Mindestgröße, um lesbar zu bleiben, nur bedingt auch als Signaturen in kartographischen Darstellungen. Am weitesten haben Piktogramme in touristischer Literatur und Karten Eingang gefunden.

Pilbara-Kraton ↗*Proterozoikum*.

Pilitisierung, hydrothermale oder epizonal-metamorphe Umwandlung von ↗*Olivin* in ↗*Talk* und ↗*Hornblende* (↗*Amphibolgruppe*).

Pillow-Lava ↗*Kissenlava*.

Pilotballon, kleiner, gasgefüllter Ballon zur Messung der Geschwindigkeit und Richtung des Windes in der Höhe (Höhenwind). Der Pilotballon wird während seines Aufstiegs mit Hilfe zweier Theodoliten verfolgt, deren Position am Boden genau bekannt ist (Doppelanschnittverfahren). Aus dem Azimut- und Elevationswinkel der Theodoliten läßt sich die Position und Höhe des Ballons trigonometrisch exakt bestimmen. Windgeschwindigkeit und Windrichtung ergeben sich aus der Positionsänderung zwischen zwei Meßzeiten. Beim ungenaueren Einfachschnittverfahren wird nur ein Theodolit verwendet. Die Höhe des Ballons wird unter Annahme einer konstanten Steiggeschwindigkeit geschätzt.

Pilotbohrkrone, eine Bohrkrone, die zur Herstellung einer ↗*Pilotbohrung* verwendet wird; im Regelfall Seilkernrohrkronen mit Diamant- oder Hartmetallbesatz.

Pilotbohrung, die Vertiefung einer Erkundungsbohrung mit einer Bohrung verjüngten Querschnitts. Eine Pilotbohrung kann aus zweierlei Gründen erforderlich sein. Zum einen dient sie der Durchführung von geotechnischen Versuchen, z. B. Spannungsmessungen nach der ↗*Überbohrmethode* oder ↗*Bohrlochaufweitungsversuchen*, wo die Erkundungsbohrung bis kurz vor die geplante Versuchstiefe abgeteuft wird und dann die Pilot- oder Vorbohrung bis zum Versuchsort mit verjüngtem Querschnitt hergestellt wird, um im Schutze der Verrohrung der Erkundungsbohrung den Versuch auszuführen. Zum anderen werden exzentrische Pilotbohrungen hergestellt, um orientierte Kerne zu gewinnen. Dabei wird mit einer z. B. auf Norden ausgerichteten Ablenkrohrtour eine kleinkalibrige Pilotbohrung vorgebohrt und mit dem größeren Kaliber anschließend ein Kernmarsch gewonnen, an dem man aus der Orientierung der Pilotbohrung feststellen kann, wie der Kernmarsch ursprünglich im Gebirge orientiert war. [EFe]

Pilotstollen ↗*Erkundungsstollen*.

Pilze ↗*Fungi*.

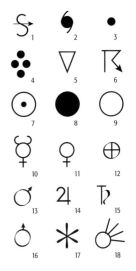

Piktogramm: meteorologische Zeichen: 1) Staub- oder Sandsturm, 2) Hurrikan (Wirbelsturm), 3) leichter Regen, 4) starker, anhaltender Regen, 5) Schauer, 6) Gewitter; astronomische Zeichen: 7) Sonne, 8) Neumond, 9) Vollmond, 10) Merkur, 11) Venus, 12) Erde, 13) Mars, 14) Jupiter, 15) Saturn, 16) Uranus, 17) Fixstern, 18) Komet.

Pilzfalte: Pilzfalten (Farisberg- und Weißenstein-Antiklinale) und Beutelmulde im Schweizer Faltenjura.

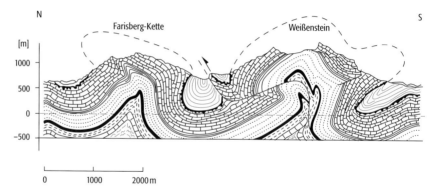

Pilzfalte, ↗Antiklinale, deren Faltenschenkel streckenweise nach unten konvergieren (Abb.).

Pilzfelsen, morphographischer Begriff für freistehende Felsen, deren Durchmesser am Sockel (Stiel) geringer ist als im ↗Hangenden (Kopf) (Abb. im Farbtafelteil). Die Form entsteht durch intensivere ↗Verwitterung in Bodennähe aufgrund der dort länger anhaltenden und höheren Feuchtigkeit. Daher tritt in der Regel auf der Schattenseite des Felsens eine deutlich stärkere Unterhöhlung auf. Pilzfelsen bilden sich häufig in unterschiedlich widerständigen ↗Sedimenten, wenn das Hangende verwitterungsresistenter ist als das ↗Liegende, so z. B. die Tischfelsen der mitteleuropäischen Buntsandsteingebiete (↗Buntsandstein). An ↗Steilküsten entstehen Pilzfelsen durch ↗Brandungshohlkehlen um freistehende Felspfeiler herum. Die in Wüsten vorkommenden Pilzfelsen wurden früher irrtümlicherweise als Korrasionsformen (↗Korrasion) gedeutet. Rundumkorrasion ist allerdings unwahrscheinlich, und der Wind ist nur indirekt über den Abtransport von ↗Salzen für die Verwitterung, insbesondere die ↗Desquamation und den Abtransport des Lockermaterials, an der Formung beteiligt. [KDA]

Pilztreiben, Massenentwicklung von ↗Abwasserpilzen in belasteten Gewässern. Abgerissene Pilzfäden bilden Flocken, die mit der Strömung verdriftet werden.

Pinakoid, *Parallelflächner,* Form, die aus einem Paar paralleler Flächen besteht; allgemeine Form in der triklin-pinakoidalen Kristallklasse $\bar{1}$ (C_i).

Pinge, *Binge,* anthropogen bedingte Hohlform an der Erdoberfläche, die infolge von Sackungsvorgängen über unterirdischen Hohlräumen, die durch den Bergbau angelegt wurden, entsteht. Schon im Mittelalter hatte der Untertageabbau Pingebildungen zur Folge.

Pingo, Bezeichnung der Inuit-Indianer aus dem Mackenzie-Delta (Kanada). Dabei handelt es sich um einen permanent gefrorenen, mit Boden und Vegetation bedeckten Hügel, der mit massivem Eis gefüllt ist, das hauptsächlich durch die Injektion von Wasser gebildet wird (↗Injektionseis). Pingos kommen in den Zonen des kontinuierlichen und diskontinuierlichen ↗Permafrosts vor. Sie können Höhen von mehr als 10 m und Durchmesser von mehr als 100 m erreichen. Die meisten Pingos sind konisch und etwas asymme-

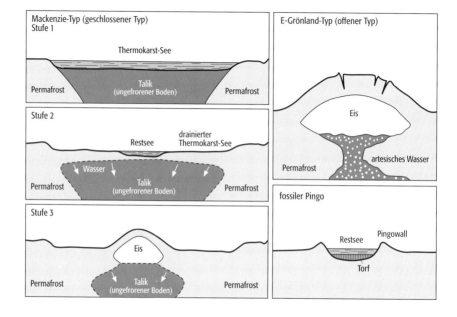

Pingo: schematische Darstellung der Entwicklung von Pingos.

trisch, mit runder oder ovaler Basis. Die Oberfläche ist oft von Spalten durchzogen, und der Gipfel ist häufig zu einem Pingokrater eingebrochen. Die Spalten und Krater entstehen bei der zunehmenden Ausdehnung des Eiskerns. Genetisch lassen sich zwei Typen unterscheiden (Abb.): a) Mackenzie-Typ (geschlossener Typ): Diese Pingos entstehen durch das Aufwölben von gefrorenem Boden durch das Gefrieren von injiziertem Porenwasser oder der Bildung von ↗Segregationseis während des Vorrückens von Permafrost in allseitig geschlossenen ↗Taliki unter verlandeten Thermokarstseen (↗Thermokarst). b) E-Grönland-Typ (offener Typ): Diese Pingos werden in einem Talik durch Grundwasser gebildet, das unter geringmächtigem Permafrost fließt. Dadurch steht es unter artesischem Druck. Beim Aufsteigen gefriert das Wasser und bildet Injektionseis, wodurch der Boden aufgewölbt wird. Diese Aufwölbung führt zu Dehnungsrissen im überdeckenden Material und zur Exposition von blankem Eis. Das Abschmelzen des Eises bewirkt schließlich den Kollaps des Pingos, man spricht dann von einem fossilen Pingo. [SN]

Pinlinien, *Pins*, Hilfslinien in der Profilbilanzierung (↗bilanziertes Profil); es sind vertikal zur Schichtung orientierte Fixpunkte bzw. Linien, an denen es in der Gesteinsabfolge zu keiner schichtparallelen Scherung, d.h. Partikelverschiebung gekommen ist. Hierfür eignen sich im Profilschnitt insbesondere Faltenschenkel oder das undeformierte Vorland.

Pinolitmagnesit, ↗Magnesit der Varietät Pinolit, z. B. von Trieben in der Steiermark (Österreich).

Pinopsida, *Nadelhölzer*, Klasse der ↗Coniferophytina mit den beiden Unterklassen Cordaitidae und Pinidae (Coniferae). Es sind gymnosperme (↗Gymnospermae), nadelblättrige ↗Spermatophyta mit Tracheidenholz. Im Gegensatz zu den ↗Ginkgoopsida ist die Achse der ↗Blüten gestaucht und trägt auch sterile Blattorgane. Pinopsida kommen vom ↗Karbon bis rezent vor. 1) Die im Karbon waldbildenden Cordaitidae (Karbon bis ↗Perm) waren bis 30 m hohe, in der Krone stark verzweigte Bäume mit ungeteilten, großen, schmalen, dichotom-parallelnervigen und schraubig gestellten ↗Trophyllen. Die fossil häufigen Marksteinkerne zeigen wegen der Querfachung des Marks eine charakteristische, ringförmige Querrippung. Die in den Achseln von Tragblättern oft zu kätzchenartigen Blütenständen zusammengefaßten Blüten bestehen aus einer verkürzten Achse mit dicht gedrängt angeordneten fertilen Staubblättern bzw. Samenanlagen sowie sterilen Schuppenblättern. 2) In der Unterklasse Pinidae hatten die a) baumförmigen Voltziales (Oberkarbon bis ↗Jura) ebenfalls noch diesen Kurzsproßcharakter ihrer weiblichen Blüten. Aus diesen ursprünglichsten Coniferae entwickelten sich im ↗Mesozoikum mit den b) Pinales (↗Trias bis rezent) die charakteristischen Pinidae, deren weibliche Blüten einen zapfenförmigen Blütenstand bilden. Dieser typische Coniferenzapfen besteht aus vielen, schraubig und wirtelig angeordneten, schuppenförmigen Tragblättern (Deckschuppen), die mit den ihnen achselständig aufsitzenden Samenschuppen (das sind reduzierte Kurzsprosse aus miteinander verschmolzenen sterilen und fertilen Schuppenblättern) verwachsen sind. Die Pinales wachsen zu reichverzweigten Bäumen, seltener zu Sträuchern, mit gabelig- bis parallelladrigen, nadel-, band- oder schuppenförmigen ↗Blättern an oft deutlich differenzierten Lang- und Kurztrieben heran. Nach der Zahl der Samen pro Samenschuppe werden unterschieden: b1) die Araucariaceae (Trias bis rezent; ein Same), als sehr gesetzmäßig verzweigte Bäume, deren ehemals weltweite Verbreitung heute auf die Südhemisphäre zurückgegangen ist; die b2) Pinaceae (Kreide bis rezent; zwei Samen) mit schraubig gestellten Nadeln, holzigen Zapfen und oft großen ↗Pollen mit Luftsäcken, zu denen die mit 4600 Jahren rezent ältesten lebenden Pflanzenindividuen gehören; die b3) Taxodiaceae (Jura bis rezent) mit mehr als zwei Samen sowie Nadeln und holzigen Zapfen, zu denen die mit 100 m Höhe rezent größten Bäume (*Sequoia sempervirenz*, Mammutbaum) und das lebende Fossil Metasequoia gehören; b4) Cupressaceae (Jura bis rezent) mit mehr als zwei Samen und meist schuppenförmigen Blättern und holzigen Zapfen oder fleischigen Beerenzapfen. Die nicht mehr zapfenartigen Blütenstände der b5) Podocarpaceae (Jura bis rezent) tragen nur noch wenige Blüten, und am fertilen Kurzsproß der b6) Taxaceae (Tertiär bis rezent) ist sogar nur noch eine einzige Samenanlage entwickelt, deren Same bei der Reifung von einer fruchtfleischähnlichen Meristem-Wucherung umschlossen wird. [RB]

Pionierpflanzen, Bezeichnung für Pflanzen, die als erste ↗Standorte besiedeln, welche aus natürlichen oder anthropogenen Gründen noch nicht mit ↗Vegetation bedeckt sind, z. B. Schutthalden im Gebirge (↗Schuttflurvegetation) oder künstliche Aufschüttungen (Minenabraum, Rekultivierungen). Auf Felsen handelt es sich um Flechten, Moose und Kräuter, denen wenig anspruchsvolle Holzgewächse folgen. Die Pionierpflanzen tragen zur Bodenbildung bei und werden später meist durch anspruchsvollere Gewächse verdrängt (↗Sukzession), deren Vorkommen jedoch nur durch die vorherige Existenz der Pionierpflanzen ermöglicht wird. Die Pionierpflanzen weisen spezielle Anpassungen an die unwirtlichen Standortbedingungen auf: zahlreiche, über lange Zeit keimungsfähige Diasporen (Samen) mit guter Ausbreitungsfähigkeit, Ausläuferbildung sowie gute Regenerationsfähigkeit der Pflanzen nach mechanischer Schädigung. [DR]

Pipe ↗Kimberlit.

Piper-Diagramm, in der Hydrochemie genutzte graphische Darstellungsform (Kombination von zwei Dreiecken und einem Rhombus), um die unterschiedliche Zusammensetzung der Hauptinhaltstoffe von Wasserproben zu vergleichen.

Piping, *Tunnelerosion*, durch unterirdisch abfließendes Wasser verursachter Prozeß der ↗Erosion, bei dem infolge starker subkutaner Materialabfuhr (↗Suffosion) in standfesten Lockersedi-

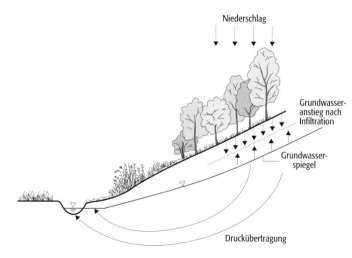

Piston-Abfluß: Bildung von Piston-Abfluß durch Druckübertragung.

Piston-Flow-Modell: Piston-Flow-Modell (a) und Exponentialmodell (b) zur Bestimmung der Verweilzeiten des Grundwassers im Boden.

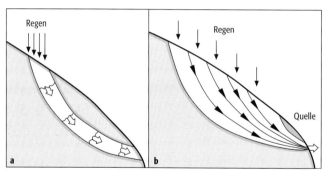

menten, wie z. B. ↗Löß, ein tunnelförmiger Hohlraum, die Pipe, entsteht.
pipkrake ↗Kammeis.
Pîrî Re'îs, Sohn des Hadschi Mehmed, osmanischer Seefahrer und Kartograph, Geburtsdatum unbekannt, als Admiral 1553 in Kairo hingerichtet. Er begann seine Seefahrerlaufbahn unter seinem Onkel, dem 1495/96 in osmanische Dienste getretenen Korsaren Kemâl Re'îs; wurde selbst Kapitän (re'îs). An datierten Karten von ihm sind überliefert: die 1513 in Gelibolu entstandene erste Amerikakarte (Nord- und Mittelamerika), ein Segelhandbuch von 1521, das 1526 als künstlerisch ausgestaltete, von dem Dichter Murâdî überarbeitete Version erschien, sowie von 1528/29 die zweite Amerikakarte (Nordamerika). Der zuerst 1547 nachweisbare Admiral (kapudan) der »Indischen Flotte« Pîrî Beg wird als identische Person angesehen (so bereits von Kâtib Çelebî im 17. Jh.). Die 1929 im Topkapi-Serail in Istanbul entdeckte Amerikakarte ist neunfarbig auf Pergament gezeichnet. Sie bildet, 87 × 63 cm groß, die Ost- und Westküste des Atlantischen Ozeans ab. 1513 vollendet, lagen ihr nach Pîrî Re'îs' Angaben 8 Ptolemäus-Karten, 1 arabische, 4 neue portugiesische Seekarten und die von Columbus gezeichnete Karte der karibischen Inselwelt, die 1498 an das spanische Königspaar gesandt wurde und seit dem verschollen ist, zugrunde. Die an gleicher Stelle aufbewahrte, unvollständig erhaltene Nordamerikakarte zeigt, deutlich verbessert, die Küste von den Antillen bis Labrador. Sein »Segelhandbuch« (Kitâb-i Bahrîye) in der 1521 abgeschlossenen Version liegt in mindestens 22 Handschriften vor. Es fußt auf zeitgenössischen ↗Portolankarten und geht in der Ägäis, in Westalgerien und in Tunesien inhaltlich über sie hinaus. Seit P. Kahle's »Piri Re'is Bahrije« (Leipzig 1926/27) ist eine umfängliche Literatur in türkischer, deutscher und englischer Sprache erschienen. [WSt]
Pisoide ↗Ooide.
Pisolith 1) ↗Höhlenperle. 2) oft schalig aufgebaute Eisen-Aluminium-Konkretionen mit Durchmessern von einigen Millimetern bis Zentimetern in tropischer Verwitterung und in tropischen Böden.
Pistensichtweite ↗meteorologische Sichtweite.
Piston-Abfluß, *Piston-flow*, durch Druckübertragung von vorfluterfernen Flächen auf vorfluternahes Hanggrundwasser bedingtes Zufließen von Wasser (Abb.). Dabei gelangt ↗Vorereigniswasser zum Abfluß (↗Abflußprozeß).
piston cylinder apparatus, engl. Ausdruck für eine ↗Stempel-Zylinder-Presse.
Piston-Flow-Modell, *Kolbenflußmodell*, beschreibt die Input-Output-Funktion eines Transportvorganges als einen konstant senkrecht zur Ausbreitung geschichteten Vorgang. Daraus folgt, daß keine Durchmischung oder Veränderung der Ausgangskonzentration eintritt, so daß alle Wasserteilchen dieselbe Strecke mit derselben Geschwindigkeit zurücklegen. Die natürlichen Abflußbedingungen werden jedoch vielfach besser durch das Exponential-Modell beschrieben (Abb.).
Pitotrohr ↗Böenmesser.
Pixel, *picture element*, Bezeichnung für einen einzelnen Bildpunkt, insbesondere in ↗Satellitenbildern. Je höher die Anzahl der Pixel pro Flächeneinheit ist, umso höher ist die Auflösung des Bildes. ↗Bildelement.
PKiKP, Reflexion von der Grenze zwischen innerem und äußeren Erdkern, ↗Raumwellen.
p-Koordinatensystem, Bezeichnung für ein Koordinatensystem, bei dem anstatt der Vertikalkoordinate z (Höhe über Normalnull) der Luftdruck p verwendet wird. Das p-Koordinatensystem wird in der ↗numerischen Wettervorhersage verwendet, da es eine Reihe von Vorteilen bietet. So liegen die aus aerologischen Messungen abgeleiteten Analysen der Vorhersagegrößen wie Wind und Temperatur entsprechend der synoptischen Arbeitsweise bereits auf Druckflächen vor. Weiterhin werden durch die Wahl der Transformationsgleichung vom z-System ins p-System (statische Grundgleichung) die bei der numerischen Vorhersage störenden, vertikal laufenden Schallwellen ausgefiltert, und schließlich vereinfacht sich eine Grundgleichung (↗Kontinuitätsgleichung). Den Vorteilen steht der Nachteil gegenüber, daß die untersten Modellschichten im p-Koordinatensystem bei vorhandenen Gebirgen die Erdoberfläche schneiden können (z. B. die 1000 hPa-Fläche). Dieses Problem kann bei Verwendung des ↗Sigmasystems umgangen werden. [GG]

PKP, Kompressionswelle, die durch den äußeren Erdkern gelaufen ist. ↗Raumwellen.

Plaggen, *Soden,* die mit Spaten oder Hacke flach abgehobenen Stücke des stark humosen und stark durchwurzelten Oberbodens von ↗Mineralböden, die mit Heide oder Gras bewachsen sind. Die Plaggen wurden nach dem Trocknen als Einstreu verwendet. ↗Plaggenesch.

Plaggenesch, ursprünglich in Dorfnähe gelegene Podsole und Braunerden, seltener Gleye, Marschen und Moore; diese wurden entwässert, umgegraben und eingeebnet. Darauf wurden die ↗Plaggen nach dem Gebrauch als Einstreu in Viehställen aufgetragen. Im Laufe von Jahrhunderten entstand ein künstlich erhöhter, grauer bis brauner, humoser ↗E-Horizont, der 30 bis 60 cm mächtig sein kann. Plaggenesche kommen vorrangig in Irland, den Niederlanden und in Nordwestdeutschland vor. Nach Klassifikation der ↗WRB: Cumulic ↗Antrosols.

Plagiogranit, M-Typ-Granit (↗Granit), ein heller ↗Trondhjemit, der häufig zusammen mit ↗Gabbros in ↗Ophiolithen vorkommt.

Plagioklas, Sammelbezeichnung für alle triklinen Na-Ca-Feldspäte, sowohl für deren Endglieder Albit und Anorthit als auch für deren Mischkristallbildungen (↗Feldspäte). Plagioklase sind die häufigsten Minerale in der äußeren Erdkruste und die Hauptgemengteile von ↗Magmatiten und ↗Metamorphiten.

Plagioklasbasalt, veraltet für ↗Tholeiit.

Plagioklasit ↗Anorthosit.

Plagioklas-Lherzolith ↗Mantelperidotit.

Plagioklas-Peridotit ↗Peridotit.

Plan, unterschiedlich gebrauchter Begriff für meist großmaßstäbige Karten, im allgemeinen ohne Reliefdarstellung. So werden im allgemeinen Sprachgebrauch geometrisch exakte großmaßstäbige Darstellungen – offiziell nicht mehr korrekt – als Plan (z. B. Katasterplan) bezeichnet. Auch die Darstellung einzelner Komponenten des Geländes werden teilweise als Plan (Lageplan, Höhenplan) angesprochen. In gewissem Sinne trifft das auch für den ↗Stadtplan im Unterschied zur komplexen Stadtkarte zu. Im Bereich thematischer Karten werden in der Landes- und Verkehrsplanung alle kartographischen Darstellungen, die einen künftigen Zustand zur Darstellung bringen, als Plan bezeichnet (Bebauungsplan, Regionalplan), während Darstellungen des Bestandes als Karte bezeichnet werden (Flächennutzungskarte – Flächennutzungsplan).

planare Defekte, zweidimensionale Realstrukturerscheinungen von ↗Einkristallen wie ↗Korngrenzen und ↗Stapelfehler. Sie sind spezielle Strukturdefekte.

planares Gefüge ↗Flächengefüge.

planare Stufe, *Ebenenstufe, kolline Stufe,* niedrigste landschaftsökologische ↗Höhenstufe. Bezüglich der globalen ↗Landschaftszonen findet sich hier die klimatisch bedingte Klimaxvegetation (↗Klimax). Sie umfaßt meist Küsten- und Binnenebenen unter 100 m NN. In Mitteleuropa reicht die planare Stufe bis ca. 300 m NN und war ursprünglich überwiegend mit Buchen-Eichen- oder Eichen-Kiefern-Wäldern bewachsen. Diese wurden aber bis heute weitgehend in Kulturland umgewandelt, da die Böden der Schwemmebenen mächtig und nährstoffreich sowie gut bearbeitbar sind. In den inneren Tropen steigt die Höhengrenze der planaren Stufe bis ca. 500 m NN.

Plancksches Strahlungsgesetz, nach Max Karl Ernst Ludwig Planck (1858–1947) benanntes Gesetz: Jeder Körper mit einer Temperatur größer als der absolute Nullpunkt sendet ↗elektromagnetische Strahlung aus, die in Relation zur Temperatur des Körpers und zur Wellenlänge steht:

$$\omega_v = \frac{8\pi h v^3}{c^3 \left(e^{hv/kT}-1\right)^{-1}}$$

mit ω_v = Energiedichte, $h = 6{,}626\,176 \cdot 10^{-34}$ Js (Plancksches Wirkungsquantum), v = Frequenz, c = Lichtgeschwindigkeit, $k = 1{,}381 \cdot 10^{-23}$ J/K (Boltzmann-Konstante), T = Temperatur.

Damit wird die spektrale Energieverteilung der Strahlung eines schwarzen Körpers beschrieben. In der Fernerkundung ist das Plancksche Strahlungsgesetz u. a. bei der Konzeption von Sensoren von Bedeutung. Es dient dabei zur Bestimmung der Energiemaxima strahlender Körper (Sonne, Erde), da ↗passive Fernerkundungsverfahren lediglich die reflektierten Anteile dieser Strahlung aufzeichnen. Das Plancksche Strah-

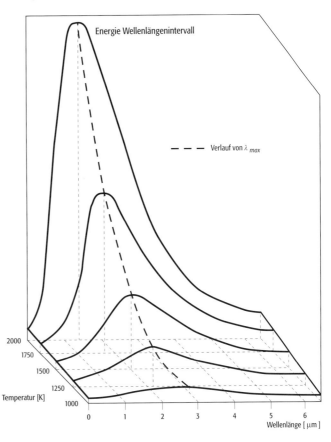

Plancksches Strahlungsgesetz: spektrale Strahlungsverteilung bei verschiedenen Oberflächentemperaturen.

planetare Geodäsie 152

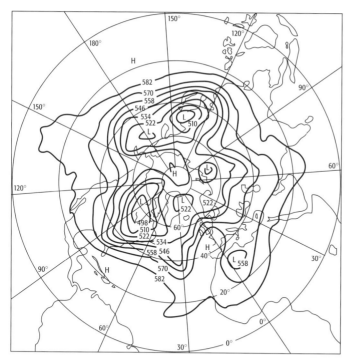

planetarische Wellen: planetarische Wellen in der 500 hPa-Druckfläche, dargestellt durch Isohypsen.

Planiglobus: Planiglobus mit dem Kartennetz des Globularentwurfes.

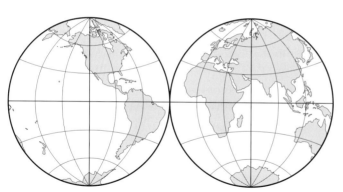

lungsgesetz verdeutlicht, daß mit höheren Temperaturen das Maximum der spektralen ∕Emission zu kürzeren Wellenlängen verschoben wird. Das Maximum der extraterrestrischen Sonnenstrahlung ($T \approx 5900$ K) liegt demnach bei etwa 0,47 µm, während die Erde ($T \approx 290$ K) ihr Strahlungsmaximum bei ca. 9,7 µm besitzt. Dies wird auch anhand der Kurven der Schwarzkörperstrahlung deutlich (Abb.).
Prinzipiell kann davon ausgegangen werden, daß dabei alle Wellenlängen des ∕elektromagnetischen Spektrums abgestrahlt werden, wenngleich ihre Intensitäten mit wachsendem Abstand zur Wellenlänge mit der maximalen Strahlungsabgabe immer schwächer werden. [HW]

planetare Geodäsie, *planetarische Geodäsie*, ∕Geodäsie.

planetare Grenzschicht ∕atmosphärische Grenzschicht.

planetarische Dimension ∕globale Dimension.

planetarischer Formenwandel, zonal angeordnete Abfolge der geographischen Erscheinungen vom Äquator zu den Polen hin. Die mit zunehmendem Breitengrad abnehmende Intensität der Sonneneinstrahlung verursacht primär die verschiedenen ∕Landschaftszonen der Erde. Der planetarische Formenwandel ist zusammen mit dem hypsometrischen, peripher-zentralen und west-östlichen Formenwandel Bestandteil des Geographischen Formenwandels, der die regelhafte Abfolge der ∕Geoökofaktoren über die Erde beschreibt.

planetarische Wellen, großräumige Wellen in der Atmosphäre, deren Hauptschwingungsebene in Nord-Süd-Richtung verläuft. Beispiele hierfür sind stationäre, durch Orographie angeregte Wellen (∕Leewellen) oder wandernde ∕Rossbywellen. Die Wellenlänge liegt im Bereich von einigen Tausend Kilometern. Die Wellen machen sich auf Höhenwetterkarten durch Tröge und Rücken in den ∕Isohypsen bemerkbar (Abb.).

Planetoiden ∕Asteroiden.

Planie, bautechnischer Eingriff, bei dem das Gelände flächig eingeebnet und der Boden zugleich entfernt, gekappt oder überschüttet wird. Dies geschieht z. B. in größerem Umfang in den Alpen beim Bau von Skipisten. Größere ökologische Probleme verursachen vor allem Planien oberhalb der Waldgrenze. Die Bodenbildungsrate und das Vegetationswachstum in dieser Höhe sind deutlich geringer als in tieferen Höhenstufen. Daher ist die Wiederbegrünung und Stabilisierung des planierten Geländes sehr aufwendig und dauert in der Regel mehrere Jahre. Mit der Initialpflanzung von speziell aufgezogenen Arten oder dem Aufbringen von Rasensoden kann der Prozeß beschleunigt werden (Abb. im Farbtafelteil).

Planiglobus, Kartennetz zur Darstellung der ganzen Erde. Die Gruppe der Planigloben benutzt zur Charakterisierung keine geometrischen oder anderen mathematischen Formalismen, sondern ordnet Kartenentwürfe und damit Kartennetze nach praktischen und optischen Gesichtspunkten. Die Kugel wird danach in zwei nebeneinander liegenden Kreisen dargestellt, von denen jeder eine Hemisphäre abbildet. Planigloben werden für die Erde, den Mond und für Planeten verwendet, bei denen die entsprechende Menge von Informationen vorhanden ist und ein globaler Überblick wünschenswert ist. Als ∕Kartennetzentwürfe dienen solche, die sich besonders für die Abbildung der Halbkugel in die Ebene eignen. ∕Azimutale Kartennetzentwürfe spielen also eine wichtige Rolle, insbesondere die orthographische und die stereographische Projektion, aber auch der flächentreue und der mittabstandstreue Azimutalentwurf. Daneben wird das Kartennetz des Globularentwurfs (∕Globularprojektion) für Planigloben verwendet. Der Begriff Planiglobus wird, wie übrigens auch der Begriff ∕Planisphäre, nur noch gelegentlich verwendet. Die Abbildung zeigt als Beispiel das Kartennetz für einen Planiglobus. [KGS]

Planimeter, Analoggerät zur Messung des Flächeninhalts ebener Figuren (*Planimetrie*), speziell zur ↗Flächenbestimmung in Karten und in Plänen. Es arbeitet nach dem Prinzip der mechanischen Integration bzw. der Summation von Teilflächen auf der Grundlage des Umlaufintegrals. Die durch Umfahren des Randes einer Figur bestimmten Umdrehungen einer Meßrolle sind dem Flächeninhalt proportional. Konventionelle Geräte sind mit mechanischen, neuere mit elektronischen Zählwerken und digitaler Anzeige ausgerüstet.

Planimetrie ↗Planimeter.

Planisphäre, Bezeichnung für eine Gesamtdarstellung der Erde in einer geschlossenen Fläche, die häufig eine ellipsenförmige oder ellipsenähnliche Begrenzungslinie besitzt. Beispiele hierfür sind ↗unechte Zylinderentwürfe wie ↗Mollweides unechter Zylinderentwurf, Mercator-Sansons sinusoidaler Entwurf, Kawraiskis unecht zylindrischer Entwurf und Kawraiskis winkeltreuer Entwurf. Man könnte auch ↗Bonnes unechten Kegelentwurf zu dieser Gruppe zählen. Die Verzerrungen in den Randgebieten der Planisphären sind zum Teil beträchtlich. Daher sind in den letzten Jahrzehnten Entwürfe für Planisphären angegeben worden, die auf eine geschlossene Umrißlinie verzichten. Ein Beispiel hierzu ist der sogenannte homolog-sinusoidale Entwurf von Goode (Abb.), der aus Mollweides unechtem Zylinderentwurf abgeleitet ist. Die geringeren Verzerrungen werden durch den Verzicht auf die geschlossene Begrenzungslinie erkauft. [KGS]

Plankter, Organismus, der dem ↗Plankton angehört.

Plankton, Gesamtheit der frei im Wasser schwebenden Organismen (Plankter), die keine oder nur eine sehr geringe Eigenbewegung haben, so daß sie alleine durch Wasserströmungen Ortsveränderungen in horizontaler Richtung durchführen. Man unterscheidet deshalb vom Plankton (Abb.) das ↗Nekton, welches in der Lage ist sich gegen die Strömung fortzubewegen. In vertikaler Richtung sind auch viele Organismen des Planktons in der Lage, Ortsveränderungen in Abhängigkeit von Temperatur, Lichtintensität und chemischen Gegebenheiten durchzuführen. Daher kann in größeren Gewässern eine entsprechende Schichtung des Planktons vorkommen, in Abhängigkeit von Tages- und Jahreszeit. Plankton-Organismen sind gekennzeichnet durch morphologische Sonderbildungen, die das Schweben im Wasser erleichtern und die Absinkgeschwindigkeit verringern. Dazu gehören vor allem die Dichteverringerung durch den Einbau von Öl, Gas oder Fett oder durch die Einlagerung von Wasser (z. B. bei Quallen) und die Oberflächenvergrößerung durch die Entwicklung von Körperanhängen bzw. die Verhältnisoptimierung von Körperoberfläche zu Körpervolumen. Nur wenige Vertreter des Planktons (Foraminiferen, Radiolarien, Diatomeen, verschiedene Flagellaten) haben ein »ballastbringendes« Skelett entwickelt. Nach seiner Größe wird das Plankton klassifiziert in Megaloplankton (> 1 m), Makroplankton (5 mm–1 m), Mesoplankton (1–5 mm), Mikroplankton (0,05–1 mm) und ↗Nanno-

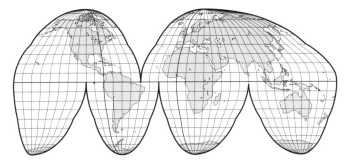

Planisphäre: homolog-sinusoidaler Entwurf von Goode.

plankton (< 0,05 mm). Da das Plankton den vorherrschenden Strömungen unterliegt, kann es über weite Strecken verfrachtet werden. Aufgrund dieser Begebenheit haben fossile Reste von planktonisch lebenden Organismen oftmals den Charakter von ↗Leitfossilien und dienen zur Korrelation geologischer Profile über große geographische Distanzen.

Plankton ist besonders für Fische und Bartenwale eine außerordentlich wichtige Grundnahrung und steht somit am Anfang der ↗Nahrungskette. Plankton besteht aus pflanzlichen Anteilen (↗Phytoplankton, v. a. aus Blaualgen und Algen bestehend) und den als ↗Zooplankton bezeichneten planktisch lebenden Tieren, welche nach heutigem Wissensstand die Hauptmasse des Plankton darstellen. Wichtige tierische Gruppen sind Protozoen, Rotatorien und Crustaceen. Abgestorbenes Zooplankton wird im Meer zu planktogenen Sedimentgesteinen umgewandelt. Die Lebensgemeinschaften des Planktons lassen sich nach Meeres-Plankton (Hali-Plankton) und Süßwasser-Plankton (Limno-Plankton) unterscheiden. Die weitere ökologische Untergliederung ergibt sich aus dem jeweiligen Gewässerbereich. Zum ozeanischen Plankton der freien See gehören vor allem Einzeller, Medusen, Quallen, Schnecken, Kleinkrebse und Manteltiere. Das neritische Plankton der Schelfzone ist zusätzlich mit Larvenstadien von Organismen angereichert, welche im Erwachsenenstadium nicht mehr zum Plankton gehören, beispielsweise Hohltiere, Krebse, Würmer und Fische. Zudem bestehen Unterschiede der Arten-Zusammensetzung im Brackwasser-Plankton und im Plankton salziger Binnenseen. Das Süßwasser-Plankton ist nach Quellen, Fließgewässer und stehenden Gewässern unterteilt, im letzteren Falle zusätzlich nach der Größe des stehenden Wasservolumens (z. B. in Seen, Teichen, Tümpeln).

Planktontrübung, durch Massenentwicklung von ↗Plankton entstehende Trübung oder Färbung des Wassers, z. B. ↗Algenblüte.

Planosols, Stauwasserboden auf ebenen Standorten mit zeitweiliger Vernässung an wasserstauenden Schichten oder Unterbodenhorizonten. Im stark gebleichten ↗Eluvialhorizont sind Eisen- und Manganoxide in ↗Rostflecken oder ↗Konkretionen angereichert. Der tonreiche, oft marmorierte Unterbodenhorizont ist nicht oder wenig wasserdurchlässig. Es ist eine Bodeneinheit der ↗WRB, ähnelt z. T. den mitteleuropäischen

Diatomeen

Coccolithophorideen

Silicoflagellaten

Dinoflagellaten

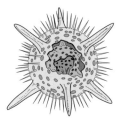
Radiolarien

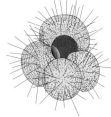
Foraminiferen

Plankton: Beispiele für Plankton.

/Pseudogleyen und /Stagnogleyen nach der /deutschen Bodenklassifikation.

Planplattenmikrometer, Feinmeßeinrichtung optisch-mechanischer Präzisionsnivelliere, die es ermöglicht, einen horizontalen Zielstrahl meßbar so zu verschieben, so daß er durch einen Strich der Lattenteilung verläuft. Dies wird durch eine in den Strahlengang des Objektivs integrierte Planplatte aus optischem Glas erreicht, deren Begrenzungsflächen parallel sind. Aus der Kippung der Platte gegenüber dem Zielstrahl und dem Brechungsindex des Glases läßt sich das Versatzmaß ableiten, daß an einer Mikrometerskala abgelesen werden kann. Dadurch wird die Schätzung der Lage des horizontalen Mittelstriches des Fadenkreuzes innerhalb eines Intervalls der Lattenteilung vermieden und durch eine Ausmessung ersetzt.

Planschwirkung, *Splash*, die beim Aufprall von Regentropfen (/Regentropfenaufprall) auf unbedeckte Bodenoberflächen verursachte Absprengung von Bodenpartikeln und kleinen Aggregaten aus dem Bodenverband, welche zur Bildung von /Verschlämmung beitragen bzw. im /Oberflächenabfluß suspendieren und abgespült werden (/Abspülung). Beim Tropfenaufprall entsteht ein Krater auf der Bodenoberfläche, wodurch die Vertikalkräfte des Tropfens in Radialkräfte transformiert werden, so daß Wasser-Bodentröpfchen von der Kraterkrone abgesprengt werden. Der Durchmesser der abgesprengten Partikel ist proportional zur Kratertiefe, welche eine Funktion der Tropfenenergie einerseits und des Bodenwassergehalts andererseits ist. Eine Wasserschicht auf der Oberfläche puffert die Tropfenenergie ebenso ab wie die Bedeckung mit lebender oder abgestorbener Vegetation, was ein Hauptfaktor der erosionsmindernden Wirkung von Bodenbedeckung ist. /Regentropfenerosion. [KHe]

Plantae, *Landpflanzen i.e.S.*, vielzellige, photoautotrophe Organismen mit echten Geweben. Zum Regnum Plantae zählen die /Embryophyten /Bryophyta, /Pteridophyta und /Spermatophyta. Die Pflanzen haben sich aus /Chlorophyta, wahrscheinlich aus der Verwandtschaft ursprünglicher /Charophyceae entwickelt und nachweislich ab dem /Silur das Land besiedelt. Seitdem bauen sie ihre Stellung zum dominierenden Primärproduzenten von Biomasse im Kohlenstoffkreislauf des Systems Erde aus. Nach Schätzungen beträgt die derzeitige globale lebende Biomasse $110-180 \cdot 10^{10}$ Tonnen, davon sind über 99 % terrestrische Biomasse und davon fast 100 % terrestrische Phytomasse. Entsprechend groß sind deshalb aber auch durch Pflanzenphotosynthese und Pflanzenrespiration mitbeeinflußte O_2- und CO_2-Gehalte der (Paläo-) Atmosphäre.

Plantage, vor allem in tropischen, subtropischen und mediterranen Gebieten der Erde vorkommender landwirtschaftlicher Großbetrieb. Charakteristisch für die kapital- und arbeitsintensive Plantagenwirtschaft ist der Anbau von mehrjährigen Kulturen und die technische Einrichtung für die Aufbereitung und Verarbeitung der Agrarprodukte. Typische, in der Regel als /Monokultur angebaute und dadurch auch in gewissem Umfang mit einem Anbaurisiko verbundene Plantagenpflanzen sind Kaffee, Tee, Bananen, Zuckerrohr, Reben und Kautschuk, die vorwiegend für den Export bestimmt sind.

Planung, allgemeiner Begriff für das Erstellen von Konzepten zur /Raumordnung und Raumentwicklung (/Raumplanung, /ökologische Planung).

Planungsatlas, eine systematische Sammlung von meist /synoptischen Karten, die räumliche Strukturen, Funktionen und Entwicklungen in einer für den jeweiligen Planungszweck abgegrenzten Region darstellen (/Planungskartographie, Planungskarte). Die starke Durchdringung der Atlanten mit Text, Tabelle, Bild, Graphik u. a. Informationstypen wie auch ein durchgängiges gestalterisches Gesamtkonzept und eine übersichtliche Maßstabsreihe erleichtern den Blick auf planerische Fragestellungen. Planungsatlanten umfassen alle raumbezogenen Wissensbereiche vom Naturraum über Bevölkerung, Siedlung, Wirtschaft, Verkehr, Bildung, Freizeit und Erholung bis hin zur Gesundheitsfürsorge, zum Umweltschutz und zu Verwaltungsstrukturen. Mehr und mehr werden heute die Möglichkeiten moderner Medien, wie z. B. /elektronische Atlanten (Analyseatlanten), genutzt, um eine abwägende Bewertung der räumlichen Phänomene nach Ursachen und Wirkungen und ihre Projektion in die Zukunft zu erleichtern. [WD]

Planungsbeteiligungskarte /Planungskarte.

Planungsfestlegungskarte /Planungskarte.

Planungsinformationssystem, *PLIS*, in der Raumplanung und verwandten Arbeitsbereichen verwendetes System, das mit Hilfe von DV-Werkzeugen die Gewinnung, die Speicherung, die Organisation, die Analyse und Verarbeitung, die kartographische Darstellung oder den Abruf und Austausch von Planungsinformationen ermöglicht. Unter dem Begriff des Planungsinformationssystems wird in der Regel ein Softwarewerkzeug verstanden, das in Form eines /Geoinformationssystems zur Analyse von raumbezogenen Planungsinformationen, deren Weiterverarbeitung und kartographischen Darstellung eingesetzt wird. Auf der Basis von /Bestandskarten in Form von /digitalen Karten können mit Hilfe der jeweiligen Funktionalitäten des Planungsinformationssystems die planerische Ausgangssituation inhaltlich und räumlich analysiert sowie Möglichkeiten und Erfordernisse der weiteren Entwicklung abgeleitet werden. Eine weitere, weniger gängige Begriffsbestimmung faßt das Planungsinformationssystem als Daten- und Kartensammlung auf, das über Internet- oder Intranet-Netzwerke eine Abfrage oder Recherche von Planungsinformationen ermöglicht. Planungsinformationssysteme in diesem Sinne beinhalten aufbereitete planungsrelevante Informationen in Form von Karten, Tabellen, Texten und Grafiken, die zur Information des Nutzers dienen und von diesem in der Regel nicht unmittelbar weiterverarbeitet werden können. Sie werden für die verwaltungsinterne Informationsvermittlung und die Bürgerbeteiligung verwendet. Mit der Entwicklung der ↗graphischen Datenverarbeitung in der Kartographie und der verstärkten Integration quantitativer Methoden in der Raumplanung wurden seit den 1970er Jahren erste eigenständige Planungsinformationssysteme in der institutionellen Raumplanung realisiert. Eine schnellere ↗Kartenherstellung und somit ein unmittelbarer Bezug zu den erforderlichen raumbezogenen Informationen, schnellere Bearbeitungs- und vielfältigere Analysemöglichkeiten von Information sowie die Verwendbarkeit auch komplexer statistischer Verfahren waren die Hauptziele dieser Entwicklung. Konzeptionelle Mängel bei der Abschätzung der Nutzbarkeit der neuen Technologie, komplexe Technik und unzureichende Zugänglichkeit zu Planungsinformationen für externe Planungsbeteiligte bei gleichzeitig hohem finanziellen und personellen Einsatz führten aber zu einem Rückzug der öffentlichen Planungsträger aus der Entwicklung von Planungsinformationssystemen. Heutige Entwicklungen werden in der Regel von planungsexternen Firmen in Zusammenarbeit mit den Planungsinstitutionen realisiert. Dadurch ist eine Anpassung auf die individuelle ↗Kommunikationssituation und das Informationsbedürfnis jedes einzelnen Planungsträgers möglich. Als Basis für Entwicklungen wird dabei häufig ein marktgängiges Geoinformationssystem verwendet, das dann durch planungsspezifische Module zum Planungsinformationssystem erweitert wird. Die Kombination von Planungsinformationssystemen mit ↗Expertensystemen ermöglicht überdies eine verstärkte Integration von Planungsmethoden in Planungsinformationssysteme. [TB]

Planungskarte, in der Raumplanung verwendete thematische Kartenart. Planungskarten im engeren Sinn sind dadurch gekennzeichnet, daß sie zukünftige räumliche Entwicklungssituationen eines Planungsgebietes bis hin zur rechtsverbindlichen *Planungsfestlegungskarte*, die die Ergebnisse eines Planungsverfahrens wiedergibt, abbilden. Planungskarten sind einer der breitesten Anwendungsbereiche der Thematischen Kartographie. Sowohl innerhalb der Raumplanung während des eigentlichen Planungsvorganges als auch für die externe Kommunikation mit Planungsbeteiligten (*Planungsbeteiligungskarte*), und der Öffentlichkeit sind sie als wichtiges Arbeitsmittel in planerische Verfahrensweisen integriert.

Durch die hierarchische Gliederung der behördlichen Raumplanung in Deutschland in Bundesraumordnung, Landes-, Regional- sowie Stadt- und Gemeindeplanung und deren vielfältige querschnittsbezogene Aufgabenbereiche existieren eine Vielzahl von unterschiedlichen Planungskarten, die sich nach ihrem Karteninhalt, ihrem ↗Maßstab, ihrer Funktion im Planungsprozeß und ihrer gesetzlichen Verbindlichkeit unterscheiden. Nur wenige Planungskarten wie etwa Landesraumordnungspläne, ↗Regionalpläne, ↗Flächennutzungspläne oder ↗Bebauungspläne basieren dabei auf gesetzlichen Vorschriften. Daneben existieren zahlreiche weitere Planungskarten, die in allen Bereichen raumplanerischer Tätigkeit verwendet werden (↗Planungskartographie). Konkrete ↗Zeichenvorschriften, z. B. in Form von ↗Planzeichen, existieren nur für die Flächennutzungs- und Bebauungspläne im Bereich der Bauleitplanung. Für alle anderen in der Raumplanung verwendeten Karten existieren solche Zeichenvorschriften nicht. Die Abbildung von Informationen mit auf die Zukunft gerichtetem Zeithorizont in Planungskarten macht eine spezifische Darstellung der Inhalte erforderlich. Einerseits müssen die zukunftsbezogenen Informationen als unsicher und somit inhaltlich oder geometrisch nicht eindeutig definierbar angesehen werden, andererseits müssen sie aber doch durch konkrete ↗Zeichen in der Karte abgebildet werden. Zukunftsbezogene Informationen werden deshalb in Planungskarten häufig von einer Abbildung des Ist-Zustandes ausgehend durch entsprechende »unsichere« Zeichenvariationen dargestellt (↗graphische Variablen). Die Herstellung von Planungskarten erfolgt zunehmend im Rahmen der Arbeit mit ↗Planungsinformationssystemen. Dadurch ist eine flexiblere inhaltliche und graphische Anpassung auf unterschiedliche Verwendungszwecke der Karten möglich. Neue Entwicklungen gehen dahin, Planungskarten als ↗interaktive Karten insbesondere für den Bereich der Planungsbeteiligung über Internet oder Intranet zur Verfügung zu stellen. Den Planungsbeteiligten soll damit die Möglichkeit gegeben werden, sich unmittelbar über ↗Bildschirmkarten am Planungsprozeß zu beteiligen. [TB]

Planzeichen, die in großmaßstäbigen ↗Planungskarten (häufig als Pläne bezeichnet) verwendeten ↗Kartenzeichen und ↗Zeichensysteme. Planzeichen im engeren Sinn sind die in der ↗Planzeichenverordnung (Verordnung über die Ausarbeitung der ↗Bauleitpläne und die Darstellung des Planinhalts, PlanzV) enthaltenen Zeichen und Zeichenvorschriften. Deren inhaltliche Definition erfolgt in der Bundesrepublik Deutschland im Baugesetzbuch (BauGB) und der Baunutzungsverordnung (BauNV). Die Planzeichenverordnung bildet eine der wenigen kartographischen Zeichenvorschriften, die für Behörden und Bürger rechtlich bindende Wirkung besitzen.

Planzeichenverordnung, *PlanzV*, Verordnung über die Ausarbeitung der ↗Bauleitpläne und die Darstellung des Planinhaltes. In der PlanzV sind die formale und kartographische Gestaltung von Bauleitplänen geregelt. Als Planunterlagen für Bauleitpläne werden meist Flurkarten oder Stadtgrundkarten mit topographischen Ergänzungen verwendet, die in Genauigkeit und Vollständigkeit den Zustand des Plangebietes in einem für den Planinhalt ausreichenden Grade erkennen lassen. Als Planzeichen für die Darstellung von Objekten sollen die in der Verordnung angelegten Planzeichen verwendet werden. Die verwendeten Planzeichen sind im Bauleitplan zu erklären.

Plastizität: a) Spannungs-Deformations-Kurve für ein plastisches Material, b) Modell nach St. Venant für Plastizität: die Gleitplatte (σ = Spannung, ε = Deformation).

Plasma, besteht in der Magnetosphäre vor allem aus Protonen, und einigen Prozenten und Sauerstoff, Helium und den dazugehörigen Elektronen. Es stammt einerseits aus dem Sonnenwind, der über rekonnektierte Magnetfeldlinien in die Magnetosphäre eindringen kann, und andererseits aus der Ionosphäre. Man unterscheidet zwischen kaltem und warmen Plasma, abhängig von dem Verhältnis von magnetischer zu thermischer Energie.

Plasmapause, relativ scharfe Begrenzung der Plasmasphäre mit hoher Plasmadichte (10^3cm^{-3}) in einem geozentrischen Abstand von etwa 3-5 R_E.

Plasmaphysik ↗Magnetohydrodynamik.

Plasmasphäre, mit der Erde corotierende Region der Magnetosphäre, in der kaltes Plasma erhöhter Dichte existiert. Sie wird begrenzt durch magnetische Feldlinien (↗Plasmapause), die in der Äquatorebene einen Abstand von ca. 4 R_E vom Erdmittelpunkt haben.

plastische Deformation, *plastische Verformung*, irreversible, hauptsächlich von ↗Versetzungen getragene Verformung eines Ein- oder Polykristalls unter Einwirkung einer ausreichend hohen Spannung. Im wesentlichen ist die plastische Verformung auf die Erzeugung und Bewegung von Versetzungen zurückzuführen. Besonders bei höheren Temperaturen können jedoch weitere Deformationsprozesse hinzukommen. Da sich während der plastischen Verformung die Versetzungsdichte drastisch erhöht und Versetzungen verschiedener ↗Gleitsysteme sich zunehmend in ihrer Bewegung gegenseitig behindern, kommt es durch die plastische Deformation zu einer Verfestigung der Kristalle. Im Spannungs-Dehnungsdiagramm äußert sich dies durch eine weitere Erhöhung der Spannung σ mit zunehmender Dehnung ε. In einem Zugexperiment ist damit gleichzeitig eine Querschnittsabnahme der Probe und damit eine zusätzliche Erhöhung der effektiven Spannung verbunden. Die Spannung nimmt wieder ab, sobald eine lokalisierte Einschnürung der Probe auftritt, die dann zum Bruch führt. Dieses Verhalten ist typisch für duktile Metalle. Der Punkt im σ-ε-Diagramm, an dem das linear elastische in das plastische Verhalten übergeht, wird als *Streckgrenze* bezeichnet. Da es bei den meisten Materialien schwierig ist, diesen Punkt genau festzulegen, wird dafür definitionsgemäß diejenige Spannung angegeben, für die sich eine plastische Dehnung von $\varepsilon = \Delta l/l = 0{,}2$ % eingestellt hat. Man spricht dann von der $\sigma_{0,2\%}$-Streckgrenze. Die Maximalspannung im σ-ε-Diagramm wird als *Zugfestigkeit* und die Dehnung bis zum Bruch als *Bruchdehnung* bezeichnet. Das Integral $|\sigma d\varepsilon$ ist ein Maß für die Duktilität und damit für die zum Zerreißen des Probenkörpers notwendige Energie. [EW]

plastische Kristalle, dreidimensional periodische Anordnung von Molekülen, die bereits alle in einer Flüssigkeit möglichen Rotationsfreiheitsgrade einnehmen können. Eine Reihe von Kristallen aus nahezu kugelförmigen Molekülen mit schwachen intermolekularen Bindungskräften zeigt beim Übergang vom Kristall zur Schmelze diese plastische Zwischenphase.

plastisches Fließen, ist für den nichtreversiblen Anteil einer Deformation eines Körper verantwortlich. Kriechmodelle beschreiben das Verhalten derartiger Körper (Power-law-creep, Power-law-Kriechen, ↗Rheologie). Quasielastisch, bedeutet, daß sich ein Körper bei kleinen und kurzfristigen Deformationen elastisch verhält, jedoch reagiert er gegenüber starken und/oder langfristigen Deformationen plastisch. In diesem Sinne muß das Verhalten von Gesteinen als quasielatisch bezeichnet werden. Beim Durchlaufen seismischer Wellen verhalten sich Gesteine in guter Annäherung elastisch, gegenüber tektonischen Beanspruchungen jedoch als nichtelastisch.

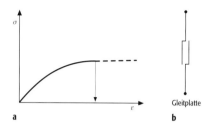

Plastizität, Fähigkeit eines Materials zu einer bleibenden Deformation, bevor es zum Bruch kommt. Die Verformung bleibt auch nach der Entlastung erhalten (Abb.). Neben Plastizität unterscheidet man zwischen ↗Sprödigkeit und ↗Elastizität. Die Plastizität eines Bodens ist ein Maß für sein ↗Wasserbindevermögen. Nur kleine Körner (vor allem die Tonminerale) besitzen ein genügend großes Wasserbindevermögen. Daher ist es nur bei feinkörnigen Böden oder beim Feinanteil gemischtkörniger Böden sinnvoll, von Plastizitätseigenschaften zu sprechen. Die Plastizität kann auch mit einer Gleitplatte verglichen werden. Bei vielen Mineralarten lassen sich die Einzelindividuen durch einseitige mechanische Beanspruchung ohne Bruch oder Spaltung plastisch deformieren. Diese Verformung ist eine homogene Gitterdeformation, unterscheidbar als Translation und Zwillungsgleitung (↗Gleitung).

Plastizitätsdiagramm, Diagramm, bei dem die ↗Plastizitätszahl gegen die ↗Fließgrenze aufgetragen wird. Es dient zur Unterscheidung zwischen ↗Schluff und ↗Ton nach bodenmechanischer Definition. Alle anorganischen Böden, die im Diagramm (Abb.) unterhalb der A-Linie liegen und eine Plastizitätszahl < 4 besitzen, sind Schluffe. Alle anorganische Böden oberhalb der A-Linie mit einer Plastizitätszahl > 7 sind Tone. Organische Böden liegen immer unter der A-Linie.

Plastizitätsgrenzen, Grenzen zwischen den Zustandsformen fest, halbfest, steif, weich, breiig und flüssig. Diese sind direkt vom Wassergehalt abhängig und können an einem Konsistenzbalken aufgetragen werden.

Plastizitätsindex ↗Plastizitätszahl.

Plastizitätszahl, I_p, Plastizitätsindex, Bildsamkeitszahl, ist ein Maß für die Plastizität eines bindigen

Bodens. Sie wird als Differenz zwischen ↗Fließgrenze W_L und ↗Ausrollgrenze W_P berechnet ($I_P = W_L - W_P$) und dient nach DIN 18 196 und dem Plastizitätsdiagramm nach Casagrande zur Unterscheidung, ob nach bodenmechanischer Definition ein Schluff oder Ton vorliegt.

Plastosole, veraltete Bezeichnung für ↗Fersiallite der deutschen Bodenklassifikation und ↗Nitisols der ↗WRB.

Plateau-Basalt ↗Flutlava.

Plateaugletscher, durch Schneeakkumulation entstandene kappenartige Eismasse von geringer Mächtigkeit auf wenig reliefierter, welliger bis kuppiger Hochfläche, deren Eisbewegung vom Zentrum aus divergierend stattfindet. Plateaugletscher bilden einen eigenen Typ der ↗Vergletscherung, die ↗Plateauvergletscherung. Ein bekanntes Beispiel für einen Plateaugletscher ist der Vatnajökull auf Island, der mit rund 8500 km² der größte Gletscher Europas ist.

Plateauvergletscherung, die ↗glaziale Überformung welliger bis kuppiger Hochflächen durch ↗Plateaugletscher. Charakteristisch ist ein gemeinsames ↗Nährgebiet und getrennte ↗Zehrgebiete, die als vom Eisplateau abfließende ↗Talgletscher ausgebildet sind. Häufig sind zahlreiche ↗Transfluenzpässe vorhanden. Dieser Vergletscherungstyp ist typisch für die norwegischen Fjell-Hochflächen, weshalb er auch als der norwegische Typ der ↗Vergletscherung bezeichnet wird. Während der letzten Kaltzeit trug auch der Feldberg im Schwarzwald eine Plateauvergletscherung, von der aus die Talgletscher fransenartig abflossen.

Platin, [von spanisch plata = Silber], Pt, chemisches Element aus der VIII. Hauptgruppe des Periodensystems. Platin zählt zu den Edelmetallen. Obwohl schon die Ägypter im 7. Jh. v. Chr. Metallgefäße mit Platineinlagen verzierten, wobei das Platin wahrscheinlich aus Flußseifen (↗Seife) Äthiopiens stammte, ist in anderen Teilen des nahen Orients und auch im antiken und mittelalterlichen Europa keine Platinverwendung nachweisbar. Dagegen gibt es aus dem Inkareich Kunstgegenstände aus Platin-Gold-Silber-Legierungen. 1741 lernte C. Wood Platin aus Kolumbien kennen und charakterisierte es später als ein neues Metall. A. D. Ulloa nannte es 1748 Platina (Silberchen), 1803 bis 1805 wurde von S. Tennant und von W. H. Wollaston aus dem Roh-Platin Palladium, Rhodium, Iridium und Osmium isoliert. Bis 1826 stammte das meiste Platin aus Kolumbien. 1819 wurde das Platin des Urals entdeckt, aus dem z. T. auch Fälschungen von Silbermünzen hergestellt wurden. In russischem Platin wurde 1845 durch C. Claus das Element Ruthenium gefunden und 1925 fand H. Merensky im ↗Bushveld-Komplex Transvaals die größten Platinlagerstätten der Erde. [GST]

Platingruppenelemente, *PGE*, chemisch nahe verwandte Edelmetalle der VIII. Nebengruppe des Periodensystems. Dazu zählen Iridium, Osmium, Palladium, Platin, Rhodium und Ruthenium.

Platinlagerstätten, natürliche, wirtschaftlich gewinnbare Konzentrationen der ↗Platingruppen-Elemente (PGE: Pt, Os, Ir, Rh, Ru, Pd) in der Erdkruste. Zusätzlich zu der traditionellen Verwendung von PGE in der chemischen Industrie, bei der Erdölraffinerie, in der Zahnheilkunde und der Schmuck-Industrie ist weltweit die Verwendung von PGE als Katalysatoren zur Abgasreinigung in der Automobilindustrie getreten. Letztere verbrauchte 1997 48 % der Weltproduktion an PGE. Dies hat das internationale Interesse an und die Suche nach Platinlagerstätten angeregt. Die überwiegende Zahl wirtschaftlich bedeutender Platinlagerstätten sind an geschichtete magmatische Komplexe (Layered Igneous Complexes, LIC) in präkambrischen Schilden (↗Präkambrium) gebunden. Dabei sind Vorkommen, in denen PGE das Hauptziel der Abbautätigkeit darstellen (↗Bushveld-Komplex in Südafrika, Stillwater in den USA) von solchen zu unterscheiden, in denen PGE Nebenprodukte der Gewinnung von Nickel und Kupfer sind (↗Sudbury in Ontario, Norilsk in Sibirien, Pechenga auf der Kola-Halbinsel in Rußland).

Die größte und wirtschaftlich bedeutendste Platinlagerstätte der Welt ist derzeit das Merensky Reef im südafrikanischen Bushveld-Komplex. Es wird petrographisch als Pyroxen-Plagioklas-Pegmatoid bezeichnet. Das Merensky Reef ist eine bis zu 1 m mächtige Schicht, sie fällt flach gegen das Zentrum des schüsselförmigen Bushveld-Komplexes ein und kann über hunderte von Kilometern verfolgt werden. Es sitzt in einer Folge von ↗ultrabasischen Gesteinen (Pyroxenite, Anorthosite) in der »Critical Zone« des Bushveld-Komplexes auf. Die Platingruppen-Elemente bilden diskrete Minerale, wobei Sulfide, Arsenide, Antimonide und Telluride von Platin und Palladium sowie Pt-Fe-Legierungen überwiegen. Diese treten zusammen mit Pyrrhotin ($Fe_{1-x}S$), Pentlandit (($NiFe)_9S_8$), Kupferkies ($CuFeS_2$) und Phyllosilicaten (Biotit, Sericit, Talk) an Korngrenzen zwischen grobkörnigem Pyroxen, Plagioklas und Chromit auf. Die Durchschnittsgehalte an PGE im Merensky Reef liegen zwischen 5 und 10 g/t, die Jahresproduktion bei insgesamt 220 t; der Preis für Platin pro Unze (28 g) lag 1999 bei 380 US$, von Palladium bei 130 US$.

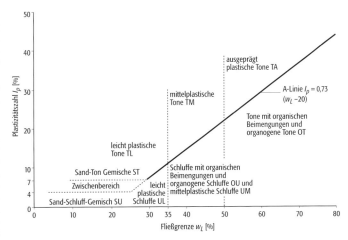

Plastizitätsdiagramm: Plastizitätsdiagramm nach Casagrande.

An zweiter Stelle der PGE-Produzenten stehen die Permo-Triassischen Lagerstätten von Norilsk–Talnakh in Sibirien. Hier treten große, linsenförmige Körper von Nickel-Kupfer-Sulfiden (Pyrrhotin, Pentlandit, Kupferkies) in einer Abfolge von ↗Gabbros und ↗Noriten auf; die aufsteigenden, basischen Magmen haben evaporitische Sedimente (↗Evaporite) der jungpaläozoischen Tungusk-Formation im Liegenden durchsetzt. Die regionale Verteilung der Erzkörper ist durch ein System von Verwerfungen bestimmt, an deren Kreuzungspunkten vorzugsweise Mineralisation auftritt. Die komplexe PGE-Mineralogie wird von Palladium-Telluriden und Sulfiden dominiert; kalium- und chlorführende Sulfide werden der Wechselwirkung zwischen Magma und Evaporiten zugeschrieben. Die Norilsk-Erze sind einer der wichtigsten Devisenbringer der russischen Wirtschaft; aus ihnen stammen 32,7 % der Weltproduktion an PGE. Die Verhüttung von 2,8 Mio. t sulfidischer Erze pro Jahr hat zu intensiver Umweltzerstörung und Vernichtung der empfindlichen, subarktischen Vegetation im Gebiet von Norilsk-Talnakh geführt. Erfolgversprechende Gegenmaßnahmen scheitern am Geldmangel. Die historisch bedeutsamen Platinlagerstätten des Urals spielen heute wirtschaftlich keine Rolle mehr. Im Stillwater-Komplex in Montana (USA) werden seit Ende der 1980er Jahre kleine Mengen von Platinmetallen, vorwiegend Palladium, gewonnen. Vorkommen von PGE im geschichteten Komplex des Great Dyke in Simbabwe stehen vor der Aufnahme der Produktion.

Die Frage der Genese der Platinlagerstätten in geschichteten magmatischen Komplexen hat seit etwa 1970 zu lebhaften Kontroversen in der Lagerstättenforschung geführt. Zwei Konzepte werden diskutiert: a) »orthomagmatische« Entstehung: Die Zufuhr neuen, basischen Magmas führt zu lebhafter Mischung (»turbulent mixing«) mit bereits intrudierten Magmen und zur Abtrennung von Sulfidmagma in Form mikroskopisch kleiner Fe-Ni-Cu-Sulfid-Tröpfchen (»globules«). Diese sinken, der Schwerkraft folgend, wegen ihres höheren spezifischen Gewichtes im silicatischen Magma langsam ab, nehmen am Weg PGE aus der Schmelze in Monosulphide Solid Solution (mss) auf (»scavenging«) und kommen schließlich auf einem bestimmten Horizont, z. B. dem des Merensky Reefs, zur Ruhe. Theoretisch wird dieses Konzept durch Berechnung der Verteilungs-Koeffizienten der PGE zwischen sulfidischem und silicatischem Magma untermauert; dieses quantifiziert die Affinität der PGE für Sulfide (im Gegensatz zu Silicaten). b) fluidgesteuerte (»hydrothermale«) Entstehung: In einer nach der Intrusion von unten nach oben abkühlenden Folge mafisch-ultramafischer Gesteine entweichen die stets vorhandenen flüchtigen Bestandteile (H_2O, CO_2, CO, CH_4, Cl etc.) mit zunehmender Kristallisation in Bereiche höherer Porosität, d. h. ins Hangende. Dabei werden Bunt- und Edelmetalle als Chloride transportiert und konzentriert. Schließlich kommt es an einer petrologisch-geochemischen Diskontinuität zur Bildung eines stratiformen Pegmatoids (z. B. das Merensky Reef) und zur Bildung von Phyllosilicaten, Buntmetall-Sulfiden und Platingruppen-Mineralen.

Intensive hydrothermale Umwandlung und das verbreitete Auftreten von Graphit ($CH_4 + CO_2 \rightarrow 2C + 2 H_2O$), besonders im Bereich der sogenannten »potholes«, begleiten diese Vorgänge. ↗Flüssigkeitseinschlüsse zeigen erhöhte NaCl-Gehalte im mineralisierten Merensky Reef, hohe CH_4-Gehalte in erzfreien Schichten. Experimentelle Arbeiten haben in den letzten Jahren die quantitativen Parameter (P,T,X) des Transportes von PGE in wäßrigen Lösungen ermittelt. So ist es z. B. möglich, in einer 1 M NaCl–Lösung bei 325°C 50 ppb (parts per billion) Platin zu transportieren. Es erscheint somit wahrscheinlich, daß ↗fluide Phasen eine wesentliche Rolle nicht nur bei der Umverteilung (Re-Distribution) magmatisch gebildeter PGE-Gehalte spielen, sondern auch bei der Entstehung von ↗stratiformen PGE-Konzentrationen unerläßlich sind. Hingegen besteht kein Zweifel daran, daß in Lagerstätten von sulfidischen Cu-Ni-PGE wie Sudbury, Pechenga und Norilsk der Transport von PGE in sulfidischen Magmen eine wesentliche Rolle spielt. Dafür sprechen auch die z. T. sehr hohen (bis 0,x %) Pd- und Rh-Gehalte im Pentlandit dieser Vorkommen.

In den an ultramafische Gesteine in ↗Ophiolithen und in geschichteten magmatischen Komplexen gebundenen Chromitlagerstätten treten PGE in z. T. wirtschaftlich interessanten Konzentrationen auf. Das ophiolitische Kempirsai-Massiv im südlichen Ural (Kasachstan) führt nach dem Bushveld-Komplex die größten Chromitlagerstätten der Welt mit PGE-Gehalten von bis zu 1 g/t. Die »Upper Group«-Chromite (UG 1–6) im Anorthosit im Liegenden des Merensky-Reefs führen PGM (Platingruppen-Minerale) mit wirtschaftlichen Konzentrationen von bis zu 5 g/t im UG-2-Horizont.

Zusätzlich zu Platinlagerstätten in magmatischen Gesteinen sind in den letzten Jahren auch Vorkommen im sedimentären Bereich bekannt geworden. Besonders ↗Schwarzschiefer verschiedenen geologischen Alters spielen hier eine Rolle. Am besten untersucht ist bisher der ↗Kupferschiefer, dem Polen seine Stellung als größter Kupferproduzent Europas verdankt. Hier wurden in wenigen Millimeter mächtigen Schichten bis zu 200 g/t PGE nachgewiesen, die an eine Vielzahl von PGE-Mineralen und Legierungen gebunden sind. Flüssigkeitseinschlüsse in ↗Gangarten des Kupferschiefers weisen auf Bildungstemperaturen von maximal 185–230°C hin; auch die PGE sind so in tiefthermalen Lösungen transportiert und abgesetzt worden. ↗Platinseifen. [EFS]

Platinminerale, infolge ihres edlen chemischen Charakters treten Platin und Platin-Metalle gediegen oder miteinander legiert vor. Daneben gibt es von Pt, Pd und Ru Verbindungen mit Schwefel bzw. Arsen und Antimon. Wichtige Minerale sind: Platin (meist mit Fe und den anderen Platinmetallen legiert (Pt, kubisch, 75–90 % Pt),

Sperrylith (PtAs$_2$, kubisch, 57 % Pt), Cooperit (PtS, tetragonal, 86 % Pt), Stibiopalladinit (Pd$_3$Sb, rhombisch?, 70 % Pt) und Osmiridium ((Os,Ir), hexagonal, 100 % Os,Ir).
Platin ist ein silberweißes, sehr dehnbares Metall, das meist in unregelmäßigen oder abgerollten Klümpchen (/Platin-Nuggets) gefunden wird. Ein Eisengehalt von 4–21 % ist stets vorhanden, die eisenreichen Varietäten werden als Eisenplatin bezeichnet. Ebenso sind andere Platinmetalle (Pd, Ir, Os, Ru, Rh) zulegiert. Iridiumreiches Platin führt auch den Namen Iridiumplatin. Andere gediegene Platinmetalle wie Palladium und Iridium sind selten. Die Legierungen von Os mit Ir als Osmiridium (Newjanskit) bzw. Iridosmium (Syssertskit), die außerdem Ru, Pt und Rh enthalten, sind die Hauptquelle für Iridium. Der zinnweiße Sperrylith ist der Hauptträger des Pt-Gehaltes in Nickel-Magnetkies-Lagerstätten. Er enthält oft kleine Mengen Rh, Fe, Pd und Sb. Cooperit ist stahlgrau und ein wichtiges Platinmineral im /Bushveld-Komplex. Dort findet sich auch der ähnliche Braggit ((Pt,Pd,Ni)S) und der kristallographisch dem Sperrylith entsprechende Laurit (RuS$_2$). Stibiopalladinit ist nur in mikroskopischer Größe bekannt. Er ist der Hauptträger des Pd-Gehaltes der Nickel-Magnetkies-Lagerstätten. [GST]

Platin-Nuggets, unregelmäßige oder abgerollte Klümpchen aus gediegenem Platin mit einem Eisengehalt von 4–21 %. Eisenreiche Varietäten werden als Eisenplatin bezeichnet. Ebenso sind andere Platinmetalle (Pd, Ir, Os, Ru, Rh) zulegiert. /Platin, /Platinminerale.

Platinoide, Sammelbezeichnung für die sechs Elemente der Platingruppe: Platin, Palladium, Osmium, Iridium, Rhodium und Ruthenium. Diese (insbesondere die beiden erstgenannten) bilden eine Fülle von Platinoidmineralen. /Platinminerale.

Platinseifen, in /Seifen, vor allem in Flußseifen, angereicherte Konzentrationen von Mineralen der Platingruppe (PGM), vor allem Pt-Fe-Legierungen (Isoferroplatinum, Tetraferroplatinum) sowie hexagonales Osmium (Os) und kubisches Iridium (Ir). Dazu kann noch Gold treten sowie (seltener) Telluride, Sulfide und Arsenide der /Platingruppenelemente (PGE). Weitere Minerale in den Platinseifen sind Chromit, Olivin, Pyroxene und Quarz. Die Korngröße der »Platin-Nuggets« kann bis zu 5 mm erreichen und übertrifft damit die durchschnittliche Größe von PGM in primären Lagerstätten. Die ersten Platinseifen wurden von den Spaniern im Gebiet des Choco (Kolumbien) entdeckt und abgebaut; der Name Platina, das »Silberchen«, bezieht sich auf die silberweiße Farbe des Platinmetalls. Im 19. Jh. fand man umfangreiche Platinseifen im mittleren Ural, besonders im Gebiet von Nischni Tagil. Diese wurden bis in die 1920er Jahre abgebaut; die 1840 in Rußland in Umlauf gebrachten Drei-, Sechs- und Zwölf-Rubel-Münzen waren aus Seifenplatin hergestellt. Heute sind diese Vorkommen erschöpft. Platinseifen kommen auch in Westkanada (Tulameen River, Britisch Kolumbien), Burma, Kolumbien, Sierra Leone, Sibirien, Äthiopien (Yubdo) und in Südborneo (Kalimantan) vor. Die Entstehung dieser Vorkommen ist umstritten; lange wurden sie ausschließlich für Erosionsprodukte primärer Lagerstätten in ultramafischen Gesteinen gehalten. Dem steht jedoch die oft im Millimeterbereich liegende Größe der Platin- und Osmiridiumkörner in Seifen entgegen. Aus Goldseifen kennt man bis 1 m große Goldnuggets, die in situ gewachsen sind. Neue experimentelle Ergebnisse untermauern die Möglichkeit des Transportes von Platingruppenelementen (PGE) in niedrig-temperierten Lösungen. Es ist daher anzunehmen, daß auch Platinnuggets in Flußsedimenten wachsen können und daß zumindest ein Teil der Platinseifen auf diese Weise entstanden ist. Diese Problematik berührt einen der wichtigsten Streitpunkte der Lagerstättenforschung in den letzten 20 Jahren, nämlich die Möglichkeit einer nicht magmatischen, sondern hydrothermalen Bildung von /Platinlagerstätten. Entgegen der früher ausschließlich vertretenen magmatischen Theorie haben Feld- und Laboruntersuchungen die Möglichkeit des Transportes von PGE in wäßrigen Lösungen quantitativ untermauert. [EFS]

Platte, tektonische Platte, /Plattentektonik.

Plattendruckversuch, ein Verfahren, um im Gelände die Zusammendrückbarkeit bzw. /Verformbarkeit von Böden und Fels zu bestimmen. Die Versuchsdurchführung in Lockergesteinen ist in der DIN 18 134 beschrieben und die Versuche in Fels regelt die Empfehlung Nr. 6 des Arbeitskreises Versuchstechnik Fels der DGGT e. V. bzw. die /ISRM-Empfehlung »Suggested Methods for Determining In Situ Deformability of Rock«. Grundsätzlich unterscheidet sich die Versuchsdurchführung in Boden und Fels durch die Größe der Abmessungen der Versuchsapparatur und dadurch, daß die Versuche in Fels meist als Doppellastplattenversuch ausgeführt werden. Für die Durchführung des Plattendruckversuches in Lockergesteinen sind erforderlich: ein Belastungswiderlager (z. B. ein beladener Lastkraftwagen), ein Plattendruckgerät, bestehend aus einer Lastplatte (üblicherweise 300 mm im Durchmesser) und einer Hydraulikpresse à 100 kN mit Zubehör, eine Kraftmeßdose, um die mit der Hydraulikpresse aufgebrachte Last messen zu können, ein Meßgestänge mit drei Wegmeßeinrichtungen, um die Setzung der Lastplatte beim Versuch zu ermitteln. Für die Durchführung des Plattendruckversuches als Doppellastplattenversuch im Fels sind erforderlich: 2 Lastplatten von z. B. 798 oder 1128 mm Durchmesser und 1–3 Hydraulikpressen mit mindestens 1,0 MN mit Zubehör, Kraftmeßdosen, um die mit den Hydraulikpressen aufgebrachte Last messen zu können, zwei Meßgestänge mit je drei Wegmeßeinrichtungen, um die Verschiebung der beiden Lastplatten beim Versuch zu ermitteln oder alternativ unter dem Zentrum jeder Lastplatte ein /Extensometer mit Fixpunkten in unterschiedlichen Tiefen. Einen schematischen Versuchsaufbau zeigt die Abbildung.

Plattendruckversuch: schematischer Versuchsaufbau beim Doppellastplattenversuch.

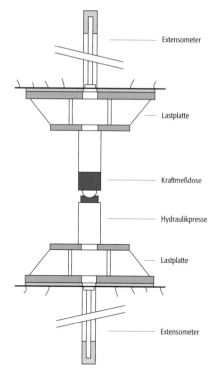

Beim Versuch werden die Lastplatten bzw. der Baugrund stufenweise belastet und nachfolgend wieder entlastet. Daran schließen sich weitere Be- und Entlastungszyklen an. Das Versuchsergebnis wird in einer Drucksetzungslinie dargestellt. Aus der Drucksetzungslinie wird der Verformungsmodul E_V, die Steifeziffer $E_s{'}$ und der Bettungsmodul k_S abgeleitet. Zur Berechnung der Verformungsmoduli werden aus der Erst- bzw. der Wiederbelastungslinie die Druckspannungen σ_{01} und σ_{02} sowie die zugehörigen Setzungen s_1 und s_2 entnommen und die Differenzwerte berechnet:

$$\Delta\sigma_0 = \sigma_{02} - \sigma_{01},$$
$$\Delta s = s_2 - s_1$$

mit σ_{01} = mittlere Normalspannung unter der Lastplatte bei Setzung s_1, s_1 = Setzung der Platte bei 0,3facher Belastung des Erstbelastungsastes, σ_{02} = mittlere Normalspannung unter der Lastplatte bei Setzung s_2, s_2 = Setzung unter der Platte bei 0,7facher Belastung des Erstbelastungsastes. Mit diesen Werten und dem Radius der Lastplatte r wird der Verformungsmodul berechnet aus:

$$E_v = 1{,}5 \cdot r \cdot \frac{\Delta\sigma_0}{\Delta s}.$$

Zur Ermittlung des Bettungsmoduls k_S wird nur der Erstbelastungszyklus herangezogen. Aus der Kurve wird die Druckspannung σ_0, die einer vorgegebenen Setzung s entspricht, abgelesen. Der Bettungsmodul errechnet sich dann aus:

$$k_s = \frac{\sigma_0}{s}.$$

Der Steifemodul $E_s{'}$ des Baugrundes ergibt sich aus:

$$E_s{'} = \frac{\pi}{2} \cdot k_s \cdot r.$$

Besonders in Lockergesteinen ist das Verhältnis des Verformungsmoduls des Wiederbelastungsastes E_{V2} zum Verformungsmodul des Erstbelastungsastes E_{V1} eine bautechnisch wichtige Kennzahl. [EFe]

Plattengefüge, Form des ↗Makrofeingefüges, dessen Aggregate plattig, meist horizontal ausgerichtet sind. Grenzflächen sind meist rauh, selten glatt; typisch für Böden mit starker mechanischer Beanspruchung (z. B. in Pflugsohlen), in denen die hochverdichtete kohärente Bodenmatrix durch »Entlastungsrisse« in Platten geteilt wird; durch überwiegend anthropogene Entstehung grundsätzlich vom ↗Schichtgefüge zu unterscheiden.

Plattenkinematik, Bewegungen der Platten der ↗Lithosphäre nach dem Modell der ↗Plattentektonik. Die großen Lithosphärenplatten bewegen sich entsprechend der Theorie gleichförmig und in sich undeformierbar als Kugelkappen über die darunterliegenden Schichten des Erdmantels. Nach einem Theorem von ↗Euler lassen sich solche Bewegungen durch einen einzigen dreidimensionalen geozentrischen Rotationsvektor ($\vec{\Omega}$) beschreiben. Der Geschwindigkeitsvektor ($\vec{V}$) in einem Punkt P an der Erdoberfläche mit dem Ortsvektor $\vec{X}$ ist dann:

$$\vec{V}_P = \vec{\Omega} \cdot \vec{X}_P.$$

Diese Formel gilt für alle Punkte P der Lithosphärenplatte L. Für n Platten auf der Erde wären dann n Vektoren $\vec{\Omega}_L$ zur Beschreibung der Plattenkinematik erforderlich. Solche Modelle der Plattenkinematik wurden erstmals um 1970 aus geologisch-geophysikalischen Beobachtungen erstellt. Dabei wurden drei Typen von Meßdaten verwendet: a) Geschwindigkeiten der Meeresbodenausbreitung, b) Azimute der Transform-Verwerfungen und c) Azimute von Erdbeben-Herdflächen. International bekannt geworden sind z. B. die Modelle von Minster und Jordan (1974, 1978). In den Jahren 1990 bis 1994 wurden die bis dahin umfassendsten und für den Rest des Jahrhunderts meist akzeptierten Geschwindigkeitsmodelle von Wissenschaftlern der Northwestern University (↗NUVEL) veröffentlicht.

Die Geschwindigkeitsmodelle werden zunächst als Relativbewegungen der einzelnen Platten gegeneinander dargestellt (relative Rotationsvektoren). Sie werden dann zu einem globalen Modell zusammengefaßt, wobei im allgemeinen die Pazifik-Platte als größte und stabilste Platte fixiert, d. h. als in Ruhe befindlich angesehen wird. Später wird dann eine zusätzliche Bedingung eingeführt, mit der die Summe (das Integral) der Be-

Plattenrand

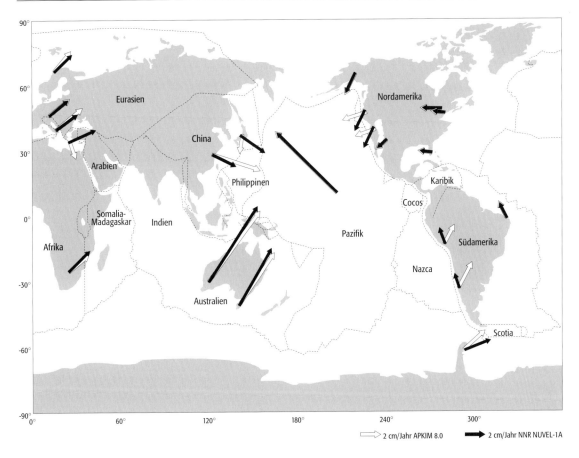

Plattenkinematik: Punktbewegungen aus dem geophysikalischen Modell NNR NUVEL-1A und dem geodätischen Modell APKIM 8.0 der Plattenkinematik.

wegungen aller auf den verschiedenen Platten liegenden Punkte der Erdoberfläche zu Null gemacht wird (»no net rotation«, NNR). Als internationaler Standard wurde das Modell NNR NUVEL-1 A akzeptiert. Es beruht auf den Meßdaten von 277 Geschwindigkeitswerten der Meeresbodenausbreitung, 121 Azimuten der Transform-Verwerfungen sowie 724 Azimuten von Erdbeben-Herdflächen und beschreibt die Bewegungen von zwölf großen Lithosphärenplatten mit ihren Rotationsvektoren. Während den genannten geologisch-geophysikalischen Modellen Meßdaten zugrunde liegen, die eine mittlere Bewegung über Millionen von Jahren angeben, können aus Beobachtungen mit ↗geodätischen Raumverfahren auch aktuelle plattenkinematische Modelle abgeleitet werden, die nur die Bewegungen im Beobachtungszeitraum (einige Dekaden) wiedergeben. Grundlage sind die gemessenen Geschwindigkeiten der geodätischen Beobachtungsstationen (↗Global Positioning System und SLR zu Satelliten sowie ↗Radiointerferometrie). Die berechneten Plattenrotationsvektoren aus der Geodäsie stimmen erstaunlich gut mit denen aus geologischen Zeiträumen überein. Das deutet auf eine über lange Zeit gleichförmige Bewegung der Platten hin. Für präzise geodätische ↗Bezugsysteme ist die Abweichung zwischen den Modellen allerdings häufig zu groß. Die Abbildung zeigt die aus einem geodätisch bestimmten aktuellen plattenkinematischen Modell (APKIM 8.0) berechneten Bewegungen ausgewählter Beobachtungsstationen im Vergleich mit denen aus dem geologisch-geophysikalischen Modell NNR NUVEL-1A. Man erkennt im allgemeinen eine gute Übereinstimmung, aber vor allem an den Plattenrändern (Pazifikküste Nord- und Südamerikas, Japan) auch große Diskrepanzen. [HD]

Literatur: DREWES, H. (1989): Methoden zur Modellierung der Plattenkinematik. Schriftenreihe Vermessungswesen, Universität der Bundeswehr München, Heft 39, 29–49.

Plattenrand, *Plattengrenze*, seitliche Begrenzung einer tektonische Platte, die infolge der Drift einer Platte gegenüber der Nachbarplatte Zone intensiver tektonischer Bewegungen ist. Alle aktiven Plattenränder sind daher Zonen starker seismischer Aktivität. Es sind drei Arten von seitlichen Plattenrändern bekannt: a) *divergente Plattenränder (konstruktive Plattenränder)*: Das sind die ↗Mittelozeanischen Rücken, die die Grenze zwischen zwei auseinanderweichenden (divergierenden) Platten bilden und an denen fortlaufend aus vertikal aufströmender Asthenosphäre neue ozeanische Kruste gebildet wird. Divergente Plattenränder sind symmetrisch aufgebaut und annähernd senkrecht zum Vektor der Plattenbewegung orientiert. Wird eine der beiden Platten als fest betrachtet, so entfernt sich der divergente Plattenrand von einem Punkt innerhalb dieser Platte mit der halben Geschwindigkeit der auseinander driftenden Platten. b) *konvergente Plattenränder* (*destruktive Plattenränder*): Sich aufeinander zu bewegende (konvergierende) Platten entwickeln eine meist durch eine ↗Tiefseerinne an der Erdoberfläche gekennzeichnete ↗Subduktionszone, an der die ↗Unterplatte unter die ↗Oberplatte abtaucht und wieder in den ↗Erdmantel aufgenommen und damit vernichtet wird. Konvergente Plattenränder sind grundsätzlich asymmetrisch aufgebaut, bedingt durch das Übereinaderschieben der Platten. Der Vektor der Plattenbewegung ist infolge der Bogenform nur an wenigen Stellen senkrecht zum konvergenten Plattenrand orientiert (Subduktionsschiefe). c) *Transform-Plattenränder* (*konservative Plattenränder*): Plattenränder, zu denen der Vektor der Plattenbewegung parallel verläuft. Die benachbarten Platten bewegen sich aneinander mittels aktiver ↗Seitenverschiebungen vorbei, ohne daß Lithosphäre neu entsteht oder verschwindet; sie sind durch Transformstörungen gekennzeichnet. Der untere Begrenzung einer tektonischen Platte liegt innerhalb des ↗Erdmantels und entspricht dem sehr graduellen, durch einen Wechsel des rheologischen Verhaltens des Mantels gekennzeichneten Übergang der ↗Lithosphäre in die ↗Asthenosphäre. Sie wird vielfach entlang der 1250°C-Isograden gelegt. [KJR]

Plattentektonik

Klaus-Joachim Reutter, Berlin

Die Plattentektonik (engl. *plate tectonics*) ist die Theorie einer alle ↗endogenen geologischen Phänomene umfassenden globalen Tektonik (theory of new global tectonics), der zufolge die ↗Lithosphäre der Erde in eine Anzahl unterschiedlich großer, Kugelkalotten entsprechenden *Platten* unterteilt ist. Die unterlagernde, durch duktile Rheologie gekennzeichnete ↗Asthenosphäre gestattet den aufliegenden starren, ca. 20–250 km dicken, Kontinente und Ozeane umfassenden Lithosphärenplatten, sich relativ zueinander zu bewegen: voneinander fort (= divergent), aufeinander zu (= konvergent) und aneinander vorbei (= transform). Infolgedessen sind die weitaus meisten tektonischen und magmatischen Vorgänge auf die ↗Plattenränder konzentriert. Seismische Aktivität kennzeichnet alle drei Arten von ↗Plattenrändern derart, daß globale Karten der Epizentren den Verlauf der Plattengrenzen deutlich wiedergeben. Morpholgisch sind sie durch begleitende Gebirge und Tiefseerinnen (konvergenter Plattenrand), ozeanische Rücken (divergenter Plattenrand) sowie große Seitenverschiebungen (Transform-Plattenrand) auffällig. An divergenten Plattenrändern dringen 77% aller Magmen auf, 13% an konvergenten Rändern. Die charakteristische tektonische und magmatische Ausgestaltung der Plattengrenzen bietet die Möglichkeit, auch fossile Plattengrenzen der erdgeschichtlichen Vergangenheit zu erkennen. Die Platten waren und sind Veränderungen in Zahl, Größe, Konfiguration sowie Bewegungsrichtung und -geschwindigkeit unterworfen.

Historie

Die zueinander passenden atlantischen Küstenlinien Afrikas und beider Amerikas hatten schon vor dem 20. Jahrhundert angeregt, ursprüngliche Zusammenhänge dieser Kontinente zu konstruieren. Alfred ↗Wegener stellte 1912 seine Vorstellungen zu der bis in die Gegenwart andauernden Kontinentaldrift (↗Kontinentalverschiebungstheorie) dar, wobei er geologische Befunde, besonders die auf allen Südkontinenten verbreiteten Ablagerungen einer permokarbonischen Eiszeit (ca. 320–280 Mio. Jahre), in die Betrachtung einbezog. Mit der Einengungstektonik junger Gebirge befaßte Geologen erkannten, daß weite Horizontaltransporte kontinentaler Krustenmassen zur Erklärung der Strukturen notwendig waren. Erst mit Beginn der sechziger Jahre brachte die vor allem in den USA vorangetriebene Erforschung der Ozeanböden den Durchbruch. Verschiedene Autoren führten Anfang der 1960er Jahre die Kontinentalverschiebung auf die Ausweitung der Ozeanböden zwischen den Kontinenten zurück, die im Bereich der Mittelozeanischen Rücken durch Neubildung ozeanischer Kruste ihren Ursprung haben sollte. Sie postulierten, daß die ozeanische Lithosphäre an den ozeanischen Tiefseerinnen wieder zurück in den Mantel sinkt. Man entdeckte, daß das auf allen Ozeanböden registrierte Streifenmuster magnetischer Anomalien symmetrisch zu den Mittelozeanischen Rücken entwickelt ist und daß die Datierung der Anomalien gestattet, das Alter der ozeanischen Kruste zu bestimmen. Die tektonischen Strukturen, namentlich die Transform-Störungen der Ozeanböden wurden 1965 geklärt, die Plattengeometrie und -kinematik 1967. 1968 wurde das Bild durch Einbindung der wesentlichen seismischen Phänomene vervollständigt. Die damit weitgehend formulierte Theorie erfuhr noch weitere Ergänzungen und Bestätigungen durch die Petrologie, die Magmenentstehung und Gesteinsmetamorphose in diese Zusammenhänge stellte, und schließlich auch durch die Paläontologie, die mit Hilfe von auseinanderdriftenden und wieder andockenden Kontinenten die Probleme der Faunenwanderungen lösen konnte. Viele Detailprobleme sind heute noch offen.

Das Plattenmuster der Erde

Das Plattenmuster der Erde (↗Tektonik Abb. im Farbtafelteil) zeigt sechs Großplatten (afrikanische Platte, eurasische Platte, indisch-australische Platte, pazifische Platte, amerikanische Platte und antarktische Platte) sowie eine Reihe von kleineren Platten, wie z. B. die Nazca-Platte, die arabische Platte u. a. Je nach Gewichtung trennender Strukturen lassen sich noch einige Großplatten unterteilen durch Ausgliederung einer chinesischen Platte und Unterscheidung von nord- und südamerikanischer Platte. Die Platten umfassen entweder nur Ozeane (pazifische Platte, Nazca-Platte) oder Kontinente mit ozeanischen Anteilen, letztere bedingt durch divergente Ränder in der Plattenumgrenzung. Die Kontinente verfügen über eine 35–40 km dicke, zum größten Teil stark an SiO_2 angereicherte (ca. 70 %) Kruste, deren Dichte wesentlich geringer ist als die der nur 7–8 km dicken basaltischen Kruste (48 % SiO_2) der Ozeane. Die kontinentale Kruste der Platten erstreckt sich in Form der passiven Kontinentalränder unter starker tektonischer Ausdünnung über ↗Schelf und ↗Kontinentalhang bis in die ozeanische Tiefe des ↗Kontinentalfußes. Der lithosphärische Erdmantel ist unter Kontinenten überwiegend dicker (> 100 km) als unter Ozeanen, wo er von < 100 km Dicke unter alten Ozeanbecken auf nahezu 0 im Bereich von aktiven Spreizungsrücken abnehmen kann. Kontinentale und ozeanische Kruste unterscheiden sich vor allem auch durch das Alter der sie aufbauenden Gesteine. Während besonders in den Kratonen archaische Gesteine mit Altern von > 2500 Mio. Jahren datiert werden können, sind die heutigen Ozeanböden nicht älter als 170 Mio. Jahre. Dies zeigt, daß im Laufe der Erdgeschichte einmal gebildete kontinentale Kruste zum größten Teil erhalten geblieben ist, während die der Ozeane durch Rückführung in den Erdmantel (↗Subduktion) wieder vernichtet wurde, mit Ausnahme der wenigen in den Ophiolith-Komplexen (↗Ophiolith) erhaltenen Reste.

Entstehung der Ozeane

Nachdem erkannt worden war, daß die parallel und symmetrisch zu den Mittelozeanischen Rücken streifenartig angeordneten magnetischen Anomalien dadurch entstanden waren, daß die die Ozeanböden bildenden Basalte zu Zeiten unterschiedlicher Polung des erdmagnetischen Feldes gebildet wurden und die Umkehrungen des Magnetfeldes zeitlich festgelegt werden konnten (↗Magnetostratigraphie), war damit ein Instrument zur Bestimmung des Entstehungsalters der Ozeanböden gegeben. Sie ließen sich sogar altersmäßig kartieren, da die Anomalien durch Überfliegung mit Magnetometern leicht zu messen sind. Es zeigte sich, daß a) die jüngsten Teile am Kamm der Mittelozeanischen Rücken zu finden sind, b) die ältesten Teile der Ozeane an den passiven Kontinentalrändern liegen und c) die Ozeane mit maximal 170 Mio. Jahren viel jünger sind als die sie umgebenden Kontinente. Die seismisch aktiven, durch intensiven Magmatismus ausgezeichneten Rücken, die nur in der Mitte von Ozeanen liegen, wenn diese durch passive Kontinentalränder begrenzt sind, stellen divergente oder konstruktive Plattenränder dar, wo gegenwärtig die Bildung neuer ozeanischer Lithosphäre stattfindet (Abb. 1). Unter ihnen steigt heißer asthenosphärischer Erdmantel in elastoplastischem Fließen auf, in dem sich in < 100 km Tiefe basaltische ↗Partialschmelzen dadurch bilden, daß durch die Druckabnahme die ↗Soliduskurve für Mantelgestein unterschritten wird. Die geschmolzenen Magmen extrudieren in Form von Pillow-Laven (↗Kissenlava) am Meeresboden über einem ↗sheeted-dyke complex, der seinerseits von ↗Gabbro unterlagert wird. ↗Ultrabasite kristallisieren an der Basis der in geringer Tiefe liegenden Magmenkammern, während der stofflich abgereicherte asthenosphärische Mantel seitlich abwandert und zu lithosphärischem Mantel abkühlt. Infolge der unter den ozeanischen Spreizungsrücken aufsteigenden Asthenosphäre ist die Wärmestromdichte hoch. Sie nimmt zu den Flanken und den seitlichen Ozeanbecken, also mit zunehmendem Alter der ozeanischen Lithosphäre stetig ab. Entsprechend der Auskühlung gewinnt der lithosphärische Mantel an Mächtigkeit und sinkt aus isostatischen Gründen in größere Tiefe. Wärmestromdichte, Meerestiefe und Lithosphärendicke sind damit eine Funktion des Alters der ozeanischen Kruste.

Kontinentalverschiebung

Die geologische Entwicklung und die Strukturen in den mit passiven Rändern an einen Ozean angrenzenden Kontinenten lassen erkennen, daß sie ursprünglich benachbart waren. Die Entstehung des Ozeans führte zur Kontinentalverschie-

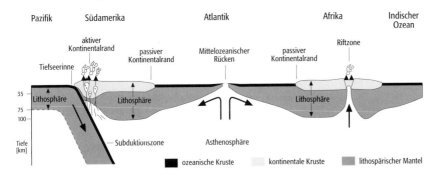

Plattentektonik 1: Ozeanbodenspreizung und Subduktion im überhöhten Querschnitt.

bung. Ein erstes Stadium in der Zerspaltung eines Kontinents ist die Anlage einer ↗Riftzone im Inneren des Kontinents. Diesem Stadium kann, wie im Falle des ostafrikanischen Grabensystems, eine Aufwölbung des Bereichs infolge Wärmezuführung durch einen oder mehrere ↗Manteldiapire vorangehen (aktives Rift), ebenso ein alkalibasaltischer Magmatismus. Die folgende Anlage der Dehnungsbrüche der Riftzone kann weiterhin von Vulkanismus begleitet sein. Es ist möglich, daß diese Tektonik (↗Taphrogenese) auch ohne vorlaufendes Hebungsstadium einsetzt (passives Rift). Im nächsten Stadium dringen basische Intrusiva in die sich dehnende kontinentale Kruste, die abzusinken beginnt. Das Meer dringt ein, und es beginnt die Bildung ozeanischer Kruste, während die Ränder der Riftzone durch weitere Dehnung, Zergleiten in ↗Kippschollen und isostatische Absenkung infolge Krustenausdünnung und Auskühlung zu ↗passiven Kontinentalrändern ausgebaut werden. Die während dieser Vorgänge zur Ablagerung kommenden Sedimente entwickeln sich von terrestrischen Konglomeraten und Sandsteinen zu marinen Sedimenten, die erst Flachwasserfazies zeigen, dann Tiefwasserfazies infolge weiteren Absinkens.

Die Entwicklung der Mittelozeanischen Rücken treibt die angrenzenden Kontinente weiter auseinander. Die Spreizung der Axialzone der Rücken ist die aus den Kontinenten in den Ozean verlagerte Dehnungstektonik. Im Falle eines langsam spreizenden ozeanischen Rückens (Atlantik: 40–60 mm pro Jahr) sind mit dem ↗Zentralgraben ebenfalls Riftstrukturen gegeben. Im Falle schnell spreizender Rücken (Ostpazifischer Rücken: 180 mm pro Jahr) erfolgt die Magmenförderung so heftig, daß kein Zentralgraben mehr ausgebildet wird. Ein charakteristisches Merkmal ozeanischer Rifts ist ihre Zerlegung an Transformstörungen derart, daß ein Riftabschnitt daran endet und in einer um einige Zehner bis Hunderte von Kilometern seitwärts versetzten Position auf der anderen Seite des Bruches mit unveränderter Richtung neu ansetzt. Da die ↗Ozeanbodenspreizung auf beiden Seiten der Transformstörung aktiv ist, schieben sich zwischen beiden Teilstücken des Rückens die Seiten der Störung aneinander vorbei. Die einzelnen Abschnitte des Spreizungsrückens sind annähernd senkrecht zur divergenten Bewegung der seitlich angrenzenden Platten orientiert; die Transformstörungen streichen dagegen genau parallel zur Bewegungsrichtung.

Subduktion

Der Entstehung neuer Lithosphäre in den Mittelozeanischen Rücken steht die Vernichtung älterer ozeanischer Lithosphäre durch Rückführung (↗Subduktion) in den Erdmantel an den konvergenten Plattenrändern gegenüber. Die Bewegung zweier benachbarter Platten aufeinander zu ist nur möglich, wenn an der Plattengrenze eine der beteiligten Lithosphären nach unten ausweicht. Dies ist bei Anlage des Subduktionssystems die Platte mit höherer Dichte, deren Oberfläche entsprechend morphologisch tief liegt. Es entwickelt sich so eine Platte mit abtauchendem Rand oder ↗Unterplatte und eine ↗Oberplatte. Diese besteht entweder ebenfalls aus ozeanischer Lithosphäre (ozeanischer ↗Inselbogen) oder aus kontinentaler Lithosphäre (↗aktiver Kontinentalrand). Morphologisch ist der konvergente Plattenrand durch eine Tiefseerinne gekennzeichnet, die in der Kartendarstellung fast immer einen Bogen mit unterschiedlichem Radius von einigen 100 bis einigen 1000 Kilometern beschreibt, und zwar so, daß die konvexe Seite des Bogens zur Unterplatte weist, die konkave zur Oberplatte. Die Bogenform wird durch den Erhalt der Oberfläche der abtauchenden Platte vorgegeben (Vergleich: Kreisform der Dellen eines Pingpongballes).

Die abtauchende ozeanische Lithosphäre erleidet durch Zunahme des Druckes mit der Tiefe Veränderungen, die infolge der Auskühlung der Platte durch relativ geringe Temperaturen bestimmt sind. Zuerst wird Kluft- und Porenwasser freigesetzt, dann Kristallwasser durch Mineralreaktionen, z. B. bei der Metamorphose des ↗Amphibolits zu ↗Eklogit ab 70 km Tiefe. Dieses Wasser steigt in die Oberplatte auf und, wenn deren Temperatur im ↗Mantelkeil hoch genug ist, kommt es dort wieder zur Bildung von basaltischen ↗Partialschmelzen, die ihrerseits in die Kruste der Oberplatte aufsteigen und sich dort zum Subduktionsmagmatismus des ↗magmatischen Bogens weiterentwickeln. Das weitere Abtauchen der Unterplatte führt in 300–400 km Tiefe zum Phasenübergang ↗Olivin zu Spinell, und bei 650 km, an der Grenze vom oberen zum unteren Mantel, zum Übergang von Spinell zu Oxiden. Durch Reibung, Wärmeleitung aus dem umgebenden Mantel und die exothermen Mineralreaktionen erwärmt sich die abtauchende, ursprünglich kalte Lithosphäre, so daß sie sich nicht mehr vom umgebenden Mantel unterscheidet. So ist die ↗Subduktionszone nur bis in ca. 700 km Tiefe durch die Erdbebenhypozentren der ↗Wadati-Benioff-Zone gekennzeichnet.

Kontinentalkollision

Wird an einem aktiven Kontinentalrand nach Subduktion ozeanischer Lithosphäre ein zur gleichen Platte gehörender Kontinent in die Subduktionszone gezogen, kommt es zur ↗Kontinentalkollision. Das spezifisch leichtere kontinentale Krustenmaterial staut sich in der Subduktionszone, wird deformiert und bildet ein ↗Kollisionsorogen, in dem die beiden ursprünglich getrennten Platten sich zu einer verschweißen. Man vermutet, daß am Ende eines plattentektonischen Zyklus (↗Wilson-Zyklus) die Kontinente aller Platten zu einem Superkontinent zusammengefügt werden, der nur von einem einzigen Ozean umgeben ist (ein solcher Kontinent Pangäa mit umgebendem Meer Panthalassa existierte vor 250 Mio. Jahren; ↗Kontinentalverschiebungstheorie). Die Subduktion kommt zum Erliegen, so daß die Mantelkonvektionszellen sich neu organisieren müssen. Damit setzt ein neuer Zyklus ein, der die Zerspaltung des Superkontinents zur Folge hat.

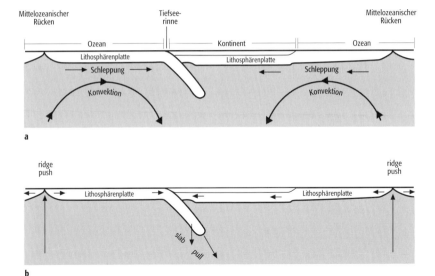

Plattentektonik 2: zwei Modelle der Antriebskräfte der Plattenbewegung: a) durch Mantelkonvektionszellen, b) durch Schwerkraft.

Motor der Plattenbewegung

Die Kräfte, die die Lithosphärenplatten in Bewegung halten und heißes Mantelmaterial unter den Mittelozeanischen Rücken aufsteigen und kühles in Subduktionszonen wieder absteigen lassen, sind in der Wärmeabgabe der Erde mittels ↗Mantelkonvektionszellen zu suchen (Abb. 2). Für die die Plattenbewegung kontrollierenden Kräfte werden zwei Modelle vorgeschlagen: a) Die vom Mittelozeanischen Rücken seitlich abströmende Asthenosphäre schleppt die Lithosphärenplatten mit und zieht sie in den Subduktionszonen nach unten; b) die Lithosphärenplatten gleiten gravitativ von der hochaufgewölbten Asthenosphäre unter den Mittelozeanischen Rücken ab (»ridge push«) und sinken unter ihrem eigenen Gewicht in den Subduktionszonen in den Mantel zurück (»slab pull«). Das Funktionieren der Plattentektonik hängt wahrscheinlich vom Wärmegradienten der Erde und den Dicken der Lithosphärenplatten ab. Man rechnet damit, daß sie sich erst am Ende des ↗Archaikums vor 2500 Mio. Jahren herausbildete. Der viel höhere archaische Wärmestrom ließ möglicherweise das Entstehen von Großplatten nicht zu; die Tektonik dieser Zeit war durch die Anlage von ↗Grünsteingürteln geprägt.

Literatur: [1] AMPFERER, O. (1906): Über das Bewegungsbild von Faltengebirgen. – Jahrbuch k. k. geol. Reichsanstalt Wien, 106, 539–622. [2] DIETZ, R. S. (1961): Continent and ocean basin evolution by spreading of the sea floor. – Nature, 190, 854–857. [3] HALLAM, A. (1972): Continental drift and the fossil record. – Sci. American, 227/5, 56–66. [4] HESS, H. H. (1962): History of the ocean basins. In: ENGEL, JAMES & LEONARD: Petrological studies. 599–620. – Denver. [5] ISACKS, B., OLIVER, J. und SYKES, L. R. (1968): Seismology and the new global tectonics. – J. geophys. Res. 73, 5855–5899. [6] MACKENZIE, D. P. und MORGAN, W. J. (1967): Evolution of triple junctions. – Nature 224, 125–133. [7] TAYLOR, F. B. (1910): Bearing of the Tertiary mountain belt on the origin of the Earth's plan. – Bull. geol. Soc. America, 21, 179–226. [8] VINE, F. J. and MATTHEWS, D. H. (1963): Magnetic anomalies over oceanic ridges. – Nature 199, 947–949. [9] WEGENER, A. (1912): Die Entstehung der Kontinente. – Geol. Rundschau, 3, 276–292. [10] WILSON, J. T. (1965): A new class of faults and their bearing on continental drift. – Nature 207, 343–347.

Plattform, in der ↗Photogrammetrie und Fernerkundung Träger eines ↗Sensors zur photographischen oder elektronischen Bildaufnahme, für Radaraufnahmen oder geophysikalische Aufnahmen eines Objektes. Plattformen bei der Luftbildaufnahme sind in der Regel Flugzeuge (↗Bildflugzeuge) sowie Hubschrauber. Für Beobachtungen aus dem Weltall werden u. a. Satelliten, Raketen, Raumschiffe oder Raumstationen als Plattformen verwendet. In der ↗terrestrischen Photogrammetrie ist die Plattform der Kamera im allgemeinen ein Stativ. Die Plattformgeschwindigkeit und die Flughöhe der Plattform sind wichtige Parameter bei der Erfüllung der ↗Zeilenpaß-Bedingung (↗Scan-Zeile). Das Verhältnis dieser beiden Größen beeinflußt auch die rauschäquivalente Strahlungsleistung NEP der Detektoren (↗Detektivität).

Plättung ↗Ablattung.

Plättungsachse ↗Verformungsellipsoid.

Platzregen ↗Niederschlagsarten.

Plausibilitätsprüfung, Prüfung von gemessenen

Beobachtungswerten auf ↗Konsistenz und ↗Homogenität. ↗Konsistenzprüfung.

Playa, 1) abflußlose Seebecken arider oder semiarider Gebiete, die infolge starker ↗Evaporation und rascher ↗Infiltration nur nach starken Niederschlägen kurzzeitig mit Wasser erfüllt sind. Die Playa bildet die ↗Erosionsbasis für die ↗Binnenentwässerung in einem ↗Bolson und nimmt als Akkumulationsraum die gesamte Sedimentfracht der zentripetal auf sie eingestellten Fließgewässer auf. Die Playasedimente sind daher meist feinkörnig und sehr tonreich. Die anhaltende Evaporation führt beim Trockenfallen der Seeböden gewöhnlich zur Ausfällung und Anreicherung gelöster Salze auf der Oberfläche (Salzausblühungen). 2) regionale Bezeichnung für ↗Salztonebene im südlichen Nordamerika.

Plazierung ↗Verortung.

Pleistozän, *Diluvium* (veraltet), von Ch. Lyell 1839 benannt, älterer Abschnitt (Epoche) des ↗Quartärs. Das Pleistozän ist die Zeit des quartären ↗Eiszeitalters, zwischen etwa 1,6 und 2,4 Mio. Jahre bis 10.000 Jahre vor heute reichend und in Unter-, Mittel- und Oberpleistozän gegliedert. Als Grenze zwischen Unterpleistozän und Mittelpleistozän wird die Umkehr der magnetischen Feldrichtung von der reversen Feldrichtung des ↗Matuayama-Chrons zum normal magnetischen ↗Brunhes-Chron verwendet (↗Paläomagnetismus), die bei etwa 780.000 Jahren v.h. liegt (↗OIS 19). Die Grenze Mittel- gegen Oberpleistozän wird an die Basis des ↗Eem-Interglazials (OIS 5) bei etwa 125.000 Jahre v.h. gelegt. Das Pleistozän ist in zahlreiche Glaziale (↗Eiszeit, ↗Kaltzeit) und Interglaziale (↗Warmzeit) unterteilt. Der Rhythmus des Wechsels von Kaltzeiten und Warmzeiten wird im Ober- und Mittelpleistozän von einer 100.000 Jahre-Periode dominiert. Im Unterpleistozän herrscht eine 40.000 Jahre-Periode vor.
Die wichtigsten Glaziale des Pleistozäns sind in Süddeutschland (von jung nach alt): ↗Würm-Kaltzeit, ↗Riß-Kaltzeit, ↗Mindel-Kaltzeit, ↗Günz-Kaltzeit, ↗Donau-Kaltzeit und ↗Biber-Kaltzeit; in Norddeutschland: ↗Weichsel-Kaltzeit, ↗Saale-Kaltzeit und ↗Elster-Kaltzeit. Die Interglaziale werden in Süddeutschland beispielsweise als Riß/Würm-Interglazial bezeichnet, in Norddeutschland dagegen mit marine Ingressionen mit eigenen Namen belegt. Von jung nach alt sind dies: ↗Eem-Interglazial = Eemian, entsprechend ↗Holstein-Interglazial und ↗Cromer-Komplex. Das Pleistozän ist die Zeit des Paläolithikums (↗Steinzeit) in der Menschheitsgeschichte. [WBo]

Plenterwald, forstwirtschaftlich extensiv genutzter Wald, bei dem alle Altersstufen von einjährigen bis zum fällbaren Baum auf derselben Fläche gemischt wachsen (↗Hochwald). Beim Plenterbetrieb werden nur einzelne schlagreife Bäume oder Baumgruppen abgeholt. Daraus ergibt sich eine quasi natürliche Bestandsverjüngung. Der Plenterwald ist ein naturnahe, pflegende und ökologisch sinnvolle Art der Waldnutzung, die zudem dem Prinzip der ↗Nachhaltigkeit entspricht. Der im Plenterwald praktizierte Plenterschlag ist eine alte, aus dem Mittelalter stammende Form der Holznutzung, die heutzutage durch ihre wertvolle Bedeutung für die Tier- und Pflanzenwelt sowie für den Boden- und Wasserhaushalt gefördert werden sollte.

Pleochroismus, *Vielfarbigkeit*, unterschiedliches Absorptionsverhalten der beiden durch ↗Doppelbrechung entstehenden, senkrecht zueinander ↗linear polarisierten Strahlen. Da die Absorption von der Wellenlänge abhängt, bedingt dies bei Einstrahlung von linear polarisiertem weißem Licht unterschiedliche Helligkeit und Farben für die Schwingungsrichtungen beim Durchgang durch doppelbrechendes Material. Diese Erscheinung nennt man *Dichroismus*, die besonders gut beim Drehen des Objektes zu beobachten ist. Da mit der Absorption auch das ↗Reflexionsvermögen wellenlängenabhängig ist, beobachtet man diese Erscheinung auch in Reflexion und nennt sie *Reflexionspleochroismus* oder auch *Bireflexion*.

Pleuston, Sammelbegriff für Organismen, die ohne Kontakt zum Boden an der Wasseroberfläche leben.

Pleustophyt, während der Vegetationsperiode im Wasser schwebende Wasserpflanze.

Pliensbach, *Pliensbachium*, international verwendete stratigraphische Bezeichnung für die dritte Stufe (195,3–189,6 Mio. Jahre) des ↗Lias, benannt nach dem Ort Pliensbach in Württemberg. Das untere Pliensbach wird regional auch als »Carixium«, das obere als »Domerium« abgetrennt. Die Basis stellt der Beginn des Taylori-Subchrons im Jamesoni-Chron dar, bezeichnet nach dem Ammoniten *Uptonia jamesoni*. ↗Jura, ↗geologische Zeitskala.

plinianische Eruption, hochexplosive magmatische Eruption, benannt nach Plinius dem Jüngeren, von dem ein genauer Bericht der Vesuv-Eruption 79 n. Chr. überliefert ist (↗Vulkanismus).

Plinius, der Ältere, Gaius Plinius Secundus, römischer Offizier, Schriftsteller und Gelehrter, * 23 oder 24 n. Chr. Novum Comum (heute Como), † 24.8.79 n. Chr. Stabiae (heute Castelmare di Stabia). Plinius stammte aus einer wohlhabenden Familie. Mit 23 Jahren trat er in die Armee ein und wurde Offizier. Während Neros Regentschaft wurde er Prokurator in Spanien und Befehlshaber der Flotte von Misenum. Von seinen zahlreichen Publikationen ist nur seine 37bändige »Historia naturalis« erhalten geblieben, die er 77 n. Chr. vollendet hatte. Dieses Kompendium war eine unkritische Zusammenschau des naturwissenschaftlichen Wissens seiner Zeit. Die einzelnen Bücher waren jeweils einem Thema gewidmet, z.B. Kosmologie und Astronomie, physikalische und historische Geologie, Zoologie, Botanik, Landwirtschaft, Medizin und Pharmazie, Minerale und Gesteine. Plinius' »Naturgeschichte« wurde im Mittelalter zu einem bestimmenden Lehrbuch, obwohl erdachte Elemente und gewonnene Daten noch nicht voneinander getrennt waren. Plinius starb bei einem Ausbruch des Vesuvs. [EHa]

Farbtafelteil

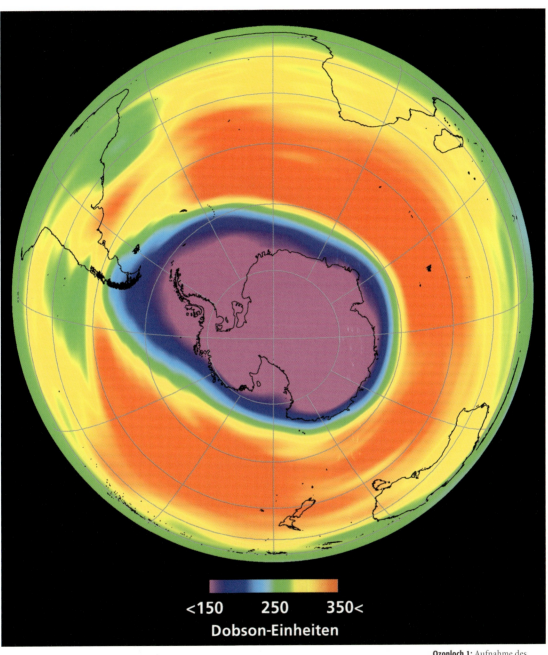

Ozonloch 1: Aufnahme des Ozonlochs über der Antarktis vom 21.9.2000. Hohe Ozonwerte sind rot dargestellt, niedrige blau bis pink. Die Dicke der Ozonschicht ist in Dobson-Einheiten (Dobson Units) aufgetragen.

Farbtafelteil

Parry-Bogen: Die Sonne befindet sich hinter der Person. Zu erkennen sind der kleine Ring, eine Nebensonne sowie der Horizontalkreis. Oberhalb der Person sind die oberen Berührungsbögen und der Parry-Bogen sichtbar.

patch reef: von der austernartigen Muschel *Placunopsis ostracina* aufgebautes, in gebankte Kalke eingelagertes patch reef aus dem oberen Muschelkalk Frankens.

Piemontitschiefer: Mikrofoto eines Piemontitschiefers bei nicht gekreuzten Polarisatoren von der Insel Gavdos (Griechenland). Die Bildhöhe entspricht etwa 2 mm.

Pilzfelsen: Pilzfelsen in der "Western Desert" (Ägypten).

Polarlicht: Polarlicht über Alaska.

Planie: Skipistenplanie in den Schweizer Alpen (Davos).

porphyrisch: porphyrisches Gefüge in Vulkanit mit Hornblende und Plagioklas-Einsprenglingen (Dünnschliff unter gekreuzten Polarisatoren, Bildhöhe 4,2 mm).

Präkambrium1: Verbreitung der archaischen und proterozoischen Gesteine und der mit ihnen verbundenen Lagerstätten auf den heutigen Kontinenten.

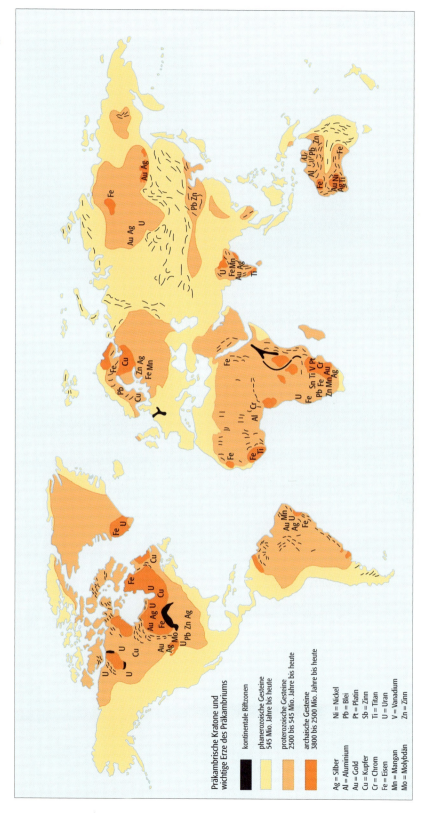

Priel: Priel im Watt vor Büsum (Schleswig-Holstein).

Purpurlicht 2: Purpurlicht über dem West-Atlantik nach dem Ausbruch des Vulkans St. Helens (USA).

Radioteleskop: Radioteleskop von Wettzell mit einem Durchmesser von 20 m.

Rapakivigranit: Beispiel für einen Rapakivigranit.

reef mound 3: tabulater Korallen-Crinoiden-Reef-Mound aus dem Unterdevon des Tafilalt (Südost-Marokko).

regolith carbonate accumulation: Akkumulation von Carbonaten in einem typischen Bodenprofil in Südaustralien. Im unteren Bereich bilden sich massige Carbonatkrusten, die von rundlichen Carbonatkonkretionen überlagert werden (Gawler Craton, Südaustralien).

Renaturierung: Renaturierung eines Fließgewässers durch Entfernen der seitlichen Verbauung.

Rhizolith: Wurzeln in Rhizokretionserhaltung, freigewittert aus einem Paläoboden aus dem Pleistozän ("Rhizo City", San Salvador, Bahamas).

Runzelschieferung: Deformation einer älteren Schieferung durch eine jüngere. Die älteren Schieferungsflächen werden zu einer Runzelschieferung deformiert (metamorpher Quarzporphyr aus den Apuaner Alpen, Toscana, Italien).

Schelfeis: Front des Ekström-Schelfeises (Antarktis). Die Front ist ca. 20 m hoch, im Hintergrund sieht man in das Festeis eingefrorene Tafeleisberge.

Schichtkammlandschaft: Schichtkammlandschaft im Satellitenbild (Süd-Marokko).

Schichtstufe 2: Schichtstufe mit Zeugenberg (Südwesten der USA).

plinthic horizon, [von griech. plinthos = Backstein], diagnostischer Horizont der ↗WRB; ein Unterboden-Horizont, der ein eisenreiches, humusarmes Gemisch von kaolinitischem Ton mit Quarz und anderen Bestandteilen darstellt. Bei wiederholter Befeuchtung und Austrocknung wandelt er sich bei ausreichendem Sauerstoff irreversibel in eine Verfestigungsschicht (hardpan) oder zu unregelmäßig geformten Aggregaten; er kommt vor in ↗Arenosols und ↗Plinthosols.
Plinthisation, bodenbildender Prozeß der wechsel- und immerfeuchten Tropen und Subtropen; Eintrag von Sesquioxiden durch Hangzugwasser von oberhalb liegenden, zeitweise vernäßten Standorten. Der Prozeß führt zur Bildung von ↗Plinthosols.
Plinthit, sesquioxid- und kaolinitreicher, rotweißfleckiger, oft mächtiger Bodenhorizont der immer- und wechselfeuchten Tropen. Eisenreiches Hangzugwasser führte vor allem an Unterhängen und an Hangstufen zur oberflächennahen Ausfällung von Sesquioxiden. Austrocknung führt zur starken Verhärtung (↗hardpan).
Plinthosols, Bodenklasse der FAO-Klassifikation, in der ↗WRB Sesquisols; oft viele Meter mächtige, eisen-, aluminium- und kaolinitreiche, silicat- und nährstoffarme Böden der wechsel- und immerfeuchten Tropen und Subtropen mit wenig wasserdurchlässigem, Staunässe verursachendem ↗Plinthit im Unterboden, niedriger Kationenaustauschkapazität und geringer ↗Basensättigung; nach Abtragung der Oberböden gelangt der Plinthit an die Oberfläche, verhärtet stark nach wiederholter Austrocknung und bildet eine ↗hardpan.
Pliozän, [von griech. pleion = mehr und kainos = neu], international verwendete stratigraphische Bezeichnung für das jüngste ↗Tertiär. ↗Neogen, ↗geologische Zeitskala.
Plotter, Ausgabegerät zur Erzeugung graphischer Originale (Karten, Diagramme, Pläne usw.) auf Papier oder Folie. Im engeren Sinne sind Plotter vektorbasierte Geräte, die mit Hilfe von Zeichenstiften Linien, Kurven und Punkte zur Generierung der Graphik verwenden, der Begriff wird jedoch auch oft im Sinne des ↗Druckers benutzt.
plotting sheet, für die Seevermessung gebräuchliche Vorlage mit aufgerechnetem Koordinatengitter zum Eintrag von ↗Lotungen.
Plus-Minus-Methode, Auswertemethode der Refraktionsseismik, die auf gegengeschossenen Profilen basiert (1959). Eine verallgemeinerte Methode wurde 1979 entwickelt. ↗Generalized Reciprocal Method.
Pluton, großer Tiefengesteinskörper (bis zu mehrere 100 km Durchmesser), der innerhalb der Erdkruste durch Abkühlung aus ↗Magma entstanden ist (↗Intrusion), benannt nach Pluto, dem griechischen Gott der Unterwelt. Häufig fällt der Bildungsraum des Magmas nicht mit dem Erstarrungsraum zusammen. Mit der Platznahme und Abkühlung des Plutons geht nicht selten die Bildung von ↗Erzlagerstätten sowie eine Ganggefolgschaft mit Restschmelzen einher. Solche Gänge können auch in das Nebengestein, also in das Dach (die unmittelbar über einem Pluton lagernden Nebengesteine) oder in die Flanken des Plutons hineinreichen. Durch die Einregelung von tafelförmigen Nebengesteinsschollen (↗Xenolith) und/oder früh ausgeschiedener Kristalle (Feldspat, Biotit, Muscovit) ist es in manchen Plutonen möglich, die Fließrichtung des Magmas zu rekonstruieren. Nach ihrer Stellung im tektonomagmatischen Zyklus unterscheidet man prä-, syn-, spät- und posttektonische Plutone. Je nach der Form des Plutons lassen sich ↗Batholithe, ↗Lakkolithe, ↗Lopolithe, ↗Ethmolithe und ↗Stöcke unterscheiden. [GZ]
plutonische Lagerstätten, in plutonischen Körpern (↗Pluton) durch magmatische Prozesse entstandene Lagerstätten (↗liquidmagmatische Lagerstätten), z. B. bestimmte Chromerzlagerstätten.
plutonisches Gestein ↗Plutonit.
Plutonismus, 1) eine von J. ↗Hutton (1726–1797) begründete und von den sog. ↗Plutonisten vertretene Lehre, die davon ausgeht, daß neben dem Wasser vor allem die magmatischen Schmelzflüsse der Tiefe (»Zentralfeuer«) bei der Bildung der Gesteine und bei der Gestaltung der Erdkruste entscheidend sind (↗Aktualismus, ↗Neptunismus). 2) sämtliche mit dem ↗Magma zusammenhängenden Vorgänge, soweit sie in der Tiefe der Erdkruste ablaufen.
Plutonisten, Anhänger der von J. ↗Hutton (1726–1797) entwickelten Lehre, daß neben dem Wasser die wesentlichen Gestaltungskräfte aus dem Erdinnern, in dem ein Zentralfeuer angenommen wurde, kämen. Mit der aus der Tiefe ausstrahlenden Hitze würden Lockergesteine gehärtet und verfestigt, zu Gebirgen verfaltet und mit diesen zu Festländern verschweißt. Hutton erkannte das Aufdringen von glutflüssigen Schmelzen aus dem Erdinneren und leitete daraus bereits die Entstehung der magmatischen Gesteine im heutigen Sinne ab. Diese Erkenntnisse waren Anlaß zum langwierigen Streit der Plutonisten mit den Neptunisten (1800–1820; ↗Neptunismus), die den Ursprung aller Gesteine aus wäßerigen Lösungen annahmen. Nach dem Tode von A. G. ↗Werner setzten sich die Huttonschen Erkenntnisse durch.
Plutonit, *Tiefengestein, plutonisches Gestein, abyssisches Gestein,* in der Tiefe der Erdkruste erstarrte ↗Magmatite, im Gegensatz zu den ↗Vulkaniten. Plutonite sind gewöhnlich mittel bis grobkörnig, langsam erstarrt und vollständig auskristallisiert, d.h. sie enthalten kein Glas (↗Gesteinsglas). Die Intrusionstiefe beträgt gewöhnlich einige Kilometer.
Plutonium, *Pu*, radioaktives Element aus der Gruppe der Aktinoiden. Reines Plutoniummetall ist silberweiß und hat eine Dichte von 19,8 g/cm^3. Es kommt in Uranerzen, in denen es durch Einfangen von Neutronen ständig neu gebildet wird, vor, ferner in ↗Meteoriten und im Mineral Bastnäsit.
Pluvial, gelegentlich benutzter klimatologischer Begriff zur Bezeichnung einer relativ niederschlagsreichen Klimaepoche im Gegensatz zu ↗Interpluvial. ↗Klimageschichte.

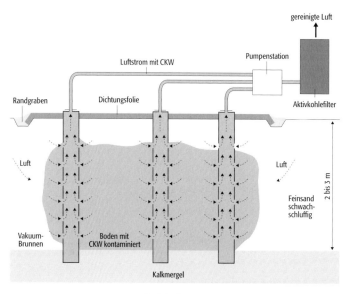

pneumatische Sanierung: schematische Darstellung einer Bodenluftabsaugung.

Pluvialzeit, von E. Hull (1884) geprägter Begriff für niederschlagsreiche Zeiten im mediterranen bis tropischen Bereich während des ↗Pleistozäns. Die früher vorgenommene Parallelisierung mit kaltklimatischen Phasen der höheren Breiten ist aufgrund neuerer Datierungen nicht allgemein gültig, da die Pluviale teilweise mit warmen, teilweise mit kalten Perioden korrelieren. Die zwischen den Fluvialen liegenden Klimaperioden werden als Interpluviale bezeichnet.

pluvigen, durch den Niederschlag entstanden.

Pluviometer ↗Niederschlagsmessung.

PMV ↗*Predicted Mean Vote.*

pneumatische Sanierung, Entfernung und Behandlung von schadstoffbelasteter Gase (Bodenluft, Deponiegas) aus kontaminierten Bereichen. Es werden aktive und passive Verfahren unterschieden. Bei den aktiven Verfahren wird die gasförmigen Phase abgesaugt. Dazu gehört die ↗Bodenluftabsaugung (Abb.), bei der leichtflüchtige Schadstoffe oder Gase (z. B. Deponiegas) aus dem Boden bzw. Altablagerungen entfernt werden. Dabei wird über ein Bohrloch oder einen Bodenluftbrunnen in der ungesättigten Bodenzone ein Unterdruck erzeugt. Der Unterdruck bewirkt eine (Boden-)Luftströmung, mit der die als Gasphase vorliegenden leichtflüchtigen Schadstoffe abgesaugt werden. Neben der Entfernung der gasförmigen Schadstoffphase stört dieser Absaugvorgang auch das Phasengleichgewicht zwischen gelöster, adsorbierter oder flüssiger Schadstoffphase auf der einen und der gasförmigen auf der anderen Seite. Dies führt solange zur laufenden Neubildung der Gasphase, bis die gelöste, adsorbierte bzw. flüssige Phase erschöpft ist. Die mit den Schadstoffen beladene Bodenluft wird anschließend behandelt. Die Art der Behandlung hängt von der Schadstoffart, seiner Konzentration und den Begleitstoffen ab. Häufig wird der Schadstoff an Aktivkohle adsorbiert, die in entsprechenden Behandlungszentren wieder resorbiert wird. Die Deponieentgasung mit aktiver Absaugung erfolgt nach dem gleichen Grundprinzip. Das Deponiegas kann je nach gewonnener Gasmenge, Methankonzentration und vorhandenen Spurenstoffen verwertet werden. Beim In-situ-Strippen wird die Schadstoffphase auch aus dem wassergesättigten Bereich (Grundwasserbereich) entfernt. Dazu wird über Injektionsbrunnen Luft in die wassergesättigte Bodenzone eingeblasen. Ein Teil des dortigen Schadstoffs tritt in die Luft über, die wiederum nach Aufstieg in die ungesättigte Bodenzone mittels Bodenluftabsaugung entfernt wird.

Bei den passiven pneumatischen Sanierungsverfahren wird die gasförmige Phase (Gase und Dämpfe) gefaßt, um deren Eindringen in nicht kontaminierte Randbereiche bzw. deren unkontrollierte Ausbreitung zu verhindern. Eine aktive Absaugung findet jedoch nicht statt. Zu den passiven Verfahren gehören u. a. Entgasungsflächenfilter mit und ohne Entgasungsdränagen, Entgasungsschächte und Entgasungsgräben. Diese passiven Entgasungsmaßnahmen kommen normalerweise bei geringen Gasmengen oder in Bereichen mit wenig sensiblen Nutzungen zur Anwendung, wenn sie nicht mit Sicherheit völlig gasfrei gehalten werden müssen. Sie werden i. d. R. bei der Erfassung von Deponiegas eingesetzt. [ABo]

Pneumatolyse, *pneumatolytische Reaktion, pneumatolytisches Stadium,* Abschnitt in der Endphase der Erstarrung von ↗Plutoniten. Bei der Pneumatolyse erfolgt der Transport der Elemente und des Wassers gasförmig in einem überkritischen (fluiden) Zustand. Der hohe Anteil an Fluor, Chlor und anderen ↗leichtflüchtigen Bestandteilen führt zu einer hohen Aggressivität der Gase gegenüber bereits ausgeschiedenen Mineralen, insbesondere den Silicaten, so daß es häufig zu Verdrängungen (↗Metasomatose) des Nebengesteins kommt. Bei der Pneumatolyse reagieren solche Gasgemische auf geringe Änderungen der Zustandsvariablen sehr empfindlich. Die Abscheidung der pneumatolytischen Minerale, insbesondere Quarz, Zinnstein, Wolframit und Hämatit, vollzieht sich räumlich in einem eng begrenztem Bereich von wenigen hundert Metern Ausdehnung. Fluorwasserstoff führt zu einer Umwandlung der primären Feldpäte in Topas, Quarzausscheidungen in größerem Ausmaß und Imprägnationen von ↗Zinnstein. Dieses aus Granit entstandene Gestein wird als ↗Greisen bezeichnet. Pneumatolytische Veränderungen der Feldpäte und Glimmer durch borat- und lithiumhaltige Lösungen führen auch zur Bildung von Turmalin bzw. Lepidolith. Durch Pneumatolyse bilden sich Zinnerz-Lagerstätten, Wolfram-Lagerstätten, Molybdän-Lagerstätten sowie kontaktpneumatolytische Verdrängungslagerstätten. [GST]

pneumatolytisch, Bezeichnung für Mineralbildung unter pneumatolytischen Bedingungen (↗Pneumatolyse).

pneumatolytische Lagerstätten, durch ↗pneumatolytische Prozesse entstandene Lagerstätten (↗Greisen).

POC, *particulate organic carbon,* partikulärer organischer Kohlenstoff.

Pockels-Effekt ↗elektrooptischer Effekt.

Podsol, [von russ. pod zola = unter Asche], *Bleicherde, Ascheboden*, ↗Bodentyp der Klasse der Podsole. Er entsteht durch eine Verlagerung von Eisen und Aluminium mit organischen Stoffen im Profil. Unter einer meist mächtigen Humusauflage folgt als Bleichhorizont der aschgraue Eluvialhorizont, der ↗Ae-Horizont, der kaum organische Substanz enthält, aber mitunter violettstichig ist. Darunter folgt mit scharfer Abgrenzung der ↗Illuvialhorizont, der je nach Verfestigung als ↗Ortstein oder Orterde bezeichnet wird. Dieser ist im oberen Teil des ↗B-Horizontes braunschwarz (Bh) und darunter rostbraun gefärbt (Bs). Der Übergang zum ↗C-Horizont ist unscharf. Podsole treten vor allem in kalt- bis gemäßigthumiden Klimazonen Skandinaviens, Nordrußlands und Kanadas und teilweise auf sandigen Sedimenten des norddeutschen Tieflandes auf, mächtig ausgebildet unter Calluna-Heide. Subtypen sind: Eisen-Humus-Podsol oder (Norm-)Podsol, *Eisen-Podsol, Humus-Podsol*, Braunerde-Podsol, Parabraunerde-Podsol, Pseudogley-Podsol, Gley-Podsol, Moor-Podsol, Kolluvisol-Podsol, Plaggenesch-Podsol. Die Böden entsprechen den ↗Podzols der Klassifikation der ↗WRB und ↗FAO-Bodenklassifikation. ↗Bodentyp Abb. im Farbtafelteil. [MFr]

Podsolierung, abwärts gerichtete Umlagerung gelöster organischer Stoffe, oft zusammen mit Aluminium und Eisen. Die Verlagerung findet bei stark saurer Reaktion statt, weil dann Nährstoffmangel den mikrobiellen Abbau der organischen Komplexbildner hemmt. Die gleiche Wirkung hat kühlfeuchtes Klima. An organischen Stoffen werden vorrangig niedermolekulare Verbindungen wie Polyphenole, Polysaccharide, Carbonsäuren u. a. der Kronentraufe, der schwach zersetzten Pflanzenreste und der Wurzelausscheidungen und außerdem wasserlösliche niedermolekulare Huminstoffe wie Fulvosäuren verlagert. Im Unterboden werden die umgelagerten Stoffe ausgeschieden und angereichert. Die Ausfällungsursachen können die gleichen wie bei der ↗Tonverlagerung sein. Die verlagerten Stoffe umhüllen häufig Mineralpartikel und verkleben diese, sie bilden ein für den B-Horizont der ↗Podsole typisches ↗Hüllengefüge. [MFr]

Podzols, Böden der ↗FAO-Klassifikation und ↗WRB-Klassifikation mit einem ↗Ochric horizon und einem ↗Spodic horizon als ↗diagnostische Horizonte in den obersten 200 cm, in denen organische Substanz, Eisen und Aluminium angereichert sind (↗Podsol).

Podzoluvisols ↗Fahlerden.

POES, *Polar Orbiting Environmental Satellite*, neuere Bezeichnung der USA für ihre von der National Oceanic and Aeronautical Agency koordinierten Umweltsatelliten, inklusive der ↗polarumlaufenden Satelliten. ↗TIROS.

Poetzsch, *Christian Gottlieb*, Hydrologe, Meteorologe und Mineraloge, * 16.5.1732 Schneeberg, † 1805; Autodidakt, Concierge bei der Churfürstlichen Naturaliengallerie und Ehrenmitglied der Leipziger ökonomischen Societät sowie der königlichen böhmischen Gesellschaft der Wissenschaften zu Prag. Er stellte viele Witterungsbeobachtungen an und richtete die ersten Pegel an der Elbe in Sachsen (Meißen 1775, Dresden 1776) sowie ihr regelmäßiges Ablesen und die Auswertung der Wasserstände ein. Die von ihm eingesetzte Pegellatte ist auch heute noch Bestandteil jedes ↗Pegels. Er gilt als Stammvater der Pegelbeobachtung. Aus der Beobachtung einer Reihe von Pegeln zog er Schlüsse auf die Laufzeit von Hochwasserwellen. Besonders zu beachten ist sein 1784 erschienenes Werk »Chronologische Geschichte der großen Wasserfluten«, in dem er 188 verheerende Hochwässer ab dem Jahre 590 zusammentrug. [HJL]

poikilitisch, Bezeichnung für magmatisch gebildete Minerale mit zahlreichen kleineren Einschlüssen einer oder verschiedener Mineralarten.

poikiloblastisch, Bezeichnung für Minerale, die bei metamorphem Wachstum zahlreiche andere kleinere Minerale einschließen.

Poikilothermie, [von griech. poikilos = mannigfach, thermos = warm], Bezeichnung für Organismen, die – im Gegensatz zu den *homoithermen* – ihre Körpertemperatur nicht oder nur beschränkt auf einem konstanten Wert halten können (wechsel-warme Organismen, Kaltblüter). Der größte Teil der benötigten Energie muß deshalb durch Nutzung der Sonneneinstrahlung und der Wasser- und Erdwärme aus der Umgebung bezogen werden. Poikilotherme Tiere können ihre Temperatur gegenüber der Außentemperatur beschränkt verändern, meist allerdings nur erhöhen (z. B. mittels Wärmeerzeugung durch Bewegungen wie z. B. Muskelzittern und Flügelschwirren).

Poincaré, *Jules Henri*, französischer Mathematiker, Physiker, Astronom und Philosoph, * 29.4.1854 Nancy, † 17.7.1912 Paris; ab 1879 Professor in Caen, ab 1881 in Paris, Mitglied der Académie des sciences (seit 1887) und der Académie française (seit 1909). Poincaré begründete die moderne algebraische Topologie, förderte die Funktionentheorie (automorphe Funktionen), die Theorie der Differentialgleichungen (insbesondere partieller Differentialgleichungen) und die nichteuklidische Geometrie und befaßte sich mit den philosophischen Grundlagen der Mathematik. Ferner erstellte er himmelsmechanische Arbeiten über Fragen der allgemeinen Stabilität des Sonnensystems (1892), über die Gestalt und Bahnen (Dreikörperproblem) der Himmelskörper (»Les méthodes nouvelles de la mécanique céleste«; 3 Bände, 1892–99) und zur Gezeitentheorie (1910). In seinen Beiträge zur Elektrodynamik postulierte er 1904, daß in Inertialsystemen die Naturgesetze gegenüber Lorentz-Transformationen invariant sein müssen und wies 1905 die Gruppeneigenschaft der Lorentz-Transformation nach. Es gelang im auch die Vorwegnahme des speziellen Relativitätsprinzips von A. ↗Einstein und er schrieb über die Theorie des Lichts und der elektrischen Wellen sowie über Wissenschaftstheorie; insgesamt etwa 30 Bücher und über 500 Veröffentlichungen.

Poincaré, *Jules Henri*

Poisson, *Siméon Denis*

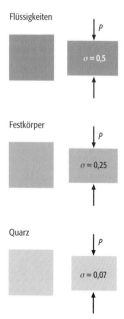

Poisson-Verhältnis: Verhalten einiger Körper bei der Belastung in eine Richtung. Bei einer Flüssigkeit bleibt das Volumen erhalten, sie weicht zur Seite aus ($\sigma = 0{,}5$ ideal plastisch). In Festkörpern wirken die elastischen Eigenschaften der Querdehung entgegen ($\sigma < 0{,}5$, meist ca. 0,25). Der Quarz zeigt eine Besonderheit, indem eine negative Poisson-Zahl beobachtet wird: Bei einer axialen Spannung zieht sich der Körper auch lateral zusammen (p = Druck).

point of zero net charge ↗ *Ladungsnullpunkt*.
Poise, *Ps*, SI-Einheit für ↗Viskosität [1 Poise = 1 Ps].
Poiseuille, *Jean-Louis Marie*, französischer Arzt und Physiologe, * 22.4.1799 Paris, † 25.12.1869 Paris; erforschte unter anderem die Strömung des Blutes durch die Gefäße; Mitentdecker (1839) des Hagen-Poiseuilleschen Gesetzes (↗Hagen), das die Durchflußgeschwindigkeit einer laminaren viskosen Flüssigkeit durch enge Röhren beschreibt (wichtig unter anderem zur Beschreibung des kapillaren Aufstieges von Wasser). Nach ihm sind ferner die (nichtgesetzliche) Einheit der dynamischen Viskosität (Poise; 1 Poise = 0,1 Pascalsekunde) und die Poiseuille-Hartmann-Strömung (Julius Frederik Hartmann, 1881–1951, dänischer Physiker) von elektrisch leitfähigen Medien in einem Magnetfeld benannt.
Poisson, *Siméon Denis*, französischer Mathematiker und Physiker, * 21.6.1781 Pithiviers, † 25.4.1840 Paris. Seit 1802 war er Professor in Paris. Er war einer der Begründer des Potentialbegriffs (Poisson-Differentialgleichung) und schrieb grundlegende Arbeiten über die Elastizitätstheorie (↗Poisson-Zahl), Wellenlehre (unter anderem über Wasserwellen), Akustik (z. B. Berechnung der Schwingungen von elastischen Stäben und Kreisplatten, Untersuchung von Schallwellen in Stäben und Flüssigkeiten) und Thermodynamik (↗Poisson-Gleichungen). Des weiteren lieferte er Beiträge zur Theorie der Elektrizität und des Magnetismus (gab um 1820 eine Beschreibung der Magnetostatik in Feldbegriffen), zur Kapillarität (1831), Wärmeleitung (1835) und Wahrscheinlichkeitsrechnung (↗Poisson-Verteilung). Er schrieb über 300 Abhandlungen, darunter das Standardwerk »Traité de mécanique« (2 Bände, 1811) und »Recherches sur la probabilité des jugements« (1837).
Poisson-Gleichung, die für die skalare Feldfunktion u definierte inhomogene, partielle Differentialgleichung 2. Ordnung $\Delta u = f$ (inhomogene Potentialgleichung). Mit dem Laplace-Operator Δ läßt sich die Poisson-Gleichung in einem dreidimensionalen, kartesischen Koordinatensystem schreiben als:

$$\Delta u(\vec{x}) = \frac{\partial^2 u}{\partial x^2} + \frac{\partial^2 u}{\partial y^2} + \frac{\partial^2 u}{\partial z^2} = f.$$

Eine koordinatenfreie Darstellung findet man mit Hilfe des Nablaoperators ∇:

$$\Delta u = \nabla^2 u = \mathrm{div\,grad}\, u.$$

Die Poisson-Gleichung gehört zur Klasse der elliptischen Differentialgleichungen, die in den partiellen Ableitungen zweiter Ordnung linear sind und eine große Anzahl stationärer Prozesse beschreiben. Sie ist deshalb von großer Bedeutung bei der Beschreibung des ↗Gravitationspotentials V. V genügt innerhalb anziehender Massen, die durch eine Dichteverteilung darstellbar sind, der Poisson-Gleichung, wobei die rechte Seite f proportional zu dieser Massendichte ϱ ist: $f = -4\pi G\varrho$. Für $f = 0$ ergibt sich die homogene Potentialgleichung, die ↗Laplace-Gleichung. [MSc]
Poisson-Verhältnis, *Poisson-Zahl*, *Querdehnung*, *Querdehnungszahl*, σ, beschreibt das Deformationsverhalten eines Körpers bei uniaxialer ↗Spannung (Belastung in einer Richtung, Abb.): Verhältnis der Quer- zur Längsverformung. Dieses beträgt bei volumenbeständigen Stoffen 0,5, bei normalkonsolidierten Böden 0,25–0,4 und bei Gesteinen 0,15–0,3. Bei Kristallen ist das Poisson-Verhältnis eine ↗anisotrope Eigenschaft. In isotropen Körpern kann aus den v_P- und v_S-Geschwindigkeiten das Poisson-Verhältnis berechnet werden:

$$\sigma = \frac{v_P^2 - 2v_S^2}{2(v_P^2 - v_S^2)}.$$

Poisson-Verteilung, nach S. D. ↗Poisson benannte ↗Häufigkeitsverteilung bzw. ↗Wahrscheinlichkeitsdichtefunktion, welche der Funktion:

$$f(x) = (1/x!) \cdot (e^{-\lambda}\lambda^x)$$

folgt, mit λ = Mittelwert und zugleich Varianz (Abb.). Für relativ kleine Werte von λ fällt diese Verteilung mit steigendem x ab und wird daher bevorzugt für Prozesse mit relativ geringer Ereigniswahrscheinlichkeit (Erdbeben, Stürme) verwendet.
Poisson-Zahl, *Querdehnungszahl*, ↗Poison-Verhältnis.
polare Bindung ↗heteropolare Bindung.
polare Gletscher ↗*kalte Gletscher*.
Polareis, Eisschilde der Arktis und Antarktis. ↗Meereis.
polarer Electrojet, *PEJ*, intensiver Strahlstrom (Jet) in der Ionosphäre im Bereich der ↗Polarlichtzone. In hohen Breiten fließen starke feldparallele Ströme von der Magnetosphäre zur Ionosphäre. Die beteiligten Ladungsträger erzeugen sowohl das ↗Polarlicht als auch eine Erhöhung der ionosphärischen Leitfähigkeit. Der polare Elektrojet ist daher häufig in der unmittelbaren Nachbarschaft von Polarlichtern anzutreffen. Er fließt bevorzugt von der Tagseite über die Morgen- und Abendsektoren zur Nachtseite entlang des Polarlichtovals.
polarer Tensor ↗Tensor.
polare Stratosphärenwolken ↗Perlmutterwolken.
Polarforschung, interdisziplinärer Forschungszweig, der sich mit den speziellen Umweltbedingungen in arktischen und antarktischen Regionen befaßt. Die Geschichte der Erkundung der Polargebiete läßt sich bis in die Mitte des 2. Jahrtausends n. Chr. verfolgen. Bereits seit dem 16. Jahrhundert, forciert im 19. Jahrhundert, wurden Suchfahrten in arktische Gewässer zur Erkundung von kürzeren Seeweg-Passagen nach China (Nordwest- und Nordostpassage) unternommen, und auch die ersten Erkundungsfahrten zu den antarktischen Küsten reichen bis an den Anfang des 19. Jahrhunderts zurück. Der Beginn der Ende des 19./Anfang des 20. Jahrhunderts einsetzenden wissenschaftlichen Polarforschung ist

eng mit dem Namen Alfred ↗Wegener verbunden, der beim Aufbau der permanenten Forschungsstation »Eismitte« auf dem grönländischen ↗Inlandeis 1930 ums Leben kam. Auch in der Antarktis reicht die wissenschaftliche Polarforschung bis zum Beginn des 20. Jahrhunderts zurück (1. Deutsche Südpolarexpedition 1901–1903). Ein wichtiges Datum ist hier v. a. das Internationale Geophysikalische Jahr 1957/58, von dem an von einer Vielzahl permanent vor Ort anwesender Forscher aus zwölf Nationen zahlreiche neue und über den Südpolarraum hinausgehende, interdisziplinäre Erkenntnisse gewonnen werden konnten. Ein wesentliches Arbeitsfeld moderner Polarforschung ist das Abteufen und Auswerten von ↗Eiskernbohrungen zur Gewinnung von Informationen zur jüngeren Klima- und Umweltgeschichte der Erde. Von Deutschland aus wird Polarforschung heute insbesondere von dem 1980 in Bremerhaven eingerichteten Alfred-Wegener-Institut für Polar- und Meeresforschung unterstützt und betrieben. [HRi]

Polarfront, 1) *Klimatologie*: die ↗troposphärische Front in der Haupt- oder ↗Polarfrontalzone. Diese trennt in der Regel Luftmassen polaren Ursprungs (mit hoher ↗Vorticity) von Luftmassen subtropischen oder tropischen Ursprungs (mit hohem Westwind-Drehimpuls). Sie ist deshalb und auch als ↗hyperbarokline Zone fest mit dem ↗Polarfrontstrahlstrom verbunden. Die Polarfront mäandriert mit der großräumigen polumspannenden westlichen ↗Höhenströmung. Sie wird außerdem durch ↗Frontenzyklonen deformiert, die sich fortwährend an ihr entwickeln. Im europäischen Raum schwankt sie dabei zwischen 45°-65° N im Sommer und 30°-60° N im Winter.
2) *Ozeanographie*: ozeanische Front zwischen kalten polaren und wärmeren subpolaren ↗Wassermassen. Auf der Nordhalbkugel trennt die Polarfront die Wassermassen, die durch die ↗Framstraße aus dem ↗Nordpolarmeer ausströmen, von den lokal im ↗Europäischen Nordmeer gebildeten. Auf der Südhalbkugel bildet sie einen der Stromarme des ↗Antarktischen Zirkumpolarstroms.

Polarfrontalzone, *Hauptfrontalzone*, ↗Frontalzone der ↗Polarfront. Als polumspannende stark ↗barokline Zone der mittleren Breiten ist sie der bevorzugte Ort der Entwicklung wandernder ↗synoptischer Wettersysteme.

Polarfrontstrahlstrom, der tropopausennahe ↗Strahlstrom direkt oberhalb der stark baroklinen ↗Polarfrontalzone. Beide bedingen und balancieren sich gegenseitig über die strikte Beziehung des ↗thermischen Windes. Der Polarfrontstrahlstrom stellt den polumspannenden Stromstrich der mäandrierenden westlichen ↗Höhenströmung dar. Dieses wellenförmige Starkwindband befindet sich zwischen 40° und 70° Breite, wobei Windgeschwindigkeiten um 100 m/s (360 km/h) auftreten können.

Polarfronttheorie, eine Theorie der ↗Bergener Schule, wonach eine Instabilität an der im Raum geneigten ↗Frontfläche der ↗Polarfront zum Ausgangspunkt einer kleinen zyklonalen Störung wird, die sich verstärkt, während sie entlang der Front zieht, und dabei zu einem Tiefdruckwirbel anwächst, der den typischen Lebenszyklus der ↗Frontenzyklone durchläuft. Inzwischen hat sich die Theorie der ↗baroklinen Instabilität durchgesetzt: Diese Instabilität bezieht sich auf die gesamte stark barokline ↗Polarfrontalzone in der ↗Höhenströmung und löst hier die Bildung ↗synoptisch-skaliger Wellen und Wirbel aus.

Polarisation, gegensätzliche (polare) Eigenschaften von Materie oder physikalischen Feldern, die auch durch äußere Einflüsse hervorgerufen werden können. Man unterscheidet: dielektrische Polarisation (↗Dielektrikum), elektrochemische Polarisation (↗Nernstsche Gleichung), ↗induzierte Polarisation und die Polarisation von Feldern in Schwingungen und Wellen, z. B. polarisiertes Licht. Bei harmonischen Schwingungen oder Wellen unterscheidet man zwischen *linearer Polarisation*, d. h. der Ausschlagvektor, der die momentane Richtung und Größe der Schwingung beschreibt, liegt auf einer Geraden oder bei einer Welle in einer Ebene (*Polarisationsebene*), *zirkularer Polarisation*, d. h. der Endpunkt des Ausschlagvektors durchläuft pro Schwingungsperiode einen Kreis, er ändert nur die Richtung, nicht die Größe, und *elliptischer Polarisation*, d. h. der Endpunkt des Ausschlagvektors durchläuft pro Periode eine Ellipse.
In der Fernerkundung spielt die Polarisation vor allem bei den Radarsensoren (↗Radar) eine Rolle. Abgesehen von der erst in der zweiten Hälfte der Achtzigerjahre entwickelten Technologie der vollpolarimetrischen SAR-Daten (↗Synthetic Aperature Radar), werden hier üblicherweise nur bestimmten Vorzugsrichtungen eingesetzt. Die von der Antenne (↗Apertur) ausgesandten Impulse können horizontal (H) oder vertikal (V) polarisiert sein. Dadurch, daß beim Empfang das Fernerkundungssystem ebenfalls auf horizontale oder vertikale Polarisation eingestellt sein kann, ergeben sich die 4 grundsätzlichen Kombinationen HH, VV (beide gleichpolarisiert), HV und VH (beide kreuzpolarisiert) für die Bilddatengenerierung. Entsprechend der jeweiligen Polarisationskombination sind auch die entsprechenden SAR-Grauwertbilder verschieden und weisen unterschiedliche, komplementäre Informationen aus.

Polarisationsanalyse, die Ableitung eines strahlenseismisch orientierten Koordinatensystems aus Registrierungen einer Dreikomponenten-

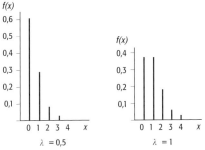

Poisson-Verteilung: Poisson-Verteilung für verschiedene Werte des Parameters λ.

Polarisationsebene

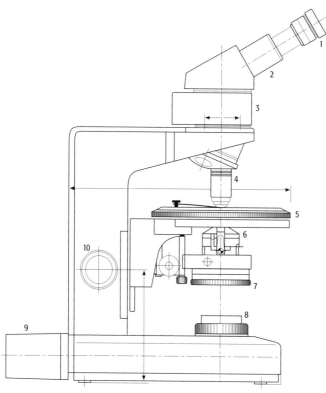

Polarisationsmikroskop: Schema eines Polarisationsmikroskops (1 = Okular, 2 = Tubus, Lochblende, Bertrandlinse, 3 = Zwischentubus mit Analysator, 4 = Objektiv-Zentrierrevolver mit Tubusschlitz und Objektiven, 5 = Objekttisch (Präparat), 6 = Kondensor mit Kondensorkopf und Aperturblende, 7 = Polarisator, 8 = Leuchtfeldblende, 9 = Lichtquelle, 10 = Grob- und Feintrieb).

Station. Eine mögliche Anwendung ist die Messung von Einfallswinkel (↗Benndorfscher Satz) und Azimut von ↗Raumwellen.

Polarisationsebene ↗Polarisation.

Polarisationsfaktor, von der Strahlpolarisation abhängiger Korrekturfaktor integraler Intensitäten. Der Polarisationsfaktor P berücksichtigt die räumliche Verteilung der von einem punktförmigen Elektron (Thomsonstreuer) gestreuten Intensität einer einfallenden elektromagnetischen Welle:

$$P = (\vec{\varepsilon} \cdot \vec{\varepsilon}_0)^2,$$

wobei $\vec{\varepsilon}_0$ und $\vec{\varepsilon}$ Einheitsvektoren in Richtung der elektrischen Feldvektoren $\vec{E}_0$ und $\vec{E}$ von einfallender und gestreuter Röntgenstrahlung sind. Wichtige Sonderfälle sind:

σ-Polarisation: $\quad P = 1$
π-Polarisation: $\quad P = \cos^2 2\theta$
unpolarisierte Strahlung: $\quad P = (1 + \cos^2 2\theta)/2$.

Wird anstelle eines β-Filters ein Kristallmonochromator verwendet, dann ist die den Probenkristall treffende Strahlung bereits partiell polarisiert. Der Polarisationsgrad hängt vom Winkel zwischen den Normalen der Beugungsebenen an Probe und Monochromator ab. Sind beide Ebenen parallel, dann gilt:

$$P = \frac{1 + \cos^2 2\theta_m \cos^2 2\theta}{1 + \cos^2 2\theta_m},$$

sind sie zueinander senkrecht, dann ist:

$$P = \frac{\cos^2 2\theta_m \cos^2 2\theta}{1 + \cos^2 2\theta_m};$$

θ_m = Braggwinkel des Monochromators, θ = Braggwinkel der Probe. Der Polarisationsfaktor P wird üblicherweise mit dem ↗Lorentzfaktor L zu einem gemeinsamen LP-Faktor zusammengezogen. [KE]

Polarisationsfilter, Lichtfilter zur Erzeugung ↗linear polarisierten Lichts. Sie beruhen auf dem unterschiedlichen Absorptionsvermögen der beiden durch ↗Doppelbrechung entstehenden, senkrecht zueinander linear polarisierten Strahlen (↗Pleochroismus oder Dichroismus). Eine Substanz mit extrem unterschiedlichem Absorptionsvermögen ist Herapathit, das in Form dünner Kristallplättchen oder dünner Folien mit orientiert eingelagerten Herapathitnädelchen als Polarisationsfilter Verwendung findet. Meistens bestehen die Polarisationsfilter jedoch aus organischen Substanzen mit langkettigen Molekülen und geeigneten Farbstoffen; durch einen Streckprozeß werden die Moleküle ausgerichtet und dabei die Farbstoffmoleküle orientiert, wodurch künstlich ein starker Pleochroismus hervorgerufen wird.

Polarisationsmikroskop, Mikroskop, das in erster Linie als Meßinstrumente dient. Es unterscheidet sich von biologischen Mikroskopen, die im wesentlichen der Vergrößerung dienen, nicht nur durch die Polarisationseinrichtungen (↗polarisiertes Licht), sondern vor allem durch den Drehtisch mit Winkeleinteilung und Nonius, die Okulare mit Fadenkreuzen oder anderen für quantitative Messungen zweckmäßigen Meßfeldern, spannungsfreie Linsensysteme und zentrierbare Objektive, Lichtquellen und einen Kondensor (Abb.). Im Fuß des Mikroskops ist die Lichtquelle untergebracht, die je nach Wahl »weißes« oder monochromatisches Licht liefert. Von unten nach oben folgen ein Kollektor und verschiedene Blenden. Zwischen dem Objekt und der Lichtquelle ist der Polarisator eingeschaltet. Für stärkere Vergrößerungen, die eine größere Lichtbündelung erforderlich machen, befindet sich zwischen Polarisator und Objekttisch noch eine weitere ausklappbare Kondensorlinse. Der Objekttisch ist mit einer 360-Gradeinteilung und Nonius versehen und läßt sich um die optische Achse des Mikroskops drehen. Über dem Objekt, das im allgemeinen aus kleinen Kristallen oder aus einem Kristall- bzw. Gesteinsdünnschliff (↗Dünnschliff) besteht, folgt das Objektiv und darüber ein zweiter Polfilter, welcher als Analysator bezeichnet wird. Dazwischen befindet sich ein Schlitz, in welchen sogenannte Kompensatoren eingeschoben werden können. Oberhalb des Analysators ist noch eine weitere Blende sowie eine ausklappbare Linse, die ↗Amici-Bertrand-Linse, für die indirekte Betrachtung (↗Konoskopie) eingeschoben. [GST]

Polarisationsmikroskopie, zu den wichtigsten Untersuchungsverfahren in der Mineralogie zählende Methode, die zur Bestimmung der optischen Eigenschaften der Kristalle ↗polarisiertes Licht verwendet. Die zu diesem Zweck verwendeten ↗Polarisationsmikroskope haben dabei nicht nur die Aufgabe, das Objekt zu vergrößern, sondern besitzen in erster Linie die Funktion von Meßinstrumenten. Gemessen werden dabei fast ausschließlich vektorielle Größen wie Lichtbrechung, Reflexion, Absorption, Pleochroismus, Zirkularpolarisation u. a. Da die optischen Eigenschaften der Kristalle in einem engen Zusammenhang mit ihrem strukturellen Aufbau stehen, lassen sich aus polarisationsoptischen Messungen kristallographische Zuordnungen ableiten. Durch besondere technische Zusatzeinrichtungen an dem Meßinstrument Polarisationsmikroskop können nahezu alle kristalloptischen Daten, insbesondere auch an mikroskopisch kleinen Kristallen, bestimmt werden. Dazu gehören z. B. Lichtbrechung, Doppelbrechung, Charakter der Doppelbrechung, Dispersion, Auslöschungsschiefe und natürlich auch geometrische Beobachtungen wie Umriß, Spaltbarkeit, ↗Tracht, ↗Habitus usw. In vielen Fällen ersetzt die polarisationsmikroskopische Untersuchung teure und zeitraubende chemische Analysen, ganz abgesehen von dem Vorteil, daß es sich um eine meist direkte und zerstörungsfreie Methode handelt.

Feinkörnige Substanzen werden zur optischen Untersuchung auf Glasobjektträgern in Flüssigkeiten bekannter Brechungsquotienten eingebettet (↗Einbettungsmethoden). Meist werden jedoch aus Kristallen, Mineralen, Gesteinen oder technischen Produkten ↗Dünnschliffe hergestellt, welche eine Dicke von 20 bis 30 µm besitzen. Opake Kristalle, Erzminerale, Metalle und Legierungen werden als polierte Anschliffe im reflektierten Licht mit besonderen Methoden der ↗Erzmikroskopie untersucht. Längenmessungen zur Ermittlung der Dimensionen einzelner Mineralkörner erfolgen mit Hilfe eines Mikrometerokulars, dessen Skala für jedes Objektiv mit einem Objektmikrometer geeicht wird. Das Objekt kann dabei mit einem auf den Objekttisch aufgesetzten Kreuztisch um kleinste Beträge verschoben werden. Mit sogenannten Integrationseinrichtungen auf dem Objekttisch (Integrationstisch) oder im Okular (Integrationsokular) läßt sich auf diese Weise über die Längenmessungen an den verschiedenen Kristallarten der volumenmäßige Anteil an der Zusammensetzung eines kristallisierten Produktes ermitteln.

Heute lassen sich viele integrationsoptische Messungen durch automatische Geräte zur Bildanalyse, sogenannte Klassimaten, Intergramaten oder Quantimaten, durchführen. So können an Gesteinsdünnschliffen und an Erzanschliffen die Mineralphasen quantitativ bestimmt werden. Automatische quantitative Phasenanalysen über integrierende Bildanalysengeräte werden vielfach in der Industrie zu Qualitätskontrollen und zur raschen Bestimmung der Mineralzusammensetzung eingesetzt. In der Stahlindustrie dienen sie z. B. zur Bestimmung von Ferrit und Perlit-Anteilen, in der Zementindustrie zur Kontrolle der Zementklinker, in der Hüttenindustrie zur Ermittlung des Porenraumes in Erzen und Schlacken usw. Durch die Kopplung von Polarisations- und Kathodolumineszenzmikroskopie (↗Kathodenlumineszenz) mit der Bildanalyse ist es möglich, eine komplette qualitative und quantitative Phasenanalyse an einer Präparationsart, dem polierten Dünnschliff, durchzuführen. Auf diese Art können bis auf wenige Ausnahmen sämtliche gesteinsbildenden Minerale analysiert werden. Korngrößenanalysen und damit im Zusammenhang stehend auch Rundungs- und Sphärizitätsuntersuchungen sind an Sedimentiten, Magmatiten und Metamorphiten ebenfalls mittels der Bildanalyse möglich. Für die Diagnostizierung von unbekannten Substanzen stellen deren Brechungsquotienten, die teilweise auch Brechzahlen oder ↗Brechungsindizes genannt werden, charakteristische und rasch zu ermittelnde Größen dar. Grundsätzlich werden die Brechungsquotienten mit monochromatischem Licht bestimmt und die betreffende Wellenlänge angegeben. Außer von der Wellenlänge hängt die Lichtbrechung auch noch von der Temperatur ab, so daß zur Angabe der Wellenlänge noch die der Temperatur gehört.

In Kristallen sämtlicher Klassen, mit Ausnahme der kubischen, die sich optisch isotrop verhalten, wird das Licht doppelt gebrochen, d. h. ein Lichtstrahl wird bei seinem Weg durch den Kristall in zwei Strahlen zerlegt, wobei der eine sich wie in einem isotropen Medium verhält und dem ↗Snelliussschen Brechungsgesetz folgt; er wird daher als ordentlicher Strahl o bezeichnet. Der zweite Strahl verhält sich dagegen ungewöhnlich, denn er erfährt auch bei senkrechtem Einfall eine Ablenkung gegenüber dem ordentlichen Strahl und wird darum als außerordentlicher oder als extraordinärer Strahl e bezeichnet. Die Stärke der Doppelbrechung eines Kristalls berechnet sich aus der Differenz der Brechungsquotienten von n_e und n_o und stellt für jeden anisotropen Kristall eine charakteristische Größe dar. Beim Calcit beträgt die Doppelbrechung für Natriumlicht -0,1722, während sie beim Quarz rund zwanzigmal schwächer ist und den Wert +0,0091 hat. Die in der Mineralogie häufig durchgeführten ↗Einbettungsmethoden haben den Vorteil, daß auch an mikroskopisch kleinen Kristallen verhältnismäßig rasch und bequem brauchbare Werte gewonnen werden. Bringt man unter dem Polarisationsmikroskop einen durchsichtigen Kristall oder ein Kristallbruchstück in eine Flüssigkeit mit demselben Brechungsquotienten, dann verschwinden die Umrisse des Kristalls. Durch Variieren verschieden hoch lichtbrechender Flüssigkeiten läßt sich dies in monochromatischem Licht mit sehr großer Annäherung erreichen. Die Brechungsquotienten der Flüssigkeiten werden dabei mit einem Refraktometer bestimmt. Unterscheiden sich Kristall und Flüssigkeit in ihren Brechungsquotienten, dann treten an ihren Grenzflächen helle Linien auf, die nach ihrem Entdecker als ↗Beckesche Linien bezeichnet werden. Beim Senken des Mikroskoptisches wan-

Polarisationsmikroskopie (Tab.):
Kristallographie und kristalloptische Bezugssysteme.

Kristallsystem	optisches Verhalten		Form der Indikatrix	optischer Charakter	
kubisch	isotop		Kugel		
tetragonal trigonal hexagonal	anisotrop	einachsig	Rotationsellipsoid	+	wenn $n_e > n_o$
				–	wenn $n_e < n_o$
rhombisch monoklin triklin		zweiachsig	dreiachsiges Ellipsoid	+	wenn n_γ = Winkelhalbierende der spitzen Bisektrix
				–	wenn n_α = Winkelhalbierende der spitzen Bisektrix

dern diese Linien in das höher brechende Medium hinein, während sie sich beim Heben des Tisches zum niedriger brechenden Medium hin bewegen. In Gesteinsdünnschliffen, wo viele verschiedene Mineralkörner nebeneinander liegen können, sind die Beckeschen Lichtlinien ein bequemes Hilfsmittel zur größenordnungsmäßigen Bestimmung der Brechungsquotienten nebeneinanderliegender Minerale. Zweckmäßigerweise stellt man sich für die Einbettungsmethode Mischungen aus verschiedenen Immersionsflüssigkeiten her, deren Brechungsquotienten bekannt sind. Da die Lichtbrechung von Flüssigkeiten im Gegensatz zu der von Festkörpern sehr stark temperaturabhängig ist, kann man durch Messungen bei verschiedenen Temperaturen die Genauigkeit der Einbettungsmethode erheblich steigern. Die Durchführung von Messungen nach der Temperatur-Variationsmethode erfolgt unter Verwendung eines Mikroskopheiztisches. Ein elegantes immersionsoptisches Verfahren ist die λ-Variationsmethode, bei der man sich der unterschiedlichen Dispersion zwischen Flüssigkeit und Kristall bedient. Immersionsmedium ist eine Flüssigkeit mit hoher Dispersion. Die steile Dispersionskurve schneidet die meist flachere Dispersionskurve des Objekts bei einer bestimmten Wellenlänge. Verändert man die Wellenlänge mit Hilfe eines Monochromators oder durch ein Interferenzverlaufsfilter, dann wird das Objekt bei dieser Wellenlänge unsichtbar. Wie bei allen Einbettungsverfahren müssen die Brechungsindizes der Immersionsflüssigkeit refraktometrisch ermittelt werden. Diese Bestimmungen erfolgen mit dem Abbé-Refraktometer, das nach der Totalreflexionsmethode arbeitet, oder mit dem Mikrorefraktometer nach Jelly, bei dem der Brechungsindex aus der Ablenkung eines Lichtstrahls durch ein kleines Hohlprisma abgelesen werden kann (Prismenmethode).

Ein Gerät, das in direkter Verbindung mit dem Polarisationsmikroskop verwendet wird, ist das Mikroskoprefraktometer, mit dem die Brechzahlen sehr kleiner Flüssigkeitsmengen bis zur 3. Dezimale genau bestimmt werden können. Für phasenanalytische Untersuchungen ist die Bestimmung des betreffenden Kristallsystems eine wichtige Voraussetzung. Mit Hilfe von Interferenzbildern bei konoskopischer Betrachtungsweise (↗Interferenzbilder, ↗Konoskopie) läßt sich die Polarisationsmikroskopie sowohl an Gesteinsdünnschliffen als auch an Streu- oder Körnerpräparaten durchführen. Fällt Licht in Richtung der c-Achse durch eine planparallel geschliffene Calcit-Platte, dann verhält sich der Kristall in dieser Richtung isotrop, d. h. es tritt in dieser speziellen Richtung keine Doppelbrechung auf. Man bezeichnet daher bei trigonalen, hexagonalen und tetragonalen Kristallen die Richtung der c-Achse als Achse der Isotropie oder als ↗optische Achse. Da in diesen drei Kristallsystemen nur eine einzige optische Achse vorhanden ist, heißen sie auch optisch einachsig. Die Differenz der Brechungsquotienten ist am größten bei achsenparallelen Schnitten durch ein gedachtes Rotationsellipsoid (↗Indikatrix), bei dem die Rotationsachse durch die optische Achse gebildet wird. Solche Schnitte zeichnen sich durch maximale Doppelbrechung aus, heißen ↗Hauptschnitte und weisen stets die größte Doppelbrechung auf. In allen anderen Schnittmöglichkeiten variiert n_e als n_e' zwischen den Werten n_e und n_o, während n_o stets denselben Wert hat. Je nachdem, ob die Differenz n_e-n_o positiv oder negativ ist, unterscheidet man einen optisch positiven und optisch negativen Charakter der Doppelbrechung.

Für rhombische, monokline und trikline Kristalle ist die Indikatrix ein dreiachsiges Ellipsoid, deren Halbachsen die drei Hauptbrechungsquotienten n_α, n_β und n_γ darstellen. Im Gegensatz zu den optisch einachsigen Kristallen mit den Hauptbrechungsquotienten n_o und n_e unterscheidet man bei optisch zweiachsigen Kristallen drei Hauptbrechungsquotienten. n_α ist stets der kleinste, n_β der mittlere und n_γ größte Brechungsquotient. In zwei speziellen Schnittlagen ergeben sich Kreisschnitte mit dem Radius n_β. In Richtung der Kreisschnittnormalen, die hier als optische Achsen bezeichnet werden, tritt keine Doppelbrechung auf, so daß es sich also auch hier um Achsen der Isotropie handelt. Die optischen Achsen der Indikatrix zweiachsiger Kristalle schließen den Winkel 2V ein, der als Achsenwinkel bezeichnet wird. Die Winkelhalbierende des spitzen Winkels der optischen Achsen heißt spitze Bisektrix oder 1. Mittellinie I. M., während die des stumpfen Winkels als stumpfe Bisektrix oder 2. Mittellinie II. M. bezeichnet wird. Auch bei optisch zweiachsigen Kristallen unterscheidet man einen optisch positiven und optisch negativen Charakter der Doppelbrechung. Ein zusammenfassender Überblick über die Zuordnung der Kristallsysteme zu den kristalloptischen Bezugssystemen ergibt sich aus der Tabelle. [GST]

Polarisationspotential, bezeichnet ein elektrisches Potential, das beim Kontakt einer Metallelektrode mit dem Erdboden entsteht und eine elektrische Spannungsmessung verfälschen kann (unpolarisierbare Sonde, ↗ Kupfer-Kupfersulfat-Sonde).

Polarisations-Wetterradar ↗ Wetterradar.

Polarisator, Gerät zur Erzeugung polarisierten Lichts. ↗ Nicolsches Prisma, ↗ Polarisationsfilter.

Polarisierbarkeit, Aufladbarkeit eines Gesteinskörpers; Parameter in der Methode der ↗ induzierten Polarisation.

polarisiertes Licht, man unterscheidet linear polarisiertes, zirkular polarisiertes und elliptisch polarisiertes Licht. Linear polarisiertes Licht schwingt in einer Ebene, die als Schwingungsebene bezeichnet wird. Bei zirkular polarisiertem Licht und elliptisch polarisiertem Licht stellt die Projektion der Schwingungsbahnen senkrecht zur Fortpflanzungsrichtung Kreise oder Ellipse dar. Entsprechend dem Umlaufsinn unterscheidet man in solchen Fällen rechts- und links-zirkular polarisiertes bzw. rechts- und links-elliptisch polarisiertes Licht. Die Erzeugung des bei polarisationsoptischen Untersuchungen verwandten linear polarisierten Lichtes geschah früher mit stark doppelbrechenden Kristallen, heute überwiegend mit Polarisationsfiltern, die aus Kunststoffolien hergestellt werden. Diese Einrichtungen heißen Polarisatoren. Polarisation kann auch durch Absorption erzeugt werden. Licht wird beim Durchtritt durch orientiert geschnittene Turmalinkristalle in zwei Wellen zerlegt, die parallel zur c-Achse des Turmalins nur wenig, senkrecht dazu jedoch stark absorbiert werden. Bei genügender Dicke der Kristallplatte wird die eine Welle vollständig absorbiert, während die andere als linear polarisiertes Licht wieder austritt. Diese Methode liefert jedoch nur eine geringe Lichtintensität und ist daher für polarisationsoptische Instrumente wenig geeignet. Eine bessere Ausbeute an polarisiertem Licht erhält man durch Doppelbrechung und Totalreflexion des Lichtes in anisotropen Kristallen. Besonders gut eignet sich für diese Methode, die bis zur Herstellung von organischen Polarisationsfiltern fast ausschließlich angewandt wurde, die stark doppelbrechende, wasserklar durchsichtige Varietät des Calcits, der nach seinem Vorkommen auch als ↗ Isländischer Doppelspat bezeichnet wird. Beim Durchtritt durch zwei Kalkspatprismen, die in einer bestimmten Form zusammengesetzt sind, entstehen zwei linear polarisierte Wellen, die senkrecht aufeinander stehen. Man bezeichnet sie als ordentliche Welle o (ordinär) und außerordentliche Welle e (extraordinär). Dabei tritt die außerordentliche Welle mit einer geringeren Parallelverschiebung, die durch Brechung hervorgerufen wird, als linear polarisiertes Licht aus dem Kristall aus, während die ordentliche Welle an der Grenzschicht der beiden Kalkspatprismen total reflektiert wird. Die ganze Anordnung heißt nach ihrem Entdecker ↗ Nicolsches Prisma oder kurz Nicol. Bei den heute üblich gewordenen Filterpolarisatoren aus dünnen Kunststoffolien wird linear polarisiertes Licht durch parallel orientierte, mikroskopisch kleine Kriställchen erzeugt. Schließlich entsteht linear polarisiertes Licht auch durch Reflexion unter dem für jeden Stoff charakteristischen Brewsterschen Winkel an glatten, glänzenden, nichtmetallischen Flächen, z. B. an Fensterglasscheiben. [GST]

Polarität des Erdmagnetfeldes ↗ Feldumkehr.

Polarkoordinaten, krummlinige Koordinaten, die sich auf einen festen Punkt des Raumes, den sog. Pol, beziehen. Die ebenen Polarkoordinaten eines Punktes P bestehen aus dem (euklidischen) Abstand zum Pol und dem Winkel zwischen einer vom Pol ausgehenden festen Richtung und der Richtung zum Punkt P. Durch Bezug auf die geographische Nordrichtung entspricht dieser Winkel, im Uhrzeigersinn gemessen, dem geographischen Azimut, durch Bezug auf Gitternord dem ↗ Richtungswinkel. Räumliche Polarkoordinaten setzen sich z. B. aus der Entfernung zum festen Punkt, dem Azimut und dem Höhenwinkel (lokales System) oder dem geozentrischen Abstand, der geozentrischen Breite und der geographischen Länge (globales System) zusammen.

Polarkreis, Breitenkreis 66° 30' Nord bzw. Süd, der polwärts das Phänomen des *Polartages* (Tag ohne Sonnenuntergang) bzw. der *Polarnacht* (Tag ohne Sonnenaufgang) aufweist und somit die *Polarzone* von den anderen Zonen abgrenzt.

Polarlicht, *polare Aurora*, *Nordlicht*, Leuchterscheinungen in der ↗ Atmosphäre der hohen Breiten (Abb. im Farbtafelteil), im Norden auch Nordlicht (Aurora Borealis) genannt, im Süden Südlicht (Aurora Australis). Polarlichter sind der sichtbare Ausdruck von Flüssen schneller elektrisch geladener Teilchen aus der Magnetosphäre, die auf die Erdatmosphäre treffen und sie zum Leuchten anregen. Diese Teilchen werden im Verlauf eines magnetischen ↗ Teilsturms (↗ Sonnenwind) aus dem ↗ Magnetosphärenschweif erdwärts beschleunigt. Normalerweise sollten diese Teilchen, vor allem Elektronen, aber auch Protonen, in über 1000 km Höhe wieder zurück reflektiert werden (Spiegelpunkte). Durch eine besondere, noch nicht ganz verstandene Potentialstruktur werden sie aber weiter beschleunigt und kollidieren oberhalb von 100 km mit den Atmosphärengasen (O, N_2, N^+_2, H), was zu den unterschiedlichen Farben der Polarlichter führt. Die Polarlichtbögen sind in Form eines Ovals um den magnetischen Pol angeordnet. Das Polarlicht reicht auf der Tagesseite etwa bis 78° geographische Breite. Auf der Nachtseite dehnt es sich zu niederen Breiten (bis 67°) aus und ist im allgemeinen intensiver. Zu Zeiten hoher ↗ solarer Aktivität kann das Polarlicht mitunter auch in den mittleren Breiten beobachtet werden.

Polarlichttürme, sind eine Folge der einzelnen Leuchterscheinungen des ↗ Polarlichtes.

Polarlichtzonen, Band zwischen 64° und 70° geomagnetischer Breite, dem Polarlichtoval, sowohl am Nord- als auch Südpol, indem man die meisten ↗ Polarlichter beobachtet.

Polarluft, 1) polare oder arktische Luft: eine Luftmasse, deren Ursprung im Polargebiet (Arktis) liegt. 2) subpolare Luft: eine Luftmasse mit Ursprung in subpolaren Breiten, am Rande des Polargebietes. Sie kommt vom Nordatlantik als ma-

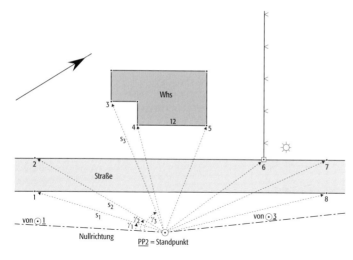

Polarverfahren: schematische Darstellung eines Polarverfahrens.

ritime Subpolarluft (mP), von Nord- und Osteuropa als kontinentale Subpolarluft (cP) nach Mitteleuropa. Gelangt Polarluft oder subpolare Luft vorübergehend bis in subtropische Breiten, so kehrt sie erwärmt als mP_s oder cP_s in mittlere Breiten zurück. ↗Luftmassenklassifikation.

Polarnacht ↗Polarkreis.

Polar Orbiting Environmental Satellite ↗POES.

Polarschnee, bei großer Kälte (ab –18°C) bei hinreichender Luftfeuchtigkeit erfolgende ↗Sublimation des Wasserdampfes zu kleinen Schneekristallen, die auch Diamantschnee genannt werden. Polarschnee kann bei wolkenfreiem Himmel auftreten, er ist eine typische Erscheinung polarer Breiten, kommt aber gelegentlich auch in Mitteleuropa vor. Bei Sonnenschein glitzern die sehr langsam herabfallenden Eiskristalle, und bei entsprechender Blickrichtung zur Sonne kann die optische Erscheinung ↗Lichtsäule gesehen werden.

polar stratospheric clouds, PSC, ↗Perlmutterwolken.

Polartag ↗Polarkreis.

Polartief, *Polarzyklone*, ein nur im Winter über subpolaren Meeresgebieten auftretender, meist kleinräumiger (ca. 500 km), konzentrierter Tiefdruckwirbel (↗Tiefdruckgebiet) von oft erheblicher Wetterwirksamkeit. Polartiefs entstehen nördlich der ↗Polarfront im Zusammenhang mit hochreichend zyklonalen Kaltluftvorstößen aus der Arktis. Sie entwickeln sich aber nur über relativ warmem Wasser infolge konzentrierter Kondensationsvorgänge mit Freisetzung von ↗latenter Wärme im Kern des Tiefdruckwirbels.

polarumlaufender Satellit, Satellit, dessen Umlaufbahn über die Polarregionen hinweg führt, im Falle der meisten ↗Wettersatelliten in Höhen von ca. 850 km über der Erde. Die Umlaufdauer beträgt dann ca. 100 Minuten. Während des Fluges von Pol zu Pol dreht sich die Erde unter dem Satelliten hinweg, es werden stets nur Streifen der Erdoberfläche beobachtet. Für die globale Erdbeobachtung müssen die einzelnen Beobachtungsstreifen aneinandergefügt werden. Die Umlauf-

bahn der Wettersatelliten ist sonnensynchron, d.h. alle Teile der Erde werden unter der gleichen Sonnenbeleuchtung überflogen. Im Gegensatz zu den ↗geostationären Satelliten ist der Vorteil der polarumlaufenden Satelliten, daß mit einem Satelliten alle Teile der Erde beobachtet werden können, wenn auch nicht zeitgleich. Typische polarumlaufende Satelliten sind: die Wettersatelliten der National Oceanic and Aeronautical Agency (↗TIROS) oder ↗METOP von EUMETSAT, die experimentellen Satelliten ↗ERS-1 und -2 oder ENVISAT der ↗ESA oder die landerkundenden Satelliten ↗Landsat oder ↗SPOT. [WBe]

Polarverfahren, *polare Punktbestimmung*, *polares Anhängen*, ein terrestrisches Verfahren, bei dem Punkte von einem ↗Standpunkt aus durch ↗Richtungsmessung und Streckenmessung, z.B. mit einem ↗Tachymeter, aufgenommen oder abgesteckt werden (Abb.). Die ↗Richtungen r_1 bis r_n müssen in bezug auf eine gewählte Nullrichtung (↗Horizontalwinkel) gemessen werden. Sind die Koordinaten des Standpunktes und die des ↗Zielpunktes für die Nullrichtung bekannt, können die ↗Richtungswinkel und die Koordinaten der aufzunehmenden oder abzusteckenden Punkte berechnet werden. Sind zusätzlich die Standpunkthöhe und die Instrumentenhöhe des über dem Standpunkt aufgestellten Instrumentes bekannt und werden die Zenitwinkel zu den aufzunehmenden oder abzusteckenden Punkten gemessen, können auch die Punkthöhen berechnet werden. Das Polarverfahren mittels elektrooptischer Tachymeterinstrumente ist das zur Zeit in der Praxis übliche Verfahren zur Aufnahme und ↗Absteckung von Geländepunkten. Die Bestimmung der Lagekoordinaten und Höhe von ↗Neupunkten mittels Polarverfahren wird auch als polares Anhängen bezeichnet. [KHK]

Polarwirbel, die großräumige zyklonale Zirkulation in der mittleren und oberen Troposphäre, im Winterhalbjahr auch ein Gebiet tiefen Luftdruckes in der unteren Stratosphäre, über den Polargebieten (↗stratosphärische Zirkulation). In der winterlichen Arktis teilt sich dieses Zentrum meist bipolarig, wobei dann ein Wirbel bei Baffinland und der andere über Nordostsibirien entsteht. Es sind also beide im Bereich der bodennahen winterlichen ↗Kältepole zu finden. Das dazugehörige zirkumpolare Windfeld umfaßt auch die obere Westwindzone der mittleren Breiten.

Polarzone ↗Polarkreis.

Polarzyklone, 1) ↗Polartief, kleiner Tiefdruckwirbel, 2) ↗Polarwirbel, großräumiges Zirkulationszentrum der ↗Höhenströmung.

Polbewegung, *Polschwankung*, ist die Richtungsänderung der Erdrotationsachse in bezug auf ein erdfestes Bezugssystem, das z.B. durch Punkte auf der Erdoberfläche gegeben wird. Sie besitzt eine Größenordnung von mehreren Metern. Bereits 1765 errechnete der Schweizer Mathematiker L. ↗Euler, daß der Pol (der damals als starr angenommenen Erde) eine kreisförmige Bahn mit einer heute als *Eulersche Periode* bezeichneten Regelmäßigkeit von ungefähr 305 Tagen be-

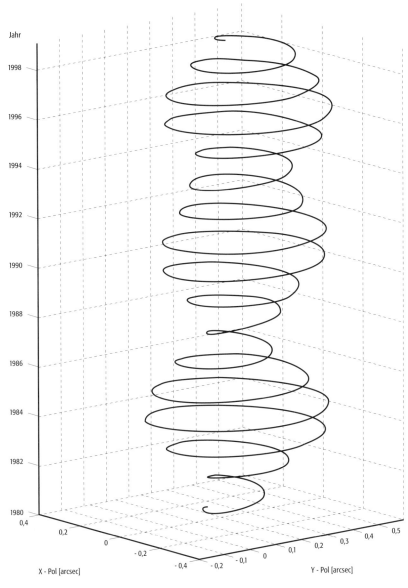

Polbewegung: Polbewegung zwischen 1980 und 1999.

schreiben müßte. Heute weiß man, daß die Polbewegung sich hauptsächlich aus einer jährlichen Variation und der nach dem Amerikaner Seth Carlo ↗Chandler (1846–1913) benannten ↗Chandler-Bewegung mit einer Periode von ungefähr 14 Monaten zusammensetzt. Die Überlagerung von Jahres- und *Chandler-Periode* führt zu einem schwebungsartigen An- und Abschwellen der Amplitude zu maximal zehn Metern mit einer Schwebungsperiode von ca. 6,3 Jahren. Messungen der Polbewegung erfolgten erstmals vom Bonner Astronom Friedrich ↗Küstner (1856–1936) Ende des letzten Jahrhunderts (Abb.). Die Analyse der langfristigen Polbewegung zeigt eine deutliche Variation von ungefähr elf Jahren. Diese wird mit Vorgängen im Erdinneren in Zusammenhang gebracht, steht möglicherweise aber auch in Verbindung mit dem entsprechenden Zyklus der Sonnenaktivität. Daneben gibt es weitere sog. dekadische Variationen mit Perioden um 30 Jahre und zwischen 70 und 80 Jahren. Als Ursachen hierfür werden geodynamische Kopplungen zwischen dem ↗Erdkern und dem ↗Erdmantel vermutet. Möglicherweise spielen aber auch langperiodische Massenverlagerungen in der Atmosphäre eine Rolle. Die säkulare Polbewegung, das heißt die durch eine Gerade approximierbare langfristige Änderung der Lage des Pols liegt bei ungefähr 3,4 mas/Jahr in Richtung 79° West. Sie wird in erster Linie auf das Abschmelzen der polaren Eismassen zurückgeführt. [HS]

Polder, *Koog,* 1) zum Schutz gegen Überflutungen eingedeichte Niederung (↗Deich), die unter

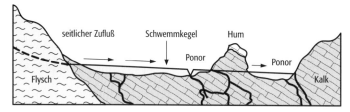

Polje 1: Profil durch eine Polje.

dem Meeres-, See- oder Flußwasserspiegel liegt. Sommer- oder Überlaufpolder sind durch niedrige Deiche (Sommerdeiche bzw. Überlaufdeiche) gegen kleinere Hochwasser geschützt, sie werden zeitweilig überflutet (↗Küstengebiet). 2) Meist großflächiges, durch steuerbare Einlaufbauwerke zu flutendes Gebiet, das damit die Funktion eines ↗Hochwasserrückhaltebeckens übernimmt.

Pol-Dipol, Meßanordnung in der ↗Gleichstromgeoelektrik.

Poldistanz, Winkelkoordinate, welche die Distanz eines Flächenpols vom Nordpol der ↗Polkugel angibt.

Polje, große geschlossene Hohlform der Karstgebiete (↗Karst) mit unterirdischer Entwässerung. Poljen sind überwiegend langgestreckte, teilweise talartig gewundene Becken mit fast ebenem Boden (Abb. 1). Sie werden häufig von steilen Hängen umrahmt, die sich mit einem scharfen Knick von der Ebene abheben. Die umrahmenden Höhen weisen in vielen Fällen mindestens eine Einsenkung (Poljeschwelle) auf, die deutlich niedriger als die übrigen Höhenzüge liegt. Der Poljenboden ist meist mit sandigen bis lehmig-tonigen Sedimenten bedeckt, die mehrere Dekameter mächtig sein können. Diesem Umstand verdanken die Poljen ihre Bezeichnung, die ursprünglich Feld bedeutet, denn die sedimentbedeckten Ebenen sind vielfach die einzigen größeren Ackerflächen in Karstgebieten (Abb. 2). Die größten Poljen umfassen mehrere hundert Quadratkilometer Fläche. Die Poljenböden haben oft ein geringes Gefälle, das sich gegen mehrere Tiefpunkte richtet, an denen Wasser in ↗Ponoren oder ↗Klüften verschwindet. Es gibt Poljen, die von Bächen durchflossen werden, die am Rande aus ↗Karstquellen entspringen, die Ebene queren und in Ponoren wieder verschwinden. Die wenig oder nicht durchlässigen Ablagerungen am Poljeboden verhindern ein Versickern in der Ebene. Im dinarischen ↗Karst sind einige Poljen nach den ergiebigen Niederschlägen im Winter überflutet, in manchen sind ganzjährige Seen vorhanden (Poljenseen). Je nach geologischer Situation, hydrologischen oder geomorphologischen Verhältnissen werden verschiedene Poljentypen unterschieden: *Semipoljen* erstrecken sich auch in nicht verkarstungsfähigen Gesteinen, werden also von unterschiedlichen Gesteinen unterlagert. *Randpoljen* hingegen liegen unmittelbar am Rand von nicht verkarstungsfähigem Gestein, werden aber vollständig von Karstgestein unterlagert. Bei Flußpoljen queren Fließgewässer den abgedichteten Poljenboden und enden in Flußschwinden (↗Schwinde). Bei *Staupoljen* liegt der Poljenboden im Schwankungsbereich der Karstwasserfläche und es kommt zu periodischen Überflutungen. *Seenpoljen* enthalten Seen, die ganzjährig mit Wasser gefüllt sind. Flächenpoljen sind in gehobene Altflächen eingetieft und *Talpoljen* entwickelten sich aus älteren Talsystemen. *Polymorphe Poljen* zeigen die Merkmale zweier oder mehrerer der genannten Poljentypen.

Ein weiteres Merkmal von Poljen sind isolierte Restberge aus Karstgestein, die oft mit markantem Fußknick aus der Ebene aufragen (↗Hum). Die Häufigkeit von Poljen ist in Gebieten mit flachlagernden Gesteinsschichten geringer als in Gebieten mit gefaltetem Untergrund. Dort folgt die Längserstreckung vieler Becken der Streichrichtung des Gebirges. Die Genese der Poljen ist bislang nicht zweifelsfrei geklärt. Sie kann möglicherweise durch bereits vorhandene Vorformen,

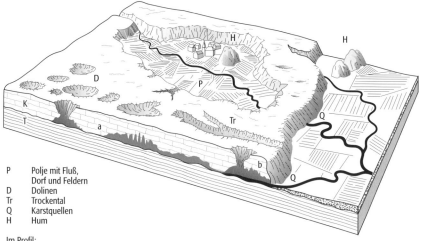

P Polje mit Fluß, Dorf und Feldern
D Dolinen
Tr Trockental
Q Karstquellen
H Hum

Im Profil:
K Karst (wasserdurchlässig)
T Ton oder Mergel (wasserdurchlässig)
a–b unterirdische Karsthöhle mit Tropfsteinbildungen u. unterirdischem Fluß

Polje 2: Polje im Blockbild.

wie z. B. tektonische Senken, intramontane Bekken oder ↗Blindtäler, initiiert werden. Wichtiger Aspekt für die laterale Ausdehnung der Poljen ist die Abdichtung des Untergrundes mit nicht löslichen Sedimenten. Dies begünstigt den Abfluß der Wässer zum Rand und dort die korrosive Ausdehnung der Polje. [PMH]

Polkoordinaten, dienen in einem zweidimensionalen Koordinatensystem (x_p, y_p) zur Angabe der Richtung der Erdrotationsachse in bezug auf ein ↗erdfestes Bezugssystem. Gemäß Definition durch den ↗IERS bzw. dessen Vorläuferorganisationen verläuft die x-Achse in Richtung des Meridians von Greenwich und die y-Achse ist positiv in Richtung 90° West. Liegen Polkoordinaten über einen gewissen Zeitraum vor, läßt sich die ↗Polbewegung beschreiben und es können ↗Polschwankungen ermittelt werden.

Polkugel, Kugelfläche mit Polen als Projektionspunkte der Flächen eines Kristalls. Die Pole sind die Durchstichpunkte der durch den Mittelpunkt der Kugel laufenden Flächennormalen. Die Polkugel gestattet eine einfache Darstellung der Beziehungen zwischen den Winkeln der Kristallflächen. Zur Bezeichnung der Lage der Pole ist die Kugelfläche mit Längen- und Breitengraden versehen. Als Nordpol wird im allgemeinen der Pol einer hervorgehobenen Fläche gewählt. In den ↗stereographischen Projektion und ↗gnomonischen Projektion werden die Flächenpole weiter auf Ebenen projiziert.

Pollen, *Blütenstaub*, Mikrospore (↗Spore) der ↗Spermatophyta, die den reduzierten männlichen ↗Gametophyten enthält. In den Pollensackgruppen (Mikrosprangien) (↗Sporangium) entstehen aus einer Archesporzelle mehrere diploide Mikrosporenmutterzellen und aus diesen durch mitotische Teilung vier haploide Pollen, die sich jeweils in eine kleinere, linsenförmige, generative Zelle und eine sie umgebende, größere vegetative Zelle teilen. Diese beiden Zellen des Pollenkorns werden von einer vielschichtigen Wand (Sporoderm) aus innerer Intine und äußerer Exine eingeschlossen. Der innere Schichtenkomplex besteht aus wenigen, nicht fossilisationsfähigen Zellulose- und Pectinschichten, die Exine hingegen aus chemisch sehr resistentem ↗Sporopollenin, das die fossile Überlieferung der Mikrosporenhülle sichern kann (↗Palynologie, ↗Pollenanalyse). Bei gymnospermen (↗Gynmospermae) ↗Spermatophyta besteht die Exine von innen nach außen aus lamellärer Endexine, innerer granulärer oder alveolärer Ektexine und äußerer kompakter Ektexine, bei den ↗Angiospermophytina hingegen aus einer inneren, dichten, homogenen Nexine und einer morphologisch sehr differenzierten und komplexeren Sexine. Der Pollen wird durch Wind, Wasser oder Tiere auf die weiblichen Organe übertragen. Die Angiospermophytina fördern die Tierpollination durch Produktion von klebrigem Pollenkitt. Nach der Bestäubung von Samenanlage oder Narbe bilden Intine und vegetative Zelle des Pollens gemeinsam einen Pollenschlauch, der durch die Keimstelle der Pollenwand nach außen bis in die Samenanlage hinein wächst und den Befruchtungsvorgang einleitet. Die Keimstellen des Pollens sind deutlich umgrenzte Aperturen, die im Gegensatz zu den proximalen Laesuren der Sporen primär distal liegen (anatremate Pollen). Bei den Pollen der gymnospermen Spermatophyta und ↗Magnoliopsida existiert nur eine einzige, langgestreckte distale Keimfalte (Sulcus). Daraus leitet sich die Vielzahl anderer Aperturtypen mit erhöhter Keimstellenzahl bei den höher entwickelten Angiospermophytina ab. Die zunächst drei Keimstellen liegen in der Äquatorebene (zonotreme Pollen) und sind meridian-parallele, äquatoriale Keimfalten (Colpus/tricolpat) oder zu äquatorialen Poren (Porus/triporat) verengt oder Kombinationen aus Colpen und Poren (tricolporat). Schließlich werden mit zunehmender Aperturzahl (bis 100) die Keimstellen als Poren, Colpen und Rugae (nicht meridianparallele Colpen) über die gesamte Pollenoberfläche verteilt angelegt (pantotreme Pollen) oder durch Modifizierung der Aperturränder und deckelartige Verschlüsse komplex. Nach der Pollenkeimung teilt sich die generative Zelle im Pollenschlauch in zwei Spermazellen, die über die Spitze des Pollenschlauchs in die Samenanlage wandern und von denen eine die Eizelle befruchtet. Der Pollen ermöglicht den Spermatophyta anders als bei den ↗Pteridophyta die Befruchtung der Eizelle durch Spermazellen, ohne daß Wasser als Transportmedium zur Verfügung stehen muß – für die Samenpflanzen ein wesentlicher Anpassungsvorteil bei der Besiedlung trockener Standorte, die den sporenproduzierenden Farnpflanzen nur bedingt gelang. [RB]

Pollenanalyse, angewandter Zweig der ↗Palynologie, der vor allem Häufigkeitsverteilungen des Pollenniederschlags (↗Pollen, ↗Sporae dispersae) für biologische, geowissenschaftliche, kriminologische, lebensmittelkundliche und medizinische Fragestellungen auswertet. Das Gros des jährlich produzierten Blütenstaubs gelangt nicht zur Pollination, sondern wird während oder nach mehr oder weniger weitem Transport biologisch oder durch Photooxidation komplett abgebaut. Nur die widerstandsfähige Exine (↗Pollen) hat dann Chancen fossilisiert zu werden, wenn sie unter reduzierenden Bedingungen im Sediment eingebettet wird. In den Geowissenschaften erlaubt die statistische Auswertung dieses in Sedimenten konservierten Spektrums fossilisierter Pollenkorn-Exinen, die taxonomisch einer Mutterpflanze zugeordnet werden können, die Rekonstruktion der Pflanzengemeinschaft und deren Entwicklung in Raum und Zeit. Aus dieser Vegetationsgeschichte wird eine lokale bis regionale Ökostratigraphie erarbeitet und die Klimaentwicklung abgeleitet. Vor allem für das Postglazial (↗Holozän) hat die bislang weltweit detaillierteste Pollenanalyse zu entsprechenden Aussagen mit sehr hoher stratigraphischer Auflösung geführt (↗relative Altersbestimmung). I. w. S. dient eine nur qualitative Erfassung der stratigraphischen Verteilung charakteristischer Pollen zur biostratigraphischen Datierung. Wegen ihrer Verbreitung durch den Wind, durch Wasser und Tiere gelangen Pollen faziesbrechend in die unterschiedlichsten Sedimentationsräume. Pollen können deshalb zur intrakontinentalen Korrelation terrestrischer und limnisch-fluviatiler Ablagerungen untereinander, aber auch zur Korrelation kontinentaler Sedimente mit (rand-) marinen Sedimenten sehr wesentlich beitragen. Diese früher auf die Analyse von Pollenspektren ausgerichtete Anwendung gilt inzwischen gleichermaßen für die Untersuchung der fossilen ↗Sporen. Die Pollenanalyse ist eine Labormethode. Bei geeigneten Umgebungsbedingungen sind Pollen sehr lange erhaltungsfähig und werden nach chemischer Behandlung und ihrer Separation durch ↗Flotation mikroskopisch nach ihrer Zugehörigkeit zu bestimmten Taxa ausgezählt und deren prozentualer Anteil in einem sog. *Pollendiagramm* dargestellt (Prozent-Pollenanalyse). Dieses zeigt die Veränderungen in den Anteilen einzelner Taxa sowie von charakteristischen Pflanzengruppen wie Bäumen, Kräutern, Wasserpflanzen u. a. über die Zeit. Nach Zugabe einer definierten Menge eines nicht in der Probe enthaltenen Pollentyps kann eine absolute Pollenanalyse die Menge der Pollen und Sporen pro Sedimentvolumen (Konzentration) oder bei Vorliegen von ↗Altersbestimmungen pro Fläche und Zeiteinheit (Influx) angeben.

Die Pollenanalyse setzt voraus, daß das Pollenspektrum einer Probe die Vegetation des einstigen Standortes repräsentiert, doch sind einige einschränkende Faktoren zu berücksichtigen. So ist bestäubungsökologisch bedingt die Pollenproduktion der Arten unterschiedlich, wie auch die Blühhäufigkeit nicht konstant ist. Je nach Artenzusammensetzung, den Wetterbedingungen und der Topographie des Standortes ist der Pollentransport unterschiedlich, wobei die lokalen, regionalen und die Fernkomponenten zu unterscheiden sind (Abb.). Deren Anteile sind dabei auch von der Ausdehnung des Einbettungsstandortes abhängig (See, Moor etc.), wobei in aquatischem Milieu ein Zusammenschwemmen möglich ist. Die Erhaltung der Pollen und Sporen ist ferner vom biologischen und chemischen Abbau abhängig. Durch den Vergleich rezenter Florenassoziationen mit den Aussagen von Pollenanalysen kann besonders im ↗Pleistozän eine Rekonstruktion des Paläoklimas erfolgen, wobei beispielsweise ein rezenter borealer Nadelwald (kühlklimatisch) mit den Gattungen *Pinus* (Kiefer), *Picea* (Fichte) und *Betula* (Birke) oder ein temperater, sommergrüner Laubwald (warmklimatisch) mit *Quercus* (Eiche), *Fagus* (Buche), *Carpinus* (Hainbuche) und *Corylus* (Hasel) als Analoga herangezogen werden. Durch charakteristische Florensukzessionen und -assoziationen, die die regionale Wiederbewaldung widerspiegeln, können einzelne Interglaziale des Pleistozäns von Mitteleuropa charakterisiert und damit eine stratigraphische Aussage getroffen werden. Generell zeichnet sich die europäische Flora durch eine zunehmende Verarmung aufgrund einer schrittweisen Südwanderung der Besiedlungsareale seit dem ausgehenden ↗Tertiär aus. [RB,RBH]

Literatur: LANG, G. (1994): Quartäre Vegetationsgeschichte Europas. – München.

Pollendiagramm ↗Pollenanalyse.

Pollenflugvorhersage, Vorhersage über Stärke und Art der in den nächsten Tagen zu erwartenden Pflanzenpollen. Die in der Blütezeit der Pflanzen freigesetzten Pollen führen bei empfindlichen Personen zu Körperreaktionen wie Schleimhautreizung, Heuschnupfen und Asthma. Auf der Basis phänologischer Beobachtungen und der durchgeführten Wettervorhersage für die nächsten Tage kann die Pollenfreisetzung und der Pollenflug abgeschätzt werden.

Pollucit, nach Pollux, dem Zwillingsbruders des Castor benanntes Mineral mit der chemischen Formel $(Cs,Na)[AlSi_2O_6] \cdot 0,5\ H_2O$ und kubisch-hexoktaedrischer Kristallform; Farbe: farblos bis weiß; starker, quarzartiger Glasglanz; durchsichtig bis trüb; Strich: weiß; Härte nach Mohs: 6,5; Dichte: 2,86–2,98 g/cm³; Spaltbarkeit: keine; Bruch: muschelig; Aggregate: meist unregelmäßige Körner, derbe, grob- bis feinkristalline Massen, hyalith- bzw. quarzähnlich; vor dem Lötrohr schmelzen feine Splitter an den Kanten zu weißer Emaille; in Salzsäure schwer löslich; Begleiter: Beryll, Petalit, Lepidolith, Spodumen, Turmalin, Quarz, Cleavelandit; Fundorte: in Granitpegmatiten von San Pietro in Campo (Elba, Italien), bei Varuträsk (Schweden), Bernice Lake (Manitoba) und Quebec (Kanada), Black Hills (Süd-Dakota, USA), Newra und Hebron (Maine, USA) sowie Lithia (Massachussetts, USA), Neineis und Okongava (Südwest-Afrika). [GST]

Pollution, umfassende Bezeichnung für Umweltschäden, welche über die engere Bedeutung von »Umweltverschmutzung« hinausgeht. Neben den physikalischen und chemischen Veränderungen des Zustandes von ↗Ökosystemen infolge anthropogener Wirkungen berücksichtigt Pollution auch die moralisch-ethischen Aspekte einer Entwertung der ↗Lebensräume durch Übernutzung und Belastung.

poloidal, zusammen mit *toroidal* Begriffe zur Charakterisierung zweier unterschiedlicher Feldtypen, die bei der Modellierung des geoma-

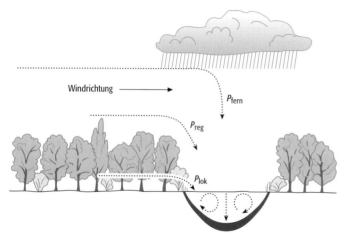

Pollenanalyse: Modell des Polleneintrages innerhalb eines bewaldeten Gebietes mit lokalen (P_{lok}), regionalen (P_{reg}) und fernen Anteilen (P_{fern}).

gnetischen ↗Hauptfeldes durch einen selbsterregten Dynamo sowie für alle magnetosphärischen Prozesse von großer Bedeutung sind. Im Gegensatz zu den poloidalen ↗Dipolfeldern und den Multipolfeldern ist für das toroidale Feld die Auslenkung der Feldlinien in azimutale Richtung charakteristisch. Deshalb hat es keine Radialkomponente. Die Feldlinien verlaufen auf Kugeln:

$$r = R_c.$$

Man kann zeigen, daß jedes divergenzfreie Magnetfeld, also auch das geomagnetische Hauptfeld als Summe eines toroidalen Feldes und eines poloidalen Feldes dargestellt werden kann. Mit der Skalarfunktion $\varphi(r,\theta,\lambda)$ und dem Ortsvektor $\vec{r}$ erhält man das divergenzfreie toroidale Feld:

$$\mathbf{T} = rot(\varphi \vec{r}) = -[\vec{r} \times grad\,\varphi],$$

und die Feldlinien auf den Kugeln $r = R_c$ genügen der Gleichung:

$$\varphi(R_c,\theta,\lambda) = \text{const}.$$

Mit der Skalarfunktion $\psi(r,\theta,\lambda)$ und dem Ortsvektor $\vec{r}$ erhält man das divergenzfreie poloidale Feld:

$$\mathbf{S} = rot\,rot(\psi \vec{r}) = grad\,\frac{\partial}{\partial r}(r\psi) - r\Delta\psi.$$

Wenn toroidales und poloidales Feld von der gleichen Skalarfunktion $\varphi = \psi$ abgeleitet werden, bestehen die Zusammenhänge:

$$rot\,\mathbf{T}(\varphi) = \mathbf{S}(\varphi) \qquad rot^2\,T(\varphi) = T(-\Delta\varphi)$$
$$rot\,\mathbf{S}(\varphi) = \mathbf{T}(\varphi) \qquad rot^2\,S(\varphi) = S(-\Delta\varphi).$$

Diese Beziehungen spielen beispielsweise eine Rolle für die Lösung der magnetohydrodynamischen Gleichungen, die das Dynamoproblem für den Erdkern beschreiben. Deshalb wird in der Dynamotheorie die Zerlegung in toroidale und poloidale Felder für die Materiebewegungen, die elektrischen Ströme und auch die Magnetfelder gebraucht. Die oben angegebenen Beziehungen zwischen toroidalen und poloidalen Feldern nehmen bei sphärischen Problemen eine besonders einfache Form an, wenn man die Skalarfunktion $\varphi(r,\theta,\lambda)$ als Produkt einer Radialfunktion und einer ↗Kugelflächenfunktion schreibt:

$$\varphi(r,\theta,\lambda) = \frac{A(r)}{r}, \quad S_n^m(\theta,\lambda) =$$
$$\frac{A(r)}{r}, \quad P_n^m(\cos\theta) \cdot \begin{cases} \cos m\lambda \\ \sin m\lambda \end{cases}.$$

↗Kugelfunktionsentwicklung. [VH,WWe]

Pol-Pol-Anordnung, Meßanordnung in der ↗Gleichstromgeoelektrik.

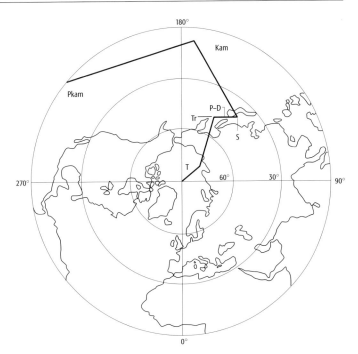

Polschwankungen, zeigen sich aus der Beobachtung der ↗Polbewegung über einen längeren Zeitraum.

Polwanderung ↗Polwanderungskurven.

Polwanderungskurven, *Polwanderung*, Verlauf der Wanderung des magnetischen Pole. Wenn man aus den Werten für die ↗Deklination und ↗Inklination sowie aus den geographischen Längen und Breiten der einzelnen ↗geomagnetischen Observatorien mit Hilfe der Formel für einen ↗Dipol die ↗virtuellen geomagnetischen Pole (VGP) berechnet, erhält man eine Punktwolke im Norden Kanadas in der Nähe des Durchstoßpunktes der um etwa 11° gegen die Rotationsachse der Erde geneigten Dipolachse. Mittelt man jedoch über die Richtungen der charakteristischen Remanenz (ChRM) von Gesteinen aus allen Teilen der Welt, die in den letzten etwa 20.000 Jahre gebildet wurden, so erhält man eine Punktwolke um den geographischen Nordpol, also um den Rotationspol der Erde. Dies zeigt, daß im Mittel über diesen im Vergleich zur Erdgeschichte sehr kurzen Zeitraum das Magnetfeld der Erde durch einen axialen, geozentrischen Dipol beschrieben werden kann. Berechnet man aus den ChRM-Daten älterer Gesteine die mittleren virtuellen geomagnetischen Pole, so stellt man fest, daß sich diese mit zunehmendem Alter immer weiter vom Rotationspol entfernen. Für jeden Kontinent (Eurasien, Nordamerika, Afrika, etc.) folgen die virtuellen geomagnetischen Pole einem anderen Verlauf, der als scheinbare Polwanderungskurve bezeichnet wird. Die erste scheinbare Polwanderungskurve wurde Mitte der 1950er Jahre von englischen Wissenschaftlern für Großbritannien erstellt (Abb. 1). Sie erweckt den Eindruck, als habe der magnetische

Polwanderungskurve 1: erste scheinbare Polwanderungskurve für Großbritannien (T = Tertiär, K = Kreide, J = Jura, Tr = Trias, P = Perm, C = Karbon, D = Devon, S = Silur, Kam = Kambrium, Pkam = Präkambrium).

polychlorierte Biphenyle

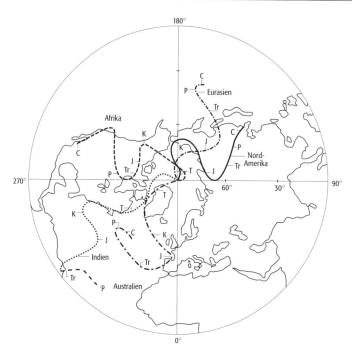

Polwanderungskurve 2: vereinfachte scheinbare Polwanderungskurven der großen Kontinentalschollen Eurasien, Nordamerika, Afrika, Indien, Australien der letzten etwa 300 Mio. Jahre (oberes Paläozoikum) (T = Tertiär, K = Kreide, J = Jura, Tr = Trias, P = Perm, C = Karbon).

Nordpol im ↗Kambrium (vor etwa 500 Mio. Jahren) im Pazifik in der Nähe des Äquators gelegen. Aus der Zusammenschau der scheinbaren Polwanderungskurven aller Kontinente ergab sich jedoch, daß diese scheinbare Lage nur durch eine Wanderung der Kontinente selbst erklärt werden kann (Abb. 2). Mit Hilfe paläomagnetischer Daten ist es also möglich, die ↗Kontinentalverschiebung zu rekonstruieren und zu quantifizieren. Neben den Verschiebungen der Kontinente gegeneinander lassen sich auch Anzeichen dafür ableiten, daß sich der Mantel gelegentlich auch als Ganzes gegenüber der Rotationsachse bewegte. Dies wird als *wahre Polwanderung* bezeichnet. Sie spielt jedoch neben der Kontinentalverschiebung eine untergeordnete Rolle. [HCS]

polychlorierte Biphenyle ↗PCB.

polychlorierte Dibenzodioxine, *PCDD*, sind genauso wie die *polychlorierten Dibenzofurane* synthetische, hydrophobe, organische Verbindungen. Sie bestehen aus zwei chlorierten Benzolringen, die entweder über zwei Sauerstoffatome oder einem Sauerstoffatom miteinander verknüpft sind. Es sind extrem giftige Verbindungen mit hoher Stabilität. Sie entstehen als Nebenprodukte bei der großtechnischen Herstellung von z. B. Herbiziden und insbesondere bei Verbrennungsprozessen. Für Verbrennungsprozesse gelten die im Bundesimmissionsschutzgesetz aufgeführten Grenzwerte, für ↗Klärschlämme die der ↗Klärschlammverordnung. Aufgrund ihrer Hydrophobizität werden sie im Boden überwiegend an die organische Substanz gebunden, was mit einer entsprechenden Anreicherung im Oberboden einhergeht. Da die Bindung zur organischen Substanz meist irreversibel ist, entgehen sie teilweise analytischen Nachweisen, d. h. ein großer Anteil verbleibt bei den erforderlichen Extraktionen als ↗bound residues im Boden.

polychlorierte Dibenzofurane, *PCDF,* ↗polychlorierte Dibenzodioxine.

polycyclische aromatische Kohlenwasserstoffe, ↗PAK.

Polyedergefüge, Form des ↗Aggregatgefüges (↗Makrofeingefüge), bestehend aus unterschiedlich porösen Aggregaten, die von mehreren unregelmäßigen, meist rauhen Flächen mit scharfen Kanten begrenzt werden. Die Achslängen der Aggregate sind annähernd gleich; typisch für ↗Bt-Horizonte, daher auch gelegentlich Tonhäutchen auf den Aggregatoberflächen. Bei schlechter Ausprägung der Polyeder spricht man von ↗Subpolyedergefüge, bei besonders großen Polyedern (> 50 mm) vom Blockgefüge, dann wäre es aber dem ↗Makrogrobgefüge zuzuordnen.

polyedrische Entwürfe, entstehen dadurch, daß man Globusfelder von beispielsweise 1° Länge mal 1° Breite auf eine Tangentialebene an die Mitte des Feldes abbildet (Gradabteilungskarte). Der Nachteil eines solchen Entwurfes aus vielen aneinander gesetzten Gradabteilungen sind die entstehenden Klaffungen (Abb.). Vorteil ist dagegen die einfache Konstruktion, die keinen mathematischen Apparat benötigt. Die Gesamtheit der Gradabteilungen auf dem Globus ergibt ein Polyeder. Für die sog. Preußische Polyederprojektion der Karte 1 : 25.000 (↗Meßtischblatt) wurden die Maße 6' in Breite und 10' in Länge als Abbildungsfeld festgelegt. In diesen Kartenblättern sind die Verzerrungen minimal. Topographische Kartenwerke werden heute noch prinzipiell polyedrisch aufgebaut, da aber für alle Punkte einer topographischen Aufnahme (Polygonpunkte) Gauß-Krüger-Koordinaten vorliegen, können die einzelnen Kartenblätter in diesem Koordinatensystem kartiert werden. [KGS]

polygenetische Böden, unter verschiedenen Bedingungen (z. B. unterschiedlichen Klimaverhältnissen, Vegetationstypen oder Nutzungen) und in verschiedenen Zeiträumen an einem Standort nacheinander gebildete, heute ineinander verschachtelte Böden.

Beispiel 1: Im ↗Alleröd bildet sich in Sand eine initiale ↗Braunerde, die in der ↗Jüngeren Dryas mit Sand überdeckt wurde. Im Holozän entwickelte sich in dieser Folge zunächst ein Ranker, dann eine Braunerde und schließlich eine Bänder-Parabraunerde.

Beispiel 2: Von der Eisenzeit bis zum beginnenden Frühmittelalter bildete sich auf flachen Sanddrücken im Oderbruch ↗Bänder-Parabraunerden. Durch den mittelalterlichen Grundwasseranstieg um mehr als einen Meter wandelten sich die Böden zu ↗Gleye. Die Trockenlegung des Oderbruchs Mitte des 18. Jh. ließ den Grundwasserspiegel um mehr als einen Meter absinken, so daß sich die Lessivierung zunächst fortsetzen konnte. Kalkung im 20. Jh. hat diesen Prozeß wieder unterbunden.

Beispiel 3: Im Mittelgebirgsraum bildeten sich an ebenen Standorten ↗Stagnogleye. An den Hän-

polyedrische Entwürfe: Prinzip eines Polyederentwurfs.

gen unterhalb entwickelte sich zunächst saure ↗Braunerden. Diese veränderten sich später durch Wasser, das lateral im Boden von den Stagnogleyen am Hang abwärts durch die Braunerden floß, zu pseudovergleyten Braunerden (↗Ockererden). [HRB]

Polygonboden, Begriff, der zumeist in Verbindung mit ↗Frostmusterböden verwendet wird. Polygonböden können jedoch auch außerhalb von ↗Periglazialgebieten auftreten. So können z. B. polygonförmige Trockenrisse in Böden der Trockengebiete durch andersartige Substrate aufgefüllt werden.

Polygonisation, Bildung von ↗Subkörnern.

Polygon-Methode, *Thiessen-Methode*, *Vieleck-Methode*, auf flächenhafter Gewichtung beruhendes Verfahren zur Berechnung von ↗Gebietsmitteln aus Punktmessungen. Die Wichtungsfaktoren für die Multiplikation der Meßwerte ergeben sich aus den den Einzelstationen zuzuordnenden Flächenteilen in bezug auf die Gesamtgebietsfläche. Dabei werden die Teilflächen (Vielecke) aus den Mittelsenkrechten der Verbindungslinien benachbarter Stationen konstruiert. Die Anwendung der Methode setzt ein nicht zu stark gegliedertes Relief voraus.

Polygonzug, *Polygon*, *Vieleckzug*, Anordnung von genau vermessenen aufeinanderfolgenden Strecken und ↗Brechungswinkeln. Die Koordinaten für die ↗Brechungspunkte (Polygonpunkte, PP) des Polygonzuges werden aus den auf Grundlage der gemessenen ↗Horizontalrichtungen gebildeten ↗Horizontalwinkeln (Brechungswinkel) ermittelt. Die Anlage, Messung und Berechnung eines Polygonzuges bzw. Polygonnetzes bezeichnet man als Polygonierung.

Nach dem Richtungs- und Koordinatenanschluß unterscheidet man verschiedene Arten von Polygonzügen, u. a. richtungs- und lagemäßig einseitig oder beiderseitig angeschlossene, geschlossene (Ringpolygon, Abb. 2) und nicht angeschlossene (freie, Abb. 1) Polygonzüge. Der beiderseitig angeschlossene Polygonzug wird aufgrund seiner durchgreifenden Kontrollmöglichkeiten empfohlen. Der Anfangs- und Endpunkt (A, E) muß mit seinen Koordinaten für einen Koordinatenanschluß bekannt sein. Die ↗Richtungswinkel $t_{F1,A}$; $t_{F,F2}$ müssen entweder ebenfalls bekannt sein oder werden aus den Koordinaten der ↗An-

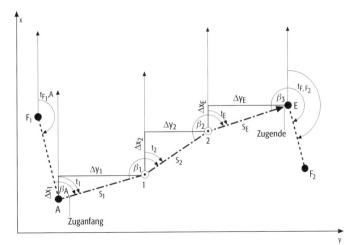

Polygonzug 1: Polygonzug mit beiderseitigen Koordinaten und Richtungsausschluß (A = Anfangspunkt, E = Endpunkt, S_1, S_2, S_E = Strecken der Polygonseiten, F_1, F_2 = Fernpunkte).

schlusspunkte A und E sowie aus den Koordinaten der Fernpunkte F_1 und F_2 berechnet. Die Strecken der Polygonseiten S_1 bis S_E können mit Hilfe der mechanischen, optischen oder elektrooptischen ↗Distanzmessung bestimmt werden. Auf den PP mißt man mit einem ↗Theodoliten oder einem elektrooptischen ↗Tachymeter die Richtungen und berechnet die in Zugrichtung linksliegenden Brechungswinkel β. Mit Hilfe der oben genannten vorhandenen und gemessenen Größen werden die Koordinaten der PP berechnet. Beim Ringpolygon entspricht der Anfangspunkt dem Endpunkt (A = E). Ein geschlossener Polygonzug mit Koordinaten- und Richtungsanschluß ist dem beiderseitig angeschlossenen Zug ebenbürtig. Man kann Polygonzüge so miteinander verbinden, daß ein Polygonnetz entsteht. Die PP werden dauerhaft vermarkt und eine ↗Einmessung vorgenommen. Die Art und Länge der Züge sowie die Längen der einzelnen Polygonseiten hängen von den örtlichen Gegebenheiten und dem Zweck der Lagepunktverdichtung ab. Die Lage der PP ist so zu planen und in der Örtlichkeit auszuwählen, daß die nachfolgenden Vermessungsarbeiten mit der geforderten Genauigkeit und Wirtschaftlichkeit ausgeführt werden können. Im amtlichen Vermessungswesen sind zulässige Genauigkeitskriterien für Polygonzüge festgelegt. Die berechneten Längs- und Querabweichungen bei einem beiderseitig angeschlossenen Polygonzug zeigen an, mit welcher Genauigkeit sich der Polygonzug den gegebenen Anschlußpunktkoordinaten anpaßt. Ein Polygonzug niederer Genauigkeit, dessen Brechungspunkte nach Lage und Höhe mit einem Tachymeter bestimmt werden, bezeichnet man als *Tachymeterzug*. Er dient der Bestimmung von Instrumentenstandpunkten zur ↗topographischen Geländeaufnahme. Ein Polygonzug, bei dem die Richtungsmessungen mit der ↗Bussole ausgeführt und dabei Magnetisch Nord als Anschlußrichtung gewählt wird, bezeichnet man als *Bussolenzug*. Bei Bussolenzügen verzichtet man häufig

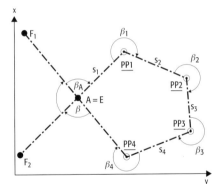

Polygonzug 2: geschlossener Polygonzug mit Koordinaten- und Richtungsanschluß (A = Anfangspunkt, E = Endpunkt, S_1 bis S_4 = Strecken der Polygonseiten, F_1, F_2 = Fernpunkte).

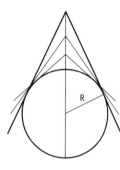

polykonischer Entwurf 1: Prinzip der polykonischen Abbildung.

polykonischer Entwurf 2: Abwicklung der Kegel.

polykonischer Entwurf 3: einfacher polykonischer Entwurf mit längentreuen Parallelkreisbildern.

auf die Berechnung der Koordinaten der Brechungspunkte und trägt den Zug grafisch auf. Der Bussolenzug dient zur Bestimmung der Lage von Standpunkten mit geringer Genauigkeit. Er hat den Vorteil, daß die Orientierung jeder Zugseite unabhängig erfolgt. Meßabweichungen werden dadurch nicht übertragen. Der Einfluß von magnetischen Störfeldern, z.B. durch Stromleitungen, ist bei den Bussolenmessungen zu vermeiden. [KHK]

Polyhemerobie, naturfremde Stufe der ↗Hemerobie. Der menschliche Einfluß ist sehr stark, was zu weitgehender Veränderung der ursprünglichen Verhältnisse führt. Dabei werden kurzfristig Standorte zerstört und entstehen neu. Es treten spärliche, kurzlebige Vegetationsdecken mit 21 – 80 % Neophyten (eingebürgerte Pflanzen) auf und verdrängen ursprüngliche Pflanzenarten stärker. Durch Abgrabungen oder Aufschüttungen, künstliche Rauheit durch Dämme, Gräben und Gebäude ist das Relief stark verändert. Die Gewässer sind verschmutzt und vollständig ausgebaut. Der Boden ist meist künstlich durch Aufschüttung, seltener durch Abtrag von Material, teilweise durch Bodenversiegelung.

Polyhydrol, in der Hydrologie Bezeichnung für ein Aggregat aus mehreren Wassermolekülen (↗Monohydrol) als Baustein des Kontinuums Wasser.

Polykondensation ↗Kondensation.

polykonischer Entwurf, *Vielkegelentwurf*, Ergebnis eines geometrischen Prozesses zur Abbildung der Erdoberfläche in die Ebene mittels Ausnutzung der günstigen Eigenschaften, die sich aus der Verwendung von mehreren Kegeln als Zwischenabbildungsflächen ergeben. Bei endlicher Breite der durch jeweils einen Kegel abgebildeten Kugelzone nach der Abwicklung (ähnlich wie bei den ↗polyedrischen Entwürfen) entstehen Klaffungen im Kartenbild (Abb. 1 u. 2). Deshalb wird praktisch die Breite der Zonen unendlich klein, die Zahl der Kegel also unendlich groß gewählt. Dadurch wird der Entwurf zu einer unecht kegeligen Abbildung. Neben den von den ↗Kegelentwürfen her bekannten Polarkoordinaten ϱ und ε tritt in den Abbildungsgleichungen eine dritte Größe i auf, die den Abstand zwischen dem Kugelmittelpunkt und der jeweiligen Kegelspitze darstellt. Die allgemeinen Abbildungsgleichungen lauten:

$$\varrho = f(\varphi), i = g(\varphi), \varepsilon = h(\varphi,\lambda)$$

mit den geographischen Koordinaten φ und λ. Unter den vorgeschlagenen polykonischen Entwürfen sind konforme und flächentreue bekannt. Der polykonische Entwurf mit längentreuen Parallelkreisen und längentreuem Mittelmeridian (Abb. 3) wird als einfacher oder gewöhnlicher polykonischer Entwurf oder auch als amerikanischer Entwurf bezeichnet. Er wurde früher vom US Coast and Geodetic Survey für hydrographische Zwecke verwendet. Im Jahr 1935 wurde er im Maßstab 1 : 1.000.000 für eine internationale Karte vorgeschlagen. Da die Verzerrungen in größeren Abständen vom Mittelmeridian (z.B. $\Delta\lambda = 90°$) erheblich groß sind, wird empfohlen, relativ schmale Zonen östlich und westlich des Mittelmeridians zu verwenden. Die Abbildungsgleichungen des einfachen polykonischen Entwurfs lauten:

$$\varrho = R \cdot \cot\varphi, \quad i = \varrho + R \cdot \arc\varphi, \quad \varepsilon = \arc\lambda \cdot \sin\varphi.$$

[KGS]

Polykristall, ein aus in der Regel statistisch orientierten Kristalliten zusammengesetzter Körper. Für den Fall einer nicht statistischen Orientierungsverteilung der einzelnen Kristallkörner spricht man von einer ↗Textur.

Polymerisation, chemische Reaktion, bei der durch Aneinanderlagerung ungesättigter organischer Verbindungen unter Verlust von Doppelbindungen höhermolekulare Verbindungen (Polymere oder Makromoleküle) gebildet werden.

polymetallische Lagerstätten, Lagerstätten mit (genetisch bedingt) mehreren Metallphasen im ↗Erz, wie es insbesondere bei ↗Sulfiden gegeben ist. So ist ↗Bleiglanz häufig mit ↗Sphalerit und eventuell mit ↗Kupferkies vergesellschaftet (↗Melierterz), wobei ersterer noch Silber, zweiter Cadmium und dritter Gold in nennenswerten Mengen enthalten kann. Ein berühmtes Beispiel dafür ist der Rammelsberg bei Goslar (Harz), der über 1000 Jahre in Abbau gestanden hat.

polymetamorphe Lagerstätten, Lagerstätten, die mehrere Metamorphoseprozesse (↗Metamorphose) durchlaufen haben.

Polymetamorphose, die mehrfach aufeinanderfolgende ↗Metamorphose des gleichen Gesteins bei unterschiedlichen physikalischen Bedingungen. Nehmen Druck und Temperatur zu, spricht man von ↗prograder Metamorphose, nehmen sie ab, von *retrograder Metamorphose* (↗Diaphthorese).

polymikt, aus Bruchstücken unterschiedlicher Gesteine bestehend (↗Psephite).

polymiktischer See, See, in dem im Jahreslauf viele Zirkulationen auftreten. Polymiktische Seen zirkulieren häufig, zum Teil täglich. Es sind in der Regel Flachseen in den Tropen oder auch in den gemäßigten Breiten, deren Wasser nur geringe vertikale Temperaturunterschiede aufweist. Warm-polymiktische Seen mit häufiger Vollzirkulation existieren als Tropenseen. Kalt-polymiktische Seen mit fast vollständiger Vollzirkulation sind oft tropische Hochgebirgsseen.

polymineralisch, aus mehreren Mineralarten zusammengesetzt. Aggregate von Mineralen oder Mineralgemengen, Gesteinen, die sich wie Marmor nur aus einer Mineralart (Calcit) zusammensetzen, bezeichnet man als monomineralisch. Meist liegen jedoch polymineralische Gesteine oder Produkte vor, wie z. B. Granit aus Feldspat, Quarz und Glimmer oder Porzellan aus Quarz, Mullit und einer Glasphase.

polymineralische Gesteine ↗Gesteine.

polymorphe Polje ↗Polje.

polymorphe Umwandlung ↗Mineralreaktion.

Polymorphie, die Erscheinung, daß eine chemische Verbindung in Abhängigkeit von den äußeren Bedingungen (Temperatur, Druck etc.) mehrere verschiedene Kristallstrukturen ausbilden kann.

Polymorphismus, in der ↗Ökologie die genetisch bedingte Verschiedenartigkeit bei äußeren und physiologischen Merkmalen derselben ↗Art. Polymorphismus kann sich erhalten, wenn dominante und rezessive ↗Genotypen in einer ↗Population auftreten und eine Mischung beider Individuen (Heterozygot) vitaler ist als reinerbige (homozygote) Individuen. Gefördert wird Polymorphismus auch, wenn Umweltschwankungen einmal diese, einmal jene Genotypen bevorzugen. Bei Tieren gibt es auch, sozial bedingt, einen Polymorphismus zwischen Männchen und Weibchen oder Arbeiterinnen und Soldaten bei Termiten und Bienen.

Polynja, *Polynya, Polynia*, aus dem Russischen stammende Bezeichnung für eine offene Wasserfläche mit bis zu mehreren tausend Quadratkilometern Größe in sonst eisbedeckten Meeresgebieten. Polynjas können durch ablandige oder küstenparallele Winde entstehen (Küstenpolynja) oder durch ↗Auftrieb wärmerer Wassermassen in den offenen Ozean. Sie stellen Gebiete mit besonders hohem Wärmetransport vom Ozean in die Atmosphäre dar und sind für die Bildung der besonders dichten ↗Wassermassen des Antarktischen ↗Bodenwassers von Bedeutung.

Polynomentzerrung, in der Fernerkundung üblicher Ansatz für die planimetrische, d. h. nicht den Reliefeinfluß berücksichtigende geometrische Entzerrung digitaler Bildmatrizen mittels Polynomen 2. Ordnung. Letztere stellen einen hinsichtlich Rechenzeit und Entzerrungsgenauigkeit optimierten Mittelweg zwischen einfacheren und aufwendigeren Entzerrungsverfahren dar.

Polypedon, *Bodenareal*, Gruppe von Peda (↗Pedon), räumlich repräsentiert im ↗Pedotop; Areal mit einem nach den Eigenschaften der Bodenhorizonte z. B. auf der Grundlage der ↗deutschen Bodenklassifikation differenzierten ↗Bodentyp und damit die kleinste Kartiereinheit.

polyphas, mehrphasig (bei tektonischen oder metamorphen ↗Prägungen).

Polysaccharide, gehören zur Gruppe der Kohlehydrate (hochmolekulare Zucker) und bestehen aus zehn und mehr Monosacchariden (einfachen Zuckern wie z. B. der Glucose), die zu verzweigten oder unverzweigten Ketten miteinander verknüpft sind. Polysaccharide im Boden können sowohl pflanzlicher als auch mikrobieller Herkunft sein. Durch Hydrolyse werden die entsprechenden Monosaccharide freigesetzt.

polysaprob, Bezeichnung für die Belastung eines Fließgewässers mit biologisch abbaubaren, organischen Stoffen nach dem ↗Saprobiesystem. »Polysaprob« entspricht etwa der Gewässergüteklasse IV (übermäßig verschmutzt). Das Wasser ist durch Abwasser stark getrübt und der ↗Sauerstoffhaushalt wird durch zehrungsfähige Stoffe kritisch belastet, so daß der Sauerstoffgehalt häufig nahe Null liegt. Fäulnisprozesse treten auf. Als ↗Indikatorenorganismen kommen nur noch Schlammröhrenwürmer (*Tubificiden*) und rote Zuckmückenlarven vor. Polysaprobe Gewässerbereiche sind oft verödet.

Polysemie ↗Monosemie.

polysynthetische Verzwilligung ↗Zwilling.

polytrope Atmosphäre, eine (hypothetische) Atmosphäre, in der ein konstanter vertikaler Temperaturgradient (γ) herrscht. Der Temperaturverlauf mit der Höhe z ergibt sich zu:

$$T(z) = T(z=0) - \gamma z.$$

Beispiele sind die ↗isotherme Atmosphäre oder die ↗adiabatische Atmosphäre. Die Annahme einer polytropen Atmosphäre ermöglicht eine analytische Lösung der ↗statischen Grundgleichung der Form:

$$P(z) = P(0)\left(\frac{T(0) - \gamma z}{T(0)}\right).$$

polytroph, Bezeichnung für einen Seetyp mit einer Produktivität von $P_{tot} = \pm 100$ µg/l. Der Gesamtphosphorgehalt beträgt mehr als 100 mg/m³ Wasser. Die Sichttiefe ist mit 0,1–1 m sehr gering.

Polytypie, Sonderform der ↗Polymorphie, bei der sich die verschiedenen Strukturen, die eine chemische Verbindung annehmen kann, nur durch Variationen der Stapelfolge von gleichartigen Schichten unterscheiden (Beispiel: SiC).

Polzenit, ein ↗Lamprophyr, der zur Gruppe der alkalisch-ultrabasischen ↗Ganggesteine gehört.

POM, *particulate organic matter*, partikuläre organische Substanz.

Pompeckjsche Schwelle, besser Pompeckjsche Scholle, ein von J. F. Pompeckj und Haack 1926 paläogeographisch-tektonisches Element in Norddeutschland, das zusammen mit dem Niedersächsischen Tektogen das Niedersächsische Becken bildet. Es umfaßt den Bereich zwischen Dänemark und West-Mecklenburg im Norden sowie einer Linie Aller–Emsland im Süden. Die Pompeckjsche Schwelle ist geprägt durch zahlreiche Stöcke von aufgestiegenem Salz des ↗Zechsteins, das als ↗Diapire, Stöcke oder Mauern vorliegt. Die Salzstöcke sind Nordwest-Südost (»herzynisch«) und Nordnordost-Südsüdwest (»rheinisch«) ausgerichtet und spiegeln so das Spannungsmuster des Untergrundes wider. Sie drangen hauptsächlich während der unteren und mittleren ↗Trias auf, stellenweise aber noch in der unteren ↗Kreide.

Während der Trias und zu Beginn des ↗Juras sammelten sich in Senken der späteren Pompeckjschen Schwelle mächtige Sedimente an: In den Trögen von Gifhorn, Hamburg, Ostholstein und Westholstein ist der ↗Lias durch mehr als 1000 m mächtige Tone repräsentiert, die als ↗Erdölmuttergesteine Bedeutung haben. Im ↗Dogger lagerten sich örtlich Eisenerze, vor allem aber als ↗Speichergesteine wichtige Sande ab. Der Schwellencharakter trat nur im oberen Jura und Unterkreide durch geringere Sedimentmächtigkeiten als in der Umgebung in Erscheinung. Nach einer kurzen Festlandsphase im obersten Jura erfolgte zu Beginn der Unterkreide eine erste Überflutung im Norden; ab dem ↗Alb war die ganze Region meeresbedeckt. In der Oberkreide wurde sie stark abgesenkt und nahm über 2000 m Kalkgesteine auf. Im oberen ↗Maastricht fiel das Gebiet erneut trocken, wurde aber im mittleren ↗Eozän sowie im unteren und oberen ↗Oligozän kurzfristig wieder überflutet. [MB]

PON, *particulate organic nitrogen*, partikulärer organischer Stickstoff.

Ponor, *Schluckloch*, eine Flußschwinde (↗Schwinde) im Karst, in der das Wasser eines Flusses oder Poljensees in unterirdische Karsthohlräume verschwindet.

Pont, *Pontium*, regional verwendete stratigraphische Bezeichnung für einen Zeitbereich im unteren ↗Pliozän, benannt nach dem lat. Namen »pontus euxinus« für das Schwarze Meer.

Pontonié, *Henry*, deutscher Paläontologe und Geologe, * 16.11.1857 Berlin, † 28.10.1912 Berlin. Sein Studium der Paläontologie schloß Pontonié 1880 mit der Promotion in Berlin ab. Zunächst arbeitete er als Assistent im Botanischen Garten, später war er für die Preußische Geologische Landesanstalt tätig. 1901 habilitierte er sich (»Die von den fossilen Pflanzen gebotenen Daten für die Annahme einer allmählichen Entwicklung vom Einfacheren zum Verwickelteren«) und wurde ordentlicher Professor der Paläobotanik und Geologie an der Universität und der Bergakademie Berlin. Pontonié wurde 1902 in die Deutsche Akademie der Naturforscher Leopoldina gewählt. Er war einer der Ersten, die mit paläobotanischen Daten stratigraphisch arbeiteten. In seinem »Lehrbuch der Pflanzenpaläontologie« (1897–99) vertrat er die Auffassung vom autochthonen Ursprung der fossilen Kohlenlager. Weitere Werke sind die »Illustrierte Flora von Nord- und Mittel-Deutschland« (2 Bände, 1885, 1913), die »Elemente der Botanik« (1888, 1894) und die »Grundlinien der Pflanzenmorphologie im Lichte der Paläontologie« (1912). [EHa]

Pool, **1)** *Geomorphologie*: Stillwasserbereich innerhalb eines Fließgewässers, der durch eine Vertiefung im Gewässerbett hervorgerufen wird. Die lokale Erweiterung des Abflußquerschnittes führt zu einer Reduktion der Fließgeschwindigkeit im Pool. **2)** *Landschaftsökologie*: in der ↗Ökologie allgemein der Gesamtvorrat eines Stoffes oder eines biotischen Elementes (Individuen, Gene) in einem ↗Ökosystem oder dessen Kompartimenten. Oft ist der Pool eines Stoffes ökologisch weniger von Bedeutung als die effektiv verfügbare Menge. Der Stickstoff-Pool eines mitteleuropäischen Grünland-Ökosystems beispielsweise liegt bei 1500–3000 t/ha. Für einen optimalen Ertrag genügen 120 kg Stickstoff pro Hektar, der in einer Form vorliegen muß, daß er von den Pflanzen aufgenommen werden kann (mineralischer Stickstoff, vornehmlich Nitrat (NO_3^-) und Ammonium (NH_4^+)). Im Vergleich zum gesamten Stickstoff-Pool im Boden wird jährlich nur ein geringer Teil umgesetzt. Entsprechendes gilt für den Kohlenstoff-Pool der Ökosysteme. Das Verhältnis zwischen Pool und Umsatz eines Stoffes in Landschaftsökosystemen gibt wichtige Hinweise auf die Sensitivität einzelner Prozesse bezüglich Störungen und Veränderungen. In diesem Sinne verhalten sich sowohl Stickstoff- wie auch Kohlenstoff-Pools von Ökosystemen sehr träge. Es dauert beispielsweise viele Jahre, um eine stickstoffreiche ↗Fettwiese in einen stickstoffarmen ↗Magerrasen zurückzuwandeln, ebenso nimmt bei einer Dauerbrache der Kohlenstoff-Pool im Boden nur sehr langsam ab.

Population, in der ↗Ökologie die Gesamtheit aller Individuen einer ↗Art, die ein zusammenhängendes, geschlossenes ↗Areal besiedeln und damit geographisch von anderen Populationen getrennt sind. Artgleiche Populationen lassen

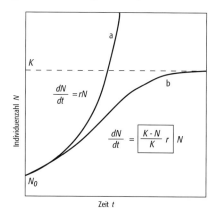

Population 1: exponentielles (a) und logistisches (b) Wachstum von Populationen. N = Individuenzahl pro Flächeneinheit, N_0 = Individuenzahl zur Zeit 0, r = spezifische Zuwachsrate, K = Kapazität (Tragfähigkeit), t = Zeit.

$$\frac{dN}{dt} = rN$$

$$\frac{dN}{dt} = \frac{K-N}{K} r N$$

sich nicht derart scharf voneinander trennen, weil Immigrations- und Emigrationsphänomene von benachbarten Populationen auftreten (↗Metapopulation). Individuen einer Population können bezüglich Altersstadien, Vitalität (↗Fitneß) und ↗Polymorphismus untereinander sehr verschieden sein. Es kommt in solchen Fällen zum Auftreten von ↗Teilpopulationen, die in Abhängigkeit der Altersentwicklung in verschiedenen Bereichen eines ↗Ökosystems leben (z. B. adulte Maikäfer in der Kronenschicht gegenüber Engerlingen im Boden, adulte Libellen im terrestrischen Bereich gegenüber ihren Larven im Gewässer) oder geschlechtlich differenziert sind (Zwergmännchen bei Daphnien etc.) und dadurch unterschiedliche Wirkungen auf ihre ↗Umwelt ausüben. Zur Beschreibung der Populationsgröße bedient man sich entweder der Individuenzahl oder der ↗Biomasse, in der Praxis jedoch vor allem der Populationsdichte (Individuen pro Flächeneinheit). Diese Größen hängen von einer Vielzahl biotischer und abiotischer Faktoren ab (↗Nische). Durch Übernutzung von Nahrungsressourcen kann eine Population ihre eigene Existenzgrundlage gefährden. Das Ausscheiden gewisser ↗Stoffwechsel-Endprodukte hemmt das Wachstum anderer Arten und dient somit gezielt der Steuerung der eigenen Population. Die Populationsanalyse befaßt sich vor allem mit der Altersstruktur, wie sie sich z. B. im Laufe einer ↗Sukzession verändert. Mit zunehmendem Alter wird auch die Populationsdichte zunehmen und damit die ↗intraspezifische Konkurrenz. Solche zeitlichen Veränderungen beschreibt die ↗Populationsdynamik. Sie erklärt die Zusammenhänge von Wachstumsrate und ↗Tragfähigkeit. Regelmäßige Populationsschwankungen werden insbesondere in ↗Herbivoren-Primärkonsumenten- und ↗Räuber-Beute-Systemen beobachtet. Das Populationswachstum ist exponentiell bei Populationen weit unter der Tragfähigkeit (↗r-Strategie), vermindert sich aber bei Erreichen der Tragfähigkeit auf null, wobei von logistischem Wachstum gesprochen wird (↗k-Strategie) (Abb. 1). Die menschliche Populationsdynamik entspricht keinem der beiden beschriebenen Modelle, sie gleicht einem hyperexponentiellen Wachstum (Abb. 2). ↗Tragfähigkeit. [MSch]

Populationsdynamik, Lehre von den Veränderungen von ↗Populationen. Aus landschaftsökologischer Sicht von besonderem Interesse sind Untersuchungen zu Veränderungen der Individuendichte einer Population in Abhängigkeit von abiotischen (z. B. Einflüsse der Witterung) und biotischen ↗Ökofaktoren (z. B. Feinde, Beute) als Ursachen oder Folgen aktueller oder früherer räumlicher Bewegungen und Wanderungen der Organismen (↗Migration). Dabei sind auch Altersstruktur, Geschlechtsverhältnis und Geburtenhäufigkeit von Populationen zu beachten. In diesem Sinne ist die Populationsdynamik auch ein Zweig der Demographie.

Populationsökologie, *Demökologie*, Teilgebiet der ↗Synökologie, das sich mit den Merkmalen von Struktur und Funktion der ↗Populationen sowie der ↗Populationsdynamik beschäftigt.

Pop-up-Struktur, Struktur mit einem an zwei divergierenden Überschiebungen gehobenen mittleren Block (Abb.).

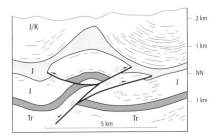

Pop-up-Struktur: Pop-up-Struktur im Idaho-Wyoming-Überschiebungsgürtel (westliche USA); Tr = Trias, J = Jura, K = Kreide.

Poren, die Hohlräume, die in klastischen Sedimenten nicht durch Gesteinskörner ausgefüllt sind, also zwischen den sich berührenden Körnern liegen. In der Natur sind die Poren entweder mit Gasen, meistens Luft, und/oder Flüssigkeiten, meistens Wasser, gefüllt. Die Art und Größe der Poren (Porengröße) beeinflußt maßgeblich die hydraulischen Eigenschaften klastischer Sedimente.

Porenanteil, *n*, *Porosität*, *Porengehalt*, *Porenvolumen*, der Quotient aus dem Volumen aller ↗Poren V_P und dem Gesamtvolumen V_g eines Gesteinskörpers:

$$n = \frac{V_P}{V_g} = 1 - \frac{\varrho_d}{\varrho_S}$$

mit ϱ_S = Korndichte und ϱ_d = Trockendichte bei 105°C. Aus der ↗Porenzahl *e* läßt sich der Porenanteil ebenfalls berechnen (Abb.):

$$n = \frac{e}{1+e}.$$

Die Größe des Porenanteils hängt maßgeblich von der Korngrößenzusammensetzung des betrachteten Gesteinskörpers, von der Lagerungsdichte der Körner und der Kornform ab. ↗geotechnische Porosität.

Porendruck ↗Porenfluiddruck.

Poreneis, ↗Eis in ↗Poren des Bodens und Hohlräumen des Gesteins. Poreneis umfaßt kein ↗Segregationseis. Das beim Abschmelzen des Poreneises frei werdende Wasser überschreitet nicht das ↗Porenvolumen (↗Porenanteil) des ungefrorenen Substrats.

Porenfluiddruck, der Teil des Druckes, der von Fluiden getragen wird, die die Hohlräume (Poren) zwischen den Gesteinskomponenten füllen. Da der im Porenraum existierende *Porendruck* in allen Richtungen wirksam ist, werden alle Normalspannungen, die über den festen Rahmen des Gesteins wirken, um den Wert des Porendruckes auf die effektive Normalspannungen (σ_n') reduziert: $\sigma_n' = \sigma_n - P_f$ (σ_n = Normalspannung, P_f = Porenfluiddruck).

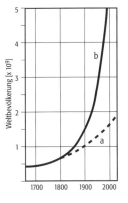

Population 2: hyperexponentielles Wachstum der menschlichen Weltbevölkerung (b), verglichen mit einem hypothetischen, exponentiellen Weltbevölkerungswachstum, berechnet auf der Grundlage der Wachstumsraten von 1650–1800 n. Chr. (a).

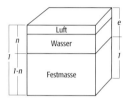

Porenanteil: Definition des Porenanteils n und der Porenzahl e.

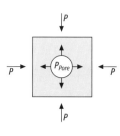

Porenraum 1: Dem äußeren Druck P wird ein Porendruck P_{Pore} überlagert.

Porenraum 2: Änderung der Rißgeometrie bei hydrostatischem Druck. Risse mit einer großen Auslenkung (aspect-ratio) (1) verschwinden, während Risse gleichen Volumens mit einem geringen aspect-ratio (sphärisch) kleiner werden (2). Kleine Risse (3) werden bei geringeren Drücken eher geschlossen als größere (2) (bei gleichem aspect-ratio). Sphärische Poren bleiben bei hydrostatischem Druck erhalten und verringern ihre Größe (4).

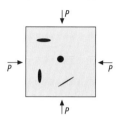

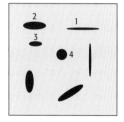

Porenfluide, *Porenlösungen*, Fluide, die an den Porenraum von Gesteinen gebunden sind. Durch Verringerung des Porenraumes kommt es während der ↗Diagenese und ↗Metamorphose zur Austreibung der Porenfluide. Porenfluide bestehen häufig aus Gasen wie Stickstoff, Kohlendioxid und Kohlenwasserstoffen oder aus einer Mischung von Flüssigkeit und Gas.

Porenform, hat große Bedeutung für den Wasser- und Lufthaushalt, je nach Entstehung unterscheidet man: a) Primärporen: Hohlräume unterschiedlicher Geometrie zwischen den Bodenteilchen (Kornzwischenräume) und Bodenkrümeln, die miteinander in Verbindung stehen. Bilden zusammen mit der Festsubstanz die Matrix. b) Sekundärporen: Sie entstehen durch Pflanzenwurzeln und Bodentiere sowie durch Quellung und Schrumpfung. Sekundärporen bilden ein Leitbahnensystem für den schnellen Wasser- und Stofftransport (präferenzieller Fluß) und sind häufig ein Zeichen für guten Bodenzustand. c) Röhren (Bioporen): Röhren sind Wurzelröhren und Tiergänge (z. B. Regenwurmgänge). d) Risse: Darunter versteht man Risse zwischen Absonderungskörpern, die oft ein regelmäßiges Netz bilden.

Porengehalt ↗*Porenanteil.*

Porengeschwindigkeit, die reale, mittlere Geschwindigkeit des Grundwassers in einem porösen Medium. Bei der Porengeschwindigkeit v_n wird davon ausgegangen, daß der ganze ↗durchflußwirksame Hohlraumanteil n_f vom Wasser durchströmt wird. Sie läßt sich berechnen als Quotient aus der ↗Filtergeschwindigkeit v_f und dem durchflußwirksamen Hohlraumanteil n_f:

$$v_n = \frac{v_f}{n_f}.$$

Die Porengeschwindigkeit entspricht der mittleren ↗Abstandsgeschwindigkeit v_a des Grundwassers.

Porengrößenverteilung, Differenzierung der Poren nach ihrer Größe und ihrem Anteil am Gesamtvolumen des Bodens. Man unterteilt die Poren nach der Bindungsstärke (Saugspannung) und der Pflanzenverfügbarkeit des Bodenwassers in ↗Grobporen, ↗Mittelporen und ↗Feinporen. Den Zusammenhang zwischen der Saugspannung (zuzuordnende Porengröße) und dem Wassergehalt kennzeichnet die Wasserretentionskurve, auch Wasserspannungs- oder ↗Saugspannungskurve genannt.

Porengrundwasser, das ↗Grundwasser in Locker- oder Festgesteinen (↗Porengrundwasserleiter), deren ↗durchflußwirksame Hohlraumanteile von Poren gebildet werden.

Porengrundwasserleiter, ein Gesteinskörper, dessen Hohlräume von zusammenhängenden Poren gebildet werden und daher geeignet ist ↗Grundwasser weiterzuleiten. Porengrundwasserleiter sind in der Regel gekennzeichnet durch geringe Grundwasserfließgeschwindigkeiten, hohes Speichervermögen für Grundwasser und gute Filtereigenschaften. Aus diesem Grund werden Porengrundwasserleiter häufig bei der ↗Grundwassererschließung für Trinkwassergewinnungszwecke nutzbar gemacht.

Porenraum, das gesamte von Hohlräumen (Poren) in einem Gestein ausgefüllte Volumen V_{por}, das entweder mit einem Gas oder Fluid gefüllt ist. Die Gesamtporosität φ ist dann das Verhältnis von V_{por} zu Gesamtgesteinsvolumen V_T:

$$\varphi = \frac{V_{por}}{V_T}.$$

Bei der Auswirkung von Druck auf den Porenraum müssen ↗hydrostatischer Druck und deviatorische Druckbedingungen unterschieden werden. Hydrostatischer Druck wirkt der temperaturinduzierten Rißbildung entgegen (↗thermische Ausdehnung, ↗Petrophysik). Im Labor werden ca. 100 MPa hydrostatischer Druck benötigt, um die bei einer Temperaturerhöhung um 100 K induzierten Risse wieder zu schließen. Dabei müssen isostatischer Druck und deviatorische Streßbedingungen unterschieden werden. Dem äußeren Druck kann ein ↗Porendruck entgegenwirken. Wird in einem offenen System gearbeitet (»drained conditions«), kann der Porendruck abgebaut werden. Der äußere Druck entspricht damit dem wirksamen (effektiven) Druck. Wird kein Transport der Porenfüllung nach außen zugelassen (»undrained conditions«) baut sich in den Poren und Rissen ein Gegendruck auf (Abb. 1). Der effektive (wirksame) Druck auf das Gestein P_{eff} ergibt sich aus dem mittleren Porendruck P_{pore} und dem äußeren Druck P:

$$P_{eff} = P - P_{Pore}.$$

Bei isostatischen Bedingungen führen bereits niedrigere effektive Drücke zum Schließen der meisten Risse. Mit zunehmenden Druck werden auch größere Risse geschlossen. Sphärische Poren können durch einen hydrostatischen Druck nicht geschlossen werden, bis die Festigkeit des Gesteins erreicht wird (Abb. 2). Wirkt auf die Proben ein gerichteter Druck, hängt das Schließen der Risse neben der Größe und dem ↗aspect ratio auch von der Orientierung der Risse ab. Bei gerichtetem Druck werden Risse, die senkrecht zum Druck orientiert sind, bevorzugt geschlossen. Sphärische Poren werden ausgelenkt und können bei deviatorischem Streß geschlossen werden. Durch innere Spannungen können auch Risse induziert werden (Abb. 3).

Sowohl bei hydrostatischem als auch bei gerichtetem Druck sind Poren bzw. Risse auch bei höheren Drücken vorhanden. Das mittlere Rißvolumen nimmt jedoch i.a. mit zunehmendem Druck ab. [HBr, FRS]

Porensprung, tritt auf zwischen Boden- bzw. Sedimentschichten sehr unterschiedlicher Porengrößenverteilung (z. B. zwischen Ton und Sand), führt aufgrund sehr unterschiedlicher hydraulischer Leitfähigkeit bei gleicher Saugspannung am Schichtübergang zu Wasserstau (vertikal abwärts) bzw. zur Kapillarsperre (aufwärts). Dieses Verhalten macht man sich bei Deponieabdichtungen (feiner Erdstoff im Sickerbereich über grobem Kies) bzw. Bauwerksgründungen (Kiesschichten als Unterbau) zunutze. Das Sickerwasser (Kapillarwasser) kann nicht in den Kies eindringen, da die hydraulische Leitfähigkeit im Kies um mehrere Zehnerpotenzen geringer ist als im darüber beziehungsweise darunter befindlichen Erdstoff.

Porenvolumen, Hohlraumvolumen, Gesamthohlraumanteil, Volumen aller Bodenhohlräume (Porenraum) als Dezimalbruch oder in Prozent am Gesamtvolumen des Bodens (↗Porenanteil) (Tab.). Es ist abhängig von der Bodenart und der Lagerungsdichte und verändert sich in quellungs- und schrumpfungsaktiven Böden (Ton- und Moorböden) mit dem ↗Wassergehalt.

Porenwasser, das Wasser in den Poren eines Gesteins. Man unterscheidet zwischen immobilem Porenwasser, welches das ↗Adsorptionswasser und das ↗Kapillarwasser umfaßt, und dem mobilen Porenwasser, das in seiner Bewegung der Schwerkraft folgt.

Porenwasserdruck, der Wasserdruck, der in den Poren herrscht. Der Porenwasserdruck p_w berechnet sich als Produkt aus der Höhe der überlagernden Wassersäule h, der Dichte des Wassers ϱ_W und der Erdbeschleunigung g:

$$p_w = \varrho_W \cdot g \cdot h.$$

Der Porenwasserdruck ist eine ungerichtete Größe, die nach allen Seiten gleich wirkt. Porenwasserüberdrücke können dadurch entstehen, daß im wassergesättigten feinkörnigem Untergrund bei Belastung das Porenwasser nicht rasch genug abfließen kann und es somit einen Teil der Belastung aufnimmt. Je nach Durchlässigkeit des Untergrundes können Porenwasserüberdrücke, aber auch Porenwasserunterdrücke für längere Zeiten anhalten. Zur In-situ-Bestimmung des Porenwasserdruckes werden ↗Porenwasserdruckgeber verwendet.

Porenwasserdruckgeber, Porenwasserdrucksonde, ein technisches Gerät zur In-situ-Porenwasserdruckmessung. Bei einem Meßverfahren (pneumatisches System) wird der Porenwasserdruckgeber auf die ungestörte Sohle einer Bohrung aufgesetzt oder mit einer Einpreßspitze in den Untergrund eingedrückt. Die Bestimmung des ↗Porenwasserdruckes geschieht dann durch eine Überdruckmembran, die über Ventilgeber angesteuert wird (Abb.).

Porenwasserdrucksonde ↗Porenwasserdruckgeber.

Porenwinkelwasser, Teil des ↗Haftwassers und davon Teil des ↗Totwassers; füllt die engsten Stellen (Winkel, Hälse) unregelmäßig gestalteter Poren aus. Porenwinkelwasser ist mit einer Saugspannung > 1,5 MPa gebunden und daher nicht pflanzennutzbar. Es besitzt eine sehr geringe Beweglichkeit.

Porenzahl, e, Porenziffer, berechnet sich als Quotient aus dem Volumen der ↗Poren V_P zum Volumen der Festmasse V_F für ein gegebenes Gesamtvolumen:

$$e = \frac{V_P}{V_F} = \frac{\varrho_S}{\varrho_d} - 1$$

mit ϱ_S = Korndichte und ϱ_d = Trockendichte bei 105°C. Aus dem ↗Porenanteil n läßt sich die Porenzahl ebenfalls berechnen

$$e = \frac{n}{1-n}.$$

↗Porenanteil, ↗geotechnische Porosität.

Porenziffer ↗Porenzahl.

Porfido verde antico, ein ↗Porphyrit (Paläo-Andesit), der durch Eisenepidot (Pistazit) und Chlorit grün gefärbt ist; seit der Antike beliebter Architektur- und Ornamentstein aus Sparta (Griechenland).

Porifera ↗Schwämme.

Porosität, bezeichnet den Raum, der in einer festen Matrix von nicht festen Phasen (z. B. Wasser oder Luft, beispielsweise Sedimente) bzw. Vakuum (z. B. Mond) eingenommen wird (↗Petrophysik). Nahezu sphärische Hohlräume (i. a. primär gebildet) werden meist als Poren bezeichnet, während bei einer stärkeren Asymmetrie der Hohlräume von Rissen oder Spalten (sekundär gebildet) gesprochen wird. Poren und Risse können dabei miteinander verbunden sein (offene Porosität) oder isoliert vorliegen (geschlossene Porosität) sowie unterschiedliche Geometrien aufweisen. Die offene Porosität ist ein entscheidender Parameter für Speichergesteine (Öl, Gas, Wasser). Die damit verbundene ↗Permeabilität ist eine entscheidende Größe bei der Förderung von Öl, Gas, Wasser oder geothermischer Energie. Die Anordnung und Orientierung der Poren und Risse im Gestein kann zu einer zusätzlichen ↗Anisotropie verschiedener Eigenschaften führen. Poren und vor allem Risse haben z. B. auf die elastischen Eigenschaften einen erheblichen Einfluß. Sphärische Poren haben bei gleicher Porosität einen wesentlich geringeren Einfluß auf die elastischen Eigenschaften als Risse oder Spalten. Die Poren und Risse reduzieren die elastischen Module eines realen Gesteins sowie deren Schallgeschwindigkeiten.

In der Angewandten Geologie versteht man unter Porosität den Gesamthohlraumanteil (n) eines Gesteins. Er entspricht der absoluten Porosität und ist definiert als Quotient aus dem Volumen aller Hohlräume eines Gesteinskörpers und dessen Gesamtvolumen. Daneben beschreiben die nutzbare oder effektive Porosität n_e sowie die durchflußwirksame Porosität n_d den Volumenanteil, in dem sich das Wasser effektiv bewegen kann. Das heißt, Wasser, welches in geschlossenen oder sehr kleinen Hohlräumen lagert oder als Haftwasser an der Gesteinsoberfläche adhäsiv gebunden ist, nimmt am Fließvorgang nicht teil. Mit kleiner werdendem Korn nimmt die Kornoberfläche pro Volumeneinheit und damit auch der Haftwasseranteil zu, es wird weniger Wasser

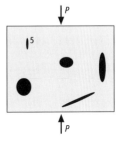

Porenraum 3: Änderung der Rißgeometrie durch deviatorischen Streß. Risse, die senkrecht zum Druck P orientiert sind (1), verschwinden bei geringen Drücken, während Risse gleicher Größe mit einer anderen Orientierung (2) erhalten bleiben. Dabei kann es zu einer Volumenzunahme des Risses kommen (2). Sphärische Poren werden ausgelenkt (3) bzw. bei geringeren Volumina oder hohen Drücken geschlossen (4). Bei der Deformation können neue Risse induziert werden (5).

Porenvolumen (Tab.): Bereiche des Porenvolumens.

Sandböden	34–44 Vol.-%
Lehmböden	35–51 Vol.-%
Schluffböden	32–51 Vol.-%
Tonböden	36–62 Vol.-%
Moorböden[1]	50–93 Vol.-%

[1] abhängig von der Bodenentwicklung

Porenwasserdruckgeber: Funktionsprinzip eines Porenwasserdruckgebers. Der Filterstein überträgt den Porenwasserdruck auf die Membran des Überdruckventils. Der Druck, der zur Öffnung der Überdruckmembran angelegt werden muß, entspricht dem Porenwasserdruck.

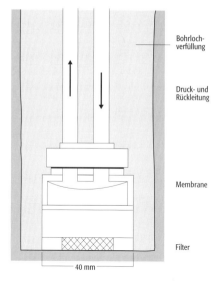

abgegeben, als aufgenommen wurde. Die Zusammenhänge zwischen Korngröße und effektiver Porosität veranschaulicht die Abbildung. Das Gesamtporenvolumen ist naturgemäß in den feinstkörnigen Sedimenten am größten, das effektive Porenvolumen wegen der großen Kornoberfläche jedoch am geringsten. Dieses erreicht in den Sanden ein Optimum und nimmt dann mit zunehmender Kornvergrößerung bis hin zu den Kiesen weiter ab.

Sekundäre Porosität entsteht durch Lösungsprozesse in einem Sedimentgestein. Die Größe des Porenvolumens und die Porengestalt sind abhängig vom Verlauf der ↗Diagenese und von den Materialeigenschaften des Gesteins.

Porosität: Beziehung zwischen Gesamtporen-, Nutzporen- und Haftwasserraum in Abhängigkeit von der Korngröße klastischer Sedimente (T = Ton, U = Schluff, S = Sand, G = Kies, X = Steine).

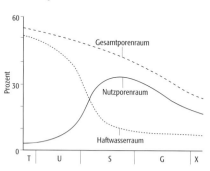

Porositäts-Log ↗Neutron-Log.

Porphyr, ein in der älteren deutschsprachigen Literatur verwendeter, heute überflüssiger Begriff für ein »altes« (↗Perm oder älter) vulkanisches Gestein rhyolithisch-dacitischer Zusammensetzung mit Einsprenglingen von ↗Alkalifeldspat.

Porphyrine, durch Tetrapyrrol-Ring (↗Tetrapyrrol) charakterisierte ↗Biomarker, häufig mit Nickel- oder Vanadyl-Ion im Ringzentrum. Porphyrine stammen aus ↗Chlorophyll und Häm. Chlorophyll besitzt Magnesium und Häm Eisen als Zentralatom. Während der frühen ↗Diagenese wird das Magnesium-Ion aus dem Chlorophyll entfernt (Demetalierung). Nach Verlust unterschiedlicher funktioneller Gruppen kommt es im Sediment während der späten Diagenese zur erneuten Bindung eines Ions (Chelatisierung). Im ↗Erdöl läuft dieser Austausch mit den dort häufigsten Metallen Nickel oder Vanadium ab. In einigen Kohlen wurden Ionen von Eisen (Fe^{3+}), Gallium (Ga^{3+}) und Mangan (Mn^{3+}) an die Porphyrine gebunden nachgewiesen, jedoch bilden sich in den überwiegenden Fällen Nickel- und Vanadyl-Porphyrine. Porphyrine treten in unterschiedlichen Strukturen auf. Häufig ist es das Desoxophylloerythroetioporphyrin (DPEP) und das Etio-Porphyrin (Abb.), welche sich durch nur geringe strukturelle Unterschiede der Substituenten des Ringsystems auszeichnen.

Das Vanadium-Porphyrin/Nickel-Porphyrin-Verhältnis dient als Biomarker-Verhältnis, da es hauptsächlich durch unterschiedliche Bildungsbedingungen im Sediment bestimmt wird. In stark reduzierenden marinen Sedimenten wird Meerwassersulfat durch bakterielle Reduktion zu Sulfid umgewandelt, welches bevorzugt mit Ni^{2+}-Ionen schwerlösliches Nickelsulfid bildet. Dadurch sind die Nickel-Ionen der Lösung entzogen, und somit stehen nur Vanadyl-Ionen (VO^{2+}) zur Komplexbildung mit Porphyrinen zur Verfügung. Unter schwach reduzierenden Bedingungen findet keine Sulfatreduktion statt, so daß Nickel- und Vanadyl-Ionen um die Komplexbildung mit dem Tetrapyrrolring konkurrieren. Da die Komplexbildungskonstante der Nickelkomplexe größer als die der Vanadylkomplexe ist, bilden sich dann bevorzugt Nickelkomplexe. [SB]
Literatur: BECKER, S. (1998): Multianalytische Charakterisierung von Erdölen zur Verursacherbestimmung bei Ölschadensfällen. – Göttingen.

porphyrisch, Gefügebegriff für magmatische Gesteine (v. a. ↗Vulkanite), in denen große, oft idiomorphe Minerale (↗Einsprenglinge) in einer feinkörnigen oder glasigen Grundmasse liegen (Abb. im Farbtafelteil).

porphyrische Lagerstätten, Sammelbezeichnung für Imprägnationsvererzungen (↗Imprägnationslagerstätten) und Stockwerksvererzungen (↗Stockwerkerz) von oft riesigen Dimensionen von Kupfersulfiden, häufig mit wichtigen Gold- oder Molybdänbeimengungen, und Molybdänsulfiden, z. T. mit Zinn- und Wolframbeimengungen (↗Porphyry-Copper-Lagerstätten, ↗Molybdänlagerstätten), in kleineren Dimensionen auch von Zinn- und Zinn-Wolframvererzungen (↗Zinnlagerstätten). Porphyrische Lagerstätten sind gebunden an granitische (↗Granit) über granodioritische bis dioritische (↗Diorit) Intrusionen mit typischerweise ↗porphyrischem Kern, die in ↗magmatischen Bögen vor allem im zirkumpazifischen Raum auftreten.

Porphyrit, ein in der älteren deutschsprachigen Literatur verwendeter, heute überflüssiger Begriff für ein »altes« (↗Perm oder älter) vulkanisches Gestein andesitischer Zusammensetzung mit Einsprenglingen von ↗Plagioklas.

porphyroblastisch, Gefügebegriff für metamorphe Gesteine, in denen einzelne Minerale (z. B. Granat, Andalusit, Staurolith) durch metamorphes Wachstum deutlich größer als die Durchschnittskorngröße der ↗kristalloblastischen Grundmasse sind. Spezialfälle sind ↗idioblastisch, xenoblastisch (↗Xenoblast) und ↗poikiloblastisch.

Porphyroklast ↗porphyroklastisch.

porphyroklastisch, Gefügebegriff für deformierte Gesteine (*Porphyroklast*), in denen einzelne größere Reliktminerale, die selbst zerbrochen oder plastisch deformiert sein können, in einer durch Kornverkleinerung infolge mechanischer Verformung (Zerbrechen oder Rekristallisation) fein- bis feinstkörnigen Grundmasse liegen.

Porphyry-Copper-Lagerstätten, *porphyrische Kupferlagerstätten*, ausgedehnte Körper niedriggehaltiger Kupfersulfidlagerstätten, die in der Regel mit intermediären oder sauren Intrusionskörpern, die ↗porphyrische Textur aufweisen, assoziiert sind. Wichtigste primäre Erzminerale sind ↗Pyrit, ↗Kupferkies (Chalkopyrit), Bornit sowie gelegentlich Molybdänglanz (↗Molybdänit) oder ↗Gold. Innerhalb der Lagerstätte sind die sulfidischen ↗Erzminerale in der Regel relativ gleichmäßig, wenn auch zoniert, verteilt; sie liegen häufig in einem Netzwerk von kleinen Gängchen (↗Stockwerk) vor. Die Mineralisation tritt nicht nur in den porphyrischen Intrusionen selbst, sondern auch in deren Nebengestein auf. Beide sind meist ausgedehnt und intensiv hydrothermal umgewandelt. ↗Supergene Anreicherung spielt für die Wirtschaftlichkeit von Porphyry-Copper-Lagerstätten eine wichtige Rolle, d. h. häufig sind nur die sekundären Erze der ↗Zementationszone bauwürdig. Wichtige Erzminerale der Zementationszone von Porphyry-Copper-Lagerstätten sind Chalkosin, Digenit sowie gelegentlich Covellin, Cuprit und gediegen Kupfer.

Etwa die Hälfte der derzeitigen Weltkupferproduktion stammt aus Porphyry-Copper-Lagerstätten. Die Erzgehalte bewegen sich im Bereich von 0,5 % bis 1 % Cu, gelegentlich auch darüber oder darunter. Die Größe der Lagerstätten liegt typischerweise bei einigen hundert Millionen Tonnen Kupfererz, im Fall der seit Anfang des Jahrhunderts in Produktion stehenden Porphyry-Copper-Lagerstätte Bingham in Utah (USA) bei > 3 Mrd. t Erz. Gold und Molybdän wichtige Beiprodukte von Porphyry-Copper-Lagerstätten und entscheiden in zunehmendem Maße über ihre Wirtschaftlichkeit. In sog. goldreichen Porphyry-Copper-Lagerstätten bewegen sich die Goldgehalte zwischen 0,4 ppm und gelegentlich sogar 2 ppm (parts per million). Silbergehalte bis 4 ppm treten in diesen Lagerstätten mit dem Gold auf, sind aber ohne wirtschaftliche Bedeutung. Viele Porphyry-Copper-Lagerstätten enthalten auch Molybdängehalte zwischen 0,01 und 0,05 %, manche bis zu 0,2 % Mo.

Global zeigen Porphyry-Copper Lagerstätten ein spezifisches Verteilungsmuster. Sie treten hauptsächlich in drei Gürteln auf: a) an der Westseite von Nord- und Südamerika, b) im Südwestpazifik zwischen den Inseln Taiwan und Bougainville und c) in einem alpidischen Gürtel zwischen Rumänien und Pakistan. Geotektonisch gesehen sind sie überwiegend an Plattengrenzen gebunden, meist an aktive oder ehemalige ↗Subduktionszonen vom Inselbogen- oder Kontinentaltypus. Porphyry-Copper-Lagerstätten weisen häufig tertiäres Alter auf (↗Tertiär), aber aus British Columbia (Kanada) sind auch Beispiele aus dem frühen Mesozoikum bekannt. Es wird heute davon ausgegangen, daß es bereits seit dem ↗Präkambrium zur Bildung von Porphyry-Copper-Lagerstätten kam und daß das scheinbare Überwiegen der tertiären Bildungsalter eine Funktion der hohen Hebungsraten und der rapiden Abtragung in Vulkanit-/Plutonitgürteln ist.

Fünf verschiedene Typen von ↗Alteration kommen in und um Porphyry-Copper-Lagerstätten vor (Abb. 1): a) Die K-Silicat-Alteration ist durch neugebildeten Kalifeldspat (↗Orthoklas) und ↗Biotit gekennzeichnet. Ersterer verdrängt ↗Plagioklas, letzterer ↗Hornblende. b) Die propylitische Alteration ist durch die Bildung von Chlorit (↗Chlorit-Gruppe) und Epidot auf Kosten von Plagioklas und mafischen Mineralen gekennzeichnet. c) Im Fall der sericitischen Alteration sind Feldspäte und mafische Minerale teils oder vollständig zu einem Quarz-Sericit-Pyrit-Gestein umgewandelt. d) Die argillitische Alteration ist durch die Minerale ↗Sericit, ↗Illit, ↗Smectit, Chlorit und ↗Calcit gekennzeichnet. e) Bei der fortgeschrittenen argillitischen Alteration entstehen u. a. die Minerale ↗Chalcedon, ↗Alunit, ↗Pyrophyllit, Diaspor und ↗Kaolinit. Dieser Alterationstyp ist der letzte während des Hydrothermalstadiums eines Porphyry-Copper-Systems und überlagert die anderen Alterationstypen. Die Grenzfläche zwischen der fortgeschrittenen argillitischen Alteration und den darunterliegenden Alterationstypen stellt den Übergang vom epithermalen Bildungsbereich einer Porphyry-Copper-Lagerstätte zum subvulkanischen Bildungsbereich (↗subvulkanische Lagerstätten) dar.

Die fünf genannten Alterationstypen treten zoniert und in zeitlicher Abfolge auf (Abb. 2), ebenso wie die primären Sulfiderze Chalkopyrit, Bornit und Pyrit, die entweder für sich allein oder kombiniert miteinander schalenähnliche ↗Zonen bilden. So zeigen z. B. die primären Sulfiderze des El Salvador -Porphyry-Copper-Erzkörpers in Chile vom Zentrum zur Peripherie folgenden

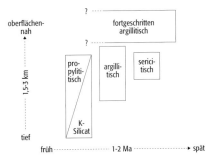

Porphyrine: Strukturformel des Desoxophylloerythroetioporphyrins (DPEP) und des Etio-Porphyrins (M = Ni^{2+}, VO^{2+}).

Porphyry-Copper-Lagerstätten 1: schematische Zeit-Tiefe-Relationen der wichtigsten Alterationstypen in goldreichen Porphyry-Copper-Systemen (Ma = Mio. Jahre).

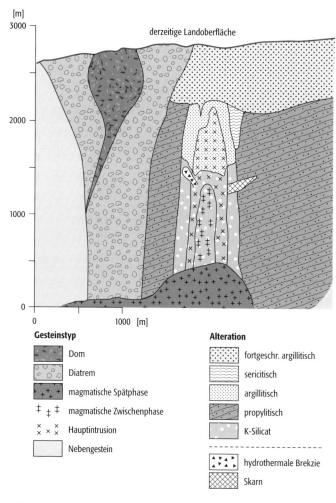

Porphyry-Copper-Lagerstätten 2: Intrusions- und Alterationsbedingungen in und um goldreiche Porphyry-Copper-Lagerstätten.

Zonarbau: Chalkopyrit-Bornit-Zone – Chalkopyrit-Pyrit-Zone – Pyrit-Zone – Pyrit-Bornit-Zone. Das Kupfer/Eisen-Verhältnis und das Metall/Schwefel-Verhältnis sind in diesem Fall im Zentrum am höchsten und nehmen zur Peripherie hin ab. Derartige Zonierungen reflektieren – ebenso wie im Fall der Alterationstypen – die sich ändernde Zusammensetzung der mineralisierenden ↗Fluide im Verlauf der Lagerstättenbildung, z. B. durch Reaktion der Fluide mit Nebengesteinen. Auch mehrere aufeinander folgende Schübe mineralisierender Fluide können einen Zonarbau bewirken; die jeweiligen Zonen überlagern sich bisweilen. Im Fall der Porphyry-Copper-Lagerstätte El Salvador (Chile) erfolgte die Bildung der ↗hypogenen, primären Sulfidmineralisation in einem Zeitraum von weniger als einer Million Jahre und stand ausschließlich mit der Intrusion von porphyrischen ↗Granodioriten in Verbindung, obwohl das geologische Umfeld aus multiplen Intrusionen besteht. In Porphyry-Copper-Lagerstätten migrieren die mineralisierenden Fluide weitgehend durch hochgradig frakturiertes Gestein. So entsteht bei Absatz des Erzes in zahlreichen, kurzen, sich kreuzenden Rissen und kleinen Brüchen die typische Stockwerksvererzung. Die intensive Frakturierung des Gesteines kann eine Funktion der Kristallisation und Abkühlung des Intrusionskörpers oder aber der explosionsartigen Zerbrechung während der Austreibung von Fluiden aus dem sich abkühlenden Magma sein. Es werden bis zu hundert kleiner und kleinster Gängchen pro Quadratmeter in Stockwerksvererzungen von Porphyry-Copper-Lagerstätten beobachtet.

Die in älterer Literatur verbreitete Ansicht, daß goldreiche Porphyry-Copper-Lagerstätten ausschließlich in Inselbogenmilieus (↗Inselbogen) gebildet wurden und daß molybdänreiche nur in kontinentalen Milieus entstanden, ist heute nicht mehr haltbar. Goldreiche Porphyry-Copper-Lagerstätten sind nicht ein eigenständiger Lagerstättentyp, sondern repräsentieren das goldreiche Ende des gesamten Porphyry-Copper-Lagerstätten-Spektrums. Sie entstehen unabhängig von der Zusammensetzung und der Dicke der unterliegenden Kruste. Im folgenden sind einige Charakteristika des ökonomisch zunehmend wichtiger werdenden goldreichen Porphyry-Copper-Lagerstättentyps angeführt: Der überwiegende Teil des Goldes in goldreichen Porphyry-Copper-Lagerstätten wird zusammen mit Kupfer während der Phase der K-Silicat-Alteration eingebracht, und generell korrelieren Gold und Kupfer in Porphyry-Copper-Lagerstätten positiv. Das Gold ist feinkörnig (häufig < 20 μm, immer < 60 μm) und liegt überwiegend in gediegener Form vor. Gelegentlich treten ↗Goldtelluride auf. Das Gold ist räumlich eng mit den auftretenden Kupfer-Eisen- sowie Eisensulfiden vergesellschaftet, entweder als Verwachsung, Aufwachsung oder Einschluß in Quarzkörnern. Untersuchungen an ↗Flüssigkeitseinschlüssen sowie ↗Isotopen zeigen, daß Gold und Kupfer in K-Silicat-Alterationszonen als Chloridkomplexe in 350°C bis > 700°C heißen, magmatisch-hydrothermalen Lösungen transportiert wurden. Die Gehalte an Chlor, Schwefel, Gold und Kupfer in den Lösungen stammen wahrscheinlich aus dehydrierter, subduzierter ozeanischer Kruste unter Vulkanit-/Plutonitgürteln. Viele, aber bei weitem nicht alle goldreichen Porphyry-Copper-Lagerstätten sind durch weitgehendes Fehlen von Molybdän gekennzeichnet. Darüber hinaus gibt es keine spezifischen Parameter, die einzigartig für goldreiche Porphyry-Copper-Lagerstätten sind. Allerdings weisen 80 % dieser Lagerstätten deutliche Anreicherungen von hydrothermalem Magnetit auf. Weiterhin ist neben der K-Silicat-Alteration auch eine Kalksilicat-Alteration anzutreffen, die durch die Anwesenheit von Amphibol, Pyroxen oder Granat charakterisiert ist. Daneben ist die sericitische Alteration seltener als in goldarmen Porphyry-Copper-Lagerstätten. Goldreiche Porphyry-Copper-Lagerstätten – auch die kupferarmen Endglieder, die fast ausschließlich Gold führen – treten mit Porphyrintrusionen unterschiedlichster Zusammensetzung auf: kaliumarm bis kaliumreich, kalkalkalin sowie alkalin. Sowohl molybdänreiche als auch goldreiche Porphyry-Copper-Lagerstätten treten in Verbindung mit kalkalkalischen Intrusionen auf, aber nur die goldreichen sind Begleiter von Alkaliintrusionen. Die goldreichsten Porphyry-Copper-Lagerstätten (1,5–2 ppm Au) finden sich allerdings mit kaliumarmen kalkalinen ↗Dioriten und Quarzdioriten. Goldreiche Porphyry-Copper-Lagerstätten enthalten zwischen einigen Zehnertonnen bis hin zu 900 Tonnen Gold. [WH]

Portland, *Portlandium*, regional verwendete stratigraphische Bezeichnung für eine Stufe des oberen Juras, benannt nach der Halbinsel Portland an der englischen Südküste. Das Portland ist der obere Teil (145,6–142 Mio. Jahre) des ↗Volgiums, somit keine anerkannte Stufe des ↗Malms. Es entspricht dem ↗Tithon der internationalen Gliederung.

Portlandzement, ↗hydraulisches Bindemittel, das schneller erhärtet als hydraulische Kalke und auch eine bedeutend höhere Festigkeit erreicht. Diese Eigenschaften verdankt der Portlandzement seinem hohen Gehalt an Tricalciumsilicaten. Zur Vermeidung des Kalktreibens durch einen Überschuß an freiem Kalk wird eine kalkreiche Mischung, die neben Kieselsäure Tonerde und normalerweise Eisenoxids enthält, fein gemahlen und bis zur Sinterung (teilweises Schmelzen eines Stoffgemisches) gebrannt. Bei der Zusammenstellung des Mischungsverhältnisses geht es darum, beim Brand wesentliche Mengen an Tricalciumsilicat und gerade soviel Schmelze zu bekommen, daß die Trisilicatbildung schnell vonstatten geht. Schon geringe Mengen an Tricalciumaluminat (Kalktonerdeverbindung) würden eine rasche Bindung der gesamten Zementmasse bewirken, weshalb den Portlandzementen stets eine geringe Menge an Rohgips hinzufügt wird, um die Abbindezeit zu regulieren und sowohl eine einwandfreie Verarbeitung als auch Verdichtung des Zements zu erreichen. Das Brennprodukt, der Portlandzementklinker, wird zur Herstellung verschiedener Zemente benutzt. ↗Hüttenzement, ↗Traßzement, ↗Sulfathüttenzement. [WK]

Portolankarte, *Portulankarte*, der erstmals 1285 belegte Begriff portolano (Portolan) bezeichnet im Italienischen ein Buch mit nautischen Instruktionen (franz. routier, niederländisch leeskart, dt. Seebuch); später gehörten zu ihnen auch ↗Seekarten. Seit dem ausgehenden 19. Jh. werden solche auf Pergament gezeichneten mittelalterlichen Seekarten für die Küsten des Mittelmeergebietes, teilweise einschließlich der europäischen Westküste, Portolankarte genannt. Sie sind meist italienischer (Genua, Venedig), seltener katalanischer (Barcelona) oder mallorquinischer Herkunft. Sie treten unvermittelt Ende des 13. Jh. auf (Pisaner Karte) und zeigen im Mittelmeer einen sehr exakten Küstenverlauf, weisen jedoch deutlich zwischen homogenen Blöcken Verzerrungssprünge auf. Anstelle eines Gradnetzes (↗Gradnetz der Erde) enthalten sie ein regelmäßiges Netz ausgezogener Linien (marteloïo = Rhomben) der 16teiligen Windrose. Rhomb (griech.) bzw. rhumb (engl.) bezeichnet in der Schiffersprache 1 Windstrich der 32teiligen Windrose. Nach diesem Netz aus Rhombenlinien werden sie auch als *Rumbenkarten* bezeichnet. Ihr Entstehen hängt eng mit dem Aufkommen des Kompasses mit einer Windrose (Genueser Nadel) um 1250 zusammen. Diese Art der Seekarten hielt sich bis in die Mitte des 17. Jh. [WSt]

Porung, Vorkommen von Hohlräumen zwischen der Festsubstanz. Die Porung ist Voraussetzung für Wasser-, Stoff- und Gastransport.

Porzellan, durchscheinendes, porenfreies, weißes, feinkeramisches Erzeugnis, das aus einem sehr fein pulverisierten Gemisch von ↗Kaolin, ↗Quarz und ↗Alkalifeldspäten gebrannt wird. Der Name stammt von dem italienischen Wort »porcellana« für eine weiße Meeresmuschel, da man annahm, daß das aus China und Japan importierte keramische Erzeugnis aus den pulverisierten Schalen solcher Muscheln stammte. Nach heutiger Auffassung kann man das Grau-Porzellan der chinesischen West-Chou-Kulturen (1122–770 v. Chr.) bereits als echtes Porzellan ansprechen. Auf jeden Fall war die Kunst der Porzellanbereitung den Chinesen etwa um 600 n. Chr. bekannt; die alten ostasiatischen Porzellane wurden aus natürlichen (quarz- und feldspathaltigen) Porzellantonen direkt gebrannt (meist Weich-Porzellan). Das mit zartgrüner Glasur versehene Porzellan der Ming-Zeit (ca. 1370–1640) wird auch Seladon-Porzellan genannt. In Deutschland wurde die Porzellan-Bereitung von J. F. Böttger in Meißen im Jahre 1709 im Anschluß an Versuche von von Tschirnhaus (seit 1692) wiedererfunden.

Porzellan hat eine Dichte von 2,3–2,5 g/cm³, ist undurchlässig für Gase und Flüssigkeiten, seine Bruchflächen sind weißglänzend, dicht und porenfrei und mit Stahl und Glas kann es nicht geritzt werden. Gegen Temperaturwechsel ist es widerstandsfähiger als Glas, der lineare Ausdehnungskoeffizient für Berliner und Meißener Porzellan beträgt ca. $0{,}027 \cdot 10^{-4}/°C$ (Bereich: 0–100°C) bzw. ca. $0{,}036 \cdot 10^{-4}/°C$ (Bereich: 16–500°C). Die Hauptmasse des Porzellans besteht aus einem Silicatglas, dazu kommt noch freier ↗Mullit und Quarz.

Rohstoffe sind Kaolin (Porzellanerde), Alkalifeldspat mit 0,5–5 % Na_2O und bis zu 2 % CaO oder MgO und Quarz (SiO_2); danach schwankt nach Qualität und Verwendungszweck der Porzellans erheblich. Wegen der Grobkörnigkeit und der hohen Viskosität der Silicatschmelze ist es nicht möglich, bei dem technischen Vorgang zu einem Gleichgewicht zu kommen. Infolgedessen findet man beim Porzellan Mullit in Form von Schuppen, der aus dem Kaolinit entstanden ist (Schuppenmullit), Mullit in Form von Nadeln (Nadelmullit), der sich bevorzugt an der Grenzfläche der entstandenen Glasphase ausscheidet, eine Glasphase und Restquarz. Daneben kann auch Cristobalit besonders in quarzreichen Porzellanen vorkommen. Mit steigender Brenntemperatur löst sich immer mehr Quarz in der Glasphase, und wegen des hohen SiO_2-Gehaltes geht auch die Bildung von Nadelmullit zurück. Bei

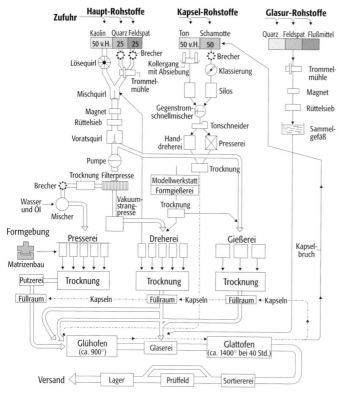

Porzellanherstellung: Ablauf der Porzellanherstellung.

quarzreichen Porzellanen kann der Schuppenmullit durch Angriff der kieselsäurereichen Schmelze in sekundäre Mullitnadeln umgewandelt werden. Unter dem Lichtmikroskop ist Mullit im Porzellan im allgemeinen sehr schwer festzustellen, da die Mullitkristalle sehr klein sind, während sich der Restquarz im Dünnschliff besser auszählen läßt als an geätzten Bruchflächen im Elektronenmikroskop. Chemisch kann man den Mullit durch Auflösen des Porzellans in Flußsäure nachweisen, indem man den Rückstand als Mullit ansieht, da dieser in Flußsäure unlöslich ist. Diese Methode führt jedoch nur bedingt zu reproduzierbaren Ergebnissen, da die feinsten Mullitkristalle noch in Flußsäure löslich zu sein scheinen.

Wenn die Grundmasse als Hauptbestandteil Kaolin enthält, entstehen die hochschmelzenden, gegen Temperaturwechsel beständigeren Hart-Porzellane. Überwiegen dagegen die »Flußmittel« (Feldspat und Quarz) gegenüber dem Kaolin, so erhält man die leichter schmelzenden, gegen Temperaturschwankungen etwas empfindlicheren Weichporzellane. Die meisten guten Hart-Porzellane werden aus einem Gemisch von etwa 50 % Kaolin, 25 % Feldspat und 25 % Quarz hergestellt; für chemische Porzellangeräte (Labor-Porzellan) verwendet man ein Pulvergemenge aus 54 Teilen Kaolin, 28 Teilen Feldspat und 8 Teilen Quarz. Das Berliner Seger-Porzellan besteht ähnlich wie japanisches Weich-Porzellan aus 25 % Kaolin, 45 % Quarz und 30 % Feldspat, das englische Knochenporzellan (ebenfalls ein Weich-Porzellan) aus 20–30 % Kaolin, 10–25 % Feldspat, 10–25 % Quarzmehl und 20–60 % Knochenasche. [GST]

Porzellanerde ↗ Kaolin.

Porzellanherstellung, das Produzieren von ↗ Porzellan aus den Rohstoffen ↗ Kaolin, ↗ Quarz und ↗ Alkalifeldspäten (Abb.). Die Trommelmühle ist das Kennzeichen der feinkeramischen Technologie. Während Geschirrporzellan nur durch Drehen und Gießen hergestellt wird, werden elektrotechnische Kleinteile meist feucht gepreßt (12–15 % H_2O). Spezielle Besonderheiten bietet der Porzellanbrand. Er gliedert sich in folgende Stufen: a) Aufheizen (reduzierend und oxidierend), b) Oxidieren (vor dem Schließen der Glasur bzw. des Scherbens), c) Scharfbrand (reduzierend), d) Abkühlen. Wegen des Boudouardschen Gleichgewichtes, das besagt, daß bei hohen Temperaturen CO und bei niedrigen CO_2 stabil ist, lagert sich in der ersten Periode beim Aufheizen im Scherben reichlich Kohlenstoff ab, so daß er beim Erreichen von etwa 1000°C vollkommen schwarz verfärbt ist. Während der zweiten Phase wird so lange oxidierend gebrannt, bis der Scherben wieder vollkommen sauber ist. Vor dem Schließen der Glasur und des Scherbens muß in der dritten Phase jedoch wieder reduzierend gefahren werden, um das Fe_2O_3 im Scherben in FeO überzuführen. Würde man oxidierend dichtbrennen, so würde ein Teil des dann eingeschlossenen Fe_2O_3 sehr bald mit der Kieselsäure unter Abscheidung von gasförmigem Sauerstoff zu Fayalit reagieren. Der entstehende Sauerstoff führt zur Bildung von Blasen und Pocken, den sogenannten Luftpocken. Wegen der Anwesenheit von Fe_2O_3 ist der Scherben gelblich und nicht wie beim richtig gebrannten Porzellan bläulich gefärbt. Dieser Fehler wird daher auch mit »luftgelb« bezeichnet. [GST]

Porzellanit, kieseliges Sedimentgestein, das überwiegend aus Opal-CT besteht. ↗ Skapolith. ↗ Opal.

Porzellan-Jaspis, meist im ↗ Basalt gefritteter Ton bzw. toniger Sandstein.

Posidonienschiefer, 1) Schichtglied im rhenoherzynischen Obervisé (↗ Karbon) mit der Muschel *Posidonia becheri*. 2) eine bis 12 m mächtige Schichtfolge des Lias ε im unteren oder schwarzen ↗ Jura, charakterisiert durch dunkle, bituminöse Ton- bis Tonmergelgesteine, die in Süddeutschland durch die ausgezeichnet erhaltenen Fossilfunde berühmt wurde. Wichtiges Leitfossil ist die Muschel *Bositra buchi (Roemer)*, die früher *Posidonia bronnii* var. *parva* Voltz genannt wurde und nach der die Posidonienschiefer ihren Namen erhielten. Die Schiefer entstanden aus Meeresschlamm, der vor etwa 180 Mio. Jahren am Grunde des Jurameeres abgelagert wurde. Die Schiefer können bis zu 7 % Bitumen enthalten und wurden in Krisenzeiten zur Schieferölgewinnung abgebaut. Die Maceralanalyse (↗ Maceral) der Phytoklasten im Kerogen der Posidonienschiefer zeigt einen hohen Anteil von Liptiniten und Alginiten (zurückzuführen auf die marine Alge *Tasmanales* und andere), aber wenig Vitrinit und Inertit. Der periodische Wechsel der

Schichtfolge von hellgrauen Mergeln zu dunkelgrauen Schiefern dokumentiert den Übergang von dysaeroben zu anaeroben Konditionen (↗dysaerobe Fazies, ↗anaerobe Fazies). Letztere begünstigten die Konservierung des organischen Materials. Das europäische Jurameer verband das Nordmeer zwischen England und Fennoskandia (↗Baltischer Schild) mit der ↗Tethys im Süden und war durch drei große Landmassen oder untermeerische Schwellen aufgeteilt in Pariser Becken, Norddeutsches Becken und Süddeutsches Becken. In allen wurden Posidonienschiefer oder dessen Äquivalente abgelagert. Besonders fossilreich sind die Posidonienschiefer im Süddeutschen Becken bei Holzmaden, wo sie verschiedene Fisch- und Flugsaurier sowie Meereskrokodile, Fische und große Seelilien enthalten. Unter den Sauriern sind die Ichthyosaurier mit den Gattungen *Leptopterygius*, *Eurhinosaurus* und *Stenopterygius* die häufigsten, und über 500 Skelette wurden bislang freigelegt. Wesentlich seltener sind die ebenfalls an das Wasserleben angepaßten Plesiosaurier (Schlangenhalssaurier) mit den beiden Gattungen *Plesiosaurus* und *Thaumatosaurus*. Die Krokodilier sind mit *Steneosaurus* und *Pelagosaurus* vertreten, sie ähneln in ihrer Gestalt den heutigen Gavialen und ernährten sich vermutlich wie diese von Fischen. Etwa 30 Flugsaurier (*Dorignathus* und *Campylognathus*), die Flügelspannweiten von über einem Meter erreichten, wurden bislang gefunden. Für die Entwicklung der ↗Fische war die Jurazeit eine wichtige Epoche, und daher sind die reichen Faunen im Lias ε von besonderer Bedeutung. Sie setzen sich zusammen aus mesozoischen Haien (*Hybodus*), störartigen Fischen (Sturiomorphen), und den typischen Jurafischen *Lepidotes* und *Dapedium*, die Karpfen ähnlich sehen und zu den Holostiern gehören. Letztere sind die häufigsten Fischfossilien in den Posidonienschiefern. Auch die Knochenfische (Teleostier) sind vertreten, z. B. mit dem kleinsten Fisch der Gattung *Leptolepis*. Zu den seltensten Funden gehören die Seekatzen (Holocephalen) und die Crossopterygier mit dem 1,8 m langen *Trachymetopon liassicum*. Arthropoden sind im Posidonienschiefer sehr selten. Typisch ist der Decapode *Uncina posidoniae* (Quenstedt).

Unter den Invertebraten-Fossilien des Lias ε sind die ↗Echinodermen mit Seirocrinen und Pentacriniten die bedeutungsvollsten. *Seirocrinus subangicularis* (Miller) mit seinem bis zu 18 m langen Stiel gehört zu den spektakulärsten Fossilien des Posidonienschiefers. Die ↗Mollusken sind mit ↗Cephalopoden (Belemnoideen, Teuthoideen, Sepioideen, Nautiloideen und Ammonoideen) und Lamellibranchiaten (*Bositra, Posidonia, Pseudomonotis* und *Inoceramus*) vertreten. Die Ammoniten sind die wichtigsten Fossilien unter den jurassischen Cephalopoden. Im Lias ε sind die Ammonitenfaunen zwar individuen-, aber nicht artenreich, mit den Hauptgruppen *Phylloceras, Lytoceras, Dacylioceras, Hildoceras* und *Harpoceras*. Pflanzenreste sind (abgesehen von Treibhölzern) eine große Seltenheit im Lias ε. Bei den meisten Pflanzenfunden handelt es sich um Reste von Gymnospermen, die zu Verwandten der Cycadeen (z. B. *Diootites, Glossozamites*) oder der Coniferen (*Pagiophyllum, Widdringtonites*) gehören. Nicht selten findet man im Posidonienschiefer eine Art Braunkohle, die sehr dicht, glänzend und dunkel ist und als Gagat bezeichnet wird. Vermutlich handelt es sich um Überreste von Treibholzstücken, die in Faulschlamm eingebettet wurden und so ihre besonderen Eigenschaften erhielten. [SP]

Positionierung ↗Verortung.

Positionsbestimmung auf See, Teilgebiet der ↗Meeresgeodäsie. Im Vordergrund steht die Bereitstellung genauer Positionen in einem wohldefinierten ↗Bezugssystem. Unterschiede gegenüber den Methoden der kontinentalen Geodäsie sind in den Einflüssen der maritimen Umwelt zu sehen, vor allem im Bewegungseinfluß und in den unterschiedlichen Ausbreitungsbedingungen für Meßsignale über und unter Wasser. Die Genauigkeitsanforderungen sind mit mehreren 100 m bis zu wenigen cm sehr unterschiedlich. Sie ergeben sich aus den Anwendungen für die Meerestechnik (z. B. Positionierung von Bohrplattformen, Meeresbergbau, Offshore-Aktivitäten, Meeresbodenvermessung (z. B. mit Fächersonar), seismischen und gravimetrischen Aufnahmen. Neue Herausforderungen entstehen durch die Umsetzung des Internationalen Seerechtes, insbesondere im Zusammenhang mit der Abgrenzung des Festlandsockels. Höchste Anforderungen ergeben sich für die Bestimmung von rezenten Erdkrustenbewegungen am Meeresboden. Zu den Methoden der Positionsbestimmung auf See gehören die terrestrische ↗Radionavigation, die ↗Satellitennavigation, akustische Verfahren, Inertialverfahren und integrierte Navigation. Die Radionavigation spielt wegen des geringen Genauigkeitspotentials mit Ausnahme von LORAN-C heute keine Rolle mehr. In der satellitengestützten Positionsbestimmung auf See nahm von 1967 bis Anfang der 1990er Jahre ↗Transit eine führende Rolle ein, insbesondere als wesentliche Komponente der integrierten Navigation für Forschungsschiffe. Seither wird wegen der kontinuierlichen und weltweiten Verfügbarkeit vor allem GPS (↗Global Positioning System) eingesetzt. Für anspruchsvolle Aufgaben kann mit dem ↗Differential-GPS eine Genauigkeit von wenigen Metern erzielt werden. Mit dem ↗kinematischen GPS kann in Küstennähe im Überdeckungsbereich von Referenzstationen eine Genauigkeit von 0,1 m und besser auch für die Höhenkomponente erreicht werden. Anwendungen finden sich in der Hydrographie und z. B. für Meßbojen. Mit erhöhtem Beobachtungs- und Auswerteaufwand kann auch für den offenen Ozean die Positionierung von Meßplattformen durch kinematisches GPS mit Zentimetergenauigkeit erfolgen. Dies spielt für die Überwachung untermeerischer Kontrollpunkte in der Plattentektonik im Zusammenhang mit akustischen Meßverfahren eine Rolle. Eine Verbesserung in der Operationalität, Zuverlässigkeit und Genauigkeit kann durch eine zusätzliche Einbeziehung von ↗GLONASS erwartet werden. Für die Positionsbestimmung und Navigation unter Wasser kommen vorrangig akustische Verfahren in Betracht, da die Reichweite elektromagnetischer Wellen stark begrenzt ist. Aus der Signallaufzeit akustischer Signale können Positionen von Objekten auf dem Meeresboden, im Wasserkörper und an der Meeresoberfläche dreidimensional bestimmt werden. Die Genauigkeit liegt standardmäßig im Meterbereich. Durch sorgfältige Modellierung der Laufzeiten sind 0,1 m erreichbar. Das Meßverfahren eignet sich insbesondere als autonomes Verfahren für lokale Untersuchungen. Die Verknüpfung mit einem globalen Bezugssystem kann über GPS/GLONASS erfolgen.

Ein weiteres autonomes Meßverfahren ist durch die Inertialtechnik (↗Inertialsystem) gegeben. Aufwendige Plattformsysteme (Kreisel und Beschleunigungsmesser) liefern dreidimensionale Wegfortschritte. Einfachere Lagesensoren dienen zur Orientierungsbestimmung, z. B. von Schiffen. Wegen starker Kreiseldriften benötigen Plattformsysteme externe Stützinformationen, da sonst die Genauigkeit sehr schnell verloren geht. Eine ideale Kombination ist mit GPS/GLONASS gegeben. Die Inertialmessungen dienen dabei vor allem zur Interpolation der Satellitenergebnisse und zur Überbrückung von Datenlücken. Für diese Aufgabe lassen sich auch kostengünstige Inertialsensoren einsetzen. Bei der integrierten Navigation werden unterschiedliche Meßverfahren zusammengeführt, um die Nachteile eines Verfahrens mit den Vorteilen anderer Verfahren auszugleichen. Dabei werden insbesondere Verfahren mit Langzeit- und Kurzzeitstabilität kombiniert. Das klassische integrierte System für Forschungsschiffe bestand aus einem Transitempfänger für die Langzeitstabilität und die Ermittlung absoluter Positionen und einem Dopplersonar (Logge) und Kreisel (Gyro) für die Wegfortschritte zur Interpolation der sog. Satellitenfixe. Je nach Verfügbarkeit wurden noch Radionavigationssysteme zur besseren Fehlermodellierung hinzugenommen. Aus heutiger Sicht bilden GPS/GLONASS-Empfänger mit DGPS/DGLONASS-Schnittstellen das Herzstück einer integrierten Anlage. Zur Überbrückung von Datenlücken und zur Erfassung der Schiffsorientierung können inertiale Lagesensoren zugeschaltet werden. LORAN-C als ziviles Radionavigationssystem dient vor allem der unabhängigen Kontrolle, trägt aber nicht zur Genauigkeit bei. Die wesentliche Rolle der integrierten Navigation kann vor allem darin gesehen werden, den Raum- und Zeitbezug für ein marines ↗Geoinformationssystem bereitzustellen. [GSe]

Positionsbestimmung mittels Satelliten, die Positionsbestimmung knüpft an die Grundgleichung der ↗Satellitengeodäsie an mit dem Ziel, durch Messungen zu (bekannten) Satellitenpositionen die (unbekannte) Position eines Punktes P auf der Erdoberfläche zu bestimmen. Handelt es sich um Streckenmessungen (z. B. Laserentfernungsmessungen), so läßt sich aus drei gemessenen Strecken die gesuchte Position bestimmen (räumlicher Bogenschnitt). Andere Meßverfahren (Phasendifferenzen/Streckendifferenzen, Pseudoentfernungen) lassen sich in ähnlicher Weise auf geometrische Grundbeziehungen zurückführen.

Positionssignatur, *lokale Signatur, Ortssignatur, Punktsignatur,* in ↗Karten und anderen ↗kartographischen Darstellungsformen ein punktbezogenes ↗Kartenzeichen für ein im Kartenmaßstab nicht mehr als ↗Grundriß darstellbares diskretes Geoobjekt (↗Diskreta). Mit der Anwendung von Positionssignaturen wird eine eigenständige, auf die topologische Raumstruktur Punkt(netz) bezogene ↗kartographische Darstellungsmethode, die Methode der Positionssignaturen, realisiert. Sie führt zu den ↗Kartentypen der Punktsignaturenkarte und ↗Punktzeichenkarte. Als Positionssignaturen sind vor allem solche graphischen Figuren geeignet, die bei möglichst geringer Größe (Ausdehnung) eine gute ↗Lesbarkeit und Unterscheidbarkeit gewährleisten. Eigenschaften wie Symmetrie und Kompaktheit (↗Gestaltgesetze) fördern wesentlich die visuell-kognitive Rezipierbarkeit der Signaturen. Für kompliziertere ↗Kartenzeichensysteme sind graphische Kombinationsfähigkeit und Gruppenfähigkeit, d. h. die Eignung, Begriffe in einer Begriffshierarchie eindeutig zu kennzeichnen, unverzichtbar. Prinzipiell, wenn im Einzelfall auch eingeschränkt, lassen sich alle ↗graphischen Variablen zur Abwandlung von Positionssignaturen einsetzen, wobei Farbe, Form und Richtung (Orientierung) am häufigsten angewendet werden. Bei ↗Bildschirmkarten kommen zusätzliche Gestaltungsmittel hinzu, wie die zeitliche Variation oder das Blinken von Signaturen, um besonders wichtige Informationen aus dem ↗Kartenbild visuell herauszuheben.

Nach dem Grad der ↗Ikonizität ergeben sich verschiedene Gruppen von Positionssignaturen. Die Skala reicht von ↗arbiträren Zeichen (zumeist geometrisch) bis zu Zeichen mit stark ausgeprägten Assoziationen zum dargestellten Geoobjekt (bildhafte Figuren und ↗Symbole). Weithin üblich ist nachgenannte Dreiteilung (Abb.). a) *geometrische Signaturen*, insbesondere Kreisfläche, Kreisring, Quadrat, Rechteck, Dreieck, seltener Fünf-, Sechs- und Achteck sowie Halbkreis und Stern: Diese Zeichen werden als Positionssignaturen mit oder ohne Füllung hauptsächlich zur Wiedergabe nominalskalierter Geodaten (↗Skalierungsniveau), d. h. zur Unterscheidung von Qualitäten (↗qualitative Darstellung) eingesetzt, wobei mit der graphischen Variablen Farbe bei der Sachdifferenzierung, aber auch bei der Altersdifferenzierung (hier Farbe in verschiedenen Helligkeitsstufen) die besten Ergebnisse erzielt werden. Zur Wiedergabe von intervall- und ratioskalierten Daten (Quantitäten, ↗quantitative Darstellung) dient die Größendifferenzierung der geometrischen Signaturen, die in definierten Stufen (Intervallen) oder nach einem geeigneten ↗Wertmaßstab erfolgt (↗Mengensignatur). Die

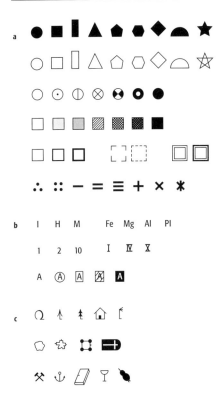

Positionssignaturen: Arten von Positionssignaturen: a) geometrische Signaturen, b) Buchstaben- und Ziffernsignaturen, c) bildhafte Signaturen (aus Aufriß und Grundriß abgeleitet sowie – dritte Reihe – mit symbolischem Charakter).

chen geometrisch-kompakten Figur auch negativ ausgespart werden. c) bildhafte Signaturen und symbolische Signaturen (Symbole), auch als Figurensignaturen bezeichnet: Es sind graphische Kleinfiguren, deren Gestalt und teilweise auch deren Farbe das dargestellte Objekt als Qualität (nominalskaliert) graphisch versinnbildlichen oder direkt vom äußeren Aussehen des Objektes abgeleitet sind (hoher Grad der Ikonizität). Echte Symbole als Sinnzeichen sind relativ selten. Die meisten bildhaften bzw. symbolischen Signaturen sind stark vereinfachte Ansichtsbilder der darzustellenden gegenständlichen Objekte (Bohrtürme, Wegweiser, Bäume, Häuser, Mühlen usw.), die auch als Aufrißsignaturen oder Ansichtssignaturen bezeichnet werden. Läßt die Signaturform auf den Grundriß des Objekts schließen, spricht man von Grundrißsignaturen (nicht zu verwechseln mit Grundrißkartenzeichen; ↗Flächenkartenzeichen, ↗Grundriß). Zumindest Symbolcharakter besitzen solche bildhaften Signaturen wie Anker (Hafen), Retorte (chemische Industrie), Hammer und Schlegel (Bergwerk bzw. Bergbau) usw. sowie verschiedenste ↗Piktogramme, die den Kartennutzern oft auch ohne Zeichenerklärung (↗Legende) verständlich sind. Allerdings sind eine Reihe solcher Zeichen auch mehrdeutig, z. B. Weinglas für Gaststätte und Glasindustrie, flächig gekreuzte Linien für Textilindustrie (Gewebe) und Haftanstalt. Für die Anwendung bildhafter Signaturen in Größendifferenzierung als Mengensignaturen gilt das für Buchstabensignaturen Gesagte. Nachteilig ist weiterhin die schwierige Verortung am Standort einschließlich der Gruppierung. Typisierte Ansichtskleinbilder (Bildsignaturen) werden verschiedentlich als eigene Kategorie aufgefaßt. Sie müssen von den individuellen Ansichtskleinbildern unterschieden werden, den ↗Vignetten, die nicht mehr zu den Signaturen zählen, da sie sich auf keinen Gattungsbegriff beziehen. Sie sind aufgrund ihrer Individualdarstellung zumeist selbsterklärend, werden aber mitunter durch ihren Eigennamen näher bezeichnet. In ↗topographischen Karten werden die Positionssignaturen meist mit einheitlicher (genormter) Größe, Form und Farbe benutzt, wobei der ↗Bezugspunkt für die Lage unterschiedlich sein kann. [WGK]

positive Rückkopplung ↗Rückkopplung.

Positivismus, verlangt als Grundprinzip, allein vom Gegebenen, Tatsächlichen, »Positiven« auszugehen und alle darüber hinausgehenden (metaphysischen) Fragen als theoretisch unmöglich und praktisch nutzlos einzuschätzen. Da die Erscheinungen die einzig verläßlichen Tatsachen repräsentieren, sollen Philosophie und Wissenschaft diese als solche hinnehmen, nach bestimmten, ausschließlich empirisch verifizierten Gesetzen ordnen und aus den erkannten Gesetzen Prognosen aufstellen (»savoir pour prevoir«). Der Begriff »Positivismus« geht im wesentlichen auf Auguste Comte (1789–1857) zurück. Auf dem Positivismus beruhen folgende wesentlichen Merkmale naturwissenschaftlichen Arbeitens: Allein durch Beobachtung und Expe-

geometrisch kompakteren Zeichenformen werden ergänzt durch einfache Punkt- und Strichkombinationen sowie Kreuzfiguren. Bei geometrischen Signaturen kann das gleiche Zeichen aufgrund der indifferenten Form im Sinne arbiträrer Zeichen mit unterschiedlichsten Bedeutungen (Begriffen) belegt werden (↗Polysemie). Geometrische Signaturen, die nach Mengen- bzw. Wertanteilen unterteilt sind, zählen zu den ↗Diagrammsignaturen. b) *Buchstabensignaturen* und Ziffernsignaturen: Hierzu gehören Einzelbuchstaben, Buchstabenverbindungen und Zahlzeichen als Zeichen der natürlichen Verbalsprache bzw. Schriftsprache. Auch sie können für die Darstellung nominalskalierter Daten an Standorten verwendet werden. Daß Buchstaben bei Benutzung von Anfangsbuchstaben, eingeführten Abkürzungen und chemischen Symbolen direkt auf den Gattungsnamen schließen lassen, kann als Vorteil gelten. So ist bei Anhäufung mehrerer Objektarten an einem Ort schnelle ↗Lesbarkeit gewährleistet. Anderseits ist das ↗Signaturengewicht von Buchstaben meist nicht mit der Bedeutung des dargestellten Objekts identisch. Ein weiterer Nachteil ist, daß Buchstabensignaturen nicht oder nur sehr eingeschränkt als Mengensignaturen geeignet sind. Sie führen zu groben Fehlschätzungen bei der visuellen ↗Kartennutzung. Außerdem beeinflussen übergroße Buchstaben das Kartenbild ungünstig. Als Ausweg kann die graphische Kombination der Buchstaben mit einem geometrischen Zeichen gelten. Die Buchstaben erscheinen dann umrahmt von einem Quadrat oder einem Kreis. Sie können in einer sol-

riment wiederholbare Erscheinungen sind wahr und können Grundlage für das Aufstellen wissenschaftlicher Gesetze sein, d. h. die Ergebnisse naturwissenschaftlichen Arbeitens müssen wiederholbar und intersubjektiv überprüfbar sein. Aus empirisch verifizierten Gesetzen können Prognosen über das Auftreten bestimmter Erscheinungen (unter vergleichbaren Bedingungen) abgeleitet werden. [PH]

post-, Präfix zur zeitlichen Einordnung eines Geschehens nach bestimmten Ereignissen, z. B. postorogen = nach der Orogenese.

Postglazial ↗Holozän.

postglaziales Wärmeoptimum ↗Altithermum.

postkinematisch, zeitliche Einordnung nach der letzten durchgreifenden (penetrativen) Deformation.

postkristallin, Bezeichnung für die relative zeitliche Beziehung zwischen Verformung und Kristallisation von Mineralen. Erfolgt die Verformung nach der Kristallisation, ist sie postkristallin, erfolgt die Verformung vor der Kristallisation, ist sie *präkristallin*, bei Zeitgleichheit spricht man von *synkristalliner* (*parakristalliner*) Verformung. ↗posttektonisch.

Post-Newtonsche Approximation, Näherung der ↗Einsteinschen Gravitationstheorie für kleine Geschwindigkeiten und schwache Gravitationsfelder, d. h. für $(v/c)^2 \sim U/c^2 \ll 1$. In dieser Näherung kann man die Komponenten des metrischen Tensors so schreiben:

$$g_{00} = -1 + \frac{2w}{c^2} - \frac{2w^2}{c^4} + ...,$$

$$g_{0i} = -\frac{4}{c^3} w^i,$$

$$g_{ij} = \delta_{ij}\left(1 + \frac{2w}{c^2}\right) + ...$$

Hierin ist w eine Verallgemeinerung des Newtonschen Gravitationspotentials U:

$$U(t,\vec{x}) = G \int \frac{\varrho(t,\vec{x}')}{|\vec{x}-\vec{x}'|} d^3x'$$

und das Vektorpotential w^i beschreibt gravitomagnetische Effekte (↗gravitomagnetisches Feld). Die Metrik in der oben angegebenen Form erlaubt die Herleitung der anomalen Periheldrehung der Planeten um die Sonne (Merkur: 43'' pro Jahrhundert) sowie der Lichtablenkung im Schwerefeld der Sonne (1,75'' am Sonnenrand). Für die Berechnung von Uhrengangraten (gravitative Rotverschiebung) benötigt man zusätzlich zur Metrik der speziellen ↗Relativitätstheorie nur den $(2w/c^2)$-Term in g_{00}. Für die Beschreibung von Prozessen im Sonnensystem, wo die gravitative Wechselwirkung eine Rolle spielt, stellt die Post-Newtonsche Theorie ein universelles Werkzeug dar.

Speziell für Tests der Einsteinschen Gravitationstheorie hat man eine parametrisierte Post-Newtonsche Theorie entwickelt. Der Post-Newtonsche Grenzfall einer ganzen Reihe unterschiedlicher Gravitationstheorien läßt sich mit Hilfe sogenannter PPN-Parameter erfassen. Am bekanntesten sind der Nichtlinearitätsparameter β und der Raumkrümmungsparameter γ. In der PPN-Metrik tritt β als Faktor vor dem w^2-Term auf und γ vor dem w-Term in g_{ij}. [MHS]

Postprocessing, Gesamtheit der Maßnahmen, um mit geeigneten, meist statistischen Methoden das End- oder Zwischenprodukt der ↗numerischen Wettervorhersage aufzuwerten. Besonders bewährt hat sich dabei die KALMAN-Filtertechnik (selbstlernendes Verfahren zur Reduktion systematischer Vorhersagefehler, ↗Bias) und die Modelle der statistischen Interpretation. Ohne dieses Postprocessing hätten allein die Fortschritte der numerischen Wettervorhersage nicht ausgereicht, in den 1990er Jahren eine Qualität der vollständig automatisierten Vorhersage selbst lokalen Wetters zu erreichen, die durch den Vorhersagemeteorologen immer weniger »veredelt« werden kann. Dies trifft um so eher (weniger) zu, je größer (kleiner) der Vorhersagezeitraum ist. ↗Wettervorhersage.

Postscript, eine Seitenbeschreibungssprache zur Speicherung und Ausgabe von Text- bzw. Graphikseiten. Postscript ist eine portable, das heißt vollständig vom jeweiligen Ausgabegerät unabhängige ↗Programmiersprache, die sich im Bereich der graphischen Datenverarbeitung zum Quasi-Standard entwickelt hat. Sie ermöglicht die Verwendung von Operatoren zur Generierung komplexer Graphik und von Textelementen, wobei sowohl Vektor- als auch Rasterdarstellungen verfügbar sind. Die darzustellende Seite wird als Folge von Operatoren und Datensätzen gespeichert, die vom Zielgerät interpretiert wird und in entsprechender Form ausgegeben wird. In der aktuellen Version (Level 2) sind zusätzlich Funktionen für das ↗digitale Farbmanagement und zur ↗Datenkompression integriert.

postsedimentäre Strukturen, Gruppe von Sedimentstrukturen, die sich nach der Ablagerung eines Substrates bilden. Diese Strukturen können bei einer internen Neuordnung des Sedimentes durch Entwässerung, durch Auflast oder durch die Bewegung von Sedimentmassen, wie z. B. bei ↗subaquatischen Rutschungen oder Gleitungen, entstehen. Weiterhin gehören zu der Gruppe der postsedimentären Strukturen ↗Belastungsmarken, ↗Wickelschichtung und ↗Entwässerungsstrukturen.

Post-Sedimentationsremanenz, *PDDRM*, eine spezielle Art der ↗Sedimentationsremanenz (DRM), die sich erst während der ↗Diagenese der Sedimente ausbildet. Die PDDRM wird in der Regel von ↗Einbereichsteilchen getragen und kann häufig aufgrund ihrer größeren Koerzitivkräfte von der eigentlichen Sedimentationsremanenz DRM unterschieden werden. Zwischen der Ausbildung der DRM und der PDDRM kann oft ein längerer, nicht definierbarer Zeitraum liegen. Dies spielt im ↗Archäomagnetismus und bei der Bestimmung der ↗Säkularvariation mit Hilfe junger Sedimente eine wesentlich größere Rolle als im ↗Paläomagnetismus.

posttektonisch, *postdeformativ*, *postkinematisch*, Bezeichnung für die relative zeitliche Beziehung zwischen tektonischer Verformung und anderen geologischen Ereignissen (z. B. Intrusionen). Posttektonisch Ereignisse finden nach der Verformung statt, *syntektonische* (syndeformative, synkinematische) Ereignisse während der Verformung und *prätektonische* (prädeformative, präkinematische) Ereignisse vor der Verformung. ↗postkristallin.

postvulkanische Tätigkeit, Aktivitäten in vulkanischen Zonen zwischen oder nach Eruptionsperioden; dazu gehören die Förderung ↗vulkanischer Gase, ↗Fumarolen, ↗Geysire, ↗Schlammvulkane u. a.

Potamal, ↗Biotop eines sommerwarmen ↗Fließgewässers im Tiefland mit meist sandigem bis feinkörnigem Boden; entspricht weitgehend der ↗Cyprinidenregion.

Potamon, ↗Biozönose des ↗Potamals.

Potential ↗ökologisches Potential.

Potentialfunktionen ↗Harmonische Funktionen.

Potentialkarte, Begriff aus der ↗Landschaftsökologie für eine Raumgliederung mit dem Ziel der kartographischen Darstellung des ↗ökologischen Potentials. Neben der umfassenden Abbildung des ↗Leistungsvermögens des Landschaftshaushaltes werden auch die einzelnen Subsysteme als ↗Naturraumpotentiale in Potentialkarten ausgewiesen. Häufig dargestellt sind beispielsweise das Erholungspotential einer Landschaft für den Menschen (↗Erholungsnutzung) oder das ↗Potential für Grundwasserneubildung. Praktisch umgesetzt werden Potentialkarten für spezifische Fragestellungen der ↗Raumplanung. Sie sind dort meist das Ergebnis einer vorangegangenen ↗Landschaftsbewertung.

Potentialkoeffizienten, sind ↗Kugelfunktionskoeffizienten. Im engeren Sinn versteht man darunter die Reihenkoeffizienten, die bei der ↗Kugelfunktionsentwicklung des Gravitationspotentials auftreten. In diesem Zusammenhang ist die ↗Quellendarstellung der Potentialkoeffizienten als Volumenintegrale über die Dichtefunktion der Erde von Bedeutung.

Potentiallinie ↗Äquipotentiallinie.

Potentialsonde, Sonde zur Messung eines elektrischen oder elektrochemischen Potentials, wird meist als unpolarisierbare Sonde ausgeführt.

Potentialtheorie, im klassischen Sinne die Theorie des Newtonschen Gravitationspotentials und dessen grundlegende Beschreibung durch die ↗Poisson-Gleichung $\Delta u = f$ und insbesondere durch die homogene Potentialgleichung, die ↗Laplace-Gleichung $\Delta u = 0$. Die moderne Potentialtheorie dehnt die Untersuchung auf allgemeinere Potentiale und andere partielle Differentialgleichungen aus. Ist ein Vektorfeld $\vec{v}(\vec{x})$ in einem bestimmten Gebiet des dreidimensionalen, euklidischen Raumes konservativ (also das Kurvenintegral 2. Art wegunabhängig), so existiert zu dem Vektorfeld eine skalare Feldfunktion u ($\vec{x}$), die als *Potential* bezeichnet wird. Das Vektorfeld ergibt sich dann als Gradientenfeld des Potentials:

$$\vec{v}(\vec{x}) \text{grad} u(\vec{x}).$$

Eine gleichwertige Bedingung ist die Wirbelfreiheit des Vektorfeldes $\nabla \vec{v} = \vec{0}$. Zur Lösbarkeit der Potentialgleichung ist es notwendig, zusätzliche Bedingungen zu formulieren, was auf ein ↗Randwertproblem der Potentialtheorie führt. [MSc]

potentielle Energie, Bezeichnung für die Energie, die aufgewendet werden muß, um eine Masse m im Schwerefeld der Erde auf ein bestimmtes Höhenniveau z über NN zu heben. Sie ist bestimmt durch $E_p = mgz$ (g = Erdbeschleunigung) oder mit dem ↗Geopotential durch $E_p = m\varphi$. Unter der verfügbaren potentiellen Energie versteht man denjenigen Anteil, der für die Umwandlung in kinetische Energie zur Verfügung steht. Diese entspricht der Differenz zwischen der aktuellen und der minimal möglichen potentiellen Energie eines Systems. Für die gesamte Atmosphäre beträgt beispielsweise die verfügbare potentielle Energie nur etwa ein tausendstel der potentiellen Energie, wovon wiederum nur etwa zehn Prozent tatsächlich in kinetische Energie (der Luftströmungen) umgesetzt werden.

potentielle Kationenaustauschkapazität ↗Kationenaustauschkapazität.

potentielle Temperatur, in der Meteorologie gebräuchlicher Temperaturbegriff zur Charakterisierung eines ↗adiabatischen Prozesses. Die potentielle Temperatur, im allgemeinen mit θ bezeichnet, ist mit der Temperatur T und dem Luftdruck p verküpft über:

$$\theta = T \left(\frac{p_0}{p} \right)^{\varkappa}$$

mit P_0 = Referenzdruck (= 1000 hPa), $\varkappa = R/c_p$ wobei R = Gaskonstante trockener Luft, c_p = spezifische Wärme der Luft bei konstantem Druck. Die oben genannte Beziehung ergibt sich aus dem ersten Hauptsatz der ↗Thermodynamik für den Fall eines adiabatischen Prozesses. In diesem Fall ist die potentielle Temperatur eine Erhaltungsgröße, d. h. es gilt:

$$d\varphi/dt = 0.$$

Eine Zustandskurve mit θ = konstant wird deshalb auch als ↗Adiabate oder als ↗Trockenadiabate bezeichnet. In der Ozeanographie versteht man unter potentieller Temperatur die unter Berücksichtigung des adiabatischen Prozesses umgerechnete Temperatur des ↗Meerwassers, das aus einer bestimmten Tiefe an die Meeresoberfläche verlagert wird.

potentielle Verdunstung, *mögliche Verdunstung*, maximal mögliche Verdunstung von Landoberflächen, unabhängig davon ob die benötigte Wassermenge zur Verfügung steht. Sie ist von den klimatischen Gegebenheiten und den Eigenschaften des Untergrundes abhängig. Die mögliche

potentielle Verdunstung

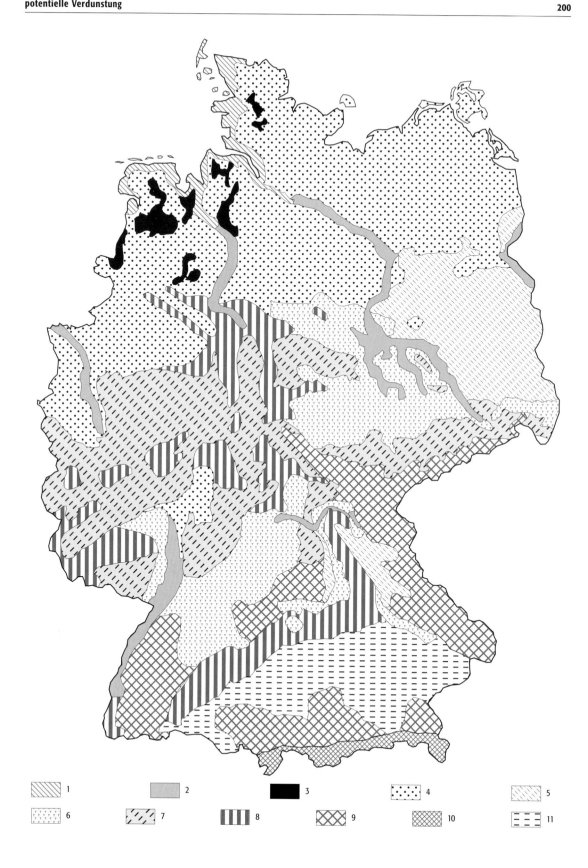

Verdunstung ist eine Rechengröße, die aus gemessenen meteorologischen Werten bestimmt wird (DIN 4049). Es wird zwischen potentieller ↗Bodenverdunstung (Evaporation), potentieller ↗Transpiration und potentieller ↗Evapotranspiration unterschieden. Letztere ist die mögliche Verdunstung einer natürlich bewachsenen Fläche. Sie besteht aus der Boden- und Pflanzenverdunstung (↗Verdunstungsprozeß).

potentielle Vorticity ↗Vorticity.

potentiell natürliche Vegetation, *PNV*, vom deutschen Pflanzensoziologen Tüxen 1957 entwickeltes Konzept, das den hypothetischen Zustand der ↗Vegetation nach plötzlichem Aufhören des menschlichen Einflusses darstellt. Dabei wird eine Konstanz der klimatischen Bedingungen angenommen. Demzufolge hat jede erdgeschichtliche Epoche ihre eigene PNV. Hintergrund des PNV-Konzeptes ist der Umstand, daß in Mitteleuropa heute die reale Vegetation als überwiegend anthropogene ↗Ersatzgesellschaften nur noch auf begrenzten Flächen den ursprünglichen natürlichen ↗Pflanzengesellschaften entspricht. Die PNV steht dagegen in optimalem Einklang mit den derzeitigen Bedingungen eines ↗Standorts und dem vorhandenen Inventar an ↗Arten. Durch diesen Gleichgewichtszustand mit den ↗Geofaktoren stellt die PNV das biotische Wuchspotential (↗Potential) dar und ist damit ein umfassender Indikator für das ↗Leistungsvermögen des Landschaftshaushalts. Da gleiche Vegetationseinheiten auch gleiche abiotische Faktorenkonstellationen repräsentieren, muß zumindest kleinmaßstäblich eine weitgehende Identität zwischen der PNV und der ↗Naturräumlichen Gliederung bestehen. In der Bundesrepublik Deutschland wurde daher unter Leitung der Bundesforschungsanstalt für Naturschutz und Landschaftsökologie (Bad Godesberg) zwischen 1968 und 1992 die PNV von mehr als 30 % der Landesfläche im Maßstab von 1 : 200.000 kartiert. Diese Karten der PNV geben überwiegend flächendeckend Waldgesellschaften wieder. Praktisch umgesetzt werden diese Informationen für den Aufbau eines Vegetationsbestandes aus möglichst standortgerechten Arten, beispielsweise bei ↗Renaturierungen. Die im Konzept der PNV vorgenommene Gewichtung des derzeitigen Standortpotentials hat andererseits auch immer wieder zu grundsätzlichen Diskussionen Anlaß gegeben (Abb.). [MSch]

Potsdam, *Potsdamium*, *Croixian*, regional verwendete stratigraphische Bezeichnung für das Oberkambrium Nordamerikas, benannt nach dem Potsdam in den USA.

Potsdamer Schweresystem, ↗Schwerereferenznetz, aufgebaut auf Pendelbeobachtungen in Potsdam. Das Potsdamer Schweresystem hatte seine Bedeutung zwischen 1909 und 1971. Die darauf bezogenen Schwerewerte sind nach neueren Messungen und damit auch gegenüber z. B. dem ↗IGSN71 um ca. 150 µm/s^2 (mit regionalen Variationen: Westdeutschland: 150 µm/s^2, Länder der ehemaligen DDR: 140 µm/s^2, weltweit im allgemeinen zwischen diesen Werten) zu groß.

powder diffraction file ↗*Pulverbeugungsdatei*.

Powell, *John Wesley*, amerikanischer Geologe, * 24.3.1834 New York, † 23.9.1902 Haven (Maine); erforschte ab 1856 systematisch die Einzugsgebiete des Ohio River und des Mississippi, die er in ganzer Länge befuhr. Zwischen 1869 und 1871 führte er zwei geowissenschaflichen Expeditionen in den Südwesten der USA und kartierte erstmalig den Lauf des Colorado und Green River. Von ihm stammen weitreichende Erkenntnisse zur Geologie und erdgeschichtlichen Entwicklung des Coloradoplateaus sowie moderne Theorien zur Talgenese (↗Antezedenz). Von 1881–1894 war er Direktor des U. S. Geological Survey. Darüber hinaus gründete und leitete er die Abteilung für Ethnologie der Smithsonian Institution in Washington D. C. Für seine wissenschaftlichen Verdienste wurde ihm 1886 von den Universitäten Heidelberg und Harvard die Doktorwürde verliehen.

POX, *purgeable organic halogenated hydrocarbons*, ausblasbare halogenierte ↗Kohlenwasserstoffe.

Pr ↗*Pristan*.

prä-, Präfix zur zeitlichen Einordnung eines Geschehens vor Ereignissen, z. B. präorogen = vor der Orogenese.

Präboreal ↗*Holozän*.

Praedichnion, *Raubspur*, ↗*Spurenfossilien*.

Praetegelen, wird als erste Kaltzeit des ↗Quartärs vor dem Tegelen (↗Tegelen-Komplex) in Europa aufgefaßt, 1957 von W. H. Zabwijn benannt. Die Ausdehnung der Vergletscherung in Skandinavien und in den Alpen ist unbekannt.

Prag, *Pragium*, international verwendete stratigraphische Bezeichnung für eine Stufe des Unterdevons, benannt nach der Stadt Prag. ↗*Devon*, ↗*geologische Zeitskala*.

Prägekern ↗*Skultursteinkern*.

Pragmatik, in der ↗Semiotik und der ↗kartographischen Zeichentheorie die Beziehung von verbalsprachlichen und unter anderem auch kartographischen Zeichen (↗Kartenzeichen) einschließlich ihrer Zeichenbedeutungen zum Zeichen- bzw. Kartennutzer.

Prägung, Bildung von ↗Gefügen bei Prozessen der ↗Metamorphose oder ↗Tektonik.

Präkambrium, *Vorkambrium*, das älteste Äonothem der Erdgeschichte, von der Entstehung der Erde vor 4,65 Mrd. Jahren bis zum Beginn des ↗Kambriums vor 545 Mio. Jahren. Das Präkambrium wird international unterteilt in ↗Archaikum (4,65–2,5 Mrd. Jahre) und in das ↗Proterozoikum (2,5–0,545 Mrd. Jahre). Im deutschen Sprachraum ist auch die Einteilung des Archaikums in das ↗Hadäikum (die »vorgeologische Zeit«, 4,65–4,0 Mrd. Jahre) und das Archaikum (4,0–2,5 Mrd. Jahre) üblich. Fast 90 % der Erdgeschichte gehören somit ins Präkambrium. Das Archaikum war die Zeit der Konsolidierung der Kratone (Abb. 1 im Farbtafelteil). Im Proterozoikum waren diese Kratone stabil und es kam zu mehreren Orogenesen, die zur Schließung der Ozeane zwischen den Kratonen führten. Es folgten Kontinent-Kontinent-Kollisionen, wobei ausgedehnte Gebirgsgürtel entstanden. Der Ver-

potentiell natürliche Vegetation: Vegetationsgebiete der potentiell natürlichen Vegetation Deutschlands; 1 = Küstenvegetation, 2 = Auenvegetation, 3 = Moore und Bruchwälder, 4 = Buchen- und Eichenmischwälder des Tieflandes, 5 = subkontinentale Eichen- und Kiefernwälder, 6 = subkontinentale Eichen-Hainbuchenwälder der kollinen Stufe, 7 = Hainsimsen-Buchenmischwälder, 8 = kolline bis montane reiche Buchenwälder, 9 = Tannen- und Buchenwälder der Mittelgebirge und des Alpenvorlandes, 10 = Tannen-Buchenwälder und Fichtenwälder der Kalkalpen, 11 = Buchenwälder des Alpenvorlandes.

präkristallin ↗postkristallin.

praktische Kartographie, häufig als zentrales Teilgebiet der Kartographie bezeichnet, in dem aus praktischer Erfahrung der Kartenherstellung und -nutzung Erkenntnisse über die technischen Verfahren der Kartenkonzeption (↗Kartenentwurf), der Kartenzeichnung, der ↗Kartenreproduktion und des ↗Kartendrucks sowie über den Aufbau und die Wirkungsweisen eingesetzter Geräte und Systeme gewonnen werden. Der Praktischen Kartographie gegenübergestellt wird die ↗Theoretische Kartographie.

Die traditionellen zeichen- und reproduktionstechnischen Verfahren der Kartographie werden seit Anfang der 1980er Jahre zunehmend durch rechnergestützte Verfahren am Bildschirm ersetzt. Die Verfahren werden dabei stark von den technologischen Bedingungen eingesetzter Modelle und Systeme geprägt. Aus diesem Grund ist es sinnvoll, Erfahrungen, die aus den Einsatzmöglichkeiten von kartographischen Systemen und rechnergestützten Verfahren resultieren, in die kartographische Theorie- und Modellbildung bzw. die Modellierungsmethoden der Kartenherstellung und -nutzung zu integrieren. In diesem Sinn wäre die Erkenntnisbildung in der praktischen Kartographie Teil der allgemeinen Kartographie (↗Kartographie). [JB]

Prallhang, versteilte Uferböschung einer Flußaußenkurve. Durch die Lage des ↗Stromstrichs und ↗helikale Turbulenzen tritt an der Außenseite eine höhere Erosionsleistung (↗Erosionskompetenz) der Seitenerosion (↗fluviale Erosion) auf, die das Ufer an dieser Stelle versteilt, häufig begleitet vom nachfolgenden Versturz des instabilen Böschungsabschnittes. Dem Prallhang liegt an der Flußinnenkurve der ↗Gleithang gegenüber. ↗Mäander.

Prallmarke, Abdruck eines abprallendes Gegenstandes auf der Sedimentoberfläche. ↗Stoßmarken, ↗Gegenstandsmarken.

Prandtl-Schicht, *bodennahe Grenzschicht*, der unmittelbar an die Erdoberfläche anschließende Teil der ↗Atmosphäre bis etwa 100 m Höhe. Dieser untere Teil der ↗atmosphärischen Grenzschicht wird nach dem Hydrodynamiker L. Prandtl als Prandtl-Schicht bezeichnet. In der bodennahen Grenzschicht sind alle turbulenten Flüsse annähernd höhenkonstant. Dies ermöglicht die Bestimmung der Wind- und Temperaturprofile aus der ↗Monin-Obukhov-Theorie. Für die dimensionslosen Gradienten ergeben sich dabei für die Windgeschwindigkeit u und die potentielle Temperatur θ:

$$\frac{kz}{u_*}\frac{\partial u}{\partial z}=\varphi_m\left(\frac{z}{L}\right),$$

$$\frac{kz}{\theta_*}\frac{\partial \theta}{\partial z}=\varphi_h\left(\frac{z}{L}\right).$$

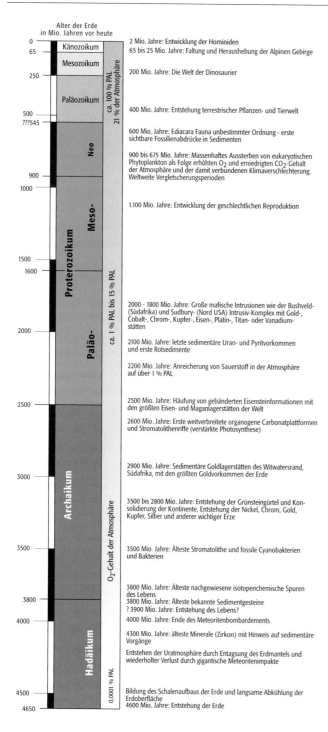

Präkambrium 2: stratigraphische Einteilung des Präkambriums im Vergleich zum Phanerozoikum, O_2-Gehalt der Atmosphäre und wichtige erdgeschichtliche Ereignisse (PAL = present atmospheric level).

lauf der präkambrischen Erdgeschichte (Abb. 2) war bestimmend für das heutige Bild der Erde. Die Kontinente, die Ozeane, das Leben und die gesamte Atmosphäre und Hydrosphäre haben ihren Ursprung im Präkambrium. Unter den besonderen Bedingungen des Präkambriums sind auch die größten Lagerstätten lebenswichtiger mineralischer Rohstoffe entstanden, wie z. B. Eisen, Mangan, Chrom, Titan, Platin oder Gold. [WAl]

Dabei ist $k = 0{,}4$ die ↗Karman-Konstante, L die ↗Monin-Obukhov-Länge. Für neutrale Schichtung ($z/L = 0$) ergibt sich aus den Profilfunktionen z. B. das ↗logarithmische Windgesetz. Die Schubspannungsgeschwindigkeit u_* und die charakteristische Temperatur θ_* sind definiert durch:

$$u_* = \tau/\varrho,$$
$$\theta_* = -H/(\varrho c_p u_*),$$

mit τ = turbulente ↗Schubspannung und H = turbulenter ↗Wärmefluß. Die sog. Profilfunktionen φ_m und φ_h sind aus zahlreichen Feldmessungen bestimmt worden:

$$\varphi_m = 1 + 5\frac{z}{L}, \qquad \frac{z}{L} \geq 0,$$

$$\varphi_m = \left(1 - 15\frac{z}{L}\right)^{-\frac{1}{4}}, \qquad \frac{z}{L} < 0,$$

$$\varphi_h = 0{,}74\left(1 + 6\frac{z}{L}\right), \qquad \frac{z}{L} \geq 0,$$

$$\varphi_h = 0{,}74\left(1 - 9\frac{z}{L}\right)^{-\frac{1}{2}}, \qquad \frac{z}{L} < 0.$$

Die Anwendung der Profilfunktionen auf gemessene Wind- und Temperaturprofile ermöglicht die Bestimmung der turbulenten Flüsse von Impuls und Wärme (Profilmethode).
Die besondere Bedeutung dieser *bodennahen Luftschicht* läßt sich daraus erkennen, daß der größte Anteil von Fauna und Flora auf den Landmassen auf diesen Bereich beschränkt ist. Die ↗Agrarmeteorologie und die ↗Biometeorologie beschäftigen sich insbesondere mit den Wechselwirkungen zwischen tierischem und pflanzlichem Leben und den lokalklimatischen Besonderheiten einer Landschaft in diesem Höhenbereich.
präpleistozäne Vereisungsspuren, glaziale Formen und Ablagerungen, die ↗Vergletscherungen aus erdgeschichtlich älteren (präquartären) Eiszeiten belegen (z. B. ↗Tillite aus dem südafrikanischen ↗Präkambrium).
PRARE, *Precice Range- and Rangerate Equipment*, Satellitenbahnvermessungssystem, in Deutschland von der DARA (Deutsche Agentur für Raumfahrtangelegenheiten) entwickelt, das aufbauend auf dem Dopplereffekt zur genauen Bestimmung von Entfernung und Relativgeschwindigkeit eines Satelliten eingesetzt wird. Eingesetzt wurde PRARE auf dem europäischen Satelliten ERS2 und dem russischen Satelliten METEOR 3.
Prärie, [von lat. pratum = Wiese], *Prairie*, natürliche Graslünder (↗Steppen) des nordamerikanischen Kontinentes zwischen den ↗Laubwäldern des östlichen Tieflandes, den Rocky Mountains im Westen und der Zone des ↗borealen Nadelwaldes im Norden. Charakteristische Gräser der Prärie sind vor allem die Andropogon-Arten. Die ökologische Differenzierung ist zum einen geprägt durch die nach Süden zunehmende Temperatur und zum anderen durch einen Höhengradienten in westlicher Richtung, der mit zunehmender Aridität von Ost nach West verbunden ist. Daraus ergibt sich eine Ost-West Abfolge aus Hoch- oder Langgras-Prärien mit mannshohen Gräsern, Übergangs-Prärien mit Lang- und Kurzgras-Prärien sowie Halbsträuchern und Kurzgras-Prärien, welche überlagert wird von einem floristischen Nord-Süd-Gefälle (Abb.).
Präsentationsgraphik, eine aus ↗Geobasisdaten automatisiert berechnete Graphik mit Kartenduktus. Die Präsentationsgraphik ist im Gegensatz zu herkömmlichen ↗topographischen Karten einfach gehalten. Sie enthält die wichtigsten ↗topographischen Objekte, das Wege- und Gewässernetz sowie Schriftzusätze. Sie ist gekennzeichnet durch Flächenfarben, die die Flächennutzung zum Ausdruck bringen, und einfache Flächensignaturen für ihre weitere Differenzierung. Ursprüngliche Aufgabe der Präsentationsgraphik war die kartographische Darstellung des Inhalts amtlicher ↗Geoinformationssysteme, z. B. ↗ATKIS.
Präsentationsprogramm, Software zur Generierung und Darstellung einer ↗multimedialen Präsentation. Ein Präsentationsprogramm besteht zum einen aus verschiedenen Werkzeugen zur Einbindung von Texten, Graphiken (Diagramme, Karten, Photos usw.) und Filmsequenzen (↗desktop publishing) und zum anderen aus Funktionen für graphischen und zeitlichen Anordnung dieser Elemente zueinander bzw. in einen definierten Gesamtablauf. Daneben bietet ein Präsentationsprogramm Werkzeuge und Elemente zur Ablaufsteuerung, die in Form von Menüs oder anderen Navigationselementen in die Präsentation eingebettet werden können. Damit ist es möglich, interaktive Verfahren zu implementieren, wie sie z. B. in kartographischen Informationssystemen oder hypermedialen Kartensystemen eingesetzt werden. Moderne Präsentationsprogramme erlauben die Erzeugung von Java-Applets, die in WWW-Systemen, z. B. als ↗Internetkarte, Verwendung finden. [WWb]
Praseodym, [von griech. prasios = lauchgrün und didymos = Zwilling], *Pr*, metallisches Element der Lanthanoiden-Gruppe; Selten-Erdme-

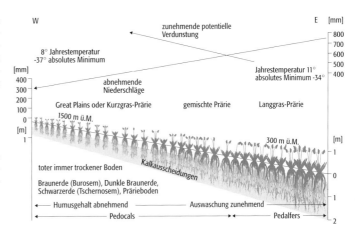

Prärie: ökologische Differenzierung (ü. M. = über Meeresspiegel).

tall, kommt als Begleiters des Cers in den Cerit-Erden Allanit, Bastnäsit und ⁊Monazit vor. Entdeckt 1885 durch Auer von Welsbach wird es zum Färben von Gläsern und zur Herstellung von keramischen Farbkörpern (Zirkon-Praseodym-Gelb) verwendet.

Prasinit ⁊*Grünstein*.

prätektonisch ⁊*posttektonisch*.

Pratt, *John Henry*, englischer Archidiakon in Kalkutta, * 1809, † 1871. Er beschäftigte sich mit dem Problem der ⁊Isostasie. Zur Interpretation von unerklärten Lotablenkungen südlich des Himalaja ging er davon aus, daß die höheren Berge eine geringere Dichte aufweisen als die flacheren. Pratt nahm 1855 an, daß die Gebirge aufsteigen wie ein Hefeteig, je höher, desto weniger dicht. Nach seiner Vorstellung der Isostasie liegen die unterschiedlich hohen Berge auf einer gemeinsamen, ebenen Unterlage, der Ausgleichsfläche auf. ⁊Airy.

Präzession, ist wie die ⁊Nutation eine langfristige und periodische Richtungsänderung der Erdrotationsachse in bezug auf ein raumfestes ⁊Bezugssystem, das z. B. durch die Positionen extragalaktischer ⁊Radioquellen gegeben ist. Aufgrund der Präzession bewegt sich die Erdachse relativ zum raumfesten System auf einem Kegel mit einem Öffnungswinkel von 23,5°, dem Winkel zwischen Erdäquator und Erdbahn (⁊Ekliptik). Die Umlaufperiode beträgt ungefähr 25.800 Jahre. Verursacht wird diese langsame Bewegung durch Gezeitenkräfte des Mondes und der Sonne. Da die Erde keine Kugel ist, sondern als ein abgeplattetes Rotationsellipsoid beschrieben werden kann und ihre Rotationsachse um 23,5° gegenüber der Ekliptiknormalen geneigt ist, versuchen die auf die Erde wirkenden Anziehungskräfte die Erdachse aufzurichten. Die Erdachse aber weicht aus und umläuft den eben genannten Kegelmantel, dessen Bahn sich sehr genau berechnen läßt. Wegen des Umlaufs der Knotenlinie um die Erdbahn entgegengesetzt zur Bewegung der Erde ist das tropische Jahr, das unsere Jahreszeiten bestimmt, etwa 20 Minuten kürzer als das siderische Jahr, das auf dem Umlauf der Erde in bezug auf die Fixsterne beruht. Neben der Präzession gibt es noch periodische Richtungsänderungen der Erdrotationsachse im Raum, die Nutation. Die Erdrotationsachse bewegt sich dabei relativ zum raumfesten System aufgrund der Einflüsse von Sonne und Mond mit Perioden zwischen wenigen Tagen und 18,6 Jahren. Die lunisolare Nutation läßt sich sehr genau modellieren und durch harmonische Reihenentwicklungen in Abhängigkeit von der Zeit darstellen, wobei die Argumente der einzelnen harmonischen Terme aus Kombinationen fünf astronomischer Grundargumente berechnet werden. Das seit 1980 von der ⁊Internationalen Astronomischen Union empfohlene Nutationsmodell von Wahr (1981) enthält 106 Terme, jeweils für die Nutation in Schiefe $\Delta\varepsilon(t)$ und die Nutation in Länge $\Delta\psi(t)$. Neue theoretische Nutationsmodelle berücksichtigen dagegen bis zu mehrere Tausend Terme und sind wesentlich genauer als das Wahrsche Modell. In diese neuen Modelle wurden neben den »in-phase«-Termen auch sog. »out-of-phase«-Terme aufgenommen, d. h. die jeweiligen Sinus-Glieder der harmonischen Reihenentwicklungen wurden um Cosinus-Glieder ergänzt und umgekehrt. Inzwischen ist die Genauigkeit der Modelle soweit vorangetrieben, daß sogar die Einflüsse einiger Planeten berücksichtigt werden (planetare Nutation). So können Differenzen zwischen den mit ⁊Radiointerferometrie gemessenen Nutationskomponenten und dem Nutationsmodell von Wahr aufgezeigt werden. Aus diesen Messungen lassen sich Korrekturen an den astronomischen Nutationstermen ermitteln. Eine Wavelet-Analyse zeigt außerdem deutlich eine weitere Nutationskomponente mit einer Periode von 420 bis 440 Tagen und einer von 1989 bis 1997 abnehmenden Amplitude. Dies ist eine freie Nutation, die durch Richtungsunterschiede der Rotationsachsen des inneren ⁊Erdkerns und des ⁊Erdmantels bedingt ist (⁊Free Core Nutation, FCN). [HS]

Präzessionsmethode, Verfahren zur Untersuchung von Einkristallen mittels Beugung von Röntgenstrahlen nach M. J. ⁊Buerger. Die Besonderheit des Präzessionsverfahrens besteht darin, daß durch eine geeignete Kopplung von Kristall- und Filmbewegung eine Ebene des reziproken Gitters unverzerrt vergrößert auf einem ebenen Film abgebildet wird. Die abzubildende Ebene des reziproken Gitters und die Kreisblende bewegen sich immer synchron und parallel zum Film. Der Vergrößerungsfaktor ergibt sich aus dem Strahlensatz: $D/M = h/(1/\lambda)$ (Abb.). Durch die unverzerrte Abbildung wird die Bestimmung der Gitterparameter und vor allem die Beobachtung von ⁊Auslöschungen stark vereinfacht.

In der Grundstellung steht die abzubildende Ebene des reziproken Gitters senkrecht zum Primärstrahl und wird dann um einen Winkel μ aus dieser Lage verkippt. Durch eine Drehbewegung um eine Achse, die mit dem Primärstrahl zusammenfällt, führt die Ebenennormale eine präsesierende Bewegung um den Primärstrahl aus. Daher rührt die Bezeichnung Präzessionsmethode. [KH]

präzise Ephemeriden, nachträglich aufgrund von Satellitenbeobachtungen auf global verteilten Stationen berechnete genaue Bahndaten für operationelle Satellitensysteme. Für das ⁊Transit-Doppler-System wurden präzise Ephemeriden aus Beobachtungen auf 20 Stationen (TRANET) mit einer Genauigkeit von 1–2 m berechnet. Die

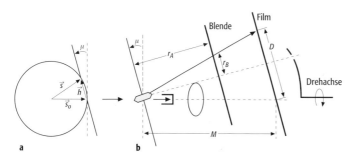

Präzessionsmethode: a) Prinzipskizze einer Präzessionskamera; die Kreisblende wird so justiert, daß eine bestimmte Ebene des reziproken Gitters, z. B. (*hk*0) oder (*hk*1), abgebildet wird; b) Ewald-Konstruktion für die gezeigte momentane Stellung.

Koordinatengenauigkeit der abgeleiteten Einzelstationen beträgt etwa 0,5 m bis 1 m. Weltweit wurde zwischen 1970 und 1990 eine sehr große Zahl von geodätischen Kontrollpunkten auf diese Weise bestimmt. Für ↗GPS-Satelliten werden präzise Ephemeriden seit 1994 u. a. durch den Internationalen GPS-Dienst (International GPS Service for Geodynamics) auf der Grundlage von kontinuierlichen Beobachtungen auf etwa 200 Stationen berechnet und verbreitet. Die endgültigen Bahnen haben eine Genauigkeit von etwa 10 cm. In Zukunft werden auch präzise Ephemeriden für ↗GLONASS Satelliten über den IGS verfügbar sein. [GSe]

Präzisionsnivellement, *Feinnivellement*, ↗*Liniennivellement*.

Präzisionsnivellier, *Feinnivellier*, ↗*Nivellierinstrument*.

Präzisionsparameter, k, Parameter in der ↗Fisher-Statistik zur Charakterisierung der Streuung von Richtungen der ↗remanenten Magnetisierung.

Precise Positioning Service, *PPS*, für die autorisierte, vorwiegend militärische Nutzergemeinschaft des ↗Global Positioning System garantierter Nutzungsumfang. Im Rahmen des PPS können die Sicherungsmaßnahmen ↗Selective Availability (SA) und ↗Anti-Spoofing (AS) empfängerseitig kompensiert werden. Die garantierte Genauigkeit beträgt 15 m.

Predator-Prey-System, ↗*Räuber-Beute-System*.

Predicted Mean Vote, *PMV*, Bewertungsgröße für den ↗thermischen Wirkungskomplex. Ursprünglich wurde der PMV-Wert zur Beurteilung von Innenraumklimaten entwickelt und überdeckte einen Wertebereich von −2 bis +2. Mit Hilfe dieser Bewertungsgröße kann angegeben werden, ob sich im Mittel ein Personenkollektiv unter den jeweiligen thermischen Bedingungen subjektiv unbehaglich fühlt. In die Bestimmung des PMV-Wertes gehen meteorologische Größen (Lufttemperatur, Strahlungstemperatur, Feuchte und Windgeschwindigkeit) und andere Größen (Aktivität, Wärmeisolation der Bekleidung) ein. Die ursprüngliche Skala wurde erweitert und umfaßt heute eine Spanne von −3,5 (extreme Kältebelastung) bis +3,5 (extremer Hitzestreß).

Prehnit, *Chiltonit*, *Jacksonit*, *Triphanspat*, nach dem Finder Oberst Prehn benanntes Mineral mit der chemischen Formel $Ca_2Al[(OH)_2|AlSi_3O_{10}]$ und rhombisch-pyramidaler Kristallform; Farbe: leuchtend, gelblich- bis grasgrün, seltener weiß, gelblich oder rötlich; Glas- bis Perlmutterglanz; durchsichtig bis durchscheinend; Strich: weiß; Härte nach Mohs: 6–6,5; Dichte: 2,80–2,95 g/cm³; Spaltbarkeit: deutlich nach (*001*); Bruch uneben; Aggregate: mosaikhaftes Durcheinanderwachsen (Parkettierung), strahlig-blätterig, subparallel orientiert, kugelige Bildungen; Kristalle meist hahnenkammartig aufgebläht (Abb.); vor dem Lötrohr aufblähend und schnell zu blasigem Glas schmelzend; in Salzsäure langsame Zersetzung; Vorkommen: auf Klüften, Gangtrümmern, Drusen und Blasenräumen namentlich basischer Magmatite und kristalliner Schiefer, seltener im Granit; Begleiter: Zeolithe, Axinit, Epidot, Calcit; Fundorte: Weinheim (Baden), Plauenscher Grund bei Dresden und Niederbobritzsch bei Freiberg (Sachsen), Arendal und Kragerö (Norwegen), Falun (Schweden), Landarenca-Val Calanca (Graubünden, Schweiz), West Paterson und Bergen Hill (New Jersey, USA) sowie Amherst Co. (Virginia, USA) und Doros (Südwest-Afrika). [GST]

Prehnit-Pumpellyit-Fazies, ↗metamorphe Fazies zwischen der Zeolith- und der Grünschieferfazies. Die Druck-Temperatur-Bedingungen liegen bei etwa 0,1–0,3 GPa und ca. 200–350°C.

PREM, *Preliminary Reference Earth Model*, ein von Dziewonski und Anderson 1981 eingeführtes radial-symmetrisches Erdmodell, das seismische Geschwindigkeiten, Dichte, Q-Faktor für *S*-Wellen, Kompressionsmodul, Schermodul, Druck und Schwerebeschleunigung als Funktion des Erdradius bzw. Tiefe angibt. Die Entwicklung von PREM stützte sich auf drei Datengruppen: a) astronomisch-geodätische Daten wie Erdradius, Masse und Trägheitsmoment der Erde, b) etwa 2 Millionen Laufzeitdaten für *P*-Wellen und 250.000 für *S*-Wellen und c) Eigenfrequenzen der ↗Eigenschwingungen der Erde sowie ihr Dämpfungsverhalten und Dispersionskurven von ↗Oberflächenwellen. PREM ist ein mittleres Erdmodell, das als Referenzmodell in der ↗seismischen Tomographie dienen kann. Regionale Abweichungen bis zu 10 % von den Werten in PREM treten insbesondere in der Erdkruste und im oberen Mantel bis etwa 220 km Tiefe auf. Aus den Daten von Oberflächenwellen ergab sich die Notwendigkeit, ↗seismische Anisotropie im oberen Mantel bis 220 km Tiefe einzuführen, wobei die horizontalen Komponenten der *P*- und *S*-Wellengeschwindigkeiten etwa 2–3 % höher als die vertikalen Komponenten sind. [GüBo]

Preßdichte ↗*Dichte*.

Preßeis, zusammenfassende Bezeichnung für zusammengepreßtes und örtlich aufgeschobenes ↗*Meereis*.

Preßeisrücken, wall- oder rückenförmig aufgepreßtes ↗*Meereis* mit übereinanderlagernden Eisschollen. Besonders hohe Preßeisrücken werden auch als Eisbarrieren bezeichnet (↗*Eisversetzung*).

Pressiometer, ein zylindrisches Gerät zur Durchführung von ↗Bohrlochaufweitungsversuchen, bei dem zum Aufbringen eines gleichmäßigen Druckes auf die Wandung einer Bohrung ein aufdehnbarer Gummipacker verwendet wird. Die Aufweitung der Meßzelle in Abhängigkeit vom Druck wird über das eingepreßte Flüssigkeitsvolumen berechnet. Aus den Versuchsergebnissen kann der ↗Elastizitätsmodul des Gebirges berechnet werden.

Preßschnee, an Hängen, meist durch Wind angewehter und verfestigter Schnee, der hohl liegen kann wie ein Brett = ↗*Schneebrett*.

pressure compensation level ↗*PCL*.

Prezipitat ↗*Ausscheidung*.

Priabon, *Priabonium*, international verwendete stratigraphische Bezeichnung für die jüngste Stu-

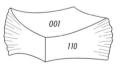

Prehnit: Prehnitkristall.

fe des ↗ Eozäns, benannt nach dem Ort Priabona in Oberitalien. ↗ Paläogen, ↗ geologische Zeitskala.

Pridoli, *Pridolium*, international verwendete stratigraphische Bezeichnung für die oberste Stufe des ↗ Silurs, benannt nach dem Ort Pridoli bei Prag. In dem Silurprofil in Nordwales, wo die übrigen Abteilungen des Silur definiert wurden, gibt es im oberen Abschnitt keine ↗ Graptolithen, daher wurden die Pridolischichten im ↗ Barrandium der Prager Mulde vorgezogen, um die Silur/Devon-Grenze zu definieren. ↗ geologische Zeitskala.

Priel, kleine, zur Landseite hin stark verästelte Rinne im ↗ Watt, die sowohl von der auflaufenden Flut als auch dem abfließenden Ebbstrom durchströmt und damit weitgehend von Sediment freigehalten wird (Abb. im Farbtafelteil). Priele führen bei ↗ Niedrigwasser weniger als 1 m Wasser, sind höchstens 30 m breit und somit im Gegensatz zur meerwärts folgenden ↗ Balje bei Ebbe nicht mehr schiffbar.

Primärabbau, ↗ Abbau organischer Stoffe, durch den bereits charakteristische Stoffeigenschaften verändert werden, z. B. Verlust der Grenzflächenaktivität beim Abbau von ↗ Detergentien.

Primärbodenbearbeitung, dient der groben Bearbeitung des Bodens auf der gesamten Krumentiefe, und wird in der Regel zur Hauptfrucht durchgeführt. Ziel ist es, den Boden zu wenden, zu lockern, zu mischen, die Bodenstruktur zu erhalten oder zu verbessern, organische Substanz (Stallmist, ↗ Bestandsabfall, Kleegras/Luzerne) einzuarbeiten, Unkraut in tiefere Bodenschichten zu verlagern und Dünger gleichmäßig in der Krume zu verteilen. Als Geräte werden Pflug und Grubber sowie zapfwellengetriebene Fräse, Rotoreggen und Spatenmaschine eingesetzt.

Primärdüne ↗ *Vordüne*.

primäre Migration, durch den Druck der überliegenden Gesteinsschichten ausgelöste Wanderung des gebildeten ↗ Erdöls aus dem wenig porösen und wenig permeablen ↗ Erdölmuttergestein.

Primärzersetzer: Nahrungsnetz beim Abbau des organischen Materials durch Bodenorganismen an einem Wiesenstandort.

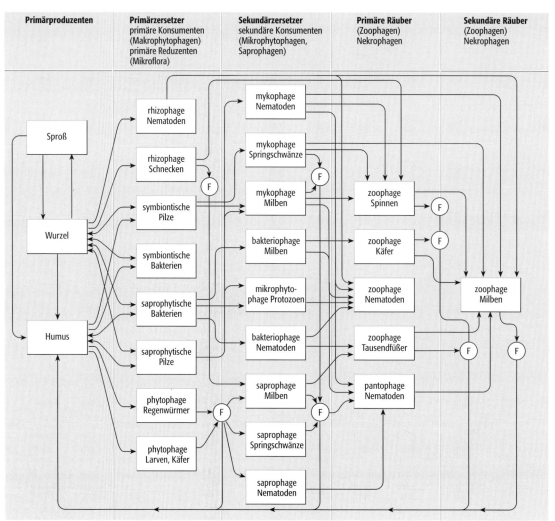

F = Fäzes (Detritus, Kot). Pfeile symbolisieren die Richtung des Kohlenstoff- und Nährstoffflusses

Die primäre Migration kann sich über eine Entfernung bis zu mehreren Metern erstrecken.

primärer Spannungszustand, natürliche dreidimensionale Spannungsverteilung im Gebirge vor Beginn eines Eingriffes in den Untergrund. Die einzelnen Spannungskomponenten sind die Vertikalspannung s_V sowie die größere und kleinere Horizontalspannung s_H und s_h. Die Größe der einzelnen Spannungskomponenten ist abhängig von der Tiefenlage des betrachteten Bereichs und der Dichte des überlagernden Gesteins sowie von den lokalen geologischen und tektonischen Eigenschaften des Gebirges (Anisotropien, regionale und großtektonische Spannungsfelder).

Primärerz, Erz mit Mineralen aus der ersten Bildungsphase in einer Lagerstätte.

Primärextinktion ↗Extinktionsfaktor.

Primärfeld, das in einem Empfänger gemessene direkte elektromagnetische Feld eines Senders (↗elektromagnetische Verfahren, ↗Sekundärfeld).

Primärhöhle ↗Höhle.

Primärkonsumenten, Begriff aus der ↗Ökologie für die in der ↗Nahrungskette an erster Stelle stehenden ↗Konsumenten, die sich von lebenden oder auch frisch abgestorbenen autotrophen Organismen (↗Autotrophie, ↗Produzenten) ernähren. Man spricht auch von ↗Herbivoren oder Phytophagen (»Pflanzenfresser«).

Primärmagma, ein Magma, das direkt durch (partielle) Aufschmelzung entstanden ist und seitdem keine Änderung in seiner chemischen Zusammensetzung infolge von ↗Differentiation und Assimilation von Nebengestein erfahren hat. Stellt dieses Magma den Anfang einer Differentiationsreihe dar, dann ist es auch ein ↗Stamm-Magma. ↗Magmatismus.

Primärporen, genetisch bedingte Hohlräume im Erdstoff (↗Porenform).

Primärproduktion, *Urproduktion*, in der ↗Ökologie allgemein die Energiefixierung durch ↗Photosynthese, an speziellen ↗Standorten auch durch ↗Chemosynthese, während einer bestimmten Zeitdauer (z. B. ein Jahr). Von besonderer Bedeutung ist die Rate der dabei stattfindenden ↗Produktion an ↗Biomasse aus anorganischen Verbindungen durch die ↗grünen Pflanzen. Untergliedert werden kann die Primärproduktion in die Bruttoprimärproduktion, die der gesamten ↗Assimilation entspricht, und in die ↗Nettoprimärproduktion als Gesamtassimilation minus dem veratmeten Anteil (↗Respiration). Der Primärproduktion steht die ↗Sekundärproduktion gegenüber.

Primärproduzenten, *Produzenten*, Begriff aus der ↗Ökologie für alle Arten von Lebewesen, die aus anorganischen Stoffen mit Hilfe von Sonnenlicht (↗Photosynthese, ↗Pflanzen) oder durch ↗Chemosynthese (bakterielle Primärproduktion) organische Verbindungen aufbauen (↗Biomasse, ↗Nettoprimärproduktion). Primärproduzenten liefern die Lebensgrundlage von ↗Konsumenten und ↗Destruenten und bilden somit die Basis der Nahrungspyramide (↗Nahrungskette). Produzenten sind verschiedene Bakterientypen, photoautotrophe Cyanobakterien und Flagellaten sowie Grünalgen, ab der ↗Kreide auch Diatomeen und seit dem Tertiär Chrysophyceen. Erdgeschichtlich bedeutsam sind zudem die Acritarchen im Altpaläozoikum und im beginnenden Mesozoikum.

Primärschlamm, Schlamm des Rohabwassers, der durch mechanische Maßnahmen im ersten Reinigungsteil von Kläranlagen abgetrennt wird.

Primärschneedecke ↗Neuschneedecke.

Primärsetzung ↗Setzung.

Primary Data User Station ↗PDUS.

Primärzersetzer, *Erstzersetzer* beim Abbau der Bodenstreu, d. h. des von abgestorbenen Sproßteilen und Wurzel gebildeten organische Materials. Dazu gehören ↗Destruenten, z. B. ↗Pilze, welche das organische Material durch extrazelluläre Enzyme umsetzen, und ↗Bodentiere wie ↗Regenwürmer und ↗Enchyträen, welche das organische Material zerkleinern und verfrachten. Nach den Primärzersetzern werden die *Sekundärzersetzer* aktiv, die die zerkleinerten Pflanzen- und Tierreste sowie die Exkremente der Bodentiere umsetzen (Abb.).

Primatenentwicklung und Menschwerdung

Daniela C. Kalthoff, Bonn

Die Primaten (Herrentiere) sind eine stammesgeschichtlich besonders wichtige Gruppe, da auch die Menschen als höchstentwickeltes ↗Säugetier dieser Ordnung angehören. Die Wurzeln der Herrentiere reichen zurück bis ins oberste ↗Paläozän, von wo auf dem Niveau der Halbaffen mit den Omomyiden, den Adapiden und den Tarsiiden die ältesten, unzweifelhaften Primaten nachgewiesen sind (Abb. 1). Es besteht Uneinigkeit darüber, ob die mit der Gattung *Purgatoris* bereits in der Oberkreide belegten Plesiadapiformes echte Primaten darstellen oder mit ihnen »nur« nahe verwandt sind.

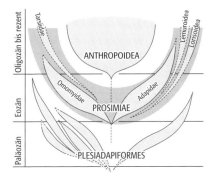

Primatenentwicklung und Menschwerdung 1: schematisierte stratigraphische Verbreitung der wichtigsten Primatengruppen sowie der primatenähnlichen Plesiadapiformes.

Primatenentwicklung und Menschwerdung

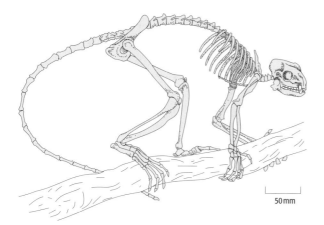

Primatenentwicklung und Menschwerdung 2: Der mitteleozäne Adapide *Smilodectes* zeigt im Skelettbau Anpassungen an eine arboricole Lebensweise. Er wird zur Stammgruppe der Lemuren gezählt.

Primatenentwicklung und Menschwerdung 3: hypothetischer Stammbaum der Menschenevolution nach dem bisherigen Forschungsstand.

Das Entstehungszentrum der Herrentiere ist in Afrika und/oder Asien zu suchen. Mit *Altiatlasius* aus dem Paläozän von Marokko liegt der bisher älteste Vertreter der Omomyiden vor, während die Adapiden wenig später im Untereozän auftreten. Adapiden (z. B. *Smilodectes*, Abb. 2) und Omomyiden sowie die aus ihnen abgeleiteten Gruppen werden als Prosimiae (Halbaffen) bezeichnet. Sie sind vor allem im ↗Eozän, aber auch im ↗Oligozän in Nordamerika und Europa recht häufig, jedoch auch aus Asien bekannt. Sie stellen im Eozän nicht selten bis zu 40 % der Faunenelemente einer Fundstelle. Von den Adapiden lassen sich aufgrund von Zahn- und Skelettmerkmalen die madegassischen Lemuren sowie die afrikanischen und südostasiatischen Loris ableiten. Die für Halbaffen so typische Putzkralle (Abb. 4) ist bereits im Mitteleozän von ↗Messel nachgewiesen. Die letzten Adapiden sind aus dem asiatischen ↗Miozän bekannt. Die Omomyiden werden vielfach als Stammgruppe der Tarsier und als nahe Verwandte der Anthropoidea gehandelt.

Den Prosimiern werden die Anthropoidea (früher Simiae) gegenüber gestellt. Halbaffen und Affen lassen sich anhand von charakteristischen anatomischen Merkmalen einfach trennen (Abb. 4). Der stratigraphisch älteste Affe ist der erst kürzlich beschriebene, winzige *Eosimias* aus dem Mitteleozän von China. Bereits im ausgehenden Eozän und im Oligozän von Ägypten (Oase Fayum) deutet sich die Aufspaltung der Anthropoidea in die beiden Hauptlinien an: Die Oligo- und die Propliopithecinen führen zu den Catarrhini (Altweltaffen, Schmalnasen), die Parapithecinen zu den Platyrrhini (Neuweltaffen, Brezelnasen). Die Vorfahren der wahrscheinlich monophyletischen Neuweltaffen haben im Oligozän von Afrika aus über den sich öffnenden Atlantik durch Verdriften oder »Inselspringen« Südamerika erreicht und dort eine eigenständige ↗Evolution durchgemacht. Die Platarrhini sind u. a. gekennzeichnet durch eine seitliche Nasenöffnung (Name!), jeweils drei Prämolaren im Ober- und Unterkiefer, das Fehlen eines knöchernen Gehörganges und das Vorhandensein eines langes Schwanzes, der meist als Greiforgan ausgebildet ist. Zu den Neuweltaffen gehören heute die Callitrichidae (Krallenaffen) und die Cebidae (Kapuzinerartige) mit diversen Unterfamilien, die seit dem Miozän voneinander abgrenzbar sind. Bemerkenswert ist, daß Halbaffen niemals nach Südamerika gelangten und bisher keine Anthropoidea aus Nordamerika belegt sind.

Die Altweltaffen lassen sich aus den eozän/oligozänen Formen der Fayum-Oase wie den Propliopithecinen ableiten. Diese waren kurzschnäuzige Affen mit einem relativ großen Gehirnschädel, ausgeprägtem Sexualdimorphismus und dem Vermögen zum stereoskopischen Sehen. Typische Merkmale der Altweltaffen sind eine nach unten gerichtete und daher schmale Nasenöffnung, durch fortschreitende Reduktion nur je zwei Prämolaren im Ober- und Unterkiefer und ein verknöcherter Gehörgang. Die Catarrhinen gliedern sich rezent in die Cercopithecidae (Meerkatzenverwandte), die Hylobatidae (Kleine Menschenaffen oder Gibbons) und die Hominidae (Große Menschenaffen) und sind schwerpunktmäßig in Afrika südlich der Sahara, in Südostasien und Japan verbreitet. Die Cercopitheciden erscheinen im afrikanischen Untermiozän, von wo sie sich schnell über die Alte Welt ausbreiten. Zu dieser Zeit sind mit *Proconsul* auch die frühesten Menschenaffen, ebenfalls aus Ostafrika, bekannt. Im Verlaufe des Miozäns spalten sich die Hominiden zum einen in die vorwiegend hangelnden, rezent in Asien vorkommenden Orang-Utans, zum anderen in die quadrupeden

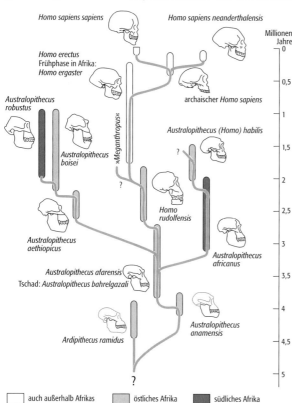

oder bipeden Formen, zu denen die afrikanischen Gorillas, Schimpansen und der Mensch gehören. Nach dem plattentektonisch bedingten Anschluß von Afrika an Europa konnten Hominiden im Miozän auch nach Norden wandern, wo sie mit *Dryopithecus* und *Pliopithecus* vertreten sind.

Die Menschwerdung jedoch spielt sich weiterhin in Afrika ab (Abb. 3). Schädel-, Kiefer- und Skelettelemente von *Ardipithecus ramidus* belegen einen bipeden Hominiden bereits vor ca. 4,4 Mio. Jahren. Die Australopithecinen, die mit dem Skelett von »Lucy« einen besonderen Bekanntheitsgrad erlangt haben, beinhalten sowohl grazile als auch robuste Formen, die eine Größe von etwa 1,20 m und ein durchschnittliches Hirnvolumen von 400 cm^3 erreichen. Die Becken- und Oberschenkelkonstruktion (Abb. 5) sowie auch die berühmten Fußspuren mehrerer Individuen in den vulkanischen Aschen von Laetoli (Tansania) belegen den voll entwickelten aufrechten Gang für die Australopithecinen. Diese Vormenschen waren von ca. 4–1,1 Mio. Jahre im östlichen und südlichen Afrika verbreitet.

In Ostafrika haben sich neben robusten Australopithecinen die Urmenschen entwickelt: In der kenianischen Olduvai-Schlucht werden Anfang der 1960er Jahre Schädelfragmente gefunden, die als die ältesten Nachweise der Gattung *Homo* gelten. Dieser als *Homo habilis* bezeichnete Urmensch hatte gegenüber den Australopithecinen mit 630–700 cm^3 ein deutlich größeres Hirnvolumen. Vor allem war er aber zu der systematischen Herstellung und dem Gebrauch von Werkzeugen befähigt. Gemeinsam mit einer zweiten Art, *H. rudolfensis*, lebten diese Urmenschen vor etwa 2,5–1,5 Mio. Jahren. Der ca. 1,60 m große *H. ergaster* zeigt als erste Menschenform eine über Afrika hinaus reichende Verbreitung: Seine Reste sind auch aus Georgien, China und Indonesien als *H. erectus* sowie aus Europa als *H. heidelbergensis* aus Schichten bekannt, die eine Zeitspanne von 2–0,4 Mio. Jahre umfassen. Sein Hirnvolumen steigt von ca. 800–900 cm^3 bei den stratigraphisch älteren bis zu 1200 cm^3 bei den stratigraphisch jüngeren Formen. Für diese Entwicklungsstufe wird der Gebrauch von Feuer und entwickelte Jagdtechniken angenommen.

In Europa, später auch in Asien, ist der Neandertaler (*H. neanderthalensis*) seit rund 200.000 v. h. verbreitet. Er wird angenommen, daß er sich aus dem »Heidelberger Menschen« entwickelt hat. Die Wurzeln des modernen Menschen führen mit Funden von archaischen *H. sapiens* jedoch wiederum nach Afrika. Vor etwa 100.000 Jahren wandert *H. sapiens* über den Nahen Osten in Richtung Europa und trifft dort auf den Neandertaler. In der Levante (Israel) ist ein klimatisch bedingter Besiedlungswechsel zu beobachten: In kühleren Phasen kommen Neandertaler als Migranten aus dem Norden, während in wärmeren Phasen der moderne Mensch aus Afrika einwandert. Es ist nicht sicher geklärt, ob es neben einer Koexistenz auch eine Vermischung der beiden Menschentypen gab. Neueste genetische Analysen machen eine Verbindung mit fertilen Nachkommen jedoch wenig wahrscheinlich. Vom klassischen Neandertaler ist belegt, daß er einen Totenkult hatte, ferner wird auch angenommen, daß er in gewissen Sozialstrukturen lebte und

Primatenentwicklung und Menschwerdung 4: Halbaffen (Prosimiae, a) und Affen (Anthropoidea, b) können anhand diverser Schädel- und Skelettmerkmale unterschieden werden.

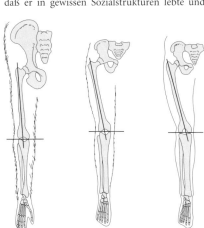

Primatenentwicklung und Menschwerdung 5: Im Gegensatz zum senkrecht gestellten Oberschenkel eines Affen (links) weist das Femur des Australopithecinen »Lucy« (Mitte) bereits die für den aufrechten Gang wichtige Schrägstellung auf, die sehr ähnlich der des modernen Menschen (rechts) ist.

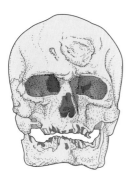

Primatenentwicklung und Menschwerdung 6: Der anatomisch moderne Mensch *H. sapiens* ist durch relativ gut erhaltene Schädelfunde seit gut 25.000 Jahren u. a. aus der Dordogne belegt.

sich mittels Sprache verständigen konnte. Nachdem der Neandertaler rund 40.000–30.000 v. h. ausstarb, wanderte *H. sapiens* endgültig nach Europa ein. Berühmt sind seine kunstvollen Elfenbeinschnitzereien, bekannt von der Schwäbischen Alb und aus Mähren, sowie die stratigraphisch etwas jüngeren Schädelfunde (Abb. 6) und Malereien aus verschiedenen Höhlen im Westen Frankreichs (z. B. Cro Magnon, Lascaux, Rouffignac). Kunstgegenstände und Zeichnungen sind von vielen Fundstellen in Mitteleuropa bekannt, so z. B. das auf eine Schieferplatte gravierte Mammut von der spätpleistozänen Fundstelle Gönnersdorf im Neuwieder Becken. Im gleichen Zeitraum wie die Einwanderung nach Europa erfolgte auch eine weltweite Ausbreitung des modernen Menschen über Rußland nach Asien, Indonesien und Australien. Nordamerika wurde vermutlich auch bereits vor 30.000 Jahren erreicht, eindeutige Belege einer Besiedlung datieren jedoch erst vor 12.000 Jahren (Clovis-Kultur). Die heutigen Menschenrassen haben sich demnach in einer geologisch außerordentlich kurzen Zeitspanne (ca. 40.000 bis heute) aus den afrikanischen *H. sapiens* differenziert.

Der Erfolg des Menschen begründet sich vor allem auf seine geistigen Fähigkeiten, die sich im Zuge der Menschwerdung zunehmend differenziert und gesteigert haben. Sie erlauben es ihm, sich durch eine kritische Beurteilung des eigenen Seins und Handelns weiter zu entwickeln und Erfahrungen an die folgenden Generationen weiter zu geben.

Literatur: [1] BENTON, M. J. (1997): Vertebrate Palaeontology. London u. a. [2] CARROLL, R. L. (1993): Paläontologie und Evolution der Wirbeltiere. – Stuttgart/New York. [3] SCHRENK, F. (1997): Die Frühzeit des Menschen. – München.

Prime effect, *priming effect*, erhöhte Mineralisierung von Stickstoff (N) aus dem N-Bodenvorrat nach Düngung mit Stickstoff.

primitiv, 1) Bezeichnung für einen Erdmantelperidotit (↗Peridotit) mit einer Zusammensetzung, die der eines ↗Pyrolits annähernd entspricht. Ein primitiver Peridotit enthält viele ↗refraktäre Elemente in chondritischen Verhältnissen, weil er den Erdmantel repräsentiert, der noch nie eine Teilschmelze verloren hat. 2) Bezeichnung für die Zusammensetzung eines ↗Primärmagmas.

primitive Gleichungen, Grundgleichungen eines numerischen Wettervorhersagemodells in ihrer ursprünglichen Form. In den Anfängen der Wettervorhersage auf der Basis mathematisch physikalischer Gleichungen traten bei Benutzung der primitiven Gleichungen große Probleme auf und man verwendete abgeleitete Formen wie die Divergenzgleichung und die ↗Vorticitygleichung. Die heutigen Vorhersagemodelle basieren fast ausschließlich auf den primitiven Gleichungen.

primitiver Typ, Bezeichnung für ↗Massivsulfid-Lagerstätten (vorwiegend Cu-Zn-Erze), die auch mit Au und Ag angereichert sind. Nebengesteine sind differenzierte Abfolgen ↗mafischer und rhyolithischer (↗Rhyolith) Vulkanite und ↗Pyroklastika sowie ↗Grauwacken, ↗Schiefer und ↗Tonsteine in ↗Grünsteingürteln. Die plattentektonische Stellung ist aufgrund des archaischen Alters (↗Archaikum) umstritten.

primitives Gitter, ein Gitter, dessen kristallographische Elementarzelle nur einen Gitterpunkt enthält. ↗Bravais-Gitter.

primordiale Elementhäufigkeit, im Verlauf der Erdgeschichte seit der Erdentstehung unveränderte Häufigkeit der Elemente.

primordiales Element, ein seit der Erdentstehung vorhandenes Element.

primordiales Isotopenverhältnis, Isotopenverhältnis eines Elementes, dessen Zusammensetzung im Verlauf der Erdgeschichte durch radioaktiven Zerfall oder radiogenen Zugewinn einer Veränderung unterliegt, zur Zeit der Erdentstehung.

primordiales Nuklid, ↗Nuklid, welches zum Zeitpunkt der Erdentstehung bereits vorhanden war, dessen Existenz also nicht auf radiogene Bildung im Verlauf der Erdgeschichte zurückgeht.

Prince Charles Mountains ↗Proterozoikum.

Principal Component Transformation, *PCT*, ↗*Hauptkomponententransformation*.

Pringle Falls Exkursion, kurzzeitige ↗Feldumkehr oder extrem ausgeprägte ↗Säkularvariation des Erdmagnetfeldes vor 218.000 ± 10.000 Jahren im normalen ↗Brunhes-Chron.

Prinzip der größten Lücke, von O. Brunner und D. Schwarzenbach angegebenes Kriterium zur Entscheidung, ob ein Atom aus der Nachbarschaft eines Zentralatoms in einer ↗Kristallstruktur zur Koordination gehören soll oder nicht. Hierzu werden die Abstände der Nachbaratome auf dem Zahlenstrahl abgetragen und der Grenzwert in die erste größere Lücke gelegt. Die Atome mit kürzerem Abstand als dem Grenzwert werden zur Koordination gerechnet.

Prisma, 1) *Kartographie*: lichtdurchlässiger und lichtbrechender Polyederkörper, z. B. aus Glas oder Kunststoff. Prismen werden in Vermessungsinstrumente eingebaut, als Winkelprismen oder als ↗Reflektoren verwendet. Je nach Prismenform unterscheidet man bei den Winkelprismen Drei-, Vier- und Fünfseitprismen (Pentagonprismen). Durch entsprechend geschliffene und/oder verspiegelte Prismenflächen erreicht man aufgrund der Brechungs- und Reflexionsgesetze, daß z. B. der einfallende zum austretenden Lichtstrahl um einen rechten Winkel abgelenkt wird. Prismen zur Erzeugung rechter Winkel werden u. a. bei der Orthogonalaufnahme und bei ↗Absteckungen nach rechten Winkeln benötigt. Werden zwei Pentagonprismen übereinander angeordnet, so spricht man von einem *Doppelpentagon* (Abb. 1). Hierbei wird der links in

Prisma 1: Strahlenverlauf beim Doppelpentagon.

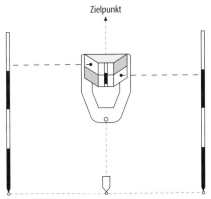

Pristan: Strukturformel des Pristan.

das eine Prisma und rechts in das andere Prisma einfallende Lichtstrahl rechtwinklig abgelenkt und beide Scheitelpunkte der rechten ↗Winkel liegen übereinander. Ist eine ↗Messungslinie (Abb. 2) mit zwei ↗Fluchtstäben signalisiert, so befindet man sich mit dem Doppelpentagon dann in der Messungslinie, wenn die Bilder der Fluchtstäbe in beiden Prismen genau übereinander stehen. Das Anzielen eines Punktes über eine Visiervorrichtung des Doppelpentagons ermöglicht die Aufnahme oder Absteckung von Punkten. Der beim Aufwinkeln festgelegte Lotfußpunkt muß mit Hilfe, z.B. eines Schnurlotes, in die Messungslinie am Boden abgelotet und markiert werden. Die Lageunsicherheit eines Lotfußpunktes beträgt 2 bis 3 cm bei Lotlängen von ca. 30 m. **2)** *Kristallographie*: eine Form von drei oder mehr sich paarweise schneidenden Flächen, die einer Achse parallel gehen. In der Kristallographie unterscheidet man orthorhombische Prismen (↗rhombisches Prisma), ↗trigonale Prismen, ditrigonale Prismen, ↗tetragonale Prismen, ditetragonale Prismen, ↗hexagonale Prismen und dihexagonale Prismen.

Prismengefüge, Form des ↗Aggregatgefüges (↗Makrofeingefüge); überwiegend vertikal orientierte, prismenartige Aggregate mit langer senkrechter Achse und kürzerer Querachse; meist fünf oder sechs Seitenflächen, auch mit Tonhäutchen; bei weiterer Zerlegung entsteht ein ↗Polyedergefüge.

Prismenreflektor ↗Retroreflektor.

Pristan, *Pr*, 2, 6, 10, 14-Tetramethylpentadekan, $C_{19}H_{40}$, verzweigtes, acyclisches ↗Diterpan (Abb.); neben ↗Phytan das ↗Isoprenoid mit der höchsten Konzentration im ↗Erdöl und häufig eingesetzter ↗Biomarker; Abbauprodukt des über ↗Decarboxylierung des ↗Phytols unter ↗suboxischen Bedingungen ablaufenden Prozesses.

Pristan/Phytan-Verhältnis, *Pr/Phy-Verhältnis*, Maß für die Redox-Bedingungen im Sediment während der frühen ↗Diagenese, da unter sauerstoffarmen (↗anoxisch) Bedingungen hauptsächlich ↗Phytan, unter sauerstoffreicheren ↗suboxischen Bedingungen ↗Pristan gebildet wird. Für Werte des Pr/Phy-Verhältnisses < 1 werden anoxische Ablagerungsbedingungen angenommen, wohingegen Werte > 1 auf eher oxidative Umgebungen hindeuten. Jedoch kann das Pr/Phy-Verhältnis auch durch alternative Quellen wie den Zellmembranen der Archeabakterien und durch abiotische Bildungsprozesse beeinflußt werden (Abb.).

Privatkartographie ↗gewerbliche Kartographie.

PRM ↗piezoremanente Magnetisierung.

probabilistisches Modell, ↗hydrologisches Modell, das durch die Wahrscheinlichkeitsverteilungsfunktionen der betrachteten hydrologischen Kenngröße repräsentiert wird. ↗stochastisches Modell.

Probe, nach DIN 4021 ein aus einer bestimmten Tiefe zutage geförderter Teil des Baugrundes. Je nachdem, welche bodenmechanischen Eigenschaften oder Kenngrößen an den Proben ermittelt werden können, werden sie in fünf verschiedene Güteklassen eingeteilt (Tab.). Das System basiert auf den Kennzeichen und Eigenschaften Kornzusammensetzung, Wassergehalt, Wichte, ↗Steifemodul und ↗Scherfestigkeit. Die Proben der höchsten Güteklasse 1 sind in allem unverändert. Die der niedrigsten Güteklasse 5 sind völlig verändert. Neben den fünf genannten Kennzeichen und Eigenschaften lassen sich an den Proben verschiedener Güteklassen auch noch andere Größen feststellen. In den ersten vier Klassen sind dies z.B. die Schichtgrenzen, Konsistenzgrenzen und organische Bestandteile. Wenn die Bodenproben keine ausreichende Qualität aufweisen (Güteklasse 1 oder 2) müssen *Sonderproben* (ungestörte Proben) entnommen werden (Abb.). Diese werden mit Hilfe eines dünnwandigen Stahlzylinders mit einem Innendurchmesser von 114 mm entnommen. Die einfachen Geräte haben eine Luftauslaß, durch den die Luft beim Einschlagen entweichen kann. In weichen, bindigen Böden können Kolbenentnahmegeräte verwendet werden. Die Sonderproben müssen mit einer Kunststoff- oder Gummikappe luftdicht

Prisma 2: Doppelpentagon in einer Messungslinie.

Pristan/Phytan-Verhältnis: Einfluß der Redox-Bedingungen während der frühen sedimentären Diagenese auf die Bildung von Pristan (b) und Phytan (c) aus Phytol (a).

Probe: Entnahme von Sonderproben nach DIN 4021 Teil 1 (1971): a) Ausstechzylinder, b) Versuchsanordnung, c) Arbeitsvorgang. Die Zahlenangaben sind Angaben in mm.

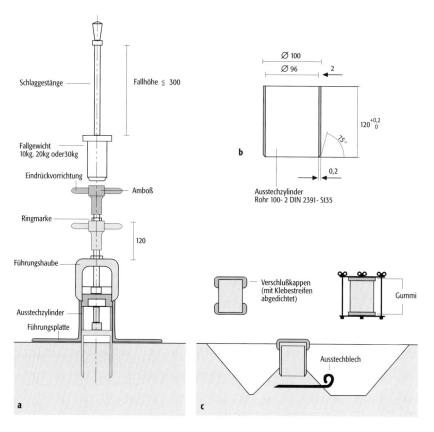

verschlossen und direkt ins Untersuchungslabor transportiert werden. [CSch]

Probebelastung, Belastung, die aufgebracht wird, um die Tragfähigkeit von ↗Pfählen zu bestimmen oder weitere Informationen über den Baugrund zu erhalten. Dabei erfolgt die Be- und Entlastung stufenweise. Gemessen wird Zeit, Belastung und Setzung, wobei darauf zu achten ist, daß die Bewegungsmessung empfindlich gegen Erschütterungen aller Art und diese also zu vermeiden sind. Die Probebelastungen der Pfähle dienen zur Ermittlung ihrer Tragfähigkeit und ihres Setzungsverhaltens. Diese Versuche werden bei Pfählen, bei deren Produktion spezielle Behandlungen zur Steigerung der Tragfähigkeit angewendet wurden oder wenn allgemein die Pfahldaten und der Untergrundaufbau nicht den gültigen Normen entsprechen oder keine vergleichbaren Erfahrungen vorliegen sowie bei größeren Bauwerken angewandt. Es ist darauf zu achten, daß die Versuchspfähle und der Baugrund den wirklichen Gegebenheiten entsprechen. Die Probebelastungen des Baugrundes erfolgen über ↗Plattendruckversuche. [AWR]

Probenahme, bezeichnet die Entnahme von Teilmengen aus definierten Gesamtmengen (nach Masse, Volumen oder Anzahl). Die Probenahme erfolgt nach bestimmten Richtlinien, die sich an den jeweiligen Untersuchungsparametern orientieren. Allen Methoden gemeinsam ist die Forderung nach Repräsentativität bezüglich des zu erfassenden Merkmals. Bodenproben können als Proben mit gestörter Lagerung oder mit ungestörter Lagerung entnommen werden. Proben mit gestörter Lagerung werden ohne Rücksicht auf die Erhaltung des Gefüges, in Profilen, Horizonten, Schürfen oder von einer Fläche mit Spaten, Schaufel, Spatel oder Bohrstock entnommen. Diese Methodik wird vor allem für chemische und mineralogische Analysen eingesetzt. ↗Ungestörte Proben werden mittels gleichmäßig, senkrecht oder waagerecht eingedrückter Stechzylinder so schonend aus dem Bodenverband entfernt, daß ihr Bodengefüge erhalten bleibt. Die Stechzylinder-Methode wird bei bodenphysikalischen Untersuchungen, z. B. Dichte, Porenvolumen und Wasserleitfähigkeit verwendet. Für Nährstoffuntersuchungen erfolgt die Probenahme aus der Ackerkrume (bis 40 cm Tiefe) oder bei Grünland (bis 10 cm) zu möglichst gleichen Terminen, entweder nach der Ernte vor Düngungsmaßnahmen oder zur Hauptvegetationszeit.

Für die Umweltmedien Boden und Wasser und ↗Grundluft sind entsprechend ihrer Inhomogenitäten, ihren zeitlichen Veränderungen und aufgrund der örtlichen Verhältnisse spezielle Probenahmestrategien erforderlich. Im Rahmen einer solchen Strategie sind die Anordnung und Zahl der Probenahmepunkte (Meßstellen), die Probennahmetechnik, die Probemenge sowie die Häufigkeit der Probenahme wichtige Teilaspek-

Güte-klasse	Bodenproben unverändert in[2]	feststellbar sind im wesentlichen
1[1]	$Z, w, \rho, k,$ E_S, τ_f	Feinschichtgrenzen Kornzusammensetzungen Konsistenzgrenzen Konsistenzzahl Grenzen der Lagerungsdichte Korndichte organische Bestandteile Wassergehalt Dichte des feuchten Bodens Porenanteil Wasserdurchlässigkeit Steifemodul Scherfestigkeit
2	Z, w, ρ, k	Feinschichtgrenzen Kornzusammensetzung Konsistenzgrenzen Konsistenzzahl Grenzen der Lagerungsdichte Korndichte organische Bestandteile Wassergehalt Dichte des feuchten Bodens Porenanteil Wasserdurchlässigkeit
3	Z, w	Schichtgrenzen Kornzusammensetzung Konsistenzgrenzen Konsistenzzahl Grenzen der Lagerungsdichte Korndichte organische Bestandteile Wassergehalt
4	Z	Schichtgrenzen Kornzusammensetzung Konsistenzgrenzen Konsistenzzahl Grenzen der Lagerungsdichte Korndichte organische Bestandteile
5	– (auch Z verändert, unvollständige Bodenprobe)	Schichtenfolge

[1] Güteklasse 1 zeichnet sich gegenüber Güteklasse 2 dadurch aus, daß auch das Korngefüge unverändert bleibt. [2] Hierin bedeuten: Z = Kornzusammensetzung, w = Wassergehalt, ρ = Dichte des feuchten Bodens, E_S = Steifemodul, T_f = Sicherheitsfestigkeit, k = Wasserdurchlässigkeitsbeiwert

Probe (Tab.): Güteklassen für Bodenproben nach DIN 4021.

gen u. a. Koordinaten, Höhe/Tiefe) sind wichtiger Bestandteil eines Probenahmeprotokolls (↗Probenverteilung).

Probenverteilung, *Probenahmenetz*, die Gesamtheit aller ↗Probenahmepunkte in einem Untersuchungsbereich. Sie kann systematisch erfolgen (äquidistantes Längsprofil, zweidimensionales Raster etc.) oder an den lokalen Gegebenheiten ausgerichtet werden. Die Probenverteilung ist so zu planen, daß der zu untersuchende Bereich durch die entnommenen Proben weitestgehend repräsentativ erfaßt wird. Das Probenahmenetz muß zudem ausreichend dicht sein, um Informationen mit der erforderlichen räumlichen Auflösung zu bringen.

Probenammung, Rammung eines ↗Pfahles oder Spundbohle in den Untergrund, um den Rammwiderstand festzustellen sowie Auskunft über die Rammbedingungen (z. B. Fallgewichte und -höhen) zu erhalten. Außerdem dient die Probenammung zur Feststellung der zulässigen Pfahlbelastung.

Probestollen, in ihrer Längsausdehnung begrenzte ↗Erkundungsstollen.

Probiota, Vorstufe des Lebens. Der erste grundlegende Schritt von den ↗Abiota, den noch rein anorganisch synthetisierten polymeren Kohlenstoffverbindungen, hin zur Bildung eigenständiger, biologischer Systeme war die Entwicklung der membranumgebenen Protozellen der Probiota. Wie in Experimenten simuliert, könnten sich im ↗Kryptophytikum bei trockener Hitze von 150–200 °C, z. B. in Vulkanregionen, Aminosäuren zu proteinähnlichen Ketten (Proteinoiden) verbunden haben. Werden diese in Wasser

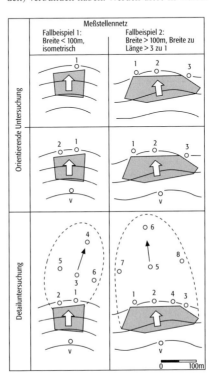

te. Die notwendige Meßstellendichte (Abb.) für die Beprobung des Grundwassers richtet sich nach den Kenntnissen über die Homogenität des Aquifers und der Grundwasserfließgeschwindigkeiten (↗hydrogeologische Erkundung). Die ↗Einzelproben können ggf. zu ↗Sammelproben zusammengefaßt werden können.

Probenahmepunkt, die Stelle in der Gesamtheit eines Untersuchungsbereiches, an der die Entnahme von festen, flüssigen oder gasförmigen Teilen oder Gemischen zum Zweck späterer Untersuchungen stattfindet. Die genauen Angaben zum Probenahmepunkt (bei Felduntersuchun-

Probenahme: Beispiele für die Anordnung von Meßstellen in den verschiedenen Untersuchungsphasen.

gelöst, entstehen während der Abkühlung 0,5–2 µm große Kügelchen, die aus einer perforierten Doppelmembran bestehen. Bei Überschreiten dieser Größe teilt sich die Doppelmembran-Mikrosphäre. Tröpfchenartige, von zellmembranähnlichen Membranstrukturen umgebene Gebilde (Koazervate) entstehen aber auch spontan in Systemen mit zwei oder drei verschiedenen makromolekularen Stoffen in wäßriger Lösung. Besonders die amphipolaren Lipid-Moleküle können im wäßrigen Milieu Lipid-Doppelmembranen um Koazervate bilden und deren Inhalt von der Lösungsphase abgrenzen. Die Membran umschließt jedoch den Inhalt nicht hermetisch, was jede weitere Entwicklung des Systems ausschließen würde, sondern die Lipid-Membran ist permeabel, so daß durch Stofftransport die Kommunikation des Koazervats mit der Umgebung möglich ist. Die Koazervate wachsen durch Lipideinbau in die Doppelmembran, knospen, schnüren Teile ab oder teilen sich. Koazervate agglutinieren zu größeren Aggregaten, den Komplex-Koazervaten und umschließen dadurch Hohlräume. Diese Vakuolen verändern ständig Größe und Form. Neben dieser Abgrenzung eines Systems gegenüber der Umgebung ist eine zweite Voraussetzung die Emanzipation des Koazervat-Systems von dieser Umgebung, was durch zufällige Einlagerung eines Polypeptids möglich wird. Denn mit dessen Anlagerung an die Lipid-Doppelmembran werden chemische Reaktionen in dem Koazervat gegenüber der Umwelt katalysiert. Dies führt zu Konzentrationsunterschieden zwischen Koazervat und Umwelt. Es entwickeln sich offene Koazervat-Systeme, durch die ein ständiger Fluß von Materie und Energie erfolgt und die sich im Zustand eines Fließgleichgewichtes befinden. Probiota waren noch keine lebenden biologischen Systeme (↗Progenoten, ↗Biota), da jede weitere Möglichkeit der identischen Reproduktion, der Speicherung und Weitergabe sämtlicher Informationen über die erreichte Organisationshöhe ihres Systems durch DNS fehlt. Die mit ca. 3,8 Mrd. Jahren ältesten Probiota könnten ca. 10 µm große Kohlenstoff-Mikrosphären aus der Isua-Formation Grönlands sein. [RB]

Problem von Molodensky ↗*Molodensky-Problem.*

Problem von Stokes ↗*Stokes-Problem.*

Processing ↗seismische Datenbearbeitung.

Proctordichte, gibt den optimalen Wassergehalt für die maximale Verdichtung von Bodenproben an (↗Proctorversuch).

Proctorkurve, Darstellung der Ergebnisse des ↗Proctorversuches.

Proctorversuch, Versuch zur Ermittlung des Zusammenhanges zwischen Wassergehalt und Verdichtungsfähigkeit bei vorgegebener Verdichtungsarbeit. Die Verdichtung erfolgt in einem Stahlzylinder mittels Fallgewicht nach DIN 18 127. Beim *modifizierten* (verbesserten) *Proctorversuch* werden in dem gleichen Zylinder mit variierenden Schlagzahlen, Fallhöhen und -gewichten fünf Lagen verdichtet. Die Ergebnisse werden mit einer Proctorkurve dargestellt, wo die ↗Trockendichten ϱ_d in Abhängigkeit der zugehörigen Wassergehalte aufgetragen werden. Der Gipfelpunkt der Kurve gibt die Proctordichte bzw. modifizierte Proctordichte ϱ_{Pr} (*mod* ϱ_{Pr}) und den optimalen Wassergehalt w_{Pr} (*mod* w_{Pr}) an. Die erzielte Verdichtung wird zahlenmäßig durch den Verdichtungsgrad D_{Pr} ausgedrückt:

$$D_{Pr} = \varrho_d/\varrho_{Pr}.$$

Prodelta ↗Delta.

production index, *P/B-Verhältnis*, zeitbezogener Massequotient aus der Produktionsleistung eines Individuums, einer Art oder einer Artengemeinschaft dividiert durch deren Biomasse. ↗P/B-Verhältnis.

Produktion, in der ↗Ökologie der Gewinn an energiereicher organischer Substanz (↗Biomasse) aus energiearmen, anorganischen Grundstoffen. Die Produktion kann bezogen werden auf Gruppen (Pflanzen, Tiere, Mikroorganismen) und einzelne Organismenarten oder ↗Populationen, aber auch auf ganze ↗Ökosysteme oder die ↗Biosphäre insgesamt (Tab.). Die Erfassung der Produktion ist nur sinnvoll in bezug auf eine Flächen- oder Raumeinheit während eines bestimmten Zeitabschnitts (meist wird das Jahr als Bezugsgröße gewählt). Eine mögliche Angabe ist somit beispielsweise $gm^{-2}a^{-1}$. Die Produktion ist in tropischen Waldökosystemen und Riffen am größten, auch amphibische Bereiche wie Sümpfe und Flußmündungsgebiete können eine sehr hohe Produktion erreichen sowie intensiv bewirtschaftetes Kulturland. Weniger produktiv sind Savannen und Steppen. Am geringsten ist die Produktion in Tundren, Wüsten und offenen Ozeanen (Tab.). Im Verlauf der ↗Nahrungskette ist die Produktion die Stoff- oder Energiemenge, die nach Abzug von Nahrungsabfällen, Exkrementen, Exkreten und ↗Respiration übrigbleibt. Zu unterscheiden ist die ↗Primärproduktion von der ↗Sekundärproduktion auf höheren ↗trophischen Ebenen, weiterhin die Bruttoproduktion (vor Verlusten durch ↗Respiration) von der Nettoproduktion (nach Abzug der Respiration, ↗Nettoprimärproduktion). Es gibt verschiedene Methoden zu Bestimmung der Produktion. Die traditionelle ist die Erntemethode, bei der zu verschiedenen Zeitpunkten die (pflanzliche) Biomasse abgeerntet wird, wobei sich aus der Differenz der geernteten Biomasse die Produktion ergibt. Durch die Messung des CO_2-Gaswechsels in Vegetationsbeständen läßt sich die Produktion zeitlich hoch aufgelöst (z. B. im Tagesverlauf) bestimmen. Eine sehr genaue, aber nur für Einzelpflanzen oder ↗Mikrokosmen durchführbare Messung ist mit Kohlenstoffisotopen als ↗Tracer durchführbar. Vom Ausmaß und Form der Primärproduktion abhängig sind die sekundären Produktionen, die Biomasseanteile von ↗Konsumenten und ↗Destruenten, sowie der Bestand an toter organischer Substanz. Die Konsumenten nutzen nur einen kleinen Anteil ihres Nahrungssubstrates und bei jedem Übergang von einer

Trophiestufe (↗Trophie) zur nächsten innerhalb der Nahrungspyramide treten Stoff- und Energieverluste auf. Die Destruenten in warmen Klimaten zersetzen einen Großteil des Bestandabfalls. Unter kälteren und feuchteren klimatischen Bedingungen reichert sich aber tote organische Substanz an. In tropischen Regenwäldern liegt der Anteil von Streu und Humus im Vergleich zur lebenden Phytomasse bei 10–20 %, während er in borealen Nadelwäldern bis zu 70 % beträgt. Die Produktion und Anreicherung von toter organischer Substanz ist von großer Bedeutung für die Entstehung fossiler Brennstoffe (↗Biomassenproduktion). [MSch]

Produktionsrate, Zuwachs an Biomasse pro Zeiteinheit (↗Biomasseproduktion).

Produktivität, in der ↗Ökologie die Produktionsrate, d.h. die ↗Produktion von ↗Biomasse pro Zeiteinheit in einem Ökosystem. Die Produktivität läßt sich beispielsweise über die pro Jahr produzierte Trockenmasse (g m^{-2} a^{-1}) ausdrücken, oft wird dabei Bezug auf die ↗Primärproduktion genommen. Das Ausmaß der primären Produktivität der grünen Pflanzendecke ist von der Ausdehnung der absorbierenden Assimilationsflächen (↗Assimilation) und der Versorgung mit CO_2, Wasser und mineralischen Nährstoffen abhängig. Die Effizienz der Produktivität eines Ökosystems bemißt sich durch den Vergleich der eingestrahlten Sonnenenergie mit dem Atmungsverlust.

Produzenten, im engeren Sinn Gesamtheit der ↗Primärproduzenten; im weiteren Sinn auch unter Einschluß der Sekundärproduzenten (↗Biomasseproduktion).

Profil, 1) *Bodenkunde*: ↗Bodenprofil. 2) *Geophysik*: Schnitt, bezeichnet Messung entlang einer Linie auf der Erdoberfläche, z.B. entlang eines seismisches Profil. Man spricht von einem Bohrprofil, wenn die Eigenschaften längs der Bohrlochwand gemessen und aufgezeichnet werden. 3) *Geologie*: Saigerriß, Vertikalschnitt, senkrechter Schnitt durch Teile der Erdkruste zur Darstellung wichtiger Reliefformen oder des geologischen Untergrunds mit Relieferkante, der auch das ↗Streichen und ↗Fallen geologischer Strukturen verdeutlicht. Als Grundlage für möglichst naturgetreue Profile ist vor allem die geologische Spezialkarte im Maßstab 1:25.000 geeignet. Aus den Höhenlinien lassen sich die Morphologie und aus den geometrischen Schnittfiguren der Ausbißlinien die Lage der Schicht- und Störungsflächen winkeltreu konstruieren, sofern der Schnitt senkrecht zum Streichen der Strukturen (Profilwinkel 90°) geführt wird. Nur ein solches ↗Querprofil liefert unverzerrte Winkel und zeigt damit die natürlichen Lagerungsverhältnisse. Im Gegensatz dazu stehen ↗Längsprofile, deren Schnitt parallel zum Streichen (Profilwinkel 0°) liegt. Sie zeigen eine scheinbar horizontale Lagerung, weil in dieser Schnittebene keine Neigung sichtbar wird. Daneben sind auch sogenannte schiefwinklige Schnitte (Profilwinkel zwischen 0° und 90°) möglich, jedoch weisen diese flacheren Neigungswinkel im Vergleich zum wahren Einfallen der geologischen Flächen auf. Längs- und Querprofile werden zur Konstruktion eines Blockdiagramms (↗Blockbild) benötigt. Profile sind oft zusätzliches Darstellungsmittel auf ↗geologischen Karten. Mit dem Abstand zur Erdoberfläche nimmt die Sicherheit der Aussagen in einem geologischen Profil ab.

Profilansprache, Kernstück der Geländearbeit bei der ↗Bodenkartierung. Die Ansprache erfolgt im Bohrstock oder in der Schürfgrube. Es existiert ein Formblatt für bodenkundliche Profilaufnahmen, worin Titeldaten, die Aufnahmesituation, horizontbezogene Daten sowie die Profilkennzeichnung abgefragt werden und damit eine genaue Profilansprache möglich ist. ↗Bodenkundliche Kartieranleitung.

Profilmontage, beschreibt die Zusammenfügung einzelner, primär getrennter Datenaufzeichnungen zu einer zusammenhängenden Darstellung. Beispielsweise werden seismische Registrierungen, die zeitlich nacheinander gewonnen wurden, zu seismischen Sektionen oder zu einer Profilmontage zusammengesetzt.

Profundal, Tiefwasserzone eines Sees, der Benthalbereich (↗Benthal) unterhalb der ↗Kompensationsebene. Das Profundal ist gekennzeichnet durch den Prozeß der ↗Mineralisation. ↗See.

Progenoten, sind die (hypothetischen) ersten vermehrungsfähigen, biologischen Systeme der Erdgeschichte mit der Möglichkeit der identischen Reproduktion, der Speicherung und Weitergabe sämtlicher Informationen über die erreichte Organisationshöhe ihres Systems mittels DNS. Sie bildeten sich aus ↗Probiota und haben eine entsprechend primitive Zellorganisation. Dieser Typus der universellen, sich organotroph ernährenden Urzelle entwickelte sich dann zu prokaryotisch organisierten Zellen weiter.

Prognose, in der ↗Klimatologie die Vorhersage der zukünftigen Entwicklung und des Zustands

	Fläche [10^6 km^2]	Nettoprimärproduktivität [gm^{-2}a^{-1}] Normalbereich	Nettoprimärproduktion (weltweit) [10^9 t/a]
(Sub)tropische Regenwälder	17,0	1000–3500	37,4
Regengrüne Monsunwälder	7,5	1000–2500	12,0
Temperate Regenwälder	5,0	600–2500	6,5
Sommergrüne Laubwälder	7,0	600–2500	8,4
Boreale Nadelwälder	12,0	400–2000	9,6
Waldsteppen, Hartlaubgehölze	8,5	250–1200	6,0
Savannen	15,0	200–2000	13,5
Temperate Steppen	9,0	200–1500	5,4
Tundren	8,0	10–400	1,1
Halbwüsten und Dorngebüsche	18,0	10–250	1,6
extreme Wüsten, Gletscher	24,0	0–10	0,07
Kulturland	14,0	100–3500	9,1
Sümpfe und Marschen	2,0	800–3500	4,0
Seen, Flüsse	2,0	100–1500	0,5
Kontinente, total	149		115
offene Ozeane	332,0	2–400	41,5
Zonen aufsteig. Tiefenwassers	0,4	400–1000	0,2
Kontinentalsockel	26,6	200–600	9,6
Algenbestände, Riffe	0,6	500–4000	1,6
Flußmündungsgebiete	1,4	200–3500	2,1
Ozeane, total	361		55,0
Biosphäre, total	510		170

Produktion (Tab.): Fläche, Nettoprimärproduktivität und gesamte Nettoprimärproduktion (in Trockengewichten) der Biosphäre, Kontinente, Ozeane, Formations- und Ökosystemtypen.

der ↗Atmosphäre mit Hilfe objektiver Verfahren. Der Begriff Prognose wird in der Meteorologie üblicherweise im Sinne der ↗numerischen Wettervorhersage verwendet.

prognostische Gleichungen, Bezeichnung für eine Gleichung, die eine Zeitableitung (zeitlicher Differentialquotient) beinhaltet. Mit einer solchen Gleichung ist eine Prognose in die Zukunft möglich im Gegensatz zu einer diagnostischen Gleichung, die nur Ortsableitungen enthält. Beispiel für eine prognostische Gleichungen ist die ↗Bewegungsgleichung, für eine diagnostische Gleichung die ↗statische Grundgleichung.

Progradation, das beckenwärtige Migrieren von Faziesgürteln (z. B. einer Küstenlinie) durch Sedimentauffüllung des Ablagerungsbereichs. ↗Sequenzstratigraphie, ↗Regression.

prograde Metamorphose, unter Temperatur- und Druckerhöhung ablaufende ↗Metamorphose.

Programmiersprache, künstliche Sprache, mit deren Hilfe eine bestimmte Aufgabenstellung an ein Rechnersystem formuliert wird und mit der ein resultierendes ausführbares Programm erzeugt wird. Die verschiedenen Sprachen werden definiert durch: a) die Menge der erlaubten Wörter, b) die Grammatik zur Bildung von Sätzen, c) die durch die Interpretation der Sätze erzeugte Beschreibung ihrer Bedeutung. Es existieren verschiedene Typen von Programmiersprachen, die sich hinsichtlich ihrer Einsatzbereiche, der Bedienbarkeit, der Effizienz usw. unterscheiden. Die am weitesten verbreitete Art der Programmiersprachen sind die höheren Sprachen. Sie erlauben dem Programmierer eine problem- bzw. funktionsorientierte Beschreibung der Aufgabenstellung. Wichtigste Vertreter dieser Art sind die prozeduralen und die objektorientierten Programmiersprachen. Sie bilden derzeit die Basis für die meisten Programmierprojekte. Die prozeduralen Programmiersprachen (ADA, BASIC, C, FORTRAN, PASCAL) unterstützen die strukturierte Programmierung, in der eine in mehrere kleinere Teile aufgespaltene Gesamtaufgabe in Form von Unterprogrammen abgebildet wird. Die Funktionen sind dabei von den zu verarbeitenden Daten unabhängig bzw. getrennt. Aufgrund ihrer hohen Effizienz wird die Sprache C besonders für zeitkritische Aufgaben verwendet, z. B. zur Implementierung graphischer oder geometrischer Operationen in den Bereichen ↗Geoinformationssysteme, ↗Fernerkundung, ↗Kartographie. Die objektorientierten Programmiersprachen (C++, SMALLTALK) heben die o. g. Trennung von Daten und Funktionen auf. Sie definieren das Objekt zum einen über eine spezifische Datenstruktur und zum anderen über eine Menge von objektspezifischen Methoden. Objekte mit identischer Struktur und Bedeutung werden zu Klassen zusammengefaßt, die mit Hilfe der Vererbung zueinander in Beziehung gesetzt werden. Die objektorientierten Programmiersprachen erlauben eine starke problemorientierte Programmierung und eignen sich daher besonders zur Umsetzung raumbezogener Datenmodelle. Insbesondere wird die Implementierung kartographischer Datenmodelle (z. B. das ↗Vektordatenmodell) durch die speziellen Eigenschaften der objektorientierten Programmiersprachen vereinfacht bzw. besser strukturierbar. Die Bedienung moderner Programmiersprachen erfolgt meist über eine graphische Programmierumgebung, die zum Erstellen, Ausführen und Testen der Software genutzt wird. [WWb]

progressive Perspektive, zentralperspektive Abbildung eines größeren Stücks der Erdoberfläche, bei der zur Erzielung einer größeren Raumtiefe die Oberfläche mit wachsender Entfernung von der vorderen Bildkante abwärts gebogen wird, wodurch der Eindruck einer künstlich verstärkten Erdkrümmung zustandekommt. Es entsteht ein »künstlicher Horizont«.

progressiver Bruch, Bruch im Gestein, der beim Vorgang des (Hang-)Kriechens durch die allmähliche Verringerung der ↗Scherfestigkeit zustande kommt. Lokale Überschreitungen der Scherfestigkeit führen zu geringen Gleitbewegungen, die dann auf angrenzende Bereiche übergreifen. Bei zunehmender Vergrößerung dieser Bereiche kann es dann zum Bruch kommen. Dieses Phänomen tritt insbesondere in Böden mit hoher ↗Restscherfestigkeit auf. Der Beginn eines progressiven Bruches wird oft durch Öffnung von Zugrissen in Böschungen und Ausbauchung der Böschungslinie angezeigt.

Progymnospermen, von den isosporen Protopteridiales und heterosporen Archaeopteridales (↗Pteridopsida, Unterklasse Protopteridiidae) im Unterdevon, Mitteldevon bis Unterkarbon erreichte Entwicklungsstufe mit farnähnlicher Organisation im Blatt- und Sporangienbau, aber gymnospermer (↗Gymnospermae) Holzkörper-Anatomie mit sekundärem Dickenwachstum. Die Progymnospermen sind das Bindeglied zwischen telomaten ↗Psilophytopsida aus dem Formenkreis der Trimerophytales und den jüngeren ↗Spermatophyta, die sich als gabel- und nadelblättrige ↗Coniferophytina und fiederblättrige ↗Cycadophytina unabhängig voneinander aus den Progymnospermen entwickelten.

Projektion, in der ↗Petrologie bei der ↗Metamorphose verwendeter Ausdruck für eine Methode, Mineralparagenesen (und -zusammensetzungen) von mehrdimensionalen chemischen Systemen graphisch in der Ebene darzustellen (↗Chemographie). Wird in einem m-dimensionalen System von n Phasen projiziert, so sind nur

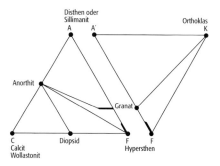

Projektion 1: ACF- und AKF-Diagramm mit Mineralparagenesen, die typisch sind für Gesteine der Granulitfazies.

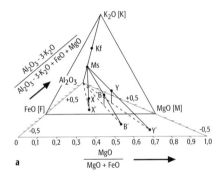

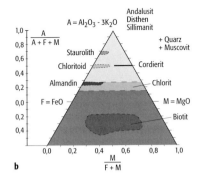

Projektion 2: AFM-Diagramm (Thompson-Diagramm): a) Zusammensetzungen im Tetraeder des Vierkomponenten-Systems Al_2O_3-K_2O-FeO-MgO, b) Lage der wichtigsten in Metapeliten vorkommenden Minerale in der Projektion auf die AFM-Ebene.

$$\varrho(x) = \frac{1}{a} \sum_h F(h00) \exp[-2\pi i h x],$$

wobei a der Gitterparameter ist. Die Projektion der Elementarzelle kann auch für nicht zentrosymmetrische Raumgruppen zentrosymmetrisch sein; oft ist ihre Translationsperiode kürzer als die der Kristallstruktur. Projektionen sind vor allem dann vorteilhaft, wenn die Projektionsachse relativ kurz ist. [KE]

Projektionszentrum, in der ↗Photogrammetrie die objekt- und bildseitigen Scheitel des Bündels der Hauptstrahlen einer optischen Abbildung. Die Projektionszentren sind die Mittelpunkte der Ein- und Austrittspupille des Objektivs.

projektive Lotabweichungsausgleichung, Bestimmung eines ↗lokal bestanschließenden Ellipsoides durch Änderungen der Parameter des ↗Geodätischen Datums unter der Voraussetzung paralleler globaler Koordinatensysteme (↗globales geozentrisches Koordinatensystem, ↗konventionelles geodätisches Koordinatensystem). Die Korrektion des Geodätischen Datums wird so bestimmt, daß die Quadratsumme der ↗Lotabweichungen in den Punkten, in denen astronomische Messungen vorliegen, minimal wird. Dabei werden drei räumliche Verschiebungen des Ellipsoides sowie Änderungen der Parameter des ↗Rotationsellipsoides zugelassen.

Prokaryota, Prokaryonten, Organismen mit primitiver (kernloser) Zellorganisation (↗Monera, ↗Archaea, ↗Bakterien, ↗Cyanophyta). Der prokaryotische Zelltyp (Protocyt) entwickelte sich im ↗Archaikum bzw. ↗Archäophytikum aus ↗Progenoten und wurde zum Ahn für die höher entwickelte eukaryotische Zelle (↗Eukaryota). Der Protocyt ist meist 1–10 μm groß (neueste Funde erreichen auch 750 μm) und von der Zellmembran (Plasmalemma), u. U. auch von einer stützenden und schützenden Exoskelett-Zellwand umgeben. Als typische Zellformen werden unterschieden: kugelig (Coccus), stäbchenförmig (Bacillus), in der Längsachse ein mal verdrillter Bacillus (Vibrio) und mehrfach verdrillter Bacillus (Spirilla). Bei unvollständiger Zellteilung entstehen Ketten, um die eine gemeinsame Zellwand existiert (Filamente), oder Trichome, wenn die einzelnen Tochterzellen nach erfolgter Teilung aneinander haften bleiben. Die Zelle kann bis ca. 100 Flagellen tragen. Der Protocyt besitzt im Gegensatz zu den Eukaryota keinen membranumgrenzten Zellkern, sondern als Nucleoplasma deutlich vom Protoplasma abgegrenzte Bereiche, in denen an das Plasmalemma angeheftete DNA-Ringe liegen. Generell fehlen membranumgrenzte intrazelluläre, nichtplasmatische Kompartimente (Organellen der Eukaryota), weil in dem miniaturisierten Protocyt für ausgedehnte Membransysteme kein Platz ist. Die Zelle teilt sich nur asexuell, meist mit sehr hoher Teilungsfrequenz, die bei 20 bis 30 Minuten liegen kann. Aus einer einzigen Zelle könnte theoretisch unter optimalen Bedingungen in 48 Stunden eine Nachkommenschaft entstehen, deren Volumen der Erde entspricht. Das macht die

noch m-n Komponenten zur Darstellung notwendig. Die in der metamorphen Petrologie am meisten verwendeten Projektionen sind: a) ↗ACF-Diagramm (Abb. 1) mit den Eckpunkten Al_2O_3, CaO und FeO + MgO; Projektionsphasen (und zugehörende Komponenten) sind Quarz (SiO_2), H_2O, CO_2, Kalifeldspat oder Muscovit (K_2O). b) ↗AKF-Diagramm (Abb. 1) mit den Eckpunkten Al_2O_3, K_2O und FeO + MgO; Projektionsphasen sind Quarz (SiO_2), H_2O, Plagioklas (CaO). c) ↗AFM-Diagramm (Abb. 2) mit den Eckpunkten Al_2O_3, FeO und MgO; Projektionsphasen sind Quarz (SiO_2), H_2O, Muscovit oder Kalifeldspat (K_2O). [MS]

Projektion der Elektronendichte, mathematisches Verfahren zur Abbildung einer dreidimensionalen Elektronendichteverteilung auf eine Ebene. Die Projektion der Elektronendichte einer Elementarzelle erhält man durch Integration über die betreffende Koordinate, z. B. für eine Projektion entlang z auf die Ebene senkrecht zur c-Achse:

$$\varrho_z(\vec{r}) = \frac{c}{V} \sum_{h,k} F(hk0) \exp[-2\pi i(hx + ky)].$$

Analoge Ausdrücke gelten für die beiden anderen Projektionen $\varrho_x(\vec{r})$ und $\varrho_y(\vec{r})$. Die Reflexe der nullten Schichten $hk0$, $h0l$ und $0kl$ enthalten folglich die drei Projektion einer Kristallstruktur, für deren Berechnung viel weniger Reflexe erforderlich sind als für eine dreidimensionale ↗Fouriersynthese. Entsprechend enthalten die Reflexe $h00$, $0k0$ und $00l$ jeweils die Projektion auf die a, b und c-Achse, z. B.:

			Mrd. Jahre
			0,545
		»Neo-Proterozoikum III« Vendium	0,65
	Neo-	Cryogenian	
			0,85
		Tonian	
			1
		Stenian	
Proterozoikum	Meso-	Ectasian	Riphäikum 1,2
			1,4
		Calymmian	
			1,6
		Statherian	
			1,8
		Orosirian	
	Paläo-		2,05
		Rhyacian	
			2,3
		Siderian	
			2,5

Proterozoikum (Tab.): Gliederung des Proterozoikums.

ökologische Bedeutung der Prokaryota verständlich. Sie besiedeln fast die gesamte Erde. Auch in für Eukaryota lebensfeindlicher Umgebung treten Prokaryota in großer Individuendichte auf, wodurch die Chance steigt, daß zumindest einige Individuen ökologische Katastrophen oder zyklisch wiederkehrende, temporäre Extrembedingungen überleben. Deren hohe Vermehrungsrate garantiert den raschen Aufbau einer neuen, individuenreichen Population. Die ursprünglichen Prokaryota lebten anaerob. Die Anreicherung des Zellgiftes Sauerstoff in Hydro- und Atmosphäre der frühen Erde zwang die Prokaryota in verbliebene anaerobe ökologische Nischen, in denen sich Nachfahren bis heute erhalten haben, oder zur Anpassung. Deshalb vollzieht sich innerhalb der Prokaryota der Übergang von der absoluten Intoleranz gegenüber Sauerstoff hin zu seiner Akzeptanz und schließlich der unbedingten Notwendigkeit für den Energie-/Stoffwechsel. Ein Bestandteil der Zellwand der Prokaryota ist das Bakteriohopantetrol, welches eine Ausgangsverbindung für die Bildung verschiedener ↗Biomarker, der ↗Homohopane, der ↗Hopane und weiterer daraus abgeleiteter Verbindungen, den ↗Hopanoiden, ist. [RB,SB]

Promethium, Pm, zur Gruppe der Lanthanoide gehörendes radioaktives Selten-Erdmetall, silberweiß glänzend. Es findet sich als Produkt des natürlichen Uran-Zerfalls in afrikanischen Pechblende-Erzen und in den natürlichen Reaktoren von Oklo (↗Oklo-Phänomen). Die Entstehung von ^{147}Pm in Lanthanoid-Erzen, z. B. in Apatit, wird auf die radioaktive Umwandlung von Neodym mittels Neutronen aus kosmischer Strahlung zurückgeführt.

Propan, chemische Formel C_3H_8, gasförmiger gesättigter ↗Kohlenwasserstoff, der insbesondere in ↗Erdgas enthalten ist.

Proportionalitätsgrenze, Grenzwert in der Spannungs-Verformungskurve von Gesteinen, bis zu dem sich die Verformung gemäß dem ↗Hookschen Gesetz proportional zu einer aufgebrachten Spannung verhält. In diesem linearen Bereich gehen Verformungen bei Entlastung vollständig in den Ausgangszustand zurück, das Gestein verhält sich elastisch.

Propylitisierung, niedrigtemperierter Alterationsprozeß (↗Alteration) um viele Erzkörper mit teilweiser Verdrängung des Nebengesteins durch Epidot, Chlorit, Mg-Fe-Ca-Carbonate und manchmal Alkalifeldspäte. ↗hydrothermale Alteration.

Prospektion ↗Exploration.

Protactinium, Pa, radioaktives, metallisches Element, glänzend grauweiß und duktil. Verbindungen von Pa verhalten sich ähnlich wie Tantal, weshalb Pa früher Eka-Tantal genannt wurde.

Proterophytikum ↗Archäophytikum.

Proterozoikum, das dritte Ärathem des ↗Präkambriums. Die Untergliederung des Proterozoikums ist in der Tabelle dargestellt. Im Proterozoikum waren bereits die Kontinente konsolidiert und die plattentektonischen Prozesse vergleichbar mit moderner ↗Plattentektonik. Folgende *proterozoische Faltungsphasen* und regionalgeologische Entwicklungen sind relevant:

a) *Afrikanischer Kraton*: Der Afrikanische Kontinent besteht aus mehreren kratonalen, archaischen Kernen. Dazu gehören, neben den Simbabwe- und Kaapvaal-Kratonen, die den zusammenhängenden *Kalahari-Kraton* bilden, der weniger gut untersuchte Tansania-Kraton, Bengweula-Block, Kongo- oder Zaire-Kraton, der West-Afrika-Kraton und der Ost-Sahara- oder Nil-Kraton. Alle afrikanischen Kratonkerne tragen Spuren einer als *eburneisch* (Eburnean) bezeichneten Orogenese, die im unteren Proterozoikum, etwa zwischen 2,5 und 2,0 Mrd. Jahre stattgefunden hat. Der Kalahari-Kraton weist Spuren 2,0–1,75 Mrd. Jahre alten Orogenese auf. Auf den anderen afrikanischen Kratonen, mit Ausnahme des nordwestlichen Kongo-Kratons, ist die Zeit zwischen 1,8–1,5 Mrd. Jahre durch anorogenen granitoiden ↗Plutonismus gekennzeichnet. In Zentral- und Nordafrika machte sich zwischen 1,3 und 1,0 Mrd. Jahre die *Kibarische Orogenese* bemerkbar, an die sich die Panafrikanische Riftphase und Orogenese anschließen. Die *Damara-Orogenese* um 550 Mio. Jahre gehört zu den jüngsten präkambrischen Gebirgsbildungen des Afrikanischen Kratons.

b) *Australischer Kraton*: Der *Pilbara-Kraton* (3,5–3,0 Mrd. Jahre) Westaustraliens erfuhr im unteren Proterozoikum eine Absenkungs- und Sedimentationsphase. Auf dem *Yilgarn-Kraton* Westaustraliens (3,0–2,5 Mrd. Jahre) fehlt die sedimentäre Bedeckung des unteren Proterozoikums. Erst die *Capricorn-Orogenese*, die diese beiden Kratone um 1,6 Mrd. Jahre zusammengefügt hat, macht sich auf dem südlichen Pilbara-Kratonrand bemerkbar. Der *Gawler-Block* Südaustraliens erfuhr um 1,8 Mrd. Jahre eine Faltung, die als *Kimban-Orogenese* bekannt ist. Zwischen 1,88 und 1,85 Mrd. Jahre wurden während der *Barramundi-Orogenese* die nordaustralischen, frühproterozoischen ↗Terranes aufgefaltet. Die zentralaustralischen, polymetamorphen Gürtel wurden während der Carpentarian-Orogenese (1,6–1,4 Mrd. Jahre) und *Musgravian-Orogenese* (1,3–1,1 Mrd. Jahre) geformt. Das obere Proterozoikum Australiens ist durch den *Adelaide-Zyklus* überprägt (1,0–0,5 Mrd. Jahre), in dem die Adelaide-, Amadeus-, Kimberley- oder Tasmania-Becken während der Delamarischen-Orogenese an der Präkambrium/Kambrium-Grenze gefaltet wurden.

c) *Südamerikanischer Kraton*: Zu den archaischen Kernen von Südamerika gehören der *Imataca-Komplex* (Guyana-Schild), das *Goias-Massiv* des Zentral-Brasilianischen Schildes sowie der Boa-Vista-Gneis des Atlantischen Schildes. Die erste proterozoische Kratonisierungsphase erfuhren diese Schilde in der *Transamazonischen Orogenese* (2,1–1,9 Mrd. Jahre). Der Transamazonischen Orogenese folgte eine Periode mit verstärktem Plutonismus bis etwa 1,4 Mrd. Jahre. Der *Amazonische Kraton* wurde um 1,0 Mrd. Jahre aus den archaischen Schilden (Atlantischer und Central Brazil) während der Rodonischen Orogenese zusammengeschweißt. Die Rodonische Orogenese, wie auch die um 700–480 Mio. Jahre folgende *Braziliano-Orogenese*, haben eine auffallend gute Korrelation mit der Kibarischen bzw. den späteren Panafrikanischen orogenen Phasen Afrikas.

d) *Indischer Kraton*: Im Proterozoikum gab es drei Phasen, in denen der Indische Kraton konsolidiert wurde. Im unterem Proterozoikum, um 2,0 Mrd. Jahre, hat die *Aravalli-Orogenese* zur Bildung des *Bandara-Kratons* aus archaischen Kernen geführt. Im mittleren Proterozoikum hat die *Ghats-Orogenese* (1,65 Mrd. Jahre) die Eastern Ghats-Faltenfront geformt. Um 1,0 Mrd. Jahre kam es in dem Eastern Ghats-Faltengürtel zu einer weiteren metamorphen Überprägung, die etwa zur gleichen Zeit auch Sri Lanka erfaßt hat.

e) *Antarktischer Kraton*: Der kaum aufgeschlossene Antarktische Kraton weist im Osten bis zu vier proterozoische Metamorphosen auf. Der *Napier-Komplex* wurde etwa um 2,4 Mrd. Jahre in granulitfazies überprägt, der *Rayner-Komplex*, das *Enderby Land* und die *Prince Charles Mountains* sind zwischen 2,0 und 1,8 Mrd. Jahre granulitfaziell metamorphosiert worden. Das Enderby Land und die Prince Charles Mountains sowie das *Dronning Maud Land* wurden um 1,54 Mrd. Jahre wiederum in Granulitfazies überprägt. Ein weiteres granulitfazielles Ereignis hat um 0,9 Mrd. Jahre weite Teile der Ostantarktis beeinflußt. Schließlich fand um 600–500 Mio. Jahre eine grünschieferfazielle Metamorphose in dem *Transantarktischen Gebirgsgürtel* statt, die zeitlich der *Ross-Orogenese* eingeordnet wird, während der die Antarktis endgültig konsolidiert wurde.

f) *Nordamerikanischer Kraton*: Der ↗*Kanadische Schild* erfuhr sechs Orogenesen im Präkambrium, davon drei im Proterozoikum.

g) *Grönländischer Schild*: Der Grönländische Schild (und Schottland), welche ein Teil des Kenorlands im unteren Proterozoikum waren, haben eine parallele orogenetische Entwicklung zum Nordamerikanischen Kraton. Nach drei Orogenesen im Archaikum (3,8–3,7; 3,0 und 2,6 Mrd. Jahre) folgen im Proterozoikum drei weitere orogene Phasen. Die *Ketilidischen* (im Süden) und *Nagssugtoqidischen* (im Norden) *Gebirge* wurden um 1,8 Mrd. Jahre (Laxfordian in Schottland) geformt und granulitfaziell metamorphosiert. Der Faltengürtel von Ostgrönland (Caroliniden) wurde zwischen 1,2–0,9 Mrd. Jahre gefaltet. An der Präkambrium/Kambrium-Grenze fand in Nordgrönland und Schottland die kaledonische Gebirgsbildung (↗Kaledoniden) statt.

h) *Sibirischer Kraton*: Nach der Konsolidierung des ↗*Aldan-Schildes* (2,6 Mrd. Jahre) und des Anabar-Schildes (2,9 Mrd. Jahre) erfuhr der Sibirische Kraton eine lange Phase der Subsidenz und der Intrusionen. Lokal entwickelte Metamorphose (Granulitfazies) ist auf ca. 1,95 Mrd. Jahre datiert (Stanovoy-Orogenese). Das ↗*Riphäikum* (bis 0,65 Mrd. Jahre) ist wieder vor allem durch Subsidenz und Sedimentation gekennzeichnet. Erst nach dem ↗Vendium, während der *Baikal-Orogenese* (570 Mio. Jahre), wurden im Süden und Westen des Kratons die Baikal-, Yenisei- und Turukhansk-Faltengürtel geformt.

i) *Osteuropäischer Kraton*: Die *Saamiden* im Norden des Kratons bilden den archaischen Kern des Osteuropäischen Kratons. Nach der *Karelischen (Saamischen) Faltung* am Ende des Archaikums (2,7–2,6 Mrd. Jahre) erfuhr der Baltische Schild zwei weitere proterozoische Konsolidierungsphasen, die *Svekokarelische Faltung* (1,8 Mrd. Jahre) und die *Svekonorwegische Faltung* um 1,0 Mrd. Jahre. Innerhalb der Saamiden gibt es jedoch auch einen Bereich, der um 2,0 Mrd. Jahre reaktiviert wurde (hoch metamorphe Gneise und Amphibolite der *Belmoriden* und die Lappland-Granulite). Die Svekokareliden bestehen aus zwei unterschiedlichen Bereichen, den Kareliden im Norden, die im Vorland der Saamiden sedimentiert wurden (Schelf-Sedimente mit kontinentalem Sockel), und aus den Svekofenniden im Süden, die einer sedimentären Abfolge vom Kontinentalrand bis zu ozeanischen Ablagerungen entsprechen. Die Svekarelische Orogenese hat die Svekofenniden auf die Kareliden überschoben und intensiv metamorphisiert. Die berühmten ↗Rapakivigranite mit großen Kalifeldspäten, umgeben von Plagioklasrinden, wurden als postorogene Magmen intrudiert (1,7–1,5 Mrd. Jahre). Danach folgte eine Abtragungsperiode, nach der der *Jotnische Sandstein* sedimentiert wurde (1,3–1,4 Mrd. Jahre (↗Rotsedimente)). Die Svekonorwegische Orogenese erfolgte in mehreren Phasen, die insgesamt der Grenville-Orogenese des Nordamerikanischen Kratons entsprechen. Der Ukrainische (Podolische) Schild hat ebenso wie der Baltische Schild einen archaischen Kern. Die Krivoi Rog-Gruppe des Podolischen Schildes korreliert mit den Svekokareliden und die Owrutsch Gruppe entspricht den Svekonorwegiden.

j) *Cathaysischer Kraton*: Der Cathaysische Kraton setzt sich zusammen aus den Sino-Koreanischen Block, Tarim- und Yangtse-Block. Die archaischen Konsolidierungsphasen dieser Blöcke sind schlecht belegt. Im Proterozoikum, um 2,3–2,2 Mrd. Jahre, wurde der zentrale Sino-Koreanische Block durch Faltung und Metamorphose konsolidiert (*Wutai-Orogenese*). Dieser Prozeß wurde

Proterozoikum

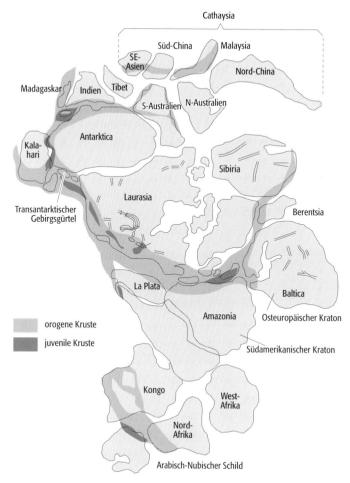

Proterozoikum: eine der vielen diskutierten möglichen Rekonstruktionen des Superkontinents Rodinia am Ende des Proterozoikums mit den beteiligten Kratonen. Da es von vielen der Kratone keine zuverlässigen paläomagnetischen Daten und lithologische Korrelationen gibt, sind solche Rekonstruktionen naturgemäß immer sehr spekulativ.

in der *Lulangischen Orogenese* abgeschlossen (1,8–1,7 Ga). Der Tarim-Block hat nach diesen beiden orogenen Phasen eine dritte (1,0 Mrd. Jahre; *Sibao-Orogenese*) Faltungsphase erfahren. Der *Yangtse-Kraton* wurde auch mehrfach durch proterozoische Faltungsphasen, zuletzt um 850 Mio. Jahre, erfaßt.

Am Ende des Proterozoikums kam es zur Bildung des Superkontinents *Rodinia* (Abb.), der alle damaligen Kontinentalmassen umfaßte, jedoch teilweise schon um 700 Mio. Jahre zu zerfallen begann.

Das Proterozoikum weist mehrere Vereisungsphasen (*proterozoische Vereisungen*) auf, die teilweise miteinander auf den verschiedenen Kratonen korreliert werden können. Die ältesten, unumstrittenen Vereisungsspuren gehören zu der Gowganda-Formation der Huron-Supergruppe (Huron-See in Südkanada, ↗Kanadischer Schild). Da sich Tillite nicht direkt datieren lassen, können nur die hangenden und liegenden Formationen das Alter dieser Vereisung eingrenzen. Demnach ist die *Gowganda-Eiszeit* ca. 2,4 Mrd. Jahre alt und umfaßt mehrere Tillithorizonte, die einzelnen Gletschervorstößen entsprechen. Die etwa gleichaltrigen Sedimente der Transvaal-Supergruppe in Südafrika weisen auch Vergletscherungsspuren auf (2,43–2,22 Mrd. Jahre). Auf dem Pilbara-Kraton treten zu etwa gleicher Zeit glaziofluviatile Konglomerate und glaziale Tillite auf (> 2,4–2,0 Mrd. Jahre). Auch die Minas Gerais-Gruppe in Brasilien weist Sedimente auf, die in etwa gleicher stratigraphischer Position liegend als glaziofluviatile Konglomerate und Tillite interpretiert werden. Jedoch ist die Datierung nicht genau genug, um eine besser Zeitangabe als frühes Proterozoikum zu ermöglichen. Auf dem Dharwar-Kraton Indiens sind glaziofluviatile und glaziale Ablagerungen in mehreren stratigraphischen Positionen um 2,4–2,2 Mrd. Jahre bekannt. Eine zweite, weltweite Vereisungsperiode des Proterozoikums fand im jüngsten Präkambrium statt (850–600 Mio. Jahre). Spuren dieser Vereisung sind auf allen Kratonen, auch in paläoäquatorialer Nähe sichtbar. In Europa gehören dazu die Kaledoniden (Norwegen, Schottland, Irland, Spitzbergen und Ural; Varanger Eiszeit). Aber auch der Nordamerikanische Kraton, Sibirische Kraton, Australische Kraton und Cathaysische Kraton tragen Spuren dieser Vereisung, die eine lange Periode der Erdgeschichte in mehreren Schüben beeinflußt hat.

Für beide Proterozoischen Vereisungsperioden wird das sogenannte *Snowball-Earth-Modell* diskutiert, nach dem die Ozeane für eine lange Periode der Erdgeschichte (Millionen von Jahren) größtenteils durch eine Eisdecke bedeckt gewesen sein sollen. Die Kontinente wären somit mit der Zeit fast eisfrei (kein Niederschlag). Dadurch wäre die klastische Sedimentation auf ein Minimum reduziert und es käme langsam zu einem starken CO_2-Anstieg der Atmosphäre (vulkanische Entgasung), der letzten Endes zum Aufwärmen der Atmosphäre führen würde (↗Treibhauseffekt) und zur Schmelze der Eiskappen. Mit der erneuten, verstärkten photosynthetischen Tätigkeit nach solchen Eiszeiten käme es zu Oxidation und Ausfällung des während der Eiszeit in den Ozeanen angereicherten Eisens und zur Bildung von ↗Banded Iron Formations, die nach den proterozoischen Vereisungen tatsächlich gehäuft auftreten.

Im Proterozoikum, etwa um 2,1 Mrd. Jahre, erscheinen die ersten eukaryotischen Einzeller (Grypania) in den Neguanee Banded Iron Formations von Michigan. Dies zeigt, daß die Abzweigung der ↗Eukaryoten von den Archaebakterien und den ↗Prokaryoten schon lange vorher stattgefunden haben muß. Da Eukaryoten strikt aerobisch sind und um atmen zu können eine Sauerstoffkonzentration von mindestens 1–2% PAL (Present Atmospheric Level) verlangen, muß also diese hohe O_2-Konzentration schon vor 2,1 Mrd. Jahre erreicht worden sein (↗Atmosphäre). Dies wird durch das Erscheinen der ersten Rotsedimente um 2,2 Mrd. Jahre bestätigt. Ab etwa 1,75 Mrd. Jahre erscheinen in zahlreicher Menge die ersten ↗Acritarchen und andere Eukaryonten (↗Algen) und finden die höchste Verbreitung um 600 Mio. Jahre im obersten Präkambrium (Vendium) nach der Varanger Ver-

gletscherung. Zu dieser Zeit erscheinen auch die ersten megaskopischen Metazoen der ↗Ediacara-Fauna, deren phylogenetische Klassifizierung noch umstritten ist. [WAl]
Literatur: [1] GOODWIN, A.M. (1996): Principles of Precambrian Geology. – Academic Press. [2] SCHOPF, J.W. (1983): Earth's earliest Biosphere ist origin and evolution. – Princeton. [3] SCHOPF, J.W. & KLEIN, C. (Eds.) (1992): The Proterozoic Biosphere: A Multidisciplinary Study. – New York.

proterozoische Faltungsphasen ↗Proterozoikum.
proterozoische Vereisungen ↗Proterozoikum.
Protista, zum Regnum Protista gehören einzelige ↗Eukaryoten, die sich als ↗Algen primär photoautotroph und als ↗Protozoa ausschließlich heterotroph ernähren. Das Reich Protista umfaßt die Abteilungen/Stämme Cryptophyta (fossil unbekannt), Chlorarachniophyta (fossil unbekannt), ↗Chlorophyta, Euglenophyta (extrem seltene Nachweise seit dem Eozän), Eustigmatophyta (fossil unbekannt), ↗Dinophyta, Glaucophyta (fossil unbekannt, jedoch ein Schlüsseltaxon für die Evolution der photosynthesefähigen Eukaryoten aus den ↗Cyanophyta), ↗Haptophyta, ↗Heterokontophyta und Rhodophyta der Algen (↗Kalkalgen) bzw. die Apicomplexa (fossil unbekannt), Ascetospora (fossil unbekannt), Ciliophora, Labyrinthomorpha (fossil unbekannt), Microspora (fossil unbekannt), Myxozoa (fossil unbekannt) und Sarcomastigophora der Protozoa. Protista entstanden nach der Endosymbionten-Theorie im ↗Präkambrium über Urkaryoten aus prokaryotischen Vorfahren (↗Prokaryota). Durch ernährungsphysiologische Differenzierung entwickelten sich aus ihnen die photoautotrophen ↗Plantae, konsumierenden Animalia und die heterotroph-saprophytischen und heterotroph-parasitären ↗Fungi. [RB]
Proto-Artlantik ↗Iapetus.
Protobioten, sind ↗Eukaryoten auf niedriger Organisationsstufe. Dazu zählen ↗Algen, ↗Fungi (Pilze), ↗Lichenes (Flechten) und ↗Protozoen (Einzeller).
Protolith, Ausgangsgestein, Edukt, das (meist nicht metamorphe) Gestein, aus dem sich bei der ↗Metamorphose ein metamorphes Gestein bildet.
Protomylonit ↗Mylonit.
Protonenakzeptoren, Verbindungen, die Protonen aufnehmen können. Protonenakzeptoren sind wirksam bei der Neutralisation von Säuren im Boden. ↗Pufferung, ↗Bodenversauerung.
Protonenmagnetometer, Gerät zur Messung des Absolutbetrages des Erdmagnetfeldes, wobei das magnetische Dipolmomemt der Protonen und ihr Drehmoment (Spin) ausgenutzt wird. Protonen sind als Teil einer Flüssigkeit, z. B. als Alkohol in C_2H_5OH in einer Flasche enthalten, die von einer Sendespule und einer Empfangsspule umgeben ist. Der stärkere Strom der Sendespule polarisiert zunächst die Protonen in eine Richtung, die nach dem Abschalten des Stromes um die Magnetfeldrichtung präzedieren mit der Frequenz $f_0 = \gamma p \cdot F$ (γp = gyromagnetisches Verhältnis = 42,576 375 MHz/T) die damit proportional zum Absolutbetrag des Magnetfeldes ist. Ein Meßzyklus mit »Senden« und »Empfangen« dauert etwa 5 Sekunden mit einer Auflösung von etwa 0,2 nT.
Eine Weiterentwicklung in der Schnelligkeit und Auflösung bietet das Overhauser-Magnetometer (0,2 nT, 3 Sekunden Meßzyklus). Hierbei wird zusätzlich zur Gleichfeldpolarisation eine Sättigung der Elektronenspinresonanz von Radikalen erzeugt, wodurch eine Vergrößerung der Signalamplitude erreicht wird. Die absolute Genauigkeit ist 0,2 nT mit einer Langzeitstabilität von 0,05 nT/Jahr. [VH, WWe]
Protonium, ^1H, H, $^2H/^1H$.
Proto-Ooide ↗Ooide.
Protopedon, [von griech. = Unterboden], gehört zur Klasse der ↗Unterwasserböden. Es handelt sich um einen Rohboden mit einem ↗Fi-Horizont. Er bildet sich aus Sanden, Schluffen, Tonen, carbonatreichen Ablagerungen (Seemergel und -kreide), Muschelschill, See-Erz-Bildungen (Limonit) und Diatomeenschalen (Kieselgur), die am Grund eines Gewässers von Wassertieren und -pflanzen besiedelt sind. Der Humusgehalt des Protopedons liegt bei weniger als einem Prozent, weil er bevorzugt in Bereichen stärkerer Wasserbewegung entsteht.
Protore, Protoerz, Proterz, geringhaltige, wirtschaftlich uninteressante ↗Mineralisation, aus der durch natürliche Anreicherungsvorgänge, wie beispielsweise bei der ↗Verwitterung des ↗Nebengesteins, eine ↗Lagerstätte entstehen kann.
Protozoa, Urtierchen, einzellige Tierchen, die frei, in losen Aggregaten oder in strukturierten Kolonien leben. Etwa 30.000 Arten wurden beschrieben. Die überwiegende Zahl lebt im Gewässer. Ihre Einteilung erfolgt in vier Klassen: Mastigophoren/Flagellaten, Sarcodinen/Rhizopoden (Amöben und verwandte Formen), Sporozoen (ausschließlich parasitisch lebend) und Ciliophoren (z. B. Wimpertierchen). Unter den Protozoen finden sich Vertreter, die an der Bildung von marinen Sedimenten beteiligt sind (↗Radiolarien). Die in ihren Kapseln gebundenen Sauerstoffisotope lassen Rückschlüsse auf vergangene Klimaperioden zu. Sie stellen damit biogene Klimaarchive dar.
Proustit, Arsenik-Silberblende, Arsen-Silberblende, helles Rotgültigerz, lichtes Rotgültigerz, Lichtrotgültig, nach dem franz. Chemiker J. L. Proust benanntes Mineral mit der chemischen Formel Ag_3AsS_3 und ditrigonal-pyramidaler Kristallform; Farbe: leuchtendrötlich-blei-grau, aber auch dunkler, in dünnem Zustand zinnoberrot durchscheinend; Diamantglanz; durchsichtig bis durchscheinend; Strich: rot bis zinnoberrot; Härte nach Mohs: 2–2,5 (spröd); Dichte: 5,57–5,62 g/cm³; Spaltbarkeit: deutlich nach (*1011*); Bruch: muschelig, splittrig; Aggregate: derb, dicht, dendritisch, eingesprengt, Überzüge oder Anflüge; vor dem Lötrohr leicht schmelzbar (Arsengeruch), auf Kohle bildet sich ein Silberkorn (↗Lötrohrprobierkunde); in Salpetersäure löslich; Begleiter: Silber, Argentit, Pyrargyrit, Arsen, Chlo-

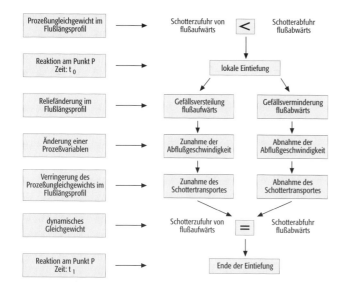

Prozeßresponssystem: schematische Darstellung am Beispiel eines Flußbettes.

anthit, Galenit, Pyrit, Fluorit, Baryt, Quarz; Vorkommen: in As-reichen hydrothermalen Gängen, aber auch exogen in der Zementationszone; Fundorte: St. Andreasberg (Harz), Wittichen (Schwarzwald), Freiberg, Niederschlema und Marienberg (Sachsen), Jáchymov (Joachimsthal) in Böhmen, St. Marieaux-Mines (Markirch) im Elsaß und Chalandes (Dauphiné, Frankreich), Sarrabus (Sardinien), Chanarcillo und Atacama (Chile), Batopilos (Chihuahua, Mexiko), Cobalt (Ontario, Kanada). [GST]

Proxidaten, Daten über hydrologische und meteorologische Bedingungen in historischen und prähistorischen Zeiten. Sie werden aus der Analyse von Eiskernen, Sedimenten, Baumringen u. a. gewonnen.

proximal ↗Sequenzstratigraphie.

Prozeß, in der ↗Ökologie ein zusammenfassender Begriff für alle Arten von Beziehungen zwischen den einzelnen ↗Kompartimenten eines ↗Ökosystems durch Energieumsätze und ↗Stoffflüsse. Eine Möglichkeit zur theoretischen und experimentellen Darstellung dieser durch ↗Regler kontrollierten Verbindungen ist das ↗Prozeß-Korrelations-Systemmodell.

Prozeß-Korrelations-Systemmodell, Darstellung von ↗Landschaftsökosystemen in Form eines detaillierten ↗Regelkreises. Es geht beim Prozeß-Korrelations-Systemmodell hauptsächlich darum, das vernetzte Wirkungsgefüge von Energie-, Wasser- und Stoffumsätzen experimentell und theoretisch für einen ↗Standort herauszuarbeiten. Aufgezeigt wird dabei die Abhängigkeit des ökologischen Systems von regelnden Schlüsselfaktoren (z. B. dem Georelief) und die sich daraus ergebenden Konsequenzen für wichtige Umsetzungsleistungen innerhalb des Systems (z. B. bodenbiologische ↗Abbauaktivität). Für die Übertragung in die ↗topische Dimension bilden die bodennahe Luftschicht, die Pflanzendecke und v. a. der Oberboden die hauptsächlichen Kompartimente des Prozeß-Korrelations-Systemmodells. Das Prozeß-Korrelations-Systemmodell arbeitet mit Prozeßzustandsgrößen, Strukturvariablen und Kapazitätsreglern, welche ausgehend von einem Schichtmodell der ökologischen Realität die funktionalen Zusammenhänge terrestrischer ↗Ökosysteme mit Pflanzendecken abbildet (↗Standortregelkreis). [SMZ]

Prozeßresponssystem, *process response system*, in der ↗Geomorphologie, komplexe Wirkungsbeziehungen zwischen den durch ihre meist veränderlichen Eigenschaften gekennzeichneten Komponenten Form (Relief), Material (Gestein) und Prozeß. Geomorphologische Prozeßresponssysteme sind durch Rückkopplungen gesteuert, die das System tendenziell in einen Gleichgewichtszustand überführen. Am vereinfachten Beispiel eines Flußbettes sind die Funktionalbeziehungen eines Prozeßresponssystems dargestellt (Abb.). Darin führt die Art der Abhängigkeiten der Systemkomponenten Transport und Fließgeschwindigkeit (= Prozeß bzw. Prozeßvariable), Schotter (= Material) und Gefälle (= Relieffeigenschaft) zu einem allmählichen Ausgleich des anfänglichen Ungleichgewichts, d. h. die Folgen des anfänglichen Unterschiedes zwischen Schotterzufuhr und -abfuhr wirken der Ursache ihrer Veränderung entgegen. [KDA]

Prozeß-UVP, besondere Art einer ↗Umweltverträglichkeitsprüfung (UVP), die nicht nur als Schlußprüfung eines bereits feststehenden Vorhabens verstanden wird, sondern von Beginn der Planung an als integraler Bestandteil des Projektes eingesetzt wird. Erkenntnisse der Prozeß-UVP können zu Modifikationen des ursprünglichen Vorhabens führen und optimieren somit dessen Umweltverträglichkeit. Eine Prozeß-UVP ist effizienter als ein konventionelles Verfahren, sie stellt allerdings höhere Ansprüche an die Projektkoordination.

Pr/Phy-Verhältnis ↗Pristan/Phytan-Verhältnis.

Prüfröhrchen, Glasröhrchen, das ein chemisches Präparat enthält, welches mit dem zu messenden Stoff unter Farbänderung reagiert. Anhand der Länge der Farbreaktionszone kann die Konzentration der zu analysierenden Substanz halbquantitativ bestimmt werden.

Prüfwert ↗Schwellenwert.

P/R-Verhältnis, Verhältnis von ↗Produktion (P) zur ↗Respiration (R) in einem ↗Ökosystem. Bei einem P/R-Verhältnis > 1 nimmt die Biomasse zu, liegt es darunter, verringert sie sich. Das P/R-Verhältnis charakterisiert das Sukzessionsstadium von Ökosystemen, es nimmt im Laufe der ↗Sukzession zunehmend ab. In der Anfangsphase ist es hoch, wenn überwiegend produktive Biomasse (Blätter) vorhanden ist und kaum Atmungsverluste auftreten. Das Maximum der Biomassenzunahme wird in mittleren Sukzessionsstadien erreicht, wenn die Differenz zwischen Respiration und Produktion am größten ist. Mit zunehmenden Alter des Bestandes nimmt aber der Anteil an unproduktiver Biomasse (Stämme, Wurzeln) zu, bis in einem Altersbestand die Atmungsverluste den Biomassezuwachs auf hohem Niveau wieder ausgleichen (Abb.).

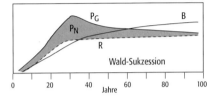

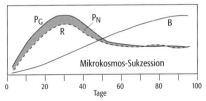

Psammit, Bezeichnung für ↗ terrigene Sedimente mit einer durchschnittlichen ↗ Korngröße im Sand-Bereich.

PSC, <u>p</u>olar <u>s</u>tratospheric <u>c</u>louds, ↗ Perlmutterwolken.

Psephit, Bezeichnung für ↗ terrigene Sedimente mit einer durchschnittlichen Korngröße im Kiesbereich.

Pseudoadiabate, Kurve in einem thermodynamischen Diagramm die sich ergibt, wenn der Wasserdampf in einem Luftvolumen bei einem adiabatischen Prozess kondensiert. Dabei wird angenommen, daß die dabei freiwerdende Kondensationswärme im Luftvolumen verbleibt, das kondensierte Wasser jedoch ausfällt.

Pseudoareal, *Flächenfärbung*, kartographische Darstellung, die über ein Gebiet gestreute Einzelobjekte oder nicht eindeutig lokalisierbare Erscheinungen oder Sachverhalte zu Flächen zusammengefaßt wiedergibt (↗ Flächenmittelwertmethode). Das Pseudoareal ist damit Ergebnis einer vornehmlich in der ↗ thematischen Kartographie praktizierten Methode der ↗ Generalisierung. Der unscharfe Charakter der Abgrenzung von Pseudoarealen wird durch konturlose Flächentöne oder ↗ Flächenmuster, auch durch gerissene oder punktierte ↗ Konturen ausgedrückt, die zugleich die Darstellung sich überlagernder Areale ermöglichen (Abb.). Werden zwei oder drei quantitative Stufen ausgewiesen, etwa »häufiges« und »seltenes« Vorkommen, gehen die Pseudoareale in eine Dichtedarstellung oder Intensitätsdarstellung über. Als Pseudoareale werden u. a. dargestellt: Verbreitungsgebiete von Volksbräuchen, von Tier- und Pflanzenarten, Viehzuchtgebiete, durch Lawinen oder Erdbeben gefährdete Gebiete. [KG]

Pseudoblockstrom, blockstromähnliches ↗ Blockmeer, jedoch nicht durch rezente oder pleistozäne ↗ periglaziale Prozesse entstanden. Pseudoblockströme entstehen als oberflächliche Blockanreicherungen in den Tropen durch tiefgründige ↗ Verwitterung und Freilegung unverwitterter Blöcke durch ↗ Abspülung der Verwitterungsdecke, z. B. auf entwaldeten Hängen. Es gab keine solifluidale (↗ Solifluktion) Bewegung des Verwitterungsmaterials oder der Blöcke.

Pseudo-Einbereichsteilchen, Korngrößenbereich ferromagnetischer oder ferrimagnetischer Materialien mit nur wenigen (zwei bis 10) magnetischen ↗ Domänen und magnetischen Eigenschaften (z. B. Koerzitivkraft, Stabilität einer ↗ remanenten Magnetisierung), die zwischen denen der ↗ Einbereichsteilchen und der ↗ Mehrbereichsteilchen liegen.

Pseudoeiskeil, Phänomen, das Ähnlichkeiten mit einem ↗ Eiskeil aufweist, jedoch nicht durch ↗ periglaziale Prozesse entstanden ist. Hierzu zählen z. B. verfüllte Trockenrisse, Erosions- oder Lösungsspalten und tektonisch bedingte Spalten.

Pseudoentfernung, *Pseudorange*, mit einem Uhrfehler behaftete Entfernungsmessung bei ↗ Global Positioning Systems (GPS). Das Navigationsprinzip bei GPS beruht auf der Einweg-Entfernungsmessung zwischen mindestens vier Satelliten und einem Nutzer. Wesentliche Beobachtungsgröße ist die Laufzeit eines Signals (Code-, Trägerphase) von der Satellitenantenne zur Empfangsantenne. Die Signallaufzeit wird aus dem Vergleich von Uhrablesungen im Sender und im Empfänger bestimmt und über die Ausbreitungsgeschwindigkeit (Lichtgeschwindigkeit) in eine Entfernung umgewandelt. Im allgemeinen kann nicht vorausgesetzt werden, daß beide Uhren miteinander synchronisiert sind, so daß die gemessene Laufzeit noch einen systematischen Fehler (Uhrfehler) enthält, durch den die ermittelte Entfernung verfälscht wird. Durch die Einbeziehung eines vierten Satelliten wird neben den drei Koordinaten X, Y, Z der Nutzerantenne jeweils der Uhrfehler mit bestimmt. [GSe]

Pseudofarbdarstellung, das menschliche Auge kann in einem Bild in der Regel nur wenige Grautöne unterscheiden, es ist aber für die Wahrneh-

P/R-Verhältnis: Entwicklung von Produktion und Respiration im Laufe der Wald- und Mikrokosmos-Sukzession, mit Primärproduktion (P_G), Nettoprimärproduktion (P_N) und Ökosystem-Respiration (R).

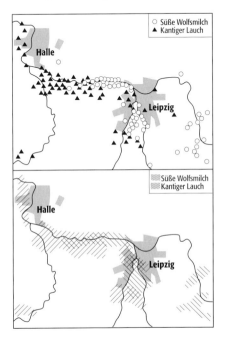

Pseudoareal: Darstellung der Verbreitung zweier Pflanzenarten nach der Punktmethode und als Pseudoareal.

mung von Farben stärker sensitiv. Daher wird oft die Grauskala durch eine Abbildung

$$f(x) = [R(x), G(x), B(x)]$$

in den Farbraum überführt, wo R, G und B die Intensitäten der additiven Farbmischung in den Basiskomponenten Rot, Grün und Blau darstellen. Diese Transformation wird als Pseudofarbdarstellung bezeichnet und läßt eine praktisch unbeschränkte Vielzahl von Präsentationen zu. Die Abbildung wird mittels der Look-up-Tabellen-Methode (/Look-up-Tabelle) in vielen graphischen Geräten über drei Farbintensitätstabellen realisiert, in denen die Werte für die Ausgangsintensitäten gespeichert werden. Durch die Kombination von Kontrastverstärkung und Pseudofarbdarstellung ist eine Verkettung der Transformation möglich. Die Pseudofarbdarstellung ist eine Fortführung der an einem Bild (Spektralband) angewendeten Methode des Farb-Density-Slicing. [MFB]

Pseudofossilien, natürliche Gebilde, Strukturen oder Minerale anorganischen Ursprungs, die einem /Fossil ähneln oder als solches interpretiert werden. Häufig sind es /Konkretionen (z.B. /Lößkindl) oder dendritische Mineralbildungen (/Dendriten). Besonders aus dem /Präkambrium stammen zahlreiche als frühe Lebensformen interpretierte Pseudofossilien.

Pseudogley, Bodentyp der Klasse der /Stauwasserböden oder /Stagnosols neben den Typen der /Stagnogleye und /Haftnässepseudogleye. Sie weisen redoximorphe Merkmale auf, die durch gestautes Niederschlagswasser verursacht wurden. Pseudogleye sind grundwasserferne Böden, in denen der Wechsel von Stauwasser und Austrocknung Konkretionen und Rostflecken im Aggregatinneren entstehen läßt, während die Aggregatoberflächen gebleicht erscheinen. Typische Pseudogleye weisen unter dem /Ah-Horizont einen gebleichten durchlässigen /Sw-Horizont und darunter einen dichten /Sd-Horizont auf. Pseudogleye sind weit verbreitete Böden humider Klimate und treten sowohl in den kalt- und gemäßigt humiden Gebieten als auch in Tropen und Subtropen auf. Sie sind vielfach gute Wiesen- und Waldböden. Es gibt etwa 15 Subtypen. Nach Klassifikation der /WRB sind es vorwiegend /Stagnosols. [MFr]

Pseudoisolinien, *Pseudoisarithmen*, *Wertgrenzlinien*, im englischen Sprachraum als /Isoplethen bezeichnet. Darstellung eines Wertefeldes von Erscheinungen und Sachverhalten, die in der kartographischen Verallgemeinerung als /Kontinua bzw. als statistische Oberfläche aufgefaßt werden, ohne ihrer Natur nach ein Kontinuum zu sein. So können verschiedene wirtschafts- und sozialgeographische Sachverhalte, z.B. die Bevölkerungsdichte, als Wertrelief vorgestellt und graphisch in dieser Art wiedergegeben werden. Aber auch die Siedlungsdichte und jede andere Verteilung, für die sich – bei Bezug auf Flächen – Dichten bestimmen lassen, werden verschiedentlich mit Pseudoisolinien dargestellt.

Pseudokarren, Lösungsformen an der Oberfläche von Silicatgesteinen, die vor allem in tropischen Klimaten auftreten. Da /Karren als typische /Karstformen an leicht lösliche Gesteine gebunden sind, werden sie an anderen Gesteinen als Pseudokarren bezeichnet, oder sie werden mit einem gesteinskennzeichnenden Zusatz versehen, z.B. /Granitkarren, /Pseudokarst, /Silicatkarst.

Pseudokarst, Begriff, der sehr uneinheitlich zur Kennzeichnung karstartiger Formen verwendet wird, die nicht in leicht löslichen Gesteinen entwickelt sind: a) für Formen, an deren Entstehung Lösungsvorgänge maßgeblich beteiligt waren (/Silicatkarst), b) für Formen, an deren Entstehung Lösungsvorgänge nicht beteiligt waren, z.B. Hohl- und Vollformen in /Periglazialgebieten, die durch subkutane Abschmelz- und Gefriervorgänge entstanden sind (/Thermokarst).

Pseudomonas, Gattung gramnegativer Stäbchen-Bakterien, die in Boden, Wasser, Abwasser und auf Pflanzen vorkommen. Sie sind in der Regel chemoorganotroph, fakultativ anaerob und zur /Denitrifikation fähig. Bei Sauerstoffmangel dient Nitrat als Wasserstoffakzeptor und wird zu NO, N_2O und vor allem N_2 reduziert.

Pseudomoräne, pleistozäner /Wanderschutt auf Hängen, der durch die /periglazialen Prozesse der /Frostsprengung und /Gelifluktion entstanden ist. Er wurde zunächst als /Moräne interpretiert. Echte Moränen gehören im Gegensatz dazu jedoch zum /glazialen Formenschatz.

pseudomorph, Umwandlung von Mineralen, bei denen die ursprüngliche Kristallform erhalten bleibt, während der Inhalt durch ein anderes Mineral ersetzt wird (/Pseudomorphose).

Pseudomorphose, Umbildung eines Minerals, bei der die äußere Kristallform erhalten bleibt, die inhaltliche Substanz aber verändert wird, das umgebildete Mineral oder -aggregat also eine »fremde« Kristallform erhält (Abb.). Bei der Um-

Pseudomorphose: verschiedene Arten von Pseudomorphosen.

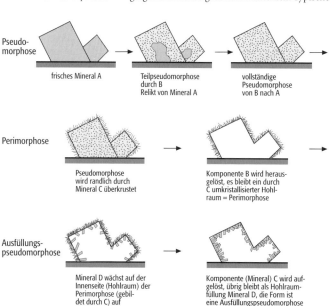

wandlung kann es sich um Festkörperreaktionen, thermischen Zersetzungen, Oxidationsreaktionen, Entwässerungsvorgänge oder Ausscheidungsreaktionen handeln. So wird z. B. Baryt (BaSO$_4$) durch veränderte Druck- und Temperaturbedingungen in NaCl-haltigen Lösungen aufgelöst, wobei sich anstelle des weggeführten BaSO$_4$ gleichzeitig SiO$_2$ in Form von Quarz aus den Lösungen abscheidet. Die äußere Form der Barytkristalle bleibt dabei erhalten, und man bezeichnet dies als Pseudomorphose von Quarz nach Schwerspat. Sogenannte versteinerte Steinsalzkristalle sind ein weiteres Beispiel einer Pseudomorphose. Das in Wasser leicht lösliche NaCl der ursprünglich vorhandenen Kristalle wird weggeführt und Sand oder Ton bleibt in den entstandenen Hohlräumen zurück. Im Laufe der Zeit verwittert das umgebende weichere Sedimentmaterial, während die härteren Pseudomorphosen (von Sandstein oder Tonschiefer nach Steinsalz) erhalten bleiben.
Vier Arten der Pseudomorphose werden unterschieden: a) ↗Paramorphose oder Umlagerungsparamorphose, bei der durch Änderung von Druck und Temperatur, aber bei Erhaltung der chemischen Zusammensetzung die ↗Kristallstruktur umgebaut wird (Bildung einer anderen ↗Modifikation, z. B. die Umwandlung von hexagonalem in trigonalen Quarz); b) *Umwandlungsparamorphose*, bei der der stoffliche Bestand teilweise verändert wird, d. h. Stoff zu- oder abgeführt wird; c) *Verdrängungsparamorphose* oder Ausfällungsparamorphose, bei der der stoffliche Bestand vollständig ausgewechselt wird (z. B. Quarz erfüllt die Form des herausgelösten Kalkspats, Ton oder Sand die des herausgelösten Kochsalzes); d) ↗Perimorphose oder Umhüllungsparamorphose, bei der ein Kristall (oft Kalkspat, Kochsalz, Schwerspat) von einer anderen Substanz (oft Quarz) eingehüllt und dann völlig herausgelöst wird, so daß nur ein Hohlraum zurückbleibt (negativer Kristall).

Pseudopeloide, *Pseudopellets*, ↗Peloide.

Pseudoplankton, Organismen, die festsitzend (↗sessil) auf treibenden oder anderweitig mobilen Untergründen siedeln und mit ihrer Unterlage passiv, zum Teil über erhebliche Entfernungen, verfrachtet werden. Potentielle Anheftungsgründe können Treibholz (Abb.), treibende Tange, andere Tiere (z. B. Buckelwale) oder der Rumpf von Schiffen darstellen. Spektakuläre fossile Funde von pseudoplanktonisch lebenden ↗Crinoidea sind aus dem ↗Posidonienschiefer des unteren ↗Jura Süddeutschlands überliefert. Die bis 18 m langen Crinoiden siedelten zusammen mit Muscheln auf Treibhölzern. Vermutlich sanken die Hölzer unter der zunehmenden Last der aufwachsenden Organismen allmählich auf den ↗anaeroben Meeresboden. Weitere pseudoplanktonisch lebende Organismen der fossilen und rezenten Welt sind Bryozoen, Schnecken, Serpuliden, Korallen, byssustragende Muscheln, Balaniden und dendroide Graptolithen. [EM]

pseudoplastische Bilddarstellung, in der Fernerkundung v. a. in den 1980er Jahren erzeugte Darstellung von Bilddaten, bei denen mittels eines einfachen ↗Richtungsfilters durch die bei einer derartigen Filter-Operation entstehenden ↗Kontrastverstärkungen entlang linearer Bildmerkmale ein scheinbarer plastischer Eindruck entsteht. So scheinen Flüsse in tiefergelegenen Betten zu fließen oder Wälder sich über umliegendes Feld- und Wiesenterrain zu erheben.

pseudopotentielle Temperatur, Temperatur, die ein Luftpaket annimmt, wenn es zunächst vom Kondensationsniveau solange in der Vertikalen angehoben wird, bis der gesamte Wasserdampf ausgefallen ist und von diesem Punkt wieder trockenadiabatisch auf den Luftdruck 1000 hPa gebracht wird.

Pseudorange ↗Pseudoentfernung.

Pseudosand, durch Aggregatbildung aus kleineren Partikeln gebildetes Substrat von Sandkorngröße (↗Korngröße). Die Aggregierung ist die Voraussetzung für saltierenden Transport (↗Saltation) und ermöglicht so die Bildung von Ton- oder Lößdünen. In Trockengebieten entsteht Pseudosand häufig unter Beteiligung von ↗Salzen oder ↗Gips.

Pseudosektion, *Pseudotiefensektion*, Darstellung von Übertragungsfunktionen, z. B. des scheinbaren spezifischen Widerstands, als Funktion der Periode T in den elektromagnetischen Verfahren oder der halben Auslagenweite $L/2$ in der Geoelektrik/IP entlang eines Meßprofils. Da mit wachsender Periode bzw. Auslagenweite immer größere Tiefenbereiche erfaßt werden, geben Pseudosektionen einen ersten Überblick über die Leitfähigkeitsverteilung.

Pseudosteinstreifen, können an steilen Hängen durch die Ausspülung von Feinmaterial entstehen. Sie werden nicht durch ↗periglaziale Prozesse gebildet.

Pseudosymmetrie, *Scheinsymmetrie*, wird ein Objekt und insbesondere eine Kristallstruktur durch eine starre Symmetrieoperation nur bis

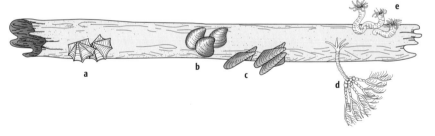

Pseudoplankton: auf Treibholz siedelndes Pseudoplankton (Rekonstruktion nach liassischen Funden im süddeutschen Posidonienschiefer): a-c) byssate Muscheln (a = *Oxytoma*, b = *Inoceramus*, c = *Gervillia*), d) Crinoiden (*Pentacrinus*), e) Serpuliden.

auf wenige Atome (mit kleinen Lageabweichungen) mit sich zur Deckung gebracht, so spricht man von Schein- oder Pseudosymmetrie. Pseudosymmetrische Strukturen erfordern besondere Aufmerksamkeit in allen Stadien der Kristallstrukturbestimmung. In der Regel wird die Pseudosymmetrie erst durch die Aufspaltung von Atomen im Strukturbild oder unplausibel veränderte interatomare Abstände in Kristallstrukturen bemerkt. Zur Diskussion von Pseudosymmetrien ist die Kenntnis der möglichen Untergruppen einer Raumgruppe erforderlich.

Pseudotachylith, Störungsgestein, welches in Tiefen von 1 km bis maximal 10–15 km auftritt, bestehend aus dunkler glasiger Matrix und zahlreichen eckigen Mineralbruchstücken. Pseudotachylithe finden sich häufig in kleinen Gängen, die scharfe Kontakte zum Nebengestein besitzen. Der Name rührt von Ähnlichkeiten mit Tachyliten (vulkanisches Glas) her. Voraussetzung für die Entstehung von Pseudotachylithen ist ein trockenes Gestein und sehr schnelle tektonische Bewegungen im Zusammenhang mit Erdbeben. Die hierbei entstehende Reibungswärme läßt das Gestein aufschmelzen.

Pseudotektonik, Gesteinsdeformationen, die nicht durch Kräfte und Bewegungen aus dem Erdinnern verursacht werden (endogene Tektonik), sondern durch ↗atektonische Prozesse an der Erdoberfläche (exogene Prozesse) ausgelöst werden. Beispiele sind Rutschungen, gravitative Schichtverbiegungen infolge von Hangkriechen, Schichtverbiegung durch Setzung, Quellfaltung, diagenetisch bedingte Deformation, Einbrüche über Auslaugungshohlräumen (↗Dolinen), Einwirkung von Gletschern auf den Untergrund und ↗Kryoturbation.

Pseudovergleyung, Wasserüberschuß bewirkt Wassersättigung in den durchwurzelten Grobporen bzw. Aggregatzwischenräumen. Durch Reduktion an den Rändern beginnt die Lösung von Fe- und Mn-Oxiden. Die gelösten Ionen diffundieren in das Aggregatinnere, dort findet evtl. erneute Oxidation und Fällung durch den vorhandenen Sauerstoff statt. Bei nachfolgender Austrocknung werden die Grobporen zuerst entwässert, füllen sich mit Sauerstoff, der dann auch in die Aggregate diffundiert und die Mn^{2+} und Fe^{2+} Ionen oxidiert. ↗Rostflecken und ↗Konkretionen entstehen im Aggregatinneren und durchsetzen die Bodenmatrix. Pseudovergleyung führt im Gegensatz zur ↗Vergleyung zu einer Umverteilung der Nährstoffe innerhalb einzelner Horizonte, die sich im wurzelfernen Aggregatinneren anreichern.

Psilophytopsida, *Urfarne*, Klasse der ↗Pteridophyta, ursprünglichste, isospore ↗Tracheophyten mit heterophasischem und heteromorphem Generationswechsel, aus denen sich alle übrigen Pteridophyta und die ↗Progymnospermen ableiten. Sie kommen vom Silur bis Mitteldevon vor. Der Sproß des ↗Sporophyten ist ein einförmig gebautes, binsenförmiges, gabelig verzweigtes, kahles ↗Telom mit einem zentralen Leitbündelstrang (Proto- bis Aktino-Stele), ↗Rhizomen mit ↗Rhizoiden, endständigen oder seitlich stehenden ↗Sporangien und partiell entwickelter ↗Cuticula mit ↗Stomata. Erstmals in der Erdgeschichte wurden die Biopolymere Cutin und ↗Lignin synthetisiert.

Die bisher älteste Landpflanzengattung *Cooksonia* gehört zu den morphologisch einfachst gebauten Rhyniales mit endständigen Sporangien an einem kahlen, aber von einer Cuticula bedeckten Telom. Das ↗Leitbündel bestand nur aus gestreckten, dünnwandigen und plasmalosen Zellen (Hydroiden) oder einer zentralen Tracheiden-Säule, die von einem einfachen Phloem ohne Siebzellen umgeben ist (Protostele). Bei den Rhyniales war nur je ein Sporangiun endständig an den ↗Sproßachsen entwickelt, im Gegensatz zu den meist ährenförmig, zweizeilig angeordneten Sporangien der Zosterophyllales, die als überwiegend submerse Wasserpflanzen lebten. Nur die über die Wasseroberfläche ragenden Sporangien haben eine Cuticula. Diese Ordnung ist vermutlich die Ahnengruppe der ↗Lycopodiopsida. Zu den höchst entwickelten Trimerophytales zählen Pflanzen mit gestreckten Sproß-Hauptachsen und dichotomen oder trifurcaten Seitenachsen, an denen Sporangien endständig in Gruppen angeordnet sind und die als Vorfahren der ↗Progymnospermen gelten. Andere Taxa dieser Ordnung besitzen abwärts gerichteten Sporangien an gekrümmten Achsen oder leitbündellose Epidermisausstülpungen (Emergenzen). [RB]

Psilotopsida, *Gabelblattgewächse*, nur rezent mit vier Arten bekannte Klasse der ↗Pteridophyta, die aber in ihrer Organisationshöhe an die ursprünglichsten Farnpflanzen (↗Psilophytopsida) anschließen, andererseits aber auch Anklänge zu den ↗Lycopodiopsida und den ↗Pteridopsida zeigen. Der mit ↗Rhizomen verankerte ↗Sporophyt hat eine Aktino-Stele, trägt seitenständige, verwachsene ↗Sporangien mit Isosporen sowie Mikrophylle (↗Blatt). Auch der verglichen mit dem Sporophyt große ↗Gametophyt, das Prothallium, kann von einem ↗Leitbündel mit Tracheiden durchzogen sein.

Psychrometer, kombiniertes Meßgerät für die Temperatur und die ↗Luftfeuchte. Es besteht aus zwei Thermometern. Bei einem wird der Fühler mittels eines wassergetränkten Strumpfes feucht gehalten. Beim *Aßmannschen Aspirationspsychrometer* sind beide Thermometer in verchromten Rohren strahlungsgeschützt ummantelt und werden von einem Ventilator mit einem konstanten Luftstrom ventiliert. Beim *Schleuderpsychrometer* wird der Luftstrom durch kreisende Bewegungen der Thermometer erzeugt. Das feuchte Thermometer kühlt sich aufgrund der Verdunstung auf die ↗Feuchttemperatur ab, während das trockene Thermometer die ↗Lufttemperatur mißt. Aus der Differenz der beiden Temperaturen (*Psychrometerdifferenz*) kann die ↗Luftfeuchte entweder tabellarisch (*Psychrometertabelle*) oder rechnerisch (*Psychrometerformel*) abgeleitet werden.

Psychrometerdifferenz ↗Psychrometer.

Psychrometerformel ↗Psychrometer.
Psychrometertabelle ↗Psychrometer.
p-T-Diagramm, *Phasendiagramm, Zustandsdiagramm, Stabilitätsdiagramm*, Diagramm, in dem auf den Koordinaten die Zustandsvariablen Druck und Temperatur abgetragen sind (↗Phasenbeziehungen). p-T-Diagramme enthalten Angaben über die in dem betreffenden System auftretenden Phasen, ihre Mischbarkeit und Entmischungen, Mischkristallbildung, Mischkristalle, über Stabilitäts- und Mischkristallbereiche, kritische Punkte, eutektische Punkte, Tripelpunkte, Soliduskurve, Liquiduskurve, kongruentes und inkongruentes Schmelzen etc. ↗Einstoffsysteme, ↗binäre Systeme, ↗Phasendiagramm.

Pteridophyta, *Farnpflanzen*, Abteilung des Regnums ↗Plantae mit den Klassen ↗Psilophytopsida, ↗Psilotopsida, ↗Lycopodiopsida, ↗Equisetopsida und ↗Pteridopsida. Pteridophyta sind die ursprünglichsten ↗Tracheophyten, die sich von ↗Chlorophyta aus dem Formenkreis ursprünglicher ↗Charophyceae ableiten und im Obersilur/Devon mit der Besiedlung des Festlandes begonnen haben. Sie kommen vom Silur bis rezent vor. Im heterophasischen und heteromorphen Generationswechsel der Pteridophyta bildet der den Generationswechsel dominierende ↗Sporophyt den augenfälligen, typischen Pflanzenkörper aus ↗Wurzel, ↗Sproßachse und ↗Blättern in dessen ↗Sporangien nur ein einziger Meiosporentyp (Isosporie) entsteht. Die ↗Sporen der Pteridophyta sind catatrem, d. h. sie haben eine proximale Keimstelle. Der daraus wachsende ↗Gametophyt bildet das Prothallium, einen ↗Thallus mit Antheridien und Archegonien (↗Archegoniaten, ↗Gametangium). Bei höher entwickelten Formen tritt in verschiedenen Klassen der Pteridophyta Heterosporie auf. Dann entstehen in Mikrosporangien Mikrosporen, die kleine männliche Prothallien bilden, und in Makrosporangien Makrosporen, aus denen die größeren weiblichen Prothallien keimen. Diese Makrosporen sind bis mehrere Millimeter groß, entsprechend schwer und können deshalb nur in der Nähe der Mutterpflanze durch Wasser verdriftet werden. Morphologische Differenzierungen des Exospor erhöhen die Schwebefähigkeit der Spore. Mit der Fortentwicklung der heterosporen Pteridophyta ist eine Gametophytenreduktion zu kleinen männlichen und größeren weiblichen, aber immer zellarmen Gametopythen verbunden, die nun nicht mehr frei leben, sondern sich (mitunter innerhalb weniger Stunden) in der Spore mehr oder weniger stark eingeschlossen entwickeln. Das kann dazu führen, daß besonders die männlichen Gametophyten komplett von der Mikrosporenwand umschlossen bleiben und auf wenige vegetative Zellen sowie ein Antheridium reduziert sind, und nur noch die Spermatozoide aus der Mikrospore austreten. Bei der weniger drastischen Reduktion des weiblichen Gametophyten entsteht innerhalb der Megasporenwand ein mehrzelliges Megaprothallium mit Archegonien. Wird die Eizelle eines Archegoniums nach dem Aufreißen der Sporenwand befruchtet, entwickelt sich der ↗Embryo zunächst noch in der Megaspore, bevor er dann zum Sporophyten keimt. Unabhängig von den ↗Spermatophyta haben die Pteridophyta bei den Lepidospermae (Samenbärlappe) aus der Familie Lepidodendraceae (↗Lycopodiopsida) schließlich mit extremer Heterosporie die Samenbildung entwickelt. Dazu kommt es, wenn sich die Megaspore nicht mehr aus dem Megasporangium löst, so daß Befruchtung und Embryobildung auf dem Sporophyten erfolgen und sich erst dann das Sporangium samt Samenanlage vom Sporophyten trennt. Das Erstauftreten der Pteridophyta markiert den Beginn des ↗Paläophytikums und vom Devon bis ins Unterperm dominieren sie die an feuchte Standorte gebundene Landflora gegenüber den noch weit untergeordneten Spermatophyta. Sie sind an diese feuchten Standorte gebunden, weil sie a) wegen der funktionsschwachen Wasser-Leitbündel der Sporophytengeneration, wegen b) erst recht wegen ihrer leitbündellosen thallösen Gametophyten und c) wegen der an Wasser gebundenen Vermehrungsweise durch Spermatozoide trockene Standorte nicht tolerieren können. Deshalb verloren die Pteridophyta auch sehr schnell diese Vormachtstellung, als sich bei dem im Perm plötzlich und drastisch trockener werdenden Klima die Vermehrungs- und Verbreitungsstrategien der Spermatophyta als Vorteil bei der Besiedlung trockener Lebensräume durchsetzten. Rezent haben die Pteridophyta nur noch einen Anteil von ca. 3% (isospore Pteridophyta) bzw. ca. 0,3 % (heterospore Pteridophyta) am Artenspektrum der Landpflanzen. [RB]

Pteridopsida, *Filicopsida, echte Farne*, Klasse der ↗Pteridophyta mit meist großen und reich geaderten Megaphyllen (↗Blatt), die im Gegensatz zu den Blättern der ↗Spermatophyta akroplast wachsen (d. h. auch wenn die Zellen der Blattbasis schon ausdifferenziert sind, wächst die Spitzenregion der Blätter noch weiter), sowie charakteristischem Generationswechsel zwischen Gametophyten-Thallus und Sporophyten-Kormus. Pteridopsida kommen vom Unterdevon bis rezent vor. Sie haben sich aus den ↗Psilophytopsida entwickelt und hatten ihre maximale Entfaltung im Jungpaläozoikum. Verglichen mit anderen Pteridophyta waren sie aber auch im Mesozoikum nicht stark vertreten und haben sich bis in die Gegenwart artenreich erhalten, wachsen jedoch nur auf zumindest zeitweise nassen Standorten.

a) Die isospore Unterklasse Protopteridiidae (Primofilices), vom Unterdevon bis Unterperm, leitete sich aus den Psilophytopsida ab und zeigte in einer Entwicklungsreihe den allmählichen Übergang zu den typischen Farnen: Zunächst büschelig gestellte Gabeltriebe verwachsen zu unregelmäßig gabelig verzweigten Blättchen, aus denen schließlich bei weitergehender seitlicher Verwachsung größerflächige, gabeladrige Makrophylle entstanden. Die noch nicht in einer Ebene liegenden Fiederabschnitte bildeten dreidimensionale Raumwedel. Auch die ↗Stele entwickelte sich von einer Protostele bis zur Eustele. Die bei den ursprünglichen Protopteridiidae

P-T-t-Pfad: Druck-Temperatur-Diagramm mit radiometrisch bestimmten Mineralaltern (in Mio. Jahren = Ma) für Gesteine des Tauern-Fensters in den Zentralalpen (OSH = obere Schieferhülle; USH = untere Schieferhülle). Es ergibt sich ein für Kontinent-Kontinent-Kollisionen typischer P-T-Verlauf im Uhrzeigersinn: Das Granatwachstum fand in beiden Einheiten während des Höhepunktes einer tertiären Subduktionszonenmetamorphose statt. Während der anschließenden, isothermalen Heraushebung kommt es zu retrograden Mineralneubildungen (Hornblende, Biotit), deren radiometrische Datierung den zeitlichen Verlauf der Überprägungen erkennen läßt.

Ptolemäus, *Claudius*

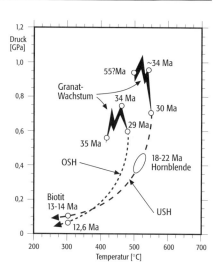

noch endständigen ↗Sporangien waren mehrschichtig, verlagerten sich dann aber bei höher entwickelten Taxa an den Blattrand.
b) Die Sporangien der isosporen Unterklasse Ophioglossidae (Eusporangiatae), vom Oberdevon bis rezent, haben mehrschichtige Wände ohne besonderen Öffnungsmechanismus und sitzen am Rand oder auf der Unterseite von Fiederästen der Raumwedel frei oder in Sori zusammengefaßt oder in Kapseln eingeschlossen. Hierzu zählen die Marattiales (Oberkarbon bis rezent) mit baumförmigem Wuchs und maximaler Entfaltung im Unterperm.
c) Die Unterklasse Pteridiidae (Leptosporangiatae), vom Oberkarbon bis rezent, mit einer einschichtigen Sporangienwand und speziellem Öffnungsmechanismus des Sporangiums durch Annulus-Zellen, war vor allem im ↗Mesophytikum mit baum- und krautförmigem Habitus stark vertreten. Es sind die rezent häufigsten und überwiegend schattenliebenden Farnpflanzen. Die Stämme haben eine Siphono- und Polystele und werden nicht durch sekundäres Dickenwachstum stabilisiert, sondern durch Sklerenchymplatten und Blattspurstränge, die in der Rinde verlaufen.
d) Die Unterklasse Hydropteridiidae (Salviniidae, Wasserfarne), von der Unterkreide bis rezent, sind verwurzelte oder freischwimmende heterospore Wasserfarne und fossil vor allem durch große Megasporen belegt (Azolla, Salvinia). [RB]

Pteropodenschlamm, unverfestigtes ↗pelagisches Sediment, vor allem aus aragonitischen Pteropoden (Flügelschnecken) bestehend.

P-T-Gradient, *Druck-Temperatur-Gradient,* ↗*metamorpher Gradient.*

Ptolemäus, *Claudius,* (griech. *Klaudios Ptolemaios*) (Abb.), bedeutender Astronom, Mathematiker und Geograph der Antike, * ca. 100 in Hermiou/Oberägypten, † 180 Alexandria. Zu seinem Leben existieren nur vage Angaben aus byzantinischer Zeit, gesicherte Daten liegen von Sternbeobachtungen zwischen den Jahren 127–141 vor. Er war tätig im Museum von Alexandria. Seine bekanntesten Werke sind die »Mathematikè syntaxis«, »Tetrabiblos« und die »Geographikè hyphegesis« (»Einführung in die Geographie«). Bei letzterem handelt es sich um ein achtbändiges Werk und die vollkommenste antike Länderkunde. Sie enthält Längen- und Breitengrade von etwa 8000 Orten; auf der Grundlage der hier behandelten mathematischen Geographie wurden später die ptolemäischen Karten gezeichnet.

PTRM ↗thermoremanente Magnetisierung.

p-T-Stabilitätskurve, Linie, welche den Stabilitätsbereich z.B. eines Minerals in einem Druck–Temperatur–Diagramm (↗p-T-Diagramm) beschreibt.

P-T-t-Pfad, *Druck-Temperatur-Zeit-Pfad,* durch geothermobarometrische und geochronologische Untersuchungen (↗Geothermobarometrie) abgeleiteter zeitlicher Verlauf von Druck und Temperatur während einer ↗Metamorphose. Der P-T-t-Pfad eines Gesteins wird durch die jeweilige tektonische Situation, in der die metamorphe Entwicklung abläuft, bestimmt. Beispielsweise ergeben sich bei der schnellen Subduktion von kalter ozeanischer Kruste zunächst sehr geringe Temperaturzunahmen mit der Tiefe, während sich bei der anschließenden Heraushebung – je nach Art des tektonischen Mechanismus – deutlich höhere geothermische Gradienten einstellen. Im P-T-Diagramm zeigen solche Gesteine einen Verlauf im Uhrzeigersinn (Abb.), während Gesteine, die in Gebieten mit großräumigen magmatischen Intrusionen versenkt werden, einen Verlauf entgegen dem Uhrzeigersinn zeigen können.

Pt-100-Verfahren, Widerstandsthermometer aus Platin (Pt). Bei einer Temperatur von 273,15 K (0°C) beträgt der Normwiderstand 100 Ω.

ptygmatische Faltung ↗Migmatit.

Pufferkapazität, 1) *Hydrologie:* Pufferwert, ↗Pufferlösung. **2)** *Landschaftsökologie:* ökologische Belastbarkeit, begrenztes Vermögen eines ↗Ökosystems, Belastungen unterschiedlichster Art auszugleichen, ohne daß diese zu einer anhaltenden Beeinträchtigung des Leistungsvermögens führen. Eine hohe ökologische Pufferkapazität läßt somit eine relativ höhere Belastung des Systems zu als eine niedrige. Die ökologische Pufferkapazität wird von verschiedene Faktoren im System bewirkt, beispielsweise besitzt der Boden eine spezifische Pufferkapazität.

Pufferlösung, *Puffer,* Lösung einer schwachen Säure mit einem vollständig dissoziierten Salz dieser Säure oder einer schwachen Base mit einem dissoziierten Salz dieser Base. Bei Zugabe von Säure oder Base ändert sich der pH-Wert der Pufferlösung kaum, da die zugeführten H$^+$- bzw. OH$^-$-Ionen abgefangen (abgepuffert) werden. Die Pufferkapazität ist Maß dafür, wie stark sich der pH-Wert der Lösung auf Zugabe eines definierten Volumens einer starken Säure bzw. Base ändert. Sie ist umso höher, je mehr einer bestimmten Säure- bzw. Basenmenge zugegeben werden kann, ohne daß sich ihr pH-Wert nennenswert ändert. Pufferlösungen spielen in der Natur eine wichtige Rolle, da sie die für die Organismen verträglichen pH-Bereiche regeln.

Pufferung, allgemein die Fähigkeit von Systemen elastisch, d. h. ohne äußerlich erkennbare Veränderungen der systemrelevanten Eigenschaften, auf äußere Einwirkungen zu reagieren. Darunter versteht man in der Bodenkunde im allgemeinen die Fähigkeit der Bodenbestandteile in den Boden gelangende Protonen abzufangen, ohne das sich der pH-Wert des Bodens verändert. Weiterhin wird darunter die Fähigkeit des Bodens verstanden, mit Schadstoffen so zu reagieren, daß eine Schadwirkung auf Organismen entweder unterbleibt oder abgeschwächt wird. Dies kommt meist dadurch zustande, daß die Schadstoffe von den Austauschern des Bodens gebunden werden, oder mit bodenbürtigen Substanzen reagieren und dadurch weitgehend immobilisiert oder abgebaut werden. ↗Pufferlösung.

Pulfrich, *Karl*, Optiker, Konstrukteur, * 24.09.1858 Burscheid, † 12.08.1927 Timmendorfer Strand; Studium der Physik, Mathematik und Mineralogie an der Universität in Bonn, 1885 Promotion, 1885–1890 Assistent und Privatdozent in Bonn, seit 1890 wissenschaftlicher Mitarbeiter von Carl Zeiß in Jena; Arbeiten zur Refraktometrie und zu optischen Meßgeräten; ab 1896 Arbeiten zur ↗Stereoskopie: Konstruktion eines stereoskopischen Entfernungsmessers. Begründer der ↗Stereophotogrammetrie durch Einführen des Prinzips der wandernden Marke in die ↗photogrammetrische Bildauswertung; 1901 Konstruktion des ↗Stereokomparators und 1911, gemeinsam mit ↗von Orel, des Stereoautographen; Konstruktion von Aufnahmegeräten für die ↗terrestrische Photogrammetrie und wissenschaftliche Arbeiten zur Farbenlehre; 1917 Berufung als Professor, 1923 Ehrenpromotion an der TH München. [KR]

Pull-apart-Becken, *Pull-apart-Struktur, Zerrgraben*, 1) Absenkungsbereich, der an den Seiten von zwei staffelförmig angeordneten, sich überlappenden Blattverschiebungen (↗Horizontalverschiebung) und an den Enden von ↗Abschiebungen begrenzt wird, welche die beiden Horizontalverwerfungen miteinander verbinden. b) Absenkungsbereich im nichtblockierenden Krümmungsbereich (releasing bend) einer Blattverschiebung (Abb.). Pull-apart Strukturen kommen sowohl im Mikro- und Makrobereich als auch im regionalen Bereich vor. ↗Transtension.

Pulsarzeit, aus der extrem gleichmäßigen Strahlungsperiode von Pulsaren abgeleitete Zeit.

Pulsationen, *ULF-Pulsationen*, periodische Variationen im Magnetfeld mit Perioden von 1 s bis 600 s, die durch Resonanzerscheinungen in der Magnetosphäre erzeugt werden. Physikalische Grundlagen sind die magnetoakustischen und magnetischen Ausbreitungsarten der ↗Alfvén-Wellen.

Puls-Neutron-Gamma-Messung, verwendet einen gepulsten Neutronenstrahl, im Gegensatz zum normalen Neutron-Gamma-Log (↗Neutron-Log), bei dem ein kontinuierlicher Neutronenstrahl ausgesendet wird. Dieses Log wird hauptsächlich zur Kontrolle des Öl/Wasser- und Gas/Wasser-Sättigungsverhältnisses eingesetzt.

Pultscholle ↗*Kippscholle*.

Pulverbeugungsdatei, *powder diffraction file*, Datei, in der die Beugungsintensitäten der stärksten Braggreflexe, die durch ihre d-Werte (↗Braggsche Gleichung) und (*hkl*)-Indizes gekennzeichnet sind, von pulverförmigen, polykristallinen Proben von rund 115.000 Verbindungen gespeichert sind. Die Ausgabe 1998 enthält Daten von rund 20.000 organischen und 95.000 anorganischen Verbindungen.

Pulver-Beugungsmethoden, Verfahren zur Untersuchung von Kristallpulvern oder kristallinen Konglomeraten durch Beugung von Röntgen- oder Neutronenstrahlen. Das untersuchte Präparat besteht aus einer großen Anzahl von Kristallen, deren Durchmesser im Bereich von 1–10 µm liegen und die möglichst regellos orientiert sein sollen (anderenfalls treten Textureffekte (↗Textur) auf). Wird eine Pulverprobe mit monochromatischer Strahlung untersucht, so beobachtet man die abgebeugten Strahlen längs koaxialer Kegel um den Primärstrahl mit einem gesamten Öffnungswinkeln von $4\Theta_n$ ($n = 0,1,2 \ldots$), wobei die diskreten Winkel Θ_n die halben Beugungswinkel zur n-ten Ordnung der ↗Braggschen Gleichung sind. Diese hängen von den materialspezifischen Gitterparametern der untersuchten Substanz ab. Die Öffnungswinkel der Kegel können mit verschiedenen Verfahren gemessen werden. Pulvermethoden dienen vorwiegend zur Identifikation des untersuchten Materials und zur qualitativen und quantitativen Gemengeanalyse mit Hilfe ausführlicher Dateien, in denen die Gitterparameter und Beugungsintensitäten der stärksten Braggreflexe für rund 120.000 Verbindungen abgelegt sind (↗Pulverbeugungsdatei). Die einzelnen Pulververfahren unterscheiden sich durch die Meßsonde und die Geometrie der Meßanordnung. Die gebräuchlichsten Verfahren sind ↗Debye-Scherrer-Verfahren, ↗Guinier-Methode und Pulverdiffraktometer-Methode (↗Pulver-Diffraktometer). [KH]

Pulver-Diffraktometer, Gerät zur Messung der winkelabhängigen Intensität bei der Beugung an pulverförmigen, polykristallinen Proben mit Hilfe eines elektronischen Detektors, dessen Bewegung heute fast immer unter Rechnerkontrolle gesteuert wird. ↗Diffraktometer, ↗Pulver-Beugungsmethoden, ↗Röntgenstrukturanalyse.

Pulverpräparat ↗*Streupräparat*.

Pulverschnee ↗*Lockerschnee*.

Pumpellyit, *Chlorozeolith, Lotrit, Zonochlorit*, nach dem amerikanischen Geologen R. Pumpelly benanntes Mineral (Abb.) mit der chemischen Formel $Ca_2MgAl_2[(OH)_2|SiO_4|Si_2O_7] \cdot H_2O$ und monoklin-prismatischer Kristallform; Farbe: blaugrün; Härte nach Mohs: 5,5; Dichte: 3,2 g/cm³; Spaltbarkeit: vollkommen nach (*001*), weniger vollkommen nach (*100*); Aggregate: feinadelig, tafelig, leistenförmig; häufig Zwillinge; Vorkommen: als Übergangsstufe zur Blauschieferfazies (↗Prehnit-Pumpellyit-Fazies) bzw. als autohydrothermale Mandelfüllung in Diabas- und Basaltmandelstein (Melaphyren und Porphyriten); Fundorte: Lotru (Siebenbürgen, Ru-

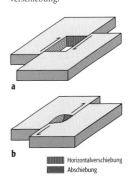

Pull-apart-Becken: a) Pull-apart-Becken, das von zwei staffelförmig angeordneten, sich überlappenden Blattverschiebungen sowie an den Enden von Abschiebungen begrenzt ist. b) Pull-apart-Becken im nichtblockierenden Krümmungsbereich einer Blattverschiebung.

▓ Horizontalverschiebung
■ Abschiebung

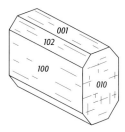

Pumpellyit: Pumpellyitkristall.

Pumpversuch: Gliederung der Pumpversuche.

mänien), Cliff Mine am Oberen See (Michigan, USA), Witwatersrand in Südafrika (↗Witwatersrand Gold-Uran-Seifenlagerstätten), Haiti.

Pumpspeicherwerk, eine ↗Wasserkraftanlage. Da elektrische Energie in großtechnischem Maßstab nicht wirtschaftlich zu speichern ist, wird Überschußenergie, z. B. aus Laufkraftwerken, dazu benutzt, Wasser aus einem tiefer gelegenen Speicher in einen höher gelegenen zu fördern. Damit wird elektrische Energie in Form von potentieller Energie gespeichert. In Starklastzeiten wird dieses Wasser über die ↗Turbinen des Kraftwerkes abgearbeitet. Ein Pumpspeicherwerk erfordert daher neben Oberbecken und Unterbecken sowie den Anlagen zur Erzeugung von elektrischer Energie auch ausreichende Pumpensätze.

Pumptest, die Überprüfung einer Grundwassermeßstelle auf ihre Betriebstauglichkeit durch die Entnahme von Grundwasser. Der Pumptest darf nicht verwechselt werden mit dem ↗Pumpversuch, der zur Bestimmung der hydrogeologischen Kenngrößen eines Grundwasserleiters, z. B. des ↗Durchlässigkeitsbeiwertes, durchgeführt wird.

Pumpversuch, nach DIN 4049–3 eine zeitlich begrenzte Entnahme von Grundwasser aus einem oder mehreren Brunnen zur Bestimmung geohydraulischer Kenngrößen und entnahmebedingter Veränderungen der Grundwasserbeschaffenheit. Je nach ihrer Zielsetzung unterscheidet man zwischen Versuchen zur Bestimmung der hydraulischen Kennwerte eines Grundwasserleiters, z. B. k_f-Wert, Transmissivität und Speicherkoeffizient. Die Kenntnis dieser Parameter ist wichtig für lokale und regionale Grundwasserbelange, wie z. B. Grundwasserabfluß, -neubildung, Ergiebigkeit, Grundwassererschließung, Grundwasserschutz etc. Diese Versuche verlangen neben der eigentlichen Grundwasserentnahme die Beobachtung der Grundwasserhöhe in weiteren Grundwassermeßstellen. Aus Entnahmemenge, Absenkungsbetrag des Grundwassers und Abstand der beobachteten Grundwassermeßstellen zum Entnahmebrunnen können die hydraulischen Parameter berechnet werden. Des weiteren werden Pumpversuche zur Ermittlung der Brunnenleistung, der maximalen Absenkung des Wasserspiegels im Brunnen, der maximalen Entnahmerate usw. eingesetzt. Die Beobachtung erfolgt in der Regel nur im Brunnen selbst, wobei die Absenkung, Entnahmemenge und Beharrungszeiten zur Festlegung bzw. Berechnung der Brunnencharakteristik herangezogen werden.
Hinsichtlich der Durchführung unterscheidet man zwischen stationären und instationären Pumpversuchen. Bei stationären Pumpversuchen wird solange gepumpt, bis sich ein stationärer Strömungszustand eingestellt, d. h. die Absenkung nicht mehr weiter zunimmt. Dies wird erreicht, wenn die Entnahmerate im Gleichgewicht mit positiven Randbedingungen (↗Grenzbedingungen; Wasserzutritt aus einem Vorfluter), Leakage (Wasserzutritt aus einer semipermeablen Schicht bei halbgespannten Grundwasserleitern) oder Neubildung (vertikaler Zufluß, der im Unterschied zur Leakage unabhängig von der Absenkung ist) steht. Die instationären Pumpversuche sind dadurch gekennzeichnet, daß sich bei der Versuchsdurchführung noch keine stationären Strömungsverhältnisse eingestellt haben. Für diese Versuche ist es deshalb notwendig, die Grundwasserabsenkung in Abhängigkeit von der Zeit regelmäßig zu messen. Ein weiteres Merkmal zur Unterteilung von Pumpversuchen ist die Versuchsdauer. Kurzzeitpumpversuche dauern i. d. R. nur Minuten, Stunden, Tage bis maximal einige Wochen. Langzeitpumpversuche dauern z. T. über Jahre hinweg und erlauben so alle saisonalen Schwankungen im hydrologischen Jahr abzudecken. Nach ihrer Zielsetzung unterscheidet man außerdem Vor- oder Zwischenpumpversuche zur groben Bestimmung von hydraulischen Parametern oder der Brunnenleistung oder der Entnahmerate für den eigentlichen Pumpversuch. Diese Versuche werden mit weniger zeitlichem und materiellem Aufwand (kürzere Dauer, weniger Meßstellen usw.) durchgeführt. Pumpversuche werden ebenfalls zur Ermittlung von Wasserführung und -beschaffenheit z. B. im Hinblick auf die Eignung als Mineralwasserbrunnen eingesetzt. In der Abbil-

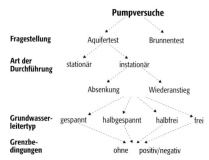

dung ist eine Gliederung der Pumpversuche in Abhängigkeit von der hydrogeologischen Fragestellung, der Durchführung, der Art des untersuchten Grundwasserleiters und der hydraulischen Randbedingungen dargestellt.
Für die Durchführung eines aussagekräftigen Pumpversuchs ist eine detaillierte Versuchsplanung notwendig, die neben der Erhebung allgemeiner Informationen (z. B. Feststellung und Erfassung bereits vorhandener Grundwasseraufschlüsse wie Brunnen, Grundwassermeßstellen, Quellen, technische Infrastruktur etc.), aber auch hydrologische und hydrogeologische Untersuchungen umfaßt. Hierzu zählt die Sammlung und Auswertung bereits vorhandener hydrologischer Daten wie Grundwasserhöhe, Flurabstand, hydraulische Gradienten, Grundwasserfließrichtung, Art des Grundwasserleiters und vieles mehr. Sinnvoll ist dabei auch eine langfristige Aufzeichnung von Grundwasserständen, um lang- und kurzfristige Schwankungen zu erkennen. Ein Pumpversuch sollte grundsätzlich bei eher niedrigem Wasserstand und geringen Schwankungen durchgeführt werden. Die Suche nach bereits vorhandenen Daten erbringt meist große Zeit-

und Geldersparnis, da sie z. B. Vorpumpversuche überflüssig macht und die Auswahl an Geräten, Entnahmeraten und -zeiten erleichtert. Je nach Fragestellung sind die Erhebungen der Wasserbeschaffenheit, z. B. die Ermittlung physikalischer Kennwerte (Temperatur, Leitfähigkeit), die Ermittlung chemischer Kennwerte (pH, Eh, Kationen, Anionen, org. Verbindungen) oder die Ermittlung biologischer Kennwerte (Bakterien, Keime etc.) zwingend. In der Regel werden an die Wasserbeschaffenheit nur höhere Anforderungen gestellt, wenn es sich um einen Brunnen zur Trinkwassergewinnung handelt. Liegen allerdings schwere Verunreinigungen, z. B. altlastenbedingt durch CKW, PAK oder MKW, vor, so muß das entnommene Wasser i. d. R. speziell entsorgt werden. Eine geologische Erhebung ist wichtig, um erste Eindrücke über die Art des Grundwasserleiters zu erlangen, um Lage, Tiefe und Verfilterung von Brunnen und Meßstellen festzulegen und um die späteren Auswertungsverfahren auszuwählen. Sie erfolgen anhand von vorhandenen Karten, Bohrungen und/oder geophysikalischen Methoden.

Bei der Einrichtung des Pumpversuchs ist zuerst der Entnahmebrunnen (Versuchsbrunnen) festzulegen. Der Standort des Versuchsbrunnens sollte folgende Anforderungen erfüllen: a) homogene, für den gesamten Grundwasserleiter repräsentative hydraulische Verhältnisse, b) sollte nicht im Einflußbereich von anderen Brunnen (Überlagerung), Infiltration (positive Randbedingungen) und undurchlässigen Rändern (negative Randbedingungen) liegen, es sei denn, genau diese Einflüsse sollen untersucht werden, c) sollte kein oder nur geringes Grundwasser- bzw. Druckgefälle aufweisen, d) gute Erreichbarkeit für Personal und Material, Anbindung an Strom und evtl. Kanalisation.

Durchmesser und Tiefe des Entnahmebrunnens sind abhängig von den jeweiligen Gegebenheiten. Allgemein sollte beim Durchmesser beachtet werden, daß in die Bohrung noch eine Schicht Filterkies und ein Rohr eingebracht werden muß und daß im fertigen Brunnen die Pumpe sowie die Vorrichtung zum Messen der Grundwasserhöhe (Drucksonde, Lichtlot) sowie evtl. andere Meßgeräte Platz finden. Meistens läßt sich vor einem Pumpversuch aber noch nicht genau festlegen, welche Pumpe später tatsächlich verwendet wird, so daß im Zweifelsfalle der Durchmesser lieber zu groß als zu klein gewählt werden sollte. Von der Tiefe her sollte der Brunnen im Idealfall vollkommen sein, d. h. sich über die gesamte wassererfüllte Mächtigkeit des Grundwasserleiters erstrecken. Deshalb wird die Bohrung bis zur Sohle des Grundwasserleiters abgeteuft. Die Verfilterung muß sich von der Sohle bis mindestens 75 % der Mächtigkeit des Grundwasserleiters erstrecken, damit die Gültigkeit verschiedener Auswerteverfahren hinreichend gewährleistet ist. Andererseits sollte sie aber bei freien Grundwasserleitern nicht über die Grundwasseroberfläche hinausgehen, da sonst ein Zutritt von Luft erfolgt, wobei der Sauerstoff zur Verockerung und Versinterung im Brunnenbereich sowie zur Korrosion von Metallteilen führt. Das Filtermaterial sollte so gewählt werden, daß eine ideale Grundwasseranströmung zum Brunnen erfolgen kann (d. h. möglichst grob) und daß Feinmaterial, das die Pumpe verstopfen kann, abgehalten wird (d. h. möglichst fein). In der Praxis muß man für die jeweiligen Bedingungen einen Mittelweg finden.

Hinsichtlich der Lage sollten die Beobachtungsbrunnen (Grundwassermeßstellen) allgemein die gleichen Anforderungen erfüllen wie die Entnahmebrunnen. Mindestens ein Beobachtungsbrunnen sollte außerhalb des Einflußbereichs, d. h. des Radius des Absenktrichters liegen, um natürliche Grundwasserschwankungen während des Pumpversuchs zu erfassen und evtl. eine Korrektur durchführen zu können. Im Absenkbereich müssen mindestens ein bis zwei Meßstellen (je nach Auswertungsverfahren) eingerichtet werden. Da die Qualität der Daten jedoch nicht bei jeder Meßstelle gleich ist (verursacht durch Untergrundinhomogenitäten, wie z. B. Sand- oder Schlufflinsen, unsauberen Ausbau etc.), ist es sinnvoll mindestens vier oder mehr (je nach finanziellen Mitteln) zur Auswertung zur Verfügung zu haben. Sinnvollerweise setzt man die Meßstellen in gestaffeltem Abstand so, daß der gesamte Absenktrichter gleichmäßig erfaßt wird, wobei für die Auswertung logarithmisch äquidistante Entfernungen (z. B. 1 m, 10 m, 100 m) zum Entnahmebrunnen ideal sind. Hierfür sind die hydrologischen Vorerhebungen besonders wichtig, da sie eine Abschätzung der Reichweite des Absenktrichters erlauben. Liegen vor dem Pumpversuch keine Daten vor, ist eine richtige Plazierung der Meßstellen schwierig. Bei geringem oder fehlendem Grundwassergefälle ist der Winkel zum Versuchsbrunnen beliebig, bei stärkerer Grundwasserströmung sollten die Meßstellen in der An- und Abstromachse sowie im 90°-Winkel dazu liegen. Meßstellen müssen hinsichtlich Durchmesser, Tiefe und Verfilterungen geringere Anforderungen erfüllen. Der Durchmesser muß möglichst klein sein, da die Meßstelle dann schneller auf Grundwasserspiegeländerungen reagiert, aber so groß, daß die Meßgeräte für die Erfassung der Grundwasserhöhe hineinpassen. Sie müssen nicht unbedingt bis zur Sohle des Grundwasserleiters reichen und ebenfalls nicht über die gesamte Mächtigkeit verfiltert sein. Im brunnennahen Bereich und bei geringen Durchlässigkeiten sind dann aber Korrekturen nötig. Ihre Tiefe muß außerdem auch die Erfassung der maximalen Absenkung noch gewährleisten.

Zur reibungslosen Durchführung eines Pumpversuchs werden folgende technische Einrichtungen und Geräte benötigt: a) Stromversorgung (Netzanschluß oder Generator), b) Kanalisation, Vorfluter, Schlauch zur Ableitung des geförderten Wassers, da dies v. a. bei freien Grundwasserleitern dem System vollständig entzogen werden muß, c) geeignete Pumpe, d) Vorrichtung zur Messung der Entnahmemenge (Wasseruhr, Venturi-Rohr etc.), e) Geräte zur Grundwasser-

Pumpversuch (Tab.): verschiedene Empfehlungen für Meßintervalle bei instationären Pumpversuchen (DVGW = Deutsche Vereinigung des Gas- und Wasserfaches e. V., BWWV = Baden-Württembergische Wasserwirtschaftsverwaltung).

BWWV		DVGW		Krusemann & de Ridder	
Zeit nach Pumpbeginn	Meßintervall	Zeit nach Pumpbeginn	Meßintervall	Zeit nach Pumpbeginn	Meßintervall
0–10 min	1 min	0–10 min	1 min	0–2 min	10 s
10–30 min	2 min	10–60 min	5 min	2–5 min	30 s
30–60 min	5 min	60–180 min	10 min	5–15 min	1 min
60–120 min	10 min	180–300 min	30 min	15–50 min	5 min
120–180 min	20 min	> 300 min	60 min	50–100 min	10 min
> 180 min	60 min			100 min – 5 h	30 min
				5–48 h	60 min
				48 h–6 d	8 h
				> 6 d	24 h

standsmessung (Drucksonde, Lichtlot), f) evtl. Meßgeräte für Temperatur, Leitfähigkeit, Luftdruck etc., Gefäße für Wasserproben, g) evtl. Licht für Messungen bei Nacht.

Vor dem eigentlichen Pumpversuch müssen sowohl die Beobachtungsbrunnen als auch der Versuchsbrunnen an ihrer Oberkante auf absolute Höhe über NN oder auf einen Fixpunkt eingemessen werden, da die mit einem Lichtlot bestimmten Abstände von der Brunnenoberkante zum Grundwasserspiegel sonst nicht auf absolute, miteinander vergleichbare Werte der Grundwasserhöhe umgerechnet werden können. Die Messung erfolgt auf ca. 1–5 mm genau. Weiterhin müssen die Abstände zwischen Entnahmebrunnen und Meßstellen auf ca. 0,5 % genau gemessen werden. Werden bereits vorhandene Brunnen und Meßstellen genutzt und sind deren Durchmesser, Tiefe und Filterstrecken nicht bekannt, so müssen diese ebenfalls bestimmt werden. Vor Versuchsbeginn werden die Wasserstände in allen Brunnen gemessen. Während des Versuchs erfolgt die Messung der Wasserstände bei stationären Pumpversuchen mehrmals, so lange bis die Absenkung konstant bleibt. Bei instationären Pumpversuchen erfolgen die Messungen kontinuierlich mit abnehmender Häufigkeit, da die Absenkung als Funktion der Zeit gemessen wird. Für das Meßprogramm gibt es verschiedene Empfehlungen (Tab.). Wie aus der Tabelle ersichtlich ist, erfordern v. a. die Anfangsmessungen einen hohen zeitlichen und personellen Aufwand, da theoretisch alle Meßstellen gleichzeitig gemessen werden sollten. Hilfreich ist in jedem Fall die Aufstellung eines genauen Zeit- und Einsatzplans vor Pumpbeginn, da man i. d. R. weniger Personen und Meßgeräte als zu messende Brunnen zur Verfügung hat.

Neben den im Absenkungsbereich liegenden Meßstellen wird regelmäßig eine sog. Referenzmeßstelle außerhalb des Absenktrichters gemessen, um natürliche Wasserschwankungen (z. B. durch Niederschlagsereignisse während des Pumpversuchs) zu erfassen und die gemessenen Wasserstände entsprechend zu korrigieren. Gespannte Grundwasserleiter können außerdem auf Luftdruckschwankungen reagieren, weshalb diese ebenfalls erfaßt werden sollten. Neben den Wasserständen muß ständig die Entnahmerate mit Hilfe einer Wasseruhr, eines ↗Venturi-Rohrs, eines Meßwehrs oder von Meßbehältern kontrolliert werden. Idealerweise sollte die Entnahmemenge während des ganzen Versuch konstant sein, da dies die Auswertung wesentlich erleichtert. Die Entnahmemenge wird aufgrund der aus Vorerhebungen bekannten oder geschätzten hydraulischen Parameter festgelegt. Der eigentliche Pumpversuch wird oft in mehreren Stufen durchgeführt (Stufenpumpversuch). Dabei wird die Pumpe mehrmals an und wieder abgestellt. Die Dauer des Pumpens heißt Absenkungsphase, die Dauer, während die Pumpe abgestellt ist, die Wiederanstiegsphase bzw. Erholungsphase, wenn anschließend eine weitere Absenkungsphase folgt. Die Absenkungsphasen werden meist mit unterschiedlichen Entnahmeraten durchgeführt, wobei oft mit 50 % der Idealentnahmerate begonnen wird, dann mit 100 % und schließlich mit 150 %. Die Dauer des Pumpversuchs kann je nach Fragestellung und hydraulischen Eigenschaften des Grundwasserleiters sehr unterschiedlich sein. In der Regel pumpt man, bis ein stationärer Zustand erreicht ist, d. h. die Absenkung nicht mehr größer wird und dann nochmals 12–24 Stunden (Beharrungszeit). Dann wird die Pumpe abgestellt und der Wiederanstieg beobachtet. Dies kann evtl. mehrfach wiederholt werden. Typische Zeitspannen von Pumpversuchen liegen zwischen 24 und 72 Stunden, manchmal bis zu einer Woche. Ausnahmen bilden nur die Langzeitpumpversuche (bis mehrere Jahre) und Kurzpumpversuche (ca. 1–3 Stunden).

Der Pumpversuch sollte folgendermaßen dokumentiert werden: a) Lagepläne, in denen die Lage aller Brunnen maßstabsgetreu, deren Höhe über NN sowie weitere wichtige Informationen (Vorfluter, Quellen, Straßen usw.) enthalten sind; b) Bohrprofile aller Entnahme- und Beobachtungsbrunnen, z. B. in einem DIN-Formblatt (DIN 4023), mit Angaben über Bodenart, Durchmesser, Tiefe, Verfilterung usw. der Bohrungen sowie Ruhewasserstand und im Entnahmebrunnen Lage der Pumpe; c) Tabellen der Wasserstände mit Wasserstand über NN und Uhrzeit bzw. Zeit nach Pumpbeginn für den Entnahmebrunnen und alle Meßstellen; d) Angaben von Wasserständen gegen die Entfernung zum Entnahmebrunnen, je nach Auswertungsverfahren; e) Förderleistungsdiagramm der Pumpe; f) hydrologische Schnitte, in denen Grundwasserleiter, hangende und liegende Schichten sowie der Absenktrichter eingezeichnet werden; g) Grundwassergleichenpläne zu verschiedenen Zeiten (vor Pumpbeginn, bei stationärem Zustand usw.); h) Differenzenpläne der Grundwassergleichen von höchsten zu niedrigsten Wasserständen und i) Spezialpläne; z. B. Veränderung von Temperatur oder Chemismus während des Pumpversuchs.

Die Auswertung von Pumpversuchen richtet sich nach der Art der Durchführung und dem Typ des Grundwasserleiters. Man unterscheidet die Auswertung nach stationären und instationären Strömungsbedingungen, nach gespannten, halbgespannten, halbfreien und freien Grundwasserleitern sowie Grundwasserleitern ohne und mit Randbedingungen. Die Ausgangsgleichungen für die Auswertung sind die sog. ↗Brunnenformel von Dupuit-Thiem für stationäre und nach Theis (↗Brunnenformel von Theis) für instationäre Bedingungen. Bei Pumpversuchen mit stationären Bedingungen können die Transmissivitäten direkt aus den ermittelten Absenkungsbeträgen berechnet werden. Dies ist bei instationären Pumpversuchen aus mathematischen Gründen nicht direkt möglich. Aus diesem Grund wurden sogenannte ↗Typkurvenverfahren (z. B. ↗Theissches Typkurvenverfahren, ↗Boulton-Verfahren) und vereinfachende ↗Geradlinienverfahren entwickelt, die eine Bestimmung der gesuchten hydraulischen Parameter mit relativ einfachen Hilfsmitteln ermöglichen. Alle bisher angeführten Auswerteverfahren erfordern Voraussetzungen, die strenggenommen nur in ↗Porengrundwasserleitern mehr oder weniger gut erfüllt sind, jedoch in der Regel nicht in ↗Kluftgrundwasserleitern oder ↗Karstgrundwasserleitern. Zunehmend werden jedoch auch Auswerteverfahren für Kluftgrundwasserleiter entwickelt, die die meist stark anisotropen Durchlässigkeitsverhältnisse dieses Grundwasserleitertyps berücksichtigen. [WB]

Literatur: [1] DAWSON, K. J. & ISTOK, J. D. (1991): Aquifer Testing. Design and Analysis of Pumping and Slug Tests. – Chelsea. [2] KRUSEMANN, G. P., DE RIDDER, N. A. (1990): Analysis and evaluation of pumping test data. – Int. Inst. F. Land Reclamation and Improvement Wageningen, Publication 47. – Wageningen. [3] LANGGUTH, H.-R. & VOIGT, R. (1980): Hydrogeologische Methoden. – Berlin, Heidelberg, New York.

Punktdefekte, nulldimensionale Anteile der Realstruktur oder ↗Fehlordnung von ↗Einkristallen. Sie können struktureller Art und substanzieller Art sein. ↗Strukturdefekte sind Leerstellen, Zwischengitterplätze und, bei Verbindungen, Atome auf den falschen Untergitterplätzen, sog. Antisitedefekte. Substanzielle Punktdefekte liegen vor, wenn Fremdatome auf Gitter- oder Zwischengitterplätzen vorhanden sind oder wenn Anreicherungen einer Komponente wie bei den ↗Guinier-Preston-Zonen vorliegen. Die Bildungsenergie E_D eines Defektes bestimmt die Konzentration, in der die Defekte vorliegen, und beträgt einige Elektronenvolt. Die Konzentration bestimmt sich zu:

$$C_D = e^{\frac{E_D}{kT}}$$

und hat bei der Züchtungstemperatur praktisch immer einen erheblichen Wert. Mit fallender Temperatur wird die Konzentration bis zu einer Temperatur abnehmen, bei der die Atome durch ↗Diffusion und Platzwechselvorgänge nicht mehr die Gleichgewichtskonzentration erreichen können. Darunter liegen sie dann in einer konstanten Konzentration vor. In Halbleiterkristallen wirken Punktdefekte drastisch auf die elektro-optischen Eigenschaften ein und sind wesentlicher Gegenstand der ↗Charakterisierung dieser Materialien. ↗Kristallbaufehler. [GMV]

punktförmige Gründung ↗*Tiefgründung*.

Punktgitter ↗*Gitter*.

Punktgründung ↗*Tiefgründung*.

Punktgruppen, Gruppen von Symmetrieoperationen, die einen Punkt im Raum festlassen. Punktgruppen, die darüber hinaus eine Kristallstruktur auf sich abbilden, nennt man kristallographische Punktgruppen. Unter diesen spielen die holoedrischen Punktgruppen oder Holoedrien eine besondere Rolle. Das sind diejenigen Punktgruppen, die ein Gitter (z. B. von Atomen oder Punkten) auf sich abbilden. Jede kristallographische Punktgruppe ist Untergruppe einer (oder mehrerer) holoedrischer Punktgruppen. Mit Hilfe der Holoedrien faßt man die kristallographischen Punktgruppen zu ↗Kristallklassen zusammen. Kristallographische Punktgruppen sind stets endlich. Daneben gibt es auch unendliche Punktgruppen, wie etwa die Gruppe aller Abbildungen einer Kugel auf sich, eine der ↗kontinuierlichen Punktgruppen.

Punktkarte ↗*Punktmethode*.

Punktkartogramm ↗*Punktmethode*.

Punktkonfiguration, *Punkt-Orbit*, besteht aus einem Punkt und allen seinen Bildpunkten unter den Abbildungen einer Symmetriegruppe. Die in der Kristallographie wichtigsten Punktkonfigurationen sind diejenigen von ↗Raumgruppen. Eine solche Punktkonfiguration ist nichts anderes als eine Kristallstruktur, die aus untereinander symmetrisch gleichwertigen Punkten besteht. Da es zu einer vorgegebenen Raumgruppe unendlich viele Punktkonfigurationen gibt (es gibt ja unendlich viele symmetrisch ungleichwertige Punkte – man denke an die Punkte in einer asymmetrischen Einheit), faßt man die Punktkonfigurationen zu Klassen zusammen. Diese Klassen sind die Punktlagen (*Wyckoff-Lagen*). Zwei Punktkonfigurationen gehören genau dann derselben Punktlage an, wenn ihre Lagesymmetriegruppen in der Raumgruppe konjugiert sind. Eine Punktlage enthält entweder eine einzige oder unendlich viele Punktkonfigurationen. In Bezug auf die Raumgruppe *P4/m* zum Beispiel bildet die aus dem Ursprung 0,0,0 erzeugte Punktkonfiguration eine Punktlage für sich, während die unendlich vielen Punkte mit Koordinaten 0,0,z ($z \neq 0$, $1/2$, ...) eine weitere der insgesamt zwölf Punktlagen erzeugen. Eine für das Studium der Kristallstrukturen wichtige Klassifikation der Punktlagen ergibt sich aus ihrer Zuordnung zu ↗Gitterkomplexen. Punktkonfigurationen und Punktlagen von Punktgruppen und

Punktlage

anderen Symmetriegruppen werden analog definiert. Die Punktkonfigurationen von Punktgruppen nennt man auch Punktformen in Analogie zu den Flächenformen. [WEK]

Punktlage, *Wyckoff-Lage, Wyckoff-Position*, eine Klasse von ↗Punktkonfigurationen.

Punktlastfestigkeit ↗Punktlastversuch.

Punktlastindex ↗Punktlastversuch.

Punktlastversuch, überwiegend direkt auf der Baustelle eingesetzter Versuch zur Bestimmung der *Punktlastfestigkeit* an Bohrkernen oder an Handstücken. Die Probe wird zwischen zwei abgestumpften Kegelspitzen bis zum Bruch belastet (Abb.). Ermittelt wird der *Punktlastindex* I_s [MPa] als Quotient der Bruchlast F und dem Quadrat des Abstandes der Belastungspunkte a. Aus dem Punktlastindex für Bohrkerne mit 50 mm Durchmesser $I_{s(50)}$ läßt sich die einaxiale Druckfestigkeit δ_c nach der Beziehung $\delta_c = 24 \cdot I_{s(50)}$ annäherungsweise ermitteln. Der Versuch wird deshalb oft als Ersatz für die aufwendigeren einaxialen Druckversuche eingesetzt.

Punktmarkierung ↗Vermarkung.

Punktmessung, Messung von hydrologischen und meteorologischen Größen (z. B. Lufttemperatur, Niederschlag, Verdunstung, Versickerung, Bodenfeuchte, Grundwasserstand) an ausgewählten Meßpunkten.

Punktmethode, eine ↗kartographische Darstellungsmethode, die zur Wiedergabe der räumlichen Verteilung von wert- und/oder mengenmäßig faßbaren Sachverhalten einfachste graphische Figuren in einer Größenordnung benutzt, die es gestattet, sie unabhängig von ihrer Gestalt als Punkt wahrzunehmen. Die Methode eignet sich besonders zur Darstellung regional differenzierter Mengenverteilung. Die Anordnung der Punkte auf der Fläche erfolgt entweder schematisch innerhalb von Bezugsflächen oder sie erfaßt das tatsächliche Verteilungsbild so exakt, wie mit dem gegebenen Punktwert möglich. Im ersten Fall ergibt sich ein statistisches Verbreitungsbild in Form eines *Punktkartogramms*, im zweiten Fall entsteht eine Karte in Punktmanier, die auch als *Punktkarte* bezeichnet wird. Als graphische Ausdrucksmittel dienen Kleinfiguren (»Punkte«) in Form von Kreisscheiben oder Quadraten zwischen 0,3 und 2 mm (Abb.). Über die gewählte Punktgröße und den Punktwert wird für einen bestimmten Maßstab die graphische ↗Kartenbelastung festgelegt. Damit liefert die Punktmethode stets auch eine Dichtedarstellung in Form von Dichtepunkten. Um große Dichteunterschiede auszudrücken werden manchmal zwei oder drei Punktgrößen mit unterschiedlichem Punktwert oder kontinuierlich wachsenden Punkten benutzt. Bei noch weiterer Differenzierung der Punktwerte und punktbezogener Objektlokalisierung erfolgt der Übergang zu den ↗Mengensignaturen. Zur Wiedergabe von Flächenwerten ist es zweckmäßig, Punktwert und Punktgröße nach dem Kartenmaßstab flächenproportional festzulegen (Beispiel: 1 : 100.000, 1 Punkt von 1 mm² entspricht 1 ha; 1 Punkt von 0,25 mm² entspricht 25 ha). Die Darstellung ist zugleich ein Grenzfall der ↗Flächenmethode. Nach Möglichkeit sollte in einer Karte nur ein Sachverhalt nach der Punktmethode dargestellt werden. Werden mehrere Objekte in einer Darstellung vereinigt, so genügt die Unterscheidung durch unterschiedliche Punktformen nicht, es müssen unterschiedliche Farben benutzt werden. Aber auch dann sollten sich die Dichtezentren nicht durchdringen. Meist sind getrennte Darstellungen günstiger. [WST]

Punktquelle, bezeichnet die Idealvorstellung, daß die Wirkung einer Reihe geophysikalischer Felder von punktförmigen Quellen ausgehen. Als klassisches Beispiel kann das Newtonsche Gravitationsgesetz (↗Gravitation) genannt werden, daß in seiner mathematischen Formulierung von Punktmassen ausgeht. Auch in der Seismik geht man im allgemeinen von der Vorstellung aus, daß die Sprengladung in einem Bohrloch wirkungsmäßig auf einen Punkt konzentriert ist.

Punktsymmetrie-Elemente, Symmetrieelemente der Abbildungen einer ↗Punktgruppe. Im dreidimensionalen Raum sind diese Abbildungen entweder Drehungen oder Drehinversionen. Eine ↗Inversion ist eine einzählige und eine ↗Spiegelung eine zweizählige Drehinversion. Das einer n-zähligen Drehung ($n > 1$) zugeordnete Symmetrieelement ist die n-zählige ↗Drehachse als diejenige Achse, die bei der Drehung fest bleibt. Entsprechend ist das einer n-zähligen Drehinversion zugeordnete Symmetrieelement für $n > 2$ die n-zählige ↗Drehinversionsachse, die bei der Drehinversion zwar nicht punktweise, aber als ganzes fest bleibt. Das der Inversion zugeordnete Symmetrieelement ist das ↗Inversionszentrum, auch Symmetriezentrum oder einfach Zentrum genannt. Das zu einer Spiegelung gehörige Symmetrieelement ist die bei dieser Operation invariante Ebene, die ↗Spiegelebene. Symmetrieelemente sind nicht zu verwechseln

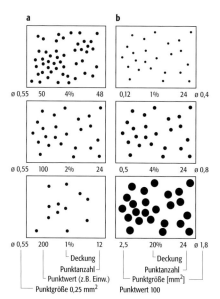

Punktlastversuch: Gerät für den Punktlastversuch (schematisch).

Punktmethode: Prinzip der Punktmethode; a) mit unterschiedlichen Punktwerten; b) mit unterschiedlichen Punktgrößen.

mit den Elementen einer Symmetriegruppe. Eine Symmetriegruppe ist eine Gruppe im mathematischen Sinn, und die Elemente dieser Gruppe sind die ↗Symmetrieoperationen. [WEK]

Punktübertragung, in der ↗Photogrammetrie Verfahren zur Identifizierung und künstlichen Kennzeichnung (Markierung) von homologen Bildpunkten in den analogen, photographischen Bildern eines ↗Bildverbandes für eine analytische ↗Aerotriangulation. Die Auswahl und Identifizierung der Punkte erfolgt in der Regel nach dem Prinzip des ↗stereoskopischen Messens in einem ↗Punktübertragungsgerät. Die Markierung der Punkte kann u. a. durch Bohren, Fräsen, durch thermoplastische Verformung oder Verdampfen der photographischen Emulsion vorgenommen werden. Eine Punktübertragung wird notwendig, wenn natürliche Punkte nicht mit ausreichender Genauigkeit in allen beteiligten Bildern identifiziert werden können.

Punktübertragungsgerät, in der ↗Photogrammetrie Gerät zur ↗Punktübertragung und Markierung homologer Bildpunkte in einem ↗Bildverband. Ein Punktübertragungsgerät besteht aus zwei frei beweglichen komplanaren Bildwagen, einem binokularen Betrachtungssystem zur stereoskopischen Identifizierung mit einer ↗Raummarke und dem Markiersystem zur Kennzeichnung der Punkte. Die Markierung erfolgt an der Stelle in den Bildern, in denen sich die beiden Teilmarken nach der stereoskopischen Einstellung befinden. Die Markiersysteme unterscheiden sich hinsichtlich der Art der Markierung und der verwendeten technischen Hilfsmittel. Die Kennzeichnung kann durch Bohren, Fräsen, thermoplastisches Verformen oder Verdampfen der photographischen Emulsion erfolgen.

Punktzeichenkarte, *Punktkarte*, *Standortzeichenkarte*, *Punktsignaturkarte*, abgeleitet aus der kartographischen ↗Zeichen-Objekt-Referenzierung ein ↗Kartentyp zur Repräsentation von nominal- oder ordinalskalierten ↗Geodaten mit Bezug zu nulldimensionalen, als Mittelpunkte definierten Standorten, wie beispielsweise Meßstandorten in den ↗Geowissenschaften. Die Repräsentation der Daten in Punktzeichenkarten (Abb.) erfolgt auf der Grundlage des ↗kartographischen Zeichenmodells durch punktförmige Zeichen, die mit Hilfe der ↗graphischen Variablen Form, Farbe und Richtung bei Vorliegen von nominalskalierten Daten oder durch Korn und Helligkeit bei ordinalskalierten Daten variiert werden können. In Punktzeichenkarten werden beispielsweise Meßstandorte häufig hinsichtlich der Art der Meßparameter oder der Häufigkeit der Meßfrequenz abgebildet. ↗Positionssignaturen.

Pürckhauer, Name eines Bohrers für Handbohrungen, um Bodenproben zu entnehmen. Dabei wird der Pürckhauer-Bohrer mit einem Hammer in den Boden geschlagen, mit Hilfe des Griffes im Boden gedreht und unter ständigem Drehen langsam wieder herausgezogen. Das in der Bohrnut enthaltene Bohrgut gibt die Horizontabfolge des Bodens wieder.

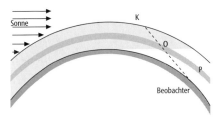

Purpurlicht 1: Schema zur Entstehung des Purpurlichtes.

pure shear ↗Scherung.

Purpurlicht, *Purpurdämmerung*, eine ↗Dämmerungserscheinung. Der Himmel zwischen 15° und 30° über dem Sonnenhorizont leuchtet mehr oder weniger kräftig in purpurner Farbe (blau plus rot) bei Sonnentiefen zwischen 2° und 6°, also zwischen 10 min. und 50 min. nach Sonnenuntergang, aber nur wenn die gesamte am Phänomen beteiligte Atmosphäre nahezu wolkenlos ist. Ein Beobachter (Abb. 1) blickt in noch sonnenbeleuchtete Atmosphärenschichten in der Himmelsgegend um O. Der Himmelsort O wird von Sonnenstrahlung beleuchtet, die durch tiefe Atmosphärenschichten gegangen ist, und deshalb mehr rote als blaue Strahlung (↗Rayleigh-Streuung) enthält. In der Aerosolschicht (P) in der Stratosphäre, *Junge-Schicht* (nach ihrem Entdecker Chr. Junge), wird die Sonnenstrahlung überwiegend in Richtungen nahe ihrer Ausbreitungsrichtung gestreut, *Vorwärtsstreuung*, (↗Mie-Streuung). Aus der Himmelsgegend O kommt also rötliches Licht. Gleichzeitig werden die höheren Atmosphärenschichten zwischen O und K von Sonnenstrahlung beleuchtet, die noch viel blaues Licht enthält, ↗Himmelsblau, und weil die Atmosphäre dort nur noch aus Luftmolekülen (ohne Aerosolpartikeln) besteht, wird längs des Blickstrahls O-K vorwiegend blaues Licht zum Beobachter gestreut. Rotes und blaues Streulicht zusammen erzeugen die Purpurfarbe der Himmelsgegend um O. Bei besonders günstigen Bedingungen tritt etwa 1 bis 2 Stunden nach Sonnenuntergang ein Nachpurpurlicht auf. Das Purpurlicht ist insbesondere dann gut ausgeprägt, wenn die Transmission der Atmosphäre hoch ist, also wenn die Trübung der Atmosphäre gering ist, und wenn die stratosphärische Aerosolschicht stark ist, also insbesondere nach explosiven Vulkanausbrüchen (Abb. 2 im Farbtafelteil). [HQ]

Push-Broom-Prinzip, bei der direkten digitalen aerokosmischen Bildaufnahme mit ↗optoelektronischen Scannern gezielte Steuerung der Integrationszeit des CCD-Sensors zur Generierung eines ↗Bildstreifens. Die Integrationszeit ist so zu wählen, daß in Abhängigkeit von Flughöhe über Grund und Geschwindigkeit der ↗Plattform ein lückenloser Bildstreifen von überdeckungsfreien Zeilen mit genähert quadratischen Elementen der Geländeoberfläche (Bodenpixel) entsteht.

Push-Broom-Scanner ↗optoelektronischer Scanner.

Puzzolane ↗hydraulische Bindemittel.

PVD, *Physical Vapour Deposition*, ein Verfahren der ↗Gasphasenzüchtung, wobei nur Kondensa-

Punktzeichenkarte: Beispiel einer Punktzeichenkarte.

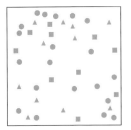

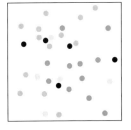

tion stattfindet und keine chemischen Reaktionen, wie sie bei der ↗chemischen Gasphasenabscheidung beteiligt sind.

PVT, <u>P</u>hysical <u>V</u>apour <u>T</u>ransport, ein Verfahren der ↗Gasphasenzüchtung. Verdampfung, Gasphasentransport und Kondensation finden ohne chemische Reaktionen wie beim ↗chemischen Gasphasentransport statt.

P-Welle, *Primärwelle, Kompressionswelle, Longitudinalwelle*, allgemein eine elastische Raumwelle, in der Geophysik als seismische Welle gebraucht, bei der die Schwingung der betroffenen Teilchen längs der Ausbreitungsrichtung der Welle erfolgt (Kompression und Extension). In einem isotropen Medium ist ihre Geschwindigkeit v_p gegeben durch:

$$v_p = ([\lambda + 2\mu]/\varrho)^{1/2} = (E(1-\sigma)/[\varrho(1-2\sigma)(1+\sigma)])^{1/2}.$$

Dabei sind λ und μ = Lamésche Konstanten, μ = Schermodul, ϱ = Dichte, E = Elastizitätsmodul, σ = Poisson-Zahl. Die P-Welle ist von den seismischen Wellen die schnellste (5,5–7,2 km/s in der Erdkruste, 7,8–8,5 km/im Mantel), im Gegensatz zur langsameren ↗S-Welle (Sekundärwelle).

P-Wellengeschwindigkeit, α, ↗Kontinuumsmechanik.

p-Wert, Kennwert für die Säurekapazität (+p-Wert) und für die Basekapazität (-p-Wert) bei einem Titrationsendpunkt von pH-Wert = 8,2 (Phenolphtalein-Indikator).

PWP ↗*permanenter Welkepunkt*.

Pyknokline, vertikal verlaufender Dichtegradient; in der Ozeanographie eine Wasserschicht, deren Dichte sich mit der zunehmenden Tiefe rapide verändert.

Pyknometer ↗Pyknometermethode.

Pyknometermethode, Verfahren zur Bestimmung der Dichte eines Körpers mit Hilfe eines Pyknometers. Ein *Pyknometer* ist ein Glasgefäß mit einem Volumen von 2–20 cm³, das mit einem eingeschliffenen Stopfen verschlossen wird, der von einer Kapillare durchzogen ist. Dadurch wird eine genau reproduzierbare Auffüllung des Pyknometers mit einer Flüssigkeit gewährleistet. Aus den Massen, die durch Wägung bestimmt werden, des nur mit Flüssigkeit der Dichte ϱ_{Fl} gefüllten Gefäßes m_P, des Probekörpers m_K und des Pyknometers, nach Einbringen der Probe und Wiederauffüllen mit Flüssigkeit, m_{PK} berechnet sich die Dichte aus der Gleichung:

$$\varrho = \frac{m_k \varrho_{Fl}}{m_P + m_K - m_{PK}}.$$

Pyramidalkanter ↗*Windkanter*.

Pyramide, Form {*hkl*} in den orthorhombischen, trigonalen, tetragonalen und hexagonalen Kristallklassen mit einer polaren Hauptachse. An Kristallen treten ↗orthorhombische, ↗trigonale Pyramiden, ↗ditrigonale Pyramiden, ↗tetragonale Pyramiden, ↗ditetragonale Pyramiden, ↗hexagonale Pyramiden und ↗dihexagonale Pyramiden auf.

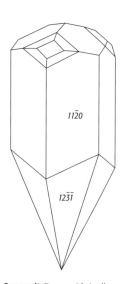

Pyrargyrit: Pyrargyritkristall.

Pyramidendüne ↗*Sterndüne*.

Pyranin, Fluoreszenzstoff, chemischer Name: 1,3,6-Pyrentrisulfon, 8-hydroxy-trinatrium, chemische Summenformel: $C_{16}H_7O_{10}S_3Na_3$. Das Fluoreszenzmaximum liegt bei 512 nm, ist jedoch wie die Fluoreszenzausbeute sehr stark pH-Wert abhängig. Es wird neben anderen technischen Anwendungen als ↗Tracer bei geohydrologischen Markierungsversuchen eingesetzt.

Pyranometer, Gerät zur Messung der ↗Globalstrahlung auf einer horizontalen Fläche. Das Sternpyranometer besteht aus zwölf kreisförmig angeordneten, abwechselnd weiß und schwarz lackierten, in horizontaler Ebene montierten Kupferplättchen, die sich bei Bestrahlung unterschiedlich erwärmen. Die Strahlungsintensität ergibt sich aus dem Temperaturunterschied der schwarzen Plättchen und weißen Plättchen.

Pyrargyrit, [von griech. *pyr* = Feuer und *argyros* = Silber], *Antimon-Rotgültigerz, Antimon-Silberblende, Dunkelrotgültigerz, dunkles Rotgültigerz*, Mineral (Abb.) mit der chemischen Formel Ag_3SbS_3 und ditrigonal-pyramidaler Kristallform; Farbe: rötlich-bleigrau bis gräulichschwarz, in dünnem Zustand rot bis purpur; metallischer Diamantglanz; durchscheinend; Strich: dunkelrot bis braunrot; Härte nach Mohs: 2,5–3 (spröd); Dichte: 5,85 g/cm³; Spaltbarkeit: deutlich nach (1011), unvollkommen nach (0112); Bruch: muschelig bis splittrig; Aggregate: eingesprengte Kristallgruppen, derb, seltener massig, Anflüge, Überzüge, dendritisch; vor dem Lötrohr leicht schmelzbar (Sb-Rauch); gibt mit Soda Silberkorn; Begleiter: Proustit, Ankerit, Quarz, Rhodochrosit, Pyrit, Baryt, Markasit, Chloanthit, Smaltin, Argentit, Fluorit, Nickelin, Stephanit, gediegenes Silber; Vorkommen: hydrothermal gebildet auf Gängen; Fundorte: St. Andreasberg (Harz), Freiberg (Sachsen), Pfibram (Böhmen) und Banská Stiavnica (Schemnitz) in der Slowakei, Guanajuato und Zaratecas (Mexiko), Colquijirca (Peru), Chanarcillo (Chile), Huanchaca (Bolivien). [GST]

Pyrheliometer, Gerät zur Messung der direkten ↗Sonnenstrahlung (Solarstrahlung). Beim Ångströmschen Kompensationspyrheliometer werden zwei geschwärzte Manganinstreifen so befestigt, daß einer senkrecht von der Sonne beschienen wird, während der andere im Schatten liegt. Mit Hilfe elektrischen Stroms wird der (kühlere) unbeleuchtete Streifen auf die gleiche Temperatur erwärmt, wie der beleuchtete Streifen. Die hierfür notwendige Energie entspricht der durch Absorption aufgenommenen direkten Sonnenstrahlung. Ist die Absorptionskonstante des Manganinstreifens bekannt, so kann die Intensität der direkten Sonnenstrahlung bestimmt werden.

Pyribolit, basischer ↗Granulit, der aus Pyroxen, Hornblende (Amphibol) und Plagioklas zusammengesetzt ist.

Pyriklasit, basischer ↗Granulit, der aus Pyroxen und Plagioklas zusammengesetzt ist.

Pyrit, [von griech. *pyr* = Feuer], *Eisenkies, Elementarstein, Gesundstein, Grünkies, Inka-Stein*,

Kohlenkies, Lebereisenerz, Narrengold, Schwefelkies, Vitriolkies, Mineral mit der chemischen Formel FeS_2; kubisch-disdodekaedrisch; mehr als 200 verschiedene Kristallformen, am häufigsten sind Würfel und Pentagondodekaeder, Würfelflächen sind oft parallel zu den Kanten gestreift (Abb.); Durchdringungszwillinge; Farbe: leuchtend messing-gelb, oft goldgelb, braun, bunt anlaufend (vielfach von Limonit umkrustet); Metallglanz; undurchsichtig; Strich: grünlich-schwarz bis bräunlich-schwarz; Härte nach Mohs: 6–6,5 (spröd); Dichte: 5,0–5,2 g/cm³; Spaltbarkeit: selten deutlich nach (100); Bruch: muschelig; Aggregate: auf- und eingewachsene Kristalle, sonst derb, eingesprengt, körnig bis dicht, radialstrahlig; vor dem Lötrohr wird Pyrit rissig und schmilzt zu magnetischen Kügelchen (blaue Flammenfärbung); in Salpetersäure unter Schwefel-Ausfall nur schwer löslich, in Salzsäure unlöslich; Begleiter: Markasit, Melnikowit, Siderit, Pyrrhotin, Sphalerit, Galenit, Limonit, Baryt; Vorkommen: in hydrothermalen und sedimentären Erzlagerstätten sowie als Übergemengteil in Gesteinen, in Sedimenten häufig als bis 0,1 mm große himbeerähnliche Kügelchen zu zahlreichen 1–10 μm großen Kristallen (sogenannter framboidaler Pyrit). Beim Anschlagen von Pyritkristallen mit Stahl entstehen Funken, worauf im Mittelalter die Verwendung als Feuerstein zurückging. Pyrit verwittert leicht zu Eisensulfaten, aus denen z. T. durch Hydrolyse Brauneisenerz (↗Limonit) ausgefällt wird; eine Hauptrolle spielen dabei Sauerstoff, Fe^{3+} und die relative Luftfeuchtigkeit. Beim Erhitzen auf > 570°C (z. B. durch Metamorphose) geht Pyrit unter Schwefel-Abscheidung in ↗Magnetkies (Pyrrhotin) über. Pyrit ist eines der verbreitetsten Mineralien (↗Durchläufer). In Sedimenten entsteht er in reduzierendem bis sauerstofffreiem (anaeroben) Milieu als häufige, oft frühe Neubildung, und zwar überwiegend aus FeS-Vorläuferphasen, darunter Greigit (Fe_3S_4, Kobaltnickelkiese) und Mackinavit ($Fe_{1+x}S$, tetragonales FeS). Oft als Gel ausgefällter, noch $Fe_{1+x}S$, Wasser und z. T. Arsen enthaltender, sich schon unter dem Einfluß von feuchter Luft zersetzender Pyrit ist als sogenannter Melnikowit-Pyrit für den Zerfall von Sulfiderzen in Sammlungen verantwortlich.
Wirtschaftlich wichtig sind vor allem die Pyritvorkommen in massiven Sulfiderzlagerstätten (↗Massivsulfid-Lagerstätten), den sogenannten Kieslagern, z. B. von Rio Tinto (Spanien), Norwegen und Meggen (Westfalen). Weitere Vorkommen finden sich in der Toskana, in Japan und in ↗Porphyry-Copper-Lagerstätten, rezent in Erzschlämmen im Roten Meer. Pyrit ist z. T. Hauptausgangsprodukt für die Schwefelsäureproduktion. Pyriterze werden – und wurden schon bei den Römern (in Spanien) – auch wegen ihrer Gehalte an Kupfer und örtlich an Gold abgebaut. Das beim Rösten des Pyrits entstehende Schwefeldioxid wird in Schwefelsäure überführt und die zurückbleibenden Kiesabbrände (Purpurerz, Fe_2O_3) im Hochofen auf Eisen verarbeitet. Pyrit kann auch aus organischer Materie entstehen, z. B. Pyritisierung (Verkiesung) von Ammoniten und Bakterien. Synthetisch erzeugte Pyritkristalle haben als Halbleiter interessante optische Eigenschaften, z. B. für Anwendung in Solarzellen und optoelektronischen Bauteilen. [GST]

Pyritgesetz, Zwillingsgesetz im kubischen Kristallsystem (Abb.); nach (110) verzwillingte Pentagondodekaeder (Durchwachsungszwillinge), häufig bei ↗Pyrit auftretend. ↗Zwilling.

pyritische Gold-Uran-Paläoseifen ↗Witwatersrand-Gold-Uran-Seifenlagerstätten.

Pyritoeder ↗Pentagondodekaeder.

Pyrobitumen, im ↗Erdölmuttergestein verbliebenes ↗Bitumen, welches das ↗Erdölfenster durchschritten hat.

pyroelektrischer Effekt, Änderung der dielektrischen Polarisation, d. h. des elektrischen Dipolmoments pro Volumen durch Temperaturänderung. Den pyroelektrischen Effekt zeigen Kristalle, die eine spontane, d. h. ohne äußeres elektrisches Feld, permanente dielektrische Polarisation aufweisen, die gleichbedeutend mit dem Auftreten von Oberflächenladungen ist. Eine unvollständige Isolation der Kristalloberflächen führt jedoch zu einer Neutralisation der Oberflächenladungen und verbirgt den pyroelektrischen Charakter. In diesem Fall tritt nur die Änderung der dielektrischen Polarisation ΔP durch Temperaturänderung in Erscheinung. In Kristallen ist dieser Effekt richtungsabhängig und wird durch einen polaren ↗Tensor 1. Stufe beschrieben, also durch einen Vektor in Richtung der Polarisation, da der Tensor einen Skalar, die Temperatur, und einen Vektor, die dielektrischen Polarisation, in Beziehung setzt:

$$\Delta P_j = p_j \Delta T + \pi_j (\Delta T)^2 + \ldots;$$

dabei genügt es im allgemeinen, die Koeffizienten 1. Ordnung p_j, also den linearen Effekt, heranzuziehen.
Der pyroelektrische Effekt kann nur bei Kristallstrukturen ohne Symmetriezentrum auftreten, da alle Koeffizienten von polaren Tensoren ungerader Stufe bei Vorliegen eines Symmetriezentrums wegen der Transformationseigenschaften unter der Symmetrieoperation ($x \to -x$, $y \to -y$, $z \to -z$) verschwinden. Außerdem kann der pyroelektrische Effekt, da er durch einen polaren Vektor dargestellt wird, nur in solchen Kristallklassen auftreten, deren Symmetrieoperationen eine Richtung invariant lassen. Das ist in den zehn nichtzentrosymmetrischen sog. polaren Kristallklassen der Fall. In der Tabelle sind die Formen der polaren Tensoren 1. Stufe zusammengestellt, die sich aus den Reduktionsbeziehungen bei Anwendung der Transformationsvorschrift für polare Tensoren unter den Symmetrieoperationen der betrachteten Kristallklasse ergeben.
Der pyroelektrische Effekt besteht aus zwei Anteilen: Der primäre oder der eigentliche Effekt resultiert aus der Änderung der Einstellung vorhandener Dipolmomente, der sekundäre Effekt

Pyrit: Pyrit aus der Grube Mademlako bei Strattoni (Chalchidiki, Griechenland).

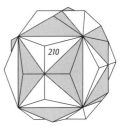

Pyritgesetz: Durchwachsungszwilling nach dem Pyritgesetz.

pyroelektrischer Effekt (Tab.): Formen der polaren Tensoren 1. Stufe.

Kristallsystem	Kristallklasse	Form des (p_n)-Tensors	n
triklin	1	(p_1, p_2, p_3)	3
monoklin	$m_{[010]} \parallel \vec{b}$	$(p_1, 0, p_3)$	2
	$2_{[010]} \parallel \vec{b}$	$(0, p_2, 0)$	1
orthorhombisch	$mm2$		
tetragonal	$4, 4mm$	$(0, 0, p_3)$	1
trigonal	$3, 3m$		
hexagonal	$6, 6mm$		

n = Zahl der unabhängigen Komponenten

pyroklastischer Strom: Aufbau und Ablagerungen eines pyroklastischen Stromes. Der pyroklastische Strom (2) ist in eine Aschewolke (3a, 3b) eingehüllt, die aus aufgeheizter Luft und aus dem Strom entweichenden Aschepartikeln und heißem Gas besteht. An der Stromfront können ebenfalls Gas und Asche herausschießen und eine z. T. schräggeschichtete basale Lage bilden (Ground-surge-Ablagerung, 1). Auf der massigen Stromablagerung (2) sedimentiert nach und nach die Aschewolke als feine Fallablagerung (3b). Durch seitliche Strömungen an der Basis der Aschewolke können Ash-cloud-surge-Ablagerungen entstehen (3a).

ist auf eine Ladungsdichteänderung durch ↗thermische Ausdehnung zurückzuführen. Alle Kristalle mit großem pyroelektrische Effekt wie z. B. Triglyzinsulfat (NH$_2$CH$_2$COOH)$_3$H$_2$SO$_4$ sowie die entsprechenden Selenate und ferner LiNbO$_3$, BaTiO$_3$ und Pb$_5$Ge$_3$O$_{11}$ zeigen auch ferroelektrische Eigenschaften (↗Ferroelektrizität). Die pyroelektrischen Kristalle haben in den letzten Jahren ein besonderes Interesse für den Bau hochempfindlicher Strahlungsdetektoren in allen Spektralbereichen, insbesondere im infraroten Bereich, gefunden. [KH]

pyrogenes Eisen, [von griech. pyrogen = aus dem Schmelzfluß entstanden], in Gesteinen vulkanischen Ursprungs oder Verhüttungsschlacken bzw. -erzen enthaltenes Eisen.

Pyroklast, Fragment (Bims, Schlacke, Kristall, Gesteinsbruchstück), das bei magmatischen oder phreatomagmatischen Eruptionen (↗Vulkanismus) entsteht, transportiert bzw. abgelagert wird (Tab.).

pyroklastische Fragmentierung, Zerkleinerungsprozeß im Vulkanschlot bei magmatischen und phreatomagmatischen Eruptionen (↗Vulkanismus).

pyroklastischer Fall, vulkanischer Transport- und Ablagerungsprozeß, bei dem ↗Pyroklasten auf ballistischen Bahnen aus dem Vulkan herausgeschleudert werden (↗Bombe) oder aus Eruptions- und Aschewolken herabfallen bzw. -rieseln. Fallablagerungen bedecken die Landschaft gleichmäßig wie Schnee (↗pyroklastischer Transport).

pyroklastischer Strom, turbulent bis laminar fließende, dichte Dispersion aus heißem Gas, Magmafetzen bzw. Lavafragmenten, Kristallen und ggf. Gesteinsbruchstücken, die sich der Topographie folgend auf der Landoberfläche bewegt (Abb.). Pyroklastische Ströme können a) durch

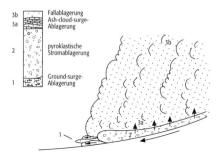

den (Teil-) Kollaps von Eruptionswolken entstehen, wobei die noch schmelzflüssigen bzw. bereits zu Glas erstarrten Magmafetzen i. d. R. stark aufgeschäumt sind (↗Bims). Es entstehen bimsreiche Ströme, deren Ablagerungen als ↗Ignimbrite bezeichnet werden. b) Sie können auch die Folge einer Explosion oder eines gravitativen Kollapses von SiO$_2$-reichen ↗Lavadomen und Lavafronten sein. Hierbei entstehen ↗Block- und-Asche-Ströme, deren Ablagerungen als Block-und-Asche-Strom-Ablagerungen bezeichnet werden.

pyroklastischer Transport, umfaßt den ↗pyroklastischen Fall, ↗surge und ↗pyroklastischen Strom (Abb.).

Pyroklastit, aus ↗Pyroklasten aufgebaute Ablagerung. ↗Klassifikation der Gesteine.

Pyrolit, nach A. E. ↗Ringwood ein Modellgestein aus 25 % ↗Basalt und 75 % ↗Dunit, das die ↗primitive Zusammensetzung des oberen Mantels repräsentiert; der Name ist abgeleitet aus Pyroxen und Olivin.

Pyrolusit, [von griech. pyr = Feuer und louo = waschen, da dadurch eisenhaltige Gläser im Feuer entfärbt werden], *Calvonigrit, Graubraunstein,* Mineral mit der chemischen Formel β-MnO$_2$ und ditetraedrisch-dipyramidaler Kristallform; Strich: schwarz (abfärbend); Härte nach Mohs: 2–6,5 (spröd); Dichte: 4,7–5,0 g/cm^3; grauweiße bis stahlgraue, prismatische bis nadelige, z. T. durch Pseudomorphosen-Bildung nach ↗Manganit rissige Kristalle; radialstrahlige Aggregate, Kristall-Krusten; feinkörnige bis dichte, z. T. röntgenamorphe, eisengraue bis schwarze Massen mit nierig-traubigen, z. T. glaskopfartigen Oberflächen (Schwarzer Glaskopf), als »Wad« pulverige und erdig und schwarz abfärbend. Pyrolusit entsteht unter oxidierenden Bedingungen in Oxidationszonen manganhaltiger Erzgänge, z. B. Ilfeld (Harz) und Ilmenau (Thüringen). Daneben kommt er in Karst-Hohlräumen in Kalken, z. B. bei Bingerbrück und Gießen, vor und als Hauptbestandteil in marinen Mang-

Pyroklast (Tab): granulometrische Klassifikation von Pyroklasten; gilt nur für unimodale und gut sortierte pyroklastische Ablagerungen.

Klastgröße [mm]	Pyroklast	pyroklastische Ablagerung	
		vorwiegend unverfestigt: Tephra	vorwiegend verfestigt: pyroklastisches Gestein
> 64	Block (eckig), Bombe (rund)	Agglomerat, Block-, Bomben-Ablagerung, Blocktephra	Agglomerat, pyroklastische Brekzie
2–64	Lapillus	Lapilli-Ablagerung, Lapilli-Tephra	Lapillistein
0,063–2	grobes Aschenkorn	grobe Asche	grober Tuff
< 0,063	feines Aschenkorn	feine Asche	feiner Tuff

anerz-Lagerstätten, z. B. Nikopol (Ukraine) und Tschiaturi (Georgien); weiterhin in Lateriten über manganreichen Gesteinen, z. B. abbauwürdig in Nsuta (Ghana), Mokta (Elfenbeinküste) und Amapa (Brasilien). Pyrolusit ist Hauptbestandteil der Manganknollen. Erdiger Pyrolusit ist ein wichtiger Bestandteil der Weichmanganerze des Bergbaus, die 30–35 Gew.-% Mn enthalten. Die Verwendung von Pyrolusit zu metallurgischen Zwecken, als Pigment in der Keramik (Manganschwarz-Technik) und in Glashütten ist altüberliefert. ↗Mangan, ↗Manganminerale. [GST]

pyromagnetischer Effekt, Änderung der Magnetisierung ΔJ, d. h. des magnetischen Dipolmoments pro Volumen, durch Temperaturänderung ΔT. Der in Kristallen anisotrope, lineare Effekt wird durch die Gleichung:

$$\Delta J_k = m_k \cdot \Delta T$$

beschrieben. Dabei sind m_k die Komponenten des pyromagnetischen Tensors. Es ist ein axialer ↗Tensor 1. Stufe, da er einen Skalar ΔT mit einem axialen Vektor (axialen Tensor 1. Stufe), der Magnetisierung, verbindet. Nichtmagnetische Kristalle können daher keinen pyromagnetischen Effekt zeigen.

Pyrometamorphose ↗Hochtemperaturmetamorphose.

pyrometasomatische Lagerstätten ↗Skarnlagerstätten.

Pyrop, [von griech. pyropós = feueräugig], *Böhmischer Granat, Karfunkelstein, Kaprubin, Magnesiatongranat, Magnesiumtongranat, roter Granat*, Mineral mit der chemischen Formel $Mg_3Al_2[SiO_4]_3$; Pyrop ist ein durch Eisen- und Chromgehalte blutroter bis schwarzroter, durchsichtiger bis undurchsichtiger, überwiegend als eingewachsene oder lose abgerollte Körner vorkommender ↗Granat, stets mit Gehalten an Almandin-Komponente. Die Farbe wird durch Eisen- und Chromgehalte bedingt. Varietäten sind der weinrote bis purpurfarbene oder grünlichviolette Chrom-Pyrop (bis 18,9 Gew.-% Cr_2O_3), der kräftig rosenrote Rhodolith (Pyrop-Almandin-Mischkristall) und die rötlich-orangefarbigen »Malaya-Granate« (aus Kenia). Die Dichte beträgt 3,7–3,9 g/cm³ (3,582 g/cm³ bei reinem Pyrop); Vorkommen: chromreicher Pyrop im oberen Erdmantel, in ↗Kimberliten und als Einschlüsse in ↗Diamanten, als Hauptbestandteil der Granate in Eklogiten, in Granat-Peridotiten und -Pyroxeniten (z. B. Alpe Arami in der Schweiz und in Norwegen) und daraus hervorgegangenen Serpentin-Gesteinen (z. B. bei Trebenice in Böhmen), als abgerollte Körner und Bruchstücke in ↗Seifen und Schottern (z. B. Podsedice in Böhmen) und in Gesteinen der Hochdruckmetamorphose, z. B. im Dora Maira-Massiv (Italien). [GST]

Pyrophyllit, [von griech. pyr = Feuer und phyllos = Blatt, wegen Aufblättern beim Erhitzen], *Pyrauxit*, talkähnliches, zu den Dreischicht-Phyllosilicaten gehörendes Mineral mit der chemischen Formel $Al_2[(OH)_2/Si_4O_{10}]$ bzw. $Al_2O_3 \cdot 4 SiO_2 \cdot H_2O$; triklin und monokline Kristallform; perlmutterglänzende oder matte tafelige Kristalle oder strahlige, fächerförmige Aggregate mit vollkommener Spaltbarkeit; weiß, grau, grünlich oder gelblich durchscheinend oder undurchsichtig; Härte nach Mohs: 1–1,5; Dichte: 2,8 g/cm³; Pyrophyllit fühlt sich fettig an; Vorkommen: in niedriggrad metamorphen Gesteinen, z. B. in Phylliten (u. a. Zermatt in der Schweiz). Bauwürdige Pyrophyllit-Lagerstätten sind durch hydrothermale Umwandlung saurer magmatischer Gesteine, besonders Rhyolithe und deren Tuffe, entstanden. Hauptförderländer sind Japan, Südkorea und die USA (vor allem North Carolina); weitere Vorkommen stehen in der VR China, Brasilien, Australien, Indien und der Republik Südafrika (hier als »wonderstone« bezeichnetes Erz mit über 90 % Pyrophyllit) im Abbau. Als »Roseki« (Wachs-Stein) werden in Japan hydrothermal entstandene, wachsartig aussehende tonige Gesteine bezeichnet, die überwiegend aus Pyrophyllit oder Sericit (↗Muscovit) oder ↗Kaolinit bestehen. Eine dichte kryptokristalline Abart von Pyrophyllit ist Agalmatolith, ein gut schnitzbares Bildhauermaterial aus China. Verwendung findet Pyrophyllit vielfach wie Talk, vor allem als Feuerfestmaterial, gewöhnlich in Kombination mit Zirkon, z. B. für Feuerfest-Keramiken und Pyrophyllit-Zirkon-Pfannensteine für die Stahlindustrie; ferner für Isolationskeramiken, Wandfliesen, als Füllstoff für Papier, Kunststoffe, Kautschuk und Seifen, Füllstoff für Puder in der kosmetischen und pharmazeutischen Industrie und als Trägerstoff für Insektizide. ↗Dreischichtminerale, ↗Phyllosilicate. [GST]

Pyrophyten, 1) brandresistente Pflanzenarten, die sich z. B. im Falle von Bäumen durch eine dicke Borke vor der Wirkung des ↗Feuers schützen oder deren oberirdische Pflanzenteile zwar abbrennen, die Pflanze jedoch aus dem unbeschädigten unterirdischen Teil wieder auszuschlagen vermag. 2) Pflanzen, die durch natürliche oder anthropogen verursachte Brände gegenüber Konkurrenten begünstigt werden oder für bestimmte Entwicklungsphasen (Samenbildung, Samenbreitung) des Feuers bedürfen. ↗Feuerökologie.

Pyroxene, *Pyroxengruppe*, zu den ↗Inosilicaten gehörende, wichtige, in vielen magmatischen und metamorphen Gesteinen verbreitete, monokline, gesteinsbildende Minerale mit vielen gemeinsamen Eigenschaften. In der allgemeinen Formel $\{M2\}\{M1\}[T_2O_6]$ bzw. $\{M1\}\{M2\}[(Si,Al)_2O_6]$ kann die M2-Position in 5er- bis 8er-Koordination unter anderem von Na, Ca, Mg und Fe^{2+}, die M1-Position in 6er-Koordination (oktaedrisch) unter anderem von Mg, Fe^{2+}, Fe^{3+}, Al, Ti und die T-Position neben Si in geringem Umfang auch von Al, Fe^{3+} und Ti besetzt werden; Härte nach Mohs: 5–6, Spaltbarkeit: vollkommen nach den Prismenflächen {110} bei Klinopyroxen, Spaltwinkel 87°; Glasglanz, auf Spaltflächen z. T. perlmuttartig. Die Pyroxenstruktur enthält parallel zur kristallographischen c-Achse angeordnete $[Si_2O_6]^{4-}$-Einfachketten aus über gemeinsame Ecken verknüpften $[SiO_4]$-Tetraedern.

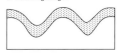

a Fall-Ablagerungen

b Ablagerungen dichter pyroklastischer Ströme und Laven

c Surge-Ablagerungen

pyroklastischer Transport: unterschiedliche Geometrien der Ablagerungen der drei pyroklastischen Transportformen Fall, surge und Strom, sowie von Lavaströmen: a) Fallablagerungen bedecken die Landschaft mit einer Decke von lokal gleicher Mächtigkeit. b) Dichte pyroklastische Ströme (wie auch Laven) folgen der Topographie wie Wasser. c) Surges und hochverdünnte pyroklastische Ströme konzentrieren Transport und Ablagerungen in den topographisch tieferen Bereichen.

Diese sind mit parallel dazu angeordneten Ketten aus über gemeinsame Kanten verknüpften M1-Oktaedern und M2-Polyedern verbunden. Die Pyroxene werden eingeteilt in a) Magnesium-Eisen-Pyroxene, b) Calcium-Pyroxene, c) Natrium-Pyroxene, d) Calcium-Natrium-Pyroxene, e) Lithium-Pyroxene (Spodumen) und f) Mangan-Magnesium-Pyroxene (selten).

Zu den Mg-Fe-Pyroxenen gehören die rhombischen Orthopyroxene ($(Mg,Fe)_2[Si_2O_6]$) mit den Endgliedern Enstatit ($Mg_2[Si_2O_6]$; grau, grün, braun; säulige Kristalle, körnig, derb, spätig; u. a. in Meteoriten und Orthoferrosilit ($Fe_2[Si_2O_6]$), die entsprechende monokline Reihe Klinoenstatit-Klinoferrosilit (vor allem in Meteoriten) und Pigeonit. Zu den Ca-Pyroxenen (alle monoklin) gehören die Pyroxene der Mischkristallreihe Diopsid ($CaMg[Si_2O_6]$, glasglänzende prismatische oder tafelige, manchmal durchsichtige Kristalle; Körner, stengelige Aggregate, derbe Massen; farblos, weiß, grün; als Chrom-Diopsid, z. B. in Peridotiten, smaragdgrün), Hedenbergit ($CaFe[Si_2O_6]$, quadratische Kristalle, stengelige bis strahlige Aggregate, spätige Massen; grünblau, dunkel- bis schwarzgrün; z. B. in Skarnen und Kalksilicatgesteinen), ferner Johannsenit und die Augite (($(Ca,Mg,Fe^{2+},Al)_2[(Si,Al)_2O_6]$), meist kurzsäulige Kristalle mit achtseitigem Querschnitt; körnig, spätig, massiv). bei letzteren werden in der deutschen Literatur zwischen gemeinem Augit (grün- bis bräunlichschwarz, Dichte: 3,3–3,5 g/cm³), z. B. in Gabbros und Gabbro-Pegmatiten) und basaltischem Augit (schwarz, Ti-haltig, in Basalten, z. T. mit 3–5 % TiO_2 als Titanaugit) unterschieden.

Pyrrol: Strukturformel des Pyrrols.

Zu den Na-Pyroxenen gehören ↗Jadeit, Kosmochlor und Ägirin (Åkmit, Acmit) mit der Formel $NaFe^{3+}[Si_2O_6]$ (stengelige bis nadelige Kristalle, oft büschelige Aggregate; grün oder rötlichbraun bis schwarz; in alkalibetonten magmatischen Gesteinen). Die Ca-Na-Pyroxene (monoklin) sind Mischkristalle zwischen Ägirin und Augit (Ägirinaugit) und zwischen Jadeit und Augit bzw. Diopsid (Omphacit). Omphacit (($(Ca,Na)(Mg,Fe^{2+},Fe^{3+},Al)[Si_2O_6]$) ist hell- bis dunkelgrün körnig und kommt vor allem in Eklogiten vor. In neueren Nomenklatur-Vorschlägen sind bisher gebräuchliche Namen nicht mehr enthalten, z. B. Bronzit (($(Mg,Fe)_2[Si_2O_6]$), 10–30 Mol.-% $FeSiO_3$, braun bis grün, bronzeartig-metallischer Glanz; u. a. in Meteoriten), Hypersthen (($(Mg,Fe)_2[Si_2O_6]$), 30–50 % Mol.-% $FeSiO_3$; schwarz, schwarzbraun, schwarzgrün; häufig metallisch, z. T. kupferroter Schiller; z. B. in Gabbros, Andesiten, Graniten und Meteoriten), Diallag (ein Augit mit besonderer Teilbarkeit; vor allem in Gabbros; grünlichgrau bis bräunlichschwarz) und Fassait (hell- bis dunkelgrüne, Al-reiche, Na-arme Klinopyroxene vor allem in durch Metamorphose veränderten Kalken und Dolomiten).

Wegen der Bedeutung für die Zusammensetzung und den Aufbau der unteren Erdkruste und des oberen Erdmantels sind Pyroxene Gegenstand zahlreicher neuerer Untersuchungen, insbesondere zum Verhalten der Pyroxene und ihrer Strukturen bei hohen Drucken (↗Hochdrucksynthese). [GST]

Pyroxengranulit, granulitfazieller (↗Granulit) ↗Metabasit mit Plagioklas + Orthopyroxen ± Klinopyroxen ± Granat ± Ruti ± Magnetit.

Pyroxen-Hornfelsfazies ↗metamorphe Fazies.

Pyroxenit, ein ultramafisches Gestein (↗Ultramafitite), das einen Pyroxenanteil > 60 % (Orthopyroxenit und/oder Klinopyroxenit) aufweist. Neben Pyroxen ist meist Olivin Hauptbestandteil. Man unterscheidet zwischen *Orthopyroxeniten*, Olivin-Orthopyroxeniten, ↗Websteriten, Olivin-Websteriten, *Klinopyroxeniten* und Olivin-Klinopyroxeniten. Andere Minerale in Pyroxeniten sind Hornblende, Glimmer, Granat, Plagioklas, Spinell, Ilmenit und Sulfide. Pyroxenite treten meist in Assoziation mit ↗Peridotiten auf.

Pyrrhotin ↗Magnetkies.

Pyrrol, C_4H_5N, organische Ringverbindung, welche außer Kohlenstoff das Heteroatom Stickstoff enthält und somit zu den ↗Heterocyclen zählt (Abb.). Pyrrol ist Bestandteil des im ↗Chlorphyll und Häm enthaltenen Tetrapyrrol-Rings (↗Tetrapyrrol), im dem die Pyrrol-Einheiten über Doppelbindungen verbunden sind, um ein großes System an konjugierten Doppelbindungen zu erhalten.

Pythagoras, griechischer Philosoph und Mathematiker, * um 570 v. Chr. auf Samos, † um 500 v. Chr. Metapont (?); gründete in Kroton (Kalabrien) einen ethisch-religiösen Bund (Pythagoreer), der in Gütergemeinschaft lebte. Pythagoras lehrte die Zahl als die Wesensstruktur aller Dinge, die Harmonie der Sphären (Sphärenharmonik) und die Seelenwanderung; untersuchte die Gesetze der harmonischen Saitenschwingungen und soll am Gewicht von Hämmern, deren Klang zusammen die Intervalle Oktave, Quinte und Quarte ergab, die diesen Intervallen zugrundeliegenden Zahlenverhältnisse erkannt haben. Somit hob er als erster das Wesentliche des Zahlenmäßigen (Quantitativen) für alle Naturerkenntnisse hervor und bemerkte, daß Morgenstern und Abendstern in Wirklichkeit derselbe Stern (Planet Venus) sind und daß die Mondbahn um einen bestimmten Winkel gegen die Erdäquatorebene geneigt ist. Er war von der Kugelgestalt der Erde überzeugt. Nach ihm benannt sind der Pythagoreische Lehrsatz und die Pythagoreischen Zahlen.

Qanat, *Khanat, Kanat, Karez*, iranische Bezeichnung für die schon im Altertum im persischen und arabischen Raum angewandte Technik von Sickergallerien. Ein Qanat ist ein Stollensystem, mit dem in den ariden bis semiariden Gebieten Nordafrikas und Vorderasiens Grundwasser in Gebirgsregionen erschlossen und zu Bewässerungsflächen und Siedlungsgebieten geleitet wird. Im Iran sind Stollengalerien mit einer Gesamtlänge von mehr als 40 km bekannt. Sie bestehen aus Sammelstollen, deren Gefälle, um Erosion zu vermeiden, gering ist, und aus senkrechten Luftschächten, die der Belüftung und während der Bauzeit auch dem Abtransport des Bodenmaterials dienen. Je nach Tiefenlage des Sammelstollens können die senkrechten Schächte eine Tiefe von 150 m erreichen. Die Herstellung erfolgt auch heute noch überwiegend von Hand mit einfachen Geräten. Im arabischen Bereich, insbesondere in Marokko und Mauretanien, wird hierfür der Begriff ⁄Foggara verwendet. ⁄Stollenbewässerung.

QAPF-Doppeldreieck, *Streckeisen-Diagramm*, international gebräuchliches Diagramm (Abb.) zur Klassifikation von magmatischen Gesteinen nach ihren ⁄modalen Mineralbeständen an ⁄felsischen Mineralen (z. B. *Alkalifeldspatgranit, Alkalifeldspatrhyolith, Alkalifeldspatsyenit, Alkalifeldspattrachyt*). Das Diagramm wurde im Jahr 1973 von einer Subkommission der International Union of Geological Sciences (IUGS) unter dem Vorsitz des Schweizer Petrologen A. L. Streckeisen vorgeschlagen (⁄IUGS-Klassifikation). Alle Gesteine, die weniger als 90 Vol.-% an ⁄Mafiten enthalten, werden in einem Doppeldreieck mit den Eckpunkten Quarz, Alkalifeldspat, Plagioklas (mit mehr als 5 Mol-% Anorthitkomponente) + Skapolith und Foide dargestellt. Im oberen Dreieck sind die Felder der quarzführenden, im unteren der foidführenden Magmatite abgebildet. Dies ist möglich, weil Quarz und Foide nie im gleichen Gestein vorkommen. [MS]

Q-Faktor ⁄Dämpfung seismischer Wellen.
Quadermethode ⁄Box-Klassifizierung.
Quadrant, *Viertelkreis*, schneiden sich in der Ebene zwei Koordinatenachsen rechtwinklig im Koordinatenursprung, so bilden sie vier Quadranten. Im Gegensatz zum mathematischen ⁄Koordinatensystem weist die x-Achse im geodätischen Koordinatensystem nach Norden. Die Winkel werden in der ⁄Geodäsie rechtsläufig bestimmt, und demzufolge sind auch die Quadranten I bis IV rechtsläufig beziffert (Abb.).

Quadrasterkarte, abgeleitet aus der kartographischen ⁄Zeichen-Objekt-Referenzierung ein ⁄Kartentyp zur Repräsentation von nominal-, ordinal-, ratio- oder intervallskalierten Daten mit räumlichem Bezug zu künstlich definierten Netzzellen eines Rasternetzes, wie beispielsweise 1km-Netzen zur Erfassung und Weiterverarbeitung von Bodenbelastungen. Die Repräsentation der Daten in der Quadrasterkarte (Abb.) erfolgt auf der Grundlage des ⁄kartographischen Zeichenmodells durch Zeichen in den Netzzellen, die mit Hilfe der ⁄graphischen Variablen Form, Farbe und Richtung bei Vorliegen von nominalskalierten Daten, Korn und Helligkeit bei ordinalskalierten Daten oder Größe bei intervall- oder ratioskalierten Daten variiert werden können. Die Unterscheidung von Quadrasterkarten hinsichtlich des Skalierungsniveaus der Daten geschieht durch Hinzufügung der entsprechenden graphischen Variablen zum Namen des Kartentyps. ⁄Felderprinzip. [PT]

qualitative Darstellung, kartographische Darstellung von Merkmalen, Sachverhalten, Erscheinungen ohne Angabe von Größen, Mengen, Werten oder Anteilen. Wiedergegeben wird lediglich ihre Verteilung oder Verbreitung. Qualitative Darstellungen beantworten die Frage: Was ist wo? Die ihnen zugrunde liegenden Daten sind nominalskaliert. Die Qualitäten werden durch die ⁄graphischen Variablen Form, Farbe, Muster oder Orientierung ausgedrückt. ⁄Positionssignaturen, ⁄Liniensignaturen, die ⁄Punktmethode, die ⁄Flächenmethode sowie ⁄Pfeile werden in ihrer elementaren Form eingesetzt. Alle diese Methoden tendieren zur ⁄quantitativen Darstellung, sobald sie in Verbindung mit verschiedenen Größen, Strichbreiten, ⁄Tonwerten, ⁄Farbhelligkeiten benutzt werden, denen in der Legende ausgewiesene Werte entsprechen, z. B. verschiedengroße punkthafte Ortssignaturen, die Klassen der Einwohnerzahl ausdrücken. Beispiele qualitativer Darstellungen sind politische Karten und ⁄Standortkarten nach der Punktmethode. Auch die als Ergebnis einer Raumgliederung ausgewiesenen Gebietstypen haben qualitativen Charakter. [KG]

qualitative Generalisierung, der ⁄semantischen Generalisierung zuzuordnende Vorgänge der ⁄Generalisierung, bei denen auf Grundlage des Klassifizierens eine Auswahl und/oder Zusammenfassung erfolgt (⁄Generalisierungsmaßnahmen). Dabei wird berücksichtigt, ob die Qualitäten gleichwertig, geordnet oder hierarchisch vorliegen. Die hierarchische Struktur der Verwaltungsgliederung ermöglicht es beispielsweise, die Grenzen der nächsthöheren Verwaltungseinheit im Folgemaßstab als Zusammenfassung darzustellen. ⁄quantitative Generalisierung.

qualitative Hydrologie, Bereich der ⁄Hydrologie, der sich mit Fragen der Wasserbeschaffenheit befaßt und die sich im Wasser abspielenden physikalischen (⁄Hydrophysik), chemischen (⁄Hydrochemie) und biologischen Prozesse (⁄Hydrobiologie) behandelt.

qualitatives Wachstum, Wachstumsbegriff, der nicht nur die Zunahme des Bruttosozialproduktes eines Staates, sondern auch die Änderung der ⁄Lebensqualität, vor allem aber der Umweltqualität (⁄Umweltqualitätsziele) berücksichtigt. Ziel ist ein Wachstum ohne negative Folgen auf die Umwelt. Qualitatives Wachstum beinhaltet die Forderungen, daß der Rohstoff- und Energieverbrauch unabhängig vom Wirtschaftswachstum nicht weiter ansteigen sollte. Außerdem sollten umweltschonende und langlebige Produkte erzeugt werden und die Umweltbelastung auch bei einer verstärkten Produktion nicht erhöht wer-

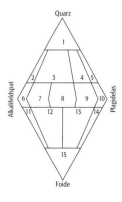

QAPF-Doppeldreieck: Klassifikation der magmatischen Gesteine aufgrund ihres modalen Mineralbestandes gemäß der IUGS-Klassifikation.

Plutonite: 1 = nicht verwirklicht, 2 = Alkalifeldspatgranit, 3 = Granit, 4 = Granodiorit, 5 = Tonalit, 6 = Alkalifeldspatsyenit, 7 = Syenit, 8 = Monzonit, 9 = Monzodiorit, Monzogabbro, 10 = Diorit/Gabbro, 11 = Foidsyenit, 12 = Foid-Plagisyenit, 13 = Essexit, 14 = Theralith, 15 = Foidolith.
Vulkanite: 1 = nicht verwirklicht, 2 = Alkalifeldspatrhyolith, 3 = Rhyolith, 4 = Dacit, 5 = Quarzandesit, 6 = Alkalifeldspattrachyt, 7 = Trachyt, 8 = Latit, 9 = Latitandesit/Latitbasalt, 10 = Andesit/Basalt, 11 = Phonolith, 12 = tephritischer Phonolith, 13 = phonolithischer Tephrit, 14 = Tephrit/Basanit, 15 = Foidit.

Quadrant: Quadranten in der Geodäsie.

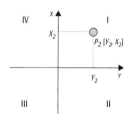

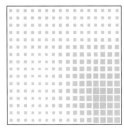

Quadratrasterkarte: Beispiel einer Quadratrasterkarte.

den (↗Ressourcenmanagement). Der Begriff wurde nach 1970 durch den ↗Club of Rome aktuell, der mit dem Bericht »Die Grenzen des Wachstums« die Erschöpfbarkeit der ↗natürlichen Ressourcen verdeutlichte.

Qualitätsfaktor ↗Dämpfung seismischer Wellen.
Qualitätsumschlag ↗Darstellungsumschlag.
Qualmdeich, ↗Deich, der Drängewasser abfängt, das meist örtlich begrenzt durch den Untergrund eines Deiches durchsickert (Qualmwasser). ↗Kuverdeich.

Quantenmagnetometer ↗optisch gepumpte Magnetometer.

Quantenzahlen, gequantelte Zahlen, die den Zustand eines Elektrons in einem wasserstoffähnlichen Atom eindeutig beschreiben. Die Bewegung eines Elektrons in einem wasserstoffähnlichen Atom wird durch eine Wellenfunktion $\Psi(x,y,z)$ beschrieben; $|\Psi(x,y,z)|^2 dV$ gibt die Wahrscheinlichkeit an, das Elektron im Volumenelement dV am Ort x,y,z zu finden. In Kugelkoordinaten r,θ,φ kann die Wellenfunktion eines Atomorbitals in ein Produkt dreier Funktionen separiert werden:

$$\Psi(r,\theta,\varphi) = R_{n,l}(r) \cdot \Theta_{l,m}(\theta) \cdot \Phi_m(\varphi).$$

$4\pi r^2 R_{n,l}^2(r)dr$ gibt die Wahrscheinlichkeit an, ein Elektron im Abstand r vom Atomkern zu finden; die Form und Orientierung der Atomorbitale wird durch Θ und Φ beschrieben. In Abhängigkeit von den Quantenzahlen n, l und m nehmen R, Θ und Φ verschiedene algebraische Formen an, die verschiedenen Energiezuständen des Elektrons entsprechen (↗Orbitale). Der Zustand eines Atoms wird durch die Angabe von vier Quantenzahlen für jedes seiner Elektronen charakterisiert (↗Elektronenkonfiguration), wobei nach dem Pauli-Prinzip jede Kombination von Quantenzahlen nur ein einziges Mal auftreten kann. a) *Hauptquantenzahl*: bezeichnet die Elektronenschale im Sinne des Bohrschen Atommodells: $1 \leq n \leq \infty$. Eine Schale kann maximal $2n^2$ Elektronen aufnehmen. Anstelle der Hauptquantenzahl n verwendet man auch die Großbuchstaben K, L, M, N, etc. für n = 1,2,3,4, … und spricht von K-Schale, L-Schale, etc. b) *Nebenquantenzahl*: drückt das Bahnmoment:

$$\sqrt{l(l+1)}h/2\pi$$

des Elektrons aus und bezeichnet eine Unterschale und die Art des dazugehörigen Orbitals. Zu jeder Hauptquantenzahl n gibt es n Unterschalen mit $0 \leq l \leq n-1$. Diese Orbitale werden auch durch die Buchstaben s,p,d,f,g, … für l = 0, 1,2, … ,n-1 bezeichnet. Ein Elektron mit $l = 0$ wird als s-Elektron, eines mit $l = 1$ als p-Elektron, eines mit $l = 2$ als d-Elektron etc. bezeichnet. c) *magnetische Quantenzahl*: bezeichnet jeweils $2l + 1$ verschiedene Atomorbitale innerhalb einer Unterschale mit $-l \leq m \leq +l$. d) *Spinquantenzahl*: bezeichnet den Elektronenspin:

$$\sqrt{s(s+1)}h/2\pi,$$

wobei s nur die beiden Werte $s = \pm 1/2$ haben kann. Jedes Orbital wird mit maximal zwei Elektronen entgegengesetzten Spins besetzt (Pauli-Prinzip). [KE]

Quantifizierung der Landschaft, in der landschaftsökologischen Grundlagenforschung die naturwissenschaftlich-exakte Beschreibung und Modellierung der Funktionalität und der Stoff- und Energieumsätze eines ↗Ökosystems. Bei praxisorientierten Anwendungen in der ↗Landschaftsplanung und der ↗Landespflege wird der Begriff auch verwendet für nutzungsbezogene ↗Landschaftsbewertungen, meist mittels Einsatz von Verfahren der ↗Nutzwertanalyse. Dabei gewinnen sozioökonomische Gesichtspunkte gegenüber naturwissenschaftlichen Aspekten deutlich an Bedeutung.

Quantil, einer bestimmten Klasse aus einer in n gleiche Teile aufgeteilten Summenhäufigkeit einer gemessenen Stichprobe zugeordneter Wert. Bei einer Einteilung von $n = 4$ spricht man von Quartilen, bei $n = 10$ von Dezilen oder Perzentilen. Für die Bewertung der Gewässerbeschaffenheit sind der 10 %-, der 50 %- und der 90 %-Perzentilwert von besonderer Bedeutung.

quantitative Darstellung, kartographische Darstellung von Merkmalen, Sachverhalten, Erscheinungen nach ihrer größen-, mengen-, wertmäßigen oder ihrer relativen Ausprägung. Quantitative Darstellungen beantworten die Frage: Wieviel bzw. welche Dichte ist wo? Die dargestellten Daten sind ordinal oder höher skaliert. Als ↗graphische Variablen zur Wiedergabe von Quantitäten eignen sich die Größe und die Helligkeit (↗Tonwert) der ↗Kartenzeichen.
Zu unterscheiden sind ↗Absolutwertdarstellung und ↗Relativwertdarstellung, die häufig in Kombination verwendet werden. Nahezu alle ↗kartographischen Darstellungsmethoden vermögen Quantitäten auszudrücken. Eine Ausnahme bildet die ↗Flächenmethode. Isolinienkarten und Schichtstufenkarten haben insofern quantitativen Charakter, als sie ein ↗Werterelief wiedergeben. Die Übergänge von der quantitativen zur ↗qualitativen Darstellung sind fließend, wobei letztere in der Regel die Elementarform der jeweiligen Darstellungsmethode verkörpert. [KG]

quantitative Generalisierung, Vorgänge der ↗semantischen Generalisierung, die vornehmlich in der ↗thematischen Kartographie Bedeutung haben. Sie betreffen vor allem die Aufbereitung statistischer Werte durch Vereinfachen (Runden), Zusammenfassen (Aggregieren), die Festlegung von unteren Schwellenwerten (Auswahl), die Klassifizierung und Typisierung sowie die Anwendung entsprechender kartographischer Ausdrucksmittel und ↗kartographischer Darstellungsmethoden. So werden beispielsweise Siedlungen oder Gemeinden zumeist klassifiziert nach der Einwohnerzahl in geeigneter graphischer Differenzierung der ↗Si-

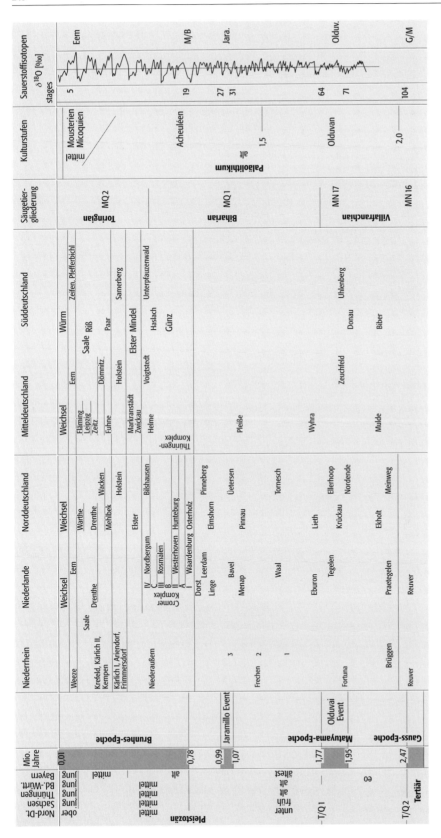

Quartär (Tab. 1): stratigraphische Gliederung des Pleistozäns.

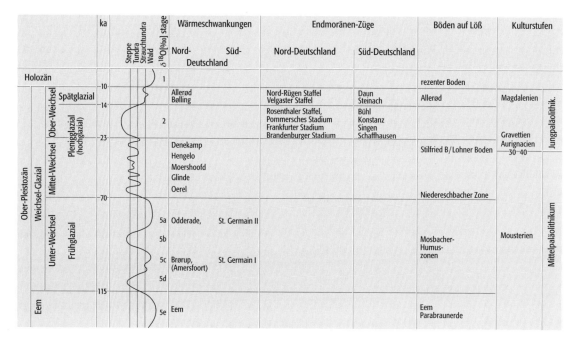

Quartär (Tab. 2): stratigraphische Gliederung des Oberpleistozäns (ka = 1000 Jahre).

Quartäres Eiszeitalter (Tab): Gliederung des Quartären Eiszeitalters in K = Kaltzeiten und W = Warmzeiten (Zwischeneiszeiten, einschließlich Nacheiszeit) in der jüngeren Zeit seit rund 500.000 Jahren v.h.

Zeit in Jahrtausenden vor heute	Typisierung: W = Warmzeit K = Kaltzeit	Süddeutschland (Voralpenregiion)	Norddeutschland, Niederlande
0	W_1	Neo, Holozän	Flandrische W.
11	K_1	Würm	Weichsel
70	W_2	Würm/Riß	Eem
125	K_2	Riß	Saale
200	W_3	Mindel/Riß	Holstein
270	K_3	Mindel	Elster
320	W_4	Günz/Mindel	Cromer
350	K_4	Günz	Menap
400	W_5	–	Waal
450	K_5	Donau	Eburon
500	W_6	–	Tegelen
…	K_6	Biber	

gnaturen wiedergegeben. ↗qualitative Generalisierung.

quantitative Hydrologie, Bereich der ↗Hydrologie, der sich mit der volumenmäßigen Betrachtung des Wassers auf und unter der Landoberfläche befaßt.

Quartär, jüngstes System der Erdgeschichte (benannt von A. Morlot 1858), ursprünglich als Formation des Eiszeitalters vom ↗Tertiär abgetrennt. Das Quartär reicht bis in die geologische Gegenwart. Der Beginn, zunächst klimatisch begründet, wird heute anhand von Umkehrungen des Paläomagnetfeldes der Erde festgelegt (↗Paläomagnetismus), wobei zwei Positionen diskutiert werden: a) im Top des ↗Olduvai-Events bei etwa 1,7 Mio. Jahre; Typ-Profil: Vrica section in Calabrien; zur Zeit international gültige Grenze; b) im Top des ↗Gauss-Chrons bei etwa 2,4 Mio. Jahre, Typ Region könnte das Niederrhein-Gebiet sein, es ist aber noch nicht durch eine internationale Konvention bestätigt worden.
Das Quartär wird in das ältere ↗Pleistozän und das jüngere ↗Holozän untergliedert (Tab. 1, 2 u. 3). Die Grenze liegt bei etwa 10.000 Jahren v.h., nach Zählung der Jahresschichtung in grönländischen Eisbohrkernen bei 11.500 Jahren v.h. Es ist das Zeitalter der Menschheitsentwicklung mit vom *Homo rudolfensis* (2,6–1,8 Mio. Jahre), *Homo habilis* (1,5–2,0 Mio. Jahre), *Homo erectus* (1,7–0,3 Mio. Jahre), *Homo sapiens neanderthalensis* (350.000–27.000) und *Homo sapiens sapiens* (30.000 Jahre bis heute). ↗Primatenentwicklung und Menschwerdung. [WBo]

Quartäres Eiszeitalter, Klimazustand, bei dem Eisbildungen auf der Erdoberfläche auftreten; begann nach paläoklimatologischer Einordnung bereits vor etwa 2–3 Mio. Jahren (↗Paläoklimatologie). Das quartäre Eiszeitalter dauert bis heute an. Es gliedert sich in ↗Kaltzeiten und ↗Warmzeiten, einschließlich der noch andauernden Nacheiszeit (Tab.). ↗Eiszeitalter, ↗Klimageschichte, ↗Quartär.

Quarz, *Kieselsäure*, Mineral mit der chemischen Formel SiO_2, häufigstes Mineral der Erdkruste. Quarz kristallisiert trigonal-trapezoedrisch und hat Kristallklasse 32-D_3. Die Struktur besteht aus einem dreidimensionalen Netzwerk von über alle Ecken verknüpften $[SiO_4]$-Tetraedern. Die schraubenförmige Anordnung dieser Tetraeder parallel zur *c*-Achse läßt nach rechts und links gedrehte Kristallgitter (↗Rechts-Quarz und

Zeitabschnitt		Jahre vor Gegenwart	Ostsee-Entwicklung		Nordsee Transgression		Kulturstufen		Endmoränen-Eisrandlagen	
									Alpen	Nord-Deutschland
Holozän	Subatlantikum (Nachwärmezeit)	1000	Mya-Meer		Dünkirchen III		Neuzeit			
			Limnaea-Meer	postlittorine Phase			Mittelalter			
		2000					Völkerwanderung röm. Kaiserzeit			
				3. L.-Transgression	Dünkirchen II		vorröm. Eisenzeit	2,6		
	Subboreal (späte Wärmezeit)	3000	Littorina-Meer	spätlitt. Transgr.			Bronzezeit	3,8		
		4000				IV	Neolithikum			
		5000		2. L.-Transgression	Calais	III		5,0	Rotmoos	
				Regression		II				
	Atlantikum (Hauptwärmezeit)	6000	Mastogloia-Meer	1. L.-Transgression		I	Mesolithikum		Frosnitz	
		7000		Regression						
				initiale L.-Transgr.						
		8000	Festland							
	Boreal (frühe Wärmezeit)	9000	Ancylus-See				Endpaläolithikum		Venediger Schlaten	
	Präboreal (Vorwärmezeit)		Festland Yoldia-Meer							
		10.000							Egesen	
Spätglazial	jüngere Dryas (jüngere Tundrenzeit)	11.000	Eisstauseen							
	Alleröd ältere Dryas	12.000					Jungpaläolithikum Magdalenian		Daun	N-Rügen-Staffel
	Bølling	13.000							Gschnitz Steinach	Velgaster-Staffel
	älteste Dryas (älteste Tundrenzeit)	14.000							Bühl	Rosenthaler-Staffel

↗Links-Quarz) entstehen, die sich spiegelbildlich verhalten (↗Enantiomorphie). Quarz bildet häufig ↗Zwillinge vor allem nach dem sogenannten Brasilianer-Gesetz (Verwachsung von abwechselnd Rechts- und Links-Quarz (Abb. 1), dem sogenannten Dauphineer-Gesetz (Verwachsung von zwei Rechts- oder zwei Links-Quarzen) oder nach dem Japaner-Gesetz (Abb. 2). Die Aggregate von Quarz sind stengelig, dicht, körnig oder faserig (Faser-Quarz). Quarz ist ein häufiges Versteinerungsmittel, z. B. in Kieselhölzern, seine Dichte beträgt 2,65 g/cm³, sein Schmelzpunkt 1710°C und seine Härte nach Mohs 7. Er ist meist farblos oder weiß, durchsichtig, trübe oder undurchsichtig, zeigt auf Kristallflächen Glasglanz und auf den muscheligen Bruchflächen Fettglanz. Rötliche Spuren von Eisenoxid, z. B. bei Eisenkiesel, gelbliche, bräunliche u. a. Färbungen der Farbvarietäten von Quarz sind teils auf Verunreinigungen, teils auf Einwirkung radioaktiver Strahlung (bei Rauchquarz, dem dunkelbraunen bis braunschwarzen Morion, dem gelben bis orange-braunen Citrin und bei Amethyst) zurückzuführen und beruhen auf Kristallbaufehlern. Solche Farbzentren (↗Punktdefekte) lassen sich mit ionisierender Strahlung auch künstlich erzeugen (z. B. in Rauchquarz). Der Gehalt an verunreinigenden Spurenelementen in Quarz überschreitet selten 100 ppm. Am häufigsten wird Al^{3+} anstelle von Si^{4+} eingebaut; das entstandene Ladungsdefizit wird durch Li^+, Na^+, K^+ und H^+ (Bildung von Al-OH-Zentren) auf Zwischengitterplätzen und durch Elektronenleerstellen ausgeglichen. Wasser kann bis zu mehreren tausend ppm in Quarz enthalten sein, dabei entstehen Silanol-Gruppen (Si-OH).

Neben optischer Aktivität zeigen Quarzkristalle gegebenenfalls auch Piezoelektrizität (↗piezoelektrischer Effekt) und Thermolumineszenz (↗Lumineszenz). Weitere technisch wichtige Eigenschaften sind ein hoher Wärmeausdehnungskoeffizient, eine niedrige Wärmeleitfähigkeit, die Durchlässigkeit für Licht aller Wellenlängen und hohe chemische Widerstandsfähigkeit. Quarz ist in Wasser, Salzsäure, Schwefelsäure u. a. Mineralsäuren praktisch unlöslich, dagegen löst er sich in Flußsäure ($SiO_2 + 4HF \rightarrow SiF_4 + 2 H_2O$) und (pulverisiert) in konzentrierten siedenden Laugen oder geschmolzenen Alkalihydroxiden ($2Na\text{-}OH + SiO_2 \rightarrow Na_2SiO_3 + H_2O$) unter Bildung von Silicaten. Besonders die farblos durchsichtige Varietät Bergkristall enthält oft Ein-

Quartär (Tab. 3): stratigraphische Gliederung des Spätglazials und Holozäns.

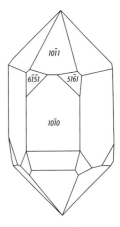

Quarz 1: Quarz-Zwilling nach dem Brasilianer-Gesetz.

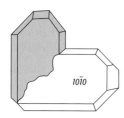

Quarz 2: Quarz-Zwilling nach dem Japaner-Gesetz.

schlüsse (↗Mineraleinschlüsse) anderer Mineralien, z. B. goldfarbene Nadeln von Rutil (Venushaare), ferner Turmalin, Hämatit sowie auch fluide Einschlüsse (↗Flüssigkeitseinschlüsse), vor allem H_2O, CO_2, CH_4 und auch NaCl. Milchquarz ist durch zahllose winzige Flüssigkeits- und Gaseinschlüsse weiß getrübt, Rosenquarz ist blaß bis kräftig rosa, Prasem ist lauchgrün, Aventurinquarz grasgrün gefärbt. Neben diesen sogenannten phanerokristallinen (oder makrokristallinen) Quarz-Abarten unterscheidet man noch mikro- oder kryptokristallinen Chalcedon und seine Varietäten sowie ↗Achat, ↗Onyx, ↗Jaspis, Heliotrop, Kieselgesteine (z. B. Lydit) und Flint (↗Chert).

Beim Erhitzen auf über 573°C wandelt sich Quarz in den äußerlich sehr ähnlichen, im Kristallgitter verschiedenen hexagonalen (Kristallklasse 622-D_6) Hochquarz um, bei Abkühlung bildet sich reversibel wieder Quarz; diese Umwandlung kann als sogenanntes ↗geologisches Thermometer (Thermobarometrie) verwendet werden. Daneben gibt es weitere Modifikationen wie die Hochtemperaturmodifikation ↗Cristobalit und die Hochdruckmodifikationen Coesit und ↗Stishovit (↗Einstoffsysteme). Lechatelierit ist ein SiO_2-Glas, *Keatit* eine metastabile Modifikation von SiO_2. Der stöchiometrische Einbau von Alkalimetall- und Al-Ionen in die SiO_2-Modifikationen β-Quarz, Cristobalit und Keatit führt zu sogenannten stuffed derivatives (gestopfte abgeleitete Phasen) aus Quarz, z. B. Eukryptit ($LiAl[SiO_4]$). Mischkristalle zwischen diesen Phasen, z. B. mit Zusammensetzungen im System SiO_2-$LiAlO_2$-$MgAl_2O_4$, sind wichtige Werkstoffe für Glaskeramiken.

Quarz kommt vor in SiO_2-reichen magmatischen Gesteinen (z. B. Granite, Granit-Pegmatite, Rhyolithe) und in metamorphen Gesteinen (z. B. Gneise, Quarzite), in zahlreichen Lagerstätten als Gangart, in Sedimenten (z. B. Quarzsand, Kies) und – z. T. als Körnerneubildet – in Sedimentgesteinen (z. B. Sandsteine, Kieselgesteine, Radiolarit, Lydit); weiterhin als Füllung von kleinen oder mächtigen Spalten (z. B. Usinger Gangquarz im Taunus, Pfahl im Bayerischen Wald, hier u. a. zur Erzeugung von Ferrosilicium abgebaut). Große Kristalle werden in Pegmatiten (z. B. Brasilien, bis >40 t) und in alpinen Klüften (z. B. St. Gotthard in der Schweiz) gefunden (↗Riesenkristalle).

Nicht verzwillingte (piezoelektrische) Quarz-Einkristalle sowie Amethyst und Citrin werden durch ↗Hydrothermalsynthese (350–400°C, 100–170 MPa Druck) aus gebrochenem natürlichem Quarz in wäßrigen Lösungen von Na_2CO_3 oder NaOH hergestellt.

Quarzsand bzw. Quarzmehl findet Verwendung als Strahl- und Schleifmittel, daneben wird Quarz gebraucht als Streu-, Form- und Kernsand für den Metallguß, als Katalysator-Träger, Füllstoff und Filterschicht, als Rohstoff zur Herstellung von Mörtel, ↗Zement, Glas und Spiegel, ↗Porzellan, Quarzgut, Siliciumcarbid, metallischem Silicium, Wasserglas, Silica-Erzeugnissen und Säurekitten. Bergkristalle und synthetische Quarze werden z. B. in der UV-Spektroskopie, für Quarzlampen und torsionsfreie Quarzfäden benötigt, synthetische piezoelektrische Quarze als Schwingerkristalle (Oszillatoren, Schwingquarz) für Quarzuhren, zur Frequenz-Stabilisierung in Rundfunk- und Fernsehsendern, als Hochfrequenzfilter, zur Ultraschall-Erzeugung, in Kraft-, Druck- und Beschleunigungsmeßgeräten und dergleichen. Die Quarzmikrowaage ermöglicht die In-situ-Untersuchung des Phasengrenzbereichs fest/flüssig. Und zahlreiche Quarzvarietäten, u. a. Chalcedon, werden als ↗Edelsteine und Schmucksteine, zu Heilzwecken und zur Herstellung von kunstgewerblichen Gegenständen verwendet.

Alveolengängige (lungengängige) Stäube (Feinstäube) von tetraedrisch koordinierten SiO_2-Modifikationen wie Quarz und Tridymit (nicht der oktaedrisch koordinierte Stichovit) können beim Menschen Pneumokoniosen (Silikose) und möglicherweise auch Krebs erzeugen. Die quantitative Bestimmung von SiO_2-Modifikationen in Mineralstäuben (z. B. Grubenstäube des Steinkohlebergbaues) ist eine wichtige Aufgabe der analytischen ↗Mineralogie (↗Mineralanalytik). [GST]

Quarzandesit, ein vulkanisches Gestein, das neben überwiegend Plagioklas zwischen 20 und 60 Vol.-% Quarz enthält (↗QAPF-Doppeldreieck).

Quarz-H-Magnetometer, veraltete Bezeichnung für die QHM-Relativmessung der Horizontalintensität. ↗Magnetometer.

Quarzit, ein granoblastisches metamorphes Gestein, das zum überwiegenden Teil aus Quarz besteht.

Quarzolit, *Silexit*, ein ↗Magmatit, der zu mehr als 60 Vol.-% aus primärem Quarz besteht.

Quarzporphyr, ein in der älteren deutschsprachigen Literatur verbreiteter, heute überflüssiger Begriff für einen »alten« (↗Perm oder älter) ↗Rhyolith.

Quarzporphyrit, ein in der älteren deutschsprachigen Literatur verbreiteter, heute überflüssiger Begriff für einen »alten« (↗Perm oder älter) ↗Andesit oder ↗Quarzandesit.

Quarzsand, zum weitaus überwiegenden Teil (>90%) aus abgerollten Quarzkörnern und Gangquarzen bestehendes klastisches Sediment (↗terrigene Sedimente) in der Sandfraktion (0,06–2 mm). Es sind Produkte einer intensiven Aufarbeitung in bewegtem Wasser (durch Strömungen im Fluß oder am Strand), bei der die gegenüber Verwitterungsprozessen und mechanischer Beanspruchung instabilen Mineralien schneller zerstört werden.

Quarzsandstein, Sandstein, dessen Komponenten zu mindestens 95% aus monokristallinen Quarzen bestehen (↗Sandstein Abb.). Die restlichen Bestandteile sind Kieselschieferfragmente, polykristalline Quarze und verschiedene Schwerminerale wie Zirkon, Rutil und Turmalin. Eine Matrix fehlt fast vollständig. Infolge ihrer fast monomineralischen Zusammensetzung sind Quarzsandsteine häufig weiß oder fahlgrau gefärbt. Lediglich feinverteilte Fe-Oxid-Zemente können eine rote oder braune Färbung verursachen. Die kompositionelle und texturelle Reife der Quarzsandsteine weist auf eine intensive Aufarbeitung und einen langen Transport hin. Charakteristisch sind Quarzsandsteine für flachmarine hochenergetische Ablagerungsräume sowie für äolische Sandmeere in Wüsten.

Quarzsprung ↗Einstoffsysteme.

Quarzthermometer, Schwingquarzkristalle zeigen eine Temperaturabhängigkeit ihrer Eigenfrequenz. Dieser physikalische Effekt wird zur ↗Temperaturmessung genutzt. Quarzthermometer weisen eine sehr große Empfindlichkeit (bis 10^{-5} K) auf.

Quarzuhr, ↗Uhr, deren Takt aufgrund der sehr stabilen, elektrischen Schwingungseigenschaften von Quarzen gebildet wird. Die Quarzuhr unterliegt sowohl Temperatur- als auch Alterungseinflüssen.

Quarzvarietäten, aufgrund von strukturellen und morphologischen Besonderheiten, geologischem Vorkommen und Farbe vom Quarz im äußeren sehr abweichende Bildungen. Man unterscheidet grobkristalline Varietäten wie Bergkristall, Amethyst, Rosenquarz, Rauchquarz (»Smoky-Quartz«) etc. und von diesen nicht scharf geschieden, völlig dichte und homogen erscheinende Aggregate, die mikroskopisch aus feinen Fasern bestehen und die im weitesten Sinne als ↗Chalcedon bezeichnet werden.

Amethyst ist meist idiomorph und violett (Bestrahlungsverfärbung wahrscheinlich eisenhaltiger Quarze), in Drusen aufgewachsen, meist derbstrahlig in Pyramiden auslaufend, freie Kristalle sind seltener. Er kommt z. B. auf runden Mandelräumen (Achatmandeln) basischer Ergußgesteine (Oberstein an der Nahe), auf Klüften im Sandstein (bei Brejinho in Brasilien), auf Gängen im Dolomit (Plattveld in Südwestafrika) und auf manchen Erzgängen (Banska Stiavnica (Schemnitz), Guanajuato) vor. Citrin (irreführend »Goldtopas«) ist gelb und wird meist durch Erhitzen von Amethyst auf ca. 450°C hergestellt. Durch Bestrahlung wird er wieder violett. Rosenquarz ist ein fast nie Kristallflächen zeigender Quarz aus den jüngsten Teilen von Pegmatiten und findet sich in Zwiesel in Bayern, Finnland, Ural, Maine, Brasilien, Madagaskar und Südwestafrika. Farbträger ist Rutil in feinsten Nädelchen (rein kolloidoptisch) und vielleicht Mn^{3+}. Blauquarz kann intensiv blau und klar durchsichtig bis durchscheinend sein (im Roseland-Anorthosit von Virginia, USA), meist ist er jedoch trüb bläulich und kommt in Graniten vor. Der Farbeindruck beruht auf Beugungserscheinungen an feinsten Rutilnädelchen. Der Sapphirquarz von Golling in Tirol enthält Hornblendeeinschlüsse.

Für die unzähligen Form-, Farb- und Fundortvarietäten sind noch sehr zahlreiche Namen geprägt worden: Gangquarz ist durch Flüssigkeitseinschlüsse oft stark getrübt und gleichzeitig zonar. Bei Kappenquarz lassen sich einzelne Zonen leicht voneinander abheben. Faserquarz erscheint in parallelfaserigen Aggregaten (oft Pseudomorphosen nach Faserminerealien), von denen z. B. Asbestreste im Katzenauge enthalten sind. Das gelbbraune oder blaue Tigerauge, im polierten Stück hervorragend seidenglänzend (von Prieska im Kapland), ist verquarzter ↗Krokydolith. Eisenkiesel sind durch Eisenoxide gelb, braun oder rot gefärbt, Prasem ist durch massenhaft eingeschlossenen Strahlstein lauchgrün, Milchquarz durch Flüssigkeitseinschlüsse milchgtrüb. Aventurin schillert durch eingeschlossene Glimmerplättchen (↗Edelsteine).

Die Fasern der Chalcedonvarietäten sind manchmal optisch zweiachsig, der Charakter der Längsrichtung oft negativ. Der negative Charakter der Faserrichtung beruht auf strahliger Entwicklung nach der horizontalen, nicht nach der vertikalen Achse (Lutecin, Quarzin und Lussatit sind »Chalcedone« mit gewöhnlichem, also positivem Charakter der Längsrichtung). Durch die äußerste Feinheit im Korn sind sie in KOH leichter löslich als Quarz. Die Bildung erfolgt stets bei niedriger Temperatur (bis ca. 120°C) oberflächennah.

Neben Chalcedon unterscheidet man als Auskleidung von Mandelräumen Achat als Stalaktiten und Pseudomorphosen, ferner Carneol (blutrot bis gelblich), Sarder (braun), Chrysopras (durch Ni apfelgrün) und Moosachat mit grünen und braunen moosförmigen Einschlüssen. ↗Achat selbst zeigt rhythmischen feinschichtigen Aufbau aus dünnen Chalcedonlagen wechselnder Färbung. Die Bänderung wird nach Liesegang (↗Liesegangsche Ringe) durch lagenweisen Wechsel der Porosität und durch rhythmische Ausscheidung eines eingedrungenen eisenhaltigen Pigments hervorgerufen. Bei Onyx und Sardonyx sind die Lagen dicker und zum Gemmenschnitt geeignet. Die meisten der in den Handel kommenden farbigen Onyxe, Sardonyxe und Achate sind künstlich gefärbt. Als Enhydros werden teilweise noch mit Wasser erfüllte, vollständig geschlossene Achatmandeln bezeichnet. Jaspis ist ein undurchsichtiger, intensiv gefärbter Chalcedon mit dichtem, muscheligem Bruch. Gefärbte Varietäten sind Plasma (lauchgrün) und Heliotrop (ein Plasma mit blutroten Flecken). Und Feuerstein besitzt knollige oder plattige Konkretionen, namentlich in der Schreibkreide, und ist ein innig mit ↗Opal durchsetzter Jaspis. [GST]

Quarzzahl, *Quarzindex*, ein Maß für die SiO_2-Über- oder -Untersättigung eines Gesteins; sie kann aus den ↗Niggli-Werten als Differenz zwischen dem Quotienten *si* und $100 + 4 \cdot alk$ errechnet werden. Die Summe $100 + 4 \cdot alk = (alk + al + c + fm) + 4 \cdot alk$ entspricht für Al-gesättigte Magmatite ($alk < al < alk + c$) der Menge an SiO_2, die zur Bindung an ↗Feldspäte und ↗Pyroxene (nur Mg-Fe-Endglieder) erforderlich ist. Quarzfreie Gesteine haben eine negative Quarzzahl, Gesteine mit merklich freiem Quarz eine positive Quarzzahl. Quarzzahlen über 100 zeigen immer freien Quarz an.

Quasigeoid, Bezugsfläche für die ↗Normalhöhen. Trägt man die im ↗Molodensky-Problem bestimmte ↗Höhenanomalie in Richtung der ↗Ellipsoidnormalen über dem Referenzellipsoid ab, so entsteht eine Fläche, die nach R. A. Hirvo-

Quasikristall: Penrose-Muster als Modell für eine Parkettierung der Ebene mit fünfzähliger Symmetrie.

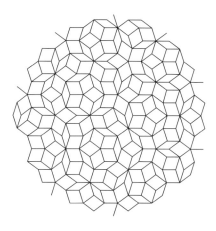

nen (1960) als Quasigeoid bezeichnet wird. Dieselbe Fläche entsteht, indem man die Normalhöhe vom Oberflächenpunkt P aus jeweils längs der Ellipsoidnormalen vorzeichengerecht nach unten abträgt. Das Quasigeoid ist selbst keine Äquipotentialfläche, stimmt aber mit dem ↗Geoid relativ gut überein. Die Abweichungen zwischen Geoid und Quasigeoid sind von der Topographie und den Inhomogenitäten des Erdschwerefeldes abhängig. Während diese Unterschiede auf dem freien Ozean praktisch verschwinden, erreichen sie beispielsweise für den Mt. Blanc etwa 2 m.

Quasigeoidhöhe, Abstand des ↗Quasigeoids von einem mittels einer geodätischen Datumsfestlegung gelagerten und orientierten Erdellipsoid, gemessen längs der ↗Ellipsoidnormalen. Die Quasigeoidhöhe ist zahlenmäßig identisch mit der ↗Höhenanomalie und nimmt global Werte zwischen -110 m und $+70$ m an.

Quasikristall, kristallähnlicher Festkörper in einem besonderen Ordnungszustand, der zuerst im Jahr 1984 an Aluminium-Mangan-Legierungen beobachtet wurde. Quasikristalle sind dadurch charakterisiert, daß zum einen ihre Beugungsbilder (z. B. unter Röntgen-, Neutronen- oder Elektronenstrahlen mit Wellenlängen in der Größenordnung von 10^{-10} m) scharfe, diskrete Reflexe zeigen wie bei Beugungsaufnahmen an Kristallen und zum anderen die Reflexmuster weder einem dreidimensionalen ↗reziproken Gitter zugeordnet werden können wie bei normalen ↗Kristallstrukturen, noch eindeutig in Haupt- und Satellitenreflexe zerlegt werden können wie beispielsweise bei ↗modulierten Strukturen.

Beugungsbilder von Quasikristallen zeigen gewöhnlich Symmetrien, die mit der Symmetrie dreidimensionaler Gitter und Kristallstrukturen nicht verträglich sind (z. B. fünf-, acht- oder zehnzählige Drehachsen). Obwohl Quasikristalle geometrische Objekte im gewohnten dreidimensionalen Anschauungsraum sind, hat sich die schon bei den modulierten Strukturen erfolgreich eingesetzte höherdimensionale Kristallographie als ein Schlüssel zum Verständnis dieses Ordnungszustands erwiesen. Interpretiert man die Anordnung der Beugungsreflexe von Quasikristallen als Projektion n-dimensionaler Gitter (für eine geeignete Dimension n) in den dreidimensionalen Raum, so lassen sich die Reflexe durch ganzzahlige Koordinaten beschreiben (indizieren). Aus den Intensitäten lassen sich wie im Fall der Röntgenkristallographie Beträge von Fourier-Koeffizienten einer n-dimensionalen Fourierreihe gewinnen. Für die Fourier-Rücktransformation (↗Fouriertransformation), also die Ermittlung der Elektronendichte bzw. der Atomanordnung, bildet auch hier das Phasenproblem der Kristallographie das Haupthindernis.

Zum Verständnis der Beugungsbilder mußte vor allem das Auftreten scharfer Reflexe trotz der Störung der Translationssymmetrie erklärt werden, denn gewöhnliche, unregelmäßige Störungen der Kristallordnung durch Baufehler führen zu diffusen Reflexen. Bei der Suche nach geometrischen Ideen für diesen Ordnungszustand haben sich zwei Modelle als besonders fruchtbar erwiesen, die eindimensionale Fibonacci-Kette und das zweidimensionale Penrose-Muster (Abb.); hierfür gibt es auch dreidimensionale Verallgemeinerungen. Typisches Merkmal ist das Auftreten zweier (oder mehrerer) Baueinheiten, in denen Atome in chemisch plausibler Weise so angeordnet werden können (»Dekoration«), daß keine energetisch unsinnigen interatomaren Abstände auftreten können. In Konkurrenz zu diesen Modellen werden zur Erklärung solcher Beugungsbilder auch »Mikroverzwillingen« diskutiert. Diese Betrachtungsweise wurde vor allem von L. ↗Pauling favorisiert, dabei treten aber unvertretbar hohe Indizes für die Reflexe auf. [HWZ]

Literatur: HARGITTAI, I. (Ed.) (1990): Quasicrystals, Networks, and Molecules of Fivefold Symmetry. – Weinheim.

quasinatürlich, Umschreibung für geoökologische und geomorphologische Prozesse und dadurch entstandene Formen im ↗Landschaftsökosystem mit natürlichem – im Sinne von naturgesetzlichem – Ablauf. Ausgelöst werden die Prozesse durch die siedelnde oder wirtschaftende Tätigkeit des Menschen. Ein Beispiel eines quasinatürlichen Vorgangs ist die Bodenerosion auf Ackerflächen.

quasinatürliche Formung, durch anthropogenen Eingriff induzierte oder verstärkte geomorphologische Prozesse (↗Geomorphologie).

quasistationäre Antizyklone, *quasistationäres Hoch*, antizyklonales ↗Steuerungszentrum.

quasistationäre Front, *schleifende Front*, ein Frontenabschnitt ohne deutliche frontnormale Bewegungskomponente (↗Front). Allerdings weisen quasistationäre Warm-Kaltfronten wegen des frontparallelen ↗thermischen Windes bereits in der unteren Troposphäre eine beträchtliche frontparallele Windkomponente auf, mit der dann Wolken- und Niederschlagsgebiete, ja sogar kleine stabile Frontenwellen entlang der Front ziehen können.

quasistationäre Strömungsverhältnisse, da die Bewegung des ↗Grundwassers von sich ständig ändernden Größen, wie z. B. Grundwasserspiegelschwankungen, Grundwasserneubildung, zeitlichen Änderungen der Grundwasserzu- und -abflüsse, beeinflußt wird, sind strenggenommen wirklich ↗stationäre Strömungsverhältnisse in der Natur nicht anzutreffen. Sind diese Änderungen jedoch für den Beobachtungszeitraum unerheblich und darum zu vernachlässigen, so spricht man von quasistationären Strömungsverhältnissen.

quasi-zweijährige Oszillation, *quasi-biennial oscillation*, QBO, eine etwa 2,1–2,2-jährige atmosphärische Schwankung, die vor allem in der Zonalkomponente des tropischen stratosphärischen Windes ausgeprägt ist und sich von dort unter Phasenverschiebung in die Troposphäre fortpflanzt, wo sie praktisch in allen ↗Klimaelementen mehr oder weniger deutlich präsent ist (Abb.). ↗Oszillation, ↗Klimaänderungen.

Quecksilber, Hg, *Hydrargyrum* (lat.), chemisches Element aus der II. Nebengruppe des Periodensystems. Hydrargyrum leitet sich von griech. hydor = Wasser und argyrus = silber (»Wassersilber«) ab, das deutsche Wort geht auf das althochdeutsch Quecksilbar = lebendiges Silber (englisch quicksilver) zurück. In der Arzneikunde findet sich die Bezeichnung »mercurium«, abgeleitet im 8. Jh. von dem Araber Geber von Mercurius und dem Planeten und dem Gott der Kaufleute und der Diebe Merkur. Quecksilber gehört zu den sieben schon in vorgeschichtlicher Zeit bekannten und benutzten Metallen. Im griechischen Altertum schildert als erster Theophrast die Gewinnung von Quecksilber aus ↗Zinnober. In der Alchemie galt Quecksilber als wichtiges Element und als Träger der metallischen Eigenschaften. Immer wieder versuchte man daher, es in Gold umzuwandeln. 1759 beobachtete J. A. Braun seine Verfestigung bei der Abkühlung. [GST]

Quecksilberbarometer, ↗Barometer.

Quecksilberlagerstätten, Vererzungen durch ↗Zinnober (HgS) a) als tiefthermale vulkanisch-exhalative Bildungen, angereichert vor allem in zerrütteten, brekziösen oder tektonisch beanspruchten Gesteinen sowie im Porenraum von Sedimenten (z. B. Almaden in Spanien, New Almaden in Kalifornien, Toscana); b) als Imprägnationen in sauren ↗Plutonen oder subvulkanischen ↗Intrusionen (z. B. frühere Lagerstätte von Moschellandsberg in der Pfalz); c) auch als Beiprodukt zu Goldvererzungen durch Ausscheidungen vulkanischer Thermalquellen, bevorzugt im Bereich kohlenstoffhaltiger Sedimente (z. B. Carlin und Round Mountain in Nevada, USA).

Quecksilberminerale, die wichtigsten Quecksilberminerale sind: Zinnober (Cinnabarit, HgS, trigonal, 86 % Hg) und Gediegen Quecksilber (Hg, kubisch, 100 % Hg). Das einzige wirtschaftlich wichtige Quecksilbererz ist der ↗Zinnober. Eine zweite Modifikation des Zinnobers heißt Metacinnabarit. Sie ist kubisch mit Zinkblendegitter und wesentlich seltener als der Zinnober, den sie aber vielfach begleitet. Mit gleichem Gitter, also ebenfalls kubisch, kristallisiert der Tiemannit (HgSe). Gediegenes Quecksilber kommt als Oxidationsprodukt auf Zinnoberlagerstätten vor. Es ist metallisch-zinnweiß und wird als einzige bei Normaltemperatur flüssige Substanz zu den Mineralen gerechnet. Ferner finden sich in der Natur mehrere Amalgame mit Gold, Silber und Tellur. Das Quecksilberfahlerz (Schwazit) enthält bis zu 17 % Hg.
Weitere Quecksilberminerale sind Coloradoit (HgTe), Kalomel (Quecksilberhornerz, Hornquecksilber, Hg_2Cl_2) und Cocylit (Iodhydrargyrit, Hg_2I_2). Durch Vulkanismus gelangen jährlich bis zu 5000 t Hg in die Umwelt. [GST]

Quecksilberthermometer ↗Flüssigkeitsthermometer.

Quellbach ↗Quellgerinne.

Quellband ↗Quellenlinie.

Quellbarkeit, *Quellfähigkeit*, Möglichkeit einiger Minerale, durch Einlagerung von Wasser unter Volumenänderung zu expandieren. Dieser Vorgang kann reversibel oder irreversibel verlaufen. Besonders ↗Dreischichtminerale wie ↗Montmorillonit haben im Vergleich zum ↗Kaolinit geringere Anziehungskräfte zwischen den Schichten, so daß H_2O-Moleküle eingelagert werden können, wodurch sich der Schichtgitterabstand je nach dem Wassergehalt ändert. Der Montmorillonit ist daher im Gegensatz zum Kaolinit im hohen Maße quellfähig. ↗Quellung.

Quelldruck, *Quellungsdruck*, baut sich auf, wenn eine durch Wasseraufnahme ausgelöste Volumenzunahme (Quellung) behindert wird (z. B. durch Auflast). Zur experimentellen Ermittlung dient der ↗Quellversuch.

Quelle, 1) *Angewandte Geologie*: Ort eines räumlich eng begrenzten Grundwasseraustritts, auch nach künstlicher ↗Quellfassung. Je nach Richtung des Grundwasserzustroms werden ↗absteigende Quellen und ↗aufsteigende Quellen unterschieden. Daneben können Quellen nach der ↗Quellschüttung oder dem ↗Quelltyp klassifiziert werden. Quellen treten vielfach örtlich gehäuft als ↗Quellengruppen oder ↗Quellenlinien auf. **2)** *Geophysik*: Punkt im Raum oder an der Oberfläche eines ↗Halbraumes, von dem aus Feldlinien eines Kraftfeldes ausgehen (Gravita-

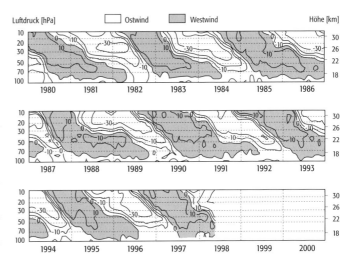

quasi-zweijährige Oszillation: Variationen der tropischen zonalen Windkomponente im Höhenbereich 16–30 km (untere Stratosphäre), die im Wechsel zwischen Ostphase (weiß) und Westphase (grau) eine quasi-zweijährige Oszillation erkennen läßt.

tionfeld, magnetisches Feldes, elektrisches Feld). In der Seismologie bezeichnet Quelle den Ausgangspunkt natürlicher oder künstlicher ↗seismischer Wellen (Erdbebenquelle). **3)** *Landschaftsökologie*: ↗stoffhaushaltliche Quelle.

Quelleiskuppen, allgemeine Bezeichnung für unterirdische Eislinsen, die oft jährlich nach sommerlichem Abschmelzen an gleicher Stelle wieder gebildet werden.

Quellenabsätze, Abscheidungen aus dem Lösungsinhalt der Quellwässer aufgrund der Temperaturänderung des Wassers, Zu- oder Abfuhr lösungsbeeinflussender Medien, chemischer Ausfällung, ausfällender Wirkung von Pflanzen, Bakterien usw.

Quellendarstellung der Potentialkoeffizienten, Darstellung der Potentialkoeffizienten des Gravitationspotentials durch Volumenintegrale über die Dichtefunktion der Erde $\varrho(r')$:

$$c_{nm} = \frac{(2-\delta_{0m})}{M} \frac{(n-m)!}{(n+m)!} \cdot$$
$$\iiint_\Omega \left(\frac{r'}{a}\right)^n C_{nm}(\theta', \lambda') \varrho(\vec{r}') d\Omega$$
$$s_{nm} = \frac{2(1-\delta_{0m})}{M} \frac{(n-m)!}{(n+m)!} \cdot$$
$$\iiint_\Omega \left(\frac{r'}{a}\right)^n S_{nm}(\theta', \lambda') \varrho(\vec{r}') d\Omega$$

mit den Kugelflächenfunktionen $C_{nm}(\theta,\lambda)$ und $S_{nm}(\theta,\lambda)$ des Grades n und der Ordnung m. Damit ergibt sich die Kugelfunktionsentwicklung des Gravitationspotentials der Erde durch die Formel:

$$V(r) = \frac{GM}{r} \sum_{n=0}^{\infty} \left(\frac{a}{r}\right)^n Y_n(\theta,\lambda) =$$
$$\frac{GM}{r} \sum_{n=0}^{\infty} \left(\frac{a}{r}\right)^n \sum_{m=0}^{n} \left(c_{nm} C_{nm}(\theta,\lambda) + s_{nm} S_{nm}(\theta,\lambda)\right).$$

Quellendichte, Zahl der Quellen pro km²; die Quelldichte spiegelt die hydrogeologische Beschaffenheit des Untergrundes wider.

Quelleneinteilung, Klassifizierung von Quellen nach z. B. ↗Quellschüttung, Art des ↗Grundwasserleiters, der chemischen ↗Grundwasserbeschaffenheit, der Wassertemperatur oder der Richtung der Grundwasserbewegung.

Quelleneinzugsgebiet, das einer Quelle tributäre ↗Einzugsgebiet.

Quellengley, Subtyp des Bodentyps ↗Gley der Klasse der Gleye. Quellenaustritte bewirken in Hanglagen vernäßte Flächen, die je nach Wasserregime zu verschiedener Bodenbildung führen. Sommerliche Oberbodentrockenheit führt zu Quellengley mit einem ↗Go-Horizont. Bei sauerstoffreichem Hanggrundwasser entsteht ein Quellen-Oxigley.

Quellengruppe, räumliche Häufung von Quellen, kann durch Ausstreichen eines Grundwasserleiters auf größerer Breite oder durch eine Häufung wasserführender Klüfte entstehen.

Quellenlinie, *Quellinie, Quellband, Quellhorizont* (veraltet), nebeneinander (linear) aufgereihte Quellen, zumeist an Schichtgrenzen oder tektonische Störungen geknüpft. Der Begriff Quellhorizont sollte nicht mehr gebraucht werden, da Quellenlinien häufig nicht horizontal sind.

Quellentypen, Klassifizierung von Quellen (Abb.) entsprechend der geologischen Gestaltung des Untergrundes (↗Schichtquelle, ↗Verwerfungsquelle, ↗Überfallquelle, ↗Schuttquelle, ↗Springquelle, ↗Spaltenquelle).

Quellerosion, durch den Quellwasseraustritt hervorgerufener fluviatiler Sedimentaustrag im Umfeld von Quellen. Die reibungsmindernde permanente Durchfeuchtung des Bodens um den Quellaustritt begünstigt in Verbindung mit dem Prozeß des ↗Piping das Nachrutschen von Lockermaterial, so daß im Bereich der Quelle die Abtragung rascher voranschreitet als in der Umgebung. Dies führt zur Entstehung einer schwach eingesenkten Hohlform, die als ↗Quellmulde, an steileren Hängen auch als ↗Quellnische bezeichnet wird. Der Prozeß der Quellerosion spielt eine bedeutende Rolle bei der Zurückverlegung von ↗Schichtstufen.

Quellfaltung, Faltung eines Gesteins infolge der Volumenzunahme bzw. Quellung durch Wasseraufnahme bei eingeschränkter Ausdehnungsmöglichkeit, vor allem in Anhydriten und im Gips. Bei größeren Formen spricht man von Quellfalten.

Quellfassung, technische Einrichtung zur Fassung und Ableitung von Grundwasseraustritten an oder unter der Erdoberfläche. Quellfassungen bestehen aus einem oder mehreren in der Regel quer zur Anströmrichtung verlegten Sickerrohren (Mindestinnendurchmesser 150 mm) aus Kunststoff oder Steinzeug, umgeben von einer entsprechend abgestuften Filterkiesschüttung, welche die maximale ↗Quellschüttung bei einer Fließgeschwindigkeit von 0,2–0,4 m/s ohne Aufstau der Quellstube zuführen kann. Eine oder mehrere Quellfassungen werden zu dem getrennt angeordneten, begehbaren Quellsammelschacht mit Beruhigungsbecken als Sandfang, ggf. mit Tauchwand und Überfall zur Quellschüttungsmessung sowie einem Entnahmebecken als Zwischenspeicher, geführt (Abb.). ↗Grundwassergewinnung.

Quellfluß ↗Quellgerinne.

Quellgas, ein ↗Spurengas, bei dessen photochemischem Abbau reaktive Spurengase (z. B. ↗Radikale) freigesetzt werden. ↗Ozonabbau.

Quellgerinne, *Quellbach, Quellfluß*, Fließgewässerabschnitt, der unmittelbar aus einer Quelle gespeist wird.

Quellhebung, tritt ein, wenn der durch Wasseraufnahme ausgelöste Quelldruck höher ist als die Belastung. Zur experimentellen Ermittlung dient der ↗Quellversuch.

Quellhöhe, Freisetzungshöhe von Luftbeimengungen in die Atmosphäre. Bei Emissionen durch Verkehr und Landwirtschaft ist die Quellhöhe in Bodennähe, bei Hausbrand und Industrie werden Luftbeimengungen in einiger Höhe in der Atmosphäre freigesetzt (Dachniveau, Schornsteinhöhe). Bei warmen Abgasen beispielsweise aus Schornsteinen ist die Quellhöhe nicht identisch mit der Bauhöhe, sondern es muß die effektive Quellhöhe bestimmt werden.

Quellhorizont, veraltet für ↗Quellenlinie.

Quellinie ↗Quellenlinie.

Quellkuppe, veraltet für ↗Kryptodom.

Quellmechanismus, Antriebskraft für den Grundwasseraustritt, wie z.B. hydrostatischer Druck aufgrund des Gefälles der Druckfläche, Auftrieb nach dem Prinzip der kommunizierenden Röhren oder Gaslift (z.B. Kohlensäure, Methan, Stickstoff) infolge der Druckentlastung.

Quellmoor, ↗Moor bzw. ↗Niedermoor, das durch kleinflächig oder linienhaft austretendes Quellwasser gespeist wird. Voraussetzung für die Quellmoorbildung ist das Vorhandensein von gespanntem ↗Grundwasser. Dieses Wasser ermöglicht ständig ergiebige Grundwasseraustritte, die meist relativ kleinräumig nach Druckentlastung zur Vermoorung führen. Quellmoore sind besonders an den Rändern von Endmoränen verbreitet. Das Quellwasser ist in der Regel sauerstoff- und kalkreich, dadurch entstehen kalkreiche, stark zersetzte ↗Torfe. Häufig sind diese Torfe mit Quellkalkzwischenlagen und Eisenocker durchsetzt. In Quellmooren dominieren gehölzfreie Seggentorfe.

Quellmulde, Geländevertiefung, die im Umfeld einer Quelle durch ↗Quellerosion entsteht.

Quellnische, Hohlform, entstanden durch unterirdische Erosion infolge eines Grundwasseraustritts, zumeist nur an steileren Hängen.

Quellpunkt, veränderlicher, das Integrationsgebiet durchlaufender Punkt mit differentieller Massenbelegung dm (↗Gravitationspotential).

Quellschüttung, Abfluß, d.h. pro Zeiteinheit austretende Wassermenge aus einer Quelle, wird zumeist in l/s oder m³/s angegeben. Die ↗Quellschüttungsveränderung zeigt zumeist einen jahreszeitlichen Gang.

Quellschüttungsveränderung, *Quellschüttungsschwankung*, zeitliche Variation der ↗Quellschüttung infolge der Wechselbeziehung zwischen Niederschlag, Infiltration, Grundwasserneubildung und unterirdischem Abfluß. Die Quellschüttungsveränderung wird in Quellschüttungsganglinien dargestellt. Zumeist weisen Quellschüttungen einen deutlichen jahreszeitlichen Gang auf und spiegeln Klimaschwankungen wider. Die Analyse der Quellschüttungsveränderung kann zur Bestimmung der hydrogeologischen Parameter des Quelleinzugsgebietes verwendet werden. Neben Quellschüttungsveränderungen ↗perennierender Quellen treten ↗intermittierende und ↗episodische Quellen mit einem Wechsel aus unterschiedlicher Schüttung und völligem Versiegen auf.

Quellsignal, von einer seismischen Energiequelle in den Untergrund abgestrahlte Wellenform.

Quellton, *Quellon, Compaktonit-Tonpellets*, aus granulierten und gut quellfähigen ↗Tonen bestehendes Material, das zum Verschließen von durchbohrten, ↗Grundwasserstockwerke trennenden Schichten sowie zur Unterbindung von unerwünschtem Zufluß aus einzelnen Bodenschichten und gegen das Eindringen von Oberflächenwasser sowie zur Vermeidung von Umläufigkeiten im Ringraum verwendet wird. Eine Quelltondichtung wird im ↗Ringraum im Bereich der Vollrohre eingebracht und darf keine Fremdstoffe an das Grundwasser oder das Gestein abgeben. Der Quellton wird trocken eingeführt, quillt infolge des Kontakts mit Wasser und dichtet so den entsprechenden Bereich ab.

Quelltuff, vom Quellwasser ausgeschiedene Minerale, meist Kieselsäure oder Calciumcarbonat, die am Rand von Quellen abgelagert werden.

Quellung, Änderung des Volumens und der Gestalt eines Festkörpers unter Einwirkung von Flüssigkeiten, Dämpfen oder Gasen; besonders ausgeprägt bei Mineralen mit Schichtgittern, z.B. ↗Montmorillonit (↗Phyllosilicate). Die Quellung der Minerale mit Schichtgitterstruktur beruht auf ihrer Ladung und den zum Ladungsausgleich angelagerten Kationen. Dabei wird Wasser zunächst durch ↗Hydratation der austauschbaren Kationen aufgenommen. Dieser erste Abschnitt der Quellung, auch als intrakristalline Quellung bezeichnet, findet vor allem bei ↗Tonmineralen statt. Der zweite Abschnitt der Quellung beruht auf dem großen Unterschied der Ionenkonzentration, vor allem der Kationenkon-

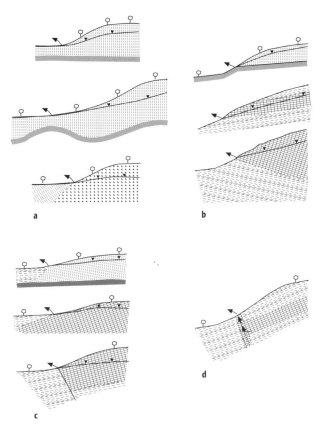

Quellentypen: a) Verengungsquellen; der durchfließbare Querschnitt bzw. die Durchlässigkeit ist so weit vermindert, daß Wasser zum Austritt gezwungen wird. b) Schichtquellen bzw. Überlaufquellen; der wassererfüllte Grundwasserleiter endet natürlich, z.B., bei Schuttfächern, in einer Muldenflanke oder infolge Erosion. c) Stauquellen; der wassererfüllte Grundwasserleiter endet an gefällewärts einsetzenden wasserundurchlässigen Schichten bzw. an Störungen. d) Steigquellen; der wassererfüllte Grundwasserleiter endet an einer gefällewärts einsetzenden wasserwegsamen Störung, das Wasser muß aufsteigen.

Quellfassung: Schnitte durch eine Quellfassung (a = Abstand).

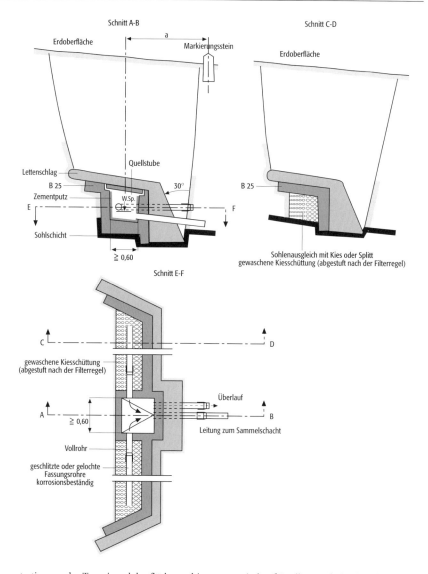

zentration, an der Tonmineraloberfläche und in der Porenlösung und wird als *osmotische Quellung* bezeichnet. Zum Unterschied zur Anhydrit-Quellung, bei der sich Anhydrit durch Wasseraufnahme in Gips umwandelt, handelt es sich bei Quellung der Tonminerale um einen reversiblen Vorgang. Das Quellverhalten läßt sich vor allem durch Röntgenbeugungsuntersuchungen nachweisen und erforschen. Die Bestimmung der quellfähigen Anteile bei Tonmineralen, Bentonit, »Quelltonen« etc. erfolgt röntgendiffraktometrisch, der Quelldruck (maximaler Druck zur Verhinderung jeder Volumenzunahme einer Probe) läßt sich an Scheiben von Bohrkernen im Labor mit entsprechenden Apparaten messen (Abb. 1) oder aus mineralogischen Kennwerten berechnen (Abb. 2). [GST]

Quellungswasser, Wasser, das als flüssiges Wasser oder als Wasserdampf bzw. als flüssige oder gasförmige H_2O-Mischphase interkristalline oder osmotische ↗Quellungen bei Mineralen, insbesondere bei Schichtgittermineralen bewirkt. Röntgenographisch läßt sich nachweisen, daß bei der intrakristallinen Quellung der Einbau des Wassers stufenweise erfolgt und dadurch auch eine stufenweise Aufweitung hervorgerufen wird. Die Schichtabstände der Kristallgitter expandieren stufenweise mit zunehmendem Wassergehalt. Bei der osmotischen Quellung wird Wasser, z. B. durch tonhaltige Sedimentgesteine, aufgenommen, wenn diese durch bauliche Eingriffe entlastet werden. Da für die osmotische Quellung der Konzentrationsunterschied zwischen den nahe der Tonoberfläche elektrostatisch zurückgehaltenen Ionen der Doppelschicht und der Elektrolytkonzentration im Porenwasser des Gesteins verantwortlich ist, ist zu berücksichtigen, daß als Quellungswasser nicht reines Wasser, sondern eine flüssige oder dampfförmige H_2O-Mischphase mit diversen Kationen und Anionen vorliegt. [GST]

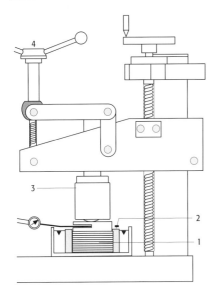

Quellung 1: Apparat zur Messung des Quelldruckes (1 = Probe, 2 = Stahlring, 3 = Druckdose, 4 = Rückstellvorrichtung).

Quellversuch, Versuch zur Ermittlung der ↗Quellhebung bzw. des ↗Quelldrucks. Quellversuche werden im Ödometer als axiale Quellverformung an zylinderförmigen Probekörpern mit axialer Auflast (s_l) oder als Quellverformung an unbehinderten zylinderförmigen oder kubischen Proben bestimmt. Hierbei kommt die seitliche Behinderung der Verformung den natürlichen Randbedingungen näher. Die verwendeten Probekörper müssen in jedem Fall strukturell ungestört sein. Die Probe wird ohne Wasserzugabe bei $s_l = \gamma \cdot z$ (γ = Wichte, z = Probehöhe) oder der Gebrauchsspannung konsolidiert und darauffolgend geflutet. Bei den einaxialen Quellversuchen lassen sich je nach der verwendeten Druckspannung drei verschiedene Versuchsarten unterscheiden: a) Messung der Quellhebung bei unbehinderter Quellung, b) Messung der Quellhebung bei konstanter Belastung und damit teilweise behinderter Quellung, c) Messung des Quelldrucks bzw. der Spannungs-Verformungskennlinie bei behinderter Quellung. Dazu muß während des Versuches die Last kontinuierlich so gesteigert werden, daß das Volumen des Probekörpers konstant bleibt. [CSch]

Quellwolken, morphographische Bezeichnung für alle cumulusartigen Wolken, die sich überwiegend vertikal in der Atmosphäre erstrecken. Im Gegensatz hierzu erstrecken sich ↗Schichtwolken weiträumig und sind oft vertikal nur wenig mächtig. ↗Wolkenklassifikation.

quenchen, ein Vorgang in der ↗experimentellen Petrologie, bei dem die auf erhöhte Temperaturen (und Drücke) gebrachte Probe sehr schnell (innerhalb von wenigen Minuten oder Sekunden) abgekühlt (abgeschreckt) wird, um die physikalisch-chemischen Charakteristika des Hochtemperatur-Zustandes zu erhalten. Manchmal kommt es dabei zur Ausbildung von typischen *Quenchtexturen* mit nadelig oder dendritisch (skelettartig) gewachsenen Kristallen.

Quenchtextur ↗quenchen.

Quenstedt, Friedrich August von, deutscher Stratigraph, Mineraloge und Paläontologe, * 9.7.1809 Eisleben, † 21.12.1889 Tübingen; Quenstedt studierte bei C.S. ↗Weiß und L.v. ↗Buch in Berlin, wo er seine erste Stelle als Assistent am Mineralogischen Museum antrat. 1837 wurde er außerordentlicher und ab 1842 ordentlicher Professor für Mineralogie und Geognosie in Tübingen. In den ersten Jahren seiner Lehrtätigkeit widmete er sich der Kristallographie und Mineralogie. 1840 erschien die »Methode der Krystallographie«, 1854 die erste Auflage seines »Handbuches der Mineralogie«. Sein Hauptinteresse galt jedoch den Fossilien und der Gliederung des Juras. Seine stratigraphisch-paläontologischen Ergebnisse stellte er in seinem Hauptwerk »Der Jura« (1858) und in »Die Ammoniten des schwäbischen Jura« (1882–89) vor. In seiner siebenbändigen »Petrefactenkunde Deutschlands« widmete er den Cephalopoden, Brachiopoden, Echinodermen (zwei Bände), Schwämmen, Korallen und Gastropoden je einen Band. Quenstedts Grundidee war, daß die Arten so viele Varietäten aufweisen können, daß man sie nicht scharf begrenzen kann. Obwohl er auch Überlegungen zur ↗Phylogenie (Stammesgeschichte) anstellte, tat er sich schwer mit der in der Paläontologie aufkommenden Darwinschen Lehre (↗Darwin). Quenstedts berühmtester Schüler war A. ↗Oppel, der aber eigene Wege einschlug. [EHa]

Querdoma, quer zur Blickrichtung verlaufendes, durch eine Spiegelebene als Symmetrieelement zusammengehöriges Flächenpaar der monoklindomatischen Kristallklasse.

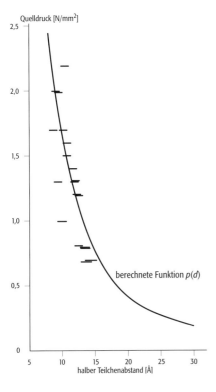

Quellung 2: aus mineralogischen Kennwerten von Opalinuston berechnete Funktion des Quelldruckes p in Abhängigkeit vom halben Teilchenabstand d und die experimentell gemessenen Quelldrücke in Abhängigkeit vom halben Teilchenabstand.

Querdüne, *Transversaldüne*, ↗freie Düne, deren Hauptachse quer zur Windrichtung ausgerichtet ist und die unter unimodalen Winden entsteht. Ihr wird die ↗Längsdüne gegenübergestellt. Querdünen haben i. d. R. einen mit 3–15° flach ansteigenden Luvhang und einen steileren, dem natürlichen Böschungswinkel des Sandes (30–33°) entsprechenden Rutsch- oder Schüttungshang auf der Leeseite. Der Sandtransport erfolgt im Mittel rechtwinklig zum Verlauf des Dünenkamms. Die Grundform der Querdüne ist der ↗Barchan. Querdünen können zu Dünenreihen vergesellschaftet sein (komplexe Transversaldüne), die dann viele Kilometer Länge erreichen können. Querdünenreihen entstehen häufig an Küsten mit annähernd geraden, teilweise in Buchten verlaufenden Kämmen senkrecht zur Windrichtung, die häufig in mehreren Reihen hintereinander liegen, so daß die Leehänge auf die Luvhänge der nächsten Reihe schütten und ein dachziegelartiges Muster entsteht. [KDA]

Querfaltung, *Faltenvergitterung*, ↗Faltenbau mit zwei in hohem Winkel zueinander liegenden Faltenrichtungen. Querfaltung kann durch mehrphasige Deformation mit veränderter Einengungsrichtung entstehen, aber auch bei einphasiger Deformation, z. B. an lateralen ↗Rampen.

Quergleiten ↗Erholung.

Querkluft, *Q-Kluft*, *ac-Kluft*, faltenbezogene Kluft parallel der senkrecht zur Faltenachse liegenden Symmetrieebene. ↗Klüfte.

Querküste, *atlantischer Küstentyp*, strukturbedingter ↗Küstentyp, bei dem die Küstenlinie quer (senkrecht) zum Streichen von Falten des Küstenlandes verläuft, woraus sich meist stark gegliederte Küstenverläufe mit tiefen Buchten ergeben. Der Begriff »atlantischer Küstentyp« reicht in das 19. Jahrhundert zurück. ↗Küstenklassifikationen, ↗Längsküste.

Quermoräne, quer über einen ↗Gletscher verlaufende ↗Moräne, die dort entstehen kann, wo sich ein höherer Gletscherteil über einen tieferen, stagnierenden Gletscherteil schiebt.

Querplattung ↗Sigmoidalklüftung.

Querprofil, **1)** *Geologie*: Profilschnitt senkrecht zum Schichtstreichen. ↗Profil. **2)** *Hydrologie*: ein Hauptparameter der Strukturgütebewertung, welcher die Profilform und -tiefe beschribt. Breitenerosion und -varianz sind weitere Einzelparameter zur Bestandserhebung.

querschlägig, bergmännische Bezeichnung von Richtungen, die quer zum ↗Streichen einer Schichtfolge, eines Ganges, eines Erzlagers usw. orientiert sind.

Querspalte ↗Gletscherspalte.

Querstörung, ↗Störung oder ↗Verwerfung, die etwa senkrecht zum Schicht-Streichen (↗Streichen) oder quer zur Lage einer übergeordneten Struktur (z. B. Faltenachse) verläuft.

Quertal, Gegenteil von ↗Längstal. ↗Tal, ↗Talformen.

Querwiderstand, Produkt T aus spezifischem elektrischem Widerstand ϱ und Mächtigkeit h einer Schicht.

Querwind, Windkomponente senkrecht zum Kurs eines exponierten, bewegten Objektes wie Flugzeug oder Auto.

Quicksand, *Quickerde*, feinkörniges Lockersediment, das aufgrund seiner Lagerung (Porenverteilung) bei Wassersättigung in Verbindung mit Erschütterungen durch Verengung des Porenraumes zu Fließbewegungen neigt. ↗Quickton, ↗Thixotropie.

Quickton, ein ↗Ton, der bei abnehmender Elektrolytkonzentrationen blitzartig seine Stabilität verliert und dabei schon bei sehr geringen Hangneigungen eine plötzliche Rutschung verursachen kann (*Quicktonrutschung*). Dafür verantwortlich sind die Wechselbeziehungen zwischen den Tonmineralteilchen, die weitgehend das bodenmechanische Verhalten eines Tones bestimmen. Prinzipielle elektrostatische Wechselwirkungen zwischen den Tonteilchen führen dazu, daß die Tonteilchen entweder koagulieren (bei gegenseitiger Anziehung der Teilchen) oder dispers (bei Abstoßung der Teilchen) verteilt. Ein eindrucksvolles Beispiel der Elektrolytkonzentration der Porenlösung auf das bodenmechanische Verhalten sind die Quick Clays (Abb.). Diese Tone wurden während der Eiszeit im küstennahen Meer Skandinaviens und anderer subpolarer Gebiete abgelagert. Dabei koagulieren die vorwiegend Chlorit und Illit enthaltenen Tone wegen der starken Erhöhung der Elektrolytkonzentration. Nach Abschmelzen des Eises hob sich das Land, und das Kochsalz wurde allmählich durch Regenwasser und elektrolytarmes Grundwasser ausgewaschen. Mit abnehmender Elektrolytkonzentration in der Porenlösung begannen sich die in der Na^+-Form vorliegenden Tonmineralteilchen abzustoßen, und die koagulierte, wasserreiche Struktur wurde instabil. Geringe mechanische Einwirkungen genügen dann, um schnelle Rutschungen auszulösen, bei denen einige Kubikmeter bei Hangneigungen von nur wenigen Graden hinunterfließen können. [RZo]

Quicktonrutschung ↗Quickton.

Quickton: a) koagulierte, wasserreiche Struktur von Quick Clay mit hohem NaCl-Gehalt vor dem Rutsch, b) dichte Struktur mit Fläche-zu-Fläche orientierten Tonmineralteilchen mit niedrigem NaCl-Gehalt nach dem Rutsch.

Rachel ↗ Runse.
Radar, <u>Ra</u>dio <u>d</u>etecting <u>a</u>nd <u>r</u>anging, Funkermittlung und -entfernungsmessung, mit elektromagnetischen Wellen arbeitendes Verfahren zur Ortung von Flugzeugen, Schiffen, als Navigationshilfe, als Hilfsmittel der Meteorologie (z. B. zur Ortung weit entfernter Gewitter), der Astronomie (z. B. zur Oberflächenerforschung von Planeten), zur Geschwindigkeitsmessung (Verkehrsradar) u. a.. Prinzip: Von einer Radarantenne werden scharf gebündelte elektromagnetische Wellen in Form kurzer Impulse abgestrahlt. Treffen diese Impulse auf ein Hindernis, so werden sie je nach Art des Materials mehr oder weniger stark reflektiert und in den Impulspausen von derselben Antenne wieder empfangen. Die Echoimpulse werden auf einem Bildschirm (Radarschirm) sichtbar gemacht. Nach entsprechender Eichung ist neben der Erkennung des Objekts auch die Bestimmung seines Abstands von der Antenne möglich. Zur Geschwindigkeitsmessung, z. B. beim Verkehrsradar, werden v. a. Verfahren angewandt, die den Doppler-Effekt ausnutzen (Dopplerradar).
Radaraltimeter ↗ Altimeter.
Radaraltimetrie ↗ Altimetrie.
Radarfall ↗ Bodenradar.
Radargleichung, beschreibt die Empfangsleistung P_e in einem ↗ Bodenradar. Sie lautet bei Annahme idealer Ankopplung der Antenne an den Boden:

$$P_e = P_s Q \frac{G^2 \lambda^2}{(4\pi)^3 h} e^{-4\alpha h}.$$

Dabei ist P_s die ausgestrahlte Leistung, Q der Wirkungsquerschnitt des Reflektors oder Diffraktors, G der Antennengewinn, λ die Wellenlänge im Untergrund und α der Absorptionskoeffizient des Gesteins.
Radargramm, Ergebnis einer ↗ Bodenradar-Messung, wobei wie in einem ↗ Seismogramm die Aufzeichnungen der um einen jeweiligen offset versetzten Empfangsantenne gegen die Laufzeit aufgetragen werden.
Radargrammetrie, in Anlehnung an den Ausdruck »Photogrammetrie« geprägter Begriff für die Lehre und Praxis der Durchführung und Lösung von Meßaufgaben sowie die Herstellung von Karten mittels Radarbildern.
Radar-Interferometrie, bei herkömmlichen, abbildenden ↗ Radar-Systemen wird jedem Punkt des abgebildeten Gebietes entsprechend seinem Abstand zum Sensor eine Position in der Bildebene zugeordnet. Das Ergebnis ist ein zweidimensionales Bild des Testgebietes. Eine Weiterentwicklung dieser Methode stellt die SAR-Interferometrie dar. Hierbei wird ein Testgebiet von zwei oder mehr unterschiedlichen Sensorpositionen aus abgebildet. Da es sich bei Radarsystemen um kohärente Systeme handelt, enthalten die Daten nicht nur Informationen über die Rückstreuintensität sondern auch eine Phaseninformation. Diese Phaseninformation beziehungsweise die Differenzphase zwischen den beiden Aufnahmen kann zur Erstellung von digitalen Höhenmodellen (across-track Interferometrie), zur Detektion von Veränderungen im Zentimeterbereich (Differential Interferometrie), zur multitemporalen Klassifikation oder zur Detektion beweglicher Streuer (along-track Interferometrie) verwendet werden. Für interferometrische Anwendungen benötigt man zwei oder mehr Aufnahmen des Testgebietes von leicht unterschiedlichen Sensorpositionen. Dies kann entweder durch einmaliges Befliegen des Testgebietes erreicht werden, wobei sich auf der Sensorplattform zwei räumlich getrennte Antennen befinden (Single-Pass-Mode), oder, bei Sensoren die nur über eine Antenne verfügen, durch wiederholtes Überfliegen des Testgebietes mit leicht gegeneinander versetzten Flugwegen. Die räumliche Distanz zwischen den beiden Antennen wird als Baseline B oder Standline bezeichnet. Je nachdem ob die Antennen einen räumlichen Versatz parallel oder senkrecht zur Flugrichtung der Sensorplattform besitzen, spricht man von along-track oder across-track Interferometrie. Erstere wird hauptsächlich zur Detektion beweglicher Streuer (Moving Target Identification, MTI) verwendet, letztere zur Erstellung digitaler Geländemodelle (DGM) oder zur multitemporalen Klassifikation.

Das interferometrische Prinzip: durch die unterschiedlichen Aufnahmepositionen ist der Abstand eines beliebigen Punktes im Testgebiet zu den beiden Sensorpositionen verschieden. Die zugehörigen zwei Pixel unterscheiden sich daher in ihrer Phasen φ_{A2} und φ_{A1}. Die gemessene Phase eines Streuers setzt sich zusammen aus einem Anteil φ_{streu}, der durch den Streuprozeß bestimmt wird, sowie einem Anteil φ_{pos} der aus der Laufzeit, beziehungsweise der Entfernung, zwischen Streuer und Sensor resultiert:

$$\varphi_i = \varphi_{streu} + \varphi_{pos}. \quad (1)$$

Für genügend kleine Abstände zwischen den Sensorpositionen kann das Streuverhalten des Streuers für beide Aufnahmen als nahezu identisch angenommen werden. Die Phasendifferenz φ_{inf}:

$$\varphi_{inf} = \varphi_{A2} - \varphi_{A1} = \varphi_{streu} + \varphi_{posA2} - (\varphi_{streu} + \varphi_{posA1}) = \varphi_{posA2} - \varphi_{posA1} \quad (2)$$

resultiert somit nur aus den unterschiedlichen Abständen zwischen dem Streuer und den beiden Antennenpositionen. Diese Phasendifferenz wird als interferometrische Phase bezeichnet. Bei hinreichend genauer Kenntnis der Aufnahmegeometrie kann aus dieser Phasendifferenz mittels einfacher trigonometrischer Gleichungen aus der aufnahmebedingten Geometrie eines Punktes in der Entfernungsebene die Höhe des Punktes über einer Referenzebene berechnet werden. Wird diese Berechnung für jeden Punkt des Testgebietes durchgeführt, erhält man eine Reliefdarstellung des Testgebietes die mittels anschließender Geokodierung in ein digitales Geländemodell überführt werden kann.

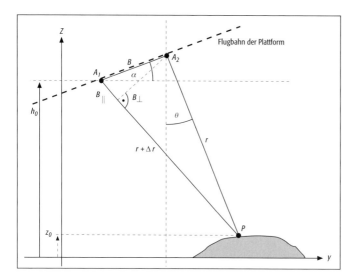

Radar-Interferometrie:
Prinzipskizze der Aufnahmegeometrie für Radar-Interferometrie.

Die Phasendifferenz ist allerdings nur in einem Bereich zwischen 0 und 2π eindeutig meßbar. Um die daraus resultierende Mehrdeutigkeit aufzulösen ist zur Erstellung von digitalen Geländemodellen ein zusätzlicher Verarbeitungsschritt notwendig, der als Phase-Unwrapping bezeichnet wird. Die gängigen Phase-Unwrapping-Verfahren basieren auf der Integration über den Phasengradienten, der aus der interferometrischen Phase berechnet werden kann.

Wie bereits angesprochen und in der Abbildung dargestellt, benötigt man für die Radarinterferometrie (mindestens) zwei Antennen $A1$ und $A2$, die, räumlich durch eine Standline $\vec{B}$ getrennt, das Testgebiet abbilden. Die Entfernung zwischen Antenne $A2$ und einem Streuer am Punkt P auf der Oberfläche beträgt $r_{A2} = r$, und die Distanz zur zweiten Antenne $A1$ beträgt $r_{A1} = r + \Delta r$. Um zu gewährleisten, daß der Streuvorgang für beide Aufnahmen als identisch angenommen werden kann, darf der Abstand zwischen den beiden Antennenpositionen einen bestimmten Wert, die kritische Baseline B_{crit}, nicht überschreiten. Die kritische Baseline ist abhängig von der verwendeten Wellenlänge λ, dem Abstand zwischen den Sensoren und dem Streuer r und dem Einfallswinkel θ:

$$B_{crit} = \frac{\lambda r}{2 R_y \cos^2 \theta}. \quad (3)$$

Für Daten der shuttlegetragenen SIR-C Mission beträgt die kritische Baseline zum Beispiel $B_{crit} = 1{,}1$ km.
Die Phasen der zwei Aufnahmen $\varphi_{A1/A2}$, gemessen mit den Antennen $A1$ und $A2$, betragen dann:

$$\varphi_{A2} = \frac{4\pi}{\lambda} r_{A2} + \varphi_{streu}, \quad (4)$$

$$\varphi_{A1} = \frac{4\pi}{\lambda} r_{A1} + \varphi_{streu}. \quad (5)$$

Subtrahiert man nun φ_{A2}, fällt die Phase φ_{streu} weg:

$$\varphi_{inf} = \varphi_{A1} - \varphi_{A2}$$
$$= \frac{4\pi}{\lambda}(r_{A1} - r_{A2}) = \frac{4\pi}{\lambda}\Delta r. \quad (6)$$

Unter Verwendung des Kosinussatzes ergibt sich hieraus:

$$r^2{}_{A2} = r^2{}_{A2} + B^2 -$$
$$2 r_{A1} B \cos(90° - \alpha + \theta_0)$$
$$= r^2{}_{A1} + B^2 - 2 r_{A1} B \sin(\theta_0 - \alpha) \quad (7)$$
$$\Rightarrow \Delta r = \sqrt{r^2{}_{A1} + B^2 - 2 r_{A1} B \sin(\theta_0 - \alpha)} - r_{A1}.$$

Da für interferometrische Anwendungen in der Regel $B \ll r_{A1}$ gilt, kann die Quadratwurzel in eine Taylorreihe bis zum ersten Term entwickelt werden:

$$\Delta r \approx B \sin(\theta_0 - \alpha)$$
$$\Rightarrow \varphi_{inf} = \frac{4\pi}{\lambda} B \sin(\theta_0 - \alpha) = \frac{4\pi}{\lambda} \cdot \Delta r. \quad (8)$$

Die Phasendifferenz ist also sowohl von der Aufnahmegeometrie als auch von der Höhe z des Punktes bezüglich einer Referenzebene ($h_0 = 0$) abhängig. Aus der Abbildung ist ersichtlich, daß gilt:

$$z(y) = h - r \cos\theta \quad (9)$$

Durch Kombination der Gleichungen erhält man die Topographie als Funktion der Observablen:

$$z(y) = h_0 - \left\{ \left[\left(\frac{\lambda \varphi}{4\pi}\right)^2 - B^2 \right] / 2B \sin(\alpha - \theta) - \left(\frac{\lambda \varphi}{4\pi}\right) \right\} \cos\theta. \quad (10)$$

Für den Fall, daß die Aufnahmegeometrie hinreichend genau bekannt ist kann also die topographische Höhe $z(y)$ eines Streuers aus den Daten berechnet werden. Die Genauigkeiten liegen hierbei bei einigen Metern für satellitengestützte Anwendungen und im Zentimeterbereich für flugzeuggetragene Sensorsysteme.
Für alle oben angestellten Überlegungen wurde die Objektphase des Streuers φ_{streu} für beide Aufnahmen als konstant angenommen und somit die Phasendifferenz als rein geometriebedingt. In der Realität müssen allerdings zusätzliche Effekte berücksichtigt werden, von denen die wichtigsten im Folgenden angesprochen werden sollen:
a) Systemrauschen: Für Bereiche geringer Rückstreuintensität ergibt sich ein niedriges Signal–zu–Rausch–Verhältnis (Signal to Noise Ration, SNR), und die gemessene Phase des Streuers ist mit einem statistischen verteilten Rauschanteil überlagert.
b) Geometrische Dekorrelation: Durch die leicht

unterschiedlichen Aufnahmepositionen werden die Streuer unter leicht unterschiedlichen Winkeln betrachtet, was in einer leicht unterschiedlichen Objektphase φ_{streu} resultiert. Dieser Effekt wächst mit zunehmender Baseline bis hin zur vollständigen Dekorrelation beim Überschreiten der kritischen Baseline.

c) Zeitliche Dekorrelation: Für Repeat-pass-Anwendungen können sich die Streueigenschaften innerhalb der Auflösungszelle zwischen den Überflügen ändern und damit auch die Objektphase φ_{streu}.

Die ersten beiden Effekte sind technische Probleme und können durch geeignete Gegenmaßnahmen kompensiert werden. Der dritte Effekt hingegen basiert auf Veränderungen der Streuer und kann nicht beeinflußt werden. Andererseits kann dieser Effekt zur Detektion von Veränderungen im Testgebiet herangezogen werden und für Klassifikationsanwendungen ausgewertet werden. Die Phasenkorrelation, auch interferometrische Kohärenz γ genannt, ist definiert als der Absolutwert des normalisierten komplexen Korrelationskoeffizienten:

$$\gamma = \frac{\left\| E(S_1 S_2^\star) \right\|}{\sqrt{E(S_1 S_1^\star) E(S_2 S_2^\star)}}. \quad (11)$$

S_1 und S_2 bezeichnen hierbei die komplexen Radarbilder und $E(\ldots)$ ist der zeitliche Erwartungswert. Da gewöhnlich nur eine Messung von $S_1 S_2^\star$ verfügbar ist, muß zur Erwartungswertbildung Ergodizität angenommen werden und der zeitliche durch den räumlichen komplexen Mittelwert $\langle S_i S_j^\star \rangle_N$ über N benachbarte Pixel ersetzt werden:

$$\langle \gamma \rangle_N = \frac{\left\| \langle S_1 S_2^\star \rangle_N \right\|}{\sqrt{\langle S_1 S_1^\star \rangle_N \langle S_2 S_2^\star \rangle_N}}. \quad (12)$$

Für diesen Ansatz muß angenommen werden, daß benachbarte Pixel den gleichen Mittelwert und die gleiche Standardabweichung besitzen. Nur in diesem Falle gilt:

$$E(S_1 S_2^\star) = \langle S_1 S_2^\star \rangle_N. \quad (13)$$

Diese Annahme ist allerdings nicht immer zutreffend. Insbesondere gilt dies für Gebiete mit starkem Relief, in denen die reliefbedingte Phasenänderung die Kohärenz verschlechtert. Durch Verwendung vorhandener Geländemodelle können diese Effekte jedoch beseitigt werden.

Aus obiger Gleichung ist ersichtlich, daß die möglichen Werte der Kohärenz im Intervall [0,1] liegen. Eine Kohärenz von 0 bezeichnet hierbei eine völlige Dekorrelation und eine Kohärenz von 1 eine vollständige Korrelation der Pixel.

Für Klassifikationsansätze nutzt man die unterschiedliche zeitliche Veränderung im Streuverhalten verschiedener Objekte aus. Künstliche Streuer wie zum Beispiel Gebäude oder Winkelspiegel verändern ihr Streuverhalten im Laufe der Zeit kaum und haben daher in der Regel eine hohe Kohärenz. Vegetation hingegen ändert, abhängig von der verwendeten Wellenlänge, die Streueigenschaften im Laufe der Zeit. Insbesondere für hohe Frequenzen wie im C- und X-Band findet aufgrund der geringen Eindringtiefe der Streuprozeß an den Blättern und kleinen Zweigen statt. Diese ändern ihre Geometrie (zum Beispiel durch Wind, Sonnenstand und Wachstum) recht schnell und die Kohärenz sinkt auch schon bei kurzen Zeitabständen zwischen den Aufnahmen. Für niedrigere Frequenzen wie zum Beispiel das L- und P-Band findet der Streuprozeß aufgrund der höheren Eindringtiefe hauptsächlich am Boden und an den Stämmen statt, die auch über längere Zeiträume ihre Streugeometrie nicht ändern. Daher weisen Aufnahmen in diesen Frequenzbereichen auch über Vegetationsgebieten eine vergleichsweise hohe Kohärenz auf. Unter Ausnutzung dieser Zusammenhänge und gegebenenfalls Verwendung von Aufnahmen in mehreren Frequenzbereichen lassen sich somit Klassifikationen erstellen.

Falls mehr als zwei zeitlich versetzte Aufnahmen eines Testgebietes verfügbar sind, lassen sich mehrere Interferogramme und daraus entsprechende Höhenmodelle berechnen. Durch Differenzbildung zwischen diesen Höhenmodellen lassen sich differentielle Höhenmodellen berechnen. Diese differentiellen Höhenmodelle enthalten Information über die relativen Veränderungen der Topographie zwischen zwei interferometrisch bestimmten Höhenmodellen, die mit einer Genauigkeit im Zentimeterbereich (für Punktzeile sogar bis in den Millimeterbereich) Aussagen über die Änderung der Topographie liefern. Diese Verfahren werden u. a. in der Vulkanologie und für das Monitoring von Gletscherbewegungen eingesetzt.

Weitere Ansätze sind: a) Tomographie: Mittels Interferometrie ist es möglich digitale Geländemodelle zu erstellen. Hierbei handelt es sich allerdings nicht um echte dreidimensionale Resultate. Durch die Verwendung mehrerer Baselines ist es jedoch möglich die Daten in unterschiedlichen Höhen zu fokussieren und somit (analog zur medizinischen Tomographie) echte dreidimensionale Datensätze zu erzeugen. b) Polarimetrische Interferometrie: Konventionelle abbildende Radarsysteme arbeiten in der Regel mit einer Antenne mit einer fixen Polarisation. Verwendet man statt dieser Einantennensysteme vollpolarimetrische Systeme, die über zwei orthogonal polarisierte Antennen verfügen, ist es möglich, nicht nur Aussagen über die räumliche Verteilung der Streumechanismen zu treffen, sondern auch über die Art der Streumechanismen und ebenso die Trennung unterschiedlicher Streumechanismen in der selben Auflösungszelle. Damit lassen sich dann Interferogramme zwischen unterschiedlichen Streumechanismen bilden. Zum Beispiel können so Höhenmodelle der Streuung im Laubdach und Höhenmodelle der

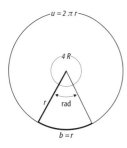

Radiant: Ableitung der Winkeleinheit.

Streuung am Boden gewonnen werden und die Differenz der beiden Höhenmodelle ermöglicht eine Abschätzung der Vegetationshöhe. [MFB]

Radarkarte, aus geocodierten Bilddaten eines SAR-Sensors (↗Synthetic Aperture Radar) erstellte Landkarte (↗Satellitenbildkarte). Im deutschsprachigen Raum stellt die Radarkarte von Deutschland, welche Mitte der 1990er Jahre vom Deutschen Fernerkundungs-Datenzentrum (DFD) beim Deutschen Zentrum für Luft- und Raumfahrt hergestellt worden ist, einen Meilenstein in der Bildkartographie mittels Radardaten dar.

Radarmeteorologie, Arbeitsrichtung der ↗Meteorologie, die sich mit der Nutzung und dem Einsatz von Wetterradargeräten befaßt. Spezielle Aufgaben der Radarmeteorologie sind die Verbesserung der Möglichkeiten, die Niederschlagsintensität und -art sowie den Wind mittels Radar zu bestimmen.

Radarnavigation ↗Navigation.

Radarschatten, entstehen bei Radarsystemen durch steile Berghänge, die von der Antenne abgewandt sind. Alle im Radarschatten liegenden Flächen sind durch Berghänge verdeckt und können somit keine Radarstrahlen empfangen und reflektieren. Man spricht in solchen Fällen auch von der sogenannten (Radar-) Nullinformation. Durch gegensinnige Radarbeleuchtung kann dies jedoch (zumindest partiell) ausgeglichen werden. Allerdings treten bei der gegenseitigen Radarbeleuchtung physiologische Probleme bei der Bildbetrachtung auf.

Radarsonde, ↗Radiosonde, die mit einem Radarreflektor und einem Transponder ausgerüstet ist, so daß ihre Position genau verfolgt werden kann. Aus der Verdriftung der Sonde mit dem Wind läßt sich die Geschwindigkeit und Richtung der ↗Höhenströmung berechnen.

Radarwelle, Sammelbegriff für die verschiedenen elektromagnetischen Wellentypen bei einem ↗Bodenradar.

Radialdruck, durch Schaffung von Hohlräumen im Gebirge (Tunnel, Kavernen, Schächte) entstehen Spannungsumlagerungen und Gebirgsdeformationen. Um den Hohlraum herum bilden sich richtungsabhängige Druckkomponenten aus: der Radialdruck und der Tangentialdruck. Unmittelbar an der Tunnelwandung wird der radial zum Hohlraum drängende Kraftfluß (Radialdruck) aus dem Gebirgsdruck umgelenkt in ↗Tangentialspannungen. Generell nehmen die Radialdrücke zum Tunnelhohlraum hin ab.

Radialspalte ↗Gletscherspalte.

radialstrahlig, Bezeichnung für ↗Mineralaggregate, deren Kristalle von einem gemeinsamen Zentrum aus strahlenförmig nach außen gewachsen sind. Kugelförmige ↗Konkretionen, bei denen der Bruch durch das Zentrum geht, lassen in vielen Fällen einen radialstrahligen Aufbau erkennen. Daneben findet sich häufig ein undeutlich ausgeprägter konzentrisch-zonarer Aufbau des Minerals. Auch ↗Oolithe, die eine ziemlich regelmäßige konzentrische Schichtung und einen oft schalenförmigen Aufbau aufweisen, z. B. Phosphorit-Konkretionen, sind im Bruch radialstrahlig ausgebildet.

Radiant, Einheitenzeichen rad, abgeleitete SI-Einheit des ebenen ↗Winkels. Ein Radiant ist gleich dem Winkel, der als Zentriwinkel eines Kreises aus dessen Umfang einen Bogen von der Länge des Kreishalbmessers ausschneidet (Abb.). Am Kreis mit Umfang $u = 2\pi r$ (mit r = Radius), dem vier rechte Winkel (R) im Mittelpunkt entsprechen, gilt daher:

$$\frac{1\,\text{rad}}{r} = \frac{4R}{2\cdot\pi\cdot r}.$$

Daraus folgt für die Winkeleinheit:

$$1\,\text{rad} = \frac{2R}{\pi}.$$

Radiation, *adaptive Radiation*, die rasche Entstehung und Ausbreitung zahlreicher, sich spezialisierender Taxa (Organismengruppen) ausgehend von einer oder wenigen phylogenetischen Wurzeln. Eine adaptive Radiation setzt die Verfügbarkeit neuer Lebensräume bzw. freie ökologische Nischen voraus. Im Laufe der Erdgeschichte folgen adaptive Radiationen auf Faunenschnitte, in denen ein größerer Teil der bestehenden Taxa ausgelöscht wurde (↗Massensterben und Massenaussterben). Ein bekanntes Beispiel ist die alttertiäre Radiation der Säuger nach dem Aussterben der ↗Dinosaurier an der Kreide/Tertiär-Grenze, aber auch die Radiation zahlreicher mariner Invertebratengruppen nach dem Faunenschnitt an der Perm/Trias-Grenze. Adaptive Radiationen können auch durch die Besiedelung neuer Lebensräume ausgelöst werden, wie rezente Inselfaunen, z. B. die Galapagos-Finken, eindrucksvoll belegen. Sie sind ebenfalls die Folge neuer Lebensstrategien, welche bis dahin unbesiedelbare Lebensräume erschlossen. Als Beispiel seien angeführt die erstmalige Besiedelung des Festlandes im oberen ↗Silur oder die Entwicklung und anschließend schnelle Radiation des kalkigen Planktons (planktonische ↗Foraminiferen, Coccolithophoriden und anderes kalkiges ↗Nannoplankton) im ↗Jura. Eine besondere adaptive Radiation ist durch Koevolution möglich. Die Ausbreitung der Blütenpflanzen (↗Angiospermophytina) in der Oberkreide ermöglichte gleichzeitig die rapide Entwicklung Nektar saugender Insekten sowie vermutlich die Ausbreitung der sich von beiden Ressourcen ernährenden Vögel. [HGH]

Radienquotientenregel ↗Kristallstruktur.

Radien von Atomen, Ionen, Molekülen, empirisches Konzept zur Beschreibung des Raumbedarfs der kürzesten Abstände von Atomen, Ionen und Molekülen in ihren Kristallstrukturen. Diesen Radien kommt keine absolute Bedeutung zu; sie lassen sich nicht beliebig genau präzisieren, sondern variieren mit der Methode, nach der sie hergeleitet werden. Sie hängen von der Art der Wechselwirkung zwischen den einzelnen Bausteinen ab, so daß man verschiedene Sätze von Radien für Ionenkristalle, kovalente Verbindungen, Metalle und Molekülkristalle verwenden muß.

Radikal, Atom oder Molekül mit einem ungepaarten Elektron in der Außenschale. Radikale können insbesondere bei der Photolyse von Molekülen gebildet werden. Sie sind sehr reaktiv und bei ihrer Reaktion mit anderen Atomen oder Molekülen entstehen häufig weitere Radikale. ↗Ozonabbau, ↗Ozonloch.

radioaktive Eigenschaften ↗*Radioaktivität*.

radioaktive Höfe, durch α-Strahlung erzeugte Verfärbungen in Kristallen. Durch die ↗Radioaktivität wird das Mineralgitter ganz oder teilweise zerstört. Feindisperse Anreicherungen radioaktiver Substanzen, insbesondere ^{238}Uran, ^{235}Uran (Aktinum) und ^{232}Thorium, die im Zirkon enthalten sind, rufen im Wirtskristall ↗Biotit radioaktive Höfe hervor.

radioaktiver Abfall, *Atommüll*, Substanzen, Produkte oder Zwischenprodukte, die aus industriellen, kommerziellen oder wissenschaftlichen Tätigkeiten stammen und deren Ableitung oder Ablagerung wegen toxischer Eigenschaften, ihrer Persistenz ein unmittelbares und/oder langfristiges Risiko für den Menschen und seine Umwelt darstellen. Sie fallen durch den Betrieb von Kernkraftwerken, in der Industrie des Kernbrennstoffkreislaufs und anderen Industrien, in der Kernforschung und in der Nuklearmedizin an. Die Einteilung der Abfälle wird nach Aktivitätsinventar, Strahlungsart, Aggregatzustand, Wärmeentwicklung und Zerfallsdauer durchgeführt. Unterschieden wird zwischen schwach radioaktiven Abfällen (LAW = low active waste), mittelradioaktiven Abfällen (MAW = medium active waste) und hochradioaktiven Abfällen (HAW = high active waste). Bei der Lagerung radioaktiver Abfälle unterscheidet man die Zwischenlagerung, die nötig ist um eine Wärmeentwicklung von hochradioaktiven Abfällen bzw. abgebrannten Brennelementen etwas abklingen zu lassen, und die ↗Endlagerung. Letztere ist notwendig, um Mensch und Umwelt auf längere Sicht von der schädigenden Wirkung radioaktiver Strahlung zu schützen. Nach Standorten zur Endlagerung radioaktiver Abfälle wird weltweit intensiv gesucht. In der Bundesrepublik Deutschland gibt es zur Zeit nur Zwischenlager für radioaktiven Müll. Die Entsorgung erfolgt in ↗Untertagedeponien, meist in stillgelegten Salzbergwerken.

radioaktive Reichweite, die Reichweite der radioaktiven Strahlung; sie ist in der Luft und der kristallinen Materie der Minerale sehr unterschiedlich. Für α-Strahlung liegt sie im Millimeter- bis Zentimeterbereich, für β-Strahlung im Meter- (Luft) bis Dezimeterbereich (Minerale). Die relativ weit reichende γ-Strahlung radioaktiver Minerale und Rohstoffe, die in Luft bis 300 m und in Mineralen und Gesteinen bis zu mehreren Metern reichen kann, wird mit entsprechenden Zählgeräten gemessen (z. B. Geiger-Müller-Zählrohr) und ist eine gute Suchmethode für radioaktives Mineralvorkommen. ↗Radioaktivität.

radioaktives Gleichgewicht, in radioaktiven Zerfallsreihen stehen die Aktivitäten von Mutternuklid und Tochternuklide nach hinreichend langer Zeit in einem festen Verhältnis zueinander.

radioaktives Nuklid, *instabiles Nuklid*, ↗Nuklid, welches unter Aussendung radioaktiver Strahlung in ein anderes Nuklid zerfällt. Ca. 1460 der 1700 bekannten Nuklidarten sind instabil.

radioaktive Spurenstoffe ↗Spurenstoffe.

radioaktive Strahlung, Bezeichnung für die gerichtete, räumliche und zeitliche Ausbreitung von Energie in Form von α-, β- und λ-Strahlen, ausgehend von radioaktiven Mineralen. ↗Radioaktivität, ↗radioaktive Reichweite.

Radioaktivität, *radioaktive Eigenschaften*, bedeutet den spontanen Zerfall bestimmter Atomkerne, bei dem i. a. Alphateilchen, Elektronen oder Photonen abgestrahlt werden, die auch als α-, β- und γ-Strahlung bezeichnet werden. Für alle radioaktiven Zerfälle gilt das Zerfallsgesetz mit unterschiedlichen Zerfallszeiten, die jedoch unabhängig vom physikalischen Zustand (z. B. der Temperatur oder dem Druck) der Substanz und von seiner chemischen Beschaffenheit sind. Man unterscheidet heute die in vielen Stoffen vorkommende natürliche Radioaktivität von der durch Bestrahlung mit Teilchen geeigneter Energie hervorgerufenen künstlichen Radioaktivität. Oft sind die durch Radioaktivität entstehenden Nuklide selbst wieder radioaktiv, und es bildet sich eine radioaktive Zerfallsreihe, die schließlich zu stabilen Atomkernen führt. Zu den bekanntesten Zerfallsreihen zählen die Uran-Radium- und die Thorium-Reihe.

Der Zerfall der in den Mineralen enthaltenen radioaktiven Elemente ist ein wesentlicher Faktor im Energiehaushalt der Erde. Besonders die granitischen, sauren Gesteine enthalten sehr viel mehr radioaktive Minerale als die basischen, basaltischen Gesteinstypen. Die wichtigsten radioaktiven Minerale sind ↗Uranpecherz und die ↗Uranglimmer, Thorianit ((Th,U)O$_2$), Camotit ((K,Ha,Ca)$_2$(UO$_2$-VO$_4$)$_2 \cdot$ 3 H$_2$O), Samarskit ((Y,Er)$_4$[(Nb,Ta)$_2$O$_7$]$_3$) und ↗Monazit. Dazu kommen noch sehr viele seltene Minerale, die radioaktive Isotope enthalten. Oft kann man in Gesteinen die Erscheinung der sogenannten ↗radioaktiven Höfe beobachten. Dieses Phänomen tritt immer dort auf, wo radioaktive Kristalle mit Gehalten von Uran oder Thorium auf Minerale ihrer Umgebung verfärbend einwirken. Durch die Wirkung von α-Strahlen werden im Kristallgitter der Minerale Unordnungen hervorgerufen, die einen farbändernden Einfluß ausüben. Dabei entstehen im Steinsalz und Flußspat durch die Bildung kolloidaler Teilchen blau-violette Färbungen. Biotit wird braun, Cordierit gelb usw. Da die Färbung nur soweit reicht, wie die Teilchen fliegen, entstehen konzentrisch gefärbte Ringe. Bei starker Radioaktivität kann ein Kristallgitter jedoch auch völlig zerstört werden, wobei alle anisotropen Eigenschaften des betreffenden Minerals verloren gehen können und ein glasähnlicher Zustand herbeigeführt wird. Man bezeichnet solche Minerale als isotropisiert. Da die Intensität der radioaktiven Höfe außerdem von der zeitlichen Einwirkung abhängt, kann man sie zur Bestimmung des Alters von Gesteinen benutzen. Da radioaktives Uran über verschiedene Zwischenstufen schließlich zu Blei und Helium zerfällt, kann man aus dem Bleigehalt der Gesteine bei bekannter ↗Halbwertzeit das Alter errechnen. Die Halbwertzeit ist eine für jedes radioaktive Element charakteristische Konstante, die besagt, nach welcher Zeit die Hälfte der ursprünglich vorhandenen Menge zerfällt bzw. umgewandelt ist. Bei Uran dauert es $4{,}4 \cdot 10^9$ Jahre, bis die Hälfte aller Atome zerfallen ist. Neben der Uranzerfallsreihe werden für Altersbestimmungen noch die ebenfalls in der Natur ablaufenden Zerfallsreihen des Thoriums und des Aktiniums für geochronologische Altersbestimmungen herangezogen. Altersbestimmungen an Gesteinen mit uranhaltigen Mineralen sehr hoher geologischer Alter lassen sich nach der $^{208}Pb/^{207}Pb$-Methode durchführen. Das Verhältnis des aus Uran entstandenen Bleis zu dem aus dem Aktinium liefert dabei das erdgeschichtliche Alter des Gesteins. ↗U-Pb-Methode, ↗Radium, ↗Radon. [GST, PG]

Radiocarbondatierung, *^{14}C-Datierung, Radiokohlenstoffdatierung, Kohlenstoffdatierung,* ↗physikalische Altersbestimmung mit dem Isotop ^{14}C, das in Organismen und Sedimenten eingebaut wird und mit konstanter Rate zerfällt. Als datierbare Materialien eignen sich alle Organika (bes. Holz, Knochen), Kalkfossilien, Travertin, Keramik, Eis und Grundwasser. Die Bildung des ^{14}C erfolgt kosmogen in der Stratosphäre (Abb.) durch die Wechselwirkung des Luftstickstoffs ^{14}N mit Neutronen (n) der kosmischen Strahlung unter Freisetzung von Protonen (p). Über die Nahrungskette wird der Kohlenstoff in organisches Material oder durch Carbonatausfällung in Sedimenten mit einem initialen Gehalt ($^{14}C_0$) eingelagert. Dort zerfällt das Isotop mit einer ↗Halbwertszeit von 5730 ± 40 Jahren unter β^--Emission (gegenwärtiges Isotopenverhältnis ^{14}C zu ^{12}C beträgt $1{,}2 \cdot 10^{-12}$). Für eine Datierung muß der $^{14}C_0$-Gehalt bekannt sein und ein C-Austausch der Probe ausgeschlossen (↗geschlossenes System) oder quantifizierbar sein.

Der $^{14}C_0$-Gehalt unterliegt folgenden räumlichen sowie zeitlichen Änderungen:

a) ↗Isotopenfraktionierung: Da bei der ↗Photosynthese bevorzugt das leichtere ^{12}C eingebaut wird, ergibt sich bei pflanzlichem Material eine Isotopenverschiebung zu leichterem C. Die Isotopenfraktionierung wird als Abweichung der Proben-Isotopie zum PDB-Standard (mit $\delta^{13}C = 0‰$) angegeben (↗Peedee-Belemnit-Standard). Andere gebräuchliche Standards sind der Niers-Standard ($\delta^{13}C = -0{,}64‰$) und der NBS (National Bureau of Standards, $\delta^{13}C = -1{,}06‰$). b) Reservoireffekt: Die Isotopenzusammensetzung ist in Atmosphäre, Hydrosphäre und Biosphäre jeweils unterschiedlich und überträgt sich auf die dort gebildeten Substanzen. c) Hartwassereffekt: Durch Lösung fossiler (^{14}C-abgereicherter) Kalke wird die Isotopenzusammensetzung von aquatisch, besonders vor Flußmündungen oder in grundwassergespeisten Seen, zu leichteren Werten verändert. d) De-Vries-Effekt: Die zyklische Änderung der Sonnenaktivität verursacht Schwankungen der ^{14}C-Produktionsrate um ca. $\pm 2\%$ und mit verschiedenen Perioden (wiggles). Hohe Sonnenfleckenrelativzahlen bewirken eine geringere Bildungsrate, die zu Altersüberbestimmung führt. e) Suess-Effekt, Industrie-Effekt: Seit Mitte des 19. Jahrhunderts werden große Mengen fossiler Brennstoffe verfeuert, die zur Reduzierung des ^{14}C-Gehaltes in der Atmosphäre um ca. $0{,}03\%$ pro Jahr führt. Die resultierende scheinbare Altersüberbestimmung betrifft nur Proben, die jünger sind als etwa 1850. f) Kernwaffen-Effekt: Durch die oberirdisch gezündeten Kernwaffen seit den 1950 er Jahren ist der atmosphärische ^{14}C-Gehalt um gegenwärtig 20% gegenüber dem natürlichen Wert erhöht.

Die Altersberechnung ermittelt zunächst das unter definierten Modellannahmen (Libby-Halbwertzeit = 5568 Jahre, Wert für die Isotopenfraktionierung $\delta^{13}C = 25‰$, zeitlich konstantes $^{14}C_0$) berechnete konventionelle ^{14}C-Alter. Das Bezugsjahr ist 1950 n. Chr., das Symbol BP (before present). Zur Kalibration dieses Alters dienen regional gültige Eichkurven, die bis ca. 11.000 Jahre v. h. aus dendrochronologischen Zählungen, davor aus Uranreihenaltern erstellt wurden. Die kalibrierten Alter werden mit der Einheit cal BC (before Christ, Kalenderjahre v. Chr.), cal AD (Anno Domini, Kalenderjahre n. Chr.) oder cal BP (before present, Kalenderjahre vor 1950) belegt. Bei der Kalibration zeigt sich, daß die konventionellen Alter vor etwa 2000 BP systematisch um etwa 10–15 Prozent altersunterbestimmt sind. Eine Schwierigkeit stellen ferner Suess-Wiggles der Kalibrationskurven dar, bei denen das konventionelle Alter kaum oder gar nicht mit den Kalenderjahren anwächst. Besonders während der Zeiten von 6900–6700, 4200–4000, 3350–3050, 2850–2600 und 800–400 v. Chr. ergibt die Kalibration nicht eindeutige Kalibrationsalter. Der datierbare Altersbereich beträgt $300–35.000 \pm 4000$ Jahre. Bei Isotopenanreicherung sind 50.000 Jahre prinzipiell möglich; sie sind jedoch wegen nicht abtrennbarer ^{14}C-Verunreinigungen mit hohem Fehler behaftet.
[RBH]

Radiocarbondatierung: Entstehung von ^{14}C aus ^{14}N durch Einwirkung kosmischer Strahlung und Darstellung einiger Komponenten des Kohlenstoffkreislaufes, die für die Radiocarbondatierung wichtig sind.

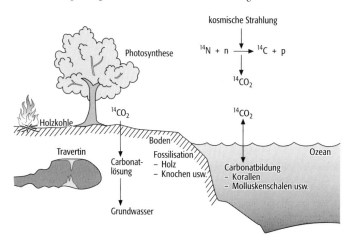

Literatur: [1] WAGNER (1995): Altersbestimmung von jungen Gesteinen und Artefakten. – Stuttgart. [2] GEYH (1983): Physikalische und chemische Datierungsmethoden in der QuartärForschung. – Clausthaler Tektonische Hefte 19.

Radioecholotung, Verfahren der Ionosphärensondierung, d. h. der Untersuchung der Existenz und der Höhe der einzelnen Schichten (↗Ionosphäre, ↗Ionogramm).

radiogen, gebildet durch radioaktiven Zerfall.

radiogene Isotope, Gruppe von ↗Nukliden, welche (teilweise) durch radioaktiven Zerfall entstanden sind. Die Häufigkeiten dieser Nuklide und damit der Isotopenverhältnisse der betreffenden Elemente sind abhängig von ihrer Vergesellschaftung mit den entsprechenden Mutternukliden bzw. -elementen im Verlauf der Erdgeschichte. Sie unterliegen deshalb auf der Erde einer Variation. Die einzelnen Isotopensysteme dokumentieren aufgrund der unterschiedlichen chemischen und physikalischen Eigenschaften der beteiligten Mutter- und Tochterelemente geologische Prozesse sehr unterschiedlich. Eine bedeutende Rolle spielt dabei die Reihenfolge ihrer Inkompatibilität (Rb > Th > U > Pb > Nd,Hf > Sr,Sm,Lu), welche angibt, wie stark ein Element zwischen dem verarmten Erdmantel ↗DM und der Erdkruste fraktioniert wird. Radiogene Isotope werden als natürliche Tracer in der ↗Isotopengeochemie und Umweltgeochemie oder zur Altersbestimmung (↗isotopische Altersbestimmung) verwendet. [SH]

radiogenes Nuklid, ↗Nuklid, welches durch Zerfall eines radioaktiven Nuklids entstanden ist (↗Tochternuklid).

radiogene Wärme ↗Wärmeproduktion.

Radiographie, [von lat. radius = Stab, Speiche, Strahl und griech. graphein = schreiben], bezeichnet das Sichtbarmachen ionisierender Strahlung mittels fotografischen Materials. Das in der fotografischen Schicht entstehende Radiogramm wird bei der Autoradiographie hervorgerufen durch die Eigenstrahlung von bereits vorhandenen radioaktiven Elementen oder durch Aktivierung mittels Bestrahlung durch γ-, Röntgen-, Protonen- oder Neutronenstrahlung. In Mineralen, Gesteinen oder Erzen können einzelne radioaktive Atome beim α-Zerfall lineare Zerfallsspuren hinterlassen, die man durch Anätzen sichtbar machen und zur qualitativen und quantitativen Elementbestimmung benutzen kann (Fission-Track-Methode, ↗Spaltspurdatierung). Die Radiographie findet auch Anwendung in der Werkstoffprüfung, ↗Archäometrie, Medizin und zur Kunstwerkprüfung.

Radiointerferometrie, *Very Long Baseline Interferometry, VLBI,* Beobachtungsverfahren der Astronomie und der ↗Geodäsie mittels ↗Interferometern. Geodätische Anwendungen der VLBI nutzen Paare von ↗Radioteleskopen zur simultanen Beobachtung extragalaktischer Radioquellen, wie z. B. Quasare und Radiogalaxien, um daraus Rückschlüsse auf ↗Erdrotation und ↗Kontinentalverschiebung ziehen zu können. Die Abstände zwischen den Radioteleskopen können dabei bis zu 10.000 km betragen.

Das elektromagnetische Rauschen der Radioquellen kommt wegen der jeweiligen Radioquellen-Radioteleskop-Geometrie zu unterschiedlichen Zeiten auf der Erde an. Die vom Empfänger verstärkten Analogsignale im Frequenzbereich von mehreren GHz werden mit einem Mischer auf eine Basisbandfrequenz von wenigen MHz heruntergemischt und in der Formatiereinheit digitalisiert. Die Bitströme werden dann zusammen mit hochgenauen Zeitzeichen von Stationsuhren auf Magnetbänder aufgezeichnet. Sowohl der Mischprozeß als auch die Stationsuhren werden von Frequenzstandards gesteuert, die auch als ↗Atomuhren bezeichnet werden. Die zeitliche Differenz der Ankunftszeiten der Signale an den beiden Stationen (Laufzeitunterschied) ist die primäre Beobachtungsgröße der geodätischen Radiointerferometrie. Zur Bestimmung der Laufzeitunterschiede werden die aufgezeichneten Datenströme mit Hilfe eines zentralen ↗VLBI-Korrelators kreuzkorreliert (Abb.). Durch die Rotation der Erde werden bei der Korrelation kohärenter Signale Interferenzwellen erzeugt, die dem Verfahren ihren Namen gegeben haben.

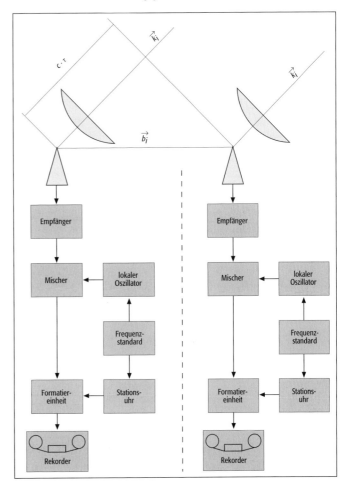

Radiointerferometrie: Funktionsschema der geodätischen Radiointerferometrie mit Beobachtungsgeometrie und elektronischen Komponenten; $\vec{b}_i$ = Basisvektor, $\vec{k}_i$ = Einheitsvektor in Quellenrichtung, c = Lichtgeschwindigkeit, τ = Laufzeitdifferenz.

Durch Variation der zeitlichen Verzögerungen kann die maximale Amplitude der Interferenzwellen am Korrelator ermittelt und damit der Laufzeitunterschied bei der Aufnahme wiederhergestellt werden. Zur Bestimmung von Erdrotationsparametern und Entfernungen zwischen Radioteleskopen werden von diesen 24 Stunden lang in ständigem Wechsel mehrere Hundert Anzielungen verschiedener Radioquellen durchgeführt. Auf ihrem Weg zu den Radioteleskopen unterliegen die Signale u. a. relativistischen Einflüssen und Einflüssen der ↗Refraktion der Atmosphäre und der ↗Ionosphäre. Die Auswertung der beobachteten Laufzeitunterschiede liefert z. B. die Entfernungen zwischen den Radioteleskopen im Abstand von mehreren Tausend km mit einer Genauigkeit von wenigen Millimetern. Wegen des Bezuges der Radiointerferometriemessungen zum inertialen Referenzsystem der Radioquellen liefert die Radiointerferometrie insbesondere die Nutationswinkel der Erdrotationsachse und die Rotationsphase der Erde (↗UT1) mit höchster Langzeitstabilität. Organisiert werden weltweite VLBI-Beobachtungen u. a. vom ↗International VLBI-Service. [AN]

Radiolarien, [von lat. radiosus = strahlend], *Radiolaria, Strahlentierchen*, einzellige, durchwegs marine Tiere, deren Skelett aus Kieselsäure, sehr selten auch aus Strontiumcarbonat besteht (↗Biomineralogie Abb.); in der Erdgeschichte etwa seit dem mittleren Kambrium nachweisbar. Die Größe der Radiolarien liegt in der Regel zwischen 0,1 und 0,4 mm, wobei riesenwüchsige Arten mehrere Millimeter groß werden können. Radiolarien stellen einen erheblichen Teil des marinen Zooplanktons und erlangen vielfach Bedeutung als Gesteinsbildner. Die aus ihren Skeletten aufgebauten Radiolarite sind typische Gesteine der Tiefsee, die besonders im ↗Paläozoikum weit verbreitet waren.

Radiolarienschlamm, unverfestigtes ↗pelagisches Sediment, vor allem aus ↗Radiolarien bestehend.

Radiolarit, diagenetisch verfestigtes ↗pelagisches Sediment, das gesteinsbildend ↗Radiolarien enthält.

radiologische Meßstelle, Meßstelle zur Überwachung eines Gewässers im Hinblick auf die Ermittlung radiologischer Belastungen, die von Einleitungen, Betriebsstörungen oder Unfällen von Kernkraftwerken oder sonstigen Ereignissen ausgehen, wie z. B. Kernwaffenversuchen. Es können im Echtzeit-Betrieb Gesamt-α-, Gesamt-β- und Gesamt-γ-Strahlung gemessen werden

Radiolumineszenz, Erzeugung von Sekundärstrahlung (↗Lumineszenz) durch die Einwirkung von α-, β- und γ-Strahlen vor allem an Apatit, Zirkon, Diamant, Steinsalz und anderen Mineralen.

Radiomagnetotellurik, *RMT*, eine Variante der ↗Magnetotellurik, die die Signale von VLF- und LF-Sendern (Frequenzbereich etwa 10 kHz bis einige hundert kHz) als Quellen ausnutzt. Aufgrund der für die ↗elektromagnetischen Verfahren hohen Frequenzen liegt die ↗Eindringtiefe bei einigen Metern bis einigen 10 er Metern. Das Verfahren wird daher insbesondere in der Umweltgeophysik eingesetzt.

Radiometer, Gerät zur quantitativen Messung der ↗elektromagnetischen Strahlung, in verschiedenen ↗Spektralbändern. Man unterscheidet IR-Radiometer zur Messung der Infrarotstrahlung und Mikrowellenradiometer zur Messung der natürlichen Mikrowellenstrahlung der Erde.

Radiometrie, Sammelbegriff für alle das Rückstrahlungsverhalten von Objekten betreffenden Aspekte; im Unterschied zu den geometrischen Eigenschaften von Fernerkundungsdaten.

radiometrische Altersbestimmung, eine ↗physikalische Altersbestimmung anhand des Zerfalls instabiler ↗Isotope.

radiometrische Anpassung, Angleichung der ↗Grauwertverteilung zweier Aufnahmen; wird häufig bei der Erstellung von Bildmosaiken angewandt, um die durch Beleuchtung, Aufnahmezeitpunkt, atmosphärische Bedingungen und/ oder die durch verschiedene Bodenbedeckung bedingten unterschiedlichen radiometrischen Verhältnisse auszugleichen.

radiometrische Auflösung, Maß für die kleinste mit einem Fernerkundungssystem noch unterscheidbare ↗elektromagnetische Strahlung. Sie ist abhängig vom Detektorsystem und beträgt zwischen 64 Klassen (6 Bit) und 2048 Klassen (11 Bit) bei den neueren Systemen (z. B. IKONOS).

radiometrische Bildfehler, durch unterschiedliche Empfindlichkeit der Einzelsensoren, unterschiedliche atmosphärische Einflüsse und durch unterschiedliche relief- und sonnenstandsbedingte Beleuchtungsverhältnisse entstehende Grauwertabweichungen von den in situ gemessenen radiometrischen Werten.

radiometrische Korrektur, Beseitigung von radiometrischen Bildfehlern durch atmosphärische Korrektur bzw. ↗Beleuchtungskorrektur.

radiometrische Optimierung, Grauwerttransformationen zur Optimierung der Bilddarstellung. Man unterscheidet verschiedene Arten von Helligkeitsänderungen, ↗Kontrastverstärkungen und Histogrammegalisierungen.

radiometrische Verarbeitung, Sammelbegriff für alle Bildverarbeitungsoperationen, die die Grauwerte von Bilddaten verändern, dazu gehören die ↗radiometrische Anpassung, ↗radiometrische Korrektur und ↗radiometrische Optimierung

radiometrische Vorverarbeitung, Sammelbegriff für alle einer visuellen oder digitalen Klassifizierung vorausgehenden Grauwertoperationen an Fernerkundungsdaten. Dazu gehören u. a. ↗Kontrastverstärkung, die Korrektur von ↗Störpixeln und des Sonnenstandes, Rauschminderung (↗Rauschen) und partieller Bildersatz.

Radionavigation, Verfahren der Navigation, die auf dem Empfang von Radiosignalen beruhen. Zu unterscheiden sind satellitengestützte und bodengebundene Verfahren. Wichtigste Verfahren der ↗Satellitennavigation sind das ↗Global Positioning System (GPS) und ↗GLONASS. Bis zum Anfang der 1990 er Jahre spielte ↗Transit insbesondere in den marinen Geowissenschaften eine führende Rolle. Die bodengebundenen Verfahren haben mit dem Aufkommen der Satellitennavigation weitgehend an Bedeutung verloren, da sie hinsichtlich Reichweite und Genauigkeit beschränkt sind. Generell gilt die Regel, daß bei zunehmender Trägerfrequenz die Genauigkeit zunimmt und die Reichweite abnimmt. Das global verfügbare OMEGA-Verfahren (10–14 KHz) erreichte nur eine Genauigkeit von mehreren Kilometern und wurde Ende 1997 abgeschaltet. DECCA (70 – 130 KHz) hat als Küstennavigationssystem mittlerer Genauigkeit insbesondere in Europa verbreitete Anwendung in den Geowissenschaften gefunden, wird aber inzwischen weitgehend von ↗Differential-GPS abgelöst. Lediglich LORAN-C (100 KHz) wird mit einer Reichweite von etwa 2000 km als unabhängige Komponente bei der ↗integrierten Navigation oder auch als Einzelsystem weiterhin Bedeutung haben. Die Genauigkeit liegt je nach Konfiguration zwischen 50 m und 300 m. [GSe]

Radionuklid, Atomkern, der unter spontaner Umwandlung (Zerfall) energiereiche Strahlung (↗Alpha-Strahlung, ↗Beta-Strahlung und ↗Gamma-Strahlung) aussendet.

Radiookkulationstechnik, Nutzung der Brechung der elektromagnetischen Signale von Navigationssatelliten beim Durchdringen der Atmosphäre zur Bestimmung ihrer Zustandsparameter; wird z. B. bei ↗GRAS genutzt.

Radiophase-Verfahren, ↗elektromagnetisches Verfahren, bei dem das luftelektrische Feld zusammen mit den Magnetfeldkomponenten aufgezeichnet wird. Es spielt als Ergänzung des VLF-Verfahrens eine – allerdings nur geringe – Rolle in der Aeroelektromagnetik.

Radioquellen, Sammelbegriff für extragalaktische Objekte wie z. B. Quasare oder Radiogalaxien, die elektromagnetische Strahlung aussenden.

Radiosender, fungieren als Quellen für die ↗Radiomagnetotellurik im LF-Frequenzbereich.

Radiosonde, Gerät zur Messung des ↗Luftdrucks, der ↗Lufttemperatur und ↗Luftfeuchte in der freien Atmosphäre. Radiosonden werden an einen gasgefüllten Ballon gehängt und messen während des Aufstiegs. Die Messergebnisse werden telemetrisch zur Bodenstation übertragen. Häufig sind die Ballon-Sonden-Gespanne mit einem Radarreflektor und einem Transponder versehen, so daß ihre Position zu jeder Zeit bekannt ist. Aus der Positionsänderung mit der Zeit läßt sich der Höhenwind (Geschwindigkeit und Richtung) ableiten. Anstelle der Radarverfolgung werden auch boden- oder satellitengestützte Ortungssysteme verwendet. Radiosondenaufstiege erfolgen weltweit an ca. 500 aerologischen Stationen zumeist zweimal täglich. Sie erreichen in der Regel Höhen von 20 bis 35 km. Aus der Kenntnis von Druck, Temperatur und Feuchte läßt sich die jeweilige Höhe rechnerisch bestimmen (↗Barometrische Höhenformel). [DH]

Radiosondenaufstieg ↗aerologischer Aufstieg.

Radioteleskop, Beobachtungsinstrument für elektromagnetische Strahlung aus dem Weltraum im Frequenzfenster zwischen einigen MHz und ca. 100 GHz. Ein in der Regel beweglicher Spiegel parabolischer Form bündelt die elektromagnetische Strahlung in seinem Brennpunkt, wo sie in einem Empfangshorn mit Erreger in elektrische Energie umgesetzt wird. Von der Genauigkeit der Reflektoroberfläche und der Formstabilität des Paraboloids hängt die optimale Empfangsfrequenz der Radioteleskope ab. Radioteleskope werden in der Radioastronomie eingesetzt und finden weite Verbreitung in der geodätischen ↗Radiointerferometrie. Zur Steigerung der Auflösung astronomischer Beobachtungen und für Anwendungen in der Radiointerferometrie werden Radioteleskope oft zu ↗Interferometern verbunden (Abb. im Farbtafelteil).

Radiotheodolit, Einrichtung zur Anpeilung einer ↗Radiosonde, die mit einem entsprechenden Peilsender ausgerüstet ist. Aus der zeitlichen Veränderung von Azimuth und Elevation kann die Geschwindigkeit und Richtung der ↗Höhenströmung bestimmt werden.

Radiowellen-Schattenmethode, engl. *radio frequency investigation method*, RIM, aktives ↗elektromagnetisches Verfahren, das mit Frequenzen von einigen kHz bis einigen MHz arbeitet. Dabei werden die Dämpfungsparameter und Phasenänderungen des Signals bei Durchlaufen eines Untersuchungsobjektes bestimmt.

Radium, [von lat. radiare = strahlen, leuchten], metallisches radioaktives Element mit dem Zeichen Ra, einziges Schwermetall der Erdalkaligruppe. Es lagert sich wie andere Erdalkalimetalle (z. B. Strontium) bevorzugt in Knochen ab. Radium wurde 1898 an der ↗Pechblende (↗Uranitit) von Joachimsthal von M. und P. Curie im Anschluß an die A. H. Becquerel beobachtete Strahlung nachgewiesen.

Radkarte, *TO-Karte*, meist kleines kreisrundes Erdbild. Die Radkarte ist die allgemeine Form der Darstellung des mittelalterlichen christlichen Weltbildes nach der Lehre des Kirchenvaters Augustinus. Die obere Hälfte dieser geosteten Erdbilder stellt Asien mit dem Paradies vor, das durch ein T-förmiges Gewässer von Europa (links unten) und Afrika (rechts unten) getrennt ist. Der Außenring (O) symbolisiert das Weltmeer. Aus dieser Anordnung ergibt sich die Bezeichnung als TO-Karte. Solche Karten finden sich hauptsächlich als kleine Textabbildungen in Psaltern vom 8. Jh. bis um 1100 (↗Beatuskarte). Nach 1100 wird der Inhalt durch Einflüsse der Kreuzzüge reicher und Jerusalem rückt in den Mittelpunkt der Darstellung. Auch Kombinationen mit ↗Klimazonenkarten erfolgten um diese Zeit. Aus dem 13. Jh. sind auch große, reich ausgeschmückte Radkarten bekannt, z. B. die ↗Ebstorfer Weltkarte und die Herefordkarte. Unter den ↗Karteninkunabeln zeigen zwölf das TO-Muster. [WSt]

Radó, *Sandor* (Alex), ungarischer Geograph und Kartograph, * 5.11.1899 Ujpest, † 20.8.1981 Budapest. Radó betrieb im Exil in Wien und Berlin Nachrichtenagenturen (»Rosta«, »Pressegeographie«). In einem Informationsbulletin über den russischen Rätestaat prägte er auf einer Karte

Rahmenscherversuch 1: Scherbüchse nach Casagrande (H = Horizontallast, N = Normallast).

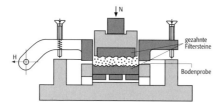

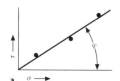

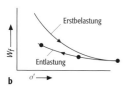

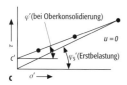

Rahmenscherversuch 2: a) Scherdiagramm für einen trockenen, lockeren Sand (τ = Scherspannung, σ = Normalspannung, φ' = Reibungswinkel); b) und c) σ/τ-Diagramm für einen bindigen Boden mit Restscherfestigkeit (τ = Scherspannung, φ' = Winkel der inneren Reibung bei Überkonsilidierung, φ_s' = Winkel der inneren Reibung bei der Erstbelastung, c' = Kohäsion, W_f = Wassergehalt der Probe, u = Porenwasserdruck, σ' = effektive (wirksame) Spannung).

1924 den deutschen Begriff Sowjetunion. 1930 erschien in Berlin sein »Atlas für Politik und Wirtschaft. Arbeiterbewegung. Band I. Imperialismus« (Faksimileausgabe Gotha/Leipzig 1980). Radó wirkte an großen ↗Handatlanten als Kartenredakteur mit (z. B. »Großer Sowjetischer Weltatlas«). 1933 ging er nach Paris, 1936 nach Genf, wo er die Nachrichtenagentur »Geopress« gründete. Nach dem zweiten Weltkrieg war Radó seit 1955 als Professor für Geographie, als Leiter des ungarischen Staatsamtes für Kartographie (1955–1978) und leitend im Betrieb »Cartographia« tätig. Seit 1965 gab er »Cart ACTUAL« heraus. Von Radó ging 1957 der Vorschlag zu einem Weltkartenwerk mit Höhenschichten ↗Karta Mira – World Map im Maßstab 1 : 2.500.000 aus (hergestellt 1960–1980 in 224 Blättern). Er erzielt zahlreiche Ehrungen: Leninorden 1942, Kossuthpreis 1962, ungarischer Nationalpreis 1973. [WSt]

Radon, Rn, radioaktives ↗Edelgas, toxisch wegen seiner anaerosol gebundenen stark strahlenden Zerfallsprodukte. Radonbelastungen treten überall dort auf, wo ↗Uran oder Uranminerale vorliegen, besonders in granitischen Gesteinen, glimmerhaltigen Sedimenten (Sande) und daher praktisch in allen Baumaterialien, die Spuren von radioaktivem Uran oder ↗Thorium enthalten, weiterhin in Phosphaten (Düngemittel) u. a. Ca. 50 % der Strahlenbelastungen der Bevölkerung sind auf Radon zurückzuführen. Große Mengen Radon können auch bei Vulkanausbrüchen freiwerden, in Quellwässern, aufgelassenen Bergwerkstollen und in der Nähe radioaktiver Vorkommen.

Radonmessung, bestimmt den Gehalt von ↗Radon (radioaktives Edelgas in den Zerfallsreihen des Urans und des Thoriums) in der Bodenluft auf der Basis der ausgesendeten Alphastrahlung.

Rahmenbauverfahren ↗Abbaumethoden.

Rahmenkarte, einzelnes ↗Kartenblatt eines ↗Kartenwerkes, bei dem die darzustellende Gebiet systematisch so auf eine Vielzahl von Kartenblättern aufgeteilt ist, daß die Blattspiegel der Kartenblätter ohne sich zu überlappen insgesamt das Gebiet lückenlos erfassen. Der Kartenspiegel der Rahmenkarte wird in der Regel von der Blattrandlinie begrenzt und von einem Kartenrahmen eingeschlossen. Bei ↗Landeskartenwerken wird als Blattrandlinie die Koordinatenlinie des geographischen oder des rechtwinklig ebenen Koordinatensystems (↗Gauß-Krüger Koordinaten) benutzt. Dabei bildet dieselbe Koordinatenlinie beispielsweise die östliche Blattrandlinie des einen Kartenblattes und zugleich die westliche Blattrandlinie des benachbarten Kartenblattes.

Rahmenscherversuch, Versuch zur Bestimmung der Scherfestigkeitsparameter Winkel der inneren Reibung und ↗Kohäsion bei vollkommen behinderter Seitendehnung. Der Rahmen besteht aus zwei übereinander liegenden Teilen mit quadratischem oder rundem Querschnitt (Abb. 1). Die lichte Weite liegt zwischen 60 und 100 mm. Die runde oder quadratische Probe wird zwischen zwei gezahnten oder mit Stahlschneiden versehenen Filtersteinen eingebaut, lotrecht belastet und horizontal abgeschert. Die lotrechte Last N (Normalspannung σ) wird konstant gehalten, während die horizontale Scherkraft H (Schubspannung τ) so lange allmählich gesteigert wird, bis der Bruch in einer erzwungenen Scherfläche A unter Überwindung des Scherwiderstandes der eingebauten Probe eintritt. Die Scherlast ist weggesteuert. Die Scherkraft wird dann auf die Scherfläche $A' = A - \Delta A$ (ΔA = Verkleinerung der Querschnittsfläche beim Abscheren) bezogen. Im Bruchzustand besitzt der Boden noch Zusammenhalt. Die Auflast verteilt sich jedoch auf die gesamte Kolbenfläche A. Es gilt:

$$\tau = H/A' \text{ [kN/m}^2\text{] und } \sigma = N/A \text{ [kN/m}^2\text{]}.$$

Zur Bestimmung der Schergeraden werden mindestens drei Einzelversuche mit unterschiedlicher Normalspannung durchgeführt. Jeder Versuch liefert ein Wertepaar σ/τ (Abb. 2) und einen Punkt auf der Schergeraden. Aus dem Bezug der Werte Scherspannung τ und Scherweg Δl erhält man Spannungsdeformationskurven (Scherverschiebungsdiagramme), die bei sprödem Verhalten eine ↗Restscherfestigkeit erkennen lassen. [KC]

Rain, ein zwischen den Elementen der ↗Kulturlandschaft (z. B. Wege, Felder, Äcker) liegender ungenutzter und häufig mit Gehölzen bewachsener Grenzstreifen. Der Rain war in der traditionellen bäuerlichen Kulturlandschaft ein verbreitetes Flurelement, ist aber durch die heutige Agrarstruktur weitgehend beseitigt worden (↗Ausräumung der Kulturlandschaft). Die Raine strukturieren die ↗Agrarlandschaft und bilden zusammen mit den ↗Heckenlandschaften ein wichtiges ↗Biotopverbundsystem und Ausgleichssystem sowie ein Rückzugsrefugium (↗Refugium) für die Tier- und Pflanzenwelt der Agrarlandschaft. Aus diesen Gründen sollten die verbleibenden Raine geschützt, gefördert und gepflegt werden.

Rainout, Auswaschen atmosphärischer Spurenstoffe bei Niederschlagsereignissen, bei denen die emittierten Aerosolpartikel als Kondensationskerne wirksam geworden sind.

Ramann, *Emil*, deutscher Bodenkundler, * 30.4.1851 Dorotheental bei Arnstadt (Thüringen), † 19.1.1926 München. 1895–1900 hatte er eine Professur in Eberswalde, danach in München inne. Ramann verfasste grundlegende Arbeiten über die chemische ↗Verwitterung von Gesteinen, sowie Umlagerung und Absatz der Lösungsprodukte, über Streuzersetzung und ↗Humifizierung, die ↗Verbraunung und die ↗Podsolierung. Mit seinem Werk »Bodenkunde«

hat er erstmals ein umfassendes, modernes Lehrgebäude der ↗Bodenkunde vorgelegt, in dem Böden als Naturkörper und Ergebnis bodenbildender Prozesse dargestellt werden. Geboten werden auch eine moderne Klassierung der Waldhumusformen, während die Klassierung der Böden die russische Schule deutlich erkennen läßt. Ramann erhielt die Ehrendoktorwürde in Eberswalde.

Ramanspektrometrie ↗analytische Methoden.

Ramdohr, *Paul Georg Karl*, deutscher Mineraloge und Petrograph, * 1.1.1890 Überlingen/Bodensee, † 8.3.1985 Weinheim; nach seinem Studium in Göttingen und Heidelberg promovierte Ramdohr 1920. Von 1919 bis 1921 war er Assistent an der Universität Darmstadt, von 1921 bis 1925 wurde er Privatdozent für Mineralogie an der Bergakademie Clausthal und 1926 Ordinarius an der TH Aachen. Im Jahr 1934 erhielt er den Ruf als Professor für Mineralogie an die Universität Berlin und 1951 nach Heidelberg. Ramdohr entwickelte die Grundlagen der ↗Erzmikroskopie. Sein »Lehrbuch der Erzmikroskopie« (mit H. ↗Schneiderhöhn, 1931–34, 2 Teile) erlebte viele Auflagen (seit der 11. Auflage wurde es von F. Klockmann herausgegeben). Neben seinem Buch »Die Erzminerale und ihre Verwachsungen« (1950) erschienen weitere grundlegende Schriften über die Bildung und Eigenschaften der Erzminerale und Lagerstätten. [EHa]

Rammbrunnen ↗Abessinierbrunnen.

Rammfilter, aus Metall- oder Kunststoff gefertigtes Filterrohr hoher Festigkeit und mit einer Metallspitze versehen, das in wasserführende Lockergesteine durch Rammen oder Einschlagen vorgetrieben wird. Rammfilter bestehen aus einem gelochten oder geschlitzten Rohr, dessen Öffnungen bei handelsüblichen Rammfilter mit einem Feingewebe überzogen sein können. ↗Abessinierbrunnen.

Rammkernbohrung, Bohrverfahren, bei dem ein Kernrohr (↗Kernbohrung) durch Rammschläge in den Boden getrieben wird. Man arbeitet mit einfachen Kernrohren, Doppelkernrohren und Kernrohren mit entsprechenden Einsätzen. Beim Einrammen tritt der Boden durch einen offenen Rammschuh in das Kernrohr ein und kann durch Ziehen und Aufklappen des Kernrohrs jederzeit besichtigt werden. Man erhält die Bodenschichten in der natürlichen Reihenfolge, allerdings je nach Bodenart mehr oder weniger zusammengedrückt. Stößt die Bohrung auf harte Schichten, versagt dieses Verfahren.

Rammkernsondierung, Trockenbohrverfahren (Verdrängungsbohren), bei dem ein längsgeschlitztes Stahlrohr mit Meißel- oder Schneidkante am unteren Ende in Lockergestein durch Rammen oder Einschlagen vorgetrieben wird. Nach Abteufen einer Rohrlänge (handelsüblich 1 bis 2 m) hat sich das Rohrinnere mit dem durchbohrten Material gefüllt und wird zutage gezogen. Der Rohrinhalt, bei lockerem Material durch einen Kernfangring gehalten, kann dann mit ausreichender Tiefengenauigkeit aufgenommen werden. Je nach verwendetem Sondendurchmesser können auch gestörte Bodenprobenmengen gewonnen werden. Der mit Durchmesser und Tiefe zunehmende Reibungswiderstand beschränkt die Rammkernsondierung auf geringe Tiefen und Durchmesser und im Einsatz nur auf Lockergesteine.

Rammpfahl, ein vorgefertigter Fertigpfahl, über den Kräfte in tiefere tragfähige Schichten eingeleitet werden. Rammpfähle sind Verdrängungspfähle, deren Herstellung und Bauteilbemessung in DIN 4026 bzw. in DIN E 4026 geregelt ist. Als Fertigpfähle sind sie aus Holz (heute meist nur für provisorische Bauwerke verwendet), Stahl oder Stahlbeton gefertigt. Meist werden ↗Pfahlgründungen aus Pfahlreihen oder Pfahlgruppen hergestellt. Der Widerstand eines Einzelpfahles in axialer Richtung, mit R bezeichnet, enthält die Anteile: Pfahlfußwiderstand R_b und Pfahlmantelwiderstand R_s (Abb.). Für die Bemessung einer Pfahlgründung (Pfahlreihe oder Pfahlgruppe) muß zunächst der Pfahlwiderstand des Einzelpfahles bekannt sein. Nach Möglichkeit soll der axiale Pfahlwiderstand durch eine Probebelastung festgelegt werden. Die Rammpfähle erreichen gegenüber Bohrpfählen (↗Pfähle) jeweils höhere Werte für den Spitzendruck R_b und die Mantelreibung R_s. Das Tragverhalten von Rammpfählen hängt wesentlich vom Herstellungsverfahren ab. Wandrauhigkeit, Verdichtung des verwendeten Betons, Gefügeveränderungen des Bodens und der Pfahldurchmesser spielen eine Rolle. [KC]

Rammsonde, Gerät, das bei der Rammsondierung (↗Sondierung) eingesetzt wird. Dabei wird der Widerstand des Bodens gegen das Eindringen der Rammsonde gemessen. Die Geräte und ihre Anwendung sind nach DIN 4094 genormt. Die Rammsonden gibt es als handbetriebene und als mechanisch oder pneumatisch selbsttätig arbeitende Geräte.

Ein Schlaggewicht von 10 bzw. 50 kg wird aus 50 cm Fallhöhe auf den Amboß, das stumpfe obere Ende der Rammsonde, fallengelassen und somit in den Boden getrieben. Zur Auswertung werden die Schläge N_{10} gezählt, die für je 10 cm Eindringtiefe benötigt werden. Im Rammdiagramm wird N_{10} gegen die Tiefe aufgetragen. Die Norm enthält Umrechnungsdiagramme für verschiedene Bodenarten, die zur Auswertung herangezogen werden. Als maßgebliche Größe für beispielsweise Sand- und Kiesböden wird in der Norm die Lagerungsdichte D über und unter Grundwasser beschrieben. Die Rammsondierung darf nur mit Kenntnis über die jeweiligen Bodenarten ausgeführt werden, da die Schlagzahl alleine keinen Aufschluß über die Bodenart gibt und somit ein völlig falsches Bild über die Konsistenz des Bodens herbeigeführt werden kann. Weitere Fehlerquellen sind die Mantelreibung in weichen, bindigen Böden und die faserigen Torfe, die beide sehr hohe Schlagzahlen vortäuschen. Je nach Boden und gewünschter Untersuchungstiefe wird die ↗leichte Rammsonde, ↗mittelschwere Rammsonde oder ↗schwere Rammsonde benutzt. [SRo]

Rammsondierung ↗Sondierung.

Ramdohr, *Paul Georg Karl*

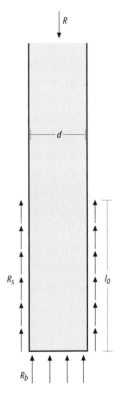

Rammpfahl: Tragverhalten eines Einzelpfahls (R = Widerstand, R_b = Pfahlfußwiderstand, R_s = Pfahlmantelwiderstand, l_0 = Einbindetiefe in den tragfähigen Untergrund).

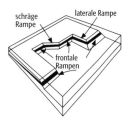

Rampe 1: frontale, schräge und laterale Liegendrampen einer gestuften Überschiebung (Hangendblock ist durchsichtig dargestellt).

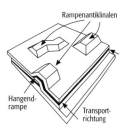

Rampe 2: Rampenantiklinalen, die bei der Bewegung des Hangendblocks über die in Abb. 1 gezeigten Rampen entstehen.

Rampe, steiler einfallender Abschnitt einer gestuften ↗Überschiebung, der zwei annähernd horizontale *Flachbahnen* verbindet. Nach ihrer Orientierung zur Transportrichtung unterscheidet man frontale, schräge und laterale Rampen (Abb. 1). Jeder versteilte Überschiebungsabschnitt hat eine Hangendrampe im Hangenden und eine Liegendrampe im Liegenden. Der Transport einer ↗Decke oder ↗Schuppe über Rampen erzeugt Falten (Rampenantiklinalen) (Abb. 2).

Rampenstufe ↗ *Flatiron*.

Ramsay, Sir *Andrew Crombie*, britischer Geologe, * 31.1.1814 Glasgow, † 9.12.1891; Prof. für Geologie an der Government School of Mines, Direktor des Geological Survey of the United Kingdom und des Museum of Practical Geology, London, Präsident der britischen Geological Society, dessen Arbeiten über ↗Glazialmorphologie der Alpen und des Schwarzwaldes und über die Geologie und Physische Geographie Großbritanniens die Entwicklung der Physischen Geographie, insbesondere der Geomorphologie, maßgeblich beeinflußten. Ramsay erkannte die Bedeutung der verschiedenen Widerständigkeiten der Gesteine für die Formenentwicklung und -gestaltung, gab eine erste genauere Beschreibung der ↗Schichtstufenlandschaft, beschrieb die Wirksamkeit der Flußerosion und erklärte die Entstehung von ↗Rumpfflächen durch marine ↗Abrasion. Werke (Auswahl): »Physical Geology and Geography of Great Britain« (1853), »The Old Glaciers of Switzerland and Wales« (1859), »Glacial origin of certain lakes in Switzerland, the Black Forest etc.« (1862). [JBR]

Randanpassung, Teil der Arbeiten an zwei benachbarten kartographischen Originalen bzw. (geokodierten) Satellitenbildszenen, bei dem die Übereinstimmung des an der gemeinsamen Blattrandlinie dargestellten Karten- bzw. Bildinhalts benachbarter Kartenblätter bzw. Satellitenszenen geprüft wird. Dabei bemerkte Widersprüche sind zu klären und zu beseitigen. Auftretende Lageabweichungen, welche die Fehlergrenzen überschreiten, werden durch Zwangsanschluß oder durch Mittelung und Korrektur beider Kartenblätter beseitigt. Bei der kartographischen Bearbeitung werden zur Randanpassung im allgemeinen transparente Originale übereinandergelegt. Bei Bedarf fertigt man Randanschlußstreifen als Kopie eines schmalen, innen an die Blattrandlinie anschließenden Streifens an. Bei Fernerkundungsbilddaten werden üblicherweise beide Bildränder simultan oder nacheinander zur Kontrolle auf einem Bildschirm angezeigt. [MFB]

Randausstattung, die Gesamtheit der auf dem Blattrand eines ↗Kartenblattes enthaltenen kartographischen Darstellungen, Schriften und sonstigen Angaben. Die Randsstattung umfaßt den Kartenrahmen sowie die Eintragungen im Kartenrahmen und auf dem Kartenrand. Im Kartenrahmen werden in ↗topographischen Karten die rechtwinklig ebenen Koordinaten des Gitternetzes (↗Hauptgitter) und die ↗geographischen Koordinaten der Blattecken sowie deren Unterteilung (durch die Minutenleiste) dargestellt. Weiterhin werden im Rahmenfeld eingetragen die Eigennamen von Städten und anderen Objekten, die nur zum kleineren Teil innerhalb des Blattspiegels liegen, die Namen der Stadt- und Landkreise an den Schnittstellen ihrer Grenzen mit der Blattrandlinie sowie als Abgangsschriften die Zielorte und Entfernungen von den das Kartenblatt verlassenden Eisenbahnen und Straßen. In die äußeren Rahmenlinien werden der Ausgabevermerk und die ↗Anschlußnomenklaturen eingeführt. Außen an den Kartenrahmen anschließend können als ↗Außengitter Koordinaten eines anderen Koordinatensystems dargestellt sein, z. B. des benachbarten Meridianstreifens. Auf dem nördlichen Kartenrand werden die Bezeichnung der Karte (z. B. topographische Karte 1:25.000), Staat und Bezirk des dargestellten Gebietes, Kartenblattname, Nomenklatur und andere Ordnungsmerkmale angegeben. Auf dem südlichen Kartenrand werden für die Kartennutzung wichtige Angaben dargestellt. Dazu gehören in jedem Falle die Angaben des Kartenmaßstabes in Zahlenform und als Maßstabsleiste, die Angabe des Herausgebers und die Standangabe. Außerdem werden die ↗Nordrichtung mit aktueller Deklination und Nadelabweichung (einschließlich des jährlichen Veränderungsbetrages), eine Nebenkarte und bei Bedarf besondere Kartenzeichen (Legendenauszug) dargestellt. Weitere besondere Hinweise zur Benutzung des Kartenblattes können auf den seitlichen Kartenrändern angebracht werden. [GB]

Randbedingungen, **1)** *Angewandte Geologie*: ↗Grenzbedingungen. **2)** *Hydrologie*: notwendige Bedingungen, um eine spezielle Lösung einer Differentialgleichung aus unendlich vielen allgemeinen Lösungen zu erhalten (für die Grundwasserströmungsgleichung sind dies z. B. Aquiferbegrenzung, Vorfluter usw.). **3)** *Ozeanographie*: Bedingungen, die ab den Rändern eines betrachteten Gebildes gelten. Alle Gleichungen, die Prozesse im Meer beschreiben, z. B. die ↗Bewegungsgleichungen, gelten nur im Inneren eines kontinuierlichen Mediums. An den Rändern werden die sog. Randbedingungen benötigt. Für die Ozeane sind die Randbedingungen von fundamentaler Bedeutung, da nur die Gravitationskräfte als sog. Volumkräfte auf den gesamten Wasserkörper wirken. Alle übrigen Kräfte, wie z. B. der Wind, sind Flächenkräfte, die an den Grenzflächen angreifen und somit in Form von Randbedingungen berücksichtigt werden müssen.

Randeffekt ↗Ökoton.

Randeis, Eis, das sich vom Ufer her oder von Einbauten eines Gewässers an der Wasseroberfläche gebildet oder dort gesammelt hat.

Randkluft ↗Gletscherspalte.

Randmeer, **1)** *Geologie: marginal sea*, Meeresgebiet im Backarc-Bereich eines ↗Inselbogens, häufig den Bogen von einem Kontinent trennend. Die Kruste des Randmeeres ist ozeanisch hinter einem ozeanischen Inselbogen, sie ist ausgedünnt kontinental oder sogar partiell ozeanisch hinter Inselbögen auf kontinentaler Kruste.

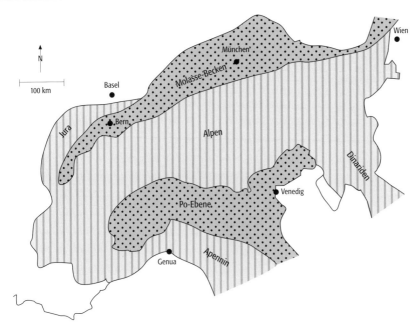

Randsenke: Das Molassebecken ist die Vortiefe der Alpen, die Po-Ebene deren Rücktiefe und zugleich die Vortiefe des Apennin.

In jedem Fall läßt sie tektonische Strukturen starker Dehnung erkennen. Im Falle ozeanischer Kruste sind in großen Randmeeren ansatzweise die magnetischen Anomalien einer Ozeanbodenspreizung zu erkennen (z. B. Philippinen-See im ↗backarc des Marianenbogens). Randmeere sind durch (alkali-) basaltischen Backarc-Magmatismus ausgezeichnet, der nahe dem inneren Rand des Bogens konzentriert oder über das Randmeerbecken verteilt ist. Liegen sie zwischen Kontinent und Inselbogen, sind ihre Sedimentmächtigkeiten viel größer als die eines Ozeanbodens. Marine Sedimente und Vulkanite können verzahnt sein. Wegen des Magmatismus des Randmeeres wird postuliert, daß bei seiner Entstehung eine Sekundärzirkulation asthenosphärischen Materials über der abtauchenden Unterplatte beteiligt ist. Die starke Dehnung der ↗Oberplatte im Bereich des Randmeeres und die dadurch sich vergrößernde Entfernung des Bogens von internen Teilen der Oberplatte weist auf ↗subduction roll-back, also eine ozeanwärtige Rückverlagerung des Abtauchens der Unterplatte hin. **2)** *Ozeanographie:* ↗Nebenmeer, das dem Festland nur randlich angelagert und durch Halbinseln oder Inselketten vom offenen Meer getrennt ist, im Gegensatz zum ↗Mittelmeer.
Randpolje ↗Polje.
Randriff ↗Saumriff.
Randsenke, 1) Bereich der Abwanderung von Salz in eine Salzstruktur, der durch erhöhte Sedimentmächtigkeit gekennzeichnet ist. Die primäre Randsenke entspricht der Salzabfuhr in ein ↗Salzkissen, die sekundäre der Salzabfuhr in einen ↗Salzdiapir. Die (salz-)nachschubbedingte Randsenke entsteht bei weiterer Salzlieferung in ein Salzdiapir nach Abschluß der Diapirphase. ↗Halokinese. 2) *Saumtiefe, Vortiefe* bzw. *Rücktiefe*, Becken am Rande eines ↗Orogens, welches im spätorogenen Stadium der ↗Orogenese mit Molasseablagerungen (↗Molasse) gefüllt wurde (Abb.); in gebirgsnahen Bereichen noch von der ausklingenden Orogenese deformiert.
Randspalte ↗Gletscherspalte.
Randstrom, ↗Meeresströmung, die den Rändern ozeanischer Becken folgt, und deren Dynamik durch die ↗Meeresbodentopographie beeinflußt wird. Randströme stellen häufig Bänder mit höherer Geschwindigkeit in großräumigen Wirbeln dar. Die Erhaltung der ↗Vorticity bewirkt die Entstehung besonders starker westlicher Randströme, wie z. B. ↗Golfstrom oder ↗Kuroschio.
Randtief, *Tochterzyklone*, kleiner Tiefdruckwirbel (↗Tiefdruckgebiet) im Randbereich einer großen Zyklone, der diese umkreist und sich dabei oft ebenfalls zu einer kräftigen Zyklone entwickelt. Zum Schluss vereinigen sich beide Zyklonen.
Randwasser ↗Ölfeldwasser.
Randwellen, Wellen, die auf die Anwesenheit einer Brandung angewiesen sind. Im Ozean gibt es zum einen Schelfrandwellen, die an der ↗Schelfkante entlang laufen, oder zum anderen ↗Kelvinwellen, bei denen die Küste selbst die Brandung darstellt.
Randwertproblem, *Randwertaufgabe*, in der mathematischen Physik die Aufgabe, die Lösung einer vorgegebenen Differentialgleichung unter ebenfalls vorgegebenen Randbedingungen zu bestimmen. Die ↗Randwertprobleme der Potentialtheorie beziehen sich auf die Laplacesche Differentialgleichung

$$\Delta V := \frac{\partial^2 V}{\partial x^2} + \frac{\partial^2 V}{\partial y^2} + \frac{\partial^2 V}{\partial z^2} = 0$$

für die ↗harmonische Funktion $V(x,y,z)$, die im dreidimensionalen Raum als Funktion der ↗kartesischen Koordinaten x,y,z oder als Funktion krummliniger Koordinaten definiert ist. Auch das ↗geodätische Randwertproblem kann nach einigen Modifikationen und Vereinfachungen auf die Laplacesche Differentialgleichung bezogen werden. Falls die Geometrie des Randes fest vorgegeben ist, bezeichnet man das zugehörige Problem als fixes Randwertproblem. Ist dagegen der Ortsvektor des Randes vollständig oder teilweise unbekannt, so entsteht ein freies Randwertproblem. [BH]

Randwertproblem der Potentialtheorie, Randwertproblem auf der Basis der folgenden Annahme: Sei τ ein geschlossenes, beschränktes Gebiet des dreidimensionalen Raumes mit Massenbelegung, τ^* der Außenraum von τ und σ die Randfläche von τ sowie $\vec{n}$ der stetige Einheitsvektor der nach außen gerichteten Normalen von τ. Existiert die ↗harmonische Funktion (↗Potentialtheorie) $u(\vec{x})$, die im Außenraum τ^* der ↗Laplace-Gleichung genüge und in τ^* einschließlich ihrer ersten und zweiten Ableitungen stetig sowie mit:

$$\lim_{r \to \infty} ru = \varepsilon$$

beschränkt ist, so lassen sich spezielle Lösungen $u(\vec{x})$ der Laplace-Gleichung finden, indem auf dem Rand des σ die Massenbelegung einschließenden Raumgebietes τ zusätzliche Bedingungen, die Randbedingungen, eingeführt werden. Die Formulierung der Laplace-Gleichung zusammen mit Randbedingungen führt auf ein Randwertproblem der Potentialtheorie. Folgende Randwertprobleme lassen sich unterscheiden:
1. Randwertproblem (Dirichlet-Problem): Gesucht ist eine im Außenraum τ^* des geschlossenen Raumgebietes τ einschließlich seiner Randfläche σ stetige Funktion $u(\vec{x})$ mit $\Delta u = 0$ in τ^* sowie $u = f(\vec{x})$ auf σ. $f(\vec{x})$ ist eine auf σ gegebene, stetige Funktion.
2. Randwertproblem (Neumann-Problem): Gesucht ist eine im Außenraum τ^* des geschlossenen Raumgebietes τ einschließlich seiner Randfläche σ stetige Funktion $u(\vec{x})$ mit $\Delta u = 0$ in τ^* sowie

$$\frac{\partial u}{\partial \vec{n}} = g(\vec{x})$$

auf σ. $g(\vec{x})$ ist eine auf σ gegebene, stetige Funktion.
3. Randwertproblem (gemischtes oder ROBIN-Problem): Gesucht ist eine im Außenraum τ^* des geschlossenen Raumgebietes τ einschließlich seiner Randfläche σ stetige Funktion $u(\vec{x})$ mit $\Delta u = 0$ in τ^* sowie

$$\alpha \cdot u + \beta \cdot \frac{\partial u}{\partial \vec{n}} = h(\vec{x})$$

auf σ. $h(\vec{x})$ ist eine auf σ aufgegebene, stetige Funktion. [MSc]

Randwinkel, meßbare Größe zur Bestimmung der ↗Benetzbarkeit von Mineraloberflächen durch Flüssigkeiten. ↗Flotation.

Rang ↗Inkohlungsgrad.

Ranker, Bodentyp der Klasse der ↗Ah/C-Böden, weist einen humosen, oft steinigen A-Horizont auf, der festem, allenfalls 30 cm tief zerkleinertem, silicatischem, carbonatfreiem bis -armem (< 2 %) Festgestein aufliegt. Geht durch fortschreitende Humusakkumulation und Gesteinsverwitterung aus dem ↗Syrosem hervor. Er nimmt vor allem Hangpositionen ein, wo Bodenabtrag durch Wassererosion einer Weiterentwicklung entgegenwirkt. Subtypen sind: (Norm)Ranker, Syrosem-Ranker, Lockersyrosem-Ranker, Braunerde-Ranker, *Tundrenranker*, Podsol-Ranker. ↗Bodenkundliche Kartieranleitung.

Raoultsches Gesetz, physikalisches Gesetzt über den Zusammenhang zwischen dem ↗Sättigungsdampfdruck über wässrigen Lösungen und der Konzentration der gelösten Stoffe, welches besagt, daß der Dampfdruck mit zunehmender Konzentration abnimmt. Somit herrscht bei sonst gleichen Bedingungen über einer wässrigen Lösung immer ein niedrigerer Dampfdruck als über reinem Wasser.

Rapakivigranit, ein aus dem Finnischen stammender Begriff (= fauler Stein) für ↗Granite mit einem ungleichkörnigen Gefüge, bei dem in einer feinkörnigen Quarz-Feldspat-Matrix bis zu mehrere Zentimeter große, oval bis rund geformte Kalifeldspäte, die von Plagioklasen ummantelt werden, auftreten (Abb. im Farbtafelteil). Die beiden Feldspatphasen sind meist durch ihre unterschiedliche Färbung (z. B. rosaroter Kern mit graugrüner Hülle) makroskopisch leicht erkennbar. Gesteine mit ↗Rapakivitextur werden gerne zur Verkleidung von Fassaden verwendet.

Rapakivitextur, ein in magmatischen Gesteinen beobachtetes Gefüge, bei dem ovale bis runde Kalifeldspat-Einsprenglinge von meist andersfarbigem, albitreichem Plagioklas ummantelt werden. Sie wurde zuerst aus finnischen ↗Rapakivigraniten beschrieben.

Rasen, vegetationskundliche Bezeichnung für ganzjährig grüne, dicht stehende, von Gräsern dominierte ↗Pflanzengesellschaften (z. B. ↗Trockenrasen). Künstlich zusammengestellte Rasen-Mischungen spielen für Zier- oder Nutzzwecke in ↗Grünanlagen, ↗Parks oder Sportanlagen, aber auch bei ↗Rekultivierungen eine große Rolle. Im Siedlungs- und Erholungsbereich besitzt Rasen v. a. als gestalterisches Element große Bedeutung, er kann zudem zu mikroklimatischen und lufthygienischen Verbesserungen beitragen (↗Stadtökologie). Im übertragenen Sinne wird in der ↗Biologie auch der gleichförmige, dichte und niedrige flächendeckenden Bewuchs von Algen, Bakterien, Pilzen, Moosen u. a. Kleinstlebewesen als Rasen bezeichnet.

Raseneisenerz, *See-Erz*, *Sumpferz*, *Wiesenerz*, im kühlen Klima der Nordhalbkugel unregelmäßige Ausscheidungen von unreinen, meist schlecht kristallisierten oder ↗amorphen ↗Eisenhydroxiden (akzessorisch auch ↗Vivianit) in Seen oder bei hohem Grundwasserstand mit Einschlüssen von Pflanzenresten, Sand oder Ton. Raseneisenerze sind durch Zutritt von Sauerstoff (aus der

Atmosphäre oder durch bakterielle oder pflanzliche Aktivitäten) aus Eisen entstanden, das in sauren Wässern (z. B. Moorwässern) durch Humussäuren gelöst wurde. Sie besitzen meist nur geringe Mangangehalte (< 1 %), gelegentlich bis 40 % ansteigend, und sind die einzige rezent bedeutende Eisenerzbildung, die in geringem Umfang wegen der hohen Porosität für Filterzwecke interessant ist.

Raseneisenstein, durch Eisen- und Manganoxide verkitteter ↗Oxidationshorizont des Bodentyps ↗Gley. Geringe Schwankungen der Oberfläche eisen- und manganionenreichen Grundwassers bewirken die Oxidation in einem schmalen, nur wenige Dezimeter mächtigen Saum. Die Eisengehalte bis 40 % führten bis in das 20. Jahrhundert zu Abbau und Verhüttung.

Rasenschälen, durch gebundene ↗Solifluktion oder ↗Gelifluktion verursachtes Aufreißen der Vegetationsdecke, häufig auf Hängen in ↗periglazialen Gebieten.

Rasenwälzen, Prozeß auf vegetationsbedeckten schwach geneigten Hängen in ↗Periglazialgebieten, verursacht durch gebundene ↗Solifluktion oder ↗Gelifluktion. Dabei wird die Rasendecke mitbewegt, jedoch nicht aufgerissen, und es entstehen zusammengerollte Rasenwülste und ↗Girlandenböden.

Raster, Muster aus sich wiederholenden, meist regelmäßigen Elementen. Zur Erstellung eines Rasters in der digitalen Bildverarbeitung wird die Bildvorlage durch die Überlagerung eines rechteckigen und quadratischen Gitters in einzelne Rasterflächenstücke unterteilt. Zur Quantifizierung wird jede dieser Rasterflächen entweder nur schwarz oder weiß dargestellt, je nachdem ob der größere Teil der Rasterfläche ursprünglich weiß oder schwarz war. Wird nun ein weißes Rasterflächenstück symbolisch durch die Zahl »1« und ein schwarzes Rasterflächenstück durch die Zahl »0« dargestellt, so kann das digitalisierte Bild (↗geometrische Auflösung) als eine rechteckige Zahlenanordnung (Bildmatrix) interpretiert werden.

Rastercharakteristik, beschreibt das Wiedergabeverhalten des Autotypierasters (↗Raster) bei der Erzeugung von Dichtewerten des gerasterten Bildes aus den Dichtewerten einer ↗Vorlage. Der Dichteaufbau der Rasterelemente des Autotypierasters ist auf die Besonderheiten einer Rasterung zu einem Positiv bzw. zu einem Negativ abgestimmt. Mit einer Positivcharakteristik erfolgt eine Rasterung der negativen Halbtonvorlage zu einem gerasterten Positiv, mit einer Negativcharakteristik wird bei der Rasterung einer positiven Halbtonvorlage zu einem gerasterten Negativ gearbeitet.

Rasterdatenmodell, spezielles ↗Datenmodell zur Verwaltung von ↗Geometriedaten, das die Rasterzelle (Pixel) als Träger der geometrischen aber auch thematischen Information benutzt. Durch die regelmäßige Unterteilung des Georaumes in Zeilen und Spalten benötigt das Raster lediglich die Angaben bezüglich des Aufsatzpunktes, die Ausdehnung und die Richtung zur Georeferenzierung. Jedes Pixel erhält dann einen Wert, der als thematisches Attribut aufgefaßt werden kann (z. B. die Höhe in Digitalen Geländemodellen) oder aber als Schlüssel auf externe Daten verweist. Auf diese Weise können Linien oder Flächen als Objekte gebildet werden, die aus einer Menge von Pixeln bestehen und diesen wiederum Sachdaten zugeordnet sind. In der Kartographie spielen Rasterdatenmodelle gegenüber den ↗Vektordatenmodellen eher eine untergeordnete Rolle. In den meisten Fällen werden Rasterdaten als unstrukturierte Bilder durch das Scannen analoger Vorlagen (Karten, Luftbilder) gewonnen oder in Form von Satellitenbilddaten übernommen. [AMü]

Raster-Elektronenmikroskop ↗Elektronenmikroskop.

Raster-Elektronenmikroskopie, *REM*, *Scanning Electron Microscope*, *SEM*, Mikroskopieverfahren, bei dem der abzubildende Bereich mit einem fein gebündelten Elektronenstrahl Punkt für Punkt abgetastet (gescannt) wird. Der Elektronenstrahl wird hierbei auf einen Ausschnitt in der Größe von ungefähr 10 nm fokussiert, und die in Vorwärts- oder Rückwärtsrichtung austretenden Elektronen oder Röntgen- bzw. Gammastrahlen gemessen. Durch einfache Energieanalyse der Sekundärelektronen ist es möglich, zwischen den verschiedenen elektrischen Potentialen der Präparatoberfläche zu unterscheiden. Im Gegensatz zur Transmissions-Elektronenmikroskopie (analog der lichtoptischen Durchstrahlungsmikroskopie) entspricht die Raster-Elektronenmikroskopie der optischen ↗Auflichtmikroskopie.

Die Präparation der Objekte bei der Raster-Elektronenmikroskopie ist relativ einfach. Elektrisch

Raster-Elektronenmikroskopie 1: raster-elektronenmikroskopische Aufnahme von einem Sodalithkristall.

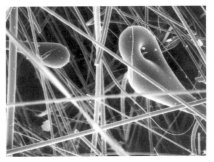

Raster-Elektronenmikroskopie 2: künstliche Mineralfasern aus Basaltwolle, Durchmesser der Fasern 2–50 μm.

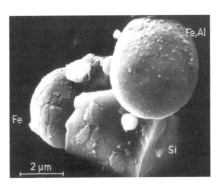

Raster-Elektronenmikroskopie 3: industrieller Flugstaub mit Hohlkugeln aus Eisenoxiden und einem Quarzkristall, unten mit energiedispersiver Analyse (EDAX).

Rastergraphikprogramm

Raster-Elektronenmikroskopie 4: aufgebrochene Flugstaubkugel aus Silicatglas, Durchmesser ca. 5 µm, mit Mineralpartikeln, u. a. Quarz, im Innern.

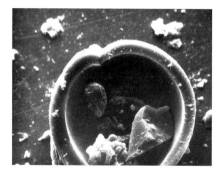

Rastertonwert [%]	Schwärzung
0	0
25	0,12
50	0,30
75	0,60
100	∞

Rastertonwert (Tab. 1): Rastertonwerte und Schwärzungswerte.

Rasterweite [Linien/cm]	Auflösung der Belichtung [dots per inch]
≤ 35	1270
40–60	2540
> 60	3387

Rastertonwert (Tab. 2): Richtwerte für die Auflösung der Belichtung.

leitende Proben müssen mit einem leitenden Kleber auf dem Objekthalter befestigt werden. Da nichtleitende Proben durch den Elektronenbeschuß Bereiche mit hoher negativer Ladung erhalten und das elektrische Feld den primären Elektronenstrahl unkontrolliert ablenken und defokussieren würde, müssen solche Proben mit einem leitfähigen Überzug bedampft werden. Daher gehört zur Raster-Elektronenmikroskopie ein entsprechendes Sputter-Gerät, ein wichtiges Zusatzgerät ist auch die energiedispersive Analyse (EDAX), die es ermöglicht, Punktanalysen durchzuführen (mit einem Durchmesser von ca. 1 µm) oder eine Gerade bzw. eine Fläche abzutasten. Man erhält dadurch die entsprechende Häufigkeit bzw. Verteilung eines oder mehrerer Elemente. Die Raster-Elektronenmikroskopie findet Anwendung bei der Lösung von mineralogischen Aufgaben, zur Abbildung metallurgischer Objekte, zur Darstellung der Kristallmorphologie und der Kristalloberflächen, in der Aerosol- und Partikelforschung, vor allem auch zur Untersuchung von Stäuben und Fasern (Asbest und KMF) etc. (Abb. 1, 2, 3 u.4). [GST]

Rastergraphikprogramm, interaktive Anwendersoftware zur digitalen Erstellung, Manipulation und Weiterverarbeitung von Rasterbildern. Im Gegensatz zu ↗Zeichenprogrammen weisen diese Programme nur wenige Funktionen zur Erzeugung von Graphik auf, sie bieten dagegen eine Vielzahl von Bildbearbeitungsoperationen zur Manipulation von Rasterbildern wie z. B. TIFF-Graphiken. Der Schwerpunkt dieser Programme liegt auf Funktionen wie z. B. Auflösungsveränderung, Farb- und Helligkeitsanpassung, Veränderung des ↗Datenformates usw. Rastergraphikprogramme werden derzeit häufig zur Erstellung von ↗Internetkarten eingesetzt, da hier bislang kaum Vektorgraphiken verwendet werden können.

Rastermethode, auf engmaschige Rasterung (Gitternetz) eines Gebietes beruhendes Verfahren zur Berechnung von ↗Gebietsmitteln. Dabei wird aus den ↗Punktmessungen für jeden Gitterpunkt durch entfernungsmäßige Wichtung ein neuer Wert bestimmt, wobei zugleich auch andere Faktoren, wie z. B. eine Höhenabhängigkeit, berücksichtigt werden können. Das Gebietsmittel ergibt sich durch arithmetische Mittelung der im Gebiet den einzelnen Rasterpunkten zugeordneten Werte.

Rastertonwert, bei Rasterbildern der prozentuale Anteil der geschwärzten Fläche an der Gesamtfläche, gemessen an einer definierten Stelle. Der Rastertonwert einer Fläche berechnet sich aus:

$$Rastertonwert = \frac{gedeckte Fläche}{gesamte Fläche} 100\%.$$

Flächen ohne Rasterelemente besitzen demnach einen Rastertonwert von 0 %, vollkommen gedeckte Flächen einen Wert von 100 %. Rastertonwert und Schwärzung stehen in folgendem Zusammenhang:

$$Schwärzung = -\lg\left(1 - \frac{Rastertonwert}{100\%}\right).$$

Somit entsprechen ausgewählte Rastertonwerte den in der Tabelle eingetragenen Schwärzungswerten (Tab. 1). Bei elektronisch gesteuerten Belichtungsgeräten ist die Anzahl der darstellbaren Rastertonwerte abhängig von der Auflösung des Ausgabegerätes, da jeder Rasterpunkt aus einzelnen Belichtungspunkten gebildet wird:

Anzahl der darstellbaren Rastertonwerte

$$= \left(\frac{Auflösung\ des\ Ausgabegerätes}{Rasterweite}\right)^2 + 1.$$

Bei einer Auflösung von 300 dpi und einer Rasterweite von 20 Linien/cm (50 lpi) können demzufolge maximal 37 Rastertonwerte, bei 1200 dpi und 40 Linien/cm (100 lpi) aber 145 Rastertonwerte wiedergegeben werden. Damit ergibt sich ein Richtwert für die erforderliche Auflösung bei der Belichtung eines Druckfilmes oder einer Druckplatte, wie ihn die Tabelle 2 für einen Belichter zeigt. [IW]

Rasterumfang, vom Autotypieraster (↗Raster) reproduzierbare Dichteumfang. Beim Distanzraster bestimmt das Verhältnis der transparenten Linienbreite zur opaken Linienbreite das Rasterlinienverhältnis bzw. den Rasterumfang. Je kleiner das Rasterlinienverhältnis ist, desto größer ist der Rasterumfang. Beim Kontaktraster wird der Rasterumfang von der minimalen und der maximalen Dichte des vignettierten Rasterelementes bestimmt. Bei magentafarbenen Kontaktrastern läßt sich der Rasterumfang außerdem durch Filter steuern.

Rasterung, a) Rasterung von Halbtonvorlagen: ein Verfahren zur Umwandlung von ↗Halbtonvorlagen in Rasterbilder, das für alle Druckverfahren notwendig ist, die keinen echten Halbton wiedergeben können, z. B. für den Offsetdruck. Die Halbtonvorlagen bedürfen einer Zerlegung in druckfähige Elemente (Rasterelemente), die den Auftrag an Druckfarbe steuern. Dabei wird die Halbtonvorlage entsprechend ihrer Schwärzung oder Farbdichte in Rasterelemente zerlegt (↗Raster). Die Rasterung erfolgt über analoge oder digitale Verfahren und wird mittels eines Autotypierasters (Distanzraster oder Kontaktraster) oder von einem rechnergesteuerten Belichter ausgeführt. Im ersten Falle wird von der Halbtonvorlage ein Rasternegativ oder -diapositiv angefertigt, wobei bei der Belichtung zwischen die Halbtonvorlage und das phototechnische Material das Autotypieraster eingefügt wird. Im zweiten Falle erfolgt die Rasterung mit Hilfe eines Belichters, dessen Laser ein Rasternegativ bzw. -diapositiv oder bereits die Druckplatte belichtet. Die Rasterelemente sind in der Regel so klein, daß sie vom Auge nicht ohne weiteres wahrgenommen werden können (/ Rasterweite). b) Rasterung von Strichvorlagen: ein Verfahren zur Umwandlung von Strichvorlagen in Rasterbilder mit kaum wahrnehmbaren Rasterelementen oder in Bilder mit deutlich sichtbaren Flächenmustern. Dieses Verfahren, auch als Aufrasterung bezeichnet, kommt in der analogen / Kartographie zur Anwendung. Mittels Kopierverfahren kann die Strichvorlage, meist als Decker vorliegend, in Flächen mit Rasterelementen zerlegt werden, wobei Form, Größe und Anordnung der Rasterelemente durch den jeweils verwendeten Raster, den Kopierraster, vorgegeben ist. [IW]

Raster-Vektor-Konvertierung, / Datenkonvertierung von / Vektordaten aus Rasterdaten. Ein Algorithmus zur Lösung einer solchen Aufgabe kann im wesentlichen drei unterschiedliche Ansätze verfolgen: a) die Vektorisierung einer im Rasterbild vorhandenen linienähnlichen Struktur der Pixel (Strichbild), b) die Bildung von Objekten durch Ableitung von Punkten, Linien und Flächen und deren Semantik aus den Pixelwerten in einem strukturierten Rasterbild und c) die Bildung von Objekten durch Verfahren der Mustererkennung und der künstlichen Intelligenz aus einem unstrukturierten Rasterbild. Während die Entwicklung entsprechender Verfahren zu den ersten beiden Ansätzen bereits in vielen Systemen zur Bildverarbeitung oder in raumbezogenen Informationssystemen (/ Geoinformationssystem) bereits vorhanden sind, beschränken sich die Verfahren zur Mustererkennung auf spezielle Anwendungsfälle, wie beispielsweise der Erkennung von Schrift (OCR-Verfahren). [AMü]

Rasterweite, ein Maß für die Feinheit eines amplitudenmodulierten Rasters. Es wird in Anzahl der Linien je Zentimeter angegeben. Rasterweiten von 20 bis 200 Linien/cm sind möglich. Die Rasterweite beeinflußt die Qualität des Rasterbildes: geringe Rasterweiten, im allgemeinen < 50 Linien/cm, weisen für das Auge erkennbare Rasterelemente auf; hohe Rasterweiten, im allgemeinen ≥ 50 Linien/cm, erwecken den Eindruck von Flächen ohne Rasterelemente. Je höher die Rasterweite, die ein hohes Auflösungsvermögen der Zeichnung garantiert, um so geringer ist die Anzahl der / Rastertonwerte, die im Bild wiedergegeben werden können. Die Wahl der Rasterweite ist auch abhängig vom Bedruckstoff (/ Zeichnungsträger). Folgende Rasterweiten können empfohlen werden: 28 bis 34 Linien/cm für Zeitungsdruckpapier, 40 Linien/cm für holzhaltiges Illustrationspapier, 48 bis 54 Linien/cm für holzfreies Illustrationspapier, ab 60 Linien/cm für Kunstdruckpapier hoher Glätte. [IW]

Rasterwinkelung, bezeichnet bei einem amplitudenmodulierten Rasterbild den Winkel gegenüber der Senkrechten, unter dem die Rasterelemente angeordnet sind. Bei einfarbigen Bildern wird eine Rasterwinkelung von 45° bevorzugt, da bei dieser Winkelung die Rasterelemente vom Auge am wenigsten wahrgenommen werden. Für mehrfarbige Drucke und damit auch beim Kartendruck ist zur Vermeidung eines / Moirés eine Rasterwinkelung notwendig, die zwischen den einzelnen Druckfarben abgestimmt ist, wobei sich die Rasterwinkelungen zweier Farben um 30° unterscheiden sollten. Beim Vierfarbendruck können Winkeldifferenzen von 30° nicht für alle Druckfarben realisiert werden, weshalb der hellsten Farbe Gelb, eine Winkeldifferenz von nur 15° zugewiesen wird, ohne daß ein Moiré sichtbar ist. Üblich sind folgende Rasterwinkelungen: Cyan 75°, Magenta 15°, Gelb 0° und Schwarz 45°.

Ratajski, *Lech*, polnischer Kartograph, * 26.4.1921 Rawa Mazowiecka bei Warschau, † 22.2.1977 Warschau. Leiter der Abteilung Kartographie des Geographischen Instituts der Polnischen Akademie der Wissenschaften (Instytut Geografii PAN); Mitarbeit am »Narodowy Atlas Polski« (1973); seit 1967 Inhaber des Lehrstuhls für Kartographie am Institut für Geographie der Warschauer Universität; Vizepräsident der / Internationale Kartographischen Vereinigung. Ratajski führte den von Max / Eckert benutzten Begriff Kartologie für theoretische Kartographie ein mit dem Ziel, die Kommunikationsfunktion kartographischer Zeichensysteme schärfer zu fassen. Er publizierte in diesem Sinne grundlegende Arbeiten zur / Generalisierung (IJK VII, 1967), zur / kartographischen Kommunikation (z. B. IJK XIII, 1973, XVIII, 1978) und zur / kartographischen Zeichentheorie (IJKXI, 1971) sowie zur / Kartensprache. Daraus entstanden die Lehrbücher zur thematischen / Kartographie (»Kartografia ekonomiczna«, Warschau 1963, welche gemeinsam herausgegeben wurden mit B. Winid und »Metodyka kartografiispoleczno-gospodarczej«, Warschau 1973). [WSt]

Ratiobildung, *Ratioverfahren*, Verfahren zur Datenreduktion, welches durch Division Albedo- bzw. Beleuchtungsunterschiede unterdrückt. Die spektralen Eigenschaften treten hierbei in den Vordergrund. Nachteile dieser Methode sind die Verschlechterung des / Signal-Rausch-Verhältnisses und eine mitunter aufwendige Erfassung des atmosphärischen Streulichtanteils in den einzelnen Bändern. I. d. R. wird die Ratiobildung auf zwei Bänder angewendet, wodurch die Interpretation des Spektralverhaltens erleichtert wird. Sie ist auch unabhängig von den unterschiedlichen Reflexionswerten der aufgezeichneten Region verwendbar. Beispielsweise werden benachbarte Szenen direkt kompatibel, auch multitemporal sind Vergleiche möglich. Im Gegensatz zu Ratiobildungen können bei der / Hauptkomponententransformation beliebig viele Bändern miteinander verknüpft werden.

Rationalitätsgesetz, *Rationalitätsprinzip*, die empirische Feststellung, daß bei der Beschreibung

Rauhigkeitsparameter (Tab.):
Rauhigkeitslänge über verschiedener Landnutzung.

der Kristallflächen durch die Verhältnisse ihrer Achsenabschnitte (Weisssche Indizes) oder ihrer Reziprokwerte (Millersche Indizes) bei geeigneter, symmetriebezogener Wahl der Basis nur ganzzahlige Werte auftreten. Ursache hierfür ist der translationssymmetrische, gitterhafte Aufbau der Kristalle.

Ratiotransformation ↗Ratiobildung.
Ratioverfahren ↗Ratiobildung.

Raubbau, kurzsichtige Wirtschaftsweise, die nur auf den kurzfristigen maximalen Ertrag ausgerichtet ist und die negativen Auswirkungen auf die genutzte Ressource unberücksichtigt läßt. Die ↗natürlichen Ressourcen werden ohne Rücksicht auf ihre ↗Regenerationsfähigkeit und das ↗Naturraumpotential ausgebeutet. Ein ↗Ressourcenmanagement, wie es bei einer nachhaltigen Nutzung (↗Nachhaltigkeit) betrieben wird, fehlt beim Raubbau weitgehend. Zum Raubbau zählen z. B. eine ↗Landwirtschaft, welche die ↗Bodenfruchtbarkeit langfristig nicht erhalten kann (↗Bodenerosionsgefährdung); eine ↗Forstwirtschaft, die mehr Holz nutzt, als in der gleichen Zeit nachwachsen kann oder die ↗Überweidung von ↗Steppen und ↗Savannen (↗Desertifikation).

Räuber-Beute-System, *Episitismus*, *Predator-Prey-System*, in der ↗Ökologie die wechselseitige Beziehung, beispielsweise ausgedrückt durch das zahlenmäßige Verhältnis zwischen zwei ↗Populationen, bei denen die Individuen der einen (Räuber) die Individuen der anderen (Beute) als Nahrung nutzen. Dies kann sich auf allen Ebenen der ↗Nahrungskette abspielen (↗Konsumenten, ↗Herbivore, ↗Parasitismus). Dabei kommt es in Bezug auf die Populationsdichte zu einer Schwankung um einen bestimmten Mittelwert, also zu einem dynamischen Gleichgewichtszustand des Systems (↗Populationsdynamik). Räuber-Beute-Systeme können durch das ↗Lotka-Volterra-Modell oder mittels stochastischer Versionen dieses Modells vereinfacht beschrieben werden (Abb.).

Raubspur, *Praedichnion*, ↗Spurenfossilien.
Rauchgasverwitterung ↗Verwitterung.
Rauheis, durch Lufteinschlüsse milchig weiß erscheinende Eisablagerung unterkühlter Nebel- oder Wolkentröpfchen an Gegenständen oder am Flugzeug (Nebelfrostablagerung). Tritt bei raschem Gefrieren und niedrigen Temperaturen unter –5°C auf. Gefrieren die Tröpfchen langsamer, so werden in dem Wasser-Eis-Gemisch Lufteinschlüsse verhindert und es bildet sich Klareis.

Rauhigkeit, *Trennflächenrauhigkeit*, Maß für die Unebenheit auf einer Trennfläche (z. B. Schichtflächen, Risse oder Klüfte im Gestein oder Boden). Durch die Rauhigkeit werden z. B. die ↗Scherfestigkeit und die Durchlässigkeit beeinflußt. Zur Berechnung der gesuchten Größe kann die Rauhigkeit über einen *Rauhigkeitskoeffizienten* eingebracht werden.

Rauhigkeitskoeffizient ↗Rauhigkeit.

Rauhigkeitslänge, eine fiktive Höhe über dem Erdboden, in dem die mittlere Windgeschwindigkeit verschwindet. Diese i. A. mit z_0 bezeichnete Länge tritt im ↗logarithmischen Windgesetz auf und charakterisiert die Rauhigkeit der Erdoberfläche (z. B. Bewuchs mit Gras oder Büschen).

Rauhigkeitsparameter, Größe zur Beschreibung der Rauhigkeit des Untergrundes (Tab.). Die

Landnutzung	Rauhigkeitslänge z_0
glattes Eis	≤ 0,001 cm
Schnee	0,01–0,1 cm
Sand	0,1–1 cm
Freiland, Wiese	1–10 cm
Getreide, kleine Büsche	10–50 cm
Wald	50–200 cm
Stadt	50–300 cm

Erdoberfläche ist nicht aerodynamisch glatt sondern wird aufgrund der vorhandenen Rauhigkeitselemente wie Sandkörner, Bewuchs und Bebauung charakterisiert. Diese Elemente bremsen beispielsweise den Wind in Bodennähe stark ab und bringen die mittlere Strömung in Höhe der Rauhigkeitslänge z_0 zum Stillstand. Der Wert von z_0 ist über Wasser und Eis sehr gering und erreicht über hohem Bewuchs eine Größenordnung von 1 m.

Rauhpflaster, Maßnahme zur ↗Sohlensicherung von Gewässern durch behauene, im Verband und, soweit erforderlich, auf einer Filterschicht verlegte Bruch- oder Spaltsteine (↗Wildbachverbauung).

Rauhreif, durch Sublimation an Gegenständen und Pflanzen gewachsene ↗Eiskristalle in Nadel- oder Schuppenform. Rauhreif tritt meist erst bei Temperaturen unter –8°C, hoher Luftfeuchte und schwachem Wind auf.

Rauhwacke, *Rauchwacke*, *Zellendolomit*, *Zellenkalk*, dedolomitisierte ↗Brekzien aus ursprünglich dolomitischen Fragmenten in einer Kalk-Grundmasse, aus denen die Fragmente oder Teile von ihnen herausgelöst werden oder wurden. So bekommen die Gesteine ihr typisch löchriges Aussehen. Die Brekzien selbst werden dabei auf tektonische Prozesse zurückgeführt oder als Lösungskollaps-Brekzien einer Carbonat-Evaporit-Abfolge gedeutet.

Raumbedarf, der Bedarf einer ↗Art, einer ↗Biozönose oder eines ganzen ↗Ökosystems an geeignetem ↗Lebensraum, damit die Lebensaktivitäten in vollem Umfang ausgeübt werden können. Im allgemeinen Sinn umfaßt dies auch den Bedarf des Menschen für seine wirtschaftenden Tä-

Räuber-Beute-System: typischer Räuber-Beute-Zyklus nach der Lotka-Volterra-Gleichung.

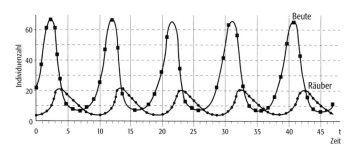

tigkeiten, beispielsweise die Raumbeanspruchung durch die ↗Landwirtschaft. Der Raumbedarf des Menschen steht oft in Konflikt mit seiner naturbürtigen ↗Umwelt. Hier muß durch geeignete Lenkungsmaßnahmen (↗Raumplanung, ↗Naturschutz) ein Ausgleich zwischen dem Raumbedarf des wirtschaftenden Menschen und demjenigen der natürlichen ↗Flora und ↗Fauna gefunden werden.

Raumbewertung ↗*Landschaftsbewertung*.

raumbezogene Abfragesprache, Werkzeug zur Wiedergewinnung und Manipulation von ↗Geodaten innerhalb von ↗Geodatenbanken. Als Schnittstelle zwischen dem Anwender bzw. dem Anwendungsprogramm und dem Datenbanksystem erweitern raumbezogene Abfragesprachen herkömmliche Abfragesprachen durch die Einbeziehung geometrischer Operatoren. Eine weit verbreitete und standardisierte Abfragesprache ist die Structured Query Language (SQL), für die es nicht-standardisierte Erweiterungen um geometrische Operatoren gibt. Ein Operator dient der Berechnung oder des Vergleichs von Werten. Funktional muß er nicht an eine Abfragesprache gebunden sein, sondern entspricht technisch einem Verfahren zur ↗Datenanalyse. Geometrische Operatoren ermöglichen die Berechnung geometrischer Eigenschaften und Vergleiche zwischen Geoobjekten sowie die Berechnung neuer Geometrien (↗geometrische Analyse). Die Verwendung von ↗Graphischen Benutzeroberflächen in raumbezogenen Informationssystemen ermöglicht es, Abfragen durch interaktive Graphik und andere Hilfsmittel leichter formulierbar zu machen, als dies allein über die raumbezogene Abfragesprache möglich wäre. Mit der Entwicklung solcher neuen Techniken werden raumbezogene Abfragesprachen abgelöst oder vor dem Anwender verborgen. [AMü]

raumbezogenes Attribut, *geometrisches Attribut*, beschreibt, gegenüber dem thematischen Attribut, den Standort (Lage), die Form und die räumliche Dimension von Geoobjekten. Teilweise werden auch topologische Eigenschaften von Objekten hierunter verstanden. Die georäumliche Lage ist von einem festzulegenden ↗Koordinatensystem, abhängig. Die Dimensionalität entspricht der Einordnung des Geoobjekts als Punkt, Linie, Fläche, Oberfläche oder Körper. Die Form eines Geoobjekts entspricht der zugeordneten Koordinaten gemäß des festgelegten Koordinatensystems und der Dimensionalität. Die Topologie beschreibt die Lagebeziehungen von Objekten untereinander. Die konkrete Umsetzung raumbezogener Attribute resultiert in einer geeigneten ↗Datenstruktur, die in erster Linie davon abhängig ist, ob die Geoobjekte entsprechend des ↗Rasterdatenmodells oder des ↗Vektordatenmodells abgebildet werden. [AMü]

raumbezogenes Datenmodell, ↗*Datenmodell*.

Raumbezug, Angaben zur Spezifikation der dreidimensionalen Lage diskreter oder kontinuierlicher ↗topographischer Objekte im ↗Georaum. Grundlage für den Raumbezug sind Raumbezugssysteme. Dies können globale, nationale oder lokale Koordinaten- und Höhenbezugssysteme sein. Beispiele dafür sind das ↗World Geodetic System 1984 (WGS 84), das als dreidimensionales Bezugssystem für Satellitenmessungen dient, das Gauß-Krüger Koordinatensystem als Lagebezugssystem der Landesvermessung und Normal Null, das auf den Amsterdamer Pegel bezogene Bezugssystem für amtliche Höhenangaben.

Raumbezugseinheit, ↗*Bezugsfläche*. ↗*Bezugspunkt*.

Raumbild, a) dreidimensionale Wahrnehmung von Luftbilder bei stereoskopischer Betrachtung eines ↗Stereobildpaares durch den Menschen. b) ↗*Blockbild*.

Raumbildung, in der ↗Landschaftsgärtnerei das Bemühen um besondere visuelle Effekte mittels ↗Landschaftsgestaltung in ↗Parks und großen ↗Gärten. Dies geschieht v. a. durch eine abgestimmte horizontale und vertikale Anordnung der Vegetation. Die Raumbildung erfolgt ausschließlich zu Zwecken der ↗Landschaftsästhetik.

Raumfahrtkarten, heute eher historische Bezeichnung für einen den Verkehrskarten zugehörigen Typ ↗thematischer Karten, welcher der Vorbereitung, terrestrischen Überwachung und Durchführung von Weltraumflügen dient. Der Begriff war vor allem im Wirkungsbereich der ehemaligen INTERKOSMOS-Organisation gebräuchlich und ist nicht mit dem angloamerikanischen Begriff der Space Maps zu übersetzen, welcher kosmische ↗Bildkarten bezeichnet. Raumfahrtkarten lassen sich in zwei Gruppen gliedern, die Flugbahnkarten und die Raumfahrtorientierungskarten. Die kartenähnlichen graphischen Darstellungen der Flugbahnen zwischen einzelnen Himmelskörpern sind zwar Erzeugnisse der Weltraumkartographie, zählen aber im strengen Sinne nicht zu den Raumfahrtkarten.

raumfestes Bezugssystem, *Celestial Reference System*, *CRS*, ↗*Bezugssystem*.

Raumgitter ↗*Kristallgitter*.

Raumgliederung, *Gebietsgliederung*, *Gebietstypisierung*, *Rayonierung*, Methode und Ergebnis der Abgrenzung von Räumen nach gleichen oder ähnlichen Merkmalen bzw. deren Ausprägung. Die einfachste Form der Raumgliederung ist die Zusammenfassung von gestreut verteilten Einzelobjekten gleicher Art zu einem ↗Pseudoareal. Werden zwei verschiedene Objektarten betrachtet, deren Verteilungen sich im ↗Georaum durchdringen bzw. überlagern, kann dieser Überlagerungsbereich als ein drittes Areal (Gebietstyp, Rayon) mit eben diesen Merkmalen ausgewiesen werden. In ähnlicher Weise wird die Raumgliederung nach den Eigenschaften von kontinuierlich verbreiteten Erscheinungen oder Sachverhalten vorgenommen. Auch die integrierende Betrachtung von ↗Kontinua und ↗Diskreta ist möglich. Die im Georaum real gegebene Überlagerung wird vom Kartenautor durch Aufeinanderlegen der entsprechenden Karten bzw. Folien nachvollzogen und seinem wissenschaftlichen Konzept gemäß herausgearbeitet; z. B. kann eine Karte der

P, A, B, C, I, F, R	Translationen entsprechend den angegebenen Gittern
p (1, 2, 3, 4, 6)	p-zählige Drehung
p_q (2_1, …, 6_5)	Schraubung p_q ($q = 1, …, p-1$) mit Schraubvektor $(q/p)\vec{t}^{(1)}$
$\bar{p}$	Drehinversion (= Inversionsdrehung) der Zähligkeit p (p gerade) bzw. $2p$ (p ungerade)
m	Spiegelung
a, b, c	Gleitspiegelungen mit Gleitvektoren $\vec{a}/2$, $\vec{b}/2$, $\vec{c}/2$
n	Gleitspiegelung mit Gleitvektor $1/2(\vec{a}+\vec{b})$ oder $1/2(\vec{b}+\vec{c})$ oder $1/2(\vec{c}+\vec{a})$ oder $1/2(\vec{a}+\vec{b}+\vec{c})$ oder $1/2(-\vec{a}+\vec{b}+\vec{c})$ usw.
d	Gleitspiegelung mit Gleitvektor $1/4(\vec{a}\pm\vec{b})$ oder $1/4(\vec{b}\pm\vec{c})$ oder $1/4(\vec{c}\pm\vec{a})$ oder $1/4(\pm\vec{a}+\vec{b}+\vec{c})$ oder $1/4(\pm\vec{a}-\vec{b}+\vec{c})$ usw.

(1) $\vec{t}$ ist der kürzeste Translationsvektor parallel zur Schraubenachse

Raumgruppen (Tab. 1): Raumgruppenoperationen im dreidimensionalen Raum.

ökologischen Standorttypen aus Karten des Bodens (↗Mosaikkarte), der Hangneigung sowie der Klimaelemente (Schichtstufenkarte) abgeleitet werden. Eine weitere Möglichkeit besteht in der Aufbereitung (Klassifizierung, Typenbildung) von statistischen Daten (Merkmalsverschneidung), die für ↗Bezugsflächen vorliegen. Bei Benutzung einer derartigen Karte ist jedoch zu beachten, daß sich die dargestellten Flächen gleichen Typs stets aus den Grenzen der Bezugsflächen ergeben und die angestrebten Regionen mitunter nur unscharf wiedergeben. Ein entsprechendes Beispiel liegt mit den in der ↗Raumordnung benutzten siedlungsstrukturellen Kreistypen vor.

Die Raumgliederung dient zunächst der wissenschaftlichen Erkenntnis. Sie wird aber auch für planerische Zwecke bearbeitet und benutzt. Die »wertfreie« Bearbeitung einer Raumgliederung ist nicht möglich, da für die Klassifizierung der Merkmale und die räumliche Abgrenzung immer von einer Zielstellung bestimmte, mitunter auch subjektiv geprägte Entscheidungen zu treffen sind. Karten von Gebietstypisierungen gleich welcher Themen erfordern langwierige Autorenarbeit, da in der Regel zur Absicherung von Grenzenverläufen umfangreiches (ggf. größermaßstäbiges) Kartenmaterial, Fachtexte, Statistiken und dergleichen als Quellen herangezogen werden müssen. Im Ergebnis der Raumgliederung entstehen den ↗Komplexkarten bzw. ↗Synthesekarten zuzurechnende ↗Mosaikkarten. Wesentliches Merkmal dieser Karten ist, daß sie keine realen Flächen abgrenzen, sondern abstrakte Regionen ausweisen, z.B. Natur-, Wirtschafts- oder Sozialräume. Eine besondere Form der Raumgliederung verkörpert die historisch gewachsene, häufig unter politischen Gesichtspunkten pragmatisch festgelegte Verwaltungsgliederung. Die Einheiten der Verwaltung sowie anderer allgemein anerkannter Raumgliederungen, z.B. der Naturräumlichen Gliederung Deutschlands können als ↗Bezugsflächen für ↗Flächenkartogramme und ↗Diakartogramme dienen. Raumgliederungen lassen sich seit der Einführung von ↗Geoinformationssystemen durch ↗Verschneidung von Flächen gewinnen. Voraussetzung ist allerdings, daß sämtliche für die rechnergestützte Bearbeitung erforderlichen Daten in digitaler Form vorliegen. Die Ergebnisse der Verschneidung können sehr kleinflächige Mosaike sein, die häufig der Generalisierung bedürfen. [KG]

Raumgruppen, die Symmetriegruppen von Kristallstrukturen. Die Elemente einer Raumgruppe sind die isometrischen (abstandstreuen) Abbildungen einer Kristallstruktur auf sich, wobei die Verknüpfung zweier Abbildungen als deren Hintereinanderausführen definiert ist. Die Raumgruppe einer n-dimensionalen Kristallstruktur wird eine n-dimensionale Raumgruppe genannt. Wegen des periodischen Aufbaus einer Kristallstruktur befinden sich unter den Symmetrieoperationen einer Raumgruppe stets Translationen (Verschiebungen). Diese Translationen bilden eine Untergruppe der Raumgruppe, und zwar einen Normalteiler. Die Faktorgruppe der Raumgruppe nach dem Translationen-Normalteiler ist isomorph zu einer kristallographischen Punktgruppe. Man kann die Bildung der Faktorgruppe und damit den Übergang von der Raumgruppe zur ↗Punktgruppe als eine Projektion auffassen, bei der die Translationen zum Wegfall kommen. Über die Punktgruppe ist die Raumgruppe damit einer Kristallklasse und über die Kristallklasse einem Kristallsystem eindeutig zugeordnet.

Zur Bezeichnung der Raumgruppen werden heute fast ausschließlich die Hermann-Mauguin-Symbole (↗internationale Symbole) verwendet. Es sind sowohl sog. vollständige Symbole wie $P2/m2/n2_1/a$ als auch gekürzte Symbole wie *Pmna* in Gebrauch, wobei bei den Raumgruppen einiger Kristallklassen die beiden Symbole zusammenfallen. Die erste Stelle wird von einem Buchstaben eingenommen, der (zusammen mit der Information über das Kristallsystem, das sich aus dem weiteren Teil des Symbols ergibt) das ↗Bravais-Gitter und damit die Translationen der Raumgruppe charakterisiert. Die weiteren Zeichen bezeichnen Symmetrieoperationen, die – je nach Stellung im Symbol – verschiedenen Raumrichtungen zugeordnet sind. Tab. 1 gibt einen kurzen Überblick über die Symmetrieoperationen der dreidimensionalen Raumgruppen. Unter der Zähligkeit einer Drehung oder Drehinversion wird die Ordnung der Symmetrieoperation verstanden, d.h. die Anzahl der Anwendungen bis zur Erreichung der Ausgangslage. Eine p-zählige Drehung bzw. Drehinversion um eine Achse erfolgt gegen den Uhrzeigersinn, wenn der Betrachter in Richtung auf den Ursprung blickt. Damit führt z.B. eine Schraubung 4_1 zu einer Rechtsschraube, 4_3 zu einer Linksschraube.

Die Bezugsrichtungen für die 2., 3. und 4. Stelle sind in Tab. 2 angegeben. Bei manchen Raumgruppen bleiben die letzten beiden Stellen oder die letzte Stelle unbesetzt. Man kann die Angaben im Raumgruppensymbol als Erzeugende der Raumgruppe auffassen. Hierzu werde als Beispiel wieder $P2/m2/n2_1/a$, kurz *Pmna*, betrachtet (in welcher Raumgruppe, neben einigen anderen Strukturen, der Eriochalcit, $CuCl_2 \cdot 2\,H_2O$, kri-

stallisiert). Das Symbol der zugehörigen Kristallklasse findet man durch Löschen aller Information über die Translationen: $P2/m2/n2_1/a \to 2/m2/m2/m$, kurz mmm. Das ist eine der drei Kristallklassen des orthorhombischen Kristallsystems. Die Bestandteile des Raumgruppensymbols sind (in der Reihenfolge von links nach rechts) dann wie folgt zu interpretieren:
P: Primitives orthorhombisches Translationsgitter, welches von drei Translationen $\tau(\vec{a})$, $\tau(\vec{b})$ und $\tau(\vec{c})$ mit Translationsvektoren $\vec{a}$ und $\vec{b}$ bzw. $\vec{c}$ erzeugt werden kann,
2: eine 2-zählige Drehung um eine Achse parallel zu $\vec{a}$,
m: eine Spiegelung an einer Ebene senkrecht zu $\vec{a}$,
2: eine 2-zählige Drehung um eine Achse parallel zu $\vec{b}$,
n: eine Gleitspiegelung mit Verschiebungsvektor $(\vec{c}+\vec{a})/2$ an einer Ebene senkrecht zu $\vec{b}$,
2_1: eine 2-zählige Schraubung um eine Achse parallel zu $\vec{c}$,
a: eine Gleitspiegelung mit Verschiebungsvektor $\vec{a}/2$ an einer Ebene senkrecht zu $\vec{c}$.
Zur Erzeugung der Raumgruppe genügen auch die Operationen, die sich aus dem kurzen Symbol $Pmna$ ablesen lassen, also die drei Translationen und die drei Spiegelungen bzw. Gleitspiegelungen, und selbst die Menge dieser sechs Abbildungen bildet kein Minimalsystem von Erzeugenden, denn die Translationen $\tau(\vec{a})$ und $\tau(\vec{c})$ lassen sich aus den verbleibenden Elementen als $\tau(\vec{a}) = a^2$ und $\tau(\vec{c}) = n^2 \cdot a^{-1}$ erzeugen.
Insgesamt gibt es 230 Raumgruppen des dreidimensionalen Raums. Eine besonders einfache Struktur haben die 73 *symmorphen* Raumgruppen, in denen sich jede Symmetrieoperation als Produkt einer Translation und einer Drehung oder Drehinversion darstellen läßt. Sie sind daran erkenntlich, daß auf den an der ersten Stelle stehenden Buchstaben ein Kristallklassen-Symbol folgt.
Für kristallographische Berechnungen bedient man sich der Matrizen einer Matrix-Darstellung der betreffenden Raumgruppe, wobei man sich zunutze macht, daß sich die isometrischen Abbildungen des dreidimensionalen Raums durch 4×4-Matrizen darstellen lassen. Hierzu ein Beispiel: Bezogen auf das für die Raumgruppe $Pmna$ üblicherweise gewählte Koordinatensystem läßt sich die Abbildung eines Punktes mit Koordinaten x, y, z durch eine n-Gleitspiegelung wie folgt darstellen:

$$\begin{pmatrix} 1 & 0 & 0 & \frac{1}{2} \\ 0 & -1 & 0 & 0 \\ 0 & 0 & 1 & \frac{1}{2} \\ 0 & 0 & 0 & 1 \end{pmatrix} \cdot \begin{pmatrix} x \\ y \\ z \\ 1 \end{pmatrix} = \begin{pmatrix} x+\frac{1}{2} \\ -y \\ z+\frac{1}{2} \\ 1 \end{pmatrix}.$$

Die jeweils letzten Zeilen dienen dem Formalismus und sind bei allen Matrizen gleich. Aus den Koordinaten $x + 1/2$, $-y$, $z + 1/2$ des Bildpunkts, hier als Zeile geschrieben, lassen sich die Elemente der Matrix rekonstruieren. Damit kann die Angabe der Bildkoordinaten die voluminöse Matrix-Schreibweise ersetzen. In der kristallographischen Literatur ist es üblich, das Minuszeichen nicht vor, sondern über die entsprechende Zahl zu setzen, womit die Bildkoordinaten als $x + 1/2, \bar{y}, z + 1/2$ zu schreiben sind. Als eine abgekürzte Matrix-Schreibweise läßt sich die Seitz-Notation auffassen. Hier werden die ersten drei Zeilen und Spalten der 4×4-Matrix durch einen Großbuchstaben und die drei ersten Elemente der letzten Spalte durch einen Kleinbuchstaben dargestellt, und zwar in der Form (**W**,**w**), zuweilen auch als (**W**|**w**). Mit Hilfe der Matrix-Multiplikation verifiziert man leicht, daß (**W**,**w**) · (**U**,**u**) = (**WU**, **Wu** + **w**) und (**W**,**w**)$^{-1}$ = (**W**$^{-1}$, -**W**$^{-1}$**w**).

Die Definition des Begriffs »Raumgruppe« gilt für Räume beliebiger Dimension. Neben den bisher diskutierten dreidimensionalen Raumgruppen seien erwähnt: a) eindimensionale Raumgruppen: Hier gibt es zwei Raumgruppen als Symmetriegruppen der beiden Muster:

. .   . .

und

. . . .

b) zweidimensionale Raumgruppen (↗Ebenengruppen) und c) vier- und höherdimensionale Raumgruppen; die Raumgruppen der fünf- und höherdimensionalen Räume sind nur partiell bekannt. Wenn von 230 Raumgruppen im dreidimensionalen Raum die Rede ist, dann ist diese Bezeichnungsweise zu präzisieren. Verschiedene Kristallstrukturen, die beispielsweise die Symmetrie $Pmna$ aufweisen, werden sich durch ihre Gitterparameter und damit durch die Beträge der Translationsvektoren ihrer Raumgruppen unterscheiden. Allgemein gilt: Eine Raumgruppe ist die Symmetriegruppe einer ganz speziellen Kristallstruktur, und da man sich unendlich viele verschiedene Kristallstrukturen vorstellen kann, so gibt es entsprechend unendlich viele Raumgruppen, die nach bestimmten Merkmalen zu klassifizieren sind. Die wichtigsten Klassifikationskriterien sind a) affine Äquivalenz: Zwei Raumgruppen R und R' heißen affin äquivalent, wenn es eine affine Abbildung α gibt, so daß $\alpha^{-1} R \alpha = R'$. b) positiv affine Äquivalenz: zwei Raumgruppen R und R' heißen positiv affin äquivalent, wenn es eine affine Abbildung α^+ mit positiver Determinante gibt, so daß

Kristallsysteme	2. Stelle	3. Stelle	4. Stelle
triklin	beliebig	–	–
monoklin, orthorhombisch	$\vec{a}$	$\vec{b}$	$\vec{c}$
trigonal[1], tetragonal, hexagonal	$\vec{c}$	$\vec{a}$[2]	$\vec{a}-\vec{b}$[2]
kubisch	$\vec{a}$[2]	$\vec{a}+\vec{b}+\vec{c}$[2]	$\vec{a}-\vec{b}$[2]

[1] bei hexagonalem Koordinatensystem für alle trigonalen Raumgruppen
[2] und symmetrisch gleichwertige Richtungen

Raumgruppen (Tab 2): dreidimensionale Raumgruppen (Bezugsrichtungen für die Symmetrieoperationen in den Hermann-Mauguin-Symbolen).

Raumgruppen (Tab. 3): Klassifikation der Raumgruppen.

	Anzahl der Klassen unter		
Dimension	positiv affiner Äquivalenz	affiner Äquivalenz	Isomorphie
1	2	2	2
2	17	17	17
3	230	219	219
4	4895	4783	4783

$(\alpha^+)^{-1}R(\alpha^+) = R'$. c) Isomorphie: Zwei Raumgruppen R und R' heißen isomorph, wenn sie als abstrakte Gruppen isomorph sind. Tab. 3 enthält die Ergebnisse der Klassifikation der Raumgruppen im ein-, zwei-, drei- und vierdimensionalen Raum. Der Unterschied zwischen positiv affiner und affiner Äquivalenz besteht darin, daß enantiomorphe Paare von Raumgruppen (wie z. B. die Raumgruppen von Rechtsquarz und Linksquarz) in der erstgenannten Klassifikation unterschieden werden, in der zweiten hingegen nicht. Daß die Klasseneinteilungen nach affiner Äquivalenz und Isomorphie zu denselben Ergebnissen führen, ist kein Zufall, sondern gilt allgemein nach einem Satz von Bieberbach. Die übliche Einteilung ist diejenige nach positiv affiner Äquivalenz. Sie führt zu den sogenannten Raumgruppentypen.

Die 230 Typen von dreidimensionalen Raumgruppen wurden um das Jahr 1890 sowohl von dem Mineralogen und Kristallographen E. S. ↗Fedorov in St. Petersburg als auch von dem Mathematiker A. ↗Schoenflies in Göttingen, zunächst unabhängig voneinander, dann in der Endphase in einem Briefwechsel stehend, erstmals abgeleitet. [WEK]

Literatur: [1] BROWN, H., BÜLOW, R., NEUBÜSER, J., WONDRATSCHEK, H. UND ZASSENHAUS, H. (1978): Crystallographic Groups of Four-Dimensional Space. – New York. [2] Hahn, Th. (Hrsg.) (1992): International Tables for Crystallography, Volume A, Space-Group Symmetry. – Dordrecht.

Raumgruppenbestimmung, Zuordnung eines Raumgruppentyps zu einer Kristallstruktur. Ein wichtiger Schritt jeder Kristallstrukturbestimmung ist die Ermittlung der Raumgruppe. Sie erfolgt an Hand der Symmetrie von Röntgenbeugungsaufnahmen und der im Beugungsmuster auftretenden systematischen ↗Auslöschungen. Sie kann durch Methoden zur Bestimmung der ↗Punktgruppe gestützt werden. Es gibt 120 Auslöschungstypen für die 230 Raumgruppen; nur 58 Raumgruppen können durch ihre Auslöschungen eindeutig identifiziert werden. Eigentlicher Beweis für die Richtigkeit der zugeordneten Raumgruppe ist erst die erfolgreich bestimmte und verfeinerte Kristallstruktur.

Raumklima, klimatische Verhältnisse in Innenräumen. Die raumklimatischen Bedingungen werden durch bautechnische Parameter (z. B. Wärmedämmung, Fensterfläche), aufgrund der Exposition, der Standortverhältnisse und der Orientierung der Räume sowie der Lüftungs- und Heizgewohnheiten der Bewohner geprägt.

Raumladung, im Raum verteilte, nichtkompensierte elektrische Ladungen gleicher Polarität. In Gewitter- und Schauerwolken bilden sich Raumladungsgebiete im Ergebnis der Ladungstrennung (↗Gewitterelektrizität). In der Atmosphäre bildet sich eine Raumladung auch in der Nähe der Erdoberfläche durch den Elektrodeneffekt. Wegen des Fehlens des aufwärtsgerichteten Flusses negativer Ionen an der negativ geladenen Erdoberfläche wird der Stromfluß dort durch positive Ionen realisiert, so daß eine positive Raumladung existiert.

Raumladungsdichte, die auf ein Volumen bezogene Anzahl von elektrischen Ladungsträgern.

räumliche Auflösung ↗geometrische Auflösung.

räumlicher Durchtrennungsgrad ↗Durchtrennungsgrad.

räumliche Relationen, entsprechen den topologischen Beziehungen zwischen Geoobjekten. Sie beschreiben die Art der Lagebeziehung der Objekte. In raumbezogenen Informationssystemen (↗Geoinformationssysteme) sind räumliche Relationen Teil des raumbezogenen Datenmodells (↗Datenmodell) und können durch Verfahren der ↗topologischen Analyse ausgewertet werden.

Raummarke, *wandernde Marke,* zum ↗stereoskopischen Messen in Stereoauswertegeräten genutzte Markierung, die durch den Operator dreidimensional in dem ↗photogrammetrischen Modell bewegt werden kann. Die Raummarke kann reell existieren, sie kann auch durch optisch-physiologische Vorgänge nur virtuell vom Operator auf der Grundlage von zwei reellen Meßmarken, Teilmarken, z. B. in den Strahlengängen des binokularen Betrachtungssystems des Auswertegerätes, wahrgenommen werden.

Raummuster, in der ↗Landschaftsökologie die charakteristische mosaikartige Anordnung von räumlichen Einheiten, die aufgrund von Luft- und Satellitenbildern oder direkt im Feld wahrgenommen werden können. Raummuster geben aufgrund von typischen Gefügemerkmalen Auskunft über anthropogene und naturbürtige Entwicklungsprozesse. Sie dienen somit der Charakterisierung und Systematisierung von ↗Landschaften und ↗Landschaftsökosystemen.

Raumordnung, die für ein Staatsgebiet der Erde vorhandene oder angestrebte räumliche Anordnung von Infrastruktureinrichtungen wie Wohngebiete, Arbeitsstätten, Freiflächen etc. sowie. Die planmäßige Gestaltung eines Staatsgebietes, also die Herstellung einer bestimmten Raumordnung wird durch die Raumordnungspolitik und die von ihr ausgehende Raumordnungsgesetzgebung erreicht (↗Raumplanung).

Raumordnungskataster, ROK, ROKAT, für einen Planungsraum ständig aktualisierte vollständige Sammlung von planungsrelevanten Festsetzungen und Absichten in Form von ↗Karten, in der Regel im Maßstab 1 : 25.000, und Tabellen. Das Raumordnungskataster dient als Grundlage für die Beurteilung neuer Planungen, der Analyse von Flächennutzungskonflikten, der Erarbeitung von Landesraumordnungs- und Regionalplänen sowie der Vorbereitung von Raumordnungsverfahren. Automatisierte digitale Raumordnungskataster (AutoROK) ermöglichen eine Vereinheitlichung und die schnellere Aktualisierung der Informationen und dadurch eine permanente ↗Fortführung sowie einheitliche Darstellung in den Karten. Darüber hinaus ist eine Einbindung in landes- und regionalplanerische Informationssysteme möglich.

Raumordnungsplan, zusammenfassendes Planungswerk der ↗Planungskartographie, das für das Gebiet eines Bundeslandes die übergeordneten Planungsziele festlegt. Raumordnungspläne bestehen in der Regel aus einer textlichen Beschreibung der Planungsziele, die durch ↗thematische Karten und Tabellen ergänzt wird. Inhalte von Raumordnungsplänen sind Festlegungen zur Raumstruktur, wie etwa der anzustrebenden Siedlungs- und Freiraumstruktur sowie den zu sichernden Standorten und Trassen für Infrastruktur (Raumordnungsgesetz, ROG). In manchen Bundesländern existieren neben dem Raumordnungsplan noch regionale Raumordnungspläne, die planerische Ziele für eine bestimmte Planungsregion festlegen (↗Regionalplan).

Raumplanung, allgemeine Bezeichnung für die Planungen unterschiedlicher Gebietstypen. Dazu gehören die ↗Landesplanung, ↗Regionalplanung sowie die ↗Ortsplanung und ↗Stadtplanung. Die Raumplanung bewegt sich in den rechtlichen Grenzen, welche ihr durch die staatsweite ↗Raumordnung vorgegeben wird. Heute wird vermehrt der Begriff der ↗ökologischen Planung mit dem der Raumplanung in Verbindung gebracht. Um ökologische Belange bei der Raumplanung auf den unterschiedlichen Stufen zu berücksichtigen, müssen die Wirkungszusammenhänge der Einzelbestandteile der belebten und unbelebten ↗Umwelt derart berücksichtigt werden, daß sie nicht nur dem Nutzen des Menschen dienen, sondern auch mit den ökologischen Naturgesetzen in Einklang stehen (Abb.).

Raumschiff Erde, Begriff, der die Knappheit der ↗natürlichen Ressourcen und der ↗Regenerationsfähigkeit des Planeten Erde verdeutlicht. Die Erde ist ein äußerst komplexes und fast vollständig geschlossenes System, außerhalb dessen kein Leben möglich ist – vergleichbar mit einem Raumschiff im All. Das Lebenserhaltungssystem Raumschiff Erde versorgt uns mit Luft, Wasser, Nahrung und Energie, wird aber gegenwärtig durch Umweltverschmutzung, Mißwirtschaft und die ständig wachsende Weltbevölkerung zunehmend beansprucht. Daher ist es wichtig, die Warnsignale ernst zu nehmen und die lebensnotwendigen Vorgänge des Gesamt-Ökosystems Erde verstehen zu lernen, zu erhalten und zu unterstützen. ↗Gaia-Theorie.

Raumvorstellung, auf der Grundlage der menschlichen ↗Wahrnehmung und des Begriffs der ↗Umweltwahrnehmung eine elementare Fähigkeit des Menschen zur gedanklichen Repräsentation von räumlichen Strukturen. Im Rahmen der stetigen Beziehung des menschlichen Organismus zur räumlichen Umgebung werden dabei Zustände und Relationen von Gegenständen und Sachverhalten im Raum gedanklich abgebildet. Der Stellenwert von Raumvorstellungen für georäumliche Erkenntnisprozesse zeigt sich in den zunehmenden Bedürfnissen und Anforderungen des Menschen, raumbezogenes Wissen durch ↗Geodaten oder durch graphische Analogien in ↗kartographischen Medien abzubilden. Die Nutzung dieser Daten und Medien, beispielsweise in ↗Umweltinformationssystemen, soll in der Regel zu umfassenderen und differenzierteren Raumvorstellungen führen. In der Wahrnehmungs- und Entwicklungspsychologie sowie in der kognitiven Psychologie wird die Aneignung von Raumvorstellungen als Prozeß des konstruktiven Lernens aufgefaßt. So verarbeitet der Mensch, abhängig von seiner Entwicklungsstufe, unterschiedliche Relationen des Raumes bzw. unterschiedlich differenzierte Sichten auf den Raum. Mit Hilfe von elementaren topologischen Relationen wird der wahrgenommene oder vorzustellende Raum beispielsweise im Hinblick auf Nachbarschaften, Trennungen, Reihenfolgen, Umgebensein und Kontinuitäten von räumlichen Objekten gegliedert. Auf einer höheren Ebene ermöglichen projektive Relationen dem Menschen dagegen – die gedankliche Verfügbarkeit des Systems der Perspektive vorausgesetzt – die Vorstellung unterschiedlicher Ansichten des Raumes. Hieraus ergibt sich auch die Fähigkeit zur Vorstellung des Raumes auf der Grundlage von kartographischen Objekten, die grundsätzlich mit unterschiedlicher geometrischer Dimension als punkt-, linien-, flächen- oder oberflächenhafte Objekte abgebildet werden. Die differenzierteste Vorstellung des Raumes erfolgt mit Hilfe euklidischer Relationen, durch die der Raum aufgrund von gedanklich verfügbaren Maßsystemen quantitativ, beispielsweise durch Distanzrelationen, gegliedert werden kann. Auf der Grundlage der Begriffe Raumwahrnehmung und Raumvorstellung wird in der ↗empirischen Kartographie das Modell des kartographischen Wahrnehmungsraumes entwickelt und beispielsweise zum nutzungsorientierten Aufbau von kartographischen Medien und zur Entwicklung von Umweltinformationssystemen eingesetzt (Abb.). [PT]

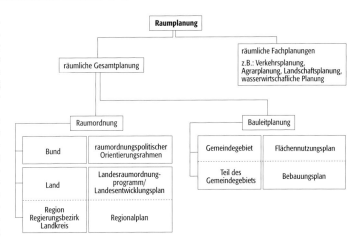

Raumplanung: System der Raumplanung in Deutschland.

Raumvorstellung: Konkretisierung der Informationen.

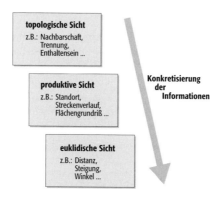

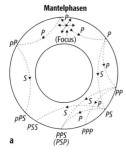

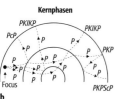

Raumwellen: a, b) Wellenstrahlen und Nomenklatur von Raumwellen durch die Erde.

Raumwellen, ↗ seismische Wellen, die sich von der ↗ seismischen Quelle durch das Erdinnere zur Erdoberfläche ausbreiten (Abb.). Raumwellen werden durch fortlaufende Brechung nach Erreichen der ↗ Scheiteltiefe oder nach Reflexion an ↗ seismischen Diskontinuitäten wieder zur Erdoberfläche zurückgeführt. Seismische Diskontinuitäten verursachen neben Reflexionen auch Konversionen von P nach S und S nach P. Dadurch können in einem ↗ Seismogramm eine Vielzahl von Wellentypen erzeugt werden. Zu ihrer Bezeichnung wird eine einfache Nomenklatur benutzt. P und S bezeichnen ↗ Kompressionswellen und ↗ Scherwellen im Erdmantel. Reflexionen beobachtet man häufig an der Erdoberfläche (z.B. PP, SS, PS, SP, PSS) und von der Kern-Mantel-Grenze (PcP, ScS, ScP). Kompressionswellen, die durch den äußeren Kern gelaufen sind werden mit PKP bezeichnet. Scherwellen im äußeren Kern werden nicht beobachtet. Bei Wechselwellen, wie z.B. SKS oder PKS wird der äußere Erdkern immer als Kompressionswelle durchlaufen. Wellen durch den inneren Erdkern werden mit I für Kompressionswellen (z.B. PKIKP) und J für mögliche, aber noch nicht einwandfrei beobachtete Scherwellen gekennzeichnet. Reflektionen von der Grenze zwischen innerem und äußerem Erdkern werden mit i angezeigt, zum Beispiel PKiKP. Die durch den Erdkern erzeugte ↗ Schattenzone wird durch PKIKP und PKiKP Phasen aufgehellt. [GüBo]

Raumzeit, ↗ Bezugssystem für Raum und Zeit. Je nach der zugrunde gelegten Theorie bzw. den Genauigkeitsanforderungen unterscheidet man ↗ Newtonsche Raumzeit, ↗ Minkowskische Raumzeit und ↗ Einsteinsche Raumzeit.

raumzentriertes Gitter, dreidimensionales Gitter, bei dem die kristallographische Elementarzelle Gitterpunkte nicht nur an den Eckpunkten, sondern auch in der Zellmitte enthält. Das Gitter wird mit dem Buchstaben I (für »innenzentriert«) bezeichnet. ↗ Bravais-Gitter.

Rauschen, ist definiert als unerwünschte, zufällige oder periodische Schwankungen eines Sensorsignals, die die Grundform des Signals unklar lassen und damit die Analyse und Interpretation erschweren können. Diese Überlagerungen sind wellenlängenspezifisch. Zufällige Schwankungen können auf die Leistung des Fernerkundungssystems während Aufnahme, Speicherung, Übertragung und besonders Empfang der Daten zurückgeführt werden. Dagegen wird periodisches Rauschen durch Interferenzen bzw. verschiedene Bestandteile des Systems der ↗ Fernerkundung hervorgerufen. Das Rauschen spielt bei Fernerkundungsanwendungen eine große Rolle, wenn es eine Überdeckung geringer Reflexionsdifferenzen, die jedoch objekttypisch sind, bewirkt. Eine Verringerung bzw. sogar Unterdrückung dieser Störungen kann im Rahmen der ↗ digitalen Bildverarbeitung mit Hilfe ↗ digitaler Filter erfolgen. Im eigentlichen Sinne ist Rauschen lediglich ein Maß für die Qualität eines Signals. Es wird dargestellt in Form des ↗ Signal-Rausch-Verhältnisses, das durch den Vergleich mit dem korrespondierenden Sensorsignal zu gewinnen ist. [HW]

Ravenstein, *Ernst Georg,* Kartograph, Sohn von F.A. ↗ Ravenstein, * 30.12.1834 Frankfurt/Main, † 13.3.1913 London. Nach Ausbildung im väterlichen Betrieb war er seit 1852 in London Mitarbeiter von A. ↗ Petermann und arbeitete von 1855 bis 1872 im Topographisch-Statistischen Büro der britischen Kriegsmarine (»War Office«). Daneben gab er bedeutende Kartenwerke von Afrika und Großbritannien heraus, die die zivile britische Kartographie mit prägten: »Abysssinia« (5 Blätter, 1:158.000, 1867), »A map of Eastern Equatorial Africa« (25 Blätter 1:1.000.000, Royal Geographical Society London, 1882–83), »A map of part of Eastern Africa« (9 Blätter, 1:500.000, London 1889), »Map of England and Wales« (20 Blätter, 1:200.000, 1893–95), »Phillips' Systematic Atlas« (52 Tafeln mit 250 Karten, 1894, 1. Schulausgabe 1895). Weiterhin bearbeitete E.G. Ravenstein Schulwandkarten, geologische und Eisenbahnkarten. Die ↗ Kartographiegeschichte bereicherten seine quellenkritischen Werke »A journal of the first voyage of Vasco da Gama« (London 1898) und »Martin Behaim, his Life and his Globe« (London 1908). [WSt]

Ravenstein, *Friedrich August,* deutscher Kartograph, * 4.12.1809 Frankfurt/Main, † 30.7.1881 Frankfurt/Main. Ravenstein gründete 1830 in Frankfurt/Main ein Geographisches Institut, in dem ↗ Stadtpläne von Frankfurt, Umgebungskarten, ferner Post- und Reisekarten sowie 1858 die »Höhenschichten-Karte von Central-Europa 1:1.000.000« von A. Papen in farbigem Steindruck entstanden. Sein Sohn Ludwig, * 11.12.1838, † 18.4.1915, übernahm 1866 den Verlag, der fortan als »Geographisch-Lithographische Anstalt und Druckerei Ludwig Ravenstein« firmierte. Wichtige Verlagstitel waren neben zahlreichen Wander- und Reisekarten die »Karte der Ostalpen 1:250.000« (9 Blätter, 1887) und die »Übersichtskarte der Ostalpen 1:500.000« (2 Blätter, 1891). 1896 übernahm Hans Ravenstein (1866–1934) den Betrieb, erwarb 1898 »W. Liebenow's Spezialkarte von Mitteleuropa« (1:300.000), fortgeführt als »Rad- und Automobilkarte von Mittel-Europa« (164 Blätter). Ab 1922 wurde unter Ernst Ravenstein (1891–1953) das Verlagsprogramm ausgeweitet und 1931 eine

Abteilung für Reliefherstellung eingerichtet. Von 1953 bis 1998 leitete Helga Ravenstein den Betrieb.

Ravine ↗*Runse*.

Rayleigh-Kriterium, Beziehung zwischen der Oberflächenrauhigkeit h, dem Depressionswinkel γ (Winkel zwischen der Horizontebene des Sensorträgers und dem beobachteten Punkt im Gelände) und der Wellenlänge von Radarstrahlen λ. Anhand des Rayleigh-Kriteriums wird deutlich, ob eine Oberfläche auf den einfallenden Radarpuls in rauher oder glatter Art reagiert. Eine Oberfläche wird demnach als glatt bezeichnet, wenn:

$$h < \frac{\lambda}{8 \sin \gamma}.$$

Je kleiner die Wellenlänge der Strahlung bzw. je größer die Frequenz ist, um so rauher wirkt demzufolge eine Oberfläche, die Unebenheiten aufweist. Diese Oberflächenrauhigkeit stellt einen wesentlichen Gesichtspunkt bei der Beurteilung von Radarbildern dar. Allgemein gilt, daß die Intensität des Radarechos mit Zunahme der Rauhigkeit steigt. Bei vergleichsweise geringer Rauhigkeit (z. B. glatte Wasserflächen) kommt es zur Spiegelung, so daß kein Signal den Empfänger erreicht (schwarze Bildelemente). Liegt die Oberflächenrauhigkeit dagegen im Bereich der abgestrahlten Wellenlänge, dann ist die Wirkung der Oberfläche die eines diffusen Reflektors mit gemischtem Radarecho (graue Bildanteile mit hohem Interferenzanteil). [HW]

Rayleigh-Streuung, nach Lord Rayleigh benannte Streuung von elektromagnetischer Strahlung an kugelförmigen Teilchen, deren Radius sehr klein gegenüber der Wellenlänge ist. In der Atmosphäre bedeutet dies in erster Linie die Streuung von Lichtstrahlen an den Molekülen. Der ↗Streukoeffizient der Rayleigh-Streuung ist proportional zu λ^{-4}. Im Gegensatz zur ↗Mie-Streuung ist die Rayleigh-Streuung demnach stark wellenlängenabhängig. Die Streufunktion gibt an, welcher Anteil der einfallenden Strahlung in eine bestimmte Richtung gestreut wird. Bei kugelförmigen Teilchen ist die Streufunktion rotationssymmetrisch und hängt deshalb nur vom Streuwinkel f ab (φ ist der Winkel zwischen dem einfallenden und dem gestreuten Strahl). Die Streufunktion der Rayleigh-Streuung (Abb.) ist proportional zum Faktor $(1 + \cos^2 \varphi)$. Die gestreute Strahlung ist demnach in Vorwärts- und Rückwärtsrichtung doppelt so groß wie zur Seite ($f = 90°$). Die Form der Rayleigh-Streufunktion ist für die Verteilung der ↗Himmelsstrahlung von Bedeutung. Die Streustrahlung ist in Abhängigkeit vom Streuwinkel f partiell polarisiert. Durch die stärkere Streuung der kürzeren Wellenlängen erklärt sich z. B. die blaue Farbe des Himmels (↗Himmelsblau) und das Abend- bzw. Morgenrot (↗Dämmerungserscheinungen). Da die Theorie der Rayleigh-Streuung zunächst nur für kugelförmige Teilchen gilt und die Moleküle von der Kugelform abweichen, werden bei der Anwendung auf die Atmosphäre Korrekturfaktoren angebracht. [HF]

Rayleigh-Welle, Haupttyp von ↗Oberflächenwellen, in Seismogrammen oft mit *LR* abgekürzt. Die Partikelbewegung verläuft im wesentlichen in der Vertikalebene, die durch Quelle und Empfänger verläuft, und sie beschreibt an der Oberfläche eine retrograd elliptische Bahn in Ausbreitungsrichtung (↗seismische Welle). Im Falle eines homogenen und elastischen Halbraums beträgt die Ausbreitungsgeschwindigkeit etwa 0,92 · Geschwindigkeit der ↗S-Welle, und es tritt keine ↗Dispersion auf. Im Fall von geschichteten Medien tritt hingegen Dispersion auf. In lang-periodischen Seismogrammen werden Rayleigh-Wellen auf der Vertikal- und auf der radial-horizontalen Komponente beobachtet. Die horizontale Radialkomponente weist von der Station zum Epizentrum und wird aus den horizontalen E-W- und N-S-Seismogrammen durch Rotation gewonnen. Sie wird im allgemeinen positiv in der Richtung angegeben, die vom Epizentrum weg weist. [GüBo]

Rayleigh-Zahl, beschreibt das Einsetzen von Konvektionsströmen im Erdinnern. Damit Konvektion einsetzen kann, z. B. in der Form eines Plumes, muß sich die Auftriebskraft eines Volumens gegen die viskose Reibungskraft und die Abführung der Wärme aus diesem Volumen durchsetzen können. Durch die Abführung von Wärme wird die Auftriebskraft verringert. Zur Charakterisierung dieses Verhaltens wird der Quotient aus der Auftriebskraft und des Produktes aus der dynamischen Viskosität und der Temperaturleitfähigkeit gebildet, die sogenannte Rayleigh-Zahl:

$$Ra = \frac{L^3 \cdot \varrho \cdot g \cdot \alpha \cdot \Delta T}{\eta \cdot \varkappa}$$

mit g = Schwerebeschleunigung, ϱ = Dichte, α = thermischer Ausdehnungskoeffizient, ΔT = Temperaturdifferenz des Volumens gegenüber der Umgebung, L^3 = Größe des Volumens, η = dynamische Viskosität, $\varkappa$ = Temperaturleitfähigkeit. Experimente zeigen, daß zur Erzeugung von Konvektionsbewegungen $Ra > 3 \cdot 10^3$ sein muß. Bei Ra-Werten von 10^5 bis 10^6 nimmt die konvektierende Flüssigkeit die Form zweidimensionaler Walzen an. Auch bei der Betrachtung von Grundwasserströmungen in porösen Medien findet die Rayleigh-Zahl (mit etwas anderen Parametern) Anwendung (↗Konvektion). [PG]

Rayner-Komplex ↗Proterozoikum.

ray-tracing ↗Strahlverfolgung.

Raz de Mare, Dünungsbrandung an der atlantischen Küste Marokkos. ↗Brandung, ↗Seegang.

Rb-Sr-Methode   ↗*Rubidium-Strontium-Datierung*.

RBV ↗*Return Beam Vidicon*.

RCA ↗*regolith carbonate accumulation*.

Reaktion, physikalisch/chemischer Prozeß, bei dem Atome und/oder Moleküle miteinander in Wechselwirkung treten und dabei zerfallen (↗Dissoziation) oder neue Atome oder Moleküle bilden. Die bei einer Reaktion umgesetzte Ener-

Rayleigh-Streuung: Darstellung der Streufunktion in Abhängigkeit des Streuwinkels für Moleküle (Rayleigh-Streuung); in Richtungen senkrecht zur Einfallsrichtung der Strahlung wird nur halb soviel Strahlung gestreut wie in Vorwärts- und Rückwärts-Richtung.

Reaktionsisograde

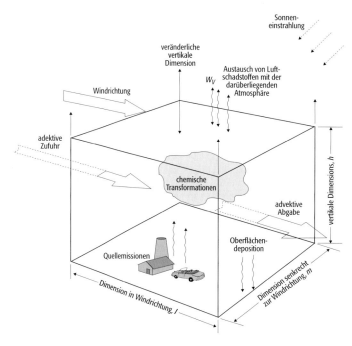

Reaktionsmodelle: Boxmodell der atmosphärischen Chemie.

gie wird als Reaktionswärme bezeichnet (↗ Reaktionsenthalpie), die zeitliche Änderung der Konzentration der an einer Reaktion beteiligten Stoffe wird durch die ↗ Reaktionsrate angegeben. Man spricht von a) photochemischen Reaktionen, wenn die Wechselwirkung unter der Einwirkung von Strahlung erfolgt (z. B. ↗ Photolyse), b) Gasphasenreaktionen, wenn an der Reaktion nur Stoffe im gasförmigen ↗ Aggregatzustand beteiligt sind, c) heterogenen Reaktionen, wenn gasförmige Atome oder Moleküle an der Oberfläche von festen oder flüssigen Stoffen reagieren, ihre Reaktion durch die physikalisch/chemischen Bedingungen an der Oberfläche beschleunigt wird oder wenn sie in der homogenen flüssigen Phase ablaufen. Heterogene Reaktionen haben insbesondere deshalb Bedeutung für die ↗ Luftchemie, weil sie Stoffumwandlungen und Stoffumverteilungen bewirken, die in der reinen Gasphase physikalisch und chemisch gar nicht möglich wären. Ursache für ihre Wirksamkeit ist einerseits die Erhöhung der Konzentration der reagierenden Stoffe in flüssigen Phasen bzw. auf der Oberfläche von festen Phasen und andererseits die Herabsetzung von Energiebarrieren chemischer Gasphasenreaktionen. [USch]

Reaktionsisograde, ↗ Isograde, die durch eine bestimmte ↗ Mineralreaktion gekennzeichnet ist. ↗ Metamorphose.

Reaktionsmodelle, mathematische Gleichungssysteme zur Simulation, Diagnose und Prognose der räumlichen und zeitlichen Verteilung von z. B. atmosphärischen ↗ Spurenstoffen. Die globale Verteilung eines Spurenstoffes hängt von seiner Produktion bzw. Zerstörung durch chemische ↗ Reaktionen sowie von den Transportprozessen infolge der atmosphärischen ↗ Zirkulation ab (z. B. die ↗ Ozonverteilung). Beide Aspekte sind in der realen Atmosphäre sehr variabel. Eine exakte detaillierte Simulation der physikalisch/ chemischen Bedingungen in der realen Atmosphäre mit chemischen Reaktionsmodellen ist deshalb auch bei Einsatz der größten vorhanden Rechnerleistung derzeit nicht möglich. Durch sinnvolle Mittelung und geeignete Vereinfachungen (Parametrisierung) der wichtigsten chemischen Reaktionen und dynamischen Transportprozesse können jedoch mit verschiedenen Modellversionen unterschiedliche Fragestellungen untersucht werden. a) Nulldimensionale Modelle (Box- oder Kastenmodelle) nehmen an, daß die Spurenstoffe in einem Luftvolumen homogen verteilt sind (Abb.). Die Modelle simulieren die zeitliche Änderung der Konzentrationen durch die photochemischen Reaktionen in der Box sowie die Stoffflüsse durch die Wände der Box (z. B. durch ↗ Advektion, ↗ Emission, ↗ Deposition). Box-Modelle werden einerseits als Eulersche Modelle zur Simulation der Bedingungen an einem festen Ort (Meßstation), andererseits als Lagrangesche Modelle zur Untersuchung der chemischen Umsetzungen in einem Luftvolumen, das sich mit der Strömung bewegt, eingesetzt. Im letzten Fall bleibt der Einfluß der advektiven Flüsse durch die Wände der Box unberücksichtigt, der Effekt von Emissionen oder Deposition jedoch erhalten. b) Eindimensionale Modelle (1-D) werden verwendet, um die Auswirkung chemischer Prozesse auf die Vertikaloder die Breitenverteilung von Spurenstoffen zu untersuchen. Transport erfolgt nur durch turbulente ↗ Diffusion (großskalige ↗ Turbulenz), die Advektion bleibt unberücksichtigt. Diese Vereinfachung der Transportprozesse erlaubt ebenfalls eine sehr detaillierte Behandlung der chemischen Prozesse. c) Zweidimensionale Modelle (2-D) werden zur Simulation der meridionalen Verteilung (↗ Meridionalschnitt) von Spurenstoffen eingesetzt. Da die zonale Strömung in der Atmosphäre im allgemeinen stärker ist als die meridionale, kann der Transport durch das zonal gemittelte Windfeld parametrisiert werden. Dadurch wird allerdings der Einfluß von Emission und Deposition, die starke zonale Variationen aufweisen können, unterdrückt. Die Modelle werden deshalb vorwiegend zur Untersuchung der stratosphärischen Spurenstoffverteilung eingesetzt. Zur Reduzierung des numerischen Rechenaufwandes werden die Gleichungen für den Transport und die chemischen Reaktionen nicht für alle Spurenstoffe einzeln, sondern (z. B. im Fall der ↗ Radikale und Reservoirgase) für eine Spurengasfamilie formuliert. Die meridionale Verteilung der reaktiven Komponenten wird in Abhängigkeit von den photochemischen Bedingungen (ähnlich wie in einem Box-Modell, s. o.) im Wechsel mit den Transporteffekten in regelmäßigen Zeitschritten errechnet. d) Dreidimensionale Modelle (3-D) erfordern den größten Rechenaufwand aller chemischen Reaktionsmodelle. Zur vollständigen Beschreibung der atmosphärischen Spurenstoffverteilung müssen in einem ↗ Zirkulationsmodell zusätzlich mehr als 150 photochemische ↗Reaktionen zwischen über 50 verschiedenen Spurengasen berücksichtigt werden. Entsprechende Modelle sind allerdings in Entwicklung und werden mit der kommenden Generation von Großrechnern auch operationell eingesetzt werden können. Als Kompromiß werden solche Modelle als sog. gekoppelte Modelle bisher mit den Daten der operationellen meteorologischen Zirkulationsmodelle initialisiert. [USch]

Reaktionspfad, der Weg im Druck-Temperatur-Diagramm, den ein Gestein während der ↗Metamorphose nimmt und der sich aus der Beobachtung von Paragenesen (↗Mineralparagenesen) und ↗Mineralreaktionen ableiten läßt.

Reaktionsprinzip nach Bowen, *Bowensche Reihe*, benannt nach dem amerikanischen Petrologen N.L. ↗Bowen, der für Magmatite der ↗Subalkali-Serie eine *diskontinuierliche Reaktionsreihe* und eine *kontinuierliche Reaktionsreihe* unterschied, in der Minerale aus einer Schmelze kristallisieren. Die kontinuierliche Reihe umfaßt die Mischkristalle der Plagioklase, deren chemische Zusammensetzung sich bei langsamer Abkühlung im Gleichgewicht von Ca-reich nach Na-reich verändert. Die diskontinuierliche Reihe umfaßt die Mg-Fe-Silicate. Sie beginnt mit Olivin, gefolgt von Pyroxenen und endet, sofern genügend H_2O vorhanden ist, mit der Kristallisation von Amphibolen und Biotit; dabei mag es zur Reaktion der Restschmelze mit bereits ausgeschiedenen Mineralen unter Bildung des nächsten Minerals dieser Reihe kommen. Bowen gründete seine Vorstellungen auf Experimente und Naturbeobachtungen (chemische Zonierungen bei Feldspäten, Tendenz der Mg-Fe-Minerale, einander zu umwachsen) und seine Überzeugung, daß ein Basaltmagma durch ↗fraktionierte Kristallisation ein granitisches Restmagma erzeugt. ↗Bowensche Reihe. [HGS]

Reaktionsrate, chemische Reaktionen finden mit einer endlichen Geschwindigkeit statt, die von wenigen Nanosekunden bis Jahrtausende betragen kann (Abb. 1). Überlegungen zur Kinetik einer Reaktion sind daher unverzichtbare Ergänzung zu thermodynamischen Ansätzen, insbesondere in offenen Systemen. Für eine schematisierte Reaktion:

$$A + 2B \rightarrow 3C$$

kann die Reaktionsrate als Zunahme des Produktes C bzw. als Abnahme der Edukte A oder B über die Zeit definiert werden:

$$Rate = d\{C\}/dt = -3 \, d\{A\}/dt = -3/2 \cdot d\{B\}/dt,$$

mit {} = chemische ↗Aktivität der Substanzen. Die Ordnung der Reaktion bezeichnet dabei die Abhängigkeit der Rate von der Aktivität der jeweiligen Substanz:

$$Rate = k \cdot \{A\}^\alpha \cdot \{B\}^\beta \cdot \{C\}^\gamma.$$

Die Ordnung der Gesamtreaktion ist dann die Summe der Potenzen α, β und γ. Die Ratenkonstante k (spezifische Rate) ist gleich der Reaktionsrate, wenn alle Reaktanden mit der Aktivität 1 vorliegen. Für eine einfache Reaktion $A \rightarrow B$ demonstriert Abb. 2 den Einfluß der Reaktionsordnung auf die Beziehungen von Aktivität und Zeit bzw. Aktivität und Reaktionsrate. Die Reaktionsrate ist stark abhängig von der Temperatur. Die Änderung der Reaktionskonstante k mit der Temperatur wird durch die Arrhenius Gleichung beschrieben:

$$k = A \cdot e^{-E_a/RT}$$

mit A = Konstante, E_a = Aktivierungsenergie, R = Gaskonstante, T = Temperatur. [TR]

Reaktionssystem, Modellkonzept der ↗Ökologie, das Wirkungszusammenhänge zwischen den ↗Ökofaktoren der Lebensumwelt und den physiologischen Lebensprozessen der Organismen (↗Ökophysiologie) beschreibt. Bei dieser Systemdarstellung wird üblicherweise der Betriebsstoffwechsel (Freisetzung von Energie für Lebensfunktionen) als vorgegeben und der Baustoffwechsel (Aufbau von körpereigener Substanz, ↗Assimilation) mit seinen Teilfunktionen Wachstum, Entwicklung und Vermehrung als beeinflußbar (variabel) angenommen (↗Stoffwechsel).

reale Apertur, ursprünglich bei der Radar-Fernerkundung eingesetzter Typ von Aperturen, d.h. Antennen. Die bei der Technologie des ↗Seitensicht-Radars (Side Looking Airborne Radar, ↗SLAR) eingesetzte reale Antenne bestimmt im Gegensatz zum ↗Synthetic Aperature Radar durch ihre Länge die Abstrahlcharakteristik des Radarimpulses. Da die Länge der physikalischen Antenne nicht über ein bestimmtes Maß hinausgehend gesteigert werden kann, kann auch die Winkelauflösung der Radarkeule nicht beliebig verbessert werden. Deshalb eignen sich Radarsysteme mit realer Apertur nur für geringe Flughöhen. Diese Technologie ist heute als veraltet anzusehen.

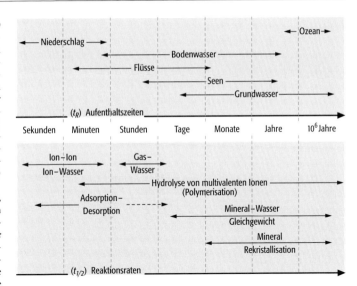

Reaktionsrate 1: Vergleich der Raten verschiedener chemischer Reaktionen (ausgedrückt als Halbwertszeiten $t_{1/2}$) und der Aufenthaltszeit von Wasser in verschiedenen Reservoiren der Hydrosphäre.

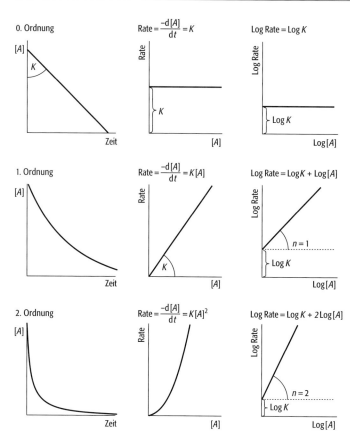

Reaktionsrate 2: Einfluß der Reaktionsordnung auf die Aktivitätsänderung mit der Zeit und die Beziehung der Reaktionsrate zur Aktivität des Ions A für die schematische Reaktion A → B.

reale Schneegrenze ↗ orographische Schneegrenze.
Realgar, [von arabisch rahg al-far = Pulver für Ratten], *Grubenschmand, Rauschrot, Rubinschwefel, Sandarac(h)at*, Mineral mit der chemischen Formel As_4S_4 und monoklin-prismatischer Kristallform; Farbe: intensiv rot bis rötlich-orange; blendenartiger Diamantglanz; durchsichtig bis durchscheinend; Strich: orangerot; Härte nach Mohs: 1,5–2 (mild ins Spröde); Dichte: 3,5–3,6 g/cm³; Spaltbarkeit: ziemlich vollkommen nach (*010*); Bruch: kleinmuschelig splitterig; Aggregate: Einzelkristalle in Drusen; sonst eingesprengt, derb, körnig, dicht; vor dem Lötrohr leicht schmelzend (bläulich-weiße Flammenfärbung); Knoblauchgeruch; in Königswasser und heißer KOH löslich; Begleiter: Auripigment, Antimonit, Arsen- und Bleierz; Vorkommen: auf Erzgängen niedriger Bildungstemperatur, besonders subvulkanischer und damit verknüpfter Thermen; Fundorte: Jáchymov (Joachimsthal) in Böhmen, Baia Sprie und Sacaramb (Rumänien), Allchar (Mazedonien), aus Solfataren bei Pozzuoli (Campanien, Italien), Binnatal (Wallis, Schweiz), Gottchel (Nevada, USA). [GST]

Realkristall, *Realstruktur*, Kristall, der sich vom ↗ Idealkristall durch ↗ Kristallbaufehler unterscheidet, von denen einige Punktdefekte bereits im thermodynamischen Gleichgewicht vorhanden sind. Als weitere Störung des Idealkristalls können Gitterschwingungen (Phononen) der Atome um ihre Gleichgewichtslagen betrachtet werden. Auch die Oberflächen eines Kristalls und die damit verbundene Oberflächenrekonstruktion (↗ Oberflächenenergie) stellen eine abrupte Unterbrechung der Translationssymmetrie und damit eine Störung des Idealkristalls dar.

Receiver-Funktions-Analyse, Methode zur Untersuchung von seismischen Diskontinuitäten in der Kruste, im oberen Mantel und in der Übergangszone vom oberen zum unteren Mantel. Diese Analyse beruht darauf, daß ein Teil der unter einer seismischen Station einfallenden *P*-Welle an ↗ seismischen Diskontinuitäten von *P* nach *S* konvertiert wird. *P*-*S* konvertierte Phasen treten vorwiegend auf den radial-horizontalen Komponenten der Seismogramme auf (*R*-Komponente, parallel zur Richtung von der Station zum Epizentrum), während *P*-Wellen vorwiegend auf den Vertikalkomponenten (*Z*-Komponente) registriert werden. Durch ↗ Dekonvolution der *R*-Komponente mit dem *P*-Wellensignal der *Z*-Komponente kann man die Einflüsse des Herdprozesses und des Registriersystems weitgehend entfernen. Das verbleibende Signal der *R*-Komponente wird als Receiver-Funktion bezeichnet; es enthält im wesentlichen *P*-*S* konvertierte Phasen und Multiple davon. ↗ Inversion der Receiver-Funktion ergibt ein horizontal geschichtetes Modell des Stationsuntergrundes. [GüBo]

Receptaculitales, Ordnung der Chlorophyceae (Abteilung ↗ Chlorophyta), paläozoische Problematika, die bereits den ↗ Archaeocyathida, ↗ Schwämmen, ↗ Korallen, ↗ Foraminifera und als vermeintlich fossilisierte Samenzapfen den ↗ Cycadophytina zugeordnet wurden. Wahrscheinlicher handelt es sich jedoch um ↗ Kalkalgen. Die Zellen bilden einen kugeligen, zylindrischen oder diskusförmigen und bis zu 30 cm großen Thallus, dessen zentraler Hohlraum von einer bis 0,5 cm dicken Kalkwand aus kleinen, gleichförmigen Elementen (Merome) vollständig umschlossen ist. Jedes Merom besteht aus einer säulenförmigen Columella, die sich zum Hohlraum hin füßchenförmig als Pediculum verbreitert, außen aber vier sich kreuzende Tangentialarme trägt, auf denen wiederum ein meist rhombisches Täfelchen (Lamnula) ruht. Tangentialarme und Columella besitzen einen Zentralkanal. Die Merome sind sehr dicht aneinandergefügt und spiralig um zwei Pole angeordnet. Die Receptaculitales lebten im Kambrium, Ordovizium bis Devon, Unterkarbon und Perm benthisch in tropischen, flachen Meeresbereichen. [RB]

Reche ↗ *Runse*
Rechen, in der ↗ Abwasserreinigung verwendete maschinelle Einrichtung zum Zurückhalten von Grobstoffen durch parallel angeordnete Stäbe. Nach der Form werden Bogen- und Stabrechen unterschieden. Das Rechengut wir überwiegend maschinell durch Greifer (Greiferrechen) oder durch kamm- oder hakenförmige Geräte entfernt, die entweder in Abhängigkeit von der Zeit oder durch den Aufstau gesteuert werden, der durch das zurückgehaltene Rechengut hervorgerufen wird. Die Menge des Rechengutes wird vor

allem durch den Abstand der Rechenstäbe bestimmt, bei einem Stababstand von 20 mm beträgt sie 5–10 l pro Einwohner und Jahr. In der Regel wird das Rechengut auf Deponien verbracht.

Rechengitter ↗Gitterpunktsystem.

rechnergestützte Generalisierung, *automationsgestützte Generalisierung*, allgemeine Bezeichnung für Verfahrensabläufe der praktischen ↗Generalisierung mit Hilfe von Computerprogrammen. Voraussetzung für die rechnergestützte Ausführung der einzelnen ↗Generalisierungsmaßnahmen sowie der Generalisierung als komplexem Vorgang im Rahmen der ↗Kartenbearbeitung ist die theoretische Analyse des komplizierten Gesamtprozesses der Generalisierung einschließlich Abfolge und Wechselwirkung der Generalisierungsmaßnahmen. Daraus lassen sich entsprechende Gesetzmäßigkeiten und Generalisierungsregeln ableiten, die – umgesetzt in Algorithmen und Programme – zu einer Reduktion der graphischen- und der Informationsdichte des ↗Kartenbildes führen. Wissenschaftliche Untersuchungen zur rechnergestützten Generalisierung gibt es seit den siebziger Jahren des 20. Jh. Mit der Entwicklung von ↗Geoinformationssystemen und ↗kommunalen Informationssystemen wurden diese Arbeiten in den achtziger Jahren intensiviert und führten zu verschiedenen praktisch verwertbaren Teillösungen. Systemlösungen, insbesondere für den großmaßstäbigen Bereich ↗topographischer Karten, befinden sich im Versuchsstadium. Es dominieren Verfahren der ↗interaktiven Generalisierung, bei denen der erfahrene Kartograph am ↗Bildschirm tätig ist, um schwierige Generalisierungsfälle zu bearbeiten, Routinevorgänge jedoch vom Computerprogramm erledigt werden, z. B. die einfache ↗Objektauswahl oder die ↗Formvereinfachung durch Datenreduktion bzw. -kompression. Dabei kann der Kartograph Generalisierungsparameter vorgeben und deren Wirkungen überprüfen. Bisher wurden verschiedene Methoden bzw. Wirkprinzipien (einschließlich physikalischer) getestet, die ihrerseits mit Vor- und Nachteilen verbunden sind. Vektordaten dominierten in der Anfangsphase der rechnergestützten Generalisierung, später wurde verstärkt mit Rasterdaten gearbeitet, die eine Anwendung von Filterverfahren der ↗digitalen Bildverarbeitung ermöglichten. Neben prozeduralen werden gegenwärtig verstärkt wissensbasierte und objektorientierte Datenverarbeitungstechniken für die Softwareentwicklung bevorzugt. In Verbindung mit Geoinformationssystemen sind als ↗Erfassungsgeneralisierung Selektions- und Modifikationsvorgänge bei der Datenerfassung erforderlich. Für die Ableitung eines kartographischen Datenmodells bzw. digitalen Objektmodells geringer Auflösung aus einem Basismodell bzw. einem Modell mit hoher Auflösung ist eine ↗Modellgeneralisierung durchzuführen. Weiterhin ist für die Ableitung von ↗Karten und anderen ↗kartographischen Darstellungsformen in verschiedenen ↗Maßstäben und ↗Generalisierungsgraden eine rechnergestützte »kartographische« Generalisierung erforderlich. Die rechnergestützte Generalisierung kartographischer Informationen kann als Schlüsseltechnologie von Geoinformationssystemen und kommunalen Informationssystemen angesehen werden. [WGK]

Rechnersystem, die Gesamtheit der Bauelemente einer digitalen Datenverarbeitungsanlage und des dazugehörigen ↗Betriebssystems. Die Art und Kombination der einzelnen Komponenten bestimmt die hardwareseitige Eignung des Rechnersystems für verschiedene Datenverarbeitungsbereiche (↗Serverrechner, ↗graphische Workstation).

Rechts-Quarz, beim Quarz unterscheidet man wie bei anderen enantiomorphen Kristallen Rechts- und Links-Quarz (↗Enantiomorphie). Die Eigenschaft der Enantiomorphie ist bei Quarz auf die Symmetrie des Raumgitters zurückzuführen. Rechts- und ↗Links-Quarz verhalten sich spiegelbildlich zueinander und sind durch keine Symmetrieoperation in eine kongruente Stellung zu bringen. Äußerlich zu unterscheiden sind Rechts- und Links-Quarz durch die Lage der Trapezoederflächen. ↗Quarz, ↗Zwillinge.

rechtsseitig, *rechtshändig*, ↗*dextral*.

Rechtsspülung ↗Spülung.

Rechtswert ↗Gauß-Krüger-Koordinaten.

Rechtwinkelverfahren ↗Orthogonalverfahren.

Record, bezeichnet die Aufzeichnung oder Registrierung eines Meßsignals in analoger oder digitaler Form.

recovery ↗*Erholung*.

Recycling, Wiederverwertung von ↗Abfällen und damit deren Rückführung in den Produktions- und Verbrauchskreislauf. Dem Recycling kommt, neben dem Entwickeln umweltverträglicher Produktionsmethoden, eine große Bedeutung bei der Schonung der ↗natürlichen Ressourcen zu. Aktuell leistet die Rückgewinnung und Wiederverwertung von Metall, Glas und Kunststoffen einen bedeutenden Anteil an der Verringerung des Abfallproblems. Da jedoch die Aufbereitung von Recyclingmaterial wegen des Sortierens und spezieller Behandlungsverfahren zum Teil sehr aufwendig und auch energieintensiv ist, wäre dem ↗Umweltschutz im Sinne der Ursachenbekämpfung durch das Vermeiden von Abfallprodukten mehr gedient.

Redaktionsplan, systematische textliche, häufig tabellarisch und graphisch ergänzte Zusammenstellung aller Angaben und Anweisungen, die für die Bearbeitung und Herstellung eines kartographischen Produkts erforderlich sind. Der Redaktionsplan wird von Kartenredakteuren ausgearbeitet, unter Umständen auf Grundlage einer redaktionellen Konzeption. Er enthält die notwendigen Einzelheiten zum ↗Kartenentwurf, zur Herstellung der kartographischen Originale und zur Vervielfältigung sowie der Planung des technischen, organisatorischen und zeitlichen Ablaufs der Arbeiten (evtl. als Ablaufschema oder Durchlaufplan). Festlegungen über Maßnahmen nach der Fertigstellung des Produkts, z. B. die Archivierung von Originalen oder Dateien, sind möglicher Bestandteil. Umfang und Struktur von Redaktionsplänen können je nach Art des Vorhabens und der kartographischen Einrichtung verschieden sein. a) In der amtlichen Kartographie sind zahlreiche der in anderen Bereichen auszuarbeitenden Teile des Plans bereits vorgegeben. Das betrifft u. a. Ausgangsmaterial, Maßstäbe, Blattschnitte, kartentechnische Verfahren und Fortführungszyklen. Die Gesamtgestaltung der Karten ist in Zeichenvorschriften und Musterblättern festgelegt, für die Generalisierung gelten Richtlinien, so daß der Redaktionsplan vor allem die Abfolge der Arbeiten regelt. Redaktionelle Anweisungen für bestimmte Kartenblätter beziehen sich auf regionale Besonderheiten (z. B. Felsdarstellung) und die Verwendung spezieller kartographischer Quellen. Die Umstellung eines analogen topographischen Kartenwerkes auf einen anderen Zeichenschlüssel, vor allem aber der Aufbau digitaler topographischer Kartenwerke (↗ATKIS) erfordern allerdings eine wesentlich umfang- und detailreichere redaktionelle Planung. b) In kartographischen Verlagen muß sich der Redaktionsplan in die Verlagsplanung einfügen, die Fortführungen und Neubearbeitungen vorsehen kann. Für ↗Atlanten und Serien gleichartiger Karten umfaßt der Redaktionsplan zumindest ein Kartenverzeichnis in der vorgesehenen Kartenfolge und deren Bearbeitungsfolge, die Zusammenstellung des Ausgangsmaterials einschließlich seiner kritischen Bewertung, Festlegungen zum ↗Layout des Bandes bzw. der Karten, der oder die Zeichenschlüssel, Anweisungen für die ↗Generalisierung, u. U. Musterkarten oder ↗Musterausschnitte. Die Verfahren für den ↗Kartenentwurf und die Originalherstellung werden bestimmt. Weitere Bestandteile sind die Kalkulation der Kosten, benötigte Arbeitskräfte und Durchlaufzeiten. c) In der ↗thematischen Kartographie, soweit sie institutionalisiert ist, sind ähnliche Redaktionspläne wie unter a) und b) beschrieben üblich, so für die Bearbeitung thematischer Kartenwerke, z. B. die der Geologie. Wird die Bearbeitung thematischer Karten an ein kartographisches Unternehmen gegeben, entsteht der Redaktionsplan zumeist nach den Vorgaben des Auftraggebers und ist von diesem zu bestätigen. Es empfiehlt sich, eine Kurzbeschreibung des Karteninhalts und des vorgesehenen Verwendungszwecks aufzunehmen. Neben der Festlegung von Kartentitel, Maßstab und ↗Kartenformat sind detaillierte Angaben erforderlich über das ↗Autorenoriginal, das Ausgangs- und Zusatzmaterial bzw. die Ausgangsdaten, die u. U. vom Auftraggeber zur Verfügung zu stellen sind. Des weiteren sollte der Redaktionsplan enthalten: das ↗Kartenlayout einschließlich der Rückseitengestaltung, evtl. den Standbogen, den Legendenentwurf mit dem verbindlichen Zeichenschlüssel und Legendentext, bei komplizierten Karten einen Musterausschnitt, Festlegungen zur Beschriftung und die zu verwendenden Kartenschriften sowie Angaben zum Impressum. An drucktechnischen Angaben sind erforderlich: Papierformat und -qualität, die ↗Farbskala, die Auflagenhöhe, evtl. der Beschnitt und die Falzung oder Bindung. Informationen über Ansprechpartner (Autor, Redakteur) sowie Termine für die Fertigstellung von Zwischenprodukten zur Korrekturlesung sichern das reibungslose Zusammenwirken der Beteiligten. Vereinbarungen über die Termine für den Druck und die Auslieferung sowie über den Verbleib der Kartenoriginale oder Dateien sind u. U. Bestandteil des Redaktionsplanes. [KG, WD]

Red-Bed-Lagerstätten, *Red-Bed-Typ*, sind aride Kupfer-Konzentrationslagerstätten, entstanden durch festländische Verwitterungsprozesse mit dem Hauptmineral Kupferglanz mit Verdrängungsresten von Pyrit, seltener Kupferkies oder Buntkupfer. Die Kupfererze treten in bis meterstarken ausgebleichten Lagen, Schichten und Linsen auf. Der Kupfergehalt ist im ganzen sehr niedrig, während ausgewaschene Erze wegen des überwiegenden Kupferglanzes hohe Gehalte aufweisen können. Red-Bed-Lagerstätten sind klimatisch bedingt durch Hämatitüberzüge (zumindest ursprünglich) rot gefärbt, in ihnen finden sich neben Kupfer auch Blei, Silber, Uran und Vanadium.

Red-Bed-Typ ↗*Red-Bed-Lagerstätten*.

Redoxgradient, Potentialgefälle, das z. B. die Änderung des ↗Redoxpotentials durch Abnahme des Sauerstoffs bei zunehmender Tiefe (Oxidations-/Reduktionszone) widerspiegelt.

redoximorph, Merkmale des Bodens, die durch wechselnde Sauerstoffverhältnisse zustande kommen. Redoximorphe Merkmale sind z. B. Mangankonkretionen oder Rostflecken.

Redoxpotential, *Redoxspannung*, Bezeichnung für die in Volt ausgedrückte elektrische Potentialdifferenz eines ↗Redoxsystems (↗Eh-Wert). Bezugsgröße ist das sog. Normal-Redoxpotential, das relativ zu einer Standardwasserstoffelektrode festgelegt wird und sowohl positiv als auch negativ sein kann. Eine Reihung der Normal-Redoxpotentialen nach der Größe ergibt die sog. Spannungsreihe. Sie reicht von stark reduzierenden (z. B. Na/Na$^+$ = -2,71 V) bis zu stark oxidierenden Substanzen (z. B. Cl$_2$/Cl$^-$ = +1,36 V). Bei Wasseranalysen wird die Redoxspannung bestimmt, um summarisch die Anwesenheit oxidierender oder reduzierender Stoffe festzustellen. Die Konzentrationsabhängigkeit des Redoxpotentials bei einer bestimmten Temperatur wird durch die ↗Nernstsche Gleichung beschrieben. Anstelle des Redoxpotentials wird manchmal auch der ↗rH-Wert (negativer dekadischer Logarithmus des Wasserstoff-Partialdruckes) verwendet, der zugleich die Abhängigkeit des Redoxpotentials vom pH-Wert berücksichtigt. Es gilt für $T = 298,15$ K:

$$rH = \frac{2Eh}{0,059} + 2pH.$$

Redoxreaktion, chemische Reaktionen, bei denen Elektronen umgesetzt werden, d. h. eine Substanz gibt Elektronen ab (Oxidation) und ein anderes Edukt nimmt diese Elektronen auf (Reduktion).

Die Abbildung zeigt eine Übersicht verschiedener Reduktions- und Oxidationsreaktionen. Die Oxidation organischen Materials ist eine der wichtigsten elektronenliefernden Reaktionen, hingegen die Reduktion von Sauerstoff eine der wichtigsten elektronenzehrenden. Bei allen Redoxreaktionen unter natürlichen Bedingungen sind Mikroorganismen entscheidend beteiligt. Einige wenige Beispiele für diese Organismen sind *Thiobacillus*, ↗*Nitrosomonas*, ↗*Nitrobacter* und *Desulfovibrio*. Die Übertragung von Elektronen auf z. B. geringlösliche Oxide kann auch ohne direkten Kontakt der Mikroorganismen zur Mineraloberfläche erfolgen: *Geobakter metallireducens* beispielsweise verwendet gelöste Huminstoffe als »Elektronenshuttle« zur Oxid-Oberfläche. Redoxreaktionen beeinflussen die Stabilität von Mineralen und die Mobilität der Elemente. Die Oxidation von Fe^{2+} zu Fe^{3+} ist verbunden mit der Bildung geringlöslicher Fe-Oxihydroxide. Hingegen wirkt die Oxidation sulfidischen Schwefels (S^{2-}) zu Sulfat (S^{6+}) mobilisierend. Die Stabilität der Minerale in Abhängigkeit von Redoxpotenial und pH-Wert kann in ↗Eh-pH-Diagrammen dargestellt werden. [TR]

Redoxspannung ↗*Redoxpotential*.

Redoxsysteme, chemische Systeme, in denen Reduktions- und Oxidationsvorgänge parallel ablaufen: Einer der Reaktionspartner stellt Elektronen zur Verfügung (wird oxidiert) und der andere nimmt diese Elektronen auf (wird reduziert). Das Redoxpotential läßt sich durch die Nernstsche Gleichung berechnen:

$$E = E_0 + \frac{R \cdot T}{n \cdot F} \cdot \ln \frac{a_{ox}}{a_{red}},$$

wobei E_0 das Standardpotential, R die ideale Gaskonstante, T die Temperatur in Kelvin, n die Anzahl der übertragenen Elektronen, F die Faradaykonstante und a_{ox} bzw. a_{red} die Aktivitäten der oxidieren und reduzierenden Substanzen sind. Bei Redoxreaktionen in Böden sind stets mehrere Partner beteiligt. Auch Wasser und seine Komponenten (Protonen und Hydroxidionen) sind an diesen Reaktionen beteiligt, daher sind Redoxaktionen in starkem Maß ↗pH-Wert abhängig.

Reduktion, 1) *Chemie*: a) die Reaktion eines Elementes oder einer chemischen Substanz mit Wasserstoff, z. B. $Cl_2 + H_2 \rightarrow HCl$. b) die Reaktion einer chemischen Substanz unter Verringerung ihres Sauerstoffgehaltes, z. B. $SO_4^{2-} \rightarrow S^{2-}$. c) die Reaktion eines Elementes unter Aufnahme von Valenzelektronen und Übergang zu einem elektronisch niedriger wertigen Zustand, z. B. $Mn^{4+} \rightarrow Mn^{2+}$. Eine Reduktion ist stets mit der inversen Reaktion, der ↗Oxidation, eines Reaktionspartners verbunden, so daß es dabei immer zu sog. ↗Redoxreaktionen kommt. Außerdem sind die beschriebenen Teilreaktionen miteinander verknüpft. So geht bei der Reduktion des Sulfations SO_4^{2-} zu S^{2-} das S-Atom vom (+6)-wertigen in den (-2)-wertigen Valenzzustand über. **2)** *Geodäsie*: ↗*Schwerereduktionen*. **3)** *Geophysik*: bezeichnet die Umrechnung von Meßwerten auf ein bestimmtes Bezugsniveau bzw. auf einen bestimmten Zeitpunkt mit dem Ziel, die an verschiedenen Orten unter unterschiedlichen Bedingungen oder zu verschiedenen Zeiten gemessenen Werte besser vergleichen zu können. Meßwerte können sowohl räumlich als auch zeitlich reduziert werden.

Reduktionshorizont ↗*Gr-Horizont*.

Reduktionszone, in der Hydrologie und Geologie Bereiche in Gewässern, Gewässersedimenten, Böden oder Gesteinen, in denen kein Sauerstoff für chemische oder biochemische Reaktionen zur Verfügung steht. Dementsprechend überwiegen in solchen Bereichen reduzierte chemische Verbindungen, wie z. B. Methan (Sumpfgas), Ammoniak oder Metallsulfide.

reduktomorph, Bezeichnung für Merkmale eines ↗hydromorphen Bodens, für die ein ↗rH-Wert < 19 typisch ist. Diese Böden sind sauerstoffarm bis sauerstofffrei. Sie sind häufig durch Eisen(II)carbonat bzw. Eisen(II)phosphat grau oder durch Eisen(II,III)hydroxide grün bis blau gefärbt. In der Bodenlösung lassen sich freie Fe^{2+} und Mn^{2+}-Ionen nachweisen. Reduktomorphe Merkmale werden bei der Horizontansprache mit dem Symbol *r* signiert.

Reduktosole, Klasse der ↗terrestrischen Böden, durch reduzierend wirkende bzw. Sauerstoff-

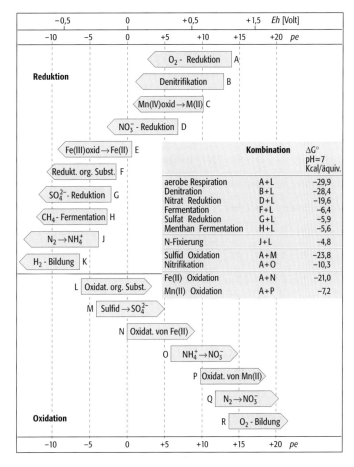

Redoxreaktion: Abfolge mikrobiell katalysierter Reduktionen und Oxidationen, die zu Redoxreaktionen (Kasten) kombiniert sein können. Die Reaktionen sind gegen ihre Redoxpotentiale aufgetragen, die für natürliche Systeme nur als Bereiche (entsprechend den Pfeilen) angegeben werden können.

reef mound 1: Klassifikation von Rifftypen.

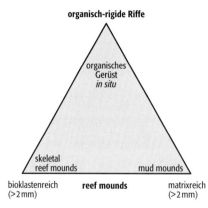

reef mound 2: Beteiligung von Organismen in verschiedenen Rifftypen.

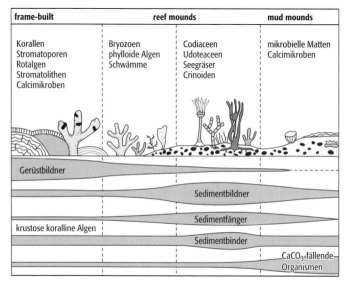

mangel verursachende Gase wie Methan, Schwefelwasserstoff und/oder Kohlendioxid geprägte Böden mit einem ⁊Y-Horizont als ⁊diagnostischem Horizont. Die Gase entstammen (post-)vulkanischen Mofetten, Gasleitungen oder werden aus leicht zersetzbaren organischen Substanzen unter stark reduzierenden Bedingungen durch Mikroorganismen in Müll-, Klärschlamm- oder Hafenschlammaufträgen gebildet. Der Typ Reduktosol wird zur Zeit in seiner Untergliederung diskutiert.
Reduzenten ⁊Destruenten.
reduzierende Atmosphäre, durch die Sauerstoffgehalte der rezenten ⁊Atmosphäre herrschen oxidierende Bedingungen; man nimmt an, daß eine archaische (⁊Archaikum) und frühproterozoische Atmosphäre fast sauerstoffrei und daher reduzierend war. Belege dafür sind detritische Minerale (detritischer Pyrit und Uraninit) in Sedimentgesteinen (z.B. Witwatersrand, Südafrika), dessen mechanischer Transport nur unter reduzierender Atmosphäre möglich ist.
reduzierte Summenlinie, Graphik kumulativer Abweichungen von einem bestimmten Bezugspunkt, z.B. arithmetisches Mittel, aufgetragen gegen die Zeit.
reduziertes Wasser, sauerstoffarmes Wasser; vielfach wurde der ursprünglich vorhandene gelöste freie Sauerstoff durch Oxidationsprozesse verringert.
Redwitzit, überwiegend dioritisch (⁊Diorit) zusammengesetztes Plagioklas-Hornblende-Gestein, tritt im Fichtelgebirge als Intrusionen in Metasedimente und als Schlieren in Graniten auf.
red-yellow-podzolic-soils, lessivierte Böden, seltene Bezeichnung, ⁊Acrisols.
reef mound, fossile ⁊Bioherme, die wegen des Mangels an aufeinander aufwachsenden Gerüstbildnern keine rigiden, wellenresistenten Strukturen bilden. Sie werden unterschieden in »skeletal reef mounds« (reef mounds i.e.S.) und ⁊mud mounds. Der Übergang ist fließend (Abb. 1). Reef mounds i.e.S. entwickeln sich im tieferen Wasser unterhalb der Wellenbasis aus sedimentbindenden und sedimentfangenden Organismen (Crinoiden, Bryozoen, Schwämmen, phylloiden Algen, Codiaceen, etc.), die meist auf einer basalen, strömungsinduzierten bioklastischen Sedimentanhäufung siedeln (Abb. 2). Durch mechanische Bindung von Kalkschlamm und/oder durch mikrobielle Bildung von Automikrit entstehen hügelartige Strukturen aus schlecht sortierten bioklastischen Mud-/Wackestones mit meist steilen Flanken. Die Oberfläche von reef mounds i.e.S. kann durch ⁊inkrustierende Organismen (»mound cap«), beim Erreichen der Wellenbasis auch von Riffbildnern oder bioklastischen Grainstones stabilisiert sein. Eine Flankenfazies (Riffschuttschleppen) fehlt in der Regel, abgesehen von gelegentlichen Rutschungen. Rezente Analogien zu skeletal mud mounds fehlen weitgehend. Vergleichbar sind flachmarine, durch Seegras stabilisierte Strukturen im inneren Schelfbereich Floridas und der Shark Bay (Australien), *Halimeda*-Mounds im indonesischen Archipel und auf dem Yucatán-Schelf sowie in mehreren hundert Metern Wassertiefe wachsende Korallen-Mounds nördlich der Bahamas oder auf dem Rockall Plateau. Fossile reef mounds sind aus vielen Perioden des Phanerozoikums bekannt; zu den spektakulärsten zählen die unter- und mitteldevonischen Korallen-Crinoiden-Mounds Südost-Marokkos (Abb. 3 im Farbtafelteil). [HGH, EM]
Referenzatmosphäre, eine zu Referenzzwecken für die Belange der Raumfahrt festgelegte Atmosphäre. Diese beinhaltet mittlere Vertikalprofile für Druck, Temperatur und Dichte für die geographischen Breiten 15, 30, 45, 60 und 80° (jeweils Nord- und Südhemisphäre) für Sommer und Winter.
Referenzellipsoid, *Bezugsellipsoid*, ⁊Rotationsellipsoid, das als Bezugsfläche für eine Landesvermessung dient. Den klassischen Landesvermessungen liegt zumeist ein ⁊konventionelles Ellipsoid oder ein ⁊lokal bestanschließendes Ellipsoid zugrunde. Für globale Aufgaben ist ein ⁊mittleres Erdellipsoid bzw. ein ⁊Niveauellipsoid vorzuziehen.

Referenzfeld, *Bezugsfeld*, *Referenzsystem*, bezeichnet ein Feld, auf das die Meßwerte bezogen werden. Je nach Größe des Meßgebietes wird von lokalen, regionalen oder globalen Referenzfeldern gesprochen. Referenzsysteme werden in allen Teildisziplinen der Geophysik gebraucht. In der Geodäsie bilden Referenzsysteme das Rückgrat zur Beschreibung der Erdfigur. ⁊*Bezugsfläche*.

Referenzfläche, *Bezugsfläche*, Rechen- und Bezugsfläche für geodätische Berechnungen. Bei Aufspaltung der räumlichen Beschreibung von Punkten des Erdraumes in eine zweidimensionalen Lagebestimmung und eine eindimensionale Höhenbestimmung verwendet man häufig unterschiedliche Referenzflächen für Lage und Höhe: Für die Lagebestimmung wird i. a. ein ⁊*Referenzellipsoid* gewählt, während die ⁊*Höhenbezugsfläche* abhängig vom gewählten ⁊*Höhensystem* ist.

Referenzfrequenz, die Frequenz eines festgelegten Referenzsignals, auf dessen Amplitude die Signalstärke bei anderen Sondierungsfrequenzen in einigen aktiven ⁊*elektromagnetischen Verfahren* bezogen wird.

Referenzgebiet ⁊*Trainingsgebiet*.

Referenzmessung, Wiederholungsmessung an Basispunkten zur Korrektur von Instrumentengängen und -sprüngen.

Referenzsignal, Signal eines Senders, auf das ein Empfangssignal bezogen wird und das – meist mit Hilfe eines Kabels – zum Empfänger übertragen wird (⁊*elektromagnetische Verfahren*).

Referenzvorhersage, ist eine Form der (Wetter- und Klima-) Vorhersage, die ohne Zuhilfenahme einer wissenschaftlichen Vorhersagemethode gewonnen werden kann (Abb.). Sie wird benötigt, um die wissenschaftliche ⁊*Vorhersageleistung* im Rahmen der vergleichenden ⁊*Verifikation* quantitativ bestimmen zu können. In der Regel kommen hierfür die Persistenz- oder die Klimavorhersagen in Frage, je nachdem, welche zu genaueren Vorhersagen führt (⁊*rmse*, ⁊*TSS*). Erstere verwenden die Beobachtung zum Zeitpunkt $t = 0$ als zeitkonstante Vorhersage, wie z. B. »Temperatur morgen so wie heute«, letztere erwarten stets den Klimanormalwert, wie z. B. Temperatur am 2. Juli in Dresden = Mittelwert der ausgeglichenen Temperatur in Dresden für alle 2. Juli im Zeitraum der letzten 30 Jahre. ⁊*RV*, ⁊*Vorhersagbarkeit*.

Referenzwert ⁊*Hintergrundwert*.

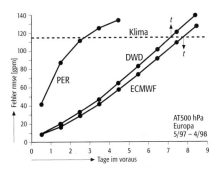

Reflektor, ⁊*Zielzeichen* zur elektrooptischen ⁊*Distanzmessung*, z. B. Tripelspiegel, die die Eigenschaft haben, einfallende Lichtstrahlen parallel zu sich selbst zurückzuspiegeln.

Reflexion, jener Anteil an elektromagnetischer Strahlung, der nach Auftreffen des Strahlungsflusses auf eine Grenzfläche zweier Medien mit unterschiedlichen optischen Eigenschaften in den Halbraum des ersten Mediums zurückgeworfen wird. Das Reflexionsvermögen (Reflexionsgrad ϱ) entspricht dem Verhältnis des reflektierten zum auftreffenden elektromagnetischen Strahlungsfluß. Dieses Verhältnis kann auch durch Gegenüberstellung der spektralen spezifischen ⁊*Ausstrahlung* zur spektralen ⁊*Bestrahlungsstärke* gebildet werden und entspricht dann dem wellenlängenabhängigen spektralen Reflexionsgrad $\varrho(\lambda)$. Reflexion tritt entweder an der Grenzfläche zweier homogener Medien (Oberflächenreflexion) auf oder wird durch Rückstreuung an Diskontinuitäten innerhalb eines inhomogenen Mediums (Volumsstreuung) bewirkt. Nach der Richtung der reflektierten Strahlung unterscheidet man gerichtete und/oder diffuse Reflexion. Volumsreflexion ist stets diffuse, Reflexion an glatten Flächen ist gerichtete Reflexion (Spiegelung). Reflexion in Beobachtungsrichtung wird als Retroreflexion bezeichnet (Heiligenschein bzw. ⁊*hot spot* über Vegetation, ⁊*Glorie* bzw. glory über Wolken). Reflexion an rauhen Oberflächen ist diffus, wobei objektspezifische Richtungsanteile bestehen können. Je rauher eine Oberfläche, desto größer ist der Anteil diffuser Reflexion. Eine in sämtliche Richtungen des Halbraums gleichmäßig diffus reflektierende Oberfläche wird Lambertscher Strahler genannt. Nach dem ⁊*Rayleigh-Kriterium* wirkt eine Oberfläche für elektromagnetische Strahlung einer Wellenlänge λ dann als glatt, wenn die Standardabweichung der Unebenheiten h kleiner als $\lambda/8 \cos\theta$ ist, wobei θ dem Winkel zwischen Flächennormale und Einfallsrichtung der Strahlung entspricht ($h < \lambda/8 \cos\theta$). Reflexion ist somit von der Wellenlänge der betrachteten Strahlungsanteile abhängig. Wasserflächen, Sandflächen oder Schotterflächen, die im Mikrowellenspektrum glatt erscheinen, reflektieren im Bereich des sichtbaren Lichtes diffus. Intensität und spektrale Verteilung diffuser Reflexion beruhen auf Materialeigenschaften sowie der äußeren und inneren Struktur der reflektierenden Oberflächen (z. B. Blattwerk). Weiter besteht eine gewisse Richtungsabhängigkeit sowohl in bezug auf die einfallende als auch die reflektierte Strahlung. Die Reflexionseigenschaften werden durch die Reflexionsfunktion (bidirectional reflectance distribution function, BDRF) umfassend beschrieben. Die BDRF ermöglicht die Ermittlung der Strahldichteverteilung der in eine durch Azimut und Zenitdistanz beschriebene Richtung reflektierten Strahlung bei gegebener Strahldichteverteilung der aus einer ebenso durch Azimut und Zenitdistanz definierten Richtung einfallenden Strahlung. Eine Größe zur Beschreibung von Reflexion in Abhängigkeit der Beobachtungsrich-

Referenzvorhersage: Beispiel für die Vorhersage der Höhenwetterkarte über Europa im angegebenen Stichprobenzeitraum. Um zu wissen, ob das Modell A (DWD) besser ist als das Modell B (ECMWF), genügt der Vergleich des Fehlerwachstums beider Modelle, z. B. hinsichtlich der Abhängigkeit des Fehlers rmse vom Vorhersagezeitraum. Aufschluß über die Vorhersageleistung und zeitliche Vorhersagbarkeit aber läßt sich nur im Vergleich mit den Fehlern einer geeigneten Referenzvorhersage gewinnen. Nach dem 2. Folgetag ergibt »Klima« genauere Vorhersagen als die Persistenz der Ausgangslage (PER) des Anfangsfeldes. Bei t wird die praktische Grenze der Vorhersagbarkeit erreicht.

tung ist der gerichtete Reflexionsgrad ϱ_r, der dem Verhältnis von richtungsabhängiger Strahldichteverteilung der reflektierten Strahlung und aus dem Halbraum einfallender Bestrahlungsstärke entspricht. Nach Integration über den gesamten Halbraum erhält man aus dem gerichteten Reflexionsgrad ϱ_r den Reflexionsgrad ϱ, der auch ↗Albedo genannt wird.

Durch Messung mit Spektroradiometern ist es möglich, den gerichteten Reflexionsgrad zu bestimmen, wobei auch eine Beschreibung der Richtungsverteilung der einfallenden Strahlung, z. B. durch Angabe der Zenitdistanz der Sonne, notwendig ist. Die Reflexionsfunktion kann nur durch Modellrechnungen mit zum Teil experimentell bestimmbaren Parametern erfolgen. Die objektspezifische Abhängigkeit des spektralen Reflexionsgrades wird durch ↗Spektralsignaturen verdeutlicht, die charakteristische Verläufe der Größe des Reflexionsgrades in Funktion der Wellenlänge für unterschiedliche Objektoberflächen in Diagrammen darstellen. Bei Beschreibung der Reflexionseigenschaften von spezifischen Oberflächen wird durch das Anlegen sogenannter spektraler Signaturenkataloge möglich. So zeigen verschiedene Arten von Vegetation aufschlußreiche Reflexionsminima in Abhängigkeit von Absorptionsbändern der Blattpigmente im blauen und roten Spektralbereich des sichtbaren Lichtes (light harvesting für die Photosynthese) und in Abhängigkeit von Absorptionsbändern des Wassermoleküls im Spektralbereich des kurzwelligen Infrarots, andererseits aber auch ausgeprägte Reflexionsmaxima in Abhängigkeit von der Struktur des Blattmesophylls im Spektralbereich des nahen Infrarots und in Abhängigkeit der Bandbreite des nicht für die Photosynthese genutzten grünen Spektralbereiches des sichtbaren Lichtes. Die Gegenüberstellung von spektralen Reflexionsgraden unterschiedlicher Wellenlängenbereiche ermöglicht weitreichende Charakterisierung von Boden- und Vegetationsarten der Erdoberfläche (↗Vegetationsindex). Im Spektralbereich des sichtbaren Lichtes und des nahen Infrarots werden die spektralen Signaturen unterschiedlicher Gesteinsarten durch charakteristische Absorptionsbanden geprägt, die in Zusammenhang mit der Energie der Elektronen spezifischer Atome (Ionen von Metallen wie Fe, Ni, Cr, Co) und der Vibrationsenergie der Atome spezifischer Moleküle (Wassermolekül, Hydroxyl-Gruppe) stehen. Geeignete spektrale Ratios gestatten die teilweise Extraktion dieser Informationen. Schmale Absorptionsbanden in den spektralen Reflexionssignaturen können durch Nutzung von hyperspektralen Sensoren (↗hyperspektraler Scanner) exakter erkannt und analysiert werden.

Die Aufzeichnung objektrelevanter Reflexionswerte durch photographische oder digitale Sensorsysteme ist Grundlage der Informationsgewinnung, der visuellen ↗Bildinterpretation und der digitalen Bildklassifikation in der Fernerkundung. Von Sensoren gemessene Strahlungsintensitäten sind somit von Wellenlänge und Richtung (Sonnenstand und Bobachtungsrichtung, spektrale und angulare Signatur), von der Lage des Objektes (räumliche Signatur), vom Zeitpunkt der Beobachtung (zeitliche Signatur) und – im Mikrowellenbereich – vom Polarisationsgrad (Polarisationssignatur) abhängig. [EC]

Reflexionsgesetz, beim Einfall einer Welle (eines Strahls) auf eine (glatte) Grenzfläche wird ein Teil der einfallenden Energie reflektiert, der Rest tritt unter Brechung in das untere Medium über. Für die Reflexion gilt das Reflexionsgesetz: Einfallswinkel α = Ausfalls(Reflexions)winkel β. In der Seismologie wird das Brechungsgesetz erweitert, da in festen Medien beim Einfall einer ↗Kompressionswelle P neben der normalen P-Welle im allgemeinen Fall auch eine Scherungswelle S reflektiert wird: Es gilt:

$$\sin\alpha_P / \sin\beta_S = v_P / v_S.$$

Für $v_p = v_s$ ergibt sich das obige einfache Reflexionsgesetz. Entsprechendes gilt beim Einfall einer ↗Scherungswelle. ↗Brechungsgesetz.

Reflexionsgoniometer, Gerät zur genauen Messung der Winkel zwischen den Flächen eines Kristalls mittels Reflexion eines Lichtstrahl an den Kristallflächen.

Reflexionsgrad, Höhe der ↗Vitrinitreflexion zur Kennzeichnung des ↗Inkohlungsgrades einer Kohle oder des organischen Inhalts in einem Sediment, angegeben in R_r oder R_{max}.

Reflexionskoeffizient, das Verhältnis der Amplituden von reflektierter und einfallender Welle. Der Reflexionsgrad wird aus der Lösung der elastischen Wellengleichung für beliebige Einfallswinkel bestimmt (↗Zöppritz-Gleichungen). Entsprechend wird der *Transmissionskoeffizient* definiert.

Reflexionskurve, *Rocking-Kurve*, Profil eines Braggreflexes in Abhängigkeit vom Beobachtungswinkel. Die Winkelbreite der Braggreflexe hängt ab vom ↗Strukturfaktor des Reflexes, von der Beugungsgeometrie, von der Winkeldivergenz und Energieunschärfe der einfallenden Strahlung, von der Winkelverteilung der Mosaikblöcke (↗Mosaikkristall) des Kristalls sowie bei kleinen Kristalliten mit Dimensionen unter 0,1 μm auch von der Kristallitgröße.

Reflexionspleochroismus ↗Pleochroismus.

Reflexionsseismik, ↗seismische Methode zur Bestimmung geologischer Strukturen und der Stratigraphie des Untergrunds aus seismischen Wellen, die von Schichtgrenzen und Grenzflächen reflektiert werden, an denen Änderungen der akustischen Impedanz auftreten. Spezielle Meßschemata wie die ↗Common-Midpoint-Methode führen zu einer optimalen Datenerfassung. Die Länge der ↗Auslage ist ungefähr gleich der Untersuchungstiefe zu wählen. Bei der Datenanalyse wird eine aufwendige Bearbeitung des gesamten Wellenfeldes benötigt, um ein korrektes Abbild der Strukturen zu erhalten (↗seismische Datenbearbeitung). Die Reflexionsseismik wurde vor allem durch den erfolgreichen Einsatz bei der Exploration von Kohlenwasserstoffen zu einem der wichtigsten Werkzeug der angewandten Geophysik, das für Untersuchungen sowohl oberflächennaher Schichten als auch der unteren Erdkruste eingesetzt wird. [KM]

Reflexionsvermögen, reflektierte Strahlungsleistung (Intensität) des Lichts beim Auftreffen auf eine Grenzfläche zweier Medien unterschiedlicher ↗Brechungsindizes und Absorption im Verhältnis zur einfallenden Intensität. Beim Übergang des Lichts von Vakuum in ein optisch isotropes Medium mit dem Brechungsindex n und dem Absorptionsindex $\varkappa$ ist der Anteil der reflektierten Intensität R gegeben durch:

$$R = \frac{(n-1)^2 + (n\varkappa)^2}{(n+1)^2 + (n\varkappa)^2}.$$

refraktär, Bezeichnung für ein Gestein, in dem nur noch bei hohen Temperaturen schmelzende Phasen und Komponenten vorhanden sind. So ist z. B. ein ↗Harzburgit ein refraktärer ↗Peridotit, weil er durch Teilaufschmelzung seine basaltischen Komponenten verloren hat.

refraktäres Erz, Erz, aus dem die Wertstoffe (Metalle) sehr schwierig oder nur mit hohem Kostenaufwand gewonnen werden können.

refraktierte Welle ↗Kopfwelle.

Refraktion, Brechung, Änderung der Ausbreitungsrichtung von ebenen elektromagnetischen Wellen bzw. von Lichtstrahlen beim Übergang von einem Medium in ein anderes, in dem die Welle eine andere Ausbreitungsgeschwindigkeit besitzt. Im Normalfall findet auch eine ↗Reflexion eines Teils der Welle statt. Bei senkrechtem Einfall auf die Grenzfläche erfährt die Welle keine Änderung der Ausbreitungsrichtung. Die Brechung wird beschrieben durch das ↗Snelliussche Brechungsgesetz. a) *atmosphärische Refraktion*: Zusammenfassung aller Refraktionseffekte in der neutralen ↗Atmosphäre, im Gegensatz zur ionosphärischen Refraktion der elektrisch geladenen Atmosphäre. Die atmosphärische Refraktion kann unterteilt werden in einen trockenen Anteil und einen feuchten Anteil. Der trockene Anteil der atmosphärischen Refraktion wird in der Hauptsache durch induzierte Dipolmomente der N_2- und der O_2-Moleküle verursacht, während der feuchte Anteil durch das permanente Dipolmoment des Wasserdampfes (H_2O) bewirkt wird. Die atmosphärische Refraktion wird i. a. durch den ↗Brechungsindex und seine horizontalen und vertikalen Änderungen charakterisiert. Elektrooptische und elektromagnetische Meßverfahren reagieren sehr unterschiedlich auf die beiden Refraktionsanteile. Elektrooptische Signalwellen reagieren dispersiv, d. h. in Abhängigkeit von der Wellenlänge, während sich elektromagnetische Signalwellen in dem für Meßzwecke benutzten Frequenzfenster nicht dispersiv verhalten. Elektrooptische Wellen reagieren fast gar nicht auf Wasserdampf, elektromagnetische aber vergleichsweise stark. b) *astronomische Refraktion*: Aufgrund des variablen Brechungsindexes in der Erdatmosphäre wird ein von einem astronomischen Objekt herrührender Lichtstrahl ste-

Refraktion 1: astronomische Refraktion beim Durchgang des Lichtes von Himmelskörpern durch die Atmosphäre.

tig zum Lot hin abgelenkt. Sterne erscheinen daher aufgrund der astronomischen Refraktion unter zu kleiner Zenitdistanz. Das Licht wird beim Weg durch die Atmosphäre gebrochen (↗Dämmerungserscheinungen), weil die Luftdichte und damit der Brechungsindex der Luft innerhalb der Atmosphäre zum Boden hin zunehmen (Abb. 1). Die Refraktion bewirkt, daß Sonne und Sterne höher stehend erscheinen. Die Refraktion ist umso größer, je näher am Horizont Sonne oder Sterne stehen und beträgt am Horizont etwa 0,5°. Die astronomische Refraktion bewirkt eine Abplattung der am Horizont stehenden Sonnenscheibe, weil die Refraktion am Oberrand der Sonne bereits um 6' geringer ist als am Unterrand. Wegen der astronomischen Refraktion ist die ↗Tageslänge vergrößert, in mittleren geographischen Breiten nur einige Minuten, jedoch z. B. auf der Insel Nowaja Semlja (76° nördl. Breite), wo die Sonne sehr flach auf- und untergeht, ist die Polarnacht bis zu 15 Tage verkürzt. c) *ionosphärische Refraktion*: Refraktionseffekte durch elektrische Ladungen in der Atmosphäre, die sich insbesondere auf sich innerhalb oder durch die ↗Ionosphäre bewegende elektromagnetische Signale auswirkt. Bei elektromagnetischen Wellen tritt in der Ionosphäre ↗Dispersion auf. Das für die Refraktion maßgebliche Profil der Brechungsindizes ist abhängig von der Beobachtungsfrequenz f, dem Erdmagnetfeld und der Plasmafrequenz, die wiederum von der Elektronendichte n_e abhängt. In erster Näherung berechnet sich der Brechungsindex für die Phasenausbreitung mit:

$$n_{ph} = 1 - \frac{40,3\,n_e}{f^2},$$

d. h. die Phasenausbreitung wird durch die ionosphärische Refraktion beschleunigt. Bei der Ausbreitung einer Wellengruppe, die durch Überlagerung mehrerer Wellenzüge mit verschiedenen Frequenzen entsteht, tritt eine Verzögerung ein, da der Brechungsindex mit:

$$n_{ph} = 1 + \frac{40,3\,n_e}{f^2}$$

größer als 1 ist. Wegen der Dispersion bei elektromagnetischen Wellen kann die ionosphärische Refraktion mit Hilfe von Beobachtungen auf zwei weit voneinander entfernten Frequenzbändern korrigiert werden. d) *terrestrische Refraktion*: Krümmung der Ausbreitungsrichtung des Lichtes von einem Sichtziel (Abb. 2), weil die

Refraktion 2: terrestrische Refraktion und damit verbundene Erhöhung des Horizontes

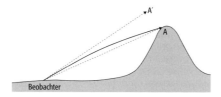

Luftdichte (infolge Temperaturabnahme) und damit der Brechungsindex der Luft vom Boden nach oben hin abnehmen. Die terrestrische Refraktion bewirkt, daß bei normaler Luftschichtung der geodätische Horizont angehoben wird, und zwar bei einer Augenhöhe von 10 m um 1°, wodurch die Sichtweite um 1 km vergrößert wird. Bei ungewöhnlicher Änderung der Luftdichte mit der Höhe kommt es infolge von Temperatur-Inversion zu anomal starker Hebung des Horizontes und infolge besonders starker Temperaturabnahme mit der Höhe kommt es auch zur Senkung des Horizontes (/Luftspiegelung). Die Verzögerung der Signallaufzeit und Beugung der Ausbreitung führt bei Laufzeitmessungen, z. B. bei elektrooptischen und elektromagnetischen Entfernungsmessungen zu Streckenmeßfehlern, beim /Nivellement und trigonometrischer Höhenübertragung zu Höhenfehlern. Richtungsmessungen mit Theodoliten leiden unter /Seitenrefraktion.

Refraktionsseismik, /seismische Methode zur Bestimmung geologischer Strukturen aus /Kopfwellen, die sich von Schichtgrenzen und Grenzflächen aus unter dem kritischen Winkel ausbreiten. Bei der Analyse werden vorwiegend Laufzeiten und weniger Wellenformen bearbeitet. Aus Segmenten von Laufzeitkurven sowie deren /Interzeptzeit bzw. /Delay-Zeiten können Segmente von /Refraktoren, ihre Tiefe und Neigung und die Wellengeschwindigkeit im Refraktor bestimmt werden. Im allgemeinen werden gegengeschossene Profile vermessen, wo mit einer Geophonauslage Schüsse von beiden Enden des Profils registriert werden. Die Länge der Auslage muß etwa das fünf- bis zehnfache der Untersuchungstiefe betragen, damit die zugehörige Kopfwelle als *Ersteinsatz* registriert wird. Anwendung findet diese Methode in der Untersuchung oberflächennaher Schichten, der /Verwitterungszone, in der /Nahseismik und der /seismischen Tiefensondierung. [KM]

Refraktionszahl /Brechungsindex.

Refraktor, obere Grenzfläche einer Schicht, die eine höhere Wellengeschwindigkeit hat als alle Schichten in geringerer Tiefe und in der eine Kopfwelle entstehen und sich ausbreiten kann; wird durch Verfahren der /Refraktionsseismik ermittelt.

Refugium, Rückzugsraum für bedrohte Pflanzen- oder Tierarten. Refugien sind einerseits kleinräumige temporäre Zufluchtgebiete für gefährdete Arten oder Individuen, beispielsweise in Form einer /Hecke in der ausgeräumten /Kulturlandschaft, andererseits sind es auch langfristige Erhaltungsgebiete für Reste tierischer oder pflanzlicher /Populationen (*Reliktareale*), die sich wegen ungünstiger ökologischer Änderungen aus den vorherigen /Lebensräumen ins Refugium zurückgezogen haben. Der Begriff Refugium wird auch für den Rückzugsraum von bedrohten oder vertriebenen menschlichen Populationen verwendet, sofern dieser nicht extra von einer höheren Behörde zugewiesen wurde (sonst /Reservat).

Reg /Serir.

Regelation, wiederholtes Auftauen und Wiedergefrieren von Schnee oder Eis. Dieser Vorgang, der zur Schmelzwasserbildung durch Druckverflüssigung vor und das Wiedergefrieren des Schmelzwassers nach Hindernissen führt, ist besonders häufig am Boden v. a. /temperierter Gletscher zu beobachten. Die Regelation ist eine wichtige Voraussetzung für das basale Gleiten eines Gletschers (/Gletscherbewegung).

regelhaftes Generalisieren, *gesetzmäßiges Generalisieren*, im Unterschied zum intuitiven Generalisieren (das auch als freies Generalisieren bezeichnet wird) die konsequente Anwendung von festgelegten *Generalisierungsregeln* sowie die Einhaltung einer vorgegebenen Generalisierungsreihenfolge. Das regelhafte Generalisieren zielt auf ein möglichst homogenes und objektives Generalisierungsergebnis ab. Es wird vor allem bei der Ableitung topographischer Folgemaßstäbe durch entsprechende Zeichenvorschriften und redaktionelle Anweisungen gewährleistet. Den verbleibenden Spielraum für subjektive Entscheidungen versucht man seit längerem durch die Formalisierung und Mathematisierung der Generalisierungsvorgänge zu verringern. Hierfür existieren zwei Ansätze. Der empirische Ansatz geht von der Objektivität vorliegender Generalisierungsergebnisse aus, analysiert diese und leitet daraus Regeln ab, z. B. für die Anzahl der im Folgemaßstab darzustellenden Objekte einer Klasse (/Objektauswahl). Der konstruktive Ansatz berücksichtigt zahlreiche in vorliegenden Zeichenvorschriften, Klassifikationen und Generalisierungsreihenfolgen enthaltene Komponenten. Die Formalisierung der Generalisierungsabläufe ist Voraussetzung für den schrittweisen Übergang zur /rechnergestützten Generalisierung.

Regelkreis, in der /Landschaftsökologie häufig verwendete Modellvorstellung für die Funktionsabläufe in einem /Ökosystem (/Standortregelkreis). Ein Regelkreis ist ein aus verschiedenen Kompartimenten zusammengesetztes kybernetisches System, bei dem es zu einem ständigen Vergleich zwischen einem Ausgangswert (der Regelgröße) und einem Sollwert (der Führungsgröße) kommt (Abb.). Abweichungen vom Sollwert werden von einem Fühler an einen Regler weitergeleitet, der über ein Stellglied die zu regelnden Größen beeinflußt und somit Abweichungen vom Ist- zum Sollwert entsprechend der Leistungsfähigkeit vermindert und korrigiert. Es handelt sich bei einem Regelkreis also um ein geschlossenes /Rückkopplungssystem, welches äußeren Einflüssen gegenüber relativ stabil bleibt. Durch die vereinfachte Darstellung des gesamten Wirkungsablaufes in einem Ökosystem lassen sich externe Eingriffsstellen identifizieren. Dies wiederum ermöglicht es, die Folgen solcher anthropogener Eingriffe (z. B. Änderungen der Nutzung oder der Nutzungsintensität) abzuschätzen (↗Szenarientechnik). [SMZ]

Regelung, Vorzugsorientierung von mineralspezifischen Merkmalen. Man unterscheidet a) die Kornformregelung, z. B. die Langachsenregelung von Mineralen (↗Augengneis) oder die Einregelung der flachen Seite tafeliger Minerale (z. B. Glimmer-Basisfläche), b) die kristallographische Vorzugsregelung, d. h. die Einregelung kristallographischer Achsen oder Flächen, meist erzeugt durch plastische Deformation, aber auch durch bevorzugtes Kornwachstum in definierten Richtungen oder passive Einregelung nach der Korngestalt. Die Regelung wird durch Projektionen im Schmidtschem Netz (↗Lagenkugelprojektion) dargestellt. Kristallographische Vorzugsregelungen werden in Einklang mit der Materialkunde auch synonym mit dem Begriff ↗Textur verwendet.

Regelungsbauwerk, Bauwerk zur Flußregelung. Damit wird eine Verbesserung der Wasserstands- und Strömungsverhältnisse durch flußbauliche Maßnahmen angestrebt (↗Niedrigwasserregelung). Die wichtigsten Regelungsbauwerke sind ↗Leitwerke, ↗Buhnen sowie Sohl- und Grundschwellen.

Regelungsdiagramm ↗*Gefügediagramm*.

Regen, flüssiger Niederschlag mit Tröpfchen größer als etwa 0,5 mm. Kleinere herabfallende Tröpfchen werden als Sprühregen (↗Niesel) bezeichnet, in der Luft schwebende Tröpfchen als ↗Wolken oder ↗Nebel. ↗gefrierender Regen, ↗saurer Regen.

Regenbogen, helle, farbige, kreisförmige Streifen meist auf einem Vorhang niedergehenden Regens (oder auch auf Wassertropfen der Gischt von Schiffen, von Springbrunnen, von Wasserfällen), der von der Sonne beleuchtet wird. Um den Gegenpunkt der Sonne wird der Regenbogen durch ↗Spiegelung und ↗Refraktion des Sonnenlichtes in den Wassertropfen gebildet (↗Regenbogentheorie). Der *Hauptregenbogen* hat 42° Abstand vom Gegenpunkt der Sonne, der *Nebenregenbogen* 51° Abstand und die ↗Sekundärregenbogen schließen nach innen an den Hauptregenbogen oder nach außen an den Nebenregenbogen an. Auch wenn keine Sekundärregenbogen auftreten, ist das Gebiet innerhalb des Hauptregenbogens aufgehellt, und weniger stark aufgehellt ist auch der Himmel außerhalb des Nebenregenbogens. Wenn Regenbogen vom Licht von der Sonne entstehen, das vorher an Wasserflächen reflektiert wurde, so treten zusätzliche Regenbogen auf, die etwas irreführend »gespiegelte Regenbogen« genannt werden. Die Regenbogen sind umso farbenprächtiger, je größer die Wassertropfen sind. Regenbogen, die durch sehr kleine Wassertropfen entstehen, sind nicht farbig (↗Nebelbogen). Auch Regenbogen, die mit Licht vom Mond gebildet werden, sind nicht farbig (↗Mondregenbogen). [HQ]

Regenbogentheorie, umfassende Beschreibung der (physikalischen) Wechselwirkung zwischen elektromagnetischer Strahlung und kugelförmigen Materieteilchen in der Atmosphäre (im Falle der Regenbogenbildung sind das Wassertropfen) liefert die Mie-Theorie, die allerdings sehr unanschaulich ist. Jedoch genügen anschauliche Betrachtungen mit den Gesetzen der geometrischen Optik von Georg ↗Airy von 1836, deren Grundzüge schon René Descartes 1637 erkannt hat, um die wesentlichen Eigenschaften des Regenbogens zu erklären. Das Licht von der Sonne (oder vom Mond) erleidet bei Eintritt in einen Wassertropfen ↗Refraktion, dann einmalige ↗Spiegelung (↗Reflexion), und bei Austritt nochmals Refraktion, wodurch der Hauptregenbogen mit 42° Abstand um den Gegenpunkt der Sonne entsteht (Abb. 1). Erleidet das Licht von der Sonne im Inneren des Wassertropfens zweimalige Spiegelung, dann entsteht der Nebenregenbogen mit 51° Abstand um den Gegenpunkt der Sonne (Abb. 2). Tatsächlich tritt jedoch nicht nur ein einzelner Lichtstrahl, sondern vielmehr treten viele Lichtstrahlen, die mit unterschiedlichem Einfallswinkel auf die Tropfenoberflächen fallen, gleichzeitig in den Wassertropfen ein, und sie treten gehäuft bei $(180°-42°) = 138°$ Ablenkungswinkel wieder aus (Abb. 3). Die stärker abgelenkten Lichtstrahlen bewirken die Aufhellung des Gebietes innerhalb des Hauptregenbogens. Genauso häufen sich die Lichtstrahlen bei zweimaliger Spiegelung bei $(180°-51°) = 129°$ Ablen-

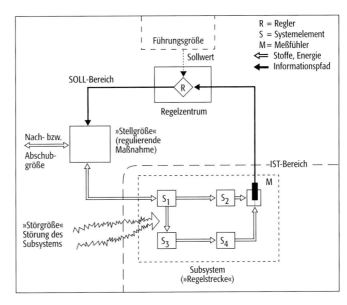

Regelkreis: Modell eines Regelkreises.

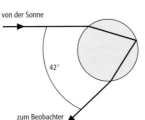

Regenbogentheorie 1: Reflexion der in einen Wassertropfen einfallenden Sonnenstrahlung mit 42° und Bildung des Hauptregenbogens.

Regenbogentheorie 2: zweimalige Spiegelung der in einen Wassertropfen einfallenden Sonnenstrahlung und Bildung des Nebenregenbogens mit 51°.

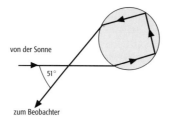

kungswinkel, und die weiteren Lichtstrahlen werden weniger abgelenkt und bewirken die Aufhellung des Gebietes außerhalb des Nebenregenbogens. Die *Regenbogenfarben* entstehen, weil der ↗Brechungsindex des Wassers für die verschiedenen ↗Wellenlängen des Lichtes ein wenig verschieden ist, wodurch die Brechungswinkel bei Eintritt und bei Austritt in den Wassertropfen verschieden sind, so daß das weiße Licht von der Sonne in seine Farben aufgespalten wird. Beim Hauptregenbogen ist der Ablenkungswinkel für rot 137°44' und für violett 139°16', also ist der Hauptregenbogen ca. 1,5° breit, und beim Nebenregenbogen ist der Ablenkungswinkel für rot 129°38' und für violett 126°36', also ist der ↗Nebenregenbogen ca. 3° breit. Die Aufhellung der Gebiete innerhalb des Hauptregenbogens und außerhalb des Nebenregenbogens zeigt hellere und weniger helle Streifen, die ↗Sekundärregenbogen, weil die aus den Wassertropfen austretenden Strahlen noch interferieren.

Regenentlastung, Bauwerke in der Mischkanalisation (↗Kanalisation) zum Ableiten größerer Wassermengen in den ↗Vorfluter. Da der Anteil des Regenwassers um ein Vielfaches über dem ↗Trockenwetterabfluß liegt, kann nur ein kleiner Teil des anfallenden ↗Abwassers durch das gesamte Kanalnetz geleitet und in der Kläranlage behandelt werden (↗Abwasserreinigung). Der darüber hinaus gehende Anteil wird entweder direkt oder teilgeklärt in den Vorfluter eingeleitet. Dabei besteht der Regenüberlauf aus einer in das Kanalnetz eingebauten Wehrschwelle (↗Streichwehr) mit nachgeschalteter ↗Drosselstrecke, die den Durchfluß so aufstaut, daß bei Erreichen des kritischen Abflusses die Wehrschwelle überströmt wird. Regenrückhaltebecken reduzieren bei Starkregen durch vorübergehende Speicherung den Abfluß (↗Hochwasserrückhaltebecken). Als Regenüberlaufbecken können sie mit einem Regenüberlauf kombiniert werden. Regenklärbecken dienen der mechanischen Vorklärung von Regen- beziehungsweise Mischwasser, Dimensionierung und Konstruktionsprinzipien entsprechen den ↗Absetzbecken in einer ↗Kläranlage. [EWi]

Regenerationsfähigkeit, *Regenerationskapazität*, in der ↗Landschaftsökologie die Fähigkeit eines ↗Ökosystems, nach größeren Veränderungen aufgrund natürlicher oder anthropogener Störungen seine ursprünglichen Strukturen und Funktionen wiederzuerlangen. Dabei darf die Grenze der ↗Belastbarkeit nicht überschritten werden. Man spricht auch von ↗Resilienz eines Ökosystems. In natürlichen Ökosystemen gibt es Regenerationszyklen, die z. B. bei feuerbeeinflußten Gebieten (↗Feuer), aber auch bei montanem Nadel-Laub-Mischwald beobachtet werden (Abb.). In solchen Systemen entstehen natürliche Zyklen von Wachstum, Zerfall und erneuter Verjüngung, wobei ein ↗Mosaik von verschiedenen Stadien nebeneinander vorkommt, das entscheidend ist für die Artenvielfalt des Lebensraumes. Der ↗Klimax solcher Waldbestände ist also kein konstanter Zustand, sondern ein dynamischer Wechsel, der Vielfalt erst ermöglicht. ↗Regenerationsfunktion. [MSch]

Regenerationsfunktion, Fähigkeit von ↗Ökosystemen und ↗Landschaftsökosystemen durch ↗Nachbarschaftsbeziehungen (↗ökologische Ausgleichswirkungen), auf belastete benachbarte Ökosysteme oder einzelne Kompartimente davon regenerierend zu wirken (z. B. Regeneration eines belasteten Luft- und Wärmehaushaltes durch ↗klimaökologische Ausgleichsfunktion). Außerdem wirken sie bei einer entsprechenden Ausstattung des ↗Naturraumes positiv auf die physische und psychische Regeneration und Erholung des Menschen (↗Naturraumpotential, ↗Leistungsvermögen des Landschaftshaushaltes).

regenerierbare Ressourcen, Rohstoffe oder Produktionsfaktoren, die sich immer wieder neu bilden. Unterteilen lassen sie sich in solche, deren Produktionsleistung grundsätzlich nicht durch den Menschen verändert werden kann (z. B. Sonnenenergie, Gezeitenkraft, Windkraft) und in solche, die nur in beschränktem Maße genutzt werden können (z. B. Grundwasser, Bodenfruchtbarkeit, Wälder, Luft). Die wirtschaftliche Nutzung dieser Ressourcen hat im letzteren Fall Rücksicht auf ihre Produktionsleistung und ↗Regenerationsfähigkeit zu nehmen, wenn sie nach dem Prinzip der ↗Nachhaltigkeit erfolgen soll (↗Ressourcenmanagement).

regenerierter Gletscher, Fortsetzung eines durch einen Steilabsturz und ↗Gletscherabbruch in seinem Zusammenhang unterbrochenen und durch ↗Eislawinen ernährten ↗Gletschers am Fuß einer Steilwand.

Regenbogentheorie 3: Einfallende Sonnenstrahlen mit unterschiedlichen Einfallswinkeln treten gehäuft bei 138° Ablenkungswinkel wieder aus.

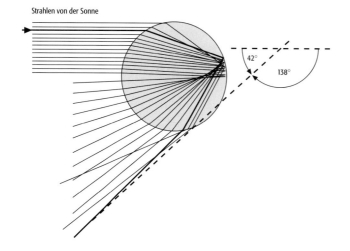

  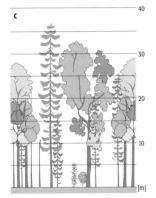

Regenerationsfähigkeit: zyklische Regeneration eines montanen Fichten-Tannen-Rotbuchen-Urwaldes der östlichen Kalkalpen (Niederösterreich). Verjüngungsphase mit Jungwuchs in Windwurfstellen (a), Optimalphase mit dichtem Kronenschluß und überwiegendem Nadelholzanteil (b), Zerfallsphase eines überalterten Bestandes mit viel totem Holz, hohem Rotbuchenanteil und neuerlichem Aufkommen von Jungwuchs (c).

Regenerosivitätsfaktor ↗ R-Faktor.
Regenfaktor, Indexzahl (f), welche den mittleren Jahresniederschlag (N) zur mittleren Jahrestemperatur (T) in Beziehung setzt ($f = N/T$) und damit der Angabe der ↗ Humidität bzw. ↗ Aridität dient. Mit wachsendem Niederschlag erhöht sich auch die Feuchte des Gebietes, während steigende Temperaturen eine Erhöhung der ↗ Verdunstung zur Folge haben und somit die Feuchte erniedrigen. Der Regenfaktor kann zur Abgrenzung von Klimazonen herangezogen werden und erlaubt, Aussagen über den Wasserhaushalt zu treffen. ↗ Ariditätsfaktor.
Regenfeldbau, Form des Ackerbaus, bei dem der Wasserbedarf der ↗ Nutzpflanzen aus den Niederschlägen gedeckt werden kann und nicht extra bewässert werden muß. Beim Regenfeldbau ist je nach jährlicher Niederschlags- und Temperaturverteilung zwischen Dauerfeldbau (ganzjähriges Pflanzenwachstum, mehrere Ernten pro Jahr, immerfeuchte Subtropen) und Jahreszeitenfeldbau zu unterscheiden. Der Jahreszeitenfeldbau wird weiter in den Regenzeitfeldbau (gleichbedeutend mit Trockenfeldbau, Regen- und Trockenzeit, wechselfeuchte Tropen), in den Sommerfeldbau (Kälteruhe im Winter, gemäßigte Breiten, sommerfeuchte Subtropen), in Winterfeldbau (Trockenruhe im Sommer, sommertrockene Subtropen) und in das Trockenfarmsystem (↗ Dry Farming) unterteilt.
Regenintensität, *Regendichte*, Niederschlagsmenge pro Zeiteinheit, angegeben in mm/h.
Regenklärbecken, ↗ Absetzbecken zur mechanischen Vorklärung von Regenwasser oder Mischwasser. ↗ Abwasser, ↗ Kanalisation.
Regenklima, ↗ Klima, in dem ganzjährig relativ hohe Niederschläge auftreten, was insbesondere im tropischen *Regenwaldklima* der Fall ist (↗ Klimaklassifikation). In geringerer Intensität findet man Regenwaldklima auch in der immerfeuchten gemäßigten Klimazone sowie in Gebirgsregionen, in denen aufgrund von Stauwirkungen (Luv) erhöhte Niederschläge auftreten. Eine Besonderheit in diesem Zusammenhang ist das *Nebelwaldklima*, bei dem die Pflanzen mit Wasser hauptsächlich aus dem Nebel und somit aus der Luft versorgt werden (↗ Nebelwald).
Regenmaximierung, *Starkregenmaximierung*, Verfahren zur Ableitung des vermutlich großen Niederschlags.
Regenmesser ↗ Niederschlagsmessung.
Regenmesser nach Hellmann ↗ Hellmann-Niederschlagsmesser.
Regenrückhaltebecken, Bauwerk zur ↗ Regenentlastung mit zusätzlichem Speicherraum.
Regenschauer ↗ Schauer.
Regensimulation, ist die kontrollierte Applikation von Wasser in Form einzelner Tropfen oder künstlichen Niederschlags bestimmter ↗ Tropfenspektren und Intensität in Labor oder Freiland. Die Regensimulation dient der Datengewinnung in Erosionsuntersuchungen unter standardisierten Niederschlagsbedingungen. Häufig wird deionisiertes Wasser verwendet bzw. das genutzte Wasser zuvor eingehend untersucht, um chemische Veränderungen im Abfluß erklären zu können.
Regentropfen, Wassertropfen mit Durchmesser größer 200 μm. Ihre Größenverteilung wird durch:

$$N(D) = N_0 \cdot e^{[-\Lambda \cdot D]}$$

beschrieben, der sog. Marshall-Palmer Verteilung. Typischerweise sind $N_0 = 0{,}08$ cm^{-4}, $\Lambda = 41 \cdot R^{[-0,21]}$, wobei R die Regenrate in mm pro h ist (↗ Niederschlagsintensität), $N(D)$ ist die Anzahl von Tropfen pro Volumeneinheit (in cm^{-3}) und pro Durchmesserintervall (in cm). Regentropfen sind mit typischen Durchmessern von 1–2 mm viel größer als ↗ Wolkentröpfchen und fallen daher mit Geschwindigkeiten von 4–5 m/s aus der Wolke. Dynamische Kräfte flachen die Regentropfen ab, regen Taumelbewegungen an und führen ab 5–8 mm Durchmesser zum Aufplatzen. Regentropfen entstehen über den Warmen-Regen-Prozeß oder durch Schmelzen eines ↗ Graupels (↗ Niederschlagsbildung). Durch Koaleszenz gewachsene Regentropfen kleiner 500 μm zählt man zu ↗ Niesel. [TH]
Regentropfenaufprall, *Tropfenschlag*, Aufprall von Regentropfen auf Oberflächen. Die Aufprallkraft ist proportional zum Tropfenvolumen und führt auf unbedeckten Bodenoberflächen zu ↗ Planschwirkung, Aggregatzerstörung und ↗ Verschlämmung.

Regentropfeneindrücke, Depressionen auf einer Sedimentoberfläche, die von auftreffenden Regentropfen oder Hagelkörnern erzeugt wurden.

Regentropfenerosion, *splash erosion*, Vorgang, bei dem auf eine vegetationsfreie Bodenoberfläche aufschlagende Regentropfen (↗Regentropfenaufprall) Bodenbestandteile von den dort liegenden Aggregaten lösen und sie über Distanzen von wenigen Millimetern bis zu mehreren Dezimetern transportieren. Die bewegten feinen Bodenbestandteile lagern sich auch in groben Poren auf der Bodenoberfläche ab und verstopfen sie. So wird das Wasseraufnahmevermögen in den obersten Millimetern des Bodens stark vermindert und die Abflußbildung während starker Niederschläge verstärkt. Die Energie und der Aufprallwinkel der Regentropfen, die ↗Aggregatstabilität, die Unebenheiten und die Bodenfeuchte an der Bodenoberfläche bestimmen das Ausmaß der Regentropfenerosion. Mit zunehmender Schichtdicke des Abflusses auf der Bodenoberfläche nimmt das Ausmaß der Regentropfenerosion ab. ↗Bodenerosion. [HRB]

Regenüberlauf, Bauwerk zur ↗Regenentlastung ohne zusätzlichen Speicherraum.

Regen- und Abflußfaktor ↗R-Faktor.

Regenwald, allgemeiner Begriff für den meist immergrünen Wald der ganzjährig feuchten Gebiete. Er ist charakterisiert durch eine üppige ↗Vegetation und eine meist große ↗Artenvielfalt. Regenwälder kommen sowohl in tropischen (Amazonasbecken, Äquatorialafrika, Südostasien) wie auch in subtropischen (Mittelamerika, Indonesien), temperierten (Südchile, Neuseeland) und borealen Gebieten vor (Südwestkanada). Im engeren Sinne wird der Begriff auf den tropischen Regenwald bezogen, den immergrünen Wald der dauerfeuchten Tropen. Entsprechende Bedingungen herrschen in großen Teilen von Südostasien, im Kongo- und Amazonasbecken und an der Ostküste von Madagaskar. Allerdings ist der Regenwald in diesen ursprünglichen Verbreitungsgebieten durch Holzeinschlag, ↗Wanderfeldbau oder großflächige Brandrodungen zur Gewinnung von Weideland oder Plantagenflächen (»slash and burn«, ↗Feuer) stellenweise sehr stark dezimiert worden. Diese bedrohliche Entwicklung gefährdet nicht nur den Bestand eines der artenreichsten ↗Ökosysteme der Erde, sie ist auch verantwortlich für einen erheblichen Teil der steigenden CO_2-Freisetzung in die Atmosphäre. Die hohe ↗Biodiversität des tropischen Regenwaldes ist durch den überaus großen strukturellen Reichtum dieser Wälder entscheidend mitbedingt. Die Gliederung in mehrere Kronenstockwerke, die reiche Entfaltung besonderer ↗Lebensformen (z. B. ↗Epiphyten, Lianen usw.) und das Nebeneinander aller Altersklassen und Entwicklungsstufen sorgen für eine große Vielfalt verschiedener ↗Lebensräume, die zumindest den Reichtum an tierischen Organismen zu erklären vermag. Dagegen sind die Gründe für die hohe Diversität auch bei den ↗Pflanzen noch Gegenstand der wissenschaftlichen Auseinandersetzung: Nicht selten findet man auf einem Hektar 100–150 Baumarten und ein Mehrfaches an anderen Pflanzen, von denen bisher vermutlich erst der kleinere Teil wissenschaftlich beschrieben ist. Wenn das Ausmaß der Vegetationszerstörung in der heutigen Größenordnung weiter anhält, wird diese Vielfalt verschiedener Arten in absehbarer Zukunft verschwunden sein, lange bevor sie auch nur annähernd vollständig bekannt war. [DR]

Regenwaldklima ↗Regenklima.

Regenwurm, gehört zu der Gruppe der Luriciden aus der Familie der Wenigborster (Gattungen *Allolobophora*, *Dendrobaena*, *Lumbricus*, *Octolasium*). Sie ziehen Streu aus der ↗Streuauflage (pro Wurm bis 40 g/a) in tiefere Bodenschichten und befördern gleichzeitig auch Mineralbodenteile als Wurmlosung an die Bodenoberfläche (>50 kg/m^{2}a). Die Bildung von ↗Mull wird gefördert, bei hohem Gehalt von Wurmlosung spricht man von ↗Wurmmull. Im Darm des Regenwurms kommt es zur Bildung stabiler ↗organomineralischer Komplexe, die zur ↗Bodenfruchtbarkeit beitragen. Durch ihre wühlende Tätigkeit durchmischen und lockern sie den Boden (↗Bioturbation). Regenwürmer kommen häufiger in Laubwaldböden als in Nadelwaldböden vor, der Besatz unter Wiesen oder Weiden kann bis zum 30fachen des Nadelwaldbodens betragen.

Regenzeit, Jahreszeit, in der im Laufe des Jahresganges der wesentliche Niederschlag fällt, wobei es eine oder zwei Regenzeiten geben kann. ↗Klimatyp, ↗Klimaklassifikation.

Regimefaktoren, *Abflußregimefaktoren*, Sammelbezeichnung für alle hydrologischen und meteorologischen Variablen, Parameter des ↗Einzugsgebietes und Prozesse im Einzugsgebiet, die das ↗Abflußregime eines Fließgewässers bestimmen. Der primäre Regimefaktor ist der Niederschlag. Sein Einfluß kann aber so stark von sekundären Regimefaktoren überlagert werden, daß er im Jahresgang des ↗Abflusses nicht mehr zu erkennen ist. Die sekundären Regimefaktoren werden unterteilt in hydrologisch/meteorologische Regimefaktoren, zu denen alle Elemente der Wasserbilanz gehören, sowie die Regimefaktoren, die durch Kenngrößen des Einzugsgebietes (z. B. Größe, geologische Verhältnisse, Landnutzung, Form des Einzugsgebietes usw.) wiedergegeben werden. Ebenfalls zu den sekundären Regimefaktoren werden die im Einzugsgebiet sich vollziehenden, natürlich oder anthropogen bedingten hydrologischen Prozesse gerechnet. [KHo]

Regiomontanus, eigentlich *Johannes Müller*, deutscher Mathematiker und Astronom, * 6.6.1436 Königsberg (Franken), † 6.7.1476 Rom; Schüler von G. von Peuerbach in Wien und dabei Mitübersetzer unter anderem des Almagest. 1468–71 Bibliothekar des ungarischen Königs Matthias Corvinus in Ofen, ab 1471 in Nürnberg, wo er an der dortigen Universität lehrte und die erste deutsche Sternwarte sowie eine Druckerei einrichtete. 1475 von Papst Sixtus IV. zur Kalenderreform nach Rom berufen. Regiomontanus war einer der herausragendsten Mathematiker des Mittelalters. Er erweiterte besonders die Algebra und Trigonometrie (»Tabulae directionum«, 1475; »De triangulis omnimodis«, 1533 postum herausgegeben) und führte die Tangentenfunktion ein, verbesserte astronomische Instrumente und Navigationsgeräte sowie Ephemeridentafeln (1474 Veröffentlichung seiner »Ephemerides«, die von Vasco da Gama und Columbus auf ihren Reisen zur Längenbestimmung benutzt wurden). Er nahm ausführliche Beobachtungen an dem 1472 erschienenen Kometen (später als Halleyscher Komet bezeichnet) vor.

Region, im allgemeinen Sinne eine räumlich ausgedehnte, in der Regel mehrere ↗Landschaften umfassende Raumeinheit der ↗Geosphäre, die sich aufgrund bestimmter Merkmale natürlichen oder menschlichen Ursprungs von den umliegenden Gebieten unterscheidet. Beispiele sind die kulturellen Regionen, welche durch Wirtschafts- und Lebensbeziehungen gekennzeichnet werden, pflanzen- und tiergeographische Regionen der ↗Biogeographie, Planungseinheiten mittlerer Größe in der ↗Raumplanung (↗Regionalplanung) und in der Landschaftsökologie ein ↗Großraum der ↗regionischen Dimension gemäß der ↗Theorie der geographischen Dimensionen.

Regionalatlas, Landschaftsatlas, ↗Atlas, in dem ein Teilgebiet eines Staates oder ein natur- oder kulturgeographisch abgegrenzter Staatenraum, unabhängig von politischen Grenzen, in einer enzyklopädischen Folge von zumeist ↗thematischen Karten dargestellt ist.

regionale Geologie, zusammenfassende Darstellung der geologischen Verhältnisse einzelner Länder oder Erdteile. Diese Aufgaben werden vorzugsweise von den nationalen Geologischen Diensten (Geologische Landesämter in Deutschland) wahrgenommen. Im Rahmen der Landesaufnahme werden geologische Karten erstellt und Erläuterungen zu Stratigraphie und Lithologie der im Gebiet auftretenden Gesteinsfolgen geliefert. Steigende Bedeutung für die wirtschaftliche Entwicklung der Region erhalten Informationen aus dem Bereich der Angewandten Geologie. Dies betrifft insbesondere Angaben zur Nutzung von Lagerstätten, zur Hydrogeologie sowie zur Eignung spezieller Bereiche als Standort von Abfalldeponien oder allgemein als Baugründe.

regionale Hydrologie, Teilbereich der ↗Angewandten Hydrologie, der sich mit spezifischen regionalen Aufgaben befaßt. Es wird das Ablaufen der hydrologischen Prozesse in verschiedenen geographischen Zonen in Abhängigkeit von Klima, Bodenart, Geologie, Vegetation, Morphologie etc. untersucht und vergleichend beschrieben wird.

regionale Mineralogie, Fachgebiet der Mineralogie, welches die regionale Verteilung der Minerale, Mineralfundpunkte, Mineralfundorte u. a. in geologischen Einheiten, Ländern oder Lagerstättenbezirken beschreibt.

Regionalfarben, die von E. von ↗Sydow begründete farbige Reliefdarstellung auf Wand- und Atlaskarten, der er bestimmte Aspekte vorherrschender Landschaftsfarben zugrunde legte. Für das Tiefland galt Grün (Wiesen) und für das Bergland und das Gebirge Braun als Leitfarbe. Erst später wurden als Stufenbegrenzung 200 m und 500 m üblich, wobei die Zwischenstufe (200–500 m) anfangs weiß blieb und später mit dem Fortschritt des Mehrfarbendruckes gelb oder gelb-braun gefüllt wurde. Die Regionalfarben für Landflächen wurden ergänzt durch Blaustufen für das Meer. Aus den Regionalfarben ging durch Einfügen weiterer Zwischenstufen die seit den 80er Jahren des 19. Jh. am weitesten verbreitete Farbskala für ↗Höhenschichten in kleinen Maßstäben hervor. Sie kommt einer durch Farbtrübung leicht abgewandelten Spektralfarbenreihe nahe.

Regionalisierung, räumliche Analyse, 1) Übertragung von Punktdaten auf eine Fläche. 2) regionale Übertragung bzw. flächenmäßige Verallgemeinerung einer Kenngröße oder einer Funktion bzw. Parameter dieser Funktion. Eine solche Funktion kann eine Gleichung oder ein Modell sein.

Regionalkarte ↗Gebietskarte.
Regionalklima ↗Mesoklima.
Regionalmetamorphose, *thermisch-kinetische Metamorphose*, *dynamothermale Metamorphose*, eine großräumige ↗Metamorphose, die Gebiete von mehreren Tausend Quadratkilometern erfaßt. Meist steht sie im Zusammenhang mit Kontinent-Kontinent-Kollisionen (↗Kontinentalkollision) oder ↗Subduktion von ozeanischen Lithosphärenplatten unter kontinentale. Es ergeben sich daraus langgestreckte metamorphe Gürtel, wie z. B. in den Alpen oder im Himalaja. Die Abbildung zeigt ein exemplarisches Profil für die Anlage von paarigen metamorphen Gürteln durch die Subduktion einer ozeanischen Platte unter eine kontinentale: Hochdruck- und niedrigdruckmetamorphe Gebiete bilden langgestreckte, parallel angeordnete Gürtel, wie z. B. in Japan oder Kalifornien. Regionalmetamorphose findet auch in der Ozeankruste entlang der

Regiomontanus

Regionalmetamorphose: schematisches Profil einer Kollisionszone, das das Abtauchen einer ozeanischen unter eine kontinentale Lithosphärenplatte und die Bildung von paarigen metamorphen Gürteln zeigt. Die Veränderung der thermischen Verhältnisse durch die schnelle Subduktion der kalten ozeanischen Platte ist durch die Lage der beiden Isothermen angedeutet; sie führt zur Bildung von Hochdruckgesteinen in der ozeanischen Lithosphäre. Aufschmelzungsprozesse in der subduzierten Platte verursachen Magmabildung und -aufstieg in der darüberliegenden Lithosphäre und führen zu einer Regionalmetamorphose bei niedrigen Drücken und hohen Temperaturen in der kontinentalen Kruste.

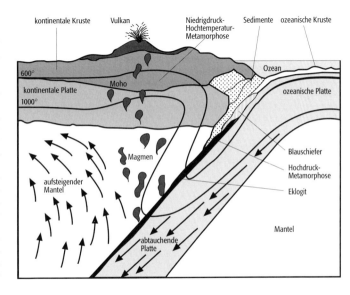

↗Mittelozeanischen Rücken statt (↗Ozeanbodenmetamorphose), sie führt in der Regel zu nicht oder wenig geschieferten Gesteinen, die häufig von Klüften durchsetzt sind, welche auf den starken Einfluß des zirkulierenden Meerwassers hinweisen. [MS]

Regionalplan, *regionaler Entwicklungsplan, regionaler Raumordnungsplan*, überörtlicher Leitplan zur künftigen Entwicklung einer Region. Er konkretisiert die Grundsätze der Raumordnung und Landesplanung in Text und Karten in den Maßstäben 1:25.000 bis 1:50.000 für Teilgebiete bzw. Regionen eines Bundeslandes. Inhalte der Karten vom Regionalplan als ↗Planungskarten, auf Grundlage von amtlichen topographischen Kartenwerken, sind sowohl der aktuelle Zustand als auch zukünftige Nutzungen. Bei der Aufstellung von Regionalplänen sind alle bereits vorliegenden Planungen der Fachressorts, der Gemeinden und anderer Institutionen aufeinander abzustimmen. Regionalpläne werden durch staatliche, kommunale oder andere Stellen wie Regionalverbände oder regionale Planungsgemeinschaften als Planungsträger erstellt. Sie müssen mit Grundsätzen der ↗Raumordnung nach dem Bundesraumordnungsgesetz in Einklang stehen.

Regionalplanung, Ebene der ↗Raumplanung, die zwischen der ↗Landesplanung und der ↗Ortsplanung steht. Sie ist rechtlich ein Teil der Landesplanung und beinhaltet alle übergemeindlichen Planungsmaßnahmen, welche darauf abzielen, die räumliche Ordnung und Entwicklung der ↗Region in einem ↗Regionalplan festzulegen.

Regionalwind, tagesperiodisches mesoskaliges Windsystem in orographisch gegliedertem Gelände, das vorwiegend bei autochthonen Wetterlagen auftritt. Ein Beispiel für einen Regionalwind ist die Ausgleichsströmung zwischen dem Thüringer Wald und der Leipziger Bucht, bei der Windgeschwindigkeiten von 3–5 m/s auftreten können und eine vertikale Mächtigkeit von 500–800 m beobachtet werden kann. Die Regionalwinde sind den ↗Lokalwinden wie Kaltluftabflüssen und ↗Berg- und Talwind überlagert und modifizieren diese beträchtlich.

regionische Dimension, Betrachtungsstufe in der ↗Theorie der geographischen Dimensionen. Sie umfaßt Raumeinheiten, die sich aus Gefügen der ↗chorischen Dimension zusammensetzen (z.B. ↗Landschaftszonen, Talgesellschaften, Gebirgszüge) und einen der Abstraktionsstufe angemessenen homogenen funktionellen und strukturellen Charakter des ↗Geokomplexes aufweisen. Raumeinheiten der regionalen Dimensionen werden daher auch als Makrochoren bezeichnet. Sie lassen sich weiter zu Raumeinheiten der geosphärischen Dimension aggregieren (Megachore, ↗Georegion und gesamte ↗Geosphäre).

Registerherstellung, allgemein die Zusammenstellung und Redaktion eines alphabetisch oder systematisch geordneten Verzeichnisses (Index). Das Register von Einzelkarten (z.B. von ↗Stadtplänen) und Atlanten (↗Weltatlanten und Autoatlanten) ist vornehmlich ein Namensregister, das die in den Karten enthaltenen Ortsnamen, sonstigen geographischen Namen bzw. Straßennamen ausweist. Die Register thematischer Atlanten können zusätzlich die als Kartentitel und in den Legenden auftretenden Fachbegriffe sowie Personennamen (z.B. in Geschichtsatlanten) enthalten. Das Kartennamenregister, das Sachregister und das Personenregister werden zuweilen getrennt aufgeführt. Kombinierte Register erfordern eine entsprechende Kennzeichnung von Fachbegriffen und Personennamen. Register werden am Ende eines Atlas eingeordnet oder als Registerband herausgegeben. Bei Einzelkarten ist die Verwendung der Kartenrückseite oder eines kleinformatigen Beihefts üblich. Register von Kartennamen setzen ein definiertes Suchsystem voraus. Dies kann ein besonderes Suchnetz oder das ↗Gradnetz der Erde sein.

Die Registerherstellung erstreckt sich auf folgende Arbeiten. Erfassung aller in einer Karte auftretenden Kartennamen, u.U. der Sachbegriffe und Personennamen einschließlich der betreffenden Seitenzahl, der Lage der Bezugsobjekte, d.h. eines meist aus Zahlen und Buchstaben bestehenden Suchfeldindexes oder ihrer geographischen Koordinaten. Darüber hinaus sind die Kartennamen durch entsprechende Zusätze den Gattungen topographischer bzw. geographischer Objekte zuzuordnen (z.B. als Staat, Verwaltungseinheit, Landschaft, Gebirge, Berg, Fluß, See, Meer, Insel). Diese Zusätze werden im Register neben der Suchangabe als Abkürzung oder als piktogrammähnliches Symbol ausgewiesen. Die Reihenfolge der erfaßten Stichwörter einschließlich zugehöriger Informationen wird nach dem lateinischen Alphabet hergestellt, in das sich Buchstaben mit diakritischen Zeichen sowie Doppelbuchstaben einordnen. Bei gleichzeitiger Verwendung von fremdsprachigen und ihnen entsprechenden deutschen Kartennamen, auch für Abkürzungen und Umstellungen, sind Verweise innerhalb des Registers zu bearbeiten. Schließlich sind präzise Hinweise zur Benutzung des Registers auszuarbeiten, welche die zugrundeliegenden Prinzipien anhand von Beispielen erläutern. Die gesamte Registerherstellung muß in der relativ kurzen Zeitspanne zwischen dem Vorliegen der ersten Andrucke, entsprechender Kopien bzw. Ausdrucke und dem Auflagendruck erfolgen Die Bearbeitung zuverlässiger Register ist aufwendig. Sie erfolgt seit längerem rechnergestützt. Heute kann auf umfangreiche Kartennamendateien zurückgegriffen werden, die meist die Koordinaten der Namen und/oder der Bezugsobjekte enthalten, oder die Kartennamen werden aus kartographischen Datenbasen extrahiert. Vielfältige Such- und Sortierfunktionen sind nutzbar. ↗Elektronische Atlanten enthalten häufig registerähnliche Suchfunktionen, die durch entsprechende Programmierung implementiert werden. [KG]

Registriergerät, Meßgerät, bei dem die Meßwerte kontinuierlich über einen bestimmten Zeitraum (meist ein Tag oder eine Woche) auf einem umlaufenden Papierstreifen aufgezeichnet (registriert) werden. Die mit einer Zeit- und Werteskala bedruckten Registrierstreifen werden auf eine sich drehende Trommel gespannt, die von einem mechanischen oder elektrischen Uhrwerk angetrieben wird. Die Aufzeichnung erfolgt mit Hilfe einer Tintenfeder oder eines Filzstiftes. Bekannte Registriergeräte sind Thermo-, Hygro- und Barographen zur Registrierung von Temperatur, Feuchte und Druck.

Regler, Bestandteil des ↗Landschaftsökosystems, das als ↗Standortregelkreis abgebildet werden kann. Ein Regler kann die durch die Regelgröße übertragene Information über interne und externe Bedingungen (Temperatur, Luft- und Bodenfeuchte, ↗Abbauaktivität etc.) zu Befehlen verarbeiten, welche als Stellgröße auf die Regelstrecke zurückwirken (↗Rückkopplungssystem).

Regolith, tiefgründige, chemisch entstandene Verwitterungsdecke in den humiden Tropen, die folgendermaßen aufgebaut ist: ↗Bodenhorizonte, ↗Saprolit, Verwitterungshorizont, unverwittertes Ausgangsgestein.

regolith carbonate accumulation, *RCA*, Überbegriff aller zur Gruppe der terrestrischen Böden gezählten ↗Akkumulationen aus unterschiedliche Carbonaten, die sich in Form von harten Krusten (↗Duricrust), einzelner Konkretionen (*nodules*) oder nicht vollständig zementierten Ansammlungen dieser Carbonate bilden (Abb. im Farbtafelteil). In Abhängigkeit von der Zusammensetzung wird unterschieden in calcitreiche ↗Calcrete, dolomitreichen *Dolocrete* und magnesiumreichen ↗Magcrete. Häufig treten Gemische verschiedener Carbonate auf. Die Zusammensetzung der unterlagernden Gesteine beeinflußt das Auftreten bzw. die Verteilung der regolith calcrete accumulations nur unwesentlich. Die Bildung dieser Akkumulationen erfolgt in der Regel in ariden Klimaten mit geringer Vegetation und hoher Verdunstungsrate außerhalb des Einflusses des Grundwassers, z. B. im südlichen Afrika und in südlichen Teilen von Australien.

Regosol, [von griech. rhegos = Decke], Bodentyp der Klasse der ↗Ah/C-Böden; Böden mit einem humosen ↗A-Horizont, der direkt in ein über 30 cm mächtiges Lockergestein (z. B. Flug-, Geschiebesand) übergeht; die geringe Mächtigkeit des carbonatfreien ↗Solums und die Lockerheit des Ausgangsgesteins sind typisch; Entwicklung aus carbonatfreiem bzw. -armem Kiesel- und Silicatlockergestein; Regosole kommen in Mitteleuropa nur kleinflächig auf Dünen oder stark erodierten und degradierten Ackerflächen vor; Subtypen sind (Norm-)Regosol, Lockersyrosem-Regosol, Braunerde-Regosol, Podsol-Regosol, Pseudogley-Regosol, Gley-Regosol; sie entsprechen den Cambic oder Albic Arenosols der ↗FAO-Bodenklassifikation oder den ↗Umbrisols der ↗WRB.

Regosols, Böden der ↗WRB mit ausschließlich einem ochric horizon als diagnostischem Horizont; Böden aus unverfestigtem, mindestens 100 cm mächtigen Lockermaterial; sie umfassen weltweit etwa 260 Mio. Hektar, kommen vorrangig in ariden Gebieten, trockenen Tropen und trockenen Gebirgsregionen vor; sie sind vergesellschaftet mit ↗Leptosols und ↗Arenosols.

Regradation, Vorgang, bei dem ein Boden frühere Eigenschaften zurück erlangt. So kann z. B. eine entkalkte, schwach verbraunte und lessivierte ↗Schwarzerde durch die wiederholte Aufbringung von Calciumcarbonat (allerdings nur vorübergehend) aufgekalkt und die ↗Bioturbation dadurch zeitweise noch einmal stimuliert werden.

Regression, **1)** *Geologie/Geomorphologie*: Meeresrückzug, d. h. die seewärtige Verlagerung (offlap) der Küstenlinie. Regressionen sind das Ergebnis einer relativen Meeresspiegelsenkung. Sie kann durch regionale tektonische Hebung des Festlandes, durch weltweit gleichzeitig erfolgende eustatische Meeresspiegelsenkung (↗eustatische Meeresspiegelschwankung) oder durch Auffüllung des marinen Sedimentationsbeckens ausgelöst werden. Sichtbarer Ausdruck einer Regression ist die Überlagerung mariner durch kontinentale Ablagerungen bzw. die Überlagerung tieferer, küstenferner durch jeweils flachere, küstennähere Ablagerungen (»Shallowing-upward-Zyklen«). Diese ↗diachrone Verschiebung von Faziesgürteln (↗Fazies) ist sowohl biostratigraphisch als auch mit Hilfe der seismischen Stratigraphie (↗Sequenzstratigraphie) belegbar. Gegenteil: ↗Transgression. ↗Regressionsküste. **2)** *Klimatologie*: statistische Methode, die aufgrund einer Korrelation der Errechnung des Zusammenhanges zwischen zwei Datensätzen (zweidimensionale Regression) in Form einer Regressionsgleichung dient; kann auf drei und mehr Datensätze ausgedehnt (multiple Regression) und nicht nur auf lineare Zusammenhänge, sondern auch beliebige nichtlineare Zusammenhänge angewendet werden. Im einfachsten Fall, bei linearen zweidimensionalen Zusammenhängen, ist die Regressionsgleichung die einer Geraden: $y = A + Bb$ mit y = abhängige Variable (Wirkungsgröße), b = unabhängige Variable (Einflußgröße) und A, B = Regressionskoeffizient. Diese beiden unbekannten Koeffizienten können aus den dazugehörigen Normalgleichungen:

$$\Sigma y_i = An + B \cdot \Sigma b_i$$
$$\Sigma y_i b_i = A \cdot \Sigma b_i + B \cdot \Sigma b_i^2$$

bestimmt werden. Durch Vertauschen von y und b erhält man eine zweite Regressionsgerade, es sei denn, der Korrelationskoeffizient beträgt exakt +1 oder -1. Ganz ähnlich erfolgt die Erweiterung auf multiple Regressionsmodelle, z. B. im dreidimensionalen Fall (zwei Einflußgrößen) $y = A + Bb + Cc$ aus:

$$\Sigma y_i = An + B \cdot \Sigma b_i + C \cdot \Sigma c_i$$
$$\Sigma y_i b_i = A \cdot \Sigma b_i + B \cdot \Sigma b_i^2 + C \cdot \Sigma b_i c_i$$
$$\Sigma y_i c_i = A \cdot \Sigma c_i + B \cdot \Sigma b_i c_i + C \cdot \Sigma c_i^2$$

und so weiter. Im nichtlinearen Fall werden entsprechende Normalgleichungen entwickelt und gelöst, die sich auf eine beliebige nichtlineare Regressionsgleichung beziehen. Diese sind im allgemeinen so gewählt, daß ein solches Regressionsmodell unter diversen Alternativen die meiste ↗Varianz erklärt und somit den größten multiplen Korrelationskoeffizienten aufweist (ggf. ↗Transinformation). Eine andere Möglichkeit besteht darin, nichtlineare Zusammenhänge zu »linearisieren«, z. B. durch Logarithmieren von *y* oder *b* oder *y* und *b*. Danach werden die Berechnungen wie im Fall des linearen Regressionsmodells vorgenommen. [HGH,CDS]

Regressionsanalyse, statistische Methode zur Untersuchung wechselseitiger Abhängigkeiten und Beziehungen zwischen zwei oder mehreren meßbaren Veränderlichen. Die verbreitetste Form der Regressionsanalyse ist die lineare Regression.

Regressionsküste, *negative Strandverschiebung, zurückweichende Küste, Regression*, gegenüber dem Land zurückweichende Küstenlinie, bedingt durch relative Meeresspiegelabsenkung entweder infolge eustatischer Meeresspiegelabsenkung oder Landhebung oder einer Kombination beider Faktoren.

Regressionssee, *Reliktsee*, entsteht im Formungsbereich der Küsten der Meere, wobei Teile der Meere durch Abschnüren infolge von Absinken des Meeresspiegels bzw. relatives Absinken des Meeresspiegels infolge Landhebung, z. B. ehemals vergletscherter Landmassen, isoliert werden.

Regulationsfähigkeit, in der ↗Ökologie Regelung eines ↗Landschaftsökosystems und dessen Fähigkeit zur Steuerung des Stoff- und Energiehaushaltes und der entsprechenden Flüsse. Ein Beispiel für das Funktionieren solcher Reglermechanismen ist der ↗Standortregelreis. Die Regulationsfähigkeit ist somit nicht zu verwechseln mit der ↗Regenerationsfähigkeit von Ökosystemen.

Regur, in Indien übliche, veraltete Bezeichnung für Subtypen der ↗Vertisols.

Regurgitalith, [von lat. regurgitare = wiederkäuen und griech. lithos = Stein], von ihrem Erzeuger durch die Mundöffnung wieder abgegebene Verdauungsreste, z. B. Gewölle; fossil noch sehr wenig untersucht.

Rehburger Phase, *Rehburger Staffel*, Bezeichnung für einen Stauchendmoränen-Zug (↗Stauchendmoräne) der Rehburger Endmoräne; größte ↗Stauchmoräne der ↗Saale-Kaltzeit. Sie erstreckt sich von den Niederlanden bis nördlich Braunschweig über die Ankumer Höhe, Dammerberge und Rehburger Berge. Sie wird heute als Stauchmoräne eines Zwischenhaltes des ersten Saale-Eisvorstoßes (Drenthe 1) angesprochen, die anschließend vom gleichen Vorstoß überfahren wurde.

Rehydratation, eine exotherme metamorphe ↗Mineralreaktion, die unter Aufnahme von Wasser zur Bildung eines wasserhaltigen Minerals aus einem wasserfreien oder weniger wasserhaltigen führt, z. B. Granat + H_2O = Chlorit. Rehydratationsreaktionen laufen häufig während der retrograden Metamorphose (↗Diaphthorese) ab.

Reibrohranker ↗*Expansionsanker*.

Reibung, Widerstand an der Grenzfläche zweier Massen, die sich mit unterschiedlicher Geschwindigkeit bewegen. Dabei erfolgt eine Umwandlung von kinetischer Energie in innere Energie (Reibungswärme). Im Ozean sind die entstehenden Wärmemengen im allgemeinen so gering, daß man Reibung meistens als reine Dissipation (Vernichtung von kinetischer Energie) auffaßt. Die interne Reibung im Ozean wird als Austausch bezeichnet. Die Reibung an den Grenzflächen wird durch die Formulierung der ↗Randbedingungen beschrieben. Im Ozean relevant sind die Bodenreibung und die durch den Wind verursachte Reibung, der Windschub. Die Übergangsbereiche, in denen die Grenzflächenreibung noch wirksam ist, bezeichnet man als ↗Grenzschichten (↗Grenzschichtreibung).

Reibungsanker ↗*Spreizanker*.

Reibungsbrekzie ↗*tektonische Brekzie*.

Reibungsfuß, Maßnahme zur Stabilisierung einer Böschung, bei der Materialien am Fuß einer Böschung angebracht werden, welche die Funktion haben, die Scherfestigkeit am Böschungsfuß zu erhöhen. Als Reibungsfuß werden Steinkeile, Steinvorsätze und Schotterkoffer verwendet.

Reibungskoeffizient, Proportionalitätsfaktor bei der Berücksichtigung der Reibung in der Bewegungsgleichung. Der Reibungskoeffizient ist über einer rauhen Unterlage groß und nimmt über Eis und Wasser sehr kleine Werte an.

Reibungskraft, durch Reibung mit der Umgebung auf einen Körper wirkende Kraft. Bei einer Luft- oder Wasserschicht ergibt sie sich aus der Differenz der tangentialen ↗Schubspannung, die an gegenüberliegenden Seiten eines Volumenelementes angreifen. Die Reibungskraft führt zur Verminderung der Geschwindigkeit einer bewegten Masse.

Reibungspfahl, ↗Pfähle, die hauptsächlich durch Mantelreibung am Pfahlumfang ihre Last auf die tragfähigen Schichten übertragen.

Reibungsschicht, **1)** *Klimatologie*: der an die Erdoberfläche anschließende untere Teil der Atmosphäre, in dem die Windverteilung durch die Reibung beeinflußt ist. Diese ist identisch mit der ↗atmosphärischen Grenzschicht. **2)** *Ozeanographie*: Schicht, in der die Prozesse durch Reibungseffekte (↗Reibung) dominiert sind (↗Grenzschicht). Auf der globalen Skala bezeichnet man mit der planetarischen Reibungsschicht den Tiefenbereich, über den sich der ↗Ekmanstrom erstreckt.

Reibungstiefe, Maß für die Mächtigkeit der ↗Reibungsschicht. Auf der globalen Skala bezeichnet man mit der planetarischen Reibungstiefe die ↗Ekmantiefe.

Reibungswinkel, φ, einer der beiden ↗Scherfestigkeitsparameter. Er ist eine Materialeigenschaft und von der Normalspannung unabhängig. Der Reibungswinkel wird durch ↗Scherversuche ermittelt und ist ein Kriterium für die Scherfestigkeit eines Materials. Beim Auftreten eines Scherbruchs im Versuch kann der ungefähre Reibungswinkel φ_u aus dem Bruchwinkel α bestimmt werden. Es gilt der Zusammenhang:

$$\varphi_u = 2\alpha - 90°.$$

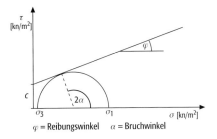

Reibungswinkel: Mohrscher Spannungskreis mit eingezeichneten Scherfestigkeitsparametern Reibungswinkel φ und Kohäsion c (σ = Hauptnormalspannungen, τ = Scherspannung).

Am ↗Mohrschen Spannungskreis entspricht der Reibungswinkel dem Winkel zwischen Abszisse und Schergeraden (Abb.). Bei nichtbindigen Böden bestimmt er mehr oder weniger alleine die Scherfestigkeit. Die Schergerade verläuft in diesem Fall durch den Koordinatennullpunkt. In bindigen Böden setzt sich die Scherfestigkeit aus dem Reibungswinkel und der von der Normalspannung abhängigen ↗Kohäsion zusammen. Bei vollständig wassergesättigten Böden ist der Reibungswinkel gleich null. [ERu]

Reichenbach, *Georg Friedrich* von, deutscher Optiker und Ingenieur, * 24.8.1771 Durlach, † 21.5.1826 München; Mitbegründer der bayerischen feinmechanischen und optischen Industrie (»Mechanisches Institut Utzschneider, Reichenbach und Liebherr« mit einer Glasschmelze (1807) in Benediktbeuern). Reichenbach konstruierte und baute um 1800 eine Kreisteilungsmaschine mit bis dahin unerreichter Genauigkeit: der Reichenbachsche Fadendistanzmesser, eine Anordnung von Hilfsfäden im Fernrohr zur indirekten Längenmessung mittels einer Skala im Zielpunkt, wurde von größter Bedeutung für das Vermessungswesen. Ab 1821 übernahm der Feinmechaniker Traugott Ertel aus Sachsen das Institut, Reichenbach wurde 1820 Direktor des Ministerialbaubüros für Bayern; weitere Leistungen: 1804 Metallhobelmaschine, 1810 Soleleitung Reichenbach-Rosenheim mit Solehebemaschinen, 1817 Anschlußleitung Berchtesgaden-Reichenhall; 1808 außerordentliches, 1818 ordentliches Mitglied der Bayerischen Akademie der Wissenschaften; 1811 Ritter des Zivilverdienstkreuzes der Bayerischen Krone, verbunden mit dem persönlichen Adel. [EB]

Reicherz, Erz mit besonders hoher Konzentration an ↗Erzmineralen (im Gegensatz zum ↗Armerz), hervorgegangen aus sekundären Anreicherungsvorgängen, in erster Linie aus langandauernden Verwitterungsprozessen in Abhängigkeit von Klima, sedimentärer oder metamorpher Fazies des Ausgangsgesteins und geomorphologischer Position.

Reicherzzone ↗Zementationszone.

Reichsamt für Landesaufnahme, *RfL*, nach dem 1. Weltkrieg aus der Preußischen Landesaufnahme und dem Sächsischen Topographischen Büro gebildete Behörde in Berlin außerhalb der auf 100.000 Mann beschränkten Reichswehr. Nach 1933 wurde das RfL unter ständiger Zuständigkeitserweiterung für Landes- und Katastervermessung auf ganz Deutschland ausgedehnt und letzteres 1938 in 14 Hauptvermessungsbezirke eingeteilt. 1945 übernahmen die Besatzungsmächte den in ihren Zonen liegenden RfL-Bestand.

Reichsbodenschätzung, frühere Bezeichnung der ↗Bodenschätzung landwirtschaftlicher Nutzflächen nach dem Bodenschätzungsgesetz vom 16.10.1934.

Reidscher Kamm ↗Bänderogive.

Reif, entsteht am Boden, an Gebäuden und an der Vegetation durch Sublimation von Wasserdampf aus der Luft als Eisablagerung von lockerer kristalliner Struktur.

Reife, *thermische Reife,* Grad der während der späten ↗Diagenese, der ↗Katagenese und ↗Metagenese, ablaufenden, temperaturkontrollierten Umwandlungen der sedimentären organischen Substanzen sowie der daraus gebildeten Verbindungen wie ↗Erdöl oder ↗Kohle. Unterschiedliche geochemische Indikatoren wie Biomarker-Verhältnisse oder Vitrinitreflexionswerte werden zur Bestimmung der (thermischen) Reife herangezogen. Während der thermischen ↗Reifung finden Isomerisierungen, Aromatisierungen und Bindungsbrüche statt.

Reifegrad, durch Temperatureinwirkung erreichter Umwandlungsgrad der organischen Substanz in Sedimenten, entspricht dem ↗Inkohlungsgrad der Kohlen. ↗Diagenese.

Reifestadium, 1) bei der Entwicklung einer ↗Frontenzyklone das Stadium der ↗Okklusion des ↗Warmsektors; 2) beim ↗tropischen Wirbelsturm ein voll entwickelter ↗Orkan mit dem Auge im Zentrum.

Reifglätte, entsteht durch Ablagerung von ↗Reif am Erdboden und an Gegenständen und bildet Glätte vor allem auf Straßen und Wegen.

Reifpunkt, Temperatur, bei der feuchte Luft über einer ebenen Eisfläche mit Wasserdampf gesättigt ist. Bei dieser Temperatur kann es zur Sublimation (Reifbildung) kommen.

Reifung, *thermische Reifung, Maturation,* während der späten ↗Diagenese, der ↗Katagenese und ↗Metagenese, ablaufender, temperaturabhängiger Prozeß der Umwandlung sedimentärer organischer Materie in ↗Erdöl bis hin zum ↗Erdgas und ↗Kohle bzw. ↗Graphit.

Reihendüne, unscharfer morphographischer Begriff für ↗Dünen mit großer Längserstreckung oder Aufreihungen von Einzeldünen; mißverständliche Bezeichnung, die sowohl ↗Querdünen als auch ↗Längsdünen umfaßt.

Reihenmeßkamera, photogrammetrische ↗Luftbildmeßkamera zur Aufnahme von ↗Luftbildern in Flugstreifen mit einer vorgegebenen Längs- und Querüberdeckung.

Reihenschaltung, Serien- oder Hintereinanderschaltung von rein Ohmschen und/oder komplexen elektrischen Widerständen. Reihen- und Parallelschaltungen werden als Modell zur Erklärung der kapazitiven und induktiven Eigenschaften des elektrisch leitenden Untergrunds verwendet (↗Cole-Cole-Modell, ↗elektromagnetische Verfahren).

Reindichte, der Quotient aus Masse und Volumeneinheit der Festsubstanz eines Gesteins. Bei Erdstoffen ist dies der Mittelwert aus allen den Erdstoff aufbauenden Gesteinsmineralien. Bei monomineralischen Gesteinen entspricht die Reindichte ϱ_s [g/cm³] der Dichte des Minerals. Wichtige Reindichten sind u. a.: Steinsalz = 2,165 g/cm³, Gips = 2,3 g/cm³, Quarz = 2,65 g/cm³, Calcit = 2,71 g/cm³, Augit = 3,27 g/cm³ und Pyrit = 5,01 g/cm³. Die Dichtebestimmung erfolgt meist mit dem ↗Kapillarpyknometer nach DIN 4015.

reine Scherung ↗Scherung.

Reinheit, chemische Reinheit einer Substanz ist für manche Eigenschaften, vor allem bei den Halbleitersubstanzen, von ausschlaggebender Bedeutung. Daher spielt die Herstellung hochreiner ↗Einkristalle eine wesentliche Rolle und ist ein Merkmal der ↗Charakterisierung. Dazu muß zum einen die Verwendung entsprechend reiner Ausgangsstoffe verlangt werden, zum anderen aber auch der Herstellungsprozeß so gestaltet werden, daß er keine neuen Verunreinigungen aus der Wachstumsumgebung einschleppt. Die normalerweise erreichbaren Reinheiten liegen heute im Bereich von 10^{-9} bis 10^{-6} (ppb = parts per billion bzw. ppm = parts per million). Erst bei genügend hohen Reinheiten lassen sich wieder gezielt Substanzen in geringer Menge als ↗Dotierung hinzufügen.

Reinigungsvorgänge, im Untergrund finden Verdünnungs- und Reinigungsvorgänge statt, die zu einer Minderung der belastenden Inhaltsstoffe führen. Solche Vorgänge laufen auf eine Umwandlung (Metabolisierung) eingebrachter organischer und anorganischer Stoffe im lebenden Organismus hinaus, die im einzelnen kompliziert ablaufen. Die wichtigsten Prozesse sind: a) Verdünnung: Durch Beimischung »sauberen« Wassers werden Schadstoffkonzentrationen gemindert. b) chemische Ausfällung und Mitfällung: Infolge von Änderungen der pH-Werte und Redoxpotentiale und der damit verbundenen Änderungen der Löslichkeiten kommt es zur Ausfällung von Metall- und Schwermetall-Oxiden, -Hydroxiden und -Hydrogencarbonaten. Durch Mitfällung werden Metalle, Arsen, Phosphat und Iodid beseitigt (als Mitfällung wird der Vorgang bezeichnet, bei dem ein Stoff an einen (chemischen) Niederschlag gebunden wird, der ohne den Niederschlag in Lösung verblieben wäre). c) mechanische Filterung, Adsorption, Desorption und Ionenaustansch: Die Filterwirkung beruht auf mechanischer Abseihung (↗Rückhaltevermögen). Beim Ionenaustausch im Grundwasser übertrifft die Haftfähigkeit der Schwermetallionen die der Erdalkali- und Alkali-Ionen: Pb>Cu>Ni>Co>Zn>Mn>Ba>Ca>Mg>NH_4>K>Na. Bei organischen Belastungen hängt die Sorptionswirkung vom Gehalt an Humusstoffen und Tonmineralien im Boden ab. d) mikrobieller Abbau: Im wesentlichen tragen Bakterien und Pilze durch Stoffwechselvorgänge zum Abbau, zur Umwandlung und Akkumulation organischer, zum Teil auch anorganischer Belastungen bei. Allerdings hat sich gezeigt, daß nicht alle organischen Stoffe mikrobiell abgebaut werden. Zu den nicht oder schwer abbaubaren organischen Stoffen gehören insbesondere die halogenierten Kohlenwasserstoffe, die nicht biotischen Ursprungs sind. Höhere Pflanzen können durch ihre in den Boden reichenden Wurzeln eine gewässerreinigende Wirkung haben. Beispielsweise nehmen die Wurzeln der Flechtbinse (*Schoenoplectus lacustris*) bei höherem Angebot Schwermetalle auf, spalten CH^- (vor allem Phenole) und CN-Verbindungen in C, N und H, können pH-Werte stabilisieren und eliminieren Keime von ↗*Escherichia coli*. Die genannten Reaktionen finden in gegenseitiger Wechselwirkung während des Transportes statt. Die Transportvorgänge in der ungesättigten und der gesättigten Zone verlaufen dabei unterschiedlich. In der ungesättigten Zone erfolgt ein Mehrphasenfluß. Unter dem Einfluß der Schwerkraft überwiegt der Transport der gelösten, emulgierten und suspendierten Stoffe in vertikaler Richtung. Die gasförmigen Stoffe werden vor allem durch Diffusion transportiert, und zwar dem natürlichen Konzentrationsgefälle folgend der Sauerstoff nach unten, das Kohlenstoffdioxid sowie andere gasförmige Stoffwechselprodukte (Schwefelwasserstoff, Methan, flüchtige organische Stoffe) und leichtflüchtige Bestandteile von Umweltchemikalien nach oben. In der gesättigten Zone werden gelöste und emulgierte Stoffe vorwiegend in horizontaler Richtung, gasförmige dagegen in vertikaler Richtung nach oben transportiert. Flüssige Stoffe (Fluide) in Phase unterliegen naturgemäß wie das Grundwasser den jeweiligen Durchlässigkeitsverhältnissen. Stoffe wie ↗Benzin, ↗Benzol und die meisten flüchtigen ↗Chlorkohlenwasserstoffe haben bei gleicher Durchlässigkeit des Untergrundes eine höhere Beweglichkeit als das Grundwasser, während Dieselkraftstoff und Heizöl langsamer fließen. [ME]

Reinkultur ↗Monokultur.

Reinluft, Bezeichnung für eine Luftmasse, die nur sehr geringe Mengen an anthropogenen Luftbeimengungen aufweist. Die Messungen müssen fernab von urbanen Ballungsräumen und Industriekomplexen erfolgen und dienen zur Erfassung der großräumigen Hindergrundbelastung.

Reinwasser, aufbereitetes Wasser (↗Wasseraufbereitung).

Reisböden ↗*Paddy soils*.

Reizklima, im Gegensatz zum ↗Schonklima Klimabedingungen, die bei Menschen physiologische Reaktionen hervorrufen, die das medizinmeteorologische Regelsystem aktivieren. Die besondere Bedeutung des Reizklimas kommt durch relativ hohe oder niedrige Temperatur, relativ hohe Sonneneinstrahlung (mit besonderer Bedeutung des UV-Anteils), Wind oder relativ geringen Luftdruck (↗Gebirgsklima) zustande. Im einzelnen ist darauf zu achten, daß die Reize nicht zu stark sind bzw. für vorbelastete Personen nicht zu Gefährdungen führen, sondern eine gewünschte therapeutische Wirkung erzielen. ↗Medizinmeteorologie.

Rejuvenation, in der Lagerstättenkunde die erneute Zufuhr von erzführenden Lösungen und

Absatz von Erzmineralen in bereits bestehenden ↗Mineralisationen.

Rekonnexion, lokale Verschmelzung von Magnetfeldern entgegengesetzter Richtungen, z. B. die Verbindung des interplanetaren IMF Magnetfeldes mit dem Erdmagnetfeld über die Magnetopause hinweg. Die Verbindung findet vor allem dann statt, wenn das IMF eine südwärts gerichtete Komponente hat. Die Rekonnexion erlaubt es dem Plasma des Sonnenwindes in die Magnetosphäre einzudringen, was in der Folge zu erhöhter erdmagnetischer Aktivität führt.

Rekreationspotential, *Erholungswert*, in der ↗Landschaftsökologie die Eignung und Güte einer ↗Landschaft, aufgrund ihrer Ausstattung Erholungsreize auf den menschlichen Organismus auszuüben (↗Erholungsgebiet). Bei der Bestimmung des Rekreationspotentials können der ästhetische Erholungswert (↗Landschaftsdiversität), die Eignung für die Freizeitnutzung, aber auch bioklimatische Faktoren herangezogen werden.

Rekristallisation, 1) *Kristallographie*: im engeren Sinne die Umkristallisation von polykristallin vorliegenden Proben ohne Änderung der Modifikation, im weiteren Sinne mit Modifikationsänderungen. Dabei verschieben sich die ↗Korngrenzen, bis im günstigsten Fall nur noch ein einziges Korn vorliegt, ein ↗Einkristall. Die treibende Kraft ist der Abbau von Korngrenzenenergie und Verformungsenergie. Diese Energie ist entweder in der Probe durch den Herstellungsprozeß vorhanden oder wird künstlich eingebracht. Durch die Anwendung von wandernden Temperaturgradienten über das Material oder isothermem Sintern wird der Rekristallisationsprozeß in Gang gesetzt. ↗Erholung. 2) *Lagerstättenkunde*: Reorganisation von Erzmineralen zu nach Zusammensetzung und/oder Textur unterschiedlichen Aggregaten, häufig verursacht durch Temperaturerhöhung und/oder Streß; meist verbunden mit einer Korngrößenzunahme. 3) *Petrologie*: a) primäre Rekristallisation: Prozeß zur Erniedrigung der in einem Mineral gespeicherten Deformationsenergie. Versetzungsreiche Kristalle werden dabei durch versetzungsarme Kristalle der gleichen Art ersetzt. Diese entwickeln sich entweder durch Vergröberung von winzigen Keimen in Bereichen hoher Versetzungsdichten wie Kornränder oder Bruchzonen (»migration recrystallization«, da hier Großwinkel-Korngrenzen über das deformierte Altkorn hinwegwandern), oder durch zunehmende Mißorientierung aus ↗Subkörnern (»rotation recrystallization«, da die Subkörner aus der Altkornorientierung herausrotieren, bis sie selbständige Körner sind). Durch Wandern von Großwinkelkorngrenzen der deformierten Altkörner in weniger deformierte Bereiche von Nachbarkörner kommt es zu ausgeprägter Suturierung der Korngrenzen (»bulging recrystallization«). Man unterscheidet statische Rekristallisation, die der Deformation folgt und in monophasigen Bereichen zu ↗Mosaikgefügen mit 120°-Tripelpunkten führt, und dynamische Rekristallisation, die von Deformation begleitet wird, d. h. die Rekristallisate selbst werden in den Deformationsprozeß eingebunden. Oft stellt sich dabei ein Gleichgewicht zwischen Deformation und Ausheilungsprozessen ein, wobei die Rekristallisatkorngröße von der Differentialspannung abhängt. b) sekundäre Rekristallisation, *Sammelkristallisation*: Prozeß zur Erniedrigung der Grenzflächenenergie in rekristallisierten Aggregaten durch ↗Kornvergröberung. Einzelne Körner wachsen, dabei werden durch Verschiebung der Korngrenzflächen andere aufgezehrt. Es resultieren polygonale Zellengefüge mit typischen Gleichgewichtswinkeln an gemeinsamen Kornkanten (120°-Tripelpunkte in monophasigen Aggregaten).

Rekultivierung, Sammelbegriff für technisch und materiell aufwendige Maßnahmen zur Wiederherstellung von ↗Landschaftsökosystemen, welche durch massive Eingriffe infolge wirtschaftlicher Aktivitäten des Menschen beeinträchtigt oder zerstört wurden. Das Ziel der Rekultivierung besteht darin, die ursprüngliche ↗Kulturlandschaft wieder zu erstellen oder eine neue zu schaffen. In der Regel wird eine Kulturlandschaft, z. B. mit Nutzung durch Kiesgruben, durch eine andere ersetzt, z. B. Acker- oder Reblandnutzung oder ↗Erholungsnutzung nach Aufforstung. Rekultiviert werden Steinbrüche, Kiesgruben, Deponien aller Art sowie Bergbaulandschaften allgemein, vor allem Tagebaugebiete. Auch die Folgen von ↗Naturgefahren können die Funktion der Landschaftsökosysteme und das Aussehen der Kulturlandschaft verändern und damit die Durchführung von Rekultivierung notwendig machen. Oberstes Gebot einer Rekultivierung ist das Wiederherstellen des ↗Leistungsvermögens des Landschaftshaushaltes, damit eine planmäßige ↗Folgenutzung des betroffenen Gebietes ermöglicht wird. Die Ausarbeitung eines entsprechenden ↗Leitbildes orientiert sich heutzutage zunehmend an den Grundsätzen der ↗ökologischen Planung und nicht alleine an den Nutzungsansprüchen der Gesellschaft. Rekultivierungen werden neuerdings auch als bevorzugte Flächen für ↗Renaturierungen betrachtet. Beispielsweise schafft das Offenlassen einer Kiesgrube aus der Sicht des ↗Naturschutzes eine erwünschte kleinräumige Vielfalt an ↗Habitaten (↗Landschaftsdiversität) und stellt zudem für den zur Rekultivierung verpflichteten Grubenbesitzer meist die kostengünstigste Lösung dar. Allerdings kann damit ein Nutzungskonflikt wegen der nun dauerhaften Verminderung des Grundwasserschutzes entstehen. [DS]

relative Altersbestimmung, eine ↗Altersbestimmung aufgrund des Vergleichs von Artenspektren, die für bestimmte Zeitabschnitte charakteristisch sind (↗Leitfossil), oder anhand der Abfolge typischer Horizonte (↗Leithorizonte) wie ↗Paläoböden (↗Pedostratigraphie) oder Tephren (↗Tephrochronologie). Bei der Anwendung der relativen Altersbestimmung auf verschiedene Profile kann eine Aussage über die Ablagerungsreihenfolge getroffen werden. Ohne eine Altersdatierung erhält man eine schwebende Stratigra-

phie, die für ein Untersuchungsgebiet in sich konsistent ist, jedoch keinen chronostratigraphischen Bezug aufweist. ↗Statigraphie, ↗Biostatigraphie, ↗Lithostatigraphie.
relative Atommasse ↗Molekularmasse.
relative Darstellung ↗Relativwertdarstellung.
relative Dielektrizitätskonstante, elektrische Eigenschaft eines Stoffes, welche die Wechselwirkung mit elektromagnetischer Energie beeinflußt. Die Dielektrizitätskonstante von trockenen Böden und Steinen beträgt zwischen 3 und 8, während Wasser einen Wert von ca. 80 hat. Wenn der Feuchtigkeitsgehalt eines Materials ansteigt, so steigt auch die Dielektrizitätskonstante und mit ihr das Reflexionsvermögen von Radarwellen, während deren Eindringtiefe abnimmt. ↗Dielektrizitätskonstante.
relative Durchlässigkeit, Durchlässigkeit eines Erdstoffs bezogen auf seinen Maximalwert 1 bei Sättigung.
relative Entzerrung, *Bildüberlagerung, Bildregistrierung, Image Registration*, benutzt ein Bild eines Datensatzes als Referenzbild. Alle weiteren Bilder werden auf diese Bezugsgeometrie hin umgewandelt. Es entsteht somit nur ein zusammenhängender Datensatz mit Bezug auf das Ausgangsbild. Zur ↗Entzerrung werden jedoch keine ↗Paßpunkte benötigt, sondern nur homologe Bildregionen ausgewählt.
Der Nachteil in der relativen Entzerrung liegt in der Uneinheitlichkeit des ↗Bildmaßstabes und darin, daß das Bild keinem übergeordneten Koordinatensystem wie bei der ↗absoluten Entzerrung angepaßt ist. Der große Vorteil dieses Verfahrens ist seine Schnelligkeit und Einfachheit der Entzerrung.
relative Feuchte ↗Luftfeuchte.
relative Höhe, Höhenangabe, die sich auf ein willkürlich oder unter bestimmten Aspekten festgelegtes Höhenniveau bezieht.
relative Koordinaten, Koordinaten, die sich auf ein lokales ↗erdfestes Koordinatensystem beziehen. Zumeist versteht man darunter ein ↗topozentrisches astronomisches Koordinatensystem, das in der Regel das geodätische Beobachtungssystem darstellt.
relative Luftfeuchtigkeit, das Verhältnis der tatsächlichen zu der bei der betreffenden ↗Temperatur höchstmöglichen Feuchte in Prozent. Der maximale ↗Dampfdruck bei dieser Temperatur wird ↗Sättigungsdampfdruck genannt.
relative Orientierung, in der ↗Photogrammetrie Verfahren zur Ermittlung der fünf Elemente der gegenseitigen Orientierung der ↗Aufnahmestrahlenbündel eines ↗Bildpaares. Als Ergebnis der relativen Orientierung erhält man die Schnittpunkte homologer Abbildungsstrahlen des Bildpaares, deren Gesamtheit das ↗photogrammetrische Modell bildet.
relative Permeabilität, wird ein poröses Medium (Gestein) von mehr als einem Fluid durchströmt, so ist die relative Permeabilität K_{ri} der Quotient aus der ↗effektiven Permeabilität K_i der Fluidphase i und dem ↗Permeabilitätskoeffizienten K:

$$K_{ri} = K_i/K.$$

Die Werte für K_{ri} können in Abhängigkeit von der Verteilung der Fluidphasen zwischen 0 und 1 variieren.
relativer Fehler, mittels der ↗Fehlerrechnung abgeschätzter ↗Fehler, dividiert durch den Mittelwert, meist prozentual angegeben.
relativer Meeresspiegel ↗Sequenzstratigraphie.
relative Topographie ↗Topographie.
relative Verdunstung, Verhältnis der ↗tatsächlichen Verdunstung einer Land- oder Wasserfläche zur ↗potentiellen Verdunstung.
relative Vorticity ↗Vorticity.
relative Zeit, Zeitspannen werden von verschiedenen Beobachtern verschieden beurteilt, wenn sie sich in gegenseitiger Bewegung und/oder an Orten unterschiedlicher Gravitation befinden. Im Gegensatz zur ↗absoluten Zeit genügt die relative Zeit den Anforderungen der Einsteinschen Relativitätstheorien.
Relativgravimeter, *Federgravimeter*, meist ein statisches Gravimeter; als spezialisierter, in Lotrichtung ausgerichteter ↗Beschleunigungsmesser als Federwaage mit konstanter Masse zur Messung von Relativwerten der ↗Schwere $g = g_0 + fz$ (g_0 = Additionsparameter, f = Eichfaktor, z = Gravimeterablesung) aus Messung einer Federkraft, meist mit Nullstellung der ausgelenkten Probemasse. Die Eichfunktion $f(z)$ wird durch ↗Gravimetereichung, g_0 durch Anschlußmessung auf einem bekannten Punkt, z. B. eines ↗Schwerereferenznetzes, bestimmt. Die Feder als kraftmessendes Element kann verschiedene Formen annehmen, z. B. Rotations-, Linear-, elektromagnetische, elektrostatische oder Gasdruck-Feder. Wichtig sind die (Material-) Eigenschaften der Feder, z. B. zeitliches Kriechen (Gravimetergang), Bruchfestigkeit sowie Temperatureinfluß. Relativgravimeter wurden seit ca. 1930 entwickelt und sind das meistbenutzte Instrument zur Ausmessung des Erdschwerefeldes, da sie billiger, einfacher zu benutzen und robuster sind als ↗Absolutgravimeter. Die Genauigkeit reicht bis einige 10^{-8} m/s^2. Eine Empfindlichkeitssteigerung rotatorischer Systeme ist durch ↗Astasierung möglich. Nachteilig ist die Empfindlichkeit gegenüber Horizontalbeschleunigungen durch ↗Kreuzkopplung wegen (kleiner) Änderungen des Winkels des »Waagebalkens« gegenüber der Horizontalen. [GBo]
relativistische Effekte, Effekte der Speziellen- oder Allgemeinen Relativitätstheorie in der modernen hochgenauen Geodäsie. Diese Effekte haben die größte Wirkung auf den Gang von Atomuhren sowie die Propagation elektrodynamischer Signale und spielen daher bei der Etablierung terrestrischer Zeitskalen (zum Beispiel TAI, UTC, TT), bei der Verbreitung von Zeitsignalen (GPS) sowie bei der VLBI und den ↗Laserentfernungsmessungen (insbesondere LLR) eine wichtige Rolle.
Relativitätstheorie, a) die allgemeine Relativitätstheorie, von ↗Einstein 1916 entwickelt, stellt eine alternative Bezeichnung der ↗Einsteinschen Gravitationstheorie dar. b) In der speziellen Rela-

tivitätstheorie von 1905 erklärt Einstein den Spezialfall der Einsteinschen Gravitationstheorie im Falle verschwindender Gravitationsfelder. Hier redet man über eine flache vierdimensionale Raum-Zeit. In ihr existiert eine Klasse ausgezeichneter inertialer kartesischer Koordinatensysteme $x^\mu = (ct,x,y,z)$, in welchen der metrische Tensor die Form:

$$g_{\mu\nu} = diag(-1,+1,+1,+1)$$

annimmt. Das vierdimensionale Längenelement ist dann durch:

$$ds^2 = -c^2 dt^2 + dx^2$$

gegeben. Ein wichtiger Effekt der speziellen Relativitätstheorie ist etwa die Geschwindigkeitsabhängigkeit bewegter Atomuhren, welche bei GPS-Messungen berücksichtigt werden muß. [MHS]

Relativmessung, bedeutet die Bestimmung des Unterschiedes eines geophysikalischen Meßwertes, z. B. des Schwerefeldes, des ↗Magnetfeldes oder des elektrischen Feldes, zwischen einem Punkt auf einem Profil oder in einem Meßnetz und einem Basispunkt. Für viele Aufgabenstellungen der ↗angewandten Geophysik sind Relativmessungen ausreichend.

Relativwertdarstellung, *relative Darstellung*, Form der ↗quantitativen Darstellung in Karten. Intervallskalierte Daten werden in Form von Verhältniswerten dargestellt. Die relativen Werte werden stets mittels ↗Flächenfüllung, meist in der Art von ↗Helldunkelskalen oder ↗bipolarer Skalen wieder gegeben. Ist das Bezugsmerkmal die Fläche (↗Bezugsfläche), z. B. die Fläche von Verwaltungseinheiten, ergibt sich eine Dichtedarstellung nach der Methode des ↗Flächenkartogramms (Bevölkerungsdichte in Einwohnern/km²; Ertrag in dt/ha). Flächenkartogramm werden für Relativwerte verwendet, die keinen unmittelbaren Bezug zur Fläche aufweisen, z. B. die Bevölkerungsentwicklung. Da hierbei die Kartogrammflächen nicht dem Bezugswert entsprechen, können die eher zufälligen Flächengrößen ungenaue bis falsche Vorstellungen vom Sachverhalt hervorrufen. Diese lassen sich durch Ergänzung des Bezugsmerkmals in ↗Absolutwertdarstellung verringern (z. B. flächenproportionale Kreise). Günstigere Darstellungslösungen bieten zum Bezugswert (z. B. der Einwohnerzahl) proportionale, geometrische Figuren, deren Flächenfüllung den Relativwert (z. B. die Bevölkerungsentwicklung) ausdrückt, oder ↗Quadratrasterkarten. [KG]

Relativwind ↗thermischer Wind.

Relaxationszeit, 1) *Geophysik*: eine ↗remanente Magnetisierung M nimmt im Lauf der Zeit exponentiell nach folgendem Gesetz ab:

$$M = M_0 \cdot e^{-t/\tau}.$$

Dabei ist τ die Relaxationszeit. Bei Gesteinen mit ↗Einbereichsteilchen können Relaxationszeiten bis zu einigen 10^9 Jahren auftreten. Dies sind besonders gute Bedingungen für die Bestimmung des Erdmagnetfeldes in der geologischen Vergangenheit (↗Paläomagnetismus). Die Relaxationszeiten der remanenten Magnetisierung von ↗Pseudo-Einbereichsteilchen und ↗Mehrbereichsteilchen sind deutlich kürzer. Sie sind daher für die Konservierung von Informationen über das ↗Paläofeld weniger gut geeignet. **2)** *Landschaftsökologie*: Erholungszeit, die ein ↗Landschaftsökosystem benötigt, um auf äußere Einwirkungen zu reagieren und den alten oder einen neuen Gleichgewichtszustand herzustellen (↗Stabilität von Ökosystemen).

Relief, 1) *Geomorphologie*: die Oberflächengestalt de Erde als Gesamtheit der kontinentalen und submarinen Oberflächenformen. In diesem Zusammenhang wird Relief teilweise auch mit ↗Gelände gleichgesetzt. 2) *Kartographie*: wichtiges Kartenelement aller topographischen, geographischen und vieler thematischer Karten (↗Reliefdarstellung, ↗Reliefmodell).

Reliefaufnahme, *Höhenaufnahme*, in der ↗Topographie der Teil der Geländeaufnahme, der die Erfassung der Reliefformen und der Höhenlage der Erdoberfläche beinhaltet. Bei ↗topographischen Aufnahmen erfolgt die Reliefaufnahme mit elektronischen Tachymetern, RTK-GPS (↗GPS) oder Nivelliertachymetern. Die Geländepunkte werden in gleichmäßiger Verteilung im Gelände gemessen. Dabei werden die orographischen Hauptpunkte (Minima, Maxima) und Hauptlinien (Gerippinien) besonders berücksichtigt (↗orographisches Schema, ↗Geländelinien). Bei der klassischen Reliefaufnahme werden die gemessenen Geländepunkte in der Aufnahmegrundlage kartiert, so daß durch ↗Krokieren der Höhenlinienentwurf (↗Höhenlinie) in Angesicht des Geländes durchgeführt werden kann. Bei der modernen Reliefaufnahme erfolgt eine digitale Speicherung der Geländepunkte. Sie werden zusätzlich gemäß ihrer orographischen Bedeutung numerisch kodiert, so daß eine automatisierte Verarbeitung, z. B. mittels digitaler Geländemodelle, möglich ist. [GB]

Reliefbildkarte, ↗kartenverwandte Darstellung. In das topographische Grundrißbild, bestehend aus Gewässernetz und anderen Elementen, wird das Relief in typisierter, häufig überhöhter Schrägansicht eingefügt. Diese um der Mitte des 20. Jahrhunderts durch K. Wenschow und E. Raisz zu hoher Ausdruckskraft entwickelte Darstellungsmethode eignet sich besonders für mittlere Maßstäbe (1 : 200.000 bis 1 : 3.000.000).

Reliefdarstellung, *Geländedarstellung*, umfaßt die kartographische Darstellung der Oberflächenformen (↗Relief) der Erde und anderer Himmelskörper mittels spezieller graphischer Methoden. Die in Abhängigkeit vom Erforschungs- und Aufnahmestand des Reliefs sowie von den technischen bzw. polygraphischen Möglichkeiten entwickelten Methoden zur graphischen Wiedergabe der dritten Dimension in der Zeichenebene erfüllen unterschiedliche Anforderungen, deren Grenzen mit den beiden Polen »Anschaulichkeit« und »Meßbarkeit« abgesteckt werden können. Bestimmenden Einfluß auf die Wahl einer Methode haben einerseits Verwendungszweck, Kartenthema und Maßstab, andererseits die sich aus dem vorgesehenen Vervielfältigungsverfahren ergebenden reproduktionstechnischen Bedingungen sowie die Vorstellungen und das Können des jeweiligen Kartographen. Wichtigste Methoden sind die ↗Schraffen (Böschungs-, Schatten- und Gebirgsschraffen), die ↗Höhenlinien mit ihren verschiedenen Formen der graphischen Abwandlung zur Erzielung plastischer Effekte, die ↗Höhenschichten, auch als hypsometrische Darstellung und anfangs als ↗Regionalfarben bezeichnet, die ↗Reliefschummerung als manuelles, photomechanisches oder rechnergestütztes Verfahren der Herstellung schattenplastischer Effekte (Beleuchtungsrichtung), die Methoden der Geländeschrägschnitte (Tanakamethode) sowie die Methoden der Reliefwiedergabe in Seitenansicht (↗Aufrißdarstellung), die das Kartenbild bis zum Ende des 18. Jh. beherrschten (Maulwurfshügelmanier) und auf der Grundlage der geomorphologischen Formentypenlehre als ↗physiographische Methode eine Neubelebung erfuhren. Die Wiedergabe der Hochgebirgsregion verlangt besondere Methoden der ↗Felsdarstellung. Auch für die graphische Betonung der Reliefkanten, die ein aktuelles Anliegen der exakten Wiedergabe des Steilreliefs ist, wurden verschiedene Lösungen gefunden. Markante Kleinformen werden z. T. mit ↗Reliefsignaturen ausgedrückt. Besondere Probleme bereitet die exakte Wiedergabe des Meeresbodenreliefs (↗Tiefenlinie). Besondere Methoden der Reliefdarstellung sind für ↗geomorphologische Karten entwickelt worden.

Während auf ↗Reliefkarten die Oberflächenformen graphisch besonders betont werden, erfolgt auf den Kartenreliefs die Wiedergabe der Reliefformen primär nicht mit graphischen Mitteln, sondern dreidimensional körperlich. Ein plastischer Eindruck des Reliefs kann auch mit hinreichend dicht gescharten Höhenlinien in ↗Anaglyphenverfahren erzeugt werden. Die Methoden der Reliefdarstellung lassen deutlich einen maßstäblichen Eignungsbereich erkennen. Hinsichtlich der benutzten graphischen Ausdrucksmittel können die einzelnen Methoden den kartographischen Darstellungsmethoden zugeordnet werden. In den Hauptkartengruppen kommt der Reliefdarstellung unterschiedliche Bedeutung zu. Auf ↗topographischen Karten wird primär eine geometrische, meßbare Darstellung des Reliefs verlangt, was im 19. Jh. mit Einschränkungen durch die Böschungsschraffen und vollwertig dann durch Höhenlinien erreicht wurde. Grundlagen und Verfahren wurden als Terrainlehre, das Produkt als Terraindarstellung oder kurz als Terrain bezeichnet. Die Kombination mit einer Schräglichtschummerung als schattenplastische Darstellung des Reliefs erhöht die Anschaulichkeit bedeutend und gelangt deshalb für Touristenkarten zum Einsatz. Auf kleinmaßstäbigen Karten (geographischen Karten, chorographischen Karten) wurde die vom 16. bis 18. Jh. herrschende Aufrißzeichnung im 19. Jh. durch Gebirgsschraffen abgelöst. Die aus den Böschungsschraffen der topographischen Karten abgeleiteten Gebirgsschraffen – meist als Schräglichtschattierung in schattenplastischer Manier – erfuhren ihre vollendete Ausformung in den klassischen deutschen und einigen ausländischen ↗Handatlanten. Ab Mitte des 19. Jh. fanden, begünstigt durch die Möglichkeiten des lithographischen Farbendruckes und die Fortschritte der topographischen Erfassung des Reliefs der Erde, die Höhenschichten rasch Eingang in die ↗Schulatlanten, später auch in andere Atlanten, Einzelkarten, Kartenwerke und zuletzt auch in die großen Handatlanten und Weltkartenwerke. Oft werden Höhenschichten mit Gebirgsschraffen oder auch mit Reliefschummerung kombiniert. In jüngerer Zeit gibt es Bestrebungen, auf der Grundlage von Satellitenbildern Relief und Bodenbedeckung gleichwertig darzustellen (↗Landschaftskarten). In ↗thematischen Karten erzwingt die Anwendung der Farbe für den thematischen Inhalt meist einfarbige Reliefdarstellungen. Die Herausbildung und Anwendung der verschiedenen Methoden der Reliefdarstellung markieren wesentliche Etappen in der Entwicklung der Kartographie (↗Kartographiegeschichte), wobei sie einerseits abhängig sind vom Erkenntnisstand und dem topographischen Erfassungsstand des Reliefs (↗Geomorphologie) und andererseits von den technischen Möglichkeiten der ↗Kartenreproduktion.

Digitale Verfahren zur Erzeugung von Reliefdarstellungen liefern lagetreue Formen nach vorgegebenen Generalisierungsparametern. Durch die technische Verkopplung von Daten digitaler Höhenmodelle und von Daten der ↗Fernerkundung lassen sich hocheffizient graphisch wirkungsvolle Darstellungen von hoher Aussagekraft herstellen. [WSt]

Reliefelement, Oberflächenelement des Reliefs, das hinsichtlich seiner Ausprägung homogen ist.

Reliefenergie, Höhenunterschied zwischen dem höchsten und dem niedrigsten Punkt in einem Gebiet definierter Größe.

Reliefgeneration, Begriff aus der ↗Klimageomorphologie und dem geomorphogenetisch-geochronologischen Ansatz, der besagt, daß das heutige ↗Relief ein Ergebnis verschieden alter Entwicklungsstadien ist, die unter Einwirkung unterschiedlicher geomorphologischer Prozesse entstanden. Dabei bilden durch gleiche klimatisch gesteuerte Prozesse gebildete Reliefformen jeweils eine Reliefgeneration. Nach einer Veränderung des ↗Klimas findet die Reliefentwicklung in Abhängigkeit vom ererbten Relief der vorigen Reliefgeneration statt. In der heutigen Landschaft sind Vorzeitformen und rezente Formen eng miteinander verschachtelt.

Reliefkarte, kartographische Darstellungsform, die alle Elemente topographischer Karten enthält, das Relief graphisch aber besonders betont und in bestimmter Weise wirklichkeitsnah wiedergibt. Meist erfolgt dies durch eine schattenplastische ↗Reliefschummerung mit Ebenenton in Verbindung mit einer farbigen Höhendarstellung in luftperspektivischer Abtönung (/Luftperspektive) und gegebenenfalls mit naturalistischer Fels- und Gletscherdarstellung. In größeren Maßstäben kommen farbige Höhenlinien (braun für Boden, schwarz für Schutthalden und blau für Eis) hinzu. Diese graphisch und drucktechnisch aufwendige Darstellung wird auch als Schweizer Manier bezeichnet. Ein anderer Typ der Reliefkarte ist die Darstellung mittels Aufrißsymbolen für Relieftypen (/physiographische Methode).

Reliefkorrektur /Beleuchtungskorrektur.

Reliefmodell, *Relief*, maßstäbliche physikalische Nachbildungen von kleineren und größeren Erdoberflächenausschnitten. Es existiert eine Vielzahl mittels unterschiedlicher Verfahren hergestellter Typen wie beispielsweise Stufenrelief, Profilplattenrelief, ausmodelliertes Relief und Kartenrelief, zu denen sich seit den letzten zwei Jahrzehnten des 20. Jahrhunderts auch die automatische Fräsung auf Basis /digitaler Geländemodelle gesellt. Letztere werden heutzutage vielfach nur als Geländemodell bezeichnet, ein Terminus der früher auch für die Reliefmodelle Verwendung fand.

Reliefschummerung, *Schummerung*, die Wiedergabe der Reliefformen in einer verlaufenden Helldunkeldarstellung. Nach dem der Schattierung zugrunde liegenden Prinzip wird unterschieden zwischen Böschungs-, Schatten- und Kombinationsschummerung. Im ersten Fall entspricht die Böschungsschummerung dem Prinzip »je steiler, desto dunkler« den Böschungsschraffen (/Schraffen), hat diesen gegenüber aber den Nachteil, daß in den strukturlosen Halbtönen die Markierung der Gefällsrichtung fehlt und der die Intensität der Neigung angebende /Tonwert schwerer abgeschätzt werden kann. Vorteilhaft ist, daß Ebenen weiß bleiben. Die Böschungsschummerung eignet sich nur für eine allgemeine Reliefkennzeichnung, insbesondere für Reliefformen mit ausgeprägten Tälern und Stufen. Im zweiten Fall gestattet die Schräglichtschummerung oder Schattenschummerung eine leicht auffaßbare, eindeutige Darstellung des Reliefs in einer weiten Maßstabsspanne topographischer Karten bis zu kleinmaßstäbigen /Übersichtskarten. Die schattenplastische Reliefschummerung verlangt zur graphisch wirkungsvollen Darstellung heller Lichthänge und dunkler Schattenhänge einen nicht zu hellen Ebenenton. Dabei gewährleistet nur ein angenommener Lichteinfall von links oben einen durchgehend plastischen Effekt. Bei Lichteinfall vom Betrachter weg (z. B. von unten) kann eine visuelle /Reliefumkehr eintreten. Grundlage für die sehr aufwendige manuelle Schummerung sind detaillierte Höhenlinien, die dem Bearbeiter ein sicheres Erkennen auch kleiner Reliefformen ermöglichen. Die Wirkung schattenplastischer Reliefdarstellungen hängt in hohem Maße von der guten Ausführung der Kleinformen und ihrer Zusammenfassung zu Großformen durch Hüllschatten ab, mit denen größere Formenkomplexe auf der Schattenseite überzogen werden. Die relativ starke Verdunkelung der Ebenen schränkt die Anwendung für kleinmaßstäbige Karten mit dichter Signaturendarstellung und großer Namensfülle ein. Bei der reinen Schattenschummerung, auch als unvollständige Schräglichtschummerung bezeichnet, werden nur die Schattenpartien mehr oder weniger intensiv angelegt, was wenig Aufwand bedeutet, aber bezüglich der Erfaßbarkeit der Formen meist keine befriedigenden Resultate bringt. Im letzten Fall werden bei der Kombinationsschummerung ähnlich wie bei Gebirgsschraffen die Lichthänge hell und die Schattenhänge dunkel dargestellt, die Ebenen aber weiß gelassen.

Technisch lassen sich Reliefschummerungen herstellen als Hand-, photomechanische oder rechnergestützte Schummerungen, wobei heute das photomechanische Verfahren nicht mehr, die rein manuellen Verfahren nur noch sehr selten eingesetzt werden. Bei der Handschummerung wird mit Stiften auf Papier oder Folie gearbeitet, oder Farbstoff mittels Spritzpistole aufgesprüht. Früher wurde das Relief z. T. auch mit chinesischer Tusche gemalt, was man als laviertes Relief bezeichnet. Die Handschummerung verlangt neben der Beherrschung der Technik ein gutes Formenverständnis und Kenntnisse in /Geomorphologie. Bei der Dreiplattenschummerung werden zusätzlich besondere Originale für tiefe Schatten (Schattenton) und für Lichthänge (Sonnenton) hergestellt. Bei der photomechanischen Schummerung bildeten körperliche Reliefs, meist Gipsreliefs, die Grundlage (Wenschow-Verfahren). Bei der rechnergestützten Schummerung im Rahmen von /Desktop Mapping werden unter Verwendung von Software der /digitalen Bildverarbeitung Grautöne in die Karte eingebracht. Bei der volldigitalen analytischen Schummerung wird für Elementarflächen die Neigung (Richtung der Flächennormalen) und der Winkel zwischen der Flächennormalen und der Licht(einfalls-)richtung und damit die Schwärzung auf der Grundlage eines /digitalen Höhenmodells mittels Computerprogramms berechnet und als Rasterfilm unterschiedlicher Schwärzungsintensität ausgegeben. Zusätzliche Farbcodierungen sind ebenfalls möglich. [WSt]

Reliefsignaturen, die /Kartenzeichen für markante /Reliefformen, die im Kartenmaßstab so klein werden, daß ihre Darstellung mit flächenbezogenen Reliefdarstellungsmethoden (z. B. /Höhenlinien) nicht mehr eindeutig möglich ist. Dann können Felsen, Einbruchtrichter, Steilränder und Schluchten mit Reliefsignaturen dargestellt werden. In breitem Umfang werden sie auf /geomorphologischen Karten benutzt.

Reliefumkehr, 1) *Geomorphologie*: durch exogene Kräfte entstandenes /Relief, in dem geologische Mulden oder /Gräben als Erhebungen und geologische Sättel oder /Horste als Vertiefungen erscheinen (Abb. 1 u. Abb. 2). Eine Reliefumkehr wird durch unterschiedliche Widerständigkeit der Gesteine gegenüber exogenen Kräften hervorgerufen. Bestehen z. B. Antiklinalen (/Falte)

Reliefumkehr 1: Reliefumkehr in gefalteten Schichten.

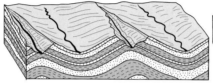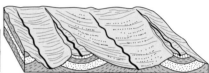

aus geomorphologisch weniger widerständigem Gestein, so werden diese auch durch die orographisch höhere Lage rascher abgetragen und es bilden sich Hohlformen, während widerständiges Gestein in Synklinalen (↗Falte) langsamer abgetragen wird und so schließlich Vollformen entstehen. **2)** *Kartographie*: in der schattenplastischen Reliefdarstellung (↗Reliefschummerung) der visuelle Reliefeindruck, bei dem Täler erhaben als Rücken und Berge dem Betrachter als Kessel erscheinen. Sie entsteht bei unzweckmäßig gewähltem Lichteinfall und einer daraus resultierenden Schattenrichtung vom Betrachter weg. Dieser im menschlichen Sehvermögen begründete Effekt kann durch eine wirklichkeitsnahe Farbgebung und Betonung des Gewässernetzes teilweise kompensiert werden. Der Effekt tritt nicht auf, wenn die Schatten auf den Betrachter zufallen.

Relikt, *Mineralrelikt*, Mineral oder Mineralaggregat, in dem frühere Stadien eines Gesteins erhalten sind (z. B. frühere Metamorphose- oder Deformationsakte), die im Rest des Gesteins durch nachfolgende Prozesse ausgelöscht wurden. Da bei der Metamorphose bestehende Minerale meist instabil sind, ist ihre ehemalige Existenz oft nur noch aufgrund solcher Relikte zu vermuten (Abb.). Relikte treten überall dort auf, wo Gesteine sukzessiv veränderten Bedingungen unterworfen waren. Ist ein bei früheren Bedingungen stabiles Mineral auch noch bei den veränderten Bedingungen stabil, so wird es als stabiles Relikt bezeichnet. Wird dagegen ein Mineral bei Änderung der Bedingungen instabil, so kann es sich doch unverändert erhalten und ist in diesem Falle ein instabiles Relikt. Daneben gibt es sogenannte gepanzerte Relikte, bei denen z. B. ein großer Sillimanitkristall von einem Cordierit-Saum umgeben ist.

Reliktareal, Begriff aus der ↗Ökologie für den Restlebensraum eines ehemals größeren Verbreitungsgebietes einer ↗Population. Aufgrund makroklimatischer Veränderungen kann sich der ↗Lebensraum zunehmend auf eines oder mehrere zersplitterte Reliktareale verkleinern. Im letzten Fall wird auch von ↗Disjunktion gesprochen. In den Alpen gibt es viele Reliktareale von ↗Arten, die während der Eiszeiten in ganz Europa verbreitet waren (Glazialrelikte). Ein typisches Beispiel stellt die Arealverteilung der Zirbelkiefer (*Pinus cembra*) dar. In den Alpen und Karpaten sind nur einzelne (disjunkte) Relikte erhalten geblieben. Ursprünglich war die Kiefer im ganzen Gebiet verbreitet.

Reliktböden, ↗reliktische Böden.

Reliktgefüge, ↗Gefüge, in dem sich durch polarisationsmikroskopische Untersuchungen an Dünnschliffen nachweisbare Strukturen aus Altmineralbestand (↗Relikte) und Mineralneubildungen bei der Metamorphose nachweisen lassen.

Reliktgletscher, ↗Gletscher, der rezent keinerlei Massenzuwachs mehr erfährt (↗Gletscherernährung).

Relikthorizonte, Bodenhorizonte, die sich unter den heutigen Bodenbildungsbedingungen nicht mehr bilden könnten (↗reliktische Böden, ↗Paläoböden). Diese können u. a. durch ↗Erosion gekappte Bodenprofile sein, die am Ort ihrer Entstehung nicht mehr vollständig vorhanden sind; zusätzliche Horizontkennzeichnung: r, z. B. rBt.

reliktische Böden, ↗Paläoböden an der rezenten Geländeoberfläche (im Unterschied zu den ↗fossilen Böden), die Bodenbildungsmerkmale aufweisen, die unter den rezenten Umweltbedingungen nicht mehr gebildet werden können (↗Paläoböden). Es wird unterschieden zwischen Reliktböden und reliktischen Böden. *Reliktböden* sind präholozän entstanden, während relikische Böden im Holozän entstanden sind, sich aber unter den heutigen Umweltbedingungen nicht mehr entwickeln könnten, z. B. reliktische Go-Horizonte (rGo), die heute durch Grundwasserabsenkung keine Bildungsbedingungen für Gleye mehr haben.

Reliktstandort, kleinräumiges ↗Reliktareal.

REM ↗Raster-Elektronenmikroskopie.

Remagnetisierung, bei allen Gesteinen besteht die Gefahr einer mineralogischen Veränderung der primär gebildeten ferrimagnetischen Minerale. Davon ist auch die in diesen Mineralen gespeicherte Information über das ↗Paläofeld der Erde betroffen. Es bilden sich sekundäre ferrimagnetische Minerale mit einer sekundär gebildeten

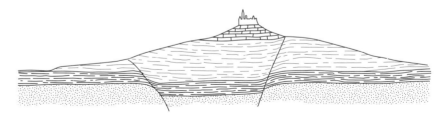

Reliefumkehr 2: Reliefumkehr bei einem Grabenbruch.

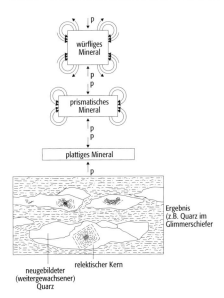

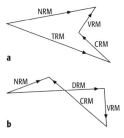

/remanenten Magnetisierung. Dieser Prozeß wird als Remagnetisierung bezeichnet. Ein Beispiel ist die Umwandlung primär gebildeter /Titanomagnetite in Basalten mit einer /thermoremanenten Magnetisierung (TRM) in sekundärem /Hämatit mit einer chemischen remanenten Magnetisierung (CRM). Eine Remagnetisierung kann aber auch ohne sichtbare Veränderung der ferrimagnetischen Minerale stattfinden, insbesondere dann, wenn es sich um besonders große /Mehrbereichsteilchen mit niedrigen Koerzitivkräften und /Blockungstemperaturen handelt. Die primär erworbene Remanenz in diesen Teilchen ist dann durch kurze /Relaxationszeiten gekennzeichnet und es konnten sich sekundäre Remanenzen (z.B. eine /viskose Remanenz (VRM) aufbauen. Mit einer Remagnetisierung ist auf jeden Fall zu rechnen, wenn Gesteine metamorph verändert werden, wobei schon ganz geringe Metamorphosegrade (anchimetamorph bis epizonal) und Temperaturen oberhalb 200°C über längere Zeiten hinweg eine vollständige Substitution der primären durch eine sekundär gebildete Remanenz bewirken können. Die Verwitterung der Gesteine führt in der Regel auch zu einer Remagnetisierung. Durch Tests, wie zum Beispiel /Faltungstest, /Konglomerat-Test, /Kontakt-Test und /Reversal-Test, kann überprüft werden, ob die charakteristische Remanenz primär (d.h. ebenso alt wie das Gestein selbst) ist oder sekundär durch eine Remagnetisierung verändert wurde. [HCS]

remanente Magnetisierung, *natürliche Remanenz*, *NRM*, ist die in einer Probe auch ohne die Wirkung eines äußeren Feldes vorhandene /Magnetisierung. Sie ist meist aus vielen unterschiedlichen Remanenzen zusammengesetzt (Abb.). Die /thermoremanente Magnetisierung (TRM) bei magmatischen Gesteinen und die /Sedimentationsremanenz (DRM) bei Sedimenten enthalten Informationen über das /Paläofeld und werden als Nutzsignale betrachtet. Es ist sogar möglich und fast die Regel, daß eine Gesteinsprobe mehrere charakteristische Remanenzen unterschiedlichen Alters besitzt. Diese können durch eine Analyse der natürlichen remanenten Magnetisierung im Zuge der /thermischen Entmagnetisierung oder der /Wechselfeld-Entmagnetisierung ermittelt und mit den Verfahren der /Mehrkomponentenanalyse getrennt dargestellt werden. Bei der chemischen Remanenz (CRM) und der viskosen Remanenz (VRM) ist das im allgemeinen nicht der Fall. Sie gelten daher im Paläomagnetismus als Störsignale: a) Die *anhysteretische Remanenz* (*ARM*) entsteht im Labor bei der /Wechselfeld-Entmagnetisierung, wenn zusätzlich zum magnetischen Wechselfeld auch ein magnetisches Gleichfeld auf die Probe einwirkt. Die ARM ist parallel und proportional zu diesem Gleichfeld und besitzt ähnliche Eigenschaften wie eine thermoremanente Magnetisierung. b) Die *bohrinduzierte Remanenz* (*DIRM*), wird bei Bohrkernen beobachtet und orientiert sich mehr oder weniger genau in Richtung der Längsachse des aus Eisen bestehenden Bohrgestänges. Ihre Entstehung geht vermutlich auf Magnetfelder in den Eisenrohren und auf die Erschütterungen und hohen Temperaturen beim Bohrvorgang zurück. Im /Paläomagnetismus gilt sie als Störsignal. c) Die *viskose Remanenz* (*VRM*) baut sich langsam auf, wenn eine Gesteinsprobe lange einem Magnetfeld aussetzt wird. Das Anwachsen der VRM in der Zeit *t* kann man mit folgendem Gesetz beschreiben:

$$M_{VRM} = S \cdot \log t$$

(*S* = Viskositätskoeffizient). Das Anwachsen der VRM ist mit der gleichen Zeitkonstante verbunden wie ihr Verschwinden, wenn das äußere Feld nicht mehr wirkt. Die VRM enthält keine Informationen über das /Paläofeld in weit zurückliegenden geologischen Zeiten und wird im /Paläomagnetismus als Störsignal betrachtet. Bei Gesteinen kann man die Existenz einer VRM mit Hilfe des /Thellier-Tests überprüfen. d) Die *isothermale Remanenz* (*IRM*) kann im Labor durch künstliche Felder erzeugt werden, z.B. bei der Vermessung einer /Hysterese. /IRM-Erwerbskurven können für diagnostische Zwecke verwendet werden, weil man mit ihnen die verschiedenen ferrimagnetischen Minerale durch ihre unterschiedlichen /Koerzitivfeldstärken H_C unterscheiden kann. In der Natur entsteht eine IRM durch Blitzschlag. Eine durch solche Vorgänge gebildete IRM ist im Paläomagnetismus ein Störsignal. e) Die *chemische Remanenz* (*CRM*), kann in allen Arten von Gesteinen entstehen, wenn neue ferrimagnetische Minerale, z.B. während der /Diagenese, /Metamorphose oder /Verwitterung, in einem Magnetfeld *H* gebildet werden. Die CRM ist parallel und proportional zu *H* mit /Relaxationszeiten, die im Bereich von 10^9 Jahren liegen können. Sie ist im Prinzip zur Bestimmung der Richtung des lokalen Magnetfeldes bei der Entstehung der Mineralneubildungen zu ver-

Relikt: Entstehung von Mineralrelikten bei der Metamorphose. Ein isometrisches Mineral wird unter Druck *p* von oben und unten gelöst (sog. Drucklösung), die gelöste Substanz scheidet sich seitlich wieder aus, so daß der Kristall senkrecht zur Druckrichtung »gelängt« oder »geplättet« wird. Das Produkt sind plattige Kristalle, z.B. Quarz, die im Zentrum oft noch Relikte der Ausgangsform haben (unten).

remanente Magnetisierung: natürliche remanente Magnetisierung (NRM) als Summe von Einzelremanenzen bei a) magmatischen und b) sedimentären Gesteinen (schematisch).

wenden, sofern deren Alter bestimmt werden kann. In der Natur kann sich der Erwerb einer CRM bei langsam ablaufenden chemischen Prozessen auch über sehr lange Zeiträume hinziehen, in denen sich das Erdmagnetfeld durch ↗Säkularvariation und Feldumkehrungen erheblich änderte. Solche Prozesse sind im Labor nicht reproduzierbar. Eine CRM kann daher bestenfalls zur Bestimmung der Paläorichtung, nicht aber der Paläointensität verwendet werden. Häufig enthält eine durch Metamorphose erworbene oder während der rezenten Verwitterung entstandene CRM keine verläßlichen Informationen über das Paläofeld in der geologischen Vergangenheit und wird dann als Störsignal betrachtet.
f) Die *charakteristische Remanenz (ChRM)*, ist nicht durch einen besonderen physikalischen oder physikochemischen Vorgang gekennzeichnet. Vielmehr bezeichnet man damit eine für die Gesteinsprobe oder für eine ganz bestimmte Fragestellung im Paläomagnetismus typische Remanenz. Dies mag zum Beispiel eine bei der Abkühlung einer Lava entstandene thermoremanente Magnetisierung sein, eine chemische remanente Magnetisierung, die in Zusammenhang mit einer Metamorphose oder der Rotfärbung von Sandsteinen gebildet wurde, oder die Sedimentationsremanenz von Kalken. [HCS]

Remanenz ↗Ferromagnetismus.

Remanenzkoerzitivkraft, H_{CR}, dieser Parameter beschreibt bei einer Hysteresekurve die Stärke des Magnetfeldes, welches benötigt wird, um eine ↗Magnetisierung zu entfernen.

Remanenzrichtung, Richtung einer ↗remanenten Magnetisierung, charakterisiert durch die ↗Deklination D und die ↗Inklination I. Mit Hilfe der ↗Fisher-Statistik können aus mehreren Remanenzrichtungen einer Probenkollektion ein Mittelwert und Parameter zur Charakterisierung der Streuung (↗a_{95}, ↗Präzisionsparameter) berechnet werden.

Remobilisierung, Ablösen einer Substanz von einem Substrat, an das sie bisher durch Absorption oder Adsorption gebunden war (inverser Vorgang zur ↗Anreicherung). Die Remobilisierung kann durch Veränderungen des physikalischen oder chemischen Milieus bewirkt werden, z. B. durch Änderung des pH-Wertes oder durch andere Substanzen.
Die Remobilisierung von Schadstoffen ist ein Vorgang, bei dem bereits im Boden festgelegte Schadstoffe (↗Immobilisierung von Schadstoffen) wieder in eine verlagerungsfähige oder verfügbare Form übergehen (z. B. Lösung, Dispersion, Verflüchtigung) und somit weiterverbreitet werden. Der Grund für eine Remobilisierung ist je nach Schadstoffgruppe unterschiedlich. Bei veränderten Milieubedingungen (pH-Wert, Temperatur, Salinität, Redoxverhältnisse, biochemisches Gleichgewicht) verschieben sich bestehende Gleichgewichte im Boden, so daß in Lösung befindliche Stoffe ausgefällt und bisher ausgefällte oder sorbierte Stoffe gelöst werden können. So konkurrieren beispielsweise Schwermetallionen mit den H+-Ionen der Bodenlösung um Adsorptionsplätze an der Oberfläche von Tonmineralen im Boden. Bei sinkendem pH-Wert (= Erhöhung der H+-Ionenkonzentration) werden so bereits adsorbierte Schwermetallionen von ihren Plätzen verdrängt und gehen wieder in Lösung über. So kann bereits die verbreitet zu beobachtende Bodenversauerung zur Remobilisierung von Schwermetallen im Boden führen. Auch die Zufuhr von Calciumionen kann bereits festgelegte Schwermetalle wieder in Lösung bringen.

remote reference, Methode zur Analyse magnetotellurischer Zeitreihen, bei der statt des lokalen magnetischen Feldes einer Meßstation an einer entfernten Referenzstation verwendet wird, um die Qualität der Übertragungsfunktion zu erhöhen.

remote sensing ↗Fernerkundung.

Renaturierung, aktive Wiederherstellung eines möglichst naturnahen Zustandes von ↗Landschaften oder ihrer einzelnen Elemente. Grundvoraussetzung ist eine starke Reduktion der anthropogenen Nutzungseinflüsse und damit eine Verbesserung des ↗Leistungsvermögens des Landschaftshaushaltes. Das renaturierte ↗Ökosystem erhält dadurch die Möglichkeit einer ungestörten natürlichen Weiterentwicklung. Dies wirkt sich nicht nur auf ↗Flora und ↗Fauna aus, sondern auch auf den Stoff-, Wasser- und Energiehaushalt der jeweiligen ↗Landschaftsökosysteme. Renaturierungen werden in Mitteleuropa seit den 1980er Jahren durchgeführt. Sie sind eine wichtige Komponente der ↗ökologischen Planung. Dies hängt zusammen mit dem damaligen Erkennen des rapiden Rückganges an ungestörten ↗Lebensräumen und dem gleichzeitig abnehmenden Flächendruck der ↗Landwirtschaft. Häufige Beispiele für Renaturierungen sind Fließgewässer, die soweit wie möglich ihrer natürlichen Dynamik überlassen werden, anstatt mit Beton, festen Mauern oder Blockwerk stabilisiert zu werden. Ein anderes Beispiel sind Auengebiete, in denen durch Verlegen der Seitendämme wieder eine natürliche Hochwasserdynamik zugelassen wird. Eine weniger weitreichende Form der Renaturierung ist die ↗Revitalisierung (Abb. im Farbtafelteil). [MSch]

Rendzina, *Humuscarbonatboden* (veraltet), Bodentyp der Klasse der ↗Ah/C-Böden, besitzt humus- und skelettreichen A-Horizont über einem festen oder lockeren Carbonat- oder Gipsgestein. Der obere Gesteinshorizont ist oft durch Frostsprengung zerteilt und mit Sekundärkalk angereichert. Rendzina-Böden treten in Mitteleuropa vorwiegend auf Sedimentgesteinen deutscher und helvetischer Mittelgebirge und der Alpen auf. Subtypen sind (Norm-)Rendzina, Syrosem-Rendzina, Lockersyrosem-Rendzina, Braunerde-Rendzina, Terra-Fusca-Rendzina, Gley-Rendzina. Rendzina kann der Calcaric Regosols der ↗FAO-Bodenklassifikation (↗Regosols) oder den Rendzic Leptosols der ↗WRB (↗Leptosols) zugerechnet werden. Der Name Rendzina leitet sich ab vom polnischen Wort rzedzic = Rauschen (der Steine am Streichblech des Pfluges).

Renninger-Effekt, von M. Renninger 1937 bei der ↗Röntgenbeugung an Diamantkristallen entdeckter Effekt, daß für bestimmte Beugungsgeometrien auch ausgelöschte Braggreflexe (z. B. der (222)-Reflex der Diamantstruktur), deren Strukturfaktor und somit deren Intensität theoretisch null sind, beobachtet werden können. Der Effekt beruht auf der sog. *Umweganregung*, wenn zwei oder mehrere Braggreflexe simultan angeregt sind. Für bestimmte Orientierungen der Richtung des einfallenden Strahls (Primärstrahl) zu den Netzebenen des Kristalls können die Beugungsbedingungen (↗Braggsche Gleichung, ↗Laue-Gleichungen) für verschiedene Netzebenen des Kristallgitters bzw. für verschiedene Vektoren des reziproken Gitters gleichzeitig erfüllt sein. In der ↗Ewald-Konstruktion bedeutet das, daß neben dem Ursprung O des reziproken Gitters z. B. gleichzeitig zwei Punkte des reziproken Gitters, P und Q (Abb.), bzw. zwei Vektoren des

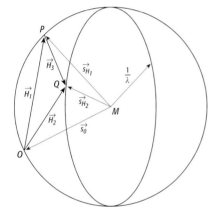

reziproken Gitter, $\vec{H}_1$ und $\vec{H}_2$, auf der Oberfläche der Ewaldkugel liegen. Es liegt dann ein Dreistrahlfall vor, da sich gleichzeitig drei starke Wellen mit den Wellenvektoren $\vec{s}_0$, $\vec{s}_{H_1}$ und $\vec{s}_{H_2}$ im Kristall ausbreiten. Liegen mehrere Punkte des reziproken Gitters gleichzeitig auf der Ewald-Kugel, so spricht man von einem Mehrstrahlfall. Die in Richtung MP gebeugte Welle regt ihrerseits eine Welle an, die sich in Richtung MQ ausbreitet (Mehrfachbeugung), denn der Vektor $\vec{H}_3 = \vec{H}_2 - \vec{H}_1$ erfüllt, wie man aus der Ewaldkonstruktion sieht, ebenfalls die Beugungsbedingung für die Richtung MP als anregenden und MQ als gebeugten Strahl. Man beobachtet also durch zweimalige Beugung eine über den Umweg OPQ angeregte Welle, auch wenn die Welle in Richtung MQ bezüglich des Primärstrahls ausgelöscht ist. Die Umweganregung ist auch für nicht ausgelöschte Reflexe ein wichtiger Effekt, weil dadurch erhebliche Abweichungen von der Zweistrahlintensität gemessen werden können, wenn neben der Welle in Richtung des Primärstrahls noch ein weiterer Braggreflex auftritt. Die Intensitätsänderungen durch Umweganregung werden durch die ↗Dynamische Theorie der Röntgenbeugung quantitativ beschrieben. Umweganregung tritt insbesondere auch bei der ↗Elektronenbeugung und der ↗Neutronenbeugung auf. [KH]

Re-Os-Methode, *Rhenium-Osmium-Methode*, relativ neue Methode der ↗Altersbestimmung nach dem Prinzip der ↗Anreicherungsuhr. Verwendet wird der β^--Zerfall des ^{187}Re zu dem Osmiumisotop ^{187}Os mit einer ↗Halbwertszeit von $4{,}57 \cdot 10^{10}$ Jahren. Mit der Methode werden ↗Gesamtgesteinsalter oder ↗Mineralalter bestimmt. Da die datierten Minerale oder Gesteine zum Zeitpunkt des Starts der isotopischen Uhr in der Regel bereits Os-Isotope enthielten, wird meist die ↗Isochronenmethode angewandt. Nach Überwindung anfänglicher Probleme mit der Bestimmung der Halbwertszeit, der Präparation der Elemente Re und Os und der Meßtechnik (Os-Isotope lassen sich als negative Ionen im Thermionenmassenspektrometer (↗Massenspektrometrie) bestimmen), wird die Methode künftig vermutlich an Bedeutung gewinnen. Bisher wurde sie vor allem erfolgreich zur Datierung von sulfidischer Mo- und Cu-Minerale sowie bei isotopengeochemischen Fragestellungen eingesetzt. [SH]

Repetitionsrate ↗zeitliche Auflösung.

Repichnion, *Kriechspur*, ↗Spurenfossilien.

Repräsentativgebiet, ausgewähltes Einzugsgebiet in einer geographisch einheitlichen Region, in der mit hydrologischen Meßstationen gleichzeitig hydrometeorologische und hydrometrische Daten mit dem Ziel erfaßt werden, repräsentative Meßwerte für ein größeres Gebiet zu erhalten, anstatt Messungen in allen Einzugsgebieten einer bestimmten Region durchzuführen.

Reproduktion, Verfahren zur Wiedergabe und Vervielfältigung von graphischen Vorlagen mittels manueller oder technischer Verfahren. Auch das Ergebnis als Kopie oder Druck wird im Unterschied zu Vorlage oder Original als Reproduktion bezeichnet. Die Reproduktionstechnik umfaßt photographische, photomechanische, kopiertechnisch und elektronisch arbeitende Geräte, die mittels spezifischer Reproduktionsverfahren direkt Reproduktionen liefern oder zu Druckformen für die unterschiedlichen Druckverfahren führen. Die auf bestimmte Vervielfältigungs- (z. B. Trockenkopierverfahren) und Druckverfahren (Tief-, Flach-, Hochdruck) abgestimmten Reproduktionsverfahren haben mit dem technischen Fortschritt einen ständigen Wandel erfahren. Farbkopierverfahren und digitale ↗Scanner bestimmen gegenwärtig das Gesamtgebiet der graphischen ↗Reproduktionstechnik.

Reproduktionstechnik, Gesamtgebiet der photografischen, photomechanischen und elektronischen Verfahren zur Herstellung von Vorlagen für kopier- und drucktechnische Prozesse. Zur Reproduktionstechnik gehört das Anfertigen und Kopieren von Vorlagen, die Herstellung von ↗Druckformen und der Druck bzw. Vervielfältigungsprozeß (↗Kartendruck). Die traditionellen Methoden der Reproduktionstechnik, die jedoch nur noch selten bei der ↗Kartenherstellung zum Einsatz kommen, basieren auf photomechanischen Technologien und werden als analoge Re-

Renninger-Effekt: Ewald-Konstruktion für einen Dreistrahlfall (λ = Wellenlänge).

produktionstechnik bezeichnet. Verfahren der analogen Reproduktionstechnik sind Reproduktionsphotographie und Reproduktionskopie. Als Reproduktionsphotographie wird die Aufnahme von Vorlagen auf phototechnischem Material mittels einer Reproduktionskamera bezeichnet. Es können Maßstabsänderungen vorgenommen und ↗Rasterungen und ↗Farbauszüge hergestellt werden. Bei der Reproduktionskopie handelt es sich um photographische Kontaktkopierverfahren unter Verwendung phototechnischer Materialien. Er erfolgt keine Maßstabsänderung der Vorlage. Im analogen Kartenherstellungsprozeß werden auch Kopierverfahren angewandt, die auf der Lichtempfindlichkeit anderer chemischer Substanzen beruhen. Zu diesen Verfahren zählen die Folienkopie, Photopolymerverfahren (↗Kopierverfahren) und Diazokopierverfahren (↗Diazotypie-Verfahren). Bei der Druckformenherstellung werden von den farbseparierten gerasterten (↗Rasterung) Kopiervorlagen von ↗Karten, Texten, Bildern und Graphiken Druckformen unter Anwendung analoger kopiertechnischer Verfahren erstellt. Im Druckprozeß werden Karten, Texte, Bilder oder Grafiken vervielfältigt, indem Druckfarbe von der Druckform je nach verwendeten Druckverfahren auf den Bedruckstoff übertragen wird. Die Auflage bestimmt die Anzahl der zu vervielfältigten Exemplare. Die digitale Reproduktionstechnik enthält die elektronischen Verfahren der Reproduktion. Bei Computer to film werden die Daten aus einem digitalen Datenbestand auf Film, bei Computer to plate auf eine Druckform aufgezeichnet. Computer to press und Computer to print sind digitale Druckverfahren, und die Daten werden vom Computer direkt an die Druckmaschine übergeben (Digitaldruck). Die Vorteile der digitalen Reproduktionstechnik sind Gleichmäßigkeit, Sicherheit, Genauigkeit und Schnelligkeit. Der Wegfall der in der analogen Reproduktionstechnik nicht völlig vermeidbaren Unsicherheiten und Schwankungen führt zu einer erheblich höheren Verarbeitungsqualität. [CR]

reproduktionstechnischer Film, *phototechnischer Film*, ein lichtempfindliches Material, bestehend aus einer Filmunterlage und einer Emulsionsschicht, in der die lichtempfindliche Substanz enthalten ist. Es ist sowohl für die Anwendung traditioneller Methoden der ↗Kartenreproduktion bzw. der analogen ↗Reproduktionstechnik als auch für verschiedene Verfahren der digitalen Reproduktionstechnik von Bedeutung. Durch die Einwirkung von Licht werden in der Emulsionsschicht des Filmes chemische Vorgänge ausgelöst, so daß ein latentes Bild entsteht. Die Sichtbarmachung des latenten Bildes erfolgt im anschließenden ↗photographischen Prozeß (Entwickeln, Fixieren und Wässern des Films). Reproduktionstechnische Filme werden industriell hergestellt. Auf die Filmunterlage, eine Polyesterfolie, wird in einem Gießverfahren die Emulsionsschicht aus Gelatine und Silberhalogenid als dünne Schicht aufgebracht. Das feinverteilte Silberhalogenid als lichtempfindlicher Teil der Emulsionsschicht ist nur für kurzwelliges Licht empfindlich. Durch die Zugabe von Sensibilisatoren wird die Schicht auch für andere Wellenlängen des Lichtes empfindlich. Die Reaktion der Filme auf innere und äußere Einflüsse wird durch die Maßhaltigkeit als wichtigste physikalische Eigenschaft bestimmt. Für die ↗Kartenherstellung ist dies ein wichtiges Kriterium, um Paßtoleranzen zwischen ↗Kartenoriginalen oder ↗Druckvorlagen zu vermeiden. Zu den photographischen Eigenschaften der Filme gehören allgemeine und spektrale Empfindlichkeit, Auflösungsvermögen, Körnigkeit und Konturenschärfe. Je nach Reproduktionsvorlage (↗Vorlage), gewünschtem Kopierergebnis, Lichtquelle der Geräte oder Verarbeitungsprozeß werden in ihren Eigenschaften sich unterscheidende Filmsorten verwendet. ↗Halbtonvorlagen erfordern einen weicharbeitenden Film mit einer niedrigen Gradation, um die Graustufen der Vorlage in vollen Umfang abbilden zu können. Für ↗Strichvorlagen und die ↗Rasterung sind hingegen hartarbeitende Filme zu nutzen, um randscharfe Kontraste wiederzugeben. In der Reproduktionsphotographie werden Aufnahmefilme für opake schwarz/weiß oder farbige Vorlagen eingesetzt, in der Kontaktkopie (↗Kopierverfahren) für transparente Vorlagen sogenannte Kontaktfilme. Soll das Kopierergebnis in den Tonwerten eine Umkehr besitzen, wird ein Negativfilm verwendet. Bei diesem Film werden die hellen Teile der Vorlage dunkel, die dunklen Teile dagegen hell abgebildet. Soll keine Tonwertumkehr erzeugt werden, wird ein Positivfilm eingesetzt. Tageslichtfilme können im Hellraum verarbeitet werden, Dunkelraumfilme in Räumen mit einer Beleuchtung, für die diese Filme unempfindlich sind, größtenteils in einem rotem Licht. Für Fotosatzanlagen, ↗Scanner oder ↗Filmbelichter werden Filme benutzt, die für die in diesen Geräten verwendeten Lichtquellen (Strahlung hauptsächlich im Infrarotbereich) empfindlich sind. Es handelt sich dabei um Laserlichtquellen als Gaslaser oder Laserdiode. Die Filme werden als Photosatz-, Scanner- oder Belichterfilme bezeichnet und sind in ihren Eigenschaften an die technischen Gegebenheiten der Geräte angepaßt. Sogenannte Trockenfilme benötigen einen eigenen Verarbeitungsprozeß, da die Sichtbarmachung und Stabilisierung des Bildes ohne Chemikalien erfolgt. [CR]

Reptation, *surface creep*, ↗äolischer Prozeß, der die rollende und kriechende Bewegung von Körnern auf der Bodenoberfläche beschreibt. Dieser wird durch Winddruck sowie durch den Impuls beim Einschlag saltierender Körner (↗Saltation) ausgelöst. Reptation führt i.d.R. zu kleinräumiger ↗Akkumulation der so bewegten Körner: a) Auf ebenem Untergrund bieten Einzelkörner dem Winddruck größere Oberflächen und erhöhen die Trefferwahrscheinlichkeit durch saltierende Körner; b) bei kleinen Unebenheiten wirken Winddruck und Saltationsimpulse verstärkt auf der Luvseite, was zur Akkumulation der reptierenden Körner im Lee führt. Reptation ist maßgeblich an der Bildung von ↗Windrippeln

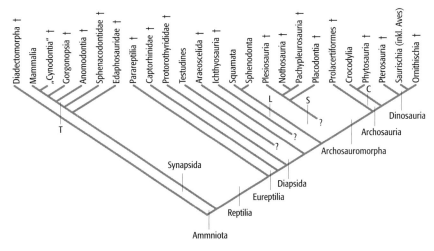

Reptilien 1: Kladogramm der Reptilien-Phylogenie, die in zwei große Entwicklungslinien gespalten ist. Ein Zweig beinhaltet die Reptilia, zu denen der Großteil der fossilen und alle heutigen Echsen zählen. Der andere Zweig umfaßt die Synapsida, aus denen die Säugetiere hervorgegangen sind. Im Kladogramm sind nicht alle Gruppen genannt; C = Crocodylotarsi, L = Lepidosauria, S = Sauropterygia, T = Therapsida.

beteiligt. Die transportierte ↗Korngröße ist von der Windgeschwindigkeit abhängig, wobei die Obergrenze für Reptation mit Akkumulation mit 2–4 mm angegeben wird. Gröbere Körner werden bei Starkwind zwar verlagert, akkumulieren aber nicht mehr.

In der anglo-amerikanischen Fachliteratur nimmt »reptation« eine Zwischenstellung zwischen »surface creep« und »saltation« ein, wobei die hüpfende Bewegung von Körnern gemeint ist, deren Energie nicht ausreicht, selbst weitere Transportprozesse zu induzieren. Entsprechend wird »saltation« nur für bewegte Körner gebraucht, die durch Energietransfer beim Einschlag in der Lage sind, erneut »reptation«, »surface creep« und »saltation« auszulösen.   [KDA]

Reptilien, *Kriechtiere*, *Echsen*, wechselwarme, selten auch warmblütige (Pterosauria) Tetrapoden, deren Körper meist mit Schuppen oder Knochenplatten bedeckt sind. Durch die Entwicklung des Amnioten-Eies haben es die Reptilien als erste Landwirbeltiere geschafft, in ihrem Lebenszyklus völlig unabhängig vom Wasser zu werden. Ihre Embryonen entwickeln sich ohne Metamorphose in nährstoffreichen, mit Embryonalhüllen (Amnion, Allantois) ausgestatteten Eiern, aus denen eine Miniaturausgabe des Adulttieres schlüpft. Die ledrige oder kalkige Eischale schützt dabei vor Austrocknung und regelt den Gasaustausch. Die Reptilien werden zusammen mit den aus ihnen abgeleiteten ↗Vögeln und ↗Säugetieren als Amniota bezeichnet und den Anamnia (↗Fische und ↗Amphibien) gegenübergestellt.

Die Systematik der Reptilien (Abb. 1) hat sich in den letzten Jahren grundlegend gewandelt. Sie sind paraphyletisch, da die Vögel und Säugetiere als ihre Nachfahren andere, neue Vertebratenklassen bilden. Der zusammenfassende Begriff »Reptilien« ist somit unrichtig. Sie wurden daher in der Vergangenheit als Amnioten definiert, die keine Vögel und keine Säugetiere sind, und nach der Topographie ihrer Schädelöffnungen in Anapsida, Diapsida und Synapsida gegliedert. In jüngerer Zeit publizierte Untersuchungen lassen die Reptilien jedoch wieder »auferstehen«, indem aus ihnen die Synapsida (säugerähnliche Reptilien) ausgegliedert und als eigenständige Entwicklungslinie geführt werden. Die Vögel werden als Spezialevolution innerhalb der Saurischia verstanden. Die Frage nach dem ältesten Kriechtier ist problematisch, da sich das Schlüsselmerkmal Amnioteneï fossil praktisch nicht nachweisen läßt. Gesichert ist aber, daß sowohl die Reptilia als auch die Synapsida im oberen ↗Karbon aus der Gruppe der reptilomorphen Amphibien hervorgegangen sind. Die eidechsenähnliche Gattung *Hylonomus* aus dem Oberkarbon von Kanada gehört zu den ältesten bekannten Amnioten, den Protorothyrididae. Das Fehlen von Schläfenöffnungen als Primitivmerkmal teilen sie mit anderen basalen Reptilgruppen des ↗Perms, die man als Parareptilia zusammenfaßt. Die sekun-

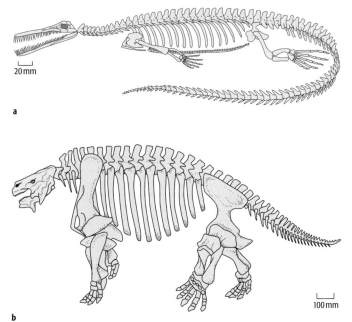

Reptilien 2: Parareptilia: a) Das marine Reptil *Mesosaurus* war mit seinem reusenartigen Gebiß ein guter Fischjäger; b) Groß und plump war der terrestrisch angepaßte Pareiasaurier *Scutosaurus*.

Reptilien

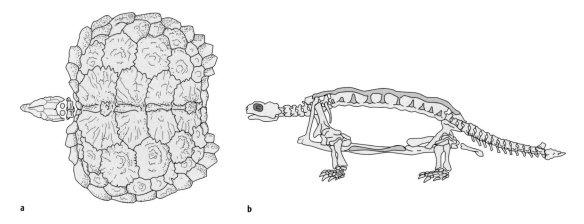

Reptilien 3: Eine der ältesten Schildkröten ist die obertriassische *Proganochelys*: a) Dorsalansicht des Carapax, b) Skelettrekonstruktion mit aufgeschnittenem Panzer. Länge ca. 1 m.

Reptilien 4: a) Der Ichthyosaurier *Mixosaurus* war ein delphinähnlicher Jäger der Triasmeere. b) Der Mosasaurier *Plotosaurus* ist aus oberkretazischen Schichten bekannt und wurde bis zu 10 m lang. c) *Placodus* ernährte sich mit seinen großen Knackzähnen von hartschaligen Meeresorganismen.

där wieder aquatischen Mesosauria (Abb. 2a) zählen ebenso hierzu wie die massigen Pareiasauria (Abb. 2b), die als Stammgruppe der Testudines (Schildkröten) gehandelt werden. Die ältesten Schildkröten stammen mit *Proterochersis* und *Proganochelys* (Abb. 3) aus dem süddeutschen ↗Keuper. Sie unterscheiden sich von den evoluierteren Unterordnungen der Pleurodira und Cryptodira u. a. dadurch, daß sie statt eines zahnlosen Mauls mit Hornschnabel noch eine rudimentäre Bezahnung besaßen und ihren Kopf nicht in den Panzer zurückziehen konnten. Die Schildkröten haben sich schon sehr früh als eigener Entwicklungszweig von den übrigen Reptilien abgespalten.

Die formenreichste Gruppe innerhalb der Reptilia sind die Diapsida, die im Mesozoikum vor allem die terrestrischen und aquatischen Lebensräume dominierten, aber auch den Luftraum (Pterosauria, Kuehneosauridae) eroberten. Die Ichthyosaurier (Abb. 4a) sind perfekt angepaßte Jäger der mesozoischen Meere, die Größen zwischen 1 und 11 m erreichten. Durch im Skelettverband überlieferte Fossilien (zum Teil mit sog. Hautschatten) des unterjurassischen ↗Posidonienschiefers ist nicht nur die Anatomie dieser torpedoförmig gebauten Tiere gut bekannt. Diese Fundstelle hat auch Muttertiere mit Embryonen geliefert, die belegen, daß Ichthyosaurier wie heutige Wale lebendgebärend waren.

Von den Lepidosauria, zu denen die auch rezent vorkommenden Squamata (Eidechsen, Schlangen, Doppelschleichen) und die Sphenodonta (Brückenechsen) gehören, tauchen letztere ab der Obertrias im Fossilbericht auf. Die rezent sehr erfolgreichen Squamaten sind ab dem mittleren ↗Jura nachgewiesen und beinhalten meist vergleichsweise kleine Formen unter 1 m Länge. Ausnahme sind die Varanoidea, die im ↗Pleistozän Australiens mit der 6 m Körperlänge erreichenden Gattung *Megalania* einen riesigen Vertreter hervorgebracht haben. Zu den Waranen zählen auch die oberkretazischen Mosasaurier (Abb. 4b), die mit zahlreichen Gattungen und Arten aus Nordamerika und Europa bekannt sind. Diese perfekt angepaßten marinen Beutegreifer ernährten sich vorzugsweise von Fischen und ↗Cephalopoden. Als Besonderheit haben sie einen in sich gelenkigen Unterkiefer ausgebildet. Sie erreichten Längen von 5–15 m und waren

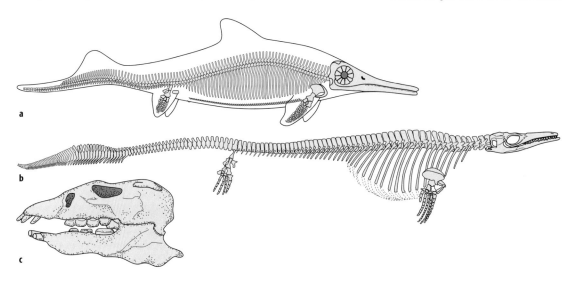

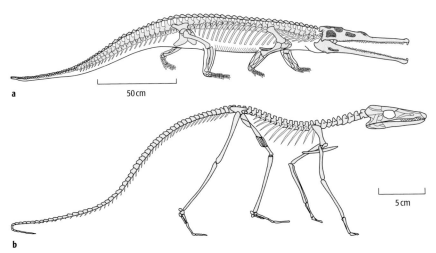

Reptilien 5: a) Charakteristisches Merkmal der krokodilähnlichen Phytosaurier, hier *Parasuchus*, ist das vor den Augen gelegene Nasenloch. b) Krokodile stammen von schlanken, hochbeinigen Landformen wie *Terrestrisuchus* ab.

vermutlich lebendgebärend. Als Sauropterygia werden andere, ebenfalls marin lebende Reptilien zusammengefaßt. Davon sind die Nothosauria, Pachypleurosauria und Placodontia in der mittleren und oberen ↗Trias verbreitet, die Plesiosaurier kommen in Jura und ↗Kreide vor. Pachypleurosaurier verdanken ihren Namen ihren verdickten Rippen, die den Auftrieb im Wasser senken. Während diese meist kleinen Tiere (40 cm bis 1,20 m) eventuell als Lauerräuber in Küstennähe lebten, waren die großen, über 4 m langen Nothosaurier aktive Fischenjäger. Eine merkwürdige Gruppe triassischer Reptilien sind die Placodontier (Abb. 4c). Charakteristische Fossilien sind die flachen Gaumenzähne, mit denen die bis 2 m langen Tiere hartschalige Organismen aufzuknacken vermochten. Insgesamt waren sie schwer und plump gebaut, als Schutz vor Freßfeinden hatten die Cyamodontidae sogar einen schildkrötenartigen Rückenpanzer ausgebildet. Bei den Plesiosauriern unterscheidet man diejenigen mit langem Hals und kleinem Kopf (eigentliche Plesiosaurier) von denjenigen mit kurzem Hals und großem Kopf (Pliosaurier). Beide Gruppen haben ihre Extremitäten zu großen Paddeln umgestaltet, mit denen sie einen enormen Vortrieb bei der Beutejagd erzielen konnten. Bemerkenswert ist die Vervielfachung der Halswirbel bei den Elasmosauridae. Plesio- und Pliosaurier konnten bis 13 m Länge erreichen. Während die Plesiosauria vor allem aus England und Nordamerika bekannt sind, waren die Nothosauria, Pachypleurosauria und Placodontia schwerpunktmäßig oder ausschließlich in der ↗Tethys beheimatet. Im Gegensatz zu anderen Meeresreptilien mußten die Sauropterygia zur Ablage ihrer Eier an Land gehen.

Eine sehr große und formenreiche Infraklasse sind die Archosauromorpha. Sie kommen, angefangen mit den frühesten Vertretern (Prolacertiformes) im Oberperm, bis heute (Krokodile, Vögel) vor. Kennzeichnendes Merkmal der Prolacertiformes sind teils extrem lange Hälse (z.B. *Tanystropheus* aus der Mitteltrias), die im Gegensatz zu den Elasmosauriern aber durch eine Verlängerung der einzelnen Wirbel erreicht werden. Sie sterben im unteren Jura aus. Innerhalb der Archosauria lassen sich anhand der Konstruktion des Knöchelgelenks Gruppen mit einem mesotarsalen Gelenk (Flugsaurier, Dinosaurier) von Gruppen mit einem crurotarsalen Gelenk (Krokodile, Phytosaurier) unterscheiden. Ausschließlich in der Obertrias von Nordamerika, Europa und Indien sind die krokodilähnlichen Phytosaurier (Abb. 5a) verbreitet. Als Besonderheit befinden sich ihre Nasenöffnungen nicht an der Schnauzenspitze wie bei den Krokodilen, sondern ist in Augennähe und meist auf einem Knochenhöcker lokalisiert. Der Mageninhalt dieser semiaquatischen Tiere zeigt eine carnivore Ernährungsweise an. Die echten Krokodile erscheinen mit den Spheno- und den Protosuchia in der Obertrias. Diese bis in den Unterjura vorkommenden, recht primitiven Gruppen waren terrestrisch angepaßt und hatten in ihrer äußeren Erscheinung noch wenig mit den uns bekannten Krokodilen gemein: Sie waren zwei- oder vierbeinige, sehr schlanke und leichtgebaute Jäger wie der obertriassische *Terrestrisuchus* aus Wales (Abb. 5 b). Die frühen Krokodilverwandten werden in Jura und Kreide von den Mesosuchiern abgelöst, die sowohl vollmarine als auch semiaquatische und terrestrische Lebensräume bewohnten. Gut bekannt ist das fischfressende Meereskrokodil *Steneosaurus* aus dem unterjurassischen Posidonienschiefer Süddeutschlands und Englands. Die letzten Mesosuchier sind die landlebenden Sebeciden aus dem ↗Miozän von Südamerika. Als Eusuchia werden die modernen Krokodile bezeichnet, zu denen auch die drei rezenten Familien der Alligatoridae, der Crocodylidae und der Gavialidae zählen. Die Crocodylidae sind bereits seit der Oberkreide bekannt und kamen dort mit bis zu 14 m langen Riesenformen vor. Gleichzeitig treten auch die ältesten Alligatoren auf, Gaviale sind erst seit dem Paläozän nachgewiesen. Als typische Krokodil-Fossilien findet man die mit einer charakteristischen Grubenskulptur versehenen, eckigen Hautpanzerplatten und die spitzkonischen Zähne. Krokodile sind

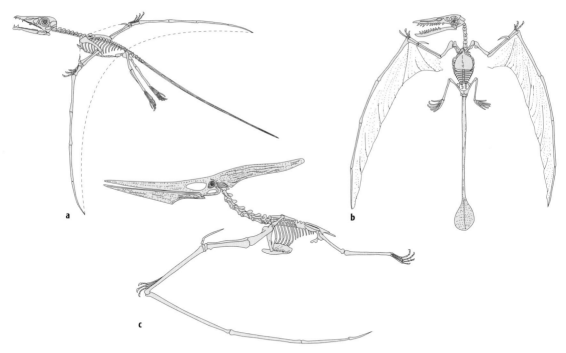

Reptilien 6: a) Schon bei einem der ältesten Flugsaurier *Eudimorphodon* aus der Obertrias Italiens wird die Flughaut mit Hilfe des verlängerten vierten Fingers aufgespannt. b) *Rhamphorhynchus* ist die namensgebende Gattung der langschwänzigen, relativ primitiven Rhamphorhynchoidea. c) Fortschrittlicher sind die schwanzlosen Pterodactyloidea, die in Jura und Kreide vorkamen. Länge aller Skelette ca. 50–60 cm.

gemeinsam mit den Squamaten und Sphenodonten die einzigen Reptilia, die vom Faunenschnitt an der Kreide/Tertiär-Grenze nicht betroffen waren.

In der Obertrias der italienischen Südalpen tritt mit der Gattung *Eudimorphodon* (Abb. 6a) einer der frühesten Pterosauria im Fossilbericht auf. Flugsaurier eroberten als erste Wirbeltiergruppe den Luftraum als aktive Flieger. Sie entwickelten hierzu Hautmembranflügel, die sie zwischen dem extrem vergrößerten vierten Finger und der Beckenregion oder den Hinterextremitäten aufspannten. Aus energetischen Gründen wird bei ihnen Warmblütigkeit vermutet, worauf auch vereinzelt überlieferte haarähnliche Strukturen hinweisen. Flugsaurier, über deren Ursprung man nur sehr wenig weiß, klassifiziert man zum einen in die geologisch älteren, relativ kleinen Rhamphorhynchoidea mit langem Schwanz (Abb. 6b), zum anderen in die fortschrittlicheren, schwanzlosen Pterodactyloidea (Abb. 6c). Zu letzteren gehört der mit 11–12 m Flügelspannweite größte bekannte Flugsaurier *Quetzalcoatlus* aus der Oberkreide von Texas. Pterosaurier erlöschen zum Ende der Oberkreide.

Die wohl populärsten Reptilien sind die ↗Dinosaurier, die bald nach ihrer Entstehung in der Mitteltrias die terrestrischen Lebensräume in Jura und Kreide mit einer ungeheuren Vielfalt an Anpassungsformen dominierten. Man unterteilt sie nach der Struktur ihres Beckens in die beiden Ordnungen Ornithischia (Vogelbecken-Saurier) und Saurischia (Echsenbecken-Saurier). Die Vögel stammen von kleinen, zweibeinigen Saurischiern aus der Gruppe der Theropoden ab.

Stammesgeschichtlich sind die säugetierähnlichen Reptilien, die Synapsida, von besonderer Bedeutung (Abb. 1). Die Synapsida spalten sich bereits im Oberkarbon von primitiven Reptilien, vermutlich den Protorothyrididen, ab und machen parallel zu den Reptilia eine eigenständige Evolution durch. Diese gipfelt in der oberen Trias mit der Entstehung der ersten Säuger. Basale Synapsiden sind die Edaphosauridae und die Sphenacodontidae, die gemeinsam mit weiteren Familien früher als »Pelycosaurier« zusammengefaßt wurden und vom Oberkarbon bis ins obere Perm vorkamen. Die Edaphosauriden sind mittelgroße Pflanzenfresser, die wie viele »Pelycosaurier« über ein großes Rückensegel verfügten, das zwischen ihren verlängerten Dornfortsätzen aufgespannt wurde und vermutlich der Wärmeregulation diente. Auch die Sphenacodontiden besaßen ein derartiges Segel, sie waren jedoch räuberische Formen mit vergrößerten Eckzähnen, wie sie beispielsweise die Gattung *Dimetrodon* zeigt. Die Anomodontia, Gorgonopsia und die Cynodontia gehören zu den Therapsida, die sich aus den »Pelycosauriern« herleiten lassen. Sie treten erstmals im russischen und südafrikanischen Oberperm mit Formen wie der Dinocephalengattung *Titanophoneus* auf. Der weltweit verbreitete Dicynodontier *Lystrosaurus* wird zur formenreichen Gruppe der Anomodontia gestellt, die vom oberen Perm bis zum Ende der Trias nachgewiesen ist. Die mittelgroßen, meist schwer gebauten, nilpferdartigen Anomodontier waren spezialisierte Pflanzenfresser mit verschiedenartigen Biotopanpassungen. Gefürchtete Räuber waren sicherlich die Gorgonopsia, die man nur aus dem oberen Perm kennt. Die gut untersuchte Gattung *Lycaenops* hat eine ausgeprägt heterodonte Bezahnung und zeigt Laufanpassungen, wobei aber der Humerus in einer reptilhaften

Horizontalstellung verbleibt. Als ihre direkte Schwestergruppe leiten die Cynodontier schließlich zu den Mammalia über. Verschiedene Vertreter der Cynodontia zeigen in unterschiedlichem Maße Säugermerkmale wie Entwicklung eines sekundären Kiefergelenks und Gaumens, Reduktion der zahntragenden Knochen des Unterkiefers, mehrhöckrige Backenzähne etc. Eine dezidierte Übergangsform kennt man bisher jedoch nicht, so daß in der oberen Trias bereits primitive Säugetiere neben fortschrittlichen Cynodontiern auftreten. [DK]

Literatur: [1] BENTON, M. J. (1997): Vertebrate Palaeontology. – London u. a. [2] CARROLL, R. L. (1993): Paläontologie und Evolution der Wirbeltiere. – Stuttgart/New York. [3] SANDER, M. (1994): Reptilien. – Haeckel-Bücherei Bd. 3. Stuttgart.

Resampling, in ↗Photogrammetrie und ↗Fernerkundung Verfahren zur Ableitung der Grauwertmatrix bei einer geometrischen Transformation ↗digitaler Bilder. Wesentlicher Bestandteil des Resampling ist die Interpolation der diskreten Grauwerte der Matrix des transformierten Bildes zwischen benachbarten ↗Pixeln des Ausgangsbildes. Die neue Matrix ist geometrisch durch das gewählte Bezugssystem definiert. Ihre Bildelemente sind – wie meist die des Eingabebildes – quadratisch, decken sich aber nicht vollständig mit diesen. Die neuen Bildelemente setzen sich aus Teilstücken von Bildelementen der Matrix des Eingabebildes zusammen. Es muß daher eine Regel eingeführt werden, nach der die Grauwertzuweisung erfolgen soll. Dazu sind drei Resamplingverfahren allgemein verbreitet, die der indirekten Methode zugerechnet werden: das ↗Nearest-Neighbour-Verfahren, die ↗bilineare Interpolation sowie die ↗kubische Konvolution. Bei der letzteren geht man von der transformierten neuen Bildmatrix aus und rechnet mit Hilfe der Transformationsgleichungen von den Mitten der dortigen Bildelemente in das Eingabebild zurück. Lücken oder Doppelbelegungen, wie sie bei der direkten, umgekehrten Methode auftreten können (aus diesem Grund wird diese inzwischen nicht mehr verwendet), werden hierdurch vermieden.

Reseau, kalibriertes Gitter in der ↗Bildebene einer ↗Meßkamera. Die Abbildung des Reseaus im Bild gestattet die Erfassung und Eliminierung systematischer Bildfehler sowie die Definition des Systems der kartesischen ↗Bildkoordinaten.

resequenter Fluß ↗konsequenter Fluß.

Reservat, speziell eingerichtete Schutzgebiete. 1) Bezeichnung für einen ↗Lebensraum, der bestimmten Bevölkerungsgruppen, v. a. Naturvölkern, vorbehalten, ist nach ihrer eigenen kulturellen Vorstellung weiter zu leben. Reservate sind beispielsweise in Australien und sehr zahlreich für die Indianer in Nordamerika ausgewiesen worden. 2) Im ↗Naturschutz werden als Reservate auch Gebiete bezeichnet, die bestimmte Tier- oder Pflanzenarten vor dem Aussterben schützen sollen. Hierzu zählen die unter strengem Schutz stehenden ↗Naturschutzgebiete und ↗Nationalparks.

Reservenährstoffe, können als Bodenvorräte in anorganischer oder organischer Verbindung vorliegen (↗Nährelemente). Im weiteren Sinne können auch Fette, Kohlenhydrat- und Proteinverbindungen in Samen und anderen Speicherorganen der Pflanzen hierunter verstanden werden, die nach Wachstumspausen die Nährstoffe für Keimungsvorgänge zur Verfügung stellen und zur Bildung assimilationstüchtigen Gewebes notwendig sind.

Reservoirgas ↗Ozonabbau.

residual, Adjektiv für Gesteine oder Magmen, die als Folge von Prozessen wie Verwitterung, Aufschmelzung oder Kristallisation zurückgeblieben sind (↗Residualgestein, ↗Restit, ↗Residualmagma).

Residualbilder, *residual images*, die bei einer ↗Hauptkomponententransformation entstandenen stark informationsarmen und verrauschten Hauptkomponenten.

Residualböden, bindiges Lockermaterial als Lösungsrückstand der Verwitterung von Carbonat- und Salinargesteinen.

Residualgebirge ↗*Gipshut*.

Residualgestein, ein Rückstandsgestein, entstanden als Folge von Verwitterung (z. B. Bildung eines Tons durch In-situ-Verwitterung von Granit) oder durch partielle Aufschmelzung von Metamorphiten oder Magmatiten.

Residuallagerstätten, *Rückstandslagerstätten*, an Ort und Stelle als Verwitterungsrückstände entstandene Lagerstätten. ↗Eluviallagerstätten.

Residuallehm, nichtcarbonatische Beimengung in Carbonatgesteinen, die bei der ↗Verkarstung durch Korrosionsprozesse (↗Korrosion) zurückbleibt und somit residual angereichert wird.

Residualmagma, hoch differenziertes Magma, das von einem ↗Stamm-Magma nach ↗fraktionierter Kristallisation noch übrig geblieben ist.

residual statics, nach Anbringung der ↗statischen Korrektur können die reflektierten Signale benachbarter Spuren noch unerklärte Rest-Zeitverschiebungen aufweisen, die durch ↗Phasenkorrelation eliminiert werden können.

Residualvektor, in der Fernerkundung üblicherweise ein Vektor, der bei bestimmten Kontrollpunkten eines geometrisch entzerrten Bildes die Genauigkeit der geometrischen Korrektur angibt. Verwendet werden hierfür zumeist, aber nicht notwendigerweise, nur die für die ↗Entzerrung verwendeten ↗Paßpunkte, bei denen Richtung und – mit einem entsprechenden Multiplikationsfaktor wegen der besseren Visualisierung – Betrag der Abweichung von der angestrebten Lage graphisch in den Resultatbildern oder eigenen Graphiken dargestellt werden. Bei diesen in der Fernerkundung üblichen Visualisierungen entsteht somit ein Eindruck über die räumliche Verteilung der Entzerrungsgenauigkeit. Diese kann in weiterer Folge auch in tabellarischer bzw. statistischer Form wiedergegeben werden. Angestrebt wird bei entzerrten Fernerkundungsbilddaten – in Abhängigkeit von den Inputdaten und dem dargestellten Gelände – zumindest ↗Subpixelgenauigkeit. [MFB]

Residualwirkung, *Rückstandswirkung*, Wirkungsweise synthetischer ↗Pflanzenschutzmittel, die nach der Applikation als Rückstand auf der Oberfläche der ↗Pflanzen verbleiben. Sie müssen mit dem zu bekämpfenden Schadenserreger in direkten Kontakt kommen, um ihn zu schädigen. Viele Insektizide, Akarizide (Mittel gegen Milben) und Fungizide (Mittel gegen Pilze) besitzen eine Residualwirkung.

residuelle Absenkung ↗*verbleibende Absenkung*.

Resilienz ↗Stabilität.

Resinit, ↗Maceral der Exinitgruppe (↗Exinit) in Kohlen.

Resistenz, *Widerstandsfähigkeit*, in der ↗Ökologie die Gesamtheit der Eigenschaften eines Organismus, welche die Wirksamkeit schädigender abiotischer und biotischer (↗Schädlinge, ↗Parasitismus) Umwelteinflüsse hemmen. Bei passiver Resistenz werden extreme Bedingungen (Temperatur, Feuchte usw.) oder die Ausbreitung von Parasiten durch strukturelle oder physiologische Anpassungen des Körpers abgewehrt. Die aktive Resistenz basiert auf spezifischen stofflichen Abwehrreaktionen. Die Züchtung resistenter Pflanzensorten und Tierrassen ist ein stetes Bestreben in der Landwirtschaft. Resistenz ist nicht mit Immunität (genetisch festgelegte Unanfälligkeit) zu verwechseln.

Resistenzstrecke, von K. Hormann (1963) geprägter Begriff für einen Abschnitt im Flußbett, der sich im Vergleich zu anderen Flußabschnitten gegenüber der Tiefenerosion resistent verhält. Diese Widerstandsfähigkeit ist relativ, da sie von der Zusammensetzung des Bettmaterials (Fels, Schotter oder Sand), der wechselnden ↗Erosionskompetenz und dem Betrachtungszeitraum abhängig ist.

Resonanz ↗*Mesomerie*.

Resonanzbindung, von L.C. ↗Pauling im Rahmen der Valenzbindungstheorie entwickeltes Bindungsmodell, das besagt, daß die tatsächlich vorliegende Elektronenkonfiguration eines Moleküls als Überlagerung mehrerer Grenzstrukturen anzusehen ist, die sich genommen nur bequeme Schreibhilfen darstellen. Tatsächlich existiert nur eine einzige Konfiguration, die mit einer konventionellen Lewis-Formel, die fest lokalisierte Elektronenpaare verwendet, nicht wiedergegeben werden kann. Die tatsächlich vorliegende Konfiguration hat eine niedrigere Energie als jede der Grenz- oder Resonanzstrukturen (Resonanzenergie). Die wirkliche Elektronenkonfiguration wird auch als Resonanzhybrid oder als mesomerer Zustand bezeichnet; diese Erscheinung selbst wird Resonanz oder ↗Mesomerie genannt.

Resonanzfrequenz, allgemein die Frequenz, bei der ein zu erzwungenen Schwingungen angeregtes System dem Erregersystem maximale Energie entzieht, wobei die Amplitude einen größtmöglichen Betrag annimmt. In der praktischen Ausführung geophysikalischer Geräte (z.B. ↗Geophon, Induktionsspulenmagnetometer) wird die Resonanzspitze meist durch geeignete elektrische Dämpfungen oder Gegenkopplungen minimiert.

Resorption, Prozeß der teilweisen oder völligen Wiederauflösung von Mineralen in einem Magma als Folge von Änderungen in Temperatur, Druck oder Zusammensetzung, durch welche eine Untersättigung der Schmelze an den betroffenen Mineralen eingestellt wurde.

Respiration, biologischer Prozeß, der organische energiereiche Verbindungen zu anorganischen energiearmen Bestandteilen (CO_2, Wasser, kleine anorganische Moleküle) unter Freisetzung von Energie oxidiert. Der Bedarf der Organismen an Energie zur Erhaltung ihrer Lebensprozesse und zum Wachstum wird gedeckt. Die dazu benötigte organische Substanz stammt ursprünglich meist von den ↗Pflanzen. Auch bei diesen liefert die Respiration Energie in nicht photosynthetisch aktiven Teilen (Stamm, Wurzeln etc.) oder in der Nacht, wenn keine Energie durch ↗Photosynthese bereitgestellt werden kann. Daher geht ein gewisser Teil der photosynthetisch produzierten Biomasse bei Pflanzen (↗Primärproduktion) durch Atmung verloren (↗Nettoprimärproduktion). Die Differenz aus ↗Bruttoprimärproduktion und Atmungsverlusten ergibt die Nettoprimärproduktion. Die Respiration kann bei einzelnen Organismen (↗Physiologie), aber auch für Bodenausschnitte und ganze ↗Ökosysteme betrachtet werden (↗Ökophysiologie). In Kombination mit der ↗Produktion P läßt sich das ↗P/R-Verhältnis bestimmen, das anzeigt, ob die Biomasse in einem Ökosystem zu- oder abnimmt. Die Respiration des Bodens (*Bodenrespiration*), gemessen über die CO_2-Freisetzung, ist ein integratives Maß für die Intensität von Prozessen wie Mineralisierung von organischer Substanz, Freisetzung von Nährstoffen und damit für die Intensität von ↗Stoffkreisläufen. Bodenrespiration ist durch die Frage nach der Kohlenstoffbilanz regionaler Ökosysteme (z.B. Polargebiete, ↗boreale Nadelwälder) in den Fokus der aktuellen Forschung gerückt, die in den letzten 10.000 Jahren als effiziente ↗Senken für Kohlenstoff gewirkt haben (↗Moore) und infolge der Klimaerwärmung in Zukunft möglicherweise durch verstärkte Bodenatmung zu global wirksamen CO_2-Quellen umgewandelt werden. ↗Atmung, ↗Kohlenstoffkreislauf. [MSch]

Responsefunktion, in den aktiven ↗elektromagnetischen Verfahren die komplexe Übertragungsfunktion W als Funktion der Induktionszahl p:

$$W(p) = \frac{p^2 + ip}{1 + p^2}.$$

Bei großen Induktionszahlen dominiert der Realteil, bei kleinen der Imaginärteil (↗Leitfähigkeitsmessung bei kleinen Induktionszahlen).

Ressourcen, erwartete Gesamtmenge eines ↗Rohstoffes in einem größeren Gebiet (z.B. Land), interpoliert aus den dort bekannten ↗Lagerstätten, den Reserven und der ↗Höffigkeit aufgrund der geologischen Verhältnisse.

Ressourcenmanagement, *Ressourcenschutz*, Ziel des Ressourcenmanagements ist es, die regenerierfähigen wie auch nicht regenerierbaren ↗natürlichen Ressourcen (z. B. Energieträger) so zu nutzen, daß ihre Inanspruchnahme nicht im Widerspruch zu ihrer Erhaltung steht und somit dauerhaft erfolgen kann (↗Nachhaltigkeit). Der Einsatz von Ressourcen als Input in das Produktionssystem wird durch das Ressourcenmanagement so organisiert, daß die größtmögliche Zahl von Menschen über möglichst lange Zeit den größtmöglichen Ertrag (Output) daraus ziehen können. Statt wie bisher üblich die Austräge eines Produktionssystems (z. B. aus der ↗Landwirtschaft, aus Fabriken) zu maximieren, ohne sonderlich auf den Nutzen der eingesetzten Ressourcen und die dabei anfallenden unerwünschten und umweltbelastenden Austräge zu achten, verfolgt das Ressourcenmanagement die grundlegende Strategie, primär die Einträge in das Produktionssystem zu steuern und sie effizienter einzusetzen, so daß sie einen optimalen Wirkungsgrad erreichen. Mit diesem quantitativ kleineren, dafür qualitativ um so effizienteren Einsatz der Ressourcen werden die ↗Naturraumpotentiale und das ↗Leistungsvermögens des Landschaftshaushaltes geschont. Aus globaler Sicht ist ein konsequent angewendetes Ressourcenmanagement langfristig die einzige Möglichkeit die ↗Tragfähigkeit der Erde zu erhöhen, die immer noch stetig wachsende Erdbevölkerung auch weiterhin versorgen zu können und damit die ↗Wachstumsgrenzen der Erdbevölkerung weiter nach oben zu verschieben. [SR]

Restbetrag, 1) Differenz zwischen mit Modellen berechneten und den tatsächlich gemessenen Daten; z. B. in einer linearen Regression die Differenz zwischen beobachteten Werten und den Werten, die durch die Regressionsgleichung gewonnen werden. 2) Differenz zwischen den wahren und den beobachteten Werten einer Variablen.

Restgehölz, Begriff aus der ↗Forstökologie für den übriggebliebenen Restbestand eines Waldes. Er weist aufgrund seiner geringen räumlichen Ausdehnung nicht mehr die ökologischen Merkmale eines richtigen Waldes auf, sondern ist z. B. in seiner Artenzusammensetzung und den bestandesklimatischen Merkmalen stark von seiner unmittelbaren Umgebung beeinflußt (↗landschaftsökologische Nachbarschaftsbeziehungen). In der ↗Agrarlandschaft ist das Restgehölz eine besondere Form des ↗Feldgehölzes.

Restit, 1) der Teil eines metamorphen Gesteins, der bei der Migmatitbildung (↗Migmatit) nicht mobilisiert wurde. Der Begriff umfaßt sowohl das ↗Mesosom als auch das ↗Melanosom, wird aber häufig nur speziell für das Melanosom verwendet. 2) ein Erdmantelperidotit (↗Peridotit), der seine »basaltischen Komponenten« infolge von Teilaufschmelzung weitgehend verloren hat. Mineralogisch ist er gegenüber einem primitiven Peridotit vor allem an ↗Klinopyroxen verarmt und an ↗Olivin angereichert.

Restkristallisation, Mineralausscheidungen im Rahmen der magmatischen Kristallisation im Temperaturbereich von 650–450°C. Bei der Restkristallisation saurer und alkalireicher Magmen bilden sich unter den als pegmatitisch bezeichneten Bedingungen (↗Pegmatitgang) vor allem in den randlichen Partien der Magmatite massige oder gang- und lagerartige, grobkörnige Mineralaggregate. In Granit-Pegmatiten kommt es dabei zu sogenannten schriftgranitischen Verwachsungen (Abb.). Vor allem bilden sich wirtschaftlich und industriell nutzbare Minerale wie Alkalifeldspäte, Glimmer und Minerale mit Edelsteinqualität (↗Edelsteine) wie Beryll, Topas, Turmalin sowie Minerale der Seltenen Erden und anderen seltenen Elementen, z. B. Lithium-Glimmer. ↗Ausscheidungsfolge, ↗leichtflüctige Bestandteile. [GST]

Restrisiko, nicht exakt definierbares Produkt aus Schadensumfang und Wahrscheinlichkeit des Eintretens eines Ereignisses, welches nach der Berücksichtigung aller denkbaren und möglichen Gefahren übrigbleibt. Dazu zählen ↗Naturgefahren ebenso wie Gefahren aus dem Betrieb von technischen Anlagen, beispielsweise Kernkraftwerke oder Produktionsstätten der chemischen Industrie.

Restsättigung, die Fluidmenge, die ein Gestein langfristig gegen die Schwerkraft festhalten kann (↗Feldkapazität).

Restkristallisation: Schriftgranit: orientierte Verwachsung von Alkalifeldspat und Quarz.

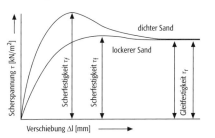

Restscherfestigkeit 1: Scherwiderstandslinien für Sonden mit hoher bzw. niedriger Lagerungsdichte.

Restscherfestigkeit, τ_r, *Gleitfestigkeit*, ist jene Festigkeit, die nach dem Erreichen der maximalen Scherfestigkeit τ_f bei zunehmender Verformung noch erreicht wird. Sie stellt sich bei dichten nichtbindigen oder steifen bindigen Böden ein. Lockere oder weiche Böden besitzen keine Restscherfestigkeit. Die Versuchsbedingungen zur Ermittlung von τ_f und τ_r sind in DIN 18 137, T1 genormt. Die Versuchsdurchführung und Gerätebeschreibung ist in Teil 2 enthalten (Abb. 1 u. 2).

Restschotter, unverlagerter oder ↗parautochthon verlagerter Verwitterungsrest eines Schotters, dessen Matrix vielfach ausgewaschen ist. Bei intensiver Erosionstätigkeit kann der Restschotter mit der Landoberfläche heruntprojiziert

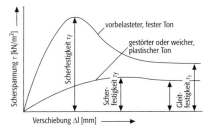

Restscherfestigkeit 2: Scherwiderstandslinie für konsolidisch bzw. weiche, plastische Tone.

sein, womit sich die erhaltene Schotterstreu unterhalb der einstigen Schotterbasis befindet.

Restschrumpfung, ist der Teil der ↗Schrumpfung unterhalb der Schrumpfgrenze, wo der Wasserverlust höher als die Volumenabnahme ist. Die Teilchen können sich nicht mehr weiter annähern, eine weitere Volumenabnahme ist nahezu unmöglich.

Restspannungen, Spannungen, die aus vorangegangenen Belastungen noch vorhanden sind. In oberflächennahen Gesteinen können oft horizontale Gebirgsspannungsanteile gemessen werden, die sich nicht von dem entsprechenden Überlagerungsdruck ableiten lassen. Wird das überlagernde Gebirge erodiert, tritt zwar eine Rückverformung auf, aber diese ist oft nicht vollständig. Außerdem kann sich das Gebirge nur in vertikaler, aber nicht in horizontaler Richtung frei entspannen.

Restwassermenge, ↗ökologischer Kennwert für die durchschnittliche Abflußmenge, die an einer bestimmten Stelle unterhalb einer Wasserentnahme dem Gewässer mindestens zu belassen ist, damit das Fließgewässer seine ökologische Funktion noch aufrecht erhalten kann. Die Höhe der Restwassermenge wird in Abhängigkeit der Art und Kategorie des Fließgewässers festgelegt und ist ein Kompromiß zwischen ökologisch-umweltschutztechnischen und wasserwirtschaftlichen Interessen.

Resublimation, *Eisdeposition*, direkter Übergang von Wasserdampf entsprechend der ↗Kondensation in die feste Phase. Der Prozeß führt in der Natur zur Eiskeimbildung in der Atmosphäre oder zur Reifbildung an Oberflächen. Die Resublimation setzt sowohl die Gefrierwärme r_g als auch die Kondensationswärme r_v frei, zusammen 2790 J/g. Die Resublimation ist bei gleicher Dampfdruckdifferenz 1,14 mal schneller als die Kondensation. Die Definition der Prozeßrichtung von Sublimation oder Resublimation wird in der Literatur auch umgekehrt gehandhabt.

resurgent caldera, im Zentralbereich aufgewölbte ↗Caldera.

Retardation, *Verzögerung*, *Verlangsamung*, durch Sorptionsvorgänge, z. B. gegenüber Wasser, verringerte Transportgeschwindigkeit von Stoffen im Untergrund. Der Grad der Verzögerung ist um so größer, je höher der Anteil an sorbierenden Stoffen im Transportmedium (z. B. Boden, Grundwasser) ist. Bezogen auf die transportierte Substanz ist die Retardation stoffspezifisch und wird in Form eines Retardationsfaktors angegeben. So breiten sich als Gemisch eingetragene Schadstoffe im Untergrund unterschiedlich schnell aus, so daß es zu einer Schadstoffauftrennung (Chromatographie-Effekt) kommt. Bei Stoffgemischen ist allerdings zu beachten, daß sich hier die Sorptions-/Desorptionsprozesse sowie Lösungs-/Fällungsreaktionen gegenseitig beeinflussen.

Retention, *Rückhalt*, 1) in der Hydromechanik Abflußhemmung und -verzögerung durch natürliche Gegebenheiten oder künstliche Maßnahmen. 2) in der Hydrologie Durchflußverzögerung aufgrund der Speicherwirkung natürlicher Gegebenheiten (z. B. Flußaue) oder künstlicher Maßnahmen, wie z. B. Rückhaltebecken oder ↗Polder (*Wasserretention*). Für Seen oder seeähnlichen Gewässern gilt der Begriff Seeretention. 3) *stoffliche Retention*, reversible Bindung von Stoffen im Gewässer (z. B. Phosphat im Sediment) oder Boden (z. B. *Schadstoffrückhaltung* bei Altlasten).

Retentionsvermögen, 1) ↗Rückhaltevermögen des Untergrunds in bezug auf (Schad-)Stoffe. 2) Fähigkeit eines Wassereinzugsgebietes oder Grundwasserleiters, zugeführte Niederschläge zu speichern und verzögert wieder abzugeben. So werden z. B. Grundwasserleiter in stark geklüftetem oder verkarstetem Gestein nach Niederschlägen rasch entleert, d. h. sie weisen ein geringes Retentionsvermögen auf.

RETrig, *Réseau Européen Trigonométrique*, *Readjustment of European Triangulation*, Europäisches Lagefestpunktfeld in Form eines Dreiecksnetzes. Grundlage der Ausgleichung für RETrig war ↗ED50 (↗Ausgleichungsrechnung). 1987 wurde in eine abschließende Ausgleichung im System des ED50 berechnet, ohne daß eine Neubestimmung des ↗geodätischen Datums stattgefunden hat. Diese abschließende Berechnung wird auch als ↗ED87 bezeichnet.

Retrogradation, landwärtiges Zurückschreiten von Faziesgürteln (z. B. einer Küstenlinie). ↗Sequenzstratigraphie, ↗Transgression.

retrograde Metamorphose ↗*Diaphthorese*.

retrogrades Sieden, erfolgt, wenn in einem Magma durch Kristallisation von wasserfreien Mineralen ein hoher Dampfdruck entsteht. Übersteigt der Dampfdruck den Umgebungsdruck, trennt sich eine siedende Flüssigkeit vom Magma ab (retrogrades Sieden). Dabei kann auch die Zugfestigkeit des umgebenden Gesteins überschritten werden, und es kommt zur weitreichenden Zerklüftung des Gesteins. Retrogrades Sieden ist häufig bei ↗Porphyry-Copper-Lagerstätten zu beobachten. ↗Flüssigkeitseinschlüsse in diesem Lagerstättentyp belegen häufig durch das Auftreten von kogenetischen gas- und flüssigkeitsreichen Einschlüssen einen Siedevorgang während der Einschlußbildung. Zum anderen wird der Riesenwuchs von Kristallen in ↗Pegmatiten unter anderem durch retrogrades Sieden erklärt; beim retrograden Sieden, also der Phasentrennung in eine geringviskose (siedende) Phase und die höher viskose Restschmelze stellt die gering viskose Phase den Platz für die Mineralbildungen, die aus der höher viskosen Phase auskristallisieren. [AM]

Retroreflektor, leitet Licht durch drei zueinander orthogonal stehende optische Flächen, realisiert durch Spiegel- oder Prismenflächen (*Prismenreflektor*), wieder in die Richtung seines Ausgangsortes zurück. Satelliten, deren Entfernung mit ↗Laserentfernungsmeßsystemen gemessen werden soll, müssen mit Retroreflektoren ausgestattet sein.

Return Beam Vidicon, *RBV*, *Bildaufnahmeröhre*, *Fernsehröhre*, ein Videosensor auf der Basis des

	Landsat 1, 2	Landsat 3
IFOV	79 m	40 m
FOV	185 km	2 · 98 km
Spektralbereich	475 nm – 575 nm 580 nm – 680 nm 689 nm – 830 nm	505 – 750 nm

inneren photoelektrischen Effekts. Eine Halbleiterplatte wird durch ein Objektiv belichtet. Die darauf befindlichen Halbleiterspeicherelemente ändern in Abhängigkeit der auftreffenden Lichtintensität ihren Widerstandswert. Bei der Abtastung durch einen Elektronenstrahl fließen entsprechend unterschiedliche Ladeströme, die durch ↗Analog/Digital-Wandlung in digitale Bildsignale übergeführt werden. Bei parallelem Einsatz mehrerer RBV und Vorschalten von Filtern kann eine Multispektralabtastung erfolgen. Bei den Landsat-Missionen 1 und 2 wurden RBV im multispektralen Modus, bei Landsat-3 wurden 2 RBV im panchromatischen Modus mit resultierender besserer Bodenauflösung eingesetzt (Tab.).

returnflow, wiederaustretendes Wasser, hangaufwärts in den Boden infiltriertes Niederschlagswasser, das eine gewisse Strecke innerhalb der Bodenzone fließt und hangabwärts aus der Landoberfläche wieder austritt, um anschließend oberirdisch weiterzufließen. Das Wasser kann konzentriert aus bevorzugten Fließwegen wie Pipes oder ↗Makroporen sowie diffus als Folge von Wechsel im Hanggefälle oder Ausstreichen von Verdichtungshorizonten austreten. Weiteres Auftreten ist dort möglich, wo das oberflächennah abfließende Wasser auf vollkommen wassergesättigte Bodenbereiche trifft. Dies ist häufig in Talauen der Fall (Sättigungsabfluß, ↗Hortonscher Landoberflächenabfluß, ↗Abflußprozeß, ↗Zwischenabfluß). Es kann sich dabei sowohl um ↗Ereigniswasser als auch um ↗Vorereigniswasser handeln.

REUN, Réseau Européen Unifié de Nivellement, neuerdings ↗UELN (United European Levelling Net), Vereinigtes Europäisches Nivellementnetz, ↗Nivellementpunktfeld zur Definition des europäischen ↗Vertikaldatums. Die Höhen des REUN sind ↗geopotentielle Koten. Eine erste Berechnung geht auf das Jahr 1958/59 zurück. Neuberechnungen liegen mit dem UELN73 und dem ↗REUN86 vor.

REUN86, Neuberechnung des ↗REUN aus dem Jahre 1986.

Reversal-Test, ein Test zur Überprüfung, ob bei normal und invers magnetisierten Proben etwa gleichen Alters die primäre, bei der Entstehung der Gesteine gebildete Remanenz vorliegt (Abb.). Die Remanenzrichtungen müssen bei einem positiven Reversal-Test, im Rahmen gewisser Toleranzen, genau antiparallel sein. Bei einem negativen Reversal-Test (starke Abweichungen von der antiparallelen Ausrichtung normal und inverser Magnetisierungsrichtungen) besteht der Verdacht auf eine zumindest partielle ↗Remagnetisierung der Gesteine, die durch Verfahren der ↗Entmagnetisierung nicht restlos entfernt werden konnte.

reverse Aufstellung, beschreibt man ein rhomboedrisches Gitter bezüglich einer hexagonalen Basis, so treten zwei Zentrierungen auf einer der langen Diagonalen der hexagonalen Zelle auf. Je nachdem, welche der beiden Diagonalen durch zwei Punkte zentriert wird, spricht man von ↗obverser Aufstellung oder reverser Aufstellung. Die reverse Aufstellung besitzt die Zentrierungspunkte {0,0,0; 2/3,1/3,2/3; 1/3,2/3,1/3}. Die obverse Aufstellung gilt als Standardaufstellung in den International Tables.

reversible Prozesse, Zustandsänderungen in einem thermodynamischen Prozeß, die sich vollständig rückgängig machen lassen. Als Beispiel sei das trockenadiabatische Auf- und Absteigen eines Luftpaketes genannt (↗adiabatischer Prozeß).

Reversionspendel, ein Pendel, mit dessen Hilfe in früheren Jahrzehnten absolute ↗Schweremessungen durchgeführt wurden. Absolute Schweremessungen erfordern eine Zeit- und eine Längenmessung. Beim Reversionspendel wird der Abstand von zwei Schneiden gemessen, die nacheinander als Aufhängung des Pendels benutzt werden (Umdrehen des Pendels). Die erreichbare Genauigkeit liegt bei ± 0,3 mGal.

Revier, **1)** Landschaftsökologie: im Sinne des ↗Territoriums verwendeter Begriff für einen flächenhaften Bereich, der von sichtbaren oder nichtsichtbaren, auf jeden Fall aber wirksamen Grenzen umgeben ist. **2)** Bioökologie: eine Umschreibung des Aktionsradius eines Tieres, d. h. das gegen Artgenossen (↗Art) des gleichen Geschlechts verteidigte Mindestwohngebiet. Die Größe des Reviers kann sich auf Grund des Revier-Verhaltens ändern, beispielsweise je nach Stellung in der sozialen Hierarchie oder dem Nahrungsangebot. Eine große Rolle spielt das Revier während bestimmter Lebensabschnitte bei Vögeln und Säugetieren, beispielsweise während der Brutzeit oder der Brunstzeit.

Revisionsschacht, im Rahmen der Dränierung von großen Bauwerken müssen an den Knickpunkten und Einleitungen der Dränrohre im Abstand von 30 bis 50 m Revisionsschächte vorgesehen werden. Sie dienen zu Kontroll-, Montage- und Reinigungszwecken der Rohre.

Return Beam Vidicon (Tab.): Daten von Landsat 1, 2 und 3.

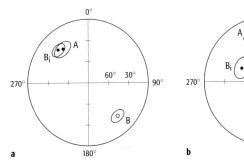

Reversal-Test: Beispiele für einen Reversal-Test. a) positiver Reversal-Test: Die Richtungen A und B sind nahezu antiparallel. Die zu B invertierte Richtung B_i ist von der Richtung A nicht signifikant unterschieden, da sich die $\alpha 95$-Konfidenzkreise überlappen. b) negativer Reversal-Test: Die Richtungen A und B sind nicht antiparallel und die Konfidenzkreise für A und B_i überlappen sich nicht.

Revitalisierung, in der ↗Landschaftsökologie die Wiederbelebung eines vom Menschen beeinträchtigten ↗Lebensraumes. Das Ziel ist möglichst viel natürliche Dynamik und viele für den Lebensraum typische ↗Arten zu fördern. Nachdem der Mensch mit landwirtschaftlicher ↗Melioration und dem Gewässerbau sehr viele natürliche Strukturen und die natürliche Dynamik beseitigt hat, werden solche Strukturen künstlich neu geschaffen. Von Revitalisierung spricht man vor allem bei Fließgewässern, aber auch bei Versuchen, Auewälder und landschaftliche Elemente wie Hecken in einer Weise wieder herzustellen, daß sie eine möglichst große Zahl der ursprünglich Arten beherbergen.

Reymannsche Karte, ein vom preußischen Plankammerinspektor G. D. Reymann (1759–1837) 1806 begründetes und bis 1832 fortgeführtes Kartenwerk im Maßstab 1:200.000. Die in Kegelprojektion entworfene, auf 342 Rechteckblättern von 24 × 34 cm konzipierte »Special-Karte von Central-Europa« mit Schraffendarstellung erfaßt über 1.100.000 km² Mitteleuropas. Von dem in Kupferstich ausgeführten Kartenwerk waren bis 1844, der Übernahme durch die Firma C. Flemming in Glogau, erst 152 Blätter vollendet. In den folgenden 30 Jahren entstanden weitere 174 Blätter. 1874 vom preußischen Generalstab erworben, wurde das Kartenwerk noch bis 1908 fortgeführt.

Reynolds, *Osborne*, britischer Physiker und Ingenieur, * 23.8.1842 Belfast, † 21.2.1912 Watchet (Somerset); 1868–1905 Professor in Manchester, ab 1877 Mitglied der Royal Society in London; stellte 1883 das hydrodynamische Ähnlichkeitsgesetz (Reynoldssches Ähnlichkeitsgesetz) als Grundlage für hydrodynamische Modellversuche auf und führte die ↗Reynoldssche Zahl ein; ferner Arbeiten zu den Reibungs- und Schmierverhältnissen in mechanischen Lagern (schuf 1886 eine Theorie der Schmiermittelreibung und -wirkung, die später von A. J. W. Sommerfeld erweitert wurde), zu den elektrischen Erscheinungen in der Atmosphäre und zur Wärmelehre; stellte 1889 eine Theorie der turbulenten Strömungen auf; erklärte die Wirkungsweise des Radiometers, erfand ein Thermodiffusiometer und einen Apparat zur künstlichen Erzeugung von Hagelkörnern.

Reynoldssche Zahl, *Reynoldszahl*, *Re*, nach dem britischen Physiker ↗Reynolds benannte Kennzahl. Sie beschreibt das Verhältnis zwischen Trägheitskräften und den Reibungskräften:

$$Re = \frac{\varrho \cdot v_m \cdot r_{hy}}{\eta}$$

mit ϱ = Dichte, v_m = mittlere Fließgeschwindigkeit, r_{hy} = ↗hydraulische Radius und η = dynamische Viskosität, oder:

$$Re = \frac{UL}{\nu}$$

mit U = charakteristische Geschwindigkeit, L = charakteristische Länge und ν = kinematische Zähigkeit des betrachteten Fluids. Die Reynoldsche Zahl ist eine dimensionslose Zahl, die Effekte der Fließcharakteristik, der Fließgeschwindigkeit und Tiefe sowie der Flüssigkeitseigenschaften Dichte und Viskosität einschließt. Sie kennzeichnet die Art des Strömens. Bei geringen Rauhheitswerten an den Begrenzungen charakterisiert eine Reynoldsche Zahl kleiner als 500 überwiegend laminare Strömung. Ein Wert größer als 750 bedeutet vorwiegend turbulente Strömung. In offenen Gerinnen mit hohen Rauhheitswerten des Flußbettes wird der kritische Punkt des Eintretens des turbulenten Fließens schon bei Werten nahe 500 erreicht. Abschätzungen für den Erdmantel zeigen, daß hier die Konvektionsströmungen laminar ablaufen müssen.

rezent, in der Gegenwart ablaufende geologische Prozesse, gegenwärtig lebende Organismen; fließender Übergang zu ↗subrezent.

rezente Böden, junge Böden des Holozäns, deren Entwicklung teilweise gegenwärtig noch nicht abgeschlossen ist; im Gegensatz zu *subrezenten Böden*, deren Entwicklung schon vor dem Holozän abgeschlossen war.

rezente Krustenbewegung, in die heutige Zeit hineinreichende ↗Erdkrustenbewegungen.

reziproker piezoelektrischer Effekt ↗piezoelektrischer Effekt.

reziprokes Gitter, jede ganzzahlige Linearform φ: $\mathbb{Z}^n \to \mathbb{Z}$ auf der Menge $\mathbb{Z}^n$, dem n-dimensionalen Zahlengitter, läßt sich durch ein n-tupel $H = (h_1, h_2, \ldots, h_n)$ ganzer Zahlen beschreiben:

$$\varphi(x^1, \ldots, x^n) = h_1 x^1 + \ldots + h_n x^n.$$

Beschreiben die n-tupel $X = (x^1, \ldots, x^n)$ die Vektoren $\vec{x}$ eines n-dimensionalen ↗Gitters mit Gitterbasis $B. = (\vec{b}_1, \ldots, \vec{b}_n)$, so kann man in demselben Raum eine zweite Basis $B^{\cdot} = (\vec{b}^1, \ldots, \vec{b}^n)$ einführen, derart, daß die Linearform als Skalarprodukt $\varphi(\vec{x}) = \vec{h} \cdot \vec{x}$ geschrieben werden kann, wobei $\vec{x} = \vec{b}_1 x^1 + \ldots + \vec{b}_n x^n$ und $\vec{h} = h_1 \vec{b}^1 + \ldots + h_n \vec{b}^n$ ist. Die Menge der Vektoren $\vec{h}$ wird in dieser Interpretation als reziprokes Gitter bezeichnet. Die Beziehung zwischen der Basis $B.$ des direkten Gitters und des reziproken Gitters ist gegeben durch:

$$\vec{b}_i \cdot \vec{b}^j = \delta_i^j = 1 \text{ für } i = j, \text{ sonst } 0.$$

Aufgrund dieser Beziehung sind die physikalischen Dimensionen der Vektoren des reziproken Gitters gleich (Länge)$^{-1}$, wenn die Dimension im direkten Gitter durch eine Länge ausgedrückt wird.

Verwendet man (im dreidimensionalen Raum) das Vektorprodukt, so kann man die Beziehung zwischen direkter und reziproker Basis auch in der Form:

$$\vec{b}^i = (1/V) \vec{b}_j \times \vec{b}_k \; \{i, j, k\} = \{1, 2, 3\}$$

schreiben, wenn V das Volumen des von $\{\vec{b}_1, \vec{b}_2, \vec{b}_3\}$ aufgespannten Parallelepipeds (↗Elementarzelle) bezeichnet.

Die physikalische Bedeutung des reziproken Gitters besteht darin, daß bei Beugungsexperimenten an kristalliner Materie (↗Röntgenbeugung, ↗Röntgenstrukturanalyse) die Reflexe, also die geometrischen Bedingungen für konstruktive Interferenz, durch die Vektoren des zum Kristallgitter reziproken Gitters beschrieben werden. Die Richtung eines reziproken Gittervektors stimmt mit der Normalenrichtung der Netzebenenschar überein, an der man sich im Braggschen Modell die »Reflexion« der Röntgenstrahlen vorstellt. Der Netzebenenabstand d ist die reziproke Länge des kürzesten reziproken Gittervektors in dieser Richtung. Die reziproken Gittervektoren der Länge n/d beschreiben die n-te Beugungsordnung an dieser Netzebenenschar. Aus diesem Zusammenhang ergibt sich für die Kristallmorphologie, daß die Normalen von Kristallflächen Richtungen reziproker Gittervektoren markieren, während die Kanten des Kristalls Richtungen von Vektoren des Kristallgitters entsprechen. Die ↗Millerschen Indizes sind daher die Koordinaten spezieller reziproker Gittervektoren, die Reflexionsstellungen 1. Ordnung beschreiben (Koordinaten reziproker Gittervektoren höherer Beugungsordnung sind jedoch keine Millerschen Indizes). Im Rahmen der Fouriertheorie der Distributionen erscheint das reziproke Gitter als Fouriertransformierte (↗Fouriertransformation) des direkten Gitters (Kristallgitters). [HWZ]

Reziprozitätsprinzip, bezeichnet die Austauschbarkeit von Sender- und Empfängerlokationen in den ↗geoelektrischen Verfahren, z. B. von Stromelektrode und Potentialsonde.

R-Faktor, 1) *Bodenkunde*: Regenerosivitätsfaktor, Regen- und Abflußfaktor, Oberflächenabflußfaktor, Faktor der ↗allgemeinen Bodenabtragsgleichung, charakterisiert den Einfluß des Niederschlags (kinetische Energie des Regens in Abhängigkeit von der Tropfengröße und Niederschlagsmenge je Zeiteinheit) und des Abflusses im Erosionsprozeß. Der R-Faktor drückt den langjährigen Mittelwert der R-Jahreswerte eines Standortes einer meteorologischen Station aus. Diese Jahreswerte werden aus der Summe der *EI30* aller Starkregen innerhalb eines Jahres gebildet. In *EI30* wird die Energie (E_i) als Funktion der Niederschlagsmenge (N_i) und der -intensität (I_i) der jeweiligen Zeitabschnitte mit gleicher Intensität (i) ausgedrückt; *I30* ist die maximale Niederschlagsmenge in 30 Minuten (durch Verdoppelung bezogen auf 1 Stunde):

$EI30 = (\Sigma E_i) \cdot I30$ [N/h];
$E_i = (11,89 + 8,73 \cdot \log I_i) N_i$ [J/m^2]
  für $I_i = 0,05$ mm/h;
$E_i = 0$ J/m^2 für $I_i < 0,05$ mm/h;
$E_i = 28,33 \cdot N_i$ J/m^2 für $I_i > 76,2$ mm/h.

Die flächenhafte Übertragung erfolgt durch Interpolation (Abb.). **2)** *Kristallographie*: quantitatives Maß für Qualität und Verläßlichkeit einer Kristallstrukturbestimmung. Der R-Faktor ist definiert als:

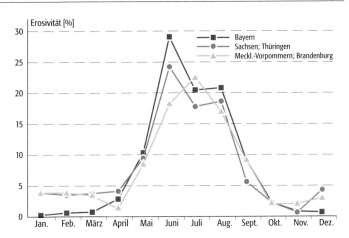

$$R = \frac{\sum \left\| F_o \right| - k \left| F_c \right\|}{\sum \left| F_o \right|}$$

R-Faktor: Jahresgang der Regenerosivität.

und beschreibt die mittlere Abweichung zwischen gemessenen und berechneten Strukturamplituden $|F_o|$ und $|F_c|$ (k ist der Skalenfaktor). Für eine erfolgreiche Strukturbestimmung sollten R-Werte unter 0,05 erreicht werden; üblich sind R-Werte zwischen 0,02 und 0,03. Hochpräzise Strukturanalysen können R-Werte um 0,01 und darunter erreichen.

RfL ↗*R*eichsamt *f*ür *L*andesaufnahme.
RGB ↗RGB-Farbraum.
RGB-Farbraum, *RGB*, besteht aus den Farbkomponenten Rot (R), Grün (G) und Blau (B) und nimmt den sichtbaren Bereich des ↗elektromagnetischen Spektrums zu je einem Drittel ein. Durch additive Mischung der drei Grundkomponenten lassen sich verschiedene Farben darstellen; wird z. B. in Farbmonitoren verwendet.
RGT-Regel, Van't Hoffsche Regel, besagt: Bei einer Temperatursteigerung von 10°C laufen chemischen Prozesse um das zwei bis dreifache schneller ab. Da biologische und ökologische Prozesse den chemischen Gesetzmäßigkeiten folgen, gilt auch für sie in gewissen Bereichen die RGT-Regel (z. B. bei der ↗Respiration). Biologische Prozesse haben jedoch ein Optimum: Überschreitet die Temperatur eine Schwelle, an die der Organismus noch angepaßt ist, laufen die Prozesse wieder verzögert ab, bis es schließlich zum Tod des Organismus kommt.
Rhät, *Rät*, international verwendete stratigraphische Bezeichnung für die oberste Stufe der ↗Trias, benannt nach den Rhätischen Alpen bzw. dem Rätikon (Schweiz). ↗geologische Zeitskala.
Rheinische Fazies, flachmarine Fazies auf den küstennahen Flachschelfen ↗Gondwanas (z. B. im westlichen Anti-Atlas Marokkos) und des ↗Old-Red-Kontinents. Der Name leitet sich von den charakteristischen Vorkommen im nordwestlichen Rheinischen Schiefergebirge ab. Lithofaziell sind sandige, zum Teil auch gröberklastische Gesteine mit geringem Kalkgehalt typisch (sandige Schiefertone, Sandsteine, Grauwacken, Konglomerate). Biofaziell treten hochdiverse benthische

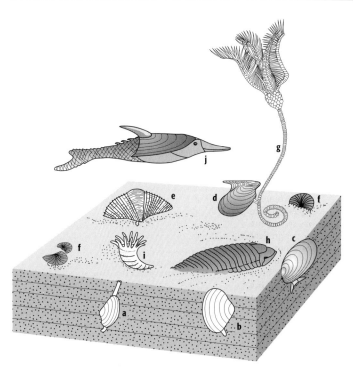

Rheinische Fazies: Lebensbild aus der sandigen Rheinischen Fazies des Unterdevons: grabende Muscheln (a-c), byssate pterioide Muscheln (d), Brachiopoden: Spiriferen (e) und Chonetes (f), Crinoiden (g), homalonotide Trilobiten (h), kleine rugose Einzelkorallen »Zaphrentis« (i) und der Panzerfisch *Pteraspis* (j).

Faunenassoziationen (Abb.) mit oftmals dickschaligen, stark gerippten Organismen auf (Brachiopoden, Lamellibranchiaten, Gastropoden, spezielle Trilobiten, Crinoiden). Sie können stellenweise gesteinsbildend sein. Die in großen Mächtigkeiten akkumulierten Schichtfolgen stammen ausnahmslos aus gut durchlüfteten und durchlichteten Bewegtwasser-Bereichen, was eine starke Absenkung des Schelfs impliziert. Landwärts geht die rheinische Fazies über eine randmarin-terrigene Mischfazies in die kontinentale ↗Old-Red-Fazies über; seewärts schließt sich die ↗Herzynische Fazies an. Ein scharfer Gegensatz zur Herzynischen Fazies bestand besonders während des Unterdevons, er verwischt sich im Zug des kontinuierlich ansteigenden Meeresspiegels und der zunehmenden Einrumpfung des Old-Red-Kontinents sukzessive im Lauf des Mittel- und Oberdevons. Im höheren Mitteldevon und frühen Oberdevon (Frasne) entwickelte sich über der Rheinischen Fazies vielfach eine ↗Massenkalkfazies aus autochthonen Riffkalken. ↗Fazies. [HGH]

Rheinische Masse, Festlandsmassiv beiderseits des Rheins, entstanden durch kaledonische und variszische Tektogenesen (↗Kaledoniden, ↗Variszien). Die Rheinische Masse ist der mittlere Teil eines kaledonisch-variszisch konsolidierten Blocks, der speziell im ↗Mesozoikum als Festlands- und damit Abtragungsgebiet eine paläogeographisch wichtige Rolle spielte. Im Westen setzt sich die Rheinische Masse im London-Brabanter-Massiv und im Osten im Böhmischen Massiv fort. Die Gesteine der Rheinischen Masse sind in den mitteleuropäischen Mittelgebirgslandschaften mit alt- bis jungpaläozoischen Schichtenfolgen aufgeschlossen (Ardennen, Hohes Venn, Rheinisches Schiefergebirge, Harz, Polnisches Mittelgebirge) oder sie liegen unter jüngerer Bedeckung (z.B. Niederrheinische Bucht, Hessische Senke).

rheinische Streichrichtung, nach dem Verlauf des ↗Oberrheingrabens benannte, im ↗Tertiär angelegte Streichrichtung (↗Streichen) um 15°.

Rhenium-Osmium-Methode ↗*Re-Os-Methode*.

Rhenoherzynikum, *Rhenoherzynische Zone*, eine der stratigraphisch-lithologisch-tektonisch von F. Kossmat 1927 definierten Zonen der ↗Varisziden, verfolgbar vom Harz über die ↗Rheinische Masse, Südwest-England und Südirland bis nach Südportugal. Das Rhenoherzynikum besteht hauptsächlich aus im Oberkarbon gefalteten, geschieferten und sehr schwach metamorphen, z. T. fossilreichen Gesteinen des Devons und Unterkarbons. Im Devon steht die sandige, küstennahe ↗Rheinische Fazies der küstenferneren ↗Herzynischen Fazies aus vermehrt tonigen Gesteinen, Vulkaniten und Riffcarbonaten gegenüber, im Unterkarbon die küstennahe Kohlenkalkfazies (↗Kohlenkalk) der küstenfernen Kulmfazies (↗Kulm) aus Tonsteinen, Kieselschiefern, Grauwacken und Vulkaniten. Das Rhenoherzynikum gehörte paläogeographisch zum südöstlichen ↗passiven Kontinentalrand (↗Plattentektonik) von ↗Laurussia. [HJG]

Rheobiozönose, *Flußbiozönose*, in der ↗Bioökologie ↗Lebensgemeinschaft der Fließgewässer. Die Rheobiozönose wird bestimmt durch die Substratverhältnisse, die Strömungsgeschwindigkeit, das Abflußregime und die Wasserqualität. Auch höhere Pflanzen, die im Flußbett wachsen, tragen zur Strukturvielfalt dieses ↗Lebensraumes bei. ↗Destruenten und ↗Saprophagen leben an der Substratoberfläche sowie im Lückensystem der Flußsohle und ermöglichen die Beurteilung der Gewässerqualität mittels des ↗Saprobienindex.

Rheologie, ist aus dem griechischen Wort für Fließen (rhei) abgeleitet, wurde von Forel (1901) im Handbuch der Seenkunde für fließendes Wasser benutzt. Schon Bingham um 1928 verstand unter »rheology« jedoch Fließen und Kriechen sowie bruchhafte und plastische Deformierbarkeit der Stoffe. So wird der Begriff Rheologie heute auf die Gesteine der Erde und auf alle tektonischen Vorgänge in ↗Erdkruste, ↗Erdmantel und ↗Erdkern angewandt. Besondere Bedeutung erlangten viskose Vorgänge durch die Beobachtungen der ↗Isostasie in den 1930er Jahren und der ↗Plattentektonik in den 1970er Jahren, da beide Prozesse zur Erklärung eine »weiche« Rheologie der ↗Asthenosphäre benötigen. Aber auch Bruch- und Gleitvorgänge, ↗Erdbeben und ↗Seismizität gehen auf rheologische Randbedingungen zurück. Nur im äußeren Erdkern spielen relativ schnelle Konvektionsbewegungen und entsprechend niedrige Viskositäten eine Rolle.

Rheologische Grundkörper haben ↗Elastizität, ↗Viskosität und ↗Plastizität (Abb. 1). Viskoelastizität läßt sich durch Kombinationen der rheologischen Grundkörper verstehen. Die beiden einfachsten viskoelastischen Körper sind der Kelvin-Körper (Abb. 2a) und der Maxwell.Körper (Abb. 2b). Es gilt für den Kelvin-Körper bei Isotropie:

$$\sigma_{ij} = 2\mu e_{ij} + 2\eta_k \dot{e}_{ij}$$

mit σ = Spannung, μ = Schermodul, η = Viskosität, e = Verformung/Dehnung, i und j = Indizes, für den Maxwell-Körper bei Isotropie:

$$\dot{e}_{ij} = \dot{s}_{ij}/2\mu + s_{ij}/2\eta_M$$

Der Index M steht für Maxwell. Weitere einfache Kombinationen sind z. B. der Nakamura–Körper (Abb. 2c), der Prandtl-Körper (Abb. 2d) und der Bigham-Körper (Abb. 2e). In der Natur ist eine Überlagerung vieler Körper und vieler Mechanismen vorhanden, der Anfangszustand der Modelle kann nie beobachtet werden. Außerdem ist besonders die Viskosität η oft nicht durch einen Newton-Körper und durch »Newtonsches Kriechen« sondern durch *Power Law Creep* und andere Mechanismen zu beschreiben.

Die kontinentale Lithosphäre reagiert unter Spannung (stress) im wesentlichen auf zwei Arten: a) spröde, durch bruchhafte Verformung (*Sprödbruchverhalten*) längs Störungen im Gesteinsverband unter Freisetzung seismischer Energie. Ein Bruch (fracture) ist der Bruchvorgang in einem intakten Gestein, der auch im Labor nachvollzogen werden kann. Vor Erreichen der Bruchspannung tritt meist noch eine nicht elastische Volumenvergrößerung (Dilatanz) ein. Dagegen wird friction (Reibung) mit weitergehenden Vorgängen während eines Bruch- oder Gleitvorgangs an bereits existierenden Rissen, Spalten und Störungen verbunden. Die zur Überwindung des Zusammenhalts notwendige Spannung ist wesentlich kleiner und einheitlicher als die zum Bruch eines Gesteins nötige Spannung (Byerlees Gesetz):

$$\tau = \tau_0 + \mu^s \cdot p$$

bzw. $\tau = 0{,}85\,p$ für kleine p (< 200 MPa) und $\tau = 60 + 0{,}6$ für $p > 200$ MPa; τ_0 = Art Kohäsion (Scherspannung) bei $p = 0$, μ^s = ↗Reibungskoeffizient (Koeffizient der inneren Reibung), p = lithostatischer Druck (Normalspannung). Bis auf Tonmineralien, z. B. die Schichtsilicate Vermiculit und Montmorrilonit, und entsprechende Tone liegen alle Gesteine auf der durch das Byerleesche Gesetz (BG) dargestellten Geraden mit der konstanten Steigung μ^s. Die Scherfestigkeit für Kompression ist drei bis vier mal größer als die für Extension. Das liegt formal an der Differenz der Spannungen $\sigma_1 - \sigma_3$ und physikalisch daran, daß die Kompressionsspannung stets größer und die Extensionsspannung stets kleiner als p ist. Aus dieser Tatsache ergeben sich Konsequenzen für die tektonische Entwicklung von ↗Orogenen und ↗Becken. Letztere können bereits durch kleine (Dehnungs-) Spannungen initiiert werden, während zur Enstehung von Orogengürteln gewaltige tektonische (Kompressions-) Spannungen erforderlich sind. Störzonen spielen in diesem Zusammenhang eine besondere Rolle, die fast stets mechanisch und rheologisch »weicher« als ihre Umgebung und sind. Hier lokalisieren sich in einer linearen Bruchzone Bruch- oder Gleitprozesse, vermutlich durch die Entlastung (failure) einer größeren tektonischen Spannung. Weitere Spannungen werden sich an der gleichen Bruchfläche entlasten, auch wenn sie aus einer ganz anderen Richtung wirken. Z. B. werden bei der Inversion von Becken Dehnungsverwerfungen als Aufschiebungsverwerfungen benutzt. Durch wiederholte Bruchprozesse längs einer Verwerfung kommt es zu einer Modifizierung des Gesteins (Verkleinerungen und Ausrichtungen von Körnern und Mineralen, Anisotropien, Bildung von ↗Brekzien, ↗Myloniten, Tachylithen und tonartigem »fault gouge«). Der Aufbau der rheologisch weichen Störzonen ist komplex. Ihre Reflektivität, Geschwindigkeit, Dichte und Viskosität werden von verschiedenen Vorgängen geprägt, etwa durch das spezifische Verhalten der einzelnen Minerale, oder metasomatische Prozesse, die Teile der Verwerfung verhärten (strain hardening) können (Zementation, ↗Rekristallisation). Bekannt sind die besonders »weichen« Überschiebungszonen alpiner Dekken. Andererseits gibt es besonders harte Gesteinskomplexe, etwa ultramafische Körper im Himalaja, die keinerlei Störungen entwickelt haben. Solche Komplexe bleiben auch unter hohen Spannungen weitgehend intakt und frei von Störungen, da sich angreifende Spannungen in ihrer (weicheren) Umgebung entladen.

Das BG ist von p, aber nicht von T abhängig. Es gilt nur unterhalb einer bestimmten T, und zwar bis etwa 350°C für quarzreiche, bis etwa 500°C für feldspatreiche und bis etwa 750°C für olivinreiche Gesteine. Beobachtungen der Seismizität und der Tiefenerstreckung von Störzonen (durch ↗Reflexionsseismik) bestätigen dies. Allgemein werden Störzonen (reflexionsseismisch) nur in Oberkruste und oberstem Erdmantel beobachtet.

b) duktil, durch kriechende Verformung rheologisch »weicherer« Schichtpakete, meist oberhalb einer bestimmten Temperatur. Alle Gesteine werden unter hohem Druck (p) und Temperatur (T) duktil. Ab etwa 350°C, die meist in 10 bis 20 km Tiefe erreicht werden, werden ↗Dislokationen mobil, so daß eine angreifende Spannung teilweise durch kriechende (duktil, plastisch) Deformationen abgebaut wird. Es existiert ein breiter Übergangsbereich mit spröden und plastischen

Körper	Eigenschaft	Modell	Symbol
Hooke	Elastizität	Feder	
Newton	Viskosität	Kolben in zäher Flüssigkeit	
St. Venant	Plastizität (Fließgrenze)	Reibungsklotz	

Rheologie 1: die drei rheologischen Grundkörper.

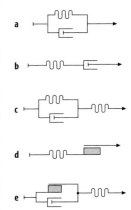

Rheologie 2: a) Kelvin-Körper, b) Maxwell-Körper, c) Nakamura-Körper, d) Prandtl-Körper, e) Bingham-Körper.

Rheologie 3: gesteinstypischer und rheologischer Schnitt durch Kruste und obersten Mantel in Mitteleuropa.

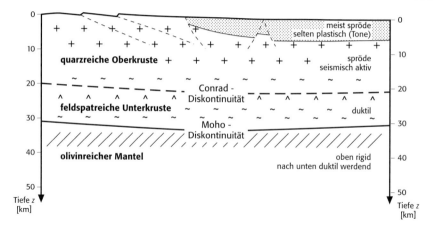

Prozessen, bis in größerer Tiefe, ab etwa 20 km, ein duktiles Verhalten dominiert. Diese Übergangszone wird oft als »halb-spröde« (semi-brittle) bezeichnet. Um ein rheologisches Gesetz für den duktilen Bereich aufzustellen, werden seit etwa 30 Jahren Kriechversuche unter Hochdruck-Hochtemperatur-Bedingungen durchgeführt. Die Gesteine werden nach ihrer Zusammensetzung der zehn wichtigsten Mineralien geprüft. Vereinfachend bestimmen quarzhaltige (sialische) Gesteine der Oberkruste und feldspathaltige Gesteine der Unterkruste das Kriechverhalten der Krustengesteine. Von den vorgeschlagenen Kriechgesetzen wird meist das Weertmansche Kriechgesetz (WG) bevorzugt, weil es mehrere – allerdings nicht alle – Kriechvorgänge beschreiben kann. Für die Kriechrate ε gilt:

$$\varepsilon = C_0 \tau^n exp(-E_c/RT)$$

mit C_0 = Materialkonstante, E_c = Aktivierungsenergie, R = Gaskonstante, T = Temperatur in °K, n = Exponent (1 bis 4), τ = Scherspannung. Das WG ist ein »Power Law-Gesetz« mit n meist größer als 1. Es beinhaltet petrologisch-physikalisch verschiedene Arten von Kriechprozessen und Verformungen. Das WG wird oft modifiziert, z. B. durch den Faktor d^{-m} (korngrößenabhängiges Kriechen, grain-size-sensitive creep), der bei kleinen Korngrößen offenbar eine Rolle spielt, oder zur Erklärung des Dislokationsgleitens (↗duktile Verformung), das ein exponentielles Zusatzglied erfordert. Bei Vorhandensein fluider Phasen kann es zu Korngrenzen-Diffusionskriechen (grain boundary diffusional creep) kommen, wobei der Transport hauptsächlich durch interkristalline Flüssigkeiten vor sich geht. Oft überlagern sich die verschiedenen Kriechprozesse, doch wurde für Olivin von 1 mm Korngröße ein Deformations-Diagramm angegeben, das die dominierenden Prozesse in einem T-τ-Diagramm darstellt. Löst man die WK nach η auf mit $\eta = \tau/\varepsilon$, so ergibt sich nach Logarithmieren:

$$\ln\eta = (1/n)[(E_c/RT) + (1-n)\varepsilon - \ln C_n]$$

(Viskositäts Gleichung aus WG). Man erkennt den großen Einfluß der nicht-logarithmischen Glieder E_c und T, die als Funktion der Tiefe bekannt sein müssen. Die Aktivierungsenergie E_c ist von der Petrologie abhängig. Sie korreliert mit den seismischen Geschwindigkeiten und läßt sich aus diesen abschätzen (Tab.). T ist aus den Wärmeflußdichtewerten q_0 abschätzbar, mit einer gewissen Kontrolle durch Seismizität oder Geothermo- bzw. ↗Geothermobarometrie. Basierend auf BG und WG entwickelte sich die Vorstellung, daß die petrologische (angenähert durch die seismische) Schichtung auch zu einer mechanisch-rheologischen Schichtung der Lithospäre führt. Zonen niedriger Viskosität existieren an der Basis der quarzreichen Oberkruste und der mafischen Unterkruste (↗Conrad-Diskontinuität). Andererseits wird die niedrig η-Zone in der Unterkruste noch ausgeprägter, wenn auch hier sialisches oder quarzreiches Material z. B. Gneise oder Granulite, vorhanden sind. Aktuell wird der Einfluß von hohem ↗Porendruck und ↗fluiden Phasen untersucht.

Als Fazit bleibt festzustellen, daß in der Natur immer nur eingefahrene (steady state) Vorgänge ineinandergreifender Prozesse beobachtet werden können, die von der Frequenz der angreifenden Spannung und vom Material abhängig sind. In einer warmen (jungen) und in einer verdickten Unterkruste ist stets eine Schicht verminderter Viskosität vorhanden, wo duktile und entkoppelnde Verhältnisse herrschen. Sie sind bei tektonischer Kompression das Ziel von Indentationen, wenn, wie in den Alpen, eine hochviskose Schicht (hier der adriatische flache Mantel) die weiche (hier europäische) Kruste penetriert. So zeigt Abb. 3 vereinfachend die verschiedenen rheologischen Zonen einer kontinentalen Lithosphäre. In jenen Tiefen aber, in denen die kontinentale Lithosphäre besonders weich ist und bei Kom-

Rheologie (Tab.): Werte der Aktivierungsenergie E_c und der seismischen Geschwindigkeit V_p für unterschiedliche Gesteine.

	E_c [kJ/mol]	V_p [km/s]
quarzhaltige Gesteine	100 – 160	5,8 – 6,3
feldspatreiche Gesteine	200 – 280	6,5 – 7,1
ultramafische Gesteine	380 – 450	7,9 – 8,4

pressionsvorgängen durch (Krustenverkürzung, -verdickung, Aufstieg und Escape) reagiert, zeigt die ozeanische Lithosphäre ihre größte Härte und Viskosität, hervorgerufen durch die dünne, vorwiegend basaltische Kruste und einen hochliegenden Erdmantel. Dies ist die Voraussetzung für ihren weitgehenden Zusammenhalt bei Subduktionsvorgängen (in denen die ganze Lithosphäre abwärts geführt wird) sowie für die Schärfe ozeanischer (nicht kontinentaler) Plattengrenzen.

Der obere Teil des Erdmantels bis in etwa 200 bis 250 km Tiefe gehört zur Lithosphäre. In alten (und kalten) Schilden können die obersten 20 bis 40 km des Erdmantels rigide und spröde sein. Dies ist bei tektonischer Beanspruchung durch Seismizität oder in Zonen früherer Aktivität durch die Erhaltung von Störzonen erkennbar. Ansonsten ist der Erdmantel rheologisch als kriechfähig anzusehen. Das Kriechverhalten wird dabei von der Fluidbeimengung und die spezifischen Eigenschaften des Olivin als weichstes und häufigstes Mineral bestimmt. Deformationen gehen im wesentlichen durch Dislokationskriechen, d.h. nach echten Power-Law-Prozessen vor. Die Asthenosphäre ist eine viskos-kriechende Schicht, die den ganzen Erdball umspannt und nur unter den großen Kontinenten Asien und Afrika weniger ausgeprägt erscheint. Man spekuliert, daß Konvektionsbewegungen in der Asthenosphäre auch für den Transport der Lithosphärenplatten mit verantwortlich sind. Hinweise auf eine rheologische weiche Schicht im oberen Erdmantel wurzelten in zwei Forschungsrichtungen. Die eine war mit dem Aufstieg eisentlasteter Gebiete in Fennoskandien und Kanada verbunden. Schon Barrell hatte um 1915 einen Fließkanal niedriger Viskosität vermutet. In den 1930er Jahren postulierte man einen 100 km dikken Kanal und in den 1970er Jahren, mit Beginn der Untersuchungen zur ↗Plattentektonik, rechnete man mit einer 350 km mächtigen weichen Schicht, der Asthenosphäre, und vermutete hier Viskositätswerte von 10^{20} bis 10^{21} Pa s. Diese Werte erschienen realistisch und konnten auch die verschiedenen Aufstiegsraten und das periphere Absinken um die Aufstiegszonen herum erklären. Weniger Übereinstimmung herrscht bezüglich des tatsächlichen Kriechgesetzes in der Natur. Die Beobachtungen des anfangs starken, später nachlassenden Aufstiegs verschieden großer Gebiete lassen sich durch Newton-Kriechen mit $n = 1$, und auch mit Power-Law-Kriechen (*Power-law-creep*) und $n = 3$ erklären. Grundlegende Arbeiten rechnen mit ↗Wärmeleitung und Konvektion, das heißt mit zwei unterschiedlichen Wärmetransportprozessen, die durch die Rayleigh-Zahl *Ra* eine Trennung der verschiedenen Bereiche ermöglicht:

$$Ra = (\alpha g c \varrho^2 D^3 / K \eta) \Delta T,$$

wobei α = thermischer Ausdehnungskoeffizient, g = Schwerebeschleunigung, ϱ = Dichte, D = Mächtigkeit der fließenden oder kriechenden Schicht, K = thermische Leitfähigkeit, ΔT = Temperaturgradient, der über den adiabatischen hinausgeht. Neuere Arbeiten rechnen mit Randbedingungen aus der Form des ↗Geoids sowie Änderungen der ↗Erdrotation und der ↗Elliptizität. Die Unsicherheiten in den Viskositätsmodellen sind recht groß, vor allem wegen des unbekannten Prozentsatzes partieller Schmelzen, die vor allem in der Asthenosphäre verstärkt vermutet werden. Zur Erklärung vieler Beobachtungen beim Aufstieg eisentlasteter Gebiete kann das (lineare) Diffusionskriechen herangezogen werden. Es scheint bei hohen T, kleinen τ, kleinen Korngrößen und hohen Drucken zu dominieren. Auch dynamische ↗Rekristallisation reduziert die Korngröße und mag Diffusionskriechen fördern und die Asthenosphäre weiter schwächen, wodurch eine Entkopplung auftreten kann. Andererseits wird kontinentale Riftbildung im wesentlichen durch die unterschiedliche Kriechstärke, d. h. am schwächsten längs der schnellen Olivinachse begünstigt. Auch für den unteren Erdmantel berechnete man Viskositätswerte von ca. 10^{21} Pa s. Dies unterstützt die vermuteten ähnlichen Konvektionsmuster im oberen und unteren Erdmantel sowie den Aufstieg von Plumes, die lediglich an der 660-km-Diskontinuität eine Barriere vorfinden, die jedoch von starken Plumes überwunden wird. Ein zweiter Hinweis auf die Existenz einer weichen Schicht im oberen Mantel kam von der Seismologie (↗Gutenberg, ↗Gutenberg-Diskontinuität), die eine mächtige Zone verminderter Geschwindigkeiten seismischer Wellen entdeckte. Erst die Plattentektonik stellte in den 1970er und 1980er Jahren eine gewisse Koinzidenz von Gutenbergs Kanal niedriger Geschwindigkeiten und der »weichen« Asthenosphäre mit $\eta < 10^{20}$ her, die besonders hohe T/T_m-Werte und damit geringe Viskositätswerte aufweist.

Zur Berechnung der Rheologie im Erdmantel wird die Struktur des langwelligen Geoids und seiner Veränderungen als Ausdruck von Mantelkonvektion gedeutet. Dellen des Geoids können dann auf Subduktion zurückgeführt werden. Die Modelle eines dynamischen Geoids ergeben etwa 10^{20} Pa s für die Asthenosphäre und bis zu 1-2·10^{22} Pa s für den unteren Mantel. Neben diesen langwelligen Konvektionsmustern hat eine kleinräumige Konvektion im Zusammenhang mit Plumes große Beachtung gefunden. Starke Plumes kommen offenbar von der Kern-Mantel-Grenze, wo ein starker T-Gradient vorliegt. Die seismische Tomographie hat hier die D''-Schicht entdeckt, eine Grenzschicht, die als Ausgangspunkt größerer Plumes und Endpunkt starker (ozeanischer) Subduktionszonen angesehen werden kann. Plumes durchqueren mit signifikanten η-Minima den ganzen Mantel in knapp 100 Mio. Jahren und erreichen die Lithosphäre als pilzförmige ↗hot spots. Sie erzeugen Flutbasaltprovinzen in Kontinenten oder eine Vulkankette, wenn sie unter einer sich bewegenden Lithosphärenplatte auftauchen, z.B. die Hawaii-Emperor-Kette (Abb. 4). Ähnlich kleinräumig

Rheologie 4: Schema eines aufsteigenden Plumes (1) mit Schmelzen (2) in Plume und Kruste, Magmaaufstiegswegen (3) und Vulkanismus (4); M = Moho.

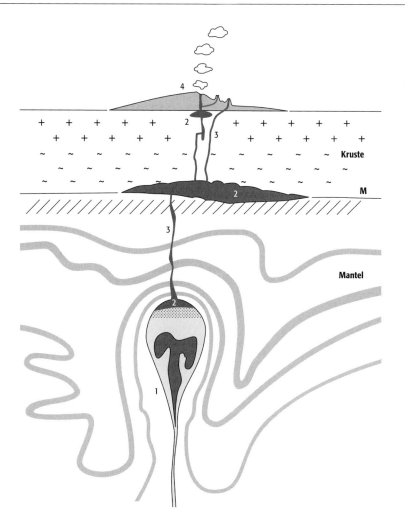

sind kurzwellige Konvektionsbewegungen innerhalb der Asthenosphäre, wie sie z. B. von SEASAT gemessen werden konnten. Auch hier kann sich eine gravitative Instabilität aufbauen, die dazu führt, daß kältere Teile in Form einer Lithosphärenwurzel absinken. Für die Evolution der Erde und anderer Planeten spielt der Beitrag der Plumes zur Formung der Kruste durch ↗Vulkanismus eine entscheidende Rolle (Auftreten der Megaplumes in der ↗Kreide). Heute vermutet man einen entstehenden Megaplume unter dem Südpazifik und unter Zentralafrika.

Die Rheologie des Erdkerns kann aufgrund der hohen T- und ϱ-Werte sowie des unbekannten Beitrags chemischer Beimengungen zum vorherrschenden Eisen nur grob abgeschätzt werden. Der flüssige äußere Kern führt in seiner Konvektionsbewegung Anomalien des erdmagnetischen Feldes mit 10^5 mal größerer Geschwindigkeit mit sich, als alle plattentektonischen Vorgänge es vermögen. Nimmt man ähnlich hohe Werte für ε an sowie $n = 3$, so gäbe sich eine 10^{10} mal kleinere Viskosität für den äußeren Erdkern als für den Erdmantel. Die komplexen Konvektionsbewegungen im flüssigen äußeren Kern, die vermutlich eine helikale Struktur besitzen, sind bekanntlich für den Aufbau des Geodynamos verantwortlich. Der etwas eisenreichere innere Kern ist vermutlich durch Ausfrieren entstanden und muß im Laufe der Erdgeschichte auf seine heutige Größe angewachsen sein, wobei seine Temperatur nur geringfügig unterhalb der Schmelztemperatur liegt. Er ist damit rheologisch weich, aber nicht flüssig. Durch sein Gefrieren liefert er vermutlich die zur Erhaltung des Geodynamos notwendige Wärme und Kraft. Es ist nicht bekannt, was den Dynamo veranlaßt, Feldumkehrungen zu erzeugen, doch vermutet man, daß besonders lange Perioden ohne Umkehrungen, wie z. B. während der Kreide, mit besonders starken und schnellen Bewegungen des Geodynamos verbunden waren. [RM]

Literatur: [1] DE SMET, J. H., VAN DEN BERG, A. P. and N. J. VLAAR (1998): Stability and growth of continental shields in mantle convection models. – Tectonophysics 296: 15–29. [2]

KARATO, S.I. and WU, P. (1993): Rheology of the upper mantle. – Science 228: 1968–1971. [3] KOHLSTEDT, D.L. and ZIMMERMAN, M.E. (1996): Rheology of partially molten mantle rocks. – Ann. Rew.Earth Planet. Sci. 24: 41–62. [4] MEISSNER, R. and MOONEY, W. (1998): Weakness of the lower continental crust: a condition for delamination, uplift, and escape. – Tectonophysics 296: 47–66. [5] VAUCHEZ, A., TOMMASI, A. and BARRUOL, G. (1998): Rheological heterogeneity, mechanical anisotropy and deformation of the continental lithosphere. – Tectonophysics 296: 15–29.

rheomorpher Ignimbrit, pyroklastische Stromablagerung, die lavaähnliches ↗Fließgefüge und ↗Autobrekziierung zeigt. Rheomorphe Ignimbrite entstehen aus besonders heißen ↗pyroklastischen Strömen, die sich während des gesamten Fließvorganges oder erst kurz vor der letzten Bewegung in Form eines nichtpartikulaten Fluids bewegen, wobei die schmelzflüssigen Magmafetzen aneinanderkleben.

rheophile Organismen, Organismen, die speziell an ↗Biotope mit strömendem Wasser angepaßt sind.

Rhexistasie, Zustand mit instabilen klimatischen und geomorphologischen Umweltbedingungen, welcher Perioden der ↗Biostasie unterbricht. Rhexistasie kennzeichnet die Vernichtung der Vegetationsdecke, Bodenerosion und Denudation im Zusammenhang mit Klimaänderungen (Ariditätsschüben) oder tektonischen Bewegungen.

Rhitral, ↗Biotop eines sommerkühlen ↗Fließgewässers im Mittelgebirge oder vergleichbarer Höhenlage. Der Boden besteht meist aus Kies oder Sand. Das Rhitral entspricht weitgehend der ↗Salmonidenregion.

Rhitron, ↗Biozönose des ↗Rhitrals.

Rhizobium, gramnegative, obligat aerobe, C-heterotrophe ↗Bodenbakterien. Die Gattung umfaßt Stäbchen und Kokken mit einer Größe von 0,5–0,9 × 1,2–3,0 µm, die mit 1–6 Geißeln beweglich sind und keine Sporen bilden. Rhizobium-Bakterien können frei im Boden und in Symbiose mit ↗Leguminosen leben. Die Symbiose zwischen Rhizobium und Leguminosen ist wirtsspezifisch, das heißt einzelne Rhizobiumarten können nur bestimmte Leguminosen infizieren. Sie bilden sogenannte Kreuz-Inokulationsgruppen. Ausgelöst durch ein pflanzliches Signal dringen Rhizobium-Bakterien in die Wurzelhaare von Leguminosen ein und lösen die Bildung von ↗Wurzelknöllchen aus. In den Wirtszellen erfahren die Bakterien charakteristische morphologische und metabolische Veränderungen. Es kommt zur Ausbildung von Bakteroiden (pleomorphe Formen, in denen die Ribosomen verschwinden). In den Bakteroiden erfolgt durch den Enzymkomplex ↗Nitrogenase die Reduktion atmosphärischen Stickstoffs (N_2) zu Ammonium (NH_4^+) (↗symbiontische Stickstoff-Fixierung). Die reduzierten Stickstoffverbindungen werden über ein Elektronentransportsystem an die Wirtspflanze weitergegeben. Der Makrosymbiont Pflanze liefert die notwendige Energie und Kohlenhydrate. Die Knöllchenbildung und die anschließende Stickstoffixierung sind ein komplexer Prozeß, der durch eine große Anzahl bakterieller und pflanzlicher Gene streng kontrolliert wird. Die Nodulationsgene (nod) und die Stickstoffixierungsgene (nif, fix) sind in den Bakterien meist auf großen Symbiose-Plasmiden lokalisiert. [MT]

Rhizoid, einzellige, wurzelförmige Haarbildungen, mit denen der ↗Thallus am Substrat befestigt ist. Das Rhizoid dient also im Gegensatz zur echten ↗Wurzel nicht als Organ zur Aufnahme von Nährlösung für den Organismus.

Rhizokretion ↗Rhizolith.

Rhizolith, [von griech. rhiza = Wurzel und lithos = Stein], *Wurzelspur*, ↗Spurenfossilien von Pflanzen in Form der Ansammlung von Mineralien um oder in ihren Wurzeln. Rhizolithe sind zylindrisch und verzweigen sich mit abwärts abnehmendem Durchmesser (wichtiger Unterschied zu ↗Grabgängen). Die Durchmesser betragen 0,1–20 cm bei Längen von wenigen Zentimetern bis einigen Metern. Pflanzenwurzeln können graben oder bohren und werden in Anhängigkeit vom Substrat auf fünf verschiedene Weisen überliefert: a) als Abdruck der Röhre ohne organische Reste und ohne mineralische Ausfüllung, b) als Röhrchen, die sich teilweise noch während des Lebens der Wurzel durch Zementierung der unmittelbaren Umgebung mit Calcit bilden, c) als Kern, der nach der Verwesung der Wurzel durch die Verfüllung des hinterlassenen Hohlraumes mit Sediment oder ↗Zement entsteht, d) als *Rhizokretion*, bei der sich Minerale z.T. schon während des Lebens der Pflanze um die Wurzel ansammeln, das organische Material bleibt aber erhalten (Abb. im Farbtafelteil), e) als mineralische Versteinerung, mit der anatomische Details des Zellbaues überliefert werden. Das Mineral kann z.B. Calcit (Verkalkung), Quarz (Verkieselung), Dolomit oder Gips sein; es ersetzt das organische Material durch Imprägnation. Rhizolithe geben wichtige Hinweise auf festländische Umweltbedingungen in Milieus, die sonst fossilfrei sind. Ein Gestein, dessen Struktur und Textur von Wurzeln bestimmt wird, wird als »Rhizolit« (ohne »h«) bezeichnet. [MB]

Rhizom, *Erdsproß*, unterirdisch, überwiegend horizontal wachsende ↗Sproßachse, die sproßbürtige ↗Wurzeln trägt. Rhizome unterscheiden sich von Wurzeln durch einen andersartigen Bau des Vegetationspunktes, eine periphere Anordnung von ↗Leitbündeln und das Vorhandensein von Blattorganen (meist Niederblättern).

Rhizoplane ↗Rhizosphäre.

Rhizopoden, *Rhizopoda*, *Wurzelfüßer*, bilden eine Klasse im Unterreich der einzelligen Protozoen. Sie bestehen aus einem plasmatischen Zelleib, der von der Zellwand umschlossen ist, und mindestens einem Zellkern. Charakteristisch ist die Fähigkeit zur Ausbildung von Pseudopodien (Scheinfüßchen), die zur Fortbewegung und Nahrungsaufnahme dienen. Sie entstehen als cytoplasmatische Fortsätze oder Ausstülpungen und können jederzeit wieder eingezogen werden.

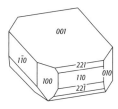

Rhodonit: Rhodonitkristall.

Die Ernährung erfolgt heterotroph, d. h. das Vorhandensein von organischem Material ist lebensnotwendig. Ihr Lebensraum ist Wasser bzw. wäßrige Systeme. Zur Klasse der Rhizopoda gehören ↗Amöben (Wechseltierchen), Sonnen- und Strahlentierchen sowie Kammerlinge (↗Foraminiferen).

Rhizosphäre, enge Bodenzone im Einflußbereich lebender Wurzeln, die durch das Auftreten von Wurzelexsudaten gekennzeichnet ist und somit eine mikrobielle Aktivität begünstigt. Die eigentliche Oberfläche der Wurzel einschließlich der ihr anhaftenden Bodenpartikel bezeichnet man als *Rhizoplane*.

Rhizosphärenfaktor, *R/S Verhältnis, rhizosphere/soil*, stellt die Anzahl der Mikroorganismen in der ↗Rhizosphäre (R) und im Nichtrhizosphärenboden (S) gegenüber.

Rhizoturbation, [griech. rhiza = Wurzel und lat. turbare = stören], die ↗Bioturbation durch Pflanzenwurzeln.

Rhodochrosit, [von griech. rhódon = Rose und chróma = Farbe], *Braunsteinerz, Dialogit, Himbeerspat, Inkarose, Manganspat, Strömit*, Mineral mit der chemischen Formel Mn[CO$_3$] und ditrigonal-skalenoedrischer Kristallform; Farbe: hell- bis dunkelrosarot, aber auch grau, braunschwarz, seltener farblos; Glasglanz; durchscheinend; Strich: weiß; Härte nach Mohs: 4 (spröd); Dichte: 3,3–3,6 g/cm^3; Spaltbarkeit: vollkommen nach (1011); Aggregate: sattelförmig, derb, körnig, spätig, aber auch dicht, traubig, glaskopfartig, krustig; in heißer Salzsäure leicht unter Aufbrausen löslich; Begleiter: Hämatit, Limonit, Pyrrhotin, Sphalerit, Markasit, Pyrit; Fundorte: »subvulkanisch«-hydrothermal auf Gängen und in der Eisernen Hut-Zone von Bockenrod bei Reichelsheim im Odenwald (Hessen), Schäbenholz bei Eibingerode (Ostharz), Sacaramb (Rumänien), Les Cabesses (Haute-Pyrénée, Frankreich), Hotashell Mn-Mine bei Kuruman (Südafrika). ↗Manganminerale. [GST]

Rhodolith, *Rhodoid*, ein von krustosen corallinen Rotalgen gebildetes ↗Onkoid (Abb.). Akzesso-

Rhodolith: Rhodolith mit akzessorischen sessilen Foraminiferen (*Miniacina*) aus dem Thanet (Alttertiär) der Südatlas-Randzone (Marokko): Dünnschliff, Negativvergrößerung 1,12fach.

risch können sessile Foraminiferen, Serpuliden oder Bryozoen beteiligt sein; vor allem in tertiären Flachwassercarbonaten vorkommend, aber auch rezent in der tiefermarinen »Coralligene de plateau« des westlichen Mittelmeergebietes (↗Coralligene).

Rhodonit, [von griech. rhódon = Rose], *Hermannit, Heteroklin, Hornmangan, Kapnikit, Kieselmangan, Manganamphibol, Mangankiesel, Manganolith, Pajsbergit, Rotbraunsteinerz, Rosenstein*, Mineral (Abb.) mit der chemischen Formel CaMn$_4$[Si$_5$O$_{15}$] und triklin-pinakoidaler Kristallform; Farbe: hell- bis dunkelrot, bräunlich- bis bläulich-rot, rötlichbraun, rotgrau; Glas- bis Perlmutterglanz; durchsichtig bis durchscheinend; Strich: weißlich; Härte nach Mohs: 5,5–6,5; Dichte: 3,67–3,76 g/cm^3; Spaltbarkeit: vollkommen nach (001) und (100); Aggregate: derb, körnig, spätig, dicht, fleckig-schwarz; vor dem Lötrohr bei mäßiger Hitze schwarz werdend und leicht schmelzbar; in Säuren unlöslich; Begleiter: Hausmannit, Braunit, Manganit, Franklinit, Zinkit, Pyroxen, Calcit; Vorkommen: derb kryptokristallin als bankartige Lagen zwischen sedimentären Tonschiefern, auf metamorphen Lagerstätten kristalliner Schiefer sowie auch kontaktmetasomatisch; Fundorte: Laasphe (Westfalen), Schäbenholz bei Elbingerode und Lautental (Ostharz), Capnic und Rosia Montana (Siebenbürgen, Rumänien), bei Sverdlovsk (Rußland), Ouro Preto (Brasilien). [GST]

Rhodophyta ↗Kalkalgen.

Rhombendodekaeder, spezielle Flächenform {110} der kubisch holoedrischen Symmetrie $m\bar{3}m$ und der Flächensymmetrie $m.m2$. Die zwölf Flächen bilden Rhomben (Rauten).

Rhombenporphyr, ein vulkanisches Gestein mit trachytischer Zusammensetzung (↗Trachyt), das durch das Auftreten von ternären ↗Feldspäten mit rhombenförmigen Querschnitten charakterisiert ist. Hauptverbreitungsgebiet ist die Region um Oslo (Norwegen).

rhombische Dipyramide, allgemeine Flächenform {hkl} in der orthorhombisch holoedrischen Punktgruppe mmm. Die acht Flächen sind kongruente allgemeine Dreiecke.

rhombische Pyramide, allgemeine Flächenform {hkl} in der orthorhombischen Punktgruppe $mm2$. Die vier Flächen bilden ein offenes Polyeder. Erst durch Hinzufügen einer Basisfläche (Pedion) entsteht daraus ein geschlossenes Polyeder.

rhombisches Disphenoid, *rhombisches Tetraeder*, allgemeine Flächenform {hkl} in der orthorhombischen Punktgruppe 222. Die vier Flächen sind kongruente allgemeine Dreiecke.

rhombisches Prisma, spezielle Flächenform {hk0} in der orthorhombisch holoedrischen Punktgruppe mmm. Die vier Flächen der Flächensymmetrie m bilden ein offenes Polyeder. Erst durch Hinzufügen eines Basisflächenpaars (Pinakoid) entsteht daraus ein geschlossenes Polyeder (Quader).

rhombisches Tetraeder ↗rhombisches Disphenoid.

Rhomboeder, spezielle Flächenform {hhl} ({h0$\bar{h}$l} in ↗Bravaisschen Indizes bei hexagonaler Beschreibung) der rhomboedrisch holoedrischen Symmetrie $\bar{3}m$ und der Flächensymmetrie $.m.$; die sechs Flächen bilden Rhomben (Rauten).

R-horizon, Bezeichnung eines Haupthorizontes nach der ↗FAO-Bodenklassifikation; hartes Festgestein unterhalb des Bodens wie z. B. Granit, Basalt, Quarzit und verhärteter Kalkstein oder Sandstein, deren entnommene Brocken nicht innerhalb von 24 Stunden zerfallen; nicht grabbar, teilweise mit schwerem Gerät aufreißbar, wenige und sehr schmale Risse, teilweise mit Ton ausgefüllt; nicht zu verwechseln mit dem ↗R-Horizont der deutschen Bodensystematik (↗Bodenkundliche Kartieranleitung).

R-Horizont, ↗Bodenhorizont entsprechend der ↗Bodenkundlichen Kartieranleitung, mineralischer Mischhorizont, über 40 cm mächtig, durch nicht regelmäßiges Pflügen oder tiefgreifende bodenmischende Meliorationsmaßnahmen wie Rigolen oder ↗Tiefumbruch entstanden.

rH-Wert, ist definiert als $rH = 2\ E_h/E_N + 2\ pH$, mit E_h = Normalpotential (= ↗Redoxpotential unter Standardbedingungen) und E_N = Nernst-Spannung (↗Nernstsche Gleichung). Der rH-Wert beschreibt die Abhängigkeit des ↗Redoxpotentials vom ↗pH-Wert. Für $T = 293$ K ergibt sich das Redoxpotential nach der Nernstschen Gleichung zu:

$$E_N = E_0 + 0{,}058/n \ln(a_{ox}/a_{red}).$$

E_0 entspricht dem Normalpotential, n der Anzahl der an der Reaktion beteiligten Elektronen und a_{ox} bzw. a_{red} der Aktivität der beteiligten oxidierend bzw. reduzierend wirkenden Stoffe. Die Skala für den rH-Wert reicht von 0 bis ca. 42. Ein rH-Wert von 42 wird unter stark oxidierenden Bedingungen (z. B. in einer K_3CrO_4-Lösung) und ein rH-Wert von 0 unter stark reduzierenden Bedingungen (Wasserstoff-Platinelektrode) gefunden. Bei einem rH-Wert von 27,7 sind Wasserstoff und Sauerstoffpartialdruck gleich groß. [RE]

Rhyodacit, ein plagioklasreicher ↗Rhyolit.

Rhyolith, ein vulkanisches Gestein, das neben 20 bis 60 Vol.-% Quarz ↗Alkalifeldspat und ↗Plagioklas in Verhältnissen zwischen 90:10 und 35:65 enthält (↗QAPF-Doppeldreieck). Glasig ausgebildete Rhyolithe werden als ↗Obsidian oder ↗Pechstein bezeichnet. In der älteren deutschsprachigen Literatur war für permische (↗Perm) oder ältere Rhyolithe der Begriff ↗Quarzporphyr gebräuchlich.

rhythmische Sedimentation, als ↗Lamination, ↗Warven oder Feinschichtung im Sediment makroskopisch gut erkennbare Hell-Dunkelwechsel unterschiedlichen Maßstabes.

Rhythmit, ein Sedimentgestein, welches aus zwei (Couplets), drei (Triplets) oder mehr regelmäßig wechselnden Lithologien aufgebaut ist. Rhythmite treten z. B. als Kalk-Mergel- oder Kalk-Schwarzschiefer-Wechselfolgen in pelagischen bis hemipelagischen Sedimentationsräumen auf, finden sich aber auch auf flachmarinen ↗Carbonatplattformen und in Lagunen oder als klastisch-bioklastisch-chemische Laminite mit rhythmisch wechselndem Gehalt an organischer Substanz in lakustrinen Becken. Mit am bekanntesten sind die den jährlich wechselnden Insolationsrhythmus anzeigenden ↗Warvite. Rhythmite werden heute überwiegend auf Milanković-Zyklen (↗Eiszeit) zurückgeführt, d. h. auf regelmäßige Veränderungen orbitaler Parameter, die durch atmosphärische und ozeanische Kopplungsprozesse abgeschwächt oder verstärkt werden. Eine wesentliche Rolle spielt dabei der globale Kohlenstoffzyklus über a) die Schaffung von Eishaus-/Treibhaus-Konditionen, b) die biogene Carbonatproduktion in Abhängigkeit von der klimainduzierten ozeanischen Zirkulation und dem Recycling von Nährstoffen und c) die wechselnde Carbonatlösung im Tiefenwasser in Abhängigkeit vom CO_2-Gehalt und der Carbonatuntersättigung. Als Mechanismen zur Bildung von Kalkstein-Mergel-Couplets lassen sich nennen: a) Produktivitätszyklen des kalkigen ↗Nannoplanktons im Pelagial, b) Verdünnungszyklen durch periodische Fluktuation der terrigenen Sedimentzufuhr, c) Lösungszyklen, bei denen durch erhöhten Anfall organischer Substanz und dessen Abbau unter CO_2-Freisetzung Carbonat gelöst wird, d) Redoxzyklen mit Veränderungen der Durchlüftung des Bodenwassers und der damit einhergehenden rhythmischen Bildung von Schwarzschiefern und e) diagenetische Überprägung kleiner primärer Sedimentationsunterschiede unter Herausbildung von makroskopisch auffälligen Kalk-Mergel-Folgen. [HGH]

Rhythmus, ↗Zyklus.

Riasküste, ↗Ingressionsküste mit ertrunkenen Flußunterläufen (Abb.). In Abhängigkeit von

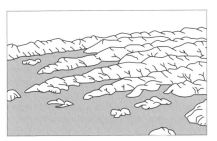

Riasküste: schematische Darstellung.

überflutetem Gewässernetz und Talformen lassen sich mehrere Typen der Riasküsten unterscheiden. Der einfachen »monofluvialen« Rias stehen die in einem verzweigten Talsystem ausgebildeten »polyfluvialen« Rias und die sackförmigen »panfluvialen« Rias, bei denen auch die Wasserscheiden überflutet wurden, gegenüber. Entsprechend der Talquerprofile lassen sich Kasten-, Kerb- oder Muldental-Rias differenzieren.

Ribeiro, *Diogo*, portugiesischer Kartograph in spanischen Diensten, * unbekannt, † 1533 Sevilla. Ribeiro ging vor 1519 nach Spanien, stattete spanische Entdeckungsfahrer mit ↗Seekarten und Instrumenten aus, so die Flotte von F. de Magellan (1480–1521). Mit Dekret von Karl V. arbeitete er seit 1523 als Kosmograph in der »Casa de Condratacion« in Sevilla, baute Astrolabien und bearbeitete Karten, insbesondere großformatige ↗Planisphären, die dem damals neuesten Stand der geographischen Entdeckungen entsprachen und den spanischen Herrschaftsanspruch dokumentieren sollten. Einige sind erhalten, z. B. datiert auf 1525 (erhalten in Mantua), eine unvollendete von 1527 (Weimar), zwei von 1529 (Biblioteca Vaticana, Rom).

Richards-Gleichung, Bilanzgleichung zur Berechnung der eindimensional-vertikalen Einphasen-Wasserbewegung in teilgesättigten isotropen Böden. Die Richards-Gleichung verknüpft die Kontinuitäts- und die Massenerhaltungsgleichung mit der Darcy-Gleichung (↗Darcy-Gesetz) und setzt die Wasserflüsse und die Vorratsänderungen in Beziehung. In der eindimensionalen Form ohne Senkenterm ist sie definiert als:

$$\partial\theta/\partial t = \partial/\partial z[k(h)(\partial h/\partial z)]+(\partial k/\partial z),$$

mit h = Matrixpotential (von pressure <u>h</u>ead), θ = Wassergehalt, k = hydraulischen Leitfähigkeit, z = Tiefe und t = Zeit. Sie ist benannt nach L. A. Richards, der 1931 die Gleichung durch die Übertragung der Darcy-Gleichung auf den wasserungesättigten Bereich durch Einführung einer Beziehung zwischen hydraulischer Leitfähigkeit und Wasserspannung ableitete.

Richardsonzahl, nach dem britischen Physiker Richardson benannte dimensionslose Kennzahl, die den Einfluß von thermischer Schichtung ($\delta\theta/\delta z$) und vertikaler Windscherung ($\delta u/\delta z$) auf Instabilitäten und Turbulenz in einer Strömung kennzeichnet. In der Meteorologie wird sie definiert als:

$$Ri = \frac{\frac{g}{\theta}\frac{\partial\theta}{\partial z}}{\left(\frac{\partial u}{\partial z}\right)^2}.$$

Richthofen, *Ferdinand* Freiherr von

Richtbohrverfahren ↗Horizontalbohrung.

Richter, *Charles Francis*, amerikanischer Geophysiker, * 26.4.1900 Hamilton (Ohio), † 30.9.1985 Pasadena (Californien); 1927–70 Professor in Pasadena; Arbeiten über den Bau des Erdkörpers und seismische Wellen; entwickelte eine Methode zur objektiven Feststellung der Stärke von Erdbeben (1935 Aufstellung der Richter-Skala). Werke (Auswahl): »Elementary Seismology«, (1958).

Richter-Magnitude, *Richter-Skala*, die von Richter 1935 für Erdbeben in Kalifornien eingeführte Magnitude M_L, manchmal auch als Lokalmagnitude bezeichnet:

$$M_L = \log_{10}(A) - \log_{10}(A_0);$$

A = gemessene maximale Amplitude (in mm) auf einem Wood-Anderson (WA) Horizontalseismographen mit einer Eigenperiode von 0,8 s und einer Vergrößerung von 2800, A_0 = Referenzamplitude für ein $M_L = 0$ Erdbeben, das in der gleichen Herdentfernung registriert worden wäre. Die Definition für M_L nach Richter gilt nur bis zu einer Herdentfernung von 600 km. Die Werte für A_0 berücksichtigen die ↗Dämpfung seismischer Wellen mit zunehmender Herdentfernung. Die von Richter abgeleiteten Werte von A_0 gelten streng genommen nur für Kalifornien, für andere Gebiete muß man regional typische Werte benutzen. Gemäß der Definition beträgt auf einem WA-Seismographen $A_0 = 0,001$ mm in einer Epizentralentfernung von 100 km. Anders ausgedrückt: Ein Erdbeben der Magnitude $M_L = 3$ wird auf einem WA-Seismographen in 100 km Entfernung mit einer maximalen Amplitude von 1 mm aufgezeichnet. WA-Seismographen werden heute nur noch selten betrieben. Das ist kein prizipielles Problem, da man aus der bekannten Frequenzcharakteristik anderer Seismographen die wahre Bodenbewegung ausrechnen und in eine WA-Amplitude umrechnen kann. Besonders einfach ist die Umrechnung bei Breitband-Seismographen mit digitaler Registrierung. Durch geeignete digitale Filter kann man eine WA-Registrierung simulieren, mit der man dann die Richter-Magnitude bestimmen kann. [GüBo]

Richter-Skala ↗Richter-Magnitude.

Richthofen, *Ferdinand* Freiherr von, deutscher Geograph, Geologe und Chinaforscher, * 5.5.1833 Carlsruhe (Oberschlesien), † 6.10.1905 Berlin; ab 1875 Professor in Bonn, ab 1883 in Leipzig, ab 1886 in Berlin; Begründer der naturwissenschaftlichen Richtung in der Geographie, insbesondere der Geomorphologie; deutete den Löß als durch den Wind vermittelte Ablagerung, untersuchte und benannte die Abrasion; hielt sich 1863–68 zu geologischen Studien in Kalifornien und 1870–71 in Japan auf; unternahm 7 große Reisen durch Ostasien, besonders China (1860–62 und 1868–72), und erschloß den größten Teil dieses Landes für die Wissenschaft; gründete 1901 das Institut für Meereskunde in Berlin. Nach ihm ist das Richthofengebirge (Qilian Shan), die nördliche Randkette des Nanshan (Gebirge im Nordosten des Hochlands von Tibet), benannt. Werke (Auswahl): »China, Ergebnisse eigener Reisen« (5 Bände, 1877–1912), »Aufgaben und Methoden der heutigen Geographie« (1883), »Führer für Forschungsreisende« (1886).

Richtigkeitsgrad, das Verhältnis der Menge der in der Karte fehlerfrei zugeordneten semantischen Informationen zur Menge aller enthaltenen semantischen Informationen.

Richtstollen ↗Erkundungsstollen.

Richtung, in der ↗Geodäsie der Schenkel eines ↗Winkels. Je nach Lage des von zwei Richtungen eingeschlossenen Winkels im Raum können ↗Horizontalrichtung und Vertikalrichtung unterschieden werden. Anfangsrichtung und Nullrichtung sind ausgezeichnete Richtungen bei der ↗Richtungsmessung bzw. beim ↗Polarverfahren.

Richtungsbestimmung, in Karten konventionell mit Transporteur, rechnerisch aus den Koordinatendifferenzen Δ_x, Δ_y zweier Punkte (↗Koordinatenbestimmung): $\tan\varphi = \Delta_y/\Delta_x$. Den Winkel bestimmt man aus der Differenz zweier Richtungen oder aus dem Skalarprodukt zweier Vektoren.

Richtungsdiagramm ↗Vektorendiagramm.

Richtungsdivergenz, durch räumliche Änderung der Strömungsrichtung bedingte ↗Divergenz.

Richtungsfilter, Filter (direktionale Filter), mittels derer hochfrequente Grautonvariationen einer bestimmten Richtung verstärkt oder unterdrückt werden. Sie können senkrecht, waagrecht oder diagonal zur Filter-Abtastrichtung wirken. Durch Differenzmethode werden die senkrecht

Standpunkt	Zielpunkt	Ablesung Lage I [gon]			Ablesung Lage II [gon]			Mittel Lage I+II [gon]			reduziertes Satzmittel [gon]			Mittel aus Beobachtungen [gon]		
S	1	1	34	49	201	34	66	1	34	58	0	00	00	0	00	00
	2	63	15	92	263	16	08	63	16	00	61	81	42	61	81	43
	3	127	50	96	327	51	10	127	51	03	126	16	45	126	16	42
S	1	57	57	14	257	57	25	57	57	20	0	00	00			
	2	119	38	66	319	38	63	119	38	64	61	81	44			
	3	183	73	51	383	73	69	183	73	60	126	16	40			

zur Abtastungsrichtung liegenden hohen Frequenzen (z. B. geologische Strukturen) hervorgehoben, die parallel dazu liegenden unterdrückt. Nachteilig ist das Auftreten von interferenzähnlichen Artefakten spitzwinklig zu den Filterrichtungen. Zu den häufig verwendeten Richtungsfiltern gehören die ↗Kantenfilter zur Kontraststeigerung der hochfrequenten Anteile.

Richtungsmessung, Messung von ↗Richtungen mit Hilfe eines ↗Teilkreises, der in einer horizontalen Ebene angeordnet ist. Aus den Richtungsdifferenzen bestimmt man die Größe von ↗Horizontalwinkeln. Die Richtungsmessung ist ein wichtiges Meßverfahren zur Lagebestimmung von Punkten. Für die genauere Bestimmung von Winkeln benutzt man ↗Theodolite. Durch die unterschiedliche Definition von Horizontal- und ↗Vertikalwinkeln unterscheiden sich sowohl die Bestandteile der Theodolite als auch die Bestimmungsmethoden von ↗Winkeln. Die horizontale Winkelbestimmung in einem ↗Standpunkt nach zwei ↗Zielpunkten erfolgt durch Anzielen beider Punkte, z. B. mit dem Zielfernrohr eines Theodoliten, und Ablesung der Meßwerte. Je nach Art und erforderlicher Genauigkeit kommen verschiedene Meßverfahren zur Anwendung. Diese beruhen auf der mehrfachen Bestimmung eines oder mehrerer Winkel zur Vermeidung grober Fehler, zur Ausschaltung systematischer Fehler und Reduzierung zufälliger Meßunsicherheiten. Bei den meisten Methoden der horizontalen Winkelbestimmung bildet ein sogenannter Satz die Grundeinheit. Zunächst werden alle Punkte im Uhrzeigersinn angezielt und die Winkel zwischen den Meßpunkten bestimmt. Diese Messungen gelten als Halbsatz. Anschließend schlägt man das Fernrohr durch und mißt in Fernrohrlage II den zweiten Halbsatz, indem die Zielpunkte, beginnend beim letzten im Gegenzeigersinn, der Reihe nach anvisiert und die Ablesungen registriert werden. Die komplette Messung beider Halbsätze bezeichnet man als Vollsatz (Tab.). Um sich vor Fehlern zu schützen und um die Genauigkeit zu steigern, werden häufig mehrere Vollsätze gemessen. Dazu wird die Anfangsrichtung (Nullrichtung) systematisch über den Teilkreis verteilt. Dies geschieht durch Verstellen des Horizontalkreises zwischen den Sätzen um 200 gon/n, wobei n die Satzanzahl bedeutet. Zu Beginn der Messung orientiert man den Teilkreis so, daß die Anfangsrichtung zwischen 0 und 10 gon liegt. Mißt man z. B. vier Sätze, so wäre vor dem zweiten Satz der Kreis so zu verstellen, daß die Ablesung der Richtung nach dem ersten Ziel zwischen 50 und 60 gon liegt, beim dritten zwischen 100 und 110 gon und beim vierten zwischen 150 und 160 gon. Sind besonders hohe Genauigkeiten nicht erforderlich, so werden die Horizontalwinkel in zwei Halbsätzen bestimmt. Die Messung in Halbsätzen unterscheidet sich von der eines Vollsatzes dadurch, daß zwischen den Halbsätzen der Kreis nur um wenige ↗Gon verstellt wird.[KHK]

Richtungsrose, ↗Gefügediagramm, in dem nur Streichwerte, aber keine Fallwinkel eingetragen werden können. Da für diese Darstellung die Lineare oder Flächennormalen annähernd in einer Ebene liegen müssen, wird diese Art der Diagramme vorwiegend für senkrecht ausgerichtete Klüfte in ungefalteten Gesteinen verwendet.

Richtungswinkel, ist der rechtsläufig gezählte ↗Winkel im geodätischen, rechtwinklig-ebenen ↗Koordinatensystem, z. B. im Punkt A zwischen dem nördlichen Zweig der Parallelen zur x-Achse (Linie y-constant) und der Geraden zum Punkt E. Der Richtungswinkel (Abb.) berechnet sich aus den Koordinaten der Punkte A und E zu:

$$t_{A,E} = \tan\left(\frac{y_E - y_A}{x_E - x_A}\right) = \tan\left(\frac{\Delta y}{\Delta x}\right).$$

Der sogenannte Gegenrichtungswinkel ergibt sich zu $t_{E,A} = t_{A,E} \approx 200$ gon. Die Richtungswinkel werden meistens in der geodätischen Winkeleinheit ↗Gon ermittelt. Es wird zwischen dem sphä-

Richtungsmessung (Tab.): Richtungsmessung und Winkelbestimmung in zwei Vollsätzen.

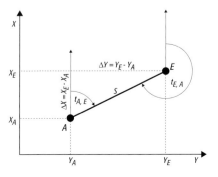

Richtungswinkel: Ermittlung des Richtungswinkels.

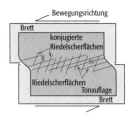

Riedel-Scherfläche: Riedel-Scherfläche im schematischen Modell einer experimentell erzeugten Scherzone.

rischen bzw. ellipsoidischen Richtungswinkel (↗geodätische Parallelkoordinaten) und dem Gaußschen Richtungswinkel (↗Gauß-Krüger-Koordinaten) unterschieden.

Riddarhyttan, Kobaltvorkommen in oxidischen metamorphen Eisenerzlagern (↗Eisenminerale) in Mittelschweden; sogenannte gebänderte Eisenjaspilite und Manganskarnerze mit Manganmineralen, Spinellmineralen und Granat, Hydrosilicaten und sulfidischen Erzen (Kobaltglanz, Kuperkies etc.).

Riebeckit, *Osannit*, nach dem deutschen Mineralogen E. Riebeck benanntes Mineral mit der chemischen Formel $Na_2Fe_2^{2+}Fe_2^{3+}[(OH,F)|Si_4O_{11}]_2$ (Amphibolmineral) und monoklin-prismatischer Kristallform; Farbe: tief-blauschwarz; Glasglanz; undurchsichtig; Strich: farblos bis blaugrau oder dunkel-blaugrau; Härte nach Mohs: 5,5–6, Dichte: 3,02–3,42 g/cm³; Spaltbarkeit: deutlich nach (110); Aggregate: turmalinartig; kurz- bis langsäulige Kristalle; die feinfaserige Varietät heißt ↗Krokydolith; Vorkommen: vorwiegend in sauren, leukokraten Magmatiten der ↗atlantischen Sippe (Paisanit, Dahamit, Ailsyt, Comentit und Quarzkeratophyren); Fundorte: Socotra (Alemtejo, Korsika), Langesundfjord (Norwegen), Krivoi Rog (Ukraine). ↗Amphibolgruppe.

Rieckes Prinzip, ein nach dem deutschen Physiker E. Riecke benannter Lehrsatz, wonach die Löslichkeit eines einem gerichteten Druck ausgesetzten Kristalls im Kontakt mit einer übersättigten Lösung am Ort des größten Drucks am höchsten ist, während es am Ort des geringsten Drucks zu einer Abscheidung aus der Lösung kommt. Rieckes Prinzip erklärt, weshalb viele Minerale in Tektoniten senkrecht zur Druckrichtung liegen, z. B. Quarze in einem Quarzit, oder weshalb sich Quarz im Druckschatten um Granate anreichert.

Ried, zum größten Teil mit Schilf oder Sauergräsern (Riedgräser) wie Seggen oder mit Wollgras (↗Feuchtbiotop) bestandenes ↗Niedermoor im natürlichen Zustand; ↗Bodentyp wachsender bzw. unentwässerter Niedermoore, Anfangsstadium der Niedermoorbodenbildung. Im Ried sind noch keine Vererdungsmerkmale des ↗Torfes erkennbar. Nach der ↗Entwässerung wandelt sich ein Ried durch die Vererdung der oberen Torfschicht zum ↗Fen und im Zuge intensiver landwirtschaftlicher Nutzung mit häufiger Bodenbearbeitung zum ↗Mulm. Der Begriff wird auch für die offene Sumpfvegetation selbst verwendet, beispielsweise für den ↗Pflanzenverband der Großseggenrieder (*Magnocaricion*).

Riedel, geomorphologischer Begriff für langgestreckte, rückenartige Vollformen. Beispielsweise werden an Bergflanken die Rücken zwischen kleineren Talungen als Riedel bezeichnet.

Riedel-Scherfläche, entwickelt sich während eines Scherprozesses bei einfacher Scherung (simple shear). Riedel-Scherflächen R sind staffelförmig angeordnet und bilden mit der Hauptverschiebungszone einen spitzen Winkel, der etwa dem halben inneren Reibungswinkel ($\varphi/2$) des Gesteins entspricht. Aus der Orientierung von R kann auf die Verschiebungsrichtung und den relativen Bewegungssinn der beiden Schollen geschlossen werden. Die Bewegung verläuft in Richtung des spitzen Winkels, welchen R mit der Schollengrenze bildet. Die Sekundärbewegungen entlang R entsprechen im Bewegungssinn der Hauptbewegung. Konjugierte Riedel-Scherflächen R' sind bei gegensinniger Bewegung unter einem Winkel von 90°-$\varphi/2$ zur Hauptverschiebungszone geneigt (Abb.).

Riedmoor, veraltet für ↗Niedermoor.

Riemannscher Krümmungstensor, aus einem metrischen Fundamentaltensor abgeleiteter ↗Tensor 4. Stufe, welcher die Krümmungsverhältnisse einer Mannigfaltigkeit beschreibt.

Rieselbewässerung, Bewässerungsverfahren (↗Bewässerung), bei dem das Wasser in freiem Gefälle großflächig oder in Furchen über die Bewässerungsfläche rieselt (↗Gravitationsbewässerung). Im einfachsten Fall wird bei der wilden Rieselung (Hangrieselung) Wasser auf die Bewässerungsfläche geleitet, über das es entsprechend den Gefälleverhältnissen weitgehend ungeregelt abfließt. Meistens werden jedoch streifenförmige Bewässerungsflächen mit einer Breite von 3–30 m planiert und durch Dämme gegeneinander abgegrenzt (Landstreifenrieselung, Rückenbau). Das nach dem Beckeinstau (↗Staubewässerung) am weitesten verbreitete Verfahren ist die Furchen- oder Rillenrieselung. Dabei werden Furchen mit einer Breite von 25–30 cm und einer Tiefe von 15–20 cm vom Bewässerungswasser durchflossen, das von einem Verteilerkanal über Auslässe und Heber zugeleitet wird.

Rieselfelder, Acker- oder Grünland in Stadtnähe, auf welches städtisches Abwasser über Rohrleitungen zur mechanischen Filterung und biologischen Klärung aufgebracht wird. Rieselfelder wurden im ausgehenden 19. Jh. zur Beseitigung der Abwässer mehrerer deutscher Städte (u. a. Berlin, Münster, Freiburg) und gleichzeitigen Düngung landwirtschaftlicher Flächen als fortschrittliche hygienische Maßnahme angelegt. Die jahrzehntelange Überstauung vorwiegend sandiger Böden mit Abwassermengen, welche die Mengen der Jahresniederschläge durchweg weit überstiegen, führte zu umfangreichen Veränderungen ihrer Struktur und stofflichen Zusammensetzung. Es entstanden nährstoffreiche Böden mit deutlich erhöhten Gehalten an organischer Substanz. Die Gefügestabilität wurde vermindert und es traten ↗redoximorphe Merkmale auf. Gleichzeitig wurden die Gehalte von ↗Schwermetallen und organischen ↗Schadstoffen stark erhöht. Die Bedeutung der Rieselfelder ging mit dem Bau von Klärwerken seit den 1970er Jahren stark zurück. Heute werden sie nur noch vereinzelt zur Abwasserklärung genutzt. Als Standorte von ↗Altlasten sind sie seit den 80er Jahren des 20. Jahrhunderts Gegenstand von Forschungsprojekten. [KGe]

Riesenkerne, besonders wirksame ↗Kondensationskerne mit Radien größer 1 μm aus Seesalz, Staub oder Verbrennungsprodukten (↗Aerosole).

Riesenkristalle, die Größe der Kristalle ist meist dadurch sehr begrenzt, daß sich die wachsenden Individuen gegenseitig hindern und ihr Wachstum mit nachlassender Substanzzufuhr rasch ein Ende findet. Günstige Bedingungen für Riesenkristalle bestehen in spätmagmatischen Paragenesen, insbesondere in Pegmatiten; besonders Beryll bildet Riesenkristalle (↗Berylliumminerale). In pneumatolytischen Paragenesen gilt besonders ↗Turmalin als Mineral, das in armdicken und meterlangen Individuen auftreten kann. Der größte bekannte ↗Diamant von der Premier Diamond-Mine bei Kimberly/Pretoria, ein Spaltstück eines noch größeren ursprünglichen Oktaeders, wog 621,2 g = 30.125,75 Karat. Der russische Thronschatz enthielt ↗Smaragde bis 13 cm Länge und 2,5 cm Dicke. Pyritwürfel (↗Pyrit) können Kantenlängen bis 50 cm aufweisen (Elba und Griechenland) und in kalifornischen Goldquarzgängen wurden Goldstufen mit über 93 kg gefunden.

Unter den sedimentär entstandenen Großkristallen ist besonders ↗Gips erwähnenswert, die bis eine Meter Größe erreichen können. In Granatporphyroblasten von Norwegen wurden Exemplare bis eine Tonne Gewicht gefunden. Ein Block von rosafarbenem ↗Rhodonit aus dem Ural wog 47 Tonnen und aus Minas Gerais (Brasilien) wurde 1910 ein ca. 50 cm großer, grünlich-blauer, völlig klar-durchsichtiger Aquamarin von 110,5 kg Gewicht gefunden, aus dem die Bedürfnisse des Marktes für drei Jahre gedeckt werden konnten. Weitere Beispiele von Riesenkristallen sind in der Tabelle aufgelistet. [GST]

Riesenquelle, Quelle mit einer mittleren ↗Quellschüttung größer als 2,83 m³/s. ↗Vaucluse-Quelle.

Rietveldmethode, Verfahren zur ↗Strukturverfeinerung aus Pulverdiagrammen.

Riff, langgestreckte, meist bis zur Wasseroberfläche reichende Aufragung des Meeresbodens, wobei grundsätzlich zwischen Riffen bestehend aus Fels (*Felsriff*) oder der Akkumulation klastischer Sedimente (↗Sandriff) und Korallenriffen zu unterscheiden ist. Ein Riff besteht einmal aus einer dem Meer zugewandten, steilen Böschung, dem wellenresistenten *Vorriff* oder der *Rifffront*. Diese Front setzt sich aus ineinander verwachsenen Skeletten aktiv wachsender, kalkabscheidender Korallen und Kalkalgen zusammen. Diese bilden ein zähes und hartes Carbonatgestein. Hinter der Rifffront folgt der Riffkamm oder Riffkern. Er besteht aus einer flachen Plattform, die im hinteren Bereich in eine flache Lagune übergeht (*backreef*). Optimale Bedingungen für das Korallenwachstum sind bei Wassertemperaturen zwischen 25 und 30°C (nicht unter 18°C), einem Salzgehalt zwischen 27 und 33 ‰ (keine auch nur kurzzeitige Aussüßung), Wassertiefen bis 15 m (maximal 25 m) und klarem, sauerstoffreichem Wasser gegeben. Die rezente Korallenriffbildung ist daher auf tropische Meere beschränkt. Riffmächtigkeiten von mehreren zehner oder hunderten Metern sind auf eine Absenkung des Untergrundes und/oder einen Meeresspiegelanstieg zurückzuführen. Übergeordnet werden folgende Rifftypen unterschieden: ↗Saumriff, ↗Barriereriff sowie ↗Atoll (Abb.). [HRi]

Riffel, *Rippel*, kleine, meist unregelmäßige, sich in Gewässern in Strömungsrichtung bewegende Sohlenunebenheiten, deren Höhe von der Wassertiefe unabhängig ist.

Rifffront ↗Riff.

Riffle, seichte Stromschnelle, die durch untergetauchte oder teilweise untergetauchte Hindernisse, wie beispielsweise Schotterbänke, im Gewässerbett hervorgerufen wird. Die lokale Verengung des Abflußquerschnittes führt zu einer Erhöhung der Fließgeschwindigkeit im Bereich des Riffles. Die größere Rauhigkeit der Gewässersohle verursacht häufig die Bildung von stehenden Wellen im strömenden Wasserkörper.

Riftzone, *kontinentale Riftzone*, *Grabenzone*, eine durch annähernd parallele und tief die kontinentale Kruste durchschlagende, gleich- und gegensinnig einfallende ↗Abschiebungen geprägtes Grabensystem von großer, oft kontinentweiter Längserstreckung. ↗Staffelbrüche, ↗Horste, Parallelgräben und Grabenaufspaltungen bestimmen meist einen komplexen Aufbau. Die tektonische Riftentwicklung ist von magmatischer Aktivität, meist in Form von ↗Alkalibasalten, begleitet, die durch Druckentlastung des unterliegenden Mantels gesteuert wird. Einsinken der zentralen Grabenteile bei gleichzeitiger Heraushebung der Randbereiche (Schultern) führt zur Sedimentation mächtiger grob- und feinklastischer Abtragungsprodukte (Synriftsedimente).

Mineral	Größe [cm]	Masse	Fundort	Genese
Kupfer*		420 t	Halbinsel Keweenaw, Michigan (USA)	hydrothermale Imprägnation in Diabas
Silber*		1350 kg	Südgrenze von Arizona (USA)	Zementationszone
Gold*		153 kg	Chile	in Seifen
Eisen*		25 t	Ovifak, Insel Disko, Grönland	in basischen Magmatiten
Platin*		11,5 kg	am Tagil, Mittelural (Rußland)	in Ultrabasiten
Diamant (»Cullinan«)	~ 9	3025,75 ct ≙ 605 g	Premier Mine bei Kimberley (Südafrika)	liquidmagmatisch in Kimberlit
Schwefel	14 x 13 x 4		Cianciana, Sizilien (Italien)	sedimentär
Pyrit	50 (Kantenlänge)		Crysa bei Xánthe, Macedonia (Griechenland)	pneumatolytisch
Halit	~ 100 (Kantenlänge)		Allertal (BRD), Detroit (USA)	sedimentär
Baryt		45 kg	Dufton, Westmorland (England, GB)	hydrothermal
Gips	800 x 300		Braden-Grube, El Teniente (Chile)	hydrothermal
Granat		1 t	Sundfjord, Vestland (Norwegen)	pegmatitisch

Riesenkristalle (Tab.): Beispiele von Riesenkristallen (bei den Mineralen mit Sternchen handelt es sich um Mineralaggregate).

Riff: Entwicklung eines Korallenriffes auf einer absinkenden Vulkaninsel: a) vom Meeresboden aufsteigender Vulkan; b) Erlöschen des Vulkans, Bildung eines Saumriffes; c) Subsidenz der ozeanischen Platte und der Vulkaninsel bei gleichzeitigem Wachstum des Riffes (Barriereriff); d) Fortdauer der Subsidenz, Vulkaninsel völlig von Riff überwachsen (Atoll).

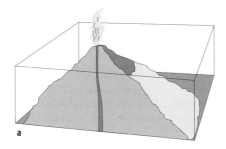
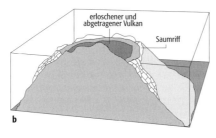
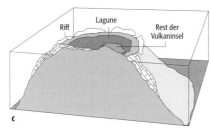
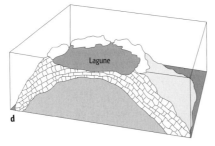

Rindenkörner: Schema der Rindenkornbildung durch zunehmende Mikritisierung einer carbonatischen Komponente.

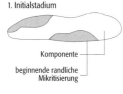

Die Entwicklung von Riftzonen (↗Taphrogenese) leitet die Kontinentaldrift ein, doch entwickelt sich nicht jede Riftzone zum Ozean. Dreierlei Ursachen werden für die Entwicklung von Riftzonen gesehen: a) mantelaktive Entwicklung über ↗hot spots. Der Manteldiapir unter der kontinentalen Kruste hebt diese an, und von der Aufwölbung ausgehend entstehen dreistrahlige radiale Rifts. b) Durch die Verbindung aufeinander zuweisender Riftstrahlen von aufgereihten hot spots entsteht mantelpassive Taphrogenese ohne wesentliche Anhebung der kontinentalen Kruste bei geringerer magmatischer Aktivität. Mantelaktive und die verbindenden mantelpassiven Riftzonen entwickeln sich im Zuge der Kontinentaldrift zum Ozean mit ↗passiven Kontinentalrändern weiter, während der dritte, blind endende Riftstrahl des hot spot zum Aulakogen verkümmert. c) ↗Kontinentalkollision kann zu mantelpassiver Anlage einer senkrecht zur Kollisionsnaht ausgerichteten Riftzone führen (z. B. Oberrheintalgraben).

Bei den Sedimentgesteinen der Riftzone werden Prärift-, Synrift- und Postriftsedimente unterschieden. Erste sind von den Störungen der Dehnungstektonik voll betroffen, letztere zeigen nur noch thermische Subsidenz. Die Synriftsedimente sind an wechselnden Mächtigkeiten im Störungsbereich zu erkennen. Im Falle der Kontinentaldrift entwickelt sich die kontinentale Riftzone mittels ↗Ozeanbodenspreizung zu einem ↗Mittelozeanischen Rücken weiter. [KJR]

Rigolen, 1) Entwässerungsgräben oder überdeckte Schlitze zur Entwässerung; werden z. B. an Böschungen zur Dränierung von wasserführenden Gesteinshorizonten eingesetzt. 2) Verfahren in der Kulturtechnik; tiefgründiges Umschichten von Bodenmaterial bis in 80–150 cm Tiefe.

Rigosol, ↗Bodentyp der Klasse der terrestrischen ↗anthropogenen Böden, mit einem ↗R-Horizont, der durch 40 bis >100 cm tiefes turnusmäßiges ↗Rigolen entstanden ist. Er kommt meist in Weinbergen oder in Auen durch Vergraben von Sandauflandungen vor. Rigosile können gegliedert werden in einen oberen R-Ap-Horizont, der den regelmäßig bearbeiteten oberen Teil des R-Horitzontes ausmacht und erst nach einigen Jahren Bearbeitung erkennbar wird, und einen R-Horizont, der die gesamte Rigoltiefe ausmacht. Subtypen können durch Einbeziehung des Ausgangsbodens gebildet werden. ↗Bodenkundliche Kartieranleitung.

Rillenerosion, lineare Wassererosionsformen, [vom engl. rill erosion, für alle linearen Formen]. In der Schadenskartieranleitung des DVWK wird eine Unterteilung empfohlen: a) Rillen: alle linearen Formen < 10 cm Tiefe, b) Rinnen: alle linearen Formen >10 bis < 40 cm Tiefe, c) Gräben: alle linearen Formen >40 cm Tiefe, d) Flutrinnen: alle linearen Formen >40 cm Breite, die immer breiter als tief sind. Die linearen Abtragsformen werden in zwei große Gruppen zusammengefaßt: flächenhaft vorkommende lineare Formen wie Rillen und teilweise Rinnen und einzeln vorkommende lineare Formen wie Rinnen, Gräben, Flutrinnen.

Rillenkarren, *Firstkarren*, *Firstrillen*, *Kannelierungen*, eng aneinanderliegende, senkrechte Lösungsrillen von wenigen Zentimetern Breite, die an stärker geneigten Felsflächen in verkarstungsfähigem Gestein auftreten. Rillenkarren sind eine zu den ↗Karren zählende ↗Karstform.

Rillenmarken ↗*Schleifmarken*.

Rindenkörner, zählen als carbonatische Komponenten zu den ↗Allochemen. Bioklasten, Ooide u. a. carbonatische Komponenten werden allseitig von einer dünnen Mikritrinde umgeben. Bohrende Mikroorganismen erzeugen winzige Hohlräume, die sodann von Mikrit verfüllt werden. Dieser destruktive Prozeß führt letztlich zur kompletten Mikritisierung der ursprünglichen Komponente und damit zur Bildung eines ↗Peloids (Abb.).

Rindenooide ↗Ooide.

ring dykes, magmatische Gänge mit ringförmiger Geometrie in Vulkan- und Lakkolith-Komplexen.

Ringerz ↗Kokardenerz.

Ringkern-Magnetometer ↗Fluxgate-Magnetometer.

Ringraum, 1) Raum zwischen Bohrgestänge und Bohrlochwand, 2) Raum zwischen zentrisch ineinandergesteckten Rohren unterschiedlicher Durchmesser. Die Berechnung des Ringraumes ist zur Ermittlung der Aufstiegsgeschwindigkeiten der Spülung und der Volumina von Spülung, Ringraum-Verfüllungen (Zementierungen) und Kiesschüttungen erforderlich.

Ringsilicate ↗Cyclosilicate.

Ringstrom, ein ausgedehntes ringförmiges Band in der Äquatorebene von im Erdmagnetfeld eingefangenen (trapped), geladenen Teilchen, vor allem Protonen und Elektronen. Ihre Bewegung (↗Gyration) um die Erde in 4–6 Erdradien Entfernung (↗Plasmasphäre) erzeugt ein Magnetfeld, das im inneren Bereich dem Dipolfeld des Erdmagnetfeldes entgegengesetzt ist. Der Ringstrom wird vor allem während erdmagnetischer Stürme mit geladenen Teilchen angereichert und verstärkt sich.

Ringwood, *Alfred Edward*, australischer Petrologe, * 19.4.1930, † 12.11.1993; Professor an der Australian National University in Canberra. Ringwood war einer der Begründer der petrologischen Hochdruckforschung und verfaßte wichtige Arbeiten über Petrologie und Geochemie des oberen und unteren Erdmantels sowie zusammen mit D. H. Green über Aufschmelzprozesse im Erdmantel (↗Pyrolit); breites Interesse auch an der Kosmochemie und an Technischer Mineralogie (Endlagerung radioaktiver Abfälle in synthetischen Hochdruckgesteinen, Synrock). Werke (Auswahl): Composition and Petrology of the Earth's Mantle (1975), Origin of Earth and Moon (1979).

Ringwoodit ↗Erdmantel.

Rinnengletscher, *Eisrinne*, ↗Gletscher in einer schmalen, steilwandigen Gebirgsrinne.

Rinnenkarren ↗Karren.

Rinnensee, wassergefüllte, subglaziär, unter dem Eis von ↗Gletschern oder unter Inlandeis (↗Eisschild) gebildete ↗Schmelzwasserrinne, die nach dem Abtauen des Eises als langgestreckter, sich oft über mehrere Kilometer erstreckender See oder Seenkette in der Grundmoränenlandschaft vorliegt und den Verlauf von ehemaligen Spalten im Eis nachzeichnet.

Rinnsal, kleinste Form der oberirdischen ↗Entwässerung.

Rio de la Plata, Meeresbucht des ↗Atlantischen Ozeans zwischen Uruguay und Argentinien, in welche die Flüsse Uruguay und Paraná münden.

Riphäikum, oberes Meso-Proterozoikum (↗Proterozoikum), beginnend vor 1,2 Mrd. Jahre, in russischer Nomenklatur jedoch das jüngste Präkambrium (Eocambrium).

Rippel, wird lockerer Sand als rollende oder springende Bodenfracht durch Wind oder Wasser transportiert, entstehen u. a. eine Vielzahl verschiedener Rippeln. Geometrische Elemente sind der Rippelkamm, der Rippeltrog, die Rippelhöhe und die Rippellänge. Sie werden u. a. durch den *Rippelindex*, dem Quotienten aus Länge der Rippel zu Rippelhöhe beschrieben.

Strömungsrippel (Abb. 3) sind im Querschnitt asymmetrisch. Ihre Luvseite fällt flach ein, während im Gegensatz dazu die Leeseite steiler einfällt (Abb. 1). Im allgemeinen werden die Partikel von der Strömung den Luvhang heraufgetransportiert und am Leehang erneut abgelagert. Meist bleiben nur die Foreset-Laminen (↗Foreset-Ablagerung) auf der Leeseite in Form der ↗Schrägschichtung erhalten. Einzelne Strömungsrippeln i. e. S. haben eine Länge bis 60 cm, im allgemeinen sind sie aber nicht länger als 30 cm. Ihre Höhe variiert zwischen 0,3–6 cm.

Nach dem Kammverlauf werden geradlinige von undulierenden Rippeln mit gebogenen Kämmen und *Zungenrippeln* (Abb. 3) mit kurzen, girlandenförmig geschwungenen Kämmen unterschieden. Bei steigenden Strömungsgeschwindigkeiten bilden sich diskontinuierlich Megarippeln. Sie sind länger als 60 cm und können bis 30 m erreichen. Ihre Höhe kann bis 1,5 m betragen. Riesenrippeln (Sandwellen) können viele Kilometer Länge erreichen, ihre Höhe beträgt mehrere 10er Meter. Sie entstehen nur bei entsprechend tieferem Wasser in Flüssen oder im Meer. Antidünen entstehen in schießendem Wasser durch Anlagerung von Sediment auf dem gesamten Rippelkörper oder auf seiner Luvseite (Abb. 2). Ihr Relief ist gering. *Oszillationsrippeln* (*Wellenrippeln*, symmetrische Rippeln) besitzen einen geraden, scharfen Kamm, der sich allerdings auch aufspalten kann (Abb. 3). Beidseits ist der Abfall in das

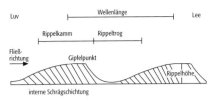

Rippel 1: Elemente von Rippeln.

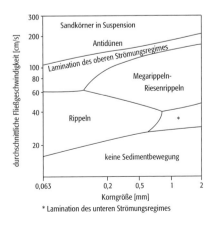

Rippel 2: Beziehungen zwischen Fließgeschwindigkeit, mittlerer Korngröße und den verschiedenen subaquatisch gebildeten Strömungsrippeln.

Rippelindex

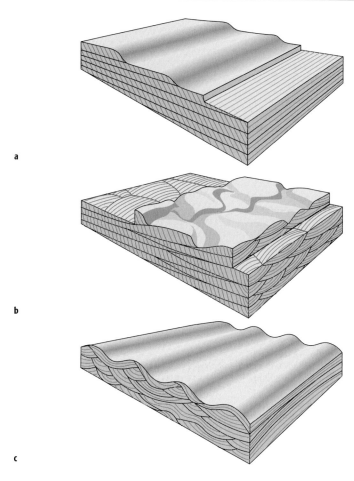

Rippel 3: verschiedene Rippeltypen: a) Strömungsrippeln (= 2-D-Rippeln) mit geradem Kammverlauf, b) Zungenrippeln und c) Oszillationsrippeln.

gerundete, breite Rippeltal symmetrisch. Oszillationsrippeln sind für sehr flache Wasserbereiche typisch. Kleine (↗Windrippeln) und große Schrägschichtungskörper (↗Dünen oder ↗Draas) sind auch für äolisch geprägte Ablagerungsbereiche typisch. [DM]

Rippelindex ↗Rippel.

Ripströmung, im Küstengebiet bei senkrechtem Wellenangriff strahlförmig konzentrierte Rückströmung in der ↗Brandungszone.

Risiko, 1) mögliches Eintreffen unerwünschter Folgen eines Ereignisses. Sie ist eine Funktion der Wahrscheinlichkeit und des Gefährdungspotentials. 2) Wahrscheinlichkeit des Eintretens eines Ereignisses bestimmter Jährlichkeit (↗Wiederholungszeitspanne) innerhalb einer bestimmten Zeitspanne.

Risikokarte, flächenhafte Darstellung von Risiken (z. B. Massenbewegungsrisiko, Überschwemmungsrisiko etc). Meist beruhen solche Karten auf der Kombination mehrerer Themenkarten zu einer Darstellung. Moderne Verfahren nutzen zu diesem Zweck häufig sog. Geographische Informations Systeme (↗Geoinformationssystem). Solche Systeme sind in der Lage, flächenhafte Daten in einer Datenbank so zu speichern, daß mit ihnen gerechnet werden kann. Flächenhafte Eigenschaften lassen sich mit einem GIS als Polygone oder einzelne Rasterpunkte durch Addition oder Multiplikation verschneiden, um so neue Flächen oder Rasterpunkte mit einer neuen Wertigkeit zu erhalten. Auf diese Weise können Bereiche, die durch die Kombination mehrerer ungünstiger Faktoren gekennzeichnet sind, ausgewiesen werden.

Riß ↗Feldriß.

Rißgefüge, Form des ↗Aggregatgefüges (↗Makrogrobgefüge). Es ist ein ↗Absonderungsgefüge mit groben, unterschiedlich geformten Gefügeelementen, die auch bei Wiedervernässung und Quellung sichtbar bleiben. Bei weiterer Aufgliederung können verschiedene Formen des ↗Makrofeingefüges entstehen.

Riß-Kaltzeit, die mittelpleistozäne ↗Eiszeit (↗Kaltzeit) des alpinen Vereisungsgebietes, die von Penck und Brückner (1901–1909) eingeführt wurde und im allgemeinen mit der ↗Saale-Kaltzeit des nordischen Vereisungsgebietes korreliert wird. Sie entspricht der Wolstonian-Kaltzeit in England, der Illinois-Kaltzeit in Amerika und der Moskva-Kaltzeit in Rußland und erfolgte ungefähr 200.000 bis 130.000 Jahre vor heute. Namensgebend ist die Riß im baden-württembergischen Alpenvorland, wobei die Kiesgrube Scholterhaus bei Biberach die Typlokalität darstellt. Die zugehörigen Schmelzwasserterrassen werden als Hochterrasse bezeichnet. Einige ↗Gletscher des westlichen Alpenvorlandes erreichten während der Riß-Kaltzeit ihre größte Ausdehnung. Regional unterschiedlich werden zwei oder drei Eisvorstöße unterschieden, die durch ↗Altmoränen oder ↗Terrassen überliefert sind. Im östlichen Rheingletschergebiet als der klassischen Region der Riß-Kaltzeit gilt eine Dreiteilung, die mit dem sog. Zungenriß (= älteres Riß) beginnt (benannt nach der schmalen Ausbildung der durch die vorgelagerten Mindelmoränen vorgestoßenen Gletscherzungen). Aufgrund der nachfolgenden Verwitterungsphase wird auf ein Interstadial geschlossen, dem das sog. Doppelwall-Riß (= mittleres Riß) folgt. Kennzeichnend sind die zwei parallel verlaufenden Endmoränenwälle, die auf einen zweimaligen Halt des Eises mit einer zwischengeschalteten Rückschmelzphase (Paulter Schwankung) zurückgehen. Die obere Hochterrasse stellt die zugehörige glazifluviatile Terrasse dar. Nach vermutlich interstadialer Erosion folgt das jüngere Riß, das mit der unteren Hochterrasse verknüpft wird. Umstritten ist bislang die Korrelation der genannten Riß-Stadiale mit den nordischen Stadialen Drenthe und Warthe, da die Wertigkeit und Stellung der zwischengeschalteten Warmphasen unsicher ist.

Durch ↗Moränen und ↗Erratika ist eine rißzeitliche Vereisung des Schwarzwaldes überliefert, während der die Schneegrenze auf 750–800 m NN abgesunken war. Die Vogesen waren während der Riß-Kaltzeit durch die bis auf etwa 760 m NN abgesunkene klimatische Schneegrenze vergletschert. Erratika und Moränen bezeugen Gletscher, die bis auf 300 m NN hinabreichten. Das Riß-Eis dokumentiert die ausgedehnteste si-

cher zu datierende Vereisung der Vogesen. ↗Klimageschichte, ↗quartäres Eiszeitalter, ↗Quartär.
Ritzhärte ↗Härte.
Rivier ↗Wadi.
rmse, *root mean squared error*, Wurzel aus dem mittleren quadratischen Fehler; ein ↗Verifikationsmaß zur Bestimmung der Fehlerhaftigkeit einer Vorhersage. Grundlage des Fehlers ist die Distanz zwischen vorhergesagtem und (später) beobachtetem, eingetroffenem Wert einer kontinuierlichen (geophysikalischen) Variablen. Anhand einer Stichprobe von N Objekten ergibt sich:

$$rmse = \left(\left(\sum_{i=1}^{N} \varphi_i^2\right)/N\right)^{1/2}.$$

Das Fehlermaß rmse ist zu unterscheiden von der Fehlerstreuung σ (↗Standardabweichung) des Fehlers, jedoch gilt die Beziehung $\sigma^2 = rmse^2 - bias^2$. rmse ist demnach immer größer als die Fehlerstreuung. Nur wenn der ↗bias verschwindet, sind beide Fehlermaße identisch. In der praktischen Bewertung eines mittleren Vorhersagefehlers wird, zumindest in der Wettervorhersage, dem rmse der Vorzug vor der Fehlerstreuung gegeben, weil der bias in der Regel nur erfahrungsgemäß bekannt ist (Abb.). [KB]
RMS-Geschwindigkeit, V_{rms}, für einen vertikalen Laufweg durch horizontale homogene Schichten gilt:

$$V_{rms} = (\Sigma V_i^2 t_i / \Sigma t_i)^{1/2}.$$

Dabei ist V_i = Intervallgeschwindigkeit der i-ten Schicht, t_i = vertikale Transitzeit in Schicht i. V_{rms} ist um wenige Prozent größer als die entsprechende Durchschnittsgeschwindigkeit.
RMT ↗*Radiomagnetotellurik*.
Roaring Forties, *brüllende Vierziger*, Bezeichnung für die Zone kräftiger und stetiger Westwinde und großer Sturmhäufigkeit zwischen 40° und 50° Breite. Durch die zirkumpolare Erstreckung sind die Roaring Forties auf der Südhalbkugel besonders stark ausgebildet. Sie stellen das Entstehungsgebiet starken ↗Seegangs dar, der als brechende ↗Dünung noch an fernen Küsten zu bemerken ist.
Rock-Fracturing-Verfahren, *Soil-Fracturing-Verfahren*, Injektionsverfahren, bei dem nicht nur vorhandene größere Porenräume verfüllt werden, sondern der Boden/Fels wird durch angepaßte Mehrfachverpressung örtlich aufgesprengt, so daß ein Festkörperskelett aus vielfach verästelten Einzellamellen entsteht. Anfänglich bilden sich bevorzugt vertikale, feine Zementlamellen aus, die zunächst eine horizontale Verspannung und Verdichtung im Boden bewirken. Bei weiterer Verpressung kommt es auch zu einem Anwachsen der Vertikalspannungen und mit weiterer Verdichtung zu Hebungstendenzen, die auch Hebungsinjektionen bei Gebäudeschiefstellungen ermöglichen.
Rocking-Kurve ↗*Reflexionskurve*.
Rockwell-C-Härte ↗Härte.
Rodentizide, chemische Substanzen zur Tötung von Nagetieren (Ratten, Mäuse).

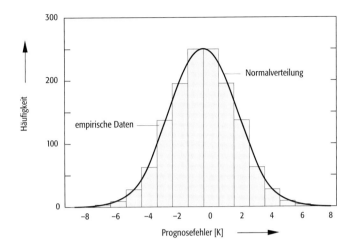

Rodingit, ein helles, massiges, häufig feinkörniges metamorphes Gestein (↗Metamorphit), das reich an ↗Granat (Grossular) und ↗Klinopyroxen (Diopsid) ist. Epidot, Vesuvian, Prehnit und Tremolit/Aktinolith sind weitere typische Mineralphasen. Rodingite treten als (tektonische) Einschlüsse, Gänge oder Adern in ↗Serpentiniten oder am Kontakt mit deren Nebengesteinen auf. Die Mächtigkeiten betragen meist nur wenige Zentimeter bis Dezimeter. Rodingite bilden sich u. a. aus basischen Ganggesteinen durch metasomatische Reaktionen bei Prozessen der ↗Serpentinisierung in der ozeanischen Kruste. Sie sind gegenüber ihren Ausgangsgesteinen stark an CaO (bis über 35 Gew.-%) angereichert.
Rodinia ↗*Proterozoikum*.
Roemer, (*Karl*) *Ferdinand*, deutscher Mineraloge und Geologe, Bruder von Friedrich Adolf ↗Roemer, * 5.1.1818 Hildesheim, † 14.12.1891 Breslau; studierte Geologie und Mineralogie in Göttingen, Heidelberg und Berlin. Eine 15monatige Studienreise führte ihn 1845–47 nach Nordamerika, wo er sich speziell Untersuchungen der Geologie von Texas widmete. Nach seiner Rückkehr habilitierte er sich 1848 in Bonn und war bis 1856 dort als Privatdozent tätig. 1855 erhielt er den Ruf zum ordentlichen Professor der Mineralogie und Geologie nach Breslau, wo er auch Direktor des Mineralogischen Institutes wurde. Im ministeriellen Auftrag arbeitete er von 1862–70 an einer »Geologie von Oberschlesien«. 1869 wurde er zum korrespondierenden Mitglied der Preußischen Akademie der Wissenschaften und 1874 zum Mitglied der Deutschen Akademie der Naturforscher Leopoldina gewählt.
Besonders verdient hat sich Roemer durch seine stratigraphischen Untersuchungen und seine Gliederung des ↗Devons im Rheinischen Schiefergebirge gemacht. Daneben publizierte er zahlreiche Untersuchungen über paläozoische Fossilien. Werke (Auswahl): »Das rheinische Übergangsgebirge« (1844), »Monographie der fossilen Crinoiden-Familie« (1851) und »Die Kreidebildungen von Texas und ihre organischen Einschlüsse« (1851). [EHa]

rmse: absolute Häufigkeiten von Vorhersagefehlern (hier: vorhergesagte minus beobachtete Tageshöchsttemperatur des Folgetages, 17 deutsche Orte, 1. Quartal 1993). Die Säulen entsprechen den bei der Verifikation ermittelten Häufigkeiten. Aus ihnen läßt sich der bias = -0,51 K und rmse = 2,25 K berechnen. Allein diese 2 Parameter bestimmen die Gaußsche Normalverteilung und spiegeln den empirischen Sachverhalt befriedigend wider.

Roemer, *Friedrich Adolf*, deutscher Geologe und Paläontologe, Bruder von (Karl) Ferdinand ↗Roemer, * 14.4.1809 Hildesheim, † 25.11.1869 Clausthal; F. A. Roemer studierte Rechtswissenschaften in Göttingen und Berlin. Ab 1831 arbeitete er als Bergjustizbeamter, ab 1844 als Bergassessor und ab 1851 als Bergrat an der Bergakademie Clausthal, deren Vorstand er von 1862–67 war. Seine Untersuchungen des Fossilgehalts und der Stratigraphie der devonischen Schichten im Harz sind zur Grundlage für die spätere Gliederung geworden. Weitere Untersuchungen nahm er an den jurassischen Schichten im nordwestdeutschen Raum vor. Werke (Auswahl): »Die Versteinerungen des norddeutschen Kreidegebirges« (1840), »Die Versteinerungen des Harzgebirges« (1843) und »Beiträge zur geologische Kenntniß des nordwestlichen Harzgebirges« (5 Abteilungen, 1850–66).

Rogenstein, kalkig-oolithisches Schichtglied des unteren ↗Buntsandsteins im zentralen Bereich des ↗Germanischen Beckens in Nord- und Mitteldeutschland. Der Name leitet sich von den unter hyperhalinen Bedingungen gebildeten, bis mehreren Millimeter großen, radialstrukturierten ↗Ooiden ab, die dem Gestein eine fischrogenähnliche Struktur verleihen. Als regionaler Bau- und Pflasterstein ist er weit verbreitet.

Rohdichte, ϱ, Dichte der feuchten, ungestörten Boden- bzw. Gesteinsprobe einschließlich der mit Gas und Flüssigkeit gefüllten Poren. Die Rohdichte läßt sich nach folgender Formel ermitteln:

$$\varrho = m/V \, [\text{g/cm}^3].$$

m ist die Masse der feuchten Probe, bezogen auf das Volumen V der Probe einschließlich der mit Wasser und Luft gefüllten Poren.

Roherz, das beim Abbau (↗Abbaumethoden) im Bergwerk anfallende und noch nicht durch ↗Aufbereitung aufkonzentrierte ↗Erz.

Rohhumus, gehört zu den aeromorphen Humusformen mit folgenden Horizonten im Humusprofilen: L/Of/Oh/Ahe + Ae oder L/Of/Oh/Ahe/Ae/B(h)s/. Je nach Mächtigkeit des ↗Oh-Horizontes kann Rohhumus in feinhumusarmen und fein-humusreichen Rohhumus untergliedert werden. Aus Nadelstreu der Fichten oder aus ↗rohhumusartigem Moder entstandener Rohhumus ist erkennbar an scharfen Übergängen zwischen den einzelnen Auflagen und zwischen Humusauflage und Mineralboden.

rohhumusartiger Moder, aeromorphe bzw. terrestrische ↗Humusform der biologisch weniger aktiven Böden (oft unter älterem Nadelforst). Als charakteristisches Merkmal des rohhumusartigen Moders gilt die Schärfe der Horizontübergänge sowohl innerhalb des Auflagehumus als auch zwischen dem Mineralboden und dem Auflagehumus. Unter dem rohumusartigem Moder ist meist ein zumindest schwach podsoliger ↗A-Horizont ausgebildet. Das Profil setzt sich aus L/Of/Oh/Ae, Ahe+Ae/ … oder L/Of/Oh/Ahe/Ae/B(h)s/ … zusammen. Die Pflanzenreste des verhältnismäßig leicht vom ↗Oh-Horizont trennbaren ↗Of-Horizontes sind miteinander verfilzt. Das Of-Material löst sich demzufolge entweder lagig schichtig oder lagig sperrig ab. Im Of-Horizont sind schon vereinzelt Wurzeln zu finden. Das Oh-Material ist kompakt gelagert, läßt sich nur unscharf brechen und ist meist grob bröckelig aggregiert. Der rohhumusartige Moder leitet zum ↗Rohhumus über. [AB]

Rohmarsch, *Salzmarsch* (veraltet), Bodentyp in der Klasse der ↗Marschen mit einem (e)Go-Ah/(e)Go/(z)(e)Gr-Profil aus meist carbonathaltigem Gezeitensediment im Bereich periodischer Überflutung. Trotz periodischer Sedimentzufuhr und der Wirkung pedogener Prozesse unterschiedlicher Art (↗Humifizierung), biogene Aggregation, Schwefelsäure- und Ferrihydritbildung besitzt die Rohmarsch einen voll entwickelten ↗Ah-Horizont und eine gleyähnliche Horizontierung. Sie befindet sich im allgemeinen vor den Landesschutzdeichen und trägt in der Regel eine geschlossene Halophytenvegetation. Subtypen der Rohmarsch sind neben der (Norm-) Rohmarsch mit emGo-Ah/emGo/zemGr-Profil) die Brackrohmarsch mit einem bGo-Ah/bGo/bGr-Profil und die Flußrohmarsch mit einem (e)pGo-Ah/(e)pGo/(e)pGr-Profil.

Rohöl, ↗Erdöl, wie es in flüssiger, ursprünglicher Form aus der Lagerstätte gewonnen wird. ↗Petroleum.

Rohrdränung ↗*Drainung*.

Röhrenlibelle ↗*Libelle*.

Rohrinjektionsanker, *Alluvialanker*, ↗Anker, der aus einem perforierten Stahlrohr besteht, welches mit einem konischen Ende versehen ist. Mit dessen Hilfe wird der Anker mechanisch ins Gebirge getrieben. Durch das Rohr wird anschließend Zementmörtel eingepreßt, durch den der Kontakt mit dem Gebirge hergestellt wird.

Rohrtour, *Verrohrung*, *Futterrohre*, Metall- und Kunststoffrohre (Vollrohrtour) und -filter (Filterrohrtour), die zum Schutz gegen Einsturz, Nachfall und Zuquellen und zur Langzeit-Stabilisierung von Bohrungen und Brunnen eingebaut werden.

Rohstoff, im übergeordneten Sinn Bezeichnung für unbehandelte Produkte aus dem organischen und anorganischen Stoffkreislauf der Erde (z. B. nachwachsende Rohstoffe wie Holz und landwirtschaftliche Rohstoffe oder nicht regenerierbare mineralische Rohstoffe und ↗fossile Brennstoffe), die meist zur Verwertung erst weiterverarbeitet werden müssen. Im engeren Sinn werden darunter mineralische Naturprodukte (z. B. Steine und Erden (↗Steine-und-Erden-Lagerstätten), ↗Industrieminerialien), Energierohstoffe (z. B. ↗Erdöl, ↗Erdgas, ↗Kohle, Uranerze) und metallische Rohstoffe (z. B. ↗Erze) unterschieden. Sekundärrohstoffe sind verarbeitete Produkte, aus denen nach ihrer Verwendung/Nutzung durch Recycling erneut Wertstoffe gewonnen werden können.

Rohstoffproduktion, übergeordneter Begriff für jegliche Gewinnung von ↗Rohstoffen.

Rohstoffsicherungskarten, Karten und Kartenwerke für die Landes- und Raumplanung, in denen Flächen zum Schutz von oberflächennahen mineralischen Rohstoffen ausgewiesen sind. Meist sind sie in zwei oder in drei Kategorien unterteilt, wobei in der höchsten Kategorie die Gewinnung Vorrang vor anderen Nutzungen besitzt und in den unteren Kategorien eine Sicherung des Rohstoffs angestrebt wird. Sie werden in Deutschland in Abhängigkeit von den speziellen Landesplanungsgesetzen der einzelnen Bundesländer von unterschiedlichen Behörden (Geologische Landesämter, Regierungspräsidien etc.) in unterschiedlichen Maßstäben mit unterschiedlichen Kategorien (z. B. Vorrangflächen, Reservegebiete) erstellt, dabei häufig nur als Manuskriptkarte oder in digitaler Form als Grundlage für andere Karten der Raum- und Landesplanung bis hin zum Flächennutzungsplan.

Rohwasser, nicht aufbereitetes Wasser (↗Wasseraufbereitung).

roll-along, Feldprozedur bei reflexionsseismischen Messungen. Schußposition und aktive Geophonauslage werden gleichmäßig in Profilrichtung weiterbewegt, während die hinter der Auslage nicht mehr benötigten Geophone nach vorne hin (in Profilrichtung) umgebaut werden. Teile der passiven Geophonauslage werden nach und nach hinzugeschaltet.

roll-back ↗subduction roll-back.

Rollenmeißel, Bohrwerkzeug für drehende Bohrverfahren (↗Rotary-Bohrverfahren), bevorzugt in Festgesteinen. Sie bestehen zumeist aus drei drehbaren Kegelrollen, die im 120°-Winkel zueinander stehen und mit Hartmetallzähnen, Hartmetallwarzen oder Hartmineral besetzt sind. ↗Bohrwerkzeuge.

Roller, Dünungsbrandung bei St. Helena und Ascension. ↗Brandung, ↗Seegang.

Rollfront, bei ↗Red-Bed-Lagerstätten sichelförmige Grenzfläche zwischen oxidierendem und reduzierendem Milieu (Redoxgrenze) in grobklastischen Strömungsrinnen innerhalb feinklastischer terrestrischer Ablagerungen mit Anreicherung von Uranerzen (Abb.).

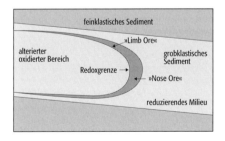

rollige Lockergesteine ↗nichtbindige Lockergesteine.

Rollmarke, Abdruck eines über den unverfestigen Untergrund rollenden Objektes. ↗Stoßmarken, ↗Gegenstandsmarken.

Röntgen, *Wilhelm Conrad*, deutscher Physiker, * 27.3.1845 Lennep (heute zu Remscheid), † 10.2.1923 München; nach seiner Habilitation 1873 in Straßburg, wurde Röntgen für kurze Zeit Professor an der Landwirtschaftlichen Akademie in Hohenheim. Von 1876 bis 1879 war er außerordentlicher Professor für Experimentalphysik in Straßburg, 1879 bis 1888 ordentlicher Professor für Physik an der Universität in Gießen, 1888 bis 1900 in Würzburg und ab 1900 bis zu seinem Tod wirkte er in München. Neben diversen anderen Forschungsgegenständen widmete sich Röntgen 1881 Experimenten zu den Eigenschaften fester Körper unter der Einwirkung hoher Drücke, Kapillarität, Kompressibilität, Ausdehnung von Flüssigkeiten und spezifische Wärmekapazität. Seine wichtigste Entdeckung, die X-Strahlen (Röntgenstrahlen), gelang ihm 1895 in Gasentladungsversuchen, für die er 1901 den ersten je vergebenen Nobelpreis für Physik erhielt. [EHa]

röntgenamorph, Bezeichnung für Festkörper mit minimaler Teilchengröße oder extremer Gitterstörung, die im Vergleich zu mikrokristallinen Pulvern nur sehr verbreiterte Röntgenreflexe liefern. Amorphe Festkörper ergeben dagegen nur diffuse Beugungsmuster. Während die Bausteine amorpher Festkörper lediglich eine Nahordnung aufweisen, ist im kristallinen Zustand auch eine ↗Fernordnung mit großer Reichweite vorhanden. Die Übergänge zwischen röntgenamorph und röntgenkristallin sind fließend. ↗Debye-Scherrer-Verfahren.

Röntgenbeugung, *Röntgenbeugung an Kristallen*, bei gerichteter Bestrahlung von Kristallen mit Röntgenlicht (↗Röntgenstrahlung) durch Interferenz entstehende räumliche Intensitätsverteilung (Beugungsmuster bzw. -diagramm, ↗Beugung), die für die Kristallstruktur charakteristisch ist. Die Entdeckung der Röntgenbeugung an Kristallen geht auf Max von ↗Laue zurück. Das Experiment, das heute unter der Bezeichnung ↗Laue-Methode bekannt ist, wurde von ihm 1912 nach einer Diskussion mit Peter Paul ↗Ewald vorgeschlagen und unter Mitwirkung der Mitarbeiter Friedrich und Knipping in München im Röntgenschen Institut der Universität durchgeführt. Laue erhielt dafür 1914 den Nobelpreis für Physik. Das Experiment lieferte den Beweis für zwei damals in der Diskussion stehende Tatsachen: a) die Röntgenstrahlen sind elektromagnetische Wellen und b) Kristalle sind dreidimensional periodisch, d. h. gitterhaft, aufgebaut.

Die Entdeckung der Röntgenbeugung an Kristallen hat die Entwicklung der Naturwissenschaften nachhaltig beinflußt. Röntgenbeugungsmethoden werden heute in den verschiedensten naturwissenschaftlichen Teilbereichen eingesetzt, wie z. B. in der Physik und hier insbesondere in der Physik der kondensierten Materie, in der Halbleiterelektronik, Chemie, Metallkunde, Werkstoffwissenschaften, Mineralogie und Geologie. Ein sehr aktuelles Gebiet ist die Molekularbiologie, die den atomaren Aufbau von Proteinstrukturen durch Röntgenbeugung erforscht. Das Entstehen der Röntgeninterferenzen wird durch die Streuung von elektromagnetischen Wellen an den Elektronen eines Kristalls erklärt. Die Streuung

Röntgen, *Wilhelm Conrad*

Rollfront: schematischer Schnitt durch eine Red-Bed-Uranlagerstätte des Rollfront-Subtyps.

an den Atomkernen kann wegen ihrer der größeren Masse vernachlässigt werden. Das zeitlich periodische elektrische Feld beschleunigt die Elektronen zu erzwungenen Schwingungen. Nach den Grundgesetzen der Elektrodynamik senden beschleunigte Ladungen wiederum elektromagnetische Strahlung aus. Es handelt sich dabei um elastische Streuung, da die Frequenz der anregenden Strahlung und der Streustrahlung übereinstimmt. Die gestreuten Wellen haben deshalb untereinander feste, zeitlich konstante Phasendifferenzen (Kohärenz), die vom Abstand der Streuer und vom Streuwinkel abhängen. Da der Abstand zum Beobachtungsort groß gegenüber dem Abstand der Streuer (Elektronen) ist, kann man die Streuwellen als ebene Wellen betrachten (Fraunhofer-Näherung). Die sich in verschiedenen Beobachtungsrichtungen überlagernden, kohärenten Streuwellen geben somit ein zeitlich konstantes Interferenzmuster, das Beugungsbild. Es ist die Fouriertransformierte der Elektronendichteverteilung einer Kristallstruktur (↗Fouriertransformation). Wegen der in Kristallen dreidimensional periodischen Elektronendichteverteilung entstehen nur in ganz bestimmten Richtungen Interferenzmaxima, das sind die sog. Braggreflexe unterschiedlicher Intensität (↗Laue-Gleichungen, ↗Braggsche Gleichung). Die Beugungswinkel enthalten Information über die Translationsperioden des Raumgitters, die Intensitäten Information über die Verteilung der Elektronen in der Elementarzelle, das ist diejenige Einheit, die, translationsperiodisch fortgesetzt, den Kristall aufbaut. Auf der Auswertung dieser Information beruht die ↗Röntgenstrukturanalyse. Sie geht vor allem auf den Sohn William Lawrence ↗Bragg zurück, der 1913 die ersten einfachen Kristallstrukturen, Zinkblende und einige Alkalihalogenide, mit Röntgenbeugung bestimmt hat. Vater William Henry ↗Bragg und Sohn W. L. Bragg haben 1915 gemeinsam den Nobelpreis für Physik erhalten. [KH]

Röntgendichte, theoretische Dichte, die aus der Masse der in der Elementarzelle eines Kristalls enthaltenen Atome und dem Volumen der Elementarzelle bestimmt wird. Sie heißt Röntgendichte, da das Volumen der Elementarzelle und die Kristallstruktur, d. h. die Verteilung der Atome in der Elementarzelle, röntgenographisch bestimmt werden. Meistens ist die Röntgendichte größer als die experimentell bestimmte Dichte, da die Röntgendichte die Dichte eines idealen perfekten Kristalls darstellt, den es aus thermodynamischen Gründen nicht geben kann.

Röntgendiffraktometer ↗analytische Methoden.

Röntgenfluoreszenz, von Atomen ausgesendete Röntgenstrahlung nach Anregung von Elektronen aus den inneren Energieschalen der Atome (↗Fluoreszenz). Dieser angeregte Zustand wird durch Übergänge von Elektronen aus den äußeren Schalen teilweise unter Emission eines für die Atomart charakteristischen Linienspektrums (↗charakteristische Röntgenstrahlung) abgebaut. Durch Spektralanalyse der charakteristischen Röntgenstrahlung kann eine quantitative chemische Analyse durchgeführt werden (*Röntgenfluoreszenz-Spektralanalyse*). Im Raster-Elektronenmikroskop (Mikrosonde) kann damit auch die räumliche Verteilung der Atome analysiert werden.

Röntgenfluoreszenz-Spektralanalyse ↗Röntgenfluoreszenz.

röntgenographische Verfahren ↗analytische Methoden.

Röntgenröhre, Gerät zur Erzeugung von Röntgenstrahlen (↗Röntgenstrahlung). In einem evakuierten, geschlossenen Glaskolben werden mit Hilfe einer Glühkathode Elektronen erzeugt und unter einer Spannung von einigen zehn Kilovolt auf eine Anode beschleunigt. Je nach Anwendung wird der Elektronenstrahl fokussiert, so daß auf der Anode ein besonders geformter Brennfleck entsteht. Für röntgenographische Untersuchungen von Kristallstrukturen verwendet man häufig sog. *Feinfokusröhren* (Abb. 1) mit einem Brennfleck von 8 mm × 0,4 mm. Die spektrale Verteilung der Strahlung einer Röntgenröhre (Abb. 2) besteht aus dem Spektrum der ↗Brems-

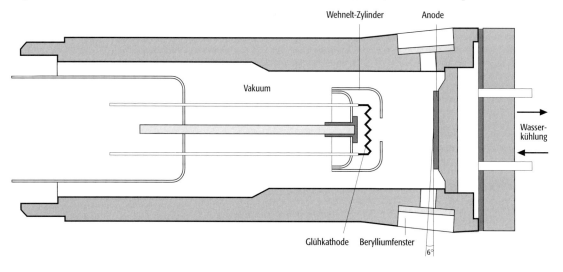

Röntgenröhre 1: schematischer Schnitt durch eine Feinfokusröntgenröhre.

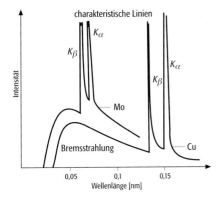

Röntgenröhre 2: Spektrum der Röntgenstrahlung einer Röntgenröhre für eine Molybdän-Anode bei 50 kV und eine Kupfer-Anode bei 35 kV. Die maximale Intensität der charakteristischen K_α-Linie ist rund zweieinhalb Größenordnungen, die der K_β-Linie um den Faktor 25 höher als das Maximum der Bremsstrahlung. Die Feistrukturaufspaltung der charakteristischen Linien ist nicht aufgelöst.

strahlung und der ↗charakteristischen Röntgenstrahlung. Die charakteristischen Emissionslinien werden durch das verwendete Anodenmaterial bestimmt. Das Spektrum der Bremsstrahlung dagegen hängt im wesentlichen nur von der Beschleunigungsspannung und nicht vom Anodenmaterial ab. Die Röntgenstrahlung tritt durch seitlich angeordnete Fenster aus, die zur Verminderung der Absorptionsverluste aus einem möglichst leichten Material, z. B. Beryllium oder Aluminium, bestehen.

Die maximale elektrische Leistung geschlossener Röntgenröhren beträgt rund 2 kW bei einer maximalen Leistungsdichte auf der Anode von rund 500 W/mm². Nur ca. 2 % der elektrischen Leistung wird in Röntgenstrahlung umgewandelt, der Rest führt zur Erwärmung der Anode, die deshalb ausreichend gekühlt werden muß. Der begrenzende Faktor für eine höhere Leistung liegt in der Ableitung der erzeugten Wärme. Die Leistungsdichte eines ↗Drehanodengenerators dagegen kann rund 20 mal vergrößert werden. [KH]

Röntgenspektralanalyse ↗analytische Methoden.

Röntgenstrahlung, X-Strahlung, elektromagnetische Strahlung im Wellenlängenbereich zwischen rund 10^{-8} m = 10 nm bis rund $5 \cdot 10^{-12}$ m = $5 \cdot 10^{-3}$ nm, das entspricht nach der Beziehung $\nu\lambda = c$ (λ = Wellenlänge, c = Lichtgeschwindigkeit) einem Frequenzbereich ν zwischen rund $5 \cdot 10^{16}$ Hz und rund 10^{20} Hz bzw. nach der Beziehung $E = 1{,}24/\lambda$ keV nm einem Energiebereich zwischen rund 100 eV und rund 200 keV. Zu größeren Wellenlängen schließt sich der Bereich des ultravioletten Lichts an, zu kleineren Wellenlängen der Bereich der γ-Strahlen. Die nach ihrem Entdecker benannten Strahlen wurden 1895 von Wilhelm Conrad ↗Röntgen bei Experimenten mit einer Kathodenstrahlröhre durch die ↗Fluoreszenz eines mit Bariumcyanoplatinat beschichteten Schirms beobachtet. Die bis dahin unbekannten, unsichtbaren Strahlen mit beträchtlichem Durchdringungsvermögen wurden von Röntgen vorläufig mit X-Strahlen bezeichnet. Diese Bezeichnung ist heute noch im Englischen (X-rays) gebräuchlich. Röntgen selbst hat die ungewöhnlichen Eigenschaften der X-Strahlen erforscht und beschrieben. Sie breiten sich geradlinig, auch durch eine evakuierte Röhre, aus, werden weder von magnetischen noch von elektrischen Feldern beeinflußt, sind folglich nicht elektrisch geladen. Sie durchdringen Materie, die für normales Licht undurchsichtig sind, schwärzen jedoch Photoplatten wie Licht. Gase werden durch sie ionisiert. Sie werden von Materie unterschiedlicher Dichte oder unterschiedlichen Atomgewichts unterschiedlich absorbiert. Sie entstehen in einer Kathodenstrahlröhre durch das Abbremsen einer Strahlung, die 1897 von J. J. Thomson als Elektronenstrahlen identifiziert wurde. Röntgen hat für diese Entdeckung 1901 den ersten Nobelpreis für Physik erhalten.

Das Durchdringungsvermögen der Röntgenstrahlen nimmt mit der Energie zu. Die energiereichere, kurzwellige harte Strahlung wird weniger absorbiert als die langwellige weiche Strahlung. In der Medizin werden deshalb zum Durchstrahlen harte Röntgenstrahlung verwendet. Auch in der zerstörungsfreien Werkstoffprüfung, um z. B. Poren, Risse, Lunker, Einschlüsse usw. festzustellen oder Schweißnähte zu prüfen, sowie in der Mikroradiographie benutzt man harte Röntgen- oder auch γ-Strahlen. Für die Untersuchung der atomistischen Struktur von Kristallen mit Röntgenstrahlen kommt praktisch nur ein kleiner Wellenlängenbereich zwischen 0,2 nm und 0,02 nm in Betracht.

Röntgenstrahlen entstehen einmal beim Beschuß von Materie mit energiereichen Elektronen. Darauf beruht die Erzeugung in ↗Röntgenröhren und in ↗Drehanodengeneratoren. Andererseits emittieren freie, beschleunigte Ladungen elektromagnetische Strahlung. Dieser Effekt wird zur Erzeugung von Röntgenstrahlen in Elektronen- oder Positronen-Speicherringen ausgenützt, in denen Elektronen bzw. Positronen mit einer Energie von einigen GeV und fast Lichtgeschwindigkeit durch Magnetfelder auf einer Kreisbahn gehalten werden. Man bezeichnet die so erzeugte Strahlung als ↗Synchrotronstrahlung.

Auch im Spektrum der ↗Sonnenstrahlung ist ein kleiner Anteil an Röntgenstrahlung enthalten. Diese wird beim Durchgang der Sonnenstrahlung durch die Atmosphäre aber bereits in höheren Schichten (oberhalb 100 km) absorbiert.

Röntgenstrukturanalyse, Bestimmung der räumlichen Anordnung der Atome einer Kristallstruktur durch Röntgenbeugungsmethoden. Für eine Kristallstruktur, deren Atome dreidimensional periodisch auf ineinandergestellten, kongruenten Translationsgittern angeordnet sind, beobachtet man mit Röntgenstrahlung Interferenzeffekte, ähnlich wie mit Licht an einem optischen Strichgitter. Konstruktive Interferenz tritt nur dann auf, wenn der Streuvektor:

$$\vec{S} = \frac{\vec{s} - \vec{s}_o}{\lambda}, \quad |\vec{s}| = |\vec{s}_o| = 1$$

zwischen der Richtung des einfallenden Strahls $\vec{s}_o$ und der Richtung des gebeugten Strahls $\vec{s}$ mit einem reziproken Gittervektor:

$$\vec{H} = h\vec{a}^* + k\vec{b}^* + l\vec{c}^*$$

zusammenfällt. Die ganzzahligen Komponenten h,k,l sind die (Millerschen) Indizes von Netzebenen des Abstands $d = 1/|\vec{H}|$ ($|\vec{H}| = 2\sin\theta/\lambda$). Jedes Beugungsmaximum ist durch ein Tripel ganzer Zahlen h,k,l charakterisiert. Multiplikation des reziproken Gittervektors:

$$\vec{H} = \frac{\vec{s} - \vec{s}_0}{\lambda} = h\vec{a}^* + k\vec{b}^* + l\vec{c}^*$$

mit den direkten Basisvektoren $\vec{a}, \vec{b}, \vec{c}$ gibt unter Beachtung der Orthogonalitätsbeziehungen zwischen direkter und reziproker Basis die Laue-Bedingungen:

$$(\vec{s} - \vec{s}_o) \cdot \vec{a} = h \cdot \lambda,$$

$$(\vec{s} - \vec{s}_o) \cdot \vec{b} = k \cdot \lambda,$$

$$(\vec{s} - \vec{s}_o) \cdot \vec{c} = l \cdot \lambda$$

für das Auftreten von Beugungsmaxima. Röntgenbeugung an Einkristallen kann formal als Reflexion an Netzebenen (h,k,l) beschrieben werden, wobei $\vec{H}$ in Richtung der Netzebenennormalen zeigt. Der Winkel 2θ zwischen einfallendem und gebeugtem Röntgenstrahl folgt aus der ↗Braggschen Gleichung (n = Beugungsordnung):

$$n\lambda = 2\,d\sin\theta, n = 0, 1, 2, \ldots,$$

die als skalare Form der Laue-Bedingungen anzusehen ist.

Um mit monochromatischer Röntgenstrahlung von einem Einkristall Reflexe zu erhalten, muß der Kristall für jeden Reflex in eine solche Orientierung gebracht werden, daß die Laue-Bedingungen erfüllt sind. Es gibt eine Reihe von Apparaturen (Einkristalldiffraktometer), die genau das in systematischer Weise für alle meßbaren Punkte des reziproken Raums ausführen. Alternativ kann man weiße Röntgenstrahlung verwenden, die ein breites Wellenlängenband enthält, aus dem sich der feststehende Kristall die geeigneten Wellenlängen gewissermaßen »aussucht« (↗Laue-Methode). Die Laue-Bedingungen sind gleichzeitig für viele Reflexe erfüllt, ein Reflex h,k,l und seine höheren Ordnungen fallen allerdings aufeinander. An Stelle von Einkristallen kann man polykristalline Pulverproben verwenden, die aus regellos orientierten Kristalliten (optimale Größe ca. 1 μm) bestehen, um die Beugungsbedingungen (für alle Reflexe gleichzeitig) einzustellen. Die Reflexe einer Pulverprobe liegen auf Beugungskegeln mit Öffnungswinkeln 2θ, die durch das Braggsche Gesetz gegeben sind. Beobachtet werden auf einem konzentrisch um die Probe gelegten Film dann die Schnittgebilde dieser Kegel mit dem Film in Form gekrümmter »Pulverlinien«, die man mit Pulverdiffraktometern in Form eines Pulverdiagramms (Zählrate als Funktion von 2θ) erhalten kann. Alle Reflexe mit dem gleichem $\sin\theta/\lambda$ fallen aufeinander. Weiße Röntgenstrahlung wird mit Pulver seltener angewendet; energiedispersive Meßtechniken mit stationärer Pulverprobe und energieauflösendem Detektor sind dann von Vorteil, wenn äußere Bedingungen wie Druck und Temperatur variiert werden.

Laue-Bedingungen und Braggsche Gleichung beschreiben geometrische Bedingungen für das Auftreten von Reflexen, deren genaue Position von der Metrik der Elementarzelle abhängt. Informationen über den Elementarzellinhalt und die Elektronendichteverteilung (↗Elektronendichte) sind nicht in der Position der reziproken Gitterpunkte, sondern in den elastischen Röntgenbeugungsintensitäten $I(\vec{H})$ enthalten. Die an Einkristallen gemessene integrale Intensität:

$$I(\vec{H}) = k^2 \cdot L \cdot P \cdot A \cdot E \cdot |F(\vec{H})|^2$$

ist in der kinematischen Theorie proportional zum Quadrat der ↗Strukturamplitude (k = Skalenfaktor, L = Lorentzfaktor, P = Polarisationsfaktor, A = Absorptionsfaktor, E = Extinktionsfaktor), wobei der Skalenfaktor k Naturkonstanten, Kristallvolumen, Wellenlänge und Primärintensität enthält. Auch für Kristallpulver ist die integrale Intensität proportional zum Quadrat der Strukturamplitude:

$$I(\vec{H}) = k^2 \cdot M \cdot L \cdot P \cdot A \cdot \psi \cdot |F(\vec{H})|^2$$

mit k = Skalenfaktor, M = Flächenhäufigkeit, L = Lorentzfaktor, P = Polarisationsafaktor, A = ↗Absorptionsfaktor. Der Absorptionsfaktor A ist für unendlich dicke Proben in der üblichen Meßgeometrie konstant. Die Flächenhäufigkeit M berücksichtigt die Anzahl symmetrisch äquivalenter Reflexe, die jeweils in einer Pulverlinie zusammenfallen. Der Faktor ψ korrigiert gegebenenfalls die Vorzugsorientierung in der Pulverprobe. Ziel einer Röntgenstrukturanalyse ist die Bestim-

Röntgenstrukturanalyse 1: schematische Skizze eines automatischen 4-Kreis-Diffraktometers mit Eulerwiege. Mit den drei Kreisen ω, χ und Φ kann ein im gemeinsamen Schnittpunkt aller Kreise montierter Einkristall so orientiert werden, daß er für einen bestimmten Reflex h,k,l die Laue-Bedingungen erfüllt. Der vierte Kreis trägt einen Röntgendetektor und wird auf den Winkel 2θ positioniert, der sich für diesen Reflex aus der Braggschen Gleichung ergibt. Zur Aufnahme eines kompletten Datensatzes werden mehrere tausend Reflexe einzeln nacheinander angefahren und ihre integrale Intensität gemessen.

mung der Elektronendichte $\varrho(\vec{r})$ des Kristalls. Für einen Idealkristall kann diese mathematisch als ↗Faltung der Elektronendichteverteilung $\varrho_V(\vec{r})$ einer Elementarzelle mit dem Kristallgitter formuliert werden:

$$\varrho(\vec{r}) = \varrho_V(\vec{r}) \cdot \sum_{u,v,w} \delta(\vec{r} - u\vec{a} - v\vec{b} - w\vec{c}),$$

wobei das Gitter durch eine dreidimensional periodische Anordnung von Deltafunktionen $\delta(u,v,w)$ mit ganzzahligen Koeffizienten u,v,w dargestellt wird. Das Beugungsmuster wird in der kinematischen Theorie der Röntgenbeugung (Fraunhofer-Beugung) durch die Fouriertransformierte (↗Fouriertransformation) des streuenden Objekts beschrieben; nach dem ↗Faltungssatz durch das Produkt der Fouriertransformierten des Gitters mit der Fouriertransformierten der Elektronendichte einer Elementarzelle:

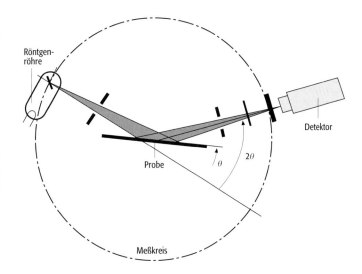

$$F.T.[\varrho(\vec{r})] =$$
$$F.T.[\varrho_V(\vec{r})] \cdot F.T.\left[\sum_{h,k,l} \delta(h,k,l)\right] = F(\vec{H}) \cdot G(\vec{H}).$$

Der Gitterfaktor $G(\vec{H})$ gibt die Form eines Interferenzmaximums wieder; der ↗Strukturfaktor $F(\vec{H})$ beschreibt die Überlagerung der an den N Atomen (mit Position $\vec{r}_j$, Atomformfaktor f_j und ↗Temperaturfaktor T_j) der Elementarzelle gestreuten Wellen in Form einer Fourierreihe:

$$F(\vec{H}) = \sum_j f_j T_j \exp[2\pi i \vec{r}_j \vec{H}].$$

Rücktransformation der Strukturfaktoren gibt wieder die Elektronendichte (V = Elementarzellvolumen):

$$\varrho(\vec{r}) = \frac{1}{V} \sum_{\vec{H}} F(\vec{H}) \exp[-2\pi i \vec{r} \vec{H}],$$

erfordert allerdings die Kenntnis von Amplitude und Phase aller Strukturfaktoren (↗Phasenproblem). Zur Strukturbestimmung mit Einkristallen werden hauptsächlich Pattersonsynthesen (↗Patterson-Funktion), die Technik des isomorphen Ersatzes und ↗Direkte Methoden verwendet. Die daraus erhaltenen Strukturmodelle werden dann in einem weiteren Schritt durch die ↗Strukturverfeinerung optimiert. Pulverdiagramme dienen im wesentlichen zur qualitativen und quantitativen Phasenanalyse sowie zur Verfeinerung nicht zu komplexer Kristallstrukturen mit der Rietveld-Technik, bei der dem gemessenen Pulverdiagramm gemeinsam mit Geräteparametern ein Strukturmodell angepaßt wird (Abb. 1 u. 2). [KE]

Röntgen-Topographie, Röntgenbeugungsverfahren zum Nachweis von ↗Kristallbaufehlern (↗Realkristall). Es wird die Intensität eines bestimmten Röntgenreflexes aus verschiedenen Teilbereichen eines Kristalls registriert. Gestörte und ungestörte Gebiete eines Kristalls liefern unterschiedliche Beugungsintensitäten und man beobachtet innerhalb eines Reflexes Intensitätskontraste, die ein Bild der örtlichen Verteilung der Baufehler darstellen. Man unterscheidet zwischen Orientierungs- und Extinktionskontrast. Orientierungskontrast entsteht durch mißorientierte Bereiche in einem sonst perfekten Kristall, wenn der Winkel der Mißorientierung größer ist als die Winkeldivergenz des Primärstrahles. Für die mißorientierten Teile ist dann die Beugungsbedingung im Gegensatz zum übrigen Kristall nicht erfüllt. Der Extinktionskontrast hat seine Ursache in der Störung der idealen Kristallstruktur um einen Kristallbaufehler, wie z. B. um eine ↗Versetzung. Die quantitative Auswertung erfordert einen Vergleich mit den aus der ↗Dynamischen Theorie der Röntgenbeugung berechneten Beugungsintensitäten, die für eine Idealstruktur gelten. Die wichtigsten experimentellen Untersuchungsmethoden sind die Berg-Barrett-Methode, die Lang-Methode und die Doppelkristall-Methode.

a) *Berg-Barrett-Methode* (Abb. 1): Der Kristall wird von einer ausgedehnten Röntgenquelle mit monochromatischer Strahlung beleuchtet und so

Röntgenstrukturanalyse 2: schematische Skizze eines Pulverdiffraktometers mit Bragg-Brentano-Gemometrie. Die flache Pulverprobe und der Detektor werden im Verhältnis 1:2 gekoppelt bewegt und die Beugungsintensität $I(2\theta_i)$ als Funktion von 2θ schrittweise gemessen. Die Winkelauflösung wird von einer spaltförmigen Eintrittsblende vor dem Detektor bestimmt (typischer Öffnungswinkel: 0,05°).

Röntgen-Topographie 1: a) Reflexions-Berg-Barrett-Methode, b) Transmissions-Berg-Barrett-Methode.

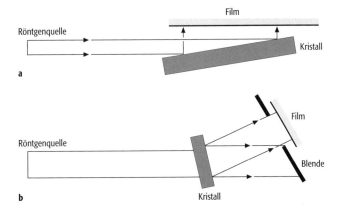

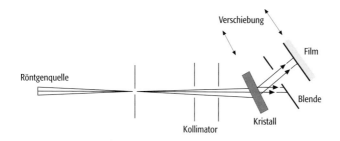

Röntgen-Topographie 2: Lang-Methode.

orientiert, daß für eine bestimmte Netzebenenschar die Braggsche Beugungsbedingung erfüllt ist. Wegen der großen Divergenz des einfallenden Strahls bei dieser Methode ist sie unempfindlich gegen Orientierungskontrast. Es können aber einzelne Versetzungslinien beobachtet werden. b) *Lang-Methode* (Abb. 2): Die Lang-Methode ist die am weitesten verbreitete Technik für Transmissions-Topographie. Man blendet mit einem Kollimatorsystem einen Primärstrahl mit kleiner Winkeldivergenz von rund $5 \cdot 10^{-4}$ rad aus. Kristall und Film werden synchron über den Primärstrahl bewegt (Projektionstopographie). Die Methode ist empfindlich auf Orientierungs- und Extinktionskontrast. c) *Doppelkristall-Methode*: Diese Technik benutzt zwei Kristalle, die so orientiert sind, daß beide die Braggsche Beugungsbedingung (/Braggsche Gleichung) erfüllen. Abb. 3 zeigt eine sog. (+-)-Anordnung. Der zweite Kristall wird meistens so orientiert, daß die Beugungsbedingung auf der steilen Flanke des Reflexprofiles erfüllt ist. Dann ist die Methode extrem empfindlich für eine Änderung der Netzebenenabstände $\Delta d/d$ und Mißorientierungen. Es können relative Änderungen von $\Delta d/d \approx 10^{-8}$ und Verkippungswinkel von 0,1 Bogensekunden beobachtet werden. [KH]

Rosenbusch, *Karl Harry Ferdinand*, deutscher Mineraloge und Petrograph, * 24.6.1836 Einbeck, † 20.1.1914 Heidelberg; 1873–77 Professor in Straßburg, danach in Heidelberg; grundlegende Untersuchungen zur mikroskopischen Mineralanalyse; verbesserte das Polarisationsmikroskop und schuf eine genetische Systematik der Gesteine; nahm eine Einteilung der magmatischen Gesteine (Erstarrungsgesteine) in Tiefen-, Erguß- und Ganggesteine vor. Werke (Auswahl): »Mikroskopische Physiographie der Mineralien und Gesteine« (1873).

Rosenbuschs Gesetz, Regel über die Kristallisationsfolge von Mineralen in /Magmatiten, die besagt, daß zuerst /akzessorische Minerale (Apatit, Ilmenit, Magnetit, Spinell, Zirkon, Titanit, Perowskit), als nächstes Fe-haltige Silicate (Olivin, Pyroxene, Amphibole, Biotit), danach Fe-freie Silicate (Plagioklas, Alkalifeldspat) und zuletzt Quarz ausgeschieden werden. Die um die Jahrhundertwende von dem deutschen Petrographen K.H.F. /Rosenbusch aufgestellte Regel besitzt sehr viele Ausnahmen, wird aufgrund der fehlenden allgemeinen Gültigkeit in moderner Literatur selten erwähnt und ist damit nur noch als grober Erfahrungssatz von Bedeutung.

Rosopsida, *Eudicotyledonae, Höhere Dikotyledonae,* Klasse der /Angiospermophytina mit tricolpaten oder daraus weiter entwickelten /Pollen und zwei Keimblättern (dicotyl). Die Rosopsida kommen vom /Apt bis rezent vor, entfalten sich seit Beginn des /Tertiärs und haben rezent mit ca. 180.000 Arten bzw. ca. 75% den größten Anteil am Artenspektrum der Angiospermophytina. Die eustelaten Rosopsida mit Tracheenholz wachen zu verzweigten immer- und sommergrünen Bäumen und Sträuchern, Lianen, Zwerg- und Halbsträuchern, Stauden und nicht verholzenden, mehrjährigen bis einjährigen Kräutern. Die Laubblätter (/Blatt) sind einfach oder zusammengesetzt, meist gestielt und netzadrig. Paarige Stipulae sind häufig, aber nicht miteinander verwachsen. Blattscheiden kommen vor. An den Seitenknosten folgen auf das Deckblatt zwei transversal gegen- oder wechselständige Vorblätter als unterste Blätter des Seitensprosses. Die oft doppelte Blütenhülle (Perianth) besteht aus den meist grünen äußeren Kelchblättern (Sepale) und den meist gefärbten inneren Kron- oder Blumenblättern (Petale). Die Blütenorgane sind zyklisch in meist fünf- (vier-)zähligen Wirteln angeordnet, die Staubblätter primär in zwei (einem) Kreisen, können sekundär vermehrt sein und sind charakteristisch in Stielzone (Staubfaden, Filament) und Staubbeutel (Anthere) gegliedert. Aus dem ursprünglichen, monosulcaten Typ der distalen Pollen-Keimstelle bei den /Magnoliopsida entwickelte sich bei den Rosopsida eine Vielzahl anderer Aperturtypen. Zonotreme Pollen mit in der Äquatorebene liegenden Keimstellen sind tricolpat, triporat oder tricolporat. Die bis auf 100 vermehrten Aperturen pantotremer Pollen sind als Poren, Colpen und Rugae (nicht meridianparallele Colpen) über die gesamte Pollenoberfläche verteilt und unter Umständen durch Modifizierung der Aperturränder und deckelartige Verschlüsse komplex. Die Fruchtblätter sind meist verwachsen (coenokarpes Gynoeceum). Als Ausgliederung der Blütenachse werden sehr oft Nektarien gebildet. Die Samenanlagen sind crassinucellat, d. h. sie haben einen vielzelligen Gewebekern (Nucellus), oder sie sind zunehmend zu einem Nucellus aus Epidermis und Embryosack reduziert (tenuinucellat) und in zwei oder nur in ein Integument gehüllt. Die /Embryonen sind oft groß. Die sekundären Pflanzenstoffe zur Abwehr von tierischen Freßfeinden, Phytophagen und Pilzbefall haben bei den Rosopsida den höchsten Differenzierungsgrad im Regnum /Plantae. [RB]

Ross, *Sir James Clark*, engl. Polarforscher,

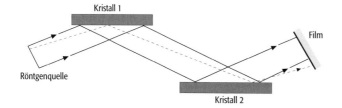

Röntgen-Topographie 3: Doppelkristall-Methode.

* 15.4.1800 London, † 3.4.1862 Aylesbury; trat mit 12 Jahren in die Marine ein und entdeckte 1831 mit seinem Onkel Sir John Ross den magnetischen Nordpol. Während seiner Südpolarexpedition von 1839–43 mit den Schiffen »Erebus« und »Terror« erforschte er das nach ihm benannte ↗Rossmeer, erreichte das Ross-Schelfeis und entdeckte die Rossinsel mit dem Mount Erebus.

Roßbreiten, Übergangszonen zwischen den Passatwind- und den Westwindgebieten (↗Passat, ↗Westwinddrift) bei etwa 30° Breite, die durch zeitweise oder ganzjährig schwache Winde mit veränderlicher Richtung geprägt sind.

Rossby, Carl-Gustaf Arvid, schwedischer Meteorologe und Ozeanograph, * 28.12.1898 Stockholm, † 19.8.1957 Stockholm; 1931–39 Leiter des Meteorological Department am Massachusetts Institute of Technology in Cambridge (USA); 1939 Leitung der Forschung und Ausbilung im US-Weather Bureau; seit 1941–43 Leiter des Department of Meteorology in Chicago; während des 2. Weltkrieges Berater für Wetterprobleme bei der amerikanischen Luftwaffe; gründete 1947 das Meteorologische Institut in Stockholm; zahlreiche Arbeiten über die Anwendung der ↗Hydrodynamik auf die ↗Dynamik der Atmosphäre; entwickelte wichtige Theorien über großskalige Luftbewegungen (↗Rossbywellen) und Techniken für effektive Langfristwetterprognosen (↗numerische Wettervorhersage). Werke (Auswahl): »Thermodynamics applied to air mass analysis« (1932), »Dynamics of steady ocean currents in the light of experimental fluid mechanics« (1936), »On the distribution of angular velocity in gaseous envelopes under influence of large-scale horizontal mixing processes« (1947). [CL]

Rossbyparameter, die Änderung des ↗Coriolisparameters mit der geographischen Breite. Dieser meist mit β bezeichnete Parameter ist definiert als:

$$\beta = \frac{1}{R}\frac{\partial f}{\partial \varphi}$$

mit f = Coriolisparameter, R = Erdradius, φ = geographische Breite. Er spielt eine wichtige Rolle in der ↗Vorticitygleichung und den ↗Rossbywellen.

Rossbywelle, großskalige Welle, deren Existenz auf der durch die mit der Kugelgestalt der Erde verknüpften Variation des ↗Coriolisparameters mit der geographischen Breite basiert. Sie wurde erstmals 1936 von C.-G. ↗Rossby beschrieben. Die Auslenkung der Wasserteilchen erfolgt in horizontaler Richtung. Für den Fall eines konstanten Grundstroms U_0 in West-Ost-Richtung ergibt sich z. B. für eine rein zonale Rossbywelle der Wellenlänge L als Beziehung für die ↗Phasengeschwindigkeit c:

$$c = U_0 - \beta L^2 / 4\pi^2.$$

Dabei beschreibt der ↗Rossbyparameter β = df/dy die Änderung des ↗Coriolisparameters f mit der Süd-Nord-Raumkoordinate y. ↗planetarische Wellen.

Rossbyzahl, nach dem schwedischen Meteorologen ↗Rossby benannte dimensionslose Kennzahl, die das Verhältnis von Trägheitskraft zu Corioliskraft charakterisiert. Sie ist definiert als:

$$R_0 = \frac{U}{fL}$$

mit U = charakteristische Geschwindigkeit, L = charakteristische Länge, f = ↗Coriolisparameter. Für eine atmosphärische Strömung deutet eine Rossbyzahl kleiner als eins auf das Vorhandensein eines geostrophischen Gleichgewichts hin.

Rossmeer, ↗Randmeer des ↗Pazifischen Ozeans in der Antarktis, das im Süden an das Ross-Schelfeis (↗Schelfeis) grenzt. Es stellt mit 8 % eines der Entstehungsgebiete des Antarktischen ↗Bodenwassers dar.

Ross-Orogenese ↗Proterozoikum.

Rost, Bezeichnung für die Oxidation und Hydratation von ↗Eisenmineralen bzw. die Korrosion von Eisen oder Stahl an Luft, in Wasser oder in wäßrigen Lösungen. Rost besteht zu einem großen Teil aus Limonitmineralen (↗Limonit). Die wichtigsten Verwitterungsminerale der meist eisenhaltigen Minerale, die sich durch charakteristische gelbrote bis -braune Färbung auszeichnen, sind Brauner Glaskospf, Xanthosiderit, Okker etc. Frischer Rost ist sehr voluminös, hellgelb bis hellbraun gefärbt, wasserreich und leicht in Salzsäure löslich. Im Rost, der durch Korrosion von Eisen oder Stahl entsteht, sind neben dem sich vorübergehend bildenden Eisen(II)hyxroxid rotbraunes Eisen(III)oxidhydrat in zwei unterschiedlichen Kristallformen und ein dunkler gefärbtes wasserhaltiges Oxid enthalten. Bei letzterem handelt es sich um hydratisierten Magnetit ($Fe_3O_4 \cdot xH_2O$), ein Eisen(II)-Eisen(III)oxidhydrat. Das technische Eisen bildet in Berührung mit Wasser langsam weißgrünliches Eisen(II)hydroxid und Wasserstoff. Das gebildete Eisen(II)hydroxid ist bei Anwesenheit von Luftsauerstoff nicht stabil und wird rasch zu gelbem bis braunem Eisen(III)hydroxid oxidiert. Bei Anwesenheit ausreichender Mengen an Sauerstoff entsteht die α-Form des Eisen(III)oxidhydrats [α-FeO(OH)]; unter Sauerstoff-Mangel wird die Bildung von dunkelgrün bis schwarz gefärbtem Eisen(II)-Eisen(III)hydrat als Zwischenstufe beobachtet. Als Fremdrost wird die Ablagerung von Rost auf fremden Metalloberflächen bezeichnet. Flugrost nennt man die beginnende Rostbildung auf Eisen und Stahl an der Atmosphäre und Passungsrost den durch Reibkorrosion (örtlich durch Reibung ohne Wärmeeinwirkung stattfindende Korrosion) entstandenen Rost. ↗Hydroxide. [GST]

Rostaufnahme ↗Flächennivellement.

Rostbraunerde ↗Acker-Braunerde-Podsol.

rösten, Erhitzen und Oxidation von ↗refraktären sulfidischen Erzen, um ein Ausbringen der Wertbestandteile dieser Erze im Zuge des folgenden ↗Aufbereitungsprozesses (↗Aufbereitung) zu ermöglichen.

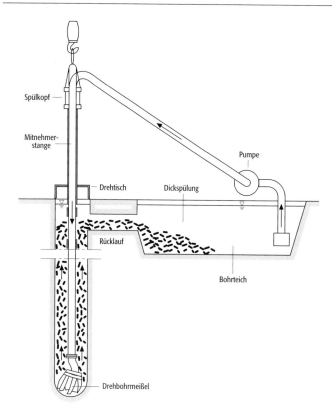

Rotary-Bohrverfahren: schematische Darstellung.

Rostflecken, *Marmorierung,* durch Reduktions- und Oxidationsprozesse u. a. in den Bodentypen ↗Gley und ↗Pseudogley auftretende rötliche bis gelbliche Eisenoxidflecken.

Röt, Bezeichnung für den oberen ↗Buntsandstein (↗Germanische Trias).

Rotalgen ↗Kalkalgen.

Rotary-Bohrverfahren, *Druckspülbohren, direktes Spülbohrverfahren,* ein Spülbohrverfahren (↗Spülbohrung), bei dem die Bohrspülung durch das Bohrgestänge auf die Bohrsohle gepreßt wird (Abb.). Die Spülung tritt an der Bohrspitze aus, wo sie sowohl den Bohrvorgang selbst unterstützt als auch das gewonnene Bohrgut abtransportiert. Das Gemisch aus Bohrspülung und Bohrgut wird zwischen Bohrgestänge und Bohrlochwand zutage gefördert, wo sich das Bohrgut in einer Spülgrube absetzen kann. Danach wird die Bohrspülung wieder in den Spülwasserkreislauf eingeführt. Die Bohrspülung hat neben der Löse- und Transportfunktion auch die Aufgabe, das Bohrloch anstelle einer Verrohrung zu stützen (↗Spülungszusätze). Das Rotary-Bohrverfahren wird vor allem eingesetzt bei Aufschlußbohrungen im Locker- und Festgestein, bei Grundwassermeßstellen und Brunnen mit kleinerem Bohrdurchmesser und bei Kernbohrungen. Seine Vorteile liegen vor allem im großen Bohrfortschritt und im relativ geringen Aufwand und somit niedrigen Kosten. Nachteile des Rotary-Bohrverfahrens sind die mögliche Entmischung des Bohrguts bei größeren Bohrtiefen bzw. geringer Aufstiegsgeschwindigkeit, die Möglichkeit, daß sehr feine Partikel nicht ausgetragen werden, das Verbleiben von Tonanteilen in der Spülung und das Einpressen der Spülung in das Gestein durch die unverrohrte Bohrlochwand. [ABo]

Rotation ↗Deformation.

Rotation der Erde, *Erdrotation,* ist die zeitliche Änderung der ↗Orientierung der Erde. Sie kann durch einen Rotationsvektor dargestellt werden, der die Richtung der momentanen Drehachse der Erde hat und dessen Länge dem Betrag der Drehgeschwindigkeit der Erde entspricht. Die Rotation der Erde ist nicht gleichförmig und wird durch die ↗Erdrotationsparameter angegeben: ↗Präzession und ↗Nutation sind langfristige und periodische Richtungsänderungen des Rotationsvektors in bezug auf ein raumfestes Bezugssystem. Die ↗Polbewegung ist die Richtungsänderung des Rotationsvektors in bezug auf ein erdfestes Bezugssystem. Änderungen der Geschwindigkeit der Erdrotation werden ausgedrückt durch die Abweichung der Weltzeit (Universal Time, UT) von der gleichförmigen Atomzeit oder durch die Veränderungen der ↗Tageslänge (length of day, lod).

Die Messungen der Erdrotationsparameter erfolgten seit Ende des 19. Jahrhunderts mit astronomischen Methoden. Seit den siebziger Jahren dieses Jahrhunderts werden geodätische Weltraumverfahren eingesetzt, wie z. B. ↗Radiointerferometrie, SLR, LLR und neuerdings auch das ↗Global Positioning System. Die heute erreichbaren Meßgenauigkeiten der Erdrotationsparameter liegen bei besser als $3 \cdot 10^{-5}$ s bzw. – betrachtet auf der Erdoberfläche – bei unter 1 cm. Informationen über das langfristige Verhalten der Erdrotationsparameter erhält man aus historischen Aufzeichnungen über Mond- und Sonnenfinsternisse und aus der Untersuchung von Sedimentablagerungen. Die gemessenen Erdrotationsparameter zeigen ein breites Spektrum von Schwankungen, deren Interpretation wertvolle Rückschlüsse auf den Aufbau des Erdkörpers und das dynamische Verhalten des Erdinneren sowie der ↗Atmosphäre, der ↗Hydrosphäre und der ↗Kryosphäre erlaubt. Sogar anthropogene Einflüsse auf die Erdrotation, wie z. B. der Einfluß von Massenverlagerungen aufgrund eines erhöhten CO_2-Ausstoßes, sind bereits Gegenstand wissenschaftlicher Untersuchungen. Mittel- und langperiodische sowie langfristige Massenverlagerungen wirken sich auf die Erdrotation aus. Wegen der Erhaltung des gesamten ↗Drehimpulses der Erde in kurzen Zeiträumen erfährt die Rotation der festen Erde Änderungen, die spiegelbildlich zu denen in der Atmosphäre und den Ozeanen sind. Die halbjährliche Periode der Schwankungen der Tageslänge ist z. B. nicht nur im Zusammenhang mit einem entsprechenden Verhalten der Stürme um die Antarktis zu sehen, sondern auch die Meeresströmungen spielen dabei eine Rolle. Aus den von hydrodynamischen Modellen oder aus der ↗Altimetrie gelieferten Änderungen des Meeresspiegels und der Geschwindigkeiten der Wassermassen werden globale Drehimpulsänderungen der Weltozeane berechnet, woraus sich der Einfluß auf die Erdrotationsparameter ermitteln läßt. Im kurzperiodischen Bereich spielen hierbei die durch Sonne und Mond verursachten Meeresgezeiten, hauptsächlich mit Perioden von ungefähr einem Tag und einem halben Tag, die wichtigste Rolle. Ihr Einfluß auf das Rotationsverhalten der Erde, also auf Polbewegung und Tageslänge, entsteht einerseits durch die Unterschiede in der Massenverteilung, andererseits durch die sich ändernden Meeresströmungen. Er kann heutzutage anhand von Gezeiten- und Strömungsmodellen ebenfalls vorhergesagt und durch die hochgenauen geodätischen Weltraumverfahren nachgewiesen werden. Die Variation der Tageslänge mit einer Periode von ungefähr einem Jahr beruht weitgehend auf atmosphärischen Ursachen, wobei die deutlich zu erkennende Verstärkung der Jahresvariation alle vier bis sechs Jahre mit Klimaveränderungen in Verbindung gebracht wird, die durch das sog. El-Niño-Phänomen (↗ El Niño) verursacht werden. Dabei handelt es sich um charakteristisch verlaufende Meeresströmungen im südlichen Pazifik, verbunden mit Schwankungen der meteorologischen Parameter. Auch Variationen des ↗ Grundwasserspiegels oder der Vegetation und das Wechselspiel zwischen dem Vorrücken der Vereisungen und den Warmzeiten beeinflussen durch die veränderten ↗ Trägheitsmomente der Erde die Erdrotation. [HS]

Rotationsbrache, in der ↗ Landwirtschaft (Ackerbau) eine Form der ↗ Brache, bei der eine ein- oder mehrjährige Unterbrechung der Nutzpflanzenproduktion innerhalb einer ↗ Fruchtfolge durch ↗ Schwarzbrache oder ↗ Grünbrache erfolgt. Ziele der Rotationsbrache ist die Verbesserung der Gesamtfruchtfolge (z. B. bei der Dreifelderwirtschaft) und die Erhaltung der ↗ Bodenfruchtbarkeit.

Rotationsdispersion ↗ Indikatrix.

Rotationsellipsoid, Fläche zweiter Ordnung, die durch Drehung einer abgeplatteten Meridianellipse um die kleine Halbachse entsteht. a) Geometrische Parameter der Meridianellipse: Die Form der Meridianellipse wird durch die große Halbachse a und die kleine Halbachse b beschrieben. Sie definieren die Formparameter des Rotationsellipsoids. Als zweiter geometrischer Parameter wird häufig statt der kleinen Halbachse b die geometrische Abplattung f, die lineare Exzentrizität E oder die erste numerische Exzentrizität e bzw. die zweite numerische Exzentrizität e' verwendet. Wichtige Parameter des Rotationsellipsoids sind in der Tabelle zusammengestellt (Abb. 1 und 2). Wegen des geringen Unterschiedes der Achsen des Rotationsellipsoids als Approximation für die Figur der Erde ($a-b \approx 21$ km) sind diese Größen klein und für Reihenentwicklungen besser geeignet. b) Parameterdarstellung des Rotationsellipsoids: Das Rotationsellipsoid erhält man aus der Rotation der Meridianellipse. Die Mittelpunktsgleichung des Rotationsellipsoids lautet:

Größe	Bezeichnung
a	große Halbachse
b	kleine Halbachse
$E := \sqrt{a^2 - b^2}$	lineare Exzentrizität
α aus $\cos\alpha = \dfrac{a}{b}$	Winkelexzentrizität
$e := \dfrac{E}{a}$	erste numerische Exzentrizität
$e' := \dfrac{E}{b}$	zweite numerische Exzentrizität
$f := \dfrac{a-b}{a}$	geometrische Abplattung (Polabplattung)
$n := \dfrac{a-b}{a+b}$	Längenverhältnis
$c := \dfrac{a^2}{b}$	Polkrümmungshalbmesser

$$\left(\frac{x}{a}\right)^2 + \left(\frac{y}{a}\right)^2 + \left(\frac{z}{a}\right)^2 = 1.$$

Mit dem Parallelkreishalbmesser p (L ist die ellipsoidische Länge),

$$x = p \cos L, \quad y = p \sin L$$

lautet die Mittelpunktsgleichung:

$$\left(\frac{p}{a}\right)^2 + \left(\frac{z}{b}\right)^2 = 1.$$

Die Größen p und z können als Funktionen der ellipsoidischen (geodätischen) Breite B dargestellt werden:

Rotationsellipsoid (Tab.): Parameter des Rotationsellipsoids.

Rotationsellipsoid 1: geometrische Parameter des Rotationsellipsoids.

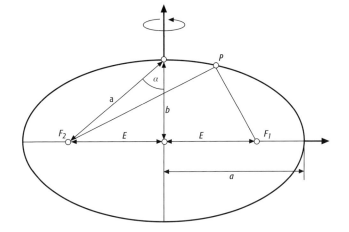

Rotationsellipsoid

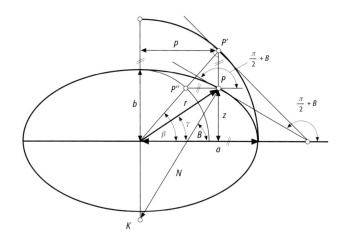

Rotationsellipsoid 2: Geometrie der Meridianellipse.

$$p = \frac{a^2 \cos B}{\sqrt{a^2 \cos^2 B + b^2 \sin^2 B}},$$

$$z = \frac{b^2 \sin B}{\sqrt{a^2 \cos^2 B + b^2 \sin^2 B}}.$$

Legt man die in der Landesvermessung üblichen Abkürzungen

$$V := \sqrt{1 + \eta^2}$$

mit

$$\eta := \sqrt{e'^2 \cos^2 B}, \quad W := \sqrt{1 - e^2 \sin^2 B}$$

zugrunde, so ergeben sich dafür die kompakteren Formeln:

$$p = N \cos B, \quad z = (N/1+e'^2) \sin B$$

mit dem Querkrümmungsradius N:

$$N := c/V = a/W$$

und dem Meridiankrümmungsradius M in einem Punkt P mit der Breite B:

$$M := \frac{c}{V^3} = \frac{a(1-e^2)}{W^3}.$$

In Abhängigkeit von der reduzierten Breite β können die Größen p und z ausgedrückt werden:

$$p = a \cos\beta, \quad z = b \sin\beta$$

und als Funktion der geozentrischen Breite γ:

$$p = \frac{a \cos\gamma}{\sqrt{1 + e'^2 \sin^2 \gamma}} = \frac{b \cos\gamma}{\sqrt{1 - e^2 \cos^2 \gamma}},$$

$$z = \frac{a \sin\gamma}{\sqrt{1 + e'^2 \sin^2 \gamma}} = \frac{b \sin\gamma}{\sqrt{1 - e^2 \cos^2 \gamma}}.$$

Die Parameterdarstellung des Rotationsellipsoids lautet in Abhängigkeit von der ellipsoidischen Breite B:

$$x = N \cos B \cos L,$$
$$y = N \cos B \sin L,$$
$$z = N/1+e'^2 \sin B.$$

Entsprechend erhält man die Darstellungen in Abhängigkeit von der reduzierten Breite β:

$$x = a \cos\beta \cos L, \, y = a \cos\beta \sin L, \, z = b \sin\beta$$

bzw. in Abhängigkeit von der geozentrischen Breite γ:

$$x = \frac{a \cos\gamma \cos L}{\sqrt{1 + e'^2 \sin^2 \gamma}},$$

$$y = \frac{a \cos\gamma \sin L}{\sqrt{1 + e'^2 \sin^2 \gamma}},$$

$$z = \frac{a \sin\gamma}{\sqrt{1 + e'^2 \sin^2 \gamma}}.$$

Diese Gleichungen beziehen sich auf ein Koordinatensystem mit dem Ursprung im Mittelpunkt des Rotationsellipsoids und einer Achsenorientierung im Sinne eines ↗konventionellen geodätischen Koordinatensystems. Bezogen auf ein lokales ellipsoidisches Koordinatensystem mit dem Ursprung in einem Ellipsoidpunkt P_1 erhält man für die Gleichung des Rotationsellipsoids:

$$-2 \overset{L}{z} = \frac{(\overset{L}{x})^2}{M_1} + \frac{(\overset{L}{y})^2}{N_1} + \frac{(\overset{L}{z})^2}{N_1} \cdot$$

$$\left(1 + \eta_1^2 (\tan B_1)^2\right) + 2 \overset{L}{x}\overset{L}{z} \frac{\eta_1^2}{N_1} \tan B_1.$$

c) Krümmung des Rotationsellipsoids: Die Meridiane und Parallelkreise des Rotationsellipsoids sind die Krümmungslinien des Rotationsellipsoids. Die Hauptkrümmungsradien liegen somit in der Meridianebene (Meridiankrümmungsradius M) und in der dazu senkrechten Normalebene (Querkrümmungsradius N). Damit folgt der Gaußsche Krümmungsradius als positive Quadratwurzel aus dem Kehrwert des Gaußschen Krümmungsmaßes:

$$\varrho_G = \sqrt{MN} = \frac{c}{V^2}.$$

Die Abhängigkeit der Normalkrümmung einer Flächenkurve in Abhängigkeit vom ellipsoidischen Azimut α ergibt sich nach der Formel von Euler:

$$\varkappa_n(\alpha) = \frac{1}{\varrho_E} = \frac{\cos^2 \alpha}{M} + \frac{\sin^2 \alpha}{N}$$

$$= \frac{1}{N} \left(V^2 \cos^2 \alpha + \sin^2 \alpha\right) = \frac{1 + \eta^2 \cos^2 \alpha}{N}$$

mit dem Eulerschen Krümmungsradius ϱ_E. Die geodätische Torsion einer Flächenkurve in Abhängigkeit vom Azimut erhält man aus der Formel:

$$\tau_g(\alpha) = \frac{1}{2}\left(\frac{1}{N} - \frac{1}{M}\right)\sin 2\alpha = -\frac{\eta^2}{2N}\sin 2\alpha.$$

Für die Kurvenkrümmung eines Parallelkreises gilt:

$$\varkappa = \frac{1}{p} = \frac{1}{N\cos B}$$

sowie für die Normalkrümmung eines Parallelkreises: $\varkappa_n = 1/N$. Die geodätische Krümmung eines Parallelkreises erhält man aus:

$$\varkappa_g = 1/(N\cot B).$$
[KHI]

Rotationsgeschwindigkeit der Erde ↗Erdrotation.
Rotationslaser ↗Nivellierinstrument.
Rotationsrutschung, rotationsförmige Gleitbewegung einer Rutschmasse in relativ homogenem Untergrund entlang einer kreisförmigen oder löffelförmigen Scherfläche. Der Verband der Rutschmasse ist zunächst kaum gestört. Unterhalb der Abrißkante kommt es zu einer gegen den Hang gerichteten Rotation der Rutschmasse, am Rutschungsfuß kann die Gleitbewegung in raschere Fließbewegungen übergehen. Die wichtigsten morphologischen Merkmale einer Rutschung mit *kreisförmiger Gleitfläche* sind in der Abbildung dargestellt.
Rotationsscanner ↗optomechanischer Scanner.
Rotationsvektor, dient zur Beschreibung der ↗Rotation der Erde. Seine Richtung entspricht derjenigen der momentanen Drehachse der Erde und seine Länge ist gleich dem Betrag der Drehgeschwindigkeit der Erde.
Rotatorien, *Rädertiere*, nach ↗Protozoen und ↗Nematoden die häufigsten Bodentiere des ↗Edphons; sind ↗Bodenschwimmer; zur ↗Mikrofauna gehörend. Ein Räderorgan am Kopfabschnitt dient zur Fortbewegung und zum Herbeistrudeln von Nahrung.
Roteisenstein, feinschuppiger, dichter oder staubförmiger ↗Hämatit (↗Eisenminerale) mit gerundeten Kanten der einzelnen Körner.
rote Liste, gebietsbezogene Zusammenstellung gefährdeter Tier- und Pflanzenarten nach internationalen definierten Gefährdungskategorien. Die Gefährdungsgrade sind: 0 = ausgestorben oder verschollen, 1 = vom Aussterben bedroht, 2 = stark gefährdet, 3 = gefährdet und 4 = potentiell gefährdet. Die Einstufungen basieren auf der Bestandesentwicklung, Tendenzen der Verbreitung und der Biotopwahl der ↗Arten. Rote Listen dienen den Behörden und Naturschutzgruppen zur Planung und Erfolgskontrolle von Naturschutzmaßnahmen sowie zur Sensibilisierung der Öffentlichkeit für Fragen des ↗Naturschutzes. Die meisten auf Roten Listen verzeichneten Arten kommen in gefährdeten ↗Ökotopen vor, die dadurch zugleich Vorrangflächen des konservierenden Naturschutzes sind.
Roterde, veraltet für nicht verlehmte, rote Böden

der wechsel- und immerfeuchten Tropen, ähneln den ↗Ferralsols und den ↗Oxisols.
Roter Glaskopf ↗Eisenminerale.
Roter Tiefseeton, durch Fe(III)Oxide ziegelrot bis braun gefärbtes ↗pelagisches Sediment. Roter Tiefseeton bedeckt etwa 30 % der Tiefseefläche und ist im Pazifischen Ozean verbreiteter als in den anderen Ozeanen. Seine Akkumulation ist unterhalb der Calcit-Kompensationstiefe (↗Carbonat-Kompensationstiefe) möglich. Die mittlere Korngröße liegt bei 1 μm, der Siltgehalt bei 17 %. Der Tonmineralanteil besteht vor allem aus Illit, Smectit, Kaolinit und Chlorit, der Siltanteil setzt sich aus Quarz, Feldspat, Glimmer, vulkanogenen Komponenten und authigenen Mineralen (Zeolithe, Manganit) zusammen.
Rotes Meer, ↗Nebenmeer des ↗Indischen Ozeans zwischen der Arabischen Halbinsel und dem afrikanischen Kontinent.
Rote Tide, *Red Tide*, rötlich-braune Färbung des ↗Meerwassers als Folge von Planktonblüten, besonders von ↗Dinophyta, was zu einem Massensterben von Meerestieren führen kann, da diese Algen giftige Substanzen enthalten und ihr Abbau den Sauerstoff aufzehren kann.
Rotgültigerz, 1) dunkles Rotgültigerz, ↗*Pyrargyrit*. 2) lichtes Rotgültigerz, ↗*Proustit*.
rotierendes Bohren, ↗Bohrverfahren, bei denen die Kraftübertragung zur Gesteinslösung durch Drehung von Bohrgestänge und Bohrmeißel erfolgt: a) Trockendrehbohren (z. B. Schneckenbohren), b) Rotations-Spülungs-Bohren (↗Rotary-Bohrverfahren).
rotierendes Gradiometer ↗Gradiometer.
Rotlehm ↗Rotplastosol.
Rotliegendes, regional verwendete stratigraphische Bezeichnung für das mitteleuropäische Unterperm, die erste Abteilung des ↗Perms (285–258 Mio. Jahre). Es ist ein alter Bergmannsausdruck für das »rote Liegende« des Mansfelder Kupferschiefers. Das Rotliegende ist in Mitteleuropa mit weitgehend kontinental ausgebildeten Sedimenten verbreitet. Leitfossilien sind hier daher Sporen und Pollen, Conchostraken und Wirbeltiere (auch Fährten). Ohne bislang gültige Grenzziehung wird das Rotliegend in die Stufen Autunium und Saxonium gegliedert. Bedeutende

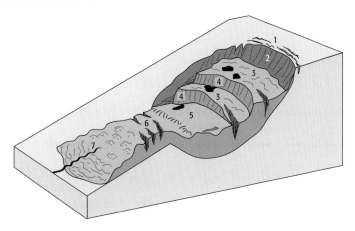

Rotationsrutschung: 1) Oberhang mit Zugrissen, 2) Hauptabrißkante, 3) abgeglittene Schollen, 4) untergeordnete Abrißkante, 5) Hauptrutschmasse, 6) transversale Zugrisse, 7) Rutschungsfuß.

Rotliegendvorkommen finden sich im Saar-Nahe-Trog (Kusel-, Lebach-, Tholey- und Nahe-Gruppe), im Thüringer Wald (Manebach-, Goldlauter und Oberhof-Schichten) und im Niederschlesischen Becken (Broumov-Formation). In Zusammenhang mit der ausklingenden variszischen Gebirgsbildung stehen intensive magmatische Tätigkeiten (Bildung von Porphyren und Melaphyren). In Rußland wird das Rotliegende in Assel-, Sakmara-, Artinsk- und Kungur-Stufe gegliedert. Auf der Südhalbkugel finden sich im basalen Perm noch Hinweise auf die permokarbone Eiszeit (glaziomarine Eurydesma-Schichten und die Ecca-Gruppe in Südafrika). ↗geologische Zeitskala.

Rotor, bezeichnet eine Differentialoperation, mit der aus einem Vektor $\vec{A}$ eines Vektorfeldes ein neuer Vektor $\vec{B}$ berechnet wird:

$$\vec{B} = \operatorname{rot} \vec{A}$$

mit den Komponenten B_x, B_y und B_z in einem rechtwinkeligen Koordinatensystem. Diese Komponenten ergeben sich aus den Beziehungen:

$$B_x = \frac{\partial A_z}{\partial y} - \frac{\partial A_y}{\partial z},$$
$$B_y = \frac{\partial A_x}{\partial z} - \frac{\partial A_z}{\partial x},$$
$$B_z = \frac{\partial A_y}{\partial x} - \frac{\partial A_x}{\partial y}.$$

Der Rotor stellt die Wirbel eines Vektorfeldes dar. Der Operator $\operatorname{rot} \vec{A}$ tritt in den ↗Maxwellschen Gleichungen auf, die die Grundlagen der ↗Magnetotellurik bilden. Der Vektor $\operatorname{rot} \vec{A}$ steht mit dem ↗Stokesschen Satz in engem Zusammenhang.

Rotplastosol, *Rotlehm*, veraltet für rote, hämatithaltige, tonreiche Böden der wechselfeuchten Tropen und Subtropen (↗Fersiallite der deutschen Bodenklassifikation, ↗Nitisols der ↗WRB).

Rotsedimente, durch Eisenoxide rötlich-braun gefärbte Sedimente. Rotsedimente gelten als Hinweis für terrestrische Ablagerung unter oxidierenden Bedingungen, im ↗Präkambrium als erste Anzeichen für eine Anreicherung der ↗Atmosphäre mit Sauerstoff ab etwa 2,2 Mrd. Jahren. Meistens entsteht die Färbung durch Eisenoxid-Häutchen um die Körner (↗Klasten) des Sediments. Eine Färbung der Matrix allein wird nicht als ausreichender Beweis von oxidierenden Bedingungen während der Ablagerung gewertet.

Routenaufnahme, eine Aufnahme des Reiseweges bzw. eine lineare Geländeaufnahme, die im Mittelalter bei Landesaufnahmen und bis zum Ende des 19. Jh. auf Forschungsreisen angewendet wurde. Grundprinzip war die Entfernungsbestimmung aus Schrittmaß, Wagenradumdrehungen oder aus Marschzeit und Geschwindigkeit. Richtungs- und Höhenwinkel wurden freihändig, z. B. mit Marschkompaß oder Gefällmesser, gemessen. Seitlich des Reiseweges liegende Objekte wurden meist nur nach Augenmaß in einer Geländeskizze festgehalten. Da alle diese Messungen während des Marsches erfolgten, wurde meist nur eine Genauigkeit von 1 km in der Lage und 10 bis 200 m in der Höhe erreicht, auch wenn zum Teil abends (Kontrollpunkte) oder an Rasttagen (Hauptpunkte) astronomische Ortsbestimmungen mit ↗Theodoliten und Höhenbestimmungen mit ↗Barometern durchgeführt wurden. Bei der Auswertung wurde zunächst aus den Wegaufnahmen die Länge und Richtung der Routen bzw. Polygonseiten (↗Polygonzug), das heißt der Verbindungslinien der Endpunkte jedes Tagesmarsches abgeleitet. Das Polygonnetz wurde anschließend berechnet und in die Hauptpunkte eingepaßt. Daraufhin erfolgten die Kartierungen in Kartenmaßstäben 1 : 100.000 bis 1:1.000.000. [GB]

Routenplanung, *Routing*, Planung von Fahrtrouten mit Hilfe von Routenplanungssystemen. Auf der Basis von ↗digitalen Karten wird bei der Routenplanung eine optimale Verbindung in Form der schnellsten, kostengünstigsten oder kürzesten Strecke zwischen Startort, Zwischenstationen und Zielort ermittelt. Der ermittelte Streckenverlauf wird sowohl in kartographischer als auch in tabellarischer Form dargestellt. Im Gegensatz zur Fahrzeugnavigation wird die Routenplanung in der Regel vor Fahrtantritt durchgeführt. Einsatzgebiete der Routenplanung sind etwa der Verteilerverkehr von Logistikunternehmen, teilweise in Kombination mit ↗Fahrzeugnavigationssystemen und Flottenmanagementsystemen, oder die Verwendung als »Autoatlas« im privaten Bereich.

RQD-Zahl, *Rock Quality Destination*, zur Gebirgsklassifizierung eingesetzte Bewertung der Felsqualität anhand von Bohrkernen. Ermittelt wird die Summe aller Kernlängen über 10 cm, bezogen auf die gesamte Kernlänge in Prozent. Bohrkerne, die kürzer als 10 cm sind, werden nicht berücksichtigt. Wurden bei einer Kernlänge von 1 m drei Kernstücke mit 10 cm Länge und eines mit 20 cm Länge erhalten, so ergibt sich eine RQD-Zahl von 50%.

R-Strategie, Begriff aus der ↗Populationsökologie für die Strategie von Organismen, sich unter günstigen Umständen sehr stark zu vermehren, dafür aber kaum einen Aufwand für die einzelnen Nachkommen zu betreiben. »R« steht für die endogene Wachstumsrate einer ↗Population. R-Strategen sind in der Lage, einen noch uner-

Fluktuierende Umwelt »R-Strategen«	Stationäre Umwelt »K-Strategen«
schnelles Wachstum	langsames Wachstum
Anpassung an Fluktuationen	stabiles Gleichgewicht
starke Reproduktivität	geringe Reproduktivität
kleine, kurzlebige Individuen	große, langlebige Individuen
Aussterberisiko groß	starke Fähigkeit zur Konkurrenz

R-Strategie (Tab.): Strategienvergleich zwischen R- und K-Strategen.

schlossenen ↗Lebensraum oder Lebensräume mit kurzfristig wechselnden Bedingungen möglichst rasch und vollständig zu besiedeln. Solche Organismen sind i. d. R. klein und haben eine kürzere Lebensdauer. Beispiele sind verschiedene ↗Unkräuter, das limnische ↗Plankton oder Mäuse und Blattläuse. Der R-Strategie wird die ↗K-Strategie gegenüber gestellt (Tab.). Die R-Strategie ist in räumlich und zeitlich stark heterogenen Lebensräumen vorteilhaft, wohingegen die ↗K-Strategie bei konstanteren Verhältnissen nützlicher ist. [MSch]

RTK, *Real Time Kinematic*, ↗*Echtzeitkinematik*.

Rubefizierung, bodenbildender Prozeß, der unter subtropischem oder tropischem Klima zur Ausscheidung und Anreicherung von Eisenoxiden in Böden führt. Insbesondere das Eisenoxid ↗Hämatit bewirkt eine kräftige Rotfärbung der rubefizierten Böden (↗Terra rossa).

Rubidium, *Rb*, Element aus der I. Hauptgruppe des Periodensystems. Es wurde zusammen mit Cäsium 1860 von Bunsen und Kirchhoff im Dürkheimer Mineralwasser mit Hilfe der Spektralanalyse entdeckt. Selbständige Rubidiumminerale gibt es nicht. Rubidium wird anstelle von Kalium in Kristallgitter von Glimmern, Kalium-Feldspäten, besonders im Amazonit, und in Kalisalzen eingebaut. Wichtiges Ausgangsmineral für die Rubidiumgewinnung ist Lepidolith (↗Glimmer). Zusammen mit Cäsium reichert sich Rubidium in den Spätausscheidungen der magmatischen Schmelzen, besonders in granitischen Pegmatiten an. Es ist radioaktiv und kann zur Altersbestimmung rubidiumhaltiger Minerale benutzt werden.

Rubidium-Strontium-Datierung, *Rubidium-Strontium-Methode, $^{87}Rb/^{87}Sr$-Datierung, Rb-Sr-Methode*, ↗physikalische Altersbestimmung aufgrund des Tochter- zu Mutterisotopenverhältnisses von Rb und Sr, die besonders bei Magmatite und Metamorphite mit Altern oberhalb von 10 Mio. Jahren Verwendung findet. Das ↗primordiale Element ^{87}Rb zerfällt mit einer ↗Halbwertszeit von 48,8 Mrd. Jahre unter β^--Emission in ^{87}Sr. Für die Datierung werden von einzelnen Mineralen der Probe mit möglichst hohen Rb/Sr-Verhältnissen sowie der Gesamtprobe jeweils die $^{87}Sr/^{86}Sr$- und $^{87}Rb/^{86}Sr$-Verhältnisse bestimmt. Dies wird nach Isolierung der Isotope, z. B. mit ↗Röntgenfluoreszenz, Neutronenaktivierungsanalyse (↗analytische Methoden) oder mit der ↗Massenspektrometrie, vorgenommen. Die beiden Verhältnisse werden gegeneinander aufgetragen (Abb.), wobei aufgrund der unterschiedlichen ^{87}Rb-Anfangsgehalte in den verschiedenen Mineralen die heute gemessenen Verhältnisse der Tochter- zu Mutterisotope unterschiedlich sind. Zum Zeitpunkt 0, der die letzte Sr-Isotopendurchmischung und damit ein Abkühlungsalter angibt, besitzen alle Minerale das gleiche initiale $^{87}Sr/^{86}Sr$-Verhältnis. Die Steigung der Isochrone ist eine Funktion des Probenalters, wobei die Einzelpunkte in Abhängigkeit von den ↗Schließtemperaturen der einzelnen Minerale mehr oder weniger stark streuen.
Die Rubidium-Strontium-Datierung stellt eine wichtige Methode dar, da Rb und Sr häufig vorkommende Elemente wie K und Ca substituieren können. Sie findet Anwendung besonders bei Graniten, jedoch lassen sich auch Sedimente über authigene Tonminerale oder ↗Evaporite datieren. Mit ihr werden ↗Gesamtgesteinsalter oder ↗Mineralalter bestimmt. Da die datierten Minerale oder Gesteine zum Zeitpunkt des Starts der isotopischen Uhr in der Regel bereits Sr-Isotope enthielten, wird üblicherweise die ↗Isochronenmethode angewandt. Es hat sich gezeigt, daß das Rb-Sr-System insbesondere von Gesamtgesteinen aufgrund der Mobilität des Sr relativ anfällig für Störungen ist. Daher empfiehlt es sich, Rb-Sr-Isochronen durch andere Datierungsmethoden abzusichern und die Möglichkeit einer linearen Anordnung von Probenpunkten aufgrund von Mischungseffekten zu überprüfen. [RBH, SH]

Rubidium-Strontium-Methode ↗*Rubidium-Strontium-Datierung*.

Rubidiumuhr, ↗Atomuhr, die nur als Sekundärstandard eingesetzt wird, da die Frequenz (6,834 682 641 GHz) alterungsbedingt wegdriftet (Driftrate ungefähr 10^{-11} pro Monat).

Rubin, [von lat. rubeus = rot], *Barklyit*, Mineral mit der chemischen Formel Al_2O_3 mit 0,1–0,7 % Cr_2O_3; rote Farbvarietät (karminrot bis taubenblutrot) von ↗Korund (von Edelsteinqualität); Härte nach Mohs: 9; Dichte: 3,99–4,0 g/cm³; durch Entmischung entstandene feinnadelige, orientiert eingelagerte Rutileinschlüsse (↗Rutil) bewirken einen seidenen Schimmer; sind diese Nadeln zahlreich vorhanden, verursachen sie den ↗Asterismus der Sternrubine; Begleiter: Beryll, Chrysoberyll, Granat, Sapphir, Spinell, Topas, Turmalin; Vorkommen: als primäres Mineral in metamorphen Gesteinen, sekundär in Seifenlagerstätten in der Umgebung primärer Vorkommen in Burma, Kambodscha, Sri Lanka, Thailand, Vietnam, Pakistan (in Indien) (in Gneisen), Nepal, Tansania, Kenia u. a. Rubin wird in großen Mengen synthetisiert, vor allem nach dem ↗Czochralski-Verfahren und nach dem Verneuilverfahren (↗Flammenschelzverfahren) sowie auch hydrothermalsynthetisch (↗Hydrothermalsynthese). ↗Edelsteine. [GST]

Rubineisen ↗*Lepidokrokit*.

Rückblick, Ablesung an einer ↗Nivellierlatte bei Zielung entgegengesetzt zur Meßrichtung eines ↗geometrischen Nivellements.

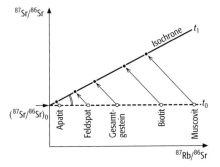

Rubidium-Strontium-Datierung: Isochronen-Diagramm zur Bestimmung des initialen Strontium-Isotopen-Verhältnisses. Zur Zeit = 0 ist das $^{87}Sr/^{86}Sr$-Verhältnis bei allen Teilproben gleich, sie unterscheiden sich nur durch den ^{87}Rb-Gehalt. Zur Zeit t_1 liegen die Rb/Sr-Verhältnisse auf der Isochrone, deren Steigung von der abgelaufenen Zeit bestimmt wird.

Rückfallkuppe, eine im Hang eines Berges liegende Kuppe.

Rückhaltevermögen, Sedimente besitzen wie Böden die Fähigkeit, im Sickerwasser bzw. Bodenwasser suspendierte oder gelöste Stoffe zu filtern. Durch die Filterung werden die Stoffe einer Wirkung auf Bodenorganismen und Pflanzenwurzeln, einer Aufnahme durch Pflanzenwurzeln sowie einer Bewegung in das Grundwasser oder in benachbarte Gewässer entzogen. Nach Größe der Partikel lassen sich grobdisperse (Durchmesser >100 nm) Suspensionen, kolloiddisperse Suspensionen (Durchmesser 1–100 nm) und molekulardisperse, echte Lösungen unterscheiden. Es kann sich dabei um Stoffe handeln, die entweder das Sediment selbst enthält (z. B. Tonminerale) und die als Lösungsprodukte der chemischen Verwitterung (anorganische Anionen und Kationen) oder der Zersetzung und Humifizierung (anorganische Ionen, gelöste und feste organische Verbindungen) anfallen, oder die als trockene (Staub) und nasse atmosphärische Deposition sowie im Rahmen landwirtschaftlicher Nutzung (z. B. Düngesalze, Pestizide) von außen zugeführt werden. Bisweilen wird das Sediment bewußt als Filter genutzt, z. B. bei der Abwasserreinigung, bei der grob-, kolloid- und molekular-disperse organische und anorganische Stoffe zugeführt werden. Die Filterung kann rein mechanisch im Porensystem des Bodens, physikochemisch an den aktiven Oberflächen der feinsten Bodenbestandteile (vor allem Ton und Humus), chemisch durch Bildung kaum wasserlöslicher Verbindungen und biologisch durch Abbau erfolgen. In der Bodenkunde wird die mechanische Rückhaltung als Filtering, die Adsorption an Austauscher oder die chemische Fällung als Pufferung und die Umwandlung oder Abbau als Transformation bezeichnet. Inwieweit Filterung, Pufferung oder Transformation auftreten, hängt sowohl von den Eigenschaften der betrachteten Stoffe als auch von den Eigenschaften der Sedimente bzw. Böden ab.

a) Filterung: Gegenüber grobdispersen Stoffen wirkt ein Boden als Oberflächenfilter oder als Tiefenfilter. Beim Oberflächenfilter sammelt sich der eingetragene Stoff ohne Eindringen in den Porenraum des Filters an der Oberfläche an. Parallel dazu nimmt aber die Wasserleitfähigkeit und damit die Sickerrate ab. In groben Poren werden Partikel mit dem Sickerwasser abwärts verlagert, in kleineren Poren hingegen mechanisch abgefiltert. Losreißen von Teilchen (= innere /Suffusion) und Zurückhalten von Teilchen (= innere Kolmation) sind dabei Wechselwirkungsprozesse mit einem zunächst dynamischen Gleichgewicht. Praktisch erfolgt überwiegend eine Verlagerung in Grobporen (Durchmesser >10 μm). Kolloiddisperse Stoffe unterliegen zusätzlich der Peptisation und der Flockung, wodurch ihr Verhalten im Boden entscheidend modifiziert werden kann. b) Pufferung: Die Puffereigenschaften eines Bodens beruhen darauf, daß gelöste Stoffe durch Adsorption an Adsorbenten (Tonminerale, Huminstoffe, Metalloxide) gebunden, nach Reaktion mit bodeneigenen Stoffen chemisch gefällt oder daß Säuren nach Reaktion mit bodeneigenen Stoffen neutralisiert werden. Adsorptionen sind Gleichgewichtsreaktionen zwischen Bodenlösung und Adsorbens. Diese Beziehung läßt sich mit Hilfe von /Adsorptionsisothermen (z. B. nach Freundlich oder Langmuir) charakterisieren. Beim Ionenaustausch erfolgt die Adsorption eines Kations oder Anions durch Desorption eines sorbierten Kations oder Anions, und zwar in äquivalenten Stoffmengen. Die Ionenaustauschkapazität ist die Stoffmenge aller Ionen, die das Adsorbens als Adsorbat binden kann. Eine Immobilisierung gelöster Stoffe durch Fällung erfolgt, wenn Reaktionspartner vorhanden sind und das Löslichkeitsprodukt der entstehenden Verbindung überschritten wird. Die Pufferung von Säuren bzw. Protonen ist in Böden von besonderer Bedeutung. So können die in Böden gebildeten und über Niederschläge zugeführten Säuren durch Puffersubstanz (Erdalkalicarbonate, Tonminerale, Huminstoffe, Silicate, Sesquioxide) neutralisiert werden. Die Puffer verbrauchen sich dabei durch Lösung oder Austausch und Auswaschung des Freigesetzten. c) Transformation: Viele organische Stoffe können rein chemisch oder an der Oberfläche photochemisch durch Hydrolyse, Oxidation und Isomerisation verändert und abgebaut werden; solche mit hohem Dampfdruck können schließlich gasförmig dem Boden entweichen. In ihrer Intensität treten diese Vorgänge aber meist gegenüber dem mikrobiellen Abbau stark zurück. [ME]

Rückhaltevolumen, Anteil des Wasservolumens einer /Hochwasserwelle, der vorübergehend in /Talsperren, Rückhaltebecken oder /Polder zurückgehalten werden kann.

Rückhang, in Richtung des Einfallens (/Fallen) der Schichten ausgebildeter Hang bei /Schichtkämmen. /Schichtkammlandschaft.

Rückkopplung, allgemeiner Vorgang, bei dem eingetretene Wirkungen wieder auf die Verursachung Einfluß nehmen. Dies kann entweder (selbst-) verstärkend als *positive Rückkopplung*, oder (selbst-) abschwächend als *negative Rückkopplung* geschehen. Die Rückkopplung spielt u. a. bei Klimaprozessen eine Rolle, z. B. /Eis-Albedo-Rückkopplung. /Rückkopplungssysteme.

Rückkopplungssysteme, *Feed-Back-Systeme*, in /Systemen vorkommende Organisationsform, in der durch Verarbeitung einer Information im /Regelkreis die Wirkung eines Stellgliedes, nämlich die Veränderung einer Regelgröße, wieder auf den Regler und damit das Stellglied zurückwirkt (Abb.). Rückkopplungssysteme spielen eine sehr große Rolle in der /Biologie und /Ökologie (/Gaia-Theorie). Bei negativ rückgekoppelten Regelkreisen verringert die steigende Ausgangsgröße die Eingangsgröße. Ein Beispiel stellen biochemische Systeme zur Aufrechterhaltung der Körpertemperatur dar. Hier wird die Nahrungsaufnahme zur Energiegewinnung durch Hungergefühl geregelt. Bei positiv rückgekoppelten Regelkreisen erhöht die Ausgangsgröße die

Eingangsgröße (z. B. exponentielles Wachstum von Bakterien). In der Regel kommen in Ökosystemen positive und negative Rückkopplungssysteme vor, die insgesamt das ökologische Gleichgewicht regeln. [DR]

Rückschenkel / Falte.

rückschreitende Bodenerosion, konzentrierter Abfluß verursacht linienhafte Bodenerosion an konvexen Unterhängen oder an steilen Mittelhängen. Das obere Ende der so entstandenen linienhaften Erosionsform wandert durch weiteren konzentrierten Abfluß rückschreitend hangaufwärts. / fluviale Erosion.

Rückseitenwatt, durch vorgelagerte Düneninseln zum offenen Meer abgegrenztes Watt. / Wattenküste.

Rückstand, bei der Aufbereitung vom Konzentrat abgetrenntes Nebengestein, z. B. / Gangart.

Rückstandslagerstätten / Residuallagerstätten.

Rückstandsproblematik, in der Ökologie die Bezeichnung für Umweltprobleme, die sich aus der Anreicherung von Schadstoffen in Organismen und im Boden ergeben. Vom Menschen gezielt (Pestizide) oder unbeabsichtigt (Abwasser, Industrie- und Kraftfahrzeugemissionen etc.) freigesetzte Stoffe können sich in Restmengen (d. h. Rückständen) in der Umwelt anreichern, wenn sie schlecht oder nicht abbaubar sind (Akkumulationsindikator). Zur Untersuchung der Rückstandsproblematik entwickelte sich das Spezialfachgebiet der *Rückstandsanalytik*, welches sich auch mit der Bestimmung von Grenzwerten oder ökologischen Richtwerten beschäftigt. Mit den Wirkungen von Rückständen auf Lebewesen beschäftigt sich die Ökotoxikologie. Dabei ist zu beachten, daß diese Belastungen auch innerhalb der gleichen Art von Organismus zu Organismus deutlich verschieden sein können und Aussagen von Meßwerten daher meist nicht verallgemeinert werden dürfen. Die Konsequenz aus dieser Unsicherheit besteht darin, daß die Abgabe von Umweltchemikalien minimiert oder vermindert werden muß. Die Problematik von Rückständen, die mit Pflanzenschutzmitteln oder anderen synthetischen Hilfsstoffen direkt in die Nahrungsmittel gelangen, umgeht die biologische Landwirtschaft, indem sie auf solche Substanzen verzichtet. In der Nahrungskette reichern sich speziell schwer abbaubare und fettlösliche organische Substanzen an. Dies trifft z. B. für DDT und polychlorierte Biphenyle (PCB) zu. Die Verwendung dieser Stoffe ist heute weitgehend verboten und ihre Konzentrationen in der Umwelt nehmen wieder ab. In aquatischen Lebensräumen ist die biologische Akkumulation besonders ausgeprägt. Bei Fischen haben hormonelle und hormonell wirksame (endokrine) Schadstoffe aus dem Abwasser einen staken Einfluß auf die Reproduktion und die Geschlechterverteilung. Solche Stoffe werden z. B. für einen Großteil des Fischrückgangs in der Schweiz verantwortlich gemacht. In marinen Lebensräumen spielt insbesondere die Anreicherung von Schwermetallen wie Quecksilber eine große Rolle. Auch in Böden reichern sich insbesondere die nicht abbaubaren Schwermetalle an (Abb.). So gelangen Blei durch die Verbleiung von Benzin und andere Schwermetalle v. a. durch Düngung mit Klärschlamm in Landwirtschaftsböden. Dort werden sie unter basischen Verhältnissen an Bodenpartikel adsorbiert, können aber bei einer Versauerung ausgewaschen oder von Pflanzen aufgenommen werden, was bei Schwermetallpflanzen zur Dekontamination genutzt wird (Phytoremediation). [MSch]

Rückstrahl-Effekt, *corner reflectance*, im Mikrowellenbereich auftretende, zweifache, gerichtete Reflexion an horizontalen respektive vertikalen Flächen (z. B. Straßen und Häuser) in Richtung des Sensors. Es treten Überstrahlungen im Radarbild auf.

Rückstrahlung, *Remission*, Summe aus Reflexion und Emission des von einer Oberfläche rückgestrahlten elektromagnetischen Strahlungsflusses. Nennenswerte Anteile emittierter, bei Dominanz reflektierter Strahlung treten im

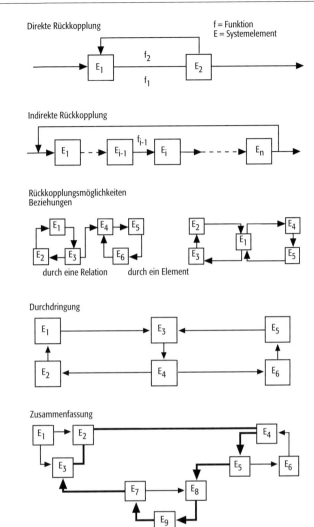

Rückkopplungssysteme: schematische Darstellung.

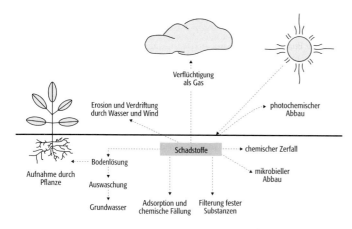

Rückstandsproblematik: Verhalten von Schadstoffen im Boden.

Bereich des mittleren Infrarots (ca. 4 μm), nennenswerte Anteile reflektierter, bei Dominanz emittierter Strahlung im Bereich des mittleren bis thermalen Infrarots (5–7 μm) auf. Remission in Wellenlängenbereichen kleiner 4 μm besteht mehr oder weniger ausschließlich aus reflektierter, Remission in Wellenlängenbereichen größer 7 μm nahezu ausschließlich aus emittierter Strahlung.

Rückstreukoeffizient, *backscatter coefficient, radar cross section,* ein Maß für die Eigenschaft eines Radarziels, Energie zu reflektieren.

Rückstreuung, bei Streuprozessen wird die einfallende Strahlung auf Streuwinkel zwischen 0° und 180° verteilt. Ist der Streuwinkel größer als 90°, spricht man von Rückstreuung. Bei ↗LIDAR und RADAR-Experimenten wird das in der Atmosphäre um 180° rückgestreute Signal analysiert.

Rücktiefe ↗*Randsenke.*

Rücküberschiebung ↗*Überschiebung.*

Rückwärtseinschnitt, *Rückwärtsschnitt,* ↗*Einschneideverfahren.*

Rückweisungsklasse, Teilergebnis der Klassifizierung, bei dem die ↗Bildelemente nicht den durch die Rahmenbedingungen der ↗überwachten Klassifizierung und die ↗Trainingsgebiete vorgegebenen Kriterien für die Zuweisung zu einer der vorgegebenen Klassen genügen, d. h. die ↗Rückweisungsschwelle übertreffen.

Rückweisungsschwelle, Kriterium für die Zuordnung eines Bildelementes im Rahmen der Klassifizierung. Wird dieser Grenzwert überschritten, so wird das Bildelement keiner der vorgegebenen Klassen, sondern der ↗Rückweisungsklasse zugeordnet. Als Maß wird vielfach der ↗Mahalanobis-Abstand gewählt.

Rückzugsmoräne, unregelmäßig vor dem zurückweichenden Eisrand eines ↗Gletschers oder ↗Eisschildes abgelagertes Moränenmaterial (↗Moräne). Im Gegensatz zur ↗Endmoräne, die bei Stillstand oder Vorrücken des Eisrandes entsteht, wird die Rückzugsmoräne nicht wallförmig akkumuliert.

Rückzugsphase ↗*Rückzugsstadium.*

Rückzugsstadium, *Rückzugsstadial, Rückzugsphase,* Stillstandsphase des Eisrandes eines ↗Gletschers oder ↗Eisschildes während des generellen, mit dem Abschmelzen verbundenen Rückzugs des Eisrandes nach einem vorherigen Maximalstand. ↗Endmoränen oder Staffeln von Endmoränen zwischen der am weitesten reichenden Eisrandlage und dem Eisursprungsgebiet weisen auf Rückzugsstadien hin. Sie entstehen durch das Verharren des Eisrandes für eine bestimmte Zeit oder durch ein erneutes kurzfristiges Vorrücken des Eisrandes, was zu deutlich ausgeprägten ↗Stauchendmoränen führt. ↗Gletscherrückgang.

Ruderalböden ↗anthropogene Böden.

Ruderalpflanzen, ↗Pflanzen, die besonders auf stickstoffreichen Flächen (↗Ruderalstellen) wie Schutthalden, Wegrändern, unbebauten städtischen Grundstücken, Überschwemmungsbereichen und Uferbänken von Flüssen vorkommen. Ruderalpflanzen sind spezialisiert auf ihren ↗Lebensraum, besonders auf die dort vorkommenden mineral- und stickstoffreichen Ruderalböden. Beispiele für Ruderalpflanzen in Mitteleuropa sind Schwarznessel (*Ballota nigra*), Brennessel (*Urtica dicea*) und Gänsefuß (*Chenopodium*), oder verschiedene ↗Arten der ↗Neophyten wie die gelbblühende Nachtkerze (*Oenothera biennis*) und die strahlenlose Kamille (*Matricaria matricarioides*).

Ruderalstelle, *Ruderalfläche,* stark durch den Menschen geprägter ↗Standort. Kennzeichen sind wenig ausgebildete stickstoff- und skelettreiche Schuttböden (Ruderalboden), die pflanzenarm oder mit Pioniergesellschaften besiedelt sind (↗Pionierpflanzen). Beispiele sind Schuttplätze, Straßenränder, unbebaute Grundstücke, Gleisanlagen und Abfallberge. Infolge der geringen Vegetationsdecke und Wasserspeicherfähigkeit der Böden ist das ↗Ökosystem der Ruderalflächen durch starke wasserhaushaltliche und mikroklimatische Schwankungen gekennzeichnet. Für den ↗Naturschutz sind die Ruderalflächen kein Unland, sondern wichtige erhaltenswerte ↗Geoökotope.

Rudit, Bezeichnung in der deutschen Literatur für Carbonate mit einer durchschnittlichen Korngröße größer als 2 mm.

Rugosa, eine ausgestorbene Ordnung von solitären und koloniebildenden ↗Korallen, die vom mittleren Ordovizium bis zum Perm wichtige Riffbildner und -bewohner waren.

Ruhedruckbeiwert, K_0, ist der Quotient zwischen dem Horizontaldruck P_h und dem Vertikaldruck P_v im Primärspannungszustand des Untergrundes. Der Ruhedruckbeiwert ist bei einem ausgeglichenen Spannungszustand vor allem von der ↗Scherfestigkeit abhängig und kann empirisch durch:

$$K_0 = v/(1-v) \text{ bzw. } K_0 = 1 - \sin\varphi$$

ausgedrückt werden, wobei v die Poisson-Zahl und φ der ↗Reibungswinkel ist.

Ruhekliff, infolge Regression (↗Regressionsküste) oder Verbreiterung der Brandungsplattform durch anhaltende ↗Abrasion nicht mehr im Wirkungsbereich der ↗Brandung liegendes ↗Kliff. (↗litorale Serie Abb. 2).

Ruheperiode, *Ruhezustand*, in der ↗Ökologie die Bezeichnung für einen Zeitabschnitt mit stark verminderter Stoffwechselaktivität der Organismen. Die Ruheperiode ist meist an aride oder kalte Perioden gekoppelt, wie sie in vielen Gebieten jahreszeitlich bedingt sind und in denen verbreitet Laubwurf stattfindet oder viele oberirdische Pflanzenteile absterben. Die Ruheperioden sind durch Ruhestadien gekennzeichnet, bei Tieren beispielsweise in der Form des Winterschlafs.

Ruhespiegel, der ↗Grundwasserspiegel vor dem Beginn einer hydraulischen Maßnahme, z. B. der Grundwasserförderung über einen Entnahmebrunnen.

Ruhespur, *Cubichnion*, ↗Spurenfossilien.

Ruhewasserstand, beim Ausgleich von Wellenberg und Wellental (↗Wellen) sich ergebender Wasserstand.

Rumbenkarte ↗Portulankarte.

Rumpfebene ↗*Rumpffläche*.

Rumpffläche, *Rumpfebene*, rezente oder vorzeitliche, weitgespannte und flachwellige ↗Abtragungsfläche, die unabhängig von der Widerständigkeit der Gesteine oder Gesteinsbereiche (↗Petrovarianz), Faltungsstrukturen, Bruchlinien und ↗Verwerfungen das anstehende Gestein kappt. Die Rumpffläche ist der Prototyp der (geo)morphogenetischen, klimageomorphologisch (↗Klimageomorphologie) begründeten ↗Skulpturform, die keinen Zusammenhang zwischen geologischem Aufbau des Gebirges und der Reliefform erkennen läßt. Rumpfflächen entstehen unter wechselfeucht tropischem bis subtropischem Klima, welches eine intensive chemische ↗Verwitterung und ↗Flächenbildung durch ↗Flächenspülung mit sich bringt. Voraussetzung für einen hohen ↗Flächenabtrag durch Flächenspülung sind ergiebige Starkniederschläge und geringe Deckungsgrade der Vegetation. Zonen aktiver Rumpfflächenbildung sind z. B. in Westafrika und Indien zu finden. Zur Entstehung von Rumpfflächen werden in der Klimageomorphologie verschiedene Theorien diskutiert. Eine davon ist die der ↗doppelten Einebnungsfläche von J. ↗Büdel mit mächtiger Verwitterungsdecke über einer Verwitterungsbasisfläche und Flächenspülung durch Schichtfluten an der Geländeoberfläche. Aufgrund vermehrter Beobachtungen der aktuellen Flächenbildung kann heute davon ausgegangen werden, daß die Abtragung mit annähernd gleicher Geschwindigkeit wie die Verwitterung des Untergrundes stattfindet und dadurch nur ein dünner Schleier aus Verwitterungsgrus das anstehende Gestein überdeckt. Der Normalfall der aktiven Rumpfflächenbildung ist daher die Existenz von nur einer Einebnungsfläche. Rumpfflächen bilden verbreitet Rumpfflächenlandschaften, zu denen viele Mittelgebirge Europas (z. B. Rheinisches Schiefergebirge, Harz) zählen. Da diese Gebirge gleichzeitig von Bruchlinien umgrenzte ↗Bruchschollengebirge sind, die tektonischen Hebungsvorgängen (↗Tektonik) unterliegen, sind die Rumpfflächen an den Rändern in Form einer ↗Rumpftreppe übereinander angeordnet. Perioden ausgeprägter Rumpfflächenbildung (wechelfeucht-tropoides Klima) waren in Mitteleuropa im ↗Perm und im ↗Tertiär, daher sind hier alle Rumpfflächen klimagenetische Vorzeitformen, die während des ↗Quartärs durch Taleintiefung zerschnitten und teilweise zerstört wurden. Heute findet man nur noch Flächenreste ehemals verbreiteter Rumpfflächen. [JBR]

Rumpfschollengebirge ↗Bruchschollengebirge.

Rumpfstufe, am Außenrand einer ↗Rumpffläche liegender Steilhang, der stufenartig zur nächst tiefer gelegenen Rumpffläche führt. Eine Abfolge von mehreren übereinanderliegenden Rumpfflächen und sie trennenden Rumpfstufen wird als ↗Rumpftreppe bezeichnet.

Rumpftreppe, Abfolge von übereinanderliegenden ↗Rumpfflächen, die durch ↗Rumpfstufen getrennt sind und in Form einer Treppe den Rand eines Gebirges bilden (Abb.). Jede Rumpffläche kann dabei in breiten Tälern in die nächst höhere Rumpffläche hineingreifen. Die Theorien zur Entstehung von Rumpftreppen gehen auf Überlegungen von W. ↗Penck zurück, der die ↗Piedmonttreppe als Ergebnis von flächenhafter Abtragung und Hebungsprozessen interpretierte. Heute gilt wechselfeucht warmes Klima als Voraussetzung für die ↗Flächenbildung durch intensive chemische Verwitterungsprozesse (↗Verwitterung) und starke ↗Flächenspülung. Die Treppung erfolgt durch phasenhafte Hebung des Gebirges. Die erste, um ein zentrales Bergland liegende Rumpffläche wird dadurch in ein höheres Niveau gehoben und unterliegt der erosiven Zerschneidung. Vom Gebirgsrand her entwickelt sich in der folgenden tektonischen Ruhephase, von der ersten durch eine Steilstufe getrennt, die zweite Rumpffläche, welche die erste aufzuzehren beginnt. Erfolgt eine weitere Hebungsphase, so wird auch sie gehoben und unterliegt der Zerschneidung durch die rückschreitende Erosion (↗fluviale Erosion) von der unter ihr neu entstehenden, dritten Rumpffläche. Jede Rumpffläche vergrößert sich so auf Kosten ihrer nächsthöheren, bis das Bergland aufgezehrt ist. [JBR]

Rundhöcker, durch ↗glaziale Erosion von ↗Gletschern oder ↗Eisschilden entstandene, längliche Rücken aus Festgestein. Durch ↗Detersion wird

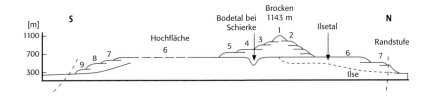

Rumpftreppe: Rumpftreppenbildung (1–9) am Beispiel des Harzes.

der Rundhöcker auf der Luvseite (gegen die Eisfließrichtung gewandte Seite) flach geschliffen, geschrammt und poliert, während die eisabgewandte Leeseite durch ↗Detraktion versteilt werden kann. Rundhöcker kommen oft in großer Anzahl vor und bilden dann Rundhöckerlandschaften. In den Alpen sind Rundhöcker im Bereich der ↗Kare und auf ↗Transfluenzpässen besonders häufig und gut ausgebildet zu finden.

Rundkarren ↗Karren.

Runit ↗Schriftgranit.

Runse, *Barranco, Gully, Kerbe, Klinge, Rachel, Ravine, Reche, Sieke, Tilke*, steilwandige, oft mehrere Meter tiefe Erosionsschlucht mit kerben- bis kastenförmigem Querschnitt, deren Länge mehrere hundert Meter betragen kann. Obwohl Runsen i. d. R. kein Gerinnebett mit perennierendem Abfluß aufweisen, sind sie während starker Niederschlagsabflußereignisse durch ↗fluviale Erosion oder ↗Piping entstanden und können episodisch oder periodisch weitergeformt werden. Sie bilden sich bevorzugt an Hängen, die von kohäsiven Lockersedimenten (meist ↗Löß, Lößderivate und ↗Kolluvium) bedeckt sind. Für die Runsengenese kommen zwar auch natürliche Prozesse in Frage (↗badlands), jedoch sind viele Runsen eine Folgeerscheinung anthropogen ausgelöster linienhafter ↗Bodenerosion im Bereich von landwirtschaftlichen Nutzflächen. Wie die vielen Synonyme zeigen, sind Runsen in einigen Gegenden Mitteleuropas ein weit verbreiteter Erosionsschaden. Die heute in wiederaufgeforsteten Gebieten zu findenden Runsen entstanden häufig schon im Mittelalter und gelten aufgrund der erosionsmindernden Wirkung des Waldbestandes als fossil. [KMM]

Runsenlawine ↗Lawine.

Runzelschieferung, *Runzelung, Krenulation*, entsteht, wenn eine jüngere ↗Schieferung ein älteres planares Gefüge, meist eine ältere Schieferung, überprägt (Abb. im Farbtafelteil). Da Schieferungen ↗Scherflächen darstellen, wird die ältere Flächenschar an den Flächen der jüngeren geschleppt und sigmoidal verbogen. Bewirkt die jüngere Schieferung nur eine Plättung, so kann eine Mikrofaltung (im Dünnschliff bis mm-Bereich) der älteren Schieferung resultieren, wobei die Anordnung der Faltenschenkel (↗Falte) dieser Mikrofalten in etwa die Orientierung der jüngeren Schieferung markiert.

Rupel, *Rupelium*, international verwendete stratigraphische Bezeichnung für die untere Stufe des ↗Oligozäns, benannt nach dem Fluß Rupel in Belgien. ↗Paläogen, ↗geologische Zeitskala.

Ruptur, tektonische Unterbrechung, Bruch; übergeordneter Begriff für Zug- und Verschiebungsbrüche im Mikro- und Makrobereich.

rural, *ländlich*, allgemeine Bezeichnung für den durch die ↗Landwirtschaft geprägten ↗ländlichen Raum. Die rurale ↗Kulturlandschaft wird der durch Industrie und Siedlungen geprägten urbanen Kulturlandschaft gegenübergestellt.

Ruschelzone, durch tektonische Vorgänge, z. B. Verwerfungen, verursachte, mehr oder weniger breite Zerrüttungszone im Gestein. Der Gesteinsverband ist hier intensiv aufgelockert, geklüftet, zerschert, gefältelt oder zerquetscht.

Rüstungsaltlasten, Schadstoffe (vor allem Explosionsstoffe und deren Abbauprodukte, teilweise auch Giftgase), die bei Einsatz, Lagerung oder Herstellung von Rüstungsgütern in die Umwelt gelangt sind; spezielle Form der ↗Altlasten; betrifft im allgemeinen Munitionsproduktionsstätten und Truppenübungsplätze.

Rute, ein altes Längenmaß mit örtlich variierenden Größen von 2 m bis 5 m. Meistens war die Rute in 10 oder 12 Fuß unterteilt.

Rutil, [von lat. *rutilus* = rötlich glänzend], *Cajuelit, Edisonit, Gallitzinit, Titanerz, Titan-Kalk, Titan-Schörl*, wichtiges Titan-Mineral mit der chemischen Formel TiO_2 und ditetragonal-dipyramidaler Kristallform; metall- bis diamantartig glänzende, blutrote, braunrote, seltener gelbliche, braune oder eisenschwarze (Nigrin), prismatische langgestreckte oder dicksäulige bis na-

delfeine Kristalle (Abb. 1), derbe Massen oder Körner, die meist etwas Eisen, Niob, Tantal (Strüverit, Tantal-Rutil), SiO_2, Chrom (dann schwarzgrün), Vanadium und Aluminium enthalten (der TiO_2-Gehalt wird dadurch auf 94–98 % erniedrigt); Rutile in Eklogit-Einschlüssen in Kimberliten können bis 20,9 % Nb_2O_5, bis 8,2 % Cr_2O_3, bis 1,35 % ZrO_2 und bis 24.000 ppm (g/t) OH^- enthalten; Härte nach Mohs: 6–6,5; Dichte: 4,2–5,6 g/cm^3 (mit Nb- und Ta-Gehalten ansteigend); durchscheinend bis undurchsichtig; Strich: gelblichbraun; Bruch: muschelig bis uneben; zahlreiche Zwillingsbildungen (gitterartige Verwachsungen von Rutilnadeln unter Zwillingswinkeln werden als *Sagenit* bezeichnet (Abb. 2); bei hohen Drücken von etwa 10 GPa findet ein Phasenübergang zu Rutil mit Columbit-Struktur statt; Vorkommen: Rutil ist unter den drei Titandioxid-Mineralien (Rutil, Anatas und Brookit) die

Rutil 1: Rutilkristall.

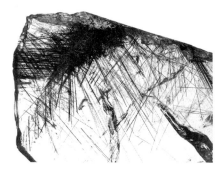

Rutil 2: Bergkristall mit Rutilnadeln von Sankt Gotthard.

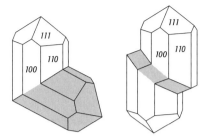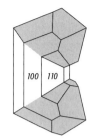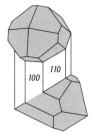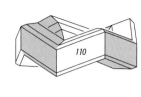

Rutilgesetz: Zwillinge nach dem Rutilgesetz.

stabilste Modifikation und am weitesten verbreitet und kommt vor als akzessorischer Gemengteil in magmatischen und metamorphen Gesteinen, in alpinen Klüften (z. B. Österreich, Schweiz), in Gabbro-Pegmatiten, z. B. in Kragero (Norwegen) und in Nelson (Nelsonit) in Virginia (USA). Wirtschaftlich wichtig sind nur die Vorkommen von Rutil als Geröll in ↗Seifen, aus denen er in Australien, Sierra Leone, Südafrika, den USA, Sri Lanka und Indien gewonnen wird. Rutilnadeln finden sich oft als Einschlüsse in anderen Mineralen, wie z. B. Quarz (Rosenquarz, Bergkristall); sie sind dort ggf. für den in ↗Edelsteinen, z. B. Rubin und Saphir, geschätzten ↗Asterismus verantwortlich. Verwendung: Natürlicher Rutil wird zur Gewinnung von Titan-Metall (über $TiCl_4$) gebraucht; im Rahmen der Titandioxid-Pigment-Industrie künstlich hergestellter Rutil dient als hochwertiges Weißpigment (Titanweiß), nach dem Verneuilverfahren (↗Flammenschmelzverfahren) hergestellter synthethischer Rutil wegen seiner hohen Refraktion und Dispersion als Diamantersatz (Titania und Titania Night Stone). [GST]

Rutilgesetz, Zwillingsbildung bei zentrosymmetrischen Kristallen, besonders in der ditetragonal-dipyramidalen Kristallklasse bei Rutil mit (011) als Zwillingsebene (Abb.).

Rutschung, Hangrutschung, ↗Hangbewegungen.

Rutschungsdatierung, zeitliche Einordnung von Rutschungen. Eine genaue Datierung ist schwierig, da echte Datierungshilfen in Form organischer Stoffe (Holz und Holzkohlen, Pollen und tierische Überreste) selten vorliegen. Meist ist man auf paläoklimatische Betrachtungsweisen und geomorphologische ↗Rutschungsmerkmale angewiesen. Als fossile Rutschungen werden solche bezeichnet, die unter anderen morphologischen Voraussetzungen entstanden und heute kaum noch erkennbar sind. Solche Rutschungen werden meist ins ↗Pleistozän datiert. Bei der zeitlichen Einschätzung nacheiszeitlicher Rutschungen sind die einzelnen niederschlagsreichen Perioden (z. B. Atlantikum vor ca. 6000–4000 Jahren) zu beachten. Bei aktiven Rutschungen ist die den Hang bedeckende Vegetation für die Datierung wichtig. Schiefgestellte Bäume sind Anzeichen für momentane Bewegungen, während ↗Säbelwuchs in Kombination mit dem Wuchsalter der Bäume Aufschluß über frühere Bewegungen geben kann. Beim zeitlichen Abschätzen von Rutschungsformen ist generell zu bedenken, daß es sich oft nicht um einmalige Ereignisse handelt, sondern über Jahrhunderte oder Jahrtausende immer wieder Bewegungen stattgefunden haben können. [WK]

Rutschungskartierung, bei Rutschungskartierungen werden ↗Rutschungsmerkmale in einem kleinen Maßstab (1 : 2000 oder kleiner) festgehalten. Die Genauigkeit der Aufnahme kann naturgemäß nur so gut wie das vorliegende Kartenmaterial sein. Aus diesem Grund ist eine Auswertung von Luftbildern zu empfehlen, welche durch ihre stark erhöhte Stereoansicht Oberflächenformen besonders gut zeigen. Aus einer kombinierten Bearbeitung von alten und aktueller Bildern können außerdem Veränderungen festgestellt werden. Bei guter topographischer Grundlage reicht oft eine ingenieurgeologische Aufnahme mit dem Maßband. Andernfalls ist es meist sinnvoll, eine geodätische Vermessung durchzuführen. Immer häufiger werden photogrammetrische Vermessungen aus der Luft zur Erstellung von Lageplänen mit Höhenlinien durchgeführt, da dies, vor allem bei ausgedehnten Rutschungen, meist wirtschaftlicher als eine Vermessung am Boden ist. Kartiert werden müssen alle Rutschungsmerkmale und die hydrogeologischen Verhältnisse, wobei es gilt, Quellen, nasse Stellen und Vertiefungen ohne Abfluß zu erfassen. Da die Gleitfläche von Hangbewegungen häufig vergleichsweise wasserundurchlässig ist, treten in diesem Bereich gerne Quellen auf. Zusätzlich zu der flächenmäßigen Kartierung müssen für die Beurteilung der Rutschung immer ein oder mehrere Längsprofile über die gesamte Länge der Rutschung aufgenommen werden. Um die Profile später für Standsicherheitsberechnungen verwenden zu können, sollte auf eine Überhöhung verzichtet werden. [WK]

Rutschungsmerkmale, sind z. B. auffallend flache Hangformen. Sie sind meist ein Hinweis auf einen wenig stabilen Untergrundaufbau, der zum Rutschen neigt. Auch unruhige Geländeformen, die nicht auf unterschiedliche Gesteinshärten oder Grabungen hinweisen, sind Rutschungsanzeiger. Bei aktiven Rutschungen muß im oberen Hangbereiche vor allem auf unbewachsten Steilböschungen und -spalten geachtet werden. In unteren Hangbereichen treten auffallende Buckel, langgestreckte Aufwölbungen und zungenartige Wülste auf. In allen Hangbereichen muß man auf morphologische Einkerbungen bzw. Geländekanten, längsovale Dellen, abflußlose Senken sowie Längs- und Querspalten achten. Auf bestockten Flächen kann bei Bäumen ↗Säbelwuchs auftreten. Im Talgrund führen Rutschungen zur Verdrängung von Bachläufen.

Rutschungsmorphologie, Beschreibung der während einer Rutschung entstandenen Formen. Der ursprüngliche Hang wird in drei Bereiche eingeteilt: a) Abrißgebiet mit dem meist sehr steilen Hauptabriß, b) mittlere Bewegungszone, in der häufig fast ungestörte Abrutschmassen vorliegen, und c) aufgewölbter Fuß der Rutschung.

Rüttelstopfverdichtung, Maßnahme zur Erhöhung der Standsicherheit und zur Minderung der Setzungen. Die Rüttelstopfverdichtung ist eine punktförmige Bodenstabilisierung, wobei tragfähige Stopfsäulen hergestellt werden. Um eine flächenhafte Stabilitätserhöhung zu erlangen, müssen ausreichend viele Stopfsäulen vorliegen. Bei Dämmen wird z. B. ein Raster von 1,5 × 1,5 m eingebracht. Rundkorn oder Schotter von 10–100 mm wird häufig als Füllmaterial verwendet. Bei Deponien wird der Abfall zerkleinert und als Stopfmaterial verwandt. So wird Abfall entsorgt und gleichzeitig für die Stabilität der Deponie gesorgt. Der allgemeine Vorgang ist: Material wird in die vorgebohrte Säule eingebracht und durch Rütteln verfestigt und weiter nach unten gestopft, dann wird weiteres Material eingegeben und wieder verfestigt, bis das Bohrloch zur gewünschten Höhe gefüllt ist. Die Stopfsäule kann je nach Füllmaterial durch die Zugabe von Bindemitteln weiter verfestigt werden. [SRo]

Rüttelverdichtung, Maßnahme zur Erhöhung der Festigkeit des Bodens. Die Verdichtung wird durch horizontale Schwingungen der Rüttelmaschine auf den zu verdichtenden Boden erreicht. Oberflächlich werden durch Rüttel- und Stampfmaschinen 1–2 m Tiefe erreicht. Tiefenrüttler erreichen größere Tiefen und werden für die ↗Rüttelstopfverdichtung verwandt.

RV, *reduction of (error) variance*, prozentuale Reduktion der Fehlervarianz von Vorhersagen:

$$RV = 1-(s_1/s_2)^2 \cdot 100 \text{ in } \%,$$

wobei in der ↗Verifikation meteorologischer Vorhersagen meist statt der Fehlerstreuung s der ↗rmse-Wert gewählt wird. Ist RV = 100%, handelt es sich um eine perfekte, fehlerfreie Vorhersage mit $s_1 = 0$, RV = 0 und keinem Unterschied zwischen s_1 und s_2. Ist RV < 0, ist Modell 1 bezüglich s bzw. rmse fehlerhafter als Modell 2. Als Vergleichsmöglichkeiten sind von besonderem Interesse: a) »echte« Vorhersage zu ↗Referenzvorhersage: Hier dient RV als ein Maß der wissenschaftlichen ↗Vorhersageleistung. Noch ungelöste Vorhersageprobleme zeichnen sich durch RV < 0 aus (↗Vorhersagbarkeit). b) »manuelle« Vorhersagen (Modells 1) zu automatische Wettervorhersagen (Modell 2): Hier dient RV als Maß der Über-/Unterlegenheit des Modells 1 im Vergleich zu Modell 2, speziell als Maß der »Veredelungsleistung« des Experten relativ zum automatischen Produkt. c) Vergleich von Fehlerstreuungen, die typisch für unterschiedliche Zeitpunkte waren: Hier dient RV als Maß des Leistungstrends. Ein Vergleich am Beispiel einer Vorhersage der Tageshöchsttemperatur für Potsdam vier Tage im voraus zeigt: rmse$_2$ im Jahre 1971 = 4,85 K, rmse$_1$ im Jahre 1998 = 3,06 K entspricht einem RV = 1-$(3,06/4,85)^2$ = 60%, d. h. im Verlaufe dieses Zeitraumes gelang eine Verminderung der Fehlervarianz (rmse^2) von 60% (Abb.). [KB]

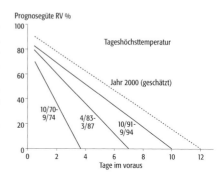

RV: Entwicklung der Prognosegüte RV bei der Vorhersage der Tageshöchsttemperatur seit 1970 am Beispiel Potsdam. Eine erfolgreiche Prognose konnte zu Beginn nur bis zum 3. Folgetag erstellt werden. Man erkennt anhand der Fächerstruktur der ausgeglichenen Kurven, daß der Fortschritt vor allem in der Mittelfristvorhersage stattfand. Die für das Jahr 2000 geschätzte Leistungskurve wurde anhand der Daten des Zeitraumes 1970–1994 extrapoliert.

SA ↗ *Selective Availability*.

Saale-Kaltzeit, von K. Keilhack 1909 benanntes vorletztes Glazial (↗Eiszeit), zwischen ↗Holstein-Interglazial und ↗Eem-Interglazial, im Gegensatz zur Saale-Kaltzeit i. e. S. wird es auch als Saale-Komplex bezeichnet. Der Saale-Komplex beginnt mit dem Einsetzen eines subarktischen Klimas nach dem Holstein-Interglazial und ist gegliedert (von alt nach jung) in: Fuhne-(Mehlbek-)Kaltzeit, Dömnitz-(Wacken-)Warmzeit, Saale-Kaltzeit (i. e. S.). Während der Fuhne-Kaltzeit kam es zur Entwaldung, in der Dömnitz-Warmzeit konnte sich wieder ein wärmeliebender Wald entwickeln und die Saale-Kaltzeit i. e. S. begann mit einer längeren, nichtglazialen Kaltphase mit Tundrenvegetation, die durch mehrere ↗Interstadiale gegliedert war. Der jüngere Abschnitt der Saale-Kaltzeit i. e. S. ist durch zwei große Eisvorstoßphasen unterteilt, das ältere Drenthe-Stadium und das jüngere Warthe-Stadium. Das nordische Inlandeis reichte beim Drenthe-Hauptvorstoß bis an den Nordrand der mitteleuropäischen Mittelgebirge und hat zwischen Düsseldorf und Nijmwegen den Rhein überschritten. Das Eis des Warthe-Stadiums erreichte im Westen die Lüneburger Heide. Der Eisrand zog von dort in SE-Richtung nördlich von Magdeburg über den Fläming bis nördlich Breslau.

Es können generell drei verschiedene Moränen ausgegliedert werden, wobei die Korrelationen im Detail noch Schwierigkeiten machen und in der Tabelle zusammengefaßt sind. Die Rehburger Endmoräne (↗Rehburger Phase), ein Höhenzug, der durch ganz Norddeutschland verläuft, ist ein Stauchmoränenzug, der vom Drenthe-Hauptvorstoß überfahren wurde. Alle intra-saalezeitlichen Warmzeiten (Uecker-Warmzeit, Treene-Warmzeit) haben sich bislang nicht bestätigen lassen. Die Schmelzwässer des Warthe-Stadiums flossen durch das Breslau-Magdeburg-Bremer-Urstromtal zur Nordsee. Im Periglazialraum bildeten sich in der Saale-Eiszeit große Schotterfluren, die in Sachsen als Komplex der Hauptterrassen und am Rhein als untere Mittelterrassen bezeichnet werden. [WBo]

Saamiden ↗ Proterozoikum.

Säbelwuchs, auffällige Krümmung von Baumstämmen auf bewegten Hangpartien. Das Alter der Bäume und der Krümmungsgrad der Stämme läßt Rückschlüsse auf das Alter und die Art der Bewegung zu. Vorsicht ist hierbei jedoch an sehr steilen Hängen geboten, da dort der Säbelwuchs eine reine Folge der Hangneigung ist. Auch die alleinige Verbiegung der untersten Meter eines Stammes, welche i. a. auf Schneeschub zurückzuführen ist, fällt nicht unter diesen Begriff.

Sabkha, *Sebkha*, ein supratidaler, zwischen der eigentlichen Küstenebene und dem höchsten Intertidal vermittelnder breiter und vollständig ebener Küstenstreifen in ariden und semiariden Regionen, welcher in regelmäßigen oder unregelmäßigen Abständen von Springtiden oder Sturmfluten überflutet wird. Solche Küsten-Sabkhas können kontinuierlich in nicht mehr marin beeinflußte Inland-Sabkhas übergehen, welche besser als Küstenplayas bezeichnet werden. Sabkhas sind an vielen rezenten Küsten verbreitet und insbesondere im Bereich des Persischen Golfes exemplarisch untersucht. Sie bilden den strandnächsten Abschnitt progradierender Küstenebenen und sind als ausgedehnte Ablagerungsräume wegen der niedrigen Erosionsleistung insbesondere an flachen Küstenstreifen mit geringem Offshore-Gradienten und Tidenhub, insbesondere im Schutz von Barriere-Inseln oder Küstendünen, verbreitet. Sabkha-Ablagerungen bilden sich sowohl in siliciklastischen als auch carbonatischen Ablagerungsregimen verbreitet im Top von Shallowing-Upward-Zyklen (↗Sequenzstratigraphie) (Abb.). Die ausgesprochen fossilarmen Ablagerungen zeichnen sich durch eine in ihrem Anteil wechselnde Sedimentfolge aus Evaporiten (Sulfate, Chloride), Äolianiten und den vorwiegend tonig-siltigen Sedimenten alluvialer Küstenebenen aus. Eingeschaltet sind ↗Tempestite, stromatolithische Sedimente (↗Stromatolithe) und die aus der Aufarbeitung trockengefallener Bereiche stammenden, aus scherbigen Geröllen bestehenden »Flat pebble-Konglomerate«. Aufgrund des hohen Grundwasserspiegels und der Klimakonditionen ist »eva-

		Niedersachsen		Schleswig-Holstein		Sachsen
Saale-Komplex	Saale i.e.S.	Warthe-Stadium = Warthe-Moräne	Warthe	jüngere Grundmoräne (Hennstedt-Vorstoß)		obere Saalegrundmoräne = Warthe-Moräne (Fläming-Phase)
		Drenthe 2 – Moräne = jüngerer Drenthe-Vorstoß (Lamstedter Phase)	Drenthe	mittlere Grundmoräne (Kuden-Vorstoß)	untere Saalegrundmoräne = Drenthe-Moräne	mittlere + jüngere Drenthe-Moräne (Leipziger Subphase)
		Drenthe 1 – Moräne = Haupt-Drenthe-Vorstoß (Hamelner Phase)		ältere Grundmoräne (Burg-Vorstoß)		ältere Drenthe-Moräne (Zeitzer-Phase)
		Dömnith-Warmzeit (= Wacken)	Frühsaale	Wacken-Warmzeit		Delitzsch-Kaltzeit
						Dömnitz-Warmzeit
		Fuhne-Kaltzeit		Mehlbek-Kaltzeit		Fuhne-Kaltzeit

Saale-Kaltzeit (Tab.): stratigraphische Untergliederung der Saale-Kaltzeit.

Sachdaten

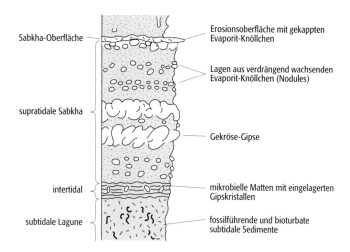

Sabkha: vereinfachte Shallowing-Upward-Sequenz eines Sabkha-Regimes.

porative pumping« mit nachströmenden, oft hyperhalinen marin-phreatischen Wässern die Regel. Die Folge ist eine intensive diagenetische Überprägung des Sediments durch Evaporitausscheidung an oder nahe der Sedimentoberfläche, synsedimentäre bis frühdiagenetische Dolomitisierung sowie durch Verdrängungs- und Lösungsprozesse. [HGH]

Sachdaten, als Teil der /Geodaten sind Sachdaten thematische Daten oder Attribute, die keine geometrischen Elemente aufweisen. In raumbezogenen Informationssystemen können Sachdaten z. B. in Form von Tabellen vorgehalten werden, die über einen Schlüssel mit der Geometrie verknüpfbar sind.

Sackung /Talzuschub.
Sackungsdoline, Erdfall, /Doline.
SAD /Sonderabfalldeponie.
SAF, Satellite Application Facility, Einrichtungen zur dezentralen Auswertung von Satellitendaten im Rahmen von /EUMETSAT, primär bei Wetterdiensten und anderen Institutionen in EUMETSAT-Mitgliedsstaaten.

Saffir-Simpson Hurricane Scale, vom Wetterdienst der USA und inzwischen zunehmend weltweit benutzte, aus 5 Kategorien bestehende Skala zur Klassifizierung von tropischen Wirbelstürmen (/tropische Zyklonen) nach den auftretenden Windgeschwindigkeiten (auf der Basis von 1-minütigen Mittelwerten) und den diesen Windgeschwindigkeiten und der im Küstengebiet auftretenden Flut entsprechenden potentiellen Schäden (Tab.). /Windstärke.

Sagenit /Rutil.
Sagnac-Effekt /Laserkreisel.
Sagvandit, ein seltenes metamorphes Gestein, das überwiegend aus /Enstatit und /Magnesit besteht. Sagvandite bilden sich aus /Ultramafititen bei Metamorphosetemperaturen von mehr als 600°C und hohen X_{CO_2}-Gehalten in der fluiden Phase (Abb.). Bei niedrigeren X_{CO_2}-Gehalten entstehen /Talkschiefer oder /Ophicarbonate. /Metamorphose.

saharo-sindhische Region, /biogeographische Region, welche nach /Arten und Gattungen den Verbreitungstyp von Tieren und Pflanzen der /Wüsten und /Halbwüsten Nordafrikas bis zum nordwestindischen Trockengebiet umfaßt. Sie stellt ein Mischgebiet mit mediterranen und paläotropischen (/Paläotropis) Elementen dar.

Sahel, regionalgeographische Bezeichnung für den Südrand der Wüste Sahara. Charakteristisch für dieses Gebiet sind die sehr unregelmäßigen Niederschläge zwischen 100 und 500 mm pro Jahr. Der unausgeglichene Wasserhaushalt verhindert die vollständige Entwicklung der Böden und begünstigt die Ausbildung einer Dorn- und Sukkulentensavanne (/Sukkulenten, /Savanne). Die sogenannte Sahelzone zieht sich vom Westrand der Sahara bis hin zum Nil. Sie ist der Prototyp eines /Lebensraumes am Rande der warm-ariden /Ökumene, der von einem hohen Risiko für das Eintreten von /Naturkatastrophen, vor allem langen /Dürreperioden, geprägt wird. Der Begriff »sahelisch« wird daher für alle Trockenräume der Erde mit damit vergleichbaren Bedingungen verwendet. Dies sind darüber hinaus die Hauptverbreitungsgebiete der /Desertifikation. [SMZ]

saiger /seiger.

Saffir-Simpson Hurricane Scale (Tab.): Skala zur Klassifizierung tropischer Wirbelstürme. Alle Angaben betreffen den Teil eines Hurrikans, der in Zugrichtung gesehen auf bestimmte Küstenabschnitte übergreift.

Kategorie	Wind [m/s]	Flut [über Normal]	Schaden
1	33–42	ca. 1,5 m	Kein wirklicher Schaden an festen Gebäuden, hauptsächlich an nicht »verankerten« mobilen Heimen, an Sträuchern und Bäumen, Küstenstraßen z.T. überflutet, Schäden an instabilen Anlegestellen.
2	43–49	ca. 2–3 m	Schaden an Dächern, Türen und Fenstern bei festen Gebäuden. Beträchtlicher Schaden an Strauchwerk und Bäumen (auch umgestürzten), an mobilen Heimen. Küstenstraßen und niedrig gelegene Fluchtwege werden 2–4 Stunden vor der Ankunft des Hurrikanzentrums überflutet. Kleine Schiffe etc. lösen sich von ihren Ankerplätzen.
3	49–57	3–4 m	Bausubstanzschäden an kleinen Wohnhäusern. Schäden an Strauchwerk und Bäumen mit weggewehtem Laubwerk, selbst große Bäume stürzen um. Niedrig gelegene Fluchtwege werden 3–4 Stunden vor Ankunft des Hurrikanzentrums überflutet. Evakuierung von niedrig liegenden Wohnhäusern.
4	58–69	4–6 m	Beträchtliche Schäden an Gebäudeverblendungen und vollständige Zerstörung von Dächern kleiner Wohnhäuser. Bäume und alle Schilder stürzen um. Völlige Zerstörung mobiler Heime, umfangreiche Evakuierung von Wohngebieten bis 6 km landeinwärts erforderlich.
5	>69	>6 m	Vollständige Zerstörung der Dächer. Teils vollständige Zerstörung von Gebäuden. Zerstörung allen Buschwerks, aller Bäume und Schilder. Totale Zerstörung von mobilen Heimen. Umfangreiche Evakuierung von Wohngebieten in tiefen Lagen 8–16 km von der Küste entfernt ist erforderlich.

Saint Venant, *Jean-Claude Barré* de, * 1797, † 1886; entwickelte aus der ↗Kontinuitätsgleichung und der ↗Bernoullischen Energiegleichung das nach ihm benannte Gleichungssystem (↗Saint Venantsche Gleichungen), das noch heute die Berechnungsgrundlage für viele ↗Wellenablaufmodelle zur Simulation des Abflusses im offenen Fließgerinne bildet.

Saint-Venant-Gleichungen, Gleichungssystem für die Berechnung von ↗Durchfluß und ↗Wasserstand in einem ↗Gerinne bei allmählich veränderlicher instationärer Wasserführung (↗Gerinneströmung). Es besteht aus der Kontinuitätsgleichung:

$$\frac{\partial Q}{\partial s} + \frac{\partial A}{\partial t} = 0,$$

wobei Q den Durchfluß, A den durchflossenen Fließquerschnitt, s die Weglänge und t die Zeiteinheit darstellen, und der Energiegleichung:

$$\frac{\partial v}{\partial t} + v \cdot \frac{\partial v}{\partial s} + g \cdot \frac{\partial h}{\partial s} + g \cdot (J_S + J_V) = 0.$$

Dabei ist v die Fließgeschwindigkeit, g die Erdbeschleunigung, h die Wasserhöhe, J_s das Sohlgefälle und J_v das Reibungsgefälle. Die Glieder $(\partial v/\partial t)$ und $v \cdot (\partial v/\partial s)$ beschreiben die lokale und die konvektive Beschleunigung (Trägheitsglieder), der Term $g \cdot (\partial h/\partial s)$ das Druckglied. Diese Gleichungen bilden die Grundlagen für die hydraulischen Berechnungsverfahren des Hochwasserwellenablaufs in Flüssen (↗Floodrouting-Verfahren). [HJL]

SAK, <u>s</u>pektraler <u>A</u>bsoptions<u>k</u>oeffizient, dient der Bewertung möglicher Inhaltsstoffe von Wasserproben. Dazu wird die Extinktion des Lichtes bei einer Wellenlänge von $\lambda = 436$ nm und bei $\lambda = 254$ nm gemessen. Insbesondere die spektrale Absorption im UV-Bereich gibt Hinweise auf organische aromatische Verbindungen und ergänzt damit den DOC-Wert (↗DOC).

Sakmar, *Sakmarium*, international verwendete stratigraphische Bezeichnung für eine Stufe des Unterperms. ↗Perm, ↗geologische Zeitskala.

Säkularstation, meteorologische Station, von der Meßdaten von ↗Klimaelementen über eine mindestens 100-jährige Zeitspanne vorliegen.

Säkularvariation, ist die langsame zeitliche Veränderung des Erdmagnetfeldes mit Zeitkonstanten in der Größenordnung von 10^2 bis 10^3 Jahren. Aus paläomagnetischen Untersuchungen kann auch etwas über die Säkularvariation des ↗Paläofeldes der Erde ausgesagt werden. Sie manifestiert sich zum Beispiel in der Streuung der Richtungen der charakteristischen ↗remanenten Magnetisierung (ChRM). Aus ihrer Breitenabhängigkeit konnten Modelle für die ↗Paläosäkularvariation abgeleitet werden.

Salband, dünne, lagige Zone aus tonigem Material, die an Störungen und in Gängen den Erzkörper vom ↗Nebengestein trennt. Häufig wird der Begriff Salband auch nur für die Kontaktfläche zwischen ↗Erz und Nebengestein verwandt und das assoziierte tonige Material als ↗Gangletten bezeichnet.

salic properties, salische Eigenschaften, d. h. mit sauren, hellen Alkalimineralen angereichert; Kennzeichen für Böden mit einer hohen elektrischen Leitfähigkeit. ↗Salzböden.

Salinartektonik, *Halotektonik*, ↗*Salztektonik*.

Salinarverwitterung ↗*Verwitterung*.

Salinität, Salzanteil in Wässern, angegeben als Gewichtsanteil der Salze am Gewicht der Lösung. 1 kg Meerwasser führt gemittelt 35 g Salze (35‰), als vollmarin gelten Bereiche von 32‰ (Nordpolarmeer) bis 40‰ (Rotes Meer).

Salinitätsmessung, Messung des spezifischen elektrischen Widerstands eines Bohrlochfluids bei Zuflußuntersuchungen.

Salinometer, Gerät zur Bestimmung des ↗Salzgehalts von ↗Meerwasser über die elektrische Leitfähigkeit.

salisch ↗*felsisch*.

Salistschew, *Konstantin Alexejewitsch*, * 20.11. 1905 Tula, † 1988 Moskau. Er erhielt seine Ausbildung an der Moskauer Hochschule für Vermessungswesen (gegr. 1779 als Konstantinowski Vermessungsinstitut), die seit 1923 an der Geodätischen Fakultät eine Fachrichtung Geographische Kartographie besaß und 1936, als der Geodät F. N. ↗Krassowski dort lehrte, in MIIGAiK (Moskowski institut inshenerow geodesii, aerofotosjomki i kartografii) umbenannt wurde. Salistschew war an Komplexexpeditionen in Ostsibirien mit geologischer Erkundung vom Flugzeug aus beteiligt (Karte von Nordostasien in Peterm. Mitt. 1934). Seit 1931 lehrte er an der Geographischen Fakultät der Leningrader Universität und verfaßte das erste Hochschullehrbuch »Kartovedenie« (Kartenkunde, Moskau 1939). Seit 1946 arbeitete er im Redaktionskomitee des »Atlas mira« mit. Von 1950 bis 1988 hatte Salistschew den Lehrstuhl für Kartographie an der Geographischen Fakultät der Lomonossow Universität in Moskau inne. Neben seinem Lehrbuch (Neubearbeitung 1948; deutsch Gotha 1967) gab er weitere Fachbücher heraus und publizierte zahlreiche Beiträge in Russisch, Französisch, Englisch und Deutsch. Hervorzuheben

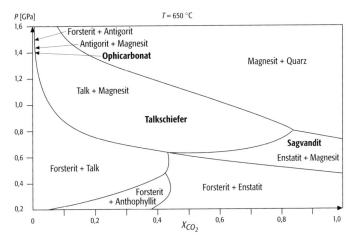

Sagvandit: P-X_{CO_2}-Diagramm mit Phasenbeziehungen in carbonatführenden Ultramafititen im System MgO-SiO$_2$-H$_2$O-CO$_2$ für 650°C.

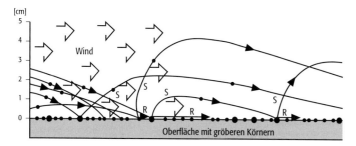

Saltation: Prinzip des äolischen Transportes (R = Reptation, S = Saltation).

sind seine Arbeiten zu Gegenstand und Aufgaben der Kartographie, wobei er stets die kognitiv-gnoseologische Funktion kartographischer Darstellungsformen speziell in den geowissenschaftlichen Disziplinen betonte (kartographische Erkenntnistheorie). Salistschew leitete die Kommission ↗Nationalatlanten der IGU und war 1964–68 deren Vizepräsident sowie 1968–72 Präsident der ↗Internationalen Kartographischen Vereinigung. Aus der Erfahrung als Herausgeber zahlreicher komplexer Regionalatlanten russischer Gebiete und Republiken enstand das Handbuch »Komplexnye regionalnye atlasy« (Moskau 1976); außerdem war er Herausgeber der »Itogi nauki i techniki Kartografija« (»Wege der Wissenschaft und Technik«; 10 Bände, 1964–1982), mit Fortschrittsberichten zur wissenschaftlichen Kartographie. Ein Verzeichnis seiner Arbeiten erschien als »Bibliograficeskij ukazatelrabot 1927–1980 gg.« (1981). Salistschew begründete die geographisch ausgerichtete Kartographie-Hochschulausbildung, bestimmte maßgeblich das Profil komplexer National- und Regionalatlanten und war Ehrenmitglied der IKV. Werke: 10 »Atlas Nationaux«, Moskau 1960; »Einführung in die Kartographie.« 2 Bde., Gotha 1967; »Kartograficeskij metod poznanija« (»Die kartographische Erkenntnismethode«), Moskau 1974; »Kartovedenie« (»Kartenkunde«), Moskau 1976; »Proektirovanie i sostavlenie kart« (»Kartenprojektierung und Kartenentwurf«), Moskau 1978; »Kartografija« (Universitätslehrbuch), Moskau 1971, 3. Aufl. 1982; »Kartografirovanie geograficeskich sistem« (»Kartierung geographischer Systeme«), Moskau 1981 (Hrsg.); »Sintez v kartografii« (»Synthese in der Kartographie«), Moskau 1976 zus. mit F. Kniznikov. [WSt]

Salmonidenregion, ↗Fischregion, die die Bereiche der ↗Forellenregion und der ↗Äschenregion zusammenfaßt (*Salmonidae* = lachsartige Fische).

Salpetersäure, anorganische Säure, chemische Formel HNO_3. Die Salze der Salpetersäure heißen ↗Nitrate, ↗Aerosol, ↗Ozonloch.

Saltation, ↗äolischer Prozeß, der den springenden Transport von Sandkörnern beschreibt. Saltation nimmt die zentrale Rolle bei der Dünenbildung ein und ist die Voraussetzung für ↗Korrasion. Durch ↗Deflation aufgenommene Sande (v. a. die Korngrößen 0,125–0,25 mm) können beim Aufprall auf den Boden ihre Energie nach den Gesetzen des quasielastischen Stoßes auf die dort liegenden Körner übertragen. Diese springen hoch und beschreiben einen absteigenden Parabelbogen, der aus der Überlagerung von horizontalem Winddruck und senkrecht wirkender Schwerkraft resultiert. Dabei springen nicht alle getroffenen Körner hoch, da je nach Untergrund (locker oder fest), Kornform und -größe sowie Einschlagwinkel ein Teil der Energie in Reibung übergeht oder zu ↗Reptation (meist gröberer Körner) führt (Abb.). Die Grenzgeschwindigkeit für beginnende Saltation wird mit Werten zwischen 12 und 20 km/h angegeben. Das Verhältnis von Sprunghöhe zu Sprungweite variiert nach Untersuchungen zwischen 1:6 bis 1:15, wobei Höhen über 1 m selten überstiegen werden. Die größten Sprunghöhen und damit auch Sprungweiten erreichen gut gerundete Körner auf festem Untergrund, da dort die geringsten Reibungsverluste auftreten. Bei größeren Reibungsverlusten auf lockerem Untergrund wird der Transport verlangsamt. Daher wachsen kleine Sandakkumulationen in Selbstverstärkung. Fortschreitende Akkumulation durch Saltation führt so zur Dünenbildung (↗Barchan, ↗Sandschild). Nach Experimenten macht Saltation etwa 75–80 % und Reptation 20–25 % der Sandbewegung über eine gegebene Meßstrecke aus. [KDA]

Saltersche Einbettung, bestimmte Häutungsart bei ↗Trilobita, v. a. bei ↗Phacopida. Hier öffnet sich eine Naht zwischen Cephalon und Thorax. Die Tiere zogen sich aus dem Panzer heraus, indem sie sich auf den Vorderrand des Kopfes stützten und den Körper hochzogen. Der Kopfschild überschlug dabei mit der Unterseite nach oben und liegt nun mit der Unterseite nach oben und umgekehrt orientiert zum restlichen Panzer.

Salz, 1) Sammelbegriff für die bei der Verdunstung von salinaren/mineralischen Wässern ausgeschiedenen Salzmineralien (↗Salzlagerstätten), 2) in der Chemie das Produkt der chemischen Reaktion von Säuren mit Basen. 3) umgangssprachliche Bezeichnung für Kochsalz (↗Halit, Natriumchlorid, NaCl).

Salzböden, Böden mit einer Anreicherung von wasserlöslichen Salzen. (besonders Nitrate, Carbonate, Sulfate, Chloride, Alkali- und Erdalkalimetalle). Vorkommen der Salzböden in Depressionen und Senken in semiariden bis ariden Gebieten, und im Bereich von Meeresküsten. Dort stammen die Salze aus dem Meer, während die Salze in den Binnengebieten durch Verdunstung von salzhaltigem Grund- und Stauwasser angereichert werden. Hier kann das Salz aus dem Gestein oder einer allmähliche Anreicherung der im Wasserkreislauf gelösten Salze stammen (auch anthropogen verursacht durch den Bewässerungsfeldbau). Salzbodentypen werden nach den ausgefällten Salzen und deren Konzentrationen im Boden eingeteilt, in ↗Solonchaks, ↗Solonetz, ↗Solod. [GS]

Salzdiapir, jede Art eines diapirischen Körpers (↗Diapir) aus salinarem Gebirge. ↗Salzstruktur.

Salzdom ↗*Salzstock*.

Salzfinger, nach unten gerichtete fingerförmige Ausbuchtung in der horizontalen Grenzfläche zwischen zwei Wasserkörpern mit unterschiedlichem ↗Salzgehalt und ↗Temperatur. Liegt wärmeres, salzreiches Wasser über kälterem, salzärmeren, so können bei einer Störung an der Grenzfläche durch Doppeldiffusion Instabilitäten entstehen, die zum Absinken des salzreicheren Wassers in fingerförmigen Kanälen führen.

Salzfracht, die in einem Abwasser oder Fließgewässer durch einen definierten Abflußquerschnitt transportierte Masse an gelösten Salzen oder bestimmten einzelnen Ionen (z. B. Chlorid).

Salzgehalt, Maß für die Konzentration der gelösten Salze im ↗Meerwasser und wichtige Grundgröße in der Ozeanographie, z. B. zur Berechnung der ↗Dichte und damit zum Verständnis der ozeanischen ↗Zirkulation sowie zur Analyse der ↗Wassermassen. Die Definition des Salzgehaltes ist in den vergangenen 100 Jahren als Folge verbesserter chemischer Kenntnisse über das Meerwasser sowie durch die Entwicklung moderner Meßmethoden mehrmals verändert worden. Erste Versuche zur gravimetrischen Direktbestimmung des Meersalzes (durch Verdampfen des Wassers mit nachfolgender Wägung des Rückstandes) erwiesen sich als sehr fehlerhaft, hauptsächlich wegen der hydrolytischen und thermischen Zersetzung einiger Salze. Deshalb nutzte man schon sehr früh die gewonnenen Erkenntnisse über die »konservative Zusammensetzung« des Meerwassers zur Bestimmung bzw. Definition des Salzgehaltes. Hierfür genügte die chemische Analyse eines Hauptbestandteiles, da seine Konzentration, unabhängig vom Salzgehalt, in einem konstanten Verhältnis zur Gesamtmenge der gelösten Salze steht. So galt ab 1902 die empirisch abgeleitete Knudsen-Formel $S = 0{,}03 + 1{,}8050\,Cl$ und ab 1969 die verbesserte Beziehung $S = 1{,}80655\,Cl$ als Definition des Salzgehaltes S, wobei Cl der »Chlorinity-Gehalt« einer Meerwasserprobe ist, definiert als der Verbrauch an Silber zur Ausfällung der Halogenide Chlorid und Bromid und Iodid in einer vorgegebenen Menge dieser Probe.

Mit der Einführung von physikalischen, bordtauglichen Meßmethoden in der Ozeanographie, vor allem der spezifischen ↗elektrischen Leitfähigkeit, wurde auch der Salzgehalt neu definiert. Seit 1978 gilt die »Practical Salinity Scale« (PSS78):

$$S = 0{,}0080 - 0{,}1692 \cdot K_{15}^{1/2} + 25{,}3851 \cdot K_{15} + 14{,}0941 \cdot K_{15}^{3/2} - 7{,}0261 \cdot K_{15}^{2} + 2{,}7081 \cdot K_{15}^{5/2},$$

wobei K_{15} das Leitfähigkeitsverhältnis der Meerwasserprobe zu einer definierten Kaliumchlorid-Referenzlösung darstellt (↗Standardmeerwasser). Deshalb ist der »praktische Salzgehalt« eine dimensionslose Zahl, obwohl darunter natürlich die Masse Salz in g pro kg Meerwasser verstanden werden muß. Die PSS78-Gleichung gilt für Salzgehalte zwischen 2 und 42 und nur für Messungen bei 15°C und einer »Standardatmosphäre« von 1013,25 hPa. Für die Umrechnungen von anderen Temperaturen und Drucken auf K_{15} existieren Algorithmen. Die PSS78-Definition hat gegenüber den früheren (chemischen) Gleichungen den Vorteil, daß sie a) unabhängig von der genauen Kenntnis der ionalen Zusammensetzung des Meerwassers ist, b) die Grundlage für die Berechnung wesentlich genauerer Dichtewerte bildet und c) für in situ Messungen mittels ↗CTD-Sonden angewendet werden kann. Die Eichung solcher Sonden sowie die Messung des Salzgehalts in Einzelproben erfolgt heute ausschließlich mit Hilfe von ↗Salinometern unter Verwendung von Standardmeerwasser. Die in der Ozeanographie verbreiteten Instrumente verwenden die galvanische (über Elektroden) oder induktive Meßmethode. Die modernen Salinometer erzielen Genauigkeiten von $S = 0{,}001$ (Abb. 1 und Abb. 2). [KK]

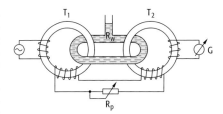

Salzgehalt 1: Prinzip der induktiven Leitfähigkeitsmessung. Dazu verwendet man zwei mit niederfrequentem Wechselstrom betriebene Transformatoren (T_1 und T_2), die über eine Meerwasserschleife (mit Widerstand R_w) gekoppelt werden. Wenn die dadurch in T_2 induzierte Wechselspannung durch eine Kompensationsschleife (Einstellung erfolgt über Potentiometer R_p) gerade ausgeglichen wird, so zeigt das Galvanometer (G) Null ($R_w = R_p$). Damit ist der eingestellte Wert R_p ein Maß für die elektrische Leitfähigkeit der zu untersuchenden Probe.

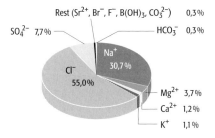

Salzgehalt 2: relativer Anteil der chemischen Hauptbestandteile am Meersalz.

Salzgehaltssprungschicht ↗Halokline.
Salzgesteine ↗Evaporite.
Salzgletscher, in ariden Klimazonen aus ↗Salzdiapiren ausgetretenes Salzgebirge, das gletscherähnlich hangabwärts kriecht.
Salzkissen, flache, durch Salzzuwanderung entstandene Aufwölbung, ↗Salzstruktur.
Salzkonzentration, *Mineralgehalt*, Summe aller in einer wäßrigen Probe gelösten Salze. Bei Quellwasser mit einer Salzkonzentration von mehr als 1 g/l spricht man von Mineralwasser. Die Weltmeere haben durchschnittlich eine Salzkonzentration von 3,5% (↗Salzgehalt). Je nach Herkunft oder Vorkommen des Wassers ist die Salzkonzentration durch unterschiedliche Anteile von Salzen bzw. deren Ionen bedingt. Quellwasser mit bestimmten Zusammensetzungen des Mineralgehaltes werden auch zu Heilzwecken eingesetzt.
Salzkrusten, Verhärtungen vor allem im Unterboden von Salzböden durch die Anreicherung von leicht löslichen Salzen, Gips oder Calciumcarbonat.
Salzlagerstätten, Sammelbegriff für Lagerstätten aus der Gruppe der leichtlöslichen Mineralien aus der Abfolge der chemischen Sedimente (↗chemische Sedimente und Sedimentgesteine),

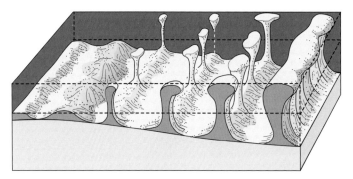

Salzstruktur: Salzstrukturtypen in Abhängigkeit von der ursprünglichen Mächtigkeit des Salzlagers; von links nach rechts: Salzkissen, Salzstöcke, Salzmauer.

entstanden durch die Ausscheidung gelöster Stoffe beim Verdunsten von Wasser. Den Hauptanteil nehmen die durch die Verdunstung von Meerwasser entstandenen Lagerstätten von Steinsalz (↗Steinsalzlagerstätten) und ↗Kalisalzen ein, die in der gesamten Schichtenfolge des ↗Phanerozoikums anzutreffen sind mit einer Häufung im ↗Perm und ↗Tertiär. Besonders wichtige Produzenten für Stein- und Kalisalze sind Deutschland, USA, Kanada und Rußland; in Ländern mit warmem Klima wird Meerwasser über die Eindampfung durch die Sonne zur Salzgewinnung genutzt. Im terrestrischen Milieu können bei der Eindampfung von Süßwasser in abflußlosen Senken Salzanreicherungen sehr unterschiedlicher Zusammensetzung in Abhängigkeit von den durch Verwitterung (und eventuellen vulkanischen Exhalationen) angebotenen leichtlöslichen Stoffen entstehen. Beispiele sind die Salpeterlagerstätten (hauptsächlich Natronsalpeter, $NaNO_3$, weniger Kalisalpeter, KNO_3) in den Anden Chiles, die Boraxlagerstätten (Borax, $Na_2[B_4O_5(OH)_4] \cdot 8\,H_2O$) in Kalifornien und der Türkei und die Sodalagerstätten in Wyoming (USA) mit dem Hauptmineral Trona ($Na_3H[CO_3]_2$). [HFl]

Salzmarsch, 1) *Bodenkunde:* veraltet für ↗*Rohmarsch.* **2)** *Landschaftsökologie:* Gezeitenmarsch, Bereich mit Rohmarsch als Bodentyp, der sich an gezeitenbeeinflußten, nicht eingedeichten ↗Seichtwasserküsten als Übergang vom ↗Watt zur ↗Marsch befindet und nur noch gelegentlich überflutet wird. Der zunächst salzhaltige Oberboden mit hohem Porenvolumen unterliegt bei rückläufigen Überflutungsintervallen rasch der Setzung und Salzauswaschung. Erster Besiedler der Salzmarsch ist der Queller (*Salicornia sp.*), der als Schlickfänger zur weiteren Aufhöhung beiträgt. Er wird gefolgt von Salzgraswiesen aus Strandmelde, Schlickgras, Salzkraut und Andelgras. ↗Salzwiese.

Salzmauer, ↗Salzdiapir von erheblicher Längenerstreckung. ↗Salzstruktur.

Salzmelioration, Maßnahmen zur Beseitigung unerwünschter Salzanreicherungen in landwirtschaftlich genutzten Böden der Trockengebiete. Wichtigste Verfahren sind Salzauswaschung durch das Aufbringen salzarmen Wassers und tiefgründiger Umbruch von ↗Salzkrusten.

Salznatriumböden, ↗Salzböden mit hohen Gehalten an austauschbarem Natrium.

Salzpfanne ↗*Salztonebene.*

Salzspiegel, durch Ablaugen von Salz durch das Grundwasser (↗Subrosion) über ↗Salzlagerstätten entstandene, mehr oder weniger horizontale Fläche im Untergrund. Schwerlösliche Bestandteile aus den Salzfolgen bleiben als ↗Gipshut über dem Salzspiegel zurück.

Salzsprengung, Form der Salinarverwitterung (↗Verwitterung). Wenn in Klüften oder Spalten aus Solen Salzminerale ausgeschieden werden, wird durch das Kristallwachstum zunehmend Druck auf das umgebende Gestein ausgeübt. Dadurch kann es zur Aufspaltung des Gesteinsverbands kommen. Der stärkste Druck wird hierbei in Richtung des schnellsten Kristallwachstums ausgeübt. Diese Druckwirkungen werden z. T. erheblich verstärkt, wenn bestimmte wasserfreie Salze bei Wiederbefeuchtung durch Regen, Tau oder Nebel infolge Hydratation von Wasser ihr Volumen um z. T. 30–100 % vergrößern (Salz- bzw. Hydratationssprengung). Ein bekanntes Beispiel ist die Hydratation von Anhydrit zu Gips, wobei ein um 60 % größeres Volumen entsteht.

Salzstock, *Salzdom,* ↗Salzdiapir von meist rundlichem und elliptischem Querschnitt. ↗Salzstruktur.

Salzstockdach ↗*Gipshut.*

Salzstockfamilie, Gruppe von Salzstrukturen, bei der sich jüngere Generationen von Strukturen um einen Muttersalzstock gruppieren.

Salzstruktur, durch ↗Halokinese, z. T. auch durch Salztektonik entstandene strukturelle Aufwölbung. Hierzu gehören ↗Salzkissen, ↗Salzstöcke und ↗Salzmauern (Abb.). Bei stärkerer Mitgestaltung der Salzstrukturen durch Salztektonik entstehen kompliziertere Formen von ↗Salzdiapiren.

Salztektonik, *Salinartektonik, Halotektonik,* tektonische Strukturen und Vorgänge, bei deren Gestaltung Salz maßgeblich beteiligt ist. Die Strukturformen haben Ähnlichkeit mit den durch ↗Halokinese entstandenen, daneben gibt es Übergänge zu tektonischen Formen (z. B. zu ↗Aufschiebungen).

Salztonebene, *Salzpfanne, Tonpfanne, Alkaliflat, Sebcha* (sowie zahlreiche Regionalbezeichnungen: *Bajir, Bolson, Kawir, Ova, Playa, Salar, Schor, Schott, Takyr*), weitgespannte, meist abflußlose flache Hohlform in ariden Regionen (↗arides Klima). In ihnen sammeln sich die episodisch-periodischen Abflüsse aus den angrenzenden Gebieten und verdunsten unter Zurücklassung der mitgeführten Salze und Tone. Die Salztonebenen bilden das letzte Glied in der arid-morphologischen ↗Catena (↗Serir).

Salzüberhang, *Salzstocküberhang,* pilzhutartige Verbreiterung im oberen Bereich von ↗Salzdiapiren.

Salzwasser, Wasser mit hoher Konzentration von gelösten Salzen, überwiegend Natriumchlorid, z. B. ↗Meerwasser.

Salzwasserintrusion, Verdrängung und der Austausch von Süßwasser durch Meerwasser oder Solen, sowohl im Oberflächengewässer als auch im Grundwasserleiter. Salzwasserintrusion findet vor allem im Küstenbereich statt, kann aber auch durch aufsteigende Solen in küstenfernen Bereichen stattfinden. Durch Überbeanspruchung der Grundwasserleiter für Trink- und Brauchwasserentnahmen steigt ihre Zahl.

Salzwasserzirkulation, großräumige Umwälzung von Meerwasser innerhalb der Ozeane und zwischen ihnen. Im Rahmen der regionalen und globalen ↗Wasserkreisläufe der Meere bilden sie einen Teil der korrespondierenden »Wasserausgleichsströme«.

Salzwiese, aus verschiedenen nichtholzigen Salzpflanzen (↗Halophyten) gebildete, meist großflächige ↗Pflanzengesellschaft im Verlandungsgebiet flacher Meeresküsten. Die Salzwiesen werden je nach Häufigkeit und Dauer der Überflutung und der Körnung des Substrats von unterschiedlichen Pflanzengesellschaften gebildet: z. B. die als Schlickfänger wichtigen Quellerwiesen (*Salicornietum*), welche mehr oder weniger täglich überflutet werden, oder die Grasnelkenwiesen auf den Stranddünen (*Armerion*), welche deutlich seltener (z. B. bei Springflut) überflutet werden.

Samarium, *Sm*, metallisches Element aus der Gruppe der Seltenerdmetalle (↗Seltenerdminerale). Es kommt als Bestandteil der Ceriderden in Allanit, Bastnäsit und Monazit sowie in komplexen Seltenerderzen wie Samarskit und Euxenit vor. Verwendung findet es als Dauermagnet-Legierung, Katalysator und zum Dotieren von Kristallen in der Lasertechnik.

Samarium-Neodym-Methode, ↗*Sm-Nd-Methode*.

Samarskit, radioaktives Niob-Tantal-Oxid (↗Oxide), meist entstanden infolge von Gitterzerstörung durch Selbstbestrahlung (↗röntgenamorph). Es kommt in Pegmatiten und in Schwermineralsanden (Seifenlagerstätten) vor.

Samen, seit dem Oberdevon nachgewiesenes Verbreitungsorgan der ↗Spermatophyta, das aus dem aus der Samenschale (Testa) umgebenen ↗Embryo mit zusätzlichem Nährgewebe (Endosperm, Perisperm) besteht und sich nach der Befruchtung aus der Samenanlage entwickelt. Die meist derbe, widerstandsfähige Samenschale schützt den Embryo gegen Austrocknung sowie mechanische Einwirkungen und ermöglicht so seine Verbreitung durch Wasser, Wind oder Tiere. Das Nährgewebe erhält die Lebensfunktion des Embryos bis zur Keimung und ernährt anfänglich den jungen ↗Sporophyten, der somit bessere Startmöglichkeiten erhält, als das bei der ungeschützten Embryonalentwicklung der ↗Pteridophyta der Fall ist. Fortpflanzung und Verbreitung durch Samen bindet die Spermatophyta auch nicht mehr an feuchte Standorte, sondern ermöglicht in Kombination mit anderen funktionsmorphologisch optimierten anatomischen Strukturen, z. B. leistungsfähigeren ↗Leitbündeln, die Besiedlung auch trockener Lebensräume, was im ↗Perm zur Ablösung der im ↗Paläophytikum noch dominierenden Pteridophyta durch die Samenpflanzen führte. Samen sind zusammen mit Früchten Studiengegenstand der ↗Karpologie. [RB]

Samenbank, in der ↗Bioökologie der Vorrat an keimfähigen Pflanzensamen im Boden. Die Betrachtung wird heute meist auf alle reproduktionsfähigen Pflanzenteile ausgeweitet, wobei anstelle von Samenbanken auch von *Diasporenbank* gesprochen wird. Viele Samen überleben in der Samenbank eine oder gar mehrere Jahre bis Jahrzehnte in ↗Samenruhe, um physiologisch »programmiert« bei günstigen Umweltbedingungen aufzukeimen. Verschiedene einjährige ↗Pflanzen, insbesondere ↗Unkräuter und ↗Ruderalpflanzen, haben eine große Samenbank, so daß diese nicht zwingend mit dem aktuellen oberirdischen Pflanzenbewuchs übereinstimmen. Wird die Vegetation durch ↗Feuer, Beweidung oder das Pflügen beim Ackerbau entfernt, lösen Impulse wie direktes Sonnenlicht (Lichtkeimer), Wärme und veränderte Feuchtigkeit die Keimung aus. Die Samenbank stellt somit das Potential für eine mögliche Regeneration dar, damit vermeintlich ausgestorbene Pflanzen bei Wiederherstellung ihrer Lebensraumansprüche erneut wachsen können. [MSch]

Samenfarne, ↗*Lyginopteridopsida*.

Samenruhe, *Dormanz*, in der ↗Bioökologie die je nach Pflanzenarten unterschiedlich lange Keimruhe von Samen. Deren Ursache kann vielfältig sein: Ungünstige Temperatur- und Feuchtbedingungen, mechanischer Widerstand durch Umhüllung (Schale), der erst durch Frostverwitterung oder Tierfraß und -verdauung überwunden wird, ungenügende Reife, anfängliches Vorhandensein von Inhaltsstoffen, die eine Keimungsunfähigkeit auslösen. Die Samenruhe wird durch spezifische Einwirkungen oder Impulse beendet. Während der Samenruhe kann der Samen in der ↗Samenbank erhalten bleiben.

Sammelkristallisation, ↗*Rekristallisation*.

Sammelprobe, *Mischprobe*, die nach einer ↗Probenahme durch Mischen von Einzelproben resultierende Probe aus einem Untersuchungsbereich. Vorteil der Sammelprobe gegenüber den Einzelproben ist der geringere Untersuchungsaufwand und eine relativ rasche Übersicht über die zu untersuchenden Kenngrößen. Demgegenüber gehen in der Sammelprobe Detailinformationen (räumliche und zeitliche Auflösung) zum Teil verloren.

Sampling, [von engl. to sample = Proben nehmen], **1)** *Fernerkundung*: Begriff wird für die Meßratenzuweisung verwendet. In der Fernerkundung unterscheidet man zwischen den 3 Aspekten: a) zeitlich, d. h. das Zeitintervall betreffend, b) räumlich, d. h. die Größe des Bildelementes im Ort betreffend und c) spektral, d. h. hinsichtlich des Spektralbereichs. Theoretische Grundlage bildet das ↗Abtasttheorem. **2)** *Geophysik*: Bedeutet das Erfassen von Meßwerten in digitaler Form. Das Sampling kann zeitlich (z. B. einer seismischen Registrierung) als auch räumlich (Messungen entlang eins Profils oder auf einer Fläche) gesehen werden. Der Abstand der Meßwerte ist in den meisten Fällen konstant und bestimmt das Auflösungsvermögen und die Wiedergabequalität des zu registrierenden Signals.

Die Auflösung wird durch die ↗Nyquist-Frequenz bestimmt. [PG]

Samum, heißer und trockener Wüstenwind in Nordafrika und Arabien, der gewöhnlich eine große Menge an Sand mit sich führt und in der Regel nur kurze Zeit andauert.

San Andreas-Verwerfung, dextrale Horizontalverschiebung, die die Grenze zwischen pazifischer und nordamerikanischer Platte markiert. Sie erstreckt sich in Kalifornien parallel zur Pazifikküste von der mexikanischen Grenze bis nach Point Arena im Norden über eine Länge von fast 1000 km und setzt sich im Meeresboden fort, wie aus den Epizentren von Erdbeben hervorgeht. Die relative Verschiebungsrate beträgt im Mittel etwa 5 cm/Jahr.

Sand, 1) Angabe zum Korndurchmesser einer Gesteinskomponente, die zwischen 0,063–2 mm oder 4 bis –1 Phi variiert (↗Korngröße). Unterteilt wird Sand in *Feinsand* (0,063–0,2 mm), *Mittelsand* (0,02–0,63 mm) und *Grobsand* (0,063–2 mm). 2) Ein loses Aggregat von Mineral- oder Gesteinspartikeln entsprechender Größe. Ohne nähere Spezifizierung ist silicatisches Material gemeint. Aus Bioklasten oder anderen Komponenten bestehende Sande werden durch einen Zusatz genauer gekennzeichnet (z. B. Korallensand, Muschelsand). 3) Hauptgruppe der ↗Bodenarten des ↗Feinbodens mit den Bodenartengruppen Reinsand, Lehmsand und Schluffsand.

Sandbank, überwiegend aus Sandkomponenten gebildete, flache und meist nur kurzlebige Akkumulationsform in Fließgewässern, Seen und Küstennähe.

Sandberger, *Carl Ludwig Fridolin* von, deutscher Geologe und Mineraloge, * 22.11.1826 Dillenburg, † 11.4.1898 Würzburg; 1855–63 Professor in Karlsruhe, seit 1863 in Würzburg; schrieb zahlreiche Arbeiten (über 300 Publikationen) zur Geologie, Paläontologie und Stratigraphie im Rheinischen Schiefergebirge und Süddeutschland sowie zur Mineralisation von Erzgängen. Sandberger gilt als eigentlicher Begründer der Theorie der ↗Lateralsekretion; Werke (Auswahl): »Übersicht der geologischen Verhältnisse des Herzogthums Nassau« (1847), »Die Versteinerungen des Rheinischen Schichtensystems in Nassau« (mit seinem Bruder Guido Sandberger, 1850–56), »Die Conchylien des Mainzer Tertiärbeckens« (1863), »Die Land- und Süsswasser-Conchylien der Vorwelt« (1870–75), »Untersuchungen über Erzgänge, I und II« (1882, 1885).

Sandböden, *Sande*, Gruppe der Bodenartenhauptgruppen auf Basis der Kennzeichnung der ↗Substrattypen. Für die ↗Bodenschätzung wird zwischen 8 Bodenarten unterschieden, wovon 3 zu den Sandböden zusammengefaßt werden können: Sand mit < 10 %, anlehmiger Sand mit 10 bis 13 %, lehmiger Sand mit 14 bis 18 % Teilchen der Größe < 0,0063 mm Durchmesser. Sandböden sind gut bearbeitbar, haben nur eine geringe Wasserspeicherfähigkeit, sind schadverdichtungs-, wasser- und winderosionsgefährdet, neigen zur Versauerung und zum Humusverlust. Sie machen ca. 20 % der Böden in Deutschland aus und sind besonders im Norden verbreitet.

Sanddeckkultur, Kulturmaßnahme zur Kultivierung von Flachmooren (↗Melioration). Die Moore werden über Entwässerungsgräben entwässert. Danach wird die Mooroberfläche bearbeitet. Es gibt zwei Arten von Sanddeckkulturen: a) Tiefpflugsanddeckkultur: Durch Stufenpflügung wird eine steil stehende Wechsellagerung von Torf und Sand erreicht, die dann noch einmal mit 20–30 cm Sand überdeckt wird (gegen Austrocknung und ↗Erosion). Das Ergebnis ist eine gute Durchwurzelbarkeit und ein guter Wasser- und Nährstoffhaushalt des Ackers. b) Niedermoorsanddeckkultur: Eine ca. 20 cm dicke Sandschicht wird auf den Torf aufgebracht, um ↗Vermulmung und Torfschwund zu minimieren. Im Gegensatz zu ↗Sandmischkulturen wird nur wenig organische Substanz des Untergrundes eingearbeitet.

Sander, [von isländ. sandur], ↗fluvioglaziale schwemmfächerähnliche Aufschüttung vor dem Eisrand des Inlandeises (↗Eisschild) oder eines ↗Gletschers. Die unter dem Eis (subglazial) oft unter hydrostatischem Druck fließenden Schmelzwasserbäche lagern ihre Fracht nach dem Austritt aus dem ↗Gletschertor in ↗Schwemmkegeln ab, deren Spitze höher liegen kann als die Gletschersohle. Weiter entfernt vom Eisrand geht der Sander in einen flachgeneigten ↗Schwemmfächer über. Ein Sander kann aus ↗Sanden, Schottern (↗Kies) und ↗Geschieben bestehen. Grundsätzlich findet eine Materialsortierung statt, bei der die Grobfraktionen in der Nähe des Eisrandes abgelagert werden und die kleineren Korngrößen bis zum Rand des Schwemmfächers gelangen. Wegen stark schwankender tages- und jahreszeitlicher Wasserführung können aber auch Schichten sehr unterschiedlicher Korngröße dicht beieinander und übereinander liegen. Der Sander wird während der Bildungszeit von fluvioglazialen Gerinnen überflossen, die sich später konzentrieren und einschneiden (↗Trompetentälchen). Trockengefallene Bereiche unterliegen der ↗äolischen Prozeßdynamik mit ↗Deflation und Bildung von ↗Dünen. Sander sind Bestandteile der ↗glazialen Serie, über die Schmelzwasser von der ↗Endmoräne in das ↗Urstromtal gelangt. Sie sind flächenhaft verbreitet vor den ehemaligen Eisrandlagen der Nordischen Vereisung im Norden Mitteleuropas und bilden hier heute den Landschaftstyp ↗Geest mit sandigen, zumeist nährstoffarmen Podsolböden. Im Alpenvorland sind die Sander der ↗Vorlandvergletscherung des ↗Pleistozäns als Schotterflächen ausgebildet, da der Transportweg unter dem Eis nicht lang genug war, um kleinere Korngrößen entstehen zu lassen. [JBR]

Sander, *Bruno Hermann Max*, österreichischer Geologe und Mineraloge, * 23.2.1884 Innsbruck, † 5.9.1979 Innsbruck; Studium der Naturwissenschaften in Innsbruck, Promotion 1907; Assistent an der Technischen Universität Wien und an der Universität Innsbruck, Habilitation 1912; 1913–1922 Mitarbeiter an der k. u. k. Geologischen

Reichsanstalt bzw. der Geologischen Bundesanstalt in Wien; 1922–1955 Professor der Mineralogie und Petrographie an der Universität Innsbruck. Sander war Begründer der Forschungsrichtung »Gefügekunde«. Seine bahnbrechenden Arbeiten auf diesem Gebiete bildeten die Grundlage für die moderne Strukturgeologie und die ↗Rheologie geologischer Körper, auch für die moderne ↗Felsmechanik, die ein wichtiger Teil der Ingenieurgeologie geworden ist. Werke (Auswahl): »Gefügekunde der Gesteine mit besonderer Berücksichtigung der Tektonik« (1930), »Beiträge zur Kenntnis der Anlagerungsgefüge« (1936), »Einführung in die Gefügekunde geologischer Körper« (2 Bände, 1948 und 1950) sowie weitere 115 Publikationen. [EWa]

Sandersatzverfahren, Methode zur Bestimmung der Bodendichte (↗Rohdichte) im Gelände (DIN 18125-2). Das vereinfachte Vorgehen ist: Zuerst wird an der zu untersuchenden Stelle eine kleine Grube gegraben. Die Masse des ausgehobenen Bodens (m) wird durch Wägung ermittelt. Die Grube wird mit Prüfsand bekannter Dichte verfüllt, die verbrauchte Sandmenge (m_s) durch Wägung des Sandbehälters vor und nach der Auffüllung ermittelt. Anhand der Dichte (ϱ_s) des Sandes kann das Volumen der Grube (V_g) bestimmt werden:

$$V_g = m_s/\varrho_s.$$

Die Bodendichte (ϱ) kann nun anhand der Formel:

$$\varrho = m/V_g$$

errechnet werden. Das Verfahren ist sinnvoll für ungleichkörnige und grobkörnige Böden, in die ein Ausstechzylinder nicht ohne Störung des Bodengefüges eingetrieben werden kann. Der Boden darf allerdings keine so großen Poren aufweisen, daß der Sand in diese einfließen kann. [ABo]

Sandfang, Einrichtung in der ↗Abwasserreinigung zum Ausscheiden von Sand und anderen mineralischen Stoffen mit einem Durchmesser über 0,2 mm als Teil der mechanischen Reinigungsstufe. Langsandfänge sind offene, langgestreckte Gerinne, in denen die Strömungsgeschwindigkeit auf ca. 0,3 m/s. vermindert wird, so daß sich der Sand absetzt. Beim Tiefsandfang oder Rundsandfang wird das Wasser tangential in ein Becken mit kreisförmigem Grundriß einge-

Material		Art der Oberfläche	k_s Rauheitsgrad [mm]	
techn. Rauheit	natürl. Rauheit			
Beton		fugenlos, aus geölten Stahlschalungen	0,15	mäßig rauh
		alt, aus glatter Schalung	1,80	rauh
		unverputzt, aus Holzschalung	3,00	
		alt, aus Holzschalung	6,00	
		alt, angegriffen aus Holzschalung	8,50	
		alt, schlecht verschalt, mit offenen Fugen	20,00	sehr rauh
Mauerwerk		aus glasierten Ziegeln	1,50	rauh
		Bruchsteine, sorgfältigster Ausführung	3,00	
		nicht verfugt oder verputzt	6,00	
		Bruchsteine, grobe Ausführung	20,00	sehr rauh
	Erdmaterial	Sand, mit etwas Ton oder Schotter	20,00	sehr rauh
		Feinkies, sandiger Kies	30,00	
		Feinkies, mittlerer Kies	50,00	
		mittlerer Kies, Schotter	75,00	
		Erdmaterial bei Geschiebebetrieb	100–200	extrem rauh
		Grobkies bis Grobschotter		
		Geröll, unregelmäßig	100–400	
		Erdmaterial, schollig		
		Erdmaterial, stark verkrautet	500–1500	
			< 0,1 r_{hy}	rauh
	Fels	nachgearbeitet	200–500	extrem rauh
			< 0,1 r_{hy}	
		mittelgrob	500–1500	
			< 0,1 r_{hy}	
	Gras	kurz	80–300	rauh
		lang	160–800	extrem
			< 0,1 r_{hy}	
	Acker	ohne Feldfrüchte	20–250	rauh
		mit reifem Getreide	80–600	
		mit reifen Feldfrüchten	200–800	extrem
			< 0,1 r_{hy}	

Sandrauhheit (Tab.): Zusammenstellung von Sandrauhheiten (k_s-Werte) für verschiedene Oberflächen (r_{hy} = hydraulischer Radius).

leitet und die Feststoffe durch die Zentrifugalkräfte ausgeschieden. Eine Sonderform ist der belüftete Sandfang. Die Reinigung des Sandfanges erfolgt meist mechanisch durch Räumer. Der Sandanfall beträgt je nach der Bebauungsdichte ca. 5–12 l pro Einwohner und Jahr.

Sandfangzaun, Hindernis aus natürlichen Materialien (z. B. Palmwedel, Reisig etc.) oder Kunststoffen, um gezielt Ablagerungen von Treibsand zu ermöglichen und dessen weiteren Transport zu unterbinden. Sie werden verwendet zum Schutz von Siedlungen und Verkehrswegen sowie im Küstenschutz.

Sandhaken, durch küstenparallelen Materialtransport (/Strandversetzung) bedingte, hakenartige Sandakkumulation an Küstenvorsprüngen; mögliche Initialform einer landfesten /Nehrung.

Sandkliff /Brandungsformen.

Sandmischkultur, Moorkulturverfahren, bei dem durch tiefes Pflügen, bis 2,5 m (Mammutpflug), der /Torf zunächst mit dem darunterliegenden Sand in schräg übereinander liegende Schichten gebracht wird. Der Sandanteil sollte dabei etwa ein Drittel der Gesamtpflugtiefe ausmachen. Der obere Bereich wird anschließend planiert und mit Ackergeräten, wie beispielsweise Pflug, Grubber oder Scheibenegge durchmischt, wobei meist gleich eine Meliorationsdüngung (Aufdüngung der mangelnden Nährstoffe, wie Kalium, Phosphor, Kupfer und in sauren /Mooren Kalk) mit eingearbeitet wird. Dadurch entsteht ein gut durchlässiger sehr fruchtbarer Ackerboden. Die Sand- und Torfbalken im Unterboden sorgen für eine gute Selbstdränung und Wasserspeicherung.

Sandmudde, organo-mineralische /Mudde mit 5–30 Masse-% /organischer Substanz. Im mineralischen Anteil sind weniger als 30% Kalk und weniger als 15% Ton enthalten. Sandmudde ist ein vorwiegend aus Sand bestehendes Sediment mit erkennbarem Anteil meist amorpher, organischer Substanz. Sie kommt in der Regel geringmächtig an der Basis von Gewässern bzw. /Mooren vor. Man findet die Sandmudde jedoch auch bänderförmig in anderen Muddeschichten. Es sind auch Übergänge zum Seesand bzw. zur /Schluffmudde möglich. Die Farbe der Sandmudde variiert von ocker über hellgrau und graubraun bis schwarz.

Sandrampe, /äolische Sandakkumulation mit Böschungswinkeln um 10°, die sich vor Hindernissen bildet. Nach Windtunnelversuchen ist die Bildung von Sandrampen von der Hangneigung des Hindernisses abhängig, wobei es i. d. R. vor 30°-50° geneigten Hängen zur Akkumulation kommt. Vor sehr steilen Hindernissen (>50° Hangneigung) bilden sich dagegen /Echodünen. Bei sehr breiten Hindernissen (z. B. Stufen) können Sandrampen auch leeseitig vorkommen. Hinter schmaleren Hindernissen entstehen allerdings /Leedünen.

Sandrauhheit, k_s, Rauheitsmaß [mm], bedingt durch gleich große, kegelförmige, auf eine Wand in dichtest möglicher Lagerung aufgebrachte Sandkörner (Tab.).

Sandriff, an /Flachküsten im Brandungsbereich entwickelte, meist strandparallele submarine Sand- oder Kiesakkumulation (Kiesriff). /Barre.

Sandrippel, vorwiegend aus der Korngröße Sand bestehende, wellenartige Kleinstformen, die durch Wasser oder Windbewegung als Grenzflächenphänomene an der Landoberfläche entstehen. Sie besitzen meist flache Luv- und steilere Leeseiten, die Anordnung ist stets quer zur Strömungsrichtung.

Sandschild, initiale, /äolisch akkumulierte Vollform von schildartiger Gestalt und wenigen Dezimetern Höhe, die durch /Saltation entsteht. Wächst der Sandschild durch fortgesetzte Akkumulation über eine gewisse Höhe hinaus (ca. 30 cm), kann sich durch Übersteilung ein leeseitiger Rutschhang bilden, so daß aus Sandschilden /Dünen werden (/Barchan). Die Dynamik beruht auf der Zunahme der Windgeschwindigkeit mit der Höhe, die über dem höchsten Punkt des Schildes den höchsten Wert erreicht. Mit der leeseitigen Abnahme der Windgeschwindigkeit verringert sich die Transportkraft und Sand wird akkumuliert.

Sandschliff /Korrasion.

Sandschliffkehle /Korrasionshohlkehle.

Sandschorre /Schorre.

Sandschwemmebene, überwiegend in /Wüsten vorkommende, ausgedehnte /fluviale Akkumulation, die dort häufig den Bereich zwischen höhergelegenem /Serir und beckenwärts sich anschließender /Salztonebene einnimmt.

Sandstein, diagenetisch verfestigte /Sande. Eine Unterteilung kann nach kompositionellen oder texturellen Gesichtspunkten erfolgen. Mehr als 50 verschiedene Klassifikationen sind seit den 1950er Jahren publiziert worden. Zu den meist verwendeten gehört die von Dott (1964), die u. a. von Pettijohn et al. (1987) modifiziert wurde (Abb.). Sie beruht auf dem mikroskopisch bestimmten Modalbestand. Hierbei werden folgende Aspekte berücksichtigt: a) der Matrixanteil und b) der prozentuale Anteil der gerüstbildenden Sandpartikel Quarz, Feldspat und Gesteins-

Sandstein: Klassifikation der Sandsteine nach Pettijohn et al. (1987) (modifiziert nach Dott 1964).

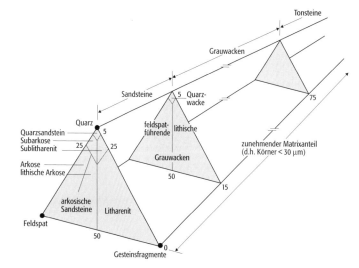

fragmente, gerechnet auf die Gesamtmenge Quarz, Feldspat und Gesteinsfragmente. Aus dieser Klassifikation ergibt sich eine Unterteilung der Sandsteine in ↗Arkosen, ↗Litharenite, ↗Quarzsandsteine und ↗Grauwacken.
Literatur: [1] PETTIJOHN, F. J., POTTER, P. E. & SIEVER, R. (1987): Sand and sandstone. – Berlin, Heidelberg, New York. [2] DOTT, R. H. (1964): Wacke, graywacke and matrix – what approach to immature sandstone classification? – Journal of Sedimentary Petrology 34: 625–632.

Sandsteinkeuper, oberer Teil des mittleren Keupers im süddeutschen Raum, benannt nach der verbreiteten Entwicklung von Sandsteinen (↗Germanische Trias).

Sandstein-Uranlagerstätten ↗Uranerzlagerstätten.

Sandsturm, starke Winde die eine beträchtliche Menge an Sand und Staub mit sich führen.

Sandtenne, *Hamriya*, große Sandebene, die zu den ↗Wüstenpflastern gehört und deren vorwiegend feinsandiges Substrat nur durch eine dünne Grobkornlage stabilisiert ist. Sie ist daher in ihrem Erscheinungsbild nur schwer als solche zu erkennen.

Sandteufel ↗Tromben.

Sandtropfen, in Tropfenform in wassergesättigtes feinkörnigeres Material eingesunkenes sandiges Substrat. Da die Wasserkapazität sandiger Substrate geringer als die schluffiger oder toniger Schichten ist, weisen Sande bei hohen Wassergehalten eine größerer Dichte auf und sinken daher in liegende, weniger dichte Schichten ein. Hierdurch entstehen die sogenannten *Tropfenböden*. Das weniger dichte Material kann gleichzeitig auch aufgepreßt werden.

Sandwüste ↗Erg.

sanfter Tourismus, Art des Fremdenverkehrs, bei der versucht wird negative Auswirkungen vor allem auf die ↗Umwelt zu korrigieren. Der sanfte Tourismus verzichtet weitgehend auf hochentwickelte technische Infrastruktur und ist darauf ausgerichtet, durch umweltschonende Freizeitaktivitäten das natürliche Gleichgewicht an den Urlaubszielen zu erhalten. Dabei sollen die lokalen Eigenarten genutzt werden, ohne sie durch von außen gesteuerte Entwicklung und Erschließung zu verfälschen. Der sanfte Tourismus bedient heute jedoch erst eine kleine Minderheit von Touristen und touristischen Destinationen, da er wenig gefördert wird, weil sich die Verantwortlichen davon nur eine ungenügende wirtschaftliche Entwicklung versprechen.

Sanidinit, ein metasomatisches Gestein (↗Metasomatose), das überwiegend aus Sanidin (↗Feldspäte) besteht und das sich im unmittelbaren Kontakt zu heißen, häufig ↗basischen Magmen bildet.

Sanidinitfazies ↗metamorphe Fazies.

Sanierung, allgemein die nachträgliche Verbesserung oder Wiederherstellung eines Zustandes. Sanierung kann in folgenden Bereichen vorkommen. a) in der Wirtschaft: das ökonomische Wiedergesunden eines Betriebes; b) im Städtebau: die Wiederherstellung und Verbesserung von Altbauwohnungen und Altbaugebieten, zur Steigerung der ↗Lebensqualität; c) in der Umwelttechnik: die Sanierung von Anlagen, die nicht mehr dem neuesten technischen Stand entsprechen, so daß sie als Emittenten in Erscheinung treten; d) in der Altlastensanierung: vor allem die Beseitigung von Bodenverunreinigungen. Im Zusammenhang mit der Sanierung stehen rechtliche Verordnungen, in welchen Höchstwerte bestimmter Stoffe in der ↗Umwelt vorgeschrieben sind, die somit Sanierungsmaßnahmen oft erst zwingend machen. ↗Altlastensanierung.

Sanierungsverfahren, in der Umwelttechnik Maßnahmen, durch die sichergestellt wird, daß von einem mit Schadstoffen verunreinigten Standort hinsichtlich der vorhandenen oder geplanten Nutzung keine Gefahren für Leben und Gesundheit von Menschen oder andere Schutzgütern ausgeht. Nach Durchführung der Sanierungsmaßnahmen sollen vom sanierten Standort keine Gefährdungen und nur bekannte, geringe und kontrollierbare Beeinträchtigungen hervorgerufen werden. Unter Sanierung im weiteren Sinn versteht man sowohl die Dekontamination des Standorts als auch die Durchführung von Sicherungsmaßnahmen. Sicherungsmaßnahmen sollen die von einem kontaminierten Standort ausgehende Gefährdung abwehren. Die Schadstoffe selbst werden dabei nicht entfernt. Sicherungsverfahren werden eingesetzt bei Notwendigkeit von schnellen Maßnahmen zur Verminderung des Risikos bei einer akuten Gefährdung, wenn eine Sanierung aus wirtschaftlichen (z. B. bei größeren Altdeponien), verfahrenstechnischen oder Arbeitsschutzgründen nicht möglich ist. Zu den Sicherungsverfahren gehören die Einkapselungsverfahren, Verfestigungsverfahren, Stabilisierungsverfahren sowie einige hydraulische Maßnahmen. Sanierungsmaßnahmen im engeren Sinn beinhalten im Unterschied zur Sicherung den Abbau bzw. die Entfernung der Schadstoffe. Die Sanierungsmaßnahmen lassen sich, je nach Ort ihrer Durchführung, in folgende Gruppen unterscheiden: Bei den In-situ-Verfahren erfolgt die Sanierung im natürlich anstehenden Boden bzw. in der Ablagerung. Im Gegensatz dazu stehen die Ex-situ-Verfahren, bei denen der Boden zur Sanierung ausgekoffert wird. Hier wiederum wird unterschieden zwischen den On-site-Verfahren, bei denen der ausgekofferte Boden vor Ort behandelt wird, und den Off-Site-Verfahren. Für letztere wird der ausgekofferte Boden zur Behandlung vom Standort entfernt. Unabhängig vom Ort der Durchführung unterscheidet man unterschiedliche Sanierungsansätze: a) thermische Verfahren (↗thermische Bodenreinigung), Extraktions- und Waschverfahren (↗Bodenwaschverfahren) und ↗pneumatische Sanierung; b) hydraulische Maßnahmen: Sie werden in Verbindung mit In-situ-Verfahren zur Reinigung des Grundwassers eingesetzt. Dazu zählen u. a. die Entnahme von kontaminiertem Grundwasser zwecks anschließender Reinigung (Pump and Treat) und die direkte Reinigung von Grundwasser durch Mischen mit Luft

(UVB-Verfahren). Daneben dienen hydraulische Maßnahmen zur Unterstützung von biologischen In-situ-Maßnahmen durch Anreicherung des Wassers mit Sauerstoff und/oder Nährstoffen); c) biologische Sanierungsmaßnahmen, d. h. die Steuerung von mikrobiologischen Abbauprozessen, die teilweise unter Zugabe speziell adaptierter Mikroorganismen erfolgt. [ABo]

Sanierungsziel, soll ein kontaminierter Standortes saniert werden, muß im Einklang mit dem technisch Machbaren und dem wirtschaftlich Vertretbaren zunächst das Sanierungsziel festgelegt werden. Ziele können die Wiederherstellung der universellen Verwendbarkeit des Standortes, die Verringerung der Schadstoffbelastung auf ein bestimmtes Maß, die vorläufige Sicherung des Standortes oder die Unterbindung der Gefährdungspfade sein.

Sankt-Elms-Feuer ↗*Elmsfeuer.*

Sanson, *Nicolas d. Ä.* (I.), französischer Ingenieur, königlicher Geograph (géographe de roi) und Kartograph, * 20.12.1600 Abbeville (Picardie), † 7.7.1667 Paris. Seit 1627 in Paris ansässig, legte er dem führenden Pariser Kartenverleger Melchior Tavernier (1564–1641) seine Geschichtskarte »Galliae antiquae descriptio geographica« vor. Dieser gab daraufhin seine Karten heraus, so 1632 »Carte Géographique des Postes qui traversent la France«, eine Flußkarte von Frankreich (1634), Geschichtskarten vom antiken Griechenland (1636) und dem Römischen Reich (1637). Von 1635–1639 als Militäringenieur in der Picardie tätig, folgten von 1640–43 moderne und geschichtliche Länderkarten von Italien, Spanien, Deutschland, England und Frankreich. Nach dem Übergang des Verlages von Tavernier 1644 an P. Mariette (1603–1657) intensivierte sich die Zusammenarbeit. Sanson bearbeitete zu den Länderübersichtskarten jeweils Regionalkarten (1654–56, zusammen 97 Blätter) für einen Atlas. Das erste Titelblatt von 1658 »Cartes générales de toutes les parties du monde« weist 113 Karten aus. In der Folge wird dieser erste französische ↗Weltatlas mit 6 Ausgaben von 1665 bis 1676 erweitert zum »Cartes générales de la géographie ancienne et nouvelle«. Daneben publizierte Sanson eigene Werke, so die didaktisch ausgerichteten 40 »Tables géographiques« (1644/45), vier kleinformatige Werke der Erdteile: »Europe« 1648, »L'Asie« 1652, »L'Afrique« 1656 und »L'Amérique« 1657 sowie drei ↗Regionalatlanten französischer Landschaften (Picardie, Champagne und Lorraine 1656–58). Sanson schuf ca. 350 meist großformatige Karten, darunter über 100 von Frankreich, meist 1:234.000 mit administrativen oder kirchlichen Verwaltungsgrenzen. Seine Söhne Nicolas II. d. J. (1626–1648), Guillaume (1633–1703) und Adrien (†1708) sowie seine Enkel führten die kartographischen Arbeiten fort und beherrschten mit ihren Karten den französischen Markt. Guillaume unterhielt als »géographe de roi« ein Büro im Louvre, wechselte 1677 zum Verleger A. H. Jaillot (1632–1712) und gab 1681 selbst die »Introductions … la géographie« heraus. 1692 gingen 180 Kupferplatten, der Kartenvorrat und die Bibliothek an den Neffen Pierre Moullart-Sanson über, der den Atlas mit den inzwischen weitgehend veralteten Karten 1692 neu herausgab. Unter weiterem Besitzerwechsel wurden die Karten noch bis Ende des 18. Jh. vertrieben. [WSt]

Santon, *Santonium,* international verwendete stratigraphische Bezeichnung für eine Stufe der Oberkreide, benannt nach der Landschaft Saitonge in Westfrankreich. ↗Kreide, ↗geologische Zeitskala.

SAPOS, Satellitenpositionierungsdienst der deutschen Landesvermessung, stellt Korrekturwerte für DGPS-Messverfahren durch das behördliche Vermessungswesen bereit. Nutzer können aus vier abgestuften Servicebereichen Korrekturinformationen in standardisierten Datenformaten zur Verbesserung ihrer GPS-Messungen heranziehen. Durch Relativmessungen zu den permanenten Referenzstationen der Vermessungsverwaltung wird unmittelbar eine Verknüpfung mit dem amtlichen ↗Bezugssystem geschaffen.

Sapphirin, Magnesium-Eisen-Inosilicat (↗Inosilicate); Farbe: blau oder grün, auch grau oder blaßrot; glasglänzend; monoklin; meist als plattige Körner oder körnige Aggregate; Härte nach Mohs: 7,5; Dichte: 3,54–3,58 g/cm^3; tritt überwiegend in hochgradig metamorphen Gesteinen, z. B. Granuliten, in Sachsen, Rußland (Kola-Halbinsel), Grönland, Norwegen, Uganda und Indien auf.

Saprobie, *Saprobität,* Intensität des biologischen ↗Abbaus.

Saprobienindex, Zahlenwert von 1 bis 4 zur Beschreibung der ↗Saprobitätsstufe.

Saprobier, ↗Indikatorenorganismen der verschiedenen ↗Saprobitätsstufen.

Saprobiesystem, empirisches System zur Kennzeichnung von Gewässerbereichen nach der Intensität ihrer Abbauleistung (↗Saprobie) und dem Vorkommen der ↗Saprobier.

Saprobionten, heterotrophe Organismen, deren Vorkommen an das ↗Sapropel gebunden ist.

Saprobität ↗*Saprobie.*

Saprobitätsstufe, *Saprobitätsbereich, Saprobietätsgrad,* Zustandsbereich im ↗Saprobiesystem von Gewässern. Eine Einteilung erfolgt hauptsächlich nach dem Vorkommen von ↗Indikatorenorganismen. Man unterscheidet ↗polysaprobe Bereiche, ↗mesosaprobe Bereiche und ↗oligosaprobe Bereiche.

Saprolit, oft tiefgründiger Gesteinszersatz infolge ↗tropischer Tiefenverwitterung

Sapropel, 1) *Bodenkunde:* Bodentyp der ↗deutschen Bodenklassifikation aus der Klasse der ↗subhydrischen Böden, wird auch als Faulschlamm bezeichnet, weist ↗Fr-Horizont auf und bildet sich am Grund von nährstoffreichen, sauerstofflosen stehenden Gewässern. **2)** *Geochemie: Faulschlamm, Sapropelschlamm,* Sediment, dessen organische Anteile unter Abschluß von freiem Sauerstoff durch Bakterien und Pilze abgebaut werden. Typisch ist die schwärzliche Färbung durch Metallsulfide und die Freisetzung von Methan und Schwefelwasserstoff.

Sapropelkohle, *Faulschlammkohle*, aus subaquatisch in reduzierendem Milieu sedimentiertem Faulschlamm (/Sapropel) gebildete, ungeschichtete, dichte, braunschwarze bis schwarze, matte Kohle mit muscheligem Bruch, die keinen feinstreifigen Aufbau hat wie die /Humuskohlen. Sapropelkohlen bestehen aus zersetzten bis humosen Resten (/Vitrinit) oder feinkörnigem bis feinstückigem /Inertinit als Grundmasse mit eingelagerten Sporen (/Cannelkohle) oder Algen (/Bogheadkohle) sowie Übergangsbildungen zwischen beiden Faziestypen. Sie bilden selten eigenständige Flöze, meist sind es Einschaltungen, vor allem in Hangendpartien von Humuskohlen (Ende der Torfbildung durch zunehmende Vernässung). Mit zunehmendem Mineralgehalt (vor allem Tongehalt) erfolgt der Übergang in Schwarzschiefer.
Sapropelkohlen sind reich an leicht entzündbaren flüchtigen Bestandteilen und liefern hohe Extraktmengen. [HFl]

Sapropelschlamm /Sapropel.

Saprophage, *Saprovore, Totmaterialverzehrer*, Gesamtgruppe der Tiere, die sich von Bestandsabfall in Form von Fallaub, totem Holz, Stroh, Kot (*Koprophage*) oder Aas (/Nekrophage) ernähren. Die aufgenommenen organischen Verbindungen werden zur Gewinnung von /Kohlenstoff und Energie für zelluläre Synthese- und Wachstumsprozesse verwertet. Von Saprophagen geht die /detritische Nahrungskette aus.

SAR /*Synthetic Aperture Radar*.

SAR-Altimetrie, *Synthetic Aperture Radar*, mittels Radar-Satellitenaltimetrie kann das Relief der Meeresoberfläche ausgemessen werden, wie es durch lokale Schwereanomalien bedingt und somit zur Topographie des Meeresbodens korrelierbar ist (Abb.). Es besteht die Korrelation:

$$PM(\lambda,\varphi) \text{ mgal}(PB(\lambda,\varphi) \cdot d$$

Dabei sind PM = altimetrisch gemessene Punkte der Fläche der Gravitationsanomalien, PB = Punkte auf dem Meeresboden, λ = geographische Länge, φ = geographische Breite, d = bathymetrische Tiefe.
Nach den Daten der Altimetrie der speziellen geodätischen Mission (168 Tage im Jahre 1994) des ERS-1 Satelliten wurde eine globale Karte der Schwereanomalie von der Meeresoberfläche hergestellt (weitere Karten 1995 zu den Missionen 1 und 2). Damit konnte bei einer räumlichen Auflösung von nur 7 km eine deutliche Verbesserung im Vergleich zu Karten von früheren Altimetrie-Missionen (Tab.) erreicht werden. Die präzise Lokalisierung von Merkmalen der detaillierten Kartenmuster mit ihrer syntaktischen Information ermöglicht die Gewinnung semantischer Informationen, wobei bathymetrische (/Bathymetrie) und /thematische Karten verwendet werden. Neu gewonnene Erkenntnisse über das Relief des Ozeanbodens sind u. a. für die Zirkulation des Tiefenwassers von Bedeutung. [MFB]

Sarmat, *Sarmatium*, regional verwendete stratigraphische Bezeichnung für die oberste Stufe des /Miozäns, benannt nach der römischen Landschaftsbezeichnung Sarmatia am Schwarzen Meer. Das Sarmat entspricht dem /Messin der internationalen Gliederung (/Neogen).

Sastrugi, windbedingte Furchen mit steiler Luvseite auf einer Schneeoberfläche.

Satellit, künstlicher Himmelskörper, insbesondere für die Erdbeobachtung, Telekommunikation oder Navigation, wenn es sich um Satelliten in Erdumlaufbahnen handelt. Je nach Umlaufbahn wird unterschieden nach /geostationären Satelliten, /polarumlaufenden Satelliten und anderen. Bei den Erdbeobachtungssatelliten sind besonders die hochauflösenden Satelliten zur Landerkundung (/LANDSAT, /SPOT oder spezielle Erdbeobachtungssatelliten wie /ERS-1 und 2 und ENVISAT, oder die /Wettersatelliten für Zwecke der Meteorologie, Ozeanographie

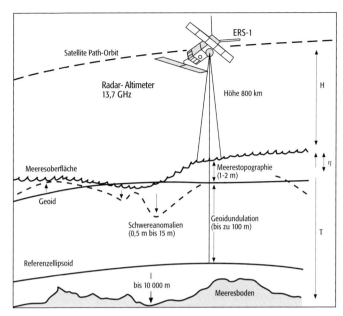

SAR-Altimetrie: schematische Beschreibung des Prinzips von Altimetriemessungen am Beispiel von ERS (H = Höhe der Plattform über dem Meeresspiegel, T = Tiefe des Meeresbodens, η = Differenz zwischen Meerestopographie und mittlerer Meereshöhe).

SAR-Altimetrie (Tab.): Überblick über die seit 1973 durchgeführten Altimeter-Missionen.

Mission	Start [Jahr]	Dauer [Monate]	Höhe [km]	Inklination [°]	Breite [°]	Zyklen [Tage]	Genauigkeit [m]
Skylab/USA	1973	–	435	130	± 50	–	1
GEOS-3/USA	1975	42	840	115	± 65	37	0,5
Seasat/USA	1978	3	800	108	± 72	3, 17	0,1
Geosat (ERM)/USA	1986	38	800	108	± 72	17	0,07
ERS-1/ESA	1991	36	780	98,5	± 81,5	3, 35, 176	0,05
Topex/Poseidon (USA/Frankreich)	1992	36	1335	65,1	± 65,1	10	0,02
ERS-2/ESA	1995	36	780	98,5	± 81,5	3, 35, 176	0,05

Satellitenaltimetrie

Satellit (Tab.): verschiedene Satelliten, die in der Geodäsie eine Rolle spielen.

Satellit	gestartet von/am	Anwendung	Flughöhe	Bahnneigung
AJISAI	Japan, NASDA 12.08.1986	passiv, Geodäsie Ø 2,15 m	1400 km	50°
ERS 1	Europa, ESA 17.07.1991	Fernerkundung	780 km	98,5°
ERS 2	Europa, ESA 21.04.1995	Fernerkundung	785 km	98,5°
ETALON 1	Rußland 10.01.1989	passiv, Geodäsie Ø 1,294 m	19.120 km	64,9°
ETALON 2	Rußland 31.5.1989	passiv, Geodäsie Ø 1,294 m	19.120 km	65,5°
GEOS 3	USA, NASA 9.04.1975	Radar Altimeter	824 km	115,0°
GFO 1	USA 10.02.1998	Radar Altimeter	800 km	108°
GFZ	Deutschland, GFZ 19.04.1995	passiv, Geodäsie Ø 0,21 m	398 km	51,6°
GLONASS	Rußland	Satelliten-Navigationssystem	20.000 km	3 Bahnebenen
GPS	USA	Satelliten-Navigationssysetm	20.000 km	3 Bahnebenen
LAGEOS 1	USA, NASA 4.05.1976	passiv, Geodäsie Ø 0,60 m	5.860 km	109,8°
LAGEOS 2	USA, NASA 22.10.1992	passiv, Geodäsie Ø 0,60 m	5.620 km	52,6°
Starlette	Frankreich, CNES 6.02.1975	passiv, Geodäsie Ø 0,29 m	812 km	50,0°
Stella	Frankreich, CNES 26.09.1993	passiv, Geodäsie Ø 0,29 m	800 km	98,6°
TOPEX/POSEIDON	USA, NASA Frankreich, CNES 10.08.1992	Mikrowellen Altimeter, Fernerkundung	1340 km	66°
WESTPAC	Western Pacific Laser Tracking Network 10.07.1998	passiv, Geodäsie Ø 0,24 m	835 km	98°
CHAMP	Deutschland, GFZ 2000	geophysik. Forschung	470 km	63°
ENVISAT	ESA	Fernerkundung, Nachfolger von ERS	800 km	98,5

und Klimaüberwachung wichtig. Je nach Missionszweck gibt es auch spezielle Satelliten. Daneben unterscheidet man passive und aktive Erdsatelliten. Passive Satelliten sind nur mit ↗Retroreflektoren, aktive Satelliten sind mit Meßsystemen, z.B. zur Erderkundung oder ↗Altimetrie, ausgerüstet (Tab.).

Satellitenaltimetrie, satellitengestütztes Radarverfahren zur Erkundung der Meeresoberfläche. Dabei werden in Nadirrichtung mit einer Trägerfrequenz im Ku-Band (13,5–13,8 GHz) und mit Wiederholraten von mindestens 1 KHz frequenzmodulierte Impulse von wenigen Nanosekunden Dauer ausgestrahlt. Der Radarimpuls wird bis auf eine von Wind und Seegang abhängige Streuung reflektiert und nach wenigen Millisekunden Laufzeit wieder empfangen. Das Impulsecho wird quantisiert und einer theoretischen Impulsantwort angepaßt, wobei drei Parameter ermittelt werden: a) die Laufzeit des Impulses, b) die Neigung der ansteigenden Flanke des Impulsechos und c) die Energie des Impulsechos. Aus der halben Laufzeit wird die Höhe über dem ↗Meeresspiegel berechnet. Die Neigung der ansteigenden Flanke ist korreliert mit der ↗signifikanten Wellenhöhe und die Energiebilanz des Impulsechos ist proportional zum ↗Rückstreukoeffizienten der Meeresoberfläche, der empirische Rückschlüsse auf den Betrag (nicht die Richtung) der Windgeschwindigkeit zuläßt. ↗Signifikante Wellenhöhe und Windgeschwindigkeit werden direkt für Schiffsroutenberatung und von Wetterdiensten genutzt. Die Höhenmessung durch Radaraltimetrie bedarf jedoch zahlreicher Korrekturen, um Messungen zu verschiedenen Zeiten und unter unterschiedlichen Messbedingungen miteinander vergleichen zu können, da der Radarimpuls des Altimeters durch die Atmosphäre verzögert wird. Bei der Radaraltimetrie sind deshalb troposphärische und ↗ionosphärische Laufzeitkorrekturen anzubringen. Die Signallaufzeit wird auch durch die Elektronik des Altimeters beeinflußt und die Rückstreuung des Radarimpulses von der Meeresoberfläche erfordert Korrekturen (↗Seegangsfehler) (Abb.). Schließlich wird der zeitvariable Anteil an den Meeresgezeiten, der ↗Erdgezeiten der festen Erde und der Polgezeiten aus den Altimetermessungen reduziert, um eine gezeitenfreie Meeresoberfläche ableiten zu können. Mit einer präzisen Bahnbestimmung lassen sich dann die so korrigierten Altimetermessung zu einer genauen Kartierung des Meeresspiegels nutzen. Da die meisten ↗Altimetermissionen ihre ↗Bahnspur nach einer fe-

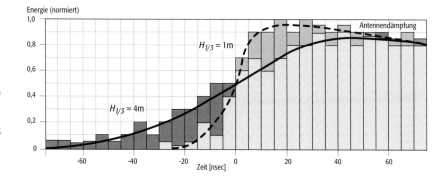

Satellitenaltimetrie: Typische Form eines (normierten) Radarechos der Meeresoberfläche bei einer signifikanten Wellenhöhe von 4 m (durchgezogene Linie). Bei geringerem Seegang ($H = 1$ m) ist die ansteigende Flanke des Radarechos steiler (gestrichelte Linie).

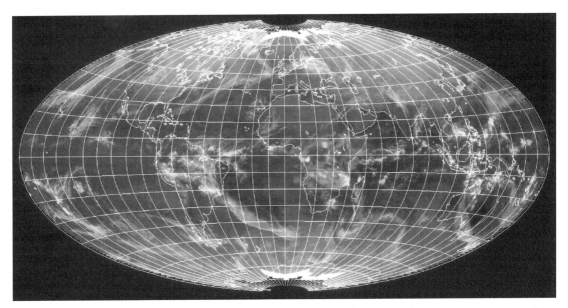

sten Zahl von Tagen erneut überfliegen, läßt sich durch wiederholte Vermessungen auch die Variabilität des Meeresspiegels genau erfassen. Gleichbleibend genaue Altimetermessungen über mehrere Jahre erlauben es schließlich, einen fast ausschließlich durch das Schwerefeld geprägten ↗mittleren Meeresspiegel zu bestimmen und die Frage eines säkularen Meeresspiegelanstiegs zu untersuchen. [WoBo]

Satellitenbild, bildhafte Darstellung der Informationen, welche mit Hilfe von ↗Fernerkundungsverfahren von ↗Satelliten aus gewonnen werden (Abb.). Die Interpretation der Satellitenbilder erfolgt entweder qualitativ durch visuelle Inspektion oder heutzutage in zunehmenden Maße durch objektive und automatische Verfahren. Satellitenbilder können originär analoge photographische Bilder (Weltraumphotographien) oder mit Hilfe von Trommelplottern in analoge Präsentationsform gebrachte originär digitale Bilder wie Scannerbilder oder Radarbilder sein. Die Visualisierung von digitalen Satellitenbilddaten am Bildschirm kann ebenfalls als Satellitenbild bezeichnet werden. Satellitenbilder müssen weder radiometrisch noch geometrisch rektifiziert sein (↗Satellitenbildkarte). Die Kombination von Satellitenbildern in verschiedenen Spektralbereichen vermittelt vielfach mehr Erkenntnisse als nur das Satellitenbild eines Spektralbereichs (multispektrale Bilddatenauswertung). Zur leichteren Bildinterpretation werden Satellitenbilder kontrastverstärkt, ausschnittsvergrößert oder aus der geometrisch vielfach verzerrten Satellitenbildperspektive in bestimmte Projektions- oder Kartendarstellungsarten umgerechnet. Einem breiten Publikum sind die täglichen Satellitenbilder der ↗Wettersatelliten bekannt. ↗METEOSAT.

Satellitenbildatlas, ↗Bildatlas, eine buchgleiche Sammlung von a) ↗Satellitenbildern und vergleichbaren Kartenausschnitten als Orientierungs- und Interpretationshilfen oder von b) Satellitenbildern in loser Kombination mit Schrägaufnahmen, Karten und Bildern. Fast immer sind geographische und landeskundlich-historische Bildinterpretationen beigefügt. Allgemein sind die Satellitenbilder in naturnaher Farbgebung, zumeist in einheitlichem Maßstab dargestellt und in der Regel zu Bildkarten umgewandelt. Sie sind dann geometrisch genau, an eine kartographische Projektion angepaßt, mit einem Kartenrahmen eingefaßt und mit ausgewählten topographischen Namen ergänzt. Die Bildfolge ist fast immer geographisch von West nach Ost und von Nord nach Süd angeordnet.

Satellitenbildaufnahme, in der ↗Photogrammetrie und ↗Fernerkundung der Gesamtprozeß der Aufnahme photographischer bzw. digitaler Bilder der Erdoberfläche oder der Oberfläche anderer Planeten mit einer photographischen ↗Meßkamera oder einer CCD-Kamera von einem Raumflugkörper (Satellit, Raumschiff) aus.

Satellitenbildkarte, *Satellitenorthobildkarte, Satellitenorthophotokarte*, kartographische Darstellung, bei der wesentliche Informationselemente eines ↗Satellitenbildes unmittelbar in Erscheinung treten. Hierzu können auch mittels Schrägsichtradar aufgenommene Erscheinungen unter der Oberfläche verstanden werden. Der amerikanische Ausdruck für Satellitenbildkarten ist »Image Map«. Satellitenbildkarten unterscheiden sich von den Satellitenbildern durch ihre einer vorgegebenen Kartennetzabbildung entsprechenden geometrischen Eigenschaften, Geocodierung, einen Kartenrahmen und Kartenrand sowie geographisches Namensgut und Kartenzeichen. Der koordinatenmäßigen Bestimmbarkeit ist dabei die gleiche Bedeutung beizumessen wie dem relativen Lagebezug von Objekten. Unter bestimmten Umständen kann aus Satellitenbildkarten mehr Information als aus konventionellen Landkarten gewonnen werden.

Satellitenbilder: Satellitenbild der Erde, zusammengesetzt aus den Bilddaten der operationellen geostationären Wettersatelliten.

Zunächst lassen sich Satellitenbildkarten nach dem Sensor der verwendeten Bilddaten gliedern. Ferner können solche, die unter Verwendung von Falschfarben hergestellt werden, und solche, die »naturnah« farbcodiert sind, unterschieden werden. Darüber hinaus kann man bei Multispektralkarten nach der Anzahl und Art der verwendeten Spektralbänder differenzieren. Unter thematischen Satellitenbildkarten werden Themakarten verstanden, bei denen eine Satellitenbildkarte als Basiskarte Verwendung findet. Mit vor allem linienhaften Kartenzeichen versehene geocodierte Satellitenbildern werden auch als CIL Maps bezeichnet. [MFB]

Satellitengeodäsie, eine zu den ↗geodätischen Raumverfahren gehörende, relativ neue und bedeutende Methode der ↗Geodäsie, die als Erkenntnismittel künstliche Erdsatelliten benutzt. Sie entstand nach 1957, nach dem Start erster Satelliten, ist inzwischen hochentwickelt und -spezialisiert und kann sowohl zur Vermessung der Erdoberfläche als auch zur Bestimmung von Parametern des Erdschwerefeldes eingesetzt werden. Es werden passive Satelliten, die lediglich als Zielpunkt dienen, und aktive Satelliten, die Meßinformationen aussendenden, unterschieden. Bei den rein *geometrischen Methoden der Satellitengeodäsie* dient der Satellit als hochgelegener Ziel- bzw. Meßpunkt in einer räumlichen geometrischen Konfiguration, und die Messungen von oder zu den Erdstationen müssen gleichzeitig (simultan) erfolgen. Bei den sog. halbdynamischen Methoden wird fehlende Gleichzeitigkeit durch ein Modell der Satellitenbahn überbrückt. Bei den *dynamischen Methoden der Satellitengeodäsie* wird die Satellitenbahn durch ein mathematisch-physikalisches Modell unter Berücksichtigung möglichst aller auf den Satelliten einwirkenden Kräfte als Raum-Zeit-Funktion beschrieben und dient als oberhalb der Erdoberfläche liegendes ↗Bezugssystem. Mittels verschiedener Meßanordnungen kann es der Koordinatenbestimmung (Ortsbestimmung) auf der Erdoberfläche oder beispielsweise auch der Messung von Höhenunterschieden zwischen der Satellitenbahn und der Meeresoberfläche dienen (↗Altimetrie). Da die Satelliten wie Sensoren im Erdschwerefeld wirken, widerspiegeln ihre Bahnen dessen Parameter, so auch die Lage des Massenmittelpunkts der Erde (Geozentrum, ↗geozentrische Koordinaten). Entscheidend für die heutige Effektivität und Genauigkeit der Methoden der Satellitengeodäsie ist die technische Möglichkeit der wetterunabhängigen Entfernungsmessung mittels elektromagnetischer Impulse und Wellen (↗Laserentfernungsmessung, SLR). Die modernsten und leistungsfähigsten Ortungssysteme für Zwecke der Geodäsie und Navigation sind die aus mehreren Satelliten bestehenden Systeme ↗Global Positioning System und ↗GLONASS. [EB]

Satellitengradiometrie, das ↗Gradiometer befindet sich im Satelliten, um die Gravitationsgradienten der Erde entlang der Flugbahn zu beobachten. Zur vollständigen und hochgenauen Bestimmung des Gravitationsfeldes der Erde sollte eine polnahe Bahn niedriger Flughöhe ausgewählt werden. Probleme bei der Messung werden u. a. durch den Einfluß der Atmosphäre verursacht, weswegen der Satellit ↗drag-free gehalten werden sollte. Weitere Fehlerquellen bilden ↗Trägheitsbeschleunigungen, verursacht durch Drehbewegungen des Satelliten, aber auch Eigengravitation.

Satellitenhydrologie, Teilbereich der ↗Hydrologie, der sich mit der Anwendung von Satellitenmessungen bei hydrologischen Untersuchungen befaßt (↗Fernerkundung).

Satellitennavigation, Teilgebiet der ↗Radionavigation mithilfe künstlicher Erdsatelliten. Im wesentlichen sind zwei Konzepte im Gebrauch. Bei der Nutzung des ↗Doppler-Effektes wird die Frequenzverschiebung der Satellitensignale im Bodenempfänger gemessen und in Entfernungsdifferenzen umgerechnet, aus denen bei bekannten Satellitenpositionen die Nutzerposition abgeleitet werden kann. Dieses Konzept wurde im Navy Navigation Satellite System (↗Transit) von 1967 bis 1996 sehr erfolgreich verwendet. Ein aktuelles auf dem Dopplerprinzip beruhendes System ist ↗DORIS. Ein sehr leistungsfähiges und konzeptionell einfaches Verfahren, das die Verfügbarkeit hoch präziser Uhren im Satelliten voraussetzt, beruht auf der Messung der Zeitdifferenz zwischen ausgesandten und empfangenen Signalen und der daraus abgeleiteten Entfernungen. Für operationelle Systeme ohne Beschränkung der Nutzeranzahl wird ein Ein-Weg-Verfahren gewählt, bei dem die Signale nur vom Satelliten ausgesandt werden. Hierzu gehören das NAVSTAR GPS und GLONASS. Ein Zwei-Wege-Verfahren, bei dem die Bodenstationen die Signale zum Satelliten zurücksenden, ist ↗PRARE. ↗Navigation. [GSe]

Satellitenorthobildkarte ↗Satellitenbildkarte.

Satellitenorthophotokarte ↗Satellitenbildkarte.

Satellitenphotogrammetrie, Gesamtheit der Theorien, Verfahren und Geräte zur Aufnahme, Speicherung, Analyse und Auswertung von ↗Satellitenbildern der Erdoberfläche oder der Oberfläche anderer Planeten. Aufgrund der durch die großen Aufnahmeentfernungen zur Erdoberfläche begrenzten ↗Bildmaßstäbe im Bereich zwischen 1:200.000 und 1:2.800.000 ist mit dem Verfahren der Satellitenphotogrammetrie nur eine Herstellung und Laufendhaltung ↗topographischer Karten und ↗thematischer Karten in einem Maßstabsbereich $m_k'' $ 1:50.000 möglich.

Satellitenphotographie, Beobachtungsverfahren zur Bestimmung der Raumrichtung von künstlichen Erdsatelliten. Dieses Raumverfahren wurde in den 60er und 70er Jahren in der ↗Satellitengeodäsie eingesetzt. Mit Hilfe von ↗ballistischen Meßkameras wurden nachts die künstlichen Satelliten, wenn sie von der Sonne angestrahlt wurden, mit dem Sternenhintergrund photographiert. Die Ausmessung der Aufnahmen ergab die Raumrichtung zum Satelliten in bezug auf die Richtung zu den Sternen. Satellitenphotographie war Grundlage für die Hochzieltriangulation zum Aufbau des Satellitenweltnetzes.

Satellitenreflex ↗modulierte Strukturen.
Sattel ↗Falte.
Sattelpunkt ↗Deformationsfeld.
Sattelscheitel ↗Falte.
Sättigung, 1) *Kartographie*: ↗Farbsättigung. 2) *Klimatologie*: Zustand der maximal möglichen Anreicherung eines bestimmten Stoffes in einem anderen Stoff oder einem Stoffgemenge. ↗Wasserdampfsättigung.
Sättigungsbeiwert, *Sättigungszahl*, S_r, gibt an, in welchem Ausmaß die Poren eines Bodens mit Wasser gefüllt sind:

$$S_r = \frac{n_w}{n} = \frac{w \cdot \varrho_s}{e \cdot \varrho_w}$$

mit n_w = mit Wasser gefüllter Porenanteil, n = Gesamtporenanteil, w = Wassergehalt, ϱ_s =Korndichte [g/cm³], e = Porenzahl und ϱ_w = Dichte des Wassers [g/cm³]. Als übliche Grenzwerte gelten: $S_r = 0$: trocken, $S_r = 0$–$0{,}25$: feucht, $S_r = 0{,}25$–$0{,}50$: sehr feucht, $S_r = 0{,}50$–$0{,}75$: naß, $S_r = 0{,}75$–$1{,}00$: sehr naß, $S_r = 1{,}00$: wassergesättigt. Eine Sättigungszahl von $S_r = 1{,}0$ entspricht in der Natur dem geschlossenen Kapillarsaum. Sättigungszahlen haben beim ↗Proctorversuch zur Bestimmung der Lagerungsdichte von bindigen Lockergesteinen eine wichtige Bedeutung. Die Sättigungslinie entspricht ϱ_d und w, wenn sämtliche Poren mit Wasser gefüllt und keine Lufteinschlüsse mehr im Boden enthalten sind ($S_r = 1$).
Sättigungsdampfdruck, der Partialdruck des Wasserdampfes bei ↗Sättigung bezogen auf eine ebene Oberfläche reinen Wassers oder bezogen auf Eis (↗Wasserdampfsättigung). Bei 10°C beträgt z. B. der Sättigungsdampfdruck über Wasser 12,271 hPa.
Sättigungsdefizit, Differenz des Dampfdruckes zum ↗Sättigungsdampfdruck. Das Sättigungsdefizit gibt an, wieviel Wasserdampf Luft noch bis zur Sättigung aufnehmen kann.
Sättigungsdichte, Dichte eines Gesteins, dessen Porenraum völlig mit einem Fluid gefüllt ist (Sättigungsgrad = 1).
Sättigungsexponent, Konstante in der ↗Archie-Gleichung.
Sättigungsfeuchte, Partialdichte des Wasserdampfes in g pro m³ bei Sättigung.
Sättigungsflächenabfluß, Fließen über dem Boden infolge von Sättigungsüberschuß, d. h. ↗Abfluß von Flächen, deren Infiltrationskapazität infolge der vollen Wassersättigung der Böden sehr gering ist (»Landoberflächenabfluß von direkt abflußbeitragenden Flächen«, Abb. 1). Solche Flächen stellen mit Wasser vollständig gesättigte Böden oder Wasserflächen (Wasserstau auf Landflächen) dar. Wenn nach einem länger anhaltenden Niederschlagsereignis die volle Sättigung der Böden erreicht ist, geht der ↗Hortonsche Landoberflächenabfluß in den Sättigungsflächenabfluß über. ↗Returnflow tritt besonders häufig bei solchen Flächen auf (↗Abflußprozeß). Dieser Prozeß wird besonders in Gewässernähe (Talaue, Hangfuß) beobachtet. Durch die lateralen Zuflüsse aus den Hängen können sich am Hangfuß solche Flächen bilden. Vorhandene Feuchtflächen werden zunehmend zu Sättigungsflächen. Dabei erfolgt bei länger andauernden Niederschlägen eine Zunahme der gesättigten Flächen in den Talauen von unten nach oben (Abb. 2). Der Abfluß von diesen Flächen bildet die schnellen Komponenten des Abflußprozesses und führt im wesentlichen zur Bildung des ↗Direktabflusses. Bei nichturbanen und nichtgebirgigen Einzugsgebieten stellen die gesättigten Böden überwiegend die abflußbeitragenden Flächen dar. In humiden Klimabereichen wird Landoberflächenabfluß überwiegend infolge Sättigungsüberschuß gebildet. [HJL]

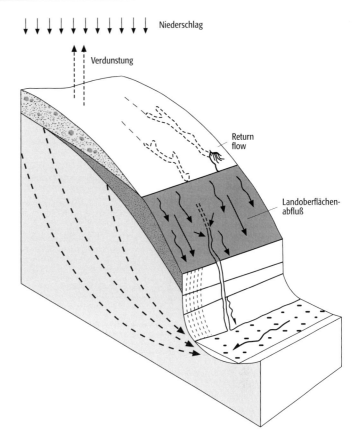

Sättigungsflächenabfluß 1: Bildung von Landoberflächenabfluß infolge von Sättigungsüberschuß (Sättigungsflächenabfluß).

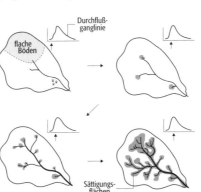

Sättigungsflächenabfluß 2: zeitliche Ausdehnung von wassergesättigten Flächen und des Gewässernetzes nach starken Niederschlägen (Zustände vor Beginn, während und am Ende des Niederschlagsereignisses).

Sättigungsgrad, 1) ein vor allem in der Thermodynamik verwendetes relatives Maß für den Dampfgehalt eines Dampf-Gas-Gemisches; dieser findet vor allem bei der Angabe der relativen Luftfeuchtigkeit Anwendung. 2) Anteil der Poren in einem Gestein, die mit einem Fluid gefüllt sind (↗Archie-Gleichung).
Sättigungsindex, SI, der für die Lösungs-Fällungsreaktion eines Minerals berechnete dekadische Logarithmus des Quotienten aus ↗Ionenaktivitätsprodukt und ↗Löslichkeitsprodukt:

$$SI = \log \frac{IAP}{K}$$

mit IAP = Ionenaktivitätsprodukt und K = Löslichkeitsprodukt. Der Sättigungsindex kennzeichnet, ob zwischen einem Mineral und der umgebenden Lösung ein thermodynamisches Gleichgewicht herrscht ($SI = 0$). Bei Werten unter 0 ist die Lösung untersättigt (*Untersättigung*) und das Mineral kann in Lösung gehen, bei Werten über 0 ist die Lösung übersättigt (↗Übersättigung) und das Mineral müßte ausfallen. Bedingt durch ↗Reaktionskinetik oder Lösungsgenossen können in natürlichen Wässern deutliche Übersättigungen eintreten. Der Quotient aus IAP und K wird in nicht logarithmischer Form auch als *Sättigungszustand Ω* bezeichnet:

$$\Omega = \frac{IAP}{K}.$$

[TR]

Sättigungslinie, *Sättigungskurve*, entspricht beim ↗Proctorversuch der ↗Trockendichte d_d und dem Wassergehalt w einer Probe, deren sämtliche Poren mit Wasser gefüllt sind (↗Sättigungsbeiwert $S_r = 1,0$).
Sättigungsmagnetisierung, ist die maximal mögliche ↗Magnetisierung M_s. Dieser Zustand wird erreicht, wenn alle magnetischen Elementardipole einer Substanz durch die Wirkung eines äußeren Feldes eingeregelt worden sind (Abb.). Bei $T = 0$ K (absoluter Nullpunkt) sind sie dann parallel orientiert. Durch thermische Agitation wird dieser Zustand mit steigender Temperatur zunehmend gestört. M_s nimmt daher in der Regel mit steigender Temperatur zunächst wenig, bei höheren Temperaturen aber stärker ab und ver-

schwindet bei der ↗Curie-Temperatur. Mit Hilfe von Messungen dieser Art kann die Curie-Temperatur T_C eines Materials bestimmt werden (↗Ferrimagnetismus). Innerhalb einer magnetischen ↗Domäne ist eine ferro- oder ferrimagnetische Substanz stets bis zur Sättigung in einer ↗leichten Richtung magnetisiert. Man spricht dann auch von *spontaner Magnetisierung*, weil sie nicht durch ein äußeres Magnetfeld erzwungen wird, sondern durch die Austauschwechselwirkungen zwischen den Elementardipolen zustande kommt. [HCS]
Sättigungsmischungsverhältnis, Feuchtemaß bei Sättigung, das maximal mögliche ↗Mischungsverhältnis, das in der Luft bei Sättigung auftreten kann.
Sättigungsremanenz, IRM_S, ist die maximal erreichbare ↗isothermale remanente Magnetisierung (IRM) in einem starken äußeren Feld, z. B. bei einer bis zur Sättigung ausgesteuerten ↗Hysteresekurve. Die dazu notwendigen Feldstärken hängen von der ↗Koerzitivfeldstärke H_C und der Korngrößenverteilung der einzelnen Minerale ab. Bei den ↗IRM-Erwerbskurven wird dies zur Identifikation stark magnetischer Minerale genutzt.
Sättigungssetzung, findet statt, wenn Festgesteine bei nachträglicher Durchfeuchtung und ↗Verwitterung in Feinmaterial zerfallen. Dann kann es durch die Verringerung des Hohlraumanteils zur ↗Setzung kommen. Das Ausmaß dieser Sättigungssetzung ist abhängig vom Gestein, vom Grad der Verwitterung, der Körnigkeit und dem Grad der Verdichtung.
Sättigungszahl ↗Sättigungsbeiwert.
Sättigungszustand ↗Sättigungsindex.
Saturationskern-Magnetometer ↗Fluxgate-Magnetometer.
Satzmoräne, *Stapelmoräne*, Form der Glazialakkumulation. Dabei handelt es sich um eine mit dem Abschmelzen des Eises abgelagerte und nicht bewegte ↗Moräne (↗Grundmoräne, ↗Endmoräne, ↗Seitenmoräne) im Gegensatz zur Wandermoräne (↗Obermoräne, ↗Mittelmoräne, ↗Innenmoräne, ↗Untermoräne).
Sauberkeitsschicht, ist nach DIN 1045 bei Flachgründungen unter bewehrten Fundamenten und Gründungsplatten einzubauen. Sie besteht aus einer 5 cm mächtigen Magerbetonlage oder einer gleichwertigen Lage. Eine Sauberkeitsschicht wird auch unter unbewehrte Beton- und Mauerwerksfundamente eingebracht, um eine Verunreinigung und daraus folgende geringere Tragfähigkeit der untersten tragenden Schicht zu vermeiden.
Sauerbrunnen ↗*Säuerling*.
Säuerling, *Sauerbrunnen*, natürliches Grundwasser, das sich unabhängig von seinem Mineraliengehalt durch einen erhöhten gelösten freien Kohlensäuregehalt von über 250 mg/l auszeichnet. Mineralwasser, das an der Quellfassung mindestens 1 g/l gelöste freie Kohlensäure aufweist, wird auch als *Mineralsäuerling* bezeichnet.
Sauerstoff, gasförmiges chemisches Element, chemisches Symbol O. Sauerstoff ist das häufigste

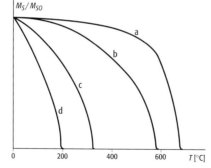

Sättigungsmagnetisierung: schematische M_s/T-Kurven für a) Hämatit, b) Magnetit, c) Magnetkies und einen d) Titanomagnetit TM60.

chemische Element der Erde. Sein Anteil beträgt in der Erde gesamt ca. 30 Gew.-% (Tab.), in der Erdkruste (in gebundener Form als oxidische Gesteine) und in der Atmosphäre (in freier Form als molekularer Sauerstoff, O_2) jeweils nahezu 50 Gew.-%, und in den Ozeanen (in gebundener Form als Wasser, H_2O) fast 90 Gew.-%. Der gesamte freie Sauerstoff in der Atmosphäre ist durch den biologische Prozeß der Photosynthese entstanden (↗Sauerstoffkreislauf). Molekularer Sauerstoff, O_2, ist mit einem Mischungsverhältnis von 20,09 % nach ↗Stickstoff der zweithäufigste Bestandteil der Luft. Die dreiatomige Form des Sauerstoffs, das ↗Ozon, O_3, liegt in der Stratosphäre mit Mischungsverhältnissen im ppm-Bereich als ↗Spurengas vor (↗Ozonschicht).

Sauerstoffbedarf, das durch die Anwesenheit oxidierbarer Stoffe bedingte Potential einer Wasserprobe, Sauerstoff zu verbrauchen. Man unterscheidet ↗biologischen Sauerstoffbedarf, ↗biochemischen Sauerstoffbedarf (BSB) und ↗chemischen Sauerstoffbedarf (CSB).

Sauerstoffdefizit / *Sauerstoffmangel.*

Sauerstoffeintrag, Anreicherung von Sauerstoff in Gewässern durch natürliche oder künstliche Prozesse. Man unterscheidet zwischen dem ↗physikalischen Sauerstoffeintrag und dem ↗biogenen Sauerstoffeintrag.

Sauerstoffgehalt, *gelöster Sauerstoff*, Konzentration des Gases Sauerstoff (O_2) in Milliliter oder Mikromol pro Liter Wasser (zur Umrechnung: ml/l · 44,615 = µmol/l). Die Löslichkeit des O_2 nimmt wie bei allen Gasen im Meerwasser mit steigender ↗Temperatur und zunehmendem ↗Salzgehalt ab. Sie läßt sich durch folgende Gleichung beschreiben (im Gleichgewicht mit einer Atmosphäre von 100 % Luftfeuchte, 20,95 % O_2 und 1013,25 hPa):

$$\ln C = -173{,}4292 + 249{,}6339 \cdot (100/T) + 143{,}3483 \cdot \ln(T/100) - 21{,}8492 \cdot (T/100) + S\{-0{,}033096 + 0{,}014259 \cdot (T/100) - 0{,}0017000 \cdot (T/100)^2\},$$

wobei C = Sauerstoffgehalt oder Sauerstoffsättigung in ml/l, T = Temperatur in Kelvin, S = Salzgehalt. So errechnet sich C bei $S = 10$ und 5°C zu 8,36 ml/l, bei $S = 35$ und 25°C dagegen nur noch zu 4,73 ml/l. Der gelöste Sauerstoff der gesamten Hydrosphäre beträgt ca. 1 % der vorhandenen Sauerstoffmenge in der Atmosphäre.

Der Sauerstoffgehalt wird stark von physikalischen, chemischen und biologischen Faktoren beeinflußt. Für die hydrologische Interpretation eines bestimmten Sauerstoffgehaltes ist daher die Kenntnis dieser zugehörigen Bedingungen erforderlich (z. B. Temperatur, Druck, Salzgehalt, Algenblüten). Der Sauerstoffgehalt spielt im ↗Sauerstoffhaushalt eines Gewässers eine herausragende Rolle, da er wesentlich über die Lebensfähigkeit von Organismen entscheidet und die Wasserqualität mitbestimmt.

Sauerstoffhaushalt, der Sauerstoffgehalt in Gewässern ergibt sich aus der Gesamtheit der sauerstoffverbrauchenden und sauerstoffliefernden Prozesse sowie aus den Austauschvorgängen an der Grenzfläche des Gewässers mit der Atmosphäre. Der Sauerstoffgehalt im Flußwasser unterliegt je nach Gewässertyp, Gewässerausbau und Gewässergüte mehr oder weniger großen Schwankungen in Abhängigkeit von der Tages- und Jahreszeit, dem Abfluß, den meteorologischen Bedingungen sowie der Einleitung von Abwasser. Die Belastung des Sauerstoffhaushalts erfolgt nicht allein durch den biochemischen ↗Abbau organischer Stoffe, sondern auch durch die ↗Nitrifikation und die chemische Oxidation reduzierter Verbindungen. Der Sauerstoffhaushalt der meisten Gewässer wird im Sommerhalbjahr durch die Photosyntheseaktivität von Wasserpflanzen (↗Makrophyten, ↗Algen) geprägt. Durch diese biogene ↗Belüftung wird Sauerstoff eingetragen, der durch ↗Abbau und ↗Atmung wieder verbraucht wird. Im zeitlichen Verlauf ergibt sich dann eine typische Periodik des Sauerstoffgehalts mit Maxima am frühen Nachmittag und Minima in den frühen Morgenstunden. In nährstoffreichen Gewässern kann die biogene Belüftung zu starker Sauerstoffübersättigung führen. Gleichzeitig wird das Wasser stärker alkalisch (biogene ↗Entkalkung). Der Zusammenbruch einer ↗Algenblüte stellt fast immer eine Belastung des Sauerstoffhaushalts dar, da deren ↗Biomasse durch Reduzenten (↗Destruenten) unter Sauerstoffaufnahme verwertet wird. Hohe Wassertemperaturen (↗Aufwärmung) beschleunigen die oxidativen Prozesse, so daß kritische Verhältnisse im Gewässer eintreten können, z. B. ↗Sauerstoffmangel. [MW]

Sauerstoffisotope, das natürliche Verhältnis der drei stabilen Sauerstoffisotope mit unterschiedlichem Atomgewicht (^{16}O = 15,9949, ^{17}O = 16,9991, ^{18}O = 17,9992) wird vom ^{16}O dominiert (99,76 %), die schwereren Isotope sind mit nur 0,037 % (^{17}O) und 0,20 % (^{18}O) beteiligt. Freier Sauerstoff zeigt in der Atmosphäre ein konstantes Isotopenverhältnis. Gelöster Sauerstoff im Meer zeigt tiefenabhängige Änderungen mit einem Maximum von schwerem ^{18}O im Bereich geringster Sauerstoffkonzentrationen; dies beruht auf der bevorzugten organischen Zehrung der leichten Isotope bei dem Abbau von absinkenden organischen Partikeln in der Wassersäule. Im Meerwasser selbst schwankt das Isotopenverhältnis bei Änderung von Temperatur und Salzgehalt. ↗$\delta^{18}O$-Werte.

Sauerstoffisotopenfraktionierung ↗$^{18}O/^{16}O$.

Sauerstoffisotopenmethode, angewandt an Bohrkernen aus marinen oder limnischen Sedimenten und ↗Gletschereis (↗Eiskernbohrungen) zur Aufstellung von Paläotemperaturkurven. Die Sauerstoffisotopenmethode ist eines der wichtigsten Hilfsmittel zur Rekonstruktion der quartären Klimageschichte (daher gelegentlich auch als *glaziologisches Thermometer* bezeichnet). Sie beruht auf dem temperaturabhängigen Mengenverhältnis des in die Kalkschalen von Organismen (am geeignetsten sind Foraminiferenschalen) oder im Gletschereis eingebauten Sauer-

Element	Gew.-%
Eisen (Fe)	35,0
Sauerstoff (O)	30,0
Silicium (Si)	15,0
Magnesium (Mg)	13,0
Nickel (Ni)	2,4
Schwefel (S)	1,9
Calcium (Ca)	1,1
Aluminium (Al)	1,1
andere Elemente	0,5

Sauerstoff (Tab.): Elementhäufigkeit der gesamten Erde.

stoffisotops ^{16}O gegenüber dem schweren Sauerstoffisotops ^{18}O. Außer der Ermittlung der Temperaturen des Bildungsmilieus zu den Lebzeiten der Organismen oder der Entstehung des Gletschereises erlaubt die Sauerstoff-Isotopenanalyse an Tiefseebohrkernen, auch in über das ↗Quartär gleichbleibend warmen Meeresbereichen, Rückschlüsse auf das Volumen der weltweiten Eismassen, da die stärker von der Meeresoberfläche verdunstenden ^{16}O-Isotope während der ↗Kaltzeiten in den ↗Gletschern der Erde zurückgehalten und angereichert wurden, während sich ein höherer Anteil schwerer ^{18}O-Isotope in den Fossilien der marinen Sedimente einstellte. Anhand der Sauerstoffisotopenmethode ist heute gesichert, daß im Laufe des Quartärs nicht nur die durch die terrestrischen Ablagerungen belegten Kalt-/Warmzeitzyklen stattgefunden haben, sondern daß sich weitere Klimawechsel (im Rhythmus von etwa 100.000 Jahren und damit in großem Einklang mit den von Milutin ↗Milanković belegten astronomischen Zyklen) vollzogen haben. [HRi]

Sauerstoffisotopenstratigraphie ↗Sauerstoffkreislauf.

Sauerstoffkreislauf, *Sauerstoffzyklus, geochemischer Kreislauf des Sauerstoffs,* Sauerstoff gehört zu den Chalkogenen (Hauptgruppe VI A im Periodensystem der Elemente, zusammen mit Schwefel, Selen, Tellur und Pollonium); Oxidationsstufen sind −2 und selten auch −1 (z. B. bei Peroxiden H_2O_2 oder Sauerstofffluoriden O_2F_2). Sauerstoff hat einen kleinen Atomradius (0,74 Å), als O_2-Anion dagegen einen sehr großen (1,40 Å). Die Ordnungszahl von Sauerstoff ist 8, es hat drei stabile Isotope (^{16}O, ^{17}O und ^{18}O) mit den durchschnittlichen Häufigkeiten 99,76 %, 0,037 % und 0,20 %, die aber durch Isotopenfraktionierungsprozesse verändert werden (↗$^{18}O/^{16}O$).

Die primordiale Erde hatte keine ↗Atmosphäre. Erst im Zuge der Abkühlung und Ausgasung des neu entstandenen Planeten konnte eine Atmosphäre kondensieren. Sie war, abgesehen von primär entgastem Sauerstoff, praktisch sauerstofffrei, und erst per Photodissoziation von H_2O durch die einfallende UV-Strahlung konnte sich freier Sauerstoff bilden. Dieser Prozeß ist selbstregulierend, da Wasser und Sauerstoff nahezu die gleichen Energiespektren der UV-Strahlung absorbieren. Mit steigender O_2-Konzentration geht dadurch Energie zur O_2-Bildung verloren (*Urey-Effekt*). Weiteres Regulativ waren die Pufferkapazität der Urozeane und der Sauerstoffverbrauch durch Oxidation (u. a. Bildung von gebänderten Eisenerzen (↗Banded Iron Formation) und terrestrischen ↗Rotsedimenten). Mit dem zeitlich nicht genau definierten Einsetzen der mikrobiellen Sulfatreduktion im ↗Archaikum könnte der Sauerstoffpegel der Atmosphäre deutlich angestiegen sein, aber erst durch die »Erfindung« der ↗Photosynthese konnte der Sauerstoffgehalt der Atmosphäre nennenswert steigen, mit Besiedelung des Festlandes bis in die Größenordnung heutiger Sauerstoffgehalte, wobei zu Zeiten extremer Photosyntheseaktivität (Bildung der Kohlenlagerstätten im ↗Karbon) ein höherer Sauerstoffpartialdruck angenommen werden muß als der heutige PAL (Present Atmospheric Level). Molekularer Sauerstoff (O_2) dissoziiert unter Einwirkung von starker UV-Strahlung. Bei der Rekombination entsteht auch Ozon (O_3). Diese natürliche, oberhalb der wasserdampfreichen Zone der Atmosphäre ablaufende Ozonbildung schützt terrestrische Lebensformen vor letaler UV-Strahlung. Zwischen Photosynthese (O_2-Freisetzung aus CO_2 und H_2O) und Verbrauch von O_2 durch Organismen (Atmung, postmortale Oxidation) hat sich ein Gleichgewicht eingestellt, das aber durch den erhöhten Verbrauch von O_2 durch Verbrennen fossiler Energieträger bei gleichzeitiger Reduzierung der Sauerstoffproduktionsflächen (Regenwald) empfindlich gestört wird. Sauerstoff ist mit 20,99 % das zweithäufigste Element in der Atmosphäre; faßt man Lithosphäre und Hydrosphäre zusammen, so ist es mit 49,2 % Anteil häufigstes Element, gefolgt von Silicium, Aluminium und Eisen. Abgesehen von sauerstofffreien Salzen und Sulfiden ist es in Kombination mit Si und Al Hauptbestandteil vieler Silicatminerale. Auch als Oxid (z. B. mit Fe als Fe_2O_3 oder Ti als TiO_2) oder Hydroxylion (OH^-, z. B. FeOOH) bzw. Kristallwasser (H_2O, z. B. $CaSO_4 \cdot 2\,H_2O$) ist es oft zu finden. Als Reservoire und Austauschpartner für den geochemischen Sauerstoffkreislauf stehen neben Atmosphäre Hydrosphäre, Kruste und Teile des Erdmantels zur Verfügung (Tab.). Der Sauerstoffaustausch zwischen den Reservoiren (Abb. 1), aber auch der Sauerstoffaustausch zwischen Phasen innerhalb eines Reservoirs sind mit Fraktionierungsprozessen der Sauerstoffisotope verbunden. Einige Reservoirs zeigen eine charakteristische Bandbreite (Abb. 2). Die »Stärke« der Fraktionierung wird dabei als ↗$\delta^{18}O$-Wert (Abweichung in Promille vom Standard $^{18}O/^{16}O$-Isotopenverhältnis der Standards ↗SMOW (Standard Mean Ocean Water) oder PDB (↗Peedee Belemnit-Standard) für Niedrigtemperaturfraktionierung) angegeben. Folgende Fraktionierungsmechanismen (nicht nur bei der Sauerstoffisotopie) werden unterschieden:

Atmosphäre	$0,116 \cdot 10^{16}$ t
Hydrosphäre	$121 \cdot 10^{16}$ t
Lithosphäre	$2000 \cdot 10^{16}$ t
Mantel	$154.000 \cdot 10^{16}$ t

Sauerstoffkreislauf (Tab.): Sauerstoffmengen der Erde.

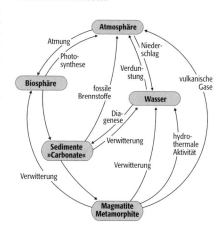

Sauerstoffkreislauf 1: der geochemische Sauerstoffkreislauf. Die einzelnen Reservoire zeigen eine charakteristische Bandbreite der Sauerstoffisotope.

1) **Temperaturfraktionierung:** a) Hochtemperatur, als Kombination aus chemischer Bindungsstärke und physikochemischen Prozessen (Schmelzen, Kristallisation, Diffusion): z.B. Bildungstemperaturen von Mineralen in Magmatiten und Metamorphiten. b) Niedrigtemperatur: z.B. die Bestimmung von Diagenesetemperaturen von Sedimenten (Carbonate, Phyllosilicate). 2) **Destillation** (als kinetischer Effekt): z.B. die Verdunstung und Kondensation von Wasser in einem offenen System (Abb. 3). 3) **Biofraktionierung** (ebenfalls ein kinetischer Effekt): z.B. Bestimmung von Paläowassertemperaturen an biogenen Calciten (Muschelschalen, Foraminiferen).

Verdunstung, Kondensation und Rückführung von Wasser in das Reservoir »Ozean« werden durch das Klima beeinflußt. In Kaltzeiten wird das isotopisch »leichte« Wasser als Eis in Gletschern fixiert und fließt nur sehr langsam in das Meerwasserreservoir zurück. Dadurch wird das Ozeanwasser isotopisch immer »schwerer«. Organismen, die dem Wasser Sauerstoff entziehen, bilden (trotz zusätzlicher Biofraktionierung) diese veränderte Meerwasserisotopie im Calcit ihrer Gehäuse ab. Systematische Untersuchungen an Kernen aus Tiefseesedimenten und Eiskernen zeigen ein charakteristisches Muster und ermöglichen somit eine »*Sauerstoffisotopenstratigraphie*« (nach Cesare Emiliani, einem Schüler von Urey auch als *Emiliani-Kurve* bzw. Emiliani-Stadien benannt). [WL]

Sauerstoffmangel, *Sauerstoffdefizit*, Fehlbetrag zwischen der entsprechenden Sättigungskonzentration und dem tatsächlich vorgefundenen Sauerstoffgehalt eines Wassers (⁊Sauerstoffhaus-

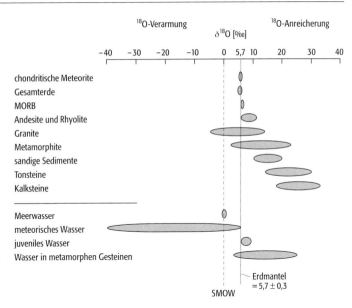

Sauerstoffkreislauf 2: Isotopie von Sauerstoffreservoire im Vergleich zum Erdmantel und SMOW ($\delta^{18}O$ [‰]).

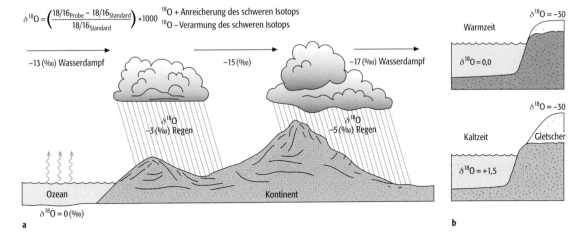

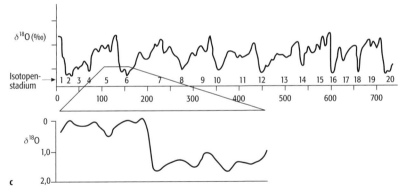

Sauerstoffkreislauf 3: a) Sauerstofffraktionierung durch Destillationsprozesse (Rayleigh-Fraktionierung) und b) ihre Langzeitauswirkung als Folge klimatischer Veränderungen. c) Sauerstoffisotopenstadien der vergangenen 700.000 Jahre.

Sauerstoffminimumzone

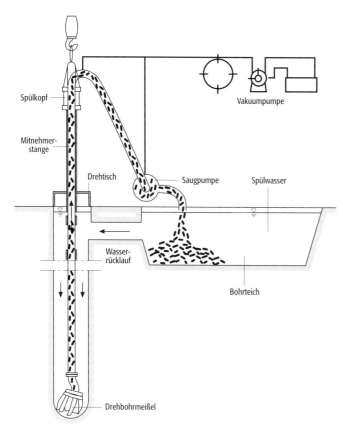

Saugbohrverfahren: schematische Darstellung.

halt) mit der Einheit mg/l. Wenn die Bilanz der sauerstoffliefernden Prozesse (↗Belüftung) und sauerstoffverbrauchenden Prozesse negativ ist, kommt es zu Sauerstoffmangel, der bei sehr niedrigen Sauerstoffgehalten zu Fischsterben oder bei anaerobem Zustand (↗anaerobe Bedingungen) zur Verödung von Gewässerabschnitten führt (↗Verödungszone).

Sauerstoffminimumzone, *oxygen minimum zone*, intermediärer Bereich im Ozean der Tropen und Subtropen unterhalb des Oberflächenwassers (bis 1000 m Tiefe) mit niedriger Sauerstoffsättigung. Der Sauerstoff wird durch ↗Respiration von Organismen und bakterielle Oxidation herabsinkender organischer Substanz in der Wassersäule verbraucht. Die Neuzufuhr von Sauerstoff ist nur im Kontaktbereich von Ozean und Atmosphäre an der Wasseroberfläche möglich. Die starke Dichtestratifizierung zwischen Oberflächen- und intermediärem Wasser verhindert die Zirkulation und Durchmischung beider Wassermassen und limitiert die Neuzufuhr von Sauerstoff. Die Sauerstoffminimumzone entsteht vorrangig an den Orträndern der Ozeane und ist heute vor der Westküste Amerikas, im Arabischen Meer, der Bucht von Bengalen, und vor Nordwest-Afrika ausgebildet.

sauerstoffproduzierende Organsimen, die wichtigsten modernen Sauerstoffproduzenten stellen die Landpflanzen und das marine Phytoplankton. ↗Autotrophie gibt es seit über 3,5 Mrd. Jahren (↗δ^{13}C-Werte). Älteste Formen werden mit den heutigen Cyanobakterien verglichen. Aus deren Stoffwechsel-Endprodukt reicherte sich vor rund 2 Mrd. Jahren der Sauerstoffanteil der Erdatmosphäre auf mehr als 1 % der heutigen Konzentration an (↗Atmosphäre).

Sauerstoffsättigungsindex, das Verhältnis (in Prozent) des tatsächlich im Wasser vorliegenden Sauerstoffgehaltes zu dem Gehalt, der bei denselben Bedingungen (i. a. Temperatur, Druck, Salzgehalt) theoretisch möglich wäre. Ein über 100 % liegender Sauerstoffsättigungsindex in Gewässern kann im Verlauf von Algenblüten durch biogenen ↗Sauerstoffeintrag erreicht werden. Der Sauerstoffsättigungsindex wird in der Gewässerkunde berechnet, um die saisonal bedingten Schwankungen des Sauerstoffgehaltes in Gewässern zu normieren. ↗Sauerstoffhaushalt.

Sauerstoffugazität ↗volatile Phasen.

Sauerstoffzehrung, *Sauerstoffverbrauch*, in wäßrigen Lösungen kann der physikalisch gelöste Sauerstoff sowohl durch chemische als auch biochemische Oxidation verbraucht werden. Eine chemische Sauerstoffzehrung kann z. B. auf spontaner Oxidation von Sulfid, Sulfit und Eisen(II)-Verbindungen oder auf photochemischer Oxidation beruhen. Eine biochemische Sauerstoffzehrung basiert auf der ↗Atmung heterotropher Organismen (z. B. Bakterien und Protozoen in einem ↗Belebtschlamm). Sie benötigen Sauerstoff zum oxidativen ↗Abbau organischer Verbindungen und gewinnen dadurch Energie und Monomere (↗Katabolismus). Daneben gibt es Bakterien, die anorganische Verbindungen oxidieren, z. B. ↗Nitrifikanten.

Sauerstoffzyklus ↗Sauerstoffkreislauf.

Saugbohrverfahren, *indirektes Spülbohrverfahren*, *Saugbohren*, Spülbohrverfahren (↗Spülbohrung), bei dem die Bohrspülung direkt in das Bohrloch eingeleitet wird und dort zwischen Bohrgestänge und Bohrlochwand auf die Bohrsohle strömt (Abb.). An der Bohrspitze vermischt sie sich mit dem Bohrgut und wird mittels einer Pumpe durch das hohle Bohrgestänge abgesaugt. An der Erdoberfläche wird das Gemisch in eine Spülgrube geleitet, wo sich das Bohrgut absetzen kann. Danach wird die Bohrspülung wieder in den Spülwasserkreislauf eingeführt. Die Bohrspülung hat neben der Löse- und Transportfunktion auch die Aufgabe, das Bohrloch anstelle einer Verrohrung zu stützen (↗Spülungszusätze). Der Unterschied zum ↗Lufthebeverfahren besteht im wesentlichen in der Art des Pumpvorganges. Bei der Pumpe handelt es sich in der Regel um eine sehr leistungsfähige Kreiselpumpe. Diese muß vor Inbetriebnahme über eine Vakuumeinrichtung mit Flüssigkeit gefüllt werden. Die manometrische Förderhöhe liegt je nach Dichte des zu fördernden Gemisches von Bohrspülung und Bohrgut bei ca. 6–8 m. Die Förderleistung hängt von der Förderhöhe ab.

Das Saugbohrverfahren wird vor allem eingesetzt bei geringen Bohrtiefen (50–100 m) und großen Bohrdurchmessern (1000–1500 mm). Seine Vorteile liegen vor allem in der schnellen Einrichtungs- und Anfangszeit der Bohrung. Nachteil des Saugbohrverfahren ist ein starker Verschleiß der Saugpumpe, da das geförderte Bohrgut die Pumpe durchläuft. Durch Reibungsverluste und Undichtigkeiten in der Förderleitung nimmt die Förderleistung mit zunehmender Tiefe ab. Sinkt der Wasserspiegel beziehungsweise die Bohrspülung unter 3–5 m ab, läßt sich der Spülkreislauf nicht mehr anfahren. Das Bohren ist somit nicht mehr möglich. Bevor die Saugpumpe in Gang gesetzt wird, muß der Wasserspiegel bzw. die Bohrspülung dicht unter der Geländeoberfläche stehen. Dies gilt auch beim Nachsetzen von Bohrgestänge. [ABo]

Säugetiere, *Mammalia*, *Theria*, warmblütige, meist fellbedeckte Tetrapoden, die mit Ausnahme der eierlegenden Monotremata lebendgebärend sind und Brutpflege betreiben. Ihren Nachwuchs ziehen sie mit einer nährstoffreichen Milch aus speziellen Milchdrüsen auf. Im Vergleich zu ⁊Reptilien besitzen die Säugetiere bei gleichen Körperdimensionen eine größere Gehirnmasse. Erwähnenswert ist ferner, daß die Haare der Säugetiere den Reptilschuppen nicht homolog sind. Kennzeichnende Skelettmerkmale der Mammalia sind (Abb. 1): a) Reduktion der zahntragenden Unterkieferknochen auf das Dentale, b) Ausbildung eines sekundären Kiefergelenks zwischen Dentale und Squamosum, c) Knochen des primären (Reptil-) Kiefergelenks werden zu Gehörknöchelchen umgebildet: das Articulare wird zum Malleus (Hammer), das Quadratum zum Incus (Amboß), d) Ausbildung eines sekundären Gaumens zur Trennung von Atmung und Nahrungsaufnahme, e) heterodontes Gebiß mit mehrhöckerigen, mindestens zweiwurzeligen Molaren und Okklusionsmuster und f) höchstens zwei Zahngenerationen.

Fast gleichzeitig mit den ⁊Dinosauriern erscheinen in der Obertrias auch die Säugetiere. Sie stammen von einem bisher noch nicht fossil nachgewiesenen Vertreter der Cynodontier aus der Gruppe der synapsiden Reptilien ab. Die ältesten bekannten Säuger *Adelobasileus* aus der frühen Obertrias von Texas und *Sinocodon* aus dem Unterjura von China sind nur durch wenige Reste nachgewiesen. Sehr viel besser bekannt sind die unterjurassischen Gattungen *Megazostrodon* und *Morganucodon*. Im ⁊Jura kommen als weitere Gruppen der Dryolestidae, die Triconodonta, die Docodonta, die Symmetrodonta und vor allem die Multituberculata hinzu. Bis auf letztere sterben sie während der ⁊Kreide aber wieder aus; Multituberculaten kennt man bis ins obere ⁊Eozän. Alle diese frühen Säuger muß man sich als kleine, spitzmaus- oder nagerähnliche Tiere vorstellen, die sich vorwiegend insektivor ernährt haben, aber auch pflanzliche Nahrung nicht verschmähten. Von manchen Autoren werden sie als Mammaliaformes klassifiziert, da sie noch Merkmale der Reptilverwandtschaft zeigen, die bei den Metatheria (Beuteltiere) und Eutheria (Placentatiere) endgültig verschwunden sind. So können beispielsweise Quadratum und Articulare noch am Unterkiefer persistieren, obwohl sie bereits als schallübertragende Organe im Einsatz sind. Bei basalen Formen wie *Sinocodon* sind mehr als zwei Zahngenerationen nachgewiesen, und die für die modernen Säugetiere »primitive« Zahnformel (s. u.) ist in vielen Gruppen noch nicht verwirklicht. So sind z. B. bei den Docodonten und Dryolestiden bis zu acht Backenzähne bekannt. Für die Eutheria gilt eine primitive Zahnformel von 3–1–4–3 (Schneidezähne, Eckzahn, Vorbacken- und Backenzähnen) jeweils im Ober- und Unterkiefer. Bei den ursprünglicheren Metatheria ergibt sich eine entsprechende Zahlenreihe mit 5–1–3–4 für den Oberkiefer und 4–1–3–4 für den Unterkiefer. Die außerordentlich divers gestalteten Höckermorphologien der Molaren bei Meta- und Eutheria lassen sich auf einen Grundtyp, den tribosphenischen Molar zurückführen, der ab der Oberkreide fossil nachweisbar ist. Dieser Grundtyp besteht bei den Oberkieferzähnen aus drei Haupthöckern (Para-, Meta-, Protocon), die als Trigon mit nach innen gerichteter Spitze (Protocon) angeordnet sind. Die unteren Backenzähne weisen ebenfalls im Dreieck stehende Haupthöcker auf (Para-, Meta-, Protoconid), jedoch mit nach außen weisender Spitze. Nach posterior schließt sich an das Trigonid zusätzlich ein sogenanntes Talonidbecken an, das auch von drei Höckern (Meso-, Hypo-, Entoconid) gebildet wird. Beim Kauvorgang arbeiten die Zähne des

Entwicklungsstufen der Säugetiere (Mammalia)

		erstes Auftreten säugetierähnlicher Merkmale
Säugetiere (Mammalia)	Obere Kreide plazentale Säugetiere	großes Gehirn, Unterkiefer wird nur vom Dentale gebildet (Einzelknochen)
	Unterer Jura Triconodonte Säugetiere	Zähne mit zwei Wurzeln, verschmolzene Nackenwirbel
säugetierartige Reptilien (Therapsiden)	Obere Trias Cynodonta	(sekundäres) Kiefergelenk schließt Dentale mit ein (Dentale-Squamosum-Gelenk); gesonderte Nasenöffnung im Skelett
	Mittlere Trias Cynodonta	viele differenzierte Zähne; Kieferknochen (Articulare und Quadratum = primäres Kiefergelenk) werden zu Gehörknöchelchen.
	Oberperm Therocephalen	zweite (Squamosum-)Platte entwickelt sich im Munddach; Zehenknochen entsprechen denen der Säugetiere
	Oberperm Gorgonopsiden	aufrechte Haltung

Säugetiere 1: wichtige Stufen der Entwicklung von den synapsiden Reptilien zu den Säugetieren.

Säugetiere

Säugetiere 2: Phylogenie der Säugetiere. Die grauen Linien zeigen die stratigraphische Verbreitung und relative Häufigkeit der Gruppen an (Zahlen in Millionen Jahren v.h.).

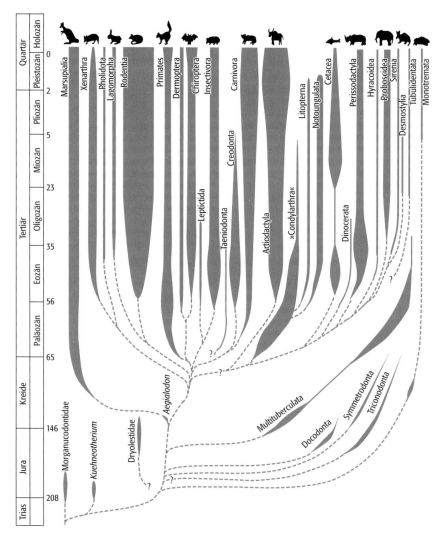

Ober- und Unterkiefers leicht versetzt aneinander vorbei, so daß eine präzise Okklusion und damit ein effektives Schneiden und Quetschen der Nahrung erreicht wird. Die primitiven Zahnformeln sowie das Höckermuster der Backenzähne wurden von vielen Theriergruppen im Laufe ihrer ↗Evolution zum Teil extrem abgewandelt.

Während im ↗Mesozoikum als dem Zeitalter der Reptilien die Mammalia insgesamt meist klein blieben, gilt das Aufblühen der Säugetiere an der Kreide/Tertiär-Grenze nach dem Erlöschen vieler Reptilgruppen, insbesondere der Dinosaurier, als klassisches Beispiel einer adaptiven ↗Radiation. Im ↗Paläozän und unteren Eozän entstand eine Fülle verschiedenartigster Entwicklungslinien (Abb. 2), von denen einige zu den rezenten Ordnungen führen, einige jedoch im Tertiär wieder erlöschen. Das Verständnis der Mammalia-Phylogenie beruht vor allem auf Zahnmerkmalen. Die mit Zahnschmelz überzogenen Zähne sind aufgrund ihrer Widerstandsfähigkeit die häufigsten Säugerfossilien. Die seit den letzten 20 Jahren intensiv betriebene Untersuchung der Zahnschmelzmikrostrukturen konnte wichtige neue Beiträge zur Klärung systematisch-phylogenischer Fragen liefern.

Die Monotremen, auch Kloakentiere oder Eierlegende Säugetiere, sind in Australien heute repräsentiert durch das Schnabeltier und zwei Gattungen der Schnabeligel (diese auch in Neuguinea verbreitet). Als sogenannte Prototheria haben sie sich entwicklungsgeschichtlich schon früh als eigenständiger Evolutionszweig abgespalten und stellen heute die primitivsten lebenden Säugetiere dar. Wie viele Reptilien legen sie weichschalige Eier, aus denen nach kurzer Brutzeit der unreife Nachwuchs schlüpft, der mit Hilfe einer Milchrinne gesäugt wird. Abgesehen von juvenilen Schnabeltieren sind die Monotremen durch die Reduktion ihrer Zähne gekennzeichnet. Die frühesten Fossilnachweise sind wenige Reste aus der Unterkreide Australiens und dem Paläozän von Argentinien. Als das wahrscheinlich älteste Beuteltier gilt *Kokopoellia* aus der mittleren Kreide

Nordamerikas. Im Fossilbericht kann man Marsupialia und Placentalia jedoch erst ab der Oberkreide sicher unterscheiden. Von Nordamerika aus breiten sich die Beuteltiere ab der Oberkreide nach Eurasien, Afrika, Südamerika und über die Antarktis bis nach Australien aus, wo sie ab dem unteren ↗Eozän durchgängig nachweisbar sind. In Asien sind sie durch einen Einzelfund aus dem ↗Oligozän belegt, in Europa und Nordamerika sterben sie im ↗Miozän aus. Südamerika und Australien waren fast während des gesamten ↗Tertiärs inselartig isoliert, so daß die Beuteltiere nur hier der Konkurrenz der Placentalia widerstehen konnten. Marsupialia gebären nach kurzer Tragzeit nur mm-große, vollkommen unreife Jungtiere, die (meist) in einem speziellen Brutbeutel der Mutter gesäugt werden und dort heranwachsen. Beuteltiere haben sich im Laufe ihrer ↗Phylogenie an die unterschiedlichsten ökologischen Nischen und Nahrungsressourcen angepaßt: So reicht die Palette von kleinen insektenfressenden Beutelmäusen, hörnchenähnlichen Gleitbeutlern, nektarleckenden Honigbeutlern, carnivoren Raubbeutlern bis zu termitenvertilgenden Ameisenbeutlern und nicht zu vergessen den pflanzenfressenden Känguruhs. Interessant ist, daß die Anpassung an gleiche oder ähnliche Biotope zu erstaunlichen Konvergenzen im Habitus, der Skelettanatomie und sogar im Fellmuster bei Säugern und Beuteltieren geführt hat. Klassische Beispiele hierfür sind Wolf und Beutelwolf sowie die Säbelzahnkatze *Smilodon* und ihr australisches Pendant *Thylacosmilus*.

Die höheren Säugetiere, die auch als Placentalia oder Eutheria bezeichnet werden, gebären vergleichsweise weit entwickelte Junge, die über eine längere Zeit im mütterlichen Uterus herangereift sind. Die Tragzeit steigt proportional zur Körpergröße des Tieres. Nach Art und Dauer der Brutpflege unterscheidet man Nesthocker (z. B. Raubtiere, Mensch) von Nestflüchtern (z. B. Huftiere).

Die asiatischen und afrikanischen Schuppentiere (Philodota) und die für Südamerika so typischen Xenarthra (Gürtel- und Faultiere, Ameisenbären) werden als Edentata (Zahnarme) zusammengefaßt. Sie sind durch eine Reihe spezieller Skelettmerkmale (u. a. Wirbelgelenkung, große Krallen) und die Reduktion ihrer Zähne und/oder den Verlust von deren Zahnschmelzüberzug charakterisiert. Aus dem oberen Paläozän sind die frühesten Gürteltiere bekannt, die ältesten Ameisenbären kennt man interessanterweise aus dem europäischen Eozän (↗Messel), und Faultiere erscheinen erst im Oligozän. Erwähnenswerte Vertreter aus dem Plio-/Pleistozän sind die zu den Gürteltieren zählenden, VW-Käfer großen Glyptodonten sowie die bodenlebenden, etwa 6 m langen Riesenfaultiere.

Nagetiere (Rodentia) sind die diverseste und erfolgreichste Mammaliagruppe überhaupt. Sie stellen etwa 40 % der rezenten Säugerarten. Kennzeichnendes Merkmal der Nager sind ihre großen, dauerwachsenden, meißelartig geformten Schneidezähne. Aufgrund ihrer hohen Evolutionsgeschwindigkeit sind Nagetiere im Tertiär besonders wichtig zur stratigraphischen Einstufung terrestrischer Sedimente. Die ältesten Rodentier sind aus dem oberen Paläozän von Nordamerika und Asien bekannt. Hasen (Lagomorpha) treten im Fossilbericht erstmals im Paläozän Chinas auf. Zu dieser Zeit müssen auch die Fledermäuse (Chiroptera) eine intensive (fossil nicht belegte) Entwicklung durchgemacht haben. Bis auf wenig aussagekräftige Reste aus dem oberen Paläozän erscheinen sie mit einer erstaunlichen Formenfülle im mittleren Eozän von Nordamerika und Europa (Messel). Die eozänen Fledermäuse zeigen bereits nahezu alle typischen Merkmale ihrer rezenten Verwandten (inklusive Echoortung). Fast alle Gruppen der Insektenfresser (Insectivora) haben ihre Wurzeln im Zeitraum von Paläozän bis zum Eozän. In Inselsitua-

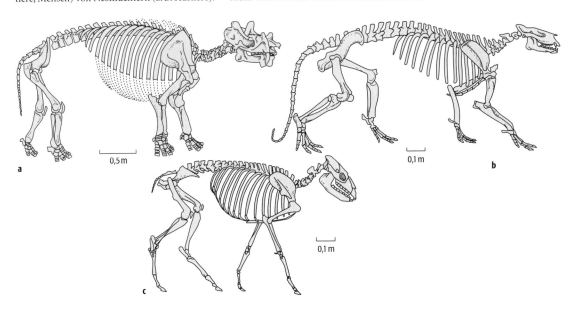

Säugetiere 3: a) Skelett des eozänen Dinoceraten *Uintatherium*. Gut erkennbar sind die knöchernen Schädelauswüchse. b) Der Condylarthre *Phenacodus* aus dem Paläozän/Eozän wird als Urahn der Unpaarhufer angesehen. c) Das miozäne Südhuftier *Diadiaphorus* zeigt im Skelettbau deutliche Parallelen zu den Pferden der Nordkontinente.

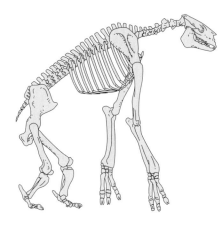

Säugetiere 4: Auffällig bei *Chalicotherium* sind die huftragenden, sehr langen Vorderextremitäten, wodurch diese Tiere eine aufrechte Körperhaltung erhalten.

tionen haben sie Riesenformen wie den miozänen, etwa hundegroßen Riesenigel *Deinogalerix* hervorgebracht.

Kleinere, nur fossil bekannte Ordnungen der Nordhalbkugel sind u. a. die im Paläozän und Eozän verbreiteten Taeniodontia. Gleichzeitig existierten die Tillodontia, die Dinocerata und Pantodontia, wobei letztere bis ins Oligozän bekannt sind. Die recht formenreichen Vertreter dieser Gruppen hatten Schweine- bis Nilpferdgröße und waren meist plump gebaute Pflanzenfresser. Bemerkenswert sind die bei vielen Dinoceraten vorhandenen knöchernen Schädelauswüchse (Abb. 3a).

Eine große Gruppe fossiler und rezenter Säuger sind die Huftiere (Ungulata), zu denen vor allem die ausgestorbenen Condylarthra (Urhuftiere), Litopterna und Notoungulata (Südhuftiere) sowie die noch rezent vorkommenden Artiodactyla (Paarhufer) und Perissodactyla (Unpaarhufer) gehören. Als Condylarthren (z. B. *Phenacodus*, Abb. 3b) werden sehr diverse, überwiegend herbivore Formen zusammengefaßt, deren früheste Vertreter bereits aus der Oberkreide bekannt sind. Bestimmte Familien innerhalb der Condylarthren gelten als die jeweilige Stammgruppe der Paar- bzw. Unpaarhufer, der südamerikanischen Huftiere, der Rüsseltiere sowie der Wale. Die südamerikanischen Ungulaten haben in der geographischen Isolation eine starke Radiation durchgemacht und Gattungen zwischen Hasen- und Rhinocerosgröße hervorgebracht. Interessanterweise haben sich konvergente Anpassungsformen zu den Huftieren der anderen Kontinente entwickelt, so z. B. der miozäne, pferdeähnliche *Diadiaphorus* (Litopterna, Abb. 3c) oder das oligozäne, elefantenähnliche *Pyrotherium* (Pyrotheria). Die Astrapotherien, die vom Paläozän bis ins Miozän vorkamen, haben die größten Formen mit teilweise über 3 m Körperlänge hervorgebracht. An der Pleistozän/Holozän-Grenze sterben alle Südhuftiere gemeinsam mit den Glyptodonten und Riesenfaultieren aus. Alle Perissodactylen-Gruppen, die vielfach auf die Phenacodontiden (Condylarthra, Abb. 3b) zurückgeführt werden, erscheinen fast gleichzeitig im Eozän der Nordkontinente. Die Pferde sind zu dieser Zeit mit dem terriergroßen *Hyracotherium* vertreten, frühe Tapire sind die Gattungen *Heptodon* und *Homogalax*, der nur hundegroße *Eotitanops* ist ein ursprünglicher Vertreter der im mittleren Oligozän ausgestorbenen, sehr großen Brontotherien, und die Nashörner kommen mit dem hornlosen *Hyracodon* vor. Zur Nashorn-Verwandtschaft gehört mit dem oligozänen *Paraceratherium* auch das größte Landsäugetier, das jemals existiert hat. Es hatte eine Schulterhöhe von fast 5,50 m und eine Schädellänge von 1,20 m. Die Chalicotherien sind merkwürdige, große Herbivoren mit pferdeartigem Schädel und stark verlängerten Armen (Abb. 4). Sie sind vom Obereozän bis ins ↗ Pleistozän bekannt. Ebenfalls schon im Eozän sind die basalen Gruppen der wichtigsten Artiodactylen-Gruppen belegt. Die nordamerikanische Gattung *Diacodexis* (Abb. 5) gilt als der älteste, bereits ans Laufen angepaßte Paarhufer. Auch die Schweine- und Nilpferdartigen erscheinen im Eozän. Als Allesfresser sind sie durch bunodonte (vielhöckerige) Molaren und zum Teil sehr große Eckzähne gekennzeichnet. Die Paarhufer mit selenodonter (mit sichelartigen Schneidekanten) Bezahnung teilt man in die Tylopoda (Kamele, Oreodontidae) und die Ruminantia (Wiederkäuer: Rinder, Hirsche). In vielen Linien beider Gruppen, deren ältesten Vertreter ins Eozän datieren, wurden teils bizarr geformte Hörner und Geweihe entwickelt. Die Cetaceen (Wale) gehen auf landlebende Condylarthren-Vorfahren zurück. *Pakicetus* als ältester bekannter Wal hatte schon im Untereozän eine semiaquatische Lebensweise ähnlich der heutiger Robben angenommen. Bereits im Obereozän liegt mit dem ca. 20 m langen *Basilosaurus* ein riesenhafter, vollmariner Wal mit weitgehend reduzierter Hinterextremität vor (Abb. 6). Im Oligozän vollzog sich dann die Aufspaltung in Zahn- und Bartenwale. Der Ursprung der Proboscidea liegt in Afrika, von wo mit dem kleinen, untereozänen *Moeritherium* das älteste Rüsseltier vorliegt. Die Proboscidea sind u. a. charakterisiert durch teils stark vergrößerte Schneidezähne

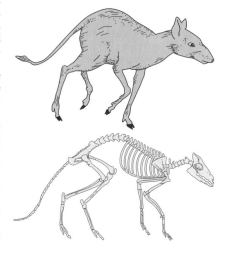

Säugetiere 5: Die untereozäne Gattung *Diacodexis* ist der älteste Paarhufer mit bereits erstaunlich modernen Laufanpassungen.

Rudimente des Beckengürtels

(Stoßzähne) im Ober- und/oder Unterkiefer und die aus stumpfen Höckern (z. B. *Gomphotherium*), Querjochen (z. B. *Stegodon*) bzw. aus Lamellen aufgebauten Molaren (z. B. *Elephas*, Abb. 7). Man unterscheidet die im Pleistozän ausgestorbenen Deinotherien von den Elephantiformes, die sich aus den ebenfalls erloschenen Mastodonten, Stegodonten und Gomphotherien sowie den Echten Elefanten zusammensetzen. Nahe Verwandte der Proboscidea sind zum einen die Seekühe (Sirenia), und zum anderen, weniger leicht nachvollziehbar, die Klippschliefer (Hyracoidea). Beide Gruppen sind bereits im Eozän nachgewiesen. Primitive alttertiäre Räuber waren die Mesonychidae und die Creodonta, die Größen zwischen Wiesel und Bär erreichten. Wie die modernen Raubtiere (Carnivora) hatten sie im Gebiß eine Fleischschneideschere ausgebildet, die jedoch nicht wie bei diesen vom oberen 4. Prämolaren und dem unteren 1. Molaren gebildet wurde, sondern von weiter posterior im Maul liegenden Zähnen. Die Mesonychidae sterben im Oligozän, die Creodonta im Miozän aus.

Die ersten echten Carnivoren treten bereits im Paläozän auf und machen im Zeitbereich Eozän/Oligozän eine starke Radiation durch, in deren Folge die modernen Raubtierfamilien entstehen. Extreme Anpassungsformen sind die riesenhaften, stark abgeflachten und bis 15 cm langen Eckzähne der Säbelzahnkatzen, die sowohl als aktive Jäger als auch als Aasfresser interpretiert werden. Einige Raubtiergruppen, die man als Pinnipedia zusammenfaßt, erobern im Oligozän das Meer als Lebensraum. Zu ihnen zählen neben zwei ausgestorbenen Familien die rezenten Walrosse (Odobenidae), die Hundsrobben (Phocidae) sowie die Seelöwen und Ohrenrobben (Otariidae). Die Evolution der Primaten (Herrentiere) kann bis an die Basis des Tertiärs zurückverfolgt werden. Sie gipfelt im Pleistozän in der Entstehung des modernen, denkenden Menschen (*Homo sapiens sapiens*). [DK]
Literatur: [1] BENTON, M. J. (1997): Vertebrate Palaeontology. – London u. a. [2] CARROLL, R. L. (1993): Paläontologie und Evolution der Wirbeltiere. – Stuttgart/New York.

Saugkerze, fälschlicherweise häufig auch für /Saugsonde verwendet. Saugkerze ist das semipermeable (wasser-, aber nicht luftdurchlässig) Teilstück der Saugsonde. Durch die Saugkerzenwandung wird Bodenlösung abgesaugt. Es werden unterschiedliche Saugkerzenmaterialien verwendet (Keramik, Nickel- und Aluminiumsinter, Nylon, Teflon, Polypropylen und Glas). Sowohl die stoffliche Zusammensetzung als auch die Porengrößenverteilung des Saugkerzenmaterials sind bedeutsam für die zu analysierenden Stoffe.

Saugpumpe, Pumpe, die durch Erzeugung eines Unterdrucks bzw. in extremen Fällen durch Anlegen eines Vakuums zur Wasserförderung eingesetzt wird. Da ein Unterdruck nur bis zur Höhe des atmosphärischen Luftdrucks (ca. 10,3 m) erreichbar ist, kann nur bis zu dieser Höhe theoretisch Wasser angesaugt und gefördert werden. Dabei würde bei Annäherung an das Vakuum das zu fördernde Wasser in die Dampfphase übergehen und das Vakuum auffüllen. Wirtschaftlich und technisch, d. h. unter Berücksichtigung aller Verluste ist das Saugpumpen auf maximal rund 7–8 m begrenzt und muß bei größeren Förderhöhen durch das Druckpumpen (/Unterwasserpumpe) ersetzt werden. Eingesetzt werden Saugpumpen bei /Abessinierbrunnen (Garten- oder Handpumpen) und bei Vakuumbrunnen zur Wasserhaltung von Baugruben in vorwiegend bindigen Schichten.

Saugsonde, Gerät zur Gewinnung von Bodenlösung (ca. 20–200 ml) aus der ungesättigten Bodenzone für die hydrochemische und hydrobiologische Analyse. Sie besteht aus der /Saugkerze, dem Saugschlauch und der Saug- oder Unterdruckvorrichtung. Großvolumige Druckbehälter werden häufig zur Druckstabilisierung verwendet. Gewöhnlich wird die Bodenlösung mit einem Unterdruck zwischen 60 und 300 hPa abgesaugt. Teilweise wird der Unterdruck auch nach der Saugspannung im Boden gesteuert.

Saugspannungskurve, *Wasserretentionkurve, Wasserspannungskurve, pF-Kurve*, funktionale Beziehung zwischen Bodenwassergehalt und /Saugspannung; bedeutsame bodenhydrologische Kennfunktion; spiegelt die /Porengrößenverteilung wider und kennzeichnet damit die Wasserspeichereigenschaften des Bodens (Erdstoffs). Die Lage der Kurve wird wesentlich beeinflußt von der Bodenart, der Lagerungsdichte, dem Humusgehalt und der Bodenstruktur. Die Saugspannunskurve ist hysteres (/Hysteresis). Je nach Bewegungsrichtung unterscheidet man die Entwässerungskurve (Desorptionskurve) und die Bewässerungskurve (Sorptionskurve). Zwischen beiden Grenzkurven gibt es unendlich viele Zwischenzustände.

Säulenbasalt /Klüfte.

Säulendichte, Bezeichnung für die Gesamtzahl aller Moleküle eines /Spurengases, die sich in einer (gedachten) vertikalen Säule mit einer Grundfläche von 1 cm² in der Atmosphäre befinden. Die Säulendichte wird generell als Maßzahl bei spektrometrischen Messungen von Spurengasen verwendet. Nur für die Angabe der Säulendichte von /Ozon ist allgemein die Verwendung der /Dobson-Unit (DU) gebräuchlich.

Säulengefüge, Form des /Makrogrobgefüges von /Aggregatgefügen, das sich vom /Rißgefüge

Säugetiere 6: Der etwa 20 m lange *Basilosaurus* ist, wie heutige Wale, schon im Obereozän nahezu vollständig an den marinen Lebensraum angepaßt.

Säugetiere 7: Beispiele für Lage, Anzahl und Morphologie der Stoßzähne bzw. Molaren bei Rüsseltieren: miozänes *Gomphotherium*, pliozäner *Stegodon*, rezenter Indischer Elefant.

Elephas

Stegodon

Gomphotherium

durch vor allem vertikal orientierte Risse unterscheidet. Diese trennen in sich verdichtete, säulenförmige Gefügeelemente voneinander; tritt in stark quellfähigen Böden auf, wodurch die Seiten- und Kopfflächen der Säulen glatt und die Kanten gerundet sind; morphologisch dem ↗Prismengefüge ähnlich, aber die einzelnen Gefügeelemente sind deutlich größer.

Saumbiotop, längliche, hauptsächlich aus Stauden bestehendes ↗Biotop im Übergangsbereich (↗Ökoton) zweier unterschiedlicher Lebensräume. Die Saumbiotope besitzen eine charakteristische Artenzusammensetzung (Saumgesellschaften, z. B. Wasserschwaden-Röhricht-Gemeinschaft in Uferbereichen, Mauerfugen-Gesellschaften an Mauern) und bilden sich in wenig beanspruchten Nutzungsbereichen, z. B. entlang von Wegen, Böschungen, Mauern, Gewässern, Zäunen oder Waldrändern.

Saumpunkt ↗*Ankerpunkt*.

Saumriff, *Randriff*, häufiger Rifftyp (↗Riff Abb.) moderner tropisch-warmer Gewässer, der küstennah, ohne Abgliederung einer Lagune, als schmales Band der Strandlinie folgt. Typisch ist ein dicht unter der Niedrigwassergrenze horizontal ausgebildetes Riffdach, welches von der Luvseite des Riffes bis zum Ufer reicht und eine ebene Besiedlungsfläche im seichten Wasser bietet. Im Gegensatz zum ↗Barriereriff fehlt ein innerer Riffhang, der zur Lagune hin abfällt. In vielen Fällen ist jedoch durch die Einwirkung der Brandung ein Uferkanal zwischen Saumriff und Strand entstanden. Weitet sich dieser küstenparallele Kanal aus, entstehen fließende Übergänge zwischen Saumriff und ↗Barriereriff. ↗Darwin beschrieb 1842 in »The structure and distribution of coral reefs« das Saumriff als einen Rifftyp, aus dem sich ein Barriereriff und schließlich ein ↗Atoll bilden kann. Beispiele für rezente Saumriffe lassen sich besonders im Bereich Hawaiis, in der Karibik und an der Küste des Roten Meeres finden. Fossile Saumriffe sind wegen des geringen Erhaltungspotentials an hochenergetischen Küsten selten. [EM]

Saumtiefe ↗*Randsenke*.

Säurebildner, chem. definiert als Verbindungen, die sich in Wasser unter Bildung von Säuren lösen. Dazu gehören Komponenten, die zur ↗Bodenacidität beitragen und an der ↗Bodenversauerung beteiligt sind. Beispiele sind die Bildung von Kohlensäure aus dem CO_2 der ↗Bodenatmung und die Entstehung von Salpeter- und Schwefelsäure aus den durch die Verbrennung fossiler Energieträger freigesetzten Gasen NO_x und SO_2.

Säureeintrag, Transport von Säuren aus der Atmosphäre in den Boden über nasse und trockene Deposition. Die Belastungsraten durch atmogene Säureeinträge liegen für landwirtschaftlich genutzte Böden bei 0,2–4,0 kmol H^+/ha/a und für Waldböden bei 0,4–11,8 kmol H^+/ha/a.

saure Gesteine, ↗Magmatite mit mehr als 65 Gew.-% SiO_2. Der Gehalt an ↗mafischen Mineralen sowie die ↗Farbzahl sind gewöhnlich gering. Typische Vertreter sind ↗Granit und ↗Rhyolith.

Säurekapazität, Maß für die im Wasser gelösten schwachen und starken Basen; sie wird quantifiziert über die Stoffmenge an Wasserstoffionen, die ein bestimmtes Volumen Wasser aufnehmen kann, bis es einen bestimmten pH-Wert erreicht (↗m-Wert, ↗p-Wert). Maßanalytisch wird dies durch Titration mit einer starken Säure, z. B. Salzsäure, bestimmt. Die vorgegebenen pH-Endwerte sind pH 4,3 und pH 8,2. Die Bestimmung der Säure- und Basekapazität dient in der Wasseranalytik zur Berechnung des gelösten Kohlenstoffdioxids sowie der Konzentration des Hydrogencarbonat- und des Carbonat-Ions.

Säureneutralisation, 1) *Allgemein*: Ausgleich des pH-Wertes durch Zugabe einer Base bis auf pH = 7 (Neutralpunkt). **2)** *Bodenkunde*: chemische Reaktion der im Boden enthaltenen Puffersysteme bei Zufuhr von Protonen. Diese reagieren mit den Puffern entweder unter Zersetzung: Calciumcarbonat+Proton ergibt freie Calciumionen, Kohlendioxid und Wasser, oder durch Freisetzung entsprechender Kationen bzw. unter Auflösung mineralischer Bodenbestandteile wie der Eisen- und Aluminiumoxide und Freisetzung der jeweiligen Kationen.

saurer Regen, Regen mit einem pH-Wert kleiner als 5,6, was dem pH-Wert von natürlichem Regenwasser entspricht. Die Übersäuerung ist auf den meist anthropogen bedingten, erhöhten Gehalt von Schwefel- und Salpetersäure in der Atmosphäre zurückzuführen.

Säurestärke, Kennzahl für den Anteil dissoziierter Moleküle einer Säure in wäßriger Lösung. Die Stärke einer Säure HA wird nach der Dissoziationsreaktion $HA = H^+ + A^-$ anhand der Gleichgewichtskonstante K_s bestimmt: $K_s = cH^+ \cdot cA^-/cHA$, angegeben in mol/l. Es ist üblich, anstelle des K_s-Wertes den logarithmierten Ausdruck $pK_s = -\log K_s$ zu verwenden. Starke Säuren wie Salzsäure oder Schwefelsäure sind zu fast 100 % dissoziiert und weisen dementsprechend niedrige pK_s-Werte auf. Schwache Säuren wie Kohlensäure oder Essigsäure haben einen niedrigen Dissoziationsgrad und daher hohe pK_s-Werte.

saure Wässer, *acid mine drainage*, *AMD*, *acid rock drainage*, *ARD*, bezeichnet Wässer mit einem sehr niedrigen pH-Wert unter ca. 3,5. Kennzeichnend ist ein hohes ↗Redoxpotential (ca. >0,5 V) und eine hohe Lösungsfracht, die v. a. von hohen Sulfatkonzentrationen (bis über 20 g/l) geprägt ist. Saure Wässer entstehen durch die Oxidation von Sulfiden, deren Oxidationsprodukte Wasserstoffprotonen, Sulfat und Metallkationen sind. Die an ↗Pyrit (FeS_2) studierten Prozesse weisen als Oxidationsmechanismus auf eine Adsorption von Sauerstoff an die Sulfidoberfläche und die anschließende, entscheidend bakteriell katalysierte Oxidation von Fe(II) zu Fe(III), das nun wiederum sulfidischen Schwefel in mehreren Teilreaktionen zu Sulfat-Schwefel oxidiert und dabei wieder zu Fe(II) reduziert wird. Ratenlimitierend sind dabei die Bioaktivität und die Sauerstoffverfügbarkeit. Schematisch gilt:

$$FeS_2 + 14\ Fe^{3+} + 8\ H_2O \rightarrow 15\ Fe^{2+} + 2\ SO_4^{2-} + 16\ H^+,$$
$$Fe^{2+} + H^+ + {}^1/_4 O_2 \rightarrow Fe^{3+} + {}^1/_2 H_2O.$$

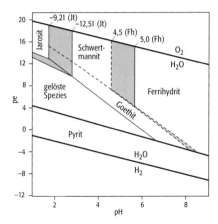

Das hohe Redoxpotential erlaubt oft eine Bildung von Fe(III)-Sekundärmineralen, sobald die pH-Werte auf 2,5–3 angehoben werden. Durch ↗Adsorption an Sekundärminerale werden andere Ionenkonzentrationen ebenfalls vermindert. Wichtige Vertreter der Sekundärminerale sind neben den Fe(II)-Sulfaten die Fe(III)-Minerale Jarosit, Schwertmannit, Ferrihydrit und Goethit (Abb.). Die Bildung saurer Wässer ist eine gravierende Umweltauswirkung (besonders durch die Bergbauindustrie auf marin abgelagerten Kohlen und Metall-Sulfid-Lagerstätten), deren Vermeidung bzw. Behebung zunehmende Kosten verursacht. ↗Eisenhydroxide. [TR]

Säurezeiger, *Acidophyten,* ↗Bioindikatoren, in der Regel Pflanzenarten, welche die ↗Bodenacidität, also die pH-Verhältnisse eines Bodens anzeigen. Säurezeiger für alkalisch bis neutrale Böden (Humuscarbonatböden) sind kalkliebende Pflanzen wie die Sichelmöhre, für neutral bis schwach saure Böden (humose Laubwaldböden) z. B. die Ackerdistel (*Cirsium arvense*), für mäßig saure bis saure Böden z. B. die Himbeere (*Rubus idaeus*) und auf stark sauren Böden (Podsolierung, Rohhumusauflage) z. B. das Borstgras (*Nardus stricta*).

Saussure, *Horace Bénédict* de, Schweizer Naturforscher, * 17.2.1740 Conches bei Genf, † 22.1.1799 Genf; ab 1762 Professor für Philosophie in Genf; Beobachtungen der Naturerscheinungen in den Alpen; begründete den Forschungsalpinismus, entwickelte das Haarhygrometer (↗Hygrograph). Werke (Auswahl): »Voyages dans les Alpes …« (4 Bände, 1779–96).

Saussurit, dichtes, weißes bis lichtgrünes Gemenge von ↗Zoisit, ↗Skapolith, ↗Epidot, ↗Sericit u. a. Saussurit entsteht durch thermale oder hydrothermale Einwirkung in Tiefengesteinen wie Gabbros u. a.

Saussuritisierung, Vorgang, bei dem durch hydrothermale, epizonal-metamorphe Prozesse Plagioklase in ↗Saussurit umgewandelt werden.

Savanne, Hauptvegetationsform der wechselfeuchten Tropen und Subtropen mit getrennter Regenzeit und ausgeprägter Trockenzeit sowie weitgehender Frostfreiheit (Abb.). Die Savanne ist durch den Wechsel von Gras- und meist niederwüchsigen Holzgewächsen sowie das Auftreten von ↗Sukkulenten charakterisiert. Die Anteile der einzelnen Zonen ist durch die Dauer der

saure Wässer: Stabilitätsdiagramm verschiedener Fe(III)-Minerale (System Fe-S-K-O-H), die sich durch zunehmende Neutralisierung saurer Wässer bilden können. Metastabile Grenzen sind gestrichelt gezeigt. Für Jarosite und Ferrihydrit sind Feldgrenzen für verschiedene Löslichkeitsprodukte (angegeben als pK) dargestellt.

Savanne: Savannengebiete der Erde.

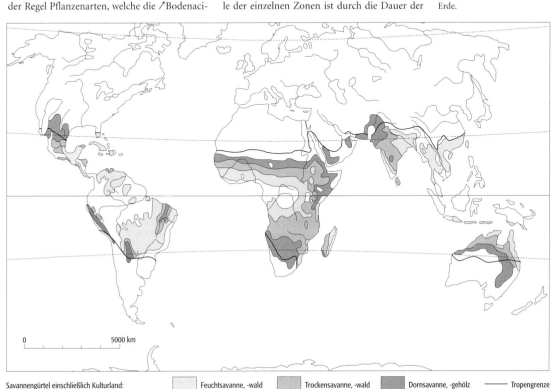

humiden Jahreszeit(-en) differenziert: Je niederschlagsreicher die Savanne ist, desto höher ist der Anteil an Baumgewächsen (Baumsavanne), je trockener, desto mehr dürreresistente Sträucher kommen vor. Charakteristisch ist die Aspektfolge im Jahresverlauf mit Vegetationsruhe (z. T. Laubfall) während der Trockenzeit und dem Austreiben von ⁊grünen Pflanzen während der Regenzeit. Die trockenen Varianten der Savanne unterliegen gelegentlichen Dürren. Obwohl viele Savannen-Gewächse Dürreresistenz aufweisen, treten bei mehrjährigen Dürren auch Dürreschäden auf. Wichtige Savannen-Typen sind die ⁊Dornsavanne, sowie die ⁊Feuchtsavanne und die ⁊Trockensavanne. In den natürlichen, klimatisch oder ⁊edaphisch (z. B. durch Lateritschichten ⁊Laterit im Boden) bedingten Savannen herrscht ein Wettbewerbsgleichgewicht zwischen Gräsern, die mit ihrem flach streichenden Wurzelwerk das ⁊Haftwasser der oberen Bodenschichten ausnützen, und den Gehölzen, die das in größeren zeitlichen Abständen einsickernde Senkwasser der tieferen Bodenschichten für sich erschließen. Savannen können auch durch den Einfluß von Wildtieren bedingt sein. Termiten und Elefanten zerstören beispielsweise Bäume und fördern dadurch den Graswuchs, gleichzeitig fördern Elefanten das Aufkommen von Bäumen über die Verbreitung von Samen mit ihrem Kot. Neben diesen natürlichen Savannen gibt es große Flächen anthropogen bedingter Savannen (sekundäre Savannen) im Bereich der regengrünen Trockengehölze, in denen das regelmäßig zum Ende der Vegetationsperiode gelegte ⁊Feuer den entscheidenden standortprägenden Faktor darstellt. Außerdem verschiebt auch starke Beweidung das Wettbewerbsgleichgewicht innerhalb der Savannen; es entsteht eine (futterarme) Dornsavanne. Ackerbau, Brennholzgewinnung und Überweidung bedrohen heute viele der natürlichen Savannenlandschaften zunehmend in ihrem Bestand. ⁊Desertifikation, ⁊Savannenklima. [DR]

Savannenklima, Klimazone im Übergangsbereich von den ⁊Tropen zu den ⁊Subtropen (sog. Randtropen) mit nur einer Regenzeit, wo sich als typische natürliche Vegetationsformation die ⁊Savanne ausbildet. ⁊Klimaklassifikation.

Savannisierung ⁊Feuer.

saxonische Tektonik, [von lat. Saxonia = Sachsen], von ⁊Stille 1910 geprägter Begriff für den Typ des Gebirgsbaus (⁊Tektonik), der vom Niedersächsischen Becken bis zum Voralpenraum in den seit der ⁊Trias abgelagerten Einheiten vorherrscht. Im wesentlichen handelt es sich um Bruchfalten- (⁊Bruchfaltengebirge) und ⁊Bruchtektonik, doch ist zumindest für Norddeutschland die Beteiligung von Salzbewegungen im Untergrund kennzeichnend.

Saxothuringikum, *Saxothuringische Zone*, eine der stratigraphisch-lithologisch-tektonisch von F. Kossmat 1927 definierten Zonen der ⁊Variziden, verfolgbar vom Nordwestrand der Böhmischen Masse über Spessart, Odenwald, Nord-Schwarzwald, Nord-Vogesen über das Armorikanische Massiv bis nach Südwest-Iberien. Das heterogene Saxothuringikum besteht aus meist stark gefalteten, geschieferten und verschuppten sedimentären, magmatischen und metamorphen Gesteinen des ⁊Präkambriums bis Unterkarbons (⁊Karbon). Es dominieren flach- bis tiefmarine Schiefer und sandige Gesteine, Schwellenkalke, Vulkanite, Gneise, Amphibolite und Granite. Das Saxothuringikum wird als orogenes Mosaik gedeutet, in dem Relikte von paläozoischen Meeresbecken, ⁊magmatischen Bögen, ⁊Subduktionszonen und eines Mikrokontinentes (⁊Terrane, ⁊Armorica) im Zuge der Variszischen Orogenese miteinander vergesellschaftet wurden. [HJG]

Scale, *Maßstab, Skaleneinteilung*, Größenordnung der in der Atmosphäre ablaufenden Prozesse, die sich nach Raum und Zeit sehr unterscheiden. Die Raumskalen reichen von der kleinräumigen Turbulenz in der Größenordnung Meter, über Fronten und tropische Wirbelstürme im Maßstab 100 km bis zur globalen, allgemeinen Zirkulation der Lufthülle in der typischen Größe von 10.000 km (Abb.). Begriffe wie Mikro-, Meso- und Makroscale klassifizieren diese Bandbreite. Es existieren enge Bindungen zwischen räumlichen und zeitlichen Ausmaßen einerseits und der »Lebensdauer« sowie der (prinzipiellen) ⁊Vorhersagbarkeit andererseits. In bezug auf meteorologische Vorhersagen wird dem Scale-Parameter-»Vorhersagezeitraum« (engl.: lead time) durch folgende Klassifikation Rechnung

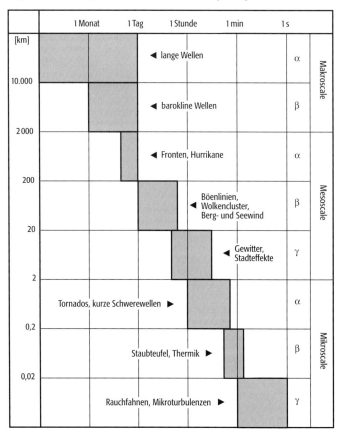

Scale: horizontale Ausdehnungen (Ordinate) und »Lebensdauern« (Abszisse) von meteorologischen Erscheinungen.

getragen: a) Nowcasting: jetzt bis zwei Stunden im voraus, b) Kürzestfristvorhersage (very short range): bis 12 Stunden, c) Kurzfristvorhersagen (short range): bis 72 Stunden, d) Mittelfristvorhersage (medium range): ab drei plus zehn Tage im voraus, e) Langfristvorhersage (long range, saisonal forecasting): zwei Wochen bis einige Monate im voraus, f) Klimavorhersage (climate prediction): der gesamte Zeitraum jenseits der Langfristvorhersage. [KB]

Scanner, *Abtastsystem*, jede Art von Aufnahmesystem, das zeilenweise und bildelementweise elektromagnetische Strahlung aufzeichnet und auf diesem Wege ein Bild erzeugt. Dabei wird die Eigenbewegung des Sensorträgers (Flugzeug, Satellit) genutzt und mit einem Abtastvorgang kombiniert. In der ↗Fernerkundung sind je nach Konstruktionsprinzip ↗optomechanische Scanner, wenn der Scanvorgang durch die mechanische Bewegung eines optischen Bauteiles erfolgt, oder ↗optoelektronische Scanner, wenn der Scanvorgang durch elektronische Mittel erfolgt, zur Bildaufzeichnung im sichtbaren bis thermalen Bereich des elektromagnetischen Spektrums, aber auch als Scanner-Radiometer (scanning radiometer) im Mikrowellenbereich des elektromagnetischen Spektrums in Verwendung. In diesem Falle wird der Scanvorgang entweder mechanisch durch Schwenken der Antenne oder elektronisch durch relative Phasenverschiebung einzelner Antennenbereiche (phased antenna arrays) bewerkstelligt. Nach der Anzahl der Kanäle werden einkanalige Scanner, die Bilder in einem Kanal aufnehmen, und Multispektralscanner, mit denen Bilder gleichzeitig in mehreren Spektralbereichen (Kanälen) aufgenommen werden können, unterschieden. In der Fernerkundung und ↗Photogrammetrie werden auch optoelektronische Systeme zur Digitalisierung analoger (photographischer) Bilder mit erzielbarer geometrischer Auflösung von (5 µm) 7,5 µm bis 150 µm (3000 dpi bis 160 dpi) als Scanner bezeichnet. In der Kartographie und verwandten Anwendungsbereichen wird das System zur Digitalisierung analoger Bildvorlagen verwendet, die dann gespeichert und digital in Bildverarbeitungsprogrammen weiter bearbeitet werden.

Scanning-Elektronenmikroskop, *SEM*, ↗Elektronenmikroskop.

Scan-Zeile, aus dem Aufnahmeprinzip des ↗optomechanischen Scanners und ↗optoelektronischen Scanners folgendes Grundelement eines digitalen Bildes; durch Rotation oder Wippen eines Spiegels oder Prismas bei optomechanischen Scannern bzw. zeilenweises Scannen mit Zeilendetektoren bei optoelektronischen Scannern quer zur Flugrichtung angeordnete Folge von Bildelementen, deren Größe durch den Öffnungswinkel des optischen Systems (↗IFOV) bestimmt wird. Die Zeilenbreite wird durch den Auslenkwinkel bei mechanischem bzw. die Anzahl der Detektoren pro Zeile bei elektronischem Meßprinzip festgelegt. Durch Berücksichtigung der ↗Zeilenpaßbedingung wird erreicht, daß die Scan-Zeilen in Streifenmitte lückenlos aneinanderpassen. Bei optomechanischen Scannern ist auch der Effekt der Zeilenschiefe zu berücksichtigen, der dadurch entsteht, daß sich während der Aufnahme einer Zeile die Satellitenplattform weiterbewegt hat. Die Zeilenschiefe ist um so größer, je größer die Geschwindigkeit der Plattform bzw. je geringer die Scanfrequenz ist. Der dadurch bewirkte Fehler in der Bildgeometrie entspricht einer Verkantung des Scanners und wird im Falle der parametrischen Bildrektifizierung (↗Geocodierung) der Daten berücksichtigt. Ein weiterer Fehler ist die Zeilenversetzung, die aus dem Einfluß der Erdrotation folgt und dazu führt, daß eine Satellitenbildszene die Form eines Parallelogramms hat.

Eine Scan-Zeile des Thematic Mapper (↗TM) auf Landsat-4 und -5 ist infolge eines Auslenkwinkels des wippenden Spiegels von ±16,5 gon (↗Gon) auf der Erdoberfläche 185 km breit und besteht aus ca. 6120 Bildelementen. Eine TM-Szene setzt sich aus 5984 Zeilen zusammen. Die Scanfrequenz beträgt 6,999 Hz. Eine Zeile wird in 59 ms, eine Szene in 27 s aufgenommen. Damit besteht eine Zeilenversetzung von der ersten zu letzten Zeile einer TM-Szene von ca. 12,4 km. [EC]

Scattergramm, ↗*Streuungsdiagramm*, *scatter diagram* (engl.), Darstellung der Verteilung der spektralen ↗Grauwerte der Bildelemente (pixel) eines digitalen Bildes oder von Ausschnitten desselben in einem n-dimensionalen Diagramm ($n \geq 1$), der Anschaulichkeit halber in der Regel in einem zweidimensionalen spektralen Merkmalsraum. Jede Achse entspricht einem Spektralkanal, d.h. das Scattergramm eines Landsat-MSS-Datensatzes würde einen vierdimensionalen spektralen Merkmalsraum aufspannen. Die Koordinaten der Bildpunkte entsprechen den jeweiligen Grauwerten in den ausgewählten Spektralbereichen. Die Lage der Bildpunkte kann auch durch n-dimensionale Grauwertvektoren vom Koordinatenursprung zum entsprechenden Bildpunkt angegeben werden.

Scattergramme zeigen die Systematik der Grauwertverteilung von ausgewählten Objektklassen, z.B. Trainingsgebiete für die ↗multispektrale Klassifizierung, in spezifischen Punktwolken (Kluster), deren Ausdehnung und Lage zueinander durch statistische Maße wie Schwerpunkt, Streuung, Varianz und Kovarianz ausgedrückt werden. Diese Maße sind Grundlagen der Verfahren der ↗multispektralen Klassifizierung. Scattergramme können daher zur Abschätzung der Signifikanz ausgewählter Trainingsgebiete für eine folgende automatische Klassifizierung genutzt werden und zeigen des weiteren, ob Korrelation zwischen den Bildelementen in unterschiedlichen Spektralbändern besteht. Je stärker z.B. die Korrelation im zweidimensionalen spektralen Merkmalsraum ist, desto enger scharen sich die Bildpunkte entlang einer Geraden durch den Koordinatenursprung. [EC]

Scatterometer, ein nichtabbildendes Radarsystem zur quantitativen Erfassung des Rückstreukoeffizienten der Geländeoberfläche in Funktion des Inzidenzwinkels. Das Radar-Scatterometer sendet elektromagnetische Energie im Mikrowellenbereich (0,3–300 GHz) aus und mißt das Ausmaß der von den Objekten der Erdoberfläche in Richtung der ⁄Plattform rückgestreuten Energie in Funktion der technischen Parameter des Scatterometers, der Distanz zwischen der Plattform und den Objekten (Erdoberfläche) und der Eigenschaften der Objekte. Die Messungen werden in der Regel bereits bei der Vorverarbeitung der Daten so konvertiert, daß als Ergebnis der jeweilige Rückstreukoeffizient als Radar-Streuquerschnitt per Einheitsfläche zur Verfügung steht. Scatterometer werden auf Flugzeug- und Satellitenplattformen eingesetzt.

Die Fernerkundungssatelliten ERS-1 und ERS-2 erfassen mit Hilfe des AMI-SCAT (Active Microwave Instrument-Scatterometer Mode) durch drei Antennen den Rückstreukoeffizienten entlang eines 500 km breiten Streifens rechts der Flugbahn in einer nach rechts geneigten (mid beam), einer um einen Azimutwinkel von 45° nach vorne (fore beam) und einer um einen Azimutwinkel von 45° nach hinten (after beam) gedrehten Aufnahmerichtung. Die Daten werden als Rückstreukoeffizenten in einem Raster mit 25×25 km großen Rasterelementen für jede der drei Antennen aufbereitet. Da das Scatterometer auf ERS vornehmlich zum Zwecke der Erfassung von Windgeschwindigkeiten und Windrichtungen über Ozeanen konstruiert wurde, wird es des öfteren als Wind-Scatterometer bezeichnet. Neuerdings wird das ERS-Sccatterometer jedoch auch vermehrt zur Extraktion von Informationen über die Bodenfeuchte (⁄Wetness index) in der durch das C-Band erfaßbaren obersten Bodenschicht von 0,5–2 cm herangezogen. [EC]

Scavenging, Einlagerung eines ⁄Aerosols oder von Gasmolekülen (Gas-Scavenging) in einem Tröpfchen oder Eiskristall. Ein Aerosol kann als Kondensationskeim oder ⁄Eiskeim in den Hydrometeor gelangen (Nukleation-Scavenging), oder wie die Gasmoleküle durch Stoß eingefangen werden (Impaction-Scavenging). Scavenging ist Voraussetzung für das Auswaschen von ⁄Spurenstoffen im Niederschlag aus der Atmosphäre (nasse ⁄Deposition) und damit ein wesentlicher Prozeß der Selbstreinigung der Atmosphäre.

S-C-Gefüge, Flächengefüge in semiduktilen ⁄Myloniten (S-C-Mylonit); die S-Flächen stellen die XY-Flächen des finiten Verformungsellipsoids dar, auf den C-Flächen findet konzentrierte Scherung statt (Abb.). ⁄duktile Verformung.

Schaar, 1) episodisch trockenfallendes ⁄Sandriff, damit mögliches Initialstadium einer Nehrungsinsel (⁄Nehrung). 2) an der Ostsee Bezeichnung für flache, submarine Untiefen aus Feinsediment in Ufernähe von ⁄Bodden.

Schachtelhalmgewächse ⁄*Equisetopsida*.

Schachthöhle, *Schacht*, Höhle mit vorwiegender Vertikalerstreckung. Die Bezeichnung bezieht sich zunächst nur auf den Verlauf des Karsthohlraumes und läßt die Entstehung offen. Diese kann durch Lösungsvorgänge von oben oder von unten, durch lokale Kluftausweitung oder durch Einsturz entstanden sein.

Schachtschabel, *Paul*, deutscher Bodenkundler, * 4.6.1904 Gumperda (Thüringen), † 4.2.1998 Marburg; 1948–1971 Professor in Hannover. Schachtschabel verfaßte grundlegende Arbeiten zur Tonmineralsynthese und zum Kationenaustausch von Böden. Von ihm wurden auch Methoden zur Bestimmung des H-Wertes und des daraus abgeleiteten Kalkbedarfes, der Gehalte an verfügbarem Mg und Mn sowie der K-Reserven von Böden entwickelt. Die seit 1952 mit F. ⁄Scheffer herausgegebene »Bodenkunde« ist seit Jahrzehnten deutschsprachiges Standardwerk. Schachtschabel erhielt die Ehrendoktorwürde in Kiel.

Schadenskartierung, Methode zur Kartierung der Bodenerosion durch Wasser, bekannt geworden in der Schweiz als Erosionsschadenskartierung zur Herstellung von Schadens- und Gefährdungskarten; beinhaltet die Aufnahme von Erosionssystemen vom Beginn bis zum Eintritt in benachbarte Ökotope (⁄Offsite-Schäden), Nutzung der Kartierergebnisse für Schätzungen der Einträge in Gewässer und den Aufbau von Datenbanken, Methode zur Einzelfallprüfung bei der Gefahrenabwehr.

Schadensschwelle, empirisch festgelegte Schwellen für verschiedene Belastungen der Böden und der Pflanzen. Bei Überschreitung besteht die Gefahr von irreversiblen oder gesundheitlichen Schäden, daher werden spezielle Maßnahmen erforderlich. Im nichtstofflichen Bodenschutz (Bodenerosion, Bodenverdichtung, Humusverlust usw.) sind Schadensschwellen nur qualitativ festlegbar, im stofflichen Bodenschutz (Versauerung, Versalzung, Kontamination, Nitratgehalt usw.) sind begründete Schadensschwellen die Grundlage des »critical-load-Konzeptes«. Sie sind Handlungsgrundlage für eine Gefahrenabwehr, z. B. Pflanzenschutz wird mit der Schadensschwelle der Befall mit Schädlingen oder der Besatz mit Unkräutern verstanden, von der ab gezielte Pestizidanwendungen erfolgen müssen.

Schädlinge, tierische oder pflanzliche Organismen, die durch ihre Aktivitäten dem wirtschaftenden Menschen direkt oder indirekt Schaden zurichten. Schädlinge können auf ⁄Nutzpflanzen, -tiere, Vorräte, den Menschen selber oder auf die Bausubstanz einwirken. Beim Überschreiten einer bestimmten Schadensschwelle wird versucht, die Schädlinge mit biologischen (z. B. Förderung von ⁄Nützlingen, Verhinderung der Fortpflanzung der Schädlinge), mit chemischen (z. B. Einsatz von ⁄Pestiziden) oder mit kulturtechnischen Mitteln (z. B. Förderung der Widerstandsfähigkeit der geschädigten Pflanzen oder Tiere) zu dezimieren. Auch Krankheitserreger werden zu den Schädlingen gezählt. Vor allem eingeschleppte Schädlinge können sich wegen fehlender natürlicher Feinde ungehindert ausbreiten und große Schäden verursachen.

Schädlingsbekämpfungsmittel ⁄Pflanzenschutzmittel.

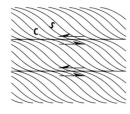

S-C-Gefüge: schematische Darstellung eines S-C-Gefüges.

Schadstoffausbreitung

Günter Groß, Hannover

Schadstoffausbreitung ist die Freisetzung, Transport in der Atmosphäre und Wirkung von Luftbeimengungen auf die belebte und die unbelebte Natur. Dabei wird untersucht, in welche Richtung und in welche Region die freigesetzten Schadstoffe verfrachtet werden und mit welcher Belastung in der Umgebung bestimmter Rezeptoren zu rechnen ist. Die Zusammensetzung der Luft wird durch natürliche und anthropogene Aktivitäten deutlich verändert. Wie auch schon während der gesamten Entwicklungsgeschichte der Atmosphäre beeinflußt auch heute noch der Vulkanismus durch Staub- und Gaseintrag die Zusammensetzung der Lufthülle unseres Planeten. Bei kräftigen Ausbrüchen gelangen große Mengen Asche, Staub, Schwefeldioxid (SO_2), Kohlendioxid (CO_2) und andere Gase in die Troposphäre, aber auch in größere Höhen bis in die Stratosphäre. Neben diesen starken Einzelereignissen sind aber auch täglich ablaufende Vorgänge in unserem Wettergeschehen Quellen natürlicher Luftbeimengungen. So entstehen beispielsweise in den Entladungszonen von Blitzen große Mengen an Stickoxiden. Sand- und Staubstürme wirbeln große Mengen an Partikeln auf und durch die Meeresgischt werden sehr viele ↗Aerosole, wie z. B. Salzpartikel gebildet. Schließlich emittieren auch Lebewesen verschiedene atmosphärische Spurenstoffe wie beispielsweise Methan.

Ein sehr viel breiteres Spektrum als die natürlichen Emissionen zeigt die Fülle der anthropogen bedingten Schadstoffe. Vor allem durch die intensive Nutzung fossiler Brennstoffe, durch den Abbau von Rohstoffen, durch die künstliche Erzeugung chemischer Verbindungen und durch die großflächige Kultivierung der Erdoberfläche trägt der Mensch zur Veränderung in der Zusammensetzung der Luft bei. Aufgrund der Vielzahl der möglichen anthropogenen Schadstoffe ist eine Erfassung sämtlicher Einzelstoffe nicht möglich. Aus diesem Grunde beschränkt man sich auf Leitsubstanzen, die den einzelnen Emittentengruppen zugeordnet werden können und deren Wirkungen von lokaler, regionaler und globaler Bedeutung sind. Bei diesen Leitsubstanzen handelt es sich um SO_2, Stickoxide (NO_x), Kohlenmonoxid (CO), organische Verbindungen (CH) und Staub. Während die Emission einiger dieser Substanzen in den letzten Jahren durch verschiedene Luftreinhaltemaßnahmen kontinuierlich abgenommen hat, ist bei anderen ein gleichbleibender oder gar zunehmender Trend zu verzeichnen. Als Hauptquellgruppen für die anthropogenen Luftbeimengungen treten der Verkehr, Hausbrand und Kleinverbraucher, die Industrie und Kraftwerke und Fernheizwerke in Erscheinung.

Die einmal freigesetzten Schadstoffe verbleiben nicht am Emissionsort, sondern werden durch die vorherrschende Luftströmung in der Atmosphäre verteilt (Abb.). Stärke und Richtung des mittleren Windes legen fest, wie schnell und wie weit die Luftbeimengungen innerhalb einer bestimmten Zeit vom Ort der Freisetzung weg transportiert werden. Dabei spielen die verschiedenen Windsysteme auf allen Skalenbereichen eine Rolle. Entlang des Transportweges werden die Schadstoffe durch die vertikale Diffusion auf ein immer größeres Volumen verteilt und die Schadstoffkonzentration, beispielsweise angegeben in g/m^3, nimmt immer weiter ab. In Abhängigkeit von der Tageszeit und der damit verbundenen thermischen Schichtung der Atmosphäre erfolgt eine turbulente Vermischung in der gesamten ↗atmosphärischen Grenzschicht. Besonders tagsüber können dabei die bodennah freigesetzten Schadstoffe bis in 1–2 km Höhe gelangen und dort durch die vorherrschende regionale Strömung auch über Ländergrenzen hinweg verfrachtet werden. So tragen nicht nur die in einem Land freigesetzten Luftbeimengungen zu einer Veränderung der Luftqualität bei, sondern auch bestimmte Anteile der Emissionen aus den Nachbarländern (Ferntransport). Gleichzeitig werden auch in Regionen Schadstoffe gemessen, die fernab der Quellgebiete liegen. Der überwiegende Anteil der emittierten Luftbeimengungen aus den einzelnen Quellgruppen ist chemisch nicht inert, sondern unterliegt chemischen und physikalischen Umwandlungen. Viele der dabei ablaufenden Reaktionen werden durch die Sonnenstrahlung in Gang gesetzt oder beschleunigt. Beispielsweise entsteht aus organischen Komponenten und aus Stickstoffoxiden über eine Reihe von Zwischenprodukten letztendlich bodennahes Ozon oder bei Vorhandensein von Wasser in der Atmosphäre können sich durch Oxidation von anorganischen Verbindungen wie SO_2 verschie-

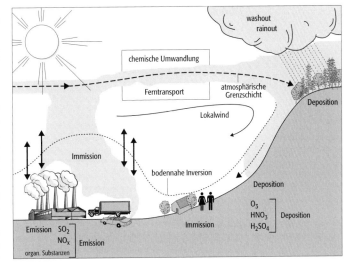

Schadstoffausbreitung: Emission, Transport und Immission von Luftbeimengungen.

dene Säuren bilden. Durch die unterschiedliche Reaktionsgeschwindigkeit der atmosphärischen Spurenstoffe ist deren Verweilzeit in der Atmosphäre verschieden lang und sie können damit auch unterschiedlich weit verfrachtet werden. Der an einem Ort emittierte Staub verbleibt z. B. in der Nähe der Quelle und wird üblicherweise nicht über die Mikro-Skala hinaus transportiert. SO_2, NO_2 und Ozon dagegen haben eine charakteristische Lebensdauer von etwa einem Tag und somit eine Reichweite bis in die Meso-Skala hinein. Die sehr langlebigen Komponenten wie Methan und CO_2 können dagegen auf der globalen Skala verteilt und wirksam werden. In Abhängigkeit von ihrer individuellen Verweilzeit werden die Spurenstoffe mehr oder minder schnell wieder aus der Atmosphäre ausgeschieden. Je nachdem, ob Wasser in irgendeinem Aggregatzustand an dem Ausscheidevorgang beteiligt ist, unterscheidet man zwischen der trockenen und der nassen Deposition. Bei der trockenen Deposition lagern sich die Luftschadstoffe am Boden, an Pflanzen oder an anderen Oberflächen ab. Diese trocken abgelagerten Verbindungen werden entweder durch Aufnahme in den Wasserfilm, der sich häufig auf den einzelnen Oberflächen befindet, zu sauren Verbindungen umgewandelt und dauerhaft eingelagert, oder aber über Oberflächenprozesse beseitigt. Bei der nassen Deposition laufen die chemischen Umwandlungen bzw. Abbaureaktionen in Wechselwirkung mit einzelnen Komponenten des Wasserkreislaufs (Verdunstung, Wolkenbildung, Niederschlag) ab. Die nasse Deposition wird in die Vorgänge »rainout« und »washout« unterteilt. Beide Prozesse sind wichtige Reinigungsmechanismen der Atmosphäre, wobei zum einen die wasserlöslichen Gase die Wolken- und Niederschlagsbildung fördern und zum anderen gleichzeitig damit die Schadstoffe selbst aus der Atmosphäre entfernt werden. Die atmosphärischen Luftbeimengungen unterliegen einem Kreislauf von der Emission über die Ausbreitung in der Atmosphäre einschließlich möglicher Veränderungen bis hin zur Deposition.

Bei dem Aufenthalt in der Atmosphäre können die Schadstoffe Wirkungen auf die belebte und die unbelebte Natur ausüben. Diese Wirkungen werden als ↗Immissionen bezeichnet. Die Wirkungen auf den Menschen reichen von einer Belästigung bis hin zur Gesundheitsgefährdung. Ausschlaggebend für die Immission ist die Dosis, die sich aus der Dauer der Einwirkung einer Luftverschmutzung und deren Konzentration ergibt. Die Dosis-Wirkungs-Beziehung hängt sowohl vom individuellen Schadstoff ab als auch vom physischen und psychischen Zustand des menschlichen Organismus. Die Luftbeimengungen werden vorwiegend über die Lunge und in gewissem Maße auch über die Haut aufgenommen. Die Aufnahme der Schadstoffe aus der Luft ist nur ein Teil der Gesamtbelastung des Menschen. Gleichzeitig erfolgt über die Nahrungsmittelkette eine weitere Kontamination, da sich Schadstoffe auch im Futter von Tieren und den pflanzlichen Lebensmitteln anreichern. Auch bei Pflanzen können Wirkungen von Schadstoffen festgestellt werden, die von Kümmerwuchs über Verfärbung bis hin zu verfrühtem Blattabwurf reichen. Während die Vegetationsschäden in der Nähe von Erzhütten auf den höheren Ausstoß von SO_2 zurückgeführt werden können, ist eine eindeutige Ursache-Wirkungs-Beziehung bei den neuartigen Waldschäden nicht zu erkennen. Diese großflächigen Waldschäden treten vorwiegend in den ursprünglich weniger belasteten Reinluftgebieten fernab der Emissionsquellen auf. Die möglichen Ursachen dieser Waldschäden sind vielmehr auf die komplexen Wechselwirkungen zwischen Art und Menge des Ferntransportes von Schadstoffen, den Witterungseinflüssen (Trockenheit, Temperaturextreme), natürlichen Schädlingen (Insekten, Wild) und forstwirtschaftlichen Maßnahmen (Düngung, Baumart) zurückzuführen. Die Wirkungen von Luftbeimengungen und deren Folgeprodukte auf Materialien resultieren in großen volkswirtschaftlichen Schäden. Gesteinsspezifische Verwitterungsformen führen zum Verfall von Gebäuden und Denkmälern, und die Metallkorrosion zerstört die Oberfläche von Metallen. Diese physikalischen Vorgänge laufen zwar auch unter natürlichen Umweltbedingungen ab, werden aber durch das Vorhandensein von Schadstoffen in der Luft beschleunigt. Zur Beurteilung der gesundheitlichen und ökotoxikologischen Relevanz der Schadstoffkonzentrationen muß ein Vergleich mit vorgegebenen Grenz-, Richt- und Vorsorgewerten erfolgen. Dabei ist zwischen einer mittleren Belastung und einer kurzfristigen Spitzenbelastung zu unterscheiden. Zur Beurteilung werden daher verschiedene statistische Kenngrößen der Immissionskonzentration (Mittelwert, Perzentilwert) herangezogen. Es gibt eine ganze Reihe von Vergleichswerten für verschiedene Luftschadstoffe, die in der Technischen Anleitung zur Reinhaltung der Luft, in Arbeitsplatz-Richtlinien, in Richtlinien der Europäischen Gemeinschaft und in den Luftqualitätsleitlinien der Weltgesundheitsorganisation festgelegt sind.

Schadstoffbelastung, Vorhandensein eines ↗Schadstoffes in einer Umweltmatrix (Luft, Gewässer, Organismen u. a.). ↗Schadstoffausbreitung.

Schadstoffdeposition, Ablagerung eines Schadstoffes in der Umwelt, gelegentlich verbunden mit dessen Anreicherung. Eine ungesicherte Schadstoffdeposition in der Umwelt stellt häufig eine Quelle für eine ↗Sekundärverunreinigung dar, da der enthaltene Schadstoff remobilisiert werden kann und dann weitere Bereiche verunreinigt (Beispiel: Schwermetalle in Abraumhalden, nachfolgende Auswaschung in ein Gewässer). ↗Schadstoffausbreitung.

Schadstoffe, Sammelbegriff für in der ↗Umwelt vorhandene Substanzen, die in der vorkommenden Konzentration aufgrund ihrer hohen Toxizität und hohen Persistenz schädigende Wirkung auf Einzelorganismen oder ganze ↗Biozönosen ausüben. Größtenteils handelt es sich bei den Schadstoffen um anthropogen eingebrachte chemischen Verbindungen. Dies erfolgt durch Emissionen in die Luft (Industrie, Verkehr), durch Verteilung von Abfällen verschiedenster Art, durch direkte Ausbringung (Streusalze, ↗Pestizide) oder als Folge von Unfällen. Zu den besonders kritischen anorganischen Schadstoffen gehören Fluor sowie einige Schwermetalle (u.a. Quecksilber, Cadmium), die prinzipiell nicht abbaubar sind (*konservative Schadstoffe*). Häufige organische Schadstoffe sind Mineralölrückstände, chlorierte Kohlenwasserstoffe (CKW) und polycyclische aromatische Kohlenwasserstoffe (PAK). Werden diese Stoffe in zu hohen, über dem gesetzlich vorgeschrieben Grenzwerten liegenden Konzentrationen in die Umwelt freigesetzt, kommt es zu häufig irreversiblen Schäden, welche nur mit einem großen Sanierungsaufwand wieder beseitigt werden können. Die Schadstoffquellen reichen von der Industrie über die Landwirtschaft bis zu den privaten Haushalten. Somit ist auch ein bewußtes Verbraucherverhalten zur Verminderung von Schadstoffen angezeigt. Neben den vom Menschen produzierten Substanzen (*Fremdstoffe*) gibt es auch natürlicherweise in der Umwelt vorkommende, sog. biogene Schadstoffe. Zu ihnen gehören insbesondere verschiedene Mykotoxine (Pilz-Giftstoffe). ↗Schadstoffausbreitung.

Schadstoffemission, Ableitung von Stoffen in die Umwelt, die dort zu einer Belastung der Biosphäre führen. ↗Schadstoffausbreitung.

Schadstoffrückhaltung, *Retention*, Rückhaltung von Schadstoffen durch Anlagerung (↗Sorption) an Boden- bzw. Gesteinspartikel im Untergrund. Das Rückhaltevermögen von Böden ist allerdings begrenzt. Durch Resorption können Schadstoffe wieder vom Boden abgegeben werden. ↗Retention.

Schafskälte, relativ kühler, mit Niederschlägen verbundener Witterungsabschnitt, mittleres Eintrittsdatum in Deutschland 10.-12. Juni.

Schalenbau der Erde, der Aufbau der Erde ist konzentrisch schalenförmig und wird deshalb in einzelne ↗Geosphären untergliedert. Die äußerste Schale bildet die gasförmige ↗Atmosphäre gefolgt von der ↗Biosphäre und ↗Hydrosphäre. Im Erdinneren setzt sich der Schalenbau fort und ist im Prinzip dreigeteilt, in ↗Erdkruste (0–max. 70 km), ↗Erdmantel (70–2898 km) und ↗Erdkern (2898–6371 km) (Abb. 1). Das Volumen der Erde beträgt $1,083 \cdot 10^{21}$ m³. In Volumenprozent ausgedrückt hat der Mantel (inklusive Kruste) einen Anteil von 83,6 Vol.-%, der Kern von 16,3 Vol.-% des gesamten Volumens der Erde. Die gesamte Masse beträgt $5,973 \cdot 10^{24}$ kg. Die Massenverteilung ist durch die unterschiedliche Dichte der vorherrschenden Phasen in den Schalen bedingt: Erdkern = $1,883 \cdot 10^{24}$ kg (31,6 Gew.-%), Mantel = $4,06 \cdot 10^{24}$ kg (68,0 Gew.-%) und Kruste $2,6 \cdot 10^{22}$ kg (0,4 Gew.-%).

Zusätzlich zu dieser traditionellen Einteilung lassen sich durch die moderne Seismologie weitere Unterteilungen finden. Diese sind vor allem durch unterschiedliche Geschwindigkeiten der ↗P-Wellen und ↗S-Wellen (↗Seismik) geprägt. Von ca. 70–250 km Tiefe werden die seismischen Wellengeschwindigkeiten reduziert, und deshalb wir diese Zone »low velocity zone« (↗Niedriggeschwindigkeitszone) oder auch ↗Asthenosphäre genannt. Die darüberliegenden starren Gesteinskomplexe werden ↗Lithosphäre (Erdkruste plus nicht duktiler, starrer Teil des Erdmantels) bezeichnet. Man unterteilt die Erdkruste weiterhin in eine kontinentale Kruste, durchschnittlich 35 km mächtig, und eine ozeanische Kruste, durchschnittlich 8 km mächtig. Die Kruste (P-Wellen-Geschwindigkeiten von 6–7 km/s) wird durch die sog. Moho (↗Mohorovičić-Diskontinuität) vom Erdmantel (P-Wellen-Geschwindigkeiten von ca. 8 km/s) getrennt. Zwischen 400 und 1000 km Tiefe (sog. *transition zone*) treten zwei weitere ↗seismische Diskontinuitäten auf: eine bei 400 km, die auf einer Phasentransformation des Olivins in eine Spinellstruktur begründet ist, und eine bei 670 km Tiefe, die auf eine Strukturänderung der meisten Silicate zu einer Perowskitstruktur bestimmt wird. Der ganze Bereich zwischen ca. 70 km und ca. 670 km Tiefe wird oberer Erdmantel

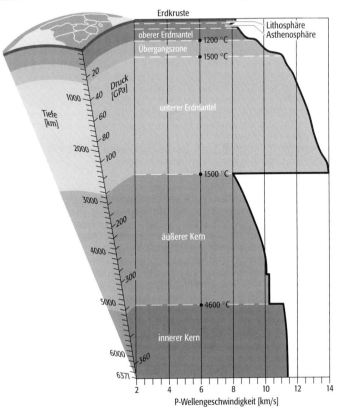

Schalenbau der Erde 1: der Schalenbau der Erde mit Angaben zur Tiefe, Druck, Temperatur und seismischen Wellengeschwindigkeiten.

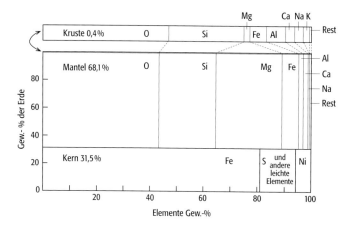

Schalenbau der Erde 2: durchschnittliche chemische Zusammensetzung des Erdkerns, des Erdmantels und der Erdkruste.

genannt. Der untere Erdmantel erstreckt sich von ca. 670 km bis 2898 km Tiefe. An der Grenze unterer Mantel/äußerer Kern kommt es zu einer drastischen Reduzierung der P-Wellen-Geschwindigkeiten aufgrund des flüssigen Zustandes des äußeren Kerns, der bis zu einer Tiefe von 5145 km reicht. Daran schließt sich der feste innere Erdkern bis zum Mittelpunkt der Erde (6371 km) an.
Der Grund für die Entstehung des schalenförmigen Aufbaus der Erde ist bei der Entwicklung des Planeten Erde (↗ Akkretion, ↗ Differentiation) zu finden. Es gibt im Prinzip zwei Modelle zur Entstehung der Erde. Beim homogenen Akkretionsmodell ist vor ca. 4,46 Mrd. Jahren eine gravitative Trennung durch Differentiation von Erdkern und Erdmantel erfolgt. Beim heterogenen Akkretionsmodell ist zuerst der siderophile Erdkern (↗ geochemischer Charakter der Elemente) und später der silicatische Erdmantel entstanden. Das homogene Akkretionsmodell wird heute von vielen Wissenschaftlern favorisiert. Bei beiden Modellen entstand im Anschluß daran durch Differentiation aus dem Erdmantel die Erdkruste (mindestens 3,9 Mrd. Jahre alt), die im Laufe der geologischen Entwicklung Veränderungen unterlegen war. Etwa zur gleichen Zeit entstanden die Vorstufen der heutigen Hydrosphäre und Atmosphäre, die aber unterschiedlich von den jetzigen chemischen Zusammensetzungen sind (↗ Atmosphäre). Die chemische Zusammensetzung der einzelnen Schalen (↗ chemische Zusammensetzung der Erde) ist sehr heterogen. Die acht häufigsten Elemente der gesamten Erde sind in Abb. 2 dargestellt. Zusammen machen diese acht Elemente mehr als 99 % der Masse der Erde aus. Ca. 90 % der Erde sind aus den vier Elementen Eisen, Sauerstoff, Silicium und Magnesium aufgebaut.
Der Erdkern besteht dabei hauptsächlich (>90 %) aus einer Eisen-Nickel-Legierung. Die restlichen Elemente sind wahrscheinlich Schwefel und/oder andere leichte Elemente. Der Kern entstand durch Schmelzbildung und Differentiation in der Anfangsphase des Planeten Erde. Da Eisen eine größere Dichte hat als die anderen drei häufigsten Elemente der Erde (Sauerstoff, Silicium, Magnesium), fraktionierte der größte Teil des Eisens als Schmelze in dem Kern. Die Schmelz-

kurve von Eisen bei Drucken von mehreren 100 GPa ist heute noch nicht genau bekannt und deshalb Gegenstand der Forschung. An der Kern-Mantel-Grenze sind anhand von Experimenten bei hohen Drucken Temperaturen von 3700–4500°C gefordert worden, an der Grenze innerer/äußerer Kern Temperaturen von 4600–6100°C. Im inneren Kern ist der Druck so groß, daß auch die dort herrschenden Temperaturen von mindestens 4600°C nicht mehr ausreichen, um die Eisen-Nickel-Legierung im schmelzflüssigen Zustand zu halten. Die großen Unsicherheiten in der Temperaturbestimmung sind in der schwierigen Messung von solchen hohen Temperaturen zu suchen. Erzeugt werden diese Temperaturen in Experimenten von einem Laser, gleichzeitig werden die hohen Drucke von bis zu 200 GPa in einer sog. ↗ Diamantstempel-Zelle erzeugt.
Der obere Erdmantel stellt nach den Modellvorstellungen den verarmten Teil des Mantels dar, aus dem die Erdkruste differenziert ist. Der untere Mantel stellt nach diesem Modell den nicht fraktionierten Anteil des Mantels dar. Die Zusammensetzung des Mantel ist silicatisch. Die Hauptphasen sind Mischkristalle der Phasen Olivin, Orthopyroxen, Klinopyroxen und dazu noch Spinell und Granat.
Die Erdkruste wird wie beschrieben in eine ozeanische Erdkruste und eine kontinentale Kruste unterteilt. Die ozeanische Kruste wird kontinuierlich an den ozeanischen Rücken gebildet und ist das Produkt einer partiellen Schmelze des peridotitischen oberen Mantels. An den ↗ Subduktionszonen der Plattenrändern wird die ozeanische Kruste unter eine kontinentale oder eine ozeanische Kruste subduziert und damit wieder verbraucht. Die Lebensdauer dieser Kruste liegt bei ca. 200 Mio. Jahren. Die Zusammensetzung ist einheitlich von basaltischem tholeiitischen Chemismus. Die kontinentale Kruste kann in einen oberen und eine unteren Krustenabschnitt gegliedert werden. Die untere Erdkruste ist aus granulitfaziellen Gesteinen (Granulitfazies) aufgebaut, während die obere hauptsächlich aus granitischen Gesteinen besteht. [TK]
Literatur: [1] TURCOTTE, D.L., SCHUBERT, G. (1982): Geodynamics. – John Wiley & Sons. [2] SIEVER, R. (1985): Earth. – New York. [3] PHILPOTS, A.R. (1990): Principles of igneous and metamorphic Petrology. – Princeton University press. [4] LOWRIE, W. (1997): Fundamentals of Geophysics. – Cambridge University Press.

Schalenblende ↗ *Wurtzit*.
Schalenkreuzanemometer, häufig eingesetztes Gerät zur Messung der Windgeschwindigkeit. Es besteht aus drei oder vier zumeist halbkugelförmigen, einseitig offenen Schalen, die angetrieben vom Wind um eine vertikale Achse rotieren. Die Drehgeschwindigkeit des Schalenkreuzes und somit die Windgeschwindigkeit wird mit Hilfe einer Lochplatte und einer Lichtschranke bestimmt oder aus der Spannung eines mitlaufenden Wechselstromgenerators abgeleitet. Der Vorteil des Schalenkreuzanemometers besteht darin,

daß es nicht in die Windrichtung gedreht werden muß.

Schallabsorption, Verlust der Energie von ↗Schallwellen durch Umwandlung in Wärme.

Schallanemometer, Windmesser, bei dem die Laufzeit gemessen wird, welche Schallwellen in Abhängigkeit von der Windgeschwindigkeitskomponente parallel zur Meßstrecke und der ↗Schallgeschwindigkeit in ruhender Luft zum Durchlaufen der Meßstrecke benötigen. Die Schallgeschwindigkeit in ruhender Luft läßt sich aus der Lufttemperatur berechnen, so daß die Windgeschwindigkeit bestimmt werden kann. Werden drei zueinander senkrechte Meßstrecken verwendet, so können alle drei Windkomponenten gemessen werden.

Schallausbreitung, Schallwellen breiten sich in der Atmosphäre mit der effektiven ↗Schallgeschwindigkeit aus, die sich aus der temperaturabhängigen Schallgeschwindigkeit und der Windgeschwindigkeitskomponente senkrecht zur Wellenfront zusammensetzt. Räumliche Änderungen der effektiven Schallgeschwindigkeit führen zu Refraktionserscheinungen. Bei Zunahme der effektiven Schallgeschwindigkeit mit der Höhe werden Schallwellen in Mitwindrichtung (wegen der Windzunahme mit der Höhe, ↗logarithmisches Windgesetz) oder im Bereich von ↗Inversionen nach unten gebrochen und gegebenenfalls mehrfach am Boden reflektiert. In Gegenwindrichtung oder bei Temperaturabnahme mit der Höhe werden die Wellen nach oben gebrochen und es entstehen akustische Schattenzonen mit schlechter Hörbarkeit. Die Schallenergie wird in Abhängigkeit von der Lufttemperatur und der relativen Feuchte absorbiert, wovon insbesondere die hohen Frequenzen betroffen sind. Turbulenzen führen zur Streuung von Schallwellen, was bei der Meßtechnik mit ↗SODAR ausgenutzt wird. [DH]

Schallgeschwindigkeit, vom Medium abhängige Ausbreitungsgeschwindigkeit der ↗Schallwellen. In der Atmosphäre beträgt diese bei einer Lufttemperatur von 15°C etwa 340 m/s.

Schallkanal, Tiefenbereich minimaler Schallgeschwindigkeit im Ozean, in dem sich ↗Wasserschall über große Entfernungen ausbreitet.

Schallwelle, wellenförmige Dichte- bzw. Druckschwankung in der Luft, im Wasser oder im festen Medium mit Frequenzen im menschlichen Hörbereich zwischen 16 Hz und 20 kHz. Schallwellen sind Kompressionswellen, die auch bei tieferen Frequenzen als 16 Hz (↗Infraschall, z.B. Erdbebenwellen) und höheren Frequenzen als 20 kHz (↗Ultraschall) existieren. Je nach Medium unterscheidet man bei der Schallausbreitung zwischen Luftschall, ↗Wasserschall und Körperschall (in festen Medien). Die ↗Schallgeschwindigkeit (↗Phasengeschwindigkeit) hängt vom Medium ab und liegt z.B. bei 330 m/s in der unteren Atmosphäre und bei 1500 m/s im Wasser. Schallwellen sind im allgemeinen nicht dispersiv (↗Dispersion), d.h. die Schallgeschwindigkeit hängt nicht von der Frequenz ab.

Schalstein, nach ihrer schaligen Absonderung benannte, geschieferte und leicht metamorph überprägte Diabas- und Keratophyr-Tuffe und -Tuffite, die mit dem spät-mitteldevonischen bis früh-oberdevonischen Diabasvulkanismus im rechtsrheinischen Schiefergebirge verknüpft sind. Die ursprünglich als basaltische Gläser (Sideromelan) submarin abgelagerten Schalsteine können erhebliche Carbonatgehalte aufweisen. Sie treten in der Regel im Verbund mit ↗Diabasen (= Metabasalten), Kalksteinhorizonten und Roteisenerzen des Lahn-Dill-Typs auf. Wegen der großen Heterogenität in der Gesteinsentwicklung sollte der Begriff Schalstein nicht petrographisch, sondern nur als stratigraphische Sammelbezeichnung für den genannten Zeitraum verwendet werden.

Schaltsekunde, zur Angleichung von ↗UTC und ↗UT1 bei Bedarf am Ende eines Halbjahres eingefügte (oder weggelassene) Sekunde. Dafür verantwortlich zeichnet das ↗BIPM. Durch die Schaltsekunde wird gewährleistet, daß die beiden Zeitskalen um nie mehr als 0,9 s auseinanderlaufen. Die Entwicklung der letzten Jahre zeigt die Tabelle.

Jahr	Monat	Tag	TAI-UTC
1980	Januar	1	19s
1981	Juli	1	20s
1982	Juli	1	21s
1983	Juli	1	22s
1985	Juli	1	23s
1988	Januar	1	24s
1990	Januar	1	25s
1991	Januar	1	26s
1992	Juli	1	27s
1993	Juli	1	28s
1994	Juli	1	29s
1996	Januar	1	30s
1997	Juli	1	31s
1999	Januar	1	32s

Schaltsekunde (Tab.): Übersicht der Entwicklung der Schaltsekunden während der letzten Jahre.

Schappe, ↗Bohrwerkzeug zur Gewinnung gestörter Bodenproben. Bei der Drehbohrung (↗Drehbohrverfahren) ist die Schappe an einem Drehbohrgerät befestigt und wird mit Druck in die Bohrsohle gedreht. Die geschlossene Schappe wird für Mischböden aus Sand und Lehm oder Ton, weicheren Lehm und Ton und für Moorböden verwendet. Die offene Schappe wird bei festem Lehm und Ton sowie für Mergel verwendet (Abb.). Bei der ↗Schlagbohrung wird eine Schlagschappe an einem Seil oder Schwergestänge durch wiederholtes Fallenlassen in den Boden getrieben. Sie wird zur Gewinnung von Ton- und Schluffproben unterhalb des Grundwasserspiegels eingesetzt.

Schardeich, Schaardeich, ↗Deich ohne Vorland, dessen Außenböschung direkt in die Uferböschung bzw. bei Seedeichen in das Watt übergeht.

Schären, kleine Felsinseln vor den skandinavischen Küsten, die aus einer glazial gebildeten und postglazial teilweise überfluteten Rundhöckerlandschaft entstanden sind.

Schärenküste, Küstentyp, der insbesondere vor Skandinavien vorkommt und sich durch eine

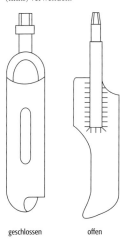

Schappe: Zur Gewinnung von Bodenproben kann man in festen Böden offene Schappen (rechts) und zur Vermeidung von Probenverlust in weichen Böden geschlossene Schappen (links) verwenden.

geschlossen   offen

Schärenküste: schematische Darstellung.

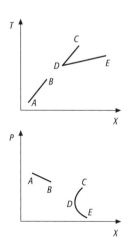

Schattenzone: schematische Laufzeitkurve (links) und Verlauf des Strahlparameters p als Funktion der Entfernung (rechts) für eine Niedriggeschwindigkeitszone.

Scheffer, *Fritz*

Vielzahl aus dem Wasser ragender, kleiner Felsinseln (↗Schären) auszeichnet (Abb.). Der Schärenküste eng verwandt ist die ↗Fjärdenküste.

Scharung, das enge Zusammentreffen von ↗Höhenlinien an einer Reliefform. Die Scharung wird erreicht durch eine kleinstmögliche ↗Äquidistanz. Sie kann unter Beachtung des ↗Maßstabes und der ↗Geländeneigung ermittelt werden. Die Scharungswirkung tritt auf, wo Höhenlinien mit gleichem oder fließend veränderlichem Abstand formverwandte (konforme) Linienscharen bilden. Sie führt zu einem das Reliefverständnis erleichternden Scharungsbild.

Schattenläufer ↗*Skiodromen.*

Schattenpflanzen, Pflanzen, die im Gegensatz zu den ↗Heliophyten auf einen niedrigen Lichtgenuß eingestellt sind. Man unterscheidet obligatorische Schattenpflanzen, die nur im Schatten gedeihen, von den fakultativen Schattenpflanzen, die auch im vollen Sonnenlicht wachsen, hier aber eine Sonnenform ausbilden. Die Schattenpflanzen sind an die schlechten Lichtbedingungen morphologisch und physiologisch angepaßt: Die Blätter stellen sich senkrecht zum Lichteinfall und sind dünner und großflächiger, was den Gasaustausch erleichtert. Kutikula und Festigungsgewebe sind schwächer entwickelt, die Chlorophyllmenge in den Zellen ist erhöht und die Lichtsättigung der ↗Photosynthese wird früher erreicht. Das Wachstum wird auch vom hohen CO_2-Gehalt der bodennahen Luftschicht gefördert. Die untere Existenzgrenze für Gefäßpflanzen dürfte bei 1–2 % der vollen Strahlungsmenge liegen, Moose und Flechten können noch Minimalwerte von 0,5 % tolerieren. [DR]

Schattenplastik, der durch schräge Beleuchtung modulierter, bewegter Flächen entstehende körperliche Eindruck realer oder graphisch gestalteter Geländebilder. Er entsteht auf natürlichen unbewaldeten Reliefformen bei tiefstehender Sonne und findet sich dann auf photographischen Aufnahmen als schattenplastischer Effekt. In gleicher Weise läßt sich Schattenplastik an schräg beleuchteten Reliefmodellen erzielen und photographisch fixieren. Solche Aufnahmen können als schattenplastische Reliefdarstellung in Karten benutzt werden. Schattenplastik kann auch manuell auf der Grundlage von Höhenlinien mittels ↗Reliefschummerung dargestellt werden. Mit digitalen Höhenmodellen können die mathematisch gesetzmäßigen Helldunkelabstufungen auch programmiert und rechnergestützt erzeugt werden.

Schattenzone, Gebiet an der Erdoberfläche, das von seismischen Wellen nicht erreicht wird. Grund hierfür sind Zonen im Erdinnern, wo die ↗seismischen Geschwindigkeiten mit der Tiefe in ↗Niedriggeschwindigkeitszonen abnehmen. Dadurch werden seismische Wellen vom Lot weg gebrochen, und es entsteht eine Lücke in der Laufzeitkurve (Abb.) zwischen B und D. Der Strahlparameter ist keine monoton fallende Funktion der Herdentfernung mehr, so daß sich das ↗Herglotz-Wiechert-Verfahren zur Bestimmung der Geschwindigkeits-Tiefen-Verteilung nicht durchführen läßt. Eine ausgeprägte Schattenzone für P-Wellen wird zwischen 100° und 142° Herdentfernung durch den äußeren Kern verursacht.

Schattlagen, Hang- oder Wandbereiche, die expositionsbedingt während langer Zeitspannen des Tages oder permanent im Schatten liegen.

Schauer, kurze Zeit andauernder Niederschlag, oft mit erheblicher Intensitätsschwankung, der aus einer Cumulonimbus- oder Cumulus mediocris-Wolke fällt. Bei flüssigem Niederschlag handelt es sich um *Regenschauer,* bei festem ↗Schneeschauer, Graupelschauer oder Hagelschauer. ↗Wolkenklassifikation, ↗Wolkenarten.

Schaumaufbereitung ↗*Flotation.*

Schaumböden, typisch für feinkörnige, stark austrocknende Oberbodenhorizonte in Trockengebieten. Das spezielle Gefüge (vesicular structure) entsteht durch den hohen Bodenluftanteil, der, besonders bei Starkniederschlägen, der Infiltration entgegenwirkt. Die Luft kann nicht entweichen und wird als feine Bläschen in den oberen cm eingeschlossen. Der größte Teil des Niederschlages läuft so in Form von Oberflächenabfluß ab und es kommt zur ↗Erosion. ↗Deflation.

Scheelit ↗*Wolframminerale.*

Scheffer, *Fritz,* deutscher Bodenkundler und Agrikulturchemiker, * 20.3.1899 Haldorf (Hessen), † 1.7.1977 Göttingen; 1936–1945 Professor in Jena, 1945–1967 in Göttingen; Scheffer betrieb Forschungen zur ↗Bodenfruchtbarkeit und zum Humushaushalt von Ackerböden. Seine bahnbrechenden Lehrbücher der »Ackerbaulehre« (1933, mit Theodor Roemer), der »Bodenkunde« (1937, ab 1952 mit Paul ↗Schachtschabel), der »Pflanzenernährung« (1938, mit Erwin Welte) und der Humuskunde (1941, mit Bernhard Ulrich) haben das bodenkundliche Denken seiner Zeit entscheidend geprägt. Scheffer war langjähriger Präsident der Deutschen Bodenkundlichen Gesellschaft. Er erhielt die Ehrendoktorwürde in Jena.

Scheibendynamo, das Prinzip eines selbsterregenden Dynamos kann durch eine rotierende Metallscheibe in einem magnetischen Feld veranschaulicht werden. Durch die Rotationsbewegung der elektrisch leitenden Scheibe werden Lorentzströme erzeugt: $J = \sigma (v \cdot B)$ mit σ = elektrische Leitfähigkeit, v = lokale Geschwindigkeit der rotierenden Scheibe und B = Magnetfeld. Diese Ströme werden durch einen Schleifkontakt am Rande der Scheibe abgeleitet und durch eine um die Rotationsachse symmetrische Spule ge-

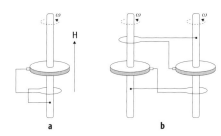

Scheibendynamo: Prinzipbilder des unipolaren (a) und bipolaren (b) Scheibendynamos.

leitet. Hiermit wird das Magnetfeld erzeugt, das durch die rotierende Scheibe greift und die Lorentzströme erzeugt. Das Prinzip dieses selbsterregenden Dynamos ist die Umwandlung von mechanischer Energie (Rotation der Scheibe) in magnetische Energie. Durch eine geschickte elektrisch-magnetische Kopplung zweier rotierender Scheiben kann auch die ↗Selbstumkehr der Magnetisierung, d. h. die Vertauschung von Nord- und Südpol des Magnetfeldes erzeugt werden (Abb.). [VH, WWe]

scheinbare Helligkeit eines Gestirns, empfangene Strahlungsleistung pro Fläche (l) von einem astronomischen Objekt, üblicherweise charakterisiert durch eine Größenklasse m (Magnitude). Die Größenklassen sind ein logarithmisches Maß und hängen mit den scheinbaren Helligkeiten über:

$$\frac{l_m}{l_n} = 10^{(2/5)(n-m)}$$

zusammen. Die Kalibrierung wird mit einem geeigneten Referenzstern (αUMi mit $m_v = 2$) vorgenommen. Damit wird:

$$l_m = 10^{-2m/5} \, 2{,}52 \cdot 10^{-5} \, \frac{\text{erg}}{\text{cm}^2 \text{sec}}.$$

scheinbare Kohäsion ↗Kohäsion.
scheinbare Ortszeit, *wahre Ortszeit,* am aktuellen Sonnenstand orientierte Zeitmessung für einen bestimmten Ort. Sie variiert mit der tatsächlichen Umlaufbewegung der Erde um die Sonne und mit der tatsächlichen ↗Rotation der Erde. Eine ↗Sonnenuhr zeigt beispielsweise die wahre Ortszeit an.
scheinbarer Scherparameter ↗Scherfestigkeitsparameter.
scheinbarer spezifischer Widerstand, der ↗spezifische Widerstand, der sich bei einer geoelektrischen oder elektromagnetischen Sondierung ergibt, wenn die Widerstandsverteilung im Untergrund von der eines homogenen Halbraums abweicht. In den ↗geoelektrischen Verfahren wird der scheinbare spezische Widerstand als Funktion der Auslagenweite der Stromelektroden, in der ↗Magnetotellurik als Funktion der Periodendauer und in der ↗Transienten-Elektromagnetik als Funktion der Abklingzeit für frühe und späte Zeiten dargestellt.
scheinbare Sonnenbahn ↗Erde.
scheinbare Sonnenzeit, entspricht der ↗scheinbaren Ortszeit für den Ort ↗Greenwich.

scheinbare Sternzeit, *wahre Sternzeit,* berücksichtigt im Gegensatz zur ↗mittleren Sternzeit die Unregelmässigkeiten in der Rotation der Erde (↗Nutation).
scheinbare Wellenlänge, in der Geophysik bei der Beobachtung von Wellen mit einer Auslage, die den Winkel θ mit der Wellenfront einschließt, bestimmt man nicht die wahre Wellenlänge λ, sondern nur eine scheinbare Wellenlänge λ_S. Zwischen beiden besteht die Beziehung: $\lambda_S = \lambda/\sin\theta$.
Scheingeschwindigkeit, bei der Beobachtung von Wellen mit einer Auslage, die den Winkel θ mit der Wellenfront einschließt, bestimmt man aus der Steigung der Laufzeitkurve dT/dX bzw. $\Delta T/\Delta X$ nicht die wahre Ausbreitungsgeschwindigkeit V, sondern nur eine Scheingeschwindigkeit VS, wobei $V_S \geq V$. Zwischen beiden besteht die Beziehung $V_S = V/\sin\theta$ (↗scheinbare Wellenlänge).
Scheinkräfte, Kräfte, die dadurch in der ↗Bewegungsgleichung auftreten, daß diese in ein beschleunigtes Bezugssystem transformiert wird (z. B. die rotierende Erde). Beispiel sind die ↗Corioliskraft und die ↗Zentrifugalkraft.
Scheinsymmetrie ↗Pseudosymmetrie.
Scheitel ↗Falte.
Scheitelpunkt ↗unterer Kulminationspunkt.
Scheiteltiefe, maximale Tiefe, die ein seismischer ↗Wellenstrahl erreicht (↗Herglotz-Wiechert-Verfahren).
Schelf, *Kontinentalschelf, Kontinentalsockel,* zur Kontinentalplattform gehörender, die Küsten der Kontinente mit sehr unterschiedlicher Breite (74 km im weltweiten Durchschnitt) begleitender, von der Küstenlinie sanft zum ↗Kontinentalhang abfallender Bereich des Meeres, dessen Tiefe von 0 m bis etwa -200 m reicht; lag infolge der quartären Meeresspiegelschwankungen während des ↗Pleistozäns mehrfach teilweise trocken.
Schelfeis, *Eisschelf,* schwimmende Eisplatte von großflächigen Ausmaßen und mindestens 2 m Höhe über dem Meeresspiegel, die von einem Inlandeis (↗Eisschild), ↗Gletscher oder Eisstrom gespeist wird und Masse durch Abschmelzen an der Ober- bzw. Unterseite sowie Kalben von Tafeleisbergen (↗Eisberg) verliert (Abb. im Farbtafelteil). Filchner-Ronne- und Ross-Schelfeis in der Antarktis haben mit jeweils etwa $0{,}5 \cdot 10^6 \, \text{km}^2$ die weltweit größten Ausmaße. Während Schelfeis gewöhnlich aus meteorischem Eis besteht, kann es auch zu einem Anfrieren von in der Wassersäule gebildetem Eis, so z. B. unter dem Filchner-Ronne-Schelfeis, kommen.
Schelfeisrand ↗Eisbarriere.
Schelfkante, Abbruch des ↗Schelfs zum wesentlich steileren ↗Kontinentalhang.
Schelfmeer, Meeresgebiet über dem Kontinentalsockel mit Wassertiefen unter 200 m.
Schenck, *Peter (Pieter, Petrus),* Kupferstecher, Kunst- und Kartenverleger, * 1660 Elberfeld, † 1718/19 Amsterdam. Als Schüler von Gerard Valck (ca. 1650–1726), der 1673 die erhaltenen Kupferplatten der Firma ↗Blaeu angekauft hatte, übernahm er auch Platten von J. Janssonius und N. Visscher. Schenk und Valck gaben in Kooperation Landkarten und zahlreiche Kunstblätter

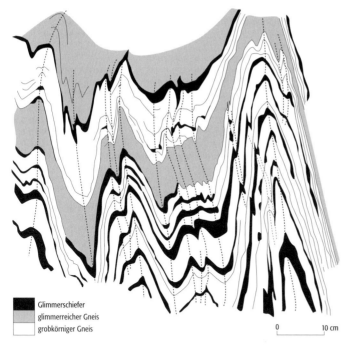

Scherfalte: Scherfalten in Metamorphiten in den Schweizer Alpen.

Scherfaltung: schematische Darstellung einer Scherfaltung.

Scherfestigkeitsparameter: graphische Darstellung der Scherparameter c = Kohäsion und φ = Reibungswinkel (τ = Scherfestigkeit, σ_n = Normalspannung).

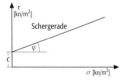

heraus. 1687 heiratete P. Schenk die Schwester seines Lehrers G. Valck; dessen Sohn Leonardus Valck (1675–1750) heiratete eine Tochter seines Compagnons P. Schenk. P. Schenk bereiste wiederholt Deutschland, besuchte von 1700 bis 1711 regelmäßig die Leipziger Messe und wurde vom sächsischen Kurfürsten Friedrich August I. zum Hofgraveur ernannt. Seine in Leipzig eingerichtete Niederlassung wurde von seinem Sohn weitergeführt. Schenk war ein vielseitiger Künstler, der vor allem Porträts schuf. Seit 1695 stach er auch eigene Landkarten, insgesamt 70 Stück. In weit größerer Zahl (ca. 700), haben Schenk und Valck von den aufgekauften Platten nachgedruckt. Sein erster eigener »Atlas Contractus sive mapparum geographicarum Sansoniarum auctarum et correctarum Nova Congeris« erschien zwischen 1695 und 1705. Bereits 1702 verlegte er eine Sammlung von Plänen und Ansichten von Städten. Zum »Atlantis sylloge compendiosa ...«, der seit 1709 in 26, später in 50 und schließlich in 100 Karten erschien, hat er viele Karten selbst graviert. Peter (II) Schenk (1698–1775) erlernte bei seinem Vater den Kupferstich und setzte die Zusammenarbeit mit G. Valck fort, betätigte sich aber auch als Buchhändler. Mit 36 von ihm gestochenen Karten erschien 1735 »Le Flambeau de la guerre«. Seit 1752 gab er den »Neuen Sächsischen Atlas, enthaltend die sieben Kreise des Kuhrfürstenthums Sachsen, ... die Marggrafschaft Ober- und Niederlausitz ...« nach Kopien der handgezeichneten Ämterkarten von A. F. Zürner (1679–1742) heraus, von seinen Nachfahren bis 1810 unter dem Titel »Atlas von Sachsen, dessen Kreisse, die Ober- und Nieder-Lausitz und Henneberg in XLVIII« veröffentlicht. [WSt]

Scherbenkarst, von Frostwechseln geprägter ↗Karsttyp, dessen ↗Karstformen (↗Karren) durch ↗Frostsprengung angegriffen werden. Es entsteht scharfkantiger ↗Scherbenschutt.

Scherbenschutt, grober scharfkantiger Schutt, der als ↗Solifluktionsschutt oder im ↗Scherbenkarst auftritt.

Scherbrüche ↗Klüfte.

Scherfalte, ↗Falte, die durch Scherung im Winkel zu einem schon früher angelegten Lagenbau entsteht (↗Scherfaltung). Die Mächtigkeit der Lagen ist parallel zur Scherrichtung konstant. Scherfalten entstehen vor allem in höhergradigen Metamorphiten (Abb.).

Scherfaltung, Faltung durch ↗Scherung eines Gesteins im Winkel zu einem schon bestehenden Lagenbau (Schichtung oder Foliation). Der Lagenbau ist dabei mechanisch nicht wirksam. ↗Scherfalten entstehen nur bei wechselnd starker (nicht affiner) Scherung (Abb.).

Scherfestigkeit, spröde ↗Bruchfestigkeit; Scherfestigkeit ist neben der duktilen Fließfestigkeit eine der beiden Formen der ↗Festigkeit. Sie kann weiterhin unterteilt werden in Druckfestigkeit und Zugfestigkeit.

Scherfestigkeitsparameter, beschreiben den Bruchzustand und bilden die Grundlage für die Untersuchung aller Stabilitätsprobleme (Standsicherheitsuntersuchung). Die ↗Scherfestigkeit τ setzt sich aus zwei Komponenten zusammen, der ↗Kohäsion und der Reibung $R = \sigma\tan\varphi$. Nach Mohr/Coulomb (↗Mohrscher Spannungskreis) besteht folgender Zusammenhang:

$$\tau = c + \sigma \cdot \tan\varphi$$

mit τ = Scherfestigkeit, c = Kohäsion, σ = gesamte Normalspannung, φ = ↗Reibungswinkel. Die charakteristischen Konstanten c und φ sind die sogenannten Scherparameter. Beide Konstanten werden im Versuch ermittelt (↗Scherversuche): a) Die *effektiven (wirksamen) Scherparameter* c' und φ' werden anhand des drainierten Versuchs bzw. des konsolidierten, undränierten Scherversuchs (CU-Versuch) ermittelt. Diese Werte dienen der Berechnung der Endstandsicherheit von Bauwerken. b) Die *scheinbaren Scherparameter* c_u und φ_u werden anhand des unkonsolidierten, undränierten Scherversuchs (UU-Versuch) ermittelt. Sie dienen der Berechnung der Anfangsstandsicherheit von Bauwerken. Die im Versuch ermittelten Werte gelten für kleine Proben im Labor. Aufgrund von Inhomogenitäten des Untergrundes im Gelände müssen die ermittelten Werte zur Sicherheit abgemindert werden. [ERu]

Scherfläche, 1) *Geologie:* durch Scherung entstandene Fläche, die meist in parallelen Flächenscharen auftritt. Je nach der Anzahl der auftretenden Scherflächen spricht man von ein-, zwei- oder mehrschariger Scherung. Bei zwei- oder mehrschariger Scherung ergibt sich je nach Intensität der Ausbildung gleichscharige oder ungleichscharige Scherung. **2)** *Glaziologie:* an der Gletscheroberfläche in Form von Rissen erscheinende Verschiebungsflächen im Gletschereis, an denen sich höher gelegenes Eis über durch Bodenreibung stärker gebremstes Eis hinwegschiebt, meist mit Verschiebungsbeträgen im Zentimeterbereich. Sind Scherflächen fugenartig erweitert, wird von *Schubflächen* gesprochen.

Scherhag, *Richard Theodor Anton*, deutscher Meteorologe, * 29.9.1907 Düsseldorf, † 31.8.1970 Westerland; 1945–52 Direktor der Abteilung Synoptik im Zentralamt für Wetterdienst; seit 1952 Professor und Direktor des Instituts für Meteorologie und Geophysik an der Freien Universität in Berlin; entdeckte das ↗Berliner Phänomen der Stratosphärenerwärmung, entwickelte Verfahren und Karten der ↗Wettervorhersage (Scherhag-Divergenzregeln). Werke (Auswahl): »Neue Methoden der Wetteranalyse und Wetterprognose« (1948), »Über die Luftdruck-, Temperatur- und Windschwankungen in der Stratosphäre« (1959).

Scherling, allseitig durch Störungen (Scherflächen) begrenzter Gesteinskörper. ↗Duplex-Struktur.

Schermodul, *Scherungsmodul, Schubmodul, G-Modul,* beschreibt bei elastischer Scherung fester isotroper Körper das Verhältnis zwischen der Scher-/Schubspannung τ (Verhältnis Tangentialkraft K zur Fläche F) und dem Scher-/Schubwinkel α: $G = \tau/\alpha$. ↗elastische Eigenschaften.

Scherspannung, *Schubspannung,* die Komponente des Spannungstensors, die parallel zu einer Fläche wirkt (↗Spannung).

Scherung, **1)** *Geologie*: eine Deformation, bei welcher benachbarte Teile eines Körpers parallel zur Kontaktfläche aneinander vorbeigleiten. Man kann zwei Extremfälle unterscheiden (Abb.): *einfache Scherung (simple shear)* und *reine Scherung (pure shear)*. Bei einfacher Scherung als Extremfall der nichtkoaxialen Verformung sind die Bewegungspfade der Teilchen parallel zueinander angeordnet und die Relativbewegungen im verformten Körper erfolgen an engständigen, zueinander parallelen Scherflächen; die Achsen *X* und *Z* des ↗Verformungsellipsoides rotieren bei zunehmender Verformung in Richtung der Scherflächen (rotationale Verformung). Reine Scherung als Idealfall koaxialer Verformung bedeutet, daß die Bewegungspfade der Teilchen bei zunehmender Verformung ihre Richtung ändern und sich symmetrisch den Hauptachsen des Verformungsellipsoides nähern. Die Hauptachsen des Verformungsellipsoides bleiben in ihrer Orientierung während der Deformation konstant (nichtrotationale Verformung). ↗Seitenverschiebungen. **2)** *Klimatologie*: *Windscherung,* die räumliche Änderung der Windgeschwindigkeit senkrecht zu ihrer Richtung. In der Meteorologie unterscheidet man zwischen vertikaler Windscherung und horizontaler Windscherung.

Scherungsinstabilität, Instabilität in einer Strömung, welche durch die ↗Scherung des Grundstromes verursacht wird. Jedoch führt nicht jede Scherung zu einer Instabilität. Vielmehr müssen spezielle Kriterien dafür erfüllt sein, wie z. B. das Vorhandensein einer extremen Scherung. Ein Beispiel hierfür ist die ↗Kelvin-Helmholtz-Instabilität.

Scherungsturbulenz, ↗Turbulenz in einer Strömung, die durch horizontale oder vertikale ↗Scherung des Geschwindigkeitsfeldes verursacht wird. In der Atmosphäre tritt diese besonders im Bereich der ↗atmosphärischen Grenzschicht auf.

Scherversuche, Versuche zur Bestimmung der ↗Scherfestigkeitsparameter. Entlang einer erzwungenen Scherfläche wird eine Probe abgeschert und die dazu benötigte Spannung gemessen. Aus dieser können dann die Scherfestigkeitsparameter ermittelt werden. Zu den Scherversuchen werden folgende Versuche gezählt: ↗Rahmenscherversuch, ↗Triaxialversuch, einaxialer Druckversuch, ↗Flügelsondierung.

Scherwelle ↗S-Welle.

Scherzone, Zone meist großer Längs- und Tiefenerstreckung, aber vergleichsweise geringer Mächtigkeit, die durch überwiegend duktile tektonische Beanspruchung charakterisiert ist. In einem System von zahlreichen untereinander verbundenen tektonischen Trennflächen, die parallel oder subparallel zur ↗Scherung verlaufen, kann es zur Bildung von Erzkörpern kommen. Nach Platznahme des Erzes durch Eindringen der Lösungen an diesen Trennflächen und/oder ↗Verdrängung des frakturierten Gesteins entstehen entweder massive gangförmige Erzkörper oder unregelmäßige linsenartige Massen von disseminiertem Erz. Scherzonen sind ↗Metallotekte für viele epigenetische Lagerstättentypen, da ihre hohe ↗Permeabilität das für Lagerstättenbildungsprozesse notwendige Zirkulieren von Lösungen und damit nachhaltigen Stofftransport ermöglicht.

Scheuchzer, *Johann Jakob,* Schweizer Biologe, * 2.8.1672 Zürich, † 23.6.1733 Zürich; wirkte als Stadtarzt und Professor in Zürich und machte sich um die systematische naturgeschichtliche Erforschung der Schweiz verdient. Sein »Herbarium diluvianum« (1709) ist eines der ersten Bücher mit Abbildungen fossiler Pflanzen. Scheuchzer gilt daher als Mitbegründer der Paläobotanik. Er war ein Verfechter der »Sintfluttheorie«: Er hielt den fossilen Schwanzlurch *Andrias scheuchzeri* (erst 1811 von G. de ↗Cuvier als solcher erkannt) für Reste der vorsintflutlichen Menschen und beschrieb 1726 das fossile Skelett des Riesensalamanders als »homo diluvii testis«. Nach ihm ist die Pflanzengattung *Scheuchzeria* (Blasen- oder Blumenbinse) benannt.

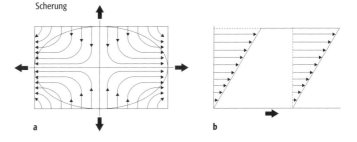

Scherung: a) reine Scherung, b) einfache Scherung. Die Pfeile deuten die Partikelpfade an.

Schichtenprinzip des Geoökosystems: unterschiedliche vertikale Ausprägung der Geokomponenten.

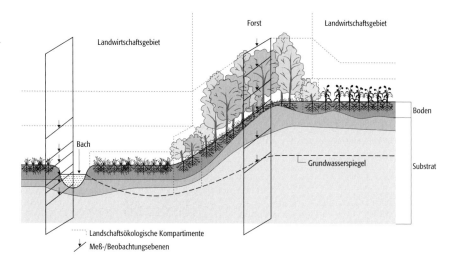

Scheumann, *Karl Herrmann,* deutscher Mineraloge, * 28.2.1881 Metz, † 28.4.1964 Bad Hersfeld; 1925–1951 Professor in Gießen, Berlin, Leipzig und Bonn; unternahm bedeutende petrographische Detailuntersuchungen zur tektonischen Analyse von granulitischen Gesteinsstrukturen und der Mineralparagenesen; berühmter Kritiker des Gleichgewichtsprinzips der Mineralfazies nach P. ↗Eskola.

Schicht, 1) Ergebnis eines Sedimentationsaktes mit eigenen Struktur- und Materialeigenschaften. Diese heben sie von unter- sowie überlagernden Schichten ab. *Schichtung,* die Aufeinanderfolge von Schichten, ist das charakteristische Kennzeichen von Sedimentgesteinen. Eine Schicht wird durch eine Ober- und Unterfläche, die *Schichtflächen,* begrenzt. Die obere Grenzfläche einer Schicht wird auch als Dachfläche, die untere als Sohlfläche bezeichnet. 2) *Bank, Horizont,* kleinste Einheit der ↗Lithostratigraphie.

Schichtbelegung, wird als Modell für potentialerzeugende Massenbelegungen benutzt. Schichtbelegungen haben eine wichtige Bedeutung in der ↗Potentialtheorie, insbesondere bei der Lösung von Randwertaufgaben der Potentialtheorie (↗Greensche Integralformeln). Beim Modell der einfachen Schicht geht man von der Vorstellung aus, daß die anziehenden Massen in einer, stückweise glatten, geschlossenen Fläche σ im Raum verteilt sind, deren Dicke verschwindet. Ist $\vec{n}$ der Einheitsvektor der nach außen gerichteten Flächennormale, ϱ_s die Flächendichte und $l(\vec{x}, \vec{x}')$ der Abstand zwischen ↗Aufpunkt und (auf σ liegendem) ↗Quellpunkt, so lautet das Potential einer einfachen Schicht (Flächenpotential):

$$V(\vec{x}) = G \iint_\sigma \frac{\varrho_s(\vec{x}')}{l(\vec{x}, \vec{x}')} d\sigma.$$

Beim Modell der Doppelschicht geht man von einem in Richtung der Flächennormale $\vec{n}$ angeordneten Dipol aus, wobei der Abstand der entgegengesetzt geladenen, gleich großen Massenelemente gegen Null, die Masse selber gegen unendlich geht, so daß das Dipolmoment konstant bleibt. Mit der Dichte der Doppelschicht bzw. Dipoldichte ϱ_D erhält man das Potential einer Doppelschicht (Dipolpotential) zu:

$$V(\vec{x}) = G \iint_\sigma \varrho_D(\vec{x}') \frac{\partial}{\partial \vec{n}} \left(\frac{1}{l(\vec{x}, \vec{x}')} \right) d\sigma.$$

[MSc]

Schichtdicke, vertikale Erstreckung einer Schicht (z. B. der Atmosphäre, einer geologischen Schicht), die durch gewisse Eigenschaften, z. B. Isothermie, charakterisiert wird.

Schichtenprinzip des Geoökosystems, ein methodisches Grundprinzip der landschaftsökologischen ↗Komplexanalyse bei der Erforschung des ↗Geoökosystems. Das Schichtenprinzip des Geoökosystems besagt, daß die stoffliche Zusammensetzung der ↗Landschaft aus abiotischen und biotischen Komponenten einer in den Grundzügen vertikalen geordneten Strukturierung folgt. Landschaften sind demzufolge Raumgebilde mit einer jeweils charakteristischen Vertikalstruktur. Die Geokomponenten ↗Geländeklima, ↗Vegetation und Tierwelt, Relief und Oberflächengewässer, Boden mit ↗Edaphon, Bodenwasserhaushalt sowie oberflächennahes Gestein (Substrat) mit Grundwasser sind bei einer theoretisch-abstrahierten Betrachtung des Geoökosystems regelhaft vertikal angeordnet, d. h. sie weisen einen deutlichen Schichtbau auf (Abb.). Basierend auf diesen Vorkenntnissen über die Grundstruktur der Landschaft erfolgt die Modellierung des Geoökosystems. Es lassen sich daraus erste Meß- und Beobachtungsmethodiken erstellen, die dann im Feld auf die reale Situation angepaßt werden müssen. Diese aus den Geokomponenten bestehenden einzelnen Schichten des ↗Geokomplexes sind nicht scharf gegeneinander abgegrenzt, sondern die eine greift mehr oder weniger intensiv in die andere hinein (z. B. Vegetation mit Wurzeln in den Bodenkörper) oder durchdringt sich sogar vollständig, z. B. im Falle des Bodenwassers ↗Pedosphäre und ↗Hydrosphäre. Die einzelnen Geokomponenten wiederum sind durch ihre vielfältigen Eigenschaften selber so komplex strukturiert, daß sie als ↗Partialkomplexe bezeichnet und separat untersucht werden können. Als zusätzliche Schicht kann auch der Mensch, der immer intensiver in den Naturhaushalt eingreift, als Komponente in diese vertikale Struktur miteinbezogen werden. U. a. mit Hilfe der unterschiedlichen Vertikalstrukturen der Landschaften werden in der ↗naturräumlichen Gliederung die Raumeinheiten abgegrenzt. [SR]

Schichtfläche ↗Schicht.

Schichtflut, auf der Geländeoberfläche schichtartig auftretender und diese flächig bedeckender ↗Oberflächenabfluß, der demgemäß in der Fläche abtragend wirksam werden kann (↗fluviale Erosion, ↗Spüldenudation).

Schichtfugenhöhle, ↗Höhle in Karstgebieten (↗Karst), die an den Schichtgrenzen gleichartiger Gesteine durch ↗Korrosion entstanden ist.

schichtgebundene Erze, *stratabound ore*, Erze, die sowohl diskordant (↗Diskordanz) als auch konkordant (↗Konkordanz) in einem bestimmten stratigraphischen Teilbereich vorkommen. ↗stratabound.

Schichtgefüge, Form des ↗Aggregatgefüges mit geogener Entstehung. Die geschichtete Lagerung von unterschiedlichen Substraten oder Ausgangsmaterialien kann deutlich sichtbare Schichtgrenzen erzeugen, die zu einem Absonderungsgefüge mit überwiegend horizontaler Orientierung führt; grundsätzlich zu unterscheiden vom ↗Plattengefüge.

Schichtgeschwindigkeit ↗Intervallgeschwindigkeit.

Schichtgitter, veraltete Sprechweise für Schichtstruktur. ↗Kristallstruktur.

Schichtglied ↗*member*.

Schichtkamm, entsteht bei der Abtragung von relativ steil einfallenden Schichten unterschiedlicher Härte durch das kammartige Herauspräparieren der resistenteren Schicht. Ein Schichtkamm besitzt einen relativ steilen ↗Stirnhang, der entgegen dem Einfallen der Schichten exponiert ist, und einen flacheren ↗Rückhang, der in Richtung des Schichtfallens abdacht (Abb.). Dieser Gegensatz im Gefälle wird mit steilerem Einfallen der Schichten geringer und entfällt bei extrem steilem oder senkrechtem Einfallen. In diesen Fällen spricht man von *Schichtrippen*. Ist der Schichtbau gefaltet und weist Antiklinalen und Synklinalen (↗Falte) auf, so entsteht bei einem fortgeschrittenen Zustand der Abtragung eine ↗Schichtkammlandschaft.

Schichtkammlandschaft, Landschaft, bestehend aus unterschiedlich resistenten, gefalteten Schichten, was zur Bildung einer Abfolge von mehreren ↗Schichtkämmen führt (Abb. im Farbtafelteil). Dem Schichteinfall entsprechend weisen die steileren ↗Stirnhänge bei den Antiklinalen (↗Falte) nach innen, bei den Synklinalen nach außen. Dort, wo Faltenachsen an der Oberfläche ausbeißen bzw. von ihr abtauchen, ent-

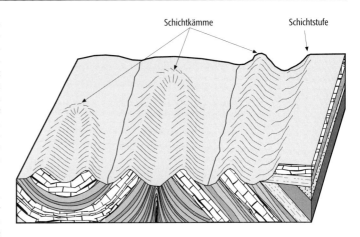

steht ein Zickzackmuster umlaufender Schichtkämme. Diese Merkmale lassen bei der Interpretation von Karten und Luftbildern eindeutige Rückschlüsse auf die Struktur des Untergrundes zu. Bei einer gleichsinnigen (isoklinalen) Kippung der Schichten entstehen parallel laufende Schichtkämme (*Monoklinalkämme*), deren Stirn- bzw. ↗Rückhänge übereinstimmende Exposition aufweisen. Auf den Rückhängen der Schichtkämme sind, bei wechselnder Resistenz innerhalb des kammbildenden Gesteins, kleinere Rampenstufen ausgebildet, die bei beginnender linearer Zerschneidung des Rückhanges einen typischen Grundriß aufweisen und als ↗Flatirons bezeichnet werden. Mit flacher werdendem Einfallen der Schichten nähert sich die Form des Schichtkammes derjenigen der ↗Schichtstufe an. Eine scharf definierte Grenze gibt es dabei nicht, sie wird jedoch in der Regel bei ungefähr 10° angesetzt. Der Stirnhang wird zur Stufenstirn, der flachere Rückhang ist als Stufenfläche bzw. ↗Landterrasse ausgebildet. Als widerständige Kammbildner treten vor allem ↗Carbonate, ↗Sandsteine, ↗Konglomerate und ↗Quarzite auf. Schichtkammlandschaften sind am Rande größerer Gebirgsmassive weit verbreitet, wo eine Faltung ohne Überkippung (↗inverse Lagerung) oder auch nur eine Schrägstellung der Sedimente stattgefunden hat. Auch die ↗Salztektonik verursacht Strukturen, deren Abtragung zur Bildung von Schichtkammlandschaften führt, wie dies z. B. im Niedersächsischen Bergland der Fall ist. Klassische Schichtkammlandschaften haben sich in Teilen der Appalachen (↗Appalachisches Relief) in Nordamerika und am Südrand des Anti-Atlas in Nordafrika entwickelt. [WA]

Schichtkopf, herauspräparierter ↗Ausbiß einer Schicht an der Oberfläche.

Schichtladung, die bei Tonmineralen auftretende Ladung der Zwischenschichten.

Schichtlagerungskarte ↗Streichkurvenkarte.

Schichtlücke ↗*Hiatus*.

Schichtogive ↗Ogiven.

Schichtquelle, Grundwasseraustritt aufgrund des Ausstreichens einer undurchlässigen Schicht, über der sich ein Grundwasserleiter befindet; häufig entstehen dabei ↗Quellenlinien.

Schichtkamm: Bildung von Schichtkämmen und einer Schichtstufe in Abhängigkeit von der Struktur des Untergrundes.

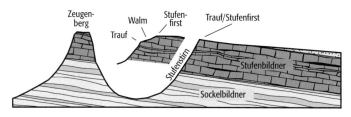

Schichtstufe 1: Schichtstufenformen.

Schichtrippe ↗Schichtkamm.
Schichtsilicate ↗*Phyllosilicate*.
Schichtstufe, Landstufe, die an ein widerständiges, stufenbildendes Gestein (Stufenbildner) gebunden ist, das von Schichten geringerer Widerständigkeit (Sockelbildner) unterlagert wird (Abb. 1). Voraussetzung für die Entstehung einer Schichtstufe ist der im Verlauf der Tieferlegung der ↗Erosionsbasis an der Oberfläche morphologisch wirksam werdende Härteunterschied der Schichten. Markante Steilstufen entstehen dort, wo das resistente Gesteinspaket ausgeräumt wurde und die Erosion bis in die darunterliegenden weicheren Schichten fortgeschritten ist. Anlaß für die Zerschneidung des Schichtpaketes ist i. d. R. eine Heraushebung und eine damit verbundene Schrägstellung der Schichten. Der ↗Stufenhang wird von der steileren Stufenstirn (Oberhang) im Bereich des Stufenbildners und dem flacheren ↗Sockelhang (Unterhang) aus weniger widerständigem Gestein gebildet. Da die stufenbildende Schicht durch Kluftsysteme und Porosität meist gut wasserleitend ist und der weichere Sockelbildner wasserstauende Eigenschaften aufweist, ist am Ausstreichen der Grenzfläche im allgemeinen ein Quellhorizont (↗Quellenlinie) ausgebildet. Die von ihm ausgehende ↗Quellerosion spielt bei der Formung der Stufe in ↗humiden Gebieten eine große Rolle.
Den höchsten Punkt der Stufe bildet der Stufenfirst (↗First). Dieser ist meist als Kante zwischen dem Stufenhang und der Stufenfläche ausgebildet. Diese Kante wird als ↗Trauf bezeichnet. Oft ist der Trauf nicht mit der Scheitellinie der Stufe identisch. Der dazwischen ausgebildete, konvexe Oberhangbereich wird dann als Walm, die Stufe als *Walmstufe* bezeichnet. Die stufenbildende Schicht trägt die *Stufenfläche* (*Stufenlehne*). Ihre Neigung und Abdachungsrichtung wird vom Einfallen des Schichtkomplexes bestimmt, jedoch ist der Abdachungswinkel der Stufenfläche geringer als der Einfallswinkel der Schichten, so daß auf der Stufenfläche mit zunehmender Entfernung vom Trauf jüngere Gesteine anstehen, die in einem sehr flachen Winkel geschnitten werden. Die Stufenfläche ist daher eine Abtragungsfläche (↗Skulpturfläche), deren Anlage und Verlauf jedoch strukturell geprägt ist (↗Strukturformen). Seltener entstehen sog. Achterstufen, bei denen die Stufenstirn in Richtung des Schichtfallens exponiert ist. Hierfür wurden auch die Begriffe »konträre Stufe« (= ↗Frontstufe) und »konforme Stufe« (= Achterstufe) geprägt. Die Zurückverlagerung der Stufe durch die von subsequenten Flüssen und ihren obsequenten Nebenflüssen (↗konsequenter Fluß) gesteuerten Abtragungsprozesse läßt *Zeugenberge* (*Ausrieger*) entstehen (Abb. 2 im Farbtafelteil). Ausmaß und Geschwindigkeit der Rückverlagerung der Stufenstirn werden gesteuert von der Gesamtheit der tektonischen Parameter, den klimatischen Bedingungen sowie dem vorhandenen Abtragungsschutz aufgrund der Vegetationsbedeckung. Sie spiegeln sich unmittelbar in der Prozeßintensität der ↗fluvialen Erosion, den auftretenden Rutschungen (↗Hangbewegungen) und ↗Massenbewegungen wider. Von zentraler Bedeutung sind damit, neben dem Gefälle und der Wasserführung subsequenter und obsequenter Flüsse, die Intensität der Quellerosion und die Frostwirkung. Schichtstufen weisen meist einen stark zerlappten und gebuchteten Verlauf auf, wodurch sie auf Karten, Luft- und Satellitenbildern gut von ↗Bruchstufen zu unterscheiden sind, die sich einer tektonischen Hauptrichtung unterordnen. ↗Schichtstufenlandschaft. [WA]

Schichtstufenlandschaft, Landschaftsform, die dort ausgebildet ist, wo sich in der Schichtfolge der Wechsel von widerständigen ↗Stufenbildnern und morphologisch weichen Sockelgesteinen (↗Sockelbildner) mehrfach wiederholt (Abb.). Die ↗Frontstufen sind immer in Richtung der Aufwölbung des Schichtpaketes exponiert, die Stufenflächen fallen sanft in Richtung des Schichtfallens ab. In ihnen vollzieht sich der Übergang vom stufenbildenden Gestein der stratigraphisch tieferen Schichtfolge zum Sockelbildner der nächst höheren Stufe. In der mesozoischen (↗Mesozoikum) Gesteinsabfolge Südwestdeutschlands ist eine solche Schichtstufenlandschaft in klassischer Form ausgebildet. Die Bezeichnung der Flüsse in einer Schichtstufenlandschaft orientiert sich an deren Fließrichtung im Vergleich zum Einfallen der Schichten (↗konsequente Flüsse, subsequente Flüsse, obsequente Flüsse und resequente Flüsse). Wird eine Schichtfolge mit horizontalen bis sehr flach lagernden Schichten von unterschiedlicher Resistenz zerschnitten, so entstehen ebenfalls Schichtstufen und Flächen. In diesem Falle sind die Stufenflächen annähernd als Schichtflächen (↗Schicht) ausgebildet. Die plateauartigen Großformen werden dann als Schichttafeln bezeichnet, die Ausrieger als Tafelberge (↗Mesa, ↗Schichttafellandschaft). [WA]

Schichttafellandschaft, in horizontal lagernden Schichten ausgebildete ↗Schichtstufenlandschaft mit Plateaucharakter. Die in den resistenten Schichten angelegten ↗Schichtstufen fallen allseits steil ab. Die Stufenflächen entsprechen weitgehend den Schichtflächen (↗Schicht). Die

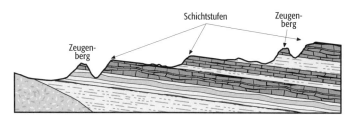

Schichtstufenlandschaft: Schichtstufenlandschaft in einer Abfolge leicht geneigter Sedimente von unterschiedlicher Abtragungsresistenz.

durch Abtragung und Zurückverlagerung der Stufen entstandenen Auslieger werden als Tafelberge (/Mesa) bezeichnet. Schichttafellandschaften und Tafelberge können auch durch /Lavadecken gebildet werden.

Schichtträger, materieller Träger der /photographischen Schichten eines photographischen Aufnahmematerials. Photographische Schicht und Schichtträger sind durch eine Haftschicht verbunden. Als Schichtträger werden Papier, Glasplatten oder Film verwendet. Für die /photogrammetrische Bildauswertung besitzt die Dimensionsstabilität des Schichtträgers besondere Bedeutung, um die Bilddeformation gering zu halten.

Schichtung, 1) *Geologie*: /Schicht. 2) *Klimatologie*: Zustand eines Fluids (Flüssigkeit oder Gas) mit vertikaler Anordnung von Schichten unterschiedlicher Dichte oder Temperatur. In der Atmosphäre wird meist der Begriff der /Temperaturschichtung verwendet. Man nennt die Atmosphäre stabil geschichtet, wenn die /potentielle Temperatur mit der Höhe zunimmt. Nimmt diese mit der Höhe ab, so bezeichnet man dies als labile Schichtung, im Falle einer höhenkonstanten potentiellen Temperatur spricht man von neutraler Schichtung. Diese Begriffsbildung hängt eng mit der statischen /Stabilität zusammen.

Schichtwachstum /Kristallwachstum.

Schichtwolke, *Stratuswolke* [von lat. stratus = Schicht], in einer bestimmten Atmosphärenhöhe sich ausbreitende, oft den ganzen Himmel bedeckende Wolke, die meist auch einheitlich mächtig ist; im Gegensatz zur /Quellwolke, die sich überwiegend vertikal erstreckt. /Wolkenklassifikation.

Schiebeeis, regellose Anhäufung von zusammengeschobenen und zusammengefrorenen Eisstücken im Küstengebiet. Im Watt und auf Stränden wird es auch als Eisschubberg bezeichnet.

schiefachsiger Entwurf, ein Kartennetzentwurf, der eine gegen die Erdachse geneigte Kegelachse, Zylinderachse oder Flächennormale bei azimutalen Entwürfen hat. Zur Berechnung eines schiefachsigen Kartennetzentwurfs wird ein kartographisches Koordinatennetz (p, q) eingeführt, das mit Hilfe einfacher Beziehungen der sphärischen Trigonometrie die Transformation in eine /normale Abbildung erlaubt. Die geographischen Koordinaten φ, λ eines Punktes A werden in die kartographischen Koordinaten p, q des gleichen Punktes umgerechnet. Den geographischen Polen P und P' entspricht der kartographische Pol Q mit den geographischen Koordinaten φ_0, λ_0 (Abb. 1). Nach Kosinus- und Sinussatz der sphärischen Trigonometrie ergeben sich sofort die Transformationsgleichungen:

$$\sin q = \sin\varphi_0 \cdot \sin\varphi + \cos\varphi_0 \cdot \cos\varphi \cdot \cos\Delta\lambda,$$
$$\Delta\lambda = \lambda_0 - \lambda$$

und

$$\sin p = \frac{\cos\varphi \cdot \sin\Delta\lambda}{\cos q}.$$

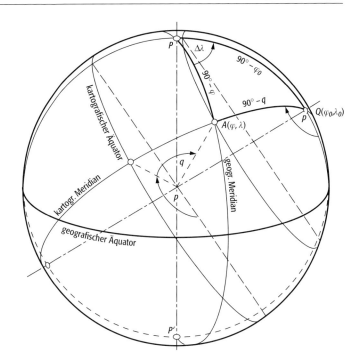

schiefachsiger Entwurf 1: Transformation geographischer Koordinaten in kartographische Koordinaten.

Für die Koordinaten p und q eines beliebigen Punktes A auf der Kugeloberfläche befindet sich der zu berechnende Entwurf in normaler Lage und kann unter Berücksichtigung der kartographischen Koordinaten mit den für normale Abbildungen bekannten Abbildungsgleichungen berechnet werden. Durch die Schiefachsigkeit wird eine besonders hohe Anschaulichkeit erreicht. Abb. 2 zeigt das Enstehungsprinzip eines schiefachsigen Entwurfs. [KGS]

Schiefe, Maß einer /Häufigkeitsverteilung, das deren Asymmetrie angibt, z.B. durch Vergleich des /Mittelwerts mit dem /Modus; ist ersterer größer, so spricht man von positiver Schiefe (Linkssteilheit), andernfalls von negativer Schiefe (Rechtssteilheit). Symmetrische Häufigkeitsverteilungen, wie z.B. die Gaußsche Normalverteilung (/Gauß-Kurve), haben die Schiefe Null.

schiefe Auslöschung /Auslöschung.

Schiefe der Ekliptik, Neigung der Erdachse gegenüber der Ebene, die von der leicht elliptischen

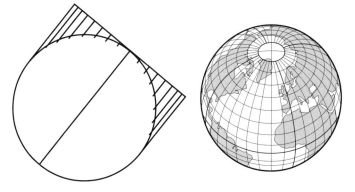

schiefachsiger Entwurf 2: Prinzip der Entstehung eines schiefachsigen Entwurfs.

Erdumlaufbahn gebildet wird oder auch der Winkel ε zwischen ↗Ekliptik und ↗Himmelsäquator. Bezeichnet Δ_ε die ↗Nutation in der Schiefe, so schreibt man:

$$\varepsilon = \varepsilon_0 + \Delta_\varepsilon.$$

ε_0 ist hierbei die mittlere Schiefe der Ekliptik. Zur Epoche J2000.0 beträgt diese rund 23,4 Grad. Aufgrund von Störungen durch die anderen Planeten schwankt die mittlere Schiefe der Ekliptik. Genähert gilt:

$$\varepsilon_0 = 23°26'21."448 - 46."8150\,T \\ -0."00059\,T^2 + 0."001813\,T^3.$$

Hierin bezeichnet T die seit der Epoche J2000.0 verstrichene Zeit in Jahrhunderten, $T = (JD - 2451545.0)/36525$. JD ist das Julianische Datum.

Schiefer, ein Gestein mit einem engständigen penetrativen Flächensystem (↗Schieferung), das sedimentär entstanden sein kann (z. B. Kupferschiefer). Im strukturgeologischen Sinn bezeichnet »Schiefer« jedoch eine Textur, die in einem anisotropen Spannungszustand durch orientiertes Wachstum von Schichtsilicaten entstanden ist. Schiefer können nach der Korngröße der orientiert gewachsenen Schichtsilicate unterschieden werden in: ↗Tonschiefer (sehr feinkörnig bis submikroskopisch), ↗Phyllite (Schichtsilicate bloßem Auge nicht auflösbar) und ↗Glimmerschiefer (aus Lagen von Glimmern, meist Muscovit und/oder Biotit, bestehend, die sich mit bloßem Auge auflösen lassen).

Schieferung, ein engständiges Parallelgefüge ebener Flächen, die nicht durch Sedimentation entstanden sind und die dem Gestein eine mehr oder weniger gute Teilbarkeit nach diesen Flächen verleihen. Der Begriff kann sowohl die Gefügeprägung als auch das Gefügeelement selbst bezeichnen. In der deutschen Literatur wird letzteres jedoch manchmal als *Schiefrigkeit* von dem gefügebildenden Vorgang unterschieden. Schieferung entsteht durch orientiertes Wachstum nicht isometrischer Minerale in einem anisotropen Spannungszustand. Schieferung erzeugende Minerale sind meistens Schichtsilicate, die in der Schieferungsfläche wachsen oder umkristallisiert werden. Ein Schieferungsgefüge kann aber auch durch orientiertes Wachstum oder Einschlichtung stengeliger Minerale in die Schieferungsebene hervorgerufen werden (z. B. Amphibole in Amphiboliten oder Chrysotil oder Asbest in Serpentiniten. Das Wachstum dieser neugebildeten Minerale kann durch intragranulare Lösungsvorgänge bei Anwesenheit von Fluiden wesentlich beeinflußt werden. Insgesamt ist die Schieferung ein komplexer Vorgang von Lösung und Neu- oder Umkristallisation oder auch von Rotation präexistenter Körper, der die Schieferflächen als sekundäre Flächen entstehen läßt. Im Bereich niedriger Temperaturen entstehen diese Neu- und Umbildungen vor allem durch Diffusionsprozesse entlang der Korngrenzen. Bei hohen Temperaturen setzt eine Diffusion durch die Minerale hindurch ein (Volumen-Diffusion) ein. In leicht löslichen Gesteinen, z. B. Carbonaten, kann ein Schieferungsgefüge auch überwiegend durch Lösung und Abtransport des Lösung entstehen (Lösungsschieferung). Die Richtung der Lösung ist abhängig vom Spannungszustand (Drucklösung). Die durch Lösung gebildeten Schieferungsflächen bilden sich durch die Ablagerung unlöslicher Rückstände, z. B. von Tonmineralen oder Eisenoxiden. Diese Rückstandsflächen, die meist ziemlich unregelmäßig ausgebildet sind, werden als ↗Stylolithe bezeichnet und die hieraus resultierende Schieferung als stylolithische Schieferung. Lösungsschieferung in Sedimentgesteinen ist oft daran zu erkennen, daß Teile von Fossilien zwischen den Schieferungsflächen weggelöst wurden, aber auch ursprünglich mehr oder weniger isometrische Quarzkörner in Sandsteinen können durch Lösungsschieferung zu flachen plattigen Formen umgebildet werden. Die gelösten Substanzen, meist Calcit oder in geringerem Maße auch Quarz, werden dann in Bereichen mit geringerer Spannung (z. B. ↗Klüfte oder ↗Gänge) wieder ausgefällt. Dies kann entweder direkt an der Stelle geschehen, an der die Lösung stattgefunden hat, in diesem Fall bleibt das Volumen des Gesteinskörpers gleich. Die gelösten Substanzen können aber auch im Porenraum des Gesteins oder auf Mikrobruchflächen über größere Distanzen abgeführt werden. In diesem Fall geht die Lösungsschieferung immer mit einem großen Volumenverlust einher, der mehr als die Hälfte des ursprünglichen Materials betragen kann. Die Lösung von Mineralen wird durch verschiedene Prozesse gesteuert: Ein deformiertes Mineral ist wegen der gespeicherten Deformationsenergie (engl. locked-in strain energy) grundsätzlich leichter löslich als ein undeformiertes. Zum anderen ist ein (isotropes) Material, das in einem anisotropen Spannungszustand von fluiden Phasen angegriffen wird, auf den Flächen senkrecht zur größten Hauptnormalspannung leichter löslich, als in allen anderen Richtungen, und umgekehrt wird das gelöste Material auf der Flächen wieder ausgefällt, auf der die Normalspannung ein Minimum hat (Rieckesches Prinzip).

In höher metamorphen Gesteinen (↗Glimmerschiefer oder ↗Gneise) können häufig Bereiche (Domänen) mit ausgeprägter Schieferung, d. h. mit einer starken Anreicherung der die Schieferung erzeugenden Minerale von weniger geschieferten, häufig linsenförmig ausgebildeten Bereichen mit einer Anreicherung von Quarz und/oder Feldspat unterschieden werden. Die geschieferten Bereiche werden als Schieferungsdomänen (engl. cleavage domains) bezeichnet, während die ungeschieferten Bereiche im Englischen als microlithons bezeichnet werden. Gesteine mit dieser Schieferung kann man rein beschreibend klassifizieren nach Ausbildung der Schieferung (glatt, rauh, als ↗Runzelschieferung etc.), nach dem Abstand der Schieferungsdomänen oder deren prozentualem Anteil am Gesamt-

gestein oder auch nach dem Übergang zwischen Schieferungsdomänen und Microlithons (allmählich oder abrupt). Bei Runzelschieferung kann man ferner eine Einteilung nach Form der Runzelung, d. h. der Krenulation oder der Mikrofalten vornehmen (offen, eng, symmetrisch, asymmetrisch).
Im Zusammenhang mit der Deformation des geschieferten Gesteinskörpers kann Schieferung sowohl durch koaxiale Deformation (Plättung) als auch durch rotationale Deformation (Scherung) entstehen. Ein Beispiel für den ersten Fall ist etwa die Drucklösung. In beiden Fällen ist die Schieferung parallel zur längsten (x-) und mittleren (y-) Achse des Deformations-(strain)-Ellipsoides orientiert. Welche Art der Deformation vorliegt, kann an der Veränderung älterer, von der Schieferung durchsetzter Vorzeichnungen (z. B. deformierte Fossilien) oder andere Körper, deren Form im undeformierten Zustand bekannt ist (z. B. Ooide), erkannt werden. Scherende Bewegungen entlang der Schieferflächen können häufig auch an rigiden Körpern beobachtet werden, die zwischen Schieferungslamellen oder -domänen angeordnet sind. Bereits vor der Schieferung gebildete isometrische Körper (Minerale) werden häufig durch die Schieferung rotiert. Wenn Minerale wachsen, während sie durch Scherbewegungen auf den Schieferflächen rotiert werden, so kann der Winkel der Rotation und damit der Betrag der Scherung an der Verstellung des Interngefüges abgelesen werden (↗Schneeballgranate). ↗Transversalschieferung, ↗Schiefer. [EWa]

Schieferungsebene, gibt die Orientierung einer Schar von Schieferungsflächen an.

Schieferungsfächer, wird eine Achsenflächenschieferung in einer Antikline (↗Falte) bereits vor der endgültigen Einengung der Falte angelegt, so wird die ursprünglich parallele Anordnung der Schieferungsflächen symmetrisch zur Faltenachsenfläche aufgefächert. Die einzelnen Flächen divergieren nach oben. Alle Schieferungsflächen sind parallel zur Faltenachse angeordnet (Abb.).

Schieferungsmeiler, wird eine Achsenflächenschieferung in einer Synkline (↗Falte) bereits vor der endgültigen Einengung der Falte angelegt, so wird die ursprünglich parallele Anordnung der Schieferungsflächen symmetrisch zur Faltenachsenfläche aufgefächert. Die einzelnen Flächen divergieren nach unten. Alle Schieferungsflächen sind parallel zur Faltenachse angeordnet (Abb.).

Schiefrigkeit ↗Schieferung.

schießen, bezeichnet eine Strömung in einem ↗Gerinne (↗Gerinnestömung), bei der die Wassertiefe kleiner als die ↗Grenztiefe ist (↗Bernoullische Energiegleichung). Bei natürlichen Fließvorgängen ist Schießen vor allem in ↗Wildbächen und bei ↗Sohlenstufen anzutreffen, viel häufiger tritt dagegen der Vorgang des ↗Strömens auf. ↗Fließwechsel.

Schiffahrtskanal, künstlich angelegte Wasserstraße, die meist die Aufgabe hat, als Verbindungskanal einzelne Flußgebiete mit bereits schiffbaren Gewässern zu einem leistungsfähigen Verkehrsnetz zu verbinden (↗Wasserstraßen, ↗Verkehrswasserbau). Beispiele hierfür sind das Nordwestdeutsche Kanalnetz oder der Main-Donau-Kanal. Stichkanäle oder Zweigkanäle dienen dem Anschluß einzelner, nicht direkt an den Hauptwasserstraßen gelegener Häfen. Seitenkanäle verlaufen parallel zu bereits vorhandenen natürlichen Gewässern. Sie wurden früher bevorzugt angelegt, um die Wasserkraft besser nutzen zu können oder weil das Hauptgewässer nicht zu einer Wasserstraße ausgebaut werden konnte (z. B. Rhein-Seiten-Kanal zwischen Basel und Straßburg). Wegen der mit der Ableitung eines erheblichen Teiles des Durchflusses aus dem Hauptgewässer verbundenen schädlichen Folgen für das Ökosystem werden sie heute in Deutschland nicht mehr gebaut. Der Kanalquerschnitt hängt in erster Linie von den für bestimmte Schiffseinheiten erforderlichen Abmessungen der Fahrrinne ab. Derzeit erfolgt z. B. ein Ausbau der wichtigsten Strecken des deutschen Kanalsystems entsprechend der ↗Wasserstraßenklasse V.
Der heute weitgehend übliche Trapezquerschnitt mit einer Böschungsneigung von 1:3 hat gegenüber dem mit Spundwänden hergestellten Rechteckprofil zwar den Nachteil des größeren Platzbedarfes, bietet aber meist bessere Möglichkeiten, den Kanal in die umgebende Landschaft einzupassen und ist auch im Hinblick auf die notwendige Unterhaltung günstiger. Die Kanalböschung – bei gedichteten Kanälen auch die Kanalsohle – wird durch Deckwerke gegen die mechanische Beanspruchung durch das strömende Wasser (Wellen, Wasserspiegelschwankungen, Schraubenstrahl des Schiffes), Ankerwurf und Eis geschützt (↗Ufersicherung). Das geschieht sehr häufig in Kombination mit ingenieurbiologischen Maßnahmen. Es wird dabei unterschieden zwischen durchlässigen und gedichteten ↗Deckwerken. Eine Kanaldichtung ist dann erforderlich, wenn der Wasserstand im Kanal über dem Grundwasserspiegel liegt, da dann durch Sickerströmungen erhebliche Wasserverluste entstehen können oder die Standsicherheit von Böschungen und Dämmen gefährdet sein kann. Weiter besteht in diesem Fall auch die Gefahr einer Kontamination des Grundwassers. Größere Kanalabschnitte (Haltungen) werden durch ↗Sicherheitstore unterteilt. [EWi]

Schiffsbeobachtungen, Wetterbeobachtungen an Bord eines Schiffes, die in Schiffstagebücher eingetragen werden. Sie werden als ↗Ship-Meldungen zu den ↗synoptischen Terminen wie ↗synoptische Wettermeldungen mit einigen zusätzlichen ozeanografischen Daten übermittelt. Anstelle der an Land genutzten Stationskennziffer werden hierbei die geografischen Koordinaten angegeben.

Schiffshebewerk, Anlage zum Überwinden großer ↗Fallstufen. Die früher weitgehend übliche Trockenförderung, bei der das Schiff aus dem Wasser gehoben wird, ist heute weitgehend durch die Naßförderung ersetzt. Dabei fährt das Schiff in einen mit Wasser gefüllten Trog, der an den

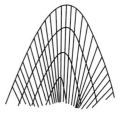

Schieferungsfächer: Fächerstellung der Schieferungsflächen in einem Sattel.

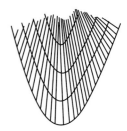

Schieferungsmeiler: Meilerstellung der Schieferungsflächen in einer Mulde.

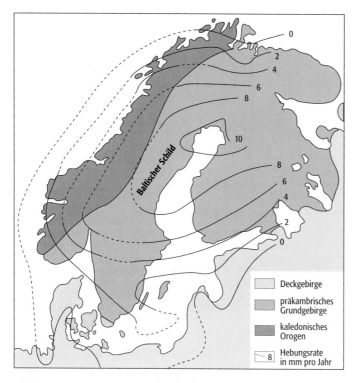

Schild: der Baltische Schild in Nordeuropa. Die Isolinien geben die Hebungsrate in Millimetern pro Jahr an.

Enden durch Tore abgeschlossen wird. Der Abschluß der Kanalhaltung gegenüber dem Hebewerk erfolgt durch Haltungstore. Nachdem das Schiff eingefahren ist und Trog und Haltung abgedichtet sind, wird der Trog angehoben bzw. gesenkt. Dabei wird zur Einsparung von Antriebsenergie das Troggewicht durch Gegengewichte (Gegengewichtshebewerk) oder durch Schwimmer (Schwimmerhebewerk) weitgehend ausgeglichen. Welches System gewählt wird, hängt meist von den Untergrundverhältnissen ab, da Schwimmerhebewerke sehr tiefe Gründungen erfordern. Der Antrieb des Troges kann über Seile, Zahnstangen oder Spindeln erfolgen. Beispiele für Gegengewichtshebewerke sind in Deutschland das Schiffshebewerk Niederfinow (Havel-Oder-Kanal, Baujahr 1936, Hubhöhe 36 m, Antrieb über Seilscheiben) und das Schiffshebewerk Lüneburg (Elbe-Seitenkanal, Baujahr 1974, Hubhöhe 34–38 m, Antrieb über Zahnstangen). Beim Schiffshebewerk Henrichenburg (Dortmund-Ems-Kanal, Hubhöhe 14,5 m, Baujahr 1962) erfolgt der Gewichtsausgleich durch Schwimmer, die sich vertikal in zwei wassergefüllten Schächten bewegen. Bei der Schrägförderung wird der auf einem keilförmigen Wagen befindliche Trog entweder in Richtung der Trogachse (Schräg-Längsförderung) oder quer dazu bewegt (Schräg-Querförderung), wobei der Gewichtsausgleich durch Gegengewichte erfolgt (Beispiel: Ronquières, Belgien, 1968, bzw. Arzviller, Frankreich, 1968). [EWi]

Schiffstyp, von den Abmessungen her festgelegte Standardschiffseinheit, für die ein Ausbau einer ↗Wasserstraße entsprechend der jeweiligen ↗Wasserstraßenklasse erfolgt. Bei den Motorschiffen ist die Breite wegen der Standard-Schleusenabmessungen auf 11,40 m begrenzt, während z. B. beim Großmotorgüterschiff (GMS) die Länge 110 m beträgt. Bei der in den Kanälen größtmöglichen Tauchtiefe von 2,50 m liegt die Tragfähigkeit eines GMS bei 1350 t. Wo eine derartige Tauchtiefenbegrenzung nicht vorliegt, beträgt sie bis zu 2500 t. Schubverbände bestehen aus einem Schubboot mit der Antriebseinheit und je nach Wasserstraßenklasse bis zu sechs Leichtern ohne eigenen Antrieb.

Schiffsversetzung, durch Wind und Strömung verursachte Abweichung eines Schiffes von Sollkurs und -fahrt. ↗Navigation.

Schild, sehr weitgespannte Aufwölbung von kristallinem ↗Grundgebirge mit Durchmessern von hunderten bis tausenden von Kilometern (z. B. ↗Baltischer Schild, ↗Kanadischer Schild). Ein Schild entsteht durch ↗Epirogenese (Abb.). ↗Kraton.

Schildinselberg, (geo)morphographischer Begriff für flachen ↗Inselberg; (geo)morphogenetisch von J. ↗Büdel im Rahmen der Theorie der ↗doppelten Einebnungsfläche als aus den mächtigen Verwitterungsdecken »auftauchender Grundhöcker« gedeutet, der wegen seiner relativen Verwitterungsresistenz aufgrund der geringeren Anzahl von ↗Spalten und ↗Klüften widerständiger ist als das ihn umgebende Gestein an der Verwitterungsbasisfläche und durch ↗Flächenspülung schließlich freigelegt wird.

Schildkrötenstruktur, Typ von zwischen Salzstöcken gelegenen Strukturen, der für die Erdölsuche von Bedeutung ist. Er geht aus primären ↗Randsenken hervor.

Schildvortrieb, Verfahren zur Herstellung eines Untertagehohlraums mit Hilfe einer mehr oder weniger zylinderförmigen Stahlkonstruktion (Schild), in deren Schutz das Gebirge abgebaut und der Untertagehohlraum hergestellt wird (Abb.). Andere Schildtypen haben ein Hufeisen- oder Maulprofil. Die bergseitige Zylinderkante des Schildes (Schildschneide) ist als Schneidekante ausgebildet und hat die Aufgabe, beim Vortrieb in das anstehende Gebirge einzudringen. Der rückwärtige Teil des Schildes (Schildschwanz) stützt das Gebirge im Bereich der Arbeitsraumes ab. Am hinteren Ende des Schildes wird der endgültige Ausbau aus vorgefertigten Ringsegmenten (Tübbings) oder Ortbeton eingezogen. Der Schild wird schrittweise in Richtung der Tunnelachse vorgepreßt. Er umschließt dabei den Ausbruchraum in Richtung der Tunnelachse so lange, bis die endgültige Auskleidung eingebaut ist. Die Schildbauweise vermeidet Verbrüche und bietet so dem Arbeitspersonal eine hohe Sicherheit. Beim eigentlichen Schildvortrieb wird jeweils der gesamte Schild vorgepreßt. Hierzu ist je nach Tunneldurchmesser eine Preßkraft von 3000–6000 t erforderlich. Neben diesem Vollschild gibt es den Halbschild und je nach den gegebenen Bedingungen weitere Begrenzungsformen des Schildschirmes.

Beim Messervortrieb werden statt des gesamten

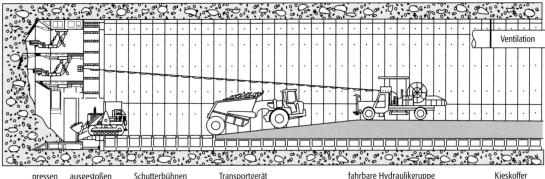

pressen ausgestoßen Schutterbühnen Transportgerät fahrbare Hydraulikgruppe Kieskoffer

Schildvortrieb: schematische Darstellung.

Schildes einzelne stählerne Messer, Profile oder Hohlkästen vorgetrieben. Die Messer bilden einen lamellenartigen Halb- oder Vollring. Messerschilde haben gegenüber dem Vollschild den Vorteil, daß die erforderliche Preßkraft gering bleibt, da jeweils nur ein Messer vorgetrieben wird. Außerdem kann das Vorpressen der einzelnen Messer individuell dem jeweiligen Eindringwiderstand (Hindernisse, Steine, Felsbänke) angepaßt werden. Die Vortriebspressen drücken sich auf Tübbinge, Einbaubögen oder auf in die natürliche Tunnellaibung eingreifende Pratzen ab. Dieses ursprünglich für Flußunterfahrungen und schwierige Bodenverhältnisse konzipierte Verfahren wird heute auch in vorübergehend standfestem, mürbem Gebirge angewandt. In härterem Gestein oder in mit Geröll und Findlingen vermengten Ablagerungen ist die Schildbauweise nur sehr begrenzt einsetzbar. [ABo]

Schildvulkan, Vulkantyp mit flachkegeliger Form, der im wesentlichen aus dünnflüssigen basaltischen Laven aufgebaut wird.

Schiller, durch Interferenz und Reflexion an wechsellagernden Lamellen beobachtbares Farbenspiel, wie labradorisieren, adularisieren u. a.

Schillkalk ↗ *Lumachelle.*

Schindewolf, *Otto Heinrich Nikolaus,* deutscher Geologe und Paläontologe, * 7.6.1896 Hannover, † 10.6.1971 Tübingen. Schindewolf studierte Geologie und Paläontologie in Göttingen und Marburg, wo er 1921 über das europäische Oberdevon promovierte. Er habilitierte sich noch im selben Jahr in Marburg und wurde dort 1927–1933 außerordentlicher Professor für Geologie. Von 1927 bis 1947 war er als Reichsgeologe, Chefpaläontologe und Direktor der Preußischen Geologischen Landesanstalt tätig. 1947 wurde Schindewolf ordentlicher Professor für Geologie und Paläontologie an der Humboldt-Universität in Berlin, ging aber schon ein Jahr später in gleicher Funktion an die Universität Tübingen. 1956/57 war er dort als Rektor tätig. Schindewolf begründete die Typostrophen-Hypothese, die einen phasenhaften Ablauf der Stammesgeschichte annimmt. In einer kurzen »Typogenese« bilden sich einige neue Organisationsformen durch wenige Sprungmutationen heraus. In einer langandauernden »Typostase« wird der erreichte Entwicklungsstand allmählich durch Mikro-Evolution ausgebaut. In der »Typolyse« wird der Stammestod eingeleitet; aberrante Formen treten auf, und die dem Stamm zugrunde liegenden Merkmale zerfallen. Werke (Auswahl): »Grundlagen und Methoden der paläontologischen Chronologie« (1944), »Grundlagen der Paläontologie« (1950). [EHa]

Schirokko, schwüler und heißer Wind aus Süd bis Südost im Mittelmeerraum. Er entsteht ursprünglich in den Wüstengebieten Nordafrikas und ist oft mit Staub und Sand beladen. Beim Überqueren des Mittelmeeres erfolgt eine Anreicherung mit Feuchtigkeit, die beim erzwungenen Aufsteigen an Gebirgen zu starken Regenfällen führt.

Schistosität ↗ *Flächengefüge.*

Schlacke, 1) *Geologie:* pyroklastisches Fragment, das aus mehr oder weniger blasiger, SiO_2-armer Lava aufgebaut ist und vor allem bei strombolianischer Eruptionstätigkeit (↗ *Vulkanismus*) entsteht. **2)** *Technik:* im allgemeinen geschmolzene Rückstände aus Schmelzvorgängen. Im Zusammenhang mit Schadstoffen können dies Hochofenschlacken, Stahlwerksschlacken, Kraftwerksschlacken (Schmelzkammergranulat) oder Nichteisenmetallschlacken sein. Auch Rostaschen aus Müllverbrennungsanlagen und Rückstände aus Sonderabfallbehandlungsanlagen (Drehrohr-, Wirbelschichtöfen) werden als Schlacken bezeichnet. Schlacken werden aufgrund ihrer mechanischen und chemischen Eigenschaften nach Möglichkeit weiterverwertet. Die bei der Metallherstellung bzw. -verarbeitung entstehenden Schlacken können Schwermetalle und Cyanide enthalten. Kraftwerksschlacken sind je nach verbranntem Ausgangsstoff mehr oder weniger schwermetallhaltig. Sowohl Kraftwerks- als auch Hochofenschlacken sind jedoch weitgehend inert, d. h. die in ihnen enthaltenen Schadstoffe sind durch die glasartige Struktur des Granulats in der Regel nicht mehr mobil und können auch keine Reaktionen mit dem umgebenden Material eingehen. Zur Überprüfung des Auslaugverhaltens wird das zur Verwertung anstehende Material einer ↗ *Eluatanalyse* unterzogen. Einsatzgebiete der Kraftwerks- und Hochofenschlacken sind hauptsächlich der Straßenbau und die Baustoffindustrie (Hochofenzement, Hüttenbims, Hüttenkalk). Schlacken aus Müllverbrennungsanlagen enthalten ca. 10 % Eisenschrott, die elektromagnetisch

Schlagbohrung: Funktionsprinzip des Freifall-Bohrens (Pennsylvanisches Seilbohren).

entfernt und in Hochöfen verwertet werden. Die restliche Schlacke muß von löslichen, zum Teil schwermetallhaltigen Salzen gereinigt werden. Oft wird auch der für Schadstoffauswaschung anfälligere Feinkornanteil entfernt. Die übrigbleibende grobkörnige Schlacke kann z. B. im Straßenbau eingesetzt werden. Die bei der Sonderabfallbehandlung anfallenden Schlacken weisen je nach Herkunft des Sonderabfalls eine unterschiedliche Zusammensetzung auf. Sie werden ebenfalls einer Eluatanalyse unterzogen. Nur bei vollständiger Inertisierung werden sie verwertet, andernfalls ober- oder untertägig deponiert. Teilweise werden spezielle Monodeponien für Schlacken betrieben. Ein besonderes Problem sind oft die in Altablagerungen anzutreffenden Schlacken. Sie weisen häufig hohe Gehalte an ↗PAK und Schwermetallen auf.

Schlacken-Agglomerat, *Schweißschlacke* (veraltet), Ablagerung von miteinander verschweißten ↗Schlacken im zentralen Bereich von ↗Schlackenkegeln; die Schlacken sind bei ihrer Ablagerung noch teilweise oder komplett schmelzflüssig.

Schlackenkegel, einige Zehner- bis Hunderte Meter hohe terrestrische Vulkanform, die im wesentlichen durch strombolianische Eruptionstätigkeit (↗Vulkanismus) entsteht. Im zentralen Bereich des Schlackenkegels (↗Kraterfazies) kommen hauptsächlich grobe, z. T. verschweißte Schlacken (↗Schlacken-Agglomerate) zur Ablagerung. In der distaleren ↗Wallfazies werden feinere unverschweißte ↗Pyroklasten im wesentlichen in Form von pyroklastischem Fall abgelagert.

Schlafdeich, ↗Deich, der durch den Bau neuer Deiche seine Funktion verloren hat.

Schlag, 1) groß- oder kleinräumige Waldfläche, auf welcher der vorhandene Gehölzbestand geschlagen wurde, mit dem Ziel, eine Verjüngung des Bestandes zu erreichen. Auf den abgeholzten Flächen stellt sich eine Pflanzengesellschaft (Schlagflur) ein, die abhängig von den Boden- und Klimaverhältnissen verschiedene ↗Sukzessionen durchläuft und unter optimalen natürlichen Bedingungen als ↗Klimax wieder einen Wald aufweist (↗Sekundärwald). 2) *Ackerschlag,* ein größeres Feld im Ackerland, das mehr oder weniger einheitlich, vom gleichen Landwirt und innerhalb einer ↗Fruchtfolge bewirtschaftet wird. Die Grenzen des Schlags im Landwirtschaftsgebiet wurden zur Verbesserung der landwirtschaftlichen Produktivität durch die ↗Flurbereinigung neu bestimmt. Die Form und Ausdehnung des Schlags hat neben arbeitstechnischen auch ökologische Auswirkungen: Große Schläge fördern zwar die Produktivität, verursachen aber auch den Verlust von ↗Saumbiotopen oder ↗Hecken und bewirken ohne entsprechende flurgestalterische Gegenmaßnahmen eine ↗Ausräumung der Kulturlandschaft und eine Erhöhung der ↗Bodenerosionsgefährdung. [SR]

Schlagbohrung, ↗Bohrverfahren mit intermittierender Bohrgutförderung, bei dem die Gesteinszerstörung durch auf die Bohrlochsohle schla-

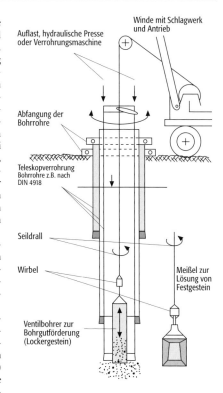

gende Bohrwerkzeuge erfolgt (Abb.). Die Schlagwirkung kann dabei durch Freifall (Seilbohren) oder mittels Gestänge erzielt werden.

Schlageinteilung, Gliederung der Flur durch die ↗Flurbereinigung (↗Flurbereinigungsgesetz, ↗Schlag).

schlagendes Bohren, Bohrverfahren, bei denen die Kraftübertragung zur Gesteinslösung a) über die Bohranlage (Gestänge-/Seil-Freifallbohren, ↗Schlagbohrung, Rammbohren) oder b) über das Bohrwerkzeug (↗Hammerbohren) erfolgt. Eine Kombination aus rotierendem und schlagendem Bohren ist die ↗Drehschlagbohrung.

Schlagende Wetter, im Bergbau unter Tage vorkommene Gasgemische (↗Grubenwetter), die entzündliche Gase wie Methan enthalten. Besteht die Luft aus 5–14 % Methan, kann es zu einer Explosion kommen.

Schlagfiguren, durch einen Schlag mit einer Spitze auf eine Kristalloberfläche erzeugtes System von Rissen, die aus ↗Gleitflächen und Spaltflächen bestehen, welche von der Symmetrie der Kristallfläche abhängen.

Schlagregen, der unter der Wirkung des Windes aus seiner senkrechten Fallrichtung ausgelenkte Regen, der damit auch auf senkrecht exponierte Flächen auftreffen kann. Bedingung für eine merkliche Auslenkung aus der Vertikalen ist eine Windgeschwindigkeit größer Beaufort 5.

Schlämmanalyse, dient zur Ermittlung der Korngrößenverteilung der Kornanteile unter 0,125 mm. Sie erfolgt in der Bodenmechanik nach dem Aräometerverfahren nach Casagrande (1934). Das Prinzip beruht darauf, daß verschieden große Körner in einer Aufschlämmung mit unterschiedlicher Geschwindigkeit absinken (Sedimentation). Der Zusammenhang zwischen Korngröße, Kornwichte und Sinkgeschwindigkeit wird durch das ↗Stokessche Gesetz angegeben. Die Methode bringt keine Trennung nach Korngrößen, sondern nach »gleichwertigen Korndurchmessern« in Kugelform. Versuchsdurchführung und Auswertung erfolgen nach DIN 18 123. Die Probemengen betragen bei sandhaltigen Böden ca. 75 g, sonst 30–50 g. Zur Verhinderung von Koagulation (Flockenbildung) bei der Sedimentation wird als Dispergierungsmittel 0,5 g Natriumpyrophosphat ($Na_4P_2O_7 \cdot 10\, H_2O$) zugegeben. Besonders anfällig für Flockenbildung sind gelhaltige Böden vulkanischer Herkunft und solche mit Humusanteilen. Bei Humusgehalten über 1,5 % müssen die organischen Bestandteile vorab durch Oxidation mit 15 %igem H_2O_2 zerstört werden. Ab Humusgehalten von etwa 15 % versagt auch dieses Verfahren. Störende Carbonatanteile werden mit verdünnter Salzsäure (z. B. mit 1 N HCl-Lösung) ausgetrieben. Für Kornverteilungsanalysen von Tongesteinen besteht keine einheitliche Regelung. Die schonende Naßsiebung gibt mehr einen Anhalt über den Verwitterungsgrad als eine Aussage über den Feinkornanteil des Gesteins. In der Laborpraxis sind folgende Aufbereitungsmethoden üblich: a) 24 Stunden Einweichen und schonendes Zerdrücken von Tonsteinbröckchen und gegebenenfalls 6–8 Stunden Schütteln oder Rühren, b) 2 Wochen Einweichen und Behandlung wie mit Mörsern der Tonsteinproben, mehrtägiges Einweichen und schonendes Zerdrücken oder Rühren.

Je nach Festigkeit bzw. Bindemittel der Tonsteinproben ergeben sich hierbei sehr unterschiedliche Körnungslinien und Tongehalte. Untersuchungen mit dem Rasterelektronenmikroskop (REM) haben gezeigt, daß in vielen Fällen ein hoher Anteil nicht zerlegten Tonmineralaggregaten in der Schluff- und Sandfraktion verbleibt. Diese Aggregate lassen sich durch eine 10–30 Minuten lange Behandlung mit dem Ultraschall-Schwingstab weitgehend zerlegen. Um zu vermeiden, daß hierbei schon eine Zerstörung größerer Tonminerale stattfindet, sind Versuchsreihen und eine Kontrolle mit dem REM zweckmäßig. Hierbei zeigt sich auch, ob längeres Einweichen erforderlich ist. Je nach Festigkeit des Ausgangsmaterials ergibt sich durch eine 10- bis 30minütige Ultraschallbehandlung eine Erhöhung des Tonanteils um 10–30 % und des Feinschluffanteils um 15–50 %. Dieser erhöhte Ton- und Feinschluffanteil entspricht häufig dem röntgendiffraktometrisch ermittelten Tonmineralanteil, wobei sich ein Teil der Tonminerale, besonders glimmerähnliche Illite, z. T. auch Kaolinit und Chlorit sowie einige Wechsellagerungsminerale, auch in der Mittel- und Grobschluffraktion finden. Bei harten Tonsteinen mit sehr fester Kornbindung ist die Wirkung der Ultraschallbehandlung begrenzt. Inwieweit es zweckmäßig ist, carbonatische Bindemittel durch Säurebehandlung zu »zerstören«, hängt letztlich von der Aufgabenstellung ab. Als schonende Säurebehandlung kann eine mehrmalige Behandlung mit 0,1 molaren Lösungen Ethylendiamintetraessigsäure (EDTE, Titripley o. a.) empfohlen werden. Durch Auflösung des Bindemittels wird das Ausgangsgestein verändert. Um eine Kornverteilungsanalyse eines Tonsteinmaterials bewerten zu können, muß auf jeden Fall die Probenaufbereitung angegeben werden. [ME]

Schlammbank, in stehenden bzw. langsam fließenden Gewässern oder im Seichtwasserbereich der Meeresküste vorkommende Akkumulationsform aus Feinstsedimenten.

Schlammbehandlung, Behandlung von Schlamm mit den Mitteln der Klärtechnik (↗aerobe Schlammbehandlung, ↗anaerobe Schlammbehandlung) zu dessen Verwertung oder Beseitigung.

Schlammgehalt, Gehalt einer Wasserprobe an ↗suspendierten Stoffen.

schlammgestütztes Gefüge, *mud-supported*, Gefüge, bei dem die Komponenten in einer feinkörnigen Grundmasse locker verteilt sind; sie »schwimmen« darin (Abb.).

Schlammstrom ↗Schuttstrom.

Schlammvulkan, meter- bis zehnermeterhohe Kegel, aufgebaut aus ausgeworfenem Schlamm: a) an ↗Fumarolen in aktiven Geothermalfeldern, b) submarin und terrestrisch in Gebieten mit Methan-Austrittstätigkeit (vor allem im Bereich großer Flußdeltas).

Schlauchkernrohr, Bohrverfahren mit ↗Doppelkernrohr, bei dem das Innenrohr zusätzlich mit einer flexiblen Schlauchauskleidung versehen ist. Der Bohrkern wird während des Bohrvorganges in den Schlauch geschoben, mit dem er später gemeinsam entnommen und aufbewahrt wird. Das Verfahren wird vor allem in bindigen Böden eingesetzt.

Schlauchpilze ↗Ascomyceten.

Schlauchwaage, Präzisionsschlauchwaage, ↗hydrostatische Höhenbestimmung.

schleichende Bodenerosion ↗Bodenerosion.

schleifender Schnitt, entsteht, wenn sich Bestimmungsrichtungen (-strahlen) unter einem zu spitzen oder zu stumpfen ↗Winkel schneiden. Schleifende Schnitte sollten bei der Anwendung der ↗Einschneideverfahren vermieden werden, da selbst bei sehr geringen Meßunsicherheiten die Genauigkeit der Koordinatenbestimmung stark herabgesetzt werden kann.

Schleifhärte, *Härtebestimmung nach Rosival*, Bestimmung des Härtegrades durch Bearbeitung des zu prüfenden Objektes mit einer bestimmten Menge eines Schleifpulvers. Dies geschieht solange, bis das Schleifmittel nicht mehr angreift. Der Gewichtsverlust ist dann das relative Maß für die Härte des Minerals, wobei ein anderes Mineral (Quarz) als Standard eingesetzt wird. ↗Härte.

Schleifmarken, *Rillenmarken*, Rillen auf Schichtoberflächen, die durch grundberührend treibende Gegenstände entstehen. Schleifmarken sind typisch für die Schichtunterseite von Turbiditbänken (↗Turbidit). Sie gehören zu den ↗Gegenstandsmarken.

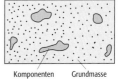

schlammgestütztes Gefüge: locker verteilte Komponenten in einer Grundmasse.

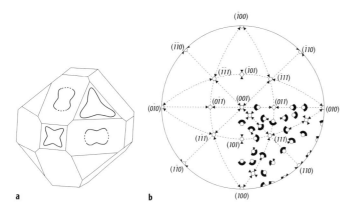

Schleifresistenz: Schleifresistenz des Diamanten: a) Härtekurven auf den wichtigsten Flächen, b) qualitative Angaben der Härte in den verschiedenen Richtungen (schwarze Segmente sind nicht schleifbar).

Schleppfalte: Schleppfalte im Liegenden einer Überschiebung.

Schleifresistenz, Widerstand eines Materials gegen Schleifvorgänge. Voraussetzung für die Bearbeitung von Schmucksteinen ist die Kenntnis der kristallographisch-physikalischen Eigenschaften, insbesondere der Härteanisotropie (/Härte). Diamant kann als härtestes Mineral nur mit Diamant selbst geschliffen werden, weil die Härte in verschiedenen kristallographischen Richtungen eine unterschiedliche Schleifresistenz aufweist (Abb.).

Schleimbakterien /Myxobakterien.
Schleimpilze /*Myxomyceten*.

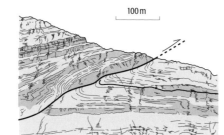

Schleppfalte, /Falte im Hangenden oder Liegenden einer Störung (Abb.). Schleppfalten entstehen durch Reibung auf der Störungsbahn oder (vermutlich in vielen Fällen) durch Faltung vor dem Durchbrechen der Störung.

Schleppkraft, parallel zur Sohle wirkende Kraft, die vom fließenden Wasser aus auf ein an der Sohle liegendes Sedimentteilchen einwirkt. /Erosionskompetenz, /Kapazität, /Kompetenz.

Schleppspannung, die auf die Flächeneinheit bezogene und auf die Sohle eines Gewässers einwirkende Kraft des fließenden Wassers in kN/m², durch die die auf der Gewässersohle befindlichen Feststoffe bewegt werden, wenn die kritische Schleppspannung überschritten ist.

Schleppung, asymptotisches Einbiegen von planaren oder linearen Gefügeelementen an einer tektonischen Bewegungsbahn.

Schleuderpsychrometer /Psychrometer.

Schleuderthermometer, Gerät zur /Temperaturmessung, das aus einem Flüssigkeitsthermometer besteht, dessen Gehäuse durch Schleudern zum Rotieren gebracht werden kann. Durch den entstehenden Luftstrom wird der Fühler ventiliert, wodurch ein guter Wärmeaustausch zwischen der Luft und dem Thermometer gewährleistet wird.

Schleuse, Bauwerk zur Überwindung einer künstlichen oder natürlichen /Fallstufe in einem Gewässer. Dabei wird das Schiff in einer Kammer, die nach Unter- und Oberstrom durch Tore abgeschlossen wird, durch Füllen der Kammer auf das Niveau des oberstromigen Wasserspiegels angehoben bzw. durch Leeren der Kammer auf das Niveau des Unterwasserspiegels abgesenkt. Die Abmessungen der Kammer richten sich nach der Größe der zu schleusenden /Schiffstypen. Bei der in Deutschland üblichen /Wasserstraßenklasse V beträgt die Breite der Schleusenkammer 12 m, die Länge 190 m. Bei den Schleusentoren werden je nach Art der Bewegung oder Lagerung verschiedene Typen unterschieden: Das Stemmtor gehört zu den ältesten und robustesten Torsystemen, es besteht meist aus zwei Flügeln und wird durch den Druck des Wassers geschlossen gehalten. Das Hubtor besteht aus einer ebenen Tafel, die über das Lichtraumprofil hinaus angehoben wird. Als Obertor erfordert es sehr hohe Aufbauten, die aus Gründen des Landschaftsschutzes heute möglichst vermieden werden. Das Schiebetor wird als eine ebene Tafel beim Öffnen in eine in der Kammerwand befindliche Nische gefahren. Beim Klapptor wird der Torkörper um eine horizontale Achse im unteren Teil des Tores gedreht. Nach der Bewegungsart werden weiter Hubsenktor und Hubdrehtor unterschieden.

Die Füllung und Leerung der Schleusenkammer erfolgt über Öffnungen, die durch /Schütze abgeschlossen werden. Dabei werden einerseits im Interesse eines hohen Wirkungsgrades der Schleuse kurze Füll- und Entleerungszeiten angestrebt, andererseits müssen die Füllungs- und Entleerungsorgane so ausgebildet werden, daß in der Schleusenkammer Strömungen und Turbulenzen weitgehend vermieden werden. Das Füllen und Entleeren kann entweder an den /Schleusenhäuptern (Endsystem), über die Kammerwände (Seitensystem) oder über die Kammersohle (Sohlensystem) erfolgen. Bei Endsystem wird im Torbereich entweder ein Schlitz freigegeben oder das Schütz geöffnet. Beim Seiten- und Sohlsystem erfolgt die Beschickung und Entleerung über Umläufe, die parallel zur Schleusenkammer verlaufen und mit dieser über kurze Stichkanäle verbunden sind. Bautechnisch sind das gegenüber dem Endsystem zwar die aufwendigeren Lösungen, sie bieten aber den Vorteil größerer Fördergeschwindigkeiten bei geringen Turbulenzen während des Füllvorganges. Die bauliche Gestaltung einer Schleuse hängt neben den Untergrundverhältnissen in erster Linie vom vorgesehenen Füllungs- und Entleerungssystem ab.

Entsprechend den unterschiedlichen betrieblichen, topografischen und wasserwirtschaftlichen Anforderungen wurden zahlreiche Sonderformen entwickelt (Abb.): Bei der Doppelschleuse

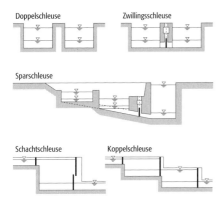

liegen zwei Kammern nebeneinander, die unabhängig voneinander betrieben werden können, wodurch sich die Leistungsfähigkeit der Anlage wesentlich erhöht. Wo aus wasserwirtschaftlichen Gründen der Wasserverbrauch vermindert werden muß, werden jeweils Koppelschleusen, Sparschleusen oder Zwillingsschleusen verwendet. Bei der Koppelschleuse liegen zwei Kammern hintereinander, wobei das Obertor der unteren Schleuse identisch ist mit dem unteren Tor der oberen. Bei Sparschleusen sind neben der eigentlichen Schleusenkammer mehrere sogenannte Sparbecken in unterschiedlicher Höhe angeordnet, die bei der Leerung einen großen Teil des Wassers aus der Schleusenkammer aufnehmen. Dabei wird nicht das gesamte Volumen der Schleusenkammer in das Unterwasser abgelassen, sondern nur der Teil unterhalb des tiefstgelegenen Sparbeckens. Die Füllung erfolgt dann in der Weise, daß die Schleusenkammer zunächst aus den Sparbecken gefüllt und nur diejenige Wassermenge aus dem Oberwasser ersetzt wird, die der bei der Entleerung ins Unterwasser abgegebenen Wassermenge entspricht. Die Zwillingsschleuse besteht aus zwei parallelen Kammern, die durch einen Verbindungskanal so verbunden sind, daß bei der Entleerung der einen Kammer das Wasser bis zum Spiegelausgleich in die andere abgegeben wird. Schachtschleusen werden bei großen Hubhöhen verwendet. Dabei wird der unterstromige Abschluß der Kammer durch eine massive Wand gebildet, unterhalb derer das Untertor das erforderliche Lichtraumprofil freigibt. Zu den Nebenanlagen einer Schleuse gehören u. a. Vorhäfen vor den Einfahrten. [EWi]
Literatur: KUHN, R. (1985): Binnenverkehrswasserbau.

Schleusenhaupt, Teil einer Schiffsschleuse, der das Schleusentor, gelegentlich auch Einrichtungen für das Füllen und Leeren der ↗Schleuse, aufnimmt. Lange Schleusen (Koppelschleuse) können ein Zwischenhaupt getrennt werden.

Schlichting, *Ernst*, deutscher Bodenkundler, * 25.1.1923 Kellinghusen (Schleswig-Holstein), † 17.4.1988 Stuttgart; 1961–1988 Professor in Stuttgart-Hohenheim. Schlichting verfaßte Arbeiten über Kupferbindung durch Bodenhumus, Stoffumlagerungen in Landschaften sowie die Genese und Ökologie von Pelosolen. Er versteht Böden als Teile von Bodenlandschaften, die miteinander durch Wasser- und Stoffumlagerungen verknüpft sind, was bei Bodennutzung und -schutz zu berücksichtigen ist. In der »Einführung in die Bodenkunde«(1964) werden die Eigenschaften realer Böden und Bodenlandschaften analysiert, um daraus Aussagen über Genese und Ökologie abzuleiten. Das »Bodenkundliche Praktikum« (mit Hans-Peter Blume, 1966 und 1995) gibt Anleitungen dazu.

Schlieren, länglich gestreckte oder streifige Zonen in magmatischen Gesteinen, die sich in ihrer mineralogischen Zusammensetzung und häufig auch in ihrem Gefüge und in ihrer Farbe deutlich vom umgebenden magmatischen Gestein unterscheiden. Schlieren zeichnen häufig das Fließgefüge in ↗Plutonen nach.

Schlierentextur ↗Migmatit.

Schließtemperatur, Temperatur, unterhalb der bei der isotopischen Altersbestimmung eines Mineralsystems die isotopische Uhr startet (↗Anreicherungsuhr), d.h. die Diffusionskonstante für das Tochterelement so niedrig ist, daß kein isotopischer Austausch mit der Umgebung mehr stattfindet. Ist die Diffusionskonstante bei der Bildungstemperatur eines Minerals bereits vernachlässigbar gering, so ist das ermittelte Alter ein ↗Bildungsalter oder ein ↗Kristallisationsalter, andernfalls spricht man von einem *Abkühlalter*. Da der Betrag der Diffusion neben der Temperatur auch von der wirksamen Zeit abhängt, ist die Schließtemperatur von der Abkühlrate abhängig. Die Kenntnis der Schließtemperatur ist für ↗Altersbestimmungen wichtig, deren radioaktives Ungleichgewicht durch Entgasung des Tochterisotops hergestellt wird wie bei der ↗Rubidium-Strontium-Datierung oder der ↗Kalium-Argon-Datierung (Tab.).

Schliffbord, flach ansteigender, oberer Hangteil in einem durch ↗glaziale Erosion entstandenen ↗Trogtal, oberhalb der steilen Trogwand. Die Verflachung entstand, weil die glaziale Überformung durch das Anwachsen und Abschmelzen des Eises im Gegensatz zur Talmitte kürzer andauerte. Das Schliffbord endet oben mit der ↗Schliffgrenze, die häufig als ↗Schliffkehle ausgeprägt ist.

Schliffgrenze, oberes Ende des ↗Schliffbords in einem durch ↗glaziale Erosion entstandenen ↗Trogtal. Die Schliffgrenze markiert die Grenze des Gletscherhöchststandes im Tal und damit der ↗Detersion des ↗Gletschers. Oberhalb sind ↗Frostverwitterung und ↗Steinschlag die dominierenden Prozesse.

Schliffkehle, als Hohlkehle unterhalb der ↗Schliffgrenze ausgebildete Hangversteilung in einem ↗Trogtal, welche durch die intensive ↗Detersion vom Rand des Gletschereises gebildet wurde. Oberhalb der Schliffkehle erfolgte keine ↗glaziale Überformung mehr, unterhalb von ihr liegt das flache ↗Schliffbord.

Schliffform ↗Edelsteine.

Schlingentektonik, Baustil mit Falten, deren Achsen annähernd senkrecht abtauchen. Solche Falten kommen vor allem in Salzdiapiren, an Blatt-

Schleuse: Sonderformen von Schleusen.

Hornblende	500–770 °C
Phlogopit	400–470 °C
Muscovit	350±50 °C
Phengit	350±50 °C
Biotit	350–400 °C
Feldspäte	ca. 230 °C

Schließtemperatur (Tab.): Schließtemperaturen für Argon von verschiedenen Mineralen, die für die Kalium-Argon-Datierung wichtig sind.

Schlichting, *Ernst*

Schlitzwand 1: Arbeitsablauf beim Schlitzwandverfahren.

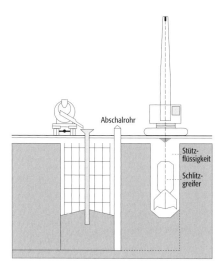

verschiebungen und in mehrfach deformierten metamorphen Gebieten vor.

Schlipf, Scholle aus Bodenmaterial oder anderem oberflächennahem Material, die bei ↗gravitativen Massenbewegungen entsteht (Bergschlipf, Erdschlipf, Felsschlipf). Voraussetzung ist die Überwindung der Scherkräfte zwischen Scholle und Untergrund aus hygrischen und/oder gravitativen Gründen, wodurch die Scholle in Fließ- bzw. Gleitbewegung gerät.

Schlitzdränung ↗Dränung.

Schlitzfräse ↗Schlitzwand.

Schlitzprobe, Probenahmeverfahren zur Gewinnung repräsentativer Proben im Zuge der ↗Bemusterung von Erzlagerstätten oder Mineralvorkommen.

Schlitzwand, Wand, welche in einem durch Bodenentnahme hergestellten Schlitz errichtet wird und Wandstärken zwischen 50 und 150 cm besitzt. Sie wird entweder zur reinen Baugrubenumschließung erstellt oder stellt einen bleibenden Teil des Bauwerkes dar. Je nach Herstellung besitzen Schlitzwände eine tragende oder dichtende oder eine tragende und dichtende Funktion. Unterschieden werden Ortbeton- und Fertigteilschlitzwände sowie Bentonit-Dichtungswände. Der Schlitzraum wird zur Herstellung von Ortbeton- und Fertigteilschlitzwänden unter Zugabe einer Stützflüssigkeit (Bentonit-Suspension) Lamelle um Lamelle (Lamellenlänge zwischen 2 und 5 m) ausgehoben und bei gleichzeitigem Abpumpen der Stützflüssigkeit jede Lamelle nach dem Aushub betoniert bzw. es erfolgt die Einstellung der Fertigteile (Abb. 1). Die Herstellung von Bentonit-Dichtungswänden kann in einem Schritt erfolgen, da die Stützflüssigkeit gleichzeitig als Dichtwandmaterial dient (Einphasenschlitzwand).

Die Herstellung der Schlitze erfolgt mittels eines Schlitzbohrers (Abb. 2), einer *Schlitzfräse* (Abb. 3) oder eines Schlitzgreifers; die gebräuchlichste Methode ist die Schlitzherstellung mittels eines Schlitzgreifers. Zur Führung der Geräte wird vor dem Aushub eine Leitwand am oberen Rand des Schlitzes erstellt. Der Schlitzbohrer arbeitet nach dem Drehbohrprinzip, wobei fünf einzelne Bohrköpfe gewährleisten, daß der Schlitz in seiner vollen Länge aufgebohrt wird. Die Schlitzfräse besitzt zwei Fräsräder, auf die je nach Baugrund verschiedene Frässcheiben aufgesetzt werden können. Beim Fräsen wird das Material zerkleinert und kann abgepumpt werden. Das Arbeitswerkzeug eines Schlitzgreifers ist ein normaler Bodengreifer. [TF]

Schlitzweite, bei ↗Brunnenfiltern der Durchmesser der Einlaßschlitze des Filterrohres.

Schlot, 1) *Vulkanschlot*, röhren- bis trichterförmiger Bereich im Zentrum eines Vulkangebäudes, aus dem beim Vulkanausbruch Magma ausfließt oder als Dispersion herausschießt (↗Vulkanismus). Die tieferen Bereiche eines Vulkanschlotes werden auch als ↗Diatrema bezeichnet. 2) *Karstschlot*, ↗Karstschacht. 3) ein von einer Höhlendecke mehr oder weniger vertikal nach oben entwickelte Höhlenstrecke, die nach oben hin blind endet (↗Schachthöhle).

Schlotbrekzie, durch vulkanische Brekziierung und/oder durch Rückfall von vulkanischem Material von den Kraterwänden oder aus einer Eruptionswolke entstandenes klastisches Aggregat im ↗Schlot eines Vulkans.

Schlotheim, *Ernst Friedrich* von, deutscher Botaniker und Paläontologe, * 2.4.1764 Allmenhausen (Thüringen), † 28.3.1832 Gotha. Schlotheim schrieb wichtige paläozoologische und -botani-

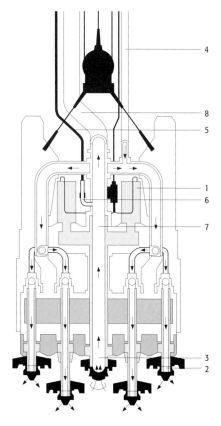

Schlitzwand 2: Schlitzbohrgerät (1 = Antriebsmotoren, 2 = Antriebswellen für Bohrköpfe, 3 = Saugmund, 4 = Wasserzuleitung, 5, 6 = Druckluftbeigabe (Lufthebeverfahren), 7, 8 = Absaugrohr der Mammutpumpe).

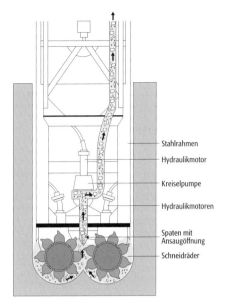

Schlitzwand 3: Schlitzfräse.

/Schlumberger-Anordnung. Im Jahre 1927 führte Schlumberger die ersten /geoelektrischen Bohrlochmessungen bei Pechelbronn (Elsaß) durch. Die heute weltweit führende Firma für geophysikalische Bohrlochmessungen führt den Namen »Schlumberger«.

Schlumberger-Anordnung, Meßanordnung in der /Gleichstromgeoelektrik.

Schlüsselart, pflanzliche oder tierische /Arten, die unabhängig von ihrer Häufigkeit des Auftretens (/Abundanz) in bestimmter Weise einen starken regulierenden Einfluß auf eine /Lebensgemeinschaft und auf das von ihr bewohnte /Ökosystem haben. Der Wegfall einer Schlüsselart würde die vorhandene Lebensgemeinschaft und als Folge davon auch das Ökosystem entscheidend verändern.

Schmalwand, /Dichtungswand, welche durch ein Verdrängen des Bodenmaterials durch das Einrütteln und daraufolgendem Ziehen von Stahlträgern oder Stahlbohlen bei gleichzeitigem Einbringen des Dichtungsmaterials (/Dichtungselemente) hergestellt wird (Abb.). Das Dichtungsmaterial tritt am unteren Ende der Bohlen unter Druck über Düsen aus, so daß Hohlraum und Poren des verbleibenden Bodens mit Dichtungsmaterial verpreßt werden.

sche Arbeiten und wußte als einer der ersten die Bedeutung der /Leitfossilien richtig einzuschätzen. Er machte sich verdient um die Erforschung der Steinkohlevorkommen Thüringens. Werke (Auswahl): »Petrefactenkunde auf ihrem jetzigen Standpunkte …« (3 Teile, 1820–23).

Schlotte, *Karstschlotte*, mit Boden oder Sediment erfüllte, oftmals sackförmige Hohlform im Gestein; Kleinform des /Karstes.

Schlucht /Talformen.

Schluckbrunnen, *Infiltrationsbrunnen, Versickerungsbrunnen*, Brunnen zur Wiedereinleitung/Infiltration von Wasser in einen Grundwasserleiter.

Schluckloch /Ponor.

Schluckstelle /Schwinde.

Schluff, *Silt*, 1) /Kornfraktion mit einem /Äquivalentdurchmesser von 0,002–0,063 mm. 2) Hauptgruppe der /Bodenarten mit den Bodenartengruppen Sandschluff, Lehmschluff und Tonschluff.

Schluffmudde, organomineralische /Mudde mit 5–30 Masse-% /organischer Substanz. Im mineralischen Anteil sind weniger als 70 % Kalk und weniger als 15 % Ton enthalten. Das Sediment besteht überwiegend aus Schluff, hat jedoch noch einen gut erkennbaren Anteil an meist fein zerteiltem organischem Material. Die Schluffmudde ist meist sehr dicht gelagert und nimmt mit steigendem Tongehalt eine klebrig-zähe Konsistenz an. Man findet die Schluffmudde oft als Basissediment im älteren Pleistozän. Ihre Farbe variiert von grau bis gelblich braun.

Schlumberger, *Conrad*, französischer Geophysiker, * 1878 Gebweiler im Elsaß, † 1936 Stockholm; 1907–1923 Professor für Geophysik an der École des Mines in Paris. Bereits 1914 führte er die ersten Versuche zur Vermessung des Eigenpotentials durch und kann als Begründer der Geoelektrik angesehen werden. Bekannt ist das Gleichstrom-Sondierungsverfahren mit der

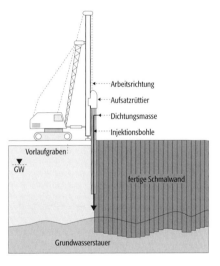

Schmalwand: Herstellung einer Schmalwand (GW = Grundwasser).

Schmarotzertum /Parasitismus.

Schmauss, *August*, deutscher Physiker und Meteorologe, * 26.11.1877 München, † 10.10.1954 München; 1910 Direktor der bayerischen Landeswetterwarte; 1922–1948 Professor und Vorstand des Meteorologischen Instituts der forstlichen Versuchsanstalt an der Universität in München; 1923–1945 Vorsitzender der /Deutschen Meteorologischen Gesellschaft; zahlreiche Arbeiten zur Physik der Atmosphäre. Werke (Auswahl): »Das Problem der Wettervorhersage« (1923).

Schmelze, Produkt der partiellen oder vollständigen Aufschmelzung (/aufschmelzen) eines Gesteins. Im Unterschied zum /Magma besteht eine Schmelze nur aus der flüssigen Phase. Die

Schmelzen in der Natur sind überwiegend silicatisch und nur selten carbonatisch oder sulfidisch. Zwischen diesen Typen besteht eine nur geringe Mischbarkeit. Schmelzen unterscheiden sich von der kristallinen Materie durch das Fehlen einer ↗Fernordnung, während die Nahordnung (↗Kristallstruktur) der atomaren Bauteile bis ca. einem Nanometer ähnlich ist. So finden sich die wesentlichen Baueinheiten der Silicatminerale in Silicatschmelzen wieder. Eine (in der Natur nicht existente) reine SiO_2-Schmelze besteht z. B. aus einem Netzwerk vollständig polymerisierter SiO_4-Tetraeder; dementsprechend ist sie sehr viskos. In einer Diopsidschmelze finden sich vor allem die SiO_3-Ketten des Diopsids ($CaMgSi_2O_6$). Ca- und Mg-Ionen wirken in dieser Schmelze als Netzwerkwandler, weil sie die Vernetzung der SiO_4-Tetraeder untereinander unterbrechen; damit ist eine Verringerung der Viskosität verbunden. Wasser, das sich chemisch in einer Silicatschmelze löst, wirkt ebenfalls als Netzwerkwandler und erniedrigt die Viskosität erheblich. [HGS]

Schmelzeinschluß ↗Silicatglaseinschluß.

schmelzen, *Schmelzvorgang*, Übergang eines festen Stoffs in den flüssigen Zustand; bei Wasser der Übergang aus der Eis- in die Wasserphase; Umkehrprozeß zu ↗gefrieren. Das Schmelzen erfolgt bei Normaldruck nach Energiezufuhr mit Temperaturanstieg bis zur Schmelztemperatur T_g, dem Schmelzpunkt bei 0°C. Die erforderliche Umwandlungswärme zum Aufbrechen des Ionengitters, die Schmelzwärme r_g, beträgt ca. 340 J/g, die Schmelzenthalpie ist 6,007 kJ/mol. Entsprechend der Änderung des molekularen Gefüges nimmt die Dichte um ca. 9% von 0,9168 (Eis) auf 0,99987 g/cm³ (Wasser) zu. Schmelzwasser bei 0°C hat ein um 9% kleineres Volumen als Eis bei 0°C. Die Schmelztemperatur sinkt mit steigendem Druck.

Schmelzformen, *Ablationsformen*, alle durch das Zusammenspiel von ↗Ablation und örtlich unterschiedlicher Widerständigkeit von Firn und Eis gegenüber Schmelzvorgängen gebildete Formen an der Schnee- oder Gletscheroberfläche, wie z. B. ↗Büßerschnee, ↗Schmelzschalen, Schmelzwasserrinnen etc.

Schmelzharsch ↗Harschschichten.

Schmelzmetamorphose, Veränderungen einer Schneedecke durch wiederholtes Schmelzen und Wiedergefrieren des Schmelzwassers. Beispiele für Produkte der Schmelzmetamorphose sind Schmelzeishorizonte wie ↗Harschschichten und ↗Firnspiegel.

Schmelzpunkt, *Dissoziationspunkt, Erstarrungspunkt, Fp, F* (von Fusionspunkt abgeleitet), Bezeichnung für die Temperatur, bei der die flüssige und die feste Phase eines Stoffes im Gleichgewicht stehen. Zahlreiche Minerale zerfallen (dissoziieren) allerdings unter den Bedingungen an der Erdoberfläche vor Erreichen des Schmelzpunktes. Bei Seewasser ist der Schmelzpunkt abhängig von ↗Druck und ↗Salzgehalt. ↗Aggregatzustand, ↗Phasenbeziehungen.

Schmelzpunktkurve ↗Aggregatzustand.

Schmelzschalen, halbkreisförmige (dann auch *Mittagslöcher* genannt), ovale bis rundliche Ablationshohlformen (↗Schmelzformen) auf Gletscheroberflächen, die einige cm bis maximal ca. 50 cm tief werden und häufig in einer Vielzahl dicht nebeneinander liegend (*Wabenschnee*) auftreten. Ihre Entstehung wird auf tageszeitlich variierende Strahlungsintensität bzw. im Falle des Wabenschnees auf eine wellenartige Schmelzwirkung warmer Winde zurückgeführt.

Schmelztemperatur ↗Mikrothermometrie.

Schmelztuff, veralteter Ausdruck für verschweißte ↗Tuffe.

Schmelzvorgang ↗schmelzen.

Schmelzwärme, diejenige Wärmemenge, die notwendig ist, um 1 kg Eis zu schmelzen. Für reines Wasser beträgt sie $3,334 \cdot 10^5$ J/kg bei Atmosphärendruck.

Schmelzwasser, sämtliches durch das Schmelzen von Schnee und Eis entstehendes Wasser, das entweder abfließt (Schmelzwasserabfluß, ↗Gletscherbach) oder mehr oder weniger am Ort seiner Entstehung wiedergefriert (Schmelzeishorizonte, ↗Aufeisbildung).

Schmelzwasserablagerungen, ↗fluvioglaziale Sedimente von ↗glazigenem Material, das durch abfließendes Schmelzwasser auf, im, unter, seitlich vom und/oder vor dem Eis (↗Gletscher oder ↗Eisschild) transportiert und abgelagert wird. Zu den Schmelzwasserablagerungen zählen ↗Kame und ↗Os, die in einer ↗Eiszerfallslandschaft entstehen, ↗Sander und Schotterflächen, die vom abfließenden Schmelzwasser vor dem Eisrand aufgeschüttet werden. Schmelzwasserablagerungen sind Bestandteile der ↗Grundmoränenlandschaft und prägen den Außensaum des Vereisungsgebietes. Im Norden Mitteleuropas bilden sie einen eigenen Landschaftstyp, die ↗Geest.

Schmelzwasserrinne, subglaziär, unter dem Eis von ↗Gletschern oder unter Inlandeis (↗Eisschild) fließendes Schmelzwasser. Es schafft durch seinen großen hydrostatischen Druck und die mitgeführten ↗Geschiebe subglaziäre Tunneltäler. Diese Schmelzwasserrinnen können erhalten bleiben und werden nach dem Abtauen des Eises zu ↗Rinnenseen oder durch Verfüllung der Tunneltäler zu ↗Osern.

Schmelzzone, schmaler Bereich in einem länglichen Ausgangsmaterial, in dem es über den ganzen Querschnitt aufgeschmolzen wird. Diese Schmelzzone kann dann über die Länge des Materials verschoben und zur Reinigung oder zur Kristallherstellung, z. B. mittels ↗THM, verwendet werden. Letzteres Verfahren gehört zu den Methoden der ↗Hochtemperaturschmelzlösungszüchtung.

Schmelzzüchtung, *Kristallzüchtung aus der Schmelze*, die verbreitetste Methode sowohl nach Art und Menge der hergestellten Kristalle als auch nach ihrem Wert. An der Spitze steht hierbei die Züchtung von Halbleiterkristallen, insbesondere von Silicium, aber auch von dielektrischen Kristallen für optische, elektrooptische, piezoelektrische und andere Anwendungen, z. B. als Laserkristalle. Die Palette reicht von den bei tiefen Temperaturen erstarrenden Edelgaskristallen bis zu den Verbindungen mit den höchsten bekannten Schmelzpunkten, den Übergangsmetallkarbiden. Da an der ↗Wachstumsfront die Kristallbausteine direkt vorliegen, spielen Transportprozesse eine untergeordnete Rolle und sind nur für Verunreinigungen oder Dotierstoffe von Belang. Damit ist die erreichbare Wachstumsrate recht hoch im Bereich von bis zu einigen Metern pro Tag. Eine Züchtung aus der Schmelze ist immer zu bevorzugen, es sei denn, die betreffenden Stoffe zerfallen oder verdampfen vor dem Erreichen der Schmelztemperatur, erfahren eine destruktive ↗Phasenumwandlung, erstarren glasartig oder die Bildung der gewünschten Kristallphase ist gehemmt.

Die Verfahrenstechniken und Züchtungsmethoden sind für die Schmelzzüchtung am weitesten entwickelt. Die meisten Stoffe schmelzen bei höheren Temperaturen unter normalem Druck. Damit ist die Temperatur der entscheidende Parameter. Der wichtigste phänomenologische Vorgang ist der Wärmetransport. Die Wärme, die aus der Schmelze zur Wachstumsfront fließt, und die Kristallisationswärme müssen über den Kristall abgeführt werden. Dabei gilt, daß die Wachstumsgeschwindigkeit um so höher ist, je größer der Temperaturgradient im Kristall und je flacher er in der Schmelze ist. Stoffe mit guter Wärmeleitfähigkeit wie Metalle lassen sich schneller kristallisieren als Stoffe mit geringerer Wärmeleitfähigkeit. Abgesehen von ideal reinen Einstoffsystemen, mit denen man es nur selten zu tun haben dürfte, wird aber die Wachstumsgeschwindigkeit bei der Züchtung nicht durch die Wärmeleitung, sondern durch die Phänomene der konstitutionellen Unterkühlung begrenzt, die von einer gewissen Wachstumsrate an zu Instabilitäten der Wachstumsfront führen können. Die molekulare Wachstumskinetik bei der Schmelzzüchtung ist meistens mit einer atomar rauhen Wachstumsfront wegen der meist kleinen Schmelzentropien und hohen Züchtungstemperaturen verbunden. Die ↗Unterkühlungen sind im allgemeinen klein, so daß die Wachstumsfront mit der Isothermen der Schmelztemperatur zusammenfällt. Anspruchsvolle Züchtungsverfahren arbeiten mit Keimvorgabe (↗Keim). Folgende Züchtungstechniken sind grundlegend zu unterscheiden: a) Erstarrung in Tiegeln: Der Kristall wächst in einem Tiegel oder anderen Behälter (Bridgman-Stockbarger-Verfahren; ↗Bridgman-Verfahren). b) Ziehen aus der Schmelze: Die Schmelze befindet sich ebenfalls in einem Tiegel, der Kristall wächst frei an einem ↗Keimkristall aus der Schmelze (↗Czochralski-Verfahren) oder in die Schmelze (↗Nacken-Kyropoulos-Verfahren). c) tiegelfreie Methoden: Es handelt sich das tiegelfreie ↗Zonenschmelzen und das ↗Flammenschmelzverfahren. [GMV]

Schmettau, Friedrich Wilhelm Karl von, preußischer Offizier und Kartograph, * 1743 Berlin, † 1806 Jena, in der Schlacht bei Auerstedt tödlich verwundet; Sohn von Reichsgraf Samuel von Schmettau (1684–1751), der in österreichischen Diensten 1720/21 Sizilien topographisch aufgenommen hat. Nach Besuch der Ritterakademie in Brandenburg stieg er ab 1756 im Militär bis zum Generalleutnant auf. Schmettau war an topographischen Aufnahmen preußischer Provinzen beteiligt (bis 1786/87 272 handgezeichnete Blätter, meist 1:50.000 = Schulenburg-Schmettausches Kartenwerk), die nach der Reduktion auf 1:100.000 zur Grundlage für alle Karten wurde, die D. F. Sotzmann (1754–1840) von preußischen Gebieten herausgab; im Druck erschienen »Mecklenburg-Strelitz« (9 Blätter) und »Mecklenburg-Schwerin« (16 Blätter, 1:50.000, 1788). [WSt]

Schmidtsches Netz ↗Lagenkugel-Projektion.

Schmieröl, Mischung aus überwiegend naphthenhaltigen höhermolekularen Verbindungen, welche durch ihre Viskosität charakterisiert wird. Grundstoff für die Schmierölherstellung bildet der höhermolekulare Rückstand der atmosphärischen Destillation von ↗Erdöl. In einer weiteren Destillation mit vermindertem Druck (Vakuumdestillation) erhält man mehrere gut fraktionierte Destillate, welche sich in der Viskosität und in ihren Siedebereichen unterscheiden. In anschließenden Aufreinigungsschritten werden aromatische Verbindungen mittels einer Lösungsmittelextraktion sowie paraffinische Kohlenwasserstoffe und höhermolekulare Asphaltene abgetrennt. Die gewünschten Eigenschaften der Schmieröle werden durch Mischung unterschiedlicher Schmieröle und durch Zusatz von Additiven erhalten.

Schmirgel ↗Smirgel.

Schmithüsen, Josef, deutscher Vegetationsgeograph und Landschaftsökologe, * 30.1.1909 Aachen, † 2.4.1989 Formentera; Studium in Bonn, Professuren in Karlsruhe und Saarbrücken. Mit Vegetationsaufnahmen in intensiv genutzten Waldformationen im linksrheinischen Schiefergebirge und im Luxemburger Land erwachte sein Interesse an Fragen des von der menschlichen Bewirtschaftung bestimmten ökologischen Wirkungsgefüges. Daraus erfolgte eine allmähliche Erweiterung des Arbeitsgebietes zu den Themen Vegetationsforschung und ökologische ↗Standortlehre, um die Entwicklung verschiedener Typen der ↗Kulturlandschaft zu erklären. Damit verbunden war die Beschäftigung mit Methoden zur räumlichen Gliederung der untersuchten Gebiete. Nach dem 2. Weltkrieg beschäftigte sich Schmithüsen in Zusammenarbeit mit der Bundesanstalt für Raumforschung und Landeskunde (Bad Godesberg) mit grundsätzlichen und methodischen Richtlinien zur ↗Naturräumlichen Gliederung auf der Grundlage der topographischen Übersichtskarte 1:200.000. Bis 1962 wirkte er zusammen mit Emil Meyen als Herausgeber des Handbuches der Naturräumlichen Gliederung der Bundesrepublik Deutschland, welches auch heute noch eine wichtige Grundlage der ↗Raumplanung darstellt. Nach frühen Arbeiten zu Vegetationsformationen in mediterranen Ländern begann Schmithüsen 1952 mit Forschungen in Chile, bereiste später auch andere Andenländer und dehnte seine Forschungen zu Darstellungen der vegetationsgeographischen Zusammenhänge des gesamten zirkumpazifischen Raumes und zu Vergleichen zwischen den südhemisphärischen Gebirgsländern aus. Mit seinem in mehreren Auflagen erschienenen Lehrbuch zur Allgemeinen Vegetationsgeographie (1957) differenzierte er die Konzeption der Vegetationsgeographie gegenüber der Verbreitungslehre der ↗Geobotanik. Seine inhaltliche Vorstellung des Faches Vegetationsgeographie konnte er auch in der von ihm begründeten wissenschaftlichen Reihe »Biogeographica« und im Atlas zur Biogeographie (1976) aufzeigen. Die von Schmithüsen seit der Doktorarbeit verfolgten Ansätze zur Theorie und Entwicklung des Landschaftsbegriffes gipfelte 1976 in einer Monographie über die Allgemeine Geosynergetik. Darin stellt er den methodologischen Ansatz zur Gesamtbetrachtung eines Raumes vor. Die Ideen der Übernahme von Pflanzen als Zeiger des ↗Landschaftshaushaltes führten weg von der reinen Lebewesen-Umweltbeziehung der klassischen ↗Ökologie. Anorganischen ↗Ökofaktoren wurde der gleiche Stellenwert eingeräumt wie den organischen. Gleichzeitig bemühte sich Schmithüsen um eine Vereinheitlichung der Fachterminologie und eine abschließende Klärung des Landschaftsbegriffes. Aus aktueller Sicht, welche die Betrachtung von ↗Landschaftsökosystemen als Lebensumwelt des Menschen als selbstverständlich ansieht, ist es wichtig, die Entwicklung dieser Idee im Rahmen der bis in die 1970er Jahre geführten Diskussionen um gesellschaftliche Entwicklung, Umweltproblematik und die Rolle der Ökologie als wissenschaftliche Disziplin zu sehen. Werke (Auswahl): »Handbuch der naturräumlichen Gliederung Deutschlands« (2 Bände, 1953–1962, zusammen mit E. Meynen), »Lehrbuch der Allgemeinen Vegetationsgeographie« (3. Auflage, 1957–1976), »Allgemeine Geosynergetik. Grundlagen der Landschaftskunde« (1976), »Der wissenschaftliche Landschaftsbegriff« (in: Pflanzensoziologie und Landschaftsökologie 1968). [DS]

Schmitthenner, *Heinrich,* deutscher Geograph, * 3.5.1887 Neckarbischofsheim, † 19.2.1957 Marburg; Schüler A. ↗Hettners, den er 1912 und 1913/14 auf Reisen nach Nordafrika und Ostasien begleitete; 1912 Promotion über »Die Oberflächengestaltung des nördlichen Schwarzwalds«, 1919 Habilitationsschrift, die bereits »Die Theorie der Stufenlandschaft« enthielt; ab 1923 Professor in Heidelberg, 1925 zehnmonatige Reise durch China, ab 1928 Professor in Leipzig, ab 1936 Direktor des Geographischen Instituts, ab 1946 Leitung des Geographischen Instituts in Marburg; Forschungsschwerpunkte: Geomorphologie (insbesondere der Schichtstufenlandschaften), Länderkunde, Ostasien (insbesondere China).

Schmuckfarbe, eine beliebige, gesondert hergestellte Druckfarbe, die nicht aus dem Farbspektrum der genormten Druckfarben Cyan, Magenta und Gelb während des Drucks entspricht. Schmuckfarben werden sowohl von den Druckfarbenherstellern angeboten als auch vom Drucker selbst gemischt. Die Farbigkeit eines Druckes, z. B. einer Karte, kann bei Schmuckfarben in der Druckmaschine beeinflußt werden, indem der Farbton der Druckfarbe vom Drucker verändert wird.

Schmucksteine ↗*Edelsteine.*

Schmutzstoff, allochthone, gelöste, kolloidale oder feste Substanz, die als Verunreinigung die Qualität eines Wassers verschlechtert.

Schmutzwasser ↗Abwasser.

Schmutzwasseranfall, Menge des durch häuslichen, industriellen, landwirtschaftlichen und sonstigen Gebrauch anfallenden und in seinen natürlichen Eigenschaften durch Verschmutzung stark veränderten Wassers. Das Wasser kann eine Vielzahl von Verunreinigungen aufweisen, die sich unterteilen lassen in leicht abbaubare organische Stoffe, schwer abbaubare organische Stoffe, Pflanzennährstoffe, Schwermetallverbindungen und grobe ungelöste Inhaltsstoffe. Das anfallende Schmutzwasser muß, um die Gewässer zu schützen, von seinen Schadstoffen durch Abwasserreinigungsanlagen und sonstige technische Maßnahmen befreit werden.

Schnecken ↗Mollusca.

Schneckenbohrung, drehend-schneidendes Trockenbohrverfahren, bei dem ein Schneckenbohrer, ggf. mit darüber angeordneten Transportschnecken, das Bohren in Lockergesteinen mit quasi-kontinuierlichem Bohrgutaustrag erlaubt. Anwendungsbereiche sind geringtiefe, großvolumige Bohrbrunnen und der Spezialtiefbau.

Schnee, Niederschlag in fester, gefrorener Form. Er besteht aus kleinen ↗Schneekristallen, die sechseckige Säulen, Plättchen und Sternchen sein können und die oft zu größeren Einheiten, den ↗Schneeflocken, zusammenwachsen.

Schneeablation, durch Schneeschmelzung und -verdunstung (↗Sublimation) bedingter Massenverlust einer Schneedecke (↗Ablation).

Schneeadhäsion, bezeichnet das Anhaften einer Schneedecke an ihrem Untergrund.

Schneeaerosole, durch die Luft wirbelnde Schneepartikel (z. B. beim Abgang von Staublawinen, ↗Lawine).

Schneeart, Ausbildungsformen des Schnees, wie sie im Rahmen der ↗Schneemetamorphose in einer Schneedecke auftreten können. Zu unterscheiden sind Neuschnee mit hexagonalen Schneekristallen, feinkörniger Schnee mit Korndurchmessern von 0,3–0,5 mm, grobkörniger Schnee mit Körnern bis 2 mm und Tiefenreif (auch Schwimmschnee) mit bis zu 5 mm großen Becherkristallen.

Schneeausstecher, *Schneeausstechrohr, Schneezylinder,* Instrument mit definiertem Volumen, das zur Ermittlung des Wassergehalts und der Dichte einer Schneeschicht eingesetzt wird.

Schneeausstechrohr ↗*Schneeausstecher.*

Schneeballgranat, spezielle Form ↗poikiloblastischer oder ↗helizitischer ↗Granate mit spiralig angeordneten Einschlüssen; typisch für syntektonisch gewachsene Granate, welche die Stadien rotationaler Verformung (rotationale Relativbewegung zwischen dem Granat und den Schieferungsflächen der Matrix) sukzessiv überwachsen.

Schneebarchan, der Sandbarchan (↗Düne) ähnliche, im kohäsionsarmen Lockerschnee äolisch entstandene Schneedüne mit flacher Luv- und steiler Leeseite.

Schneebarflecken ↗Nivationsformen.

Schneebedeckung, Überlagerung einer Gelände- oder Eisoberfläche mit einer temporären oder perennierenden Schneedecke.

Schneebedeckungsgrad, Relation zwischen aperem (schneefreiem) und schneebedecktem Gelände in einem abgegrenzten Gebiet.

Schneeblockwall ↗Nivationsformen.

Schneebrei, infolge hohen Schmelzwassergehalts stark durchnäßter Schnee. Schneebrei ist eine zähe, schwimmende, weißliche, brei- und eisförmige Masse, die infolge starken Schneefalls im bis zur Gefrierpunktnähe abgekühlten Wasser entstanden ist.

Schneebrett, auf einem windexponierten, luvseitigen Hang durch Winddruck festgepreßte Schneedecke.

Schneebrettlawine ↗*Festschneelawine*.

Schneebruch, wenn Schneefall bei Temperaturen um 0°C starken Schneeansatz an der Vegetation verursacht, kann bei weiter anhaltendem Niederschlag die ↗Schneelast so hoch werden, daß z. B. Bäume zusammenbrechen und große Schäden auftreten.

Schneebrücke, 1) zur Lawinenstützverbauung in Lawinenanrißgebieten zählende Bauwerke, die, einem überdimensionalen Lattenzaun ähnlich sehend (Höhe 3–5 m), in zahlreichen übereinander angeordneten, hangparallelen Reihen im rechten Winkel zur Hangoberfläche angelegt werden und das Abgleiten von Schneemassen und damit die Entstehung von ↗Lawinen verhindern sollen (↗Lawinenverbau). 2) über einer ↗Gletscherspalte liegende und damit hohle Schneedecke.

Schneedecke, ist die vollständige Bedeckung (geschlossene Schneedecke) des Bodens mit Schnee, Schneegriesel oder Graupel. Wenn der Boden nur teilweise, jedoch mehr als 50 %, mit Schnee bedeckt ist, wird dies durchbrochene Schneedecke genannt. Wenn der Boden weniger als 50 % mit Schnee bedeckt ist, wird dies mit Schneereste bezeichnet, und nur einige Stellen mit Schnee werden als Schneeflecken bezeichnet. Eine Schneedecke kann unterschiedliche Viskositäten besitzen. Dies ist abhängig von der herrschenden Temperatur und der Dichte der Schneedecke, wobei eine dichtgepackte Schneedecke am Hang bei niedrigen Temperaturen noch geringe Viskosität und damit hohe Standfestigkeit besitzt, bei plötzlichem Temperaturanstieg jedoch rasch sehr fließfähig wird und Lawinengefahr entsteht.

Schneedeckenabfluß, Abfluß des Schmelzwassers einer zumindest teil- und zeitweise im Abschmelzprozeß befindlichen Schneeablagerung.

Schneedeckenaufbau ↗Schneeprofil.

Schneedeckendauer, beschreibt den Zeitraum, in dem eine Gelände- oder Eisoberfläche mit einer temporären oder perennierenden Schneedecke bedeckt ist (↗Schneebedeckung).

Schneedeckenmächtigkeit ↗Schneehöhe.

Schneediagenese, ältere und heute nur noch selten gebrauchte Bezeichnung für die Umwandlung und Verdichtung einer Schneedecke im Rahmen der ↗Schneemetamorphose.

Schneedichte, Menge des Wassergehaltes einer ungestörten Schneeschicht in g/cm^3.

Schneedruck, an der Unterlage einer Schneedecke durch die Schneeauflage entstehender Druck.

Schneeeis, auf einer Eisfläche entstandene Eisschicht, die sich durch Gefrieren von wasserdurchtränktem Schnee gebildet hat. Hohe Luftblasenanteile verleihen dem Schneeeis ein milchig trübes Aussehen.

Schneefall, Niederschlag als Schnee aus dichter Bewölkung.

Schneefallgrenze, Höhe über NN, bis zu der hinab Niederschlag in Form von Schnee die Erdoberfläche erreicht.

Schneefegen, vom Wind in nur flacher Schicht aufgewirbelter Schnee, der in Mulden und windgeschützten Stellen zusammen »gefegt« wird. Die Sicht ist im Gegensatz zum ↗Schneetreiben in Augenhöhe kaum beeinträchtigt.

Schneefeld, *Schneefleck*, temporäre oder perennierende, isolierte Schneeablagerungen im ansonsten zu über 50 % aperen (schneefreien) Gelände als Reste einer winterlich geschlossenen ↗Schneebedeckung, die sich reliefabhängig, z. B. durch lokal unterschiedlich starkes Abtauen (Sonnen-Schattlagen) oder aus dem Abtauen uneinheitlich mächtiger und verdichteter Schneedecken (z. B. am Fuß von Lawinenhängen gegenüber freiem Gelände) einstellen.

Schneefilz, Schnee im Übergangsstadium vom noch nicht verdichteten Neuschnee zum ↗Altschnee. Die Primärkristalle sind beim Schneefilz im Gegensatz zum Altschnee, obwohl bereits verändert, noch deutlich zu erkennen.

Schneefleck ↗*Schneefeld*.

Schneeflocken, durch Stoß zusammengeklumpte oder -gekettete ↗Eis- oder ↗Schneekristalle (Aggregation), oftmals durch Bereifen mit unterkühlten Wolkentröpfchen vergraupelt und von unregelmäßiger Struktur (↗Graupel). Schneeflocken sind typischerweise kleiner 2 cm, gelegentlich jedoch mehrere Zentimeter groß. Die verschiedenen Wachstumsprozesse Wasserdampfdiffusion, Bereifen und Aggregation können gleichzeitig auftreten.

Schneeforschung ↗Schnee- und Lawinenforschung.

Schneeglätte, durch Schnee hervorgerufene Glätte, die hauptsächlich dadurch zustande kommt, daß Schnee auf dem Erdboden festgetreten oder festgefahren wird und der dabei entstehende verschmelzende Belag wie alle Eisformen sehr glatt wird.

Schneegleiten, langsames Abgleiten einer Schneedecke auf der Bodenoberfläche im Hangbereich. Schneegleiten kann durch den Aufbau von Spannungen in der Schneedecke letztlich zu einem ↗Lawinenabgang führen.

Schneegrenze, Höhengrenze, ab der tatsächlich oder potentiell eine ↗Schneedecke angetroffen wird, häufig identisch mit der Schneefallgrenze, d. h. der Höhe, ab der aktuell der Niederschlag in Schneeform fällt. Die gegenwärtige, unmittelbar sichtbare, unterschiedlich hoch liegende Grenze zwischen schneebedecktem und schneefreiem (aperem) Gelände ist die *temporäre Schneegrenze*. Sie verschiebt ihre Höhenlage mit den Jahreszeiten, sogar mit einzelnen Schneefallereignissen oder an Sonnentagen. Aus dem langjährigen Mittel der lokalen jährlichen Maxima der Höhenlage der temporären Schneegrenze ergibt sich die ↗orographische Schneegrenze, auch reale Schneegrenze genannt. Die Schneegrenze ist zeitlich gemittelt auch Gegenstand klimatologischer Betrachtungen. Für großräumige Vergleiche wird die ↗klimatische Schneegrenze herangezogen.

Schneegriesel, *Griesel*, sehr kleine weiße Körner aus Schneekristallen mit einem Reifüberzug. Schneegriesel fällt durchweg aus tiefhängenden ↗Schichtwolken in nur geringen Mengen. Er entsteht durch Gefrieren der sehr kleinen Wolkentröpfchen, die dann sehr langsam zur Erde schweben.

Schneehaldenschuttwall ↗Nivationsformen.

Schneehöhe, *Schneedeckenmächtigkeit*, Höhe in Zentimetern der an einem Ort liegenden ↗Schneedecke.

Schneehöhenmessung, die Messung der Schneehöhe erfolgt mit Hilfe eines Peilstabes über einer horizontalen Fläche. Automatische Verfahren basieren auf dem Echolotprinzip.

Schneeinterzeption, ↗Interzeption von festem Niederschlag auf Pflanzenoberflächen.

Schneeklima, Klimazone, in welcher der Niederschlag nur oder fast nur in Schneeform fällt, weitgehend identisch mit dem polaren und subpolaren Klima. ↗Klimaklassifikation.

Schneekreuz, kreuzförmiger Einsatz in einem ↗Hellmann-Niederschlagsmesser, durch den verhindert wird, daß bereits aufgefangener Schnee wieder aus dem Auffanggefäß geweht wird.

Schneekriechen, sehr langsame und kontinuierliche Hangabwärtsbewegung einer Schneedecke, die sich im Zuge ihrer Setzung unter Aufbau von internen Spannungen vollzieht. Im Gegensatz zum ↗Schneegleiten erlischt die Hangabbewegung zur Schneebasis (Bodenoberfläche) hin.

Schneekristall, in reiner Form durchweg sechskige Kristalle, die der Struktur der festen Phase des Wassers entsprechen. Sie können säulen-, plättchen- und sternförmig sein mit einem beobachteten maximalen Durchmesser von 5 mm. Die vielfältigen Wachstumsformen werden wie bei ↗Eiskristallen um Umgebungstemperatur und -feuchte kontrolliert. Sie werden durch Diffusion von Wasserdampf (↗Sublimation) gebildet. Verschiedene Formen wachsen oft zu größeren sehr regelmäßigen, wiederum auf dem Sechseck beruhenden ↗Schneeflocken zusammen.

Schneekunde ↗Nivologie.

Schneelast, auf Baukonstruktionen einwirkende Belastung infolge von Schnee.

Schneemetamorphose, *Schneeumwandlung*, Bezeichnung für die thermische und druckbedingte Veränderung von Schnee nach seiner Ablagerung. Wesentliche Einflußfaktoren auf die Schneemetamorphose sind die herrschenden Witterungsbedingungen, wobei sich die Schneeumwandlung in temperierten Regionen mit hohem Schmelzwasseranfall deutlich rascher vollzieht als in kalten Gebieten. Grundsätzlich werden die destruktive oder abbauende, die konstruktive oder aufbauende, die Regelations- oder Schmelz-Gefrier- sowie die Druckmetamorphose unterschieden. Die bei annähernd gleichbleibender Temperatur innerhalb einer Schneedecke erfolgende destruktive Schneemetamorphose ist durch Materialumlagerung infolge örtlichen Wasserdampfdruckunterschieds charakterisiert, die bewirkt, daß die ursprünglich hexagonalen Schneekristalle zu kleineren Schneekörnern (feinkörniger Schnee mit Korndurchmessern zwischen 0,3 und 0,5 mm) umgewandelt werden. Bei der konstruktiven Schneemetamorphose kommt es durch in Richtung eines steilen Temperaturgefälles in der Schneedecke verlaufenden Wasserdampftransport (in der Regel vom Boden zur Oberfläche hin) zum Anwachsen der Schneekristalle bis zu dem ausgesprochen grobkörnigen und kohäsionsarmen *Schwimmschnee* (auch *Tiefenreif*), dessen becherförmige Einzelkörner im Endstadium Korngrößen von bis zu 5 mm (sog. Becherkristalle) erreichen können. Die Regelationsschneemetamorphose vollzieht sich unter dem wiederholten Wechsel von Schmelz- und Gefriervorgängen und führt bei mindestens eine ↗Ablationsperiode überdauernden Schneedecken gemeinsam mit der Druckmetamorphose (Verdichtung des Schnees durch überlagernde Schneeschichten, wobei die einzelnen Körner im Vorgang der sog. *Sinterung* über Eisbrücken zusammenwachsen) zur Entstehung von ↗Firn (↗Firnifikation) und letztlich zur Gletschereisbildung. [HRi].

Schneenetze, zur Stützverbauung in Lawinenrißgebieten zählende Bauwerke, bei denen Stahlnetze mit Seildurchmessern von 8–10 mm und Maschenweiten von um 10 cm hangparallel an Stahlrohrstützen aufgehängt werden, wodurch das Abgleiten von Schneemassen und damit die Entstehung von ↗Lawinen verhindert werden soll (↗Lawinenverbau).

Schneepegel, senkrecht zur Bodenoberfläche aufgestellte Stangen zur Messung der Schneehöhe.

Schneeprofil, durch Ablagerung von Schnee entstandene Schneedecken sind selten in sich homogen, sondern besitzen häufig einen geschichteten *Schneedeckenaufbau*, dessen Parameter wie Temperatur, Kornformen und Korngrößen, Härte, freier Wassergehalt, Dichte etc. in den unterschiedlichen Tiefen im Rahmen einer *Schneeprofilaufnahme* mittels eines in die Schneedecke gegrabener *Schneeschachts* ermittelt und in einem Schneeprofil dargestellt werden können.

Schneeprofilaufnahme ↗Schneeprofil.

Schneeraster, Schablone zur Bestimmung von Schneekornform und -größe.

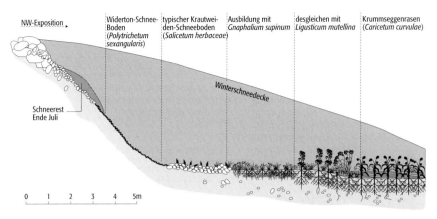

Schneetälchenvegetation:
Schneetälchenvegetation auf Silicat.

Schneeregen, Mischung aus Schnee und Regen, der als Niederschlag aus dichten Wolken fällt. Hierbei kann das Mischungsverhältnis unterschiedlich sein, sowohl überwiegend Regen mit etwas Schnee als auch Schnee mit nur geringem Regenanteil wird als Schneeregen bezeichnet.

Schneeretention, temporärer Wasserrückhalt durch winterliche Schneedeckenakkumulation.

Schneerutsch, plötzliche und rasche Hangabbewegung einer Schneedecke von weniger als 50 m Länge und 500 m³ Volumen.

Schneeschacht ↗Schneeprofil.

Schneeschauer, kurz andauernder, z. T. heftiger und ergiebiger Schneefall aus einer Cumulonimbus-Wolke.

Schneeschmelzhochwasser, ein durch Schneeschmelze hervorgerufenes ↗Hochwasser. Es tritt meist im Frühjahr auf und prägt je nach jahreszeitlichem Auftreten und geographischer Lage ein nivales ↗Abflußregime der Hochgebirge und der mittelhohen Gebirge sowie der kontinentalen Tiefländer aus. Schneeschmelzhochwässer alleine führen kaum zu extremen Katastrophenhochwässern. In Verbindung mit hohen Lufttemperaturen und entsprechend hohen Abschmelzraten sowie intensiven Niederschlägen können jedoch gefährliche Hochwässer entstehen. Für die Vorhersage des ↗Abflusses aus der Schneedecke muß deren Wasservorrat, das Gebietswasseräquivalent, bekannt sein. Obwohl zahlreiche Modellansätze zur Ermittlung des Schneedeckenausflusses zur Verfügung stehen, fehlen meist die erforderlichen Meßgrößen wie Temperatur, Strahlung, Niederschlag, Schneebedeckungsgrad, Schneehöhe und Lagerungsdichte sowie das Wasseräquivalent des Schnees. In Abhängigkeit von der Verfügbarkeit der genannten meteorologischen und schneehydrologischen Meßgrößen müssen gegebenenfalls vereinfachte Modellansätze verwendet werden. So ist beispielsweise das Grad-Tag-Verfahren ein oft verwendetes Näherungsverfahren, um die täglichen Schmelzwasserabgaben zu berechnen, wobei Regen allerdings nicht berücksichtigt wird:

$$M_d = a_d \cdot \bar{T}_L \; [\text{mm/d}]$$

mit M_d = potentielle tägliche Abflußhöhe aus der Schneedecke, $\bar{T}_L$ = Tagesmittel der positiven Werte der Lufttemperatur in °C und a_d = Grad-Tag-Faktor in mm/°C. [KHo]

Schneeschmelztisch, durch die Vorgänge der bedeckten ↗Ablation entstandene Ablationsvollform, bei der ein auf einer Schneeoberfläche auflagernder, größerer Gesteinsblock die Schneedecke vor dem Abtauen durch Insolation schützt und damit relativ über die abtauende Schneeoberfläche emporwächst. Seine Entstehung wird durch möglichst steilen Strahlungseinfall begünstigt.

Schneestern, besondere Form von ↗Schneekristallen.

Schneesturm, Kombination von ↗Schneefall und ↗Sturm.

Schneetag, Bezeichnung für einen Tag mit Schneefall von wenigstens 0,1 l/m² innerhalb von 24 Stunden.

Schneetälchenvegetation, in den alpinen Gebirgen und der Arktis verbreitete Klasse der ↗Pflanzengesellschaften, welche in Senken vorkommen, in denen sich wegen geringer Einstrahlung und relativer Windruhe regelmäßig große Schneemassen ansammeln und die nur kurze Zeit im Jahr schneefrei (aper) werden. Daher bleibt die ↗Vegetationszeit sehr kurz (u. U. weniger als zwei Monate). Typisch sind kleinwüchsige ↗Arten wie die Krautweide (*Salix herbacea*) und Moose. Das arktisch-alpine ↗Areal vieler Schneetälchenvegetations-Arten deutet auf die ehemals weite Verbreitung zwischen den Eisschilden des Würmglazials hin. Je nach Untergrund unterscheidet man (Abb.):

a) die Gesellschaft der Silicatschneeböden (*Salicetalia herbaceae*) auf humosem und nassem Pseudogley (pH 4,5–6,5). Unterschieden werden hier Moosschneeböden, dominiert vom Widertonmoos (*Polytrichum sexangulare*), und Blütenpflanzenschneeböden, dominiert von der Krautweide, einem extrem kleinwüchsigen Baum mit vielen kurztriebigen Kriechzweigen (max. 5 cm hoch, 0,5–2 cm »Stamm«-Durchmesser; b) die Gesellschaft der Kalkschneeböden (*Arabidetalia coeruleae*). Im Kalkgebirge sind Schneetälchenvegetationen weit weniger verbreitet. Meist liegen

Schneiderhöhn, *Hans*

sie am Fuß von Grobschutthalden, wo sie von Pflanzen nur schwer besiedelt werden können (↗Schuttflurvegetation). Die Schneebedeckung ist ähnlich lang wie bei den Silicatschneeböden. Aber durch die größere Durchlässigkeit des Kalkschutts entsteht kaum Staunässe, so daß im Sommer die Kalkschneeböden sogar ziemlich trocken sein können. Der Humusgehalt des Bodens kann bis 20% betragen, der pH-Wert liegt bei 6,5–7. Unterschieden werden die Blaukressenflur mit der Blaukresse (*Arabis coerulea*), die in kleinflächigen Feinerdemulden und einer Aperzeit von 2–3 Monaten vorkommt, sowie die Spalierweidenschneeböden mit der Stumpfblättrigen (*Salix retusa*) und Netzblättrigen Weide (*Salix reticulata*). Sie stellen wie die Krautweide vielverzweigte Zwergbäume dar und besiedeln bei trockener Grobschutthalden mit einer längeren Aperzeit von 3–4 Monaten. [DR]

Schneetemperatur, Temperatur in verschiedenen Bereichen (Oberfläche, Schichten, Basis) einer Schneedecke. Je nach der vertikalen Temperaturverteilung wird von Isothermie (gleichbleibende Schneetemperatur) oder von einem Temperaturgefälle (abnehmende Temperatur meist von der Basis zur Oberfläche) in einer Schneedecke gesprochen.

Schneetreiben, von starkem Wind oder Sturm aufgewirbelter Schnee, der die Sicht erheblich beeinträchtigen kann. Dies kann sowohl bei trockenem Wetter geschehen, die Sonne ist dann durch den Schnee verschleiert, aber auch bei Schneesturm.

Schneetuchlawine ↗Festschneelawine.

Schneeumwandlung ↗Schneemetamorphose.

Schnee- und Lawinenforschung, zu Beginn des 20. Jahrhunderts in der Schweiz entwickelte Teildisziplin der ↗Glaziologie, die sich mit den Eigenschaften von Schnee und Schneedecken (↗Nivologie, *Schneeforschung*) und der Entstehung und Gefährdung durch ↗Lawinen und dem Lawinenschutz (*Lawinenforschung*) beschäftigt.

Schneeverdriftung ↗Schneeverwehung.

Schneeverwehung, *Schneeverdriftung*, durch Wind verwehter und an windgeschützten Stellen (häufig im Lee von Hindernissen) als *Schneewehe* abgelagerter Schnee, der dort hohe Wälle bilden und auch tiefliegende Straßeneinschnitte blockieren kann. Schneeverwehungen sind insbesondere im freien und hochgelegenen Gelände verbreitet.

Schneewassergehalt, Volumen- oder Gewichtsanteil flüssigen Wassers in einer Schneedecke, angegeben in Prozent.

Schneewasserwert, Wassermenge, die beim Schmelzen einer Schneeschicht vorgegebener Höhe anfällt.

Schneewehe ↗Schneeverwehung.

Schneezylinder ↗Schneeausstecher.

Schneiderhöhn, *Hans*, deutscher Mineraloge, * 2.6.1887 Mainz, † 5.8.1962 Sölden; 1920–24 Professor in Gießen, danach in Aachen, ab 1926 in Freiburg i. Br.; mineralogisch-mikroskopische und geologische Erforschung von Erzlagern; Werke (Auswahl): »Lehrbuch der Erzmikroskopie« (mit P. Ramdohr; 2 Teile, 1931–34), »Lehrbuch der Erzlagerstättenkunde« (1941), »Erzmikroskopisches Praktikum« (1952), »Die Erzlagerstätten der Erde« (2 Bände, 1958–61).

Schnellfilter ↗Filtration.

Schnitt ↗Profil.

Schnittpunktalter ↗U-Pb-Methode.

Schnittstelle, allgemeine Bezeichnung für eine Verbindungsstelle zwischen verschiedenen Komponenten eines Computers oder zwischen mehreren Computern. Über Schnittstellen werden Daten unterschiedlicher Formate ausgetauscht.

Schnurlot, *Fadenlot*, ↗Lot.

Schockwellenmetamorphose ↗Stoßwellenmetamorphose.

Schoenflies, *Arthur Moritz*, deutscher Mathematiker, * 17.4.1853 Landsberg (Warthe), † 27.5.1928 Frankfurt a. M.; ab 1892 Professor in Göttingen, ab 1899 in Königsberg (Preußen), ab 1911 in Frankfurt a. M.; Arbeiten zur Mengenlehre, mengentheoretischen Topologie, Geometrie und Kristallographie; leitete (unabhängig von J. S. ↗Fedorow) die 230 möglichen ↗Raumgruppen der Kristallsysteme ab; nach ihm sind die Schoenflies-Symbole zur Kennzeichnung der 32 kristallographischen Kristallklassen und 230 Raumgruppen benannt. Werke (Auswahl): »Krystallsysteme und Krystallstructur« (1891), »Theorie der Kristallstruktur. Ein Lehrbuch« (1923).

Scholle, geologische Einheit, die von ↗Verwerfungen begrenzt wird.

Schollenlava, entsteht an der Oberfläche von SiO_2-armen Lavaströmen, wenn bereits erkaltete Lavapartien zerbrochen und weitertransportiert werden. ↗Lava.

Schollenrutschung ↗Translationsrutschung.

Schollentreppe, *Verwerfungstreppe*, ↗Staffelbruch.

Schönbuch-Projekt, deutsches interdisziplinäres Großprojekt zur ↗Ökosystemforschung, das von 1978–1982 in einem zusammenhängenden Mischwaldgebiet im Keuperbergland nördlich von Tübingen durchgeführt wurde (kolline ↗Höhenstufe). Im Gegensatz zum ↗Solling-Projekt lag der Schwerpunkt der Untersuchungen bei geoökologischen Sachverhalten. Zentrales Anliegen war die Übertragung von Ergebnissen verschiedener Stoffluß-Messungen (z. B. Abfluß, Lösungs- und Schwebstoff-Fracht) auf größere Landschaftseinheiten (↗Tope, ↗Choren) des insgesamt 72 km² großen Gesamtgebietes. Als Beispiel für ein naturnahes Gebiet mit geringer Immissionsbelastung dienen die Ergebnisse des Schönbuch-Projektes als wichtige Basiswerte für den Vergleich mit naturräumlich ähnlich ausgestatten, aber intensiver genutzten Gebieten in Süddeutschland. [DS]

Literatur: Einsele, G. (1986): Das landschaftsökologische Forschungsprojekt Naturpark Schönbuch. – Weinheim.

Schöndruck, bei zweiseitigem Druck wird das Bedrucken der ersten Seite des Bedruckstoffs als *Schöndruck*, das Bedrucken der zweiten Seite als *Widerdruck* bezeichnet. Beim Bedrucken nur einer Seite gibt es nur Schöndruck, unabhängig davon, ob die Filzseite oder die Siebseite bedruckt wird.

Schonklima, im Gegensatz zum ↗Reizklima Klimabedingungen, die für den Menschen nicht belastend sind.

Schonwald, Wald oder ↗Forst, der aus wirtschaftlichen, landespflegerischen oder landschaftsökologischen Gründen einer speziellen Schonung unterliegt. Er wird, zumindest für eine bestimmte Zeit, vor anthropogenen Eingriffen, d. h. Holzschlag oder Nutzung als Erholungsgebiet geschützt. Eine ökonomische determinierte Art des Schonwaldes wird als Schonung bezeichnet (Schutz des Jungwuchses für eine spätere Nutzung), eine durch landschaftsökologische Überlegungen bestimmte Variante ist der Bannwald (Schutzwald).

Schönwetterfeld der Erde, elektrisches Feld der Atmosphäre bei ungestörtem Wetter. ↗Erde.

Schöpfwerk, vorwiegend im Küstenbereich verwendete Pumpwerke zur Entwässerung von Flächen, die keine oder keine ständige ↗Vorflut haben. Anders als Dauerschöpfwerke, die den gesamten Zufluß fördern, sind Hochwasserschöpfwerke auf den Betrieb in Zeiten ausgelegt, bei denen entweder wegen hoher Außenwasserstände oder wegen Hochwasserzufluß aus dem Binnenland ein freier Abfluß in den Vorfluter nicht möglich ist. Ein Schöpfwerk besteht in der Regel aus Einlaufbauwerk, Pumpwerk und Auslaufbauwerk. Häufig wird dem Schöpfwerk ein Speicherbecken (Mahlbusen) vorgeschaltet. Der Betrieb des Schöpfwerkes erfolgt in Abhängigkeit von bestimmten Wasserständen (Peil).

Schornsteinüberhöhung, Aufsteigen einer Abgasfahne über die Bauhöhe hinaus bis zum Erreichen des horizontalen Ausbreitungsniveaus. Das Aufsteigen wird durch zwei Effekte bedingt. Zum einen bilden die aus der Quellmündung herausschießenden Gase einen Freistrahl in die Atmosphäre, der sich erst allmählich mit der umgebenen Luft vermischt und wodurch die Vertikalbewegung langsam zum Erliegen kommt. Weiterhin sind die den Schornstein verlassenden Gase wärmer als die Luft der Umgebung und daraus resultiert ein Auftrieb. Durch Vermischung mit der kälteren Umgebung wird Wärme ausgetauscht, wodurch sich die Abgasfahne abkühlt und an Auftrieb verliert.

Schorre, Brandungsfläche, auf der die einlaufenden Wellen durch Bodenreibung abgebremst werden und auf der sowohl ↗Abrasion (↗Felsschorre) als auch Akkumulation (*Sandschorre*) erfolgen. ↗Abrasionsformen, ↗Brandungsformen, ↗Sandriff, ↗litorale Serie Abb. 1 u. Abb. 2.

Schotter, **1)** *Geologie*: ↗Kies. **2)** *Ingenieurgeologie*: bautechnische Bezeichnung für gebrochene ↗Mineralstoffe im Korngrößenbereich von ca. 32–56 mm.

Schottersäulen, *Schotterpfähle*, in Säulenform zur Bodenstabilisierung eingerütteltes Schottermaterial. Das Einbringen von Schottersäulen dient zur Erhöhung der ↗Scherfestigkeit und der Beschleunigung von ↗Setzungen.

Schotterstrand, aus Brandungs- oder ehemaligen Flußgeröllen aufgebauter ↗Strand. ↗Brandungsformen.

Schottky-Defekt ↗*Leerstelle*.

Schraffen, Schraffendarstellungen sind ein graphisches Ausdrucksmittel für die ↗Reliefdarstellung in Karten. Sie sind aus Schattenschraffuren hervorgegangen, wie sie bei Federzeichnungen, aber auch im ↗Holzschnitt und im ↗Kupferstich zur Erzielung plastischer Effekte üblich waren. Entsprechende Schattierungen bei der ↗Aufrißdarstellung von Bergen wurden zu Formschraffen verselbständigt. Diese begleiten als Flußuferschraffen die Flüsse und heben damit die Auen hervor, oder sie betonen als Talschraffen die Täler. Verschiedentlich wurden sie als Schwungschraffen von den Höhen in Richtung des Gefälles geführt. Eine Tonverstärkung ergibt Kreuzschraffen, bei denen sich die Linienscharen spitzwinklig kreuzen. Nach und nach wurde die Schraffendichte auf die Neigung (Böschung) bezogen. Ihre endgültige Form erhielten die Böschungsschraffen durch J.G. ↗Lehmann. Nach seiner Lehre der »Situationszeichnung« (1799) sind Böschungsschraffen eng gescharte Reihen kurzer Fallstriche, die die Richtung des größten Gefälles markieren und damit stets rechtwinklig zu den Höhenlinien verlaufen, die als Konstruktionsgrundlage dienen. Bei einheitlich gleichem Strichabstand stehen Strichlänge und -breite in einem festgelegten Zahlenverhältnis zur Hangneigung. Die Anzahl der Schraffenstriche je Zentimeter bestimmen den Feinheitsgrad der Schraffe, während sich die Länge der Schraffenstriche aus der Hangneigung und dem Maßstab ergibt. Nach der Form der Schraffenstriche werden Balkenschraffen und Keilschraffen unterschieden. Das Verfahren folgt dem Grundsatz »je steiler, desto dunkler«. Die günstigste Wirkung von Böschungsschraffen tritt bei der Wiedergabe von Hügel- und Bergland sowie von Mittelgebirge und zertalten Platten in mittleren topographischen Maßstäben auf. Gestreckte Hänge mit gleichbleibender Neigung im Steilrelief lassen sich wirkungsvoller mit Schattenschraffen wiedergeben, bei denen die Schattenhänge insgesamt dunkler gehalten werden als die Lichthänge, wobei meist ein Lichteinfall von links oben (bei genordeten Karten also aus Nordwest) angenommen wird. In kleinen Maßstäben treten an die Stelle der flächendeckenden, das Gesamtgebiet überziehenden Böschungs- oder Schattenschraffen die Gebirgsschraffen, bei denen die orographischen Großformen mit Schraffenreihen betont werden. Die Vervielfältigung von Schraffendarstellungen war eng an den manuell aufwendigen Kupferstich und die Steingravur gebunden. Die Schraffen wurden meist nicht ohne Verlust von graphischer Wirkung von der ↗Reliefschummerung abgelöst. Eine digitale Erzeugung von Schraffen steht noch aus. [WSt]

Schraffenkarte, Gestaltyp topographischer und geographischer Karten, bei denen das Relief mit ↗Schraffen wiedergegeben wird. Sie ersetzte in der ersten Hälfte des 19. Jh., abgeleitet aus topo-

Schrägschichtung: a) planare und b) trogförmige Schrägschichtung sowie c) Schema zur hummocky cross stratification.

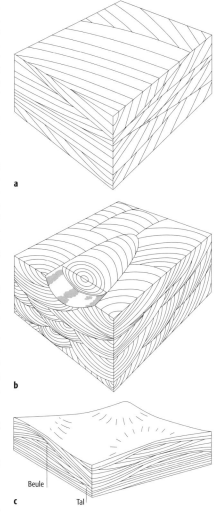

graphischen Übersichtskarten mit Böschungs- oder Schattenschraffen, die bis dahin in den Atlanten und auf Handkarten vorherrschende Reliefdarstellung in Maulwurfshügelmanier. Schraffenkarten stellen damit hinsichtlich Genauigkeit und Vollständigkeit eine neue Qualität kleinmaßstäbiger Karten dar, die in den großen ↗Handatlanten ihre klassische Ausformung erfuhren.

Schraffur, ↗Flächenmuster aus gleichabständigen Linien, bei dem die einzelnen Striche noch sichtbar sind, im Linienverband aber eine Flächenwirkung auftritt. Das Verhältnis von Strichbreite zur Schraffurweite ergibt den ↗Tonwert bzw. die Helligkeitswirkung, wobei die Strichdeckung als Anteil angegeben wird. Eine Strichbreite von 1 mm und eine Schraffurweite von 4 mm (Zwischenraum; lichte Weite = 3 mm) ergibt eine Deckung von 25 %. Von 20 bis 30 Linien/cm an (Strichweite 0,33 bis 0,25 mm) tritt die Wirkung eines homogenen Flächentons ein. Diese Liniendichte wird verschiedentlich auch als Integrierbarkeitsschwelle bezeichnet. Bei Schraffurweiten ab 5 bis 8 mm zerfällt in Abhängigkeit von der Strichbreite und der Größe der schraffierten Fläche die Schraffur visuell in Einzellinien und wird nicht mehr als Tonwert wahrgenommen. Außer der Weite und Breite der Schraffur kann diese noch nach anderen ↗graphischen Variablen abgewandelt werden, z. B. nach der Orientierung der Linien (Strichlage). Geringe Tonwerte (unter 10 %) können durch Zerlegen der Linien in gerissene Linien erzielt werden. Hohe Tonwerte (über 50 %) sollten nach Möglichkeit durch Kreuzlage (Kreuzschraffur) realisiert werden. Optisch weniger günstig ist die Verwendung negativer Schraffuren, die eine Tonwertumkehr von Schraffuren unter 50 % Deckung darstellen (↗Schraffen) (Abb.). [WGK]

Schrägabschiebung ↗Verwerfung.

Schrägansicht, eine ↗kartenverwandte Darstellung; Abbildung auf eine schräge Bildebene mit Schrägsicht von oben. Sie vermittelt Überblick und Einblick zugleich, kann jedoch Abbildungen auf horizontaler und vertikaler Bildebene nicht ersetzen, vereinigt aber bis zu einem gewissen Grad einige ihrer Vorzüge. Die Neigung kann in Abhängigkeit vom darzustellenden Landschaftscharakter flach (von 20° an) bis steil (etwa 70°) gewählt werden. Luftbildschrägaufnahmen vermitteln vor allem als Farbbild gute Einsichten in dreidimensionale Landschaftsstrukturen, lassen die Grundrißaspekte, aber auch die vertikale Geländegliederung zur Wirkung kommen und sind damit ein wertvolles geowissenschaftliches Anschauungsmittel. Bei Aufnahmen aus dem Weltraum erscheint der Horizont gekrümmt.

Schrägaufschiebung ↗Verwerfung.

Schrägbohrung, Bohrung, deren Vortriebsrichtung weder lotrecht noch horizontal ist. Dieser Bohrungstyp kommt bei der Erkundung des ↗Trennflächengefüges im Gesteinsverband, beim Setzen von ↗Felsankern und beim Einbringen von ↗Injektionen zum Einsatz. Beim Bohren von Sprenglöchern, z. B. beim Tunnelvortrieb, werden ebenfalls Schrägbohrungen angesetzt. Mit gezielt in verschiedene Richtungen angesetzten Schrägbohrungen von 45–60° Neigungswinkel lassen sich Aussagen über die Häufigkeit von Klüften und deren Stellung im Raum treffen. Dazu müssen orientierte Bohrkerne entnommen werden, d. h. deren ehemalige Raumstellung im Gesteinsverband muß bekannt sein. Problematisch ist die detaillierte geologische Aufnahme von Schrägbohrungen. Mit den üblichen Schichtenverzeichnissen können sie nur unzureichend erfaßt werden.

schräges seismisches Profil ↗Bohrlochseismik.

Schrägküste ↗*Diagonalküste*.

Schrägpfahl, ↗Pfahl, der mit einer Neigung in den Untergrund eingebracht wird.

Schrägschichtung, innerhalb einer Schicht winklig zur Schichtfläche orientierte Gefügeelemente prägen eine Schrägschichtung. Man unterscheidet die planare oder tafelige Schrägschichtung mit ebenen Laminen in 2D-Rippeln von der trogförmigen Schrägschichtung mit gebogenen

Schraffur: Schraffurweite und Tonwert. a = Strichbreite (2), b = Zwischenraum (8), c = a+b = Schraffurweite (10); Tonwert = 2/10 = 20 %

Laminen in 3D-Rippeln. Die *hummocky cross stratification* (Beulenrippeln) ist durch Schrägschichtungslaminen gekennzeichnet, die meist weniger als 10° in unterschiedliche Richtungen einfallen. In der Aufsicht zeigen sie domförmige Aufwölbungen. Die Grenzflächen der sets sind erosiv, darüber verlaufen die Laminen parallel oder subparallel zu den Erhebungen und Senken (Abb.).

Schrägsicht ↗meteorologische Sichtweite.

Schrammen, Kritzung auf Festgesteinsuntergrund, verursacht durch am Untergrund des Eises eines ↗Gletschers oder Inlandeises (↗Eisschild) eingefrorenes und mitbewegtes ↗Geschiebe. Schrammen sind sichtbares Indiz für ↗Gletscherschliff durch ↗Detersion, neben der ↗Detraktion der wichtigste Prozeß der ↗glazialen Erosion im Festgestein. ↗Rundhöcker, Trogwand eines ↗Trogtales und ↗Schliffbord können Schrammen aufweisen, welche die Fließrichtung des Eises rekonstruieren lassen; ↗gekritzte Geschiebe zeigen Schrammen und geben Zeugnis ihrer ↗glazigenen Herkunft.

Schratten ↗Karren.

Schraubenachse, in der Kristallographie das ↗Symmetrieelement einer ↗Schraubung. Man spricht von einer n-zähligen Schraubenachse, wenn die Schraubung eine n-zählige Drehung enthält. Zur genaueren Bezeichnung etwa einer dreizähligen Schraubenachse ist noch eine Information über die Translationskomponente erforderlich, hier also durch die Angabe, ob es sich um eine 3_1- oder 3_2-Schraubenachse handelt.

Schraubenversetzung ↗Versetzung.

Schraubpfahl, ↗Pfahl, der in den Untergrund eingedreht wird.

Schraubung, das Produkt einer Drehung um eine Achse und einer ↗Translation entlang der Achse.

Schreibkreide, *Schulkreide*, *Tafelkreide*, besteht i. a. aus ↗Gips mit geringen Mengen an Bindemitteln (Stärke, Zellulose) und/oder organischen und anorganischen Farbpigmenten. Früher wurde Schreibkreide aus Kreidevorkommen (Kalk) z. B. von Rügen oder der Champagne, hergestellt.

Schreinemakers-Methode, ein geometrisches Verfahren, das von dem niederländischen Chemiker H. A. Schreinemakers zu Beginn des 20. Jahrhunderts entwickelt wurde, um die Topologie von ↗Phasendiagrammen aus der Anzahl und Zusammensetzung der beteiligten Phasen im System abzuleiten. Die aus der chemischen Thermodynamik hergeleitete Methode ermöglicht es, die geometrische Anordnung von univarianten Reaktionskurven um invariante Punkte in beliebigen Mehrkomponentensystemen vorherzusagen. Ein Beispiel für ein einfaches Zwei-Komponenten-System zeigt die Abbildung. Die exakte Lage im Druck-Temperatur-Diagramm läßt sich jedoch nur unter Zuhilfenahme von thermodynamischen Daten (wie z. B. ↗Entropie, ↗Enthalpie oder Volumen) für die beteiligten Phasen bestimmen.

Schrift, 1) Menge graphischer Zeichen, die durch systematische Anordnung zur Fixierung und Übermittlung von Begriffen und Gedanken dient. Schrift kann in analoger Form auf einem Trägermaterial (↗Zeichnungsträger) oder in digitaler Form fixiert sein. In Karten erfüllt die Schrift Funktionen als Kartentitel zur sachlichen, räumlichen und zeitlichen Einordnung des dargestellten Karteninhalts sowie als ↗Beschriftung der im Kartenbild dargestellten Objekte mit ihrem ↗geographischen Namen, kann aber auch eigenständig als Buchstaben- oder Ziffernsignatur (↗Signatur) oder im Verbund mit einem anderen ↗Kartenzeichen durch geeignete ↗Schriftgestaltung Bedeutung übertragen (↗Schriftgrad). 2) Bezeichnung für die Beschriftung als Inhaltselement der Karte. 3) ungenauer Begriff für ↗Schriftart.

Schriftart, charakteristische Grundform der Buchstaben einer Schrift, nach der sie einerseits einer bestimmten Schriftgattung (↗Schriftklassifikation) zuzuordnen ist, nach der sie sich andererseits von den Schriften dieser Gattung unterscheidet. Diese Grundform läßt sich durch Änderung des Schriftschnitts erreichen, wobei die Schrift ihre typischen Merkmale behält. Die Gesamtheit der Schriftschnitte einer Schriftart wird als Schriftfamilie bezeichnet. Bei den in der digitalen Kartographie eingesetzten Schriften können Schriftschnitte der gleichen Schriftart eine von der Grundform leicht abweichende Ausformung aufweisen, die auf digitalem Wege (Schrägstellen, Strichverbreiterung) nicht zu erreichen ist. Der betreffende Schriftfont ist mit der Menüfunktion »Schriftart« aufzurufen. Im Sinne einer ästhetischen Gesamtwirkung sollten in Karten möglichst nur wenige Schriftarten verwendet werden. Unter bestimmten Voraussetzungen, z. B. aus Platzgründen oder zum Zwecke der Auszeichnung, kann im Kartentitel und im Legendentext eine andere Schriftart als im ↗Kartenbild eingesetzt werden. [KG]

Schriftausrichtung, Stellung verschiedenlanger Textzeilen, bezogen auf eine oder zwei vertikale Linien. Bei der Satzausrichtung von Texten werden linksbündiger und rechtsbündiger Flattersatz, linksbündiger Rauhsatz, Blocksatz und zentrierter (axialer) Satz unterschieden. In der ↗Legende wird die Schrift verbaler Erklärungen linksbündig ausgerichtet. Die mehrzeilige Erklärung für ein ↗Kartenzeichen steht im linksbündigen Rauhsatz, der durch Silbentrennung erreicht wird. Mehrstellige Zahlen werden rechtsbündig angeordnet. In Kolonnen zweier Zahlen, die Von-bis-Spannen ausweisen, wird das ver-

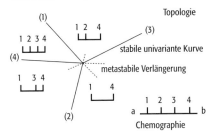

Schreinemakers-Methode: Anordnung der univarianten Reaktionskurven in einem allgemeinen Zweistoffsystem.

mittelnde »bis« bündig ausgerichtet. Die Ausrichtung mehrzeiliger Kartentitel entspricht ihrer Stellung auf dem ↗Kartenblatt; auf der linken Blatthälfte linksbündig, auf der rechten rechtsbündig, in der Mitte zentriert. Darüber hinaus werden Kartentitel und Legendentexte auf andere Bestandteile des Kartenblatts ausgerichtet. [KG]

Schriftgestaltung, zielgerichtete Variation von Schriften für die ↗Beschriftung in Karten sowie ihre Abstimmung auf die Kartengraphik. Prinzipiell lassen sich die graphischen Variablen von Schriftzeichen abwandeln (Typographie). Die Schriftgestaltung trägt erheblich zu einem ausgewogenen, klaren und gut lesbaren ↗Kartenbild bei. Sie ist wesentlicher Bestandteil der ↗Kartengestaltung und erstreckt sich auch auf das ↗Kartenlayout, indem sie die Gliederung der ↗Legende unterstützt. Mit der Festlegung der in einer ↗Karte, einem ↗Kartenwerk oder einem ↗Atlas zu verwendenden ↗Schriftarten wird eine weitreichende Entscheidung getroffen. Die Schriftart beeinflußt neben den benutzten Schriftgraden und Schriftschnitten den ↗Schriftschleier in Karten. Von den zahlreichen in Form digitaler Schriftfonts angebotenen Schriften eignen sich vor allem serifenlose Antiquaschriften (↗Schriftklassifikation) als Kartenschrift. Der ↗Schriftgrad wird entsprechend der Größe und der Bedeutung der beschrifteten Kartenzeichen abgewandelt. Er unterstützt häufig eine auch graphisch ausgedrückte Klassifikation, z. B. von Siedlungen nach der Einwohnerzahl. Die kleinste Schrift sollte in gedruckten Karten 6 Punkte nicht unterschreiten. Die größten Schriften sind nur für die wenigen Objekten größter Bedeutung einzusetzen. Unterschiedliche Schriftschnitte dienen einerseits der Hervorhebung (fette Schrift), andererseits vermag die Schriftlage Objektklassen zu kennzeichnen, d. h. eine qualitative Differenzierung zu unterstützen. So ist es üblich, die ↗Hydrographie ↗kursiv zu beschriften. Bei allgemeinem Platzmangel kann die Schriftbreite etwas verringert werden (schmale Schrift). Ihre unterscheidende Funktion ist sekundär. Breite Schrift läßt sich nur zur Beschriftung von Flächen nutzen, meist in Verbindung mit einer Sperrung. Für die Unterscheidung von Qualitäten wird des weiteren die Schriftfarbe verwendet. In ↗topographischen Karten ist sie traditionell bestimmten Objektklassen zugeordnet: blau = Gewässernamen, braun = Höhenlinienzahlen, schwarz = übrige Kartennamen. In ↗thematischen Karten und Touristenkarten besteht für die Variation der Schriftfarbe ein etwas größerer Spielraum. Zu beachten ist immer, daß farbige Schriften im Kartenzusammenhang als Strichfarben wirken. Vielfarbige Beschriftung kann unübersichtlich und unästhetisch wirken. Schwarz ist wegen seines hohen Kontrastes zu allen Farben die überwiegende Schriftfarbe jeder Karte. Auf dunklen Flächen, auch in entsprechend gefüllten Rahmen ist negative (weiße) Schrift möglich. Außerdem lassen sich Kartennamen durch Großschreibung (Versalien), Unterstreichung, Umrahmung und ↗Unterlegung hervorheben, wobei die Unterstreichung als ↗Signatur gilt, die selbst in Strichbreite, Strichfarbe, Struktur und Anzahl der Striche variierbar ist. Die Sperrung von Schrift in der Karte ist der Beschriftung größerer Flächen und der Arealschrift vorbehalten. Die ↗Schriftplazierung als Abstimmung (im engeren Sinne) der Beschriftung auf die Kartengraphik beeinflußt in hohem Maße die Lesbarkeit sowohl der Schrift als auch der Kartenzeichen. Sie unterliegt eigenen Regeln und muß besonders bei Karten mit umfangreichem Namensgut mit großer Sorgfalt vorgenommen werden. Bei der Schriftgestaltung von ↗Bildschirmkarten ist in erster Linie die Bildschirmauflösung zu berücksichtigen. Eine ausreichende Lesbarkeit ist bei einer Ansicht von 100 % (↗Bildschirmmaßstab) erst ab einem Schriftgrad von 8 bis 9 Punkt gewährleistet. Andererseits sind mit der Zoomfunktion, dem wahlweisen Einschalten von Schriftebenen sowie weiteren Funktionen andere Optionen als in gedruckten Karten verfügbar. [KG]

Schriftgrad, *Schriftgröße*, die Höhe der Buchstaben einer Schrift als Versalhöhe (Versalien) oder von Unterlänge zu Oberlänge. Die Oberlängen der Kleinbuchstaben in vielen Schriften reicht geringfügig über die Versalhöhe hinaus. Der Schriftgrad wird in einer der Einheiten ↗typographischer Maßsysteme angegeben, zumeist in Punkten (1 Punkt = 0,352 mm). Diese Angabe bezieht sich nicht auf die Buchstabenhöhe, sondern auf die sogenannte Kegelhöhe, in die zusätzlich die Höhen diakritischer Zeichen und die Unterlängen eingehen. Daher können unterschiedliche ↗Schriftarten bei gleichem Schriftgrad verschiedene Buchstabenhöhen aufweisen, z. B. bei 24 Punkt (= 8,46 mm) eine »Times New Roman« 5,8 mm und eine »Arial« 6,15 mm Versalhöhe. Entscheidend für die Wirkung und die Lesbarkeit von Schriften sind die Höhen der Kleinbuchstaben, die in Karten nicht unter 1,0 mm (entspricht 6 Punkt) liegen sollten. Der Schriftgrad wird entsprechend der Bedeutung der beschrifteten ↗Kartenzeichen abgestuft. Gleiches gilt für die Schriften von Kartentitel (↗Kartenlayout) und ↗Legende, deren hierarchische Gliederung durch entsprechende Schriftgrade maßgeblich unterstützt wird. [KG]

Schriftgranit, *Runit*, ↗graphische Verwachsungen großer Einkristalle von Quarz und Kalifeldspat (selten auch Plagioklas) durch gleichzeitige (eutektische) Kristallisation der beiden Minerale aus granitischen Restschmelzen (↗Restkristallisation) im Dachbereich von ↗Graniten und in ↗Pegmatiten. Quarz wächst dabei stengelig; im Querbruch zeigen die Quarze dann oft hieroglyphenähnliche Formen.

Schriftklassifikation, Gliederung der Schriften nach der Gestalt der Buchstaben, wobei z. T. historisch gewachsene Bezeichnungen Verwendung finden. Für die Klassen der Schriften wird auch der Begriff Schriftgattung verwendet, der nicht mit dem Begriff der ↗Schriftart gleichzusetzen ist. Die Schriftklassifikation unterscheidet bei den lateinischen Schriften a) runde Schriften, in denen die Übergänge zwischen senkrechten

Strichen gerundet sind. Ihnen gehören die modernen Satzschriften an; b) gebrochene Schriften, deren Übergänge eckigen, winkligen Charakter haben, sowie c) fremde Schriften, die Schriften der nichtlateinischen Alphabete. Als besondere Gruppe können geschriebene Schriften, die Normschrift und Schreibmaschinenschriften angesehen werden, die aber kaum mehr in Karten verwendet werden. Ebenso sind gebrochene Schriften für die moderne Kartographie unbedeutend. Sie sind jedoch verbreitet in Karten vergangener Jahrhunderte zu finden. Die derzeit für kartographische Zwecke meistverwendeten Schriften sind runde Schriften, die der Klasse der serifenlosen Linearantiqua angehören, darunter vor allem die ↗Schriftarten Helvetica und Univers. Diese haben speziell entwickelte Kartenschriften weitgehend abgelöst. Vereinzelt werden Antiquavarianten benutzt. Die den genannten Schriftarten angehörenden Schriften werden in Karten und Texten durch Abwandlung des ↗Schriftgrades und des Schriftschnitts zweckentsprechend gestaltet (↗Schriftgestaltung). [KG]

Schriftplazierung, Anordnung der ↗Beschriftung im Kartenbild zur Herstellung des Bezugs zu den bezeichneten Objekten. Da es sich bei den zu plazierenden Schriften vorwiegend um ↗geographische Namen handelt, wird die Schriftplazierung auch als Namensstellung bezeichnet. Die Anordnung der Schrift des Kartentitels, der ↗Legende und anderer erläuternder Zusätze fällt in den Bereich des ↗Kartenlayouts. Grundsätze der Schriftplazierung sind Lesbarkeit von unten und eindeutige Zuordnung durch Nähe zum bezeichneten Objekt. Entsprechend der Dimension der beschrifteten ↗Kartenzeichen gelten unterschiedliche Stellungen der Schrift als optimal. Beschriftungen punkthafter und flächenhafter Kartenzeichen werden im Normalfall waagerecht oder parallel zu den Breitenkreisen ausgerichtet. In Bereichen hoher ↗Kartenbelastung muß häufig von den Regeln abgewichen und ein Kompromiß gefunden werden. a) Für ↗Positionssignaturen gilt die Plazierung der Schrift rechts neben dem Kartenzeichen als ideal. Die Schrift kann dabei leicht nach oben oder unten verschoben sein. Auch ihre Stellung unter- oder oberhalb der Signatur ist vertretbar. Liegt die Positionssignatur auf der Grenzlinie zweier Flächen, wird die Schrift in jene Fläche gestellt, der die Signatur zuzuordnen ist. Dieser Fall tritt häufig bei Grenzstädten auf, z.B. Görlitz links und Zgorzelec rechts der Neiße. Kompakten Positionsdiagrammen wird die Schrift ähnlich wie den Positionssignaturen zugeordnet. Bei Säulen- und vergleichbaren Diagrammen ist ihre Anordnung unterhalb der Diagrammfigur zu bevorzugen. Soweit die Diagrammstruktur nicht gestört wird, bietet die Plazierung der Schrift teilweise oder vollständig in der Diagrammfläche eine Kompromißlösung. b) Die Beschriftung von ↗Linearsignaturen folgt der Linie, so daß die Schriftgrundlinie gebogen, in jedem Fall aber parallel zur Linie verläuft. Ihr Abstand ergibt sich aus dem Mindestabstand von einigen Zehntelmillimetern der Unter- bzw. der Oberlängen der Buchstaben zur Linie. Die Schrift wird stets so orientiert, daß sie von unten lesbar ist. Eine Ausnahme bilden Höhenlinienzahlen und die Beschriftung anderer ↗Isolinien. c) ↗Flächenkartenzeichen werden zentral innerhalb der zu bezeichnenden Fläche beschriftet. In kleinen Flächen kann der Schriftzug über die Fläche hinausreichen oder daneben angeordnet werden. Größere Flächen werden in größerer und/oder gesperrter Schrift bezeichnet, soweit dem Schriftgrad keine besondere Bedeutung vorbehalten ist. In Flächen mit deutlicher Längserstreckung wird die Schrift gedreht und die Grundlinie leicht gebogen. Einen besonderen Fall der Schriftplazierung stellt die Arealschrift dar. Häufig kann die Lesbarkeit der Schrift nicht allein durch regelgerechte Plazierung erreicht werden. In diesem Fall verwendet man vor allem für die in den Kartennamen enthaltenen Gattungsbezeichnungen Abkürzungen (z.B. -geb. für Gebirge, -std. für -stadt, -bg. für -berg oder -burg). Weitere Möglichkeiten bieten Zuordnungspfeile oder -linien, eine in der Legende zu erläuternde Numerierung der Kartenzeichen und gedrehte Schriften, die jedoch sparsam anzuwenden sind. Nicht zuletzt kann das generalisierende Weglassen von Beschriftung die Lesbarkeit der Karte erhöhen (↗Schriftschleier). Neben den genannten Maßnahmen wird die Lesbarkeit durch sorgfältige Freistellung der Schrift verbessert. In der konventionellen Kartographie wird die Schriftplazierung durch Erarbeitung einer Schriftstandvorlage vorbereitet. Darin geben sog. Schrifthaken die Plazierung aller Schrift vor. Bei interaktiver Schriftplazierung in der digitalen Kartographie, die jederzeit eine Lagekorrektur der Schrift ermöglicht, kann z.T. auf entsprechende Schriftvorlagen verzichtet werden. ↗Geoinformationssysteme und ↗Kartenkonstruktionsprogramme verfügen in der Regel über Möglichkeiten zur automatischen Schriftplazierung, die nach einigen der genannten Grundregeln (z.B. »rechts der Signatur«) erfolgt. Die softwareseitige Berücksichtigung aller Konstellationen von Schriften und Kartenzeichen ist jedoch kaum möglich, so daß sich eine mehr oder weniger umfangreiche Nacheditierung der automatisch plazierten Schrift nicht umgehen läßt. [KG]

Schriftschleier, *Grauschleier*, durch den Flächenanteil des Schwarz der Buchstaben hervorgerufene leichte Verschwärzlichung des gesamten oder von Teilen des ↗Kartenbildes. Die Dichte des Schriftschleiers wird beeinflußt von der Menge der ↗geographischen Namen und Begriffe pro Flächeneinheit sowie durch die verwendeten ↗Schriftarten, ↗Schriftgrade und Schriftschnitte. Vor allem in ↗topographischen Übersichtskarten und ↗Handatlanten, in Autoatlanten und ↗Stadtplänen kann der Schriftschleier nicht unerheblich zur ↗Kartenbelastung beitragen und u. U. die Lesbarkeit beeinträchtigen.

Schrittmaß, eine einfache Meßmethode, bei der Entfernungen durch die Ermittlung der Anzahl von Schritten festgestellt werden. Zuvor wird durch Abschreiten einer bekannten Strecke die Schrittlänge bestimmt. Idealerweise sollten dabei bereits die Bedingungen der späteren Messung gelten.

Schroeder, *Diedrich*, deutscher Bodenkundler, * 16.4.1916 Groß-Augstumalmoor (Ostpreußen), † 2.3.1988 Kiel; 1956–1981 Professor in Kiel. Schroeder legte Arbeiten zur Genese von Böden aus Löß und zum Nährstoffstatus von Böden vor. Er begründete mit seinen Schülern die rechnergestützte Bodenregionalisierung. In der »Bodenkunde in Stichworten« (1969–1984, engl. 1984) findet eine morphogenetische Bodenklassifikation Anwendung. Schroeder war Präsident der Deutschen Bodenkundlichen Gesellschaft.

Schrumpfgrenze, w_S, derjenige Wassergehalt eines Bodens, unterhalb dessen eine ungestörte Bodenprobe nach dem Trocknen an der Luft und bei 105°C im Ofen keine weitere Volumenverminderung erfährt. Dies ist der Übergang von der halbfesten zur harten ↗Konsistenz (↗Plastizitätsgrenzen). Der Eintritt des Zustandes ist an der Farbe zu erkennen: Die Bodenprobe wird deutlich heller. Die Bestimmung der Schrumpfgrenze ist einer der Versuche, die zur Bestimmung der ↗Konsistenzgrenzen eines Bodens nötig sind, sie wird nach DIN 18 122, T2 durchgeführt. Die Schrumpfgrenze kann aus folgender Beziehung rechnerisch ermittelt werden:

$$w_S = w_L - 1{,}25 \cdot I_P$$

mit w_S = Schrumpfgrenze, w_L = ↗Fließgrenze und I_P = ↗Plastizitätszahl. Das Schrumpfmaß ist anisotrop. Normal zur Schichtung ist die Schrumpfung meist um ein vielfaches größer, als parallel zur Schichtung. Die Ursache der Schrumpfung liegt bei den Kolloiden des Rohtons, die bei Wasseraufnahme quellen und bei Wasserabgabe schrumpfen. Zahlenmäßig wird die Volumenänderung durch das ↗Schrumpfmaß V_s in % ausgedrückt:

$$Schrumpfma\beta = \frac{\left(Anfangsraumgehalt - Endraumgehalt\right)}{Anfangsraumgehalt} \cdot 100.$$

Das Schrumpfmaß ist ein Anhaltswert und dient zur Beurteilung des Bodens als Baugrund: < 5 % = gut, 5–10 % = mittel, >10 % = schlecht, >15 % = sehr schlecht. [ERu]

Schrumpfmaß, V_s, ergibt sich aus dem Versuch zur ↗Schrumpfgrenze. Es wird ermittelt, um die Volumenänderung beim Schrumpfen zu dokumentieren. Eine direkte Angabe des linearen Schrumpfverhaltens erhält man über die Höhenänderung (h_n) der Probe und Auftragen von w und h_n, wobei:

$$h_n = \frac{h_a - h_w}{h_a}.$$

h_n ist die bezogene Höhenänderung, h_a ist die Anfangsprobenhöhe und h_w die Höhe bei dem jeweiligen Wassergehalt.

Schrumpfsetzung, in bindigen Böden treten bei Abnahme des Wassergehaltes Kapillarspannungen auf, die mit zunehmender Feinporigkeit erhöhte Volumenverminderung zur Folge haben. Das Ausmaß dieser Schrumpfsetzungen ist abhängig von der Wassergehaltsabnahme sowie der Mächtigkeit und Feinporigkeit des Bodens. Ihre Größenordnung kann nach dem Anfangsast der Kurve des linearen Schrumpfens (↗Schrumpfmaß) und der jeweiligen Wassergehaltsabnahme abgeschätzt werden und beträgt häufig mehrere Zentimeter. Schrumpfsetzungen treten besonders bei tonigen Böden (>20 % Tonanteile) oder solchen mit organischen Beimengungen auf, wobei ein Anteil an organischer Substanz von 5–10 % die Feinporigkeit eines Schluffbodens und sein plastisches Verhalten bereits sehr stark beeinflussen. In stärker organischen Böden treten bei Luftzutritt auch biochemische Abbauvorgänge auf, die zu einem langsamen Substanzverlust (sog. Humusverzehr) führen. Von Torfböden ist außerdem bekannt, daß nicht nur bei Grundwasserabsenkung erhebliche Setzungen und Spalten im Gelände auftreten, sondern daß es bei einem etwaigen Wiederanstieg des ↗Grundwassers erneut zu erheblichen Setzungen kommen kann. [RZo]

Schrumpfung, Prozeß in ↗bindigen Böden, bei dem durch Austrocknung (Wasserverlust) das Bodenvolumen verringert wird. Bei der Strukturschrumpfung werden zunächst nur die Grobporen entwässert. Die Wasserabnahme ist in dieser Phase größer als die Volumenabnahme. Mit weiterer Wasserabnahme treten ↗Normalschrumpfung und ↗Restschrumpfung auf. Die Schrumpfung ist ein wesentlicher Prozeß bei der Entwicklung des ↗Bodengefüges, da sie eng mit Riß- und Aggregatbildung verbunden ist.

Schrumpfungsinversion ↗Absinkinversion.

Schrumpfungsrisse, werden gebildet durch Austrocknung und Kompaktion wassergesättigten schlammigen Materials. Subaerisch bilden sich sogenannte *Trockenrisse* mit geradlinigen oder schwach gebogenen Begrenzungen drei- bis sechsseitiger Polygone. Die Risse sind im allgemeinen V-förmig. Ihre Länge kann in Ausnahmefällen mehrere Meter betragen. Im allgemeinen sind sie aber nur einige Zentimeter lang und wenige Millimeter breit. Die inneren Bereiche in einem Polygons biegen sich meist zu den Rändern hin nach oben auf. Wenn die oberste Lage komplett abgelöst wird, kann sie als ↗Lithoklast (Schlammscherbe) umgelagert werden. Zu den Schrumpfungsrissen zählen auch *Synaereserisse*, die subaquatisch durch Synaerese entstehen. Dies geschieht in Lagen quellfähiger Tone durch Ausflockung und Entwässerung sowie durch osmotischen Wasserentzug infolge von Salinitätsschwankungen. [DM]

Schubfläche ↗Scherfläche.

Schubklüftung, bezeichnet eine jüngere Schar von Scherflächen, die eine bereits vorhandene Schieferung durchschneidet und deformiert. Das Ergebnis ist eine meist weitständige Runzelung der älteren Schieferung.

Schubmasse, der Gesteinskörper im Hangenden einer Überschiebung. ↗Decke, ↗Schuppe.

Schubmodul ↗*Schermodul*.

Schubspannung, 1) *Geologie*: ↗*Scherspannung*. 2) *Hydrologie/Klimatologie*: τ, die tangential an eine Oberfläche angreifende Reibungskraft pro Flächeneinheit [kN/m^2]; in der Hydrologie auch formuliert als tangentiale Spannung zwischen sich nebeneinander mit unterschiedlicher Geschwindigkeit bewegenden Flüssigkeitsmolekülen oder Flüssigkeitsteilen (innere Reibung) (↗*Gerinneströmung*). Durch die Wasserstoffbindungen ziehen Wassermoleküle bei Bewegung die Nachbarmoleküle mit (molekulare Schubspannung). Ebenfalls entstehen Schubspannungen bei mit unterschiedlicher Geschwindigkeit oder Richtung sich bewegenden Flüssigkeitsteilen (turbulente Schubspannung). Die resultierenden Schubkräfte quer zur Strömung sind in einem ↗Gerinne dem Geschwindigkeitsgefälle zur begrenzenden Wand dv/dy (y = Wandabstand) proportional:

$$\tau = \eta \frac{dv}{dy}.$$

Dabei ist η die dynamische ↗Viskosität (Abb.). Die Schubspannung wirkt sowohl intern in Form des sog. Austausches als auch extern an den Grenzflächen des Ozeans. Die Schubspannung an der Meeresoberfläche wird durch den Windstreß formuliert. An der Erdoberfläche bewirkt z.B. der Wind eine solche Kraft, die in der Theorie der bodennahen Grenzschicht (↗*Prandtl-Schicht*) als Bodenschubspannung bezeichnet wird.

Schubspannungsgeschwindigkeit, in der bodennahen Grenzschicht verwendeter Begriff zur Charakterisierung der auf den Erdboden wirkenden ↗*Schubspannung*. Die üblicherweise mit u_* bezeichnete Geschwindigkeit ist über die Schubspannung τ und die Luftdichte ϱ definiert als:

$$u_* = \sqrt{\tau/\varrho}.$$

Schubweite ↗*Förderweite*.

Schucht, *Friedrich*, deutscher Bodenkundler, * 26.11.1878 Oker (Harz), † 31.3.1941 Eberswalde; 1922–1937 Professor in Berlin. Schucht arbeitete u. a. an einer Kartierung von Marschböden und an Untersuchungen von Böden aus Kalkstein. Seine »Grundzüge der Bodenkunde« (1930) stellen Böden als Ergebnis von Verwitterungs-, Zersetzungs- und Verlagerungsprozessen dar und führen in Bodenuntersuchung und -kartierung ein. Schucht war Mitherausgeber der Mitteilungen der Internationalen Bodenkundlichen Gesellschaft seit 1910 (mit Felix Wahnschaffe) und Mitbegründer bzw. zeitweiliger Präsident dieser Gesellschaft sowie langjähriger Präsident der Deutschen Bodenkundlichen Gesellschaft. Schucht erhielt die Ehrendoktorwürde in Halle.

Schuga, *Eisbreiklümpchen*, Ansammlung von schwammartigen Eisklümpchen im Wasser, deren Durchmesser einige Zentimeter betragen.

Schulatlas, ein ↗*methodischer Atlas*, dessen Karten für den Schulgebrauch nach didaktischen Prinzipien gestaltet sind. In Abhängigkeit von Schulcurriculum und staatlichen Rahmenrichtlinien erfolgt eine sinnvolle methodische Atlasgestaltung, die es Lehrer und Schüler ermöglicht, pädagogische Ziele in der Atlasarbeit mit Schulkarten zu erreichen: Karten lesen zu können und Karten kritisch zu analysieren. Vornehmlich gilt dies für die geographischen Atlanten. Hingegen sind die Geschichtsatlanten als Lehrmittel heute mehr oder weniger von den Schulbuchkarten verdrängt worden. Für die Atlasgestaltung sind kartendidaktisch relevante Kriterien entscheidend, z.B. vom Nahen und Vertrauten zum Fernen und Unbekannten, vom Einfachen zum Komplexen, vom Anschaulichen zum Abstrakten, von kleinen zu größeren Informationsmengen, von kleinen zu größeren Lernschritten. Auch Ausdruck dieser unterschiedlichen Ansprüche sind Atlanten für verschiedene Altersstufen (*Stufenatlanten*) wie Heimatatlas, Elementaratlas, ↗*Weltatlas*, Hochschulatlas. Im großen und ganzen lassen sich in Schulatlanten drei Kategorien von Karten unterscheiden: a) ↗*physische Karten* zur allgemeinen geographischen Orientierung und Information, b) thematische Übersichtskarten zur Analyse für geographische Großräume, c) Fallbeispiele in detaillierter Darstellung mittels topographischer Maßstäbe. Die physischen und thematischen Übersichtskarten in chorographischen Maßstäben bilden das Grundgerüst in Schulatlanten. Typisch ist der große Anteil an synoptischen Themakarten und die breite Palette von kartographischen, kartenverwandten und graphischen Darstellungen. Das Verstehen der oft hochkomplexen Karten wird durch übersichtlich und gut lesbar gestaltete ↗*Legenden* und die Verwendung von ↗*Leitfarben* und ↗*Leitsignaturen* erleichtert. Der Einstieg in den Schulatlas wird durch Erschließungshilfen wie Inhaltsverzeichnis, verbale und kartographische Einführung mit methodischen Hinweisen zur Atlasarbeit und Namensregister mit Suchhilfen unterstützt. [WD]

Schulbuchkarte ↗*kartographische Lehr- und Lernmedien*.

Schulterfläche ↗*Trogschulter*.

Schumann-Resonanzen, extrem niederfrequente Resonanzen des elektromagnetischen Feldes in dem von ↗*Ionosphäre* und Erdboden gebildeten Wellenleiter. Die Anregung erfolgt durch die Blitze der weltweiten Gewittertätigkeit. Die stärksten Resonanzen liegen bei den Frequenzen 8, 15 und 20 Hz.

Schummerung ↗*Reliefschummerung*.

Schummerungskarte, abgeleitet aus der kartographischen ↗*Zeichen-Objekt-Referenzierung* ein ↗*Kartentyp* zur Repräsentation von ratio- oder intervallskalierten Daten mit Bezug zu einer als unregelmäßiges oder regelmäßiges Punktnetz definierten Oberfläche, wie beispielsweise der Geländeoberfläche. Die Repräsentation der Daten in der Schummerungskarte (Abb.) erfolgt durch Berechnung von Neigung und Exposition und daraus ableitbarem Schattenwurf einer an-

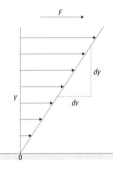

Schubspannung: Geschwindigkeitsgefälle durch Wand- und innere Reibung quer zur Fließrichtung.

Schummerungskarte: Beispiel einer Schummerungskarte.

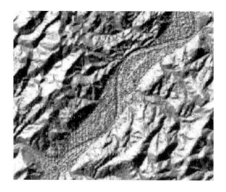

genommenen Lichtquelle (↗3D-Analyse) und auf der Grundlage des ↗kartographischen Zeichenmodells als flächenförmige Zeichen, die mit Hilfe der ↗graphischen Variablen Korn oder Helligkeit variiert werden. ↗Reliefschummerung, ↗Schattenplastik, ↗Wertrelief.

Schungit, hartes, schwarzes, amorphes ↗organogenes Sediment, welches zu mehr als 98% aus Kohlenstoff besteht. Schungit ist eine in präkambrische Schiefer eingeschaltete anthrazitische Kohle oder ein metamorphes Bitumen, welches großteils in ↗Graphit umgewandelt wurde. Die Typregion des Schungits ist Karelien, wo das Gestein bergbaulich gewonnen wurde.

Schuppe, kleinerer Gesteinskörper im Hangenden einer ↗Überschiebung, meistens aber zwischen zwei Überschiebungen. Oft bilden mehrere Schuppen einen Schuppenstapel. ↗Duplex-Struktur, ↗Verschuppung.

Schürfbohren, Ansetzen einer Aufschluß- oder Erkundungsbohrung.

Schuß, 1) Zünden einer Sprengladung. 2) Auslösen jeglicher Art von seismischer Energiequelle. 3) oft ungenaue Bezeichnung für alle ↗seismische Spuren, die bei einer einmaligen Aktivierung einer seismischen Quelle registriert wurden.

Schutt, Sediment aus eckigen Mineral- und Gesteinsbruchstücken, die >2 mm sind.

Schuttboden ↗Syrosem.

Schuttdecke, Bezeichnung für einen Akkumulationskörper bzw. eine Verwitterungsdecke aus unverfestigtem ↗Schutt unterschiedlicher Korngrößen ohne Hinweis auf die Genese. Der Schutt ist hierbei im wesentlichen durch Prozesse der physikalischen ↗Verwitterung entstanden.

Schüttdichte ↗Dichte.

Schüttergebiet ↗makroseismische Intensität.

Schütterradius ↗makroseismische Intensität.

Schuttfächer ↗Schutthalde.

Schuttflurvegetation, offene, lichtbedürftige, meist konkurrenzschwache Pioniervegetation (↗Pionierpflanzen) auf feinerdearmen, noch nicht festgelegten Steinschutthalden. Besonderheiten dieses ↗Lebensraumes sind extreme mechanische Beanspruchungen durch rutschenden Schutt und der oberflächlich meist trockene sowie feinerde- und nährstoffarme Untergrund. Die Schuttflurvegetation verfügt über besondere Anpassungen, wie z. B. weitreichendes, zugfestes Wurzelsystem (daher als Schuttfestiger geeignet), gute Regenerationsfähigkeit, hohe Samenproduktion und Fähigkeit zur Etiolierung (starkes und schnelles Längenwachstum des Sprosses) bei Keimung in tieferen Schuttschichten. Schuttpflanzen wurzeln meist in tiefen Schichten, die beruhigt und feucht sind sowie eingebrachte Feinerde (organischer und anorganischer Flugstaub) enthalten. Schuttpflanzen können nach ihren Wuchsformen unterschieden werden (Abb.): Schuttwanderer (durchziehen den Schutt mit langen, sich bewurzelnden Kriechtrieben),

Schuttflurvegetation: verschiedene Schuttpflanzentypen.

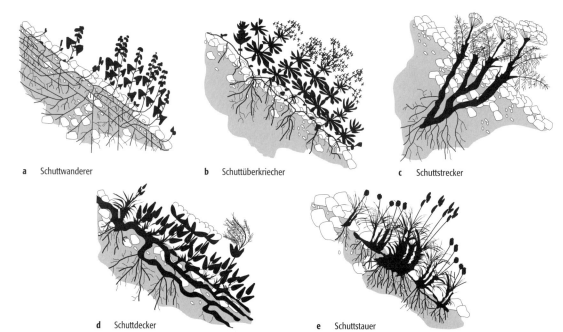

Schuttüberkriecher (legen sich mit dünnen Trieben über den Schutt), Schuttstrecker (strecken aufrechte Sproßtriebe durch den Schutt), Schuttdecker (bilden wurzelnde Decken auf dem Schutt) und Schuttstauer (bilden mit einem dichten Feinwurzelwerk, mit Polstern und Horsten Hindernisse für den rutschenden Schutt). Nur die Schuttüberkriecher können flächige Humusdecken bilden und damit die Bildung von Schuttrankern (/Ranker) bzw. Schuttrendzinen (/Rendzina) einleiten. An ruhenden Standorten können dann konkurrenzstärkere Rasenpflanzen die Pioniervegetation ablösen. Sonst werden durch Schuttpflanzen nur punktuelle Humusinseln geschaffen.

Auf Kalk- und Silicatuntergrund bilden sich verschiedene Schuttpflanzengesellschaften (/Pflanzengesellschaften): Auf Kalk findet sich die Ordnung der *Thlaspietalia rotundifolii*, welche folgende Gesellschaften enthält: Schneepestflur (*Petasitetum paradoxi*) an feinerdereichen, feuchten /Standorten der /subalpinen Stufe, Täschelkrautflur (*Thlaspietum rotundifolii*) auf Kalk- und Dolomitgeröll der /nivalen Stufe und die Berglöwenzahnflur (*Leontodetum montanei*) auf feinem, feuchten Tonschieferschutt der alpinen Stufe. Die Silicatschuttfluren (*Androsacetalia alpinae*) teilen sich in die Alpenmannsschildflur (*Androsacetum alpinae*) in der hochalpinen-nivalen Stufe und die Säuerlingsflur (*Oxyrietum digynae*) auf feuchten Standorten der alpinen Stufe. Auf trockenen Grobschutthalden der montan-alpinen Stufe findet sich die Weißblattdost-Gesellschaft (*Adenostyletum leucophyllae*). Zwischen den Kalk- und Silicatgesellschaften stehen die Kalkschieferhalden (*Drabion hoppeanae*).

Im Gegensatz zur Schuttflurvegetation kommt die /Ruderalvegetation auf gestörten, (meist anthropogen bedingten) feinerdereichen, nicht geneigten Kies- und Sandstandorten im Flachland vor. [DR]

Schuttfuß /Schutthalde.

Schutthalde, *Schuttrampe*, *Schuttfuß* (bei geringmächtigen Akkumulationen), Sammelbezeichnung für meist unsortierte, 26–42° steile Akkumulationen von Gesteinsschutt am Fuß von /Steilhängen und Wänden. Die Lockersedimente der Schutthalde entstammen überwiegend der /Sturzdenudation. Die größten /Blöcke liegen häufig am Fuß der Halde, da sie wegen ihrer großen Masse weiter rollen als kleinere Blöcke und Steine. Größe, Ausdehnung und Weiterbildung der Halde beeinflussen maßgeblich die Hangentwicklung, da der schuttbedeckte Hangteil (Haldenhang) vor weiterer Abtragung (/Erosion) geschützt wird, während der Oberhang durch /Verwitterung und Abtragung zurückverlegt wird. Kleinräumige Akkumulationen oft unterhalb von /Tiefenlinien sind die steileren *Schuttkegel* und flacheren *Schuttfächer*.

Schuttkegel /Schutthalde.

Schüttkorngröße, Korngrößenspektrum des Kieses bzw. Sandes (/Filterkies, Filtersand), der in Brunnen zwischen Filterrohr und Bohrlochwand eingeschüttet wird. Die Schüttkorngröße muß so gewählt werden, daß der ins Bohrloch eingebrachte Filterkies a) beim Entsanden des Brunnens die mobilisierbaren Feinanteile aus dem Korngerüst des Grundwasserleiters durchläßt, b) während des Pumpbetriebes keinen Sand in das Brunnenrohr eindringen läßt und c) einen Stützkörper zum Schutz des Brunnenrohres bildet. Die Schüttkorngröße wird aus Siebkurven des grundwasserleitenden Gesteins nach einer einfachen Formel und empirisch ermittelten Werten bestimmt.

Schuttkriechen /Kriechdenudation.

Schüttmaterial, Stoffe, die zum Schütten von Dämmen, Wällen etc. verwendet werden. Das sind Lockergesteine sowie gebrochene Felssteine und auch Trümmerschutt. Das Schüttmaterial wird je nach Verwendungszweck auf Mineralogie, Korngrößenverteilung, Verdichtbarkeit, Verwitterungsgrad, Frostbeständigkeit, Wasseraufnahmefähigkeit (Wasseraufnahme- und Wasserbindevermögen), Wasserdurchlässigkeit sowie Festigkeitseigenschaften untersucht.

Schuttquelle, Wasseraustritt am Fuße eines Schuttkegels, der die eigentliche Quelle verhüllt.

Schuttrampe /Schutthalde.

Schuttrutschung /Translationsrutschung.

Schuttstrom, *Trümmerstrom*, plastische bis dünnbreiige Massen, die sich in Hangeinschnitten oder Hangmulden unmerklich langsam bis mäßig schnell abwärts bewegen und sich dabei gletscherähnlich der von ihnen benutzten Depression anschmiegen. Die Form dieser Massenbewegungen ist zungen- bis tropfenförmig. Gleitbewegungen herrschen dabei v. a. im Abrißbereich und den randlichen sowie basalen Scherflächen vor, während im Inneren und in der Fußregion Fließ- und Kriechvorgänge überwiegen. Schuttströme bestehen meist aus über 80 % Sedimentmaterial, zahlreichen Geröllen, Blöcken und feinkörnigem Sediment sowie Wasser. Das feinkörnige Sediment und das Wasser verbinden sich zu einer relativ hochviskosen Mischung, die den internen Reibungswiderstand mindert. Die groben Gerölle und Blöcke werden dadurch im Strom mitgeführt. Schuttströme entstehen häufig aus Bergstürzen, submarinen und subaerischen Rutschungen und werden u. a. durch starke Regenfälle ausgelöst. *Schlammströme* enthalten hingegen nur einen geringen Anteil an Geröllen und Blöcken, vielmehr bestehen sie neben etwa 30 % Wasser zu mehr als 50 % aus Ton und Silt.

Schüttungsquotient, Verhältnis von maximaler zu minimaler Wasserführung einer Quelle (/Quellschüttung).

Schütz, nach DIN 4054 Verschlußeinrichtung zur Regelung des Wasserdurchtrittes durch Öffnungen. Anders als der Schieber ist das Schütz nicht in einem Gehäuse angeordnet. Am weitesten verbreitet ist das Tafelschütz, meistens als Gleitschütz oder Rollschütz ausgebildet.

Schützenwehr, /Wehr mit tafelförmigem Wehrverschluß, der in vertikaler Richtung in den Nischen der Wehrpfeiler oder /Wehrwangen bewegt wird. Das Doppelschütz besteht aus zwei Schütztafeln, von denen die obere zur Ableitung von Eis und Schwimmstoffen abgesenkt werden kann. Sollen größere Wassermengen über die Schütztafel geleitet werden, dann muß deren Oberkante strömungsgünstig in Form einer Überfallkurve ausgebildet werden (/Hakenschütz).

Schutzwald, Waldfläche mit vorrangiger Funktion der Verhütung und Abwehr von Gefahren für die Allgemeinheit. Der Schutzwald trägt durch seine Lage, seinen inneren Aufbau und seine Größe zur Minderung von Gefahren bei, die angrenzenden /Ökosystemen drohen. Die verschiedenen Schutzfunktionen können sein: Naturgefahrenschutz (Lawinenschutz, /Steinschlag, Rutschungen), Bodenerosionsschutz, Wasserschutz (Regulierung des Wasserhaushaltes), Klimaschutz (/klimaökologische Ausgleichsfunktion), /Windschutz und Immissionsschutz (Lärmschutz, Auffilterung von Schadstoffen im Niederschlag oder in der Luft). Schutzwald kann speziell durch die /Raumplanung als Schutzzone ausgewiesen und pflegende Bewirtschaftungsmaßnahmen darin vorgeschrieben werden. Wald, der nur ökologische Schutzgründe hat und nicht primär der Gefahrenabwehr für den Menschen dient, ist ein /Schonwald. [SR]

Schutzzone, *Schutzgebiet, Schutzbereich*, exakt abgegrenzter Raum, der aufgrund seiner speziellen /Artenvielfalt, der Existenz bedrohter /Arten (/Rote Liste-Arten), seiner ästhetischen, ökologischen oder auch historischen Erhaltungswürdigkeit unter Schutz steht. Die Definition der Schutzzone und die Art ihrer Nutzung sind gesetzlich geregelt. In der Schweiz z. B. zählen Bäche, Flüsse, Seen und ihre Ufer als Schutzzone, besonders schöne sowie naturkundlich oder kulturgeschichtlich wertvolle Landschaften, besondere Ortsbilder, geschichtliche Stätten, Natur- und Kulturdenkmäler sowie Lebensräume für schutzwürdige Tiere und Pflanzen (Bundesgesetz über die Raumplanung). Weltweit am verbreitetsten sind /Nationalparks zur Erhaltung der globalen Artenvielfalt und Landschaftsräume kontinentaler und nationaler Bedeutung (/Naturschutzgebiet, /Naturpark, /Landschaftsschutzgebiet, /MAB). In regionalem Maßstab sind Landschaftseinheiten mit ihren Elementen wie Gewässer, Gehölze und /Naturdenkmäler von Bedeutung. Dazu zählen auch Kulturdenkmäler und historisch erhaltenswerte Ortsbilder. Um die Trinkwasserqualität zu sichern, werden auch Quell- und Grundwasserschutzzonen ausgewiesen, in denen z. B. ein Bauverbot und nur extensive landwirtschaftliche Nutzung oder ein vollständiges Nutzungsverbot besteht. Auch Gebiete, die vor Naturgefahren schützen wie Bannwälder (/Schutzwald), /Lärmschutzgebiete um Flughafen oder militärische Gebiete sowie Flächen zur Gewinnung von Bodenschätzen, können als Schutzzone ausgewiesen werden. [MSch]

schwaches Äquivalenzprinzip /Äquivalenzprinzip.

Schwadbreite, Breite des Aufnahmestreifens (Schwad) eines /Sensors in der /Fernerkundung gemessen auf der Erdoberfläche in Kilometern senkrecht zur Flugbahn.

Schwallbrecher, an sehr flachem /Strand auflaufender /Brecher, wobei das Wasser vom Wellenkamm schäumend über den Wellenvorderhang hinabstürzt.

Schwallwelle, **1)** *Angewandte Geologie*: Flutwelle, die entsteht, wenn Felsstürze und Felsgleitungen eine freie Wasserfläche erreicht. Besonders gefährdet sind im Gebirge angelegte Stauanlagen. So erzeugte zum Beispiel 1963 eine Felsgleitung in einen Stausee bei Vaiont in Italien eine ca. 100 Mio. Kubikmeter große Flutwelle, die im Ort Longarone und dem anschließenden Piavetal 2900 Opfer forderte. **2)** *Hydrologie*: durch plötzliche Durchflußänderung (z. B. Öffnung von Wehren) verursachte, instationäre, mit /Wellengeschwindigkeit fortschreitende Hebung des Wasserspiegels bei /Gerinneströmungen.

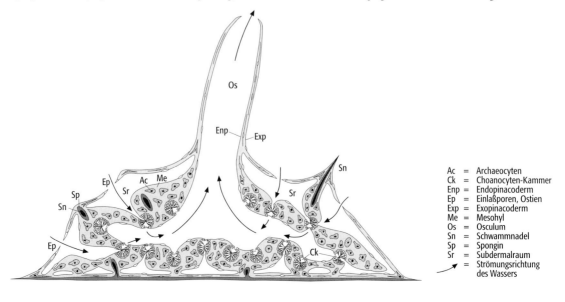

Schwämme 1: Grundbauplan eines Schwammes am Beispiel eines Süßwasserschwammes (Spongillidae, Demospongea).

Ac = Archaeocyten
Ck = Choanocyten-Kammer
Enp = Endopinacoderm
Ep = Einlaßporen, Ostien
Exp = Exopinacoderm
Me = Mesohyl
Os = Osculum
Sn = Schwammnadel
Sp = Spongin
Sr = Subdermalraum
→ = Strömungsrichtung des Wassers

Schwämme, *Porifera*, aktiv filtrierende, vielzellige Tiere. Sie zeigen verwandtschaftliche Beziehungen zu kolonial organisierten, einzelligen ↗ Eukaryota und den Eumetazoa. Die rezenten Schwämme sind weitestgehend marin, es sind aber auch Vertreter aus dem Süßwasser bekannt. Wenige rezente Schwämme werden kommerziell genutzt (Schwammfischerei) und einige sind potentielle Lieferanten pharmazeutisch verwertbarer Naturstoffe. Physiologisch entsprechen die Schwämme einer natürlichen Kläranlage, indem sie gelöste und partikuläre organische Substanz über einen aktiven Filterapparat verwerten. Sie sind deshalb wichtig zur Rekonstruktion fossiler Nahrungsnetze und der Abschätzung ozeanographischer Rahmenbedingungen (z. B. Gehalte suspendierter Nahrung, Strömungsmuster). Fossile Schwämme sind häufig in ↗ Biostromen, riffähnlichen ↗ Biohermen und in regelrechten Schwammriffen zu finden. Als Riffbewohner sind die Schwämme in fossilen wie rezenten Korallenriffen stets vertreten. Die Gesamtgruppe weist ein stark unterschiedliches Maß der Skelettisierung auf, entsprechend unterschiedlich und selektiv verläuft die ↗ Fossilisation im geologischen Bericht.

Der Grundbauplan und die allgemeine Physiologie eines Schwammes ist in Abbildung 1 dargestellt. Durch koordinierten Geißelschlag der in Kammern organisierten Kragengeißelzellen (Choanocyten, Choanocytenkammern, Choanoderm) wird die Pumpwirkung erzielt. Dabei wird Wasser aus der Umgebung durch Einlaßporen (Ostien) in den Schwammkörper geleitet, filtriert und durch kaminartige zentrale Öffnungen (Oscula) wieder ausgetrieben. Bei den meisten Schwämmen ist dieses Kanalsystem durch Plattenzellen (Pinacocyten) begrenzt, die zu einer Deckzellschicht organisiert sind (Pinacoderm). Porentragende Zellen (Porocyten) können im Pinacoderm eingelassen sein. Das Pinacoderm umschließt das innere Schwammgewebe (Mesohyl), in dem sich eine Vielzahl von Zelltypen befinden. Neben den Stammzellen (Archaeocyten) kommen u. a. verschiedene skelettsubstanzbildende Zellen (Lophocyten, Scleroblasten, Spongioblasten), kontraktile Zellen (Collencyten), Speicherzellen (Trophocyten) und Keimzellen (Oogonien, Spermatogonien) vor. Aus den Archaeocyten können alle anderen Zelltypen eines Schwammes hervorgehen (Omnipotenz). Viele Schwämme führen in ihrem Mesohyl eine Vielzahl verschiedenster Bakterien, die zumindest teilweise zum Schwamm in symbiotischer Beziehung stehen. Die Reproduktion bei Schwämmen erfolgt sexuell (häufig Zwitter) und asexuell durch Knospung. Dauerstadien (Gemmulae) und Regenerationsfähigkeit aus Fragmenten sind nachgewiesen (Aktivierung der Archaeocyten). Die sexuelle Reproduktion führt über ein planktisches Larvalstadium und der Larvenansiedelung zum sessilen Jungtier.

Die typischen Merkmale der Eumetazoen (Vielzelligkeit mit Stammzellen, sexuelle Reproduktion mit planktischen Larvalstadien, Kollagensynthese und Zellgewebe) sind zwar vorhanden, doch fehlen die für alle anderen Metazoen kennzeichnenden Merkmale eines echten Epithelgewebes. Deshalb werden die Schwämme häufig als Vorläufer der Eumetazoen interpretiert und als sogenannte Parazoa bezeichnet. Alternativ dazu wird aufgrund der spezifischen Merkmale eines Schwammes (choanodermal organisierter, aktiv filtrierender Vielzeller) eine mehrfache und unabhängige Evolution hin zur Vielzelligkeit angenommen (z. B. über kolonial organisierte Choanoflagellaten). Folgt man dieser Vorstellung, stehen die Schwämme auf der gleichen phylogenetischen Rangstufe wie alle übrigen Metazoen zusammen.

Die Schwämme weisen zwei grundsätzlich verschiedene Typen der Skelettbildung auf. Zum Aufspannen des Schwammkörpers dient ein Stützskelett. Einige Schwämme bilden zusätzlich einen Kalksockel zwischen Substrat und Weichkörper aus (sekundäres Basalskelett). Das Stützskelett besteht aus organischer Substanz (Kollagen-, Sponginfasern) und ist häufig mit Schwammnadeln aus einer mineralischen Komponente (Skelettopal, SiO_2, oder Mg-Calcit, $CaCO_3$ mit ca. 10 Mol-% $MgCO_3$) kombiniert. Neben der unterschiedlichen Mineralogie weisen diese Schwammnadeln (Skleren oder Spiculae) unterschiedliche Geometrien, eine hohe Variation der räumlichen Anordnung (Sklettarchitektur) und verschiedene Vernetzungsgrade auf. Zudem sind bei vielen Schwämmen unterschiedliche Sklerentypen kombiniert, und es können zwei diskrete Größenordnungen auftreten (Mega- bzw. Mikroskleren jeweils unterschiedlicher Entstehung). All diese, größtenteils auch für die Paläontologie verwertbaren Merkmale dienen zusammen mit histologischen und ontogenetischen Befunden der weiteren taxonomischen Untergliederung der Schwämme. Gut begründete, geschlossene Abstammungsgemeinschaften (monophyletische Gruppen) sind die Hexactinellida, die Calcarea und die Demospongea. Die phylogenetischen Zusammenhänge zwischen diesen Gruppen sind aber weiterhin in Diskussion.

Die Hexactinellida (Glasschwämme) weisen neben einer besonderen Weichkörperorganisation (Choanosyncytium) auch einen spezifischen Sklerentypus auf. Die Grundform entspricht einem regelmäßigen Sechsstrahler (Hexactin) aus SiO_2 (Abb. 2). Diese Kieselskleren werden intrazellulär gebildet. Paläontologisch bedeutsam sind die unterschiedlichen Vernetzungsgrade des Sklerenskelettes. Man unterscheidet zwischen a) locker angeordneten Skleren (lyssakines Skelett, Lyssakinosa), b) durch eine weitere SiO_2-Hülle miteinander verkittete Skleren (dyktionales Skelett, Hexactinosa) und c) durch zentrale Querstreben stabilisierte Skleren (lychniskoses Skelett, Lychniscosa). Die ältesten Nachweise der Hexactinellida sind Lyssakinosa aus dem Neoproterozoikum (Vendium, ca. 545 Mio. Jahre). Die Hexactinosa erscheinen im ↗ Devon (Oberdevon, Frasne), die Lychniscosa im mittleren ↗ Jura (Dogger). Die heutigen Hexactinellida leben ausschließlich in marinem Milieu, vorzugsweise in

Schwämme 2: Regelmäßige Sechsstrahler (Hexactine) bilden die Grundform der Megaskleren bei den Hexactinellida. Die Art der Sklerenvernetzung führt zur Unterscheidung von a) Lyssakinosa, b) Hexactinosa und c) Lychniscosa.

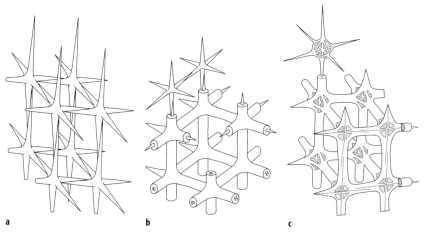

der Tiefsee, und sind meist durch spezielle Skleren mit Weichböden verwurzelt. Die Häufigkeit und Verbreitung der fossilen Hexactinellida ist starken Schwankungen unterworfen. Neben den mit den heutigen Verhältnissen vergleichbaren Vorkommen sind regelrechte Hexactinelliden-Rasen und durch Hexactinelliden geprägte ↗mud mounds bekannt. Außerordentliche Vorkommen befinden sich im ↗Burgess Shale (Kambrium), im Jura (Malm) z. B. der schwäbischen und fränkischen Alb und in der Kreide Niedersachsens und Westfalens (z. B. *Coeloptychium*-Schichten, Campan). In diesen Fällen sind großräumige Schelfareale besiedelt worden. Unter Umständen handelt es sich deshalb bei den heutigen Vorkommen um in tiefere Gewässer verdrängte Gemeinschaften, eventuell auch um ein Relikt der quartären Vereisung.

Die Calcarea (Kalkschwämme) bilden extrazellulär unter Beteiligung mehrerer Skleroblasten Mg-calcitische Skleren (Abb. 3). Die Grundformen der Skleren entsprechen dem Triactin (regelmäßiger Dreistrahler) und dem Octactin (regelmäßiger Achtstrahler). Octactine sind nur von den auf das Paläozoikum beschränkten Heteractinida bekannt. Vom Triactin abgeleitet kommen sogenannte Stimmgabel-Triänen vor, die für das Taxon der Minchinellidae kennzeichnend sind. Einstrahlige Skleren (Monactine) können ebenfalls vorhanden sein. Häufig bestehen dicht verfilzte Sklerenzüge, die von einem kalkigen, sekundären Skelett umgeben sind. Dazu zählen die Pharetroniden und ein Vertreter der rhythmisch gekammerten Kalkskelette der Sphinctozoen. Die heutigen Kalkschwämme leben bevorzugt in tropischen Flachwassergebieten, kommen als Einzelfunde aber auch in der Tiefsee vor. Dies stimmt gut mit dem geologischen Bericht überein. Die Kalkschwämme sind ab dem ↗Kambrium nachgewiesen. Die Pharetroniden sind v. a. in tropischen Ablagerungen des Mesozoikums (Jura und Kreide) zu finden, bilden aber nur vereinzelt eine hohe Besiedlungsdichte aus.

Die Demospongea nehmen den weitaus größten Teil der heutigen und fossilen Schwammtaxa ein. Neben den marinen Formen, inklusive der Bohrschwämme (z. B. *Cliona*), gehören hierzu auch die Süßwasserschwämme (z. B. *Ephydatia*).

Schwämme 3: Megaskleren der Calcarea (a = triactine Kalksklere, b = octactine Kalksklere) und der Demospongea (c).

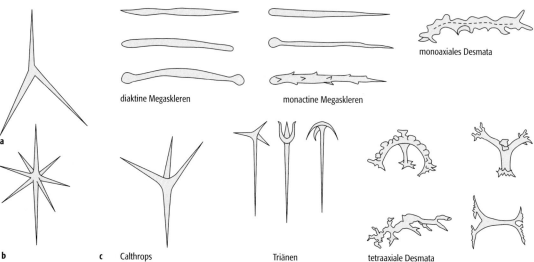

Kennzeichnendes Merkmal der Demospongea ist die intrazelluläre Bildung von Kieselskleren mit der Grundform eines regelmäßigen Vierstrahlers (Tetractin, Calthrops). Diese Grundform wird z. T. erheblich variiert, so daß insgesamt eine große Formenvielfalt der Skleren vorliegt (Abb. 4). Weitere Merkmale beziehen sich auf die Sklerenarchitektur sowie das Vorkommen und den Typus von Mikroskleren. Die Sklerenbildung kann auch vollständig reduziert sein, so daß ausschließlich organische Stützskelette vorliegen (z. B. bei dem Badeschwamm *Spongia officinalis*). Diese Schwämme können jedoch kaum fossilisiert werden. Innerhalb der Demospongea sind die Taxa Homoscleromorpha, Ceractinomorpha und Tetractinellida gut als Monophylum begründet. Bei den Homoscleromorpha existiert keine Differenzierung zwischen Mega- und Mikroskleren. Die Ceractinomorpha besitzen einstrahlige Megaskleren und Mikroskleren vom Sigma- oder Chela-Typus, die Tetractinellida haben tetractine Megaskleren und Mikroskleren vom Aster-Typus.
Der Grad der Sklerenvernetzung und die Beständigkeit bzw. Festigkeit des Sklerenskelettes bestimmt weitgehend das Fossilisationspotential und die Qualität der Erhaltung. Nichtrigide Demospongea sind nur in Ausnahmefällen im quasi-primären Zusammenhang erhalten. Diese Ausnahmefälle beziehen sich auf verborgene und geschützte Kleinhabitate, z. B. in den tieferen Zonen von Riffen oder in Bohrlöchern und absoluten Stillwasserzonen. Ein besonderes Beispiel hierfür sind Massenvorkommen von Skleren (Spikulite), die die fossilen Reste ehemaliger Demospongea-Matten repräsentieren. Die Regel allerdings ist, daß die Skleren nichtrigider Demospongea (analog zu den Lyssakinosa) nicht im primären Verband, sondern als isolierte und meist transportierte Skleren in Sedimentgesteinen vorliegen. Im Gegensatz zu den nichtrigiden Demospongea mit niedrigem Erhaltungspotential weisen die rigiden Demospongea ein hohes Erhaltungspotential auf und sind damit im geologischen Bericht deutlich überbewertet. Für diesen Typus stehen die Lithistida (Steinschwämme), eine polyphyletische Gruppe desmentragender Demospongea. Desmen sind unregelmäßig bedornte und zerlappte Megaskleren, die sich gegenseitig über bedornte Endungen (Zygome) zu einem rigiden Sklerengerüst verbinden können. Dadurch sind die Lithistida häufig vollkörperlich erhalten und können sogar kurzzeitigen Transport überstehen.
Die vermutlich ältesten Demospongea stammen aus dem Neoproterozoikum (frühes ↗Vendium, ca. 580 Mio. Jahre). Spikulite treten mehrfach auf und sind häufig an Zonen kühler und an Nährstoffen reicher Wässer gebunden (z. B. glaziale Episode im Grenzintervall Ordovizium zu Silur; z. T. auch im Flammenmergel der Unterkreide Mitteldeutschlands). In Biostromen und Bioherrmen des ↗Phanerozoikums können die Demospongea (v. a. Lithistida) maßgeblich beteiligt sein. Wichtige Vorkommen stammen aus dem ↗Burgess Shale (Kambrium), dem Ordovizium und Silur (z. B. Ostkanada), dem Jura (Spanien, Portugal, Schwäbische und Fränkische Alb) und der Kreide (Spanien, Mitteldeutschland). Zusammen mit den Hexactinelliden bilden die Lithistida das prägende Element z. B. der jurassischen Schwamm-Bioherrme (↗mud mounds). Im Vergleich zu den Hexactinelliden reichen die Demospongea fossil wie rezent bis in flachere Schelfgebiete und sind wesentlich in und um moderne Korallenriffe vertreten. Über das Verhältnis der Hexactinellida zu den Lithistida kann auch im geologischen Bericht eine grobe Abschätzung der relativen Tiefenlage der Ablagerungsräume erfolgen. In feinkörnigen Carbonatsedimenten werden die Demospongea (z. T. auch die Hexactinellida) diagenetisch stark überprägt. Zu dieser ↗Fossildiagenese kann eine umfassende Calcifizierung, die Auflösung des Skelettopals, Calcitzementation sowie eine lokale Pyritisierung und sekundäre Verkieselung gehören.
Vor allem innerhalb der verschiedenen Taxa der Demospongea (vereinzelt auch bei den Calcarea) gibt es Schwämme, die zusätzlich zu ihrem primären Stützskelett ein sekundäres, kalkiges Basalskelett ausbilden (aus Calcit oder Aragonit). In früheren Jahren als monophyletische Gruppe interpretiert (Klasse Sclerospongia), ist mittlerweile die Polyphylie dieser Gruppe mehrfach unabhängig voneinander belegt worden. Die Vertreter dieser besonderen Skelettisierung werden heute als coralline Schwämme zusammengefaßt. Das Fossilisationspotential des kalkigen Basalskelettes ist besonders hoch.
Morphologisch können im wesentlichen fünf Basalskelett-Typen unterschieden werden: a) Der Krusten-Typus entspricht einem einfachen Kalksockel ohne vertikale Differenzierung. b) Der chaetetide Typus (Abb. 5) weist ein durch Zwischenböden (Tabulae) untergliedertes Röhrensystem (Tuben) auf (↗Chaetetida). c) Stromatoporoide Basalskelette (↗Stromatoporen; Abb. 6) entsprechen offenen Netzwerken mit horizontal (laminar) und vertikal ausgerichteten Elementen (Pfeiler). Häufig sind blasige Strukturen ausgebildet (Vesikulae) und es bestehen durchhaltende Röhren eines Exkretionssystems, das an der Oberfläche auf Erhebungen ein sternförmiges Muster ausbildet (Astrorhizen). d) Sphinctozoide bzw. thalamide Typen sind rhythmisch gekammerte bzw. segmentierte Basalskelette meist zylindrischer Wuchsform. e) Der ausgestorbene Archaeocyathen-Typus (Unter- bis Mittelkambrium) entspricht im wesentlichen einem doppelwandigen, mit Poren durchsetztem Kegel (↗Archaeocyathida).
Die heutigen corallinen Schwämme sind vor allem aus submarinen Höhlen, verborgenen (kryptischen) Riffhabitaten und tieferen Vorriffzonen bekannt (Mittelmeer, Karibik, Indopazifik). Die archaeocyathiden Schwämme waren am Bau der durch verkalkende Mikroorganismen geprägten Riffe des Kambriums beteiligt, meist jedoch auf kryptische Habitate limitiert (sogenannte Archaeocyathen-Riffe, z. B. Sierra More-

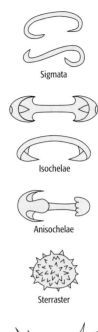

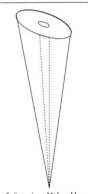

Schwämme 4: Mikroskleren der Demospongea.

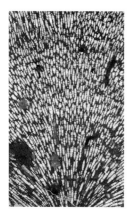

Schwämme 5: coralliner Schwamm mit chaetetidem Basalskelett: *Acanthochaetetes* aus der Unterkreide Nordspaniens (Gesteinsdünnschliff).

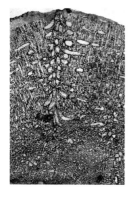

Schwämme 6: coralliner Schwamm mit stromatoporoidem Basalskelett: *Actinostromaria* aus der Unterkreide Nordspaniens (Gesteinsdünnschliff). Deutlich zu sehen ist das nach oben sternförmig zulaufende Exkretionssystem (Astrorhizenkanäle).

na, Spanien). Stromatoporoide Schwämme waren kennzeichnende Organismen v. a. devonischer Riffe und chaetetide Schwämme waren im Karbon wesentlich an der Bildung von Biostromen und Biohermen beteiligt. In großen Teilen von Perm und Trias gab es von sphinctozoiden Demospongea dominierte Riffstrukturen (z. B. Djebel Tebaga in Tunesien, Kalkalpen). Ab der Unterkreide bestanden mit den heutigen Vorkommen coralliner Schwämme gut vergleichbare Verhältnisse (weitgehend identische Gattungen, analoge Habitate). [FN]
Literatur: [1] AX, P. (1995): Das System der Metazoa I. – Stuttgart. [2] BOARDMAN, R.S., CHEETHAM, A.H. & ROWELL, A.J. (Hrsg.) (1987): Fossil Invertebrates. – Oxford. [3] REITNER, J. & KEUPP (Hrsg.) (1991): Fossil and recent sponges. – Berlin. [4] van SOEST, R.W.M., KEMPEN, T.M.G. & BRAEKMAN, J.C. (Hrsg.) (1994): Sponges in time and space. – Rotterdam. [5] WEISSENFELS, N. (1989): Biologie und mikroskopische Anatomie der Süßwasserschwämme (Spongillidae). – Stuttgart. [6] WESTHEIDE, W. & RIEGER, R. (Hrsg.)(1996): Spezielle Zoologie, Teil 1: Einzeller und Wirbellose Tiere. – Stuttgart.

Schwankungen ↗ *Variationen.*

Schwarzalkaliböden ↗ *Solonetze.*

Schwarzbrache, durch ackerbauliche Maßnahmen (z. B. Pflügen) oder den Einsatz von ↗ Herbiziden vegetationsfrei gehaltene ↗ Brache. Bei der Schwarzbrache besteht im Gegensatz zur ↗ Grünbrache eine starke Anfälligkeit für Wind- und Wassererosion. In trockenen Klimazonen wird die Schwarzbrache zur Speicherung von genügend ↗ Bodenwasser vor der nächsten Bestellung eingesetzt.

Schwarzerden, *black earth*, Klasse der ↗ Terrestrischen Böden der ↗ deutschen Bodenklassifikation mit zwei ↗ Bodentypen: Tschernosem als eigentliche Schwarzerde und ↗ Kalktschernosem. Die Schwarzerden entsprechen den ↗ Chernozems der ↗ WRB. Sie bilden sich aus Lockergestein mergeliger Zusammensetzung und umfassen alle Böden mit mächtigem (>40 cm) ↗ Ah-Horizont. Der Ah-Horizont entspricht dem ↗ mollic horizon, dem ↗ diagnostischen Horizont der Chernozeme. Typisch sind die grau-schwarze Färbung im feuchten Zustand, die intensive ↗ Bioturbation und die ↗ Krotowinen von wühlenden Nagetieren. Schwarzerden bildeten sich in Europa vorwiegend aus ↗ Löß. Sie treten verbreitet im Raum Erfurt-Halle-Magdeburg-Hildesheim in allen Entwicklungs- und Degradierungsstufen auf, auf Fehmarn, Poel und in der Uckermark kommen noch einzelne stark veränderte Relikte vor. Schwarzerden gehören zu den fruchtbarsten Böden, auf denen sich die bedeutendsten Weizenanbaugebiete der Erde befinden und werden mit einer entsprechend hohen Bodenzahl (↗ Ackerschätzungsrahmen) bewertet. [MFr]

schwarzer Frost, *black frost*, entsteht auf unterkühlten Oberflächen, auf die Wasser fällt. Dies geschieht bei Sturm und Temperaturwerten erheblich unter 0°C, wenn ↗ Gischt vom Meer auf ein Schiff geweht wird. Das dabei entstehende harte und festsitzende Eis kann sehr gefährlich werden, denn es kann durch sein sich ansammelndes großes Gewicht den Schwerpunkt kleinerer Schiffe so verändern, daß sie kentern.

Schwarzer Jura ↗ *Lias.*

Schwarzer Körper, ein idealer schwarzer Körper absorbiert elektromagnetische Strahlung aller Wellenlängen vollständig und emittiert selbst Strahlung entsprechend dem ↗ Planckschen Strahlungsgesetz. Die Strahlung eines Schwarzen Körpers hängt nur von dessen Temperatur und nicht von seiner materiellen Beschaffenheit ab. In der Realität sind die idealisierten Eigenschaften des Schwarzen Körpers nur näherungsweise innerhalb begrenzter Spektralintervalle zu erreichen. Im terrestrischen Spektralbereich (↗ elektromagnetisches Spektrum) werden Schwarze Körper zur Absoluteichung von gemessenen Strahldichten eingesetzt.

Schwarzer Raucher ↗ *black smoker.*

Schwarzerz, veralteter Begriff für Erze vom ↗ Kuroko-Typ.

Schwarzes Meer, ↗ Nebenmeer des ↗ Europäischen Mittelmeers.

Schwarzkörperstrahlung, elektromagnetische langwellige Strahlung, die ein ↗ Schwarzer Körper abgibt. Sie entspricht dem ↗ Planckschen Strahlungsgesetz.

Schwarzkultur, in Deutschland (früher) gebräuchliche Form der Niedermoorkultivierung. Dabei wird der reine Moorboden wiederholt intensiv mechanisch durchgearbeitet, um eine Nährstoffanreicherung (Phosphor, Kalium, evtl. auch Kalk) in der obersten Bodenschicht zu erreichen. Wegen des zunehmenden Verlustes der Wiederbenetzbarkeit nach starker Austrocknung (»Vermullen«) ist eine Nutzung als ↗ Ackerland nur für eine beschränkte Zeitdauer möglich und es müssen Perioden mit ↗ Grünlandwirtschaft dazwischen geschaltet werden.

Schwarzsand, Bezeichnung für die Anreicherung von dunklen Schwermineralen in ↗ Seifen. Meist bewirken die oxidischen Eisenminerale ↗ Magnetit und ↗ Hämatit sowie das Eisen-Titan-Mineral ↗ Ilmenit die schwarze Färbung.

Schwarzschiefer, ein dunkler, fein laminierter ↗ Schiefer, der außergewöhnlich reich an organischer Substanz (C-Gehalt >5%) sowie an in der Regel feinverteilten Eisensulfiden, vorwiegend ↗ Pyrit, ist. Häufig enthält er anomal hohe Gehalte von Elementen wie U, V, Cu, Ni etc., die im Falle der Lagerstätten vom Kupferschiefertypus bei entsprechender Konzentration in Mitteldeutschland und in Polen abgebaut wurden bzw. werden. Die devonischen (↗ Devon) Schwarzschiefer der deutschen Mittelgebirge, die lokal sehr gut erhaltene, pyritisierte Fossilien enthalten, werden in großem Stil zu Dachschiefer verarbeitet. Schwarzschiefer bilden sich meist in abgeschnürten Sedimentbecken, die durch wenig Wasserbewegung und -austausch sowie anaerobes Milieu gekennzeichnet sind (↗ euxinisch).

Schwarztorf, Bezeichnung für den primär stärker zersetzten ↗ Torf der ↗ Hochmoore. Die Schwarztorfbildung begann mit der ombrogenen Vermoorung im Zuge der Klimaerwärmung im Atlantikum und endete vor etwa 3000 Jahren. Die feucht-warmen Bedingungen führten zu seinem höheren ↗Zersetzungsgrad. Über dem Schwarztorf lagert der hellere, weniger zersetzte ↗Weißtorf. Schwarztorf wurde hauptsächlich als Brenntorf gewonnen (↗Abtorfung).

Schwarz-Weiß-Grenze, Grenze zwischen Schnee oder Eis mit heller Oberfläche und Gestein oder anderem Untergrund mit dunkler Oberfläche. Diese haben unterschiedliche Ein- und Ausstrahlungskoeffizienten, wodurch die ↗Verwitterung durch ↗Frostsprengung verstärkt wird. Die Schwarz-Weiß-Grenze ist besonders bei ↗Gletschern im Hochgebirge wirksam.

Schwarz-Weiß-Gruppen ↗Antisymmetriegruppen.

Schwebeis, Eiskristalle in Form von Plättchen oder Nadeln, die beim Unterschreiten des Gefrierpunktes turbulenter Wasserkörper gebildet werden und dort gleichmäßig verteilt bleiben.

Schwebemethode, Verfahren zur Bestimmung der Dichte. Der Probekörper wird in eine Flüssigkeit gebracht, deren Dichte durch Mischen solange variiert wird, bis der Probekörper schwebt. Dann wird die Dichte der Flüssigkeit bestimmt.

schwebender Grundwasserleiter ↗schwebendes Grundwasser.

schwebendes Grundwasser, schwebender Grundwasserleiter, Bereich oberhalb der grundwassererfüllten Zone, in dem eine schlecht- bzw. undurchlässige Schicht vorhanden ist, an der es zu einem häufig zeitlich und örtlich begrenzten Auftreten von (schwebendem) Grundwasser kommt (Abb.). Der tiefere eigentliche ↗Grundwasserleiter wird oft als ↗Hauptgrundwasserleiter bezeichnet.

Schwebfracht ↗Suspensionsfracht.

Schwebstoff, Seston, in der Wasserphase suspendierter (ungelöster) ↗Feststoff (Zwei-Phasen-System). Schwebstoffe umfassen anorganisches und organisches Material (lebende und tote Organismen, wie z. B. ↗Phytoplankton und ↗Detritus) und bilden den größten »Partikelpool« im Ozean (Abb.). Schwebstoffe spielen in der Hydrologie für das Feststoffregime in Gewässern eine bedeutende Rolle, da sie den Hauptanteil der Feststoffe stellen. Schwebstoffe stehen mit dem Wasserkörper im Gleichgewicht. Die Turbulenzen in der fließenden Welle sorgen dafür, daß die Teilchen in Schwebe gehalten werden. Bei fehlender Turbulenz sinken die Schwebstoffe ab und werden dann als Sinkstoffe bezeichnet. Die Abgrenzung zwischen Schwebstoffen, Sinkstoffen und Sedimenten ist fließend und wird wesentlich durch die lokalen hydrodynamischen Bedingungen bestimmt. Mittels des Schwebstofftransportes [kg/s] als Masse der Schwebstoffe wird die Schwebstoffbewegung in Fließgewässerquerschnitten quantitativ erfaßt. Bezieht man den Schwebstofftransport [kg/(s · m)] auf einen Meter Flußbreite, so erhält man den Schwebstofftrieb. Summiert man den Schwebstofftransport über eine bestimmte Zeitspanne (Einzelereignis, Jahr, mehrere Jahre), so ergibt sich die Schwebstofffracht (z. B. in t/a). Die Schwebstoffdichte [kg/m³] erhält man aus dem Quotienten aus Schwebstoffmasse und Schwebstoffvolumen. Der Schwebstoffgehalt bzw. die -konzentration ergibt sich als Quotient aus der Schwebstoffmasse und dem Volumen des Wassers ([g/m³] oder [ppm]). Die Schwebstoffmessung ([mg/l] bzw. [g/m³]) zur Ermittlung des Schwebstoffgehaltes erfolgt an ausgewählten Gewässerabschnitten. Ähnlich wie bei der ↗Durchflußmessung gibt es auch bei der Feststoffmessung keine Verfahren, welche eine direkte Messung von Feststofftransport und -fracht erlauben. Beide Größen können daher nur über Hilfsgrößen ermittelt werden. Bei der Bestimmung des Schwebstoffgehaltes ist zu berücksichtigen, daß dieser über den Flußquerschnitt sowie in horizontaler und in vertikaler Richtung ungleich verteilt ist. Diese Verteilung ist abhängig von der Fließgeschwindigkeit und Turbulenz, der Gerinneform sowie den Korneigenschaften des Schwebstoffes. Zur Ermittlung des Schwebstoffgehaltes werden mit geeigneten Schöpfgeräten Wasserproben entnommen, wobei entweder bereits an der Meßstelle oder im Labor die Probe gefiltert und anschließend im Labor das Trockengewicht des Schwebstoffes bestimmt wird. Anzahl sowie räumliche und zeitliche Verteilung der entnommenen Proben und deren Volumina beeinflussen entscheidend die Genauigkeit des Ergebnisses. Die Probenahme

schwebendes Grundwasser: schematische Darstellung eines schwebenden Grundwasserleiters.

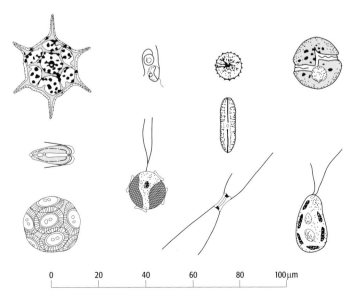

Schwebstoff: verschiedene (skizzierte) Arten von Nanoplankton.

kann als Einpunktmessung, Vielpunktmessung oder Integrationsmessung (Ablaufmessung) ausgeführt werden, die übliche Meßmethode ist die Einpunktmessung. Informationen über die Verteilung der Schwebstoffe im Gewässerquerschnitt sind allerdings nur über die sehr zeitaufwendigen Vielpunktmessungen zu gewinnen. Bei der Auswertung ist die Vorgehensweise im Prinzip die gleiche wie bei der Abflußermittlung mit Hilfe der ↗Flügelmessung. Bei der Integrationsmessung wird ein spezielles Entnahmegerät mit konstanter Geschwindigkeit vom Wasserspiegel zur Sohle und wieder zurück bewegt. Die Probenahme erfolgt mit speziellen Meßgeräten, wobei für die Entnahme an der Gewässeroberfläche einfache Schöpfgeräte (z. B. Eimer) ausreichend sind. Zur gravimetrischen Bestimmung der Feststoffanteile wird der mit der Wasserprobe entnommene Schwebstoff separiert, was i. d. R. durch Abfiltern und anschließendes Trocknen der Probe geschieht. In vielen Fällen ist eine ↗Korngrößenanalyse der Schwebstoffe erforderlich, insbesondere dann, wenn Aussagen über das Absetzverhalten der Schwebstoffe in Stauräumen, Buhnenfeldern oder ähnlichem getroffen werden sollen. In der Regel geschieht das über eine Siebanalyse, die durch eine zusätzliche Schlämmanalyse zur Ermittlung der Anteile mit Korngrößen < 1,25 mm ergänzt wird. Praktische Bedeutung erlangen Schwebstoffe darüber hinaus in Abwässern/Gewässern als ein Substrat, das zahlreiche ↗Belastungsstoffe und ↗Schadstoffe adsorbieren und anreichern kann.

Schwebstoffdichte ↗Schwebstoff.
Schwebstofffracht ↗Schwebstoff.
Schwebstoffgehalt, *Schwebstoffkonzentration*, ↗Schwebstoff.
Schwebstoffmessung ↗Schwebstoff.
Schwebstofftransport ↗Schwebstoff.
Schwebstofftrieb ↗Schwebstoff.
Schwefel, [von lat. sulphur], chemisches Element aus der VI. Hauptgruppe des Periodensystems mit dem Symbol S (Nichtmetall). Schwefel kristallisiert rhombisch-dipyramidal; Farbe: gelb mit Stich ins Grüne, honiggelb, aber auch orangerot; Harz- bis Fettglanz; durchsichtig bis durchscheinend; Strich: strohgelb; Härte nach Mohs: 1,5–2 (sehr spröd); Dichte: 2,05–2,09 g/cm^3; Spaltbarkeit: keine; Bruch: muschelig; Aggregate: Kristalle meist aufgewachsen, sonst derbe, körnige, aber auch faserige Massen, nierig, stalaktitisch, erdig, pulverig, Anflüge und Überzüge; vor dem Lötrohr leicht schmelzbar und mit blauer Flamme verbrennend; in Terpentin und Petroleum leicht löslich, jedoch nicht in Salzsäure und Schwefelsäure; Begleiter: Calcit, Aragonit, Gips, Anhydrit, Halit, Coelestin, Bitumen; Vorkommen: vulkanisch (↗Fumarole), sedimentär, aber auch als Verwitterungsprodukt. Vulkanische Gase enthalten oft Schwefelwasserstoff und Schwefeldioxid, die unter Bildung von Schwefel miteinander reagieren (↗Exhalation). Große Mengen Schwefel sind auch in fossilen Brennstoffen enthalten (Erdgas, Erdöl und Kohle), meist als schwefelorganische Verbindungen. Schwefelbakterien können Schwefelsäure bilden und andere Sulfate zu Schwefel oder Schwefelwasserstoff reduzieren. Fundorte: Cianciana und Agrigent (Girgenti) auf Sizilien, Sandomierz (Polen), Teruel (Spanien), Radoboj (Kroatien), Louisiana und Texas (USA), Mexiko. ↗Sulfide. [GST]

Schwefelbakterien, spielen eine wichtige Rolle im globalen ↗Stoffhaushalt des Schwefels. Der organisch gebundene Schwefel abgestorbener Organismen wird bei der Mineralisierung von anaerob lebenden Schwefelbakterien als Schwefelwasserstoff abgespalten. Dieser wird von weiteren ↗Anaerobiern als Wasserstoffdonor benutzt und zu elementarem ↗Schwefel oder ↗Schwefelsäure oxidiert. Der ↗Schwefelwasserstoff kann aber auch von ↗Aerobiern mit Hilfe von Luftsauerstoff zu ↗Sulfat oxidiert werden, welches dann erneut von Pflanzen aufgenommen werden kann und dort zum Aufbau schwefelhaltiger Aminosäuren notwendig ist. Tiere sind auf reduzierte organische Schwefelverbindungen in ihrer Nahrung angewiesen.

Schwefeldioxid, chemische Formel SO_2, atmosphärisches ↗Spurengas. ↗Aerosol.
Schwefelfugazität ↗volatile Phasen.
Schwefelisotope, Schwefel besitzt vier stabile Isotope. Das Schwefelisotop ^{32}S hat mit 95,02 % mit Abstand die größte Häufigkeit, gefolgt von den Schwefelisotopen ^{34}S (4,21 %), ^{33}S (0,75 %) und ^{36}S (0,02 %). Zur Bestimmung des Schwefelisotopen-Verhältnisses werden die beiden häufigsten Isotope herangezogen ($^{34}S/^{32}S$ = 0,04431). Das Schwefelisotopen-Verhältnis wird mit einem Isotopen-Massenspektrometer bestimmt. Dabei wird das Schwefelisotopen-Verhältnis des aus der zu untersuchenden Probe gebildeten Schwefeldioxids (SO_2) relativ zu dem Schwefelisotopen-Verhältnis von SO_2 eines entsprechenden Referenzgases gemessen. Als internationaler Standard dient der Schwefel aus dem ↗Canyon Diablo Troilit (CDT). Analog zu dem $\delta^{13}C$-Wert wird der $\delta^{34}S$-Wert (in Promille) angegeben mit:

$$\delta^{34}S = \left(\frac{\left(\frac{^{34}S}{^{32}S}\right)_{Probe}}{\left(\frac{^{34}S}{^{32}S}\right)_{Standard}} - 1 \right) \cdot 1000.$$

Schwefelkreislauf, *Schwefelzyklus*, geochemischer Kreislauf des Schwefels, Schwefel gehört zu den Chalkogenen (Hauptgruppe VI A im Periodensystem der Elemente, zusammen mit Sauerstoff, Selen, Tellur und Polonium) und besitzt die Oxidationsstufen −2, +4 und +6, wobei in den wichtigsten Schwefelverbindungen Schwefel entweder als Anion (Oxidationsstufe: −2) mit 1,84 Å Ionenradius (Sulfide) oder als Kation (Oxidationsstufe: +6) mit 0,3 Å (Sulfate) vorliegt (Tab.). Neben anorganisch/mineralisch gebundenem Schwefel stellt Schwefel in organischen Verbindungen (Aminosäuren) ein für die Vitalität von Organismen essentielles Element dar. Die Flexibilität in der Bindungsart (Metall – Nichtmetall – kovalente Bindung – Ionenbindung) und die

häufige schwefelhaltige Minerale	
Sulfide:	
Pyrit/Markasit	FeS$_2$
Molybdänit	MoS$_2$
Realgar	AsS
Auripigment	As$_2$S$_3$
Pyrrhotin	Fe(1–X)S
Pentlandit	(Ne, Fe)$_9$S$_8$
Chalcopyrit	CuFeS$_2$
Sphalerit	ZnS
Galenit	PbS
komplexe Sulfide (Sulfosalze)	
Rotgültigerze:	
Pyrargyrit	Ag$_3$SbS$_3$
Proustit	Ag$_3$AsS$_3$
Fahlerze:	
Tetraedit	(Cu, Fe, Zn, Ag)$_{12}$Sb$_4$S$_{13}$
Tennantit	(Cu, Fe, Zn, Ag)$_{12}$As$_4$S$_{13}$
Enargit	Cu$_3$AsS$_4$
Sulfate:	
Anhydrit	CaSO$_4$
Gips	CaSO$_4 \cdot$ 2 H$_2$O
Baryt	BaSO$_4$
Anglesit	PbSO$_4$
Coelestin	SrSO$_4$
Chalkanthit	CuSO$_4 \cdot$ 5 H$_2$O
Alunit	KAl$_3$(SO$_4$)$_2$(OH)$_6$
Jarosit	KFe$_3$(SO$_4$)$_2$(OH)$_6$
Doppelsalze:	
z.B. Alaune (mit Aluminiumsulfat)	
Kaliumalaun	K$_2$SO$_4 \cdot$ Al$_2$(SO$_4$)$_3 \cdot$ 24 H$_2$O

Schwefelkreislauf (Tab.): häufige schwefelhaltige Minerale.

Werte werden als Abweichung des ^{34}S/^{32}S-Isotopenverhältnisses vom Bezugsmaterial (CDT-Standard aus dem ↗Canyon Diablo Troilit) angegeben.

Die noch heute aktive Ausgasung des Mantelreservoirs in vulkanisch aktiven Zonen (z.B. Mittelozeanische Rücken) und die Auslaugung/Verwitterung von Magmatiten und Metamorphiten ermöglichten erst die Bildung des Sediment- und Meerwasserreservoirs. Dem Meerwasserreservoir zugeführtes Sulfat kann durch Bakterien zu ↗Pyrit reduziert (biogene Isotopenfraktionierung) und im Sediment fixiert werden. Die Abschnürung von Teilbecken des Meerwasserreservoirs und Eindampfung führt zur Sulfatkristallisation (anorganische Schwefelfixierung – Gipsbildung – Salzlagerstätten; ↗Evaporite). Die durch den Menschen forcierte Freisetzung von Schwefel (aus fossilen Brennstoffen und Erzlagerstätten) in die Atmosphäre und Hydrosphäre stellen ein neues, schwer kalkulierbares Reservoir dar.

Beispiele für eine mikrobiologische/bakterielle Schwefel-Isotopenfraktionierung sind: a) mit starkem Fraktionierungseffekt: Meerwassersulfat wird zu Sulfid reduziert (Sulfidreduktion); b) mit geringem Fraktionierungseffekt: Jarosit wird durch den *Thiobacillus ferrooxidans* gebildet. Er erzeugt bei der Oxidation von Pyrit ausreichend Schwefelsäure, um silicatische Gesteine zu zersetzen (dieser Prozeß findet Anwendung z.B. zur Goldgewinnung aus Gold/Pyritgemischen, vor deren Cyanid-Laugung oder in Zukunft bei der Entschwefelung stark pyrithaltiger Kohlen). Ein Beispiel für eine hydrothermale Schwefel-Isotopenfraktionierung ist: Abhängig von der Temperatur >400°C oder <350°C dominiert entweder Sulfat über Sulfid oder umgekehrt. Das komplizierte Hydrothermalsystem wird zusätzlich von Sauerstoff-Fugazität und pH-Wert kontrolliert. Praktische Anwendung finden die Schwefelisoto-

Vielzahl der Oxidationsstufen machen ihn schon unter Normalbedingungen relativ reaktionsfreudig.

Seine Ordnungszahl ist 16, er hat vier stabile Isotope (^{32}S, ^{33}S, ^{34}S und ^{36}S) mit den durchschnittlichen Häufigkeiten 95,02 %, 0,75 %, 4,21 % und 0,02 %, die aber durch Fraktionierungsprozesse (↗Isotopenfraktionierung, ↗^{34}S/^{32}S) verändert werden (Abb. 1). Im Vergleich zur ↗kosmischen Elementhäufigkeit (zehnthäufigstes Element bezogen auf Wasserstoff) ist Schwefel in Gesteinen der ↗Erdkruste deutlich abgereichert (z.B. chondritische Meteorite haben durchschnittlich 1,93 % Schwefel, meistens als Troilit (FeS), Magmatite der Erdkruste ca. 250–300 ppm; ↗C1-Chondrit). Allerdings haben Sedimentgesteine erhöhte Schwefelgehalte, die auf organische Anteile zurückzuführen sind (Carbonate, Tiefseesedimente, Schiefer ca. 1200–2400 ppm). Terrestrische Pflanzen haben durchschnittlich 500 ppm S und Böden reichern etwa 850 ppm S an. Das Schwefeldefizit der Erdkruste kann nicht durch die vermutlich stark erhöhten Schwefelgehalte des äußeren Erdkerns (ca. 9–12 %) ausgeglichen werden. Aus isotopengeochemischer Sicht lassen sich drei unterschiedliche Schwefelreservoirs unterscheiden: a) Schwefel aus dem Mantel δ^{34}S 0 ± 3 ‰, b) Schwefel im Meerwasser δ^{34}S +20 ‰ und c) Schwefel in Sedimenten δ^{34}S negativ (als Folge biologischer Sulfatreduktion). Die δ^{34}S-

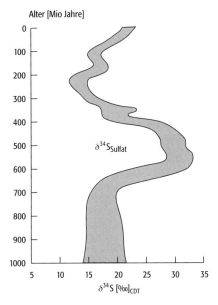

Schwefelkreislauf 1: Entwicklung der Schwefelisotope in den vergangenen 1000 Mio. Jahren. Man unterscheidet zwischen Sulfid-/Sulfat-Reservoiren und »leichten« oder »schweren« Reservoiren. Das Meerwasserreservoir zeigt im Paläozoikum (ca. 570 bis 250 Mio. Jahre) eine deutliche Exkursion zu »leichteren« Werten.

Schwefelkreislauf 2: vereinfachte δ^{34}S-Entwicklung des Meerwassers (basierend auf δ^{34}S-Sulfatanalysen aus Evaporiten). δ^{34}S-Analysen an rezenten marinen Sedimenten zeigen einen großen Schwankungsbereich zwischen +20‰ (Meerwasserisotopie) und −56‰ (bakterielle Sulfatreduktion).

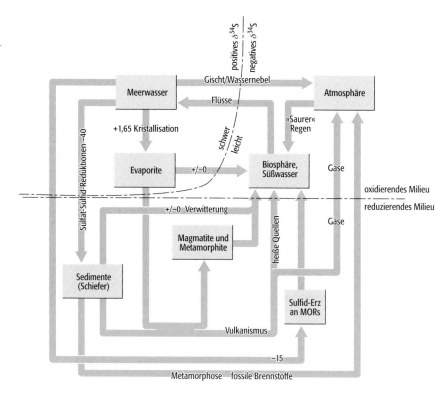

penuntersuchungen bei der Bestimmung a) der Bildungstemperaturen von Lagerstätten, b) der Herkunft der lagerstättenbildenden Lösungen und c) potentieller Alterationsprozesse (z.B. durch Meerwasserreaktionen, biogene Fraktionierung). Musterbeispiel für eine komplexe, mehrstufige Schwefelisotopenentwicklung sind die ↗ black smokers an Mittelozeanischen Rücken; sie setzen sich zusammen aus »primärer Sulfidkomponente«, leaching/Meerwasserkontamination und ggf. auch biogener Fraktionierung (Abb. 2). [WL]

Schwefellagerstätten, sind in erster Linie Lagerstätten von elementarem Schwefel in Form von Nestern, Lagern und Gängen. Sie entstehen durch biochemische Reduktion von ↗ Sulfaten aus bitumenhaltigen Gipslagern. Die wichtigsten Vorkommen liegen (in Zusammenhang mit Salzdomen) in Louisiana und Texas (USA), weiterhin in Sizilien. Des weiteren stellen Pyritvererzungen (↗ Pyrit) aus den verschiedensten Sulfidlagerstätten (↗ Sulfide) Schwefellagerstätten dar, untergeordnet kleine Vorkommen mit elementarem Schwefel aus vulkanischen Exhalationen, vor allem durch Oxidation von H_2S im Bereich von Kraterseen (Gewinnung in Japan, auf Java (Indonesien) und in den Anden).

Schwefelquelle, schwefelwasserstoffführende Quelle.

Schwefelsäure, starke anorganische Säure, chemische Formel H_2SO_4, stratosphärisches ↗ Aerosol. ↗ Geochemie.

Schwefelwasserstoff ↗ anaerobe Bedingungen.

Schwefelzyklus ↗ Schwefelkreislauf.

Schweißschlacke, veraltet für ↗ Schlacken-Agglomerat.

Schweizerische Gesellschaft für Kartographie, SGK, seit 1969 kartographische Gesellschaft für die Schweiz. Sie ist hervorgegangen aus der Schweizerischen Arbeitsgemeinschaft für Kartographie, die sich 1960 (nach Gründung der ↗ Internationalen Kartographischen Vereinigung in Bern) gebildet hatte. Wichtige Beiträge zur Kartographie erscheinen in »Vermessung, Photogrammetrie, Kulturtechnik – Mensuration, Photogrammetrie, Genie Rural« des Schweizerischen Vereins für Vermessungswesen und Kulturtechnik. Im übrigen ist die SGK seit 1976 Mitherausgeber der Kartographischen Nachrichten.

Schweizerische Meteorologische Anstalt, *Institut svizzero de Meteorologia, SMA, ISM, SMI,* mit Beschluß des Bundesrates vom 23.12.1880 als »Meteorologische Centralanstalt« (MCA, später MZA) in Zürich gegründet und dem Eidgenössischen Departement des Innern unterstellt; Beginn der offiziellen Tätigkeit am 1.5.1881 unter Einbezug des seit 1.12.1863 bestehenden Meßnetzes aus 88 nach einheitlichen Vorgaben arbeitenden meteorologischen Stationen. Neben der Herausgabe der täglichen ↗ Wettervorhersage wurde mit dem Ausbau der Leistungen auch die wissenschaftliche Forschung mit einbezogen. 1882 wurde das Observatorium auf dem Säntis (2500 m) gegründet. 1929 kamen die Außenstellen Flugwetterdienst, 1935 das Osservatorio Ticinese in Locarno-Monti und 1941 die Aerologische Station Payerne hinzu. 1979 erfolgte die Umbenennung in »Schweizerische Meteorologische Anstalt«. Im Rahmen der Einführung erweiterter Dienstleistungen wird die SMA seit 1.1.1997 unter dem neuen Namen »*SMA-MeteoSchweiz*« in der Bundesverwaltung als eines der Pilotämter mit Zielen und Strategien aus Leistungsauftrag und Globalbudget geführt. Sie beschäftigt rund 250 Mitarbeitende. Als nationaler Wetterdienst gewährleistet sie das Aufzeichnen, Verarbeiten und Verbreiten meteorologischer Informationen. Zudem betreibt sie Forschung und Anwendung mit den fünf Sektionen Umweltmeteorologie, Agrar- und Biometeorologie, Klimatologie, Wolkenphysik und Numerische Meteorologie. [CL]

Schwellbeiwert, Wert, der die Schwellung, welche durch eine Entlastung beim stufenweise gefahrenen Kompressionsversuch entsteht, beschreibt. ↗schwellen.

Schwelldruck, durch ↗Schwellen entstandener Druck (Umwandlungsdruck). Die erfaßten Drücke betragen bis zu 1,3–3,8 MN/m^2.

Schwelle, im ↗Gewässerausbau verwendetes ↗Sohlenbauwerk zur punktweisen Sicherung der Gewässersohle gegen Erosion, bei dem keine wesentliche Veränderung des Sohlengefälles stattfindet (↗Sohlenschwelle, ↗Grundschwelle).

schwellen, mit der Umwandlung von Anhydrit ($CaSO_4$) in Gips ($CaSO_4 \cdot 2\,H_2O$) verbundene Volumenzunahme. Die Aufnahme von zwei Wassermolekülen je Moleküleinheit:

$$CaSO_4 + 2\,H_2O \rightarrow CaSO_4 \cdot 2\,H_2O$$

bewirkt eine Volumenzunahme von etwa 61 %. Diese maximale Volumenzunahme wird in anhydrithaltigem Gebirge aber nur dann erreicht, wenn genügend Wasser von außerhalb des Systems nachgeliefert wird. In zahlreichen Tunnelbauten (z.B. im Gipskeuper Baden-Württembergs) haben Schwellerscheinungen große Probleme hervorgerufen und z.T. erhebliche Schäden verursacht.

Schwellenwert, *Prüfwert*, Wert für die Konzentration von ↗Schadstoffen, die als Beurteilungshilfe für die Entscheidung über weitere Sachverhaltsermittlungen oder durchzuführende Sicherungs- oder ↗Sanierungsverfahren dient. Vom Sachverständigenrat für Umweltfragen (SRU 1990) wurde anstelle des Begriffs »Schwellenwert« der Begriff »Prüfwert« geprägt. Zur Begriffsvereinheitlichung sollte künftig letzterer herangezogen werden. Schwellenwerte bzw. Prüfwerte werden in der Regel auf bestimmte Nutzungen und Gefährdungspfade bezogen, wie z.B. Nutzpflanzenanbau oder die menschliche Gesundheit in Wohngebieten etc. Wird der für einen bestimmten Regelungsbereich geltende Schwellenwert unterschritten, kann nach dem zugrundeliegenden Wissensstand ein Gefahrenverdacht ausgeräumt werden. Bei Überschreitung des entsprechenden Schwellenwertes kann unter ungünstigen Umständen im Einzelfall ein nicht mehr tolerierbares Risiko bestehen.

Maßnahmenschwellenwerte sind Schwellenwerte, deren Überschreitung in der Regel weitere Maßnahmen wie nähere Erkundungen, Sicherungs- oder Sanierungsmaßnahmen auslösen. Sanierungsschwellenwerte sind einzelfallbezogene, auf die Art der Sanierung abgestimmte Werte von Schadstoffkonzentrationen, bei deren Überschreitung die entsprechenden Teilbereiche eines Standorts in die Sanierungsmaßnahmen einbezogen werden. ↗Schadstoffausbreitung. [ABo]

Schwellwertbild, entsteht durch die Zusammenfassung des gesamten Schwärzungs- oder Grauwerteumfangs von Luftbildern oder digitalen Bilddaten in mehrere, dem Auswertungszweck angepaßte Klassen, den ↗Äquidensiten. Sie kann auf analogem photographischem Weg oder auch mittels Verfahren der ↗digitalen Bildverarbeitung erfolgen.

Schwemmbauxit ↗Bauxitlagerstätten.

Schwemmfächer, fächerartige, dreieckige, flache bis kegelförmige Ablagerung, die durch einen markanten Gefällsknick (z.B. am Übergang von einem engen Neben- in ein breites Haupttal) induziert wird (Abb.). Meist periodische bis episodische Flüsse bauen den Schwemmfächer durch muränliche (↗Mure) bis ↗fluviale Sedimentationsprozesse auf. Bei fluvial dominierter Schwemmfächerschüttung setzt am Austritt in die Weitung (Gefällsknick) Breitenverzweigung (↗Flußverzweigung) ein. Die dadurch bedingte Verminderung des Gerinnequerschnitts und der Fließgeschwindigkeit und die zunehmende Versickerung des Wassers im Lockermaterial der Schwemmfächeroberfläche bewirken die rasche Sedimentation des größten Teils der mitgeführten ↗Flußfracht. Auf der Schwemmfächeroberfläche bildet sich ein ↗braided river system aus. Die abgelagerten Korngrößen nehmen vom Apex zum distalen Rand ab. Schwemmfächer erreichen Größen von wenigen Zehner Metern bis 20 km. Änderungen im Regime oder in der Materialzufuhr können eine nachfolgende Zerschneidung der Schwemmfächer durch ↗fluviale Erosion bewirken, durch anschließenden Aufbau neuer Schwemmfächergenerationen in ältere Schwemmfächer entstehen Schwemmfächerterrassen. ↗Schwemmkegel. [PH]

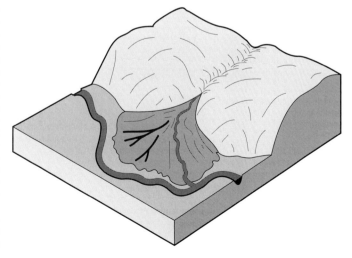

Schwemmfächer: Schwemmfächer entstehen an markanten Gefällsknicken im Tallängsprofil (z.B. am Übergang von einem engen Neben- in ein breites Haupttal).

Schwemmkegel, nacheiszeitliche, durch fließendes Wasser entstandene fächer- oder kegelförmige Ablagerung von Lockergesteinen; ähnlich dem ↗Schwemmfächer, jedoch i. d. R. mit steilerem Oberflächengefälle und aus eher gröberem Material aufgebaut, meist gebunden an ein ↗ephemeres Regime. Schwemmkegel treten dort auf, wo die Fließgeschwindigkeit und damit die Schleppkraft eines Gewässers für einen Transport der Feststoffe nicht mehr ausreichend ist (↗Wildbach). Der Begriff wird v. a. in den USA auf solche Formen des semiariden bis ariden Raumes angewandt.

Schwemmlanddoline ↗Doline.
Schwemmlöß ↗Löß.
Schwenkverfahren ↗Drehkristallverfahren.
Schwere, Betrag der ↗Schwerebeschleunigung: $g = |\vec{g}|$. Die Schwerebeschleunigung ergibt sich als Gradientenfeld $\vec{g} = \mathrm{grad}\,W$ des ↗Schwerepotentials der Erde W.

Schwereanomalie, a) im ↗Molodensky-Problem die Differenz zwischen der gemessenen Schwere g_P in einem Punkt P der Erdoberfläche und der berechneten Normalschwere γ_Q in dem P zugeordneten Punkt Q auf dem ↗Telluroid:

$$\Delta g = g_P - \gamma_Q$$

Diese Schwereanomalie wird auch als ↗Freiluft-Anomalie an der Erdoberfläche bezeichnet. b) im ↗Stokes-Problem die Differenz zwischen der Schwere g_G in einem Geoidpunkt P_G und der berechneten Normalschwere, γ_{Q_E} in dem P_G zugeordneten Punkt Q_E auf dem Referenzellipsoid:

$$\Delta g = g_G - \gamma_{Q_E}.$$

Da g_G je nach angewandter ↗Schwerereduktion auf unterschiedliche Weise aus dem im zugehörigen Punkte P der Erdoberfläche gemessenen Schwerewert berechnet wird, entstehen verschiedene Varianten der Schwereanomalie. Die Freiluft-Anomalie Δg_F berücksichtigt lediglich die Änderung der Schwere mit der Höhe in Form der Freiluft-Reduktion δg_F (↗orthometrische Höhe des Punktes P):

$$\Delta g_F := \left(g + \delta g_F\right) - \gamma_{Q_E}.$$

Freiluft-Anomalien sind nahezu linear mit der topographischen Höhe korreliert und variieren deshalb vor allem im Gebirge sehr stark. Die ↗Bouguer-Anomalie Δg_B beruht auf der Vorstellung, daß die topographischen Massen zwischen dem Geoid und der Erdoberfläche ins Unendliche verschoben werden; die ↗topographische Reduktion δg_T wird gewöhnlich zerlegt in die Bouguersche Plattenreduktion δg_B und die Geländereduktion δg_G:

$$\Delta g_B := \left(g + \delta g_B + \delta g_G + \delta g_F\right) - \gamma_{Q_E}.$$

Mitunter wird die Geländereduktion δg_G auch vernachlässigt. Bei realistischer Wahl der für die Berechnung der Bouguerschen Plattenreduktion erforderlichen Massendichte zeigt die Bougueranomalie einen sehr glatten Verlauf, so daß diese auch sehr gut für die Bildung mittlerer Schwereanomalien und für die Interpolation von Schwerewerten oder Schwereanomalien geeignet ist. Bougueranomalien sind im Bereich der Hochgebirge stark negativ, im ozeanischen Bereich dagegen stark positiv. Wegen des sehr großen ↗indirekten Effekts sind Bougueranomalien nicht für die Geoidberechnung geeignet.
Die isostatische Anomalie Δg_I ist mit der Vorstellung verbunden, daß die topographischen Massen unterhalb des Geoids nach einem ↗Isostasiemodell neu verteilt werden, so daß sich die Gesamtmasse nach dieser Regularisierung praktisch nicht ändert. Mit der isostatischen Reduktion δg_I ergibt sich die Rechenformel:

$$\Delta g_I := \left(g + \delta g_B + \delta g_G + \delta g_I + \delta g_F\right) - \gamma_{Q_E}.$$

Bis auf Gebiete, die sich in starkem isostatischen Ungleichgewicht befinden, sind die isostatischen Anomalien betragsmäßig klein. Sie zeigen einen glatten Verlauf und sind deshalb für die Interpolation von Schwerewerten oder Schwereanomalien sehr gut geeignet. Obwohl von der Konzeption her ideal für die Geoidberechnung geeignet, werden isostatische Anomalien wegen des erheblichen Rechenaufwands nur selten verwendet. [BH]

Schwerebeschleunigung, bezeichnet die auf der Erdoberfläche infolge der Massenanziehung der Erde und der Zentrifugalbeschleunigung (↗Rotation der Erde) auftretende Beschleunigung. Sie wird in m/s² oder auch in ↗Gal (gal), mgal oder g.u. gemessen. ↗Schwerepotential, ↗Erdbeschleunigung. ↗Schwereeinheiten.

Schwerebezugssystem, ↗geodätisches Bezugssystem zur Beschreibung des Schwerefeldes der Erde durch Schwerewerte an ausgewählten Punkten. Schwerebezugssysteme werden durch ↗Schwerefestpunktfelder realisiert, die i. a. als ↗Schwerereferenznetze gemessen wurden. Ein Beispiel einer solchen Realisierung (Schwerebezugsrahmen) ist das Deutsche Schweregrundnetz DSGN94.

Schwereeinheiten, insbesondere Einheiten der ↗Schwerebeschleunigung in [m/s²] – dies entspricht der Anschauung eines beschleunigt fallenden Körpers. Äquivalent dazu ist [N/kg] – dies entspricht der fühlbaren Kraft je Masse, mit der ein Körper auf seine Unterlage wirkt. Unterteilungen dieser SI-Einheiten werden regelgerecht gebildet, insbesondere durch Präfixe, z. B. [μm/s²] = 10^{-6} [m/s²], [nm/s²] = 10^{-9} [m/s²]. Neben diesen offiziellen SI-Einheiten haben sich noch das Gal = 1 cm/s² bzw. insbesondere das Milligal, mgal = 10^{-5} m/s², erhalten, da es eine handliche Größe zur Darstellung von ↗Schwereanomalien ist. Das Microgal μgal = 10^{-8} m/s², ist eine passende Einheit für Genauigkeitsangaben und Schwereänderungen. »Gal« erinnert an Galilei. Daneben wird in anderen Teilen der Technik insbesondere auch ein Mittelwert der Schwere g als Einheit benutzt, z. B. 1μg = 10^{-6} g mit 1 g ≈ 9,81 m/s².

Schwerefeld ↗Schwerepotential.

Schwerefestpunkt ↗Schwerereferenznetz.
Schwerefestpunktfeld, Gesamtheit der Schwerefestpunkte, durch die ein ↗Schwerebezugssystem realisiert wird.
Schwereflüssigkeiten, Flüssigkeiten besonders hoher Dichte, die in der Mineralogie zur Dichtebestimmung von ↗Schwermineralen (↗Schwermineralanalyse) und zur Trennung von Mineralgemischen eingesetzt werden (↗Clerici-Lösung, ↗Mineraltrennung). Durch Verdünnen mit Wasser oder organischen Flüssigkeiten lassen sich Schwereflüssigkeiten herstellen, die alle Dichtebereiche bis ca. 4,3 g/cm³ abdecken. Die meisten Schwereflüssigkeiten sind toxisch (giftig). Die im pH-Bereich von 2–14 stabile, ungiftige Natriumpolywolframat-Lösung kann durch Zusatz von Wolframcarbid bis auf eine Dichte von 4,6 g/cm³ gebracht werden. Wichtige Schwereflüssigkeiten sind: Bromoform (CHBr₃, Dichte: 2,90 g/cm³), Acetylentetrabromid (Dichte: 2,98 g/cm³), Kaliumquecksilberiodid (HgI₂+KI+H₂O, Dichte: 3,20 g/cm³), Methyleniodid (C₂I₂, Dichte: 3,32 g/cm³), Indiumiodid (InI₃, Dichte: 3,40 g/cm³), Bariumquecksilberiodid (BaHgI₄, Dichte: 3,57 g/cm³) und Thalliumformat+Thalliummalonat (HCOOTl+CH₂(COOTl)₂, Dichte: 4,50 g/cm³). ↗Schweretrennung. [GST]
Schweregradient, in einem lokalen astronomischen System mit Ursprung im Punkt P auf der ↗Äquipotentialfläche $W(P)$ = const. (z-Achse zeigt in Lotrichtung zum Nadir, x- und y-Achse zeigen nach Norden bzw. Osten und spannen die lokale Tangentialebene in P auf) läßt sich der Schwerevektor (↗Schwere) als Gradient des ↗Schwerepotentials darstellen: $\vec{g} = \text{grad}\,W$. Durch nochmalige Gradientenbildung gelangt man auf den Tensor der zweiten (partiellen) Ableitungen des Schwerepotentials (W_{ij}) (Eötvös-Tensor). Die letzte Zeile dieses Tensors gibt den Schweregradienten an (W_{zx}, W_{zy}, W_{zz}) = grad$|\vec{g}|$, wobei angenommen wird, daß $|\vec{g}| \approx W_z$. Der *horizontale Schweregradient* in der lokalen Tangentialebene ist gegeben durch:

$$W_{z\alpha} = \sqrt{W_{zx}^2 + W_{zy}^2}$$

und zeigt in Richtung maximaler Schwereänderung, wobei sich mit $\alpha = \arctan W_{zy}/W_{zx}$ das Azimut ergibt. Der *vertikale Schweregradient* W_{zz} läßt sich unter Berücksichtigung der erweiterten ↗Poisson-Gleichung schreiben als:

$$W_{zz} = \frac{\partial |\vec{g}|}{\partial z} = -(W_{xx} + W_{yy}) - 4\pi G \varrho + 2\omega^2$$

mit G = ↗Gravitationskonstante, ϱ = Dichte und ω = Winkelgeschwindigkeit der Erdrotation). In der Geodäsie und Geophysik ist der vertikale Schweregradient besonders wichtig für die Interpretation und Reduktion von Schweredaten. Der vertikale normale Schweregradient $\partial\gamma/\partial h$ wird aus dem Normalpotential als Approximation für den tatsächlichen vertikalen Schweregradienten erhalten. Ein gebräuchlicher Wert ist:

$$\frac{\partial \gamma}{\partial h} = -0{,}3086 \ \frac{\text{mGal}}{\text{m}}.$$

[MSc]

Schwerekorrektur, Korrektur des an einem Quecksilberbarometer abgelesenen Luftdruckes bezüglich der am Standort im Vergleich zur Normalschwere (bei 45° Breite und Meeresniveau) auftretenden ↗Erdbeschleunigung.

Schwere Masse ↗Gravitation.

Schweremessung, Messung der Schwerebeschleunigung an einem Ort für Zwecke der Geodäsie, Geophysik und Metrologie. Man unterscheidet zwischen absoluten und relativen Schweremessungen. Für die ↗Angewandte Gravimetrie sind die wesentlich schneller und einfacher durchzuführenden relativen Messungen von Bedeutung. ↗operationelle Schweremessung.

Schwerenetz, Schwerefestpunktfeld oder Teil eines Schwerefestpunktfeldes mit den zugehörigen Bestimmungstücken. ↗Schwerereferenznetz.

Schwerepotential, das Schwerepotential der Erde setzt sich aus dem ↗Gravitationspotential V und dem ↗Zentrifugalpotential Z zusammen: $W = V + Z$. Es gehorcht im Innenraum der Erde als geschlossenem, beschränktem Raumgebiet mit der Massenbelegung ϱ der erweiterten ↗Poisson-Gleichung: $\Delta W = -4\pi G\varrho + 2\omega^2$ (mit G = ↗Gravitationskonstante und ω = Winkelgeschwindigkeit der ↗Rotation der Erde). Das Schwerepotential ist samt seinen ersten Ableitungen im Innen- und Außenraum eindeutig, endlich und stetig (bis auf die Fälle $r \to \infty$ und grad$W$ = 0). Die wichtigste Unstetigkeitsfläche ist die physische Erdoberfläche, der Rand, mit einem Dichtesprung von ϱ = 2,7 g/cm³ (mittlere Dichte der Erdkruste) auf ϱ = 0,0013 g/cm³ (Dichte der Luft). Eine ausgezeichnete ↗Äquipotentialfläche des Schwerepotentials ist das ↗Geoid. Der Begriff *Schwerefeld* bezeichnet im eigentlichen Sinne das Vektorfeld der Schwerebeschleunigung $\vec{g} = \text{grad}\,W$, wird aber oft für das Skalarfeld des Schwerepotentials selber benutzt. Die *Schwerkraft* ist die Kraft $m \cdot \vec{g}$, die ein Körper mit der (passiven) schweren ↗Masse m im Schwerefeld der Erde erfährt. grad$W$ gibt im Punkt P der Äquipotentialfläche die Richtung der stärksten Änderung von W an, die sogenannte *Lotrichtung*. Die Lotlinien durchschneiden die Äquipotentialflächen W = const senkrecht, ihr Verlauf ist durch grad$W$ als deren Tangente im jeweiligen Punkt der Äquipotentialfläche definiert. Durch den ↗Schweregradienten lassen sich weitere, differentialgeometrische Eigenschaften des Schwerepotentials beschreiben. Die Bestimmung des äußeren Schwerefeldes der Erde (und seiner zeitlichen Änderung) ist eine der Hauptaufgaben der ↗Geodäsie. Da das ↗Zentrifugalpotential aus der Bestimmung der Rotationsgeschwindigkeit der Erde sehr genau bekannt ist, konzentriert sich die Lösung dieser Aufgabe auf die Bestimmung des ↗Gravitationspotentials. Die ↗Potentialtheorie, insbesondere die Analyse von ↗Randwertproblemen der Potentialtheorie, liefert dazu wesentliches theoretisches Rüstzeug. Zur Modellbildung

schwere Rammsonde: DPH 15-Rammsonde nach DIN 4094 zur Ermittlung des Widerstandes des Bodens gegen das Eindringen der Sonde.

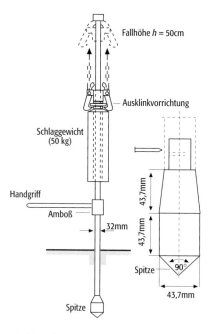

wird das Schwerepotential in ein zu definierendes ↗Normalpotential U und einen zu bestimmenden Rest, das harmonische Störpotential T zerlegt, wobei das Normalpotential neben einem harmonischen Anteil U^* das (bekannte) Zentrifugalpotential enthält:

$$W = U+T = (U^*+Z)+T.$$

[MSc]

schwere Rammsonde, *DPH 15*, *SRS 15* (veraltet), eine der drei Arten von ↗Rammsonden. Die allgemeine Verwendung von Rammsonden ist in der DIN 4094 beschrieben. Für die schwere Rammsonde (Abb.) ist ein Schlaggewicht von 50 kg vorgesehen. Die Sondenspitze beträgt 15 cm² Querschnittsfläche. Die Schlagzahl N wird über 10 cm Eindringtiefe gezählt (N_{10}, früher N_{20}). Die Untersuchungstiefe wird mit 20–25 m angegeben.

Schwerereduktionen, Reduktionen, die zu den auf der Erdoberfläche gemessenen Schwerewerten addiert werden, um im Rahmen des ↗Stokes-Problems die auf das ↗Geoid bezogenen ↗Schwereanomalien zu erhalten. Die Schwerereduktionen sind erforderlich, um die außerhalb des Geoids liegenden topographischen Massen gedanklich zu beseitigen, so daß das Geoid Randfläche eines regularisierten Erdkörpers wird. Mit der *topographischen Reduktion* δg_T wird der Einfluß der topographischen Massen auf die Schwere g im Aufpunkt P der Erdoberfläche beseitigt. δg_T läßt sich nach dem Gravitationsgesetz berechnen. Dabei wird das Gelände entweder durch Kreisringe um den Aufpunkt und davon ausgehende Strahlen oder durch Quadrate in einem Koordinatengitter in vertikale Säulen zerlegt. Häufig wird die topographische Reduktion in die Bouguersche Plattenreduktion δg_P und die ↗Geländereduktion δg_G aufgeteilt. Bei der Plattenreduktion wird die Gravitation einer unendlich ausgedehnten, horizontalen Platte (Bouguerplatte) konstanter Dichte ϱ mit der Mächtigkeit der Aufpunktshöhe H_P berücksichtigt (G = Gravitationskonstante, H_P = ↗orthometrische Höhe des Punktes P):

$$\delta g_P = 2\pi \cdot G \cdot \varrho \cdot H_P.$$

Mit dem Dichtewert $\varrho = 2390$ kg/m³ nimmt der *Bouguer-Gradient* den Wert $0,1 \cdot 10^{-5}$s^{-2} = 0,1 mgal/m an. Die *Geländereduktion* δg_G stellt gedanklich durch Abtragen der Massen oberhalb bzw. Auffüllen fehlender Massen unterhalb des Aufpunktniveaus eine horizontale Fläche her; δg_G ist stets positiv. Die *isostatische Reduktion* δg_I resultiert aus der Verteilung der topographischen Massen unterhalb des Geoids nach einem ↗Isostasiemodell. Auf diese Weise wird die Erdkruste gedanklich regularisiert, so daß eine Kruste konstanter Mächtigkeit und Dichte entsteht. Die isostatische Reduktion kann mittels einer Zerlegung der isostatischen Ausgleichsmassen in Kompartimente, die entweder von Kreisringen und Strahlen oder von Gitterlinien der Koordinatensystems begrenzt werden, und Summation über die Wirkungen aller Kompartimente berechnet werden. Mit der ↗Freiluft-Reduktion δg_F wird die gemessene, u. U. topographisch-isostatisch reduzierte Schwere auf das Geoid fortgesetzt. Wegen der Unkenntnis des Schwereverlaufs längs der *Lotlinie* wird im allgemeinen ein vereinfachtes Verfahren auf der Grundlage des ↗Normalschweregradienten verwendet, der den tatsächlichen Schweregradienten ersetzt. Mit dem globalen Mittelwert des Freiluftgradienten $\partial \gamma / \partial \eta \approx -0,3086 \cdot 10^{-5}$s^{-2} = $-0,3086$ mgal/m ergibt sich die Rechenformel:

$$\delta g_F = -\frac{\partial \gamma}{\partial h} \cdot H_P.$$

(H_P = orthometrische Höhe des Aufpunktes P); nichtlineare Terme bezüglich H_P werden i.a. nicht berücksichtigt. [BH]

Schwerereferenznetz, S, Netz von eindeutig identifizierbaren Punkten (*Schwerefestpunkten*), die der Verknüpfung von verschiedenen Messungen dienen, z. B. von Messungen mit ↗Absolutgravimetern und ↗Relativgravimetern, von Messungen zu verschiedenen Zeitpunkten zur Aufdeckung von zeitlichen Schwereänderungen, zur Verknüpfung von unter- mit übergeordneten (großräumigen) Schwerereferenznetzen, zum Vergleich mit geometrischen Messungen etc. Darin eingeschlossen ist die Festlegung eines einheitlichen Niveaus und Maßstabs (↗Gravimetereichung) für nachgeordnete ↗operationelle Schweremessungen. Globale Schwerereferenznetze waren/sind z.B. das ↗Potsdamer Schweresystem, das ↗IGSN71 und das International Absolute Gravity Basestation Network (IAGBN); in der Bundesrepublik Deutschland das Basisnetz zum Deutschen Schwerenetz 1962 (DSN62), zunächst auf Basis des Potsdamer Schweresystems, später mit Transformationsparamtern bestimmt; in der früheren DDR das Staatliche Gravimetrische Netz (SGN), entstanden bis 1968 im System des IGSN71; später das Deutsche Schweregrundnetz (DSGN, erste Bearbeitung 1976 (DSGN76), zweite Bearbeitung 1994 (DSGN94) und das *Deutsche Hauptschwerenetz* (DHSN, Bearbeitung 1982 (DHSN82). Für die Festlegung von Punkten in Schwerereferenznetzen sind insbesondere langfristige Unveränderlichkeit, Zugänglichkeit, gute Meßbedingungen wichtig. [GBo]

schweres Wasser, Sammelbegriff für Wasser (↗Wasserchemismus), dessen Moleküle gegenüber ganz aus leichtem Wasserstoff (Protium ^{1}H) und leichtem Sauerstoff (^{16}O) bestehenden Wasser einen merklich erhöhten Anteil an schwereren Wasserstoff- (Deuterium ^{2}H oder D, Tritium ^{3}H oder T) und Sauerstoffisotopen (^{17}O, ^{18}O) aufweisen. Ursprünglich war mit dieser Bezeichnung nur das Deuteriumoxid D$_2$O gemeint. Seit seiner Entdeckung durch Urey (1932) sind alle anderen Molekülformen (DHO, T$_2$O, THO einschließlich aller Kombinationen mit ^{17}O- und ^{18}O-Atomen) in der Natur nachgewiesen worden. Deuterium und ^{18}O sind bei der Synthese der Elemente vor ca. 15 Mrd. Jahren und der Bildung unseres Sonnensystems auf natürliche Weise entstanden.

Natürliches Wasser besteht zu 99,76 % aus den leichten ^{1}H- und ^{16}O-Atomen, der Rest von 0,24 % aus Molekülen mit den schwereren Atomen, vor allem aus D$_2$O und einem kleineren Anteil deuterierter Wassermoleküle DHO. Der Deuteriumanteil im Meerwasser beträgt durchschnittlich 0,0149 Atomprozent. Der Schmelzpunkt von D$_2$O liegt bei 3,8 °C, der Siedepunkt bei 101,42 °C und das spezifische Gewicht bei 1,105 g/cm^3. In der Natur findet, bedingt durch die unterschiedlichen physikalischen Eigenschaften der Isotope und durch die den natürlichen ↗Wasserkreislauf steuernden physikalischen Prozesse, eine ↗Isotopenfraktionierung statt, d. h. daß bei Phasenübergängen schwere Isotope entweder an- oder abgereichert werden. Das ebenfalls, allerdings in sehr geringen Mengen, in der Natur vorkommende, schwach radioaktive Tritium entsteht auf natürliche Weise in der höheren Atmosphäre durch die Einwirkung der durch kosmische Strahlung erzeugten Neutronen auf Stickstoffatome mit der Reaktion ^{14}N (n,^{3}H)^{12}C. Durch die radioaktive Strahlung zerfällt gleichzeitig Tritium (^{3}H → ^{3}He+β) (12,43 Jahre Halbwertszeit, maximale Beta-Strahlungsenergie 18,6 keV). Durch das Wechselspiel von ständiger Produktion und gleichzeitigem Zerfall behält die Erde schätzungsweise einen Bestand an Tritium von einigen kg. Daneben entsteht Tritium auch künstlich bei der Kernspaltung von Uran und Transurannukliden in Kernreaktoren und bei Kernbombenexplosionen. Das Massenverhältnis zwischen natürlich vorkommendem Tritium und leichtem Sauerstoff liegt bei 10^{-18}:1; dieses Verhältnis wird als Tritiumeinheit TU (engl. tritium unit) bezeichnet. Es entspricht einer Aktivität von 0,1181 Bq/kg.

In der Geologie und in der ↗Isotopenhydrologie werden die schwereren Wasserstoff- und Sauerstoffisotope als Leitstoffe (↗Tracer) verwendet. Der natürliche ^{18}O-Anteil schwankt zwischen 0,189 und 0,195 Atomprozent. Die Bestimmung der verschiedenen stabilen Molekülarten erfolgt in der Regel mit Hilfe der ↗Massenspektrometrie, die des tritiumhaltigen Wassers radiometrisch, üblicherweise nach erfolgter elektrolytischer Anreicherung des Tritiums mittels Flüssigkeits-Szintillationsmeßtechnik (LSC) oder Umwandlung als Zählgas und Messung desselben im Proportionalzählrohr. [HJL]

Schweretrennung, ↗Mineraltrennung nach der Dichte mit ↗Schwereflüssigkeiten (Abb. S. 444). Die Minerale trennen sich nach dem Schwimm-Sink-Verfahren. Bei Korngrößen < 0,01 mm läßt sich der Trenneffekt durch Zentrifugieren beschleunigen.

Schwerewasser ↗Gravitationswasser.

Schwerewellen, Bezeichnung für Wellen in der ↗Atmosphäre oder im Ozean, bei denen die Schwerkraft für die Wellenbildung verantwortlich ist. Schwerewellen treten nur in einem stabil geschichteten Medium auf. Man unterscheidet zwischen externen und internen Schwerewellen (↗interne Wellen). Externe Schwerewellen treten an der Grenzfläche zweier Medien unterschiedlicher Dichte auf, wobei das dichtere (schwerere) Medium unter dem leichteren liegt. Als Beispiel seien die Wellen an der Grenzfläche zwischen Wasserflächen und Luft genannt, die gemeinhin unter dem Begriff Wasserwellen fungieren (↗Seegang). In der Atmosphäre treten externe Schwerewellen an ↗Inversionen auf. Als interne Schwerewellen bezeichnet man diejenigen Schwerewellen, die in einem kontinuierlich geschichteten Medium auftreten. In der Atmosphäre wird hierbei die (stabile) Schichtung durch die ↗Brunt-Väsälä-Frequenz N charakterisiert. Im einfachen Fall einer konstanten Schichtung ergibt sich für die Phasengeschwindigkeit c einer sich in der horizontalen ausbreitenden Schwerewelle die Beziehung:

$$c = 2\pi N/L,$$

wobei L die ↗Wellenlänge ist. Typische Werte für die Wellenlänge von Schwerewellen liegen zwischen 1 km und 100 km, typische Phasengeschwindigkeiten zwischen 3 m/s und 30 m/s. Im Lee von Gebirgen findet man stationäre Schwerewellen, die als ↗Leewellen bezeichnet werden. In ↗Satellitenbildern sind Schwerewellen als quer zur Windrichtung orientierte Wolkenbänder zu erkennen, die sich über den aufsteigenden Gebieten (Wellenbergen) bilden. [DE]

Schwerkraft ↗Schwerepotential.

Schwermannit ↗Eisenhydroxide.

Schwermetalle, alle Metalle mit einer Dichte von über 5 g/cm^3. Zu den Schwermetalle zählen u. a. Blei, Kupfer, Eisen, Zink, Zinn, Nickel, Chrom, Wolfram, Molybdän, Cadmium, Cobalt, Niob, Tantal, Plutonium, Uran, Vanadium, Quecksilber, Silber, Gold, Platin und die Lanthanoide. Das

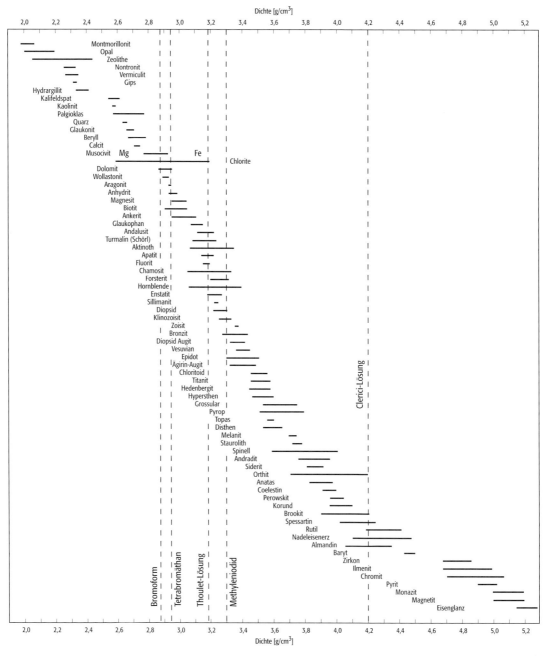

Schweretrennung: Trennung durch Schwereflüssigkeiten wichtiger sedimentbildender Minerale einschließlich der Schwerminerale.

leichteste Schwermetall ist Europium (5,245 g/cm³), das schwerste Osmium (22,61 g/cm³). Nicht alle Schwermetalle sind grundsätzlich giftig, ↗Kupfer und Zink sind sogar für eine Reihe von Pflanzen und Tieren sowie den Menschen essentiell. Werden diese Stoffe in zu geringen Mengen aufgenommen, kommt es zu Mangelerscheinungen, bei zu hohen Konzentrationen wirken sie toxisch. Vielfach wird die Toxizität der Schwermetalle auch durch ihre Bindungsformen bestimmt. Die meisten Schwermetalle liegen im Boden in immobilen Bindungsformen vor. Ihre Mobilität oder Verfügbarkeit ist stark vom ↗pH-Wert abhängig. Sinkt der pH-Wert des Bodens, werden die Schwermetalle mobil und können durch Pflanzen aufgenommen oder ins Grundwasser ausgetragen werden. Neben Erzlagerstätten weisen vor allem Ballungsgebiete hohe Schwermetallbelastungen auf. Anders als organische Schadstoffe lassen sie sich, da es sich um Elemente handelt, nicht in weniger toxische Bausteine zerlegen. Daher ist eine Schwermetallkontamination nicht rückgängig zu machen und stellt ein latentes Gefährdungspotential dar. Man kann

	Cadmium [mg/kg]	Zink [mg/kg]	Chrom [mg/kg]	Blei [mg/kg]	Kupfer [mg/kg]
normaler Ackerboden	0,4	40	50	14	30
normale Pflanze	0,05–0,7	25–150	0,1–5	5–10	5–20
Schwermetallpflanze	≤ 560	≤ 25.000	≤ 20.000	≤ 11.400	≤ 13.700

Schwermetallpflanzen (Tab.): typische Schwermetallmengen in Boden und Pflanze (Vergleich Schwermetallmengen in Schwermetallpflanzen und normalen Pflanzen).

nur den Status quo erhalten oder aber den Boden abtragen und auf entsprechende Deponien verbringen. Anthropogen bedingt gelangen Schwermetalle u. a. durch ⁄Klärschlamm, Abgase von Verbrennungsprozessen, Erzgewinnung/Verhüttung und z. T. auch als Verunreinigungen in Düngern in die Umwelt. [RE]

Schwermetallpflanzen, *Metallophyten*, *Chalkophyten*, *Erzpflanzen*, ⁄Pflanzen, die ein hohes natürlich oder anthropogen bedingtes standörtliches Schwermetallangebot ertragen. Beispiele für Schwermetallpflanzen sind die Zn-toleranten Galmeipflanzen (⁄Galmei) oder die Serpentinpflanzen (⁄Serpentin) (Cr-, Ni-tolerant). Die Resistenz beruht auf pflanzeninternen Regulationsmechanismen, die meist elementspezifisch sind. Unterscheiden lassen sich Ausschluß der Metalle über Aufnahme- und Transporteinschränkungen oder Akkumulation in abgeschirmten Pflanzenteilen (z. B. Zellwand oder Vakuolen). Schwermetallpflanzen zeigen meist Kleinwuchs und geringe Produktivität. Ihr Vorkommen kann auf Lagerstätten hinweisen (⁄Zeigerpflanze). Es bestehen zudem Absichten, Schwermetallpflanzen zur ⁄Sanierung von kontaminierten Böden einzusetzen (⁄Phytoremediation) (Tab.). [MSch]

Schwermineralanalyse, Methode zur Abtrennung und Untersuchung von ⁄Schwermineralen; es ist eine Kombination von ⁄Mineraltrennung und Mineralbestimmungsmethoden (⁄Mineralbestimmung). Ausgehend von einem Sediment oder dem zerkleinerten Gestein wird eine Korngrößenklassierung und anschließend eine Schwermineralabtrennung mittels ⁄Schwereflüssigkeiten durchgeführt. Wichtige Trennungsverfahren sind auch die ⁄Magnetscheidung u. a. Mineraltrennungsverfahren. Aus den so gewonnenen Schwermineralfraktionen werden Körner- oder ⁄Streupräparate hergestellt und polarisationsmikroskopisch an ⁄Dünnschliffen oder Anschliffen untersucht. Die Bestimmung und Auszählung der Schwerminerale erfolgt integrationsoptisch oder mit anderen Methoden der Mineralanalytik.

Schwerminerale, Minerale hoher Dichte (>2,9 g/cm^3), die in Sandsteinen als Akzessorien 0,01–1 % ausmachen. Häufige Schwermineralien sind Zirkon, Turmalin, Rutil, Apatit, Granat, Staurolith und Epidot. In ⁄Seifen können Schwerminerale angereichert sein, welche sich vor allem im Strandbereich des Meeres, aber auch z. B. an Flußläufen bilden. Gelegentlich sind dabei wirtschaftlich wertvolle Edelmetalle, Erze und Edelsteine angereichert. Schwerminerale in Sedimenten erlauben Aussagen über die Ausgangsgesteine, über die Abtragungs- und Herkunftsgebiete, Schwerminerale in metamorphen Gesteinen geben Hinweise auf die ortho- oder paragene Natur der Mineralbildung. Während des Transportes erfahren Schwerminerale vor allem eine mechanische Beanspruchung, während sie zuvor bei der Verwitterung des Ursprungsgesteins und danach während der Diagenese chemischen Einflüssen ausgesetzt sind. Durch selektive Lösung von Mineralen während der Diagenese werden Veränderungen in der Zusammensetzung des Schwermineralspektrums verursacht; dieser Prozeß wird als *intrastratal solution* bezeichnet. Die ⁄Schwermineralanalyse ist eine wichtige Voraussetzung zur Beurteilung der Entstehung und Nutzung von Gesteinen und mineralischen Rohstoffen. ⁄Schweretrennung.

Schwerminerallagerstätten, wirtschaftlich rentabel gewinnbare ⁄Seifen.

Schwermineralseife ⁄*Seife*.

Schweröl, viskose ⁄Erdöle mit einer ⁄API-Dichte von 2–20°. Der Anteil an ⁄Harzen und ⁄Asphaltenen liegt in diesen Erdölen in einem Bereich zwischen 25 und 70 % und ist somit überdurchschnittlich hoch (normale Erdöle geringer als 20 %). Dieser beträchtliche Anteil hochmolekularer Verbindungen führt zu hohen Gehalten an Stickstoff, Schwefel, Nickel und Vanadium.

Schwerpunktbestimmung in Karten, Methode zur Bestimmung eines Mittelpunktes in Karten. Die Koordinaten x_s, y_s des geometrischen Schwerpunktes eines ebenen Bereiches B mit Inhalt A sind durch die Bereichsintegrale:

$$x_s = \frac{1}{A}\iint_B x\, db, \quad y_s = \frac{1}{A}\iint_B y\, db$$

gegeben. Diese sind der numerischen Rechnung direkt zugänglich, wenn der gemeinsame Schwerpunkt von Punktobjekten P_i gesucht ist:

$$x_s = \frac{1}{n}\sum_{i=1}^{n} x_i,$$
$$y_s = \frac{1}{n}\sum_{i=1}^{n} y_i.$$

An Flächenobjekten wird indessen in aller Regel der Rand digitalisiert. Demzufolge müssen die erwähnten Integrale in Kurvenintegrale umgewandelt und analog zur Flächenbestimmung in Karten diskretisiert werden. Für Polygone mit n Randpunkten P_i ergeben sich folgende Beziehungen:

$$x_s = \frac{-1}{6A}\sum_{i=1}^{n}(x_{i+1} - x_i)\cdot f_i,$$

$$y_s = \frac{1}{6A} \sum_{i=1}^{n} (y_{i+1} - y_i) \cdot f_i,$$

$$f_i := 2\,x_i y_i + x_{i+1} y_i + x_i y_{i+1} + 2\,x_{i+1} y_{i+1}.$$

Eine populäre Frage ist jene nach dem Mittelpunkt Deutschlands. Definiert man ihn als geometrischen Schwerpunkt einer verebneten Figur, so muß zu seiner Bestimmung offensichtlich eine verbindliche Definition vereinbart werden, z. B. mit oder ohne Nord- und Ostseeinseln, mit oder ohne Festlandsockel. Ferner müssen die Koordinaten aller Grenzpunkte in einem einheitlichen Koordinatensystem vorliegen. Ein Punktlagefehler in der Größenordnung Meter wäre, in bezug auf die Definition, einzuhalten. Solange man sich mit Grobschätzungen aus wenigen abgegriffenen Punkten, noch dazu aus kleinmaßstäbigen Karten, oder aus größten Längen und Breiten begnügt, kann jede Gemeinde, die auch nur in etwa in der Nähe des »wahren« Schwerpunktes liegt, das Attribut, »der Mittelpunkt Deutschlands« zu sein, für sich in Anspruch nehmen und touristisch vermarkten. [SM]

Schwerpunktstiefe, die Tiefe des Schwerpunktes eines Störkörpers. Für eine homogene Kugel oder für eine aus jeweils homogenen Schalen aufgebaute Kugel ist dies der Mittelpunkt der Kugel. Die Tiefe des Schwerpunktes läßt sich für einfache geometrische Körper aus der ↗Halbwertsbreite ermitteln.

Schwerspat ↗Baryt.

Schwerspatlagerstätten ↗Barytlagerstätten.

Schwimmaufbereitung ↗Flotation.

schwimmende Gletscherzunge, das vordere Ende eines auf eine Wasserfläche mündenden und nicht mehr mit der Gesteinsoberfläche in Berührung stehenden ↗Gletschers.

schwimmende Gründung ↗Gründung.

Schwimmermessung, Verfahren zur Ermittlung von Durchflüssen an Fließgewässern (↗Durchflußmessung) mit Hilfe von Schwimmkörpern. Schwimmermessungen werden vor allem dort durchgeführt, wo die Fließgeschwindigkeit für ↗Flügelmessungen zu gering ist, z. B. in Stauhaltungen. In Seen werden Schwimmer zur Ermittlung der Strömungsverhältnisse verwendet. Bei den Schwimmkörpern wird unterschieden zwischen Oberflächenschwimmern, über die lediglich die Geschwindigkeit an der Wasseroberfläche zu ermitteln ist, und Schwimmern, die durch eine geeignete Ausbildung integrierend die Strömungsverhältnisse bis in größere Wassertiefen erfassen. Der Schwimmer kann mit Einrichtungen zur ständigen Lageortung von Land oder aus der Luft versehen werden.

Schwimmerschreibpegel, Anlage zur Erfassung von Wasserständen, wobei diese über einen Schwimmer auf ein geeignetes Registriersystem übertragen werden (↗Pegel).

Schwimmsand, *Treibsand*, *Fließsand* (technischer Ausdruck), natürliches Gemisch körniger Böden mit Wasser, bei denen der Strömungsdruck bzw. die Schleppkraft ausreicht, die einzelnen Körner in Schwebe zu halten. Bedingt durch die geringe innere Reibung sind solche Böden fließfähig. Besonders anfällig sind feinkörnige und gleichkörnige Sande. Schwimmsand ist besonders bei Tiefbauarbeiten stark behindernd.

Schwimmschnee ↗Schneemetamorphose.

Schwinde, *Katavothre*, *Schluckstelle*, Bereich eines Fließgewässers, in dem zeitweise oder ständig der gesamte ↗Durchfluß durch Versickerung in das Sediment der Gewässersohle eintritt und unterirdisch abfließt. In Gesteinen mit stark erweiterten Klüften, wie sie z. B. in Karstgebieten häufig vorkommen, können Schwinden auch als Schluckloch oder ↗Ponor in Erscheinung treten. An einer Schwinde liegt der Wasserspiegel des Fließgewässers stets höher als der Grundwasserspiegel. Je nach Gewässergröße unterscheidet man Bach- oder *Flußschwinden*.

Schwingbeschleunigung, zweite zeitliche Ableitung der Bodenverschiebung, wird häufig in Prozent der Erdbeschleunigung ($g = 9,81$ m/s^2) angegeben.

schwingende Äquidistanz, die sich ändernde Schichthöhe eines ↗Höhenliniensystems. Sie wird verwendet, wenn die Geländeoberfläche von großen Neigungsunterschieden gekennzeichnet ist. In stark geneigtem Gelände wird die Äquidistanz vergrößert, um ein Zusammenlaufen von ↗Höhenlinien in Bereichen großen Gefälles zu vermeiden. In flachem Gelände wird sie verkleinert, um hinreichende Formwirkung zu erzielen.

Schwinggeschwindigkeit, zeitliche Ableitung der Bodenverschiebung.

Schwingquarz ↗Piezoelektrizität.

Schwüle, Gegebenheiten der ↗Atmosphäre, bei denen die Bedingungen von ↗Lufttemperatur, ↗Luftfeuchte, Wind und Sonnenstrahlung zu einer merklichen physiologischen Wärmebelastung des Menschen führen. Die einfachste, allerdings veraltete Kenngröße zur Quantifizierung der Schwüle ist die ↗Äquivalenttemperatur. ↗Medizinmeteorologie.

Schwülegrenze, Schwellenwert, der die physiologische Empfindung des Menschen zwischen ↗Behaglichkeit und ↗Schwüle abgrenzt. Da jeder Mensch auf Schwülebelastung unterschiedlich reagiert, gibt es jedoch keine einheitliche Festlegung der Schwülegrenze. Genauer sind die Methoden der ↗Medizinmeteorologie.

Schwunddoline ↗Erdfall.

Scientific Committee on Oceanographic Research, *SCOR*, 1957 gegründete, internationale, nichtstaatliche Organisation nationaler Wissenschaftsorganisationen mit derzeit 40 Mitgliedsländern. SCOR entwickelt und steuert über Arbeitsgruppen von Meereswissenschaftlern internationale ozeanographische Forschungsprogramme und unterstützt methodische Verbesserungen bei meereskundlichen Meß- und Analyseverfahren.

scientific visualization ↗wissenschaftliche Visualisierung.

Scleractinia, eine Gruppe von solitären und koloniebildenden ↗Korallen, die seit der mittleren Trias wichtige Riffbildner sind.

Scolecodonten, chitinige oder teilweise etwas verkalkte, 0,1–20 mm große, zähnchen-, sägezahn- und plattenartige Kiefernteile vagiler Polychaeten (Abb.), die einen komplizierten, bilateral symmetrischen Kauapparat bilden können. Sie sind fossil fast immer isoliert. Diese ↗Mikrofossilien treten überwiegend in dunklen Schiefern und Kalken seit dem ↗Kambrium auf, mit einem Häufigkeitsmaximum zwischen ↗Ordovizium und ↗Devon. Nach Größe und Form sind sie mit ↗Conodonten vergleichbar, jedoch in Feinstruktur und Substanz verschieden.

screaming fifties ↗*kreischende Fünfziger*.

Screening, [engl. = »Siebtest«], Begriff in der ↗Umweltanalytik für Methoden, die mit wenig Aufwand und in kurzer Zeit ein grobes Überprüfen der Wirkung einer Substanz erlauben. Nur die damit »ausgesiebten« Proben werden in einem weiteren Arbeitsschritt mit aufwendigeren Methoden genauer untersucht.

Sd-Horizont, ↗Bodenhorizont entsprechend der ↗Bodenkundlichen Kartieranleitung, ↗S-Horizont, wasserstauend, mit in der Regel 50 bis 70 % Rost- bzw. Bleichflecken und marmoriert. Die Aggregatoberflächen ist gebleicht. Im Aggregatinneren sind Rostflecken oder Marmorierungen infolge fehlender Eisenverlagerung nicht erkennbar. Sd-Horizonte weisen eine hohe Lagerungsdichte und geringe Wasserdurchlässigkeit auf.

SDUS, *Secondary Data User Station*, System zum Direktempfang der analogen ↗Satellitenbilder von ↗METEOSAT.

sea-floor spreading ↗*Ozeanbodenspreizung*.

Seasat-Radar, erstes kosmisch eingesetztes SAR-System (↗Synthetic Aperature Radar) der Welt. Es benutzt das ↗L-Band und hat eine Auflösung von 25 × 25 m bei einer Antennenlänge von 10,74 m. Die Abtastbreite am Grund beträgt 100 km. Der Abtastwinkel liegt zwischen 17,5° und 22,5°. Seasat wurde am 26. Juni 1978 gestartet und flog auf einer polnahen Umlaufbahn in ca. 800 km Höhe. Das System nahm Bilddaten von sehr guter Qualität auf, funktionierte aber nur 98 Tage. Trotzdem sind rund 20 Jahre danach (noch) nicht alle Bilder detailliert ausgewertet worden.

sea state bias ↗*Seegangsfehler*.

Sebcha, Bezeichnung für ↗Salztonebenen in der Sahara.

Sebkha ↗*Sabkha*.

Secondary Image Products ↗*Sekundäre Bildprodukte*.

Sedex-Typ ↗*sedimentär-exhalative Lagerstätten*.

Sedgwick, *Adam*, britischer Geologe, * 22.3.1785 Dent (Yorkshire), † 27.1.1873 Cambridge; ab 1818 Professor in Cambridge; Sedgwick lieferte zahlreiche grundlegende Arbeiten zur Geologie, insbesondere zu den paläozoischen Formationen Englands, Belgiens und Deutschlands, führte die Bezeichnungen ↗Kambrium (1833) und ↗Devon (1839) ein und schlug 1838 den Ausdruck ↗Proterozoikum für alle Gesteine älter als das Kambrium vor. Er bearbeitete, obwohl entschiedener Gegner der Darwinschen Evolutionstheorie, einen Teil der naturhistorischen Funde der Beagle-Reise von C. R. ↗Darwin.

Sediment, schichtweise Anhäufung von Lockermaterial. Ein beschreibendes Klassifizierungssystem unterscheidet die durch Verwitterung, Abtragung und mechanischen Transport abgelagerten ↗terrigenen Sedimente von chemischen Sedimenten (↗chemische Sedimente und Sedimentgesteine), die durch Ausfällung und/oder chemisch-biochemische Prozesse gebildet werden. Eigenständig behandelt werden die pyroklastischen Gesteine (↗Pyroklastit).

sedimentäre Becken, tektonisch bedingte Vertiefungen der ↗Erdkruste, in denen sedimentiert wird. Solche Strukturen waren Becken zur Zeit der Sedimentation, sind es aber nicht notwendigerweise in ihrer weiteren Geschichte.

sedimentäre Lagerstätten, entstehen infolge sedimentärer Prozesse nahe der Erdoberfläche bei niedrigen Temperaturen und Drucken und treten in Sedimenten, Sedimentgesteinen oder Böden auf. Sie bilden sich durch: a) chemische Ausfällung (meist aufgrund von Eh-Änderungen). Beispiele sind ↗Banded Iron Fromations, ↗Manganknollen auf Tiefseeböden und (nach Meinung einiger Wissenschaftler) die ↗alpinen Blei-Zink-Lagerstätten; b) ↗Evaporation. Beispiele sind Kalilagerstätten und Borlagerstätten in ariden Wannen; c) gravitative Anreicherung von Schwermineralen als Seifenlagerstätten (↗Seifen) wie beispielsweise Diamantseifen, ↗Goldseifen und Zinnseifen; d) residual, z. B. lateritische Aluminiumlagerstätten und Nickellagerstätten. Fast alle sedimentären Lagerstätten sind schichtgebunden (↗schichtgebundene Erze) und ↗syngenetisch. Die Abgrenzung zu den ↗vulkanogen-sedimentären Lagerstätten ist nicht scharf, da auch bei letzteren der Erzabsatz oft gleichzeitig mit dem umgebenden Sediment erfolgt. [WH]

sedimentäre Melange ↗*Olisthostrom*.

sedimentärer Quarzit, ↗Quarzsandstein, der durch SiO₂-Zement (↗Zement) verfestigt wurde. ↗Quarzit.

sedimentär-exhalative Lagerstätten, *Sedex-Typ*, *submarin-sedimentär-exhalative Lagerstätten*, Vererzungen durch massive schichtgebundene Sulfidmineralisationen mit vor allem ↗Pyrit (dazu in unterschiedlichen Anteilen ↗Kupferkies, ↗Bleiglanz, ↗Sphalerit, ↗Baryt und eventuell Silber- und Goldgehalte) in marinen Sedimenten und/oder vulkanischen Schichtfolgen, entstanden durch Absätze aus Hydrothermen am Meeresboden (↗Erzschlamm, ↗Hydrothermalpräzipitate, ↗black smoker). Je nach den Faziesverhältnissen des ↗Nebengesteins werden verschiedene Typen definiert (z. B. ist der ↗Kuroko-Typ vergesellschaftet mit ↗felsischen Vulkaniten). Die Lagerstätten sind weltweit verbreitet (z. B. Sullivan (Kanada), Japan, Rio-Tinto-Bezirk auf der Iberischen Halbinsel), in Mitteleuropa sind sie inzwischen ausgeerzt: Rammelsberg (Harz) und Meggen (Sauerland). Sedimentär-exhalative Lagerstätten sind die wichtigsten Lagerstätten für Blei und Zink. ↗Massivsulfid-Lagerstätten, ↗Sullivan-Typ. [HFl]

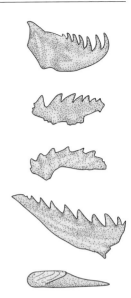

Scolecodonten: Scolecodonten aus dem Zechsteinkalk.

Sedimentation, 1) *Allgemein*: Prozeß der Sedimentbildung mit Ablagerung von festen Partikeln durch die Wirkung der Schwerkraft. Die Sedimentation setzt ein, wenn die Sinkgeschwindigkeit der Partikel größer ist als turbulenzbedingte vertikal entgegengesetzte Komponente des transportierenden Mediums (Wasser oder Luft). Sie ist abhängig von Größe, Dichte und Form der Partikel, Strömungsgeschwindigkeit, Sättigung sowie Turbulenz. Durch die Sedimentation werden Transportprozesse beendet. 2) *Bodenkunde*: Methode zur Trennung von Korngemischen im Größenbereich 63–2 µm (↗Äquivalentdurchmesser). Die Sedimentation dient zusammen mit der ↗Siebung der Darstellung von ↗Korngrößenverteilungen. ↗Stokessches Gesetz. 3) *Klimatologie*: a) in der Atmosphäre das Fallen von ↗Aerosolen, ↗Wolkentröpfchen und ↗Eiskristallen unter dem Einfluß der Schwerkraft, b) die schwerkraftbedingte Ablagerung von Aerosolen am Boden (↗Deposition) als Selbstreinigungsprozeß der Atmosphäre.

Sedimentationsalter, der Ablagerungszeitraum eines Sedimentgesteins vor heute wird als das Sedimentationsalter bezeichnet; beim Fehlen von Fossilien durch ↗Geochronometrie nur in Ausnahmefällen direkt bestimmbarer Alterswert für die Sedimentation, z. B. eines Paragesteins (↗Metamorphit). Meist kann dann der Zeitraum der Sedimentation nur durch ↗Bildungsalter einzelner Komponenten nach oben (frühstmögliches Sedimentationsalter) und durch ↗Metamorphosealter nach unten hin (letzt mögliches Sedimentationsalter) eingegrenzt werden.

Sedimentationsanalyse, 1) *Angewandte Geologie*: Schlämmanalyse, Verfahren zur Ermittlung der ↗Korngrößenverteilung für Korngrößen < 0,125 mm, welches auf dem Prinzip beruht, daß verschieden große Körner in einer Aufschlämmung mit unterschiedlicher Geschwindigkeit absinken. Der Zusammenhang zwischen Korngröße, Kornwichte und Sinkgeschwindigkeit wird durch das ↗Stokessche Gesetz angegeben. In der Bodenmechanik wird das Aerometerverfahren nach Casagrande angewendet (Prüfung DIN 18123–5). Die Absetzzeit (Sedimentationszeit) einer Korngröße in einer Ausschlämmung wird beim Aerometerverfahren mittels Nomogramm bestimmt. Aus der mit dem Aerometer bestimmten Dichte der Suspension wird der prozentuale Gewichtsanteil errechnet und die Werte als Kornverteilungsline (↗Körnungslinie) aufgetragen. Die Probenmenge beträgt bei sandhaltigen Böden rund 75 g, sonst 30–50 g. 2) *Mineralogie*: Untersuchung von Lockergesteinen mit petrographischen Methoden im Labor. Dazu zählen u. a. Korngrößenanalysen (Granulometrie), gefügekundliche Untersuchungen, Schwermineralanalysen, polarisationsmikroskopische Bestimmung der sedimentbildenden Minerale (qualitativer und quantitativer Mineralinhalt), röntgenographische Untersuchungen (insbesondere der Tonminerale), Bestimmung der organischen Anteile, chemische Untersuchungen (Kohlenstoff, lösliche Salze u. a.), Bestimmung der Porosität u. a. Parameter. ↗Mineralanalytik ↗Mineralanreicherung, ↗Mineralogie, ↗Mineraltrennung.

Sedimentationsremanenz, *DRM*, wird in Sedimenten bei der Ablagerung feiner ferrimagnetischer Mineralpartikel zusammen mit anderen unmagnetischen Mineralen gebildet. Die DRM ist weitaus schwächer als die in gleichen Feldern gebildete ↗thermoremanente Magnetisierung (TRM), aber ebenfalls parallel und proportional zu H mit ↗Relaxationszeiten, die im Bereich bis zu 10^9 Jahren liegen können. Die DRM ist ebenfalls sehr gut zur Bestimmung der Richtung des lokalen Magnetfeldes bei der Entstehung des Gesteins geeignet. Bildet sich die Sedimentationsremanenz erst während der ↗Diagenese der Sedimente durch eine Einregelung der besonders kleinen ferrimagnetischen Teilchen im verbleibenden wassergefüllten Porenraum, so spricht man von der ↗Post-Sedimentationsremanenz (PDDRM). Der Zeitversatz zwischen PDDRM und Alter des Sediments kann, je nach Sedimentationsrate und Korngrößenverteilung der ferrimagnetischen Mineralanteile, viele tausend Jahre betragen. Durch die Aktivität von Kleinlebewesen am Meeresgrund kann die Ausbildung einer DRM erheblich gestört werden (↗Bioturbation). Mit Hilfe der DRM und der PDDRM können zumindest qualitative Aussagen über die ↗Paläointensität des Erdmagnetfeldes gemacht werden. ↗Magnetisierung. [HCS]

Sedimentationsverfahren, Ausscheidung von Feststoffen aus dem Wasser, deren Dichte über 1 g/cm³ liegt, unter Einwirkung der Schwerkraft. In der Wasserversorgung wird die Sedimentation als Vorreinigungsstufe bei trübstoffreichem ↗Rohwasser sowie bei ↗Flockung zur Abscheidung von Eisen- oder Aluminiumoxidhydratflocken verwendet. Zur Sedimentation werden lange, kontinuierlich durchflossene Sedimentationsbecken geringer Tiefe verwendet. Höhere Leistungen weisen Separatoren mit schräg geneigten Lamellen (Lamellenabscheider) oder Röhren (Röhrenseparator) auf. In der Abwassertechnik erfolgt die Sedimentation überwiegend in ↗Sandfängen oder ↗Absetzbecken.

Sedimentgefüge, Oberbegriff für strukturelle (↗Sedimentstrukturen) und texturelle (↗Sedimenttexturen) Eigenschaften von ↗Sedimenten und ↗Sedimentgesteinen.

Sedimentgestein, diagenetisch verfestigte ↗Sedimente. ↗Diagenese.

Sedimentologie, Lehre von der Entstehung von ↗Sedimenten. Die *Sedimentpetrographie* ist die Lehre von Zusammensetzung und Aufbau von ↗Sedimentgesteinen.

Sedimentstrukturen, geometrische Eigenschaften der einzelnen Sedimentpartikel, z. B. ihre ↗Kornform, ↗Kornrundung oder ↗Kornoberfläche.

Sedimenttexturen, aus den Ablagerungs-, Transport- und Umlagerungsprozessen resultierende Merkmale von ↗Sedimenten und ↗Sedimentgesteinen. Dazu zählen z. B. ↗Rippel oder ↗Trockenrisse.

Sedimenttransport, Verlagerung von ↗Sedimenten durch Strömungen.

See, Wasseransammlung meist in einer geschlossenen Hohlform, dem Seebecken. Je nach Lage und Entstehung gibt es große und kleine, flache und tiefe sowie langgestreckte und mehr runde Seen. Seebecken können ständig, perennierend mit Wasser gefüllt sein oder lediglich periodisch, intermittierend auftreten. In den einzelnen Klimagebieten führen temperaturbedingte Unterschiede in den Dichte- und Schwereverhältnissen des Wassers zur ↗Stagnation oder zur ↗Zirkulation des Seewassers. Unabhängig von anthropogenen Einflüssen bewirken Größe, Tiefe, Form und Zirkulationsvorgänge ein bestimmtes Verhalten des Sees hinsichtlich der Verteilung von Nährstoffen, Löslichkeit von Gasen und Besiedlung mit Tieren und Pflanzen. Der ↗Wasserhaushalt eines Sees wird durch die Gleichung:

$$N_{See} + Z_O + Z_U = V_{See} + A_O + A_U$$

für eine längerfristige Periode beschrieben. Hierin bedeuten N_{See} die Niederschläge auf die Seefläche, Z_O oberirdischer Zufluß, Z_U unterirdischer Zufluß, A_O oberirdischer Abfluß, A_U unterirdischer Abfluß und V_{See} Evaporation von der Seefläche. Bei abflußlosen Seen wird die Größe A_O Null. Die meisten Seen haben Zufluß und ↗Abfluß. Durch ihr Speichervermögen tritt ein Ausgleich des Abflußganges ein. ↗Hochwässer werden gedämpft und ↗Niedrigwässer werden angereichert. So unterscheiden sich die Amplituden zwischen mittleren Niedrigwasserdurchflüssen (MNQ), mittleren Durchflüssen (MQ) und mittleren Hochwasserdurchflüssen (MHQ) vor Eintritt in den See und nach Austritt aus dem See beträchtlich. Beispielsweise hat der Rhein am Pegel Schmitter oberhalb des Bodensees ein Verhältnis von MNQ zu MQ zu MHQ von 1:4:40, während es am Pegel Rheinklingen, unterhalb des Bodensees, 1:3:8 beträgt (Periode 1951–1970).

Zur Charakterisierung eines Sees werden auch seine morphologischen Kennwerte herangezogen. Die größte Tiefe eines Sees z_{max} wird entweder als größte Tiefe unter dem mittleren Seespiegel in Meter angegeben oder seine Höhe wird durch die Höhe über NN angegeben, wobei dann die Seespiegelschwankungen keine Rolle spielen. Durch tektonische Vorgänge sind die tiefsten Seen, die Grabenseen, entstanden. Die mittlere Tiefe eines Sees z_m ergibt sich aus dem Quotienten des Volumens und der Fläche des Sees, wobei in der Regel die Mittelwerte des Volumens V und der Fläche F verwendet werden:

$$z_m = V/F.$$

Weitere Kennwerte sind die Länge l des Sees als kürzeste Entfernung zwischen den am weitesten voneinander entfernten Punkten des Sees. Die Seebreite b wird an der engsten Stelle des Sees durch eine Linie, die senkrecht zu l verläuft, wiedergegeben. Die mittlere Breite b_m eines Sees wird aus dem Quotienten der Fläche eines Sees und seiner Länge gebildet:

$$b_m = F/l.$$

Die Seeoberfläche F sowie die durch Isobathen gebildeten Flächen können durch Planimetrieren oder andere Methoden, z.B. unter Verwendung der Interpolationsmethode, berechnet werden. Das Volumen eines Sees wird durch die Lösung des Integrals:

$$V = \int_{z_0}^{z_{max}} F_z \cdot dz$$

bestimmt, wobei z_0 die Anfangs- und z_{max} die Endisobathe darstellen. F_z ist die Fläche, die von einer Höhenlinie z umschlossen wird. Die Uferentwicklung D eines Sees wird durch das Verhältnis der Länge der Uferlinie L zu dem Umfang des Kreises, der dieselbe Fläche hat, ausgedrückt:

$$D = \frac{L}{2 \cdot \sqrt{\pi \cdot F}}.$$

In der gleichen Weise werden die Volumenentwicklung, die relative Seetiefe und die mittlere Hangneigung eines Sees angegeben.

Die morphometrischen Kennwerte eines Sees können sich rasch durch tektonische und vulkanische Vorgänge in Verbindung mit Sedimentation und biologischen Vorgängen ändern. Delta-Aufschüttung, Küstenversatz und Verlandung sind die sichtbaren Folgen. Eine Herausarbeitung von Seegruppen nach morphometrischen Kennwerten muß daher sehr sorgfältig und stets in Verbindung mit den relativen Kennwerten vorgenommen werden. Eindeutiger ist die Gruppenbildung der Seen nach ihrer Entstehung vorzunehmen (Tab. 1.), wobei sich allerdings vielfach, jedoch nicht einheitlich bestimmte morphometrische Kennwerte aufzeigen lassen. Erschwert wird eine Gruppenbildung, wenn die Entstehung eines Sees auf kombinierte Prozesse zurückgehen, bei Calderaseen z.B. auf vulkanotektonische Prozesse, bei Poljeseen auf Lösungstätigkeit des Wassers und Sedimentation. Endogene, das sind

See (Tab. 1): verschiedene Seeklassifikationen.

Seenklassifikation				
Einteilung nach ...				
... Art der Entstehung			... Biologie und Chemie	... Zirkulation
endogene Seen	exogene Seen	Karstseen		
Grabenseen, Maare, Kraterseen, Calderaseen	Seen im Formungsbereich von Gletschern, Flüssen, Küsten	Dolinenseen, Uvalaseen	Braunwasserseen, dystrophe Seen, Klarwasserseen, oligotrophe Seen, eutrophe Seen, mesotrophe Seen	amiktische Seen, kaltmonomiktische Seen, warmmonomiktische Seen, dimiktische Seen, oligomiktische Seen, warmpolymiktische Sen, kaltpolymiktische Seen, holomiktische Seen, meromiktische Seen
	Deflationsseen			
		Poljeseen		

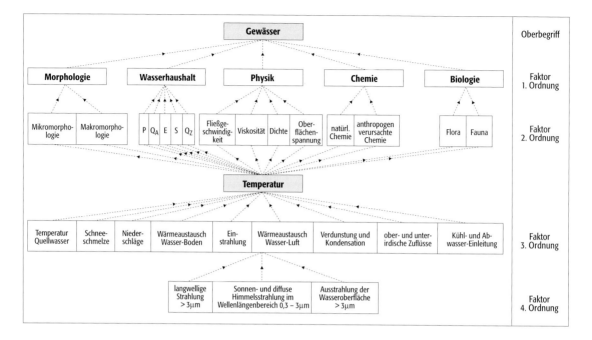

See 1: Stellung der Temperatur innerhalb eines Gewässers (P = Niederschlag, Q_A = Abfluß, Q_Z = Zufluß, S = im See gespeichertes Wasservolumen, E = Verdunstung).

See 2: Seezirkulation in den gemäßigten Klimazonen.

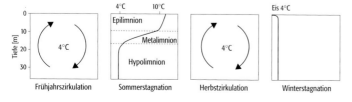

durch Tektonik und Vulkanismus entstandene Seen, findet man überall auf der Erde. Zu ihnen gehören die meist tiefen, langgestreckten und geologisch alten Grabenseen und die häufig kreisrunden, aber kleinen Kraterseen (↗Maare). Exogene Seen werden durch Wind, Wasser und Eis geschaffen. Sie sind daher an bestimmte Klimazonen gebunden. Diese Seen nehmen zahlenmäßig den größten Teil ein, wobei wiederum die durch Eisbewegung und Eisschmelze entstandenen Seen überwiegen. Weltweit sind nur 1,8 % des Festlandes, das sind etwa 2,5 Mio. km², mit Seen bedeckt. Im europäischen Gebiet der pleistozänen Inlandvereisung nehmen die Seen 4 %, in Schweden 8,6 % und in Finnland sogar 12 % der Fläche ein. Seen können durch Eis und Moränen rezenter Gletscher aufgestaut werden. Bei Ausbruch solcher Seen können gefährliche Hochwässer, verbunden mit Schlamm- und Gerölltransport (flash-floods) entstehen.

Im vom Eis verlassenen und ausgeschliffenen Hohlformen in Gebirgsregionen bzw. an Gebirgsrändern mit Übergang zum Meer bilden sich Seen, oft treppenförmig hintereinandergelegen, bzw. Fjordseen. Viele Seen liegen im Bereich von pleistozän oder jünger großflächig vergletscherten Gebieten. Sie werden aufgestaut durch Endmoränen oder Schmelzwasserablagerungen (↗Sander). Nach Abschmelzen des Eises entstehen im Bereich der Grundmoräne Seen, zu ihnen gehören z. B. die vielen kleinen sogenannten Toteislöcher. Räumlich im gleichen Gebiet gelegen sind die subglazialen Schmelzwasserrinnen, die teilweise beträchtliche Längserstreckung besitzen. Förden haben die gleiche Entstehung.

Auf Winderosion gehen Hohlformen, Deflationswannen in Trockengebieten, zurück, die kleinere Seen ausbilden können. In vielen Wüstengebieten liegen diese Depressionen heute jedoch trocken bzw. bilden bei seltenen Niederschlagsereignissen nur kurzfristig Seen aus. Flüsse können in Gebirgsregionen durch Erosion, insbesondere bei starker rückschreitender Erosion, in z. B. Strudelvertiefungen, meist kleinere Seen ausbilden. Bei Abschnürungen von Mäanderabschnitten entstehen in den ↗Altarmen Seen. Durch Sedimentation im Nahbereich der Flüsse bilden sich Umlaufseen und Dammuferseen, die im Bereich der Tieflandgebiete der niederen Breiten oft anzutreffen sind. Im Küstenbereich werden Buchten häufig durch Küstenversatz abgetrennt. Reliktseen, auch Regressionsseen genannt, entstehen im Küstenbereich der Meere durch Absinken des Meeresspiegels oder infolge Landhebung, wobei Teilbereiche des Meeres isoliert werden.

Im Mündungsbereich großer Flüsse entwickeln sich durch Sedimentation, manchmal verbunden mit Tidebewegungen, Deltaseen. Die Lösungskraft des Wassers ist die Ursache für unterirdische Hohlräume im Kalkgestein, die nach Einsturz an der Oberfläche Vertiefungen, ↗Dolinen und ↗Uvalas, formen, die, wenn sie wassererfüllt sind, dementsprechend als Dolinen- bzw. Uvalaseen bezeichnet werden. Eine besondere Ausprägung erhalten die Poljeseen, die zwar auch in den verkarsteten Kalksteinen auftreten, die aber von sedimentführenden Fließgewässern aus Teilen des nicht verkarsteten Einzugsgebietes so viel Material bekommen, daß die Hohlräume verstopfen. Poljeseen können infolge von Schneeschmelze und/oder Starkniederschlagsereignissen episodisch und periodisch auftreten in Abhängigkeit von Quell- und Ponortätigkeit in Verbindung mit der Höhe des Grundwasserspiegels. Alle durch Lösung des Wassers geschaffenen Seen werden unter dem Begriff Karstseen zusammengefaßt. Ihnen allen gemeinsam ist, daß sie keinen Abfluß durch Oberflächengewässer besitzen, vielmehr vollzieht sich die Entwässerung durch ↗ Ponore, auch Schlucklöcher genannt. Da Karstseen häufig periodisch in Erscheinung treten, gehören viele von ihnen zu den intermittierenden Seen.

Temperatur und ↗ Wärmehaushalt eines Gewässers steuern viele physikalische, chemische und biologische Prozesse. Gemäß der ↗ Van't Hoffschen Regel nimmt die Reaktionsgeschwindigkeit vieler chemischer und biochemischer Prozesse bei einer Temperaturerhöhung um 10°C um das Doppelte bis Dreifache zu, gleichzeitig sinkt die Lösungsfähigkeit des Wassers für Gase erheblich. Abbildung 1 illustriert die Bedeutung der Temperatur und der Energieaustauschvorgänge für die physikalisch-chemisch-biologischen Prozesse. Der Wärmehaushalt eines Sees wird durch den Energiefluß an der Seeoberfläche, der sich im Strahlungs- und Wärmeaustausch manifestiert, dem Wärmeumsatz im See, der sich durch Energieflüsse zwischen einzelnen Wasserkörperbereichen des Sees manifestiert, und den advektiven Energieflüssen, die durch den Wassertransport vorgenommen werden, bestimmt. Massenlose und massenbehaftete, advektive Energieflüsse müssen getrennt berechnet und behandelt werden. Seen in mittleren Breiten und in den Subtropen können große Wärmemengen speichern, weil Strahlung und Lufttemperatur hier große Amplituden aufweisen. Tropische und subpolare Seen speichern viel weniger Wärme. Der Wärmeinhalt tropischer Seen ist zwar sehr hoch, er wird aber infolge geringer Jahresschwankung der Lufttemperatur nicht in die Atmosphäre abgegeben. Die Temperaturverhältnisse in einem See sind infolge der Dichteanomalie des Wassers, das seine maximale Dichte von 1,00000 g/cm³ bei 3,98°C erreicht, sehr komplex. Es muß beachtet werden, daß der Dichteunterschied bei 1°C Temperaturschritten bei kühlem Wasser wesentlich geringer ist als bei wärmerem Wasser. Die Dichte des Wassers ist aber auch von seinem Salzgehalt abhängig. Salzfreies Wasser hat bei 4°C ein Volumengewicht von 1,00000. Hat das Wasser einen Salzgehalt von 4 g/l, das entspricht 4‰, steigt sein Volumengewicht auf 1,00818.

Das Zusammenspiel von Dichte, Salzgehalt und Wassertemperatur führt dazu, daß sich in einem See eine Schichtung einstellen kann oder diese Schichtung bei gleichförmiger Temperatur von 4°C des Seekörpers, die als Homothermie bezeichnet wird, fehlt. In den Klimagebieten mit

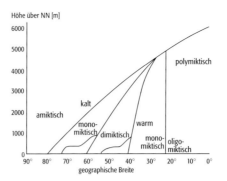

See 3: Mixis-Typen der Seen in den verschiedenen geographischen Breiten und Höhenlagen.

ausgesprochen thermischen Jahreszeiten stellt sich ein See auf einen zweimaligen Wechsel zwischen Homothermie und Schichtung ein. Im Frühjahr und Herbst kommt es zur Homothermie, im Sommer und im Winter zur Schichtung. Bei Homothermie befindet sich der gesamte Wasserkörper in einer labilen Lage. Windaktivität führt dann zu einer Zirkulation des Seewassers. Diese kann sich bis zum Seegrund erstrecken, was eine Vollzirkulation bewirkt, oder nur Teile des Wasserkörpers erfassen, was als Teilzirkulation bezeichnet wird. In den gemäßigten Klimazonen stellt sich im Sommer eine ausgeprägte Sommerstagnation und in schwacher Form auch im Winter eine Schichtung mit zwei Temperaturzonen ein (Abb. 2). Im Sommer befindet sich in der Oberflächenschicht thermisch meist homogenes, warmes Wasser. Diese Schicht wird als ↗ Epilimnion bezeichnet. Unterhalb befindet sich eine relativ dünne Schicht mit steilem Temperaturgradienten, die als Sprungschicht oder ↗ Metalimnion bezeichnet wird. Durch das Metalimnion hindurch erfolgt kein Wärmetransport in die Tiefe. In der unterhalb des Metalimnions gelegenen Schicht befindet sich das Wasser mit den größten Dichten bei etwa 4°C. Diese Schicht bezeichnet man als ↗ Hypolimnion. Seen mit einem zweimaligen Wechsel von Zirkulation und Stagnation im Jahr werden als dimiktische Seen oder holomiktische Seen bezeichnet, wenn wenigstens eine Zirkulation die gesamte Wassermasse erfaßt. Meromiktische Seen hingegen werden nicht bis zum Seegrund durchmischt. Meromixis kann topographisch (windgeschützt), morphologisch (kleine Wasseroberfläche im Verhältnis zur Tiefe)

See 4: thermische Schichten und Lebensgemeinschaften.

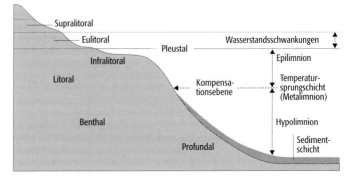

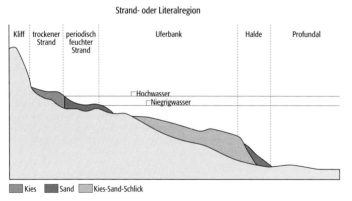

See 5: Schema der morphologischen Einheiten eines Seebeckens.

oder chemisch (salzreiches Hypolimnion mit Ausbildung einer chemischen Sprungschicht) bedingt sein. Das nicht durchmischte Tiefenwasser der meromiktischen Seen wird ↗Monimolimnion genannt.

Entsprechend der verschiedenen morphologischen Gestalten, der geographischen Lage und Höhenlage werden Seen nach folgenden Zirkulationstypen geographisch eingeteilt: a) amiktisch: polare Seen mit permanenter Eisdecke; vor allem in der Antarktis, z. T. in der Arktis und im extremen Hochgebirge; keine Zirkulation. b) kalt-monomiktisch: Seen der polaren und subpolaren Zone; Vollzirkulation nur im Sommer; vorwiegend Eisbedeckung und Winterstagnation. c) dimiktisch: Seen der gemäßigten Zone im Norden von Nordamerika und in Eurasien mit Vollzirkulation im Frühjahr und Herbst. d) warm-monomiktisch: subtropische Seen mit Vollzirkulation im Frühjahr. e) oligomiktisch: tropische Seen mit seltener und unregelmäßiger Vollzirkulation. f) warm-polymiktisch: Tropenseen mit häufiger Vollzirkulation, bei denen die Zirkulation oft von der nächtlichen Abkühlung abhängt. g) kalt-polymiktisch: Seen in tropischen Hochgebirgen mit nahezu ständiger Zirkulation. Die Mixis-Typen der Seen in verschiedenen geographischen Breiten und Höhenlagen zeigt Abbildung 3.

Das Epilimnion kann näherungsweise als die Zone der ↗Primärproduktion genannt werden. Die photosynthetische Aktivität von Algen und höheren Pflanzen ist begrenzt auf den durchleuchteten Teil des Wasserkörpers. Dies ist die euphotische oder trophogene Schicht. Große Anteile des hier produzierten organischen Materials werden unmittelbar von Bakterien abgebaut. In manchen Seen erfolgt auch im Metalimnion eine photosynthetische Aktivität. Die Anteile des organischen Materials, die allmählich absinken, werden von im Wasser schwebenden planktischen Rädertieren und Kleinkrebsen konsumiert. Planktische Tiere (Sekundärproduktion) ihrerseits stellen die Nahrungsgrundlage für verschiedene Fische dar, die im Epilimnion oder im kalten Hypolimnion leben.

Ein Seebecken wird auch nach seinen morphologischen Einheiten in verschiedene Bereiche unterschieden (Abb. 5). Ferner werden Seen gemäß den in ihnen vorkommenden Lebensgemeinschaften in bestimmte Bereiche unterteilt (Abb. 4). Zunächst ist zwischen der Bodenzone, dem Benthal, und der Freiwasserzone, dem Pelagial, zu differenzieren. Die Benthalzone wiederum untergliedert sich in die Uferzone, das Litoral, und in die Tiefenzone, das Profundal. Beide werden getrennt durch die Kompensationsebene, also der Bereich, in dem die trophogene Schicht des Pelagials in die tropholytische Schicht des Pelagials übergeht. Das Vorhandensein dieser Kompensationsebene und der tropholytischen Tiefenzone ist auch zur Unterscheidung von Seen und Weihern herangezogen worden. Seen haben eine so große Wassertiefe, daß die Litoralflora nicht die Tiefenzonen besiedeln kann, während bei Weihern die Litoralflora überall vorzufinden ist.

Es werden für Seen ferner biologische und Nährstoffaspekte für eine Gliederung herangezogen. Hierzu werden zwei Hauptgruppen unterschieden: Klarwasserseen und Braunwasserseen. Braunwasserseen, auch dystrophe Seen genannt, erhalten ihre Färbung durch Humussubstanzen. Diese fehlen bei den Klarwasserseen und es gibt keine Dyablagerungen (↗Dy). Die Klarwasser-

See (Tab. 2): größte Seen der Erde (geordnet nach der Fläche, ohne Seen mit großen Schwankungen der Fläche).

See	Höhe über dem Meeresspiegel [m]	Fläche [km²]	größte Tiefe [m]	mittlere Tiefe [m]	Volumen [km³]
1. Kaspisee	-28	371.000	995	182	79.319
2. Oberer See	184	82.414	397	148	12.000
3. Viktoriasee	1134	68.800	79	40	2700
4. Aralsee[(1)]	53	66.500	68	16	970
5. Huronsee	177	59.586	229	60	4600
6. Michigansee	177	58.016	281	84	5760
7. Tanganjikasee	782	34.002	1470	572	18.940
8. Baikalsee	455	31.500	1620	730	23.000
9. Gr. Bärensee	103	31.080	>139	–	–
10. Malawi (Nyassi)see	464	30.800	706	273	8400
11. Gr. Sklavensee	119	28.930	614	464	–
12. Eriesee	175	25.719	64	18	540
13. Winnipegsee	213	24.530	19	13	–
14. Ontariosee	75	19.477	237	80	1720
15. Ladogasee	4	18.400	225	52	920

[(1)] Stand 1970. Der Aralsee verlor durch die Bewässerungswirtschaft zum Jahre 1995 etwa 2/3 seiner Fläche.

See	Flächengröße [km²]	größte Tiefe [m]
Tschadsee/Nordafrika	26.000–12.000	11–4,0
Balchaschsee/Kasachstan	22.000–17.500	26,5
Eyresee/Australien	–15.000	–
Tunting Hu/VR China	12.000–4000	–
Tonle-See/Kambodscha	10.000–2500	12
Amadeussee/Australien	–8000	–
Gr. Salzsee/USA	5900–2700	16–10,5
Urmiasee	5900–3900	16
Torrensee/Australien	–5700	–
Tschanysee/Rußland	5000–2500	12–7,0
Ilmensee/Rußland	2100–600	11–3,3

See (Tab. 3): bedeutende Seen mit großen Flächenschwankungen.

seen bilden einen eutrophen und einen oligotrophen Typ aus. Für die Ausbildung in einen dieser Untertypen sind jedoch nicht nur die Nährstoffverhältnisse maßgebend, vielmehr spielt auch die morphologische Gestaltung eine wichtige Rolle. So haben eutrophe Seen meist eine breite Uferregion, während oligotrophe Seen meist eine schmale Litoralregion und eine relativ große Seetiefe besitzen. Die wichtigsten Vorgänge, die den Stoffhaushalt eines Sees ausmachen sind: a) der biogene Stoffumsatz der Organismen, der z. B. in Produktion, Konsumption und Destruktion zum Ausdruck kommt, b) Sedimentation und Austauschprozesse im Wasser-Sediment-Kontaktbereich, c) Rhythmus von Zirkulation und Stagnation im See, d) Austausch zwischen Atmosphäre und Wasser, e) Eintrag durch Niederschläge, f) Adsorption und Desorption von gelösten Stoffen an Schwebstoffpartikel, g) Zufluß und Ausfluß in und aus dem See.

In Seen sind bestimmte Bewegungen zu beobachten, von denen Turbulenzen, Strömungen, fortschreitende Oberflächenwellen und stehende Wellen die wichtigsten sind. Turbulenzen können durch Temperatur- und Dichteunterschiede hervorgerufen werden. Fortschreitende Wellen werden meist durch Wind verursacht. Bei ihnen wandert der Wellenscheitel, während die Wasserteilchen keine fortschreitende Bewegung ausführen. Im Flachwasserbereich werden die unteren Wasserteilchen abgebremst. Durch Vorauseilen der höheren Wasserteilchen entstehen Brecher. Aus Oszillationswellen der Tiefwassergebiete werden Translationswellen der Flachwasserbereiche. Am Ufer kommt es zu sich überschlagenden Wellen, die ↗Brandung genannt wird. Die Brandung schafft Steilufer mit Kliffs und eine flache Uferbank, die regional unterschiedlich als ↗Schaar oder Wysse bezeichnet wird. Neben den fortschreitenden Wellen treten in Seen auch stehende Wellen, auch Seiches genannt, auf, die in Oberflächen-Seiches und in interne Seiches untergliedert werden. Seiches können durch Luftdruckunterschiede in verschiedenen Bereichen der Seeoberfläche, durch Windeinfluß, durch Starkniederschläge in Teilen des Seegebietes, Hochwasserzuflüsse und gelegentlich durch Erdbeben hervorgerufen werden.

Natürliche und künstliche Seen (Talsperren) stellen die größten Wasserspeicher für Oberflächenwasser auf den Kontinenten dar. Über die großen Seen, deren Fläche, mittlere und größte Tiefe sowie Wasservolumen unterrichtet die Tabelle 2. In den ariden Zonen dagegen unterliegen viele der Seen zum Teil gewaltigen jahreszeitlichen und auch säkularen Änderungen in der Fläche und Tiefe. Wegen der Bewässerung von Baumwollfeldern und anderen Ackerkulturen sowie wasserarmer Zuflüsse (Syrdarya, Amurday) verlor z. B. der Aralsee bis 1995 etwa 70 % seiner Fläche und spaltete sich in den großen und kleinen Aralsee auf. Der Wasserspiegel liegt nun in 39 m NN und das Wasservolumen beträgt jetzt nur 400 km³. Eine Auswahl von den Seen mit großen Schwankungen enthält die Tabelle 3. Die größten Stauseen, die durch das Aufstauen zahlreiche Ströme und Flüsse für die Wasserversorgung mit Trink- und Bewässerungswasser sowie die Energiegewinnung errichtet wurden, sind in Tabelle 4 aufgelistet. [KHo, HJL]

Seeatlas, systematische Sammlung von ↗Seekarten in loser oder gebundener Form; fälschlich auch als Synonym für ↗Meeresatlas verwendet. Seekarten wurden besonders vom 16. bis 18. Jh. erst von den Niederländern (z. B. L. J. Waghenaer, »Spiegel der Zeevaardt«, 1584; G. van Keulen, »De Groote Zee-Atlas«, 1706–1712), später auch von den Engländern und Franzosen herausgegeben. Im 19. Jh. wurde der Seeatlas durch die Seekartenwerke der führenden Schiffahrtsnationen abgelöst.

Seebär, [Bär von niederdeutsch boeren = heben], lange Welle, die durch kleinräumige meteorologische Erscheinungen (z. B. Gewitterfronten) erzeugt wird.

Seedeich, zum Schutz gegen ↗Sturmfluten errichteter ↗Deich der ersten ↗Deichlinie.

See-Erz ↗Raseneisenerz.

Seegang, an der Wasseroberfläche durch den Wind erzeugte ↗Wellen. Unter dem Einfluß zunehmenden Windes wächst sowohl die mittlere *Wellenlänge L*, die sich aus dem räumlichen Abstand zweier benachbarter Wellenberge ergibt, als auch die *Wellenhöhe* des Seegangs. Die Wellenhöhe beschreibt den vertikalen Abstand zwischen Wellenberg und -tal (also die zweifache Amplitude bei einer ↗ebenen Welle). Das Verhältnis von Wellenhöhe und -länge bezeichnet man als *Steilheit der Welle*. Länge und Höhe der Seegangswellen hängen neben der Windgeschwindigkeit auch von der Zeit ab, die der Wind wirkt (↗Wirkdauer des Windes) und der Strecke, auf der der Wind

See (Tab. 4): Flächen, Volumen und Höhen über Gründung der größten Stauseen der Erde (T = Tiefe an der Sperre, H = Höhe der Sperre, St = Stauhöhe).

Stausee	Fläche [km²]	Volumen [km³]	Tiefe [m]	
Voltastausee/Ghana/Afrika	8730	165	75–78	(T)
Churchill/Reservoir/Kanada	6651	33,6	–	
Kuibyschewer Stausee/Wolga/Rußland	6448	58	28	(St)
Nassersee/Nil/Ägypten/Sudan	5900	164	111	(H)
Buchtarma-Stausee/Irtysch/Kasachstan	5490	53	90	(H)
Bratsker Stausee/Angora/Rußland	5470	169,3	110	(T)
Karibastausee/Sambesi/Sambia-Simbabwe	5180	182,7	119	(T)
Rybinsker Stausee/Wolga/Rußland	4550	25,4	30	(H)
Grand Rapids Reservoir/Kanada	ca. 4100	9,6		

Seegang 1: Phasen- und Gruppengeschwindigkeit von Seegangswellen in Abhängigkeit von der Wellenlänge.

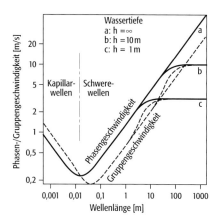

wirkt (↗Wirklänge des Windes). Bei hinreichender Wirkdauer und -länge bildet sich ein ↗ausgereifter Seegang. Solange der Seegang dem Einfluß des Windes unterliegt, spricht man von ↗Windsee. Das Verhältnis der Fortpflanzungsgeschwindigkeit der Seegangswellen zur Windgeschwindigkeit bezeichnet man als ↗Alter des Seegangs. Seegang, der nicht mehr dem Einfluß des Windes unterliegt, heißt ↗Dünung. Maximale Wellenlängen liegen bei 150 m, maximale Wellenhöhen bei 20 m. Winderzeugter Seegang ist fast immer vorhanden. Die Wellen werden lokal erzeugt (Windsee) oder stammen aus großen Entfernungen (Dünung). Stehende Wellen (↗Wellen) entstehen in weitgehend umrandeten Meeresgebieten. Beim Anprall von Seegangswellen gegen feste Teile der Küste entsteht ↗Brandung, beim Auslaufen in seichtere Küstenwasser bilden sich *Sturzseen* (brechende Wellen). *Kreuzseen* entstehen in Gebieten, in denen der Seegang aus verschiedenen Richtungen kommt, aufgrund von Reflexion der Wellen an einer Steilküste und Überlagerung von ankommenden und reflektierten Wellen.

Die Anregung des Seegangs durch den Wind ist theoretisch noch nicht vollständig verstanden. Man nimmt an, daß zunächst geringe Druckschwankungen im turbulenten Windstrom kleine Störungen an der Meeresoberfläche hervorrufen. Wenn die Störungen ein gewisses Ausmaß erreicht haben, koppeln sie an das Windfeld zurück und verursachen damit ein weiteres Anwachsen. Zusätzlich wird durch nichtlineare Wechselwirkung Energie von den zunächst kurzen in längere Wellen übertragen. In guter Näherung kann der Seegang durch lineare Differentialgleichungen beschrieben werden. Die Auslenkung der Meeresoberfläche ζ wird durch die Überlagerung unendlich vieler ↗harmonischer Wellen (Partialwellen) unterschiedlicher ↗Kreisfrequenz ω und Richtung α als Funktion des Ortes (x,y) und der Zeit t dargestellt:

$$\zeta(x,y,t) = \sum_{\omega,\alpha} A(\omega,\alpha) \sin\left[\omega t - k(x\cos\alpha + y\sin\alpha) + \varphi\right],$$

wobei A = Amplitude und φ = Phase. Die Partialwellen zeigen ↗Dispersion, d. h. die ↗Wellenzahl $k = 2\pi/L$ ist eine Funktion der Kreisfrequenz ω. Die Dispersionsrelation, dargestellt als die Abhängigkeit der ↗Phasengeschwindigkeit v von der Wellenzahl k, lautet:

$$v = \omega/k = \sqrt{(g/k + \tau k/\varrho)\tan h(kh)},$$

wobei g die Erdbeschleunigung, τ die Oberflächenspannung, ϱ die Dichte des Wassers und h die Wassertiefe bedeuten. Die Energie der Seegangswellen verteilt sich zu gleichen Teilen auf kinetische und potentielle Energie. Die Energie bewegt sich in Richtung der Welle mit der ↗Gruppengeschwindigkeit. Abhängig von dem Einfluß der rückstellenden Kraft unterscheidet man zwischen ↗Schwerewellen und ↗Kapillarwellen. Bei Wellenlängen größer als 1,72 cm überwiegt die Schwerkraft, bei kürzeren Wellen die Oberflächenspannung (Kapillarität). Das Diagramm (Abb. 1) zeigt Phasen- und Gruppengeschwindigkeit von Seegangswellen in Abhängigkeit von der Wellenlänge. Kapillarwellen zeigen anormale Dispersion, d.h. die Phasenschwindigkeit nimmt mit abnehmender Wellenlänge zu. Bei Schwerewellen ist es umgekehrt, sie sind normal dispersiv. Man spricht von ↗kurzen Wellen (relativ zur Wassertiefe), wenn sie den Meeresboden nicht fühlen. Sind die Wellenlängen sehr groß im Vergleich zur Wassertiefe, so spricht man von ↗langen Wellen. Lange Wellen zeigen keine Dispersion, die Phasenschwindigkeit hängt von der Wassertiefe ab, aber nicht von der Wellenlänge. Die Gruppengeschwindigkeit kurzer Schwerewellen ist gleich der halben Phasengeschwindigkeit. Im Übergangsbereich zu den Kapillarwellen und für reine Kapillarwellen sind die Verhältnisse komplizierter.

Die Wasserteilchen in einer kurzen Seegangswelle bewegen sich auf Kreisbahnen in der vertikalen Ebene parallel zur Ausbreitungsrichtung (↗Orbitalbewegung). An der Oberfläche ist der Durchmesser der Kreisbahn gleich der Wellenhöhe. Mit der Tiefe nimmt der Durchmesser exponentiell ab und beträgt bei der Tiefe von einer halben Wellenlänge nur noch 4,3% des Durchmessers an der Oberfläche. Abbildung 2 zeigt die vertikale Auslenkung der Wasserteilchen für einen festen Zeitpunkt an der Wasseroberfläche und in Tiefen von 1/4 und 1/2 Wellenlänge. Ebenfalls für diese Tiefen ist die Orbitalbewegung eines Wasserteilchens über eine Periode eingezeichnet. Bei abnehmender Wassertiefe verformen sich die Orbitalbahnen zu Ellipsen und gehen bei langen Wellen in horizontale Linien über, auf denen sich die Wasserteilchen hin- und herbewegen. Die Form der Meeresoberfläche schreitet mit der Phasengeschwindigkeit fort. Die Wasserteilchen bewegen sich mit der Orbitalgeschwindigkeit um einen festen Ort, in derselben Tiefe jeweils auf gleichen Bahnen. Im Wellenberg bewegen sich die Teilchen in Richtung der Welle, im Wellental entgegengesetzt. Wenn die Orbitalbewegung an der Meeresoberfläche ωA die Phasengeschwindigkeit erreicht, d. h. für $A \approx L/(2\pi)$, beginnen die Wellen zu brechen (↗Brandung). Wenn Wellen in flaches Wasser laufen, wächst die Amplitude, verkürzt sich die Wellenlänge und ändert sich die Richtung so, daß die Wellen senkrecht auf den Stand laufen. Nur die Frequenz bleibt erhalten.

Die Unregelmäßigkeit der durch den Seegang aufgerauhten Meeresoberfläche legt es nahe, den Seegang statistisch zu beschreiben. Dabei nimmt man an, daß die Phase eine gleichverteilte Zufallsgröße ist. Daraus folgt, daß die Auslenkung der Meeresoberfläche eine normalverteilte Zufallsgröße ist (in Übereinstimmung mit der Beobachtung). Ein Seegangsfeld wird durch die mittlere quadrierte Amplitude der Meeresoberfläche in Abhängigkeit von der Frequenz und Richtung (Frequenzrichtungsspektrum) beschrieben. Eine grobe Charakterisierung eines statistischen Seegangsfeldes ist durch die ↗signifikante Wellenhöhe möglich. Sie entspricht etwa dem visuellen Eindruck des Seegangs und ist mathematisch definiert als der Mittelwert des obersten Drittels der Wellenhöhen. Die Seegangsgleichungen sind (schwach) nichtlinear. Die beschriebenen Zusammenhänge folgen aus den linearisierten Gleichungen. Nichtlineare Terme verändern die Form und die Phasengeschwindigkeit einzelner Wellen. In einem Wellenfeld bewirken sie den Austausch von Energie zwischen den Partialwellen. Lange Dünungswellen breiten sich nahezu ungedämpft über den gesamten Ozean aus. Durch Dispersion (lange Wellen sind schneller als kurze) wird die Energie auf größere Flächen verteilt. Durch innere Reibung werden kürzere Wellen gedämpft. Infolge nichtlinearer Wechselwirkung kann Energie von langen auf kurze Wellen übertragen werden und dann dem Wellenfeld verloren gehen. Das Brechen der Wellen in Küstennähe und die Reibung am Meeresboden führt zu einem fast vollständigen Abklingen des Seeganges, also zu einer *Seegangsdämpfung*. Nur ein geringer Teil der Energie wird reflektiert.

Für den Küstenschutz, die Schiffahrt und den Betrieb von Bohrinseln ist eine *Seegangsvorhersage* wünschenswert. Mit Hilfe numerischer mathematischer Modelle kann der Seegang für etwa 12 Stunden verläßlich vorhergesagt werden. Die Modelle berücksichtigen den Energieeintrag durch den Wind, den Transport der Seegangsenergie im Ozean durch fortschreitende Wellen, die Dämpfung und den nichtlinearen Energieaustausch zwischen den Partialwellen. *Seegangsmessung* erfolgt mit verschiedenen Methoden. An festen Bauwerken (z. B. Bohrinseln) lassen sich Schwimmpegel oder (elektrische) Wellenmeßdrähte installieren, mit denen die vertikale Wellenauslenkung als Funktion der Zeit gemessen wird. Im offenen Meer benutzt man Bojen, deren Bewegung mit Beschleunigungs- und Neigungsmessern erfaßt wird. Neben der Wellenhöhe erhält man Informationen über die Richtungsverteilung des Seegangs. Die Bojenbewegung läßt sich mit hinreichender Genauigkeit auch durch das Satellitensystem GPS (↗Global Positioning System) verfolgen. Aus der Verformung von Radarpulsen des satellitengetragenen Altimeters lassen sich mittlere Wellenhöhen bestimmen. Ebenfalls vom Satelliten aus erstellt das SAR (↗Synthetic Aperture Radar) Bilder der Meeresoberfläche, aus denen sich unter gewissen Voraussetzungen das Frequenzrichtungsspektrum des Seegangs ableiten läßt.

Die im Seegang vorhandene Energiemenge reicht aus, um damit ↗Wellenkraftwerke zu betreiben. Bisher existieren jedoch nur Prototypen mit geringem Wirkungsgrad. Das größte Problem ist, daß die erforderlichen Bauwerke der mechanischen Belastung durch extrem hohe Wellen standhalten müssen. Wellenkraftwerke basieren auf unterschiedlichen Methoden. Sie nutzen dabei entweder die kinetische Energie der Orbitalbewegung oder auch die potentielle Energie aus dem Druckunterschied zwischen Wellenberg und -tal. Ein 1986 in Norwegen gebautes Kraftwerk läßt das Wasser auflaufender Wellen über einen ansteigenden, spitz zulaufenden Kanal in ein hoch liegendes Becken laufen, aus dem es dann durch eine Turbine ins Meer zurückläuft. Schwimmsysteme nutzen die Auf- und Abbewegung der Wellen, indem sie bei Aufbewegung Wasser in eine Kolbenpumpe saugen, das bei Abbewegung durch das Gewicht des Kolbens wieder herausgedrückt wird. Das durchströmende Wasser treibt eine Turbine an. Beim Prinzip der oszillierenden Wassersäule dringt Wasser durch eine unter dem Wasserspiegel liegende Öffnung in eine Kammer ein. Die Schwankungen des Wasserspiegels erzeugen Druckänderungen in der eingeschlossenen Luftmasse, die den Betrieb einer in wechselnder Richtung durchlaufenden Turbine erlauben. Ein nach diesem Prinzip arbeitendes Kraftwerk wurde in Japan in ein Küstenschutzbauwerk integriert. [HHE]

Seegangsdämpfung ↗Seegang.

Seegangsfehler, *sea state bias*, bei der ↗Satellitenaltimetrie auftretender Effekt, der das Radarecho über dem Meeresspiegel durch Seegang verfälscht, da bei Seegang nicht alle vom Radarsignal

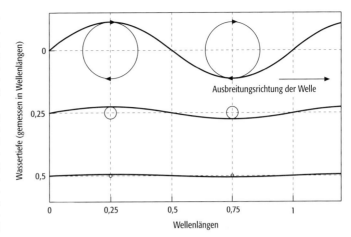

Seegang 2: Orbitalbewegung von Wasserteilchen an der Wasseroberfläche und in Tiefen von 1/4 und 1/2 der Wellenlänge.

getroffenen Flächenelemente zu dem gleichen ↗Rückstreukoeffizienten führen. Der Seegangsfehler besteht im wesentlichen aus dem ↗elektromagnetischen ↗Bias. Weitere Fehleranteile werden durch das Altimeter selbst und die Analyse des Radarechos verursacht. Der Seegangsfehler wird empirisch, und zwar proportional zur ↗Signifikanten Wellenhöhe bestimmt. Typische Faktoren für ↗Seasat-Radar, Geosat und ↗Ers-1 liegen zwischen drei und sieben Prozent. Bei Topex/Poseidon wurden auch lineare oder quadratische Abhängigkeiten von der Windgeschwindigkeit berücksichtigt.

Seegangsmessung ↗Seegang.

Seegangsskala, charakterisiert den Seegang analog zur Windskala (↗Beaufort- Skala). Heute benutzt man anstelle der Seegangsskala die signifikante Wellenhöhe (↗Seegang).

Seegangsvorhersage ↗Seegang.

Seegaten, tiefe, durch die hohen Geschwindigkeiten der Gezeitenströme erodierte Rinnen zwischen den Inseln im Wattenmeer. Sie verbinden ↗Baljen mit dem offenen Meer.

Seegravimeter, ↗Gravimeter auf bewegtem Träger zur Schweremessung vom Schiff aus.

Seehalde, *Meerhalde*, submarine Akkumulationsform von ↗Brandungsgeröllen und Feinsedimenten, die durch die Sogwirkung rückströmenden Wassers am Meeresboden meerwärts transportiert und am Übergang einer ↗Abrasionsplattform zum ↗Schelf abgelagert werden.

Seehandbücher, von den ↗hydrographischen Ämtern herausgegebene Handbücher für die Seeschiffahrt mit Informationen über die Naturverhältnisse, die allgemeinen Schiffahrtsangelegenheiten und die Küstenkunde sowie Segelanweisungen für das jeweilig behandelte Seegebiet; ständig aktualisiert durch die Nachrichten für Seefahrer.

Seehorizont, Bezeichnung des Horizontes, wenn er vom Meer gebildet wird. ↗Kimm.

Seekarte, *nautische Karte*, Karte eines Seegebietes in Mercator-Projektion (↗Mercatorentwurf) mit Küstenstreifen. Eingetragen sind Informationen über Tiefen, Bodenbeschaffenheit, Fahrwasser einschließlich schwimmender und fester Seezeichen, Schutzgebiete, Sicherheits- und Orientierungsanlagen sowie Schiffahrtshindernisse wie Anlagen zur Rohstofförderung, Wracks, Rohrleitungen, Seekabel, Leitdämme und Anlagen zur Aufzucht von Fischen und Muscheln. Seit 1999 ist neben der Papier-Seekarte die elektronische Seekarte zugelassen, die von einem Rechner projiziert wird und mit dem Bild eines Radargerätes sowie der Anzeige des aktuellen Schiffsortes kombiniert werden kann. Seekarten werden ständig durch die Nachrichten für Seefahrer aktualisiert. ↗Seekartographie.

Seekartennull, Bezugsniveau für die in ↗Seekarten angegebenen ↗Wassertiefen, in Gezeitengewässern häufig das mittlere Niedrigwasser zur Springzeit, sonst auch das ↗Normalnull der Landesvermessung.

Seekartographie, hat die Herstellung und Fortführung von ↗Seekarten als wissenschaftliches und nautisches Instrument zum Inhalt. Den Navigationsaufgaben zufolge beruhen Seekarten auf der winkeltreuen Mercator-Projektion (↗Zylinderentwürfe), da bei dieser jede Schiffs-Kurslinie (↗Loxodrome) als Gerade abgebildet wird. Der Karteninhalt, der durch die sogenannte Seevermessung gewonnen wird, umfaßt Fahrwasser, Gefahrenstellen (Riffe, Sandbänke, Wracks etc.), Seezeichen (Leuchttürme, Barken) sowie Tiefenangaben (als Tiefenlinien und Tiefenpunkte), die sich auf ↗Seekartennull (SKN) beziehen, das gegenüber dem Bezugshorizont für ↗Landkarten in der Regel etwas tiefer liegt. Seekarten zählen zu den ältesten Verkehrskarten. Die sog. Stabkarten der Mikronesier werden als erste Spezial-Seekarten angesehen. Als Vorläufer der heutigen Seekartenwerke gelten der Pepilus des Altertums und die Portulane (↗Portolankarten) des Mittelalters, die als erste Seehandbücher neben Segelanweisungen auch Profilansichten der von Schiffen angefahrenen Küsten enthielten. Mit Beginn des 18. Jahrhunderts etablierten sich die ersten staatlichen Hydrologischen Ämter und somit der Beginn einer amtlichen Seekartographie (↗behördliche Kartographie). In Deutschland liegt heute die Zuständigkeit für Seekarten beim Deutschen Hydrographischen Institut (↗DHI), das mit ausländischen hydrographischen Diensten zusammenarbeitet. Das ↗Bundesamt für Seeschiffahrt und Hydrographie (BSH) ist als hydrographischer Dienst Deutschlands verantwortlich für die Herausgabe amtlicher Seekarten und nautischer Veröffentlichungen. Es unterhält ein Seekartenwerk, das derzeit rund 900 Seekarten der wichtigsten Fahrtgebiete der deutschen Seeschiffahrt umfaßt. Aus Sicherheitsgründen werden Seekarten laufend fortgeführt (↗Fortführung). Die wöchentlich erscheinenden Nachrichten für Seefahrer (NfS) gewährleisten der Schiffführung an Bord die Aktualität der Seekarten bis zur Herausgabe eines neuen Drucks. Das Seekartenwerk, die Seebücher und das NfS bilden das umfassende nautische Informationssystem für die Seeschiffahrt. Die International Hydrographic Organisation (IHO) hat durch das internationale Schiffahrtsübereinkommen SOLAS das nautische Informationssystem als Pflichtausrüstung für die Seeschiffahrt sowie die einheitliche Zeichengebung der Seekarten festgelegt. International werden Seekarten nach ihrem Nutzungsbereich und den dadurch bedingten ↗Maßstab in folgende ↗Maßstabsbereiche eingeteilt: a) Ozeankarten (1:5.000.000 und kleiner), b) Übersichtskarten (1:5.000.000–1:600.000) dienen zur Wahl der Fahrtroute und zum Absetzen von Kurs und Distanz auf langen Strecken, c) Segelkarten (1:600.000–1:300.000) dienen zur Schiffsführung auf hoher See, d) Küstenkarten (1:300.000–1:30.000) dienen zur Ansteuerung des Landes und zur Küstenfahrt, zum Einlaufen in schwierige Fahrwasser, Buchten und Häfen sowie zum Aufsuchen von Ankerplätzen, und e) Pläne (1:30.000–1:5000), die wie Küstenkarten eingesetzt werden, aber detailliertere Abbildungen von Häfen, Buchten oder engen Fahrwasserstrecken sind. Die wesentliche Entwicklung seit Beginn der 1990er Jahre ist die Elektronische Seekarte (Electronic Chart Display and Information System, ECDIS), die von der International Maritime Organization (IMO) als rechtliches Äquivalent zu dem nach SOLAS vorgeschriebenen traditionellen nautischen Informationssystem für die Seenavigation zugelassen wurde. ECDIS ist ein digitales nautisches Informationssystem, das u. a. die Seekarteninhalte, die aktuelle Schiffposition sowie das Radarbild auf einem Bildschirm darstellt. Da ECDIS von der Konzeption her als Äquivalent zur herkömmlichen Seekarte gilt, schließt in Deutschland der gesetzliche Auftrag, amtliche Seekarten herzustellen, auch die Herstellung von ECDIS ein. Dies gilt ebenso für die Schaffung einer Schnittstelle für den internationalen Datenaustausch. Grundlage für die Datenherstellung und den -austausch ist der von der IHO beschlossene sog. Transfer Standard for Exchange of Digital Hydrographic Data. Für ein umfassendes digitales nautisches Informationssystem werden die nautischen Veröffentlichungen zwar zunehmend digital bereitgestellt, dieses Datenmaterial ist aber nur bedingt für den Einsatz mit ECDIS geeignet. Das BSH hat daher ein Konzept entwickelt, das die Herstellung von Seekarten und Seebüchern (einschließlich Bereitstellung der ECDIS-Daten) durch das integrierte System »Nautisch-Hydrographisches Informationssystem« (NAUTHIS) ermöglicht.

Das Konzept NAUTHIS beinhaltet folgende Ziele: a) Die wesentlichen Datenquellen für Seebücher und Seekarten sollen redundanzfrei zusammengebracht werden. b) Unter Berücksichtigung der Datensicherheit soll die Laufendhaltung des Datenbestandes ohne Doppelbearbeitung unterstützt werden. c) Die Herstellung und redaktionelle Bearbeitung (/Kartenredaktion) von Seekarten, Sportschiffahrtskarten, Leuchtfeuerverzeichnissen und weiterer Seebücher muß ermöglicht werden. d) Internationale Standards der Nautik und Hydrographie der Organisationen IHO und IMO sollen ebenso berücksichtigt werden wie IT-Standards (beispielsweise X-Open und SQL). [HFa]

Seekliff-Hängetal, durch Rückwärtsverlegung eines /Kliffs seiner Mündungsstrecke beraubter prälitoraler Talzug, der als Hohlform an der Kliffoberkante ausstreicht.

Seekreide, feinkörniges carbonatisches Seesediment. Als Stoffwechselprodukt kann während der /Primärproduktion Calcit gefällt werden, Produzenten sind meist /Cyanobakterien. Bei massiven /Algenblüten erzeugt dies sogenannte »calcite whitings«, wie sie auch im Bodensee beobachtet wurden.

Seelilien /*Crinoidea*.

Seemarsch, frühere Typenbezeichnung in der Klasse der Marschen. Heute werden die Seemarschen bei den /Rohmarschen, /Kalkmarschen, /Kleimarschen und /Haftnässemarschen eingruppiert. Sie kommen hauptsächlich im Küstengebieten zwischen den großen Flußmündungen vor, da dort keine Durchmischung von Salz- und Süßwasser erfolgen kann. Diese Flächen sind oft erst in der Neuzeit als Rückgewinnung mittelalterlicher Landverluste eingedeicht worden. Nach der /Entsalzung (Salzauswaschung durch Niederschläge) sind Seemarschen sehr ertragreiche Ackerbaustandorte (/Brackmarsch Abb.).

Seenpolje /Polje.

Seerauch, entsteht, wenn kalte Luft über warmes Wasser weht. Er ist in der Nähe der Wasseroberfläche am dichtesten, wo auch die größte Wasserdampfmenge anzutreffen ist. /Eisblink.

Seerecht, entwickelt aus dem Bedürfnis der Küstenstaaten nach Festlegung der seewärtigen Grenzen ihres Hoheitsgebietes einerseits und dem friedlichen Nutzen der Meere durch die Staatengemeinschaft andererseits. Das heutige Seerecht ist festgelegt im Seerechtsübereinkommen der Vereinten Nationen, so wie es bis 1982 durch zwei Seerechtskonferenzen entwickelt und 1994 nach Ratifizierung durch 60 Staaten in Kraft gesetzt wurde. Das Übereinkommen basiert auf dem Verständnis, daß alle Probleme des Meeresraumes eng miteinander verknüpft sind und nur als Ganzes zu behandeln sind. Insbesondere wird das Gebiet des Meeresbodens und des Meeresuntergrundes jenseits der Bereiche nationaler Hoheitsbefugnisse sowie seine Ressourcen als gemeinsames Erbe der Menschheit deklariert, dessen Erforschung und Ausbeutung zum Nutzen der gesamten Menschheit ungeachtet der geographischen Lage der Staaten durchgeführt werden. Mit dem Inkrafttreten des Seerechtsübereinkommens wurde die Internationale Meeresbodenbehörde mit Sitz in Jamaika zur Verwaltung der Ressourcen des Meeresbodens und des Meeresuntergrundes jenseits der Grenzen des Bereiches nationaler Hoheitsbefugnisse eingerichtet. Streitgebiete werden im allgemeinen im Internationalen Seegerichtshof (Sitz in Hamburg) behandelt. Das Seerechtsübereinkommen definiert folgende Meereszonen: Binnengewässer oder maritime Eigengewässer, archipelagische Gewässer, Küstenmeere, Anschlußzonen, ausschließliche /Wirtschaftszonen und die Hohe See. Für den Bereich des Meeresbodens wird unterschieden zwischen dem Meeresboden unterhalb des Küstenmeeres (/Hoheitsgewässer) und der Binnengewässer, dem Festlandssockel sowie dem internationalen Meeresboden bzw. Meeresuntergrund. Geregelt werden in den Seerechtsübereinkommen neben den anerkannten Freiheitsrechten wie Schiffahrt, Fischerei, Überfliegen, Verlegung von Kabeln und Rohren sowie Meeresforschung vor allem die mit der Rohstoffgewinnung zusammenhängenden Aktivitäten und die Maßnahmen zum Schutz der Meeresumwelt. [JM]

Seeschwinde, Versickerungs- oder Einlaufstelle in einem See oder an dessen Rand, an der Wasser in den Untergrund verschwindet. /Schwinde.

Seetief, Verbindungsöffnung zwischen einem /Bodden oder /Haff und dem Meer.

Seetypen, werden aufgrund ihrer chemischen, physikalischen und biologischen Eigenschaften charakterisiert: a) Seen unterscheiden sich durch ihre trophischen Eigenschaften, z. B. ↗oligotroph, ↗eutroph, ↗mesotroph. b) Seen können aufgrund ihrer Entstehung differenziert werden: Glazialseen (glaziale Erosion bildet spätere Seebecken), Karstseen (Korrosion in Kalkgebieten), natürliche Stauseen (Bergsturzseen und Bergsturzstauseen, Gletscherstauseen, Kalksinter-Stauseen, Stauseen durch Lavaströme, Strandseen), künstliche Stauseen (Talsperren, Fischteiche), vulkanische Hohlformen (Kraterseen, Maare, Calderas), Meteorkraterseen (durch ↗Impakte entstandene Vertiefungen), tektonische Seen (Grabenseen, Synklinalseen), Deflationswannen, Höhlenseen und Rinnenseen.

Seewarte, Vorgänger-Institution des ↗Bundesamtes für Seeschiffahrt und Hydrographie.

Seewatt, mariner Wattboden; dieser Boden entsteht im marinen und brackisch-marinen Sedimentationsbereich. Der Begriff Seewatt existiert in der neuen deutschen Bodensystematik nicht mehr. Der ↗Bodentyp ↗Watt wird nur noch in die ↗Subtypen (Norm-)Watt, Brackwatt und ↗Flußwatt unterteilt.

Seewetterbericht, Wetterbericht für Berufs- und Freizeit-Seefahrer, ausgegeben für bestimmte Meeresgebiete (z. B. nördliche, mittlere, südliche Nordsee, Deutsche Bucht usw.). Er enthält meistens eine ausführliche Wetterlage mit Angaben über die Stärke von Hoch- und Tiefdruckgebieten, immer jedoch sehr genaue Vorhersagen von Windrichtung und -geschwindigkeit, von Wettererscheinungen wie Schauer, Regen bzw. Schnee und über die Sichtweite. Die Verbreitung dieser Berichte erfolgt nur noch vereinzelt über Radio und Funk, durchweg über ständig verfügbare Satelliten-Verbindungen.

Seewetterkarte, bezeichnet einen Wetterkartenausschnitt, der ein Meeresgebiet (z. B. Nordatlantik oder große Teile des Pazifik) darstellt zum Zwecke der Beratung der Seeschiffahrt. Sie enthält als Datenmaterial Schiffsmeldungen, Angaben von automatischen Stationen (↗Bojen) sowie Meldungen der angrenzenden Landstationen und zeigt als Analyse ↗Isobaren und ↗Fronten.

Seewind, während der Tagstunden vom Meer zum Land gerichtete Strömung als Teil des ↗Land- und Seewindes.

Segmentwehr, bewegliches ↗Wehr, dessen Verschlußorgan aus einer meist zylindrisch geformten Stauwand besteht. Über seitliche Arme wird der Druck auf Drehlager übertragen, die in den Wehrpfeilern oder ↗Wehrwangen angeordnet sind. Von dort aus erfolgt auch der Antrieb. Die Drehlager können oberwasserseitig (Zugsegment) oder unterwasserseitig (Drucksegment) angeordnet sein. Eine Regulierung der Wasserstände erfolgt durch Anheben des Verschlusses. Zur Feinregulierung sowie zur Ableitung von Eis und Schwimmstoffen wird der Segmentverschluß gelegentlich mit einem aufgesetzten ↗Klappenwehr kombiniert.

Segregatgefüge, ältere Bezeichnung für ein ↗Aggregatgefüge, das durch Ausscheidung, Trennung oder Absonderung entstanden ist. ↗Absonderungsgefüge.

Segregation ↗*Differentiation*.

Segregationseis, durch die Wanderung von ↗Porenwasser zur ↗Gefrierfront gebildetes ↗Bodeneis. Aufgrund eines Dampfdruckgefälles in der Bodenluft in Richtung Gefrierfront wandert Bodenfeuchte zur Gefrierfront. Das Segregationseis bildet dort Schichten oder Linsen und kann in der Mächtigkeit zwischen haarfeinen und mehr als 10 m mächtigen Eiskörpern variieren. Im Gegensatz zu ↗Injektionseis, das zumeist relativ rein und klar ist, kommt Segregationseis vorwiegend in Lagen von Eis und Bodenmaterial vor. Es wird bevorzugt in feinkörnigem Material und bei hohem Porenwasserdruck gebildet.

Seiche, Eigenschwingung der Wasseroberfläche in einem Binnensee oder einer Meeresbucht, die nahezu ganz von Land umgeben ist. Seichen werden manchmal durch Erdbeben oder ↗Tsunamis angeregt. Die Periode der Schwingung beträgt einige Minuten bis einige Stunden. Die Schwingungen können bis zu ein bis zwei Tage andauern.

Seichtwasserküste, Küste, an der kräftige Wellen und ↗Brandung infolge weit meerwärts reichenden seichten Wassers keine formende Wirkung mehr entfalten können. Seichtwasserküsten sind oft durch ↗Sandriffe oder Nehrungsinseln (↗Nehrung) vom offenen Meer abgetrennt.

Seichtwassertide ↗Gezeiten.

Seife, *Schwermineralseife*, mechanische Anreicherung von ↗Schwermineralen in klastischen Sedimenten. Voraussetzung für die Bildung von Seifen ist die begrenzte Transportfähigkeit von Schwermineralen in einem Transportmedium (meist Wasser) sowie deren mechanische Festigkeit und chemische Verwitterungsbeständigkeit. Typische Seifenminerale sind Cassiterit, Chromit, Columbit, Diamant, Granat, Gold, Ilmenit, Magnetit, Kupfer, Monazit, Platin, Rutil, Xenotim und Zirkon. In Präkambrium treten ebenfalls detritische Sulfide und Uraninit auf, was als Hinweis auf sauerstoffarme Atmosphäre gelten kann; rezent kommen Sulfide aufgrund der geringen chemischen Resistenz in oxidierender Atmosphäre selten vor. Schwermineralseifen lassen sich aufgrund des Transportmediums klassifizieren. Das kann sein a) fließendes Wasser (↗alluviale Seifen, diluviale Seifen), b) Gezeiten und Wellenbewegung in Uferbereichen (litorale Seifen, Strandseifen), c) Wind (↗äolische Seifen) oder d) residual nach ↗Erosion von leicht verwitternden Gesteinsbestandteilen (Residualseifen, ↗eluviale Seifen oder ↗kolluviale Seifen). Residuale Seifenlagerstätten entstehen durch chemische Verwitterung und Abtransport von leichteren Gesteinsbestandteilen; schwerlösliche Bestandteile bleiben zurück. Dieser Typ kann nur bei geringer Hangneigung entstehen, andernfalls kommt es zum mechanischen Abtransport des Ausgangsgesteins; Schwerminerale können so konzentriert werden (eluviale Seifen oder kolluviale Seifen).

Alluviale Seifen (Flußseifen) stellen den bedeutendsten Seifenlagerstättentyp dar (Abb.). Zur Seifenbildung kommt es in Gewässern mit unterschiedlichen Strömungsgeschwindigkeiten. Bei starker Strömung können Schwerminerale transportiert werden, in Bereichen mit abnehmender Strömungsgeschwindigkeit dagegen kommt es zur Ablagerung der Schwermineralfraktion. Bereiche mit abnehmender Strömungsgeschwindigkeit können Mündungsbereiche von Flüssen sein oder generell Bereiche, in denen sich ein Fluß verbreitert oder vertieft. Weitere Orte der Schwermineralanreicherung sind Strudellöcher unter Wasserfällen. In mäandrierenden Flüssen kommt es zur Schwermineralkonzentration an der Innenseite des Mäanders, da dort die Strömungsgeschwindigkeit geringer ist. Bekannter Vertreter alluvialer Seifen sind die Zinnseifen von Malaysia, die einen bedeutenden Teil der weltweiten Zinnproduktion stellen. Ebenfalls zu den alluvialen Seifen gehört teilweise das Witwatersrand-Goldfeld (↗Witwatersrand Gold-Uran-Seifenlagerstätten); in Deltaschüttungen von Flußsystemen in ein intrakratonisches Becken sind. Gold und Uraninit angereichert. Auch der Blind-River District (Kanada) mit seinen Uranlagerstätten wird als alluviale Seife interpretiert. Strandseifen entstehen, wenn ankommende Wellen Material auf den Strand verfrachten und leichtere Körner durch das zurückströmende Wasser abtransportiert werden. Bekannte Lagerstätten sind die Diamantseifen in Namibia und die Golsdseifen von Nome (Alaska). Paläoseifen (↗fossile Seife) sind Schwermineralanreicherungen, die sich durch vergleichbare ↗exogene Prozesse in früheren Epochen der Erdgeschichte gebildet haben und die bereits wieder lithifiziert sind. Bekanntes Beispiel sind wieder die präkambrischen Goldseifen des Witwatersrandes in Südafrika. [AM,WH]

Seifengold, *Alluvialgold*, *Flußgold*, Konzentration von Goldpartikeln durch mechanischen Transport im fluviatilen Milieu oder marinen Strandbereich. Seifengold wird in ↗alluvialen Seifen abgelagert. ↗Seife.

seiger, *saiger*, alter Bergmannsausdruck für ungefähr senkrecht gestellte Flächen (Kluft-, Verwerfungs- und Schichtflächen), Achsen (Falten- und Flexurachsen) und plattige sowie längliche Körper (Gänge, Schlote und Flöze). ↗söhlig.

Seigersprung, *senkrechter Verschiebungsbruch*, Bergmannsausdruck für den senkrechten Versatz eines Flözes oder Ganges.

Seihwasser, Wasser, das aus einem oberirdischen Gewässer über das Gewässerbett in die ↗ungesättigte Zone übertritt, jedoch nicht durch Versinken, also dem schnellen Abgang von Wasser aus einem oberirdischen Gewässer in ein unterirdisches Hohlraumsystem. Seihwasser ist keine synonyme Bezeichnung für ↗Uferfiltrat.

Seilkernrohr, Bohrverfahren mit ↗Doppelkernrohr, bei dem das Innenrohr mittels eines Seiles gezogen und nach Entleerung wieder ins Bohrloch eingeführt wird. Der restliche Bohrstrang bleibt im Bohrloch. Bei Bohrungen ab 30–40 m Tiefe erzielt man so einen Zeitgewinn gegenüber dem herkömmlichen Doppelkernrohr-Verfahren.

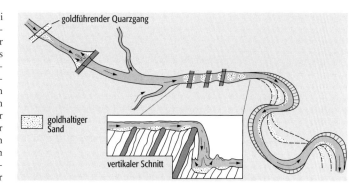

Seifen: Möglichkeiten der alluvialen Bildung von Goldseifen.

Seilschlagbohrung, schlagendes Spülbohrverfahren (Seilschnellschlag-, Raky-Schnellschlag-Bohrverfahren). ↗Spülbohrung.

Seismik, [von griech. *seismos* = Erdbeben], geophysikalische Verfahren zur Untersuchung der Erde mit Hilfe von Wellen, die durch ↗Erdbeben ausgelöst oder künstlich erzeugt werden (↗seismische Quelle), sich durch die Erdschichten ausbreiten, an Grenzflächen zwischen verschiedenen Gesteinen gebrochen und reflektiert und von Aufnehmern aufgezeichnet werden. Durch Analyse der ↗Laufzeiten und ↗Wellenformen ergeben sich Rückschlüsse auf die geometrische Struktur der Grenzflächen und ↗elastische Eigenschaften der Gesteinsschichten. Im engeren Sinne bezeichnet Seismik die angewandte Seismik im Gegensatz zur ↗Seismologie, die sich mit Erdbebenwellen befaßt.

seismisch, sich auf Wellenausbreitung in der Erde oder auf Erdbeben beziehend.

seismische Anisotropie, Abhängigkeit der seismischen Geschwindigkeiten von der Ausbreitungsrichtung seismischer Wellen. Man unterscheidet zwischen intrinsicher Anisotropie, die durch anisotrope Eigenschaften der Gesteine verursacht wird, und strukturell bedingter Anisotropie, z. B. durch Schichtung oder ↗Flüssigkeitseinschlüsse im Gestein. Aus Laborexperimenten weiß man, daß die elastischen Eigenschaften der meisten in der Erdkruste und im Erdmantel vorkommenden Minerale z. T. stark anisotrop sind. So weist z. B. Olivin, das am häufigsten vorkommende Mineral im oberen Erdmantel, Unterschiede in Abhängigkeit von der Richtung von etwa 25 % in den P-Wellengeschwindigkeiten auf. Sie betragen entlang der kristallographischen *a*-Achse 9,89 km/s, aber nur 7,71 km/s in Richtung der *b*-Achse. Beobachtungen seismischer Anisotropie in der Erde umfassen im Gegensatz zum mikroskopischen Bereich wesentlich größere Skalenlängen, die in der Größenordnung der Wellenlänge seismischer Wellen liegt (etwa 0,1 bis 500 km). Die großräumige Anisotropie ist relativ klein (einige Prozent) und ist deshalb schwierig nachzuweisen. Der Grund ist, daß anisotrope Minerale überwiegend regellos orientiert sind. Die wohl sicherste Methode zum Nachweis seismischer Anisotropie in der Erde beruht auf der Beobachtung von ↗Doppelbrechung, die S-Wellen bei Durchgang durch ein anisotropes Medium erfahren

seismische Anisotropie: Doppelbrechung von S-Wellen bei Ausbreitung durch ein anisotropes Medium. Eine einfallende Welle spaltet sich in zwei S-Wellen S_1 und S_2 auf.

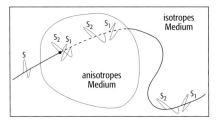

seismische Diskontinuität (Tab.): Liste der wichtigsten seismischen Diskontinuitäten.

(Abb.). Dabei spaltet sich die einfallende S-Welle in zwei Wellen, die mit unterschiedlicher Geschwindigkeit durch das anisotrope Medium laufen. Die Laufzeitverzögerung zwischen langsamer und schneller S-Welle sowie die Polarisationsrichtung der beiden S-Wellen können aus Beobachtungen abgeleitet werden und erlauben Rückschlüsse auf die anisotropen Eigenschaften und unter Umständen auch die Lage der anisotropen Zone. Andere Methoden zur Untersuchung seismischer Anisotropie in der Erde nutzen Richtungsabhängigkeiten der Laufzeiten von P-Wellen und der Dispersionskurven von ↗Oberflächenwellen. Anisotrope Regionen treten in der Erde im oberen Mantel, möglicherweise in der D″-Zone oberhalb der Kern-Mantel-Grenze und im inneren Erdkern auf. [GüBo]

seismische Auflösung, praktische Angaben für die Auflösung reflexionsseismischer Daten beruhen auf physikalischen Prinzipien (Wellenoptik), Modellierungen und Erfahrung. Für die vertikale Auflösung gelten etwa $\lambda/4$ (Rayleigh-Grenzwert) oder $\lambda/8$ (Widess-Grenzwert), mit λ = dominante Wellenlänge. Für die horizontale Auflösung (unmigrierter Sektionen) wird im allgemeinen die erste *Fresnel*-Zone angenommen: $(\lambda h/2)^{1/2}$. Dabei ist h die Tiefe des Objekts.

seismische Datenbearbeitung, *Processing*, Folge von Manipulationen oder Modifikationen von digitalen seismischen Daten zur Verbesserung der Datenqualität und zur Analyse. Im engeren Sinne wird unter seismischer Datenbearbeitung die digitale Bearbeitung reflexionsseismischer Daten verstanden. Als Endprodukt wird ein getreues Abbild der geologischen Strukturen des Untergrunds (Position und Laufzeit der Reflexionen) angestrebt, in dem die Änderungen der lithologischen Eigenschaften der Formationen durch Änderungen der Signalformen erkennbar und – möglicherweise – quantifizierbar sind. Zu den Prozessen der seismischen Datenbearbeitung gehören allgemeine Verfahren der Signalanalyse (z. B. ↗Filter, ↗Dekonvolution) und spezielle seismische Verfahren (z. B. ↗dip-moveout-processing, ↗muting, ↗Stapelung, ↗Migration seismischer Daten).

seismische Diskontinuität, eine Grenzfläche zwischen zwei elastischen Medien mit unterschiedlichen Werten der ↗akustischen Impedanz (= Dichte mal seismische Geschwindigkeit). Ist der Übergang zwischen den Medien klein im Vergleich zur seismischen Wellenlänge, spricht man von einer »scharfen« Diskontinuität oder von einer Diskontinuität erster Ordnung. In diesem Fall werden seismische Wellen an der Diskontinuität reflektiert und gebrochen (refraktiert), und es können Konversionen von P nach S und S nach P auftreten. Die Richtung von reflektierten und refraktierten Wellen wird durch das ↗Snelliussche Gesetz beschrieben, während ihre Amplituden aus der ↗Wellengleichung unter Berücksichtigung der ↗Stetigkeitsbedingungen abgeleitet werden können. Relativ schwach ausgeprägte Diskontinuitäten, z. B. im oberen Mantel, erzeugen reflektierte und konvertierte Phasen, die normalerweise sehr kleine Amplituden aufweisen und deshalb in Einzelseismogrammen oft nicht zu erkennen sind. Sie können aber mit Daten von modernen Seismographensystemen und Methoden der digitalen Datenverarbeitung, z. B. in der ↗Receiver-Funktions-Analyse, nachgewiesen werden. Die wichtigsten seismischen Diskontinuitäten sind in der Tab. zusammengefaßt. [GüBo]

Diskontinuität	Tiefe [km]
Krusten/Mantel-Grenze (Moho)	50–10 (Ozeane) 20–80 (Kontinente)
Phasenübergang Olivin → Spinell	410
Phasenübergang Spinell → Perowskit	660
Kern/Mantel-Grenze	2885
Grenze äußerer/innerer Kern	5155

seismische Geschwindigkeit, in der Reflexionsseismik taucht der Begriff Geschwindigkeit in mehreren Zusammenhängen auf, ohne daß klar wird, ob es sich jeweils um eine physikalische Ausbreitungsgeschwindigkeit oder nur um eine rechnerische Größe bzw. einen Processing-Parameter der Dimension Länge geteilt durch Zeit handelt. Die wichtigsten Begriffe sind: ↗Scheingeschwindigkeit, ↗Durchschnittsgeschwindigkeit, ↗RMS-Geschwindigkeit, ↗NMO-Geschwindigkeit, ↗Stapelgeschwindigkeit, ↗Intervallgeschwindigkeit und ↗Migrationsgeschwindigkeit. Keine dieser Geschwindigkeiten erlaubt eine direkte Abschätzung der Wellengeschwindigkeiten in geologischen Formationen. In Festkörpern können sich zwei ↗seismische Wellen ausbreiten: die ↗Kompressionswelle oder ↗Longitudinalwelle und die Scherwelle oder ↗Transversalwelle (↗elastische Eigenschaften). In guter Näherung besteht zwischen der Longitudinalwellen-Geschwindigkeit v_P und der Transversalwellen-Geschwindigkeit v_S folgende Beziehung:

$$v_P = \sqrt{3} \cdot v_S.$$

Die Geschwindigkeit der seismischen Wellen hängt von den ↗elastischen Eigenschaften und der ↗Dichte ab. Hinter diesen Parametern verbirgt sich die mineralogische Zusammensetzung des Gesteins (↗Petrophysik). Weiterhin besteht ein Einfluß von Druck und Temperatur auf die elastischen Eigenschaften und damit auch auf die

seismische Geschwindigkeit
(Tab. 1): v_P- und v_S-Wellengeschwindigkeiten bei Normalbedingungen.

	Ø v_p [km/s]	Ø v_s [km/s]	v_p [km/s] (Anisotrophie)	v_s [km/s] (Anisotropie)
Quarz	6,23	4,22	5,72–6,56	3,87–4,67
Biotit	6,17	3,73	4,01–7,81	1,38–5,02
Feldspat (Orthoklas)	6,36	3,58	4,94–8,17	2,36–4,91
Granat (Almandin)	8,54	4,77	8,57–8,50	4,92–4,74
Olivin (Forsterit)	8,67	5,02	9,89–7,73	4,49–5,55
Diamant	5,68	3,78	5,44–5,83	3,52–3,96

seismischen Geschwindigkeiten: Eine Druckerhöhung bewirkt eine Zunahme der Geschwindigkeit, eine Zunahme der Temperatur verringert dagegen die Geschwindigkeit (Tab. 1 u. 2).

seismische Impedanz ↗akustische Impedanz.

seismische Interpretation, Erstellung eines quantitativen geologischen Modells (Struktur und Lithologie) durch die Auswertung seismischer Horizonte und Wellenformen. Die Interpretation von ↗seismischen Sektionen läuft schematisch nach den folgenden Schritten ab: Ansprache von Reflexionen, die als ↗Leithorizonte dienen, Korrelation und Verfolgung der zugehörigen Signalformen, Bestimmung von Laufzeiten, Darstellen und evtl. Kartieren der Laufzeiten der seismischen Horizonte, ↗Tiefenwandlung mit geeigneter Zeit-Tiefenfunktion. Die Ergebnisse müssen mit Bohrlochmessungen integriert und kalibriert werden, um seismische Horizonte mit geologischen Einheiten zu identifizieren. Bei Flächenseismik werden seismische Sektionen und zusätzlich auch ↗Zeitscheiben oder andere geeignete Schnitte durch das 3D-Datenvolumen analysiert. Für die seismische Interpretation stehen kommerzielle Programmpakete zur Verfügung, die speziell für die Erdölexploration entwickelt wurden. [KM]

seismische Lücke, Gebiete an Rändern von tektonischen Platten mit immer wieder auftretenden starken ↗Erdbeben, in denen aber seit dem letzten Ereignis über längere Zeiten keine weiteren Erdbeben vergleichbarer Stärke aufgetreten sind. Gemittelt über tausende von Jahren ist die Verschiebung zwischen zwei tektonischen Platten wahrscheinlich nahezu konstant. Daher nimmt man an, daß seismische Lücken die Orte künftiger starker Erdbeben anzeigen. Dieses Konzept ist eine wesentliche Grundlage für die langfristige ↗Erdbebenvorhersage. 1991 wurde eine Karte entwickelt, die seismische Lücken im Zirkum-Pazifik und daraus abgeleiteten Zonen hoher seismischer Gefährdung zeigt. Seit Veröffentlichung der Karte hat es in einigen der identifizierten Lücken starke Erdbeben gegeben, z.B. in Nordchile und in Venezuela. Allerdings hat es auch zahlreiche Fälle gegeben, in denen Erdbeben früher als erwartet aufgetreten sind. [GüBo]

seismische Methoden, in der ↗Angewandten Seismik stehen eine Reihe von Verfahren zur Verfügung, mit denen verschiedene Typen von ↗seismischen Wellen erzeugt, registriert, bearbeitet und interpretiert werden. Mit der ↗Reflexionsseismik werden unterkritische Reflexionen (↗Wellenausbreitung), d.h. Echos von Grenzflächen genutzt. Von der ↗Flachseismik bis zur Tiefenseismik wächst der untersuchte Tiefenbereich von wenigen hundert Metern bis über 50 km. Neben der Standardmessung an der Erdoberfläche gibt es die ↗Bohrlochseismik, bei der (meistens) die Empfänger in ein Bohrloch versenkt werden und die Quelle an der Oberfläche bleibt. Die ↗Refraktionsseismik wertet ↗Kopfwellen aus. Dieses Verfahren kommt im Bohrloch als ↗Sonic-Log zur Anwendung. Oberflächenwellen werden wegen ihrer geringeren Auflösung und Eindringtiefe nur in Spezialfällen verwendet (häufiger in der ↗Seismologie). Spezielle Grenzflächenwellen werden in besonderen Bohrlochmessungen (z.B. Full-Waveform-Sonic) oder in der ↗Flözwellenseismik analysiert. Die ↗Crosshole-Seismik nutzt reflektierte und transmittierte Wellen. Bei der seismischen Messung wird von ↗seismischen Quellen ein *Wellenfeld* erzeugt, das von Aufnehmern (↗Geophon, ↗Hydrophon) in einer bestimmten ↗Auslage registriert und mit einer Aufnahmeapparatur aufgezeichnet wird. Mit einer bestimmten Meßanordnung wird eine ↗Mehrfachüberdeckung des Untergrunds erzielt. Die registrierten Daten werden durch eine ↗seismische Datenbearbeitung in Sektionen verwandelt, die schließlich einer ↗seismischen Interpretation unterzogen werden. [KM]

seismische Quelle, Gerät oder natürliches Ereignis, das Energie in den Erdboden oder in Wasser überträgt, die sich als seismische Wellen weiter

seismische Geschwindigkeit
(Tab. 2): v_P-Geschwindigkeiten bei Normalbedingungen (Übersicht).

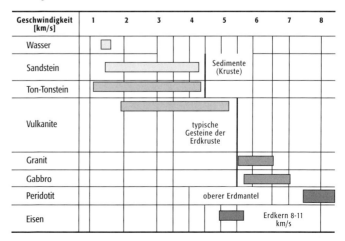

ausbreitet. Für die Untersuchung des Aufbaus der Erde benutzt man natürliche (↗Erdbeben) und künstliche Quellen (z. B. Explosionsquelle, ↗Vibrator; ↗Angewandte Seismik). Die Energieerzeugung kann auf mechanischen, chemischen, elektrischen oder thermischen Prozessen oder einer Kombination von Prozessen aufbauen. Die Energieübertragung soll in kontrollierter, reproduzierbarer Form erfolgen. Der Moment der Auslösung bzw. der Beginn der Wellenausbreitung muß möglichst genau definiert sein (Nullzeit, ↗Abriß). Andere natürliche und vom Menschen verursachte Störungen, wie z. B. Verkehr, industrielle Anlagen, Wind und Meeresbrandung, stellen seismische Quellen dar, die das Hintergrundrauschen in ↗Seismogrammen (↗Bodenunruhe) verursachen. ↗Seismik, ↗Seismologie.

seismischer Parameter ↗Snelliussches Gesetz.

seismisches Array, in der Erdbebenseismologie zumeist flächenhaft angeordnete Seismometer, mit denen sich die Einfallsrichtungen von seismischen Wellen direkt bestimmen lassen. Damit lassen sich z. B. schnell Erdbeben oder Kernexplosionen (↗CTBT) lokalisieren. Seismische Wellen treffen an den Arraystationen zu etwas unterschiedlichen Zeiten ein. Durch geeignete Zeitverschiebungen und nachfolgende Summation werden die seismischen Signale von N Seismometern verstärkt, und die Bodenunruhe wird abgeschwächt, im günstigsten Falle um den Faktor $\sqrt{N}$, wenn die Bodenunruhe an den Seismometern unkorreliert ist. In der ↗Angewandten Seismik wird neben der Gruppe von Geophonen oder anderer seismischer Empfängern, die in bestimmter geometrischer Anordnung aufgebaut sind und zu einem Registrierkanal summiert werden (*Bündelung*), auch eine Gruppe von seismischen Quellen, die gleichzeitig aktiviert werden, als seismisches Array bezeichnet (auch Schuß-Pattern, unter Verwendung des engl. Ausdrucks). Solche Gruppen unterdrücken durch die Summierung über das Array bestimmte ↗scheinbare Wellenlängen, die unterschiedliche Phasen an den einzelnen Elementen des Arrays haben. Wellen, die zeitgleich sind an den Elementen oder gleiche Phase haben, werden verstärkt. Jedes Array hat eine bestimmte Richtcharakteristik.

seismische Sektion, Darstellung seismischer Daten in Profilform. Die horizontale Achse ist meistens eine Ortskoordinate, die vertikale Achse entspricht der Laufzeit oder (selten) der Tiefe. Jede ↗seismische Spur wird senkrecht unter ihrer Position gezeichnet, wobei die Amplituden durch geeignet skalierte Auslenkungen nach rechts und links wiedergegeben werden. Die Darstellung in Linien-Flächenschrift oder die Umsetzung der Amplitudenskala in eine Farbskala erleichtert die visuelle Interpretation. Bei reflexionsseismischen Daten wird meist durch einen Zusatz die vorangegangene Prozeßfolge der Datenbearbeitung angedeutet (z. B. ↗seismische Stapelsektion, migrierte Sektion). Bevor eine seismische Sektion als geologische Sektion interpretiert werden kann, muß geprüft werden, ob die bisherige Datenbearbeitung (letzter Prozeß, Qualität) dies zuläßt.

seismisches Moment, M_0, im Jahr 1966 vom amerikanischen Seismologen K. Aki eingeführtes physikalisches Stärkemaß für ↗Erdbeben, die durch einen Scherbruchmechanismus verursacht werden. ↗Moment.

seismische Spur, Daten, die von einem ↗Schuß an einem Meßpunkt aufgezeichnet wurden. ↗Seismogramm.

seismisches Risiko, ergibt sich aus der seismischen Gefährdung durch Erdbeben und der daraus resultierenden Schadenserwartung. Die seismische Gefährdung eines Gebietes wird normalerweise in Karten durch Parameter, die die Erschütterung durch Erdbeben beschreiben, angegeben, die in einem vorgegebenen Zeitraum (meistens 50 Jahre) mit einer vorgegebenen Wahrscheinlichkeit (meistens 90 %) nicht überschritten werden. Als Erschütterungsparameter kommen z. B. die ↗makroseismische Intensität, die maximale horizontale Bodenbeschleunigung oder spektrale Bodenbeschleunigungen (abhängig von der Frequenz) in Frage. Grundlage für den Entwurf von seismischen Gefährdungskarten sind möglichst vollständige Erdbebenkataloge der zu untersuchenden Gebiete. Hierzu benutzt man sowohl instrumentell bestimmte Erdbebendaten als auch historische Quellen aus der Zeit vor etwa 1900, für die es keine instrumentellen Beobachtungen gibt. Ausgehend von den Erdbebenkatalogen und den seismotektonischen Besonderheiten eines Gebietes legt man seismische Quellregionen fest, die zur seismischen Gefährdung an einem bestimmten Punkt beitragen. Die ↗Seismizität wird in jeder Quellregion als homogen angenommen und durch eine für sie typische ↗Magnituden-Häufigkeits-Beziehung beschrieben. Die seismische Gefährdung hängt, neben anderen Parametern, stark von der Entfernung zur seismischen Quellregion ab. Hierfür maßgebend ist die Dämpfung (↗Dämpfung seismischer Wellen) des Erschütterungsparameters. Die Dämpfungsrelationen müssen für jeden einzelnen Ort und für jede Quellregion bestimmt werden. Durch Summation über alle Quellgebiete ergibt sich dann für den untersuchten Punkt der Erschütterungsparameter, der in einem angegebenen Zeitraum mit vorgegebener Wahrscheinlichkeit nicht überschritten wird. [GüBo]

seismisches Signal, der von einer seismischen Energiequelle erzeugte Puls breitet sich als Quellsignal durch die Erdschichten aus, wird durch Phänomene der Wellenausbreitung (z. B. Absorption), durch die Registrierung mit einem Geophon, die Filter der Aufnahmeapparatur und durch Prozesse der seismischen Datenbearbeitung (z. B. ↗Dekonvolution) verändert. Das seismische Signal $w(t)$ ist eine theoretische Wellenform, die eine seismische Spur mit dem Konvolutionsmodell vollständig beschreibt (engl. »embedded wavelet«, ↗Wavelet).

seismische Stapelsektion, *seismische Sektion*, Ergebnis der ↗Stapelung aller CMP-Ensembles einer reflexionsseismischen Messung. Die horizontale Achse stellt die Midpoint-Position dar, die vertikale Achse ist die Zweiweg-Laufzeit (= Reflexionslaufzeit). Diese seismische Sektion kann von der geologischen Sektion stark abweichen: Bei geneigten Schichten stimmen Common-Midpoint und tatsächliche Reflexionspunkte nicht überein. Der Lotpunkt (Reflexionspunkt der Zero-Offset-Spur) liegt »bergauf« vom CMP; die Dimensionen von Anti- und Synklinalstrukturen sind nicht korrekt. Bei Synklinalen, deren Brennpunkt unter der Meßebene liegt, treten multiple Einsätze auf, die zu dem sog. »Krawatteneffekt« führen; Diffraktionen können auftreten. Vor der Interpretation ist eine ↗Migration seismischer Daten durchzuführen. Je nach Aufwand bei der Optimierung der Stapelgeschwindigkeiten, des ↗Geschwindigkeitsmodells, der statischen Korrekturen und des ↗dip-moveout-processing spricht man (in verkürzender Form) von ↗Brute Stack, Rohstapelung oder ↗Endstapelung. ↗Common-Midpoint-Methode. [KM]

seismische Stratigraphie, geologischer Ansatz zur Interpretation von Seismogrammen. Sie untersucht die Reflexionsgeometrien, die Konfiguration der Endungen von Reflexionen sowie die seismische Fazies, um sedimentäre Abfolgen in seismischen Profilen zu untergliedern. ↗Allostratigraphie, ↗Sequenzstratigraphie.

seismische Tiefensondierung, *Deep Seismic Sounding*, Anwendung refraktionsseismischer Verfahren zur Erkundung der tieferen Erdkruste, der Kusten-Mantel-Grenze (↗Mohorovičić-Diskontinuität) und des oberen Mantels. Für diese Messungen sind Profillängen von mindestens mehreren hundert Kilometer und eine entsprechend starke *Energieanre*gung (z. B. Sprengungen mit über 1 t Sprengstoff) erforderlich. Weltweit wurde diese Methode erfolgreich eingesetzt.

seismische Tomographie, in der ↗Seismologie benutzte Methode der ↗Tomographie zur Erkundung der dreidimensionalen Struktur des Erdinnern. Die Schalenmodelle des Erdkörpers, wie z. B. ↗PREM und ↗Iasp91, sind durchschnittliche Erdmodelle, die die Laufzeiten seismischer Wellen in teleseismischer Entfernung (Herdentfernung größer als 25 Grad) größtenteils mit einer Genauigkeit von weniger als einer Sekunde vorhersagen (*Laufzeittomographie*). Laterale Variationen der seismischen Geschwindigkeiten sind in diesen Modellen nicht berücksichtigt. Obwohl diese relativ klein sind und in den meisten Regionen des oberen Erdmantels selten um mehr als 10 % von denen in radial-symmetrischen Erdmodellen abweichen, markieren sie wichtige dynamische Prozesse im Erdinnern. Laterale Variationen der seismischen Geschwindigkeiten im Erdinnern werden wahrscheinlich durch Variationen der Temperatur verursacht. Kalte Regionen, wie z. B. die in den Mantel abtauchenden ozeanischen Lithosphärenplatten, sind durch höhere Geschwindigkeiten gekennzeichnet, während wärmere Regionen, wie z. B. heißes aufsteigendes Mantelgestein im Bereich ↗Mittelozeanischer Rücken, niedrigere Werte aufweist. Unterschiedliche Temperaturen verursachen Variationen der Gesteinsdichte, was zur Bildung von Konvektionsströmen führen kann. Damit bietet die seismische Tomographie eine vielversprechende Methode, aus der Beobachtung seismischer Geschwindigkeiten ein Abbild der zur Zeit vorherrschenden Konvektionsströme im Erdinnern zu gewinnen (Abb.). Die Laufzeiten seismischer Wellen sind die grundlegenden Beobachtungsgrößen in der seismischen Tomographie, um die zwei- oder dreidimensionale Verteilung seismischer Geschwindigkeiten abzuleiten. Die Laufzeit T einer seismischen Welle ergibt sich als Wegintegral entlang des Laufweges s:

$$T = \int ds/v(s) = \int u(s)ds. \quad (1)$$

Hierbei ist $v(s)$ die Phasengeschwindigkeit und $u(s) = 1/v(s)$ die ↗Slowness entlang des Laufwegs, der dem Wellenstrahl von der Quelle zum Empfänger folgt. Das Laufzeitresiduum ΔT ist die Differenz zwischen beobachteter und der nach einem Referenzmodell (z. B. PREM) berechneten theoretischen Laufzeit. Es wird durch Abweichungen der Slowness Δu von den Werten im Referenzmodell irgendwo entlang des Laufweges verursacht:

$$\Delta T = T_{beob} - T_{theor} = \int \Delta u(s)ds. \quad (2)$$

Für die *Laufzeittomographie* wird das Medium in Blöcke unterteilt, so daß Gleichung 2 in die diskrete Form:

$$\Delta T = sl_j \cdot \Delta u_j. \quad (3)$$

übergeführt wird, wobei sich die Summation über die Zahl der Blöcke erstreckt, die vom Wellenstrahl durchlaufen werden, und l_j der Laufweg im j-ten Block darstellt. Aufgabe ist es nun, aus Beobachtungen von ΔT die unbekannten Größen Δu_j abzuleiten. Wo genau diese Abweichungen erfolgen, ist mit dem Laufweg von einer Quelle zu einem Empfänger nicht festzulegen. Man kann mit solchen Daten die beobachtete Laufzeitanomalie allenfalls gleichmäßig über den gesamten Laufweg verteilen. Erst mit einer Vielzahl von Quellen und Empfängern ist es möglich, die Abweichungen Δu_j genauer zu lokalisieren. Es kommt dann, wie in der Abbildung skizziert, zur Überschneidung verschiedener Laufwege in einem Block. Damit läßt sich ein System von Gleichungen der Form 3 erstellen, aus denen mittels ↗Inversion die unbekannten Größen Δu_j berechnet werden können. Die Ergebnisse werden meist als Abweichungen der seismischen Geschwindigkeiten vom Referenzmodell dargestellt. [GüBo]

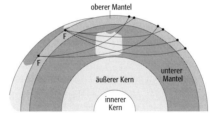

seismische Tomographie: Laufwege seismischer Wellen, wie sie in tomographischen Untersuchungen benutzt werden.

seismische Welle: Partikelbewegung beim Durchgang von vier verschiedenen seismischen Wellen durch einen elastischen und isotropen Körper; Ausbreitung ist von links nach rechts.

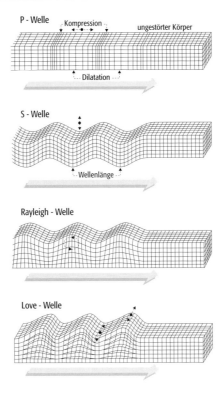

Seismit: Sigmoidalklüftung im Wellenkalk Unterfrankens; Breite des Handstücks ca. 18 cm.

seismische Wellen, *elastische Wellen, direkte Welle,* elastische Verformungen, die sich durch die Erde (↗Raumwellen) und entlang der Erdoberfläche (↗Oberflächenwellen) ausbreiten. Sie werden in der ↗Seismologie benutzt, um den physikalischen und strukturellen Aufbau des Erdinnern zu untersuchen. Erdbeben und Sprengungen sind einige der vielfältigen Ursachen, die seismische Wellen erzeugen. Man unterscheidet die schnelleren ↗Kompressionswellen (Longitudinalwellen, Bewegung in Ausbreitungsrichtung; P-Wellen = Primärwellen) und die langsameren ↗Scherwellen (Transversalwellen, Bewegung senkrecht zur Ausbreitungsrichtung; S-Wellen = Sekundärwellen). Die Ausbreitung seismischer Wellen von einer ↗seismischen Quelle läßt sich mit Hilfe der Elastizitätstheorie beschreiben. Über die Spannungs-Dehnungs-Beziehungen für ein elastisches Kontinuum (↗Kontinuumsmechanik) lassen sich die Bewegungsgleichungen für die elastische Verformung in einem festen Medium ableiten (↗Wellengleichung). Daraus läßt sich die Partikelbewegung der ↗P-Welle, ↗S-Welle und ↗Oberflächenwellen ableiten (Abb.). Seismische Wellen breiten sich mit Geschwindigkeiten aus, die von den elastischen Konstanten des Mediums abhängig sind. Die Ausbreitung einer Welle kann als Bewegung einer ↗Wellenfront durch das Medium angesehen werden. Der ↗Wellenstrahl folgt in isotropen (d. h. die Geschwindigkeit ist unabhängig von der Richtung) Medien der Ausbreitungsrichtung der Welle. In homogenen, isotropen und elastischen Medien bilden die von einer punktförmigen seismischen Quelle ausgehenden Wellenfronten Kugelflächen, deren Radius proportional zur Zeit anwächst. In inhomogenen Medien bilden die Wellenfronten kompliziertere Flächen, und die Wellenstrahlen sind gekrümmt. [GüBo]

Seismit, eine durch ein Erdbeben gebildete Eventablagerung. Seismite zeichnen sich durch eine in situ stattfindende Schock-Deformation aus, deren Auswirkung vom Grad der Kohärenz der Sedimente abhängig ist. Weitgehend unverfestigte, noch wassergesättigte Tone und Sande werden thixotrop (↗Thixotropie) verflüssigt und verlieren damit ihre ursprünglichen sedimentären Texturen (Homogenite). An der Basis der Bänke können größere, abgesunkene Komponenten, z. B. Schalen, angereichert werden. In etwas stärker verfestigten Sedimenten entwickeln sich aus zum Teil noch den ursprünglichen Zusammenhang anzeigenden und damit in situ gebildeten Intraklasten (Autoklasten) intraformationelle Konglomeratbänke. Desgleichen können bank- und richtungsbeständige Mikrostörungen entstehen. Hierzu werden von manchen Autoren z. B. die unregelmäßig welligen Schichtoberflächen des unteren ↗Muschelkalks (Wellenkalk), aber auch die dort weitverbreitete ↗Sigmoidalklüftung (Abb.) gerechnet. [HGH]

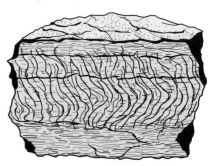

Seismizität, die räumliche, zeitliche und energetische Verteilung von Erdbeben eines bestimmten Gebietes. ↗Erdbeben, ↗Magnituden-Häufigkeits-Beziehung, ↗Erdbebenenergie.

seismo-elektrischer Effekt, beschreibt die durch eine seismische Welle verursachten elektrischen Feldvariationen.

Seismogramm, Aufzeichnung des zeitlichen Verlaufs der von ↗Seismographen übertragenden und verstärkten seismischen Bodenbewegung. Abhängig vom benutzten ↗Seismometer sind die aufgezeichneten Werte proportional zur Verschiebung, Geschwindigkeit oder Beschleunigung der Bodenbewegung. Für eine vollständige Aufzeichnung benötigt man Seismogramme von allen drei Komponenten der Bodenbewegung, z. B. vertikal, Nord-Süd- und Ost-West-Richtung. Die Aufzeichnung erfolgt heute meistens als ↗Digital-Registrierung auf Magnetband, Festplatte oder optische Platte; früher erfolgte diese analog auf Papier (Tinten-, Ruß- oder Thermoschreiber), photographisch-galvanometrisch auf Film oder an analogen Magnetbändern. ↗Oberflächenwellen.

Seismograph, ein normalerweise an der Erdoberfläche installiertes Registrier- und Aufzeichnungssystem für seismische Wellen. Es besteht aus dem ↗Seismometer zur Registrierung seismischer Bodenbewegungen, einer Uhr zur Messung der Absolutzeit (Greenwich Mean Time oder Universal Time, UT) und dem Aufzeichnungssystem (↗Seismogramm). Damit lassen sich die Ankunftszeiten seismischer Wellen mit einer Genauigkeit, abhängig vom Frequenzgehalt, von bis zu 0,01 s messen und deren Amplituden auswerten, z. B. zur Magnitudenberechnung (Abb.). Am Ozeanboden operierende Instrumente sind Ozeanboden-Seismographen (OBS) oder Ozeanboden-Hydrographen (OBH), wenn sie mit druck-proportionalen Hydrophonen (↗Hydrophon) ausgerüstet sind. Mechanische Seismographen wurden 1892 von John Milne und 1903 von Emil Wiechert in Göttingen entwickelt. Etwa 80 Wiechert-Seismographen waren bis 1920 weltweit installiert. Mit analoger Registrierung, wie z. B. beim WWSSN (↗seismographische Netze), kann man nicht den gesamten seismischen Frequenzbereich (von etwa 0,001 Hz bis 10 Hz und mehr) abdecken, da die seismischen Signale durch die mikroseismischen ↗Bodenunruhe überdeckt würden. Deshalb benutzte man beim WWSSN zwei relativ schmalbandige Seismographen mit maximaler Vergrößerung im Frequenzbereich um 1 Hz (kurzperiodische Seismographen) und um 0,05 Hz (langperiodische Seismographen). Mit der Entwicklung hochauflösender, digitaler Registriersysteme mit hoher Dynamik in Verbindung mit Breitband-Seismometern kann man heute mit einem Seismographen nahezu den gesamten seismischen Frequenzbereich abdecken. Die weltweit ersten Seismographensysteme dieser Art wurden am Seismologischen Zentralobservatorium Gräfenberg bei Erlangen ab 1977 installiert. [GüBo]

seismographische Netze, Verknüpfung mehrerer seismographischer Stationen zur seismischen Überwachung weltweit (globale Netze) oder einer begrenzten Region (lokale und regionale Netze). Ein Beispiel ist das Deutsche Regionalnetz seismischer Stationen (GRSN), das zur Überwachung der regionalen Seismizität in Deutschland dient. Das *World Wide Standardized Seismographic Network* (WWSSN) war das erste globale Netz, das aus gleichartigen Seismographen mit bekannter Übertragungsfunktion bestand (Abb.). Es wurde ab 1960 vom US Coast and Geodetic Survey in Kooperation mit ausländischen Observatorien eingerichtet und bestand 1968 aus etwa 120 Stationen. Das heutige *GSN* (Global Seismograph Network) besteht aus fast 200 (Stand: Ende 1998) Breitband-Stationen, zu dem Programme in verschiedenen Ländern beitragen (z. B. GEOFON in Deutschland, GEOSCOPE in Frankreich, MedNet in Italien, IRIS in den USA, Poseidon in Japan). [GüBo]

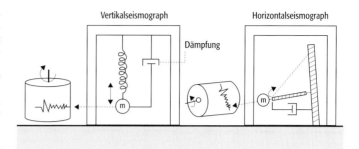

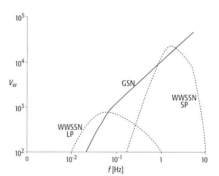

Seismograph: Prinzip eines Seismographen mit Dämpfung. Wegen der Trägheit folgt die Masse des Seismographen, die z. B. beim Wiechert-Seismographen mehrere Tonnen beträgt, nicht unmittelbar der seismischen Bodenbewegung. Es kommt deshalb zu einer Relativbewegung zwischen der trägen Masse, die über eine Feder mit dem Gehäuse verbunden und damit an die feste Erde gekoppelt ist. Die Aufzeichnung der Bodenbewegung erfolgt über eine an der Masse befestigte Schreibfeder oder über ein optisches System mittels eines Spiegels und photographischgalvanometrischer Registrierung auf Film. Die Aufhängung der Masse in einem Horizontalseismographen (rechts) erfolgt nach dem Prinzip der schief eingehängten Tür.

seismographische Netze: Amplitudencharakteristik einer analog registrierenden WWSSN Station und einer modernen GSN Station.

Seismologie

Günter Bock, Potsdam

Die Seismologie ist die Wissenschaft zur Erklärung der ↗Erdbeben. Aufzeichnungen der von Erdbeben erzeugten Bodenbewegung als Funktion der Zeit (↗Seismogramm) liefern die grundlegenden Daten, mit denen Seismologen arbeiten. Aus den beobachteten Laufzeiten und Amplituden seismischer Wellen lassen sich Informationen sowohl über die Struktur im Erdinnern als auch über die Prozesse im Erdbebenherd gewinnen. Künstlich erzeugte seismische Wellen bilden die Grundlage der Kohlenwasserstoffexploration (↗Angewandte Seismik). Darüberhinaus befaßt sich die Seismologie mit der Risikoanalyse von Erdbeben (↗seismisches Risiko), deren Ergebnisse Eingang in Vorschriften für erdbebensicheres Bauen finden. Seismologische Daten leisten ferner einen wichtigen Beitrag bei der weltweiten Überwachung des Internationalen Teststoppabkommens für Nuklearwaffen im Rahmen des ↗CTBT.

Die Anforderungen an seismologische Registrierungen sind enorm. Die kleinsten noch registrierbaren Erdbeben haben ein ↗seismisches Moment von 10^5 Nm (entspricht einer Magnitu-

Seismologie

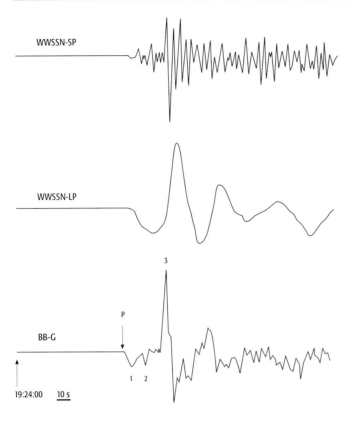

Seismologie: Vertikalkomponente der P-Wellen des Erdbebens in Rumänien am 4. März 1977, aufgezeichnet an der Breitband-Station A1 des Gräfenberg-Arrays (BB-G). Deutlich sind drei Bruchepisoden zu erkennen. Die beiden anderen Spuren sind aus BB durch Filterung erhaltene Simulationen der Registrierungen von langperiodischen (WWSSN-LP) und kurz-periodischen (WWSSN-SP) Systemen des World Wide Standardized Seismograph Network.

de Mg-1), die größten erreichen bis zu 10^{23} Nm (Mg-9). Dementsprechend variieren die Amplituden seismischer Wellen, die proportional zum seismischen Moment anwachsen. Der Frequenzbereich seismischer Wellen liegt zwischen einigen 100 Hz in der Angewandten Seismik und $3 \cdot 10^{-4}$ Hz bei den längsten ↗Eigenschwingungen der Erde. Diese enormen Variationen im Frequenzbereich (Bandbreite) und in der Amplitude (Dynamikbereich) können von einem einzigen Registriergerät linear über den gesamten Frequenzbereich nicht erfaßt werden. Deshalb hat man seismische Registriersysteme (↗Seismograph) entwickelt, die zwar einen begrenzten, aber doch möglichst breiten Teil des seismischen Spektrums erfassen. Es bedeutete einen großen Fortschritt, daß ab 1977 ↗Breitband-Seismometer, die dank ↗Digital-Registrierung einen hohen Dynamikumfang ermöglichen, am Gräfenberg-Array bei Erlangen in Betrieb genommen wurden. Damit läßt sich der oft sehr komplizierte Charakter seismischer Wellen wesentlich besser auflösen als mit schmalbandig registrierenden, älteren Systemen (Abb.). Mehr als 20 Jahre später gibt es im Global Seismograph Network (GSN) über 200 kontinuierlich registrierende, moderne Breitbandstationen, die das seismische Spektrum von 10 Hz bis zu den Gezeiten der festen Erde bei $2{,}0 \cdot 10^{-5}$ Hz erfassen. Weltweit werden über 3000 seismologische Observatorien betrieben, die vor allem der Überwachung von lokalen und regionalen Erdbeben dienen, die aber auch wichtige Daten über Fernbeben liefern (International Seismolgical Centre).

Die Erkenntnisse über den physikalischen Aufbaus des Erdkörpers stammen überwiegend aus den Laufzeiten von ↗Raumwellen und der Analyse von ↗Oberflächenwellen. Die erste Identifizierung eines Fernbebens, dessen Wellen durch den gesamten Erdkörper liefen, erfolgte 1889 mittels eines von Ernst von Rebeur-Paschwitz konstruierten Horizontalpendels. Am 17. April 1889 war ein Erdbeben in Japan gespürt worden, das in Potsdam aufgezeichnet wurde. Die Hauptenergie in dieser Registrierung stammt von den Oberflächenwellen. Die Ursachen für die enormen Fortschritte in der Seismologie seit dieser Zeit ergaben sich einerseits aus stetigen Verbesserungen in der Instrumentierung, andererseits aus der Weiterentwicklung mathematisch-physikalischer Methoden in der Theorie der Wellenausbreitung und Seismogramminterpretation und seit etwa 1960 durch die Verfügbarkeit von immer leistungsfähigeren Rechenanlagen. Die Verteilung von Erdbeben in relativ eng begrenzten Gebieten sowie der radial-symmetrische Schalenaufbau der Erde waren bereits 1940 bekannt. Im Jahr 1906 konnte Richard Oldham die ersten Laufzeittabellen für die Erde aufstellen und die Existenz des Erdkerns nachweisen, dessen Tiefe 1913 von Beno ↗Gutenberg mit 2900 km erstaunlich präzise bestimmt wurde. Im Jahre 1909 entdeckte der jugoslawische Geophysiker Andrija Mohorovičić aus Erdbebenaufzeichnungen eine seismische Diskontinuität, die heute abgekürzt als »Moho« bezeichnet wird und die die Erdkruste vom Erdmantel trennt. Der innere Erdkern wurde 1936 von der dänischen Seismologin Inge Lehmann entdeckt. Der englische Geophysiker Sir Harold Jeffreys erstellte zusammen mit dem australischen Mathematiker Keith Bullen aus Tausenden von Laufzeiten seismischer Wellen 1939 die noch heute als Referenz benutzten Jeffreys-Bullen-Tabellen (JB) für eine große Zahl von seismischen Phasen. Eine relativ geringe Revision der JB-Tabellen erfolgte erst 1991 mit der Herausgabe der ↗Iasp91 Laufzeittabellen. Jeffreys und Bullen bestätigten auch eine von Perry Byerly und Inge Lehmann bereits vermutete seismische Diskontinuität (↗seismische Diskontinuitäten) im Erdmantel in 413 km Tiefe, der sogenannten 20° Diskontinuität. Diese, in der heutigen Sprachgebrauch als »410-km« Diskontinuität bezeichnet wird, und eine weitere, später entdeckte seismische Diskontinuität in 660 km Tiefe grenzen die Übergangszone vom oberen zum unteren Mantel ein. Eine Zone erniedrigter P und S-Wellengeschwindigkeit im oberen Mantel zwischen 100 und 150 km Tiefe wurde von Gutenberg entdeckt, die heute als die ↗Asthenosphäre interpretiert wird und unter Ozeanen und tektonisch aktiven Kontinenten wesentlich stärker ausgeprägt ist als in alten Kontinenten. Das ↗PREM-Modell (1981) stellt die vorläufig letzte Entwicklung eines radial-symmetrischen Schalenmodells der Erde dar, das aus einer großen Zahl von Raumwellen- und Oberflächenwellendaten sowie den Frequenzen der Eigenschwingungen der Erde abgeleitet wurde. Dank verbesserter Datenqualität und Quantität sowie mit Hilfe verfeinerter Auswertetechniken konzentrieren sich Seismologen vermehrt darauf, mit tomographischen Methoden (↗seismische Tomographie, ↗Receiver-Function-Analyse) zwei- und dreidimensionale Strukturen in der Erde abzubilden. So ist es z. B. gelungen, abtauchende ozeanische Lithosphärenplatten und ausgedehnte Zonen erniedrigter seismischer Geschwindigkeiten bis in den unteren Mantel hinein zu kartieren. Ziel dieser Untersuchungen ist es, großräumige Konvektionsströmungen abzubilden, um die dynamischen Vorgänge im Erdinnern besser verstehen zu können.

Neben der Struktur im Erdinneren sind Seismogramme auch ein unentbehrliches Mittel, um die Vorgänge im Erdbebenherd zu untersuchen. Nur sehr starke Erdbeben verursachen bleibende Deformationen an der Erdoberfläche, die man mit geodätischen Methoden beobachten kann. Geodätische Beobachtungen im Bereich der ↗San Andreas-Verwerfung vor und nach dem San Francisco-Erdbeben von 1906 führten 1910 zur Elastic-Rebound-Theorie, eine noch heute gültige Theorie zur Erklärung von Flachherdbeben. Die meisten Erdbebenherde hinterlassen allerdings keine bleibenden Spuren an der Erdoberfläche und entziehen sich somit der direkten Beobachtung. Man ist also auf die Beobachtung der vom Erdbebenherd abgestrahlten seismischen Wellen angewiesen, um den Mechanismus von Erdbeben abzuleiten (↗Herdflächenlösung). Neben dem Herdmechanismus werden die Wellenformen in den Seismogrammen auch von der Struktur im Erdinnern, vom Krustenaufbau in der Nähe des Hypozentrums und unterhalb des Seismographen und von den Absorptionseigenschaften des durchstrahlten Mediums beeinflußt. Man muß diese Einflüsse kennen, um aus dem beobachteten seismischen Wellenfeld die für den Erdbebenprozeß typische ↗Abstrahlcharakteristik und die ↗Magnitude ableiten zu können. Dies bedeutet, daß Fortschritte in der Auflösung von komplexen Herdprozessen nur Hand in Hand mit Fortschritten zur Kenntnis der Struktur der Erde erfolgen können, durch die sich die seismischen Wellen ausbreiten. Aus der Kenntnis von Erdbebenmechanismen lassen sich wichtige Informationen über rezente aktive Prozesse in der Erde gewinnen. Die quantitative Beschreibung der Prozesse im Erdbebenherd hat z. B. in den sechziger Jahren wesentlich zur Entwicklung der Theorie der ↗Plattentektonik beigetragen. Eine besondere Herausforderung für die Seismologie im dritten Jahrtausend ist die kurzfristige (d. h. innerhalb von Stunden oder wenigen Tagen) Vorhersage von Erdbeben. Eine erfolgreiche ↗Erdbebenvorhersage muß Ort, Zeit und Stärke eines zukünftigen Erdbebens zuverlässig eingrenzen können, was zur Zeit nicht mit hinreichender Genauigkeit möglich ist. Ob diese Art der deterministischen Erdbebenvorhersage jemals möglich sein wird, ist eine unter Seismologen sehr kontrovers diskutierte Frage. Es ist aber möglich, durch erdbebensichere Bauweise das seismische Risiko auf ein erträgliches Maß zu mindern. Da die Wiederholperiode von starken Erdbeben oft wesentlich größer ist als der Zeitrahmen, für den instrumentelle Beobachtungen vorliegen, benutzt man bei der seismischen Risikoanalyse historische Dokumente und Methoden der ↗Paläoseismologie, um die Häufigkeit von starken Erdbeben besser einschätzen zu können.

Literatur: [1] BULLEN, K. E. and BOLT, B. A. (1985): An introduction to the theory of seismology. – Cambridge. [2] DZIEWONSKI, A. M. and ANDERSON, D. L. (1981): Preliminary Reference Earth Model: Physics of the Earth and Planetary Interiors, 25, 297–356. [3] LAY, T. and WALLACE, T. C. (1995): Modern global seismology. – Academic Press. [4] NEUMANN, W., JACOBS, F. und TITTEL, B. (1989): Erdbeben. – BSB B.G. Teubner.

Seismometer, ein elektromechanisches Instrument zur Registrierung von Bodenbewegungen und deren Übertragung in ein elektrisches Signal. Die träge Masse besteht entweder aus einem Magneten oder einer Spule, die über eine Feder an das Gehäuse gekoppelt ist. Die Relativbewegung zwischen Magnet und Spule, von denen ein Teil fest mit dem Gehäuse und damit mit dem Boden verankert ist, induziert in der Spule ein elektrisches Signal, das kontinuierlich in einem ↗Seismographen aufgezeichnet wird. Aus der bekannten Frequenzcharakteristik des Seismometers und der Vergrößerung des Seismographen kann man die wahre Bodenbewegung ausrechnen. ↗Geophon.

Seismostratigraphie, Interpretation seismischer Daten nach stratigraphischen Gesichtspunkten und mit Methoden, die der ↗Stratigraphie entlehnt wurden: die Bestimmung der Eigenschaften von Sedimenten, ihrer geologischen Geschichte und den Ablagerungsbedingungen. In ähnlicher Weise werden Methoden der Sequenzanalyse verwendet.

Seitenbeschreibungssprache, Programmiersprache zur Anpassung bzw. Normierung von Datenstrukturen zur graphischen Ausgabe. Die Normierung transformiert eine Menge graphisch darzustellender Daten auf eine definierte Ausgabeeinheit (Seite) hinsichtlich ihrer Größe und Position. Für die ↗Kartenherstellung bedeutsame Implementierung ist derzeit überwiegend die Sprache ↗Postscript.

Seitendruckgerät, eine Vorrichtung zur Durchführung von ↗Bohrlochaufweitungsversuchen, bei der zwei zylindrische Halbschalen aus Stahl diametral gegen die Bohrlochwand gedrückt

Seitenerosion

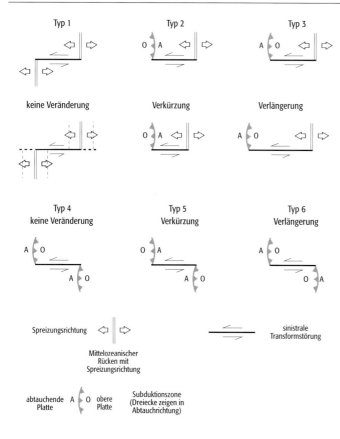

Seitenverschiebungen 1: sechs mögliche Typen von sinistralen Transformstörungen.

↗Theodoliten und Streckenmessungen mit elektro-optischen Distanzmessern.

Seitenverschiebung, *Horizontalverschiebung, Blattverschiebung*, Verwerfung mit überwiegend horizontalem Versatz entlang von steilstehenden bis vertikalen Störungsflächen. Der Bewegungssinn ist entweder ↗sinistral oder ↗dextral. Zu der horizontalen Deformationskomponete kommt meist noch eine Einengungs- oder Extensionskomponente hinzu; man bezeichnet die Verwerfung dann als konvergente bzw. divergente Seitenverschiebung. Ein generelles Anzeichen für Seitenverschiebungen im Gelände ist, daß diese, bedingt durch die steilstehenden Verschiebungsflächen, auch komplizierte Oberflächenreliefs klar queren und sich durch deutliche topographische Merkmale auszeichnen. Dies sind z. B. lineare Täler parallel zur Verwerfung und versetzte bzw. abgelenkte Täler/Flüsse, welche die Verwerfung kreuzen. Derartige Strukturen sind sehr gut auf Satelliten- und Luftbildern zu erkennen. Viele Seitenverschiebungen sind als Gebiete starker Erdbeben bekannt, wie z. B. die San Andreas-Verwerfungszone in Kalifornien oder die Nordanatolische Blattverschiebung in der Türkei.

Nach ihrer plattentektonischen Stellung lassen sich Seitenverschiebungen in zwei Hauptkategorien einteilen: a) *Transformstörungen*: Diese bilden Plattengrenzen und durchschneiden die gesamte ↗Lithosphäre. Sie verbinden divergente Plattengrenzen (↗Mittelozeanische Rücken) und konvergente Plattengrenzen (↗Subduktionszonen) untereinander oder miteinander. b) Seitenverschiebungen, deren Deformationen auf die Erdkruste beschränkt sind (engl. transcurrent fault). Nach dem horizontalen Bewegungssinn werden für Transformstörungen jeweils sechs Klassen für dextrale und sechs Klassen für sinistrale Verschiebungen definiert. In Abb. 1 sind die sechs möglichen Arten für sinistrale Transformstörungen dargestellt. Eine besondere Eigenschaft von Transformstörungen ist, daß diese je nach Typ über geologische Zeiträume hinweg ihre Länge verändern. Während Typ 1, der zwei ozeanische Rückensegmente mit ähnlichen Spreizungsraten (Rücken-Rücken-Transform) miteinander verbindet, und Typ 4, der zwei Tiefseerinnen mit gleichgerichteter ↗Subduktion verbindet (Tiefseerinne-Tiefseerinne-Transform), ihre Länge beibehalten, verändern die übrigen vier Transformstörungen diese. Typ 2 und 5 werden im Laufe der Zeit kürzer, Typ 3 und 6 werden länger. Komplexe Seitenverschiebungssysteme entwickeln sich bei der Kollision zweier kontinentaler Platten. Auf den Zusammenstoß reagiert der Intraplattenbereich der weniger starren Platte mit einem seitlichen Ausweichen ganzer Krustenbereiche, sogenannter Fluchtschollen, die von Seitenverschiebungen begrenzt werden. Regionale Beispiele für kontinentale Fluchtschollen finden sich in Zentral-Asien und der Türkei. Zum Verständnis der Mechanik von Seitenverschiebungen und der damit verbundenen Entwicklung von Deformationsstrukturen in Horizontalverschiebungszonen wurden zahlreiche

werden, um das Bohrloch gerichtet aufzuweiten. Die Spreizung der Halbschalen in Abhängigkeit von der aufgebrachten Bodenpressung wird mit elektrischen Wegaufnehmern gemessen. Aus den Versuchsergebnissen kann der ↗Elastizitätsmodul des Gebirges berechnet werden.

Seitenerosion, ↗Erosion der Ufer von fließenden und stehenden Gewässern.

Seitenmoräne, vom Gletschereis seitlich transportiertes und dort abgelagertes Moränenmaterial (↗Moräne), das meist als wallförmige Anhäufung den ↗Gletscher im ↗Zehrgebiet randlich begleitet und den charakteristischsten Typ der Moränen einer ↗Gebirgsvergletscherung bildet. Es handelt sich vorwiegend um eine ehemalige ↗Untermoräne, die seitlich austaut. Bei Gletschern der Gebirgsvergletscherung ist häufig auch Hangschuttmaterial (↗Hangschutt) der Talhänge (↗Talquerprofil) dem Seitenmoränenmaterial beigemengt. Mit dem Abschmelzen des Gletschers werden Seitenmoränen zu ↗Ufermoränen, welche Hinweise auf die frühere Eismächtigkeit und damit auf frühere Gletscherstände geben.

Seitenrefraktion, Refraktionseffekt in der Nähe von vertikalen Ebenen, z. B. Wänden, aufgrund der dort auftretenden starken horizontalen Temperaturgradienten. Insbesondere bei hochgenauen vermessungstechnischen Problemstellungen, z. B. in Tunneln, hat die Seitenrefraktion erhebliche Auswirkungen auf Richtungsmessungen mit

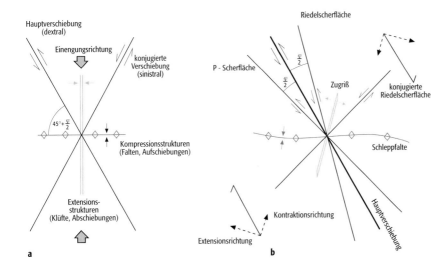

Seitenverschiebungen 2: Strukturentwicklung an Seitenverschiebungen bei a) reiner Scherung (pure shear) und b) einfacher Scherung (simple shear); φ = innerer Reibungswinkel des Gesteins.

Laborversuche gemacht. Am bekanntesten geworden ist der Scherversuch von W. Riedel (1929) (/Riedel-Scherfläche), der von J. S. Tschalenko (1970) erweitert wurde und die Mechanik und Ähnlichkeit zwischen Scherzonen unterschiedlicher Magnituden aufzeigt. Weitere Versuche verschiedener Bearbeiter lieferten die theoretische Basis, Seitenverschiebungen und deren Sekundärstrukturen reinen (pure shear) oder einfachen (simple shear) Scherprozessen zuzuordnen (Abb. 2). Bei der reinen Scherung entwickeln sich konjugierte Scherflächen. In der Natur entstehen konjugierte Seitenverschiebungen z. B. quer zum Streichen von Gebirgsgürteln. Diese Seitenverschiebungen haben im allgemeinen eine Länge unter 100 km, die Horizontalversätze liegen im Kilometer- bis Zehner-Kilometer-Bereich. Große Seitenverschiebungen von regionaler Bedeutung mit mehreren hundert Kilometern Länge und mit Horizontalverschiebungsbeträgen von über hundert Kilometern entstehen bei der sogenannten einfachen Scherung.

Seitenverschiebungen sind vielfach durch ein komplexes System aus mehreren Segmenten und Sekundärstörungen gekennzeichnet (Abb. 2 und 3), die bestimmte geometrische Beziehungen zur Hauptverschiebung aufweisen, aus denen sich der Verschiebungssinn der relativen Seitenbewegung ableiten läßt. Neben den Riedel-Scherflächen, konjugierten Riedel-Scherflächen und /Fiederspalten entwickeln sich bei einfacher Scherung während der horizontalen Deformation weitere Scherflächen, die kompressiven P-Scherflächen, die mit der Hauptbewegungszone etwa denselben Winkel wie die Riedel-Scherflächen einschließen, jedoch entgegengesetzt orientiert sind. Als zusätzliche Sekundärstrukturen können sich, je nach dem Deformationsverhalten der Gesteinsfolge, /Schleppfalten bilden. Charakteristisch für Seitenverschiebungszonen sind auch unter geringen Winkeln von den Hauptverschiebungen abzweigende und wieder in sie einmündende Störungssegmente, die ein zusammenhängendes Netz aus sogenannten anastomisierenden Zweigverschiebungen bilden (Abb. 3). In einer Seitenverschiebungszone verteilt sich somit der Gesamtversatz über einen relativ breiten Bereich auf einzelne unterschiedliche Teilsegmente.

Querschnitte durch konvergente und divergente Seitenverschiebungen (Zonen von /Transpression und /Transtension) sowie durch kompressive und extensive Krümmungsbereiche von Seitenverschiebungen zeigen, daß in diesen Bereichen ein Teil der Horizontalbewegung in sekundäre Aufschiebungen oder Abschiebungen umgewandelt wird, und es entstehen positive bzw. negative Blumenstrukturen mit Aufpressungen bzw. Absenkungen (Abb. 4). Die hochgepreßten Strukturen (engl. push-up) sind verstärkter Erosion ausgesetzt; die abgesenkten Bereiche (z. B. /Pull-apart-Becken) werden von den sie ringsum umgebenden Hochgebieten mit Erosionsmaterial beliefert und können so sehr rasch aufgefüllt werden.

In den Übergangszonen zwischen einzelnen Segmenten einer Horizontalverwerfungszone können zwei Typen von /Übertritten definiert werden: a) Übertritte, die bei einer En-échelon-Anordnung (/en échelon) der Störungssegmente in ihrer Streichrichtung in der Horizontalebene entstehen. Je nach rechtsstretender oder linksstretender Ausrichtung der Seitenverschiebungssegmente und deren sinistralen oder dextralen Bewegungssinn entstehen entweder divergente oder konvergente Verbindungsstrukturen (Abb. 3), d. h. Pull-apart-Becken bzw. Aufpressungszonen mit Druckrücken, Falten und Aufschiebungen. b) Übertritte, die auf eine En-échelon-Anordnung der Störungssegmente im Querprofil zurückzuführen sind. Übertritte im Einfallen der Störungssegmente sind u. a. in Bergwerken zu beobachten. Untersuchungen der Seismizität in aktiven Horizontalverwerfungszonen zeigen, daß sich die in eine Profilebene projizierten Hypozentren der Beben rechts- bzw. linksstretenden Übertritten zuordnen lassen.

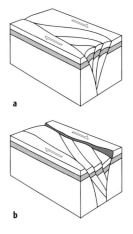

Seitenverschiebungen 4: a) positive Blumenstruktur mit Aufpressungen bei dextraler Konvergenz, b) negative Blumenstruktur mit Absenkungen bei dextraler Divergenz.

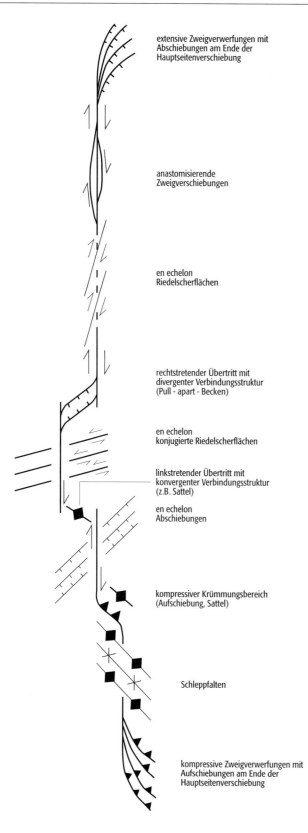

Am Ende einer Seitenverschiebung muß der horizontale Gesamtversatz abgebaut werden. Dazu spaltet sich die Horizontalverwerfung in bogenförmige Zweigverwerfungen auf, die je nach Bewegungssinn der Haupthorizontalverschiebung Ausdehnungs- oder Einengungsstrukturen bilden (Abb. 3). Als untergeordnete Strukturen entstehen Seitenverschiebungen als sogenannte *Transferstörungen* bei regionaler Einengung oder Krustenextension am Ende von Aufschiebungen oder Abschiebungen und bilden die Begrenzung von einzelnen ↗Schollen. Die Transferstörungen streichen im allgemeinen senkrecht zu den Hauptauf- oder -überschiebungen bzw. zu den Hauptabschiebungen. In einem Überschiebungsgürtel kann so die Einengung eines Hauptüberschiebungssegments über horizontale Transferstörungen (konvergente Querverschiebungen) auf ein anderes Hauptüberschiebungssegment übertragen werden. In Grabenzonen kann die Extension über eine Transferstörung (Schrägabschiebung mit Horizontalkomponente) von einer Scholle zur anderen übertragen werden. [CDR]

Literatur: [1] BIDDLE, K. T. & CRISTIE-BLICK (1985): Strike-slip deformation, basin formation, and sedimentation. – Soc. Economic Paleontologists and Mineralogists, Spec. Publ. 37. [2] MOLNAR, P. & TAPPONNIER, P. (1975): Cenozoic tectonics of Asia: Effects of a continental collision. – Science, 189: 419–426. [3] REASENBERG, P & ELLSWORT, W. L. (1982): Aftershocks of the Cayote Lake, California earthquake of August 6, 1979. A detailed study. – J. Geophys. Res., 87: 10 637 -10 -10. [4] SYLVESTER, A. G. (1988): Strike-slip faults. – Geol. Soc. Am. Bull., 100: 1666–1703. [5] WILSON, J. T. (1965): A new class of faults and their bearing on continental drift. – Nature 207: 343–347.

Seitwärtseinschnitt, *Seitwärtsschnitt*, ↗Einschneideverfahren.

Sekretion ↗Mineralwachstum.

sektorielle Kugelflächenfunktionen, ↗Kugelflächenfunktionen, die nur von der Länge abhängen.

sektorielle Potentialkoeffizienten, sektorielle sphärische harmonische ↗Potentialkoeffizienten, die als Faktoren der ↗sektoriellen Kugelflächenfunktionen auftreten.

Sektorwehr, bewegliches ↗Wehr, dessen hakenförmig ausgebildeter Verschluß aus einer gekrümmten Stauwand und einer zum Unterwasser geneigten Überfallwand besteht. Der Verschluß läßt sich bei Bedarf in eine Aussparung im Wehrkörper absenken. Da der Verschluß – anders als beim ↗Segmentwehr – nicht punktförmig, sondern auf ganzer Länge auf dem Wehrkörper gelagert ist, sind Sektorwehre auch für sehr große Stauweiten und Stauhöhen geeignet. Das Trommelwehr ist ähnlich gestaltet, hat allerdings einen geschlossenen Querschnitt und ist oberwasserseitig gelagert.

Sekundärbildung, [von lat. sekundarius = von zweiter Art, zweitrangig], *Sekundärmineral*, Bezeichnung für Minerale, die sich durch einen zweiten besonderen Vorgang (Verwitterung, Alteration, Umwandlung) aus einem ursprünglichen (Primärmaterial) gebildet haben.

Sekundärbodenbearbeitung, umfaßt die Oberflächen-Nachbearbeitung nach der ↗Primärbodenbearbeitung zur Schaffung eines Saatbettes für die Kulturpflanzen in einem flachen Saathorizont.

Sekundärdüne, 1) ↗Düne, die größeren Dünen (häufig ↗Draa) aufsitzt oder die nach Reaktivierung aus ↗äolisch inaktiven Sanden (↗Altdüne) entsteht und deren Reliefgenese andere Strömungsbedingungen zugrunde liegen als die der Düne im ↗Liegenden. 2) ↗Küstendüne.

sekundäre Bildprodukte, *Secondary Image Products*, ein in den 1980er Jahren in den USA und Kanada entstandener Begriff von unbearbeiteten kosmischen Satellitenbilddaten. Nominell können folgende sechs Produkttypen unterschieden werden: a) geocodiertes Bildprodukt: einfachste Art eines sekundären Bildproduktes, ist ein auf eine Kartengeometrie hin entzerrtes Schwarz-Weiß-Bild (↗Geocodierung); b) Falschfarbenkomposite (↗Farbcodierung) von multiplen geocodierten Bildern: Kombination von drei geometrisch kongruenten geocodierten Bildern in RGB- oder IHS-Farbgebung; c) geocodierte Stereobilder von einem Sensor: Fernerkundungsbildpaar, von welchem ein Bild geometrisch auf die übliche Weise korrigiert ist, während das andere, von dem selben Originalbild stammende, einen künstlich eingeführten Reliefversatz (↗Parallaxe) aufweist (↗Stereobildpaar); d) geocodierte Stereobilder von zwei verschiedenen Sensoren: wie bei c), jedoch daß der Stereopartner von einem zweiten überlappenden Fernerkundungsbild eines anderen Sensors stammt; e) Komposition aus Fernerkundungsbild und digitalem Geländemodell: Schwarz-Weiß- oder Farbfernerkundungsbilddaten werden über ein künstlich beleuchtetes digitales Geländemodell drapiert, um so die Reliefinformation in Verbindung mit der Bilddaten-Oberflächeninformation zu präsentieren. Grauwertbilder können auch farbhöhencodiert werden; f) perspektive Ansicht von digitalem Geländemodell und drapierten Satellitenbilddaten: wie e), nur in perspektiver Schrägansicht visualisiert, um das Relief besser darzustellen: sekundäre Bildprodukte, vor allem in dem Bereich der sogenannten wertgesteigerten Produkte (Value Added Products). [MFB]

sekundäre Lagerstätten, Lagerstätten auf umgelagerter Position, auch in nicht lagerstättenkundlichen Sinn gebraucht.

Sekundärelektronenvervielfacher, finden bei der Messung der ↗Gamma-Strahlung Verwendung. Die sog. Szintillationsdetektoren bestehen aus einem Szintillator (Umsetzung der Gamma-Strahlung in Photoelektronen) und einem Photovervielfacher als Verstärker für die elektrischen Impulse, um schließlich ein meßbares elektrisches Ausgangssignal zu erhalten. Stärke und Dauer des elektrischen Impulses sind ein Maß für die Energie der empfangenen Gamma-Strahlung. Große Anwendung finden diese Geräte bei der Messung der Gamma-Strahlung an der Erdoberfläche und bei der ↗kernphysikalischen Bohrlochmessung.

sekundäre Migration, der ↗primären Migration folgender Prozeß der Wanderung des ↗Erdöls durch poröse und permeable, aus Sand oder Kalk bestehende Sedimentschichten, dem Speichergestein. Danach sammelt sich das Erdöl im von nicht permeablen Schichten überdeckten Speichergestein, der Erdöllagerstätte. Der horizontale Transport vom Erdölmuttergestein zum Speichergestein kann je nach Größe des Ölfelds bis zu 100 km betragen.

sekundärer Spannungszustand, dreidimensionale Spannungsverteilung (↗primärer Spannungszustand) im Gebirge unmittelbar in der Folge eines künstlichen Hohlraumausbruchs (z. B. Tunnelbau). Die sich aus der Überlagerung ergebenden Spannungen laufen tangential um den Hohlraum herum und belasten zusätzlich die Hohlraumschale und das angrenzende Gebirge. Besonders große Spannungskonzentrationen treten in der Umgebung der ↗Ortsbrust auf. Durch die Schaffung eines Hohlraumes kommt es in Abhängigkeit von den Gebirgseigenschaften zu Auflockerungserscheinungen und plastischen Verformungen des Gebirges. Der primäre Spannungszustand wird durch *Spannungsumlagerungen* so lange modifiziert, bis sich das Kräftegleichgewicht im Gebirge wieder einstellt. Dies wird durch plastische Verformung des Gebirges oder durch künstlichen ↗Verbau vollzogen.

sekundäre Setzung ↗*Langzeitsetzung*.

sekundäres Ökosystem, ↗Ökosystem, daß durch den menschlichen Einfluß seine primären, d. h. natürlichen Strukturen und Funktionen eingebüßt hat. Die anthropogene Nutzung und Veränderung bestimmt die Stoff- und Energieflüsse in größerem Maße, was soweit gehen kann, daß das Ökosystem seine Fähigkeit zur ↗Selbstregulation einbüßt.

Sekundärextinktion ↗Extinktionsfaktor.

Sekundärfeld, bezeichnet den durch Induktion im elektrisch leitfähigen Untergrund hervorgerufenen Anteil des in einem Empfänger gemessenen Gesamtfeldes (↗elektromagnetische Verfahren, ↗Primärfeld).

Sekundärhöhle ↗Höhle.

Sekundärionen-Massenspektrometer, *SIMS*, ↗Massenspektrometrie.

Sekundärporen, durch mechanische (z. B. Schrumpfung und Quellung, Frostaufbruch, antropogene Maßnahmen wie Lockern, Pflügen) und biologische Vorgänge (z. B. Wurzelwachstum, Regenwurmgänge) entstandene Hohlräume im Boden. Sekundärporen sind von Bedeutung für den Wasser- und Stofftransport besonders in schweren Ton- und Lehmböden. Ein hoher Anteil von Sekundärporen kennzeichnet einen guten Bodenzustand.

Sekundärproduktion, *Folgeproduktion*, in der ↗Ökologie der Gewinn an ↗Biomasse oder Energie auf der Stufe der ↗Konsumenten und ↗Destruenten (↗Biomassenproduktion). Die ↗Primärproduzenten bilden mit ihrer lebenden und abgestorbenen Masse die Grundlage für den wei-

Seitenverschiebungen 3: Haupt- und Sekundärstrukturen einer dextralen Seitenverschiebung.

Sekundärproduktion: generalisiertes Modell der tropischen Struktur und des Energieflusses für eine terrestrische Lebensgemeinschaft. Die Sekundärproduktion findet auf allen höheren tropischen Ebenen statt, Verluste treten in Form von Respiration, toten Organismen und Ausscheidungen auf.

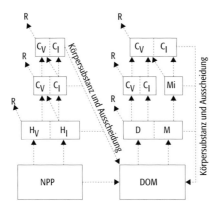

terführenden Stoffaufbau in der ↗Nahrungskette. Bei diesem Energiefluß wird die von den Produzenten photosynthetisch fixierte Strahlungsenergie (↗Photosynthese) auf die verschiedenen Konsumentenstufen übertragen. Nur ein geringer Teil (rund 10%) der Energie kommt der Sekundärproduktion zugute, der Rest geht als Ausscheidung und Wärme verloren. Diese Verluste treten bei jedem Übergang von einer Konsumentenstufe zur nächsten auf. Daher nimmt die Gesamtbiomasse von einer Ebene der ↗Trophie zur nächst höheren rapide ab. Die Zahl der Trophieebenen ist dadurch auf fünf limitiert. Die Körpergröße der ↗Endkonsumenten (Räuber) hingegen nimmt mit steigender Stufe zu, die Individuendichte hingegen noch deutlicher ab. Daher verfügen auch Räuber oberster Ordnung (Bären, Wölfe, Löwen) über entsprechend große Jagdreviere. Die Sekundärproduktion bei ↗Destruenten ist in der Regel gegenüber derjenigen der Konsumenten gering, da die Umsatzrate (↗P/B-Verhältnis) der ↗detritischen Nahrungskette, insbesondere bei Bakterien und Pilzen, sehr groß ist. Eine Ausnahme bilden Wiesenökosysteme (↗Wiese) wegen ihres Regenwurmbesatzes mit einer Biomasse von bis zu 300 g pro m². Regenwürmer spielen eine wesentliche Rolle bei der Humusbildung und Mineralisierung (Abb.). [MSch]

Sekundärregenbogen, *sekundärer Regenbogen*, helle, farbige, kreisförmige Streifen meist auf einem Vorhang niedergehenden Regens, der von der Sonne beschienen wird. Der Sekundärregenbogen schließt sich um den Gegenpunkt der Sonne nach innen an den Hauptregenbogen mit der Farbfolge innen violett und außen rot oder nach außen an den Nebenregenbogen (↗Regenbogen) mit der Farbfolge innen rot und außen violett an. Die Streifen werden durch ↗Spiegelung und ↗Refraktion des Lichtes von der Sonne in Wassertropfen (↗Regenbogentheorie) gebildet.

Sekundärsetzung ↗Setzung.

Sekundärsukzession, ↗Sukzession auf Flächen, auf denen die Pflanzendecke durch menschliche Eingriffe, aber auch natürliche Prozesse wie Buschfeuer und Waldbrände (↗Feuer) größtenteils beseitigt wurde, die Bodenverhältnisse und die ↗Samenbank aber weitgehend erhalten geblieben sind. Dies ermöglicht eine raschere Wiederbesiedlung als bei einer primären Sukzession, die auf bisher weitgehend vegetationsfreien Flächen zuerst über Pioniergesellschaften (↗Pionierpflanzen) bis zur Schlußgesellschaft (↗Klimax) verläuft.

Sekundärverschmutzung, übermäßige ↗Sekundärverunreinigung.

Sekundärverunreinigung, Austrag eines ↗Schadstoffes aus einer ↗Schadstoffdeposition, die wiederum von einer primären Schadstoffquelle verursacht wurde; Teil des Transportes eines Schadstoffes durch verschiedene Kompartimente in der Umwelt.

Sekundärwald, Folgebestand, der sich nach Zerstörung des ursprünglichen ↗Urwaldes bildet. Durch ↗Sekundärsukzession entsteht ein lichterer und artenärmer Wald. Von Sekundärwald spricht man vor allem in den Tropen. Er ersetzt dort den primären ↗Regenwald in den Gebieten mit shifting cultivation (Feld-Wald-Wechselwirtschaft mit Brandrodung, ↗Wanderfeldbau). Aber auch nach natürlichen katastrophalen Ereignissen wie ↗Feuer, Hochwasser und Vulkanismus entsteht Sekundärwald.

Sekundärwelle ↗*S-Welle*.

Sekundärzersetzer ↗Primärzersetzer.

Sekunde, 86.400-ster Teil eines Tages, 3600-ster Teil einer Stunde, 60-ster Teil einer Minute. Früher als der 31.556.925,9747-ste Teil der Länge des ↗tropischen Jahres anno J1900 (↗Ephemeridenzeit) definiert, heutzutage als ↗SI-Sekunde festgelegt.

Selbergit, ein subvulkanischer phonolithischer ↗Foidit aus dem Laacher See-Gebiet (Eifel), reich an Einsprenglingen vor allem von Leucit, Nosean und Ägirinaugit.

Selbstabdichtung, Vorgang als Teil eines Dichtungssystem im Wasserbau. Die Filterschicht eines am Ufer eines Gewässers angebrachten Dichtungssystems (Stausee, Kanal etc.) wird so angelegt, daß bei Undichtigkeiten in der Deckschicht Auswaschungen im darunterliegenden Boden vermieden werden, indem die Poren des Filters durch feine Partikel zugesetzt werden. Solche Filterschichten sind im allgemeinen aus Schluffkorngröße aufgebaut.

Selbstmulcheffekt, infolge von ↗Peloturbation Mischung von Bodenmaterial durch wiederholtes Schrumpfen und Quellen; Bildung tiefer und mehrere cm breiter Schrumpfrisse bei gleichzeitiger Sackung der Bodenoberfläche um 3 bis 7 cm. Der Boden ist ständig in Bewegung, weil Tonminerale während der höheren relativen Luftfeuchte morgens quellen und ab Mittag schrumpfen, was mit 0,03 bis 0,5 cm Heben und Senken der Bodenoberfläche verbunden ist. Der daraus resultierender Aggregatzerfall wird als Selbstmulcheffekt bezeichnet. ↗Gilgai-Musterboden.

Selbstregulation, in der ↗Ökologie die Fähigkeit von Organismen und ↗Ökosystemen, ihr ↗Fließgleichgewicht ohne menschliche Eingriffe aufrecht zu erhalten. Die Selbstregulation bezieht sich auf Wirkungen von außen, die dank Rückkopplungsmechanismen (↗Rückkopplungssysteme) aufgefangen werden. Die Fähigkeit zur Selbstregulation ist immer begrenzt und von der Stärke der Störfaktoren abhängig. Die ↗Gaia-Theorie sieht die ganze Erde als ein sich selbst regulierendes System.

Selbstreinigung, Begriff der ↗Ökologie für biologische (↗biologische Selbstreinigung) und chemische Abbauprozesse, die in Fließgewässern wirken und dank derer belastende Stoffe abgebaut werden und die Wasserqualität erhalten bleibt. Dies geschieht durch Verdünnung von belastenden Inhaltsstoffen (Zufluß von unbelastetem Wasser) oder durch organischen Abbau unter Sauerstoffzehrung. Die Selbstreinigung ist stark gekoppelt mit Gewässerströmung, Sauerstoffeintrag (auch künstlich bei Seebelüftung und in Kläranlagen) und den Lebensgemeinschaften in den Gewässern. Je nach Konzentration der belastenden, meist organischen Stoffe bildet sich eine andere ↗Fließgewässerbiozönose aus. Mit Hilfe dieser kann die Gewässerqualität entlang der Selbstreinigungsstrecke mittels des ↗Saprobienindex bestimmt werden. Die ↗Belastbarkeit eines Gewässers ist allerdings beschränkt. Wird sie überschritten, kommt es zu einem ↗Umkippen des Gewässers.

Selbstumkehr der Magnetisierung, wird gelegentlich bei Gesteinen beobachtet, die ↗Titanomaghemite oder auch ↗Hämo-Ilmenite einer besonderen Zusammensetzung enthalten. Sie äußert sich in Form einer ↗remanenten Magnetisierung, meist eine ↗thermoremanente Magnetisierung (TRM), die antiparallel zum äußeren Magnetfeld orientiert ist und damit eine ↗Feldumkehr vortäuscht.

Selective Availability, SA, ↗GPS-Sicherungsmaßnahme. Für zivile GPS Nutzer wird im Rahmen des ↗Standard Positioning Service (SPS) eine Genauigkeit von etwa 100 m bei der Positionsbestimmung mit einem einzelnen GPS-Empfänger gewährleistet. Um diese Einschränkung gegenüber dem wesentlich höheren Genauigkeitspotential (Fehlerbudget) von GPS zu erreichen, werden im Rahmen von SA zum einen die ↗Broadcastephemeriden manipuliert (ε-Technik) und zum anderen die Stabilität der Satellitenuhr durch ein Störsignal verringert (dithering, δ-Technik). Aufgrund von SA ändert sich auch für einen fest aufgestellten GPS-Empfänger die angezeigte Position kontinuierlich. Ungünstige Satellitengeometrie (PDOP) verursacht zeitweise auch größere Fehler als 100 m, insbesondere in der Höhenkomponente. Durch Relativmessungen (↗Differential-GPS) lassen sich die SA-Effekte weitgehend beseitigen. [GSe]

Selektion, in der ↗Ökologie ein Mechanismus, der bewirkt, daß bestimmte Individuen einer ↗Population mehr Nachkommen erzeugen als andere und damit mehr zum Genbestand der nächsten Generation beitragen. Die Selektion findet bei Eignungsunterschieden statt, bei der jene Organismen mit größerer Wahrscheinlichkeit zur Fortpflanzung gelangen, die den gegebenen Umweltbedingungen am besten entsprechen (↗Fitneß). Die natürliche Selektion ist ein wesentlicher Faktor der biologischen Evolution. Der Mensch kann mit Hilfe künstlicher Selektion die Züchtung von ↗Kulturpflanzen und Nutztieren gezielt vornehmen.

Selektivitätskoeffizient, Maß für die Empfindlichkeit einer ionenselektiven Sonde gegenüber Störionen.

Selen, Se, chemisches Element aus der VI. Hauptgruppe des Periodensystems, Halbmetall (↗Metalle), wichtiges Spurenelement, das zu schwerwiegenden Mangelerscheinungen bei Menschen und Tieren führen kann. Es kommt in kleinen Mengen in isomorphen ↗Sulfiden und in Gold-Silber-Erzen vor. Die Bezeichnung Selen stammt von dem griechischen Wort für Mond = selenos. Selen wird verwendet für Selenzellen und zum Färben von Gläsern.

Selenide, Salze des Selenwasserstoffs mit Silber, Kupfer, Quecksilber und Bismut (↗Selenminerale); isomorph mit ↗Sulfiden wie Kupferkies und Zinkblende.

Selenminerale, die wichtigsten Selenminerale sind: Naumannit (Ag_2Se), Aguilarit ($Ag_2(Se,S)$), Berzelianit (Cu_2Se), Eukairit ($Cu_2Se \cdot Ag_2Se$), Bleiglanz (selenhaltig; $Pb(S,Se)$), Clausthalit ($PbSe$), Tiemannit ($HgSe$), Klockmannit ($CuSe$), Kerstenit ($PbSeO_4$) und Chalkomenit ($Cu[SeO_3] \cdot 2\,H_2O$).

Selenodäsie ↗Mondgeodäsie.

Seltene Erden, *Seltenerden*, historisch begründeter Name für die Oxide der ↗Seltenerdmetalle.

Seltene-Erden-Lagerstätten, Mineralisationen von eigenständigen ↗Seltenerdmineralen wie ↗Monazit und Bastnäsit oder zusammen mit niob- und tantalhaltigen Mineralien (*Nioblagerstätten, Tantallagerstätten*), z. B. der Pyrochlorfamilie, vor allem in ↗Carbonatiten (z. B. Sulphide Queen am Mountain Pass in Kalifornien), welche die größte Seltene-Erden-Lagerstätte der Welt darstellt; weiterhin als Nebenprodukte in zahlreichen ↗Pegmatitlagerstätten (z. B. King's Mountain in North Carolina (USA), Bernic Lake (Manitoba, Kanada) und Thailand) und in monazithaltigen Seifenlagerstätten (z. B. Indien).

Seltenerdmetalle, Metalle der Seltenen Erden (SE, RE), Sammelbezeichnung für die Elemente Scandium, Yttrium, Lanthan und die 14 im Periodensystem auf das Lanthan folgenden Elemente Cer, Praseodym usw., die als Lanthanoide (Lanthanide) bezeichnet werden. Die Entdeckungsgeschichte der Seltenerdmetalle reicht bis zum Ende des 17. Jahrhunderts. Maßgeblich beteiligt waren Gadolin 1794 mit der Isolierung des Yttriumoxids und Wöhler, der 1828 das Yttriummetall darstellte. Samarium wurde 1879 durch P. E. Lecoq de Boisbaudran in Samarskit gefunden. 1828 entdeckte ↗Berzelius das Thorium im Thorit.

Seltenerdminerale, es gibt über 200 Minerale mit Seltenen Erden, die man einteilt in Minerale mit Cer-Erden und in Minerale mit Ytter-Erden (Tab.). Darüber hinaus enthalten viele andere Minerale Seltene Erden, wie z. B. Apatit, Zirkon, Titanit u. a.

SEM ↗Elektronenmikroskop.

Minerale mit Cererden		
Monazit	$CePO_4$	monoklin
Bastnäsit	$(Ce, La, Nd)[F|CO_3]$	trigonal
Euxenit (Polykras)	$(Y, Er, Ce, U, Th, Pb, Ca)(Ti, Nb, Ta)_2(O, OH)_6$	rhombisch
Äschynit	$(Ce, Th, U, Ca)(Nb, Ta, Ti)_2O_6$	rhombisch
Pyrochlor	$(Na, Ca, Ce)_2 Nb_2O_6 (F, O, OH)$	kubisch
Dysanalyt	$(Ca, Ce, Na)(Ti, Fe, Nb)O_3$	kubisch
Thorianit	$(Th, U, Ce) O_2$	kubisch
Thorit	$(Ce, Th) [SiO_4]$	tetragonal
Minerale mit Yttererden		
Xenotim	YPO_4	tetragonal
Gadolinit	$Y_2FeBe_2[O|SiO_4]_2$	monoklin
Fergusonit	$Y (Nb, Ta) O_4$	tetragonal
Samarskit	$(Y, Er)_4[(Nb, Ta)_2O_7]_3$	rhombisch
Thortveitit	$(Sc, Y)_2Si_2O_7$	monoklin
Yttrofluorit	$(Ca, Y) F_{2-2,3}$	kubisch

Seltenerdminerale (Tab.): Auswahl an Mineralen der Seltenen Erden.

Semantik, in der ↗Semiotik und der ↗kartographischen Zeichentheorie die Beziehung von verbalsprachlichen und unter anderem auch kartographischen Zeichen (↗Kartenzeichen) zum bezeichneten Gegenstand bzw. zur Zeichenbedeutung.

semantische Generalisierung, *Begriffsgeneralisierung*, kartographiespezifische Bezeichnung für das methodische Verfahren der begrifflichen und sprachlichen Verallgemeinerung. Das begriffliche Generalisieren erfordert eine Klassifikation bzw. eine Begriffshierarchie des Inhalts der zu bearbeitenden Karte, die auf ihre Verwendung, z. B. in der Wissenschaft, der Verwaltung, der Wirtschaft oder in anderen Bereichen, ausgerichtet ist. Häufig existiert bereits eine entsprechende Klassifizierung, z. B. als Zeichenschlüssel topographischer Karten, in Gestalt der geologischen Formationstabelle, der Bodenklassifikation oder mit der amtlichen Klassifikation des Straßennetzes. In anderen Fällen, besonders im Bereich der thematischen Kartographie, ist die Neuentwicklung oder die Abwandlung einer vorliegenden Klassifikation wesentlicher Bestandteil der Arbeit von Kartenautor und Kartenredakteur. Auch in der ↗topographischen Kartographie kann mit der Entwicklung neuer oder der Veränderung bestehender Zeichenschlüssel eine Begriffsgeneralisierung notwendig werden. Der Unterschied der begrifflichen Verallgemeinerung in der Kartographie zu anderen Bereichen der Wissenschaft und Praxis besteht darin, daß sich die Klassifikation, d. h. die Begriffshierarchie der ↗Legende, nur durch Abstimmung und Überprüfung auf die Darstellbarkeit der in die ↗Kartenzeichen umgesetzten Begriffe in der Karte entwickeln läßt. Vor allem aus dieser Sicht ist die Verwendung des Terminus Begriffsgeneralisierung in der Kartographie zu verstehen. Man unterscheidet in bezug auf die semantische Generalisierung die qualitative Generalisierung und die ↗quantitative Generalisierung, denen aus der Sicht des Dargelegten die ↗zeitbezogene Generalisierung gleichgestellt werden kann. [KG]

semantische Relationen, geben den Bedeutungszusammenhang von Objekten und ihren Eigenschaften wieder. In der ↗Datenmodellierung werden semantische Relationen als Beziehungen zwischen Klassen (Entitäten) definiert.

semiarid, *subarid*, ein trockenes Klima mit Jahresniederschlägen zwischen 25 cm und 50 cm, in dem spärlicher Pflanzenwuchs möglich ist. In einem semiariden Gebiet wechseln sich ↗aride und ↗humide Verhältnisse ab. In mehr als sechs Monaten herrschen allerdings aride Verhältnisse vor. ↗semihumid.

Semigley, gehört zu den ↗terrestrischen Böden. Es sind Übergangsböden zu den ↗semiterrestrischen Böden, in denen der Kapillarwassersaum des Grundwassers im Gegensatz zu diesen aber stets unterhalb 40 cm endet. Sie können aber semiterrestrische Subtypen entwickeln, sofern ihr Unterboden durch Grundwasser geprägt wurde. Nach der ↗Bodenkundlichen Kartieranleitung sind sie als Subtypen der ↗Gleye aufzufassen. Ein Subtyp ist die Gley-Braunerde.

semihumid, ein halbtrockenes Klima mit Jahresniederschlagen zwischen 50 cm und 100 cm, in dem eingeschränkt Pflanzenwuchs möglich ist. In einem semihumiden Gebiet wechseln sich ↗aride und ↗humide Verhältnisse ab. In mehr als sechs Monaten herrschen allerdings humide Verhältnisse vor. ↗semiarid.

Semihyläa, im Gegensatz zur immerfeuchten ↗Hyläa der ↗Landschaftstyp der Tropenwälder in Klimazonen mit im Jahresverlauf abwechselnden Regen- und Trockenzeiten (wechselfeuchte Tropen). Die entsprechende ↗Vegetationszone wird als »halbimmergrüne und regengrüne Wälder« bezeichnet. Dazu gehören beispielsweise die Monsunwälder.

Semimetalle ↗*Halbmetalle*.

Semiose, der nach der ↗Semiotik und der ↗kartographischen Zeichentheorie verbalsprachlicher und unter anderem auch kartographischer Zeichenprozeß. Die Semiose besteht in der Beziehung zwischen der durch (kartographische) Zeichen ausgelösten (raumbezogenen) Vorstellung, Erkenntnis, Reaktion oder Handlung (Interpretant), dem die Zeichen interpretierenden Menschen selbst (Interpret) sowie dem, was als Zeichen die Vorstellung, Erkenntnis, Reaktion oder Handlung bewirkt (Signifikant) und der Bedeutung des Zeichens (↗Designat). ↗Denotation, ↗Konnotation.

Semiotik, *Semiologie*, *Zeichentheorie*, abgeleitet aus dem griechischen Wort sema für Zeichen bezeichnet Semiotik die allgemeine Lehre von den ↗Zeichen und ↗Zeichensystemen, besonders der verbalsprachlichen und graphischen Zeichen, sowie von den Zeichenprozessen (↗Semiose). Die Semiotik reicht als Wissenschaft bis auf G. W. Leibnitz (1646–1716) und J. Locke (1632–1704) zurück. Sie wurde jedoch entscheidend durch ihre Entwicklung im 20. Jh. geprägt. Im weitesten Sinne untersucht die Semiotik sämtliche Formen zeichengebundener Kommunikation zwischen Menschen (Anthroposemiotik), zwischen nichtmenschlichen Organismen (Zoosemiotik) sowie innerhalb von Organismen (Endosemiotik). Gegenüber den u. a. mit graphischen, akustischen und haptischen Zeichen operierenden Einzelwissenschaften bzw. Gesellschaftsbereichen ist die Semiotik eine diesen übergeordnete Disziplin, die Zeichen, Zeichensysteme und Zeichenprozesse dort, wo sie auftreten, beschreibt, analysiert und erklärt. Im engeren Sinne untersucht die Semiotik die Beziehungen der Zeichen untereinander (/Syntaktik), die Beziehungen zum bezeichneten Gegenstand bzw. Objekt (/Semantik) und die Beziehungen zu den Menschen, die mit Hilfe der Zeichen Informationen über die bezeichneten Gegenstände austauschen bzw. kommunizieren (/Pragmatik) sowie den Prozeß der Zeichenverarbeitung, die Semiose. Dabei wird in der marxistischen Erkenntnistheorie neben der semantischen Beziehung eines Zeichens zum bezeichneten Gegenstand auch die Beziehung eines Zeichens zu den bezeichnenden Eigenschaften eines Gegenstandes (/Sigmatik) unterschieden. Für die /Kartographie wurde die Semiotik aufgrund ihrer formalen und kommunikationsorientierten Beschreibungsansätze u. a. von J. /Bertin zum Aufbau einer /kartographischen Zeichentheorie (/graphische Semiologie) genutzt, deren Erkenntnisgegenstand u. a. elementare und strukturelle Analogien zwischen /Daten, Zeichen und menschlichem Denken sind. [WGK, PT]

Semipolje /Polje.

semisubhydrische Böden, Klasse von Böden der Abteilung semisubhydrische und /subhydrische Böden, die im Gezeiteneinflußbereich des Meeres und des Unterlaufes der Flüsse zwischen mittlerem Niedrigwasser und mittlerem Hochwasser liegen und einen /F-Horizont aufweisen. Sie sind weitestgehend vegetationsfrei. Eine Gliederung erfolgt nach Sedimentationsräumen und Korngrößenzusammensetzung bis 40 cm unter Geländeoberfläche. Der (Norm-)Typ entspricht dem flächenmäßig größten Sedimentationsbereich. Es gibt den Typ /Watt mit den Subtypen (Norm-)Watt, Brackwatt und Flußwatt. /Bodenkundliche Kartieranleitung.

semiterrestrische Böden, Abteilung von Böden, die durch den Einfluß von Grundwasser geprägt werden, wodurch charakteristische Horizontmerkmale entstehen, die zur Gliederung dieser Böden herangezogen werden. Zu dieser /Abteilung gehören die Klasse der /Auenböden, der /Gleye und der /Marschen. Sie sind abzugrenzen von der Abteilung der /terrestrischen Böden, der Unterwasserböden (/subhydrische Böden), der /Moore sowie der /Antropogenen Böden. /Grundwasserböden.

Senatskommission für Ozeanographie, wissenschaftliches Beratungsgremium des Senats der Deutschen Forschungsgemeinschaft (Förderinstitution der Grundlagenforschung) in den Angelegenheiten der meereskundlichen Grundlagenforschung. Die Kommission berät über die Zusammenarbeit mit nicht-staatlichen internationalen Organisationen und Programmen der Meeresforschung wie dem /Scientific Committee on Oceanographic Research und dem /Deep Sea Drilling Project. Sie bestimmt über den Einsatz des von der Deutschen Forschungsgemeinschaft für die /Ozeanographie zur Verfügung gestellten /Forschungsschiffes »Meteor«.

Sendefrequenz, die Frequenz eines Senders in den /elektromagnetischen Verfahren, die entsprechend der Aufgabenstellung gewählt wird.

Sender, Strom- oder Magnetfeldquelle in den /geoelektrischen Verfahren und elektromagnetischen Verfahren.

Seneszenz, **1)** *Bioökologie:* allgemein der Abschnitt des Alterns im Lebenszyklus von Organismen. **2)** *Botanik:* die Alterung und das Absterben von einzelnen Pflanzenteilen oder ganzen /Pflanzen. Blätter, Blüten und Früchte einer mehrjährigen Pflanze haben oft eine viel kürzere Lebensdauer als die Pflanze als Ganzes. Bei den Blättern unterscheidet man sequentielle (fortlaufende) und synchrone, mit den Jahreszeiten gekoppelte Seneszenz. Manche /Arten sterben nach ihrem Blühen und Fruchten, andere können viele Jahre wachsen und fruchten.

Senfgold, entsteht bei der Zersetzung von Gelbgold-Telluriden als dunkelbraunes Pulver (/Gold).

Senft, *Ferdinand*, deutscher Naturkundler, * 6.5.1810 Möhra (Thüringen), † 30.3.1893 Eisenach; seit 1850 Professor in Eisenach; erforschte Gestalt und Verwitterung von Böden und deren Beziehungen zur Vegetation. In seinem Lehrbuch der »Gebirgs- und Bodenkunde« (1847, 1857 Lehrbuch der forstlichen Geognosie, Bodenkunde und Chemie) werden Böden erstmals in ihrer Horizontgliederung (aufgrund unterschiedlicher Körnungen, Färbungen, Humus- und Kalkgehalte) beschrieben und ihre Klassierung erfolgt (im Gegensatz zu der nach Friedrich /Fallou) nach bodeneigenen Merkmalen. Er schildert auch erstmals Beeinträchtigungen der /Bodenfruchtbarkeit durch anthropogene Schadstoffe in der Nähe chemischer Fabriken und Schmelzhütten.

Senke, *sink* (engl.), *stoffhaushaltliche Senke*, in der Landschaftsökologie Bezeichnung für Geländeformen oder ganze Landschaftsbereiche, in denen Stoffe (Nährstoffe, Schadstoffe usw.) akkumulieren und so zumindest zeitweise aus dem Kreislauf entfernt werden. Sie wird v. a. bei Untersuchungen des Stoffhaushaltes verwendet. Beispielsweise wirken die Moorgebiete der nördlichen Hemisphäre als weltweite Kohlenstoff-Senke. Das Gegenteil der stoffhaushaltlichen Senke ist die /stoffhaushaltliche Quelle.

Senkenspeicherung Oberflächenretention des Abflusses (/Retention).

Senkung, 1) lokale oder regionale *Absenkung* der Erdoberfläche (/Subsidenz). 2) ingenieurgeologischer Begriff für das Einsinken oder Einbrechen des Gebirges infolge natürlicher (/Subrosion) oder künstlicher Hohlraumbildung im Untergrund.

Senkungsküste, *untertauchende Küste*, *untergetauchte Küste*, *gesunkene Küste*, Küste, deren /Küstenlinie infolge tektonischer Absenkung der Landmasse (/Tektonik) unter den rezenten Meeresspiegel geraten ist. Die Senkungsküste ist eine tektonisch bedingte Form der /Ingressionsküste, wobei die Trennung des Einflusses von tek-

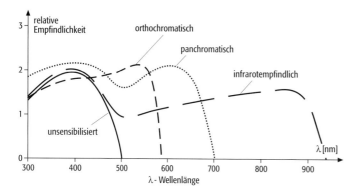

Sensibilisierung: spektrale Empfindlichkeit photographischer Schichten von Schwarzweißmaterial (λ = Wellenlänge).

tonischen Bewegungen und ↗eustatischen Meeresspiegelschwankungen auf die Küstenlinie meist problematisch ist.

Senkungsmulde, im Tunnelbau ein morphologische Mulde, die an der Geländeoberfläche über dem Tunnel aufgrund der Spannungsumlagerungen beim Auffahren des Tunnelhohlraumes entstanden ist.

Senon, *Senonium,* regional verwendete stratigraphische Bezeichnung für die höhere Oberkreide, benannt nach dem gallischen Volksstamm der Senonen in Zentralfrankreich. Das Senon umfaßt das ↗Campan und ↗Maastricht der internationalen Gliederung. ↗Kreide, ↗geologische Zeitskala.

Sensibilisierung, relative Empfindlichkeit ↗photographischer Schichten für die Strahlung in unterschiedlichen Wellenlängenbereichen. Bei Schwarzweißmaterial werden u.a. unsensibilisierte, orthochromatische, panchromatische und infrarotsensibilisierte photographische Schichten unterschieden (Abb.). ↗Farbfilme bestehen aus mehreren für die Grundfarben Blau, Grün und Rot sensibilisierten Schichten. ↗Color-Infrarot-Filme sind Mehrschichtenfilme mit einer für das nahe Infrarot sensibilisierten Schicht.

sensitive Karte ↗View-Only-Verfahren.

Sensitivität, Empfindlichkeit der Ergebnisse numerischer Simulationsmodelle gegenüber verschiedenen Anfangs- und Randwerten. Bei manchen meteorologischen Situation hängt das Ergebnis sehr stark von der Genauigkeit der Eingabedaten ab. Bei numerischen Modellen muß die Sensitivität hinsichtlich der Beobachtungsfehler, der Modellfehler und der Computerfehler beachtet werden. Die Sensitivität von Wetter und Klima kann auch gegenüber wahrscheinlichen Veränderungen klimawirksamer Faktoren wie die Zunahme der Treibhausgase oder von Vulkanausbrüchen studiert werden.

Sensor, in der ↗Fernerkundung ein Instrumentensystem, das zumeist aus optischen und elektronischen Bestandteilen sowie aus Detektoren besteht. Ein Sensor wandelt in einem spezifischen ↗IFOV auftreffende elektomagnetische Strahlungsflüsse in ein elektrisches Signal bzw. einen digitalen Code um. Je nachdem, ob es sich um abbildende oder nicht-abbildende Sensoren handelt, kann das Ergebnis der Aufzeichnung ein digitales Bild oder Profil, aber auch eine andere Form von Signal sein. Unter Sensorcharakteristika versteht man die Fähigkeit, elektromagnetische Strahlungsintensitäten aufzuzeichnen und aufzulösen. Die wichtigen Charakteristika eines abbildenden Sensors sind die erzielbare Bodenauflösung (Größe des ↗Pixels auf der Erdoberfläche), die spektrale Bandbreite (↗Spektralbereich), die ↗spektrale Auflösung, die ↗radiometrische Auflösung, die ↗Detektivität, die ↗Lagegenauigkeit und die ↗zeitliche Auflösung. [EC]

separativer Ansatz, in der ökologischen Forschung (↗Ökologie) der Weg der isolierten einzeldisziplinären Betrachtung und damit Gegenstück zum ↗holistischen Ansatz (↗integrativer Ansatz), der Probleme ganzheitlich und integrativ angeht. Mit dem separativen Ansatz wird primär versucht, einen Sachverhalt möglichst bis ins Detail zu untersuchen und zu verstehen. Die Verknüpfung und Einbettung in ein größeres Ganzes wird bewußt, vielmals aber auch unbewußt vernachlässigt.

Sephardische Trias, die epikontinentale Triasabfolge am Südrand der ↗Tethys bzw. am Nordrand ↗Gondwanas, vor allem in der Levante (Jordanien, Israel, Sinai). Sie hat starke Anklänge an die ↗Germano-Andalusische Trias. ↗Trias.

Septarie, ↗Konkretion, innen von Rissen durchzogen, die mit größeren Kristallen verfüllt sind.

Sequenz ↗Sequenzstratigraphie.

Sequenzgrenze ↗Sequenzstratigraphie.

Sequenzstratigraphie, die Sequenzstratigraphie unterteilt eine sedimentäre Schichtenfolge in Einheiten, die durch Diskordanzen und/oder andere zeitrelevante Flächen begrenzt sind, den *Sequenzen.* Zusammen mit der ↗seismischen Stratigraphie, von der die Sequenzstratigraphie sich ableitet, gehört die Sequenzstratigraphie zur ↗Allostratigraphie. Viele der Begriffe der Sequenzstratigraphie fanden keine Übersetzung ins Deutsche. Daher werden auch im Deutschen die englischen Begriffe eingesetzt.

Der Begriff der Sequenz wurde ursprünglich für kratonale Schichtpakete (↗Kraton) der USA aufgestellt, die durch Diskordanzen begrenzt sind. Da der Begriff Sequenz in der ↗exogenen Dynamik auch eine gerichtete Entwicklung innerhalb einer sedimentären Schichtenfolge bezeichnen kann, vor allem in der englischsprachigen Literatur, wird mit dem Ausdruck *Ablagerungssequenz* (engl. *depositional sequence*) oft der sequenzstratigraphische Bezug deutlich gemacht. Eine Sequenz wird durch *Sequenzgrenzen* limitiert. Dies sind Flächen, die jüngere von älteren Schichten trennen. Entlang dieser Flächen liegt ein signifikanter ↗Hiatus vor, und sie zeigen Emersion sowie subaerische ↗Erosion an, in manchen Fällen auch eine daran gebundene submarine Erosion. Sequenzgrenzen können in tieferen Beckenbereichen in eine konkordante Schichtfolge (engl. *conformity*) übergehen. Aus dieser Definition folgt, daß eine Ablagerungssequenz eine durch nichtmarine Erosionsflächen begrenzte sedimentäre Abfolge ist, die während eines Zyklus von fallendem und steigendem Meeresspiegel gebildet wird. Im sequenzstratigraphi-

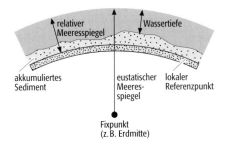

Sequenzstratigraphie 1: Definition des Meeresspiegels.

schen Kontext muß dabei auf den Begriff Meeresspiegel näher eingegangen werden: Der eustatische Meeresspiegel, also der globale Meeresspiegel, wird von einem fixen Punkt aus gemessen, wobei sich der Erdmittelpunkt anbietet (Abb. 1). ↗Eustatische Meeresspiegelschwankungen werden durch Veränderungen des Volumens der Meeresbecken (z. B. durch Volumenvariationen ↗Mittelozeanischer Rücken) oder durch Fluktuationen des Wasservolumens der Ozeane (z. B. durch Veränderungen des globalen Eisvolumens) ausgelöst. Der *relative Meeresspiegel* wird zwischen der Meeresoberfläche und einem lokalen, beweglichen Punkt gemessen. Dieser Punkt kann in einem Becken die Grundgebirgsoberfläche oder die Schicht einer sedimentären Abfolge sein. Relative Meeresspiegelschwankungen können daher von Änderungen a) der tektonischen Senkungs- und Hebungsraten des Beckens, b) der Sedimentzufuhrraten, c) des eustatischen Meeresspiegels sowie d) durch Sedimentkompaktion ausgelöst werden. Der relative Meeresspiegel sollte nicht mit der Wassertiefe verwechselt werden, die zwischen der Meeres- und der Sedimentoberfläche gemessen wird. Das Zusammenspiel von Variationen des eustatischen Meeresspiegels und der Subsidenzraten bestimmt in einem Becken den *Akkomodationsraum* (engl. *accomodation space*). Dies ist der Raum, der potentiell mit Sediment verfüllt werden kann. Die Obergrenze des Akkomodationraums wird nicht direkt vom Meeresspiegel, sondern von der Lage der ↗Erosionsbasis (engl. *base-level*) festgelegt.

Zur Bestimmung von Sequenzen sind die Schichtgeometrien wichtig. Die ursprünglich in der seismischen Stratigraphie beschriebenen Geometrien (Abb. 2) lassen sich auch in Schichtenfolgen in Festlandsaufschlüssen wiederfinden. Ein *onlap* ist die Endung einer sanft einfallenden Reflexion/Schicht gegen eine steiler einfallende Fläche. Handelt es sich bei den Onlap-Ablagerungen um küstennahe Sedimente, wird dies als Küstenonlap vermerkt. Im einzelnen beschreibt der Bereich des Küstenonlaps die landwärtige Grenze von Küstenebenenablagerungen oder von paralischen Sedimenten. Bei einem *downlap* stoßen geneigte Reflexionen/Schichten auf eine unterlagernde, flacher einfallende Fläche. Downlaps finden sich z. B. am *distalen*, also beckenwärtigen Ende von Clinoformen. Bei einem *offlap* wandern die Reflexions-/Schichtendungen im oberen Teil eines Reflexions-/Schichtstapels sukzessive beckenwärts. Der *toplap* ist die *proximale*, also landwärtige Endung beckenwärts einfallender Reflexionen/Schichten gegen eine schwächer einfallende Reflexion/Schicht im Hangenden. Der Punkt, an dem die Clinoformen proximal in horizontale bzw. subhorizontale Lagerung übergehen, wird hier als Clinoformen-Kante bezeichnet (engl. *clinoform breakpoint, offlap break*). Diese kann, muß aber nicht, mit der ↗Schelfkante zusammenfallen.

Es werden zwei Typen von Sequenzgrenzen unterschieden (Abb. 3). Die Typ-1-Sequenzgrenzen sind durch Emersion, subaerische Erosion, ein beckenwärtiges Wandern von Faziesgürteln und einen beckenwärtigen Versatz des Küstenonlaps charakterisiert. In proximalen Bereichen kommt es an der Sequenzgrenze somit zu einer direkten und übergangslosen Überlagerung von nichtmarinen, z. B. fluviatilen, Sedimenten auf flachmarine Schichten. Eine Typ-1-Grenze wird gebildet, wenn an der Clinoformen-Kante die Rate des relativen Meeresspiegelfalls größer ist als die Subsidenzrate. Der Küstenonlap verlagert sich dabei beckenwärts der Clinoformen-Kante. Typ-2-Sequenzgrenzen entstehen, wenn die Rate der relativen Meeresspiegelabsenkung an der Clinoformen-Kante geringer ist als die dortige Subsidenzrate und der Küstenonlap oberhalb dieser Linie zu liegen kommt. Typ-1- und Typ-2-Sequenzgrenzen wurden in Siliciklastika festgelegt. Andere Autoren definieren – basierend auf Beobachtungen an carbonatischen Serien – zusätzlich Typ-3-Sequenzgrenzen. Diese werden durch einen schnellen Anstieg des relativen Meeresspiegels gebildet, während dem ↗Carbonatplattformen »ertrinken« (engl. *drowning*), d. h. in die tiefe euphotische Zone oder darunter versetzt werden. Zusätzlich tritt an solchen Horizonten (engl. *drowning unconformity*) oft submarine Erosion auf, die z. B. durch tidal indizierte interne Wellen oder die Verlagerung von ↗geostrophischen Strömen kontrolliert wird. Im Gegensatz zu den oben beschriebenen Sequenzen würden Sequenzen, die durch Typ-3-Grenzen definiert sind, also nicht zwingend durch Auftauchflächen begrenzt.

Eine Sequenz besteht aus unterschiedlichen Schichtpaketen, den *systems tracts* (Abb. 3). Dies sind Bündel gleicher ↗Ablagerungssysteme (engl. *depositional systems*) und damit ein dreidimensionaler Lithofaziesverbund, der von onlaps, downlaps etc. begrenzt wird. Sytems tracts werden entsprechend der Position des relativen Meeresspiegels zur Bildungszeit dieser Einheiten bezeichnet, wobei Typ-1- und Typ-2-Sequenzen unterschiedlich aufgebaut sind. Der basale low-

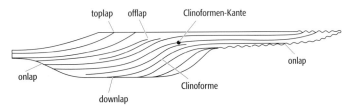

Sequenzstratigraphie 2: wichtigste Geometrien und Endungen von Reflexionen/Schichten.

Sequenzstratigraphie

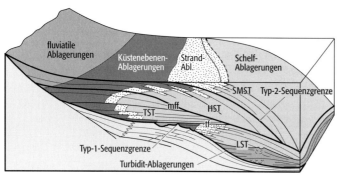

LST: lowstand systems tract
TST: transgressive systems tract
HST: highstand systems tract
SMST: shelf margin systems tract
tf: transgressive Fläche
mff: maximale Flutungsfläche

Sequenzstratigraphie 3: Idealmodell einer Ablagerungssequenz.

stand systems tract (LST) einer Typ-1-Sequenz entsteht bei einem im Bereich der Clinoformen-Kante zuerst fallenden und dann wieder ansteigenden relativen Meeresspiegel. Das Fallen des relativen Meeresspiegels initiiert eine Einschneidung von Flußsystemen und somit einen punktuellen Sedimenttransport zu den Clinoformen und zum Schelfhang. Infolge des hohen Sedimenteintrags kommt es dort zu Hanginstabilitäten und zur Remobilisierung des Sediments, welches in submarine Fächer exportiert wird (z. B. durch Trübeströme). Am tiefsten Punkt des relativen Meeresspiegeltiefstandes stabilisiert sich das Flußprofil und es resultiert ein Küstenonlap unterhalb des Clinoformen-Kante. Die Rate des darauffolgenden relativen Meeresspiegelanstiegs ist zunächst gering und der Akkomodationsraums wird verfüllt. Somit liegt zuerst eine ↗Progradation (↗Regression) vor, die später – bei einer zunehmenden Rate des relativen Meeresspiegelanstiegs – in eine ↗Aggradation übergeht.

Der LST wird vom transgressive systems tract (TST) überlagert, der entsteht, wenn die Rate des Anstiegs des relativen Meeresspiegels höher ist als die Sedimentzufuhrrate. Somit wird der Akkomodationsraum nicht mehr verfüllt, und die Küstenfazies schreiten landwärts zurück (↗Transgression), was eine Retrogradation des Küstenonlaps ausdrückt. Die basale Fläche des TST ist die Transgressionsfläche (engl. *transgressive surface*). Distal dünnt der TST zu einer kondensierten Abfolge aus. Die Zeit der maximalen Rate des relativen Meeresspiegelanstiegs liegt im jüngsten Abschnitt des TST, und die Bildung des TST ist abgeschlossen, wenn der Akkomodationsraum bei einer abnehmenden Rate des relativen Meeresspiegelanstiegs wieder verfüllt werden kann und die Beckenrandsedimente prograditieren. Die Oberfläche, über welche die Clinoforme mit downlaps prograditieren, ist die maximale Flutungsfläche, die vom highstand systems tract (HST) überlagert wird. Der HST ist in seiner Entwicklung durch eine Abnahme der Rate des Meeresspiegelanstiegs charakterisiert, was sich in einem Wechsel von Aggradation zu Progradation niederschlägt. Der HST wird von einer Sequenzgrenze abgeschlossen.

Bei den Typ-2 Sequenzen fehlen die fluviatilen Einschnitte und die Ausbildung submariner Fächer in einem LST (Abb. 3). Das Schichtpaket über einer Typ-2-Sequenzgrenze wird als shelf margin systems tract (SMST) bezeichnet. Der SMST besteht, entsprechend der Veränderung des relativen Meeresspiegels, aus einem unteren prograditierenden und einem oberen aggradierenden Teil. Wie bei Typ-1-Sequenzen kommen in Typ-2-Sequenzen TST und HST vor.

Die hochauflösende Sequenzstratigraphie integriert Bohrlochmessungen und/oder Beobachtungen im Aufschluß oder an Kernen. Der ursprüngliche Ansatz der hochauflösenden Sequenzstratigraphie basiert auf der Beobachtung, daß systems tracts nicht die kleinsten sequenzstratigraphisch auflösbaren sedimentären Einheiten darstellen, sondern daß diese wiederum in sedimentäre Zyklen gliederbar sind. Im Flachmarinen sind dies sedimentäre Abfolgen, die eine Verflachung des Ablagerungsraums in der Zeit anzeigen, z. B. durch eine Korngrößenzunahme oder durch die entsprechenden vertikalen Fazieswechsel (*Dachbank-Zyklen*, *Shallowing-upward-Zyklen*, ↗*Klüpfel-Zyklen*). In der sequenzstratigraphischen Terminologie werden solche Zyklen als *Parasequenz* bezeichnet. Eine Parasequenz ist durch Flutungsflächen begrenzt, also durch Flächen, an denen sedimentäre Wechsel eine Vertiefung des Ablagerungsraums anzeigen. Parasequenzen können auto- oder allozyklisch kontrolliert sein. Während eine rein autozyklische Kontrolle in der geologischen Überlieferung nur schwer nachweisbar ist, bietet die Theorie der Schwankungen der Orbitalparameter der Erde (Milanković-Theorie) einen eleganten Ansatz, um hochfrequente Meeresspiegelschwankungen zu erklären, welche die Bildung der Parasequenzen kontrollieren. Mit dem Modell der Partitionierung des Sedimentvolumens und dem erweiterten Konzept der *genetischen Sequenzen* kann gezeigt werden, daß die Parasequenzen entlang eines Ablagerungsprofils nur einen lokalen Ausdruck eines meeresspiegelgesteuerten Verlagerungszyklus der Erosionsbasis darstellen (Abb. 4). In proximalen Bereichen ist bei einem Verlagerungszyklus der Erosionsbasis vor allem der Vertiefungstrend (Transgression) des Zyklus überliefert. Ein vollständiger, symmetrischer *transgressiv-regressiver Zyklus* liegt in intermediären paralischen Positionen vor, während ↗Vorstrand und Flachschelf Ablagerungen vor allem dem regressiven Schenkel des Zyklus überliefern, der die Progradation der ↗Küstenlinie widerspiegelt. Diese asymmetrischen, regressionsdominierten Zyklen entsprechen den Parasequenzen. In äußeren Schelfbereichen bilden sich wieder fast symmetrische Zyklen aus.

In der Sequenzstratigraphie muß zwischen Siliciklastika und Carbonaten unterschieden werden. Siliciklastika und Carbonate unterscheiden sich in einer Reihe von Aspekten: a) Siliciklastika werden einem sedimentären Becken von außen zugeführt, während Carbonate in der Wassersäule biologisch und/oder chemisch ausgefällt werden;

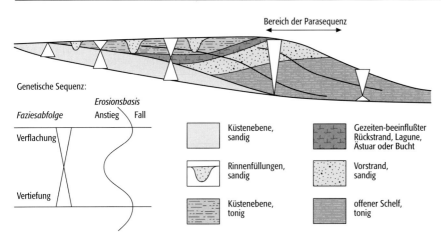

Sequenzstratigraphie 4: Partitionierung des Sedimentvolumens in einer genetischen Sequenz.

b) Die Art und Rate der Carbonatproduktion ist in den Tropen und Subtropen wassertiefenabhängig; c) Carbonate, zumindest solche die in den Tropen und Subtropen gebildet werden, haben ein hohes frühdiagenetisches Potential, was zu einer frühen Lithifizierung des Sediments führen kann. Diese Unterschiede führen dazu, daß beide sedimentären Systeme unterschiedlich auf Meeresspiegelschwankungen reagieren. Im Gegensatz zu den Siliciklastika können Carbonate bei Emersion sehr schnell lithifiziert werden. Dominanter Prozeß kann somit eine chemische und nicht eine physikalische Verwitterung sein, die z. B. zu einer Verkarstung der Carbonatplattform führt. Carbonatplattformen exportieren daher eher während relativen Meeresspiegelhochständen Sediment in umliegende Becken (*highstand shedding*), und der Tiefstandsexport ist oft drastisch reduziert, was einen kondensierten LST bedingt. Ein weiterer Unterschied zwischen beiden Systemen ist, daß in Carbonaten durch schnelle Anstiege des relativen Meeresspiegels Drowning-Diskordanzen gebildet werden können, während Siliciklastika auf einen solchen Anstieg durch eine ↗Retrogradation reagieren.

Das Konzept der Sequenzstratigraphie ist hier anhand von marinen Becken vorgestellt, da die Definitionen der einzelnen Elemente der Sequenzstratigraphie in solchen Ablagerungsbereichen aufgestellt wurden. Die Anwendung der Sequenzstratigraphie ist aber nicht auf marine und randmarine Sedimente beschränkt. Sie kann überall dort eingesetzt werden, wo Sedimente in einem Becken abgelagert wurden und ermöglicht durch das Erkennen und Korrelieren von Schlüsselflächen und -grenzen in Schichtenfolgen das Aufstellen einer relativen ↗Chronostratigraphie, die für eine detaillierte paläogeographische Rekonstruktion und Vorhersage von Sediment- und Faziesverteilungen unentbehrlich ist. [ChB]
Literatur: [1] CROSS, T. A., LESSENGER, M. A. (1998): Sediment volume partitioning: rationale for stratigraphic evaluation and high-resolution stratigraphic correlation. In: GRADSTEIN, F. M., SANDVIK, K. O., MILTON, N. J. (Eds): Sequence stratigraphy – Concepts and applications. – Norwegian Petrol. Soc., Spec. Publ., 8: 171–195. [2] POSAMENTIER, H. W., JERVEY, M. T., VAIL, P. R. (1988): Eustatic controls on clastic deposition I – conceptual framework. In: WILGUS, C. K., HASTINGS, B. S., KENDALL, C. G. S. C., POSAMENTIER, H. W., ROSS, C. A., VAN WAGONER, J. C. (Eds): Sea-level changes: An integrated approach. – Soc. Econ. Paleotol. Miner., Spec. Publ., 42: 109–124. [3] SCHLAGER, W. (1999): Type 3 sequence boundaries. In: HARRIS, P. M., SALLER, A., SIMO, T. (Eds.): Advances in carbonate sequence stratigraphy: application to reservoirs, outcrops, and models. – Soc. Sediment. Geol., Spec. Publ. 62: 1–11. [4] VAN WAGONER, J. C., POSAMENTIER, H. W., MITCHUM, R. M., VAIL, P. R., SARG, J. F., LOUTIT, T. S., HARDENBOL, J. (1988): An overview of the fundamentals of sequence stratigraphy and key definitions. In: WILGUS, C. K., HASTINGS, B. S., KENDALL, C. G. S. C., POSAMENTIER, H. W., ROSS, C. A., VAN WAGONER, J. C. (Eds): Sea-level changes: An integrated approach. – Soc. Econ. Paleotol. Miner., Spec. Publ., 42: 39–45.

Sérac ↗*Eisturm*.

Sericit, feinschuppige Varietät von ↗Muscovit (↗Glimmer), z. B. in ↗Gneis (*Sericitgneis*), in ↗Phyllit (*Sericitphyllit*) oder in ↗Quarzit (*Sericitquarzit*). ↗Metamorphose, ↗Sericitisierung.

Sericitgneis ↗Sericit.

Sericitisierung, ein hydrothermaler oder metamorpher Umwandlungsprozeß, bei dem aus ↗Feldspäten und anderen Silicaten durch Wechselwirkungen mit kaliumführenden wäßrigen Lösungen feinkörnige Muscovite (= Sericit) entsteht.

Sericitphyllit ↗Sericit .

Sericitquarzit ↗Sericit.

Serie, Einheit der ↗Chronostratigraphie, entspricht nach seiner hierarchischen Stellung der ↗Epoche in der ↗Geochronologie und der ↗Gruppe in der ↗Lithostratigraphie. ↗Stratigraphie.

Serir, *Kieswüste*, Steinwüste mit gleichmäßiger Bedeckung von oft gut gerundeten ↗Kiesen, die

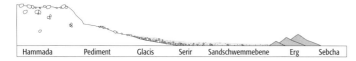

Serir: Stellung des Serir in der arid-morphologischen Catena.

in ↗Wüsten große Areale zwischen Bergland und Beckenregionen (↗Salztonebene) einnehmen kann (Abb.). Die meisten Serire gehen auf ↗fluviale Ablagerung zurück (Alluvialserir). Bei ↗Verwitterung von ↗Konglomeraten entstehen in situ Eluvialserire. Serire sind polygenetische Landschaftstypen mit einer fluvialen Anlage und nachfolgender ↗äolischer Überprägung (↗Wüstenpflaster). Je nach Korngröße der Kiese kann zwischen Grobserir (6–60 mm) und Feinserir (2–6 mm) unterschieden werden. Steinwüsten mit unsortierten und kaum gerundeten Steinen werden *Reg* genannt. Beckenwärts der schwach geneigten Serirflächen schließen sich mit abnehmender Korngröße oft ↗Sandschwemmebenen an.

Serpentin, [von lat. serpens = Schlange, wegen der fleckigen Farbenzeichnung], *Barettit, Enophit, Gymnit, Kopholith, Kypholith, Ophgit, Pelhamin, Retinalit, Ricolith, Rochlandit,* Schichtsilicat (↗Phyllosilicate) mit Zweischichtstruktur, meist mikrokristallin oder faserig (Serpentinasbest) oder als Antigorit (Blätterserpentin); Vorkommen: in niedrig-metamorphen Gesteinen durch Umwandlung von ↗Olivin neben ↗Pyroxenen und Amphibolen (↗Amphibolgruppe). Serpentinminerale wie Lizartit und Antigorit sind Hauptbestandteile der aus Peridotiten durch ↗Serpentinisierung entstandenen ↗Serpentinite. Der Ersatz des Magnesiums durch Nickel führt zu Ni-Serpentinen wie Garnierit. Durch Verwitterung unter tropischen Bedingungen entstehen Nickelerz-Anreicherungen mit Nickelchloriten (↗Chlorit-Gruppe); Verwendung: als Natursteinmaterial, für kunstgewerbliche Gegenstände, fälschlicherweise oft auch als ↗Jade (↗Jadeit) bezeichnet. ↗Asbest. [GST]

Serpentinisierung, Prozeß der ↗hydrothermalen Alteration, bei der magnesiumhaltige Silicate wie ↗Pyroxene und ↗Olivin aus Duniten, Harzburgiten und anderen peridotitischen Gesteinen zu Serpentinmineralen (↗Serpentin) umgewandelt werden. Als erstes bilden sich faseriger ↗Chrysotil und Lizardit, die beide durch metamorphe Reaktionen bei höheren Temperaturen (>250°C) von blättchenförmigen ↗Antigoriten abgelöst werden.

Serpentinit, ein ↗Metamorphit, der ein oder mehrere Minerale der Serpentingruppe (↗Antigorit, ↗Chrysotil, Lizardit) als Hauptbestandteile enthält. Weitere Minerale können Amphibole, Talk, Magnetit, Chlorite und Carbonate sein. Mineralrelikte in Form von Olivinen und Ortho- und Klinopyroxenen sowie Gefügerelikte weisen auf peridotitische Ausgangsgesteine (↗Peridotit) hin. ↗Serpentin.

Serpukhov, *Serpukhovium,* international verwendete stratigraphische Bezeichnung für die unterste Stufe des Oberkarbons. ↗Karbon, ↗geologische Zeitskala.

Serravall, *Serravallium,* international verwendete stratigraphische Bezeichnung für eine Stufe des ↗Miozäns, benannt nach einem Ort in Italien. ↗Neogen, ↗geologische Zeitskala.

Serverrechner, sind spezialisierte ↗Rechnersysteme, die in einem Netzwerk einen oder mehrere ↗Netzdienste zur Verfügung stellen. Sie verwenden in der Regel mehrproseß- bzw. mehrbenutzerfähige ↗Betriebssysteme und sind hardwareseitig an ihre speziellen Aufgaben angepaßt, z. B. durch zentrale Bereitstellung großer Plattenspeicher, Datensicherungsgeräte, Ein- oder Ausgabegeräte usw. zur Einlagerung und Archivierung verschiedenster Arten von ↗Daten (↗Sachdaten, Rasterdaten, Vektordaten usw.). Neben der genannten Funktion des Verfügbarmachens von Hardwareressourcen werden Serverrechner insbesondere zur Speicherung und Verwaltung zentraler Datenbestände als Datenbankserver eingesetzt (↗Datenbank).

Sesquioxide, [von lat. sesqui = eineinhalb], Bezeichnung für Oxide mit einem Verhältnis Sauerstoff zu Metall von 3 zu 2. In Böden werden die entsprechenden Oxide und Hydroxide von Fe und Al als Sesquioxide bezeichnet.

Sesquisols, Hauptbodeneinheit der ↗WRB, ersetzt die ↗Plinthosols, Böden der wechsel- und immerfeuchten Tropen mit humusarmem Substrat aus Sesquioxiden, Quarz und (vorwiegend kaolinitischem) Ton.

Sesquiterpane, durch Synthese von drei ↗Isopreneinheiten gebildete verzweigte gesättigte Kohlenwasserstoffe (↗Terpane) mit 15 Kohlenstoffatomen.

Sesquiterpene, aus drei ↗Isopreneinheiten bestehende ↗Terpene.

sessil, permanent auf dem Untergrund festsitzende Organismen (sessiles ↗Benthos). Ihre Existenz ist an die Zuführung suspendierter Nahrung gebunden, die in Form von Sinkstoffen oder durch Strömung und Wellengang herangeführt wird. Sessile Tiere sind deshalb Tentakelfänger, Strudler oder Filtrierer mit speziell entwickelten Ernährungsorganen. Die sessile Lebensweise ermöglicht die Reduzierung des Bewegungsapparates und führt zu einer allgemeinen Einsparung im Energiehaushalt. Frei liegende Organismen haben häufig bestimmte Morphologien, z. B. Ausbildung einer ebenen Liegefläche. Häufig sind abstützende Stacheln, z. B. bei ↗Brachiopoden oder rugosen ↗Korallen, entwickelt. Grundsätzlich bevorzugen freiliegende Epibenthonten einen verhältnismäßig strömungsniedrigen Lebensraum. Bei anderen Organismen bewirken speziell entwickelte Anheftungsorgane, z. B. die elastischen Byssusfäden von Muscheln (↗Mollusken) oder die Stiele der Brachiopoden, eine Verankerung. Andere sessile Organismen sind direkt mit dem Untergrund verwachsen und von polymorpher, untergrundgesteuerter Gestalt (z. B. verschiedene ↗Schwämme, Korallen u. a.). Dicke Schalen oder andere Exoskelette schützen auf der Sedimentoberfläche aufgewachsene Tiere (Epibenthos) vor Freßfeinden und Zerstörung durch hohe Wasserenergie. Wegen ihrer Empfindlichkeit gegenüber höherem Sedimentanfall bevorzugen viele Vertreter Fels- oder Hartgründe mit stark reduzierter Sedimentationsrate. Sessiles Endobenthos lebt, weil weniger von Freßfeinden bedroht, oft unter Reduktion der Schalen/Skelette im Sediment. Hemisessile Organismen haben ihre Fähigkeit zur Fortbewegung erhalten, machen aber nur in extremen Situationen davon Gebrauch. [EM]

Sesterterpane, durch Synthese von fünf ↗Isopreneinheiten gebildete verzweigte gesättigte Kohlenwasserstoffe (↗Terpane) mit 25 Kohlenstoffatomen.

Seston ↗Schwebstoff.

Setzpack, Maßnahme zur ↗Sohlensicherung im Gewässer durch hochkant, dicht nebeneinander gesetzte Bruchsteine (↗Wildbachverbauung).

Setzung, vertikale Senkungsbewegung eines Bauwerks durch Zusammendrücken des Bodens durch seine Eigenlast und eventuelle Nutzlasten. Die Lasten sind entweder statisch (ruhend) oder dynamisch durch Einwirken von Verkehr sowie durch Stoß- und Schwingimpulse von Maschinen. Nach DIN 4019 sind folgende Setzungsparameter zu unterscheiden: a) *Initialsetzung* oder *Sofortsetzung* s_0 (Schubsetzungen); sie beruht auf einer elastischen, d.h. reversiblen Verformung des Bodens, die unmittelbar bei Laständerungen eintritt. Dieser Vorgang läuft ohne Volumenänderung ab. b) *Primärsetzung* oder *Konsolidationssetzung* (Verdichtungssetzungen) s_1, die in der Regel den größten Setzungsanteil ausmachen. Sie erfolgt durch das Auspressen des Porenwassers und einer damit verbundenen Kompression des Korn- und Mineralgerüstes des Bodens. Dieser Prozeß kann in Abhängigkeit von der Durchlässigkeit und den Drainagebedingungen des Bodens mehrere Jahre oder Jahrzehnte andauern. c) *Sekundärsetzungen* s_2 (Kriechsetzungen). Sie sind in erster Linie auf langfristige Kriecherscheinungen in feinkörnigen Böden und Umlagerungen im Mineralgerüst zurückzuführen.

Über Setzungsberechnungen werden im allgemeinen die Konsolidationssetzungen erfaßt. Bei weichen organischen Böden (z.B. Torf) stellen sich noch erhebliche Sekundärsetzungen nach Abschluß der Konsolidation ein. Neben der Belastung verursacht die Frost/Tau-Wirkung und vor allem die Änderung der Wasser- und Grundwasserverhältnisse eine Verringerung des Porenanteils und damit eine Setzung. Die meisten Setzungsberechnungen beziehen sich auf die Zusammendrückung unter statischen Lasten oder durch ↗Grundwasserabsenkungen und ermitteln die Setzung ihrer Größenordnung nach. Für die Setzungsberechnung sind erforderlich: a) Angaben über das Bauwerk, Gründungstiefe, Fundamentart, Größe der Belastung, b) Bohrprofile, Schichtenverzeichnis und c) Bodenkennwerte, wie z.B. Kornsummenlinien, ↗Lagerungsdichte, ↗Porosität, ↗Konsistenzgrenzen etc.

Prinzipiell werden Setzungen mittels der Einheitssetzungen, der ↗Steifemoduli oder unter Annahme eines konstanten Steifemoduls mit einfachen Formeln berechnet. Zu unterscheiden ist zwischen schlaffen und starren Baukörpern. Der einfachste Fall einer lotrechten mittigen Belastung ist in DIN 4019, Teil 1 geregelt. Danach berechnet sich die Setzung s zu:

$$s = \frac{\sigma_0 \cdot b \cdot f}{E_m}$$

mit σ_0 = mittlere Bodenpressung in der Gründungssohle [kN/m²], verringert um den Betrag $\gamma \cdot d$ infolge der Aushubentlastung, γ = Wichte des Bodens, d = Mächtigkeit des ausgehobenen Schicht, b = Bezugslänge der Gründungsfläche [m], f = Setzungsbeiwert aus Tafeln bzw. Diagrammen in DIN 4019, E_m = mittlerer Zusammendrückungsmodul [kN/m²] der setzungsempfindlichen Schicht. Die Setzungsberechnungen werden im allgemeinen in Tabellenform durchgeführt, wobei der Baugrund in setzungsrelevante Teilschichten in Anlehnung an die geologische Schichtenfolge unterteilt wird. [KC,AK]

Setzungsempfindlichkeit, ist in erster Linie abhängig von der Steifigkeit des Baumaterials bzw. der Konstruktion. Ein schlaffes, statisch bestimmtes Bauwerk schmiegt sich der Setzungsmulde mehr oder weniger vollkommen an. Ein statisch unbestimmtes Bauwerk mit einer gewissen Steifigkeit von Überbau und Gründung ist bestrebt, die Setzungsmulde und örtliche ↗Setzungsunterschiede zu überbrücken und die Setzungen durch Verlagerung der Spannungen auszugleichen. Ist ein Bauwerk nicht steif genug die Biegebeanspruchung aufzunehmen, so treten Risse auf. ↗Baugrund.

Setzungsmessung, die ↗Verformungsmessung an einem geschütteten Damm auf einer Deponie, über einem Tunnelvortrieb oder an einem Bauwerk.

Setzungsmulde, bei der Ermittlung der ↗Setzungen und ↗Setzungsunterschiede eines Gebäudes ist der Einfluß der Nachbarfundamente zu berücksichtigen. Die Spannungsüberlagerung führt fast immer zu größeren Setzungen in der gemeinsamen Bauwerksmitte und zu Ausbildung einer sogenannten Setzungsmulde.

Setzungsrisse, durch Setzungsvorgänge (↗Setzung) entstandene Risse. Bei Gebäuden kann man von drei Grundtypen von Rißbildern ausgehen. Man unterscheidet stärkere Setzungen unter einer Gebäudeseite oder -ecke (äußere Freilage), die Muldenlage, die sich durch eine ausgeprägte Setzungsmulde bzw. stärkere Setzung in der Gebäudemitte zeigt und die Sattellage, die man an einer geringen Setzung in der Gebäudemitte erkennt.

Setzungsunterschiede, dürfen nicht für sich allein beurteilt werden, sondern immer in Abhängigkeit von der Entfernung der betrachteten Punkte. Setzungsunterschiede zwischen zwei Punkten werden allgemein als Winkelverdrehung ω angegeben, solche zwischen drei Punkten als Biegungsverhältnis. Letzteres ist das Stichmaß der Setzungsmulde durch die zugehörige Sehnenlänge. Die Biegung kann auch durch den Krümmungsradius R ausgedrückt werden.

$$Hs = -\sum_{i=1}^{s} pi * \ln pi$$

Hs = Diversitätsindex
pi = Anzahl Individuen
s = Anzahl Arten

Shannon-Index: Shannon-Index als Maß der biologischen Vielfalt.

Seutter, *Matthäus*, Kartograph, Kupferstecher und Verleger, * 20.9.1678 Augsburg, † 13.3.1757 Augsburg. Als Schüler von J. B. ↗Homann arbeitete Seutter für J. Wolff (1663–1724) in Augsburg, bevor er 1707 in seiner Vaterstadt eine eigene Offizin gründete, in der er neben Stadtansichten auch ↗Stadtpläne und vor allem Landkarten herausgab, deren ↗Kartenbild er meist selbst stach, während Mitarbeiter ↗Kartuschen und Beiwerk ausführten. 1720 erschienen die ersten Folio-Atlanten als »Atlas Compendiosus« mit 20 Karten und als »Atlas Geographicus« mit 46 Karten, denen neue, erweiterte Ausgaben folgten, so 1728 auch in Wien bei J. P. van Ghelen (1673–1754) mit Ortsregister als »Atlas Novus indicibus instructus«. Zuletzt umfaßte Seutters »Großer Atlas« in 2 Bänden ca. 400 Karten und Stadtpläne. Weiterhin gab Seutter in zahlreichen Ausgaben einen »Atlas Minor« mit 20 bis 64 Karten im Oktavformat heraus, außerdem einen kleinen Atlas von Sachsen mit 18 Karten von A. F. Zürner (1679–1742) sowie mehrblättrige Wandkarten, u. a. »Alsatia«, »Rhenus« und »Suevia Universa«. Nur etwa 40 seiner Karten beruhen auf unveröffentlichten Originalzeichnungen, der weitaus größte Teil sind undatierte Nachstiche anderer Verlage. Seit 1740 führte den Kartenstich (↗Kupferstich) vornehmlich sein Schwiegersohn T. C. Lotter (1717–1777), teilweise auch sein Sohn Albrecht Carl (1722–1762) aus. Nach M. Seutters Tod wurden 1757 die Kupferplatten auf T. C. Lotter, der den Verlag unter seinem Namen weiterführte, auf seinen Sohn Albrecht Carl und auf den Schwiegersohn und Kunstverleger G. B. Probst d. J. (1731–1801) aufgeteilt, der seinen Anteil dem Bruder J. M. Probst d. Ä. (1730–1777) überließ. [WSt]

Seventh Approximation, ↗Approximation, 7th.

SEVIRI, *Spinning Enhanced Visible and Infra-Red Imager*, Instrument an Bord der ↗Zweiten Generation Meteosat zur multispektralen Satellitenbilderzeugung.

Sew-Horizont, ↗Bodenhorizont entsprechend der ↗Bodenkundlichen Kartieranleitung; ↗Sw-Horizont, der durch Naßbleichung im gesamten Horizont deutlich verarmt an ↗Sesquioxiden erscheint.

Sextant, Gerät zur Messung eines Winkelabstandes. Es wird in der Seefahrt verwendet und dient der Navigation, z. B. durch die Bestimmung der Höhe eines Sterns über dem Horizont.

sfe ↗*solar flare effect*.

sf-Fläche, abgekürzte Schreibweise für Schieferungsfläche. Die Abkürzung wird meist für die Darstellung der Orientierung von Schieferungsflächen in ↗Lagenkugelprojektionen verwendet.

S-Fläche ↗Flächengefüge.

Sg-Horizont, ↗Bodenhorizont entsprechend der ↗Bodenkundlichen Kartieranleitung; ↗S-Horizont mit >80% Naßbleichungs- bzw. Oxidationsmerkmalen und Luftmangel wegen hohem Anteil haftwassergefüllter Mittelporen.

SGK ↗*Schweizerische Gesellschaft für Kartographie*.

Shallowing-upward-Zyklus ↗Sequenzstratigraphie.

Shannon-Index, *Shannon-Wiener-Formel*, am häufigsten verwendete Kennzahl für die biologische Vielfalt (↗Biodiversität). Sie wird abgeleitet von einem ursprünglich aus der Informationstheorie stammenden Maß der Informationsmenge eines Nachrichtenkanals. Da die Formel zur Berechnung des Shannon-Index Form und Inhalt vernachlässigt und nur von der Wahrscheinlichkeitsverteilung abhängt, eignet sie sich auch zur Charakterisierung von Systemen in der ↗Ökologie, wenn Begriffe wie »Element der Menge« und »Teilmenge« durch Einzelorganismen und ↗Populationen ersetzt werden. Auf diese Weise ergibt sich das Verhältnis der Individuenzahl einer ↗Art zur Summe aller Individuen in einem ↗Ökosystem und damit ein Index und Vergleichsmaß zur Angabe der Diversität verschiedener ↗Biozönosen (Abb.). Anstelle der Individuenzahl können auch andere sog. Bedeutungswerte eingesetzt werden. Beispiele solcher Bedeutungswerte sind die ↗Biomasse, die ↗Produktivität, der ↗Deckungsgrad, aber auch Flächenanteile der verschiedenen ↗Landschaftstypen eines bestimmten Gebietes zur Bestimmung der ↗Landschaftsdiversität. Eine Anwendung des Shannon-Wiener-Index als Maß der Vielfalt ist strenggenommen nur erlaubt, wenn die untersuchten Elemente (Individuen, Raumeinheiten) in ihrer Größe (z. B. Körpergröße, Fläche etc.) nicht stark voneinander abweichen. Zudem werden die intensiven zwischenartlichen Wechselwirkungen (z. B. ↗interspezifische Konkurrenz), welche die Lebensgemeinschaften oft prägen, mit dem Shannon-Wiener-Index nicht erfaßt. [DS]

Shaw, Sir *William Napier*, engl. Meteorologe, * 4.3.1854 Birmingham, † 23.3.1945 London; 1905–1920 Direktor des Meteorological Office und 1920–1924 Professor am Royal College of Science in London; 1907–1923 Präsident der ↗IMO; umfassende Darstellungen zur Meteorologie und ihrer Teilgebiete; nahm in seiner Arbeit über die Luftzirkulation Erkenntnisse der späteren ↗Polarfronttheorie vorweg; führte das Millibar und das ↗Tephigramm in der Meteorologie ein. Werke (Auswahl): »Forecasting weather« (1911), »Principi Atmospherica: A study of circulation of the atmosphere« (1914), »Manual of Meteorology« (4 Bände, 1919–30), »The smoke problem of great cities« (1925).

sheeted-dyke complex, *Gang-in-Gang-Basalt*, eine aus Gängen aufgebaute Basaltschicht über der im Zuge der ↗Ozeanbodenspreizung gebildeten Magmenkammer in der Axialzone eines ↗Mittelozeanischen Rückens. Es handelt sich um die bei der Spreizung immer wieder aufreißenden Förderkanäle für die am Meeresboden ausfließenden ↗Kissenlaven. Durch wiederholtes Aufreißen und Füllen der jeweils neuen Spalten sowie durch das seitliche Abwandern der älteren bildet sich der sheeted-dyke complex als Schicht senkrecht zu den einzelnen Gängen unter den auflagernden Pillowlaven aus, beide bilden zusammen Layer 2 der Ozeankruste, unterlagert von strukturlosen

Basalten und Gabbros des Layer 3. Der sheeted-dyke complex kann auch in manchen Ophiolithkomplexen (↗Ophiolith) beobachtet werden.

sheet erosion, engl. Bezeichnung für ↗Flächenerosion).

Shibeljak, *Schibeljak*, *Sibljak*, Pflanzen, die heiße und trockene Sommer sowie kalte und schneereiche Winter ertragen. Diese in der Regel sommergrünen Strauchformationen kommen in kontinental geprägten, relativ küstennahen Gebirgslagen der Subtropen vor (z. B. zentrales Hochland der Iberischen Halbinsel, Hochland im östlichen Mittelmeerraum). Sie entsprechen dort der gleichartigen Vegetationsform der ↗Macchie.

shifting cultivation ↗*Wanderfeldbau*.

Shipborne-Gravimetrie, *Seegravimetrie*, bezeichnet die Messung der ↗Schwere auf Seen und Ozeanen mit Schiffen als Meßplattform. Für diese Messungen sind spezielle ↗Seegravimeter entwickelt worden (↗Gravimeter auf bewegtem Träger).

Ship-Meldung, bezeichnet eine verschlüsselte ↗Schiffsbeobachtung. Als Position wird die geographische Breite und Länge angegeben. Eine Ship-Meldung enthält alle Angaben ↗synoptischer Wettermeldungen, zusätzlich Angaben zur Fahrtrichtung und Geschwindigkeit des Schiffes, der Wassertemperatur, der Wellenhöhe, der Bewegungsrichtung der Wellen sowie eventueller Gischt, außerdem zu beobachteter Eisbildung und Meereis.

Shonkinit, ein ↗Plutonit, der einem ↗mafischen ↗Syenit mit Alkalifeldspat, Klinopyroxen, Nephelin, Olivin und Biotit entspricht.

S-Horizont, ↗Bodenhorizont entsprechend der ↗Bodenkundlichen Kartieranleitung; mineralischer Unterbodenhorizont mit Stauwassereinfluß und in der Regel dadurch verursachten charakteristischen hydromorphen Merkmalen, zeitweilig luftarm. Dem ↗Hauptsymbol können folgende ↗Zusatzsymbole vorangestellt werden: bS-brakisch (tidal-brakisch), eS = mergelig, mS = marin (tidal-marin), pS = perimarin (tidal-fluviatil), sS = durch Hangwasser beeinflußt.

Shoshonit, ein meist foidführender (↗Feldspatvertreter) ↗Latit, der viel Klinopyroxen und Olivin enthält.

SHRIMP-Methode, ↗U-Pb-Methode zur Datierung von Einzelzirkonen und Zirkondomänen mit dem Sensitive High Resolution Ion Micro Probe-Massenspektrometer (Ionensonde).

Shubnikov, *Aleksei Vasil'evich*, russischer Naturwissenschaftler und Kristallograph, * 29.3.1887 Moskau, † 27.3.1970 Moskau; 1913 Assistent an der A. L. Shanyavskii Volks-Universität; 1920 in Ekaterinburg (jetzt Sverdlovsk) Gründung des Instituts für Kristallographie an der Ural-Universität; 1925 in Leningrad Gründung und Leiter eines kristallographischen Labors am Mineralogischen Museum und Eröffnung eines Labors für Kristallzüchtung am Physikotechnischen Institut der Akademie der Wissenschaften der UdSSR; 1934 Umzug der Akademie nach Moskau und Eingliederung seines Labors in das Lomonosow Institut der Akademie; von 1943 an über 20 Jahre Direktor des Instituts für Kristallographie der Akademie der Wissenschaften der UdSSR; 1953 Gründung und Leiter (bis 1968) einer Abteilung für Kristallographie und Kristallphysik an der Fakultät für Physik an der Moskauer Universität; 1955 Herausgeber der russischen Zeitschrift für Kristallographie (»Kristallografiya«); seine wissenschaftliche Arbeit wurde von drei Themen beherrscht: a) Symmetrie, Ableitung der nach ihm benannten Antisymmetriegruppen oder Schwarz-Weiß-Gruppen und Symmetrie des Kontinuums, b) Züchtung technisch relevanter Kristalle und Entwicklung von Züchtungsmethoden und -apparaturen bis zum industriellen Einsatz, c) Kristallphysik, Beschreibung der anisotropen physikalischen Eigenschaften von Kristallen durch ↗Tensoren und Erforschung der optischen, elektrischen und mechanischen Eigenschaften von dielektrischen Substanzen. Wichtigste Publikation (zusammen mit N. V. ↗Belov): »Colored Symmetry« (1964). [KH]

Shubnikov-Gruppen ↗*Antisymmetriegruppen*.

Shuttle Imaging Radar, *SIR*, Bezeichnung für zwei bedeutende Radar-Fernerkundungsmissionen an Bord amerikanischer Space Shuttles: SIR-A und SIR-B. a) SIR-A: Im November 1981 wurde ein Radarsystem mit synthetischer Apertur mit einer Wellenlänge von 25 cm (L-Band) geflogen. Stereoauswertungen analoger Bilddaten an einem analytischen Auswertegerät haben gezeigt, daß eine Höhengenauigkeit von ca. 90 m erreicht werden kann. Als eigens adaptierte Programme für ein analytisches Auswertegerät zur photogrammetrischen (»radargrammetrischen«) Auswertung von SIR-A- und SIR-B-Bildern gab es weltweit nur wenige Softwarepakete. b) SIR-B: Im Gegensatz zu SIR-A konnte SIR-B während einer Space Shuttle-Mission im Oktober eine Reihe von Bildern mit unterschiedlicher Aufnahmegeometrie liefern. Es wurden Streifen mit einem Blickwinkel von 33°-56° erzeugt, welche einen Schnittwinkelbereich von 5°-23° bei den sich schneidenden Radarstrahlen ergaben. Untersuchungen an analytischen Auswertegeräten ergaben Lage- und Höhengenauigkeiten von ca. 60 m bei einem Schnittwinkel von 23° und von 100 m bei einem Schnittwinkel von 5°. [MFB]

SH-Welle ↗*S-Welle*.

Sial ↗*Kontinentalverschiebungstheorie*.

siallitische Verwitterung, Form der chemischen ↗Verwitterung in feuchtem (humiden) Klima, die zur Bildung von ↗Tonmineralen führt als Folge einer durch die ↗Huminsäuren des Bodens gebremsten Abfuhr von Kieselsäure. ↗allitische Verwitterung.

Sibao-Orogenese ↗*Proterozoikum*.

Sibiria, im Lauf des älteren Proterozoikums aus den archäischen Angara- und Aldan-Nuclei (↗Aldan-Schild, ↗Angara-Schild) gebildete Kontinentalplatte, die sich möglicherweise erst vor 1500 Mio. Jahren durch Rifting von den bis dahin gebildeten Einheiten des ↗Kanadischen Schildes löste. Im Lauf des Jungpräkambriums sowie des kaledonischen Orogenzyklus (↗Kaledoniden) wurden weitere Faltenstränge im Westen und Süden an Sibiria angeschweißt. Während des variszischen Zyklus bildeten sich an seinem Nord- und Nordostrand weitere Orogenketten. Im Oberkarbon kollidierte ↗Kasachstania mit Sibiria. Der neuentstandene Kontinent kollidierte schließlich unter Bildung der Uraliden mit dem bereits im Oberkarbon gebildeten Komplex Laurussia-Gondwana (↗Laurussia, ↗Gondwana) und bildete damit den Superkontinent Pangäa (↗Kontinentalverschiebungstheorie).

Sibirischer Kraton ↗Proterozoikum.

sibirisches Hoch, ausgedehntes winterliches ↗Kältehoch, das weite Gebiete Asiens überdecken kann, im Mittel jedoch mit seinem Schwerpunkt über Südsibirien und Zentralasien zu finden ist. Wie alle bodennahen Kältehochs ist das sibirische Hoch nur von geringer vertikaler Mächtigkeit, darüber zeigt die ↗Höhenströmung den weiten ↗Trog des nordsibirischen ↗Polarwirbels.

Sicheldüne ↗Barchan.

Sicherheitsbeiwert, *Sicherheitskoeffizient*, Wert, der die Standsicherheit eines Hanges oder einer Böschung angibt. Der Sicherheitsbeiwert ist das Verhältnis aller rückhaltenden Momente zu allen abschiebenden Momenten. Ist der Sicherheitsbeiwert >1, gilt ein Hang oder eine Böschung als standsicher. Nach den gültigen Normen liegt der Sicherheitsbeiwert für die Auftriebssicherheit bei 1,1, für die Grundbruchsicherheit bei 2, für Deponieböschungen bei 2 (Hausmüll) bzw. 2,25 (verschiedenartiger Müll einschließlich Klärschlamm). Es werden auch Teilsicherheiten für verschiedene Bereiche angegeben.

Sicherheitstor, Bauwerk im einem ↗Schiffahrtskanal, das zum Abschließen einzelner Kanalstrecken (Halterungen) dient. Damit soll bei Schäden, z. B. Dammbrüchen, das Auslaufen der gesamten Kanalhaltung verhindert werden. Bei Bauarbeiten am Kanal kann so auch die Entleerung einzelner Kanalabschnitte ermöglicht werden.

Sichertrog, Schüssel zur Trennung von Mineralen und Mineralaggregaten nach der Dichte auf einer schrägen Ebene; dies geschieht von Hand oder mechanisch mit mechanisierten Sichertrögen. Sichertröge dienen auch zum Waschen von Schwermineralen (Gold, Platin, Spinell etc.) aus Anreicherungen in Sedimenten (↗Seifen), z. B. beim Goldwaschen.

Sichttiefe, Maß zur Bestimmung der Trübe eines Gewässers. Die Sichttiefe wird mit einer weißen Kreisscheibe (Secchischeibe) von 25 cm Durchmesser bestimmt, die so weit in das Wasser versenkt wird, bis sie bei Tageslicht gerade nicht mehr für das menschliche Auge sichtbar ist. Die Sichttiefe liefert eine grobe Schätzung über die Mächtigkeit der Wasserschicht, in der ausreichend Lichtenergie für die Photosynthese zur Verfügung steht.

Sichtweite, *Sicht*, diejenige (horizontale) Entfernung, in der ein Sichtziel, eine Sichtmarke (z. B. Baum, Gebäude, Berg), von einem Beobachter noch erkannt wird. Die Sichtweite kann durch die Erdkrümmung begrenzt sein, nämlich dann, wenn das Sichtziel für den Beobachter nicht über den Horizont herausragt (terrestrische ↗Refraktion). Ansonsten ist die Sichtweite am Tage bestimmt von Größe, Helligkeit und Hintergrund des Sichtziels, der Sehleistung des Beobachters, nämlich seinem Winkelauflösungsvermögen und seinem Kontrasterkennungsvermögen, Beleuchtung, Streueigenschaften (↗Streukoeffizient) und Extinktionseigenschaften (↗Extinktionskoeffizient). ↗meteorologische Sichtweite, ↗Normsichtweite.

Sickergalerie, eine Sickeranlage, die aus mehreren geschlitzten oder gelochten Rohren besteht, die möglichst senkrecht zur Grundwasserfließrichtung in einen ↗Grundwasserleiter eingebracht werden. Sie wird insbesondere dort zur Grundwassererschließung errichtet, wo geringmächtige, seichte Grundwasserleiter mit freier Grundwasseroberfläche vorhanden sind, deren Nutzung durch Vertikalfilterbrunnen nicht sinnvoll ist. Die Sickerrohre werden in Gräben verlegt, die bis zur Grundwassersohle ausgehoben und nach Einbringen der Sickerrohre mit Filterkies aufgefüllt werden. Die Sickerstränge führen das Grundwasser zu einem Sammelschacht ab. Nach oben wird die verfilterte Bereich mit einer Tonschicht abgedeckt, um eine Verunreinigung des Grundwassers im Bereich der Sickergalerie auszuschließen. Sickeranlagen ermöglichen die Gewinnung von Süßwasser, wenn es als nur dünne Schicht stark versalzenem Grundwasser aufliegt, wie dies häufig auf Inseln oder in ariden Gebieten der Fall ist. Die Vorteile der Sickergalerie sind die gleichmäßige, sich über die gesamte Fassungsbreite erstreckende Grundwasserabsenkung, die günstige Nutzung des Durchflußprofils und somit des Grundwasserdargebotes, niedrige Grundwassereintrittgeschwindigkeiten und daraus resultierend eine lange Nutzungsdauer bei geringen Wartungskosten. Die Nachteile dieses Anlagentyps sind, daß Sickergalerien bei hohem Grundwasserandrang und größerer wassererfüllter Mächtigkeit unwirtschaftlich sind und eine Reinigung bzw. Absperrung immer nur für Teilstrecken möglich ist. [WB]

Sickergeschwindigkeit, *Sickerwassergeschwindigkeit*, die Geschwindigkeit, mit der sich ↗Sickerwasser in der ↗ungesättigten Zone nach unten bewegt. Die Sickergeschwindigkeit hängt von Art und Aufbau des Untergrundes ab und kann deshalb in weiten Grenzen variieren. Als Richtwert wird in der Literatur häufig eine Geschwindigkeit in der Größenordnung von 1 m pro Jahr für einen sandig-lehmigen Untergrund angegeben. Für sehr grobkörnige Lockergesteinen bzw. bei der Existenz von Spalten- und Rißsystemen sind jedoch auch Sickergeschwindigkeiten von mehreren Metern pro Tag möglich.

Sickerhöhe ↗Durchsickerungshöhe.

Sickerkraft, die Kraft, die aus der Reibung zwischen der strömenden Flüssigkeit und dem Korngerüst resultiert. Die Sickerkraft wirkt in Strömungsrichtung.

Sickerlinie, Grenze zwischen dem wassergesättigten und dem trockenen Teil eines ↗Staudammes oder ↗Deiches. Bei schwankenden Wasserständen ändert sich auch die Lage der Sickerlinie. Um Ausspülungen zu vermeiden, wird bei Dammbauwerken darauf geachtet, daß die Sickerlinie nicht an der luftseitigen Böschung austritt, sondern in einer Drainage endet, damit das Sickerwasser schadlos abgeleitet werden kann.

Sickerrate, das Volumen an Wasser, das pro Zeiteinheit an einem gegebenen Ort versickert.

Sickerraum, Gesteinskörper, der im betrachteten Zeitraum kein ↗Grundwasser enthält. Der Sickerraum umfaßt also die ↗ungesättigte Zone und den gesamten ↗Kapillarraum.

Sickerspende ↗ *Durchsickerungsspende*.

Sickerstoff ↗ *Dränung*.

Sickerstrecke, wird seit Ehrenberger (1928) als Höhendifferenz zwischen dem Wasserspiegel in einem Brunnen und dem Wasserspiegel im Abstand r_w (↗wirksamer Brunnenradius) von der Brunnenachse bei großer Absenkung der ↗Grundwasseroberfläche in freien Grundwasserleitern beschrieben. Bei schlecht ausgebauten Brunnen sind von dieser Höhendifferenz noch die ↗Brunneneintrittsverluste abzuziehen. Die Entstehung der Sickerstrecke ist auf vertikale Strömungskomponenten in Brunnennähe zurückzuführen.

Sickerströmung ↗ *Grundwasserströmung*.

Sickerung, unter dem Einfluß der Schwerkraft abwärts gerichtete Wasserbewegung im ungesättigten Boden.

Sickerwasser, ein unter dem Einfluß der Schwerkraft sich in den Bodenporen (Grobporen) vertikal abwärts bewegendes (versickerndes) ↗Bodenwasser. Sickerwasserbewegungen erfolgen hauptsächlich im Saugspannungsbereich zwischen 20 und 300 hPa. Die Sickerwassermenge hängt ab von der Niederschlagshöhe und -verteilung, vom Bodentyp und damit den hydraulischen Bodeneigenschaften, der Evapotranspiration und dem Relief. Da unterhalb der Wurzelzone gewöhnlich kein Wasserentzug mehr erfolgt, wird Sickerwasser im allgemeinen zum ↗Grundwasser gezählt und ist damit die Quelle der Grundwasserneubildung.

Sickerwassergeschwindigkeit ↗ *Sickergeschwindigkeit*.

Sickerwassermenge, *Bodensickerwasserbetrag*, Menge an Wasser die sich pro Flächen- und Zeiteinheit hauptsächlich durch die Wirkung der Gravitationskraft im Boden abwärts bewegt.

Sickerwasserspende ↗ *Durchsickerungsspende*.

Siderisches Jahr, Zeitspanne zwischen zwei aufeinanderfolgenden Durchgängen der Sonne durch den Stundenkreis desselben Sterns (ohne Eigenbewegung); Länge etwa 365,25 636 042 Tage.

Siderit, [von griech. sideros = Eisen], *Eisenkalk, Eisenspat, Flinz, Spateisenstein, Sphärosiderit, Weißeisenerz*, Mineral mit der chemischen Formel $FeCO_3$, als Sphärosiderit in feinkörnigen und radialstrahligen kugeligen Aggregaten und als ↗Oolithe; erbsengelb bis gelblich-braun; trigonal-rhomboedrisch; Härte nach Mohs: 4–4,5; Dichte: 3,7–3,9 g/cm³; in heißer Salzsäure löslich; Mischkristallbildung mit Magnesit und Rhodochrosit; Vorkommen: hydrothermal in Gängen (Siegerland) und metasomatisch in Verdrängungslagerstätten (Eisenerz, Steiermark), sedimentär in Toneisensteinen, Kohleneisensteinen und Toneisensteinkonkretionen (↗Konkretion), daneben auch rezente Bildungen unter Sauerstoffabschluß als gelförmig-amorphes Weißeisenerz in Süßwasserseen und Torfmooren. ↗Carbonate.

Siderolith ↗ *Meteorit*.

Sideromelan ↗ *Tachylit*.

siderophil ↗ geochemischer Charakter der Elemente.

Sidufjall-Event, kurzer Zeitabschnitt vor 4,80–4,89 Mio. Jahre mit einer normalen Polarität des Erdmagnetfeldes im inversen ↗Gilbert-Chron.

Siebanalyse, Verfahren zur Ermittlung der ↗Korngrößenverteilung für Korngrößen größer 0,063 mm durch Siebung (DIN 18123–4). Verwendet werden Prüfsiebgewebe und Quadratlochplatten nach DIN 4187 T2. Bei Böden ohne Korngrößenanteil < 0,063 mm wird die *Trockensiebung* angewendet. Die Siebe werden mit steigendem Maschendurchmesser übereinander gestapelt und die Probe oben eingegeben. Die Rückstände auf den Sieben werden gewogen, in Prozent des Gesamttrockengewichts umgerechnet und als ↗Körnungslinie dargestellt. Ist ein Korngrößenanteil < 0,063 mm vorhanden, muß eine *Naßsiebung* durchgeführt werden. Dabei wird die Probe nach dem Trocknen und Wiegen aufgeschlämmt und die Feinanteile durch ein Sieb mit der Maschenweite 0,063 mm abgetrennt. Der Siebrückstand wird getrocknet und einer Trockensiebung unterzogen, mit dem Siebdurchgang wird eine ↗Sedimentationsanalyse durchgeführt oder nur gewogen. Die Probenmenge ist abhängig von der größten Kornfraktion der zu untersuchenden Probe. ↗Siebkurve. [WK]

Siebanlage, maschinelle Einrichtung, bei der ↗Abwasserreinigung zum Zurückhalten fester Stoffe, wobei meistens gelochte oder geschlitzte Bleche verwendet werden. In der Wasserversorgung (↗Wasseraufbereitung) werden durch *Mikrosiebung* mit einer Siebmaschenweite unter 0,05 mm, die auf langsam sich drehenden Siebtrommeln aufgespannt sind, z. B. größere Kieselalgen aus dem ↗Rohwasser entfernt als Vorstufe für einen sich anschließenden Schnellfilter (↗Filtration).

Siebenschläfer, 1) sich von Pflanzen ernährendes, etwa 15–20 cm langes Bilch-Tier, das einen 7–9 Monate dauernden Winterschlaf abhält. 2) Nach einer Legende wurden sieben christliche Brüder, die wegen Verfolgung in eine Höhle flüchteten, eingemauert und verfielen durch ein Wunder in einen 200jährigen Schlaf. Somit wurde sie gerettet. Der Siebenschläfer-Namenstag ist der 7. Juli. 3) ↗Bauernregel zum Witterungsablauf des Jahres, wo nach dem Siebenschläfer-Namenstag sieben Regenwochen folgen, falls es an diesem Tag regnet (in ca. 65% der Fälle zutreffend).

Siebkurve

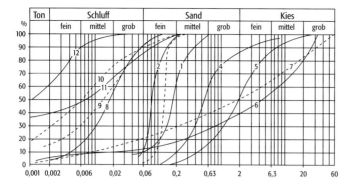

Siebkurve: 1 = Fein-/Mittelsand (Tertiär), 2 = Feinsand (Tertiär), 3 = Flugsand (Holozän), 4 = Flußsand, naß gebaggert, 5 = Kiessand, 6 = Hochterrassensand (Pleistozän), 7 = steinig-sandiger Verwitterungslehm, 8 = Löß, 9 = Lößlehm, 10 = toniger Lehm, 11 = stark schluffiger Ton (Tertiär), 12 = schluffiger Ton (Tertiär).

Siebkurve, *Sieblinie*, eine Kornsummenkurve (/Körnungslinie), die nur durch Siebung des Probenmaterials ermittelt wird (Siebkorn). Dies ist für Korngrößen >0,063 mm der Fall. Die Korngröße d und die Kornverteilung sind ein Maßstab für die Einteilung und Benennung der mineralischen Lockergesteine. Der Anteil der Korngrößen wird in Prozent der Gesamttrockenmasse angegeben. Die Verfahren und Geräte zur Ermittlung der Korngrößenverteilung sind in DIN 18 123, Korngrößenverteilung (1983), festgelegt. Korngrößen über 0,063 mm (Sand, Kies) werden durch Siebung (/Siebanalyse), Korngrößen unter 0,125 mm durch Sedimentation (/Schlämmanalyse) getrennt. Die Korngrößenverteilung wird in der Regel als Körnungslinie (Summenkurve) in einfach logarithmischem Maßstab dargestellt, wodurch auch die kleinen Kornfraktionen entsprechend zur Geltung kommen (Abb.). Die prozentualen Anteile der Korngruppen der Körnungslinie ergeben auf 10 % aufgerundet und durch 10 dividiert die /Kornkennziffer.

Die Benennung der mineralischen Lockergesteine erfolgt nach DIN 4022, T 1, unabhängig vom Material und der Kornform. Die reinen Bodenarten sind: Steine oder Gerölle, /Kies, /Sand, /Schluff und /Ton. Die geologischen Begriffe /Psephite, /Psammite und /Pelite für sowie Silt anstelle von Schluff werden im Bauwesen nicht verwendet. Sand und Kies sind rollige oder nichtbindige Bodenarten. Sie werden bis zu einer Beimengung von 5 % Schluff und Ton noch als reine Sande und Kiese bezeichnet (DIN 18 196). Zwischen den einzelnen Körnern treten normalerweise keine Anziehungskräfte auf. Der Übergang von den nichtbindigen zu den bindigen Böden liegt im Schluffbereich, und zwar hauptsächlich bei den Korngrößen 0,02 bis 0,006 mm (Mittelschluff). Hier beginnt sich das Wasserbindevermögen stark bemerkbar zu machen, obwohl es sich bei der gesamten Schlufffraktion noch weitgehend um zerkleinerte Gesteinskörner, meist Quarz und Feldspat, handelt. Bindige Bodenarten bestehen immer aus einer Mischung der Ton- und Schlufffraktionen mit sehr unterschiedlichem Anteil gröberer Kornfraktionen. Schon ein Anteil von nur 5–10 % Ton- und Feinschluff gibt einem Boden leicht bindige Eigenschaften, wie z. B. eine merkbare Wasserempfindlichkeit bei Verdichtungsarbeiten. Ab 15–20 % Ton und Schluff zeigen Böden deutlich bindiges Verhalten. Ab diesem Grenzwert besteht in der Regel kein Korn-auf-Korn-Stützgerüst der Grobfraktion mehr, was sich auf die Eigenschaften des Bodens mehr oder weniger deutlich auswirkt. Böden mit einem Anteil von 5–40 % Ton und Schluff werden nach DIN 18 496 in die Hauptgruppe der gemischtkörnigen Böden eingeteilt. Je nach Anteil der einzelnen Kornfraktionen ist das bautechnische Verhalten solcher Mischböden vorwiegend rollig oder bindig.

Sieblinie /*Siebkurve*.

Sieblinienauswertung, ein Verfahren zur Bestimmung des /Durchlässigkeitsbeiwertes k_f aus der Kornsummenkurve (/Körnungslinie, /Siebkurve) eines Lockergesteins. Alle Sieblinien-Auswerteverfahren beruhen darauf, daß es eine proportionale Beziehung zwischen dem k_f-Wert und dem Quadrat des /wirksamen Korndurchmessers d_w eines Lockergesteins gibt: $k_f = C \cdot d_w^2$ mit C = Proportionalitätskonstante, die von der Kornform, -anordnung und -verteilung sowie von der Porosität und der Packungsdichte abhängig ist. Als erstes hat Hazen 1893 (/Hazen-Gleichung) diese Beziehung zur Berechnung von k_f-Werten anhand von Sieblinien verwendet.

Siebung, Trennung von Korngemischen in /Kornfraktionen mittels genormter Lochsiebsätze. Man unterscheidet Naßsiebung und Trockensiebung (/Siebanalyse). Die Siebung erfolgt im allgemeinen für Korngrößen >0,063 mm /Äquivalentdurchmesser. Für die Fraktionen (Grobschluff und feiner) erfolgt die Fraktionierung mittels /Sedimentation oder Zentrifugieren.

sieden, Verdampfungsvorgang besonderer Art, der sich bei hoher Energiezufuhr bei der Siedetemperatur T_s, dem /Siedepunkt, einstellt. Die Flüssigkeit geht – im Gegensatz zur Diffusion von Wasserdampfmolekülen durch die Oberfläche bei der Verdunstung – unter Bildung von Wasserdampfblasen im Innern in Wasserdampf über. Das Sieden erfolgt, wenn der Druck des gesättigten Wasserdampfes in den Blasen gleich dem äußeren Druck ist. Bei freiem Sieden von Wasser ist der Siedepunkt vom Luftdruck und damit auch vom Wetter und von der Seehöhe abhängig. Die Abhängigkeit des Siedepunktes vom Luftdruck p kann durch:

$$T_s(p) = 100{,}0 + 0{,}02766 \cdot (p\text{-}1013{,}2) - 0{,}0000124 \cdot (p\text{-}1013{,}2)^2$$

beschrieben werden (p in hPa). Für den Siedepunkt T_s in Abhängigkeit von der Seehöhe h gilt folgende Näherungsformel:

$$T_s(h) = 100{,}00 - 3{,}35 \cdot h,$$

wobei h in km angegeben wird. Bei Lösung eines Stoffes in Wasser tritt Siedepunktserniedrigung ΔT_s auf. Sie regelt sich analog zur Gefrierpunktserniedrigung ΔT nach dem /Raoultschen Gesetz. [HJL]

Siedepunkt, Temperatur, bei der eine Flüssigkeit in den gasförmigen ↗Aggregatzustand übergeht (kocht). Die Siedepunkttemperatur von Wasser beträgt 373,15 K (100°C) bei einem Luftdruck von 1013,25 hPa (↗Standardatmosphäre). Bei Seewasser ist der Siedepunkt neben dem Luftdruck auch vom ↗Salzgehalt abhängig.

Siedepunktbarometer, Messung des ↗Luftdrucks mit Hilfe der Bestimmung der Siedepunkttemperatur von Wasser. Diese hängt direkt vom Luftdruck ab und ist umso höher, je größer der Luftdruck ist.

Siedlungsökosysteme, von der ↗Stadtökologie untersuchte ↗Stadtökosysteme.

Siedlungssignatur, auf ↗Karten die zur Kennzeichnung von Siedlungen benutzten Kartenzeichen. Außer den runden Formen (↗Ortsring) werden auch quadratische und rechteckige, selten dreieckige Signaturen benutzt. Zu ihrer Abwandlung stehen weiterhin unterschiedliche Konturen, das Einfügen zusätzlicher graphischer Elemente im Inneren der Figur und die Farbe für Kontur und Füllung zur Verfügung. Mit ihnen werden neben Einwohnergrößenklassen oft zusätzlich die administrative Bedeutung und manchmal auch andere Merkmale, beispielsweise die zentralörtliche Funktion, ausgedrückt. Zur Siedlungsdarstellung werden neben Umrißdarstellung und einfachen Siedlungssignaturen auch vielfältig abgewandelte ↗Diagrammsignaturen, vor allem auf speziellen, zu den ↗thematischen Karten gehörenden Siedlungskarten, benutzt. Auf historischen Karten war der Ortsring oft in eine Aufrißsignatur integriert. Der Übergang zu den Merkmalen des Siedlungsgrundrisses kennzeichnenden Signaturen vollzog sich im 18. Jahrhundert. [WSt]

Siedlungswasserwirtschaft, Teil der Wasserwirtschaft, der sich der Planung und Bemessung von Entwässerungssystemen in urbanen Gebieten (↗urbane Hydrologie) einschließlich Abwasserbehandlung befaßt.

Siegen, *Siegenium*, regional verwendete stratigraphische Bezeichnung für eine Stufe des Unterdevons im Rheinischen Schiefergebirge, benannt von E. Kayser (1885) nach der Stadt Siegen im Rheinland. Das Siegen liegt über dem ↗Gedinne und unter dem ↗Ems und entspricht etwa dem ↗Prag der internationalen Gliederung. ↗Devon, ↗geologische Zeitskala.

Siegfried, *Hermann*, Schweizer Topograph, * 19.2.1819 Zofingen (Kanton Aargau), † 5.12.1879 Bern; wurde 1766 als Nachfolger von G. H. ↗Dufour Leiter des 1865 nach Bern verlegten Eidgenössischen Topographischen Bureaus. Er gab auf Drängen des Schweizer Alpen-Clubs ab 1870 die kleinformatigen topographischen Originalaufnahmeblätter zur Dufourkarte nach Revision und Ergänzung der noch fehlenden Kantone vollständig mit ↗Höhenlinien und Felszeichnung (↗Felsdarstellung) anfangs dreifarbig, später zuzüglich mit grünen Waldflächen heraus, für den Jura und das Mittelland im Maßstab 1:25.000 (456 ↗Kupferstich-Blätter) und für das Alpengebiet 1:50.000 (132 Blätter in Steingravur), die zusammen den 1901 vollendeten »Topographischen Atlas der Schweiz« bilden. Durch Ergänzungsblätter wuchs das auch als »Siegfried-Atlas« bezeichnete ↗Kartenwerk bis 1926 auf 602 Blätter an. Außerdem wurden zahlreiche lithographische Umdruckausgaben (↗Lithographie) hergestellt. [WSt]

Nr.	Größe	SI-Basiseinheit	
		Name	Zeichen
1.1	Länge	Meter	m
1.2	Masse	Kilogramm	kg
1.3	Zeit	Sekunde	s
1.4	elektrische Stromstärke	Ampere	A
1.5	thermodynamische Temperatur	Kelvin	K
1.6	Stoffmenge	Mol	mol
1.7	Lichtstärke	Candela	cd

SI-Einheiten (Tab. 1): SI-Basiseinheiten.

Exa	E	10^{18}	z.B. 1 Em = 10^{18} m
Peta	P	10^{15}	z.B. 1 Pm = 10^{15} m
Tera	T	10^{12}	z.B. 1 Tm = 10^{12} m
Giga	G	10^{9}	z.B. 1 Gm = 10^{9} m
Mega	M	10^{6}	z.B. 1 Mm = 10^{6} m
Kilo	k	10^{3}	z.B. 1 km = 10^{3} m
Milli	m	10^{-3}	z.B. 1 mm = 10^{-3} m
Mikro	µ	10^{-6}	z.B. 1 µm = 10^{-6} m
Nano	n	10^{-9}	z.B. 1 nm = 10^{-9} m
Piko	p	10^{-12}	z.B. 1 pm = 10^{-12} m
Femto	f	10^{-15}	z.B. 1 fm = 10^{-15} m
Atto	a	10^{-18}	z.B. 1 am = 10^{-18} m

SI-Einheiten (Tab. 2): SI-Vorsätze.

SI-Einheiten, *Le Système International d'Unités*, *internationales Einheitensystem*, das auf der 11. Generalkonferenz für Maße und Gewichte im Jahre 1960 beschlossen wurde. Das SI-System ist wie das ↗CGS-System ein metrisches System, das aus dem ↗MKS-System hervorgegangen ist. Es ist aus Basiseinheiten (Tab. 1) aufgebaut. Alle weiteren SI-Einheiten lassen sich aus den Basiseinheiten zusammensetzen. Zur Bildung von Vielfachen und Teilen der SI-Einheiten mit selbständigem Namen werden SI-Vorsätze verwendet, die in Tabelle 2 aufgeführt werden. Nur noch eingeschränkt verwendet werden die Vorsätze aus Tabelle 3. In der Bundesrepublik Deutschland ist die Verwendung der SI-Einheiten durch das Gesetz über Einheiten im Meßwesen seit 1970 geregelt und im Geschäftsverkehr vorgeschrieben.

Hekto	h	10^{2}	z.B. 1 hm = 100 m
Deka	da	10^{1}	z.B. 1 dam = 10 m
Dezi	d	10^{-1}	z.B. 1 dm = 0,1 m
Zenti	c	10^{-2}	z.B. 1 cm = 0,01 m

SI-Einheiten (Tab. 3): eingeschränkt verwendete SI-Vorsätze.

Sieke ↗*Runse*

Siel, Bauwerk in einem Deich mit Verschlußeinrichtung zum Durchleiten eines oberirdischen Gewässers. Der Hauptvorfluter (↗Vorflut) für die Sielentwässerung wird als Sieltief bezeichnet. Bei Tideniedrigwasser (/Tide) fließt das Wasser aus dem Binnenland durch die geöffneten Tore im freiem Gefälle ab (Sielentwässerung, Sielzug). Bei höheren Wasserständen verhindern die dann geschlossenen Sieltore das Eindringen von See- bzw. Flußwasser. Der Oberwasserzufluß wird in dieser Zeit im Binnentief (/Tief) zurückgehalten. Wo größere Zuflüsse oder längere Schließzeiten die Regel sind, erfolgt eine Entwässerung über /Schöpfwerke. Der klassische Sielverschluß ist das Stemmtor (/Schleuse), neuerdings werden auch Anschlagtore oder Hubtore verwendet.

Siemens, Maßeinheit für den elektrischen /Leitwert und Kehrwert des /elektrischen Widerstands, Einheitenzeichen S mit $S = 1$ A/V.

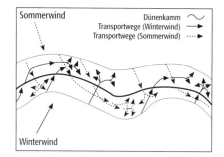

Sif: Modell der Strömungsdynamik an Längsdünen unter bimodalem Windregime.

Sif, *Seif*, [arab. = Säbel], /freie Düne; Grundform vieler /Längsdünen, deren Kamm mit etwa 20° geneigten Flanken, meistens mit leichter Biegung, in Hauptwindrichtung verläuft. Sie entstehen durch saisonal wechselnde Winde, die einen Winkel bilden (Abb.). Die Düne ist nur im Kammbereich aktiv, der je nach vorherrschender Windrichtung zu Luv- und Leehängen umgeformt wird. Im Querschnitt haben Sif daher eine flankenparallele, gegeneinander einfallende Schichtung. Im Gegensatz zu /Barchanen sind Sif stationär, können sich aber verlängern. Schräg auftreffende Winde (35–50°) können auf der Leeseite wirbelartig umgelenkt werden und dort dünenparallelen Transport zur Folge haben (Saltation). Die Biegung am Ende der Düne zeigt die jeweils dominierende Windrichtung an.

Siggeis, an der Wasseroberfläche schwimmendes, aus aufgetriebenem /Grundeis entstandenes Eis.

Sigmasystem, Koordinatensystem bei der numerischen Wettervorhersage, bei dem als Vertikalkoordinate ein normierter Druck ($\sigma = p/p_S$) verwendet wird. Die Verwendung des /p-Koordinatensystems hat den Nachteil, daß die Orographie der Erdoberfläche nicht mit der untersten Rechenfläche zusammenfällt und höhergelegene Geländeteile sogar in andere Druckniveaus hineinreichen (Abb.). Beim Sigmasystem wird der Druck mit dem vor Ort herrschenden Bodendruck p_S normiert und so fällt die Erdoberfläche exakt mit der untersten Rechenfläche zusammen. Der Nachteil des Sigmasystems ist die Notwendigkeit einer Interpolation der Werte von p-Flächen, auf denen die Beobachtungen analysiert werden, auf Sigmaflächen.

Sigmatik, in der /Semiotik und der /kartographischen Zeichentheorie die Beziehung von verbalsprachlichen und unter anderem auch kartographischen Zeichen (/Kartenzeichen) zu den bezeichnenden Eigenschaften eines Gegenstandes.

SIGMET, *Significant Meteorological Phenomena*, aussagekräftige meteorologische Phänomene.

Sigmoidalklüftung, schräg zur Schichtung einfallende engständige Klüfte (*Querplattung*), die durch geringe Verschiebungen der Lagen gegeneinander sigmoidal verbogen sind. Die Sigmoidalklüftung entwickelt sich in tonigen Kalken bei tektonischer Einengung aus Lösungssäumen und charakterisiert ein Anfangsstadium der Schieferung. Sigmoidalklüftung entsteht aber auch /atektonisch bei der /Diagenese.

Signal, **1)** *Geophysik*: Träger einer Information mit physikalischen Hilfsmitteln, z.B. mit Hilfe elektrischer oder akustischer Meßwerte. So sind /seismische Signale Träger eines temporären Deformationsprozesses der Materie. Die zeitliche Informationsfolge kann in analoger oder digitaler Form vorliegen. **2)** *Klimatologie*: der Anteil der /Varianz eines /Klimaelements, der sich aufgrund von Modellrechnungen bzw. statistischen Auswertungen einer bestimmten Ursache zuordnen läßt (z. B. anthropogenes Signal im Klimageschehen). In der *Signalanalyse* werden spezielle Techniken verfolgt, um das jeweils gesuchte /Klimasignal quantitativ abzuschätzen (Ausmaß, zeitlicher Verlauf und räumliche Ausprägung).

Signalanalyse /Signal.

Signalisierung, *Punktsignalisierung*, /Vermarkung.

Signalphase, in der Signalanalyse (/Signal) werden Wellenformen durch ihre Amplituden- und Phasenspektren beschrieben. Bei vorgegebenem Amplitudenspektrum und unterschiedlichen Phasenspektren haben die zugehörigen Wellenformen unterschiedliches Aussehen. Man unterscheidet minimale Phase (Hauptanteil der Energie trifft früh ein), maximale Phase (Hauptenergie trifft spät ein) und Nullphase (Signal ist symmetrisch). In der Seismik werden vorwiegend Quellen verwendet, die ein *minimalphasiges Signal* aussenden. In der weiteren Datenbearbeitung kann jedoch die Signalphase manipuliert oder verfälscht werden. So wird oft ein Nullphasensignal durch digitale Bearbeitung hergestellt, da es eine optimale Auflösung liefert. Die genaue

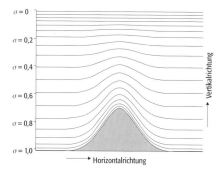

Sigmasystem: Lage der Rechenflächen im Sigmasystem.

Kenntnis der Signalphase ist von entscheidender Bedeutung bei der Laufzeitbestimmung (↗Picking).

Signal-Rausch-Verhältnis, *Signal-to-Noise-Ratio*, stellt das Verhältnis der Intensität des informationenbeinhaltenden Sensorsignals zur Intensität des ↗Rauschens dar. Es ist definiert als der Quotient aus Strahlungsfluß und rauschäquivalenter, d. h. durch das Rauschen reduzierter Strahlungsleistung. Das Signal-Rausch-Verhältnis steht in enger Wechselwirkung mit ↗geometrischer Auflösung, ↗spektraler Auflösung, Flughöhe und -geschwindigkeit der Sensorplattform, Effektivität des Abtastsystems, Rauscheigenschaften des Sensormaterials und Änderungen des Reflexionsgrads der detektierten Oberfläche.

Signal-to-Noise-Ratio ↗*Signal-Rausch-Verhältnis*.

Signatur, 1) *Fernerkundung*: Reflektionseigenschaften eines Objekts oder einer Landbedeckung. ↗Spektralsignatur. 2) *Kartographie*: Gattungssignatur, Gattungszeichen, das sich in ↗Karten und anderen ↗kartographischen Darstellungsformen auf einen Punkt (Position, Ort) oder eine Grundrißlinie beziehende ↗Kartenzeichen. Vielfach wird der Begriff der Signatur auch für aus ↗Flächenmustern bzw. ↗Flächenfüllungen bestehende Grundrißflächen verwendet, die als Gesamtabbildung ↗Flächenkartenzeichen sind. Signaturen repräsentieren im Sinne einer homomorphen Abbildung (↗Isomorphie) Gattungsbegriffe raumbezogen und mit einem bestimmten Ikonizitätsgrad (↗Ikonizität). Ihre ↗graphischen Variablen lassen sich in bestimmter Weise abwandeln, was zu gestalterischen Variationen führt. Durch Gruppierung nach ↗Leitsignaturen kann in ↗kartographischen Zeichensystemen eine den Merkmalen der abzubildenden Geoobjekte entsprechende Ordnung realisiert werden, die zu einer Erhöhung der Effizienz der visuell-kognitiven Kartenauswertung führt. Die Signaturen lassen sich gliedern in ↗Positionssignaturen (lokale Signaturen, Ortssignaturen, punktförmige Signaturen), ↗Liniensignaturen (linienförmige Signaturen) und *Flächensignaturen* (flächenfüllende, flächenhaft verteilte Signaturen). Unter den Liniensignaturen sind die ↗Objektlinien bei weitem am häufigsten, doch werden verschiedentlich auch Unterstreichungssignaturen eingesetzt. Flächensignaturen sind begriffsgebundene Flächenfüllungen von maßstäblichen bzw. maßstäblich vereinfachten Grundrißabbildungen, die als Flächenkartenzeichen i. d. R. von einer ↗Kontur umschlossen sind. Als ↗Diagrammsignaturen gelten jene ↗Diagramme, die sich auf im ↗Kartenmaßstab punktförmige Objekte beziehen (im Unterschied zu den ↗Diakartogrammen. Eine Zwischenstellung zwischen Positions- und Diagrammsignaturen nehmen die ↗Mengensignaturen (Zahlenwertsignaturen) sowie die Pfeilsignaturen (Bewegungssignaturen, ↗Pfeil) ein, mit denen sich Bewegungen ausdrücken lassen.

Signaturanalyse, Untersuchung der spektralen Eigenschaften von ↗Trainingsgebieten. Die Signaturanalyse dient vor allem zur Auswahl der für die Klassifikation bestgeeigneten spektralen Datensätze, sowohl aus originalen als auch aus künstlich neugeschaffenen Kanälen. Die Signaturanalyse kann aber auch zur Eliminierung einzelner ↗Trainingsgebiete und damit zu Veränderungen der betroffenen Musterklasse Anlaß geben. Die Ergebnisse der Signaturanalyse sollen außerdem aufzeigen, ob sich die gewünschten Objektklassen allein durch die spektralen Informationen der Aufzeichnung klassifizieren lassen oder ob Zusatzdaten hinzugezogen werden müssen. Dabei werden i. d. R. folgende Schritte durchgeführt: a) Auswahl von Trainingsgebieten (unter Einbindung von Geländeaufnahme und Luftbildauswertung), b) Übertragung der Trainingsgebiete auf die Fernerkundungsbilddaten, c) Maskenerzeugung für die Trainingsgebiete (Fläche wird über bestimmte Grauwerte festgelegt), d) statistische Auswertung der ↗Grauwertverteilung in den Testgebieten und Darstellung der Grauwerthistogramme, e) Zusammenfassung von Trainingsgebieten zu Klassen und Subklassen aufgrund der spektralen Signaturanalyse, f) nochmalige Überprüfung der Signaturen von Klassen über Signaturplots. [MN]

Signaturenbibliothek, im Rahmen der digitalen ↗Kartenbearbeitung genutzte Speicherungs- und Verwaltungseinheit im Sinne eines digitalen Kartenzeichensystems (↗kartographisches Zeichensystem) mit allen notwendigen Angaben wie Signaturnummer, Zeichenmuster (-parameter), Farbgebung und Darstellungspriorität.

Signaturengewicht ↗Kartenbelastung.

Signaturenkatalog ↗kartographisches Zeichensystem.

Signaturenmethode, mit unterschiedlichem Begriffsinhalt gebrauchte Bezeichnung aus dem Bereich der ↗kartographischen Darstellungsmethode. In der Regel wird die Signaturenmethode gleichgesetzt mit der Methode der ↗Positionssignaturen. Verschiedentlich werden auch die Methoden der Positionssignaturen, der ↗Liniensignaturen und der ↗Diagrammsignaturen mit dem Begriff der Signaturenmethode zusammengefaßt, da alle diese Methoden Gattungssignaturen verwenden (↗Signatur).

Signaturmaßstab ↗Wertmaßstab.

signifikante Wellenhöhe, *SWH, significant wave height*, Symbol H, Mittelwert der ↗Wellenhöhen desjenigen Drittels aller Wellen, die die höchsten Amplituden aufweisen.

Signifikanz, *Signifikanzniveau*, Wahrscheinlichkeit, mit der in der ↗Statistik (z. B. im Rahmen eines Testverfahrens) eine Aussage verknüpft werden kann. Sie wird häufig auch in Form des zugehörigen Residuums, nämlich der Irrtumswahrscheinlichkeit angegeben. Beispielsweise entspricht einer Signifikanz von 95 % eine Irrtumswahrscheinlichkeit von 5 %.

Sikussak ↗Festeis.

SIL, *Societas Internationalis Limnologiae, Internationale Vereinigung für Theoretische und Angewandte Limnologie, IVL*, auf Initiative von ↗Naumann und ↗Thienemann am 3.8.1921 in Kiel gegründete Vereinigung. Sie ist Dachverband für mehr als 15 nationale limnologische Gesellschaften. Ziel ist, die Limnologen der Welt zu vereinigen, theoretische und angewandte Themen der Süßwasserforschung zu behandeln sowie hydrografische und biologische Arbeitsgebiete zusammenzufassen.

Silber, [von gothisch silubre], Ag, [von lat. argentum], chemisches Element aus der Silbergruppe, Edelmetall. Da Silber in der Natur gediegen vorkommt (Abb.), war es bereits ca. 5000 v. Chr. bekannt (Homer, silberne Rüstungen). Die Gold-Silber-Scheidung war den Ägyptern und Lydern bereits im 2. vorchristlichen Jahrtausend bekannt (↗Gold). Im mittelalterlichen Bergbau spielt die Silbergewinnung eine wichtige Rolle (Sachsen, Böhmen und Steiermark). Mit der Entdeckung Amerikas trat die europäische Silbergewinnung jedoch in den Hintergrund.

Silber: gediegenes Silber, drahtförmig von der Bolantiso-Mine in Guanajuto (Mexiko).

Silber-Gold-Telluride, sind Sylvanit (AuAgTe$_4$, monoklin, von Siebenbürgen in Rumänien), Petzit (Ag$_3$AuTe, kubisch, aus subvulkanischen und intrusiven Goldgängen) und Muthmannit ((Ag,Au)Te). ↗Gold, ↗Silber, ↗Silberminerale.

Silberiodid, chemische Formel AgI, wirksamer künstlicher ↗Eiskeim für das Kondensationswachstum.

Silberlagerstätten, sind keine eigenständigen Lagerstätten, sondern ein Beiprodukt von sulfidischen Erzen und finden sich in Anreicherungszonen (↗Zementationszone) mit eigenständigen Mineralien und z. T. gediegen ↗Silber, sonst in ↗Bleiglanz auf hydrothermalen Gängen (z. B. Butte in Montana (USA), Mexiko und ausgeerzt in Mitteleuropa wie Erzgebirge, Harz und Schwarzwald); des weiteren z. T. in ↗Skarnlagerstätten (z. B. Cornwall, Südwestengland) und massiven Sulfidvererzungen (↗sedimentär-exhalative Lagerstätten, z. B. in Rammelsberg im Harz), weiterhin in ↗Kupferkies von ↗Porphyry-Copper-Lagerstätten (z. B. im Kordillerensystem von Nord- und Südamerika) und in ↗Carbonatiten (z. B. Palabora, Südafrika).

Silberminerale, von den ca. 60 bekannten Mineralen mit wesentlichem Silbergehalt sind die meisten ↗Sulfide und verwandte Verbindungen mit As, Sb, Se und Te (Tab.). Gediegenes ↗Silber bildet meist verzerrte, dendritische, oft drahtartige Kristalle. Durch Anlaufen wird das an sich »silber«-weiße Metall meist braun bis schwarz. Es bildet sich hydrothermal oft im Übergangsbereich der Oxidations- und Zementationszone. Der schwärzlich glänzende Silberglanz kristallisiert oberhalb 179°C kubisch, unter dieser Temperatur monoklin. Das wichtige Silbererz wird vielfach in der Zementationszone der Lagerstätten angetroffen. Hornsilber ist ein sekundäres Mineral der Oxidationszone von Silberlagerstätten. Es ist nicht metallisch und braun bis schwarz. Polybasit hat als in feinster Form in Bleiglanz eingesprengter Silberträger Bedeutung. Es ist schwarz, in dünnen Splittern rot durchscheinend. Sein Ag-Gehalt schwankt infolge des teilweisen Ersatzes des Ag durch Cu. Die Rotgültigerze ↗Pyrargyrit und ↗Proustit kommen in der Natur stets als getrennte Minerale vor. Da die beiden Verbindungen bei höherer Temperatur jedoch mischbar sind, muß ihre natürliche Bildung niedrigthermal erfolgt sein. Pyrargyrit ist häufiger und ein wichtiges Erz. Es hat fast metallischen Glanz, ist schwarz, aber dunkelrot durchscheinend in dünnen Splittern. Proustit ist kaum metallisch glänzend und heller rot, besonders in der Strichfarbe. Das komplex zusammengesetzte Fahlerz ist eigentlich ein Kupfermineral, doch kann das Cu zum Teil durch Ag ersetzt werden. Es ist auch häufig Silberträger im ↗Bleiglanz. Elektrum ist ein Silberamalgam mit Vorkommen im Altai-Gebirge und in Kleinasien mit 2–20 % Gold. Mit zunehmendem Silbergehalt wird die Farbe heller, bei ungefähr 30 % ist Gold fast silberweiß. [GST]

Silbersandsteine, sind sedimentäre Silberlagerstätten. Bei der Verwitterung von Bleiglanz-Lagerstätten geht Silber als Sulfat in Lösung und wird in der ↗Zementationszone wieder ausgefällt. Auf dem Weg über solche Lösungen kann Silber auch in sedimentäre Schichten eindringen. Beispiele sind der Silbersandstein vom Silver Reef (Utah, USA) mit 0,26 % Ag oder der Silbersandstein des Mansfelder Kupferschiefers.

Silbertelluride, sind Hesit (Ag$_2$Te, rhombisch, aus subvulkanischen Gängen in Rumänien) und Empressit (Ag$_{11}$Te$_8$, hexagonal aus der Empress-Josephine-Grube in Colorado, USA). ↗Tellurminerale, ↗Gold.

Silberträger, Bezeichnung für Silberminerale wie ↗Fahlerz oder Rotgültigerze, die Nicht-Silbermineralen wie Bleiglanz in Form von mikroskopisch kleinen Teilchen beigemischt sind. ↗Bleiglanz hat einen Silbergehalt zwischen 0,01 und 2 Masse-%. Geringe Gehalte sind vielfach als Ag$_2$S oder AgBiS$_2$ isomorph beigemischt, während höhere Silbergehalte auf die Silberträger zurückgehen.

Silberverhüttung, Gewinnung von Silber überwiegend bei der Verhüttung von ↗Bleiglanz. Angewandt wird heute meist das sogenannte Parkesieren (Zink-Entsilberung). Die Herstellung von Silber erfolgt durch elektrolytische Raffination. Nach einem Verfahren der Duisburger Kupferhütte wird mit Sauerstoff angereicherte Luft in das geschmolzene Rohsilber eingeleitet, wobei die Beimengungen oxidiert und als Schlacke abgezogen werden können. Durch Raffination, besonders mit Hilfe elektrolytischer Verfahren, erhält man sogenanntes Elektrolysilber mit einem Reinheitsgrad bis 99,98 %.

Silberminerale (Tab.): Übersicht über die wichtigsten Silberminerale.

Silber	Ag	kubisch	100 % Ag
Silberglanz (Argentit)	Ag$_2$S	kubisch-monoklin	87 % Ag
Hornsilber (Kerargyrit)	AgCl	kubisch	75 % Ag
Polybasit	8(Ag, Cu)$_2$S · Sb$_2$S$_3$	monoklin	64–72 % Ag
Proustit (lichtes Rotgültigerz)	Ag$_3$AsS$_3$	trigonal	65 % Ag
Pyrargyrit (dunkles Rotgültigerz)	Ag$_3$SbS$_3$	trigonal	60 % Ag
silberhaltiges Fahlerz	(Cu$_2$, Ag$_2$, Hg)$_3$ (Sb, As)$_2$S$_6$	kubisch	
Tetraedrit			0,5–5 % Ag
Freibergit			10–35 % Ag